软件入门与提高丛书

局域网组建和维护入门与提高

凤舞科技　编著

清华大学出版社
北　京

内 容 简 介

本书为一本局域网组建和维护大全，也是一本案头工具书。全书通过4篇内容安排、5项局域网组建实战、7种服务器的搭建、8年网管经验奉献、8类网络设备详解、16个核心技术讲解、60个常见故障排除、200多个实战技巧放送、320多分钟视频演示、1100多张图片全程图解，帮助读者在最短时间内从入门到提高掌握局域网组建和维护能力，成为优秀的网络管理员。

全书分为4篇：基础入门篇、组建实战篇、共享管理篇、安全维护篇，共16章，具体内容包括局域网基础知识、局域网的搭建方案、局域网的传输介质、网络操作系统的安装、局域网的硬件设备、局域网的上网连接方式、家庭局域网的组建与应用、宿舍局域网组建与应用、网吧局域网的组建与应用、企业局域网的组建与应用、无线局域网的组建与应用、网络服务器的配置与管理、局域网的资源共享、局域网的安全与管理、局域网的维护与升级、局域网常见故障与处理。本节遵循技术理论与实践相结合的方式讲述，能够帮助读者加深对网络技术的理解和应用。

本书结构清晰、语言简洁，适合网络爱好者、相关专业的学生、机房管理员、网吧管理员、家庭网络用户、电脑办公人员、硬件组装人员和局域网组建人员阅读参考，同时也可作为各类计算机培训中心、中职中专、高职高专等院校及相关专业的辅导教材。

图书在版编目(CIP)数据

局域网组建和维护入门与提高/凤舞科技编著. --北京：清华大学出版社，2012（2017.12重印）
(软件入门与提高丛书)
ISBN 978-7-302-28389-8

Ⅰ. ①局…　Ⅱ. ①凤…　Ⅲ. ①局域网　Ⅳ. ①TP393.1

中国版本图书馆 CIP 数据核字(2012)第 050091 号

责任编辑： 杨作梅
封面设计： 刘孝琼
版式设计： 北京东方人华科技有限公司
责任校对： 周剑云
责任印制： 李红英
出版发行： 清华大学出版社
网　　址：http://www.tup.com.cn, http://www.wqbook.com
地　　址：北京清华大学学研大厦A座　　邮　　编：100084
社 总 机：010-62770175　　邮　　购：010-62786544
投稿与读者服务：010-62776969, c-service@tup.tsinghua.edu.cn
质量反馈：010-62772015, zhiliang@tup.tsinghua.edu.cn
课件下载：http://www.tup.com.cn, 010-62791865
印 装 者： 北京九州迅驰传媒文化有限公司
经　　销： 全国新华书店
开　　本： 203mm×260mm　　**印　张：** 28　　**字　数：** 713千字
(附 DVD 1 张)
版　　次： 2012年5月第1版　　**印　次：** 2017年12月第7次印刷
印　　数： 8301-9100
定　　价： 56.00元

产品编号：044041-01

Foreword

丛书序

普通用户使用计算机最关键也最头疼的问题恐怕就是学用软件了。软件范围之广，版本更新之快，功能选项之多，体系膨胀之大，往往令人目不暇接，无从下手；而每每看到专业人士在计算机前如鱼得水，把软件玩得活灵活现，您一定又会惊羡不已。

“临渊羡鱼，不如退而结网”。道路只有一条：动手去用！选择您想用的软件和一本配套的好书，然后坐在计算机前面，开机、安装，按照书中的指示去用、去试，很快您就会发现您的计算机也有灵气了，您也能成为一名出色的舵手，自如地在软件海洋中航行。

《软件入门与提高丛书》就是您畅游软件之海的导航器。它是一套包含了现今主要流行软件的使用指导书，能使您快速便捷地掌握软件的操作方法和编程技术，得心应手地解决实际问题。

本丛书主要特点有如下几个方面。

◎ 软件领域

本丛书精选的软件皆为国内外著名软件公司的知名产品，也是时下国内应用面最广的软件，同时也是各领域的佼佼者。目前本丛书所涉及的软件领域主要有操作平台、办公软件、计算机辅助设计、网络和 Internet 软件、多媒体和图形图像软件等。

◎ 版本选择

本丛书对于软件版本的选择原则是：紧跟软件更新步伐，推出最新版本，充分保证图书的技术先进性；兼顾经典主流软件，给广受青睐、深入人心的传统产品以一席之地；对于兼有中西文版本的软件，采取中文版，以尽力满足中国用户的需要。

◎ 读者定位

本丛书明确定位于初、中级用户。不管您以前是否使用过本丛书所述的软件，这套书对您都将非常合适。

本丛书名中的“入门”是指，对于每个软件的讲解都从必备的基础知识和基本操作开始，新用户无须参照其他书即可轻松入门；老用户亦可从中快速了解新版本的新特色和新功能，自如地踏上新的台阶。至于书名中的“提高”，则蕴涵了图书内容的重点所在。当前软件的功能日趋复杂，不学到一定的深度和广度是难以在实际工作中应用自如的。因此，本丛书在帮助读者快速入门之后，就以大量明晰的操作步骤和典型的应用实例，教会读者更丰富全面的软件技术和应用技巧，使读者能真正对所学软件做到融会贯通并熟练掌握。

◎ 内容设计

本丛书的内容是在仔细分析用户使用软件的困惑和目前电脑图书市场现状的基础上确定的。简而言之，就是实用、明确和透彻。它既不是面面俱到的“用户手册”，也并非详解原理的“功能指南”，而是独具实效的操作和编程指导，围绕用户的实际使用需要选择内容，使读者在每个复杂的软件体系面前能“避虚就实”，直达目标。对于每个功能的讲解，则力求以明确的步骤指导和丰富的应用实例准确地指明如何去做。读者只要按书中的指示和方法做成、做会、做熟，再举一反三，就能扎扎实实地轻松入行。

◎ 风格特色

1. 从基础到专业，从入门到入行

本丛书针对想快速上手的读者，从基础知识起步，直到专业设计讲解，从入门到入行，在全面掌握软件使用方法和技巧的同时，掌握专业设计知识与创意手法，从零到专迅速提高，让一个初学者快速入门进而设计作品。

2. 全新写作模式，清新自然

本丛书采用“案例功能讲解+唯美插画图示+专家技术点拨+综合案例教学”写作方式，书的前部分主要以命令讲解为主，先详细讲解软件的使用方法及技巧，在讲解使用方法和技巧的同时穿插大量实例，以实例形式来详解工具或命令的使用，让读者在学习基础知识的同时，掌握软件工具或命令的使用技巧；对于实例来说，本丛书采用分析实例创意与制作手法，然后呈现实例制作流程图，让读者在没有实际操作的情况下了解制作步骤，做到心中有数，然后进入课堂实际操作，跟随步骤完成设计。

3. 全程多媒体跟踪教学，人性化的设计掀起电脑学习新高潮

本丛书有从教多年的专业讲师全程多媒体语音录像跟踪教学，以面对面的形式讲解。以基础与实例相结合，技能特训实例讲解，让读者坐在家中尽享课堂的乐趣。配套光盘除了书中所有基础及案例的全程多媒体语音录像教学外，还提供相应的丰富素材供读者分析、借鉴和参考，服务周到、体贴、人性化，价格合理，学习方便，必将掀起一轮电脑学习与应用的新高潮！

4. 专业设计师与你面对面交流

参与本丛书策划和编写的作者全部来自业内行家里手。他们数年来承接了大量的项

目设计，参与教学和培训工作，积累了丰富的实践经验。每本书就像一位专业设计师，将他们设计项目时的思路、流程、方法和技巧、操作步骤面对面地与读者交流。

5. 技术点拨，汇集专业大量的技巧精华

本丛书以技术点拨形式，在书中安排大量软件操作技巧、图形图像创意和设计理念，以专题形式重点突出。它不同于以前图书的提示与技巧，是以实用性和技巧性为主，以小实例的形式重点讲解，让初学者快速掌握软件技巧及实战技能。

6. 内容丰富，重点突出，图文并茂，步骤详细

本丛书在写作上由浅入深、循序渐进，教学范例丰富、典型、精美，讲解重点突出、图文并茂，操作步骤翔实，可先阅读精美的图书，再与配套光盘中的立体教学互动，使学习事半功倍，立竿见影。

经过紧张的策划、设计和创作，本丛书已陆续面市，市场反应良好。本丛书自面世以来，已累计售近千万册。大量的读者反馈卡和来信给我们提出了很多好的意见和建议，使我们受益匪浅。严谨、求实、高品位、高质量，一直是清华版图书的传统品质，也是我们在策划和创作中孜孜以求的目标。尽管倾心相注，精心而为，但错误和不足在所难免，恳请读者不吝赐教，我们定会全力改进。

编　者

Preface
前言

❑ 本书简介

本书从实战的角度，紧扣局域网的组建与维护知识主题，通过步骤解说、全程图解、视频演示，手把手教会读者如何组建五大局域网，以及阐明局域网的上网方式、资源共享、管理维护、故障排除等知识内容，让读者迅速精通网络，成为网络组建与维护高手，立刻应用到求职或实际工作中。

❑ 本书特色

本书具有下列特色。

❑1 4 篇内容安排

结构清晰明了，安排有 4 篇内容：基础入门篇、组建实战篇、共享管理篇、安全维护篇。

❑2 5 项局域网组建实战

详细讲解了家庭、宿舍、网吧、企业以及无线局域网的组建方法，使读者学会组建各类局域网。

❑3 7 种服务器的搭建

讲解了 FTP 服务器、DHCP 服务器、DNS 服务器、WWW 服务器、打印服务器等服务器的搭建方法。

❑4 8 年网管经验奉献

作者有 8 年资深网络管理经验，曾参与并负责多个大中型网络建设，将经验毫无保留地奉献给读者。

❑5 8 类网络设备详解

详解介绍了双绞线、同轴电缆、光缆、网卡、交换机、路由器、集线器等局域网设备及连接方法。

❑6 16 个核心技术讲解

本书体系结构全面、完整，由浅入深地对局域网组建和维护的 16 个核心技术进行全面细致的讲解。

❑7 60 个常见故障排除

列举了 60 个最为常见的局域网故障，就其原因进行了详细的分析，并提供了多种排除方法。

❑8 200 多个实战技巧放送

就网络测试方案、网络规划方案、接入 Internet、网络安全设置等，给出了大量的实战技巧。

❑9 320 多分钟视频演示

书中实例全部录制了带语音讲解的演示视频，时间长度达 320 多分钟，读者可以观看视频轻松学习。

❑10 1100 多张图片全程图解

采用了 1100 多张图片对局域网组建和维护方法由浅入深、循序渐进地进行了全程式的图解。

❑ 本书内容

本书共分为 4 篇，具体如下。

❑1 基础入门篇

包括第 1～6 章，详细讲解了局域网的基础知识、搭建方案、传输介质、操作系统、硬件设备以及上网连接方式等，让读者了解组建局域网的各种准备工作。

❑2 组建实战篇

包括第 7～11 章，详细讲解了家庭局域网、宿舍局域网、网吧局域网、企业局域网以及无线局域网的组建、应用和维护的方法，提高读者对局域网的操作能力。

❑3 共享管理篇

包括第 12～13 章，详细讲解了网络服务器的配置以及局域网资源共享的方法，让读者学会搭建各种常见的服务器以及局域网中不同操作系统的共享方法。

❑4 安全维护篇

包括第 14～16 章，详细讲解了局域网的安全管理、维护升级和故障排除的方法，进一步加强培训以提高读者维护局域网的能力，让读者能从容地应对各种局域网的故障。

❑ 作者信息

本书由凤舞科技编著，同时参加编写的人员还有柏松、谭贤、苏高、刘嫔、杨闰艳、颜勤勤、刘东姣、姜雄、周旭阳、袁淑敏、谭俊杰、徐茜、杨端阳、谭中阳等人。由于作者水平有限，书中难免存在疏漏与不妥之处，欢迎广大读者来信咨询和指正，联系邮箱：itsir@qq.com。

❑ 版权声明

编　者

Contents

目 录

基础入门篇

组建实战篇

共享管理篇

安全维护篇

基础入门篇

第 1 章 局域网基础知识

随着信息社会化、网络化以及全球经济一体化的发展，计算机网络已成为当今最热门的学科之一，并在过去的几十年里取得了长足的进展，尤其是在近十几年来得到了高速发展。计算机网络尤其是 Internet 技术已改变人们的生活、学习、工作乃至思维方式，并对科学、技术、政治、经济及整个社会产生了巨大的影响，每个国家的经济建设、社会发展、国家安全和政府的高效运转都将越来越依赖于计算机网络。

本章先简要介绍一下局域网的基本知识，主要涉及计算机网络的基本概念和对局域网内常用的一些网络通信协议的介绍。

本章学习要点

- 计算机网络概述
- 局域网概述
- 局域网的简单结构
- 局域网的混合结构
- 局域网通信协议

1.1 计算机网络概述

计算机网络是由通信电缆或无线电波连接的由计算机、打印设备、网络设备和计算机软件组成的系统。最早的计算机网络是在铜线上传送数据，但如今，网络已可以通过电线、光纤介质、无线电波和微波来传输数据(包括声音或视频)，如图 1-1 所示。

作为一种技术，计算机网络通信的速度接近于光速，与其他通信形式(如无线电、电视、手机、电话等)相比，具有极大的优越性。计算机网络根据其距离和复杂性可以分成三类：局域网、城域网和广域网，其中局域网(Local Area Network，LAN)可将互连的计算机、打印机和其他设备在短距离间实现共享。

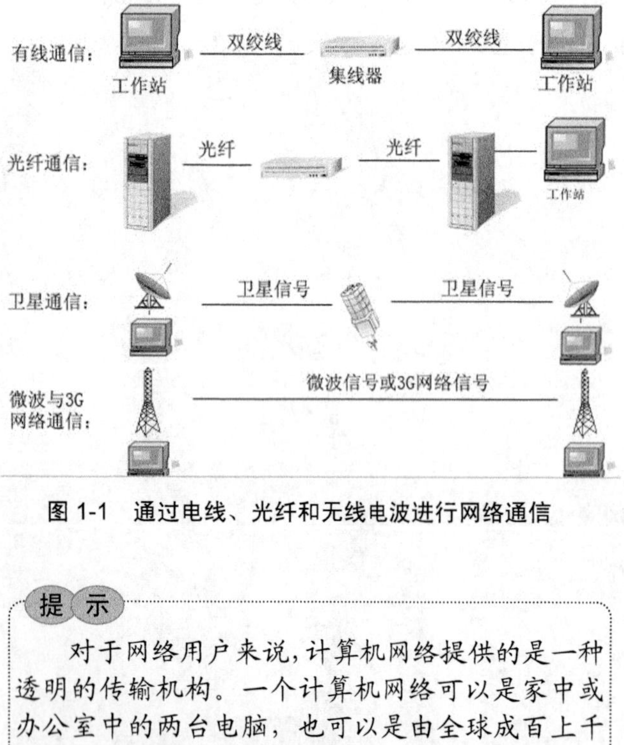

图 1-1　通过电线、光纤和无线电波进行网络通信

提示

对于网络用户来说，计算机网络提供的是一种透明的传输机构。一个计算机网络可以是家中或办公室中的两台电脑，也可以是由全球成百上千台计算机组成。但作为网络用户来讲，可以不必考虑计算机网络的物理结构或者传输介质，用户可以方便地访问网络上的资源，这就是计算机网络的“透明性”。

1.1.1 计算机网络的组成方式

计算机网络一般由服务器、工作站、外围设备和通信协议、网络操作系统组成，下面分别进行介绍。

1. 服务器

服务器(Server)是整个网络的中心，它为网络用户提供服务并管理整个网络。服务器可提供多种多样的网络资源，包括各种硬件资源(如网络磁盘、打印机及监控器等外部设备)、软件资源(如各种工具软件、游戏软件以及其他应用程序)和数据资源(如数据文件和数据库)等。

提示

由于服务器担负网络功能的不同，又可以分为文件服务器、通信服务器、备份服务器、打印服务器等类型，一般在小型局域网中，最常用到的是文件服务器。

2. 工作站

工作站(Workstation)是指连接到网络上的计算机，工作站与服务器不同，服务器可以为整个网络提供服务并管理整个网络，而工作站只是一个接入网络的设备。工作站接入网络后，即可向服务器发送请求，要求访问其他计算机上的资源。

提示

工作站的接入和离开对网络系统不会产生影响，工作站有的时候也被称为“节点”或“客户机”。

3. 外围设备

外围设备是连接服务器与各工作站的一些连接线或连接设备，如同轴电缆、双绞线、光纤、网卡、集线器以及交换机等。外围设备从物理上将网络中的服务器和工作站连接到一起。计算机之间互相通信时，信息依靠外围设备以比特流的形式传递。

4. 通信协议

通信协议是网络传输数据的规则，通信协议保证数据正确地依次从网络中一个节点传送到其他节点。通信协议可以看成是计算机之间相互会话所使用的语言，两台计算机在进行通信时，必须使用相同的通信协议。

提 示

通信协议有很多种，分别适用于不同时期、不同类型的网络，现在局域网内常用的通信协议有 TCP/IP 协议、IPX/SPX 协议、NetBEUI 协议等。

5. 网络操作系统

网络操作系统(NOS)运行在服务器上，并能使服务器管理数据、用户、用户组、安全、应用程序以及其他网络功能。现在最流行的网络操作系统是 Microsoft 的 Windows Server 2003 以及新推出的 Windows Server 2008、Novell 的 NetWare，以及 Unix 系统。

1.1.2 计算机网络的主要应用

网络提供的功能常被称为服务，网络最明显的服务是通信，以及打印、文件共享、Internet 访问、远程控制能力、主机通信等，都是借助于网络实现的关键商业功能。在大型组织中，可能会使用多台服务器分别实现各种功能。在只有少数用户和少量网络流量的办公室内，可能会只使用一台服务器来实现这些功能。计算机网络的主要应用包括以下 5 个方面。

1. 资源共享

资源共享是指使用文件服务器提供的数据文件、应用(比如文字处理程序或电子表格)和磁盘空间共享的功能。资源共享是网络的最初应用，因为许多原因，资源共享至今仍是网络的应用基础。正如前面所提到的那样，在一个中心位置存放共享数据比把文件复制到磁盘上，然后通过磁盘传送文件的处理方式要更容易和更快捷。数据保存在中心位置也会更安全，原因是网络管理员可以很容易地实现数据备份，而不需要依靠单个用户分别做备份。此外，使用文件服务器来运行多个用户需要的应用程序只需购买更少的应用程序，并且也会减少网络管理员的维护工作。

技 巧

例如，使用打印服务来共享网络上的打印机，也会节省时间和资金。高质量的打印机价格很贵，但这种打印机可以同时为整个部门提供打印服务，使用网络打印服务则不必为每个员工购买一台桌面打印机，只需使用同一台打印机即可，维护和管理的工作也会更少。

注 意

如果共享打印机出现问题，网络管理员可以在网络上任何一台工作站上使用网络操作系统的打印控制功能来调试和解决问题。通常，管理员甚至可以在不访问打印机的情况下解决问题。

2. 数据通信

随着现代社会信息量的增加，信息交换也日益增多，利用计算机网络传递信件是一种安全、高速的电子传递方式，另外通过计算机网络还可以传递声音、图像和视频，实现多媒体通信。

技 巧

例如，借助于网络通信服务，远程用户可以连接到网络(通常通过电话线和调制解调器或其他上网方式，“远程用户”是指在地理位置上与局域网服务器不同的计算机用户)。在通常情况下，通信服务不能让网络用户连接到该网络之外的某台机器。诸如 Windows Server 2003/2008 和 NetWare 等网络操作系统都包含内置的通信服务。在 Windows Server 2003/2008 中，通信软件被称为远程访问服务器(RAS)。在 NetWare 中，通信软件被称为网络访问服务器(NAS)。两种通信软件都能保证用户拨号登录网络，或者运行这些通信服务的服务器，然后登录到网络，利用各种网络功能，就好像登录到服务器环境中某台工作站一样。由于内部资源可以被局域网的用户访问，所以通信服务器有必要进一步加强安全措施。

3. 邮件服务

邮件服务可以保证网络上的用户间电子邮件的保存和传送。用户借助于电子邮件可以实现组织内外快捷方便的通信。邮件服务除了提供发送、接收和存储电子邮件的功能外，还可以包含智能的电子邮件路由能力(比如，收件者没有在邮件接收后 15 分钟内打开邮件，则邮件自动转发给其他相应人员)、提示、规划、文档管理和到其他邮件服务器的网关(网关是个硬件和软件的整体，能够在两种不同类型的网络间交换数据)。邮件服务可以运行在数种系统之上，也可以连接到 Internet，还可以隔离在组织内。

提示

常见的邮件服务软件有 Microsoft 公司的 Exchange Server，NetWare 公司的 GroupWise，以及 Lotus 公司的 cc:Mail。对于用户来说，邮件服务是网络中最常见的功能。因而，邮件服务软件的客户端界面(即用户与之交互的接口部分)通常开发得不错，易于使用。同样，由于邮件服务使用得很频繁，因而需要保证有足够的技术支持和管理资源。

4. Internet 网站

全球通信和数据交换非常关键，作为全球覆盖面最广的网络，Internet 已经成为生活和商业活动中不可或缺的工具。一旦与 Internet 建立连接，则工作站和配套的服务器必须运行标准协议，这样才能使用 Internet 服务。

技巧

Internet 服务包括 WWW 服务器和浏览器、文件传输功能、Internet 编址模式、安全过滤，以及直接登录到 Internet 上其他计算机的方法。

5. 统一管理

当网络规模较小时，一位网络管理员借助于网络操作系统的内部功能就可以很容易地管理网络。

故障解析

例如，假设某用户报告说登录不了网络，管理员可以很容易地解决问题，也许是因为网络地址冲突(即同一网络上两台计算机有相同的 IP 地址)。在一个规模很小的局域网中，地址冲突的两台工作站也许会离得很近，可以很快地修改 IP 地址。然而，随着网络变得越来越庞大和复杂，网络会变得很难管理。为跟踪大型网络运行情况，有必要使用特殊的网络管理服务。网络管理服务可以集中管理网络，并简化网络的复杂管理任务。一些组织使用一些专用于网络管理功能的服务器，其中每台服务器只执行一项或两项专门服务。

1.2 局域网概述

局域网(Local Area Network，LAN)是由联网的计算机、打印机和其他在短距离间共享硬件、软件资源的计算机设备组成，其服务区域可以是一间小型办公室、建筑的一层或整个写字楼，例如某大型企业的办公楼，其中每间办公室的计算机都由通信电缆连接，如图 1-2 所示。

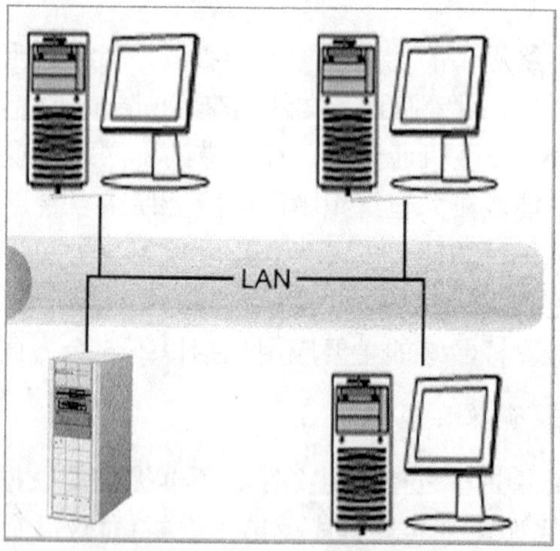

图 1-2 企业局域网

1.2.1 局域网的概念与特点

局部区域的网络通常简称为局域网，缩写为 LAN。局域网是结构复杂程度最低的计算机网络，它仅是在同一地点上经过网络介质连在一起的一组计算机。局域网的设备通常都挨得很近，构成目前应用最广泛的一类网络。

局域网一般有以下两个特点。

- 覆盖的地理范围比较小，通常不超过几十公里，甚至只在一栋建筑或一个房间内。
- 信息的传输速率比较高，其范围一般自 1Mbps 到 10Mbps，现在已经达到 100Mbps 甚至更高了。

局域网的出现，使计算机网络的威力获得了更充分的发挥，在很短的时间内计算机网络就深入到各个领域。因此，局域网技术是目前非常活跃的技术领域，各种局域网层出不穷，并得到广泛应用，极大地推进了信息化社会的发展。

1.2.2 局域网数据通信的基本术语

在局域网的组建和维护过程中，明确各种网络术语的含义是非常重要的一步，可以帮助读者更好地了解局域网。

- 传输控制协议/网际协议(TCP/IP，Transmission Control Protocol/ Internet Protocol)：这是 Internet 上使用的一组网络协议，它们提供相互连接的网络之间的通信，这些网络由具有各种硬件体系结构和各种操作系统的计算机组成。TCP/IP 包括计算机如何进行通信的标准，以及连接网络和路由选择通信的约定。
- 网际协议(Internet Protocol，IP)：TCP/IP 信使协议，负责通过网络寻址和发送数据包。
- IP 地址(IP Address)：用于标识 IP 互联网络上节点的 32 位地址。IP 互联网络上的每个节点必须指派唯一的地址，该地址由网络标识符和主机标识符组成。该地址一般以带点的十进制符号表示，每三位十进制值用一个圆点隔开，如 192.168.0.128。
- 网间包交换(Internetwork Packet Exchange，IPX)：NetWare 自带的网络协议，用来控制局域网内或局域网之间数据包的寻址和路由选择，IPX 不保证消息是完整的(没有丢失数据包的情况)。
- IPX/SPX：在 Novell NetWare 网络中使用的传输协议，都符合 TCP/IP 协议包中的 TCP 和 IP 的组合。
- NetBIOS 增强用户接口(NetBIOS Enhanced User Interface，NetBEUI)：该协议是“Microsoft 网络”本地协议。它通常用于小的、有 1～200 个工作站的局域网，它使用“令牌环”源路由作为其路由选择的唯一方法。
- 网络基本输入/输出系统(Network Basic Input/Output System，NetBIOS)：局域网上的程序可以使用的应用程序编程接口(API)。NetBIOS 给程序提供了请求低层服务的统一命令集，这些服务是管理名称、执行会话和在网络节点之间发送数据包所必需的。
- 域名系统或者域名服务(Domain Name System 或者 Domain Name Service，DNS)：域名系统为 Internet 上的主机分配域名地址和 IP 地址。执行域名服务的服务器称为 DNS 服务器，通过 DNS 服务器来应答域名服务的查询。
- 绑定：为网络适配卡处理从应用层到物理层的数据，提供完整的配套协议联系过程。
- 网关：网关是一种连接设备，可以让信息在使用不同通信协议的网络间传送。网关复制传送信息并把它转化成与接收端网络的协议相兼容的形式。
- Windows 因特网命名服务(Windows Internet Naming Service，WINS)：WINS 是通过令计算机的主机名与某个地址相关联从而识别出 Windows 服务器的一种方法。

1.2.3　局域网的基本组成

一个完整的局域网是由硬件系统和软件系统组成的。

局域网的硬件系统包括网络服务器、网络工作站、网卡以及传输介质和其他互连设备。具有了完整的硬件系统，还不能称为局域网，必须有合适的高层软件才能满足用户的需求。高层软件包括系统软件和应用软件，其中，系统软件是必不可少的。

局域网的系统软件(即网络操作系统)是用户与计算机网络的接口。用户只有通过网络操作系统才能实现文件管理、设备管理、通信管理、网络管理，才能实现局域网使用 Internet 服务的功能。

服务器可分为文件服务器、打印服务器、通信服务器、数据库服务器等。文件服务器是局域网上最基本的服务器，用来管理局域网内的文件资源，打印服务器则为用户提供网络共享打印服务。通信服务器主要负责本地局域网与其他局域网、主机系统或远程工作站的通信。而数据库服务器则是为用户提供数据库检索、更新等服务。

工作站(Workstation)也称为客户机(Clients)，可以是一般的个人计算机，也可以是专用电脑，如图形工作站等。工作站可以有自己的操作系统，独立工作。通过运行工作站的网络软件可以访问服务器的共享资源，目前常见的工作站有 Windows XP、Windows 7 工作站和 Linux 工作站。

工作站和服务器之间的连接通过传输介质和网络连接部件来实现。网络连接部件主要包括网卡、中继器、集线器和交换机等。

网卡是工作站与网络的接口部件。它除了作为工作站连接入网的物理接口外，还控制数据帧的发送和接收(相当于物理层和数据链路层功能)。

集线器又叫 Hub，能够将多条线路的端点集中连接在一起。集线器可分为无源和有源两种。无源集线器只负责将多条线路连接在一起，不对信号做任何处理。有源集线器具有信号处理和信号放大功能。

交换机采用交换方式进行工作，能够将多条线路的端点集中连接在一起，并支持端口工作站之间的多个并发连接，实现多个工作站之间数据的并发传输，可以增加局域网带宽，改善局域网的性能和服务质量。与集线器不同的是，交换机多采用广播方式工作，接到同一集线器的所有工作站都共享同一速率，而接到同一交换机的所有工作站都独享同一速率。

1.2.4　局域网的基本分类

可从下面 4 个方面对局域网进行划分。

- 拓扑结构：根据局域网采用的拓扑结构，可分为总线型局域网、环型局域网、星型局域网和混合型局域网等。这种分类的方法比较常用。
- 传输介质：局域网上常用的传输介质有同轴电缆、双绞线、光缆等，因此可以将局域网分为同轴电缆局域网、双绞线局域网和光缆局域网。如果采用的是无线电波(微波)，则可称为无线局域网。
- 访问传输介质的方法：传输介质提供了两台或多台计算机互连并进行信息传输的通道。在局域网上，经常是在一条传输介质上连有多台计算机(如总线型和环型局域网)，即所有用户共享同一传输介质。而一条传输介质在某一时间内只能被一台计算机所使用，此时就需要有一个共同遵守的准则来控制、协调各计算机对传输介质的同时访问，这种准则就是协议，或称为媒体访问控制方法。据此可以将局域网分为以太网、令牌环网等。
- 网络操作系统：可以将局域网按使用的操作系统进行分类，如 Novell 公司的 Netware 网、Microsoft 公司的 Windows Server 2008 网、IBM 公司的 LAN Manager 网等。

提示

此外，还可以按数据的传输速度分为 10Mbps 局域网、100Mbps 局域网、千兆局域网等；按信息的交换方式可分为交换式局域网、共享式局域网等。

1.3 局域网的简单结构

物理拓扑结构是解释一个网络物理布局的形式图，它以概括的形式描述一个网络，即不指定设备、连接方法或网络编址。物理拓扑结构按照基本的几何学图形分为三类：总线型、环型和星型。这些形状也可混合构成混合拓扑结构。在设计一个网络之前，必须理解物理拓扑结构，因为它们能够影响所使用的逻辑拓扑结构(例如，以太网或令牌环网)，如建筑物里如何铺设电缆，以及使用何种网络介质。为解决网络中出现的问题或改变网络的基础结构，也必须理解网络的物理拓扑结构。

1.3.1 总线型

总线拓扑结构(Bus Topology)是由从一台 PC 或文件服务器连向另一台的电缆组成，与铁链上的链接非常相像，如图 1-3 所示描绘了一种典型的总线型拓扑结构。与铁链一样，采用总线拓扑结构的网络有一个起始点和一个终止点，也就是与总线电缆段每个端点相连的终结器。传送包时，段中所有的节点都要对数据包进行检测，而且数据包必须在给定时间内到达目标。总线网络必须符合 IEEE 的长度规范，以确保包在期望的时间内到达。

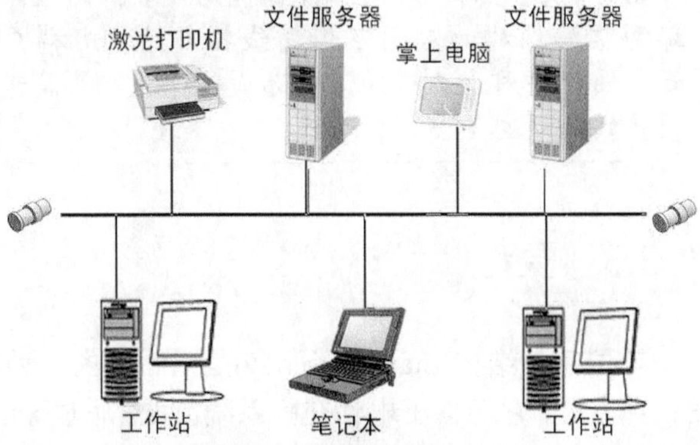

图 1-3　总线形拓扑结构

一个总线型拓扑结构由单根电缆组成，该电缆连接网络中所有的节点，其中未插入其他的连接设备。单根电缆称为总线，它仅能支持一种信道，因此每个节点共享总线的全部容量。由于网络中的每个设备都能够接收从一点传输到另一点的数据，因此总线型拓扑结构可以认为是一种端到端的拓扑结构。然而，由于单信道的限制，一个总线型网络上的节点越多，网络发送和接收数据就越慢。在总线型网络上的每个节点都被动地侦听接收到的数据。当一个节点向另一个节点发送数据时，它先向整个网络广播一条警报消息，通知所有的节点它将发送数据，目标节点将接收发送给它的数据，在发送方和接收方之间的其他节点将忽略这条消息。

虽然建立一个基于总线型拓扑结构的网络不是很昂贵，但这种网络不能较好地扩展。当增加更多的节点时，网络的性能将下降。

注 意

例如，一方面，假设在小型办公室中的一个总线型网络支持两个工作站和一个服务器，并且从工作站保存一个文件到服务器需花费两秒的时间。在那段时间内，网络接口首先通知服务器，然后通知网络上的其他工作站，它将要发送数据到服务器。当通知到达服务器后，服务器接收发送的数据。另一方面，假设增加了十台或更多的工作站后，当试图保存一个文件到服务器上时，由于新增加的工作站也必须被通知将发生的发送，保存过程可能要花费 5 秒的时间。正如同这个例子所证实的一样，一个总线型拓扑结构不适用于一个超过 200 台工作站的网络。由于在总线网络中难以识别出错误发生的具体位置，所以当网络发生问题时，解决问题就很困难。一个错误可以发生在总线网络的任何一个中间点上，但在接收端只能判定有一个错误发生了。由于不能探究数据从一个节点到另一个节点的过程，即节点在传递完数据后不能“记住”它，因而查找错误源头是非常困难的。

提 示

总线网络的缺点是它们具有较差的容错能力，这是因为在总线上的某个中断或缺陷将影响整个网络。因此，再加上这种拓扑结构的其他缺点，几乎没有一个网络运行在一个单纯的总线拓扑结构上。

1.3.2 环型

在环型拓扑结构(Ring Topology)中，数据的路径是连续的，没有逻辑的起点与终点，因此也就没有终结器。工作站和文件服务器在环的周围各点上相连，当数据传输到环时，将沿着环从一个节点流向另一个节点，找到其目标，然后继续传输，直到又回到原节点。

在一个环型拓扑结构中，每个节点与两个最近的节点相连接以使整个网络形成一个环状，如图 1-4 所示数据绕着环向一个方向发送(单向的)。每个工作站接收并响应发送给它的数据包，然后将其他数据包转发到环中的下一个工作站。一个环型网没有“终止端”，数据在它们的目的地停止继续发送，因而环型网络不需要终结器。

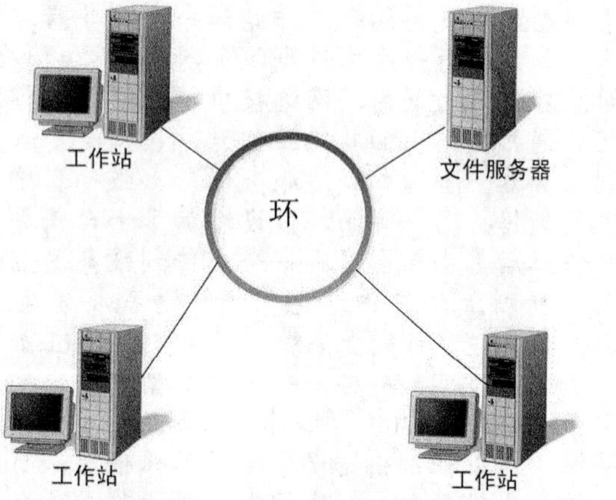

图 1-4 环型拓扑结构

令牌传递是环型网络上传送数据的一种方法。令牌传递过程中，一个 3 字节的称为令牌的数据包绕着环从一个节点发送到另一个节点。如果环上的一台计算机需要发送信息，它将截取令牌数据包，加入控制和数据信息以及目标节点的地址，将令牌转变成一个数据帧。然后该计算机将该令牌继续传递到下一个节点。被转变的令牌就以帧的形式绕着网络循环直到它到达预期的目标节点。目标节点接收该令牌并向发起节点返回一个验证消息。在发送节点接收到应答后，它将释放出一个新的空闲令牌并沿着环发送它。这种方法能确保在任一给定时间仅有一个工作站在发送数据。由于每个工作站都参与将令牌绕着环发送的活动，这种体系结构也称为主动拓扑结构。每个工作站如同一个能再生发送信号的中继器。

注 意

一个简单环型拓扑结构的缺点是单个发生故障的工作站可能使整个网络瘫痪。除此之外，如同在一个总线拓扑结构中，参与令牌传递的工作站越多，响应时间也就越长。因此，单纯的环型拓扑结构非常不灵活或不易于扩展。当前的局域网几乎不使用单纯的环型拓扑结构。环型拓扑结构的一种变化形式，也称为星形环拓扑结构流行于某些类型的网络中，如令牌环网。

技 巧

在环型拓扑结构的开发早期，它只允许数据沿一个方向传输，沿着环绕圈并在传输节点结束。新型高速环型技术采用两个环，使冗余数据可以沿相反的方向传输，因此，如果一个方向上的环中断了，那么数据还可以以相反的方向从另一个环中传输，最终到达其目标。因为用来创建环型拓扑结构的设备能轻易地定位出故障的节点或电缆问题，所以环型拓扑结构管理起来比总线拓扑结构要容易。这种结构非常适合于局域网中长距离传输信号，在处理高容量的网络信息流通量时要优于总线拓扑结构。然而，环型拓扑结构在实施时比总线拓扑结构要昂贵。一般情况下，它在开始时需要的电缆和网络设备就比较多。而且，环型拓扑结构的应用不像总线拓扑结构那样广泛，因此供用户选择的设备选项较少，扩展高速通信的选项也不多。

1.3.3 星型

星型拓扑结构(Star Topology)是最古老的一种通信设计方法，它源自于电话交换系统。虽然非常陈旧，但在先进的网络技术的推动下，星型拓扑结构成为现代网络很好的选择。星型拓扑结构的物理布局由与中央集线器相连的多个节点组成。集线器是一种将各个单独的电缆段或单独的局域网连接为一个网络的中央设备，有些集线器也被称为集中器或存取装置。单一的通信电缆段像星星一样从集线器处向外辐射。

在一个星型拓扑结构中，网络中的每个节点通过一个中央设备(如集线器)连接在一起，如图 1-5 所示描绘了一个典型的星型拓扑结构。在一个星型网络中任何单根电线只连接两个设备(例如，一个工作站和一个集线器)。因此，电缆问题最多影响两个节点。设备如工作站或打印机将数据发送到集线器，再由集线器将数据转发到包含目标节点的网络段。

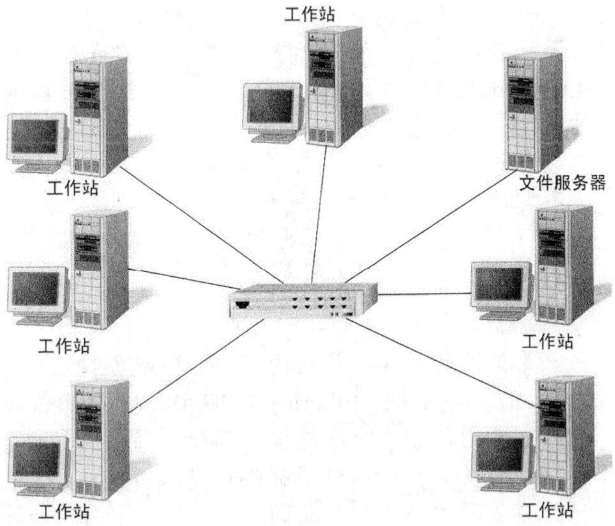

图 1-5　星型拓扑结构

注 意

星型拓扑结构需要的电缆和配置稍多于环型或总线网络，发生故障的单个电缆或工作站不会使星型网络瘫痪。但集线器的失败将导致一个局域网段的瘫痪。由于中央连接点的使用，星型拓扑结构可以很容易地移动、隔绝或与其他网络连接，因此它们更易于扩展。由于这些原因，在目前的局域网中，星型拓扑结构是最流行的基本体系结构。许多网络管理员在近几年都用星型网络代替旧的总线或环型网络。单个星型网络通常都通过集线器和交换机与其他网络互连以形成一个更复杂的拓扑结构。现代的以太网都使用星型拓扑结构。

星型拓扑结构的启动成本目前比总线网络和环型网络的要低，主要因为网络设备和电缆的成本比以前大大降低了。与环型拓扑类似，星型拓扑结构比传统的总线网络易于管理，可以通过网络设备轻易地从网络中隔离出来，而对其他节点的服务不受影响。星型拓扑结构可以非常容易地通过连接其他节点或网络来进行扩展，还提供了将网络扩展为高速网络互连的最佳选项。

注 意

星型拓扑结构是最流行的拓扑结构，因此适用于这种网络类型的设备范围也更广一些。这种结构的缺点在于，集线器是单独的失效点。如果集线器失效了，所有连接在其上的节点都不能进行通信了(除非集线器中内建有冗余措施)。另一个缺点是星型拓扑结构需要的电缆比总线拓扑结构的多，但是，星型拓扑结构的布线和连接器比总线结构的更加便宜。

1.4　局域网的混合结构

除非在规模非常小的网络中，否则很难遇见一个网络严格地遵从仅仅一种拓扑结构——总线、环型或星型拓扑结构。简单的拓扑结构有太多的限制，特别是在局域网必须容纳大量的设备时。更可能的选择是使用这些简单的拓扑结构形成复杂的组合。这也称为混合拓扑结构。本节将介绍 4 种常用的混合拓扑结构。

1.4.1　星型环

星型环拓扑结构将星型的物理布局与令牌环传递的数据传输方法联合使用，如图 1-6 所示描绘了这种体系结构。其中实线代表了物理连接，虚线代表了数据流。数据以循环方式绕着星型网络传输。这种混合拓扑结构的优点包括星型拓扑结构的容错性(数据传输不依靠每一个工作站作为中继器)和令牌传递的可靠性。在 IEEE 802.5 中规范的现代令牌环网使用这种混合型拓扑结构。

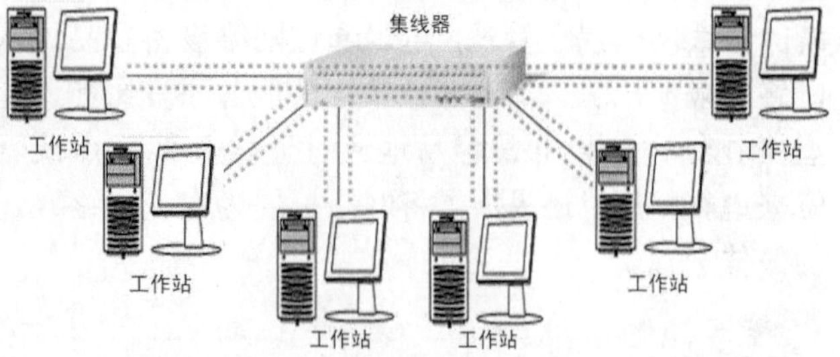

图 1-6 星型环拓扑结构

1.4.2 星型总线

另一种流行的混合拓扑结构组合了星型和总线构造。在星型总线拓扑结构中，工作站组以星型连接到集线器上，然后通过单根总线进行联网，如图 1-7 所示。通过这种设计，网络可以覆盖较大的距离，很容易与不同的网络段进行互连或隔绝。这种结构的一个缺点是它比单独使用星型特别是总线拓扑结构要昂贵得多。星型总线拓扑结构是组成以太网和快速以太网的基础。

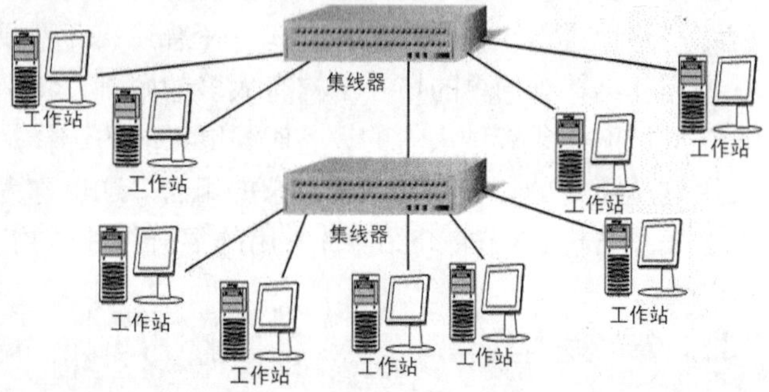

图 1-7 星型总线拓扑结构

1.4.3 菊花链型

星型环网络拓扑和星型总线网络拓扑都过于简单，而不能代表一种典型的中等规模局域网，但可使用提供星型总线或星型环拓扑服务的集线器形成菊花链，以构成一个更为复杂的混合拓扑结构，如图 1-8 所示。

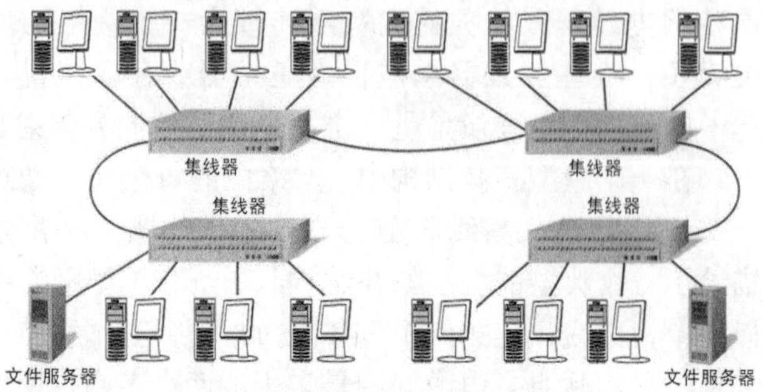

图 1-8 菊花链型拓扑结构

提示

一个菊花链就是一系列设备的链接。由于星型混合拓扑能进行模块化扩展，所以菊花链是网络扩展的一种逻辑解决方法。同时，多台集线器可以通过电缆连接到它们的端口上，从而实现网段互连。因此通过这种方法扩展一个局域网的基础结构几乎不需额外的成本。

注意

菊花链简单的拓扑结构很可能引起各种故障。例如，IEEE 规范如 Ethernet 802.3 标准为维护传输的完整性指定了能有序连接的集线器的最大数目。使用的集线器个数超过了标准所建议的数目，将对一个局域网的功能有负面的影响。其他方面，如果扩展一个局域网超出了它所推荐的规模，会导致一些间歇性且不可预料的数据传输错误。此外，假如使用有限的带宽进行拓扑结构的菊花链化，可能有信道超载及产生更多数据错误的风险。

1.4.4 层次结构

前面所讨论的拓扑结构没有对不同工作组的功能或优先权进行区分。将设备按等级分层有许多原因，考虑到安全性、开销、可扩展性、网络编址、带宽或可靠性，可能将集线器、交换机和路由器分层。此外，存在许多方法分割设备和工作组，从而产生各种不同的层次拓扑结构。如可以把拓扑结构想象成类似于一个公司的组织图表，其中部门按照功能划分，不同的人员属于组织图表中不同的级别。对网络中的设备分组的一种可能的方法是将它们分割成层。一个层仅是对网络设备进行逻辑分割。一个层次混合拓扑结构使用层将设备按照它们的优先权或功能进行分割。一个层次拓扑结构可以有许多层，并可以连接不同类型的简单拓扑结构。如图 1-9 所示描绘了一个具有三层的层次环型拓扑结构。顶层是网络的主干，第二层对文件服务器提供直接的连接，并对第三层提供中间连接，第三层则为多个工作组提供服务，如管理、销售和信息技术。

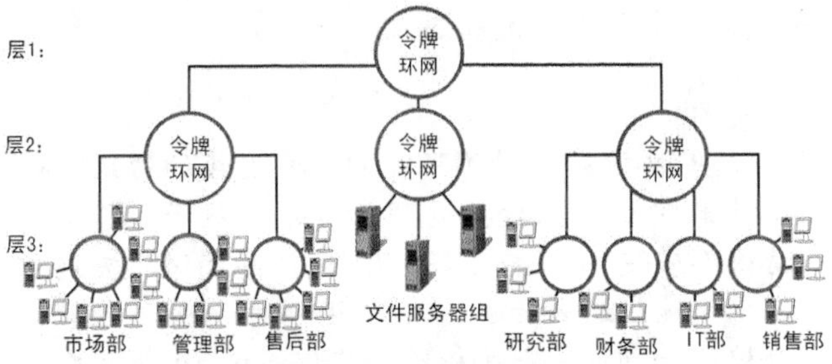

图 1-9 层次拓扑结构

> **提 示**
>
> 将拓扑结构层次化有以下几种优点：对不同的组进行带宽隔离的能力，易于增加或隔绝不同的网络组，易于与不同的网络类型互连，因此，层次拓扑结构构成了高速局域网和广域网设计的基础。

1.5 局域网通信协议

在网络中，术语“协议”用于指示一组联合作用的单个协议。一组中的各个协议均被安排了不同的任务，例如数据翻译、数据处理、错误校验以及编址，这些协议对应用于 OSI 模型的不同层。下面将重点介绍四种主要的联网协议组：TCP/IP、IPX/SPX、NetBIOS 和 AppleTalk，同时了解它们的各部件是如何对应于 OSI 模型的各层的。

使用何种协议(或协议组)依赖于许多因素，包括既存的网络系统、组织的技术专业知识以及网络安全性和速度需要。根据它们的速度、发送效率、资源利用、安装难易、兼容性，以及在一个局域网段与另一个局域网段之间的连通能力而使用不同的协议。能够跨越多个局域网段的协议被称为可路由协议。由于其携带了网络层信息和编址信息，这些信息可由路由器理解。然而，并不是所有的协议都是可路由的。除网络大小外，还将考虑它的互连需求，数据安全性需求以及网络管理人员的技术与专业知识。大多数网络由于具有理论混合的硬件或软件体系结构而使用多种协议，因此，不仅是了解每种协议，而且理解它们是如何联合作用的也很重要。使用多种协议的网络被称为多协议网络。多协议网络在商业界是非常通用的。它比局域网得到了较好的建立，已经从传统系统发展为较新的更有效的网络。TCP/IP 是目前为止使用最广泛的协议，其次是 IPX/SPX、NetBIOS 和 NetBEUI，最后是 AppleTalk。

1.5.1 TCP/IP 协议

TCP/IP 不是一个简单的协议，而是一组小的、专业化协议，包括 TCP、IP、UDP、ARP、ICMP 以及其他的一些被称为子协议的协议。大部分网络管理员将整组协议称为 TCP/IP，有时简称为 IP。TCP/IP 的前身是由美国国防部在 20 世纪 60 年代末期为其高级研究规划署网络(ARPAnet)而开发的。由于低成本以及在多个不同平台间通信的可靠性，TCP/IP 迅速发展并开始流行。它实际上是一个关于因特网的标准，迅速成为局域网的首选协议。

TCP/IP 最大的优势之一是其可路由性，也就意味着它可以携带被路由器解释的网络编址信息。TCP/IP 还具有灵活性，可在多个网络操作系统(NOS)或网络介质的联合系统中运行。然而由于它的灵活性，TCP/IP 需要更多的配置。

1. TCP/IP 与 OSI 模型的比较

如图 1-10 所示描述了 TCP/IP 协议组对应于 OSI 模型的七层结构。

TCP/IP 协议组可分为四层，具体描述如下。

- 应用层：大致对应于 OSI 模型的应用层和表示层，借助于 Winsock API、FTP(文件传输协议)、TFTP(普通文件传输协议)、HTTP(超文本传输协议)，SMTP(简单邮件传输协议)以及 DHCP(动态主机配置协议)，应用程序通过该层利用网络。

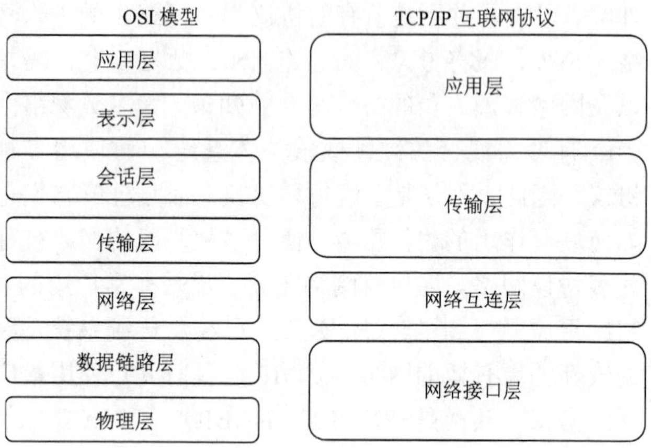

图 1-10　OSI 模型与 TCP/IP 协议的比较

- 传输层：大致对应于 OSI 模型的会话层和传输层，包括 TCP(传输控制协议)以及 UDP(用户数据报协议)，这些协议负责提供流控制、错误校验和排序服务。所有的服务请求都使用这些协议。
- 网络互连层：对应于 OSI 模型的网络层，包括 IP(网际协议)、ICMP(网际控制报文协议)、IGMP(网际组报文协议)以及 ARP(地址解析协议)。这些协议处理信息的路由以及主机地址解析。
- 网络接口层：大致对应于 OSI 模型的数据链路层和物理层，该层处理数据的格式化以及将数据传输到网络电缆。

2. TCP/IP 核心协议

TCP/IP 协议群中的子协议或 TCP/IP 核心协议，被设计成运行在 OSI 模型的传输层或网络层的协议，它们为网络中的各主机提供通信服务。它们也对四层模型的最高层“应用层”中的协议提供服务。TCP 和 IP 是 TCP/IP 协议群中最重要的核心协议。

除了下面将讨论的子协议，TCP/IP 协议群中还有一组路由协议作为其特色协议，这些协议有助于路由器更有效地管理信息流。

(1) IP(网际协议)。

网际协议(Internet Protocol，IP)属于 TCP/IP 模型的网络互连层，提供关于数据应如何传输以及传输到何处的信息。IP 是一种使 TCP/IP 可用于网络连接的子协议，即 TCP/IP 可跨越多个局域网段或通过路由器跨越多种类型的网络。在一个网际环境中，被连接在一起的单个网络被称为子网。使用子网是 TCP/IP 联网的一个重要部分。数据帧的 IP 部分被称为一个 IP 数据报，IP 数据报如同数据的封面，包含了路由器在子网中传输数据所必需的信息。IP 数据报包括报头和数据，总长度不能超过 65535 字节。

提示

IP 协议是一种不可靠的、无连接的协议，即意味着它不保证数据的可靠传输。然而，TCP/IP 协议群中更高层协议可使用 IP 信息确保数据包按正确的地址进行传输。注意 IP 数据报并不包含一个校验和部件，报头校验和仅仅验证 IP 报头中路由信息的完整性。如果当数据包被接收时伴随信息的校验和值不正确，则数据包将被认为已破坏并被抛弃，同时，一个新的数据包被发送。

(2) TCP(传输控制协议)。

传输控制协议(Transmission Control Protocol，TCP)协议属于 TCP/IP 协议群中的传输层，提供可靠的数据传输服务。TCP 是一种面向连接的子协议，意味着在该协议准备发送数据时，通信节点之间必须建立起一个连接。TCP 协议位于 IP 子协议的上层，通过提供校验和、流控制及序列信息弥补 IP 协议可靠性的缺陷。如果一个应用程序只依靠 IP 协议发送数据，IP 协议将杂乱地发送数据，如不检测目标节点是否脱机，或数据是否在发送过程中已被破坏。另一方面，TCP 包括了可保证数据可靠性的几个组件。

(3) UDP(用户数据报协议)。

用户数据报协议(User Datagram Protocol，UDP)，如同 TCP 协议，位于 TCP/IP 模型中网络互连层和应用层之间的传输层中。不同于 TCP 协议的是，UDP 是一种无连接的传输服务，它不保证数据包以正确的序列被接收。事实上，该协议根本不保证数据包的接收，而且，它不提供错误校验或序列编号。然而通过

Internet 进行实况录音或电视转播，要求迅速发送数据时，UDP 的不精确性使得它比 TCP 协议更加有效。在这些情况下，具有验证、校验和流控制机制的 TCP 协议将增加太多的报头，造成难以发送。与 TCP 协议的 10 个域相对照，UDP 报头仅包含了 4 个域：源端口、目标端口、长度和校验和。

(4) ICMP(网际控制报文协议)。

虽然 IP 能确保数据包到达正确的目标点，但当发送过程出了某些问题时，网际控制报文协议(Internet Control Message Protocol，ICMP)将通知发送方且数据不再被传送。ICMP 位于 TCP/IP 模型网络互连层的 IP 协议和 TCP 协议之间，它不提供错误控制服务，而仅仅报告哪一个网络是不可到达的，哪一个数据包因分配的生存时间(它们的 TTL)过期而被抛弃。

(5) ARP(地址解析协议)。

地址解析协议(Address Resolution Protocol，ARP)是一个网络互连层协议，它获取主机或节点的 MAC 地址(物理地址)并创建一个本地数据库以将 MAC 地址映射到主机 IP(逻辑)地址上。ARP 协议与 IP 协议紧密协作，因为 IP 在指导发送数据到目标主机之前必须具有目标主机的地址。

技巧

如果一个主机需要知道在同一子网的另一主机的 MAC 地址，第一个主机将向网络发送一条广播消息，如“IP 地址为 AA.BB.CC.DD 的计算机请发送 MAC 地址”。在本地子网中具有 IP 地址为 AA.BB.CC.DD 的主机将广播一条包括目标主机物理地址的 ARP 响应。为使 ARP 更加有效，计算机在一个缓冲区保存已经知道的 IP-MAC 地址映射表，这样就无需广播冗余请求。

3. TCP/IP 协议群中编址

网络中的每个节点必须有一个唯一的称之为地址的标识号。网络可以识别两类地址：逻辑和物理(或 MAC)地址。MAC 地址被嵌入列一个设备的网络接口卡中，因而是不可变的。但逻辑地址依赖于协议标准所制定的规则。在 TCP/IP 协议群中，IP 协议是负责逻辑编址的核心。因此，在 TCP/IP 网络中地址有时也被称为“IP 地址”，IP 地址依据非常特定的参数进行分配和使用。每个 IP 地址是一个唯一的 32 位数，被分割成 4 组 Octet，或 8 位字节，每组用句点分开。一个合法的 IP 地址如 192.168.1.28。一个 IP 地址包含两类信息：网络和主机。第一个 Octet 标识网络类。存在三种类型的网络：A 类、B 类，以及 C 类。表 1-1 总结了 TCP/IP 网络通用的三种类型。

表 1-1 常用的 TCP/IP 网络类型

网络类型	开始的 8 位字节	网络数目	每个网络中最多的主机数
A	1～126	126	16777214
B	128～191	>16000	65534
C	192～223	>2000000	254

注意

虽然 8 位有 256 种可能的组合，仅仅只有 1～254 能被用于标识网络和主机。数字 0 和 255 被保留，用于向网络中的所有站广播或发送信息。

A 类网络中的所有节点共享 IP 地址的第一个字节，该字节从 1 开始到 126。B 类网络中的所有节点共享 IP 地址的最初两个字节，它们的 IP 地址第一个字节从 128 开始到 191。C 类网络 IP 地址共享最初三个字节，第一个字节位于 192～223 之间。例如，具有下列 IP 地址的节点可能属于相同的 A 类网络：23.78.110.109、23.164.32.97、23.48.112.43，以及 23.108.37.22。具有下列 IP 地址的节点可能属于相同的 B 类网络：168.34.88.29、168.34.55.41、168.34.73.49 以及 168.34.205.113。具有下列 IP 地址的节点可能属于相同的 C 类网络：204.139.118.7、204.139.118.54、204.139.118.14 以及 204.139.118.31。

浏览一台连接到网络中的 Windows 7 工作站的 IP 信息的具体操作步骤如下。

Step 1 选择“开始”→“运行”命令，在弹出的“运行”对话框中输入“cmd”，然后单击“确定”按钮。

Step 2 在打开的命令提示符窗口中输入“ipconfig/all”命令，此时，工作站 IP 地址信息就会在下面显示出来，如图 1-11 所示。

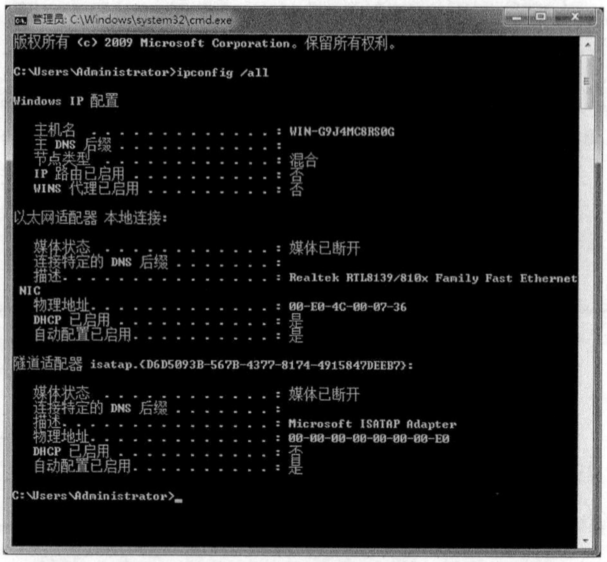

图 1-11　IP 地址信息

试一试

查看自己电脑的 IP 地址详细信息。

1.5.2　IPX/SPX 协议

IPX/SPX(网级包交换/序列包交换)最初是由 Xerox 开发的一种协议，在 20 世纪 80 年代由 Novell 进行修改并应用于它的 NetWare 网络操作系统。IPX/SPX 需要确保运行 NetWare 版本 3.2 及更低版本的局域网间可以互操作，并能用于运行 NetWare 操作系统更高版本的局域网上。其他的网络操作系统，如 Windows Server 2008 和工作站操作系统如 Windows 7，能使用 IPX/SPX 协议与 Novell NetWare 系统进行网际互联。在 Windows 网络操作系统中，IPX/SPX 被称为 NWLink。

如同 TCP/IP 协议群，IPX/SPX 是驻留在 OSI 模型不同层的协议组合。也如同 TCP/IP 协议群，IPX/SPX 携带网络编址信息，因而它是可路由的。

1. IPX/SPX 与 OSI 模型的比较

IPX/SPX 协议群包含了许多属于 OSI 模型不同层的子协议，但子协议个数不如 TCP/IP 协议群的子协议多。由于这个原因，一般不对 IPX/SPX 分配它自己的通信模型。

如图 1-12 所示列出了 IPX/SPX 的子协议与 OSI 模型的大致对应关系。值得注意的是，IPX 协议对应于 OSI 模型的网络层，SPX 协议对应于传输层。

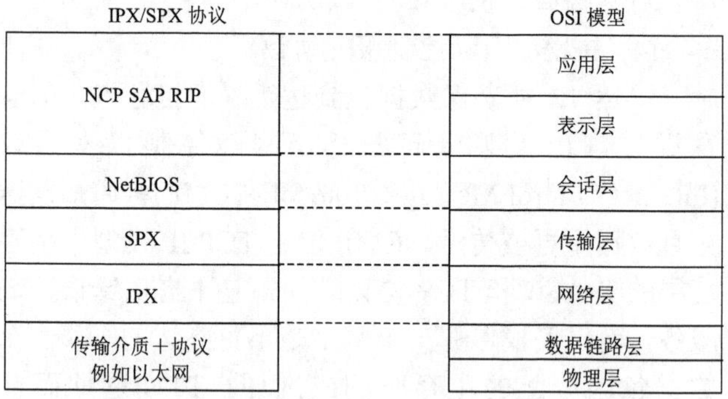

图 1-12　IPX/SPX 协议与 OSI 模型的比较

2. IPX/SPX 核心协议

IPX/SPX 的核心协议提供了 OSI 模型中传输层和网络层的服务，最重要的子协议是 IPX 和 SPX。这两个协议和其他核心协议将在下面解释。

(1) IPX 协议。

IPX(Internetwork Packet Exchange，网际包交换)协议类似于 TCP/IP 协议群中的 IP 协议，作用于 OSI 模型的网络层，提供路由和网际服务。IPX 数据报的各部件描述如下，它的结构如图 1-13 所示。

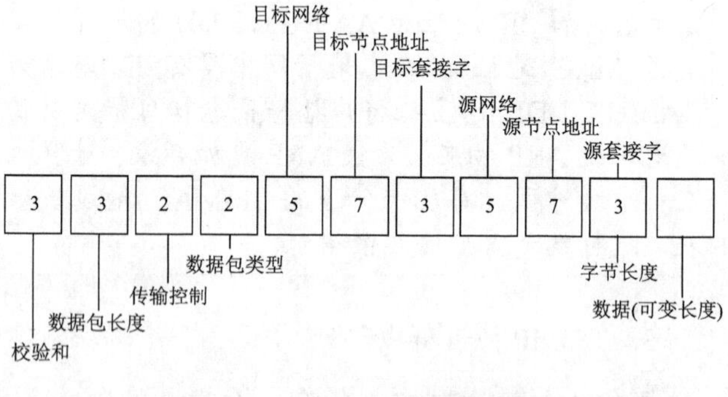

图 1-13　一个 IPX 数据包部件

如同 IP 协议，IPX 协议也使用数据报传输数据。在发送数据前，由于不要求建立一个会话，IPX 协议是一种无连接的服务，它将不保证数据是否将以有序或无错的形式发送。总之，它是一种功能有限但高效的子协议，所有的IPX/SPX通信都依赖于IPX，上层协议完成IPX不能实现的功能。

(2) SPX协议。

SPX(Sequenced Packet Exchange，序列包交换)协议属于OSI模型的传输层，它与IPX协议共同作用以确保数据被完整地、无错地接受。如同TCP/IP协议群中的TCP/IP协议，SPX是一种面向连接的协议，因而它必须确认在发送数据前与目标节点建立了一个会话。它能检测一个数据包是否被全部接受。若发现数据包丢失或被破坏，SPX协议将重发该数据包。SPX信息封装在IPX数据包中，也就是它的域位于IPX数据报的数据域中，如图1-14所示。

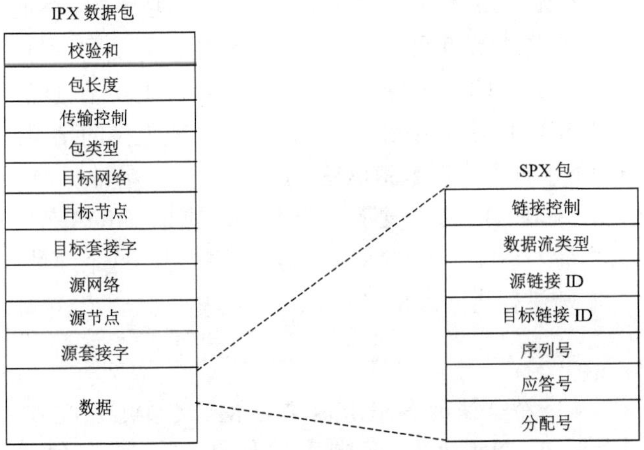

图1-14 由IPX数据包封装的SPX数据包

SPX数据包如同TCP段，包含了许多域，以确保数据传输的可靠性。一个SPX数据包包含了一个长为42字节的报头，报头后面是长度为0～534字节的数据。一个SPX数据包可以小到42字节(即报头大小)或大到576字节。

(3) SAP协议。

SAP(Service Advertising Protocol，服务广告协议)作用于OSI模型的应用层、表示层、会话层，直接运行于IPX协议之上。NetWare服务器和路由器使用SAP协议向整个网络广告它们所能提供的服务。

在使用NDS(NetWare目录服务)的网络中，由于NDS可以引导用户获得需要的服务，因此SAP不是必需的。例如，当客户机需要打印时不是让服务器每隔60秒钟通过SAP协议发送广播通知它能执行打印服务，而是由NDS直接引导客户机到该服务器获得打印服务。

(4) NCP协议。

NCP(NetWare Core Protocol，NetWare核心协议)处理客户机与服务器之间的服务请求，如打印和文件访问。NCP位于IPX之上，作用于OSI模型的表示层和会话层。从本质上说，NCP如同工作站操作系统和NetWare操作系统之间的一个翻译器，它通过“请求-应答”机制来完成翻译功能。即一旦客户机向服务器请求一个服务，NCP将通知服务器有个请求待解决。在允许工作站发送数据之前，NCP将等待服务器验证请求。虽然这种交换具有高的可靠性，它也导致了额外的通信量，并且对使用路由器的网络如广域网增加了拥塞。

3. IPX/SPX的编址

由于IPX/SPX网络主要依靠每个工作站的MAC地址(虽然对IPX/SPX服务器的编址可能更复杂些)，对运行IPX/SPX协议的计算机进行网络地址的维护要比对TCP/IP网络进行地址维护简单得多。如同TCP/IP网络一样，IPX/SPX网络也要求对网络中的每个节点分配一个唯一的地址以避免通信冲突。由于IPX是处理编址协议的一个组件，在IPX/SPX网络中的地址被称为IPX地址。IPX地址包括两个部分：网络地址(也被称为外部网络号)以及节点地址。当网络管理员在一个服务器上安装NetWare操作系统时，将建立一个网络地址。网络地址必须是一个8位的十六进制地址，意即它的每一位的取值范围可以从0～9或A～F。

一个合法的网络地址例子如000008A2。当使用特定服务器作为网络的主服务器时，网络中所有节点的IPX地址的第一部分就是该服务器的网络地址。

> **注意**
>
> 地址00000000是一个空值，不能用作网络地址；地址FFFFFFFF是一个广播地址，也不能被作为网络地址分配。

IPX地址的第二部分，节点地址，等同于网络设备的MAC地址。每个网络接口卡都应有一个唯一的

MAC 地址，因此在这种系统中不可能存在重复的 IPX 地址。

技 巧

此外，使用 MAC 地址意味着无须对每个客户机工作站上的 IPX/SPX 协议配置地址，它们已由网络接口卡定义。将一个 MAC 地址加在前面例子中所使用的网络地址后，则能构成网络中一个工作站的完整的 IPX 地址：000008A2:0060973E97F3。

1.5.3 NetBIOS 协议和 NetBEUI 协议

NetBIOS(网络基本输入输出系统)最初是由 IBM 设计的协议，对运行在小型网络上的应用程序提供传输层和会话层服务。Microsoft 将 IBM 的 NetBIOS 作为自己的基础协议，最初用于使用 LAN Manager 或 Windows 的网络中。但后来又在 NetBIOS 上增加了一个应用层组件，称之为 NetBIOS 增强用户接口。

NetBEUI 是一种快速有效的协议，它只消耗少量的网络资源，并能提供非常好的纠错功能，而且只需非常少的配置。但它仅仅支持 254 个连接，且不适用于不安全的环境。而且，由于 NetBEUI 缺少一个网络层(编址信息)，它是非路由的(若必要，NetBEUI 可被其他协议封装，然后才具有可路由性，但这种方法将把一个 NetBEUI 网络改变成一个运行 TCP/IP 协议的网络)。因而，这种协议不适合于大型网络。当前，NetBEUI 通常用于小型的基于 Microsoft 的网络以及传统的、端到端网络。在较新的基于 Microsoft 的网络中，因 TCP/IP 比 NetBEUI 更灵活且更易改变规模，而成为首选的协议。

1. NetBIOS 和 NetBEUI 与 OSI 模型的比较

由于 NetBIOS 和 NetBEUI 都不能提供 OSI 的所有层的服务，当其与 OSI 模型比较时，常与其他协议群如 IPX/SPX 或 TCP/IP 配对使用。图 1-15 中显示了 NetBIOS 和 NetBEUI 是如何对应 OSI 模型的。

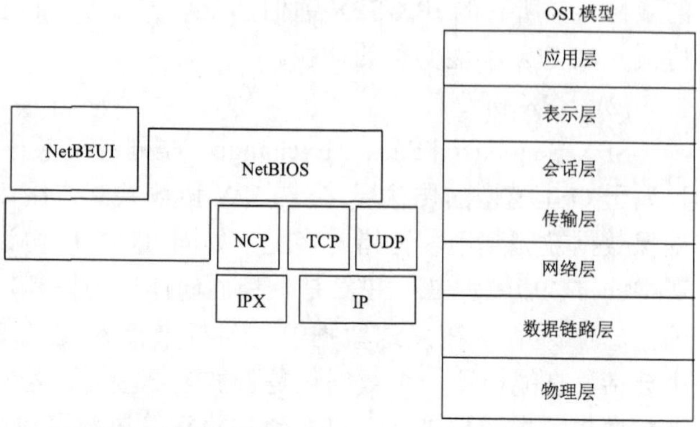

图 1-15 NetBIOS 和 NetBEUI 与 OSI 模型的比较

2. NetBIOS 编址

NetBIOS 不包括网络层，因而不能被路由。然而，为了在网络节点间传输数据，NetBIOS 需要到达每个工作站。因此，网络管理员必须对每个工作站分配一个 NetBIOS 名。NetBIOS 名由 16 个或更少的字符组成(唯一的例外是 NetBIOS 名不能由一个星号开始)。一旦 NetBIOS 协议发现一个工作站的 NetBIOS 名后，它将能发现工作站的 MAC 地址，并使用这个地址与工作站进行进一步的通信。

技 巧

一个合法的 NetBIOS 名为 MY_COMPUTER。当解决 NetBIOS 网络上的问题时，可以使用 NetBIOS 名。

1.5.4 AppleTalk 协议

从事艺术或教育的商业团体和事业机构，如广告公司、小学以及绘图公司，常常使用 Apple Macintosh 计算机，AppleTalk 是一种用于连接 Macintosh 计算机的协议群。虽然 AppleTalk 最初设计是为了支持 Macintosh 计算机间的端到端联网，现在它也能通过网段间路由，并能与 NetWare 或 Macintosh 的网络集成。

AppleTalk 网络被分割成若干个称之为 AppleTalk 区的计算机逻辑组。每个网络可以包含多个区，但每个节点只能属于一个区。AppleTalk 使用户能共享另一个 Macintosh 组的文件和打印机资源。区名不必遵从 TCP/IP 和 IPX/SPX 网络所必须遵从的严格的命名规则。区名一般描述了一个部门或共享文件的其他的用户组，区名的例子如“销售和市场”。Apple 已经改善了 AppleTalk 的性能，使之能使用不同的网络模型并跨越多个网络段，但它仍然不适用于大型的局域网或广域网。现在 Apple 已经开始支持 TCP/IP 协议，以将 Macintosh 网与其他网络(包括因特网)进行集成。

1. AppleTalk 与 OSI 模型的比较

AppleTalk 是一个完整的协议群，包括了适用于 OSI 模型各层的服务，如图 1-16 所示。

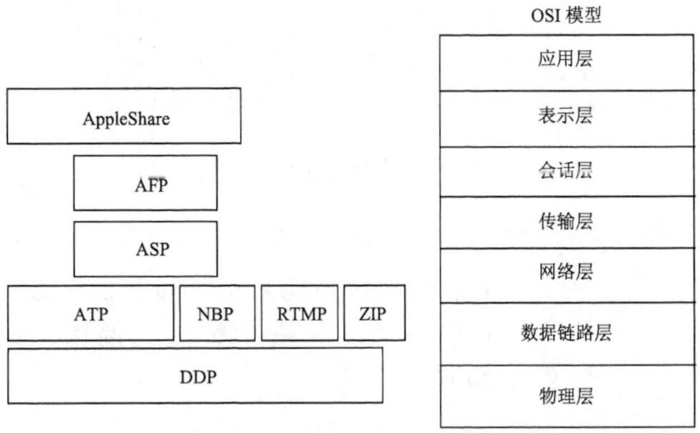

图 1-16 AppleTalk 协议与 OSI 模型的对应

对点到点通信较重要的 AppleTalk 子协议描述如下。

- AppleShare：提供文件共享服务、打印队列服务、使用文件或文件夹的口令以及用户账号信息。
- AppleTalk 接口协议(AFP)：提供本地或远程系统透明接入。
- AppleTalk 会话协议(ASP)：建立和维护节点和服务器之间的连接。
- AppleTalk 事务协议(ATP)：通过检测节点间的连接检验数据包序列以及重发丢失的任何数据包，从而保证数据的可靠传输。
- 命令约束协议(NBP)：将便于阅读的节点名翻译成数字化的 AppleTalk 地址。
- 路由表维护协议(RTMP)：维护 AppleTalk 区以及网络的路由表，并使用 ZIP 管理路由表中的数据。
- 区域信息协议(ZIP)：更新用于路由目的的连接区与网络的区信息图。
- 数据报传输协议(DDP)：启动时分配 AppleTalk 节点地址并管理节点间通信的寻址范围。

2. AppleTalk 协议的编址

根据上述内容已经知道 AppleTalk 的使用区，区名可以是普通定义的单词或者数字且没有什么限制。除区名之外，AppleTalk 使用节点 ID 和网络号标识网络中的计算机。AppleTalk 节点 ID 是标识网络中一个计算机的唯一的 8 位或 16 位数字。当工作站初次连接到网络上时，AppleTalk 对每个工作站分配一个节点 ID。ID 是从当前可以获得的一组地址中随机选择的，一旦一个设备得到一个地址，就将把它储存起来以备将来使用。AppleTalk 编址使用户能识别一组来自服务器的共享地址，因而它是简单的。当客户机连接到服务器上时，它们挑选一个地址，从而无须对每个单独的工作配置地址。

1.5.5 安装协议

安装的协议将依赖于所运行的操作系统。本节描述如何在 Windows 7 和 Windows Server 2008 客户机工作站上安装最通用的协议。

安装协议仅仅是使它工作的第一步。在协议安装后，必须将它们与网络接口卡以及它们所使用的服务绑定起来。绑定是指定一个网络部件与另一个部件协同工作的过程。当在 Windows 7 或 Windows Server 2008 工作站上安装了一个协议时，它将自动将自身与计算机上的网络接口卡及所发现的服务绑定在一起。为使绑定有效，必须重新启动工作站。为了最优化网络性能，应该仅仅安装和绑定必须使用的协议。例如，一个 Windows Server 2008 服务器试图按照出现在协议列表中的顺序使用绑定协议直到发现响应正确的一个协议。这种方法将浪费进程时间，仅仅绑定所需的协议将使它更加有效。

1. 在 Windows Server 2008 工作站上安装协议

下面的操作步骤显示了如何在一个 Windows Server 2008 工作站上安装网络协议，与在 Windows 7 工作站上安装其他协议的过程几乎相同。

Step 1 插入 Windows Server 2008 安装光盘，以管理员的身份登录到工作站上。

Step 2 在“网络”图标上单击鼠标右键，在弹出的快捷菜单中选择“属性”命令，打开“网络和共享中心”窗口，单击“任务”下的“管理网络连接”链接，如图 1-17 所示。

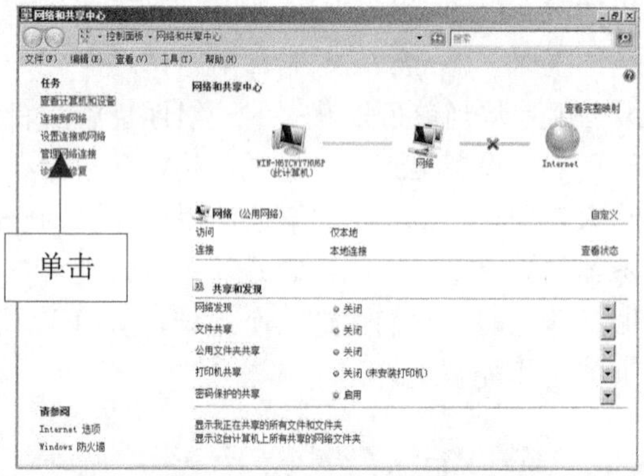

图 1-17 “网络和共享中心”窗口

Step 3 出现“网络连接”窗口，如图 1-18 所示，在“本地连接”图标上单击鼠标右键，在弹出的快捷菜单中选择“属性”命令。

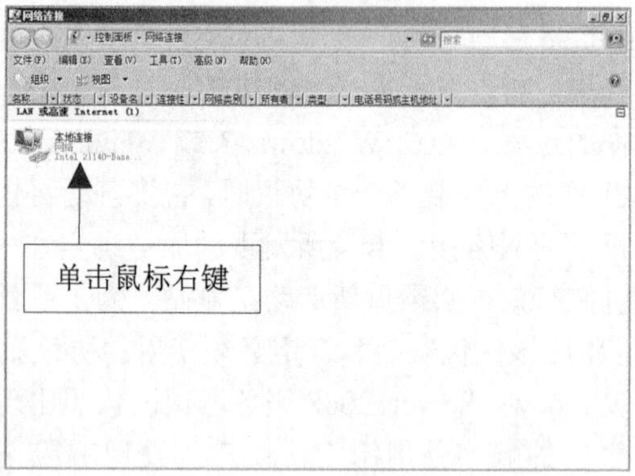

图 1-18 “网络连接”窗口

Step 4 弹出“网络连接 属性”对话框，单击“安装”按钮，如图 1-19 所示。

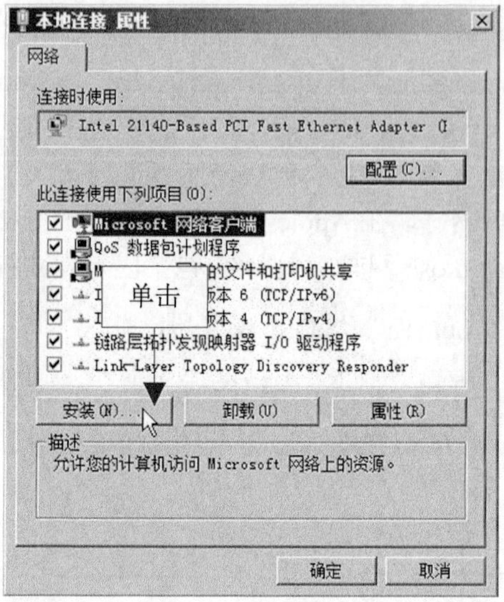

图 1-19 单击“安装”按钮

Step 5 弹出“选择网络功能类型”对话框，在“单击要安装的网络功能类型”列表框中选择“协议”选项，单击“添加”按钮，如图 1-20 所示。

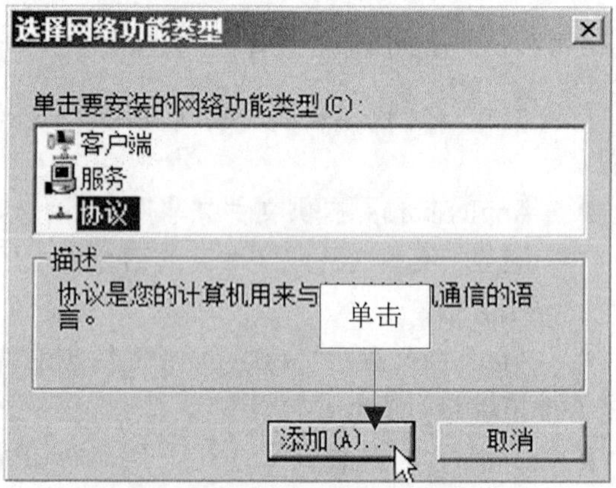

图 1-20 单击“添加”按钮

Step 6 弹出“选择网络协议”对话框，在“网络协议”列表框中选择相应选项，单击“确定”按钮，如图 1-21 所示。

Step 7 返回到“本地连接 属性”对话框，即可在“此连接使用下列项目”列表框中看到所安装的协议，如图 1-22 所示。单击“关闭”按钮，关闭“本地连接 属性”对话框即可。

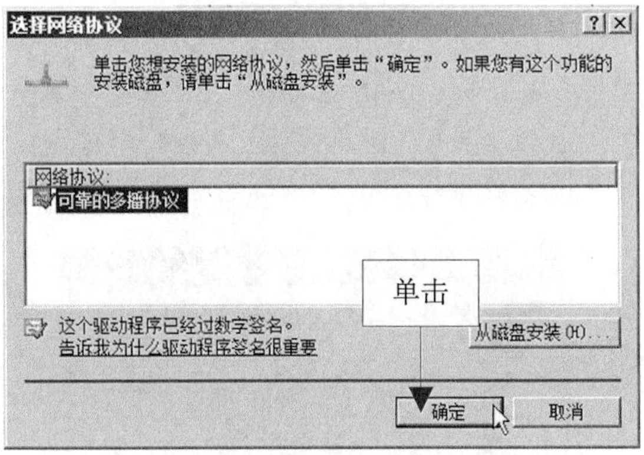

图 1-21　单击“确定”按钮

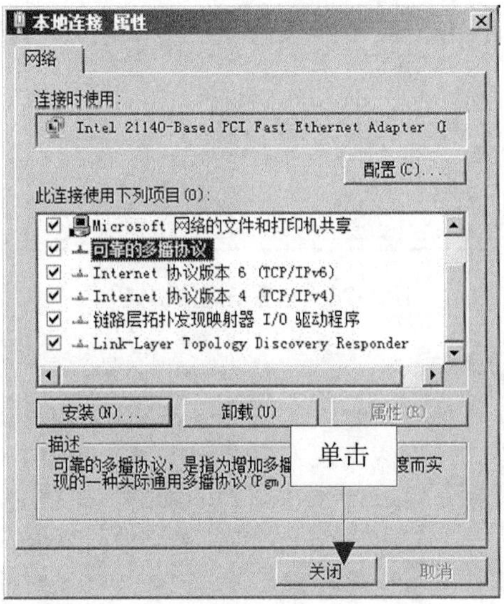

图 1-22　查看安装的协议

试一试

读者可以在 Windows Server 2008 工作站上安装“可靠的多播协议”。

2. 在 Windows XP 工作站上安装协议

下面的操作步骤显示如何在一个 Windows XP 工作站上安装 TCP/IP 协议(假设在初次安装操作系统时没有安装这个协议，或者此协议被破坏需重新安装。Windows 7 在默认安装下包括了 TCP/IP 协议)。

Step 1 在“网上邻居”图标上单击鼠标右键，在弹出的快捷菜单中选择“属性”命令，如图 1-23 所示。

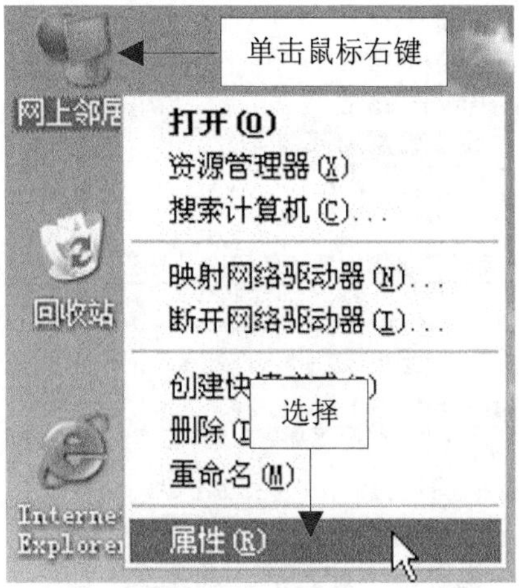

图 1-23　选择“属性”命令

Step 2 打开“网络连接”窗口，在“本地连接”图标上单击鼠标右键，在弹出的快捷菜单中选择“属性”命令，如图 1-24 所示。

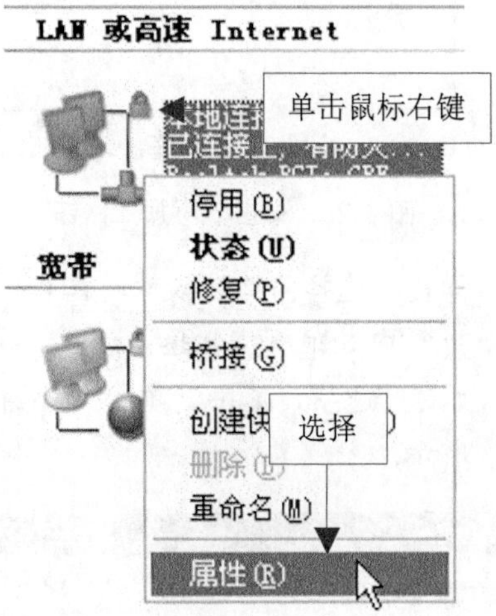

图 1-24　选择“属性”命令

Step 3 弹出“本地连接 属性”对话框，单击“安装”按钮，如图 1-25 所示。

Step 4 弹出“选择网络组件类型”对话框，在“单击要安装的网络组件类型”列表框中选择“协议”选项，单击“添加”按钮，如图 1-26 所示。

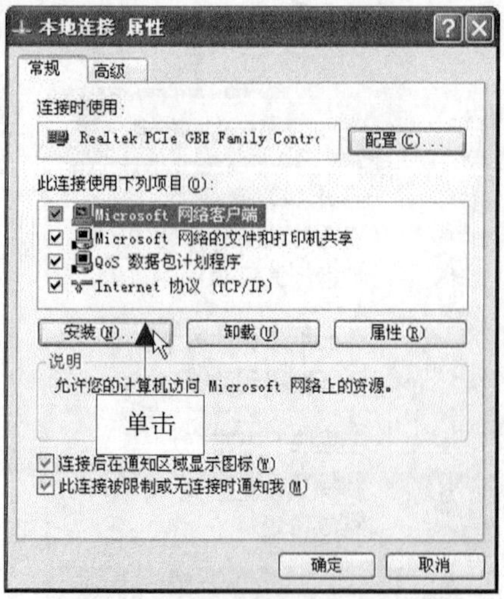

图 1-25　单击“安装”按钮

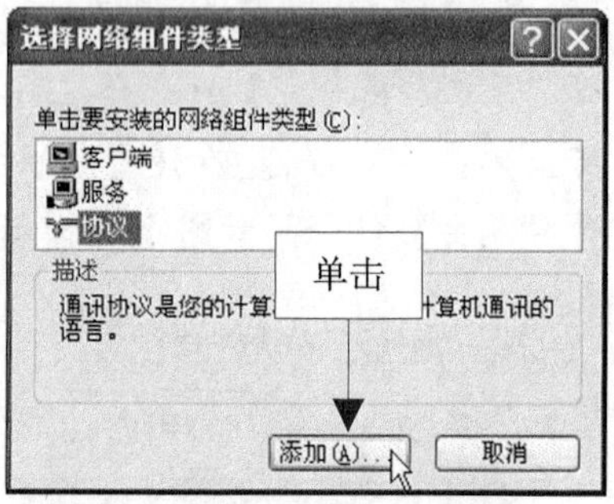

图 1-26　单击“添加”按钮

Step 5　弹出“选择网络协议”对话框，在“网络协议”列表框中，选择“Microsoft TCP/IP 版本 6”选项，单击“确定”按钮，如图 1-27 所示。

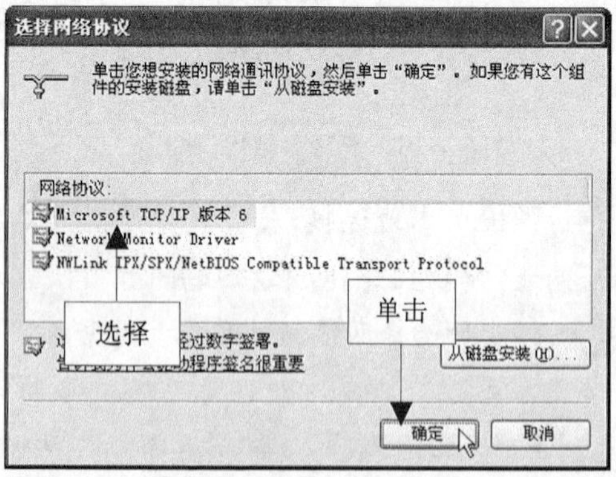

图 1-27　选择“Microsoft TCP/IP 版本 6”选项

Step 6　返回“本地连接 属性”对话框，在“此连接使用下列项目”列表框中即可看到所安装的协议，如图 1-28 所示，单击“关闭”按钮，关闭“本地连接 属性”对话框，即可完成操作。

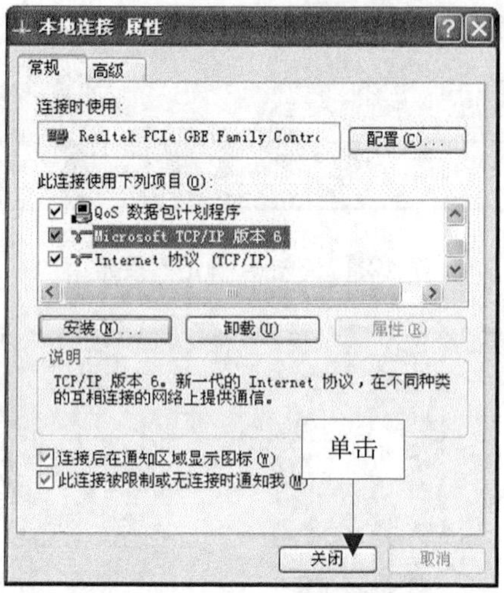

图 1-28　查看安装的协议

试一试

可用相同的方式在 Windows XP 工作站上增加其他协议。虽然安装完 IPX/SPX 或 NetBEUI 协议后无须对它们进行配置，但必须配置 TCP/IP 协议，除非使用了 DHCP 协议。绑定多个协议到相同的网络适配器上是可能的。事实上，这种绑定对于使用多种类型的协议的网络来说是必需的。

注意

除此之外，一个工作站可以有多个网络接口卡，几个不同的协议可以绑定到每个网络接口卡上。更多的相同的协议在不同的网络接口卡上可以进行不同的配置。例如，管理了包括两个网络接口卡的 NetWare 服务器，服务器对许多客户机同时提供 TCP/IP 和 IPX/SPX 通信。在服务器上安装了 TCP/IP 协议后，需要使用网络操作系统协议配置工具为每个网络接口卡配置 TCP/IP 协议。同样，还需要为每个网络接口卡单独配置 IPX/SPX 协议。如果不为每个网络接口卡单独配置协议，客户机在与服务器间进行发送和接收数据时将不知道地址指向哪个网络接口卡。

3. 设置网络号码

在安装了 IPX/SPX 协议的计算机上可以设置计算机的内部网络号码，主要可以防止进行局域网连接时出现冲突现象，其具体操作步骤如下。

Step 1 在“网上邻居”图标上单击鼠标右键，然后在弹出的快捷菜单中选择“属性”命令，打开“网络连接”窗口，在“本地连接”图标上单击鼠标右键，在弹出的快捷菜单中选择“属性”命令，弹出“本地连接 属性”对话框，在“此连接使用下列项目”列表框中选择 IPX/SPX 协议，如图 1-29 所示，单击“属性”按钮。

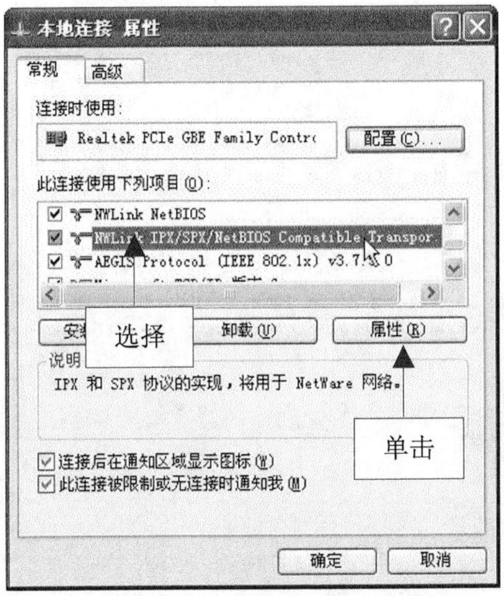

图 1-29 选择相应的选项

Step 2 弹出如图 1-30 所示的对话框，即可在“内部网络号”右侧的文本框中输入计算机的网络号码，单击“确定”按钮。

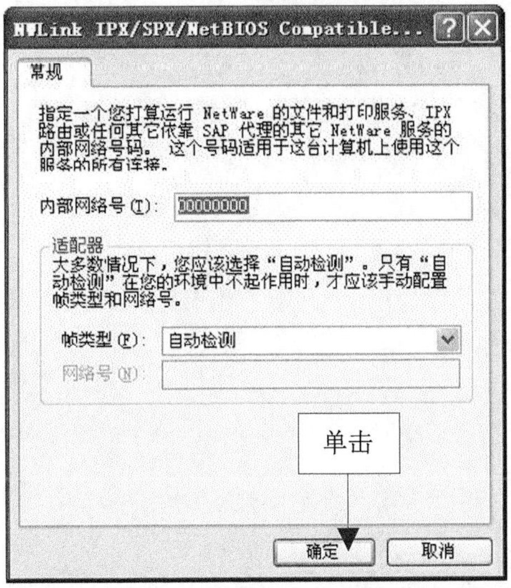

图 1-30 输入计算机的网络号码

试一试

有时候在进行局域网游戏时经常无法联机，读者可以试着用上面的方法修改不同的网络号码。

第 2 章

局域网的搭建方案

随着网络技术的发展，局域网技术已经应用到各行各业中，并且已成为人们日常生活不可缺少的一部分。本章将逐步讲解如何组建一个局域网，让读者了解小型、中型、大型等几种典型局域网以及对等网组建的基本方案和组建步骤。

本章学习要点

- 对等局域网
- 客户机/服务器局域网
- 无线局域网
- 局域网组建方案
- 组建对等网

2.1 对等局域网

对等网可以说是当今最简单的网络，非常适合家庭、校园和小型办公室。它不仅投资少，连接也很容易。本节主要介绍对等局域网的相关知识。

2.1.1 对等网概述

“对等网”也称“工作组网”，因为它不像企业专业网络那样是通过域来控制的，在对等网中没有“域”，只有“工作组”，如图 2-1 所示。正因如此，在后面的具体网络配置中，就没有域的配置，而需配置工作组。很显然，“工作组”的概念远没有“域”那么广，所以对等网所能包含的用户数也是非常有限的。在对等网络中，计算机的数量通常不会超过 20 台，所以对等网络相对比较简单。

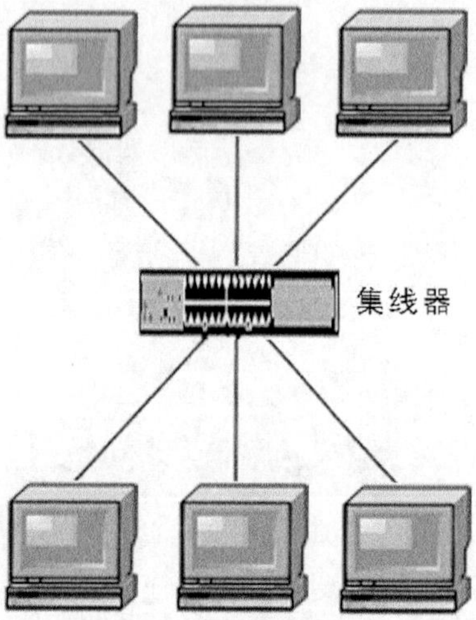

图 2-1 对等局域网

在对等网络中，对等网上各台计算机都有相同的功能，无主从之分，网上任意节点计算机既可以作为网络服务器，为其他计算机提供资源，也可以作为工作站，以分享其他服务器的资源。任何一台计算机均可同时兼作服务器和工作站，也可只作其中之一。同时，对等网除了共享文件之外，还可以共享打印机，对等网上的打印机可被网络上的任一节点使用，如同使用本地打印机一样方便。因为对等网不需要专门的服务器来做网络支持，也不需要其他组件来提高网络的性能，因而对等网络的价格相对要便宜很多。

2.1.2 对等网的特点

对等网能够生存和发展下来，这是由它的特殊结构和模式所决定的，对等网主要有如下特点。

- 网络用户比较少，一般在 20 台计算机以内，适合人员比较少、应用网络较多的中小企业。
- 网络用户都处于同一区域中。

提 示

对于对等网络来说，网络安全不是最重要的问题。它的主要优点有：网络成本低、网络配置和维护简单。它的缺点也是相当明显的，主要有：网络性能较低、数据保密性差、文件管理分散、计算机资源占用大。

2.1.3 对等网的结构

虽然对等网结构比较简单，但根据具体的应用环境和需求，对等网也因其规模和传输介质类型的不同，其实现的方式也有多种，下面分别介绍。

1. 两台机的对等网

这种对等网的组建方式比较多，在传输介质方面既可以采用双绞线，也可以使用同轴电缆，还可采用串、并行电缆。如图 2-2 所示为一台台式机与笔记本电脑使用双绞线组建的对等网。所需网络设备只需相应的网线或电缆和网卡，如果采用串、并行电缆还可省去网卡的投资，直接用串、并行电缆连接两台机即可，显然这是一种最廉价的对等网组建方式。这种方式中的“串/并行电缆”俗称“零调制解调器”，所以这种方式也称为“远程通信”。但这种采用串、并行电缆连接的网络的传输速率非常低，并且串、并行电缆制作比较麻烦，由于现在网卡设备等都非常便宜，所以这种对等网连接方式比较少用。

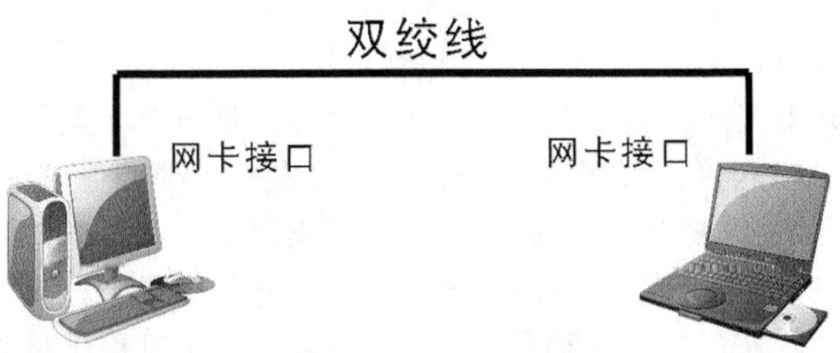

图 2-2　两台机的对等网

2. 三台机的对等网

如果网络所连接的计算机不是两台，而是三台，则此时就不能采用串、并行电缆连接了，而必须采用双绞线或同轴电缆作为传输介质，而且网卡是不能少的。如果是采用双绞线作为传输介质，根据网络结构的不同，又可有两种方式：一种是采用双网卡网桥方式，就是在其中一台计算机上安装两块网卡，另外两台机各安装一块网卡，然后用双绞线连接起来，再进行有关的系统配置即可；另一种是添加一个集线器作为集结线设备，组建一个星型对等网，三台机都直接与集线器相连。从这种方式的特点来看，虽然可以省下一块网卡，但需要购买一个集线器，网络成本会较前一种高些，但性能要好许多。如果采用同轴电缆作为传输介质，则不需要购买集线器了，只需把三台机用同轴电缆网线直接串联即可。虽然也只需 3 块网卡，但因同轴电缆较双绞线贵些，所以总的投资与用双绞线差不多。

3. 多于三台机的对等网

对于多于三台机的对等网，组建方式只能有两种：采用集线设备(集线器或交换机)或路由器组成星型网络；用同轴电缆直接串联。虽然这类对等网也可采用双网卡网桥方式，就是在除了首、尾两台计算机外都采用双网卡配置，但这种方式因要购买差不多两倍的网卡，成本较高，且双网卡配置对计算机硬件资源要求较高，所以不可能有人会用这种方式来实现多台计算机的对等网互联。

以上介绍是对等网的硬件配置，在软件系统方面，对等网更是非常灵活，几乎所有操作系统都可以配置对等网，包括网络专用的操作系统，如 Windows Server NT/2000/2003/2008，Windows 7/XP 等也都可以，甚至早期的 Windows 9X 以及 DOS 系统也可以。

注意

对等网类型繁多，所用系统组成也是多种多样，实际应用中有些对等网类型并不常用，如直接电缆连接的对等网、双网卡对等网等。

2.2 客户机/服务器局域网

客户机和服务器都是独立的计算机，当一台连入局域网的计算机向其他计算机提供各种网络服务(如数据、文件的共享等)时，它就被叫作服务器，如图 2-3 所示。而那些用于访问服务器资料的计算则被叫作客户机。

图 2-3　服务器

技巧

严格说来，客户机/服务器模型并不是从物理分布的角度来定义，它所体现的是一种网络数据访问的实现方式。采用这种结构的系统目前应用非常广泛，如宾馆、酒店的客房登记、结算系统，超市的 POS 系统，银行、邮电的网络系统等。

2.2.1 客户机/服务器局域网概述

客户机又称为用户工作站，是用户与网络打交道的设备，一般由微机担任，每一个客户机都运行在它自己的、并为服务器所认可的操作系统环境中。客户机主要享受网络上提供的各种资源。这是网络软件运行的一种形式。通常，采用客户机/服务器结构的系统，有一台或多台服务器以及大量的客户机。服务器配备大容量存储器并安装有数据库系统，用于数据的存放和数据检索，客户端安装有专用的软件，负责数据的输入、运算和输出。

客户机/服务器局域网中网络信息的检索是由两台或两台以上的计算机通过网络通信、互相协作而实现，联网通信实质上是计算机程序之间的通信。局域网采用的通信方式是客户机/服务器(Client/Server，C/S)，其思想是局域网上的一些计算机运行服务程序，充当专门提供服务的服务器，其他需要服务的计算机作为客户机，如图 2-4 所示。当用户需要某项服务时，客户计算机(客户程序)通过网络与能提供该种服务的服务器建立连接，向它发出服务请求，服务器根据该请求做出相应的处理，并返回处理结果。这种联系有的仅需一次交互即告完成，而有的需要客户机/服务器的多次交互后建立连接，客户机不断发出请求，显示服务器送来的数据，同时又把键盘或鼠标输入的服务请求送给服务器进行新的处理。

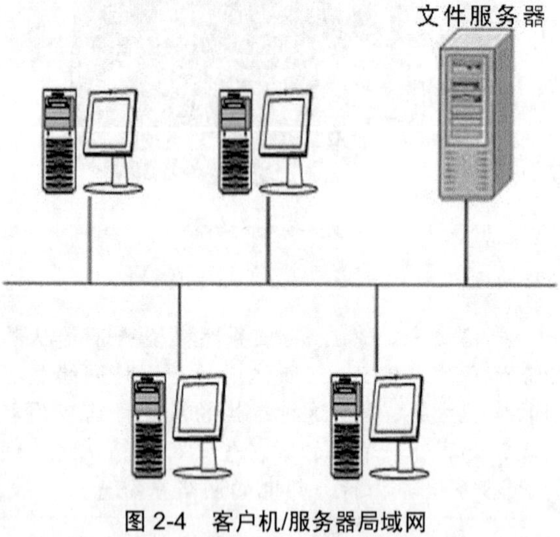

图 2-4　客户机/服务器局域网

2.2.2　客户机/服务器局域网的特点

客户机/服务器可以被理解为是一个物理上分布的逻辑整体，它是由客户机、服务器(如 DNS 服务器、Web 服务器等)和连接支持部分组成，如图 2-5 所示。其中客户机是体系结构的核心部分，是一个面向最终用户的接口设备或应用程序。它是一项服务的消耗者，可向其他设备或应用程序提出请求，然后再向用户显示所得信息。服务器是一项服务的提供者，它包含并管理数据库和通信设备，为客户请求过程提供服务，连接支持是用来连接客户机与服务器的部分，如网络连接、网络协议、应用接口等。

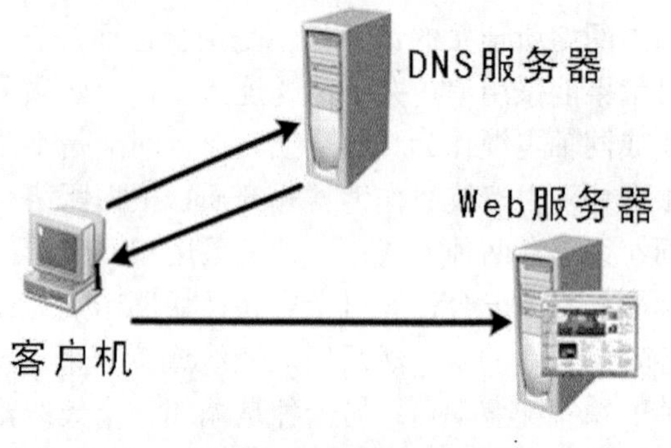

图 2-5　客户机/服务器

客户机/服务器局域网具有以下特点。

(1) 可实现资源共享。

C/S 结构中的资源是分布的，客户机与服务器具有一对多的关系和运行环境。用户不仅可存取在服务器和本地工作站上的资源，还可以享用其他工作站上的资源，实现了资源共享。

(2) 可实现管理科学化和专业化。

系统中的资源分布在各服务器和工作站上，可以采用分层管理和专业化管理相结合的方式，用户有权去充分利用本部门、本领域的专业知识来参与管理，使得各级管理更加科学化和专业化。

(3) 可快速进行信息处理。

由于在 C/S 结构中是一种基于点对点的运行环境，当一项任务提出处理请求时，可以在所有可能的服务器间均衡地分布该项任务的负载。这样，在客户端发出的请求可由多个服务器来并行处理，为每一项请求提供了极快的响应速度和较高的事务吞吐量。

(4) 能更好地保护原有的资源。

C/S 是一种开放式的结构，可有效地保护原有的软、硬件资源。以前，在其他环境下积累的数据和软件均可在 C/S 中通过集成而保留使用，并且可以透明地访问多个异构的数据源和自由地选用不同厂家的数据应用开发工具，具有高度的灵活性，而以前的硬件亦可完全继续使用，当在系统中增加硬件资源时，不会减弱系统的能力，同时客户机和服务器均可单独地升级，故具有极好的可扩充性。

2.2.3 客户机/服务器局域网的结构

随着局域网的不断扩大和改进，在局域网中共享文件、共享设备仅仅是其应用中很小的一部分，用户迫切要求服务器端能够完成一部分应用的数据处理工作，即将需要处理的工作任务分配给客户端和服务器共同来完成，由此提出了客户机/服务器(Client/Server)的概念。客户机/服务器结构是在工作站/文件服务器结构的基础上发展起来的、目前最为流行的一种计算机网络系统结构。客户机/服务器结构价格相对便宜、灵活性好、容易扩充，已成为现在最为重要的一种局域网技术。

在客户机/服务器结构中，客户端(Client)可以是一台 PC 机或一台工作站，一般运行 Windows 7/XP 操作系统。在服务器(Server)端可以是一台 Windows Server 2008/2003 或 NetWare 服务器，并运行 SQL 数据库服务器软件。服务器端时刻侦听着工作站端是否发出了服务请求，如果有则解释此请求，并且在服务器上进行数据查询与处理，最后将结果或错误提示返回给工作站，由工作站将结果呈现给使用者查看或打印。

提示

目前流行的各种网络操作系统，如 Windows Server 2008/2003/2000、NetWare 3.1 以上版本、LAN Managcr 和 OS/2V3.1 以上版本均支持客户机/服务器系统结构。客户机/服务器结构可以由异种机(使用不同操作系统的计算机)构成，在客户机上除了要安装操作系统(NetWare 或 Windows Server)、网卡及驱动程序外，还要安装数据库管理系统、网络和数据库管理工具等。

2.3 无线局域网

按照网络的传输介质分类，可以将计算机网络分为有线网络和无线网络两种。局域网通常采用单一的传输介质，而城域网和广域网采用多种传输介质。无线局域网采用微波、红外线、无线电、蓝牙等电磁波作为传输介质，由于无线局域网的联网方式灵活方便，因此是一种很有前途的组网方式。

2.3.1 无线局域网概述

无线局域网络(Wireless Local Area Networks，WLAN)是相当便利的数据传输系统，它利用射频(Radio Frequency，RF)技术取代旧式碍手碍脚的双绞铜线(Coaxial)所构成的局域网络，使得无线局域网络能利用简单的存取架构让用户透过它，达到“信息随身化、便利走天下”的理想境界。同有线网络一样，无线网络也可以按照信号传输的距离以及通信覆盖的范围分为两种：无线局域网和无线广域网。无线广域网主要是指借助通讯卫星来传输信息，它的优点是覆盖面广，可以包含整个地球的表面，缺点就是传输速度比较慢，而且现在成本仍然相当昂贵。家庭或者小型公司的网络则大部分都是采用无线路由和无线网卡组成的无线局域网，就是将无线传输的技术应用在局域性的特定空间之内，例如校园、商业大楼、一般家庭等。如图 2-6 所示为一个企业无线网络的基本结构。

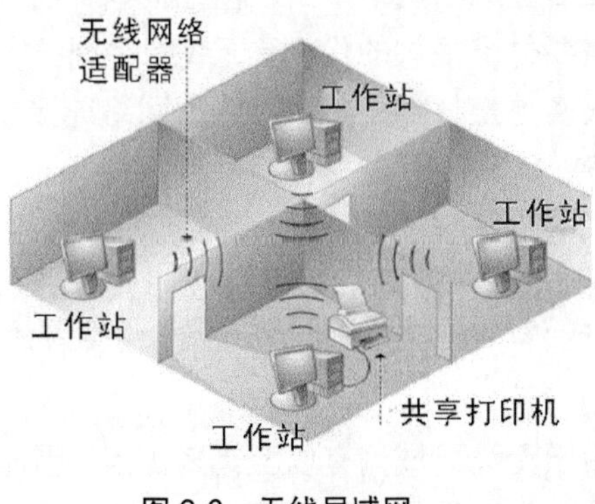

图 2-6 无线局域网

提 示

基于 IEEE 802.11 标准的无线局域网允许在局域网络环境中使用未授权的 2.4 或 5.3GHz 射频波段进行无线连接。它们应用广泛，从家庭到企业再到 Internet 接入点。

2.3.2 无线局域网的特点

无线局域网组网或无线接入具有以下优点。

(1) 灵活性和移动性。

在有线网络中，网络设备的安放位置受网络位置的限制，而无线局域网在无线信号覆盖区域内的任何一个位置都可以接入网络。无线局域网另一个最大的优点在于其移动性，连接到无线局域网的用户可以移动且能同时与网络保持连接。

(2) 安装便捷。

无线局域网可以免去或最大限度地减少网络布线的工作量，一般只要安装一个或多个接入点设备，就可建立覆盖整个区域的局域网络。

(3) 易于进行网络规划和调整。

对于有线网络来说，办公地点或网络拓扑的改变通常意味着重新建网。重新布线是一个昂贵、费时、浪费和琐碎的过程，无线局域网可以避免或减少以上情况的发生。

(4) 故障定位容易。

有线网络一旦出现物理故障，尤其是由于线路连接不良而造成的网络中断，往往很难查明，而且检修线路需要付出很大的代价。无线网络则很容易定位故障，只需更换故障设备即可恢复网络连接。

(5) 易于扩展。

无线局域网有多种配置方式，可以很快从只有几个用户的小型局域网扩展到上千用户的大型网络，并且能够提供节点间“漫游”等有线网络无法实现的特性。

由于无线局域网有以上诸多优点，因此其发展十分迅速。最近几年，无线局域网已经在企业、医院、商店、工厂和学校等场合得到了广泛的应用。

2.3.3 无线局域网的结构

无线局域网所能覆盖的范围应视环境的开放与否而定，目前常见的无线局域网的结构有以下 3 种。

1. 简单的家庭无线局域网

对家庭无线局域网来说，最通用和最便宜的连接是通过防火墙、路由器、交换机和无线接入点。这些无线路由器可以提供广泛的功能，例如保护家庭网络远离外界的入侵，允许共享一个 ISP(Internet 服务提供商)的单一 IP 地址。可为 4 台计算机提供有线以太网服务，但是也可以和另一个以太网交换机或集线器进行扩展，为多个无线计算机做一个无线接入点。通常基本模块提供 2.4GHz 802.11b/g 操作的 Wi-Fi，而更高端模块将提供双波段 Wi-Fi 或高速 MIMO 性能。双波段接入点提供 2.4GHz 802.11b/g 和 5.3GHz 802.11a 性能，而 MIMO 接入点在 2.4GHz 范围中可使用多个射频以提高性能。双波段接入点本质上是两个接入点为一体并可以同时提供两个非干扰频率，而更新的 MIMO 设备在 2.4GHz 范围或更高的范围提高了速度。2.4GHz 范围经常拥挤不堪，而且由于成本问题，厂商避开了双波段 MIMO 设备。双波段设备不具有最高性能或范围，但是允许用户在相对不那么拥挤的 5.3GHz 范围操作，并且如果两个设备在不同的波段，允许它们同时全速操作。

2. 中型企业无线局域网

中等规模的企业传统上使用一个简单的设计，可以简单地向所有需要无线覆盖的设施提供多个接入点。这个特殊的方法可能是最通用的，因为它入口成本低，尽管一旦接入点的数量超过一定限度它就变得难以管理。大多数这类无线局域网允许用户在接入点之间漫游，因为它们配置在相同的以太子网和 SSID 中。从管理的角度看，每个接入点以及连接到它的接口都被分开管理。在更高级的支持多个虚拟 SSID 的操作中，VLAN 通道被用来连接访问点到多个子网，但需要以太网连接具有可管理的交换端口。这种情况中的交换机需要进行配置，以在单一端口上支持多个

VLAN。尽管使用一个模板配置多个接入点是可能的，但是当固件和配置需要进行升级时，管理大量的接入点仍会变得困难。从安全的角度来看，每个接入点必须被配置为能够处理其自己的接入控制和认证。RADIUS 服务器将这项任务变得更轻松，因为接入点可以将访问控制和认证委派给中心化的 RADIUS 服务器，这些服务器可以轮流和诸如 Windows 活动目录这样的中央用户数据库进行连接。但是即使如此，仍需要在每个接入点和每个 RADIUS 服务器之间建立一个 RADIUS 关联，如果接入点的数量很多，会变得很复杂。

3. 大型可交换无线局域网

交换无线局域网是无线联网最新的进展，简化的接入点通过几个中心化的无线控制器进行控制。数据通过 Cisco、Aruba Networks、Symbol 和 Trapeze Networks 这样的制造商的中心化无线控制器进行传输和管理。这种情况下的接入点具有更简单的设计，用来简化复杂的操作系统，而且更复杂的逻辑被嵌入在无线控制器中。接入点通常没有物理连接到无线控制器，但是它们逻辑上通过无线控制器交换和路由。要支持多个 VLAN，数据以某种形式被封装在隧道中，所以即使设备处在不同的子网中，从接入点到无线控制器也有一个直接的逻辑连接。

从管理的角度来看，管理员只需要管理可以轮流控制数百个接入点的无线局域网控制器。这些接入点可以使用某些自定义的 DHCP 属性以判断无线控制器在哪里，并且自动连接到它，成为控制器的一个扩充。这极大地改善了交换无线局域网的可伸缩性，因为额外接入点本质上是即插即用的。要支持多个 VLAN，接入点不再在它连接的交换机上需要一个特殊的 VLAN 隧道端口，并且可以使用任何交换机，甚至使用易于管理的集线器上的任何老式接入端口。VLAN 数据被封装并发送到中央无线控制器，它处理到核心网络交换机的单一高速多 VLAN 连接。安全管理也被加固了，因为所有访问控制和认证在中心化控制器进行处理，而不是在每个接入点。

2.4 局域网组建方案

下面主要介绍小型局域网、中型局域网和大型局域网的组建方案，一步步地讲解局域网建设过程中的常用技术，如在局域网中使用何种网络拓扑结构，组建各种类型的局域网分别需要怎样的硬件。

2.4.1 小型局域网组建方案

小型局域网是最常见到的局域网，小型局域网的用户人数一般不多于 100 人，在小规模企业中常见。由于它规模较小，组建起来也相对方便。如图 2-7 所示为一个小型局域网的组建原理图。

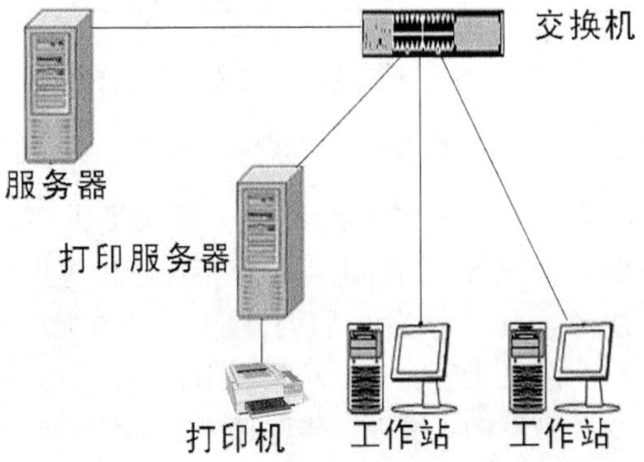

图 2-7 小型局域网

技巧

在组建小型局域网时，只需选择一台配置较好的计算机作为服务器，其他主机用集线器或者交换机连接到服务器即可。这样组建起来的局域网，不但可以保证网络的带宽，也可以为局域网接入 Internet 提供有效的升级空间。它的出现，主要是为了方便局域网内部的数据交换和数据访问，以及打印机等硬件设备的共享。这样不但可以为小型企业节省资金和空间，也可以大大提高员工的工作效率。

下面，将向读者分类讲解几类小型局域网的组建方案。

1. 组建总线型以太网

总线型拓扑结构使用单根传输线作为通信介质(也就是总线)，所有节点都通过相应的硬件接口直接连接到总线上。如图 2-8 所示即为总线型局域网组建示意图。它采用类似广播的方式来进行通信，任何一个节点发送的信号都可以沿总线传输并被其他节点接收，无需路由选择。由于多个节点都连接到一条公用总线上，因而一般采用分布式控制策略来分配信道，使得在一段时间内只能有一个节点传送信息。

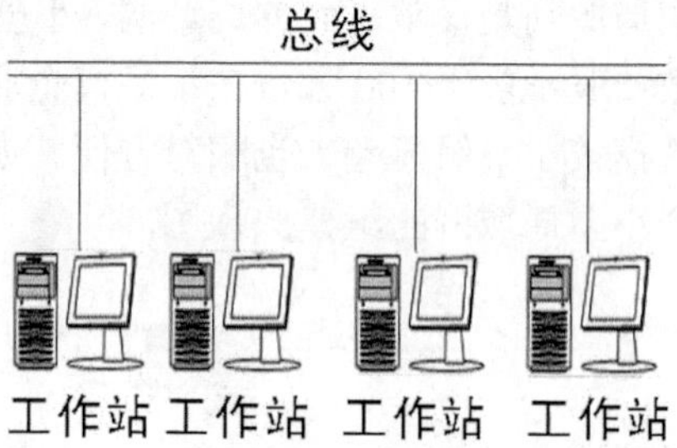

图 2-8 总线型以太网

在总线上可以连接网络服务器来提供网络通信及资源共享服务，同时也可以连接打印机等提供网络打印服务。总线型以太网具有以下 3 个方面的特征。

- 总线带宽分享：网络因为各节点是共用总线带宽的，所以在传输速度上会随着接入网络用户的增多而下降。
- 网络用户扩展较灵活：要扩展用户时只需要添加一个接线器即可，但所能连接的用户数量有限。
- 维护较容易：单个节点失效不影响整个网络的正常通信。但是如果总线一断，则整个网络或者相应的主干网络就断了。

2. 组建星型以太网

此类型的星型拓扑结构是通过点到点的链路以及连接到中央节点以下的各个节点构成的，如图 2-9 所示。采用集中控制方式，每个节点都有一条唯一的链路和中央节点相连，各个节点间的通信都必须经过中央节点并由其控制。因此中央节点构造较为复杂，承担网络通信的几乎所有处理任务，其他节点的通信处理相对来说负担很小。

这种拓扑结构网络的基本特点主要有如下 5 点。

- 容易实现：它所采用的传输介质一般都是通用的双绞线，这种传输介质相对来说比较便宜，这种拓扑结构主要应用于 IEEE 802.2、IEEE 802.3 标准以太局域网中。
- 节点扩展、移动方便：节点在扩展时只需要从集线器或交换机等集中设备中拉一条线即可，而要移动一个节点只需要把相应节点设备移到新节点即可，不会像环型网络那样复杂。
- 维护容易：一个节点出现故障不会影响其他节点的连接，可任意拆走故障节点。
- 采用广播信息传送方式：任何一个节点发送的信息在整个网络所有节点都可收到。
- 网络传输数据快：这一点可以从目前最新的 1000Mbps 到 10Gbps 以太网接入速度可以看出。

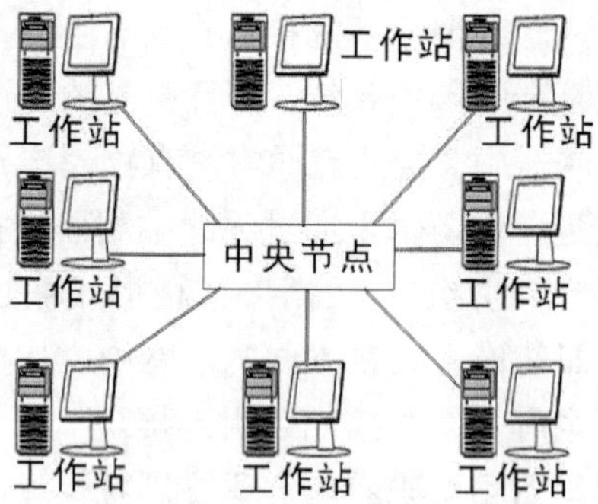

图 2-9 星型以太网

2.4.2 中型局域网组建方案

中型局域网通常指用户人数在 100～500 人之间的局域网，这种网络在企业、政府、科研及教育等单位比较常见。根据中小企业的规模、网络系统的复杂程度、网络应用的程度，用户对于网络的需求也各不相同，从简单的文件共享、办公自动化，到复杂的电子商务、ERP 等。

技 巧

如图 2-10 所示为一种典型中型局域网的应用方案，双接口千兆模块中一个接口可连接服务器，另一个接口可以与其他交换机建立千兆连接，充分满足中小企业对带宽的需求。用户接入则可通过级联 10/100M 交换机来增加端口数量。该方案的特点是性价比高、即插即用、无须配置。

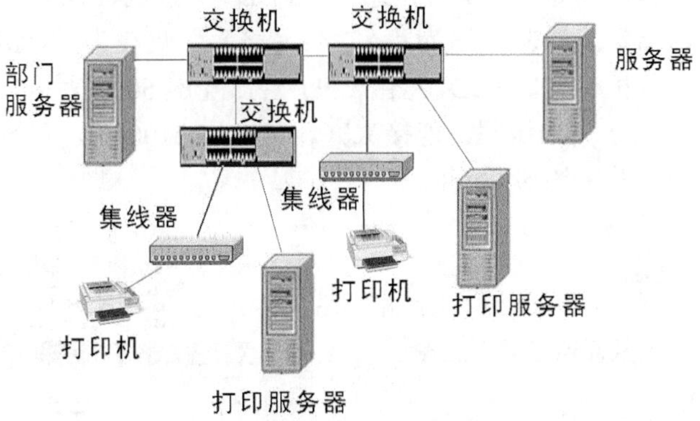

图 2-10　中型局域网

下面结合具体实例来介绍一些常用的中小企业高性能局域网的组建方案。

1. 组建集中式局域网

大多数中小企业都采用集中式办公的方式，即所有部门和人员都在同一座建筑内办公。由于规模有限，这种网络的连接距离通常小于 100 米，因此可以全部采用五类双绞线进行布线。集中式网络通常包括网络中心和楼层设备间两层结构。网络中心交换机可采用千兆交换技术构成高速骨干，用以连接服务器以及楼层接入设备。中心交换机应具有大容量的信息交换存储能力，采用模块化机箱式设计，可以支持多种速率和介质，端口密度高且扩展灵活。楼层接入交换机应具有千兆以上连接端口，能够通过堆叠或增加模块来提高接入端口密度，还应支持 SNMP 等网管协议，以便通过网络对所有设备的状况进行监控和管理。如图 2-11 所示为一个典型的集中式局域网应用范例。

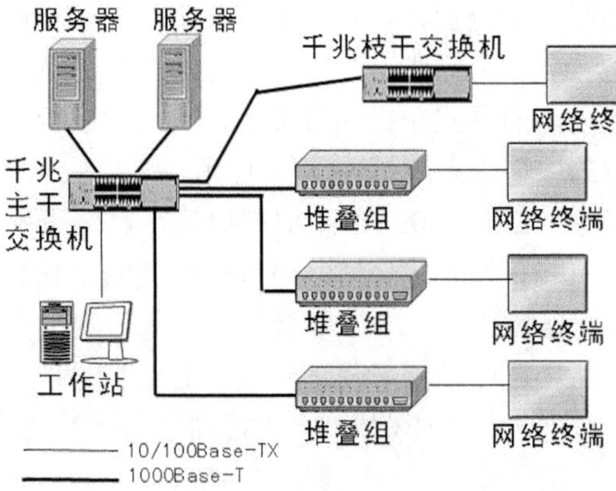

图 2-11　集中式局域网

2. 组建分布式局域网

分布式办公是指企业在一个园区内具有多处办公地点，楼宇间网络的连接距离通常大于 100 米，需采用光纤进行布线。分布式网络通常具有网络中心及楼宇接入节点两个层次，如果楼宇规模较大，还可能出现第三个层次，即楼层设备间。如图 2-12 所示为一个典型的分布式中型企业局域网应用范例。

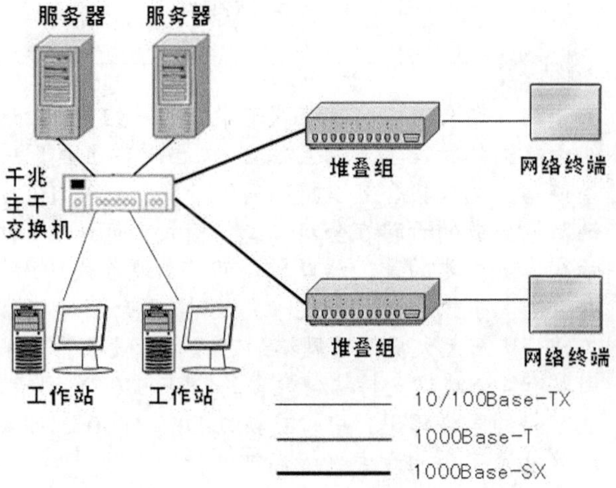

图 2-12　分布式局域网

该方案采用光纤网络扩大网络覆盖范围，如果连接超过 550 米，则可选用单模 1000Base-LX 长波千兆光纤技术实现 5 公里内的连接，相应模块是 DES-6007 和 DES-361GL。

3. 组建可靠式局域网

实时性较强的网络应用环境，如金融、证券、电子商务等中小企业，对网络连接可靠性和性能要求很高。通常应采用生成树、端口聚合，中心交换机还可采用双电源的方式来提高可靠性。如图 2-13 所示为一个典型的中型企业局域网应用范例。

其中，IEEE 802.1d 生成树协议可以检查网络连接。当主线路发生故障时，可以自动接通备份链路，确保网络正常工作。端口聚合可以将多条线路聚合为一组干路，还可以提高网络带宽，更重要的是，端口聚合可实现负载均衡，从而大大提高了网络的可靠性。

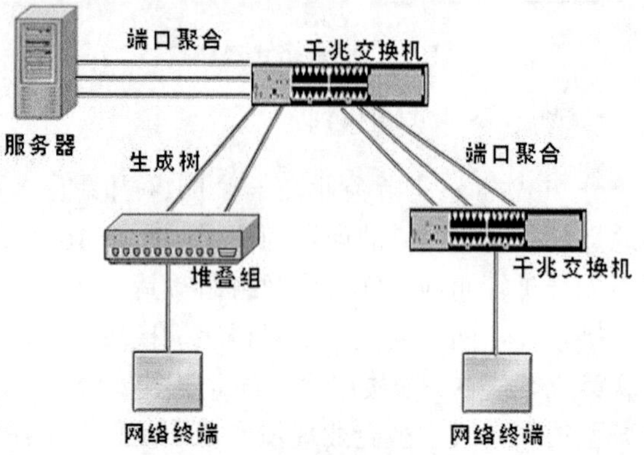

图 2-13　可靠式局域网

技巧

端口聚合可以将多条线路聚合为一组干路，这组干路虽然物理上是相互独立的，但逻辑上是同一条链路。端口聚合可以提高网络带宽，4 条 100M 链路聚合成的干路在全双工工作模式下可达 800M 带宽。更重要的是，端口聚合可以实现负载均衡，并且当其中 1 条或几条链路失效时，其余线路正常工作，从而大大提高了网络的可靠性。服务器可采用具有 4 个端口支持端口聚合的 DFE-570TX 网卡，也可起到同样作用。中心交换机 DES-6000 还可采用双电源冗余的方式来提高可靠性。

2.4.3　大型局域网组建方案

大型局域网一般适用于网络用户数在 1000 人以上的区域，如校园、医院、数码社区等。下面介绍一些典型大型局域网的两种组建方案。

1．组建校园网

校园网是最常见的大型局域网，校园网的网络结构主要有主干网、楼内局域网、拨号网、网络布线系统和楼内网络布线系统等几部分组成，如图 2-14 所示。

校园主干网可采用 TCP/IP 协议，拓扑结构采用星型结构，主干光缆为 20 芯(10 芯多模，10 芯单模)。其特点是：可靠性、安全性比较高，易于网络升级，其路由协议采用 OSPF 协议。总体方案为运行网络和试验网络并行：运行网络为“FDDI 交换机+FDDI 路由器”，试验网络为“ATM 网络”。规模为 FDDI 交换机 2 台、FDDI 路由器 11 台，互连 50 座大楼内约 100 个局域网，连接家庭计算机约 2100 台，局域网计算机约 5400 台。

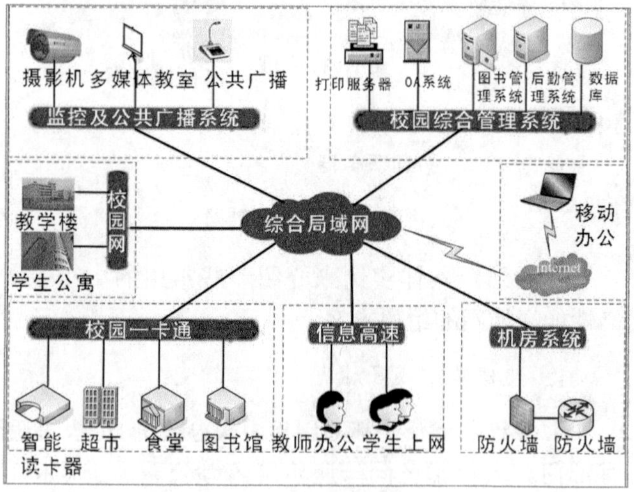

图 2-14　大型校园局域网

在校园内，考虑到住宿楼与办公楼上网的需求各有不同，楼群的分布各有区别，其布线系统也因而改变，可选择的布线方案如下：楼群之间采用光缆作为传输介质。在校园网的主干网络中，选择 20 芯混合型光缆，其中 10 芯为多路信号模拟光缆，另外 10 芯为单路信号模拟光缆，这样可以保证足够的带宽和网络的稳定性。在校园网的分支网络中，可选择的光缆一般为 8 芯混合型光缆，其中 4 芯为多路模拟信号光缆，另外 4 芯为单路模拟信号光缆。楼内采用暗线布线系统，新建局域网一律采用五类非屏蔽双绞线，逐步改造原有的局域网布线(同轴电缆)。

2. 组建数码化社区局域网

随着生活水平的提高，越来越多的人喜欢居住于数码化社区，主要原因就在于网络沟通的方便性。

如图 2-15 所示为一个 1000 户居民社区局域网的组建方案。1000 户居民以上社区局域网的网络分为三个层次。千兆核心层采用两台或多台企业核心交换机，形成冗余的 Switch 4007 千兆骨干集群系统。

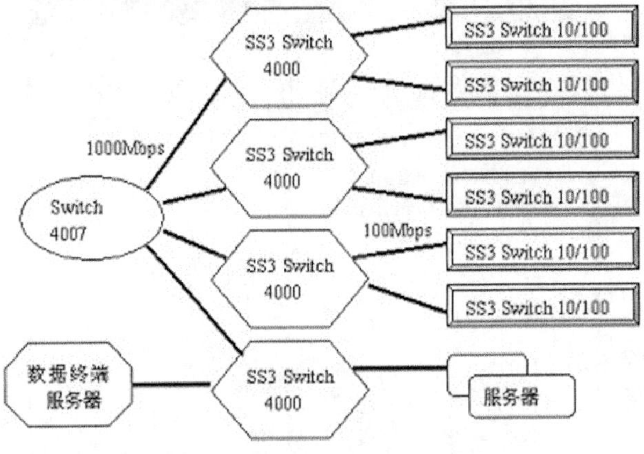

图 2-15 社区局域网的组建

注意

对于 1000 户居民以上的数码社区，属于超大规模大楼网络或园区网络，网络规模庞大，网络结构复杂，除了一般网络具备的网络核心层和网络边缘接入层以外，在这两个层次之间增加了骨干接入汇聚层，网络呈多层结构。1000 户居民以上社区局域网的网络也可以分为三个层次。千兆核心层采用两台或多台核心交换机 Switch 4007 形成冗余的千兆骨干集群系统。网络汇聚层则采用 Switch 4005 交换机，网络边缘采用 Super Stack 3 Switch 4400 智能堆叠系统。服务器入网采用千兆服务器网卡。该方案的优势是：分布式、高性能、高可靠性、智能化和最优性能价格比。

2.5 组建对等网

对等网主要用于建立小型网络以及在大型网络中作为一个小的子网络。用在有限信息技术预算和有限信息共享需求的地方，例如学生宿舍内、住宅区邻居之间等地方。这些地方建立网络主要的目的是用于实现简单的资源共享和信息传输以及联网娱乐等目的。本节主要介绍各种对等网的组建方法。

2.5.1 组建无集线器的对等网

不通过集线器(Hub)连接组建的对等网，简称双机互连，只适合两台计算机之间的连接，如果是三台计算机，则可以通过将其中一台机器装上两张网卡的方法来解决，下面将讲解组建无集线器对等网的具体步骤。

Step 1 准备两只 RJ－45 接口网卡、双绞线若干米、水晶头若干个。

Step 2 与安装其他任何硬件卡一样，将网卡插入计算机的对应的插槽中，固定好，重新启动计算机，如重启后计算机没有自动识别网卡则需要安装驱动程序。

Step 3 如果不用集线器直接连接的话，双绞线就要制作成交叉线，制作方法是：取一截双绞线(长度根据需要自行决定)，把双绞线的一头外皮剥开，从左到右按白绿、绿、白橙、蓝、白蓝、橙、白棕、棕的顺序排列好，插入 RJ-45 水晶头；另一头则从左到右按白橙、橙、白绿、蓝、白蓝、绿、白棕、棕的顺序排列好，插入另一个 RJ-45 水晶头。也就是说，两头的接法刚好相反，接成的线将形成两个交错重叠的叉形。

试一试

双绞线的连接是网络的基础，读者可以照上面的方法自己制作一根双绞线。

Step 4 将制作完成的双绞线两头分别插入两台计算机的网卡上，这样一个简单的对等网就组建成功了，但如果要实现两台计算机间的通信，则还需要对 Windows XP 操作系统进行相应的设置和安装网络通信协议(具体设置和安装步骤将在后面介绍)。

2.5.2 组建 Windows XP 对等网

通过集线器连接的对等网的主要设备有集线器、双绞线，将双绞线的一头插入计算机的网卡，另一头插入集线器的接口即可。集线器能连接的主机数目与集线器的型号相关，一般有 4 口、8 口和 16 口集线器，也就是分别可以连接 4 台主机、8 台主机与 16 台主机。

在 Windows XP 操作系统下，对等网的实现比较繁琐，要实现双机间的通信还需要对 Windows XP 操作系统进行相应的设置和安装网络通信协议，具体方法如下。

Step 1 在“网上邻居”图标上单击鼠标右键，在弹出的快捷菜单中选择“属性”命令，打开“网络连接”窗口，在“本地连接”图标上单击鼠标右键，在弹出的快捷菜单中选择“属性”命令，弹出“本地连接 3 属性”对话框，如图 2-16 所示，在“此连接使用下列项目”列表框中，选中“Internet 协议(TCP/IP)”复选框，然后单击“属性”按钮。

图 2-16 单击“安装”按钮

Step 2 弹出“Internet 协议(TCP/IP)属性”对话框，选中“使用下面的 IP 地址”单选按钮，接下来要再给本机绑定一个局域网中使用的固定的 IP 地址。这个 IP 地址一般使用“192.168.0.X” (X 为 1～254 之间的任意整数)的形式。第一台计算机 IP 地址建议一般为 192.168.0.1，子网掩码为 255.255. 255.0，如图 2-17 所示；第二台计算机 IP 地址建议一般为 192.168.0.2，子网掩码为 255.255.255.0；第三台、第四台以此类推。

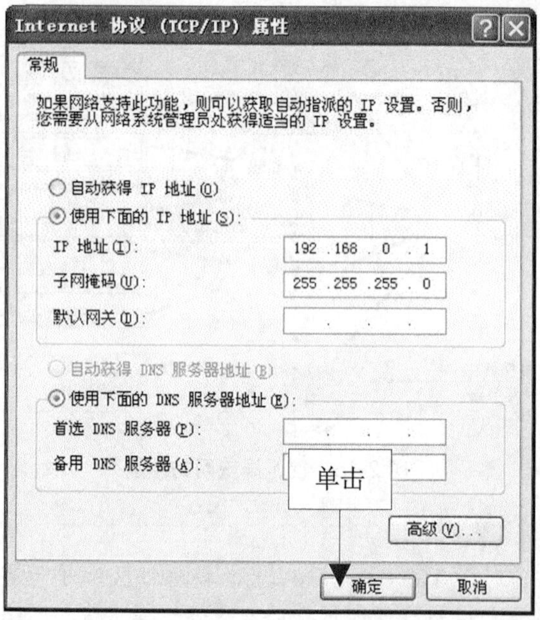

图 2-17 Windows XP 下 IP 地址的设置

下面需要设置计算机的名称。将“计算机名”设为一个唯一的任意值(一般为数字与英文字符，也可以用中文)，而“工作组”则必须使用相同的内容，包括所有字符都必须一致，否则将不能相互访问到，修改标识的步骤如下。

Step 1 在“我的电脑”图标上单击鼠标右键，在弹出的快捷菜单中选择“属性”命令，弹出“系统属性”对话框，如图 2-18 所示。

Step 2 切换至“计算机名”选项卡，在其中单击“更改”按钮，弹出“计算机名称更改”对话框，在此处就可以修改计算机名和所属的工作组名，如图 2-19 所示，设置完成后连续单击“确定”按钮即可。

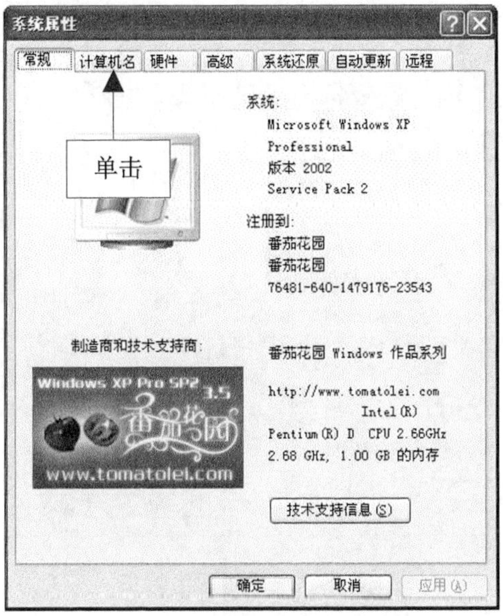

图 2-18　“系统属性”对话框

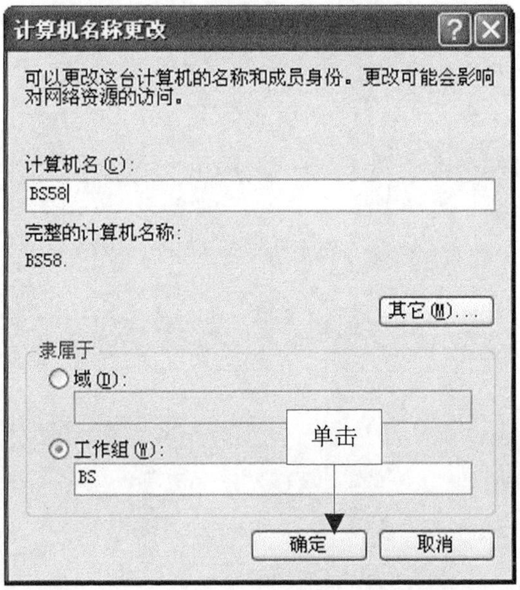

图 2-19　“计算机名称更改”对话框

Step 3 根据提示重新启动计算机，重新启动之后，再双击“网上邻居”图标，打开“网上邻居”窗口，在其中就可以看到自己和本网内的其他计算机的名字。

Step 4 当以上设置均完成后，如果局域网内有网络服务器端(提供 Internet 连接服务的计算机)，则在“Internet 协议(TCP/IP)属性”对话框中还需要设置网关和 DNS 服务器地址，这样才能正常通过服务器连入 Internet。增加网关的方法：在“Internet 协议(TCP/IP)属性”对话框中的“默认网关”右侧，输入服务器的 IP 地址，接下来增加 DNS 服务器，选中“使用下面的 DNS 服务器”单选按钮，然后在“首选 DNS 服务器”右侧输入主机地址，“备用 DNS 服务器”处可为任意值或空均可。

试一试

连接好对等网的硬件设备后，读者可以按照以上步骤设置 IP 地址和计算机名。设置完成后，网卡的指示灯(绿色)会变亮，在 Windows XP 下对等网的组建也就完成了。

2.5.3　组建 Windows 7 对等网

Windows 7 组建局域网的步骤与 Windows XP 大致相同，其具体步骤如下。

Step 1 打开“网络和共享中心”窗口，单击“本地连接”超链接，弹出“本地连接 状态”对话框，单击“属性”按钮，弹出“本地连接属性”对话框，在“此连接使用下列项目”列表框中，选择相的应选项，如图 2-20 所示。

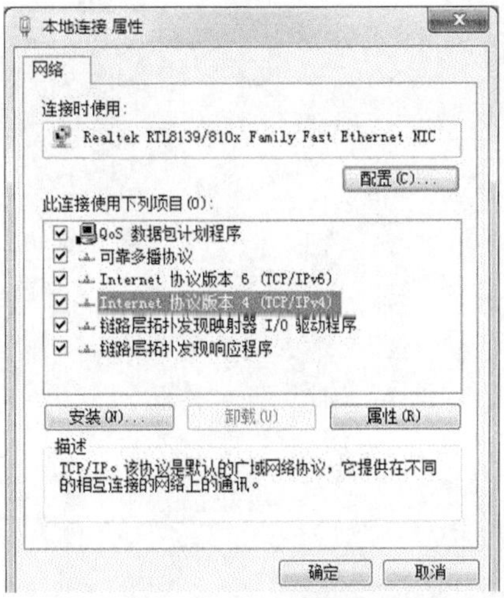

图 2-20　选择合适的选项

Step 2 单击“属性”按钮，弹出“Internet 协议版本 4(TCP/IPv4)属性”对话框，选中“使用下面的 IP 地址”单选按钮，接下来再给本机绑定一个局域网中使用的固定的IP地址，如图 2-21 所示，这个 IP 地址一般使用“192.168.0.X” (X 为 1 ~ 254 之间的任意整数)的形式。第一台计算机 IP 地址建议一般为 192.168.0.1，子网掩码为 255.255.255.0；第二台计算机 IP 地址建议一般为 192.168.0.2，子网掩码为 255.255.255.0；第三台、第四台以此类推。

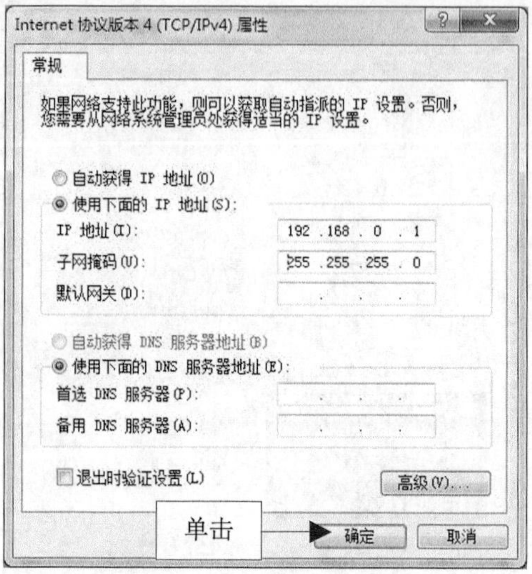

图 2-21 设置固定的 IP

Step 3 设置完成后，单击“确定”按钮，即可完成设置，设置计算机名的方法可参照上一节中的 Windows XP 系统设置方法进行操作即可。

第3章 局域网的传输介质

目前应用比较广泛的网络传输介质主要有同轴电缆、双绞线和光纤。在局域网中经常使用的传输介质主要是同轴电缆和双绞线，因为它们比较适合在短距离内传输数据，价格相对来讲比较便宜。而利用光纤可以实现远距离高速通信，不过由于采用光纤的网络所使用的网卡等通信部件都相当昂贵，而且管理比较复杂，所以目前仍主要应用于连接城际网或广域网等大型网络。本章将详细介绍这些组建局域网所必需的传输介质。

本章学习要点

- 组建局域网的准备工作
- 同轴电缆
- 双绞线
- 光缆
- 无线传输
- 局域网布线

3.1 组建局域网的准备工作

在进行局域网组建时，应该先准备好各种硬件工具，如压线钳、测线仪、万用表等。本节主要向读者介绍组建局域网的具体准备工作。

3.1.1 压线钳

压线钳又称驳线钳，是用来压制水晶头的一种工具，如图 3-1 所示。常见的电话线接头和网线接头都是用驳线钳压制而成的。

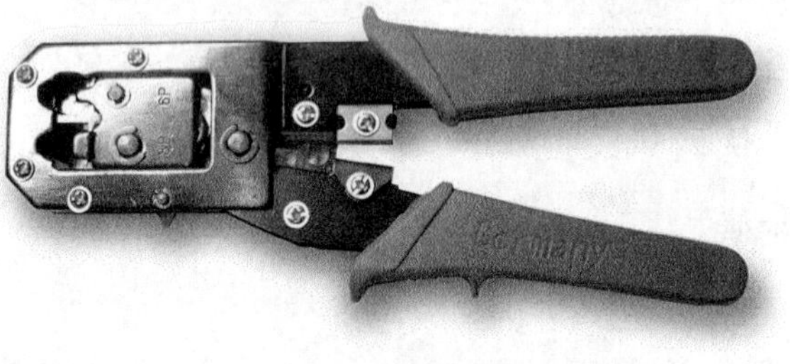

图 3-1 压线钳

3.1.2 测线仪

测线仪是测量线路的仪器，如图 3-2 所示，它的功能是对远近距离线路的通路、断路、线路编号做测试，不再需要无线电对讲机和测量仪表。

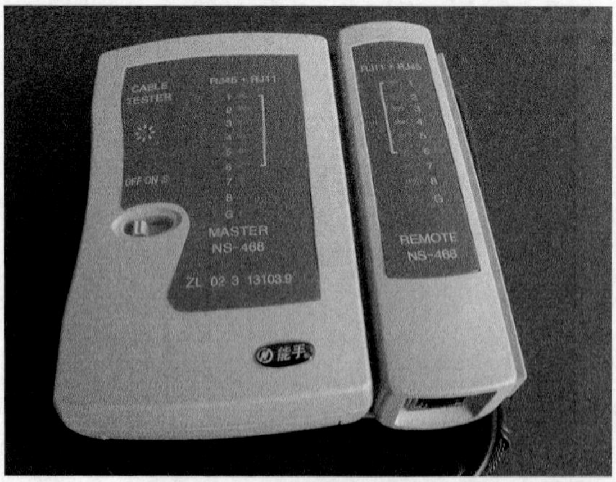

图 3-2 测线仪

测线仪原理是用发光二极管单相导电后发光的特性，由四只发光二极管和少部分电器元件组成，用被测的两根导线接通 A、B 测线仪，即可解决常用测量仪器无法对远距离、噪声大、线路编号、通路、断路测试的问题。

该仪器测试方法简单、测试原理新颖，操作方便，不受环境、距离的限制。现在市场上的测线仪厂家众多、品种多样，但存在不少弊端，在测试网线时中心和现场必须有两名工作人员同时进行操作，如出现问题时需多次通过电话或其他方式联系协调才能完成。若出现布线错乱、标识丢失，时测试更加繁琐。

注意

普通测线仪的供电采用 9V 电池，有时现场不易买到，总之用起来费工费时且浪费资金，使用不便。多路测线仪采用了先进的微电脑技术，中心用主机替代一名工作人员进行操作，对所有网线实时发送检测信号，只需一名工作人员持终端检测器在终端测试就能判断出该线路状况(正常、开路、短路、绞线、该网线在某主机第几口等信息)。一个主机可同时对 8 路网线进行操作，主机有两个设置开关，当网线较多时中心同时用多个主机(1～4 个，一次最多可检测 32 路网线)。本主机供电采用交、直流两种，对直流用普通四节五号电池，也可用 9V 可充电池(主机具有充电功能)。终端检测器每次先检测各线、对应各灯依次从 1 至 8 或 8 至 1 闪亮，再闪亮一次或两次某一灯(即为该网线所在主机的路数)，循环不止。若网络中心用一台以上主机时，先设置主机开关使终端检测器显示方式：正显、显示路数时闪一次，倒显、显示路数时闪一次，正显、显示路数闪两次，倒显、显示路数闪两次，共四种方式识别各主机，把网线依次拉入主机接线口中。持终端检测器到终端进行检测。

3.1.3 万用表

万用表又叫多用表、三用表、复用表，如图 3-3 所示，万用表分为指针式万用表和数字式万用表两种，是一种多功能、多量程的测量仪表，一般万用表可测量直流电流、直流电压、交流电流、交流电压、电阻和音频电平等，有的还可以测交流电流、电容量、电感量及半导体的一些参数(如 β)。

图 3-3　万用表

提 示

测量线路是用来把各种被测量转换到适合表头测量的微小直流电流的电路，它由电阻、半导体元件及电池组成。它能将各种不同的被测量(如电流、电压、电阻等)、不同的量程，经过一系列的处理(如整流、分流、分压等)统一变成一定量限的微小直流电流送入表头进行测量。

下面以数字万用表测量电池为例，介绍万用表测量直流电压的具体操作方法。

Step 1 将黑表笔插进万用表的“COM”孔，红表笔插进万用表的“VΩ”孔。

Step 2 将万用表的挡位旋钮打到直流挡“V-”，然后将旋钮调到比估计值最大的量程(注意：表盘上的数值均为最大量程)。

Step 3 把表笔接电源或电池两端，并保持接触稳定。

Step 4 从显示屏上直接读取测量数值，若测量数值显示为“1.”，则表明量程太小，那么就要加大量程后再测量。如果在数值左边出现“-”，则表明表笔极性与实际电源极性相反，此时红表笔接的是负极。

试 一 试

使用万用表测试一下路由器电源输出端的电压。

3.2 同轴电缆

同轴电缆(Coaxial Cable)是由一根空心的外圆柱导体及其所包围的单根内导线所组成，如图 3-4 所示。柱体同导线用绝缘材料隔开，其频率特性比双绞线好，能进行较高速率的传输。同轴电缆的屏蔽性能很好，抗干扰能力强，在双绞线还未盛行之前，同轴电缆几乎占据了整个局域网的市场。

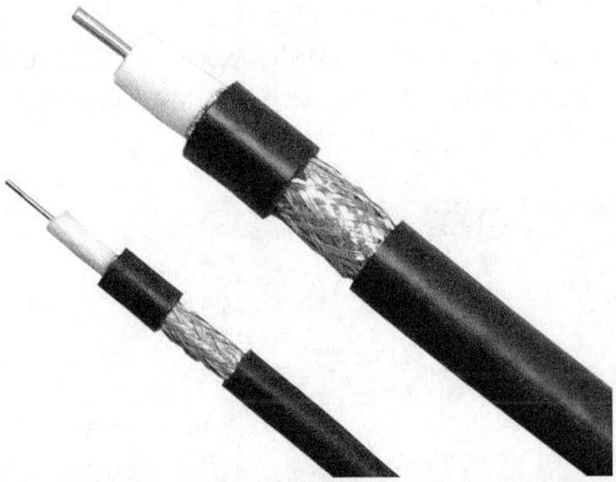

图 3-4　同轴电缆

3.2.1 同轴电缆的分类

同轴电缆有粗、细两种形式，在早期的网络中经常使用粗同轴电缆作为连接不同网络的主干。20 世纪 80 年代早期以太网标准建立时，第 1 个定义的介质类型就是粗同轴电缆。因为有了更好的产品(如光纤电缆等)来取代它，目前粗同轴电缆已经不经常使用了。细同轴电缆的直径与粗同轴电缆相比要小一些，用于将桌面工作站连接到局域网上的网络中。

1. 粗同轴电缆

粗同轴电缆又称为粗线或粗电缆网，其中心为铜导体或敷铜箔膜的铝导体。与细同轴电缆相比，粗同轴电缆中导体的直径相对较大(0.4 英寸)。导体被一层绝缘材料包围，在绝缘材料外面还包着一个铝套。聚氯乙烯(PVC)或特氟纶(Teflon)壳覆盖着铝套。这种类型的电缆也称为 RG-8 电缆(RG 即 Radio Grade 的缩写)。

注 意

粗同轴电缆难以弯曲，因此在使用过程中，必须要注意并遵循其最小弯曲直径。在直径加大的一侧，因为导体直径较大并有铝的保护，因此与细同轴电缆相比，电缆线能够很好地免除 EMI 和 RFI(物理层干扰)。

粗同轴电缆与计算机的连接方式比较复杂，计算机要通过介质存取单元(Media Access Unit，MAU)收发机才能接入电缆总线。计算机和 MAU 收发机之间要通过 AUI 电缆相连，如图 3-5 所示。

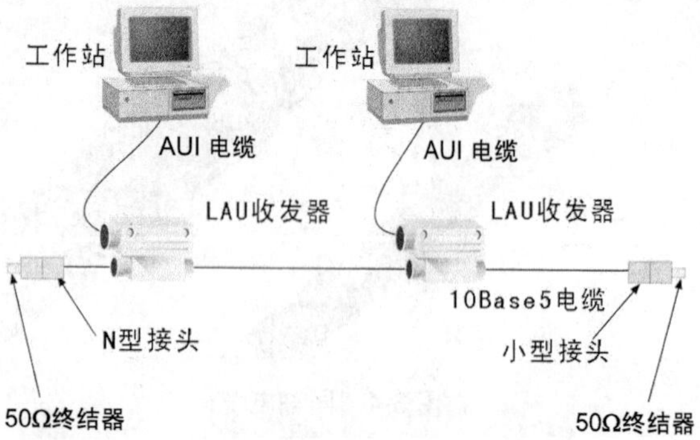

图 3-5　连接到 10Base5 的电缆上

AUI 电缆的长度不得超过 12.5 米。粗同轴电缆用在通常传输速度为 10Mbps 的总线网络上，如表 3-1 所示。

表 3-1　以太网应用中粗同轴电缆(10Base5)的属性

续表

属　性	参 数 值
阻抗	50Ω
最大长度	500 米(大约 1650 英尺)
电缆中抽头的最大数目	100(包括终结器)
分接头间的最小距离	2.5m(大约 8.25 英尺)
AUI 电缆的最大长度	粗 AUI 电缆为 50m(大约 165 英尺)，办公室级的 AUI 电缆为 12.5 米(大约 41.25 英尺)
最高速度	10Mbps
被连接段的最大数目	5 个
包含节点的段的最大数目	3 个
中继器的最大个数	4 个
经由中继器的总长度最大值	2500m(大约 1.5 英里)

根据 IEEE 标准，最大长度或延伸为 500 米。这一标准可以写为 10Base5。此处 10 表示电缆传输速率为 10Mbps，Base 意为使用的是基带而非宽带。在基带传输中，介质的整个通道容量由一个数据信号使用，因此一次只能传输一个节点。宽带传输在单一的通信介质中使用多个传输通道，允许同时传输多个节点。通道传输数据的容量称为带宽，是以给定速度来表示的，如 10Mbps 或 100Mbps。

注 意

粗同轴电缆可以用在基带或宽带传输中，但在数据网络中，通常用于基带传输。由于直径大而且控制、终止起来比较困难，所以粗同轴电缆的应用并不很广泛。并且，粗同轴电缆的价格和安装成本都比较昂贵。然而尽管如此，粗同轴电缆是非常可靠和耐用的，具有很强的抵抗信号干扰的能力。

2. 细同轴电缆

细缆安装比较简单，造价低，但由于安装过程要切断电缆，两头须装上基本网络连接头(BNC)，然后接在 T 形连接器两端，所以当接头多时容易产生不良的隐患，这是目前运行中的以太网所发生的最常见故障之一。

提示

细同轴电缆与有线电视使用的电缆很相似，然而又有所不同，网络电缆的电子特性非常精确且必须符合 IEEE 标准。与粗同轴电缆一样，以太网规范上要求细同轴电缆的阻抗为 50Ω。最常见的细同轴电缆是 RG58 电缆。一般细同轴电缆的标准为 10Base2(粗同轴电缆的标准常简写为 10Base5)，因为其最大的理论上的网络速度为 10Mbps，使用基带类型的数据传输，布线可达 185m(在 1990 年之前为 200m)。由于转发器等网络设备的实施，可以为长距离的传输将信号放大并重新调整其时间，所以粗细电缆间的差别变得越来越模糊。

细同轴电缆的柔性很好，所以更加利于安装和使用。细同轴电缆优于双绞线之处在于它可以抵抗电磁干扰(EMI)和射频干扰(RFI)。表 3-2 描述了以太网应用上的细同轴电缆的属性。

表 3-2 以太网应用的细同轴电缆(10Base2)属性

属　性	参 数 值
阻抗	50Ω
最大长度	185m(大约 610.5 英尺)
电缆中抽头的最大数目	30(包括终结器)
抽头间的最短距离	0.5m(大约 1.65 英尺)
最高速度	10Mbps
带的类型	基带
连接的段的最大数目	5 个
含有节点的段的最大数目	3 个
转发器(用来放大信号并为信号重新分配时间)的最大数目	4 个
通过转发器的总长度的最大值	925m(大约 3052.5 英尺)

3.2.2 安装同轴电缆接口

同轴电缆一般安装在设备与设备之间。在每一个用户位置上都装备有一个连接器，为用户提供接口。接口的安装方法如下。

- 细缆：将细缆切断，两头装上 BNC 头，然后接在 T 形连接器两端。
- 粗缆：粗缆一般采用一种类似夹板的 Tap 装置进行安装，它利用 Tap 上的引导针穿透电缆的绝缘层，直接与导体相连。电缆两端头设有终端器，以削弱信号的反射作用。

3.2.3 同轴电缆的特点

同轴电缆的优点是可以在相对长的无中继器的线路上支持高带宽通信，而其缺点也是显而易见的：一是体积大，要占用电缆管道的大量空间；二是不能承受缠结、压力和严重的弯曲，否则会损坏电缆结构，阻止信号的传输；最后就是成本高。而所有这些缺点正是双绞线能克服的，因此在现在的局域网环境中，基本已被基于双绞线的以太网物理层规范所取代。

3.3 双　绞　线

双绞线(Twisted Pair)是由两条相互绝缘的导线按照一定的规格互相缠绕(一般以顺时针缠绕)在一起而制成的一种通用配线，如图 3-6 所示，属于信息通信网络传输介质。双绞线过去主要是用来传输模拟信号的，但现在同样适用于数字信号的传输。

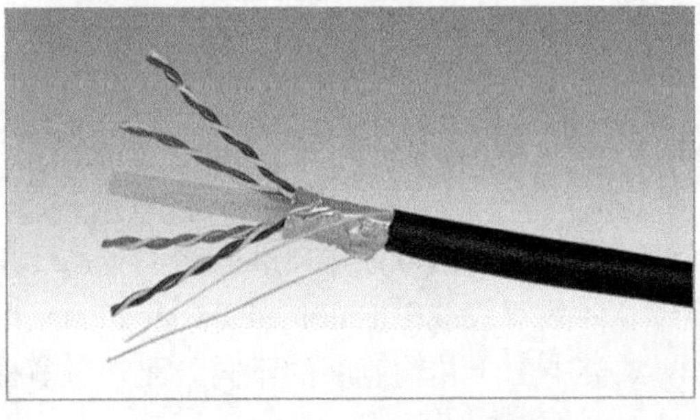

图 3-6 双绞线

3.3.1 双绞线的原理

双绞线是综合布线工程中最常用的一种传输介质。双绞线采用了一对互相绝缘的金属导线互相绞合的方式来抵御一部分外界电磁波干扰，更主要的是降低自身信号的对外干扰。把两根绝缘的铜导线按一定密度互相绞在一起，可以降低信号干扰的程度，每一根导线在传输中辐射的电波会被另一根线上发出的电波抵消。“双绞线”的名字也是由此而来。

双绞线一般由两根 22～26 号绝缘铜导线相互缠绕而成，实际使用时，双绞线是由多对双绞线一起包在一个绝缘电缆套管里的。典型的双绞线有四对的，也有更多对双绞线放在一个电缆套管里的，这些称之为双绞线电缆。在双绞线电缆(也称双扭线电缆)内，不同线对具有不同的扭绞长度，一般地说，扭绞长度在 38.1mm 至 14cm 内，按逆时针方向扭绞。相邻线对的扭绞长度在 12.7mm 以上，一般扭线越密其抗干扰能力就越强，与其他传输介质相比，双绞线在传输距离，信道宽度和数据传输速度等方面均受到一定限制，但价格较为低廉。

提示

双绞线与电话线很相似，IEEE 于 1990 年批准其可用于网络互连，目前已经成为一种主要的通信介质。双绞线是一种柔性的通信电缆，包含着成双的绝缘铜线，它们交织在一起以减少 EMI 和 RFI，并在外面还套着一层绝缘套。双绞线的柔性比同轴电缆要好，因此非常适合于在穿墙、围墙角时采用。如果与合适的网络设备相连，这种电缆可以适应 100Mbps 或者更快的网络通信。在大多数应用下，双绞线的最大布线长度为 100m。

3.3.2 双绞线的分类

双绞线分为屏蔽双绞线(Shielded Twisted Pair，STP)与非屏蔽双绞线(Unshielded Twisted Pair，UTP)。在这两大类中由于传输速度的不同，又分为多种具体的型号，如图 3-7 所示。

- 双绞线
  - 屏蔽双绞线
    - 三类(带宽 16Mbps)
    - 五类(带宽 100Mbps)
  - 非屏蔽双绞线
    - 三类(带宽 16Mbps)
    - 四类(带宽 20Mbps)
    - 五类(带宽 100Mbps)
    - 超五类(带宽 155Mbps)
    - 六类(带宽 200Mbps)

图 3-7 双绞线种类

1. 屏蔽双绞线

屏蔽双绞线由成对的绝缘实心电缆组成，在实心电缆上包围着一层编织的或起皱的屏蔽，如图 3-8 所示。

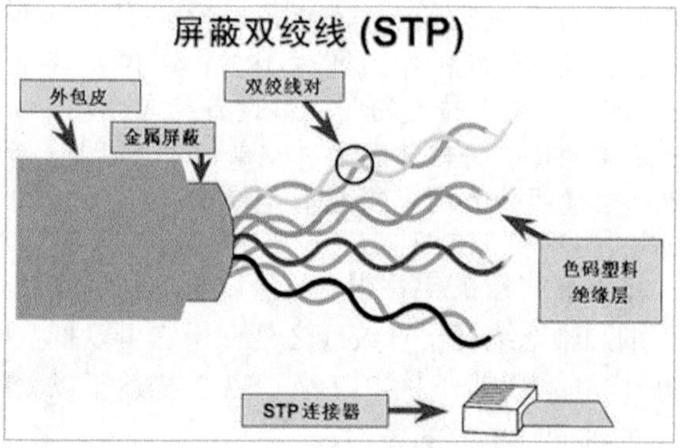

图 3-8 屏蔽双绞线

注意

编织的屏蔽用于室内布线，起皱的屏蔽用于室外或地下布线。屏蔽减少了由 RFI(电磁干扰)和 EMI(射频干扰)引起的对通信信号的干扰。将一对电线缠绕在一起也有助于减少 RFI 和 EMI，但是在一定程度上不如屏蔽的效果好。要更有效地减少 RFI 和 EMI，每一对上的交织的距离必须是不同的。而且，为了获得最好的效果，插头和插座必须要屏蔽。如果套中某点的主要屏蔽损伤了，信号的变形就会很严重。STP 中的另一个重要因素是要正确接地，以获得可靠的传输信号控制点。在周围有重型电力设备和强干扰源的位置，比较适合采用屏蔽双绞线。屏蔽双绞线的主要缺点是价格比较昂贵，屏蔽双绞线、插头连同兼容的网络设备都比非屏蔽双绞线要贵。

2. 非屏蔽双绞线

由于价格相对便宜且易于安装，所以非屏蔽双绞线是最常用到的网络电缆。UTP 由位于绝缘的外部遮蔽套内的成对的电缆线组成，在一对对的缠绕在一起的绝缘电线和电缆外部的套之间并没有屏蔽。与 STP 相仿，内部的每一根线都与另外一根相缠绕以帮助减少对载有数据的信号的干扰(如图 3-9 所示)。

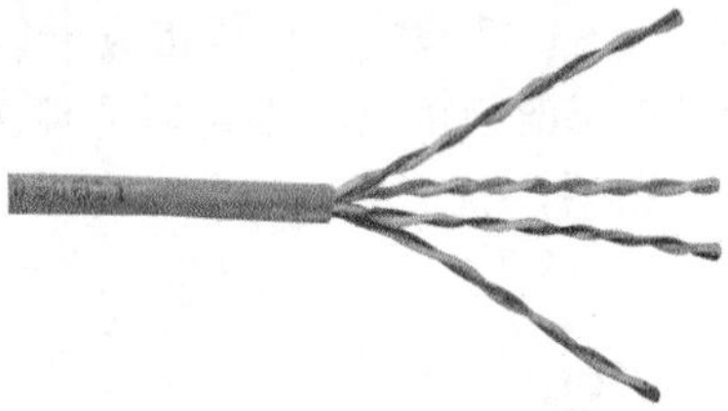

图 3-9　非屏蔽双绞线

非屏蔽双绞线电缆有以下 5 个优点。

- 无屏蔽外套，直径小，节省所占用的空间。
- 质量小、易弯曲、易安装。
- 可将串扰减至最小或加以消除。
- 具有阻燃性。
- 具有独立性和灵活性，适用于结构化综合布线。

3.3.3　双绞线的制作方法

常见的用来组建网络的双绞线，通常是一条线中包含了四对双绞线，如图 3-10 所示。双绞线用 RJ-45 接头连接到网络设备上，这种 RJ-45 接头与电话中使用的 RJ-11 接头非常相似，不过这种接头上有 8 个连接点，如图 3-11 所示。

提示

每对双绞线都是由一根彩线和一根白线相绕，四对绞线中彩线的颜色分别为橙色、棕色、蓝色、绿色四种颜色，而相应的八根导线被按照它们的颜色称为橙、橙白、棕、棕白、蓝、蓝白、绿、绿白。

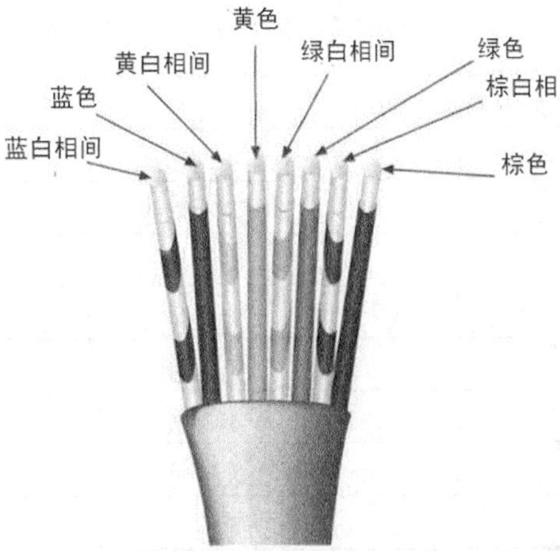

图 3-10　双绞线

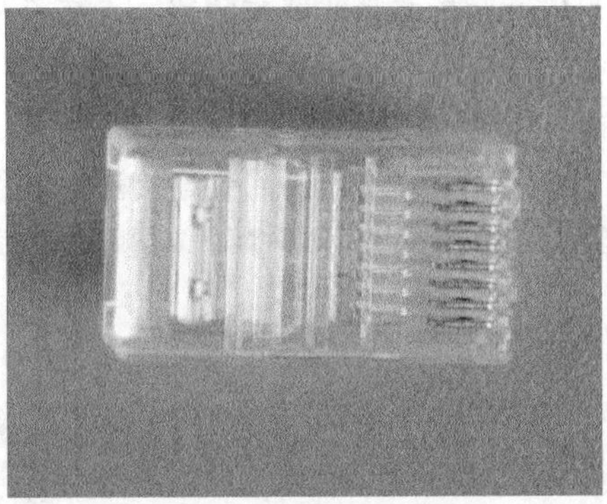

图 3-11　RJ-45 接头

接头上的连接点都是一个铜片，与电缆接触的一端比较尖锐，好像刀片一样，这样用压线钳压紧 RJ-45 接头时这些铜片就可以切破铜线的绝缘外皮，使铜片和电缆的铜线紧密接触，起到传导信号的作用。这些接头要比 T 形接头便宜，而且在移动时不易损害。可见，双绞线易于连接，与同轴电缆相比，允许更多的柔性电缆配置。

技巧

在 UTP 电缆的 8 根铜线中，只有 4 根在数据传输的过程中起到了作用。在网卡的 RJ-45 插槽的 8 个位置中只有 1、2、3、6 这 4 个位置用来传输数据，1、2 这对双绞线负责发送资料，而 3、6 这对绞线负责接收资料(如表 3-3 所示)。不过在制作 RJ-45 接头的时候，一般的习惯还是将 8 根铜芯全都接在 RJ-45 接头上。

表 3-3　RJ-45 接头各引脚对应的传输信号

RJ-45 接头的引脚	传输信号
1	发送数据
2	发送数据
3	接收数据
4	无信号
5	无信号
6	接收数据
7	无信号
8	无信号

在局域网中，双绞线主要用于连接网卡与集线器、网卡与交换机、集线器与集线器、交换机与交换机、集线器与交换机，有时也可直接用于两个网卡之间的连接。当使用双绞线连接网卡与集线器、网卡与交换机时采用直连接法，采用直连接法的双绞线称之为直通线。当使用双绞线连接网卡与网卡时采用交叉接法。

对于电缆排列方法有两个标准可循：EIA/TIA T568A 和 EIA/TIA T568B。EIA/TIA T568A 规定的排列规范是从左到右按电缆颜色白绿、绿、白橙、蓝、白蓝、橙、白棕、棕的顺序排列；EIA/TIA T568B 规定的排列规范是从左到右按电缆颜色白橙、橙、白绿、蓝、白蓝、绿、白棕、棕的顺序排列。如图 3-12 所示。这两种标准并没有本质上的不同，在实际应用中，EIA/TIA T568B 排列规范较为常见。所谓直通线就是双绞线两端按同一种标准排列，如都是 EIA/TIA T568B 或都是 EIA/TIA T568A，如果两端分别按两种不同的标准排列，如一端是 EIA/TIA T568B，另一端是 EIA/TIA T568A 或者反之，就是所谓的交叉线。

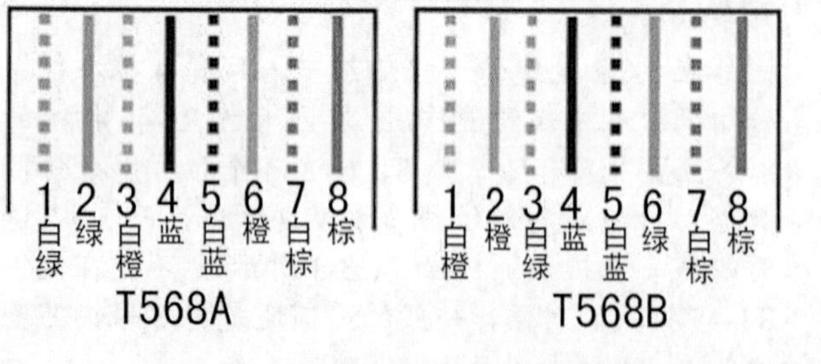

图 3-12　T568A 标准和 T568B 标准

技　巧

有时集线设备之间互相级联，例如，集线器与集线器、交换机与交换机、集线器与交换机也会采用交叉接法，采用交叉接法的双绞线称之为交叉线。直通线和交叉线差别在于双绞线两端的电缆排列方法不同。

与制作 BNC 接头类似，制作 RJ-45 接头也需要压线钳、剥线器等工具。如图 3-13 所示为剥线器。另外，为了保护 RJ-45 接头，可以准备一些橡胶制成的保护套，这些在电脑市场上都可以方便地找到。准备好这些工具之后，就可以开始制作 RJ-45 接头了，具体步骤如下。

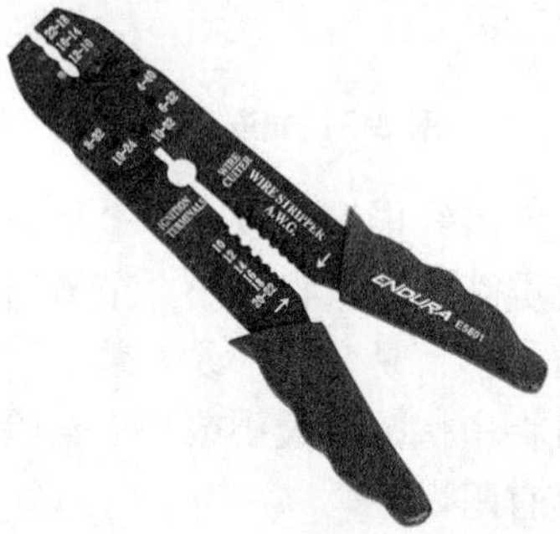

图 3-13　剥线器

Step 1　将保护套套入电缆的一端。

Step 2　用剥线器剥开双绞线的绝缘外皮，自端头处剥去大于 20mm，露出 4 对线。注意掌握好力度，不要切破内层铜线的外皮或者将铜线切断。如果没有剥线器，也可以用网钳来完成这步的工作，如图 3-14 所示。

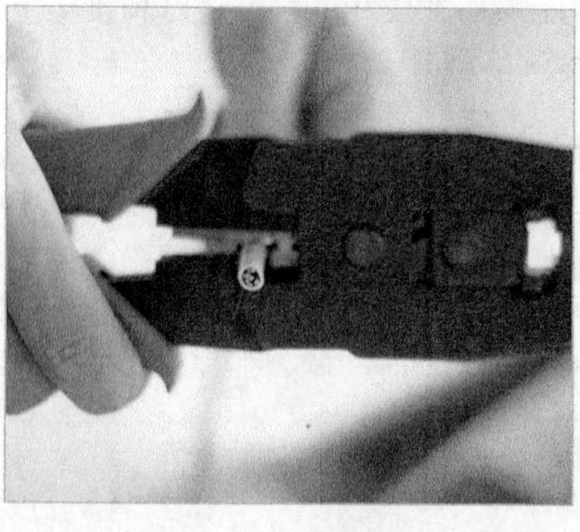

图 3-14　剥掉线皮

Step 3　将各色线的排列方式修改为 EIA/TIA T568B 标准定义的排列方式，分别是白橙、橙、白绿、蓝、白蓝、绿、白棕、棕，如图 3-15 所示。

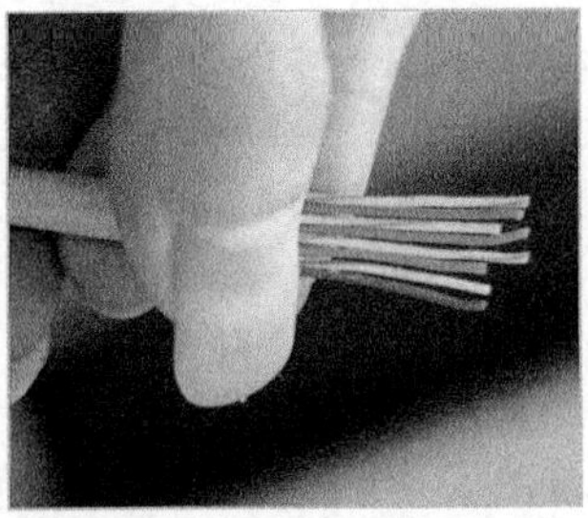

图 3-15　排列双绞线

试一试

找一些废旧的双绞线，试着排列其顺序。

Step 4　把线按顺序排列整齐后，用斜口钳平整地修剪各色线的长度，如图 3-16 所示。

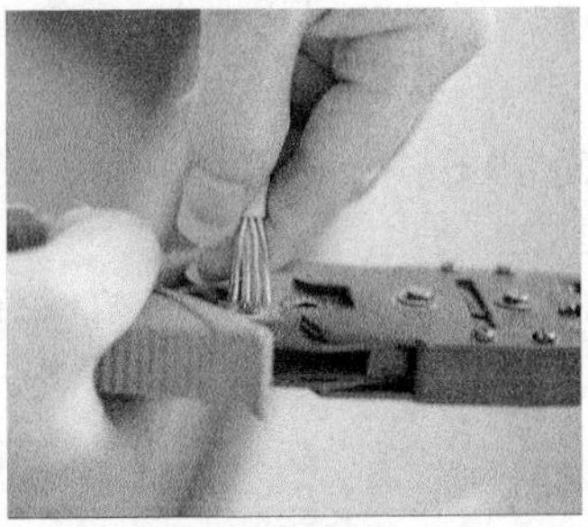

图 3-16　修剪各色线的长度

Step 5　将导线插入 RJ-45 接头，如图 3-17 所示，在 RJ-45 的头部能够见到铜芯，说明导线已经平整地插入了接头中。

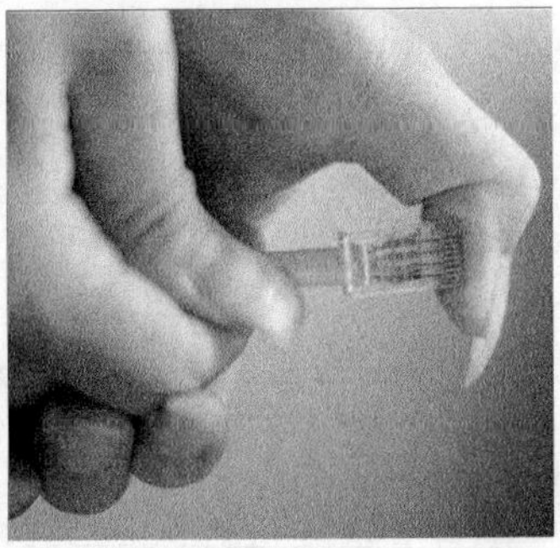

图 3-17　将双绞线插入 RJ-45 接头

Step 6　将 RJ-45 接头放入压线钳的小孔里，注意不要搞反方向，如图 3-18 所示。

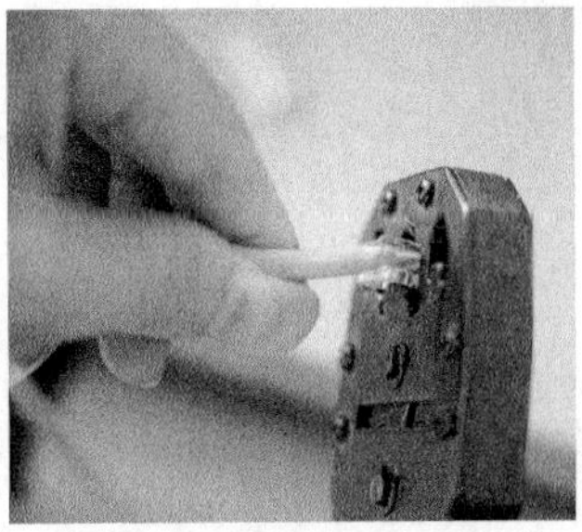

图 3-18　将 RJ-45 接头放入压线钳的小孔里

Step 7　用压线钳将 RJ-45 接头压紧，如图 3-19 所示，套上橡胶保护套。

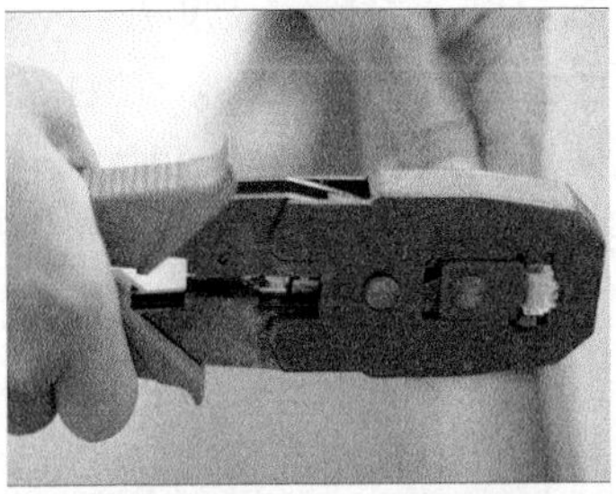

图 3-19　压紧接头

3.4　光　　缆

光缆由包在玻璃管子中的一根或者多根玻璃或者塑料光纤芯线构成，外面的玻璃管子叫做包层。光纤芯线和包层被装在一个 PVC 外套中，如图 3-20 所示。

提 示

光纤里面信号的传输通常都是由红外线来完成的。常用的光缆有三种尺寸。描述光纤尺寸的参数有两个，即芯线直径和包层直径，其度量单位都为微米。例如，50/125(μm)光缆是指该光缆的芯线直径为 50(μm)而包层直径为 125(μm)。另外两种常用的光缆尺寸为 62.5/125(μm)和 100/140(μm)。三种光纤具有多模传输的能力。所谓多模传输，是指多种波长的光波可以同时在光缆中进行传输，多模传输中最为常用的光缆尺寸为 62.5/125(μm)。

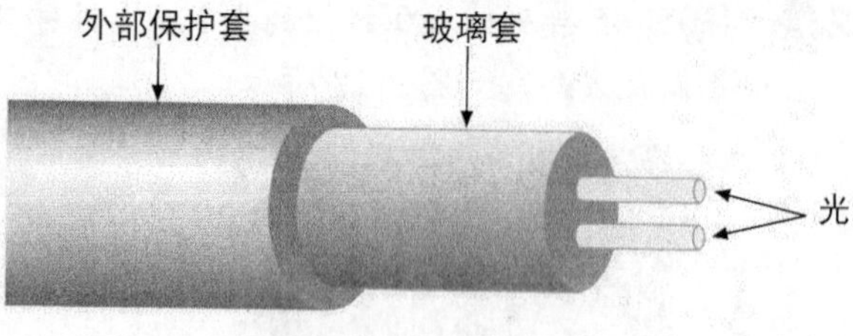

图 3-20　光纤电缆

3.4.1　光纤的概述

当光波脉冲由激光或者普通发光二极管(LED)设备发出后，便可以在光纤芯线中向前传输。玻璃包层的作用是将光线反射回芯线中。光缆具有高速网络传输的能力，它所支持的传输速度可以从 100Mbps 到 1Gbps，甚至超过 1Gbps。光缆一般用作传输主干，例如楼层之间或者建筑物之间，或者其他方面。在同一栋建筑内的楼层之间使用的光纤主干有时也称为"粗管道"(Fat Pipe)，因为与基带或者宽带高速传输相比，其带宽更为突出。在校园网环境中，光缆最为常见的用途是用于不同建筑物之间的互连，这样做也是为了符合 IEEE 的布线标准。光缆也可以用于在 WAN 和电信系统中连接地理范围跨度很大的 LAN。光缆的优点在于它的带宽大、损耗小，可以持续传输很长的距离。

> **注意**
>
> 由于数据是通过光脉冲(有和无)进行传输的，所以这种类型的电缆不存在 EMI 和 RFI 方面的问题，并且数据传输是纯数字的，不含有任何模拟成分。另外一个优点是很难在光缆中放入未经授权的接头，因为这种光缆十分脆弱，并且造价较高，其安装往往需要经过特殊训练的人才能完成。

通过光波进行信号传输时，传输行为与光的波长有关。有些波长的光在光纤中进行传输时比其他波长的光更有效率。光的波长所使用的计量单位为纳米(nm)。可见光的波长范围是 400～700nm，这种波长的光在光纤中进行传输时，其数据传输的效率不高。使用波长范围为 700～1600nm 的红外光进行数据传输的效率较高。

> **提示**
>
> 光波通信的理想波长范围或者说窗口有三个，它们分别是 850nm、1300nm、1550nm。高速的数据传输使用的波长窗口为 1300nm。使用光学信号进行数据传输，当光信号到达接收方时必须具有足够的强度，这样接收方才能够准确地检测到它。衰减或者能量损失是指当信号从源结点(传送节点)向目标节点进行传输时，信号在通信介质中的损失。在光纤中的衰减是用分贝(dB)进行度量的。光信号的能量损失直接和光纤的长度以及光纤弯曲的程度、弯曲的数量有关。在光波经过接合点或者接合部时也会有能量损失。为了能够准确地传输到接收方，当光波离开传输设备时，必须具有一定的能量级别。这个最小的能量级别称之为功率分配。

对于光缆通信而言，功率分配就是按分贝度量传送能量和接收方最终得到的信号强度或者敏感度之差所得到的值。它是发送信号能够完好无损地到达接收方所必须具有的最小发送能量和接收方敏感度。对于高速通信，该功率分配必须为 11 分贝。

3.4.2　光纤的特点

光纤广泛运用于大型局域网和城域网之间，具有如下 5 个特点。

(1) 吞吐量。

一般情况下，光纤可以以 10GB/S 的速度可靠地传输数据，可望在将来进一步改进后，有可能超过这一限制。光纤惊人的吞吐量与光在玻璃纤维上传输的物理特性有关。

> **提示**
>
> 与电脉冲通过铜线不同，光实际上不会遇到阻抗，因此它能以比电脉冲更快的速度可靠传输。实际上，纯的玻璃纤维束每秒可接收高达 1 亿个激光脉冲。但是，由于成本太高，光纤目前还只是用于主干线。尽管如此，它的高吞吐能力也使它适用于拥有大量通信业务量的情形，如电视或电话会议。

(2) 成本。

光纤是一种最昂贵的材料，将光纤连接到每个用户终端的成本在目前几乎是负担不起的，因此，光纤一般仅用于长距离传输或必须负担非常大量的通信业务的网络主干中。光纤本身不仅比金属电缆昂贵得多，它的网络接口卡和集线器的价格也是设计用于UTP 网络的网络接口卡和集线器的数倍。除此之外，安装费用也比较高。

(3) 连接器。

光纤可以使用许多不同类型的连接器。安装光纤连接器是一项困难且令人难以操作的工作，因此通常情况下应购买预先安装好连接器的光纤。

(4) 抗噪性。

光纤不受 EMI 和 RFI 的影响。优良的强抗噪性是光纤在不需要中继的情况下能传输长距离的一个原因。

(5) 尺寸和可扩展性。

由光纤组成的网络段能跨越 1000m。整个网络的长度根据所使用的光纤类型的不同而不同。对于多模光纤，网段长度应限制为 2km；对单模光纤，网段长度为 3km。

3.4.3 光纤的分类

光纤电缆有两种类型，即单模光纤和多模光纤。

- 单模光纤主要用于长距离通信，其芯直径为 8～10μm，而包层直径为 125μm。这种光纤的芯直径比多模光纤要小得多。在给定的时间中，只能有一个光波在光纤中进行传输。单模光纤使用的通信信号是激光。激光光源包含在发送方发送接口中，由于带宽相当大，所以能够以很高的速度进行长距离传输。
- 多模光纤可以同时支持以多种光波进行数据传输，进行宽带通信。在传输距离上没有单模光纤那么长，因为其可用的带宽较小，光源也较弱。对于多模光纤，在传输时使用的光源为 LED，该设备位于发送节点的网络接口中。

在表 3-4 和表 3-5 中对单模光纤和多模光纤的性能进行了总结。

表 3-4 单模光纤光缆的规范

属　性	值或特征
主干段的最大长度	3000m(大约 1.864 英里)
水平段(到桌面)的最大长度	不建议用于水平布线
每段上节点的最大数目	2
最大衰减	不高于 0.5dB/km
电缆类型	8.3/125μm
连接器	ST 或 SC 连接器

表 3-5 多模光纤光缆的规范

属　性	值或特征
主干段的最大长度	2000m(大约 1.243 英里)
水平段(到桌面)的最大长度	100m(大约为 330 英尺)
每段上节点的最大数目	2
最大衰减	850nm 波长下传输的衰减为 3.75dB/km；1300nm 传输的衰减为 1.5dB/km
段的最大数目	1024
带有节点的段的最大数目	1024
菊花链集线器的最大数目	4
电缆类型	62.5/125μm
连接器	ST 或 SC 连接器

3.4.4 混合电缆

在现有的电信和宽带服务中已经接受了光纤/同轴混合电缆，在使用混合电缆时，必须考虑几项因素，如网络不同位置上信号级别的要求、噪音容错要求、变形容错要求和电源设计等。

由电缆网络和混合网络提供的网络解决方案已经开始对计算机产业产生影响。基于带同轴电缆的混合电缆主干的电缆结构为用户在下游方向提供了高的带宽，并在上游方向提供了相对较高的带宽(由于通常认为下载文件需要的速度更高些，所以上游带宽通常低于下游带宽)。在设计初期，有线电视是用来通过高带宽分配向下游发送信号的。这种设计意味着在上游传输中可用的带宽较低，通常为 5～40MHz，而上游是由 500～2000 个客户来共享的。

注 意

有线电视通信的一大弱点就是许多现有的电缆是屏蔽性很差的同轴电缆，所以数据传输会受到电力马达、CB 无线电、微波炉、VCR 和电视接收机的影响。为适应网络和其他新的服务，如今大型的电缆网络都安装光纤/同轴混合电缆。光纤可以增加上游带宽并降低噪音，从而可以提高数据通信的质量。目前大约 90%的现有电缆都不是光纤/同轴混合电缆，安装这种新电缆的成本是很昂贵的。光纤/同轴混合电缆(Hybrid Fiber/Coax，HFC)采用的是现在已广泛存在的有线电视结构，所以未来一片光明。使用 HFC，电缆经营者可以为 PC 提供电话服务、交互电视的多信道和高速的数据服务。

一个完整的 HFC 系统可以提供以下服务。

- 简易的老式电话服务。
- 多达 37 个模拟电视信道。
- 多达 188 个数字电视信道。
- 多达 464 个数字点信道(客户请求服务)。
- 针对 PC 的高速双向数字数据链接。

基本上，混合电缆由电缆外壳和铜电缆组成，其中电缆外壳中包含着光纤。电缆外壳和铜电缆根据不同的实施情况可能有不同的组合，范围可涉及从主干电缆到单方电缆安装。

3.5 无线传输

空气提供了一种无法触摸的网络传输数据方式。几十年来，广播电台和电视塔都使用空气以模拟信号的形式传输信息。空气也能传输数字信号，通过空气传输信号的网络称为无线网络。无线局域网通常使用红外或射频(RF)信号传输信息(这些传输介质适用于非常特殊的网络环境。例如，需穿过大型库房记录存货数据的存货监控人员将受益于移动性无线网络。除红外和 RF 传输外，微波和卫星链接也可通过空气传输数据。

当传输网络包时，有许多无线介质可以替换电缆：无线电波、红外线信号、蓝牙信号以及微波等。所有这些技术都是通过空气或大气来传输信号的。因此，在使用电缆非常困难或者说根本不可能时，无线通信可以出色地代替电缆。

注 意

但是使用无线通信时有一个非常重要的限制：同一介质的其他信号、太阳黑子的运动、电离层变化和其他大气干扰都会对通信信号形成干扰，从而会产生许多问题。

3.5.1 无线电波

大气中的电离层是具有离子和自由电子的导电层，无线通信就是利用地面发射的无线电波通过电离层的反射，或电离层与地面的多次反射而到达接收端的一种远距离通信方式，如图 3-21 所示。

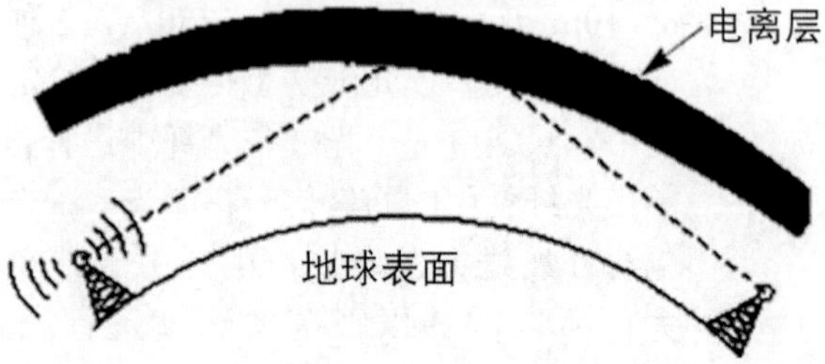

图 3-21　无线电波

在无线电网络传输中，根据信号采用的天线的类型，可以沿一个方向或多个方向传输，如图 3-22 所示。在这里，波长比较短，而且强度也较低，这就意味着无线电传输最适用于短程的视线传输。

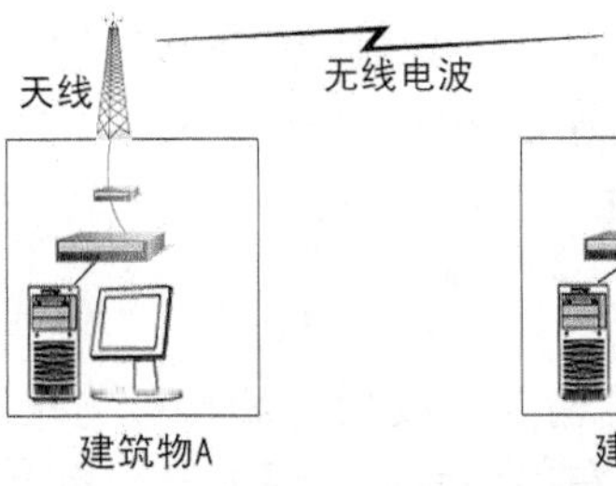

图 3-22 无线电波进行的无线通信

提 示

网络信号可以通过无线电波进行传输，这种方式与本地电台广播的手段非常相似，但是网络应用时信号频率要远高于电台发射频率。例如，某个 AM(调幅)电台发送频率为 1290kHz，因为 AM 播送范围就在 535kHz～1605kHz 之间；FM(调频)的范围为 88MHz～108MHz。在美国，网络信号的传输频率可高达 902MHz～928MHz、2.4GHz 或 5.72GHz～5.85GHz。

在视线传输中，信号是从一点向另一点传输的，而不是在国家间或各洲间弹跳的。视线传输的限制在于信号会被高的物体如山峰中断。低功率的单频信号传输数据的能力在 1～10Mbps 之间。大多数网络设备采用扩展频谱(Spread Spectrum)技术进行包的传输。这种技术中使用了一个或多个邻接的频率，跨越更大的带宽来传输信号。扩展频谱的频率范围非常高，为 902MHz～928MHz 或更高。扩展频谱传输通常以 2～6Mbps 的速度传输数据。

注 意

与其他无线通信的手段相比，无线电通信比较便宜而且易于安装。但是无线电通信也有其显而易见的缺陷。其中之一便是许多网络安装要实施高速(100Mbps)的通信来处理拥挤的数据流量，基于无线电的网络的速度不能满足这类需求。另一个缺点是，使用的频率难以控制。许多无线电爱好者以及电话公司使用的频率与无线电通信的频率在相似范围之内，从而会干扰信号。自然的障碍物，如山峰，也会减弱或干扰信号的传输。

当铺设电缆成本很高且很困难时，使用无线电通信可以大大节省费用。例如，有一大型企业在组建局域网时，在企业厂区里某些建筑物的布线通道中存在着大量的石棉，就发现采用无线电通信比把石棉都搬除安全多了，而且成本也低。

3.5.2 微波

微波是对于频率在 100MHz 以上，其能量将集中于一点并沿直线传播的无线电波。微波通信是利用无线电波在对流层的视距范围内进行信息传输的一种通信方式。它使用的频率范围一般在 1GHz 至 20GHz 左右。在长途线路上，其典型的工作频率为 2GHz、4GHz、8GHz 和 12GHz。由于微波只能沿直线传播，所以微波的发射天线和接收天线必须精确对准。而且如果两个微波塔相距太远，一方面地球表面就会挡住去路，另一方面，微波长距离传送会发生衰减，因此每隔一段距离就需要一个中继站。中继站之间的距离与微波塔的高度成正比例。由于受地形和天线高度的限制，两个中继站之间的距离一般为 30～50km。而对于 100m 高的微波塔，中继站之间的距离可以达到 80km。

注 意

微波通信在传输质量上比较稳定。但微波在雨雪天气时会被吸收，从而造成损耗。与同轴电缆相比，由于微波通信的中继站数目比同轴电缆的少得多，而且不需要铺设电缆，所以其成本低得多，在当前的长途通信方面是一种十分重要的手段。微波通信的缺点是保密性不如电缆和光缆好，对于保密性要求比较高的应用场合，需要另外采取加密措施。目前数字微波通信被大量运用于计算机之间的数据通信。

微波系统的工作方式有以下两种。

- 地面微波：地面微波是在两个盘状的定向天线间传输信号，这种传输的频率为 4GHz～6GHz 和 21GHz～23GHz，要求操作人员具备 FCC 许可证。
- 卫星微波：卫星微波是在三个定向天线间传输信号，3 个天线之一是空间的一颗卫星，如图 3-23 所示，对采用这种技术的公司来说，发射卫星或者租用提供这种技术的公司的服务是非常重要的，这类传输的频率范围为 11GHz～14GHz。

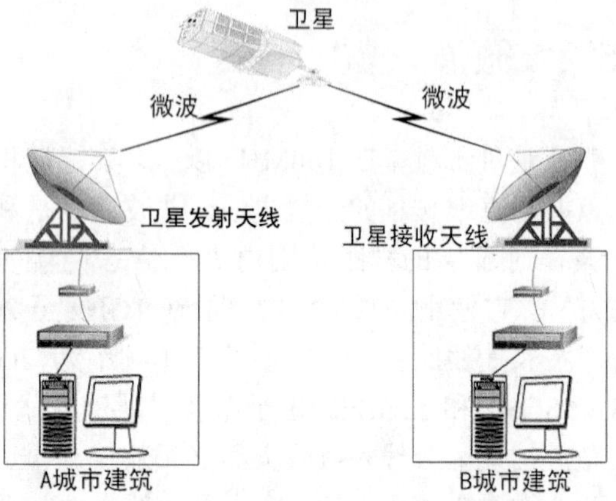

图 3-23　卫星通信

注意

与其他无线介质相同，当布线耗费巨大或者根本不可能布线时就会采用微波通信解决方案。采用地面微波在城市中两个大建筑物之间进行通信是很优秀的解决办法。卫星通信用于跨国或在两个洲之间连接网络。这两种类型的微波介质传输速度可达 1～10Mbps，当需要更高的网络速度时，就体现出了局限性。当然微波技术还有其他的限制，比如，安装和维护的成本很高。微波传输还极易受到大气环境、恶劣的天气和 EMI 等的妨碍。

3.5.3　红外线

红外光也可以用作网络通信的介质。这种技术也许在电视和立体声系统的远程控制设备上对用户而言最为熟悉。红外线可以沿单方向也可以沿所有的方向传播，用 LED 来传输，用光电二极管来接收。传输频率为光的频率——100GHz～1000THz。

提示

与无线电波相同，在电缆连接比较困难或者在移动用户的情况下，红外线技术是一个成本不高的解决方案，优点在于信号可以在其他人不知道时进入。

红外网络使用红外线通过空气传输数据，就好像电视遥控器发送穿过房间的信号。网络可以使用两种类型的红外传输：直接和间接。

1. 直接

直接红外传输要求发射方和接收方彼此处在视线内。就像不能在墙后面使用遥控器切换电视频道一样，用户不能在两台没有直接空气路径的计算机间通过直接红外传输方式传输数据。一方面，这种“视线”限制不利于红外传输在现代网络环境中的广泛使用。另一方面，“视线”要求也使红外传输比其他许多传输方法都要安全得多。当信号被限制在一条特定的路径上时，信号是难以被中途拦截的。

注意

目前，直接红外传输主要用于在同一房间中设备间的通信。例如，无线打印机连接使用直接红外传输，比如与掌上型 PC 或手机保持某些同步特性。在所有商用台式 PC 上的红外端口几乎都是标准的。

2. 间接

在间接红外传输中，信号通过路径中的墙壁、天花板或任何其他物体的反射来传输数据。由于间接红外传输信号不被限定在一条特定的路径上，这种传输方式不是很安全。红外路径传输数据的速度可以与光缆的吞吐量相匹敌。已证明红外传输的吞吐量可达到 100Mbps，也许还能传输更多的数据。它所能跨越的距离可以达到 1000m，几乎与多模光缆接近。

注意

当然这种通信介质也有其显著的缺点，其一是在有方向的通信中数据传输速率仅达 16Mbps，在各个方向上传输时速度也不过 1Mbps。另一个缺点是红外线不能穿越墙壁。而且，强光源也会对红外线通信造成干扰。

3.5.4 射频传输

射频(RF)传输是指信号通过特定的频率点传输，传输方式与收音机或电视广播相同。在某些频率点，RF 能穿透墙壁，从而对于必须穿过或绕过墙、天花板和其他障碍物传输数据的网络来说，RF 是一种最好的无线解决方案。这一特性也使得大部分类型的 RF 传输易于被窃听。因此，RF 不应用于数据保密性重要的环境中。除此之外，RF 也非常易受到干扰影响，因而对于充满着 EMI 的场所如工厂车间，它不是一种好的传输介质。

由于 RF 信号易于相互干扰，它们所使用的频点必须获得管理部门的许可。频率以及频率被传输的地理场所都不能违背许可擅自变更。RF 计算机和网络部件的制造商也因此必须获得在不同地点使用特定频率的许可。这种获得许可的过程可以保证相邻系统不会操作在相同的频点上，从而也不会产生信号干扰。

有两种最通用的 RF 技术：一种是窄带，它将主要的 RF 能量聚集到单个频点上；另一种是广谱，它使用同时分布在几个频点上的低级信号，广谱 RF 非常安全。这两种类型的 RF 都提供中等的吞吐量，约为 10Mbps。

技巧

美国海军以一种更有趣的方式使用广谱 RF 网络技术。它的船队成组航行，船间使用 RF 和卫星网络链接穿过水进行彼此间的通信。由于传输必须保密，所以使用广谱带 RF 而不是窄带 RF。

3.5.5 蓝牙技术

蓝牙(Bluetooth)是一种支持设备短距离通信(一般 10m 内)的无线电技术。能在包括移动电话、PDA、无线耳机、笔记本电脑、相关外设等众多设备之间进行无线信息交换。如图 3-24 所示为常见的蓝牙适配器。

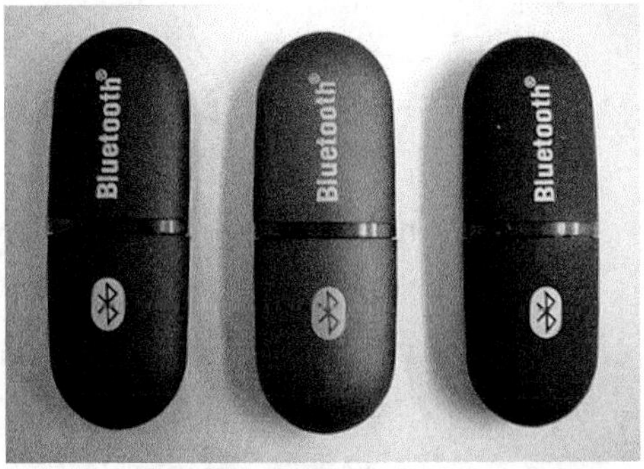

图 3-24 蓝牙适配器

利用蓝牙技术，能够有效地简化移动通信终端设备之间的通信，也能够成功地简化设备与因特网之间的通信，从而使数据传输变得更加迅速高效，为无线通信拓宽道路。

提示

蓝牙采用分散式网络结构以及快跳频和短包技术，支持点对点及点对多点通信，工作在全球通用的 2.4GHz ISM(即工业、科学、医学)频段。其数据速率为 1Mbps。采用时分双工传输方案实现全双工传输。

虽然制造商对各种设备实施的特定用户接口因设备而异，但首次连接两个设备的一些基本步骤是相同的，用户应保持在安全环境下进行配对。下面介绍配对蓝牙的具体操作方法。

Step 1 设备充电。如果设备是新的 Bluetooth(蓝牙)设备，确保在进行连接或打开前已充电。尤其是 Bluetooth(蓝牙)耳机，使用前必须充电。

Step 2 设备开机。打开需要配对设备的电源。对于某些设备，如 Bluetooth(蓝牙)无线耳机，设备开机的同时即启动配对过程。

Step 3 开启 Bluetooth(蓝牙)功能。在用户收到设备时，该设备的 Bluetooth(蓝牙)功能可能已经开启，也可能尚未开启。对于多数计算机，用户需要从控制面板或系统首选项中开启 Bluetooth 射频功能。

Step 4 将设备设置为可见。作为安全措施，某些设备可将 Bluetooth(蓝牙)功能设置为关闭、隐藏或可见。尝试连接设备时，用户应将设备设置为可见，这样才能为彼此所发现。完成设备配对后，如果用户担心设备会被其他设备发现，可以将设备设置为隐藏。

Step 5 将两个设备设为连接模式。两个设备都充好电后，打开设备电源并开启 Bluetooth(蓝牙)功能，每个设备都需要初始化通信会话。通常，在两个设备之间连接时，一个设备会作为“主机”，而另一个设备则作为“访客”。主机设备是具有用户界面的设备，多数连接设置都将从此进行。一个设备可以是另一个设备的主机，也可以作为其他设备的访客。例如，手机与无线耳机配对时，该手机就是主机。但是，手机与平板电脑配对时，平板电脑就是主机。

Step 6 输入密码。设备彼此发现对方后，用户将被要求在一个或两个设备中输入密码。某些情况下，如连接无线耳机时，密码是由制造商为耳机指定的固定密码。此时，用户需要在主机设备中输入此指定的密码，可在用户手册中找到此密码。在其他情况下，用户可输入自己设定的密码。此时，将在两个设备中输入密码各一次。强烈建议用户为一次配对过程设定 8 位字母数字字符密码。输入密码后，设备将彼此验证并完成建立信任连接。

Step 7 删除或断开与信任设备的连接。如果其中一个 Bluetooth(蓝牙)设备丢失或被偷，应取消以前与该设备配对的所有设备的配对设置。对于手机或计算机之类设备，用户应进入设备的连接设置，然后查找信任设备列表。用户随后便能选择添加新设备或删除信任设备。突出显示需要删除的设备，然后按删除按钮。键盘或鼠标之类设备只有一个按钮或开关作为用户接口，因此每次只能连接到一个设备。要删除其原来的信任设备，只需将鼠标或键盘连接到新设备。

试一试

按上面的方法试着通过蓝牙设备将智能手机和笔记本电脑进行连接。

3.6 局域网布线

在了解了网络传输介质后，可以动手选择合适的局域网传输介质，然后进行设计与管理布线，最后安装电缆，即可完成局域网的布线。

3.6.1 选择传输介质

从上面的内容中已了解了各种类型网络的传输特性及优缺点，此时需要考虑在实际网络环境中如何评估各类介质。下面的列表总结了必须考虑的主要环境因素，并对不同的条件推荐了适当的传输介质。大部分环境包含这些因素的综合情况，用户必须在每种介质的重要性及最优选择的开销间进行权衡。选择传输介质时需要注意以下 6 点问题。

- 高 EMI 或 RFI 区域：如果环境内拥有许多用电器，用户应尽可能使用抗噪性最好的介质。Thick Ethernet(粗以太网)和光缆在目前是抗噪性最好的介质。
- 拐角和狭窄空间：如果环境要求电缆在拐角处弯曲或穿过狭窄空间，应该尽可能使用最灵活的传输介质，STP 和 UTP 两者都是非常灵活的。
- 距离：如果环境要求远距离传输，应考虑光缆或无线介质，也能使用双绞线或同轴电缆，但它们更易受衰减和干扰的影响，同时需要中继器。
- 安全性：如果某个组织比较在意电线被窃听，它应选择具有最高安全性的传输介质。光缆和直接红外介质对这种环境都是很好的选择。
- 既存体系结构：如果对一个已有的电缆设备增加电缆，应考虑它将如何与既存电缆设备相互作用以及两者间所需的连接性硬件，所选择的介质应与机构以前安装的各种设备相适应。
- 发展：搞清楚准备如何扩展网络以及在设计布线时是如何考虑将来的应用、通信业务和地理扩展这些问题的。在这种情况下，所选择的介质应该能适应局域网的需求。

在组建局域网络的过程中，传输介质的选择是至关重要的，因为选择了传输介质也就基本上决定了网络的结构类型。从表 3-6 中可以看出几种流行网络电缆的一些区别。如何选择合适的网络介质，最关键的因素就是要选用可以满足实际工作应用需求的网络结构，同时要考虑到以后网络升级的便利性。当然，价格因素也是衡量各种传输介质的重要标准。

表 3-6　电缆类型及特征概括

	同轴电缆	双 绞 线	光纤电缆	混合电缆
规范	10Base5 10Base2	10Base-T、 100Base-T、 1000Base-T	10Base-F 100Base-F	N/A
拓扑结构	总线型	星型、环型	星型、环型	总线型、星型、环型
速度	10Mbps	10Mbps、 100Mbps、 1000Mbps、 (目前已提出了 10Gbps)	10Mbps 到 10Gbps	10Mbps，速度更高时要根据网络组成和网络应用
柔性	柔性不很好	柔性很好	脆	柔性不很好，很脆
向高速网络互连和 WAN 升级	有限(但是有些可用于宽带传输)	很容易升级，尤其是五类电缆	其设计即是用于高速的通信和 WAN	其设计即是用于通信和 WAN

3.6.2　设计与管理网络布线

在很长一段时间内，许多组织(包括企业、学校、政府机构、银行、医院等)的局域网都对它们的电缆设备(构成企业范围布线系统的硬件)做想当然处理。然而，因为日益增长的通信需求以及商业增长对网络的依赖性，这些组织目前必须主动地管理它们的物理底层结构。灵活的布线设计和管理使得移动和扩充更容易，同时也因物理层问题而损失了生产率。虽然，这些管理不如资产管理或安全事务那样能引起更多的重视，但它的确是好的网络管理策略的一个重要方面。

结构化网络除了可以集中地布置关键设备外，还可以集中地进行网络管理。在集中的网络管理中按照关键的网络功能来确定中央控制点。

技巧

可以在智能的集线器或设备上连接管理用的工作站，对网络运行进行监视。在每一楼层设置用来收集信息的集线器或交换机，这样网络管理员就可以很方便地管理网络中的所有信息，并且可以远程重新配置集线器或交换机。

在集中式管理中，大部分网络维护工作可以在一个地方完成，这在大型网络中是极为重要的。集中式网络管理也简化了维护文件服务器和主机一类的工作。

注意

文件服务器和主机可以放在易于维护的地方，比如放置在中央集线器架的位置。网络备份和软件升级工作也可以在一个地方完成，而不需要在许多地方进行。计算机之间可以共用一个不间断电源(UPS)和空调设备，这样可以节省在几个地方布置这些设备所需的费用。不间断电源是一组备份的电池，可以在主电源发生故障、浪涌和电压降低时提供后备电源。在计算机设备集中的地方要求环境温度、湿度和灰尘控制在要求的范围内。如图 3-25 所示给出了一个结构化分级布线的例子。

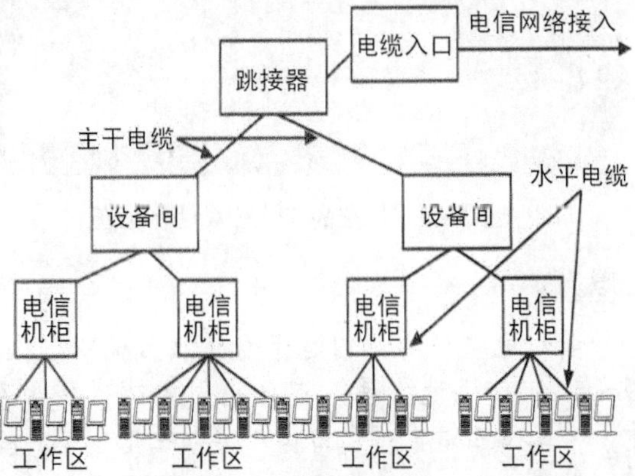

图 3-25　结构化分级布线

TIA/EIA 标准(结构化布线标准)指定单级结构只能包括两级交叉连接电缆。坚持标准化分级布线只是好的电缆管理策略的一部分。网络管理员也应该对组织所使用的电缆类型制定标准并且维护一张已被认可的电缆销售商表。开辟一个供应室以储备空闲的部件以便能轻易迅速地更换有问题的部件。对电缆设备创建文档，内容包括安装电缆的地点和级别等。为每个数据插座、插孔和连接器做标签，对不同用途的电缆使用不同的颜色(可购买具有不同外罩颜色的电缆)。如图 3-26 所示为一般的网线插座。

技巧

用户可能想将粉红色用于装配电缆，绿色用于水平电缆，灰色用于纵向(主干)电缆。将文档保存在较近的地方，并且在改动网络时要保证更新相应的文档，文档越多，移去或添加电缆段就越容易。

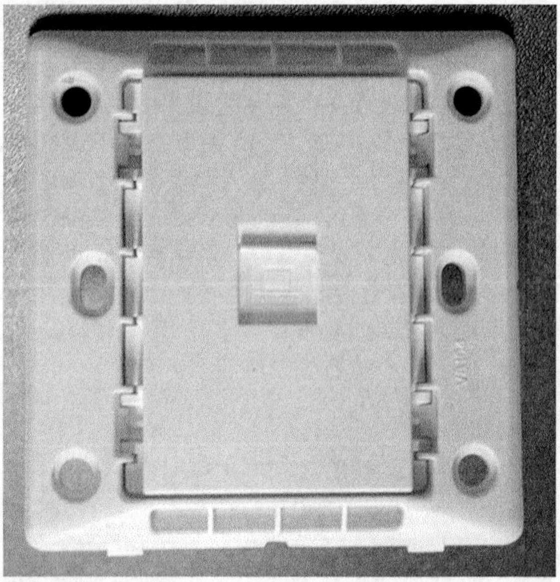

图 3-26　标准的 TIA/EIA 墙上插座

技巧

要对电缆设备如何适于发展做出规划。例如，假如组织正迅速发展，应考虑用光缆代替原有主干，并且在电信机柜中留出足够的空间以放置更多的配线架。

3.6.3　安装电缆

由于用于联网的各种电缆固有的局限，很难从上百种不同的电缆中正确选择出一种并使它在网络中发挥作用，假如遵循生产厂商的安装指南和 TIA/EIA 标准，就可以保证成功。许多网络问题都是因为拙劣的电缆安装技术造成的。随着网络采用更高的传输速度，遵循安装指南成为更关键的问题。本节概括了安装 UTP 电缆最通用的方法并指出可能导致网络不稳定的布线错误。典型的 UTP 网络都使用模块化安装以区别每个子系统中的电缆。如图 3-27 所示为一个典型的模块化电缆安装的概略图。

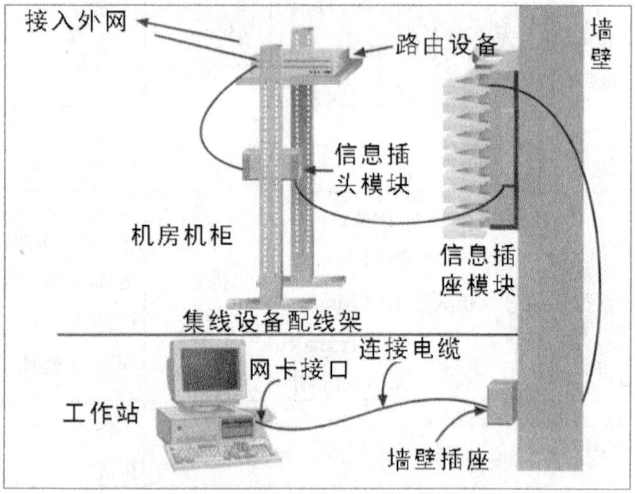

图 3-27　典型的模块化电缆安装的概略图

注意

假如没有在 RJ-45 连接器的正确位置弯曲双绞线，电缆将不能发送或接收数据(或两者都不能，在这种情况下，电缆根本无效)。使用的电缆级别不一样，也可能使网络失败或使它更易于遭受损害(例如，在一个易遭火灾破坏的地区使用普通的廉价双绞线电缆)。对于以 10Mbps 速度正确传输数据的五类 UTP，若要求它速度达到 100Mbps，就可能会造成数据丢失。除此之外，如果电缆没有被正确安装，它们的生产厂商将不提供担保。

技 巧

在图 3.27 的例子中，装配电缆连接网络设备(例如一台工作站)和墙壁插座，更长的电缆又将墙壁插座与电信机柜中的插座模块连接在一起。从信息插座模块引出的装配电缆连接到信息插头模块上。从信息插头模块引出更多的装配电缆连接到集线器或中继器上，继而根据网络规模再依次连接到设备间或主干线上。所有这些电缆段使得网络更易于移动和添加设备，而且也使电信机柜的布局更加有组织。

UTP 颜色编码方法遵循 TIA/EIA 布线标准。AT&T 和 IEEE 已建立了两套不同的(但相似的)编码方案，所以应该保证必须是根据其中的一种标准对局域网中的所有电缆进行颜色分配，以避免冲突和潜在的传输错误。需要注意的是，在将电线固定到连接器上时，任何错误都将导致电缆的工作不正常。

作为一名网络专业人员，有可能偶尔需要对设备间或电信机柜增加新的电缆，修理出了问题的电缆端口，或安装一个数据插头。下面给出一些安装电缆时需要注意的问题。

- 在将双绞线电缆插入信息插座模块中，朝反方向扭双绞线电缆时，长度不能超过半英寸。
- 剥离双绞线电缆中铜线上的绝缘体的长度不能超过 1 英寸。
- 应注意所使用的电缆对弯曲半径的限制。弯曲半径是弯曲一根电缆时，不产生数据传输错误的最大弧半径。一般来说，电缆的弯曲半径不能超过电缆直径的四倍，注意不要超过这个限定。
- 当安装电缆时，使用电缆测试仪测试布线的每段电缆，这可以使以后不必对复合的、长距离的电缆进行错误检测。
- 只用电缆胶带将电缆组捆在一起。除此之外，不要将电缆捆得太紧以致压迫了电缆的外包皮，否则可能将导致难以检测的数据错误。
- 避免将电缆穿过地板放置。否则拖动椅子或来回走动就可能损伤电缆线。如果必须这样固定电缆，应该用电缆保护罩盖住电缆。
- 将电缆安装在离荧光灯或 EMI 的其他来源至少 3 英尺处。
- 在布线时应保持电缆较松弛。如将电缆拉得太紧有可能产生连接和数据传输错误。
- 假如将电缆在通风管道内走线(天花板上面或底层下面的空间)，应确保电缆封套具有良好的通风性。通风良好的电缆比其他电缆的防火性能更好。
- 注意接地要求，并小心地完成接地过程。

注 意

不要将电缆安装在动物或小孩能接触到的地方，如果被老鼠或其他小动物撕咬 UTP，情况会很难处理。

第 4 章 网络操作系统的安装

构建和管理网络离不开网络操作系统，它在网络中发挥着核心作用，控制了网络资源的共享、网络的安全和网络的各种应用。目前，流行的网络操作系统种类繁多，它们都各有特点，分别用在不同的应用领域。现在常见的网络操作系统包括 Windows Server 2008、Windows Server 2003、Linux 等。本章将分别介绍这些操作系统的特点和安装方法，还将介绍如何根据不同的需要来选择局域网内的网络操作系统。

本章学习要点

- 网络操作系统简介
- 安装 Windows Server 2003 操作系统
- 安装 Windows Server 2008 操作系统
- 安装 Linux 操作系统

4.1 网络操作系统简介

网络操作系统(Network Operating System，NOS)是使网络中各计算机能方便而有效地共享网络资源，为网络用户提供所需的各种服务的软件和有关规则的集合。网络操作系统能够让服务器和客户机共享文件和打印功能，也提供其他的服务，如通信、安全性和用户管理。网络操作系统的大部分功能属于OSI模型的最高层，近乎于应用层。然而，有些功能发生在OSI 模型的第七层之上(也就是说，在顶层之上)。换句话说，OSI模型不能描述网络操作系统的所有方面。

提示

通常的操作系统具有处理机管理、存储器管理、设备管理及文件管理，而网络操作系统除了具有上述的功能外，还具有提供高效、可靠的网络通信能力和提供多种网络服务的功能。它是计算机网络的灵魂，目前，用得最广泛的网络操作系统主要有Windows Server 2003系统、Windows Server 2008系统、Unix 系统，另外 Linux 系统作为后起之秀也得到越来越多的使用。

4.1.1 网络操作系统的特点

一个典型的网络操作系统一般具有以下 9 个特点。

- 独立性：网络操作系统可以在不同的网络硬件上运行，支持多种网络接口卡；网络操作系统独立于网络的拓扑结构，可以运行于总线型、环型、星型等多种形式的网络上；硬件和网络拓扑的更改变化不会影响网络操作系统的运行。
- 支持多用户、多任务操作：多个用户可以同时在网络操作系统中运行他们的作业，网络操作系统给各用户的应用程序以及数据文件提供足够的、标准化的保护。它能够支持多用户共享网络资源，包括磁盘处理、打印处理、网络通信处理等面向用户的处理程序和多用户的系统核心调度程序。
- 内存保护机制：它为用户提供一个虚拟空间运行，这样就不会由于某个用户应用中的疏忽或恶意破坏而对整个系统产生不良影响而致使系统崩溃。
- 开放性：网络操作系统必须支持标准化的通信协议(如TCP/IP、NetBEUI等)和应用协议(如HTTP、SMTP、SNMP等)，支持与多种客户端操作系统平台的连接。
- 易于管理：网络操作系统可为网络管理员管理网络系统和资源提供必要的管理工具。这些管理工具具有多种网络控制方式，一般包括失效管理、配置管理、性能管理、计费管理、安全管理等工具。网络管理员利用这些工具能够方便地完成网络的管理，进行跟踪和监视网络的活动，进行系统备份、故障管理、安全管理和过程控制等。
- 支持远程访问：网络操作系统提供用户远程访问服务器资源的能力，并保证远程访问的安全性。
- 安全性：网络操作系统提供各种级别的保密措施，包括口令保密、目录保密、文件保密、网间加密连接及记账加密，管理和控制各类用户的访问权限以保护共享资源，防范非法入侵，确保关键数据的安全。
- 高可靠性：网络操作系统应具有较高的可靠性，以保证系统中的文件和数据的损坏与丢失减少到最低点。应保证在重负载情况下的高性能，即使网络个别部件出现故障，也不影响整个网络的正常运行。
- 对称多处理器的支持：在对称多处理器支持系统中，网络应用请求能在操作系统的分配下比较均匀地分布在各个CPU上运行。

4.1.2 网络操作系统和服务器

局域网(Local Area Network，LAN)的最初目的是在若干用户间共享资源，并能维持连入网络的各种机器本身原有的重要功能。LAN 的最初方法是将网上计算机的共享数据放入一个中心文件服务器中，这种方法效率较低，而且服务器和工作站之间的数据流随工作站的增加或工作量的增大会使 LAN 产生阻塞。这个问题可用客户机/服务器(C/S)技术来避免，C/S 方式能使 LAN 及其相连的工作站的操作更为有效。

注 意

大多数网络环境使用的服务器都可能远远超出了软件提供商建议的最小硬件配置要求。每种情况可能都不同，但为了决定服务器的最优硬件配置，应该考虑服务器将连接的客户机个数、运行的应用程序类型、需要的存储空间、死机时间的长短以及承担的成本等问题。购买一台廉价的低端服务器来运行 Windows 2000 Server 也许就足够了，但它只能提供文件和打印共享服务。要想网络能执行更多的功能，就必须在服务器上加大投资才能让它也可以运行应用程序。选用什么样的服务器取决于想在它上面运行什么样的应用程序。可以想象，每一种应用程序可能都会有不同的处理器、内存和存储需求。一般情况下认为一个数据库程序(如 MS SQL Server)会比一个字处理应用程序(如 MS Word)需要更多的处理器和内存。

应用程序使用资源的特定方式可能会影响选择软硬件时的决定。应用程序也许会在客户和服务器间提供一个共享处理的选择项，也许不会。例如，用户可能会安装一组要求每个客户都从网络的驱动器上运行可执行文件的目录和消息包，因此，它们几乎都独占服务器的处理资源。另外，也可以在每一台工作站上安装程序文件而只使用服务器来发布消息。后一种方案把处理的负担交给了客户机。

注 意

如果服务器负责处理大部分应用程序，或者要支持大量的服务和客户，就需要在网络操作系统要求的最小配置基础上增加更多的硬件。例如，可能要增加多个处理器，也可能需要增加更大的内存、几块网络接口卡、具有容错能力的硬盘、备份驱动器以及不间断电源。所有这些部件都能够增强网络的可靠性或性能。现在，在决定购买硬件之前要仔细分析当前的情形和网络的扩展计划。然而，具有多道处理器和存储资源以及具有容错能力的部件的高端服务器的价格可能会非常昂贵，但某个部门可能只需要一台廉价的服务器。不管需要什么样的服务器，都要求硬件提供商具有能够提供优质、可信赖并且非常优秀的技术支持的声誉。尽管可以通过使用一般的模型而削减工作站硬件成本，但还是应该在购买服务器时不要太节省。这是因为服务器的一个部件出了故障会影响到许多用户，而工作站出了故障可能只会影响一个用户。

4.1.3 网络操作系统的功能

网络操作系统具备一般操作系统的功能，通常包括：处理器管理、存储器管理、设备管理、文件系统管理以及为了方便用户使用操作系统向用户提供的用户接口、网络环境下的通信、网络资源管理、网络应用等特定功能。此外，网络操作系统还有以下功能。

- 网络通信：这是网络最基本的功能，其任务是在源主机和目标主机之间，实现端对端的无差错的数据传输。
- 资源管理：对网络中的共享资源(硬件和软件)实施有效的管理、协调各个用户对共享资源的使用、保证数据的安全性和一致性。
- 网络服务：提供常规的网络服务，比如电子邮件服务、文件传输、共享资源服务以及信息发布等。
- 网络管理：网络管理最主要的任务是安全管理，一般这是通过“存取控制”来确保存取数据的安全性，以及通过“容错技术”来保证系统出现故障时数据的安全。

- 互操作能力：所谓互操作，在客户/服务器模式的局域网环境下，是指连接在服务器上的多种客户机和主机，不仅能与服务器通信，而且还能以透明的方式访问服务器上的文件系统。

4.1.4 Windows Server 2003 概述

Windows Server 2003 在桌面环境和基本操作方法等方面继承了 Windows 95/98 和 Windows NT 的风格，将 Microsoft 公司原有的这两大类操作系统统一在以下 4 个版本的产品系列中，如表 4-1 所示。

表 4-1 Windows Server 2003 的版本及适用范围

版本类型	适用范围
Windows Server 2003 标准版 Windows Server 2003 企业版	针对中小企业。具备除元目录服务(MMS)支持、终端服务会话目录、集群服务以外的所有服务功能，针对高端服务的需求。具备所有服务功能
Windows Server 2003 数据中心版	符合最高性能的要求，具有极其可靠的稳定性与扩展性。具备除 Internet 链接防火墙、Internet 链接共享以外的所有服务功能
Windows Server 2003Web 版	满足网站应用程序开发者、Internet 服务提供者或其他使用网络功能的用户对网站应用和网站服务的需求

1. Windows Server 2003 的功能

下面向读者介绍 Windows Server 2003 的相关功能，共有以下 4 点。

- 活动目录的概念：目录服务功能是 Windows Server 2003 的最重要的新功能之一，它可将网络中各种对象组织起来进行管理，方便了网络对象的查找，增强了网络的安全性，这大大有利于用户对网络的管理。通过活动目录，用户可以对用户和计算机、域和信任关系，以及站点和服务进行管理。
- 域：域(Domain)是活动目录的分区，定义了安全边界，在没经过授权的情况下，不允许其他域中的用户访问本域中的资源。活动目录可由一个或多个域组成，每一个域可以存储上百万个对象，域之间还有层次关系，可以建立域树和域林，进行无限的域扩展。
- 用户和计算机账号：在一个网络中，用户和计算机都是网络的主体，两者缺一不可。拥有计算机账户是计算机接入 Windows Server 2003 网络的基础，拥有用户账户是用户登录到网络并使用网络资源的前提，因此用户和计算机账户管理是 Windows Server 2003 网络管理中最必要且最经常的工作。
- 组织单元：组是 Windows Server 2003 从 Windows NT 系统继承下来的安全管理形式，它是指活动目录或本地计算机对象，包含用户、联系人、计算机和其他组等。在 Windows Server 2003 中，组可以用来管理用户和计算机对网络资源的访问，例如活动目录对象及其属性、网络共享、文件、目录、打印机队列，还可以筛选组策略。使用组，主要是为了方便管理访问目的和权限相同的一系列用户和计算机账户。作为管理员的用户在赋予用户或计算机账户权限时，如果它们的权限各不相同，必须分别为它们设置；但是，如果它们的权限相同，还要分别进行设置，就多做了许多重复性工作。有了组的概念之后，就可以将这些具有相同权限的用户或计算机划归到一个组中，使这些用户成为该组的成员，然后通过赋予该组权限来使这些用户或计算机都有了相同的权限，这就大大减轻了管理员用户的账户管理工作。

提示

组织单元(Organizational Unit，OU)是域中包含的一类目录对象，它包括域中一些用户、计算机和组、文件与打印机等资源。不过，组织单元不能包含其他域中的对象。由于动态目录服务把域又详细地划分成组织单元，且组织单元中还可以再划分下级组织单元，因此组织单元的分层结构可用来建立域的分层结构模型，进而可使用户把网络所需的域的数量减至最小。组织单元具有继承性，子单元能够继承父单元的访问许可权。域管理员可使用组织单位来创建管理模型，该模型可调整为任何尺寸。而且，域管理员可授予用户对域中所有组织单位或单个组织单位的管理权限。组和组织单元区别在于：组主要用于权限设置，而组织单元则主要用于网络构建；另外，组织单元只表示单个域中的对象集合(可包括组对象)，而组可以包含用户、计算机、本地服务器上的共享资源、单个域、域目录树或目录林。

2. Windows Server 2003 的文件系统

其中 Windows Server 2003 支持的文件系统包括以下 3 个方面。

- 标准文件分配表(FAT)：运行 Windows 7、Windows XP 或 OS/2 可以存取主分区或者逻辑分区 FAT 上的文件。
- 增强的文件分配表(FAT32)：这是在大型磁盘驱动器(超过 512MB)上存储文件的极有效的系统，如果用户的驱动器使用了这种格式，就会在驱动器上创建多至几百兆的额外硬盘空间，从而更高效地存储数据。此外，可使程序运行加快 50%，而使用的计算机系统资源却更少。
- Windows Server 2003 的磁盘文件系统中推荐的文件系统(NTFS)：只有运行 Windows Server 2003、Windows XP、Windows 7 或 Windows Server 2008 的计算机才可以存取 NTFS 卷中的文件。用户在安装 Windows Server 2003 之前，应该先决定选择哪一种文件系统。Windows Server 2003 支持使用 NTFS 文件系统和文件分配表文件系统(FAT 或 FAT32)。

3. Windows Server 2003 的 3 种服务

下面向读者介绍 Windows Server 2003 提供的 3 种主要的服务。

- 域名服务(DNS 服务)：在计算机网络中，主机标识符分为 3 类：名字、地址及路径。而计算机在网络中的地址又分为 IP 地址和物理地址，但地址终究不易记忆和理解。为了向用户提供一种直观的主机标识符，TCP/IP 协议提供了域名服务(DNS)。DNS 的引入是与 TCP/IP 协议中层次型命名机制的引入密切相关的。所谓层次型命名机制是指在名字中加入结构信息，而这种结构本身又是层次型的。例如，DNS 是以根和树结构组成的。
- DHCP 服务：在早期的网络管理中，为网络客户机分配 IP 地址是网络管理员的一项复杂的工作。由于每个客户计算机都必须拥有一个独立的 IP 地址以免出现重复的 IP 地址而引起网络冲突，因此分配 IP 地址对于一个较大的网络来说是一项非常繁杂的工作。为解决这一问题，导致了 DHCP 服务的产生。DHCP 是 Dynamic Host Configuration Protocol(动态主机配置协议)的缩写，它是使用在 TCP/IP 通信协议当中，用来暂时指定某一台机器 IP 地址的通信协议。
- WINS 服务：虽然 TCP/IP 主要依靠 4 个特定数字组成的 IP 地址来代表不同的计算机，但是它无法辨别计算机，不能使某台计算机的 NetBIOS 名称直接代表该 IP 地址，尤其是在使用 DHCP 的网络中，TCP/IP 很难建立动态地址与计算机名称之间的对应关系。

4.1.5 Windows Server 2008 概述

Windows Server 2008 是微软最新服务器操作系统的名称，它继承了 Windows Server 2003。Windows Server 2008 在进行开发及测试时的代号为 Windows

Server Longhorn，它是一套相当于 Windows Vista(代号为 Longhorn)的服务器系统。Windows Vista 及 Windows Server 2008 与 Windows XP 及 Windows Server 2003 间存在相似的关系(Windows XP 和 Windows Server 2003 的代号分别为 Whistler 及 Whistler Server)。

Windows Server 2008 完全基于 64 位技术，在性能和管理等方面系统的整体优势相当明显。在此之前，企业对信息化的重视越来越强，服务器整合的压力也就越来越大，因此应用虚拟化技术已经成为大势所趋。Windows Server 2008 的主要功能如下。

- 更强的控制能力：使用 Windows Server 2008 能够更好地控制服务器和网络基础结构，从而可以将精力集中在处理关键业务需求上。增强的脚本编写功能和任务自动化功能(例如，Windows PowerShell)可帮助 IT 专业人员自动执行常见的 IT 任务。通过服务器管理器进行的基于角色的安装和管理，简化了在企业中管理与保护多个服务器角色的任务。服务器的配置和系统信息是从新的服务器管理器控制台这一集中位置来管理的。
- 增强的保护能力：Windows Server 2008 提供了一系列新的和改进的安全技术，这些技术增强了对操作系统的保护，为企业的运营和发展奠定了坚实的基础。Windows Server 2008 提供了减小内核攻击面的安全创新(例如 PatchGuard)，因而使服务器环境更安全、更稳定。通过保护关键服务器服务使之免受文件系统、注册表或网络中异常活动的影响，Windows 服务强化有助于提高系统的安全性。借助网络访问保护(NAP)、只读域控制器(RODC)、公钥基础结构(PKI)增强功能、Windows 服务强化、新的双向 Windows 防火墙和新一代加密支持，Windows Server 2008 操作系统中的安全性也得到了增强。
- 更大的灵活性：Windows Server 2008 的设计允许管理员修改其基础结构来适应不断变化的业务需求，同时保持了此操作的灵活性。它允许用户从远程位置(如远程应用程序和终端服务网关)执行程序，这一技术为移动工作人员增强了灵活性，同时还可以防止在域控制器出现安全问题时暴露用户账户。
- 自修复 NTFS 文件系统：从 DOS 时代开始，文件系统出错就意味着相应的卷必须下线修复，而在 Windows Server 2008 中，一个新的系统服务会在后台默默工作，检测文件系统错误，并且可以在无需关闭服务器的状态下自动将其修复。
- 并行 Session 创建：Windows Vista 和 Windows Server 2008 加入了新的 Session 模型，可以同时发起至少 4 个会话，而如果服务器有四个以上的处理器，还可以同时发起更多。举例来说，如果用户家里有一个媒体中心，那么各个家庭成员就可以同时在各自的房间里打开媒体终端、同时从 Vista 服务器上得到视频流，而且速度不会受到影响。
- 快速关机服务：Windows 的一大历史问题就是关机过程缓慢，在 Windows XP 里，一旦关机开始，系统就会开始一个 20 秒钟的计时，之后提醒用户是否需要手动关闭程序，而在 Windows Server 系统中，这一问题的影响会更加明显。
- 虚拟化：微软精简了其虚拟化软件 Viridian，可以有效减少总体成本。尽管 VMware 在虚拟机领域独树一帜，但 Viridian 得以让 Intel 和 AMD 都提供了对基于硬件的虚拟化的支持，从而提供虚拟硬件支持平台，而这是 VMware 所难以做到的。

4.1.6 网络操作系统的选择原则

局域网的网络操作系统种类非常多，而且各有长处，也各有缺点。在实际应用中还要根据具体的网络状况和需求来决定要选用哪种网络操作系统。读者可以根据以下 4 点原则来选择网络操作系统。

(1) 系统安全性能否达到要求。

由于网络的特殊性，计算机连入网络之后，安全性也就越发显得重要。一个好的网络操作系统可以有力地维护本地计算机中数据的安全，防止远程用户的恶意破坏，同时要配合一定的杀毒防毒措施(如安装杀毒软件等)防止网络病毒的泛滥。

(2) 广泛的支持性。

所谓支持性，就是指选择该操作系统能否达到预计的应用效果，因为好多特殊的软件是专为某一个操作系统平台设计的，如果选择其他的操作系统，就显然会出现一些程序兼容性的问题或者根本不可运行。一个优秀的操作系统，离不开优秀的应用软件的支持，所以选择操作系统一定要考虑到应用软件的支持问题。

(3) 易用性和可管理性。

选择一个易于操作、易于维护的操作系统，可以大大地降低对使用者和管理员的技术水平的要求，可以免去好多培训和系统维护所消耗的时间和费用。对于小型局域网的用户来讲，操作系统的易用性显得更加重要，一个易用的操作系统，其安装、使用、维护的过程只需要一些基本的网络知识，不需要聘用专业的公司和技术人员。这对一个小型的局域网用户来说是一个很实际的选择。

(4) 对硬件设备的要求和兼容性。

对硬件设备的要求和兼容性也是选择操作系统需要考虑的一个问题，对于一个拥有多台计算机的局域网络系统来讲，一个对硬件性能要求低、兼容性良好的系统可以节约大笔的资金，同时也免去了升级电脑和更换不兼容配件的麻烦。

4.1.7 网络操作系统的选择方案

对于小型局域网用户来说，可供选择的网络操作系统只有那么几种，在组建网络的过程中，用户需要根据实际的需求来选择合适的操作系统。下面将具体介绍一些常见局域网选择操作系统的方法。

1. 家庭局域网的选择

家庭内部的局域网，通常由 2～4 台机器组成，终端数目较少，这时使用 Windows 7/XP 是很不错的选择。Windows 7/XP 可能是目前使用最广泛的操作系统，市面上流行的应用软件一般都支持 Windows XP 操作系统。其简单易用的界面以及对游戏的良好的支持博得了广大个人用户的青睐。与其他操作系统相比，Windows 7/XP 可能是安装最简单、配置最方便的操作系统之一。虽然配置很简单，Windows 7/XP 在对等网方面有很强的功能，使用起来也比较方便。

综合以上几点，可以看出对于家庭用户来说，选用 Windows 7/XP 组建一个对等局域网是个很好的选择。

2. 网吧局域网的选择

目前网吧所面对的用户大多数都是游戏玩家，即主要是提供包括上网和游戏两种服务，针对其应用特点，在组建网吧时一般可以采用下面 3 种形式。

(1) Windows XP 对等网。

如果网吧中的计算机数目较少，可以考虑采用对等网的结构(与家庭用户相同)。对等网不需要专用的服务器，组建和管理起来比较简单，技术要求较低，不需要什么专业的计算机知识，一般的用户即可自行动手组建，降低了组网成本。

注意

选择 Windows XP 对等网最大的问题就是它的安全性不是很强，如果不进行特殊的设置，用户很容易就可以修改系统设置、删除计算机上的文件，导致系统崩溃。为了避免这些情况的发生，可以使用一些网吧管理软件(如美萍电脑安全卫士等)。

(2) Windows Server 2003 无盘工作站。

当网吧中的计算机较多时，可以考虑采用 Windows Server 2003 无盘工作站这种解决方案。这时需要一台高配置的计算机作为服务器，服务器上可以安装 Windows Server 2003，而其他计算机只需要一台安装硬盘和光驱，剩下的计算机都可以无盘工作，可以使用 Windows XP 操作系统。

注意

选用无盘工作站网络的最大的优点就是对客户端计算机的配置要求不高，可以节省一笔硬盘的费用，不过需要一台配置较高的服务器，而且服务器端配置比较复杂，对于没有经过专门培训的用户来讲比较困难。

(3) NetWare 无盘工作站

构建无盘工作站时，还可以考虑 Novell 的 NetWare 操作系统。

注意

NetWare 在无盘工作站方面的表现比 Windows 要优秀一些。不过 NetWare 对 Windows XP 无盘工作站的支持并没有 Windows Server 2003 好，而且支持 NetWare 的应用软件也比 Windows Server 2003 少得多，所以现在组建网吧，一般都不使用 NetWare 来组建无盘工作站网络。

3. 企业局域网的选择

在小型办公室中，可能有多台计算机，同时还可能有其他的硬件设备，如打印机、扫描仪或数码相机等。对于办公室中的小型局域网，其主要的网络应用可能在于各种软硬件资源的共享和一些诸如视频会议、共享 Internet、E-mail 收发等商务应用，同时企业组网一般对网络的安全性和稳定性的要求较高，这时 Windows Server 2008 便是企业局域网的首选网络操作系统。

提示

Windows Server 2008 与其他网络操作系统相比，有较高的稳定性和安全性，服务器端的配置也比较简便。Windows Server 2008 支持多种局域网内的网络服务，且支持目前市面上流行的大多数硬件产品，同时也有很多运行在 Windows Server 2008 下的应用软件。

对于一般的办公用网络需求，Windows Server 2008 完全可以胜任。Windows Server 2008 唯一的缺点就是对硬件设备的要求比较高，如果服务器的配置比较低，可以考虑选用 Windows Server 2003 作为服务器的操作系统。

4.2 安装 Windows Server 2003 操作系统

Windows Server 2003 是微软公司推出的计算机网络操作系统，是为一般用户和各级企业用户提供的一体化解决方案，也是 Windows 操作系统的一个产品系列，与先前的版本相比，它更加安全、稳定，操作和使用更加轻松。下面将具体讲解其安装及设置服务器的方法。

4.2.1 安装 Windows Server 2003 的系统配置要求

Windows Server 2003 和 Windows XP 十分相似，可以简单地认为 Windows Server 2003 是在 Windows XP 的基础上多了一些服务器管理和操作的功能，但这并不意味着 Windows Server 2003 就是 Windows XP，在安装之前也需要对其硬件配置和安装流程做一些了解。下面介绍 Windows Server 2003 操作系统的安装环境。

- CPU：主频 1.0GHz×86 或 1.4GHz×64。
- 内存：建议使用 512MB 以上的内存。
- 硬盘：建议使用 20GB 以上的硬盘。
- 显卡：集成显卡。
- 光驱：DVD-ROM。

4.2.2 安装 Windows Server 2003 系统

与 Windows XP 一样，要安装 Windows Server 2003 操作系统，首先需要用系统安装光盘对硬盘分区并格式化。下面以企业版为例，介绍全新安装 Windows Server 2003 操作系统的方法。

Step 1 将 Windows Server 2003 安装光盘放入光驱，并重新启动计算机，开机后按 Delete 键，进入 BIOS 设置界面，如图 4-1 所示。

Step 2 使用方向键选择 Boot 选项卡，此时显示 Boot 选项卡中的各项设置，如图 4-2 所示。

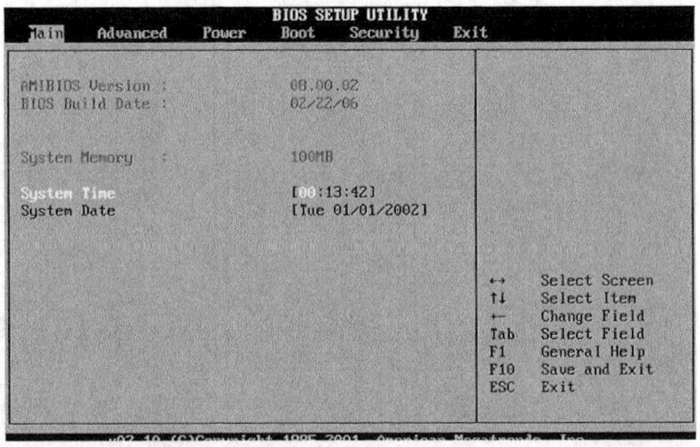

图 4-1 进入设置界面

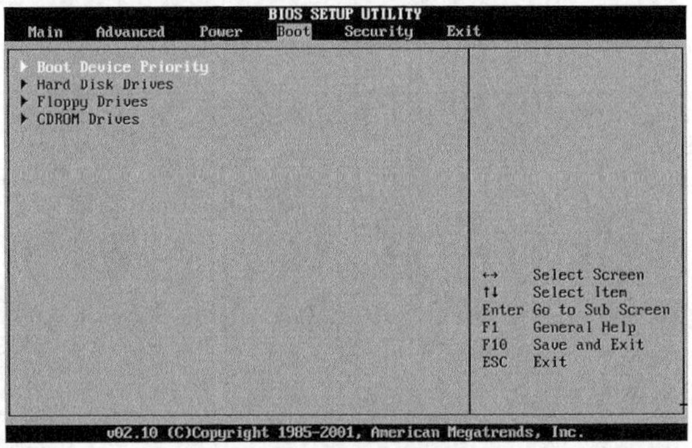

图 4-2 显示各项设置

Step 3 各参数保持默认选项，按 Enter 键确认，进入启动设置界面，如图 4-3 所示。

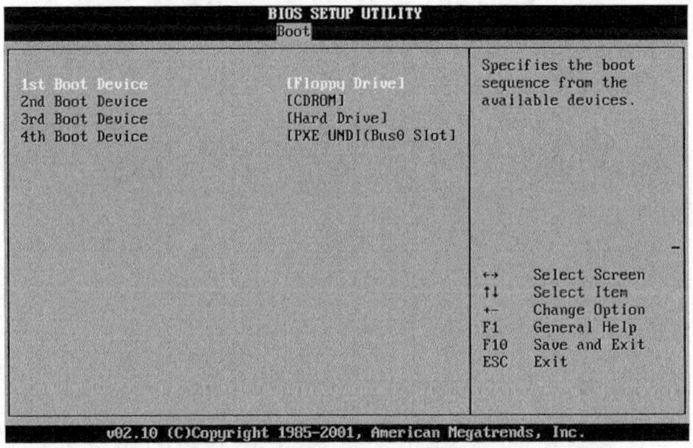

图 4-3 进入启动设置界面

Step 4 按 Enter 键确认，弹出 Options 对话框，使用方向键上下移动，在界面中选择 CDROM 选项，如图 4-4 所示。

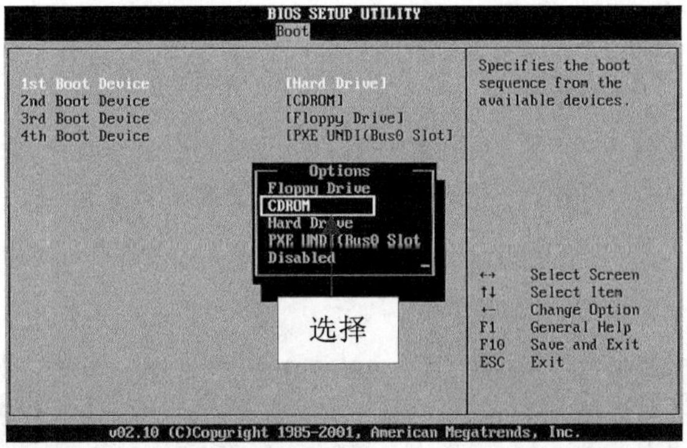

图 4-4 选择 CDROM 选项

Step 5 按 Enter 键确认，返回启动设置界面，此时第 1 启动项为光驱启动，如图 4-5 所示。

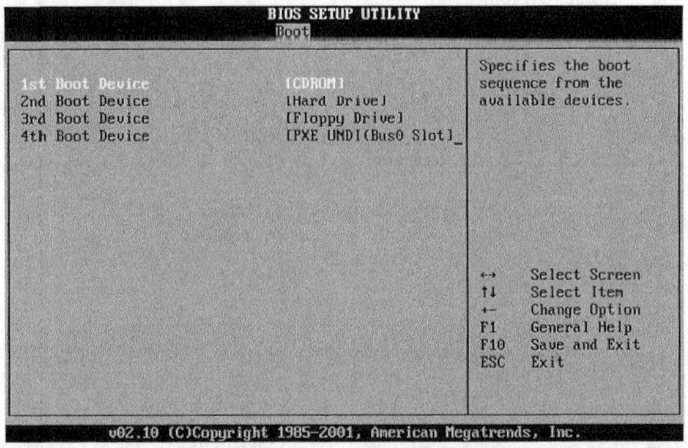

图 4-5 返回启动设置界面

Step 6 按 F10 键，保存并退出 BIOS，此时会弹出提示信息框，移动方向键，选择 OK 选项，按 Enter 键确认，此时计算机会自动重新启动，当屏幕上显示如图 4-6 所示的提示信息时，快速按下任意键。

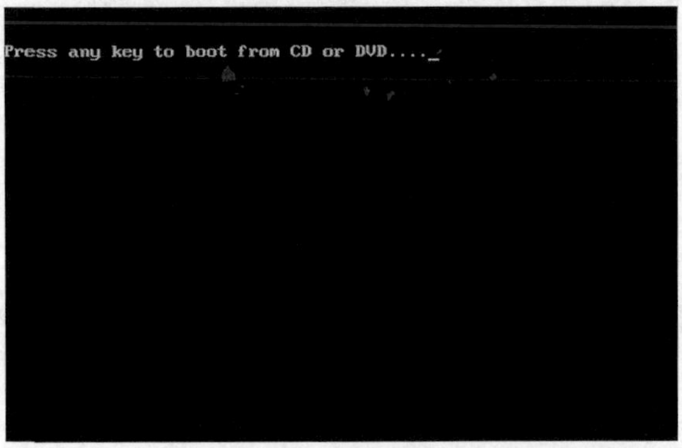

图 4-6 显示提示信息

试一试

进入电脑 BIOS，设置从光驱启动电脑。

Step 7 计算机通过光驱载入光盘的内容，如果是 Windows Server 2003 的专用安装光盘，则会直接载入 Windows Server 2003 的安装程序，如图 4-7 所示。

图 4-7 显示提示信息

Step 8 稍等片刻，进入“欢迎使用安装程序”界面，如图 4-8 所示，直接按 Enter 键选择现在开始安装。

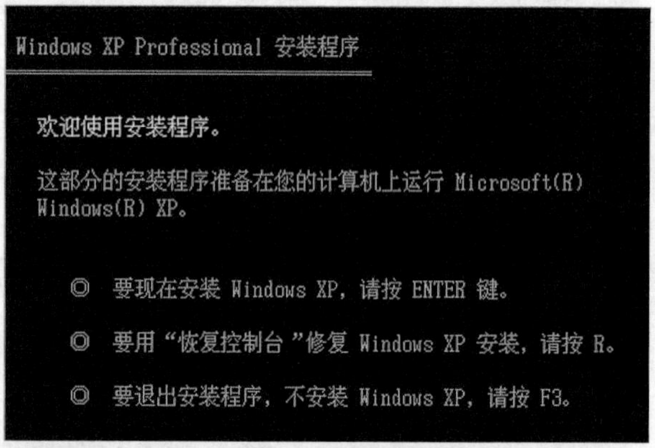

图 4-8 进入相应界面

Step 9 执行操作后，进入“Windows 授权协议”界面，如图 4-9 所示。

Step 10 按 F8 键，同意此协议，进入“磁盘分区”界面，如图 4-10 所示。

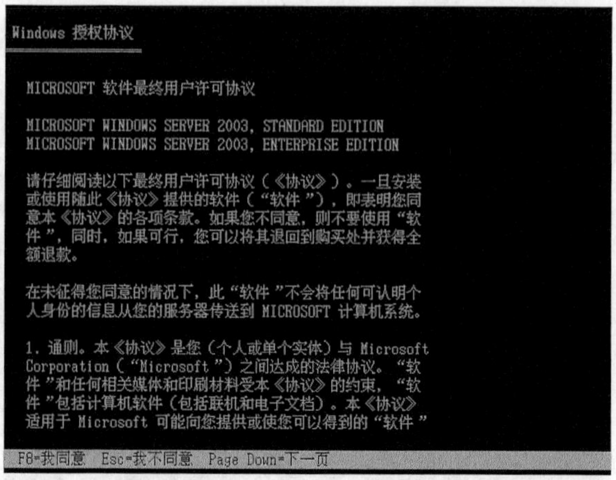

图 4-9 进入“Windows 授权协议”界面

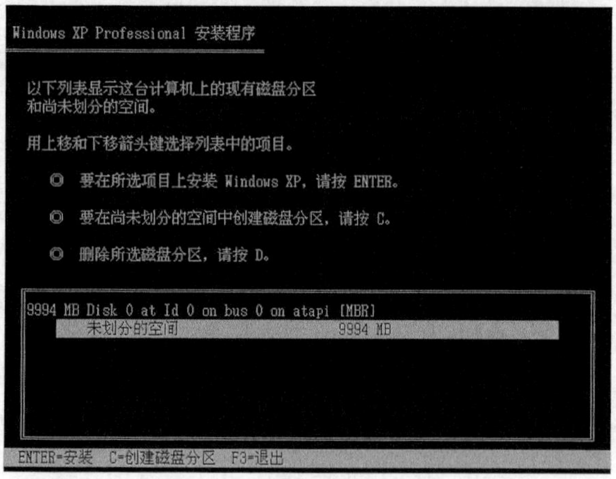

图 4-10 进入“磁盘分区”界面

技巧

一般情况下，可将硬盘分为 4 个分区，Windows Server 2003 的系统盘空间可以设置为 10GB。

Step 11 按 C 键，进入创建分区界面，按 Backspace 键清除程序数值，然后输入想要设置的磁盘分区的大小，如图 4-11 所示。

Step 12 输入完成后，按 Enter 键确认，返回上一个界面，从中用户可以发现创建的磁盘分区显示在分区列表中并以盘符 C 表示，重复前面的步骤将其他未划分的空间创建完毕即可，效果如图 4-12 所示，分区完成后，选择一个磁盘为系统。

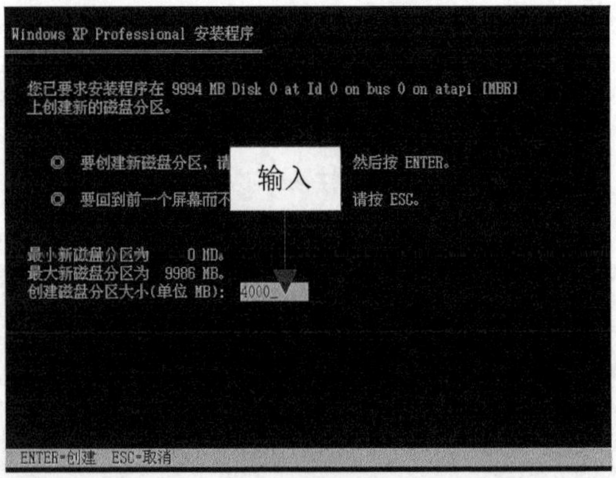

图 4-11 设置磁盘分区的大小

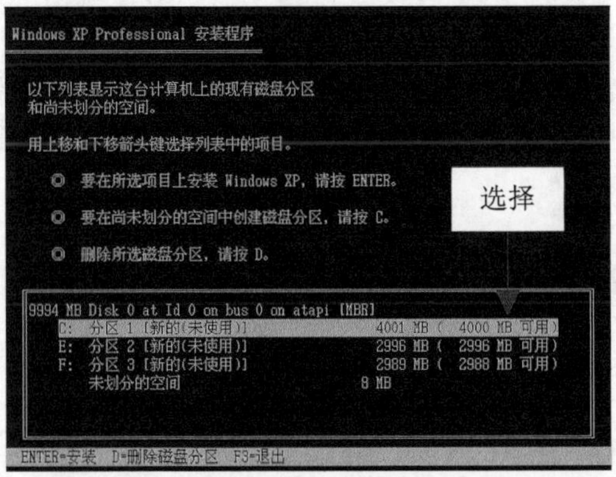

图 4-12 创建其他分区

Step 13 按 Enter 键确认，进入“格式化磁盘”界面，选择所选磁盘分区的方式，这里选择“用 NTFS 文件系统格式化磁盘分区”选项，如图 4-13 所示。

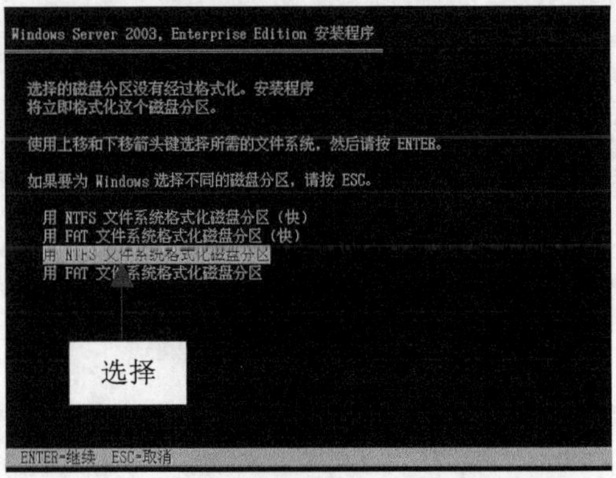

图 4-13 选择所选磁盘分区的方式

Step 14 按 Enter 键确认后，安装程序正在格式化，如图 4-14 所示。

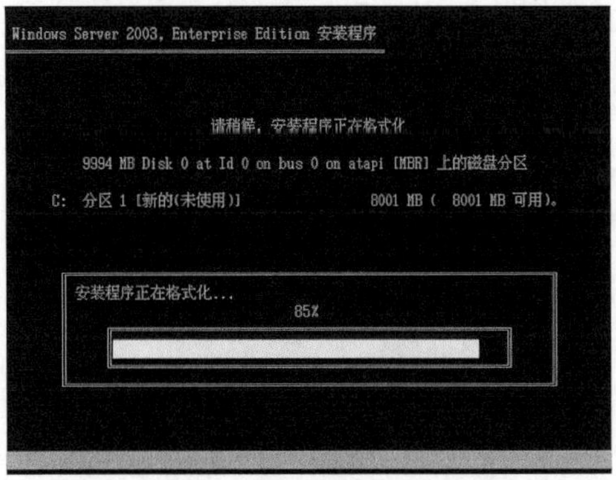

图 4-14 安装程序正在格式化

Step 15 格式化操作完成后，程序将开始复制文件操作，如图 4-15 所示。

Step 16 安装文件复制完成后，系统会提示用户需要重新启动计算机，如图 4-16 所示。

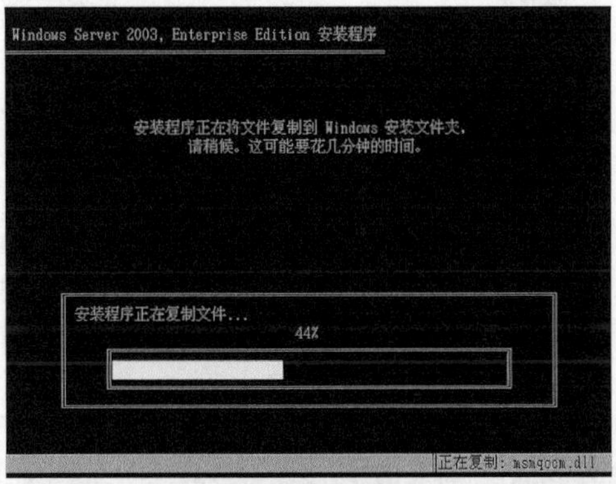

图 4-15 复制文件操作

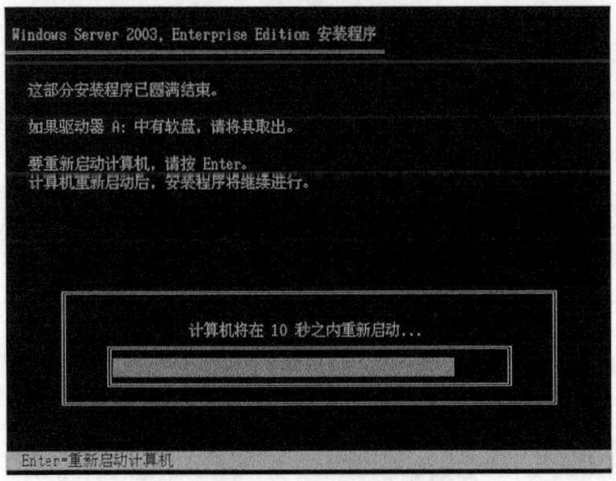

图 4-16 提示重启计算机

Step 17 计算机重启后，进入 Windows 安装界面，开始安装 Windows Server 2003，如图 4-17 所示。

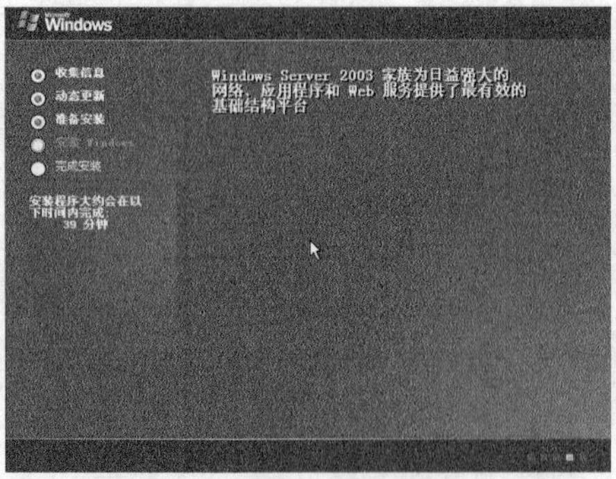

图 4-17　开始安装系统

Step 18 稍等片刻，弹出“Windows 安装程序”对话框，单击“下一步”按钮，如图 4-18 所示。

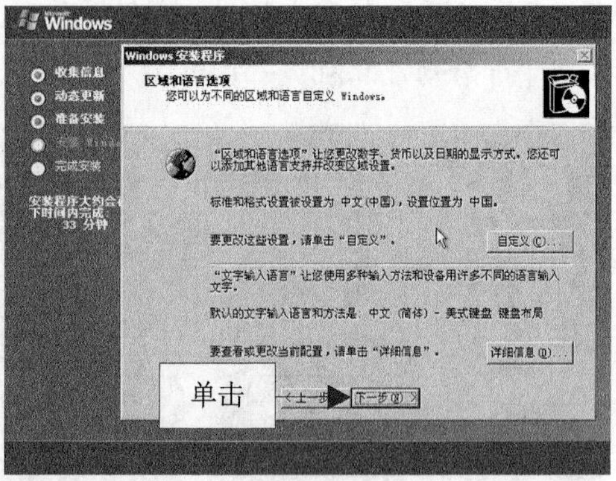

图 4-18　弹出“Windows 安装程序”对话框

Step 19 进入“自定义软件”界面，单击“下一步”按钮，如图 4-19 所示。

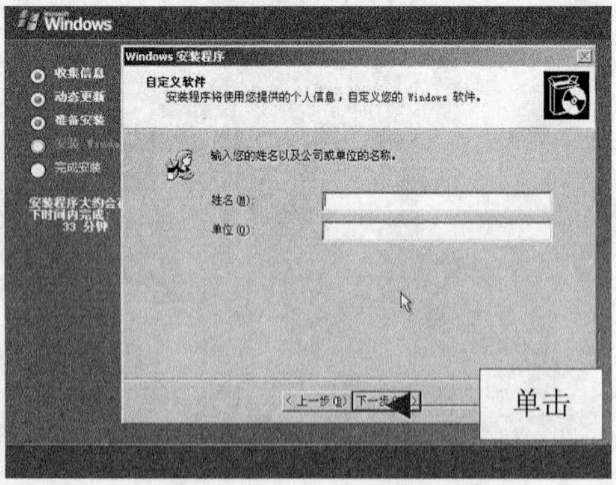

图 4-19　进入“自定义软件”页面

Step 20 进入“您的产品密钥”界面，如图 4-20 所示，在其中输入产品密钥，产品密钥可以在系统光盘的包装盒上找到，输入完成后，单击“下一步”按钮。

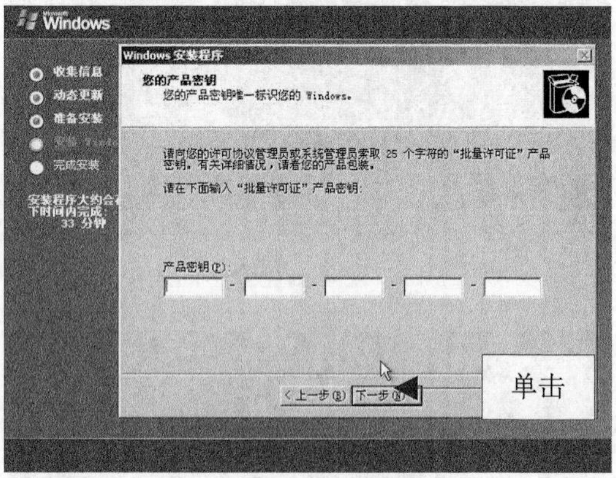

图 4-20　输入产品密钥

技　巧

“自定义软件”界面中的设置可以在系统安装完毕后再进行设置。

Step 21 进入“授权模式”界面，在其中选择一种授权模式，单击“下一步”按钮，如图 4-21 所示。

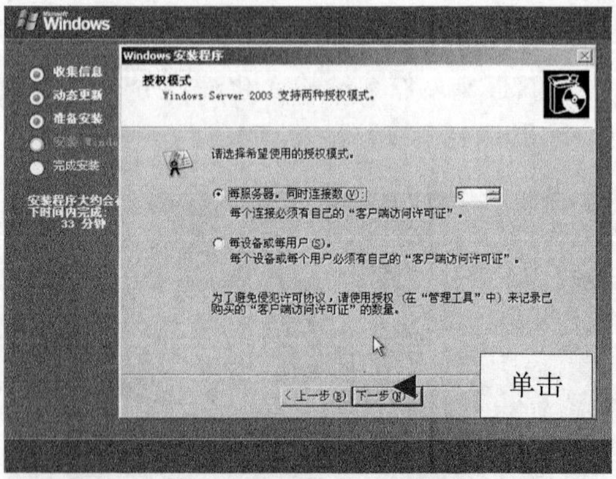

图 4-21　选择一种授权模式

Step 22 安装程序要求输入计算机名称和管理员密码，单击“下一步”按钮，如图 4-22 所示。

Step 23 进入“日期和时间设置”界面，设置完成后，单击“下一步”按钮，如图 4-23 所示。

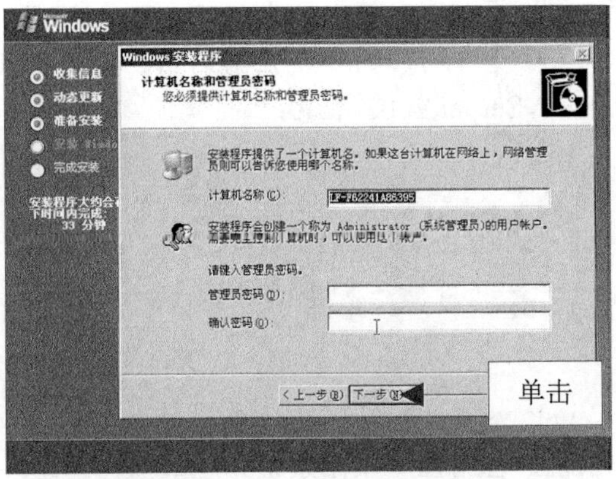

图 4-22　输入相应的信息

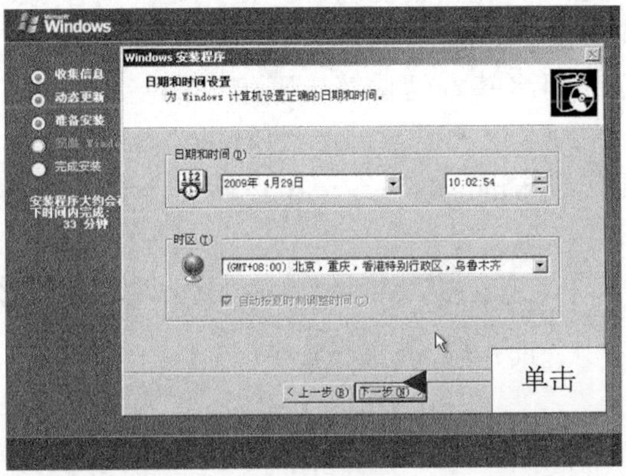

图 4-23　进入“日期和时间设置”界面

Step 24　安装程序继续安装网络组件，如图 4-24 所示。

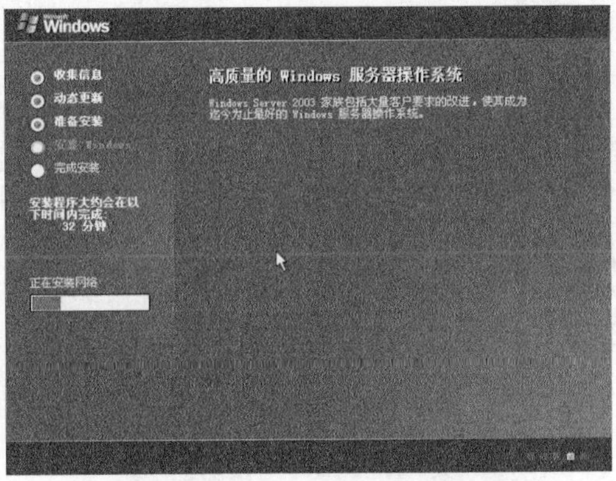

图 4-24　继续安装网络组件

Step 25　稍等片刻，进入“网络设置”界面，选中“典型设置”单选按钮，单击“下一步”按钮，如图 4-25 所示。

Step 26　进入“工作组或计算机域”界面，用户可根据实际情况进行相应的选择，单击“下一步”按钮，如图 4-26 所示。

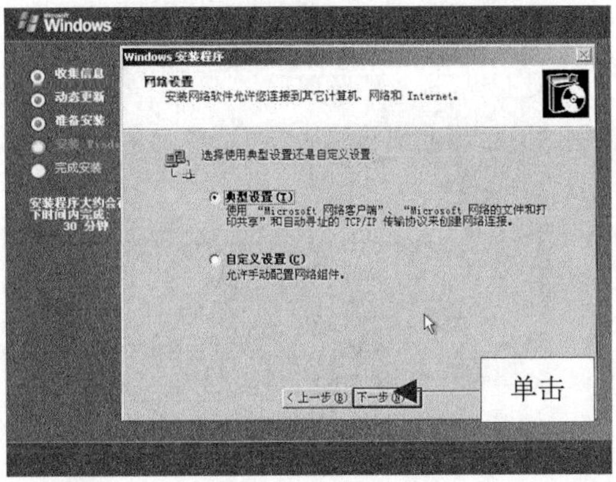

图 4-25　选中“典型设置”单选按钮

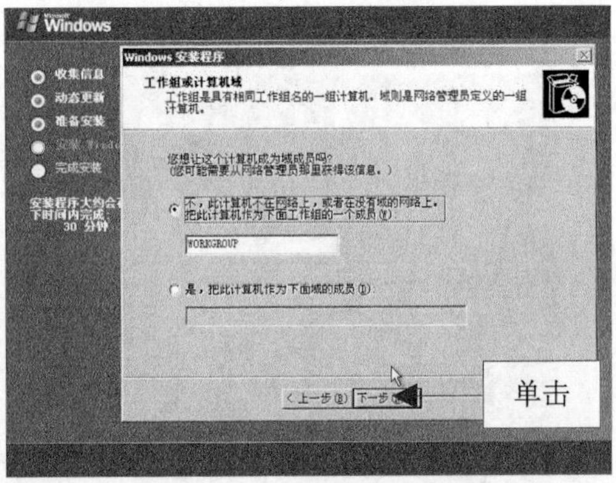

图 4-26　进行相应的选择

Step 27　安装程序继续安装，如图 4-27 所示。

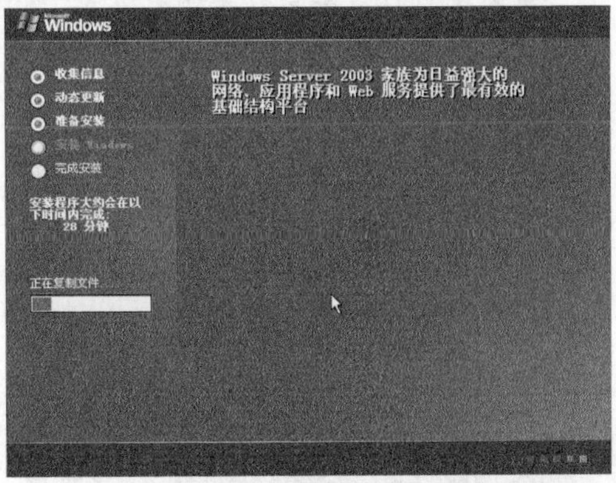

图 4-27　安装程序继续安装

Step 28 安装完成后，系统将自动重新启动计算机，稍后将弹出“欢迎使用 Windows”对话框，如图 4-28 所示。

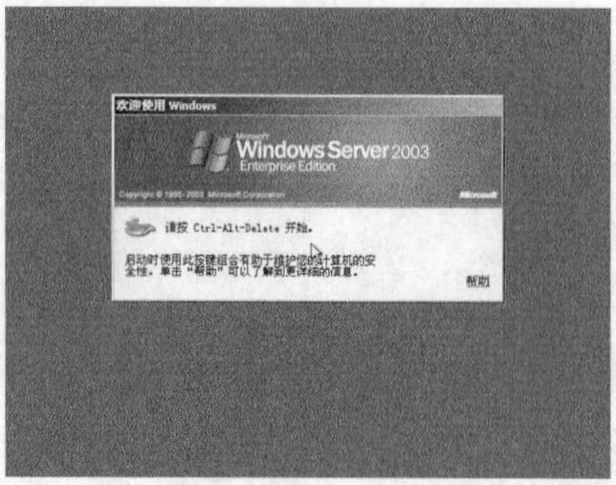

图 4-28　弹出“欢迎使用 Windows”对话框

Step 29 按 Ctrl + Alt + Delete 组合键，执行操作后，弹出“登录到 Windows”对话框，如图 4-29 所示。

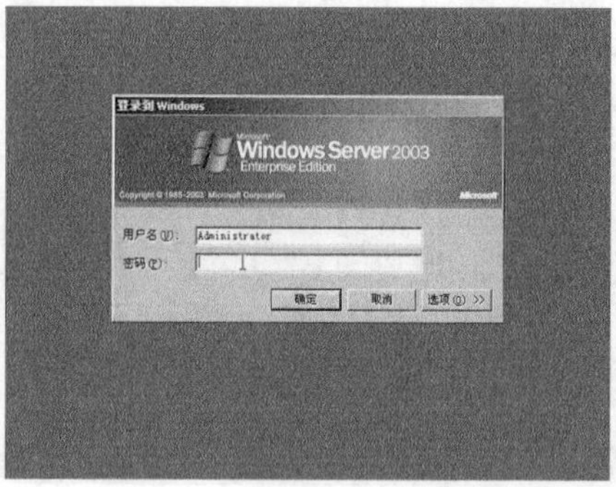

图 4-29　弹出“登录到 Windows”对话框

Step 30 输入用户名和密码，按 Enter 键，即可登录到系统操作，桌面效果如图 4-30 所示，至此，Windows Server 2003 系统安装完成。

图 4-30　登录到系统桌面

试一试

按照上面的操作方法在个人电脑上安装 Windows Server 2003 系统。

4.3　安装 Windows Server 2008 操作系统

Windows Server 2008 是微软最新一代的服务器操作系统，它加强了操作系统并注重保护网络环境的安全性，通过加快 IT 系统的部署，使服务器和应用程序的合并与虚拟化更加简单，通过提供直观的管理模式可以使管理更加方便，Windows Server 2008 为服务器和网络基本结构奠定了最好的基础。Windows Server 2008 继承了 Windows Server 2003 的特性，下面主要介绍 Windows Server 2008 操作系统的安装方法。

4.3.1　安装 Windows Server 2008 的系统配置要求

要在计算机上运行 Windows Server 2008 操作系统，读者就需要对计算机硬件配置有一定的了解，下面介绍一下 Windows Server 2008 的系统配置要求。

1. Windows Server 2008 最低配置

Windows Server 2008 相对于 Windows Server 2003 来说，它的配置要求没有多大的区别，Windows Server 2008 的最低配置要求如下。

- CPU：主频 1.0GHz x86 或 1.4GHz x64。
- 内存：512MB。
- 硬盘：20GB。
- 显卡：集成显卡。
- 光驱：DVD 光驱。

2. Windows Server 2008 推荐配置

对于 Windows Server 2008，较为理想的配置首先要加强处理器的运算性能，这样有助于系统更快地解决问题，此时还需要更大的内存和硬盘，Windows Server 2008 的推荐配置如下。

- CPU：主频 2.0GHz 以上。
- 内存：2GB 以上。
- 硬盘：80GB 以上。
- 显卡：显存 128MB 以上的 PCI-E 接口显卡。
- 光驱：DVD 刻录机。

4.3.2 安装 Windows Server 2008 系统

安装 Windows Server 2008 操作系统的方法与安装 Windows Server 2003 操作系统大致相同，下面介绍手动安装 Windows Server 2008 的操作方法。

Step 1 首先进入 BIOS 将系统改为从光驱启动，并将 Windows Server 2008 安装光盘放入光驱，保存设置重启后，光驱就开始读取安装盘上的文件，如图 4-31 所示。

图 4-31 文件加载界面

Step 2 计算机通过光驱载入光盘的内容，如果是 Windows Server 2008 的专用安装盘，则会直接载入 Windows Server 2008 的安装程序，如图 4-32 所示。

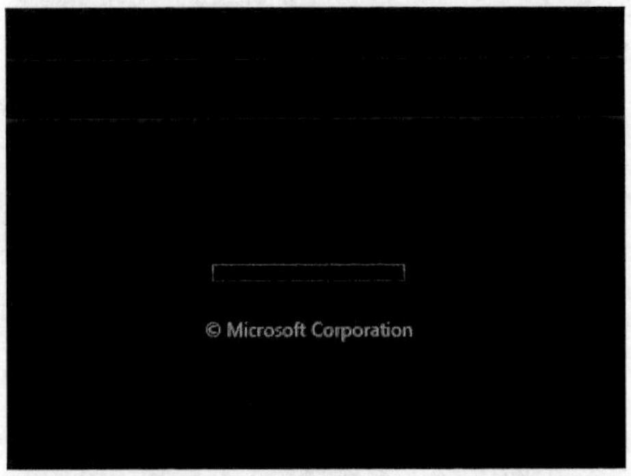

图 4-32 载入 Windows Server 2008 安装程序

Step 3 安装程序启动后，先选择安装的语言类型，同时选择适合自己的时间和货币显示种类及键盘和输入方式。设置完毕后单击“下一步”按钮，如图 4-33 所示。

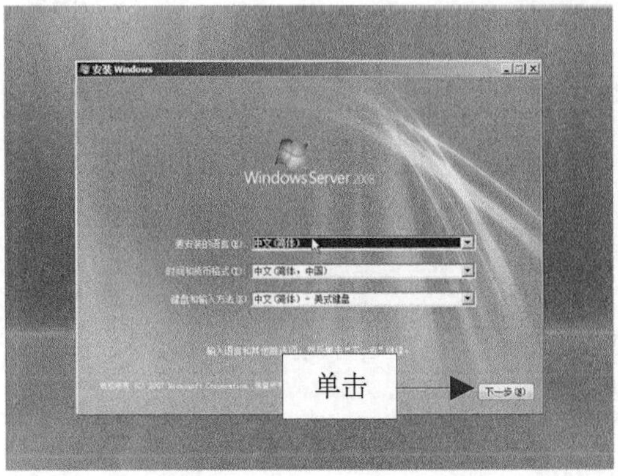

图 4-33 语言选择界面

Step 4 在接下来的界面中单击“现在安装”按钮，如图 4-34 所示。

图 4-34 开始安装界面

Step 5 稍等片刻，进入“选择要安装的操作系统”界面，在列表框中选择需要安装的版本，单击“下一步”按钮，如图 4-35 所示。

Step 6 进入“请阅读许可条款”界面，仔细阅读产品协议后，选中“我接受许可条款”复选框，单击“下一步”按钮，如图 4-36 所示。

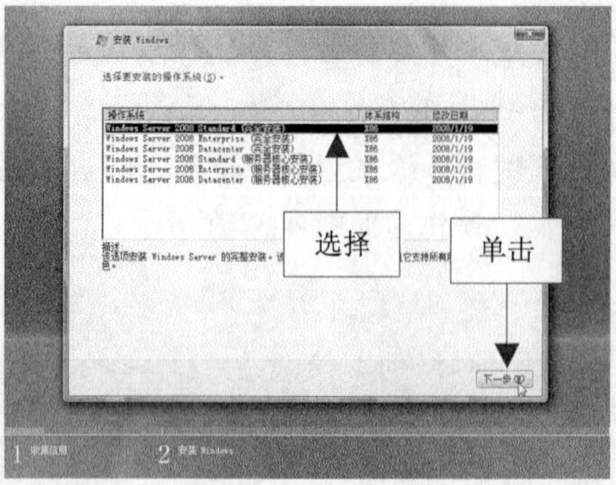

图 4-35　选择要安装的版本

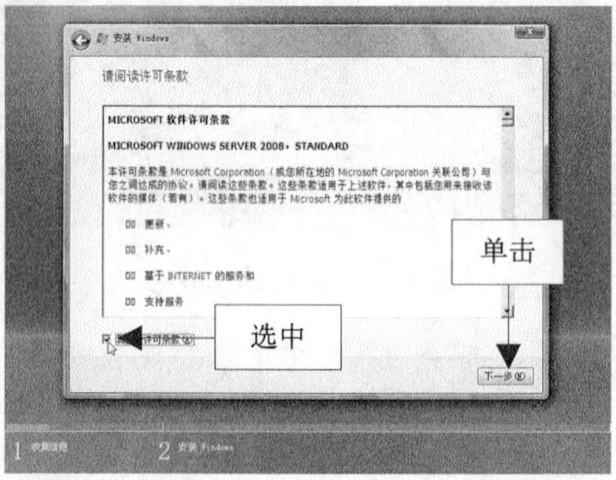

图 4-36　选中“我接受许可条款”复选框

技 巧

如果读者只需安装部分服务器功能，则可以在“选择要安装的操作系统”界面中的“操作系统”列表框中进行选择，这样可以节省一定的安装时间。

Step 7　进入“您想进行何种类型的安装”界面，选择“自定义(高级)”选项，如图 4-37 所示。

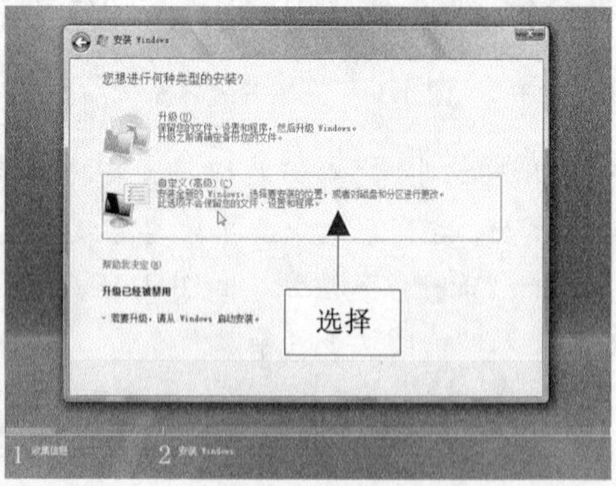

图 4-37　选择“自定义(高级)”选项

Step 8　进入“您想将 Windows 安装在何处”界面，指定安装位置，单击“下一步”按钮，如图 4-38 所示。

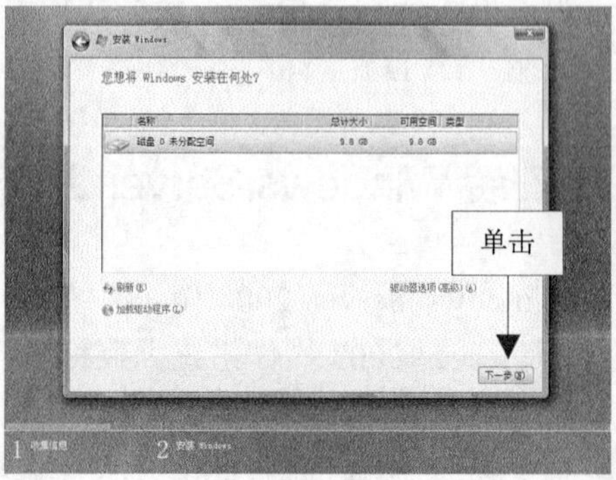

图 4-38　指定安装位置

Step 9　进入“正在安装 Windows”界面，系统开始展开文件，并显示展开进度，如图 4-39 所示。

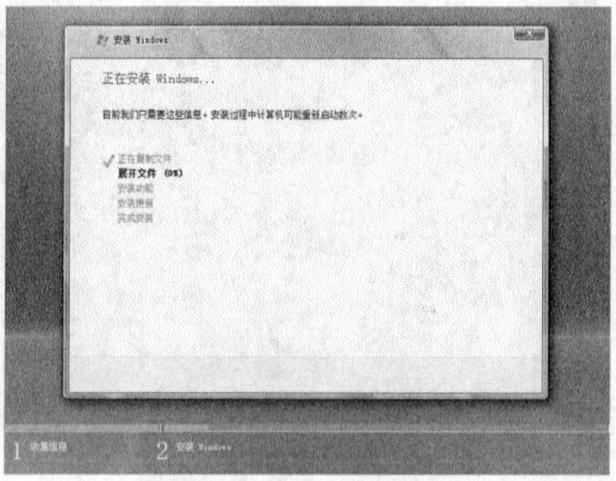

图 4-39　显示展开进度

Step 10　系统自动安装所需功能，在此过程中无须人为控制，系统可能重新启动多次，如图 4-40 所示。

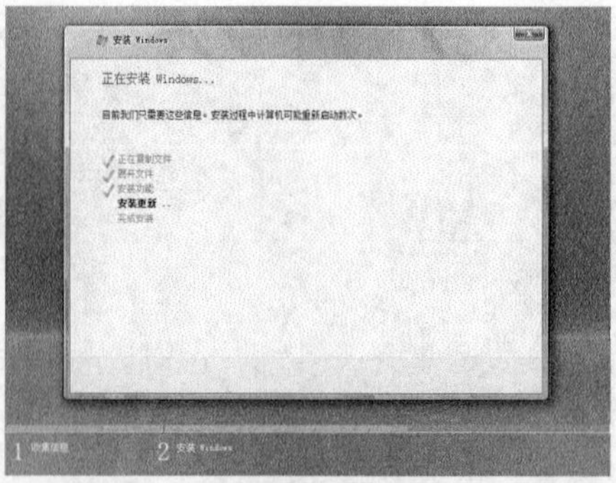

图 4-40　系统自动安装所需功能

Step 11 安装完成后，系统将再次重启，开机按 Delete 键，进入 BIOS 设置界面，设置从硬盘启动，按 Enter 键确认，此时计算机会自动重新启动，重新启动后安装程序会自动启动并显示更新界面，如图 4-41 所示。

图 4-41　显示更新界面

Step 12 等待更新完毕后，将再次显示“正在安装 Windows”界面，如图 4-42 所示。

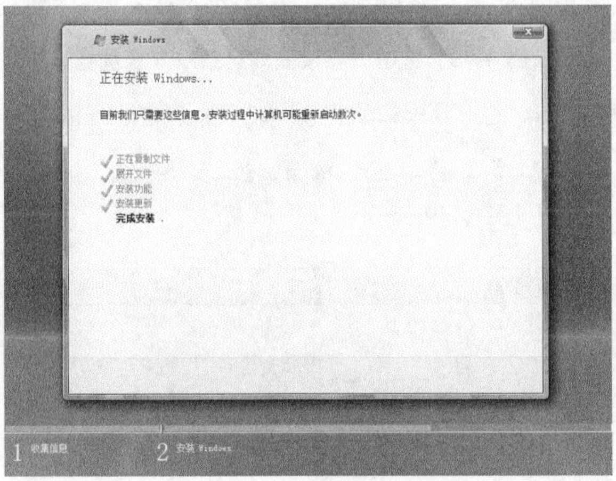

图 4-42　再次显示“正在安装 Windows”界面

Step 13 安装完成后，系统将再次重启，之后进入登录界面，用户第一次登录时需设置密码，如图 4-43 所示。

Step 14 输入密码后，按 Enter 键确认，开始登录系统，如图 4-44 所示。

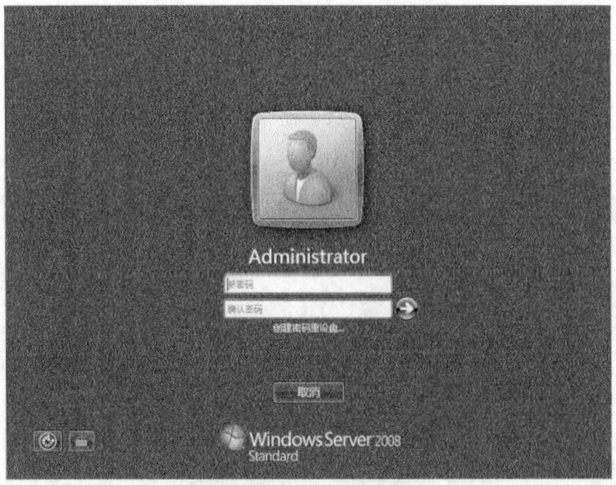

图 4-43　设置密码

图 4-44　开始登录系统

Step 15 片刻之后，即可进入系统桌面，至此，Windows Server 2008 安装完成。

试一试

按照上面的操作方法在个人电脑上安装 Windows Server 2008 系统。

4.3.3　升级安装 Windows Server 2008

升级安装 Windows Server 2008 可以在 Windows Server 2003 的基础上进行，下面以在 Windows Server 2003 系统上升级安装 Windows Server 2008 为例，介绍升级安装 Windows Server 2008 的操作方法。

Step 1 将 Windows Server 2008 安装光盘放入光驱，并在“我的电脑”窗口中，使用鼠标左键双击光驱图标，安装程序将自动运行，进入开始安装界面，单击“现在安装”按钮，如图 4-45 所示。

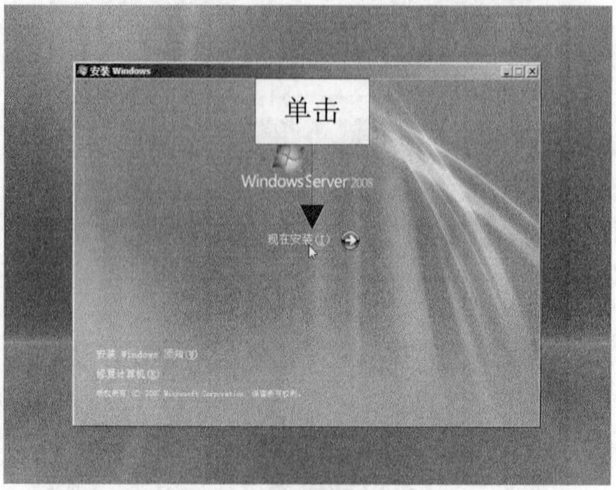

图 4-45　进入开始安装界面

Step 2　稍等片刻，进入“获取安装的重要更新”界面，选择“联机以获取最新安装更新”选项，如图 4-46 所示。

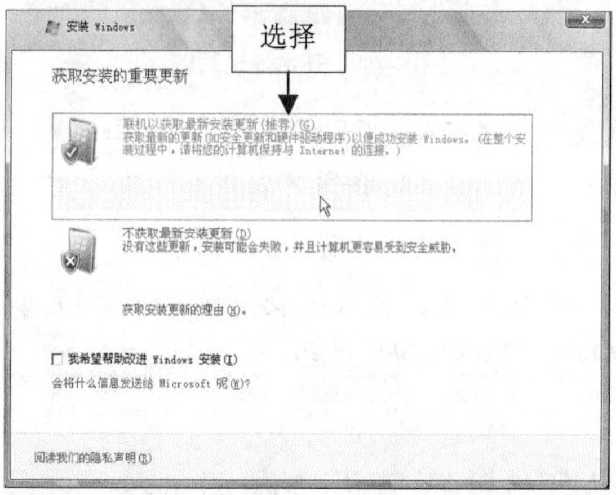

图 4-46　选择“联机以获取最新安装更新”选项

Step 3　进入“选择要安装的操作系统”界面，在列表框中选择需要安装的版本，单击“下一步”按钮，如图 4-47 所示。

Step 4　进入“请阅读许可条款”界面，仔细阅读产品协议后，选中“我接受许可条款”复选框，如图 4-48 所示。

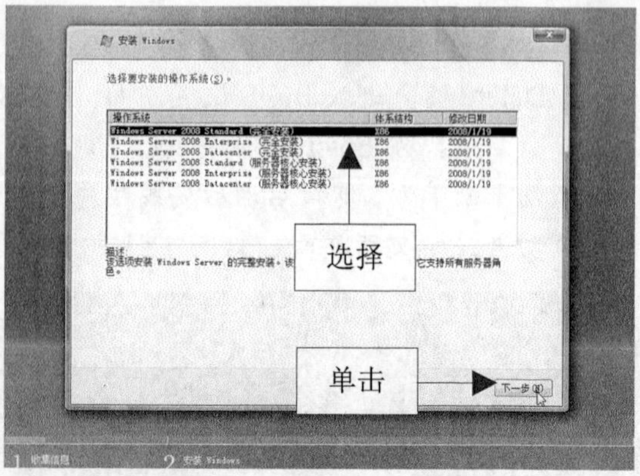

图 4-47　选择要安装的版本

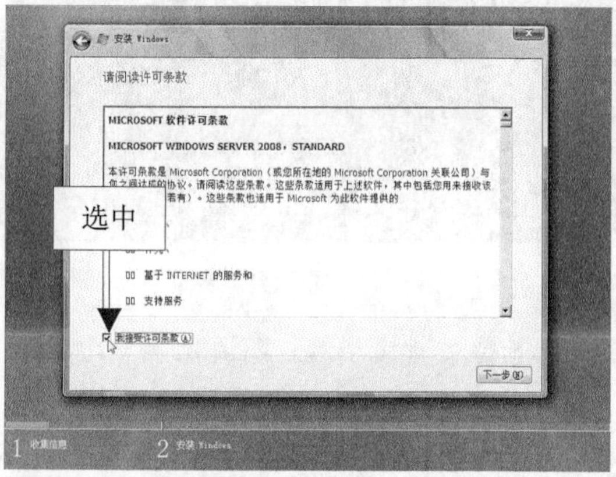

图 4-48　选中“我接受许可条款”复选框

Step 5　单击“下一步”按钮，进入“您想进行何种类型的安装”界面，选择“升级”选项，如图 4-49 所示。

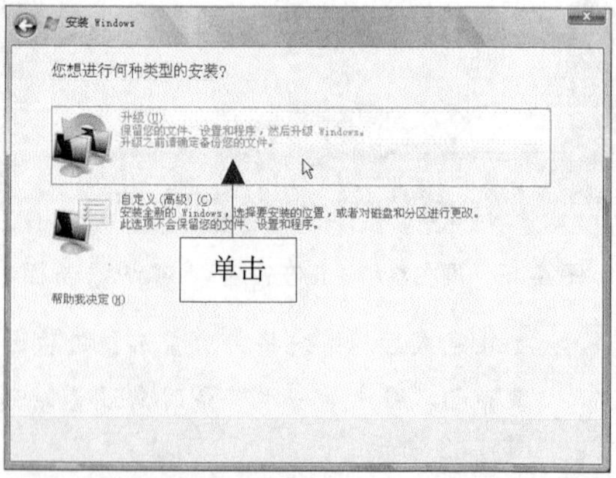

图 4-49　选择“升级”选项

Step 6　开始检查系统兼容性，并生成兼容性报告，用户查看完之后，单击“下一步”按钮，如图 4-50 所示。

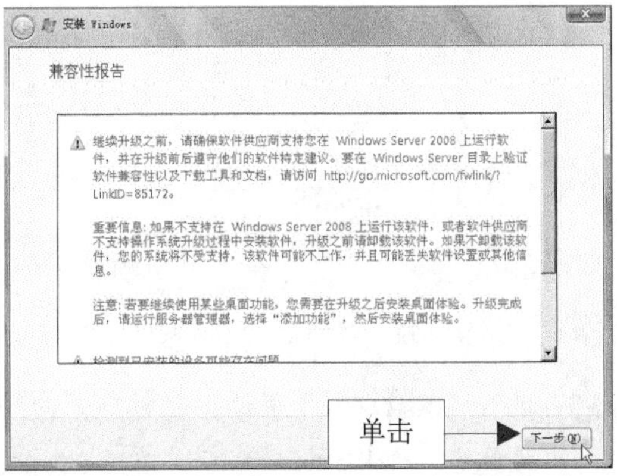

图 4-50　单击“下一步”按钮

技巧

如果读者需要对磁盘和分区等设置进行更改，可在“您想进行何种类型的安装”界面中选择“自定义(高级)”选项，这样将全新安装系统，但不会保留以前的系统文件、设置和程序等。

Step 7　进入“升级 Windows”界面，开始复制 Windows 文件，请用户耐心等待升级完成，如图 4-51 所示，此后的操作与前面介绍的手动安装 Windows Server 2008 相似，按照提示逐步操作即可。

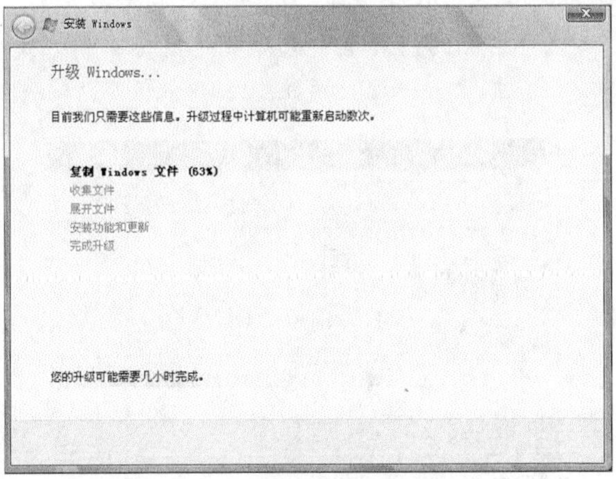

图 4-51　开始复制 Windows 文件

试一试

按照上面的操作方法在个人电脑上将 Windows Server 2003 升级为 Windows Server 2008 系统。

4.4　安装 Linux 操作系统

Linux 是一种计算机操作系统，中文读法大致为“里纳克斯”。Linux 操作系统的内核名字也是 Linux，Linux 操作系统是自由软件和开放源码发展中最著名的例子，Linux 作为较早的源代码开放操作系统，在各种网络服务器中应用十分广泛，将引领未来软件发展的方向。本节主要向读者介绍 Linux 系统安装前的准备工作与安装方法。

4.4.1　安装 Linux 的系统配置要求

如果用户想让 Linux 运行得更为流畅，就需要加强处理器的运算性能，这样有助于计算机更快地解决问题，同时也需要更大的内存，而对于硬盘的要求当然是越大越好。下面向读者推荐配置需求。

- CPU：主频 2.0GHz 以上。
- 内存：1GB 以上。
- 硬盘：80GB 以上。
- 显卡：显存 128 MB 以上的 PCI-E 接口显卡。
- 光驱：DVD 刻录机。

4.4.2　安装 Linux 系统

做好充分的准备工作之后，就可以开始安装 Red Hat Linux 9.0 了，下面介绍 Red Hat Linux 9.0 操作系统的安装方法。

Step 1　将系统安装光盘放入光驱，先设置从光驱启动，然后重启计算机，当屏幕上显示如图 4-52 所示的提示信息时，快速按下任意键。

Step 2　弹出 Red Hat Linux 9.0 安装界面。稍等片刻，弹出 Red Hat Linux 9.0 安装界面，准备

开始安装系统，如图 4-53 所示。

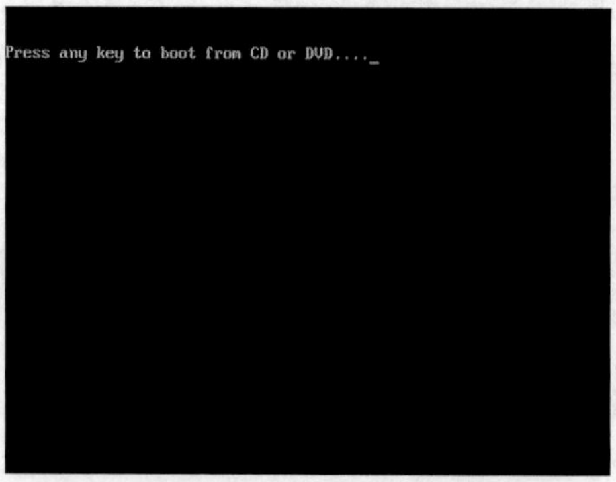

图 4-52　显示提示信息

图 4-53　开始安装系统

Step 3 安装程序自动进入“帮助文件和介绍”界面，单击 Next 按钮，如图 4-54 所示。

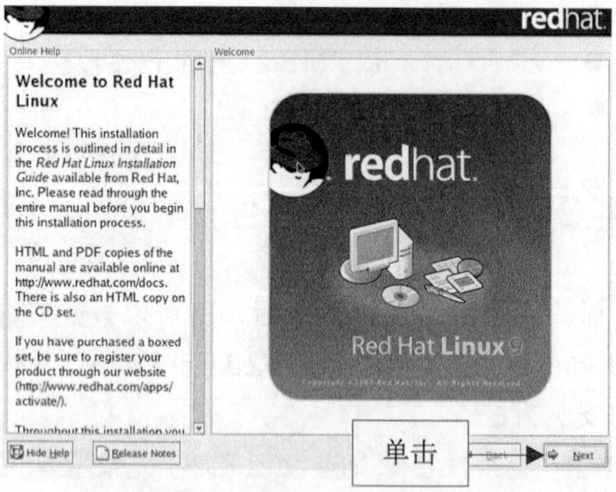

图 4-54　进入“帮助文件和介绍”界面

Step 4 进入“选择安装向导语言”界面，在右侧的列表框中选择 Chinese (Simplified)(简体中文)选项，单击 Next 按钮，如图 4-55 所示。

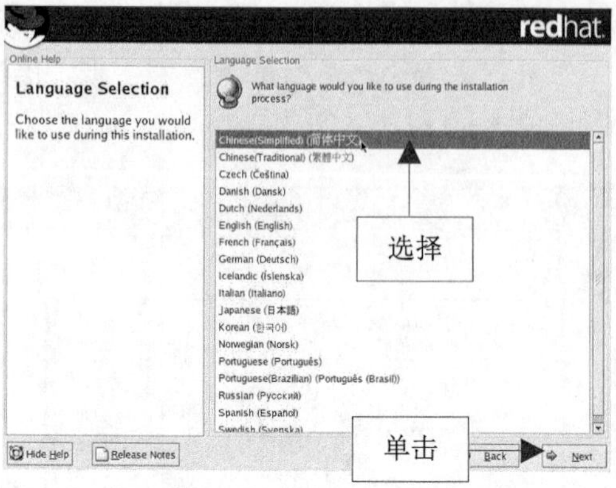

图 4-55　选择 Chinese 选项

Step 5 进入“键盘配置”界面，此时安装向导呈中文状态，如图 4-56 所示，在右侧列表框中选择一种键盘布局方式，单击“下一步”按钮。

图 4-56　安装向导呈中文状态

Step 6 进入“鼠标配置”界面，如图 4-57 所示，在右侧的列表框中选择一种鼠标布局方式，单击“下一步”按钮。

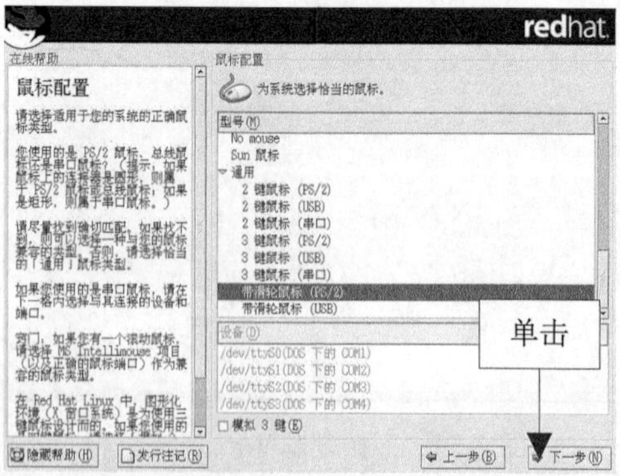

图 4-57　选择一种鼠标布局方式

Step 7 进入“磁盘分区设置”界面，对于新手来说可选择自动分区，如果想自己分配硬盘，则单击选中“用 Disk Druid 手工分区”单选按钮，单击“下一步”按钮，如图 4-58 所示。

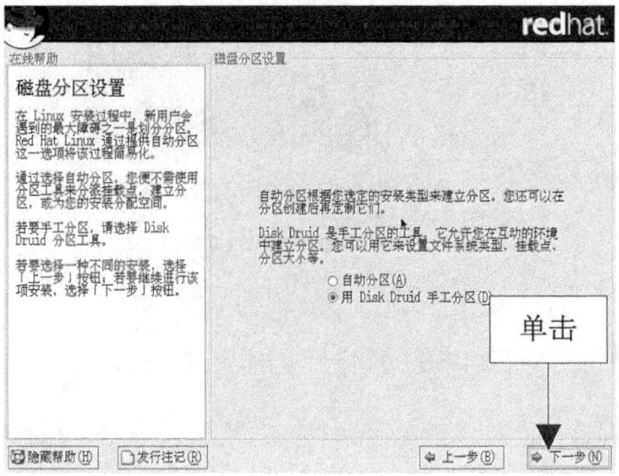

图 4-58 选中“用 Disk Druid 手工分区”单选按钮

Step 8 进入“磁盘设置”界面，如图 4-59 所示。

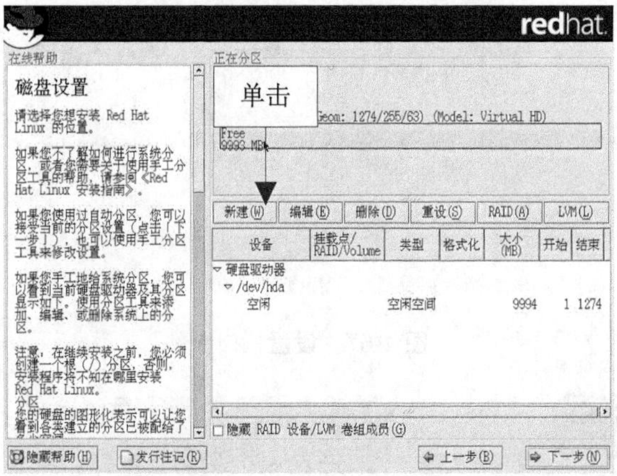

图 4-59 进入“磁盘设置”界面

Step 9 选中空闲的空间，然后单击“新建”按钮，弹出“添加分区”对话框，设置挂载点为“/”、“文件系统类型”为 ext3、“大小”为 5000，如图 4-60 所示。

Step 10 单击“确定”按钮，返回“磁盘设置”界面，用同样的方法，再设置一个文件系统类型为 swap 的分区，单击“下一步”按钮，如图 4-61 所示。

图 4-60 进行相应设置

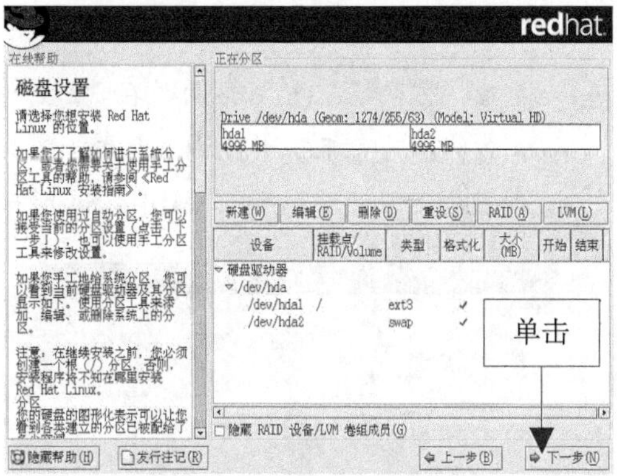

图 4-61 添加磁盘分区

技 巧

Red Hat Linux 9.0 系统盘的空间最好保持在 5GB 以上。

Step 11 进入“引导装载程序配置”界面，各参数可保持默认设置，单击“下一步”按钮，如图 4-62 所示。

图 4-62 进入“引导装载程序配置”界面

Step 12 进入“网络配置”界面，各参数保持默认设置，单击“下一步”按钮，如图 4-63 所示。

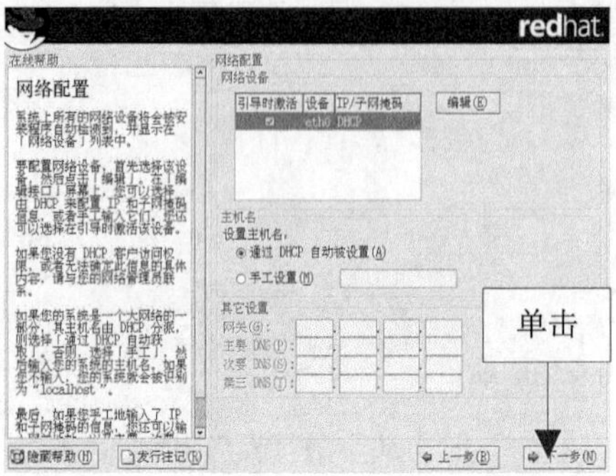

图 4-63　进入“网络配置”界面

Step 13 进入“防火墙配置”界面，在“选择系统的安全级别”选项组中选中“中级”单选按钮，单击“下一步”按钮，如图 4-64 所示。

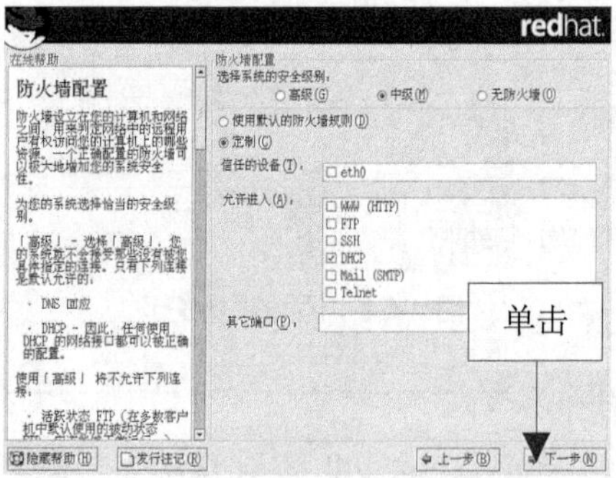

图 4-64　选中“中级”单选按钮

Step 14 进入“附加语言支持”界面，在右侧的列表框中，选中 3 个 Chinese 复选框，单击“下一步”按钮，如图 4-65 所示。

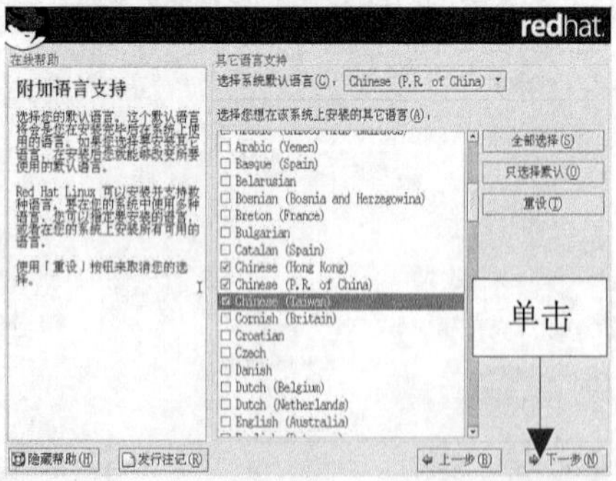

图 4-65　选中 3 个 Chinese 复选框

Step 15 进入“时区选择”界面，在“位置”选项卡下的列表框中选择“亚洲/上海”选项，单击“下一步”按钮，如图 4-66 所示。

图 4-66　选择“亚洲/上海”选项

Step 16 进入“设置根口令”界面，在其中设置根口令，输入完成后，单击“下一步”按钮，如图 4-67 所示。

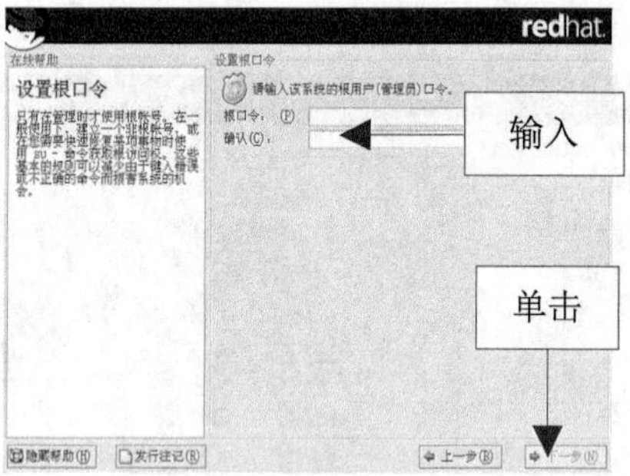

图 4-67　设置根口令

Step 17 进入“个人桌面默认设置”界面，选中“定制要安装的软件包集合”单选按钮，单击“下一步”按钮，如图 4-68 所示。

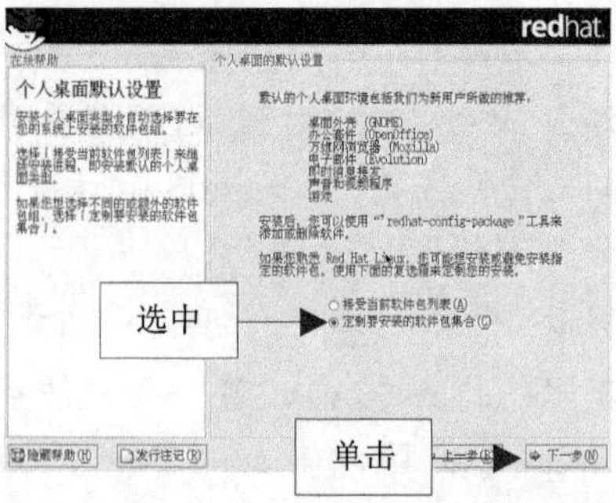

图 4-68　“个人桌面默认设置”界面

Step 18 进入“选择软件包组”界面，在右侧的“选择软件包组”列表框里，选中“全部”复选框，单击“下一步”按钮，如图 4-69 所示。

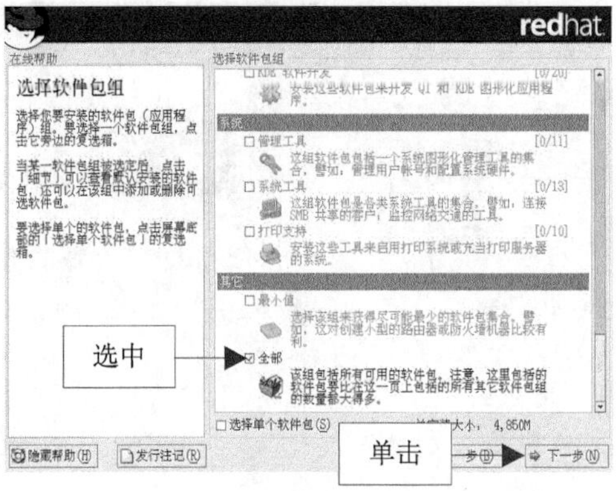

图 4-69 “选择软件包组”界面

Step 19 进入“即将安装”界面，单击“下一步”按钮，如果用户对上面各个步骤还有异议，可以单击“上一步”按钮，返回重新设置，如图 4-70 所示。

图 4-70 “即将安装”界面

Step 20 进入“安装软件包”界面，开始安装操作系统，用户需耐心等待即可，如图 4-71 所示。

Step 21 当第 1 张光盘的内容安装结束后，安装程序会弹出“更换光盘”对话框，此时将第 1 张光盘取出并放入第 2 张光盘，单击“确定”按钮，程序会继续安装操作系统，如图 4-72 所示。

图 4-71 开始安装操作系统

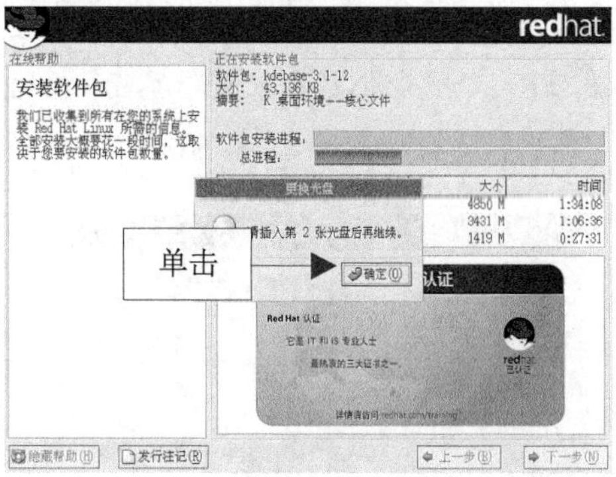

图 4-72 放入第 2 张光盘

Step 22 同样，当弹出“更换光盘”对话框的时候将第 2 张光盘取出并放入第 3 张光盘，单击“确定”按钮，如图 4-73 所示。

图 4-73 放入第 3 张光盘

Step 23 经过一段时间的安装，此时会进入“创建引导盘”界面，选中“否，我不想创建引导盘”单选按钮，单击“下一步”按钮，如图 4-74

所示。

图 4-74　选中“否，我不想创建引导盘”单选按钮

Step 24　进入“图形化界面配置”界面，单击“下一步”按钮，如图 4-75 所示。

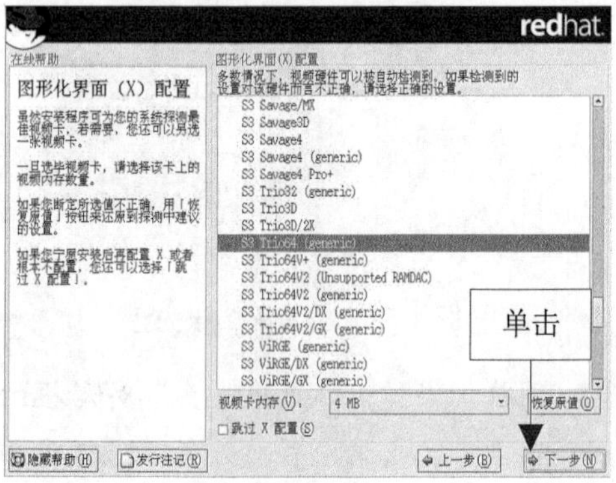

图 4-75　进入“图形化界面配置”界面

Step 25　进入“显示器配置”界面，单击“下一步”按钮，如图 4-76 所示。

图 4-76　进入“显示器配置”界面

Step 26　进入“定制图形化配置”界面，选择色彩深度和屏幕分辨率，单击“下一步”按钮，如图 4-77 所示。

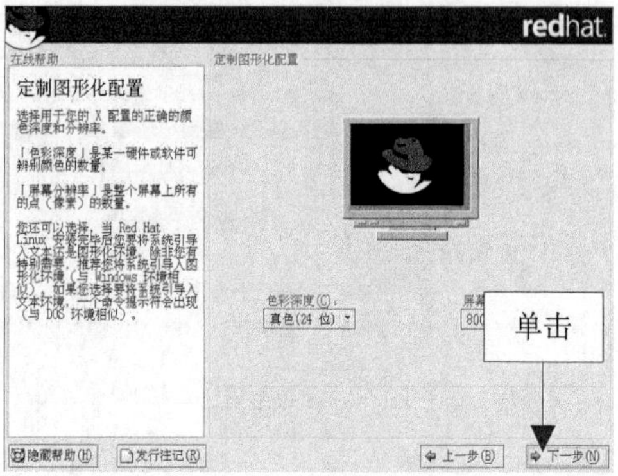

图 4-77　选择色彩深度和屏幕分辨率

Step 27　此时安装程序提示安装已完成。单击“退出”按钮，即可退出安装界面，系统将重新启动，如图 4-78 所示。

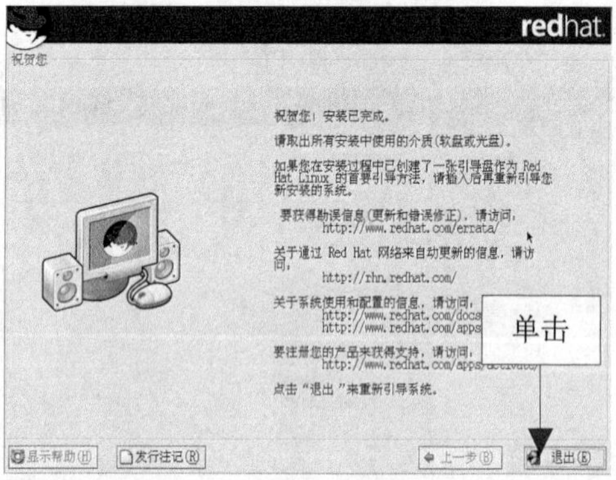

图 4-78　提示安装已完成

试一试

按照上面的操作方法在个人电脑上安装 Red Hat Linux 9.0 系统。

第5章 网络的硬件设备

组建局域网的第一步就是准备各种硬件设备，包括选择网卡、集线器、交换机等网络设备。这些硬件设备的选购和安装将直接影响到整个网络运行的稳定性，是组建局域网过程中的一个重要的环节。本章将重点介绍各种网络硬件设备。

本章学习要点

- 网卡设备
- 集线器
- 交换机
- 路由器
- 连接网络设备
- 网关与网桥
- 测试网络设备

5.1 网卡设备

网卡是物理上连接计算机与网络的硬件设备，如图 5-1 和图 5-2 所示，是局域网最基本的组成部分之一，可以说是必备的。它插在电脑的主板扩展槽中或集成在主板上，还有通过 USB 接口连接的无线网卡，通过各种网络介质(如双绞线、同轴电缆、无线电波)与网络共享资源、交换数据。对于局域网用户而言，如何选择好一款网卡是一件很关键的事情。本节主要介绍网卡的概述、功能、分类、选购方法以及安装配置的一系列知识。

图 5-1　PCI-E 网卡

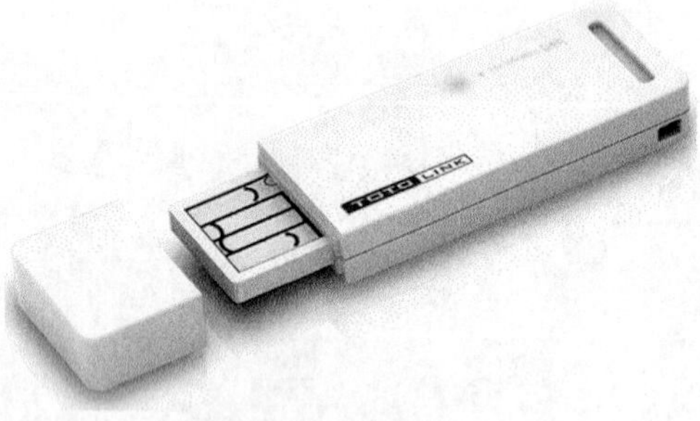

图 5-2　无线网卡

5.1.1　网卡的概述

随着网络技术的高速发展和网络应用需求的不断提高，局域网内的网络传输速率也越来越快，1000Mbps 的局域网已经非常普及，成为小型局域网的主流配置，但如此之高的传输速率，如果只依靠计算机的中央处理器(CPU)是无法以这样的速率处理数据的。因此，必须把网络数据传输方面的工作从 CPU 分离出来，用一个专门设备来处理。就像声卡专门处理音频数据一样，这个设备就是网卡。网卡是网络接口卡 NIC(Network Interface Card)的简称，也叫网络适配器，与声卡、显卡相同，网卡也是一块布满了芯片和电路的电路板，被安装在计算机的扩展槽中或者集成在计算机的主板上。网卡将计算机连接到网络，将数据打包并处理包传输与接收的所有细节，这样就得以缓解 CPU 的运算压力，使得数据可以在网络中更快地传输。

技巧

在局域网中，网卡可以将计算机、打印机或其他节点通过网络传输介质接入网络并接收和发送数据，减轻 CPU 的工作压力。目前，对于组建局域网来说，网卡作为一种最基础的网络设备，是必不可少的，所以选择一款性能优越的网卡是成功组建局域网的关键一步。

5.1.2　网卡的功能

网卡在网络数据传输过程中发挥着重要的功能，具体来说主要有以下功能。

- 接收数据：接收由其他网络设备(如其他网卡、集线器、交换机或路由器等)传输过来的数据包，经过拆包，将其变成计算机可直接识别的数据，通过主板上的总线将数据传输到所需设备中(如 CPU、RAM 等)。
- 发送数据：将计算机中要发送的数据，打包后输送至其他网络设备中。
- 地址识别：每一块网卡都有一个编号，用来标识这块网卡，这个编号称为 MAC 地址，即网卡的物理地址。由 48 位组成，一般由 6 位 00～FF 之间的十六进制数组成，中间用-号隔开表示，如 00-0D-61-81-F8-C9。每一块网卡的 MAC 地址在全世界范围内是唯一的。网卡在接收数据时，读出数据包中的目标 MAC 地址并与自身的 MAC 地址核对，如果目标 MAC 地址和自身的 MAC 地址相一致，就确定接收该数据包。

提 示

除此之外，许多网络接口卡还具有优化、网络管理和过滤等功能。

5.1.3 网卡的分类

在进行网络设备安装时，首先需要确定该设备需要什么类型的网络接口卡。网卡分为多种类型，其分类方法也多种多样，可以适应不同的网络环境和使用需求。由于目前的网络有 ATM 网、令牌环网和以太网之分，它们分别采用各自的网卡，所以网卡也有 ATM 网卡、令牌环网网卡和以太网网卡之分。因为以太网的连接比较简单，使用和维护起来都比较容易，所以目前市面上的网卡也以以太网网卡居多。下面介绍网卡的各种分类情况。

- 网卡按照网络传输速率的不同，可以分成 10M、100M、10/100M 自适应和 1000M 的网卡。
- 按照连接器接口的不同，可以分成 BNC 接头网卡与 RJ-45 接头网卡等，如图 5-3 所示。

图 5-3 BNC 接头网卡与 RJ-45 接头网卡

- 按照主板插槽的不同，可以分为 PCI-E 网卡、PCI 网卡、USB 网卡以及主板集成网卡等。如图 5-4 所示为主板上的集成网卡。

图 5-4 集成网卡

下面将按照网卡的工作对象的不同，分别介绍一下服务器专用网卡、普通工作站网卡、笔记本电脑专用网卡(PCMCIA 卡)、无线网卡等几类网卡。

1. 服务器网卡

服务器专用网卡是为了适应网络服务器的工作特点而专门设计的，如图 5-5 所示。一般的网络接口卡只负责传输信号而不分析高层数据，在服务器专用网卡上由于采用了一些专用的控制芯片，可以对承载的数据做基本的解释，而不只是简单地把信号传送给 CPU，从而减轻了服务器 CPU 的工作负荷。这种类型的网卡大都比较昂贵，通常只用于服务器等需要大量数据传输的设备，个人用户很少使用。

图 5-5 服务器网卡

2. 工作站网卡

一般的个人用户计算机网卡可以按照下面的3种不同的标准进行分类。

(1) 按总线类型分类。

根据网卡总线类型分类，主要有ISA网卡、MCA网卡、EISA网卡、PCI网卡、PIC-E网卡、USB网卡等几种，其中现在仍经常使用的是PCI总线和PCI-E总线的网卡，而EISA总线经常在一些服务器上使用。

(2) 按传输速度分类。

按照传输速度，可以将网卡分为10M、100M、10/100M自适应、1000M网卡等多种。目前日常生活中常使用的就是10M和10/100M自适应两种网卡。

技巧

10M网卡价格比较低廉，一般在50元以下，10/100M自适应网卡的价格一般在50元以上，目前已经成为市场中的主流产品。如果只是一般的用户，如家庭、宿舍电脑联机、网吧、电脑游戏店、中小型企业以及相关公司办公应用等，都推荐选用10M/100M自适应网卡。仅从速度角度考虑，也应该尽可能选购PCI总线的网卡。

(3) 按接口类型分类。

由于以太网有多种不同的传输介质，这就需要不同接口类型的网卡。按传统介质分，以太网可分为粗缆网(AUI接口)、细缆网(BNC接口)及双绞线网(RJ-45接口)，所以以太网使用的网卡相应地分为RJ-45口、BNC口和AUI接口的网卡。如图5-6所示为AUI接口。另外，还可以找到一些同时含有多个接头的网卡，这种网卡可以用在不同的介质上，这种组合的网卡通常是要融合同轴电缆和双绞线的功能。

注意

需要注意的是，这种组合网卡虽然支持两种或多种传输介质，但是同时只能接到一种介质上，否则，网卡就不能正常工作。

3. 笔记本电脑网卡(PCMCIA卡)

PCMCIA卡是为笔记本专门设计的网卡，使用的是笔记本的PCMCIA接口。PCMCIA(也被称作个人计算机卡)接口可以为便携式电脑提供与任何类型的设备连接的功能。除了网络接口卡之外，PCMCIA插槽还可以插接调制解调器卡、扩展硬盘卡或只读光盘卡等设备。如图5-7所示就是一块笔记本专用的PCMCIA网卡。另外，一些笔记本电脑专用的无线局域网网卡使用的也是PCMCIA插槽。

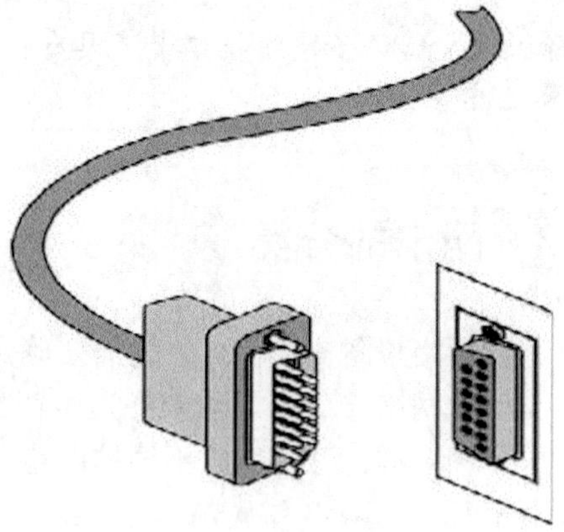

图5-6　AUI接口

图5-7　PCMCIA网卡

4. 无线局域网网卡

无线局域网网卡是随着近年来无线局域网技术的发展而产生的，与有线网卡相比，无线局域网网卡的主要优越性就在于它传输信息不需要双绞线或同轴电缆，可以在一些特殊场合应用。如图5-8和图5-9所示为一种无线局域网网卡及无线局域网访问节点(相当于以太网中的集线器设备)。

图 5-8 无线局域网网卡

图 5-9 无线局域网访问节点

5.1.4 网卡的选购

要保障局域网的有效通信，每一块网卡的运行状况都是非常关键的。因此网卡的质量就显得非常重要，虽然网卡的技术指标很多，但其实只要抓住其中几个重要的比较一下就行了。在购买网卡时，应本着够用、适用、可靠的原则，在挑选的时候通常要特别注意以下几点。

- 考虑网卡用途对速率的要求：要了解网卡是用于服务器还是一般的工作站，根据网卡的应用对象来选择传输速率合适的网卡。服务器一般应该选用 100Mbps 以上的速率连接网络，以提高整个网络的数据输入输出的速率，这时必须使用 PCI 等快速的总线类型的网卡。对于工作站的网卡，则取决于运行于其上的应用程序和对网络的使用需求。
- 适应不同的局域网技术：组网时采用不同的技术要求使用不同的网卡，例如令牌环电缆类型使用的是令牌环网卡，而以太网、快速以太网、千兆以太网或者各种以太网的组合网络使用的则是以太网网卡。
- 计算机或网络设备的总线类型。选购的网卡要注意与计算机或网络设备的扩展槽相匹配。如果没有特殊的需求一般应选用 PCI 插槽的网卡。
- 对操作系统的支持：所有的网卡都需要有与计算机上运行的操作系统(如 Windows 7、Windows Server 2008、Unix 等)相兼容的驱动程序。
- 对半双工、全双工通信的支持：网卡处理数据的方法可以分为半双工和全双工两种。半双工是指网卡和网络设备不能同时进行发送和接收，全双工则具备同时发送和接收的能力。一般选购网卡应同时具备半双工和全双工通信的能力，以便可以适应网络的变化或者网络的升级。
- 对系统资源占用应尽可能少。网卡对系统资源的占用普通情况下不太明显，但在网络数据量大的情况下就很明显了，例如看在线电影、进行语音传输、打 IP 电话时。
- 考虑网卡的生产商：对于商务用户和其他一些对网络稳定性要求比较高的用户，一定要购买有品牌的高质量的网卡，知名品牌的网卡虽然价格稍贵，但是有良好的售后服务和质量保障。

提 示

国外的知名厂商(包括 3Com、Intel)生产的网卡都有着很高的可靠性和稳定性，但是价格相对来讲也比较昂贵。性价比比较高的有 D-Link、Accton 等，是组建办公局域网很好的选择。现在比较廉价的网卡有 NE2000、Realtek、Topstar、TP-link 等的产品，适合一些小型局域网，如家庭局域网。

- 注意识别假货：正规厂家生产的网卡焊接质量都很好，一般不会出现堆焊或虚焊等现象，所有的焊接点看上去基本上是一样的，而非正规厂家生产的网卡，其焊接质量则较差。还要注意网卡电路板的做工是否考究，正规厂家生产的网卡印刷电路板应比较厚实，边角平滑、没有毛刺，金手指和元件的焊接点光亮，整块卡给人整洁的感觉，还可以从金手指上是否有划痕来判断是否为返修品，最后还要注意观察网卡主控芯片上是否有厂家名以及生产日期是否较新。

5.1.5 安装与设置网卡设备

在小型局域网内的工作站中，安装网卡的具体操作步骤如下。

1. 将网卡插入计算机的扩展插槽中

将网卡插入计算机与安装其他种类的适配卡并没有太大的区别，但是对于不经常插拔硬件的用户来说，则应该仔细阅读下面的步骤。

Step 1 首先一定要切掉电源。确保计算机已经断电之后，拧下机箱螺丝，打开机箱盖(注意，对于大多数的机箱来说，只要打开左半边的机箱盖即可完成网卡的安装工作)，如图 5-10 所示。

图 5-10　打开机箱盖

Step 2 根据网卡的总线类型，将其插到主板上合适的插槽中，如图 5-11 所示，注意插上网卡之前要先把机箱上相应的插槽的挡板取出。网卡一定要插到插槽的底部，因为网卡如果没有插紧，系统就无法检测到网卡，或者虽然检测到网卡却不能正常使用，而且还有可能因为短路而烧坏主板。

图 5-11　安装网卡

Step 3 用螺丝将网卡固定在机箱上，如图 5-12 所示，并将机箱盖上、恢复原状，如果不确定网卡是否可以正常运转，可以暂时不要盖上机箱盖，以免再次拆卸的麻烦。

图 5-12　用螺丝将网卡固定在机箱上

注意

安装网卡虽然看似简单，但却是很重要的一步。安装网卡的时候应该非常小心，这样不仅可以免掉不必要的麻烦，也有助于培养安装各种硬件设备的良好习惯。

2. 安装网卡的驱动程序

网卡的参数设置完成之后，还要在操作系统中为网卡安装驱动程序，这样才能保证网卡的正常工作。

如果这是一块即插即用的网卡，那么，网卡安装完毕第一次进入系统时，Windows 会发现新安装了这块网卡，并提示加载它的驱动程序。要想在一个 Windows 系统中安装网卡的驱动程序，可按照以下步骤进行(注意根据 Windows 版本的不同，可能会出现不同的向导对话框，但是一般过程与这里介绍的过程相同)。

Step 1 发现安装了一块新卡之后，Windows 7 将在屏幕上简短地显示“正在安装设备驱动程序软件”信息，如图 5-13 所示。

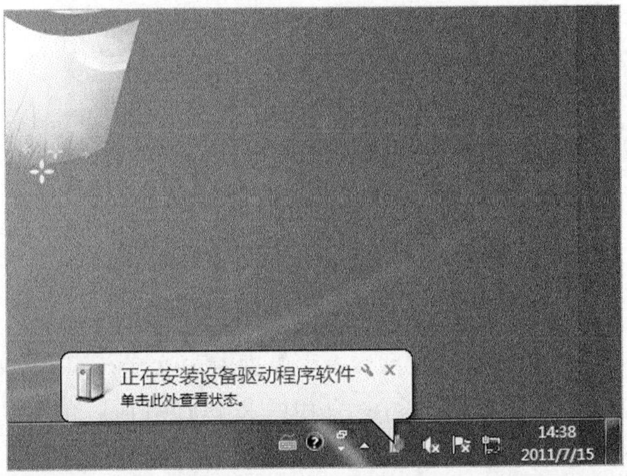

图 5-13　显示“正在安装设备驱动程序软件”信息

Step 2 稍等片刻，即可在“任务管理器”中看到安装好的网卡，如图 5-14 所示。

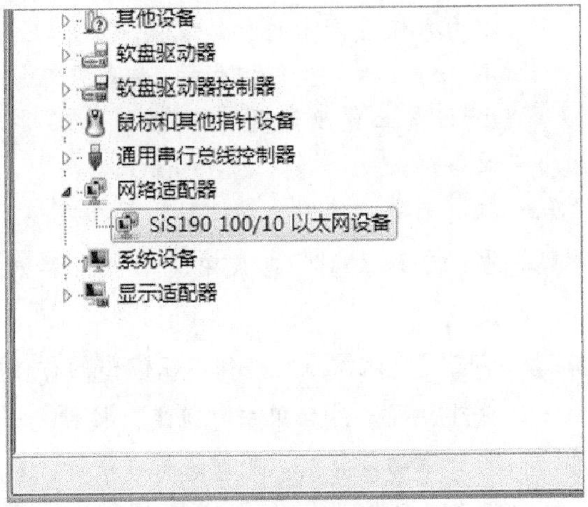

图 5-14　查看网卡信息

3. 检查硬件冲突

安装完驱动程序之后，应该确认不存在硬件冲突，确认过程可以按照如下步骤进行。

Step 1 在 Windows 7 桌面的“计算机”图标上，单击鼠标右键，在弹出的快捷菜单中选择“属性”命令，如图 5-15 所示。

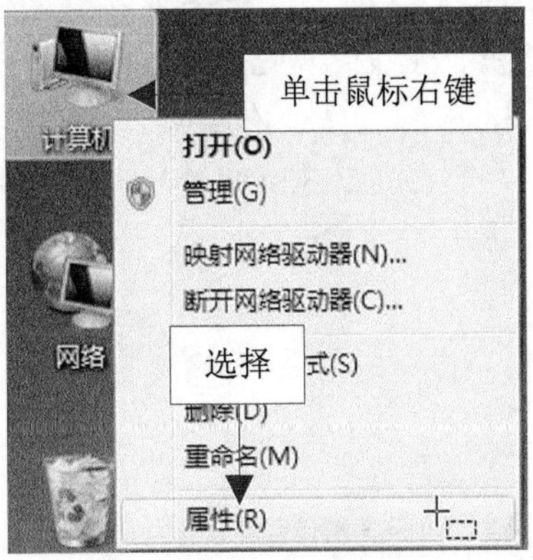

图 5-15　选择“属性”命令

Step 2 打开“系统”窗口，单击左侧的“设备管理器”链接，打开“设备管理器”窗口，展开“网络适配器”选项，如果网络设备没有正常工作，那么，它的名称旁边可以看到一个惊叹号或者一个叉，如图 5-16 所示。

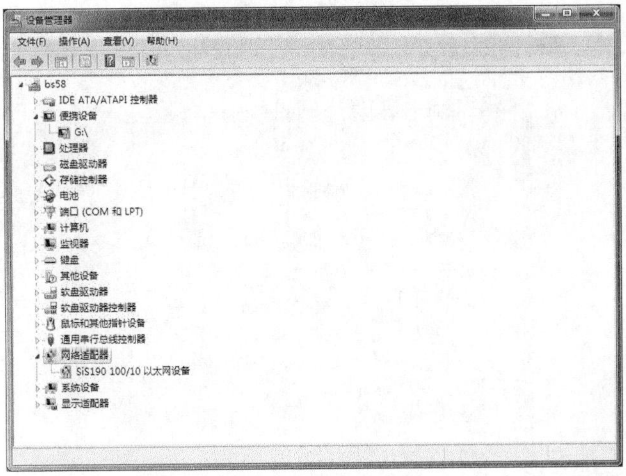

图 5-16　展开“网络适配器”选项

如果网络设备存在问题，那么应该执行以下步骤来解决这些故障。

Step 1 在“设备管理器”窗口的设备列表中，在“网络适配器”列表中的网卡名称上单击鼠标右键，然后在弹出的快捷菜单中选择“属性”命令，如图 5-17 所示。

Step 2 在网络设备的“属性”对话框中，查看“常规”选项卡中的“设备状态”区域，如图 5-18 所示，如果可以看见一条消息，指出“可能没有此设备，也可能此设备未正常运行，或是没有安装此设备的所有驱动程序”，那么就说明这块网卡是坏的，或者是出现了冲突。

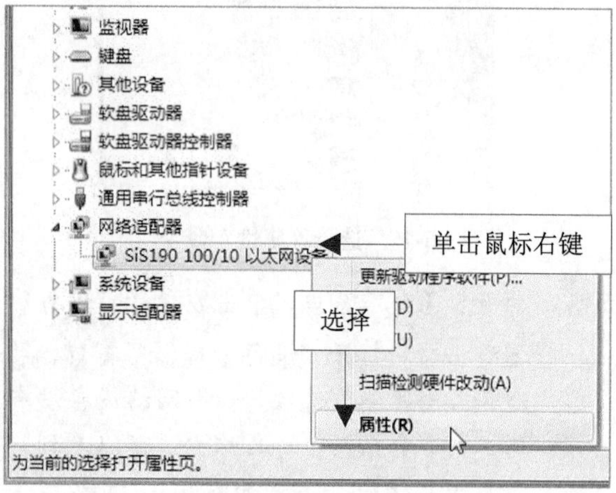

图 5-17 选择“属性”命令

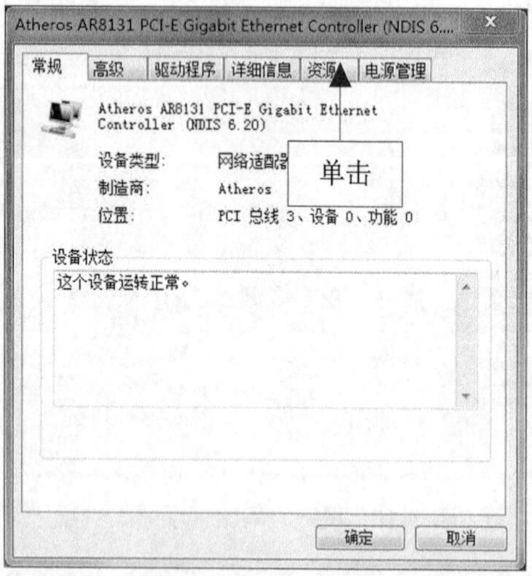

图 5-18 网络设备的“属性”对话框

Step 3 切换至“资源”选项卡，在“冲突设备列表”区域中可以查看显示发生冲突的位置，如图 5-19 所示。

图 5-19 切换至“资源”选项卡

如果其中存在冲突，可以试着再次运行网卡的安装程序，重新设置网卡的 IRQ 和 I/O Address 的数值，如果网卡制造商没有提供安装程序，也可以在此设备的“属性”对话框中手工更改设置。

用户也可以手工更改设置，按照以下步骤进行。

Step 1 在“属性”对话框的“资源”选项卡中，记录使用了哪些设置，如有必要，这些信息可以用来恢复网卡的初始设置。恢复初始设置不会对网卡产生任何影响，但是它可能恢复由于手工更改设置而被禁用的某些其他设备。

Step 2 取消选中“使用自动设置”复选框。

Step 3 在“资源类型”列表中，单击想要更改的设置。

Step 4 单击“更改设置”按钮，在弹出的对话框中更改设置，然后单击“确定”按钮。

Step 5 重新启动计算机，并测试所有硬件。如果新设备无法正常工作，则需要重复这一过程以恢复原始设置。

如果按照上述步骤仍然不能消除硬件冲突，则可能需要更换一块兼容性更好的网卡。

5.2 集 线 器

集线器只是一个多端口的中继器，它有一个端口与主干网相连，并有多个端口连接一组工作站。在以太网中，集线器通常是支持星型或混合形拓扑结构的。在星型结构的网络中，集线器被称为多址访问单元(MAU)，利用环输入端口和环输出端口在内部就形成了环型拓扑结构。除了连接 Macintosh 和个人计算机工作站外，集线器还能与网络中的打印服务器、交换器、文件服务器或其他的设备连接。

5.2.1 集线器的功能和结构

集线器的主要功能就是将其接收到的信号进行再生放大，将信号再传递给其他网络设备。如图 5-20 所示为一个普通的以太网集线器的结构。

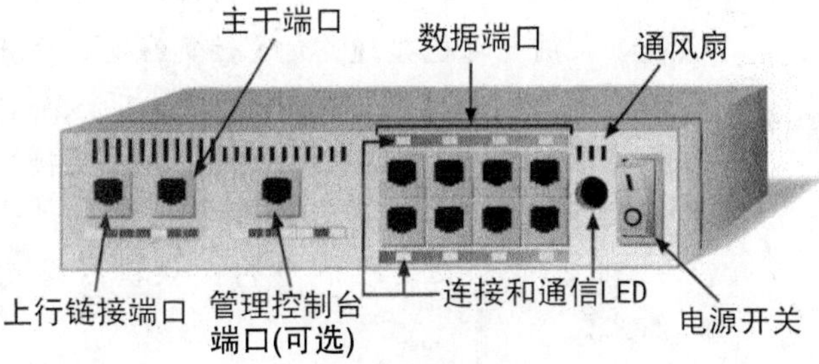

图 5-20 集线器

下面简单介绍一下集线器的各个部分的功能。

- 端口：供线缆接头插入其中以使工作站或其他设备与集线器互连。采用的接口类型(例如 RJ-45 与 BNC)是由所采用的网络技术来决定的。集线器上的端口通常是 4～24 个。这个数目不包括下面讲述的上行链接端口。
- 上行链接端口：通常用英文 Uplink 表示，它被用来与另一个集线器连接以构成菊花链或层次结构，上行链接端口可以被看作另外一种端口，但它只能用于集线器之间的连接。
- 管理控制台端口：它被用来连接控制台(例如一台便携式电脑)。通过它可以查看集线器的管理信息，如负载或冲突次数。由于不是所有的集线器都提供管理信息，因而并不是每一种集线器都具有管理控制台端口。
- 主干网端口：它被用来与网络的主干网连接，对 10BaseT 网络，这种连接通常是采用较短的细同轴电缆。
- 连接用发光二极管：端口上指示该端口是否被使用的指示灯。如果连接已经建立起来了，它就一直发绿光。如果二极管不发光，说明网络连接存在故障，这时就需要检查连接情况，传输速率设置以及网络接口卡与集线器是否都接通了电源。
- 通信(发送和接收数据)用发光二极管：端口上指示该端口是否有数据传输的指示灯。端口正常传输数据时，绿灯应当是闪烁的。一些集线器的通信指示灯和连接指示灯采用同一发光二极管，灯亮并闪烁则说明该网络节点正在传输数据。
- 冲突检测用发光二极管：只有以太网的集线器才具有冲突检测用发光二极管。该指示灯显示发生了多少次冲突。整个集线器可能只有一个这种指示灯，也可能每一个端口都有一个这种指示灯。如果该指示灯一直亮着，表明有一个节点的连接出现问题或传输出现问题，需要断开连接。
- 电源：它为集线器供电，每一个集线器都有自己的电源，每一台集线器也都有自己的电源指示灯，如果该指示灯未亮，表明集线器未通电。
- 风扇：它被用来冷却设备的内部电路，像其他电子产品一样，集线器也产生热。为了能正常工作，集线器需要用风扇来散热以保持恒温。当安装或移动集线器时，应当注意不要塞住或挡住通风孔。一些小型的 10M 以太网集线器因为发热量较小，所以没有配备风扇。

5.2.2 集线器的类型

局域网内的集线器按配置方式的不同，通常分为3种不同的类型，下面将介绍不同类型的集线器，包括它们的功能和优缺点。

1. 独立式集线器

独立式集线器只服务于一个计算机工作组，并与网络中的其他设备隔离。独立式集线器最适合于较小的独立部门、家庭办公室或实验室环境。它们既可以是被动式的，又可以是智能型的。它们为一小群用户安装，连接起来很简便。独立式集线器并不遵循某种固定的设计，它提供的端口数目也是不固定的(尽管它们通常包含有4、8、12或24个端口)，虽然理论上讲独立式集线器最多可以提供200个连接端口。

注意

使用这种带有多个连接的单个集线器，如果集线器出现故障将导致整个网络的瘫痪，所以一般而言，大型网络都会采用多个集线器(或其他连接设备)。

2. 堆叠式集线器

堆叠式集线器类似于独立式集线器。但从物理上来看，它们被设计成与其他集线器连在一起，并被置于一个单独的电信机柜里；从逻辑上来看，堆叠式集线器代表了一个大型的集线器。使用堆叠式集线器有一个很大的好处，那就是网络或工作组不必只依赖一个单独的集线器，一个集线器出现故障并不影响网络其他部分的运行。

3. 模块式集线器

模块式集线器通过底盘提供了大量可选的接口选项，这使得它使用起来比独立式集线器和堆叠式集线器更加方便灵活。与个人计算机一样，模块式集线器有主板和插槽，这样就可以插入不同的适配器。插入的适配器可以使这些模块式集线器与其他类型的集线器相连，或者与路由器、广域网相连，也可以与令牌环网或以太网的主干网相连。这些适配器也可以把这种模块式集线器连接到管理工作站或冗余设备上，如备用的电源。由于模块式集线器可以安装冗余部件，所以它在所有类型的集线器中，可靠性是最高的。

提示

使用模块式集线器的另一个好处是：它提供了扩展插槽来连接增加的网络设备。另外，它们还可以连接很多种不同类型的设备。换言之，根据网络需要，可以定制相应的模块式集线器。然而模块式集线器的价钱也是最贵的一种。

5.2.3 安装集线器设备

为了确保正确安装集线器，一定要认真阅读制造商的指导手册，按照指导手册的步骤进行安装。不过大多数时候，安装集线器是很简单的，用户可参考以下方法进行操作。

Step 1 首先接通电源，看到集线器的电源指示灯已亮，表明电源已接通。大多数集线器在打开时会执行自检程序，闪烁的灯光表明这个自检过程正在进行。当自检完成后，把连接线缆的一端接头插入集线器的端口，另一端连接到主干网上或网络内的交换器或路由器上。

Step 2 用同样的方法把集线器与工作站或其他集线器连接起来，如图5-21所示，工作站通过RJ-45连接器端口与集线器连接上网络后，参阅集线器的指导手册，确认连接和通信指示灯指示正常。另外，对于智能型集线器而言，还要配置集线器进行软件参数(例如IP地址)等固定的设置。

注意

如果安装的是一台堆叠式集线器或是一台用支架固定的集线器，需要用随集线器附带的螺钉和钳子把集线器固定好。假如是一台堆叠式集线器的话，必须用它的专用线缆或者通过上行链接端口把要堆叠的集线器连接起来。

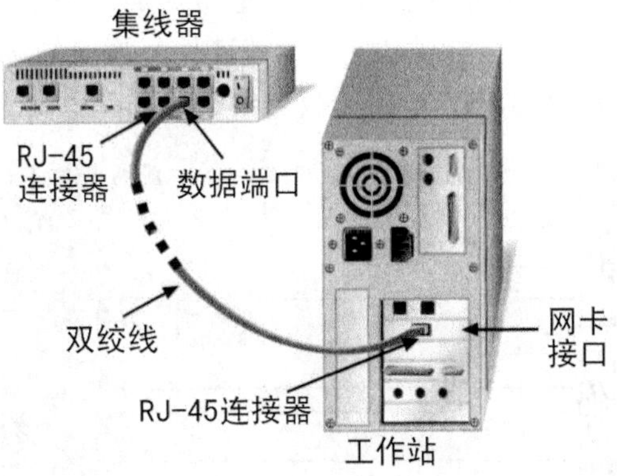

图 5-21　工作站与集线器的连接

5.3　交　换　机

随着连接设备硬件技术的提高，已经很难再把集线器、交换机、路由器和网桥相互之间的界限划分得很清楚了。交换机这种设备可以把一个网络从逻辑上划分成几个较小的段。不像属于 OSI 模型第一层的集线器，交换机属于 OSI 模型的数据链路层(第二层)，并且，它还能够解析出 MAC 地址信息。从这个意义上讲，交换机与网桥相似，但事实上，它相当于多个网桥。

5.3.1　交换机的概述

交换机是交换式集线器的简称，其英文名称为 Switch Hub，如图 5-22 所示。从字面意思理解，交换机就可以看成是集线器的一种，不过交换机与普通的共享式集线器不同，交换机只将收到的数据包根据目的地址转发到相应的端口，而集线器则是将数据转发到所有端口，而且交换机可以在同一时刻向多个端口之间相互通信，因此没有共享式网络连接的级联个数的限制。

图 5-22　交换机

技 巧

当共享式网络中连接的计算机数量过多时，由于共同争用一个信道，会产生大量的冲突，造成网络效率下降，但若采用交换机，即可有效地隔离冲突域，解决这些问题。

当有信号进入时，交换机将读出发送信息计算机的物理地址(即网卡的 MAC)和接受信息计算机的物理地址，并记住发送信息的计算机网卡号在哪个端口，然后搜寻记录表，看其中是否有要送达的网卡号。如果有，交换机将只把信息送往相应的端口，如果没有，交换机才会以广播的形式发给其他所有的端口。这样可以大大地减少信号在网络发生碰撞的几率。交换机的所有端口都共享同一指定的带宽。事实证明了这种方式确实比网桥的性价比要高一些。交换机的每一个端口都扮演一个网桥的角色，而且每一个连接到交换机上的设备都可以享有它们自己的专用信道。换言之，交换机可以把每一个共享信道分成几个信道。

提 示

交换机可以分成不同的几类，一种是局域网交换机，适用于局域网，尽管以太网交换机比较常见，但局域网交换机还是可以设计成适合于以太网或令牌环网两种类型，局域网交换机还因它所采用的交换方式而异，有快捷模式和存储转发模式。

5.3.2　交换机的层次

交换机运行在 OSI 模型的第二层(数据链路层)，路由器运行在第三层，集线器运行在第一层。但集线器、网桥、交换机和路由器之间的界限正变得越来越模糊。

而且，随着交换技术的发展，这种界限将会变得更加模糊。如今已能够生产出运行在第三层(网络层)和第四层(传输层)的交换机，这使得交换机越来越像路由器了。能够解析第三层数据的交换机被称作第三层交换机。相应地，能够解析第四层数据的交换机被称作第四层交换机。这些更高层的交换机也许可以称为路由交换机或应用交换机。由于市场竞争激烈，制造商很少能在关于新技术的术语问题上达成共识。然而，有一点已经达成共识，那就是：交换完全是由设备硬件处理的，而路由则是由设备的软件处理的。例如，一台设备既可以采用 IP 交换运行在第四层，也可以采用 IPX 交换运行在第三层，还可以作为采用 AppleTalk 的一台标准路由器。

能解析更高层的数据使得交换机可以执行先进的过滤、统计和安全功能。第三层和第四层交换机能够比路由器更快地传输数据，而且，比路由器更容易安装和配置。一般来说，这些交换机的整体性能还是比不上路由器。例如，很典型的就是它们不能在以太网和令牌环网间传输数据，不能打包协议，也不能优化数据传输。这些差别使得交换机并不特别适用于某些特殊的连接需要。如果想连接一个 10BaseT 以太网和一个 100BaseT 以太网，使用交换机也就足够了，但如果连接一个令牌环网和一个以太网，就必须使用路由器了。

> **注意**
>
> 与其他的连接设备一样，这些第三、第四层交换机的特性因制造商和价格的不同而有很大的差别(这种差别是由于网络市场上的各个关键角色对于这些交换机未能达成共识造成的)。更高层交换机可能会比第二层交换机贵三倍，而且网络管理人员也只是刚开始尝试着使用它们。

5.3.3 组建虚拟局域网

目前组建局域网时绝大部分主干网上的交换设备都是交换机，在主干网上使用交换机至少有两种好处。首先，由于交换机使各台设备的数据传输相互独立，所以使用交换机通常是比较安全的。其次，交换机为每台设备都提供了独立的信道。这样做的结果是，在传输大量数据和对时间延迟要求比较严格的信号时，如视频会议，能够全面发挥网络的能力。

另外，为了提高带宽的使用效率，交换机可以从逻辑上把一些端口归并为一个广播域，从而能组建虚拟局域网。广播域是构成 OSI 模型的第二层网段的端口的组合，而且，它必须与第三层设备连接，如路由器或第三层的交换机。这些端口不一定在同一个交换机内，甚至可能不在同一段。虚拟局域网包括服务器、工作站、打印机或其他任何能连接交换机的设备。如图 5-23 所示为一个虚拟局域网的简单示意图。

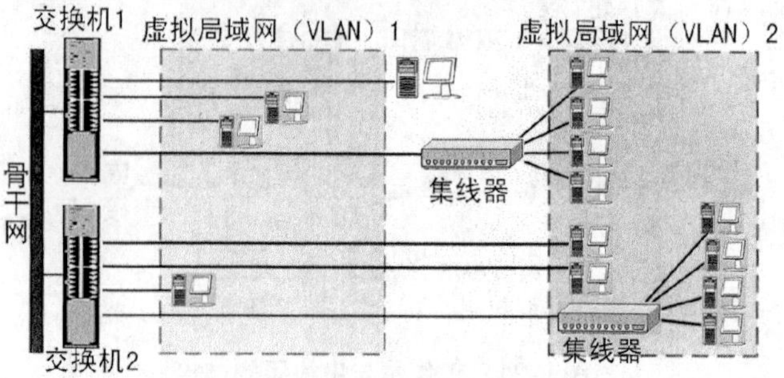

图 5-23 简单的虚拟局域网设计

需要注意的是：使用虚拟局域网，一个很大的好处就是它可以连接不处于同一地理位置的用户，而且可以从一个大型局域网中组建一个较小的工作组。

必须适当配置交换机才能组建起虚拟局域网。另外，为了标识每个逻辑局域网所属的端口，可以通过设定安全参数、是否过滤的指令(例如，交换机禁止转发某一网段的帧时)、对某些用户的行为进行限制以及网络管理这些选项来完成。

> **注意**
>
> 组建虚拟局域网并不仅仅是只容纳一节点组就完事了，还需要排除另外的组。这就可能导致错误地删除网络中其他的一个组。建构虚拟局域网需要仔细设计，并要保证所有需要通信的用户在虚拟局域网运作之后还能正确工作。

5.4 路 由 器

路由器是一种多端口设备，如图 5-24 所示，它可以连接不同传输速率并运行于各种环境的局域网和广域网，也可以采用不同的协议。路由器属于 OSI 模型的第三层(网络层)，网络层指导从一个网段到另一个网段的数据传输，也能指导从一种网络向另一种网络的数据传输。过去，由于过多地注意第三层或更高层的数据，如协议或逻辑地址，路由器曾经比交换机和网桥的速度慢。因此，不像网桥和第二层交换机，路由器是依赖于协议的。在它们使用某种协议转发数据前，它们必须被设计或配置成能识别该协议。

图 5-24　路由器

5.4.1　路由器的功能

路由器是一种智能型的网络节点设备，它具有以下 3 个基本功能。

1. 互连网络功能

路由器可以互连局域网，并且不要求这些局域网采用相同的技术、具有相同的速率，也不要求采用相同的协议。比如，使用路由器可以连接以太网和令牌环网及 FDDI 网络。路由器可以将局域网接入广域网以及广域网到广域网的互连，在连接广域网时，路由器提供了多种接口，比如，X.25、FDDI、帧中继、ATM 等。除此之外，路由器可在不同的网段之间定义网络的逻辑边界，从而将网络分成各自独立的广播网域。

路由器可用作流量隔离，将网络中的广播通信量限定在某一局部范围，以避免扩散到整个网络，并影响到其他网络。

2. 最佳路径选择、数据包处理功能

如果有几个网络通过各自的路由器连在一起，一个网络中的节点要与另一个网络的节点通信时，它们之间可能存在多条可用的路径，路由器就根据链路速率、传输开销、延迟、链路拥堵情况等参数来确定最佳的数据包转发路径。在数据包处理方面，有时数据包在转发过程中，由于网络带宽等因素，如数据包过大，很容易造成网络堵塞，这时路由器就要把大的数据包根据对方网络带宽的状况拆分成小的数据包，到了目的网络的路由器后，目的网络的路由器会再把拆分的数据包重组成一个原来大小的数据包，再根据源网络路由器的转发信息获取目的节点的 MAC 地址，发给本地网络的节点。

> 提示
>
> 除此之外，路由器还能对数据包加密及设置优先级，尤其是路由器的数据包过滤功能，可限定对特定数据的转发，比如，可以不转发它不支持的协议数据包，不转发以未知网络为目的地址的数据包，还可以不转发广播信息，从而减少了网络中的广播流量，避免广播拥塞的出现。

3. 协议转换、防火墙功能

路由器往往支持多种通信协议，这样就可以连接两个使用不同网络通信协议系统的设备。比如，常用 Microsoft Windows 操作平台所使用的通信协议主要是 TCP/IP 协议，但是如果是 NetWare 系统，则所采用的通信协议主要是 IPX/SPX 协议。连接这些网络的路由器就必须要支持 TCP/IP 协议和 IPX/SPX 协议，在数据包经过路由器时完成协议转换的工作，这样双方才能正常通信。目前许多路由器还具有防火墙功能，能够屏蔽内部网络的 IP 地址，自由设定 IP 地址、通信端口过滤，使网络更加安全。

5.4.2　路由器的接口

路由器接口主要分为局域网接口和广域网接口两种，下面分别进行介绍。

1. 局域网接口

局域网接口主要是用于路由器与局域网的连接，因局域网类型也是多种多样的，所以这也就决定了路由器的局域网接口类型也是多样的。不同的网络有不同的接口类型，常见的以太网接口主要有 AUI、BNC 和 RJ-45 接口，还有 FDDI、ATM、光纤接口，这些网络都有相应的网络接口，下面分别介绍 3 种主要的局域网接口。

- AUI 端口：AUI 端口是用来与粗同轴电缆连接的接口，它是一种 D 型 15 针接口，这在令牌环网或总线型网络中是一种比较常见的端口之一。路由器可通过粗同轴电缆收发器实现与10Base-5网络的连接，但更多的是借助于外接的收发转发器(AUI-to-RJ-45)，实现与10Base-T以太网络的连接。当然也可借助于其他类型的收发转发器实现与细同轴电缆(10Base-2)或光缆(10Base-F)的连接，一般情况下路由器AUI接口主要是用以粗同轴电缆作为传输介质的网络进行连接的。

- RJ-45端口：RJ-45端口是最常见的双绞线以太网端口，如图5-25所示。因为在快速以太网中也主要采用双绞线作为传输介质，所以根据端口的通信速率不同，RJ-45端口又可分为10Base-T网RJ-45端口和100Base-TX网RJ-45端口两类。其中，10Base-T网的RJ-45端口在路由器中通常是标识为ETH，而100Base-TX网的RJ-45端口则通常标识为10/100b TX。这两种RJ-45端口从外表上看是完全一样的，但端口中对应的网络电路结构有所不同，在连接时要对号入座，不能随意接。

图5-25 RJ-45端口的路由器

- SC端口(如图5-26所示)：SC端口用于与光纤的连接，一般是通过光纤连接到快速以太网或千兆以太网等具有光纤端口的交换机，这种光纤端口以100b FX标识。

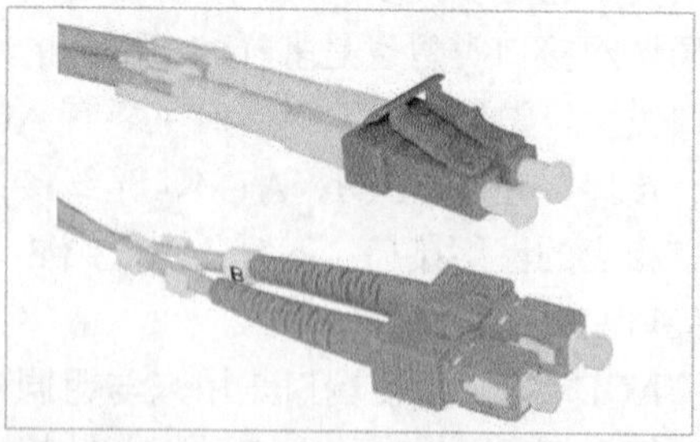

图5-26 SC端口

2. 广域网接口

路由器不仅能实现局域网之间的连接，更重要的应用还是在于局域网与广域网、广域网与广域网之间的互连。下面介绍3种常见的广域网接口。

- 高速同步串口：在路由器的广域网连接中，应用最多的端口是“高速同步串口”(SERIAL)了，这种端口主要是用于连接目前应用非常广泛的DDN、帧中继(Frame Relay)、X.25、PSTN(模拟电话线路)等网络连接模式。在企业的局域网之间有时也通过DDN或X.25等广域网连接技术进行专线连接。这种同步端口一般要求速率非常高，因为一般来说通过这种端口所连接的网络的两端都要求实时同步。
- 异步串口：异步串口(ASYNC)主要是应用于Modem或Modem池的连接，用于实现远程计算机通过公用电话网拨入网络。这种异步端口传输速率较慢，不要求网络的两端保持实时同步。所以用户在上网时所看到的并不一定就是网站上实时的内容，但这并不重要，因为毕竟这种延时是非常小的，重要的是在浏览网页时能够保持网页正常下载。
- ISDN BRI端口：ISDN BRI端口用于ISDN线路通过路由器实现与Internet或其他远程网络的连接，可实现128kbps的通信速率。ISDN即综合业务数字网，俗称“一线通”。

5.4.3 路由器的原理

路由器的应用非常广泛，端口类型也比较多，它们用于各自不同的网络连接，如果不了解各个端口的作用，就有可能进行错误的连接，导致网络连接不正确，网络不通。路由器的硬件连接主要包括与局域网设备之间的连接、与广域网设备之间的连接以及与配置设备之间的连接。

由于它的可定制性，安装路由器并非易事。一般而言，安装时必须对路由技术非常熟悉才能知道如何放置和设置路由器，方可发挥出其最好的效能。如

图 5-27 所示显示出了路由器在局域网中连接的主要位置。

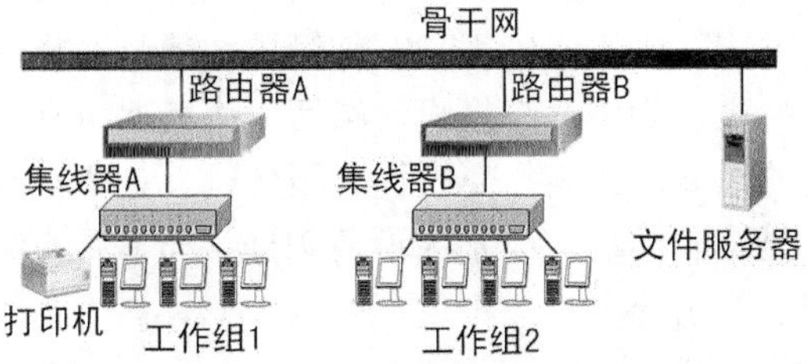

图 5-27　路由器网络连接

在如图 5-27 所示的设计中，如果工作组 2 中的工作站想使用工作组 1 的打印机，就要创建一个包含工作组 1 中的打印机地址的连接，然后才能把数据包传送到集线器 B，当路由器 B 接收到传输的数据后，在解析第三层数据时，路由器 B 就会暂存这个数据包。一旦发现数据包要传向工作组 1 中的打印机，路由器 B 就会选择最优路径把数据包传送到工作组 1 中的打印机。在这个例子中，也许会把数据包直接传向路由器 A。在它转发该数据包前，路由器就增加该数据包尾部的中继次数(数据包在重发一定的次数后就要被丢弃。数据包每经过一次路由器，中继次数就增加一次)。然后，路由器 B 就把数据包转发到路由器 A，路由器 A 解析出数据包的目标地址后再把它转发至集线器 A。再由集线器 A 向工作组 1 中的所有用户传播此次传输，直到打印机响应为止。

5.4.4　组建路由器网络

路由器是一种网络互联设备，可以连接两个或更多的局域网。比如，在大型小区内，往往一栋楼内组建一个局域网，各楼宇的局域网通过路由器连接。从整体的角度来看，也可以认为路由器将一个大规模的小区网络划分成了很多小规模局域网。这样就明显减少了网络中的广播流量，提高了网络带宽的利用率，避免出现广播风暴，如图 5-28 所示。路由器另一个比较常见的应用就是将局域网接入到广域网中。比如，选择 DDN(数字数据网)接入互联网就需要路由器。另外，路由器还可以连接 VLAN(虚拟局域网)，为 VLAN 之间的通信提供通路。

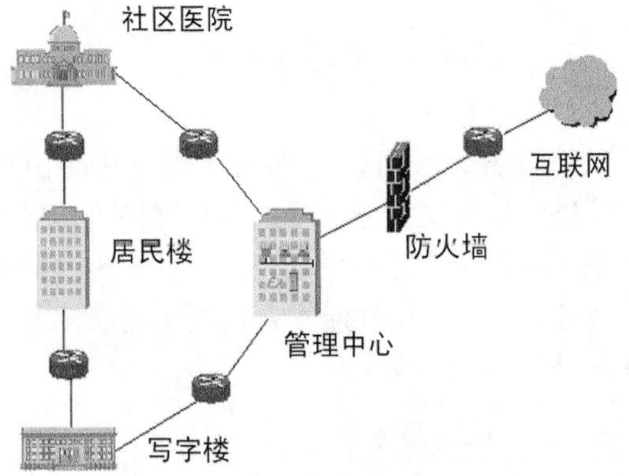

图 5-28　路由器组建的小区局域网

5.5　连接网络设备

在购买好网络设备和传输介质后，要对计算机与网络设备进行连接，下面将介绍各种网络设备与计算机连接的方法。

5.5.1　双机互连网络

如果只有两台计算机进行互连，也可以使用双绞线将两台计算机的网卡连接在一起，但是必须使用交叉线才能正常连接。

交叉线的线序是从左边起：橙白、橙、绿白、蓝、蓝白、绿、白棕、棕；另一端线序为绿白、绿、橙白、白棕、棕、橙、蓝、蓝白，如图 5-29 所示，在使用网卡实现双机直连时，最好选用相同品牌和传输速率的网卡，以避免可能的连接故障。

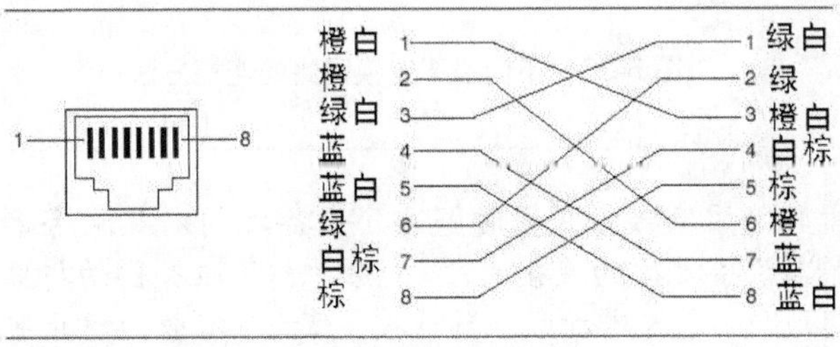

图 5-29　交叉线的接法

试一试

按照图 5-29 中的线序制作交叉双绞线。

5.5.2 连接集线设备

网络设备大致可以分为集线设备和路由设备两类，而集线设备又划分为集线器和交换机。虽然不同网络采用的设备和拓扑结构不一样，但集线器与交换机的连接，以及不同性能交换机之间的连接所遵循的原则却是相同的。

1. 交换机连接方法

交换机的种类非常多，不同类型的交换机之间在连接时，应当有针对性地采用不同的连接策略，以获得最佳的网络性能。下面是几种不同情况下的交换机连接方法。

(1) 不同速率交换网络的连接方法。

不对称网络是指由不对称交换机构建的网络。不对称交换机是指交换机拥有不同速率的端口，或者是10Mbps和100Mbps，或者是100Mbps和1000Mbps。通常情况下，高速端口用于连接其他交换机或服务器，而低速率端口则用于直接连接计算机或集线器，如图5-30所示。

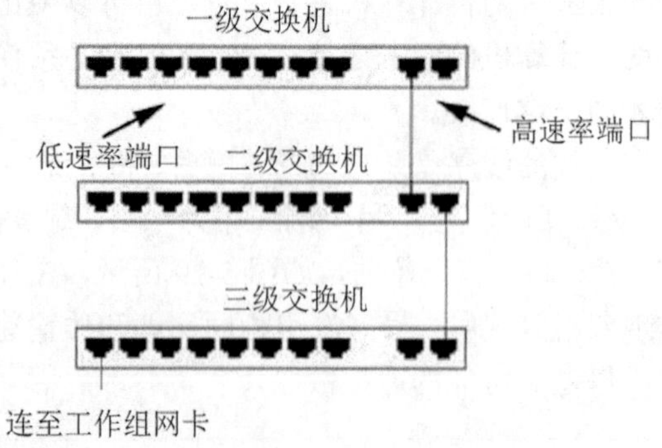

图 5-30 不同速率交换网络的连接方法

提 示

该连接方式同时解决了设备之间以及服务器与设备之间的连接瓶颈，充分考虑了服务器的特殊地位，通过增加服务器连接带宽，可有效地防止服务器端口拥塞的问题，同时，由于交换机之间通过高速端口进行通信，所以可使网络内所有的计算机都平等地享有对服务器的访问权限。

(2) 相同速率交换网络的连接方法。

所谓对称网络，是指由对称交换机构建的网络。对称交换机，是指交换机所有端口拥有相同的传输速率。对称网络的连接策略非常简单，就是选择其中一台交换机作为中心交换机，然后，将其他所有被频繁访问的设备，如其他交换机、服务器、打印机等，都连接至该交换机，而别的设备则连接至其他交换机，如图5-31所示。

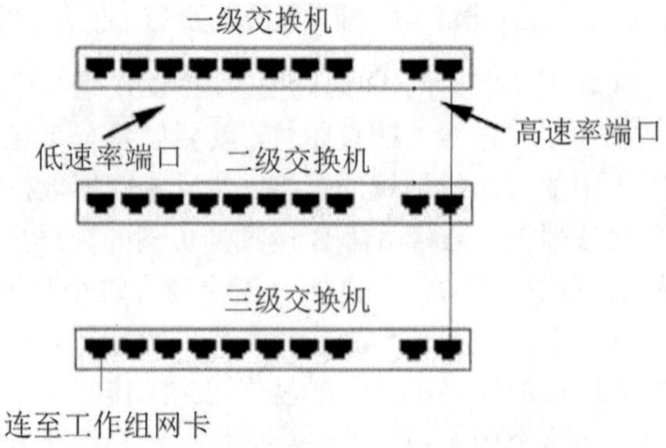

图 5-31 相同速率交换网络的连接方法

注 意

由于所有端口只需一次交换即可实现与频繁访问的设备的连接，因此，大幅度地提高了网络传输的效率。需要注意的是，在该拓朴结构中，对中心交换机性能的要求比较高。如果中心交换机的背板带宽和转发速率较差，那么，将会影响整个网络的通信效率。

(3) 不同性能交换机的连接方法。

从交换机背板带宽和转发速率上看，交换机之间的性能区别很大。性能最高的交换机(通常是三层交换机)作为中心交换机(或企业交换机)位于网络的中心位置，用于实现整个网络中不同子网之间的数据交换；性能稍逊的交换机(可以是三层交换机)作为骨干交换机，用于实现某一网络子网内数据之间的交换；性能最差的交换机作为工作组交换机，用于直接连接至桌面计算机，为用户直接提供网络接入，如图5-32所示。

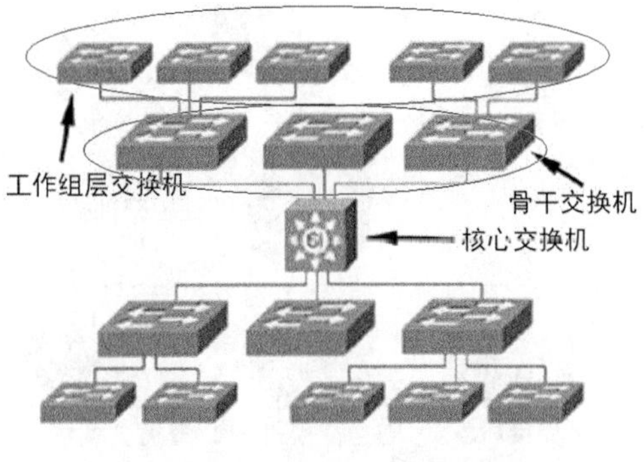

图 5-32　不同性能交换机的连接方法

2. 共享网络连接策略

所谓共享网络，是指由全部集线器构建的网络。在共享网络中，所有端口共享集线器的连接带宽，并且处于同一碰撞域，因此，在网络用户较多且通信量较大的情况下，通信效率极其低下。所以，当计算机数量较多时，建议构建交换式网络，或利用交换机作中心设备构建混合网络。

> **注意**
>
> 共享网络通常只适用于小型网络，计算机数量通常不应当多于 50 台。事实上，集线器的端口数量通常都比较少，市面上的 10Base-T 集线器通常为 16 口。因此，当网络内的计算机数量多于 16 台计算机时，就必须采用级联的方式以成倍地扩展端口。由于两台集线器之间的连接需要占用两个端口，因此，当计算所需要的集线器台数时，应当将集线器连接所需要的端口数量考虑在内。

集线器连接时，应当尽量选用一台端口数量较多的集线器作为中心集线器，然后，将其他所有集线器和服务器均连接至该中心集线器，如图 5-33 所示，便于故障的判断和排除，并有利于对网络的管理。网络内的其他计算机可以就近直接连接在各集线器上。由于集线器间、集线器与计算机之间的连接距离均可达 100 米，因此，该拓扑策略的网络直径最大可达 300 米，对于小型网络而言已经绰绰有余了。如果网络直径大于 300 米，也可以再级联一级集线器，从而使网络直径扩大至 400 米，如图 5-34 所示。

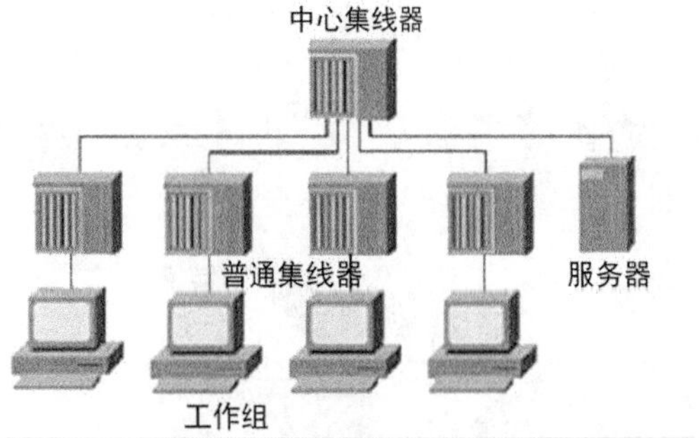

图 5-33　二级集线器

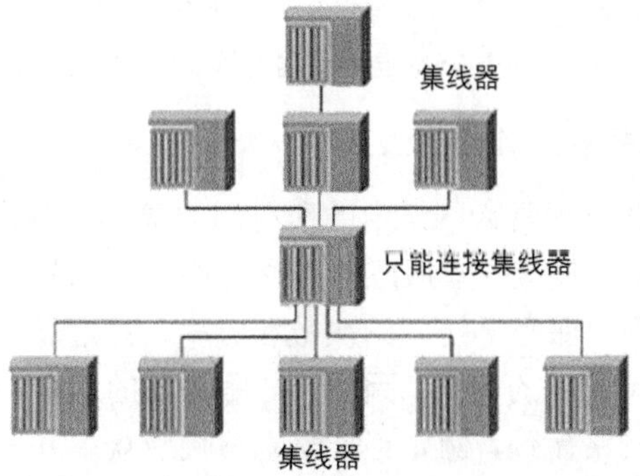

图 5-34　三级集线器

> **注意**
>
> 需要注意的是，作为中心连接设备的集线器不能直接连接任何计算机或服务器。对于更大的网络直径，建议选用光缆及光纤设备或选用交换设备，此时由 10Base-T 集线器构建的共享网络已经不能再满足需要了。

3. 混合网络连接方法

混合网络是指在网络中既有交换机也有集线器，由交换机和集线器混合构建的网络。由于交换机拥有较高的传输带宽和传输效率，因此，在混合网络中，应当把其中一台性能最好的交换机作为网络的中心，其他交换机、集线器、服务器、打印机等设备都连接至该交换机，而普通计算机则连接至集线器，如图 5-35 所示。该方式以交换机端口将各集线器的碰撞域分割开来，有效地减少了网络碰撞冲突，大幅度提高了网络传输效率。由于服务器和打印机等各用户频繁访问的设备都连接至交换端口，拥有较高的网络带宽，从而有效地解决了网络的传输瓶颈。

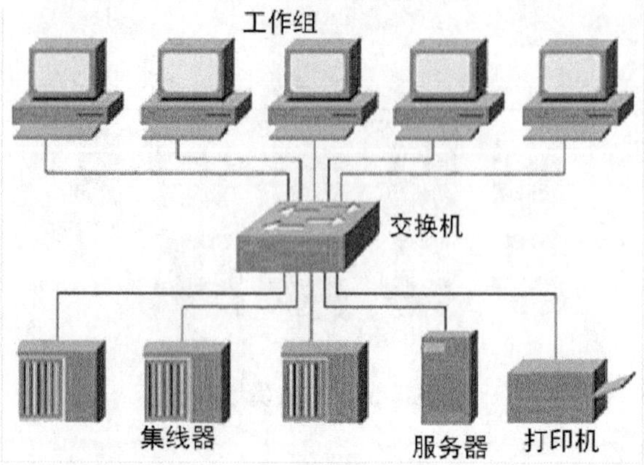

图 5-35　混合网络连接策略

4. 服务器连接方法

服务器通常为网络中的所有用户提供服务，特别是 Internet 连接共享服务器、文件服务器和打印服务器，用户对服务器访问的次数和频率，肯定远远高于对其他计算机的访问，因此，与服务器的连接往往就会成为网络瓶颈，例如有时既无法响应众多并发用户对服务器的访问，又无法及时传输用户上传和下载的数据。在连接服务器时，应当遵循以下策略。

- 服务器应当与中心集线设备连接在一起。无论中心集线设备采用集线器还是交换机，服务器都应当直接连接至中心集线设备，从而使网络内的每台计算机都享有平等地访问服务器的权利。
- 如果有一些计算机需要频繁地访问服务器，那么，应当将这些计算机与服务器连接至同一集线设备。
- 服务器应当连接至集线设备所能提供的最高速率的端口上，从而避免可能由于端口速率问题而导致的瓶颈。
- 服务器应当连接至性能最高的交换机上。不同品牌和型号的交换机拥有不同的性能，高性能交换机拥有较高的背板带宽和端口缓存，因此，能够适应更频繁和更多的并发访问，实现与服务器的高速连接，如图 5-36 所示。

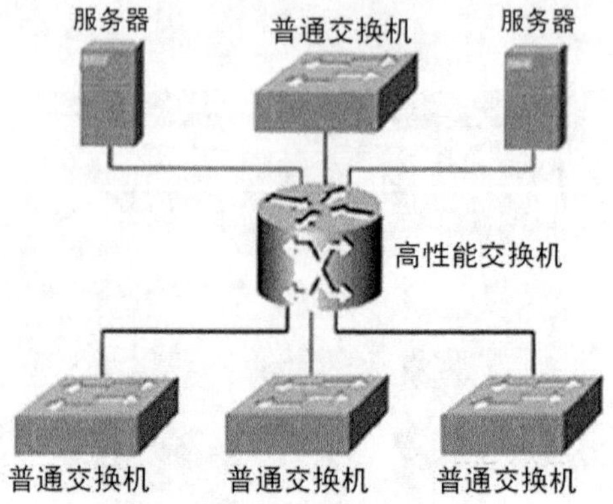

图 5-36　服务器连接方法

5.5.3　连接交换机

从根本上讲，交换机之间有级联连接和堆叠连接两种连接方式。

交换机的级联方式实现简单，只需一根普通的双绞线即可，不仅节约成本，而且基本不受距离的限制。而堆叠方式投资相对较大，且只能在很短的距离内连接，实现起来比较困难。

1. 级联连接

这是最常用的一种多台交换机连接的方式，它通过交换机上的级联口(Uplink)进行连接。需要注意的是交换机不能无限制级联，超过一定数量的交换机进行级联，最终会引起广播风暴，导致网络性能严重下降。级联又分为以下两种。

(1) 使用普通端口级联。

使用普通端口级联就是通过交换机的某一个常用端口(如 RJ-45 端口)进行连接，需要注意的是，这时所用的连接双绞线要用反线，即是说双绞线的两端要跳线(第 1-3 与 2-6 线脚对调)，其连接示意如图 5-37 所示。

(2) 使用 Uplink 端口级联。

在所有交换机端口中，都会在旁边包含一个 Uplink 端口，如图 5-38 所示，此端口是专门为上行连接提供的，只需通过直通双绞线将该端口连接至其他交换机上除“Uplink 端口”外的任意端口即可(注意，并不是 Uplink 端口的相互连接)。

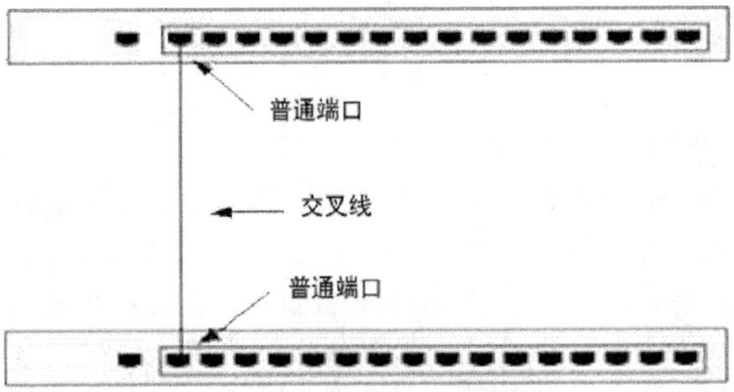

图 5-37　使用普通端口级联

图 5-38　Uplink 端口

其连接方法如图 5-39 所示。

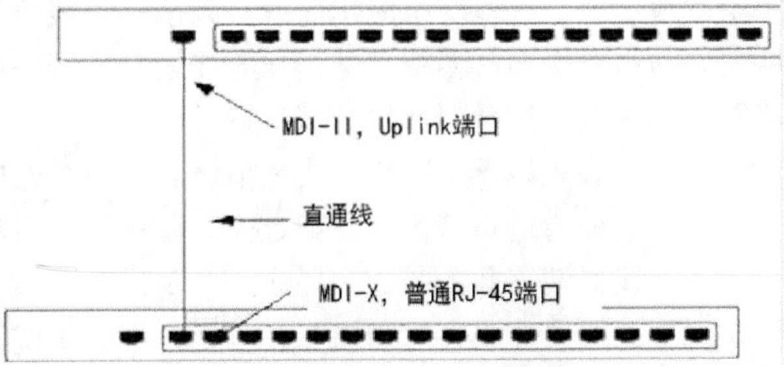

图 5-39　使用 Uplink 端口级联

2. 堆叠连接

交换机堆叠方式主要应用在大型网络中，在对端口需求比较大的情况下使用，交换机的堆叠是扩展端口最快捷、最便利的方式，同时堆叠后的带宽是单一交换机端口速率的几十倍。但是，并不是所有的交换机都支持堆叠，这取决于交换机的品牌、型号是否支持堆叠；并且还需要使用专门的堆叠电缆和堆叠模块；最后还要注意同一堆叠中的交换机必须是同一品牌。它主要通过厂家提供的一条专用连接电缆，从一台交换机的 UP 堆叠端口直接连接到另一台交换机的 DOWN 堆叠端口，如图 5-40 所示。堆叠中的所有交换机可视为一个整体的交换机来进行管理。

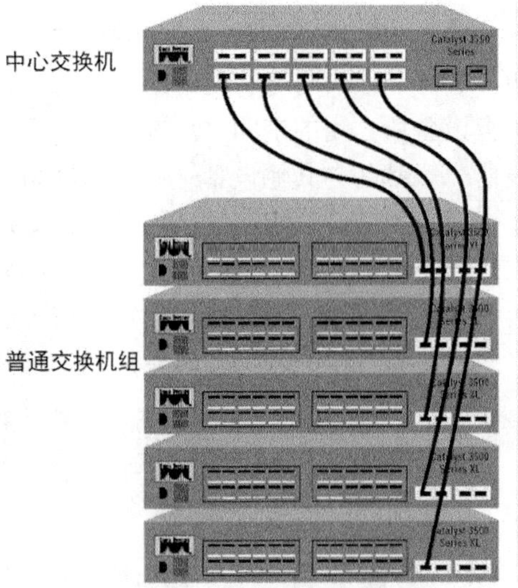

图 5-40　交换机堆叠方式

注 意

采用堆叠方式的交换机要受到种类和相互距离的限制。首先实现堆叠的交换机必须是支持堆叠的；另外由于厂家提供的堆叠连接电缆一般都在 1m 左右，故只能在很近的距离内使用堆叠功能。

5.5.4　连接集线器

集线器之间的级联，以及集线器与交换机的级联跟交换机之间的连接完全相同。当一端使用专用的 Uplink 端口时，就可以使用直通线，当两端都使用普通端口时，就可以使用交叉线连接。

1. 安装集线器

集线器的安装相对简单，尤其是傻瓜集线器，只要将其固定在配线柜并插上电源线即可。需要连接哪根双绞线，就把哪根双绞线的 RJ-45 头插入至集线器端口即可。智能集线器虽然固定好就能使用，不过，如果想实现远程管理，就必须进行必要的配置，为集线器指定 IP 地址信息，另外在一些大的网络中一般都采用机架式集线器，这样就涉及集线器的机架安装了。

集线器从结构上来讲有机架式和桌机式的两种。机架式集线器便于固定在一个固定的地方，一般是与其他集线器、交换机，还有的与服务器安装放在一个机柜中，这样一来一则便于网络的连接与管理，同时也节省上设备所占用的空间，如图 5-41 所示。机架式的集线器一般都是与其他设备一起安装在机柜中，这些机柜当然在业界都有相应的结构标准，特别是在尺寸方面有严格的规定(如宽度，1U(单元)的高度等)，这样所有设备都可以方便、美观地安装在一起，且可以更好地散热。下面来介绍安装集线器的操作方法。

图 5-41　配线柜

Step 1　固定安装支架。在将集线器安装至机柜之前，应当先在集线器规定位置上安装固定支架(可参照操作手册进行)，这是为以后将集线器安装在机架上做准备，不同的集线器，所安装的支架有较大的差异，不过，安装原理基本上是一致的。

Step 2　固定设备。安装支架固定好之后，接下来要做的就是把安装好支架的集线器设备放入机柜相应的位置，并且固定在机柜中，其实这种安装方法很容易，实际上只是固定几个螺钉即可。

Step 3　固定导线器。将集线器安装至机柜后，就要进行网线连接了，在一个机柜中一般来说有好几个网络设备在一起，这样也就有许多条网线集中在这个机柜中，如果这些网线不理清楚的话对网络管理会带来非常大的不便，为此就需要对网线进行捆绑安装、整理，这时一般就要为网线安装导线器，从而使成束的网线变得整齐和美观，且易于管理。

技巧

机架式集线器安装在机柜中的方法，一般适用于较大网络中，对于小型办公室，通常没有机柜，集线器只能安装在桌面或墙面上。集线器在桌面上的安装，可先固定安装支架在桌面上，这种安装方式要注意有两种不同的安装方向：一种是让集线器水平放置的水平安装方式；另一种是让集线器垂直放置。集线器在墙面上安装的方法同样有两种方式：一种是把集线器水平固定在墙上；另一种是把集线器垂直安装在墙上。

2. 连接集线器

集线器的连接虽然简单，基本上不需什么配置，但是通过对它的连接原理的理解，可以更好地利用集线器，满足中、小型网络应用需求，为了使集线器满足大型网络对端口的数量要求，一般在较大型网络中都采用集线器的堆叠或级联方式来解决。

- 堆叠集线器：堆叠方式是指将若干集线器的电缆通过堆栈端口连接起来，以实现单台集线器端口数的扩充，要注意的是只有可堆叠集线器才具备这种端口，一个可堆叠集线器中一般同时具有 UP 和 DOWN 堆叠端口。采用堆叠的集线器端口扩展方式要受到集线器的种类和间隔距离的限制，首要条件是实现堆叠的集线器必须是可堆栈的；另外这种堆栈连接一般彼此间隔非常近(厂家所能提供的堆栈连接电缆一般是 1m 的)，所以这种集线器端口扩展连接方式受距离限制太大。
- 级联集线器：级联是另一种集线器端口扩展方式，它是指使用集线器普通的或特定的端口来进行集线器间的连接的。所谓普通端口，就是通过集线器的某一个常用端口(如 RJ-45 端口)进行连接；而所谓特殊端口，就是集线器为级联专门设计的一种“级联端口”，一般都标有 Uplink 字样。其连接方法可参照交换机的连接方法，此处不再赘述。

5.5.5 连接路由器

很多公司或者校园寝室在室内网线接入孔不足的情况下都是通过路由器设置上网的，但是有时候通过一个路由器设置上网还不能满足要求，例如有两个四孔路由器 A 和 B，但是室内有 4 台电脑，这样 A 四孔路由器除了一个 WAN 口之外只剩下三个 LAN 接口，全部接好之后还有一台电脑无法接入网络，那么只有发挥 B 路由器的作用。

> **技巧**
>
> 如果使用交换机或者 Hub 的话，只需要从 A 路由器上任意一个 LAN 口伸出一根网线接到交换机上，然后其他的 2 台电脑接到交换机上就可以直接上网了，但是目前只剩下一个路由器，就要做一些必要的设置了，原理是将 B 路由器看作一台电脑，也就是把 B 路由器作为交换机来用。

下面来讲解如何通过 A 路由器进行拨号上网。

Step 1 将电话线接入 Modem(即调制解调器)的端口上。

Step 2 从调制协调器上的 WAN 接口拉一条网线出来，接入 A 路由器的 WAN 口上。

Step 3 将两台电脑的网线分别接在 A 路由器的两个 LAN 口上(剩下的那个 LAN 口稍后用)，网线采用直通线的接法。

Step 4 连接好之后，在其中的一台电脑上打开浏览器，在地址栏中输入“192.168.1.1”，进入相应的窗口，对主路由器进行设置。

Step 5 打开界面后，首先修改 WAN 设置，家庭宽带选择使用 PPPoE 拨号连接上网，然后在相应的表单中填写服务商提供的拨号上网账号和密码，然后进行保存。

Step 6 在 LAN 设置后打开 DHCP 服务，这样两台电脑就可以通过动态获取 IP 进行上网了，如果不打开 DHCP 的话，就要手工配置 IP 地址。

Step 7 将剩下的两台电脑的网线接入 B 路由器的 LAN 口上，在这两台电脑的任意一台电脑上打开浏览器，输入“192.168.1.1”，进入路由器设置界面。WAN 设置：选择静态地址上网，B 路由器 IP 地址设置为 192.168.1.250，为防止冲突可设置大一点；子网掩码：默认设置即可；网关设置为 192.168.1.1。DNS 服务器设置：如果 A 路由器开启了 DNS 代理，就设置为 192.168.1.1，没开启的话就设置为当地的 DNS 地址。LAN 设置：IP 地址设为 192.168.1.250，和上面设置成一样，关闭 B 路由器的 DHCP 和 DNS 代理服务。

Step 8 从 A 路由器(就是剩下的一个 LAN 口)上伸出一根网线接到 B 路由器剩下的 LAN 口上。设置 B 路由器，与 B 路由器连接的两台电脑的 IP 为 192.168.1.X，网关设置为 A 路由器的 IP，即 192.168.1.1，DNS 设置为当地 DNS，子网掩码默认即可。

Step 9 重启 B 路由器，可以通过 Web 界面重启，也可以直接切断电源重启。设置完成。这样四台电脑就可以同时上网了。

> **技巧**
>
> 如果想自动获取 IP 就能上网的话，可打开 A 路由器的 DHCP 服务，范围默认，最好把 DNS 代理打开；B 路由器的 IP 设置必须为 A 路由器的网关，即设置为 192.168.1.X；B 路由器连接的两台电脑网关必须设置为 192.168.1.1；B 路由器在设置完成之前不要连接到 A 路由器，因为设置前 B 路由器和 A 路由器的出厂设置 IP 一样，会冲突。

5.6 网关与网桥

网关与网桥不能完全归为同一种网络硬件设备，用概括性的术语来讲，它们应该是能够连接不同网络的软件和硬件的结合产品，它们可以使用不同的格式、通信协议或结构连接起两个系统。

5.6.1 网关

网关(Gateway)又称网间连接器、协议转换器。网关在传输层上用来实现网络互连，是最复杂的网络互联设备，仅用于两个高层协议不同的网络互连。网关的结构也和路由器类似，不同的是互连层。网关既可以用于广域网互连，也可以用于局域网互连。网关实际上通过重新封装信息以使它们能被另一个系统读取，为了完成这项任务，网关必须能运行在 OSI 模型的几个层上。网关必须同应用通信，建立和管理会话，传输已经编码的数据，并解析逻辑和物理地址数据。

> **提 示**
>
> 网关可以设在服务器、微机或大型机上。由于网关具有强大的功能，并且大多数时候都和应用有关，它们比路由器的价格要贵一些。另外，由于网关的传输更复杂，它们传输数据的速度要比网桥或路由器低一些。正是由于网关较慢，它们有造成网络堵塞的可能。然而，在某些场合，只有网关能胜任工作。

因为网关的应用程序范围极广，所以它可以在 OSI 模型的任一层上运行。最传统的网关是一种用来将一类协议转化为另一类具有截然不同的结构组成的协议的网络设备，这种网关在 OSI 模型的网络层上运作。关于这种网关的一个最好的例子就是将 IBM 开发的用于大型机的系统网络结构(Systems Network Architecture，SNA)转化为另一种协议，如 TCP/IP，这类网关的主要问题在于，与其他解决方案相比，速度较慢，因此传统的网关现在很少使用。目前，用来与 IBM 大型机通信的比较好的解决方案有两种。最便宜的是数据链路控制(Data Link Control，DLC)协议，只用于运行 Microsoft Windows 系列操作系统的工作站需要访问 IBM 大型机时。对于有其他操作系统(如 Unix)运行的网络，如果需要访问大型机，IBM 则提供了 TCP/IP 选项，包括大型机上的 TCP/IP 接口。

常见的网关有电子邮件网关、IBM 主机网关、因特网网关、局域网网关，它们的功能和特点如下。

- 电子邮件网关：通过这种网关，可以从一种类型的系统向另一种类型的系统传输数据。例如，电子邮件网关可以允许使用 Eudora 电子邮件的人与使用 Group Wise 电子邮件的人相互通信。
- IBM 主机网关：通过这种网关，可以在一台个人计算机与 IBM 大型机之间建立和管理通信。
- 因特网网关：这种网关允许并管理局域网和因特网间的接入。因特网网关可以限制某些局域网用户访问因特网。反之亦然。
- 局域网网关：通过这种网关，运行不同协议或运行于OSI模型不同层上的局域网网段间可以相互通信，路由器(甚至只用一台服务器)可以充当局域网网关。局域网网关也包括远程访问服务器，它允许远程用户通过拨号方式接入局域网。

5.6.2 网桥

网桥的外观有点像中继器，它具有单个的输入端口和输出端口，如图 5-42 所示是一种网桥设备。它与中继器的不同之处就在于它能够解析它收发的数据。网桥属于 OSI 模型的数据链路层，数据链路层能够进行流控制、纠错处理以及地址分配，网桥能够解析它所接受的帧，并能指导如何把数据传送到目的地。特别是它能够读取目标地址信息(MAC)，并决定是否向网络的其他段转发(重发)数据包，而且，如果数据包的目标地址与源地址位于同一段，就可以把它过滤掉。当节点通过网桥传输数据时，网桥就会根据已知的 MAC 地址和它们在网络中的位置建立过滤数据库(也就是转发表)，网桥利用它来决定是转发数据包还是把它过滤掉。

网桥并未与网络直接连接，但它能知道不同的端口所连接的工作站，这是因为网桥在安装后就促使网络对它所处理的每一个数据包进行解析，以发现其目标地址。一旦获得这些信息，它就会把目标节点的 MAC 地址和与其相关联的端口录入过滤数据库中。

时间一长，它就会发现网络中的所有节点，并为每个节点在数据库中建立记录。因为网桥不能解析高层数据，如网络层数据，所以它们不能分辨不同的协议。它们以同样的速率和精确度转发 Apple Talk、TCP/IP、IPX/SPX 以及 NetBIOS 的帧，这样做也有很大的好处。

图 5-42　无线网桥

> **提 示**
>
> 一方面，由于并不关心数据所采用的协议，网桥的传输速率比传统的路由器更快(路由器会关心所采用协议的信息)。另一方面，由于网桥实际上还是解析了每个数据包，所以它所花费的数据传输时间比中继器和集线器的更长。

1. 网桥的分类

网桥可以分为两类，即本机桥和远程桥。

- 本机桥(Local Bridge)：用来直接连接两个邻近的局域网，比如两个以太网局域网。本机桥也可以用来将网络信息流量分段，以减少网络瓶颈。

> **技 巧**
>
> 在一个大学校园局域网内，用网桥来链接科技楼和研究实验室，从而可以使这两个部门共享一些文件和电子邮件。由于客户机/服务器软件应用系统上的数据库服务器会产生大量的报表，所以科技楼的网络中信息流量较高。一旦识别出数据库服务器中的信息流量很高，网桥就会给这台服务器过滤帧，这样这些帧就不会转发给实验室了。

- 远程网桥(Remote Bridge)：用来连接距离较远的网络。为降低成本，网桥可以用串行线来连接。这是连接不同城市或州的网络并将其组合成一个单独的大型网络的一种方法，但现在大都是以路由器来代替网桥。

2. 网桥的功能

网桥执行三种重要的功能：学习、过滤和转发。开启网桥后，网桥可以学习网络的拓扑结构、记住所有连接网络的设备地址。这样通过检查其接收的帧的源地址和目标地址，网桥就可以知道在网络上有什么，并将利用这些信息创建桥接表以包含各个网络节点的地址。绝大多数网桥可以在桥接表中存储大量的地址，这个表将成为转发信息流的基础。

> **提 示**
>
> 网桥中还可以包含网络管理员输入的指令，以防来自某些特定源地址的帧会泛滥，或者不将其转发而是将它丢弃。这种过滤能力意味着网桥具有安全功能，例如网桥可以控制和主管对学校图书服务器的访问。

5.7　测试网络设备

网络测试主要面向的是交换机、路由器、集线器等网络设备，可以通过手动测试或自动化测试来验证该设备是否能够达到既定功能。

5.7.1　网络测试硬件

网络设备测试的方法和手段因测试的目的不同而有所不同。典型的网络设备测试的方法有两种：第一种是将设备放在一个仿真的网络环境中，通过分析该产品在网络中的行为对其进行测试；第二种方法是使用专用的网络测试设备对产品进行测试，如专用的性能分析仪器 SmartBits 2000、IXIA 1600 等。对于网络系统的布线测试、物理连通性的测试和故障监测也有专门的工具，这些工具是一些底层的网络测试和维护工具，如 Fluke 公司的网络听诊器、网络一点通、企业级网络测试仪等。而网络电缆测试仪、令牌环网测试仪、以太网测试仪还有光缆测试仪等，都是在网络系统的实施部署和运行维护阶段采用的常用测试工具。对于网络协议的一致性测试，一般有专门测试工具来支持，比如说对 ISDN、ATM、ADSL、帧中继等的实现都有专门的测试仪。

对网络系统的测试也有相应的测试工具，最典型和最重要的就是网络协议分析仪。网络协议分析仪一般有专用的硬件设备和专门的软件。这类协议分析仪典型的功能是数据包的捕捉、协议的解码、统计分析和数据流量的产生。用协议分析仪可以捕捉网上的实际流量、提取流量的特征，据此对网络系统的流量进行模型化和特征化处理。此外，网络协议分析仪还会主动地产生大量的数据包，施加到网络上，分析网络的响应或对网络系统进行加重测试。

提示

目前典型的协议分析仪有 HP 公司的 Internet Advisor(网络专家系统)、WG 公司的 Domino 系列协议分析仪等。另外还有一些纯软件的协议分析工具，有些甚至可以从网上免费下载。但这类协议分析软件无论在协议的解码能力、解码和数据分析的实时性以及数据流量的产生能力上与用专门硬件实现的协议分析仪相比仍有差距。

5.7.2 通过指示灯测试

一般情况下，网卡和网络设备都提供有 LED 指示灯，通过观察这些指示灯，通常能够发现一些非常有帮助的信息，从而解决一些非常简单的连通性故障。

1. 通过网卡指示灯测试

在使用网卡指示灯判断连通性时，一定要注意先将集线器或交换机的电源打开，并保证集线器设备处于正常的运行状态。如图 5-43 所示为 RJ-45 端口的网卡指示灯。

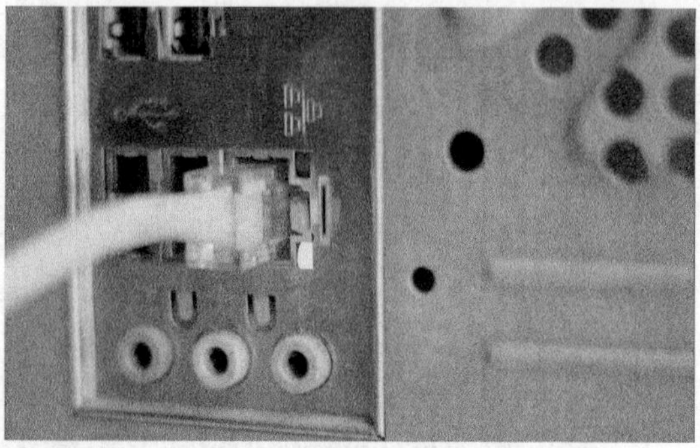

图 5-43 网卡指示灯

注意

网卡指示灯通常都有三个 LED，如果计算机与交换机端口连接正常，则网卡的 FULL 和 100M 指示灯应当呈绿色，LINK 指示灯不断闪烁；如果计算机与交换机未能正常连接，那么所有指示灯均应熄灭。因此当网卡没有指示灯被点亮时，表明计算机与网络设备之间没有建立正常连接，物理链路有故障发生。

2. 通过网络设备指示灯测试

基本上所有的网络设备(如集线器、交换机、路由器)，以及 CS 光纤和 RJ-45 端口，每个端口都有一个 LED 指示灯，用于指示该端口是否处于工作状态，即连接至该端口的计算机或网络设备是否处于工作状态、连通性是否完好。只要端口所连接的设备关机，或者链路的连通性有问题，都会导致相应端口的 LED 指示灯熄灭。只有该端口所连接的设备处于开机状态，并且链路连通性完好，指示灯才会被点亮。如图 5-44 所示为交换机的 LED 指示灯。

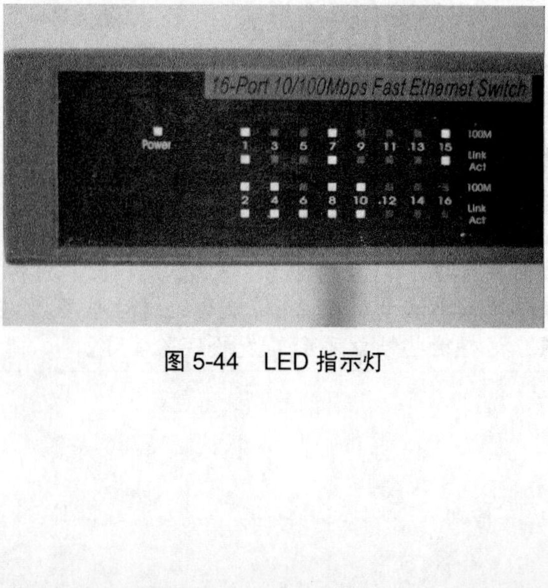

图 5-44 LED 指示灯

5.7.3 通过 Ping 命令测试

Ping(Packet Internet Groper)可以验证 TCP/IP 是否已安装，是否已绑定到网卡，配置是否正确，以及可以使用 Ping 与网络通信，它是 Windows 操作系统集成的 TCP/IP 应用程序之一，主要用来确定网络的连通性，Ping 通常在 DOS 提示符下运行，以便更好地观察测试结果。

1. Ping 命令的工作原理

Ping 使用 ICMP 协议来发送决定 IP 地址有效性的请求和答复消息。这两种消息与声纳的原理很相似。首先，本机发送一个名为 echo request 的信号给其他计算机。然后其他计算机会以 echo reply 的形式，把该信号重新广播给发送者。这种发送和回送信号的处理过程就是常说的 Ping。用户可以 Ping 目标主机的 IP 地址，也可以 Ping 主机名。通过 Ping 回路地址 127.0.0.1，可以确定本工作站的 TCP/IP 协议是否正在运行。回路地址会自动地传送一个消息给发送计算机，即把消息重发给发送者。

技巧

通过 Ping 同一子网上的主机，可以确定网络连接是否正常。通过 Ping 其他子网上的主机，则可以确定网关或 DNS 服务器是否出现问题。例如某个用户最近从公司业务部调到财务部，但却不能访问 Web。应该执行的第一个测试是 Ping 回路地址。如果测试成功，则说明本工作站的 TCP/IP 协议运行正确。接下来，应用 Ping 命令 Ping 同一部门同事的计算机，如果收到正确回应，说明网络连接正常。然后，则应用 Ping 命令 Ping 其他子网上连网的计算机，例如 IT 部的计算机，如果测试失败，则一般是 TCP/IP 配置中网关或 DNS 设置不正确。

2. Ping 命令的使用方法

Ping 在确定网络是否正确连接，以及网络连接的状态(包丢失率)方面十分有用。通常情况下，Ping 命令可以不带任何参数，而是在 Ping 命令后加空格，然后再输入欲测试目标的 IP 地址或域名，其命令格式如下。

ping ip-address 或 domain-name

校验与远程计算机或本地计算机的连接。只有在安装 TCP/IP 协议之后才能使用该命令。格式为：ping [-t] [-a] [-n count] [-l length] [-f] [-i ttl] [-v tos] [-r count] [-s count] [-j computer-list] | [-k computer-list] [-w timeout] [destination-list]

参数说明如下。

- [-t]参数用于校验与指定计算机的连接，直到用户中断。
- [-a]参数用于将地址解析为计算机名。
- [-n count]参数用于发送由 count 指定数量的 ECHO 报文，默认值为 4。
- [-l length]参数用于送包含由 length 指定数据长度的 ECHO 报文。
- [-f]参数用于在包中发送“不分段”标志。该包将不被路由上的网关分段。
- [-i ttl]参数用于将“生存时间”字段设置为 ttl 指定的数值。
- [-v tos]参数用于将“服务类型”字段设置为 tos 指定的数值。
- [-r count]参数用于在“记录路由”字段中记录发出报文和返回报文的路由。指定的 count 值最小可以是 1，最大可以是 9。
- [-s count]参数用于指定由 count 指定的转发次数的时间戳。
- [-j computer-list] 参数用于经过由 computer-list 指定的计算机列表的路由报文。中间网关可能分隔连续的计算机。允许的最大 IP 地址数目是 9。
- [-k computer-list] 参数用于经过由 computer-list 指定的计算机列表的路由报文。中间网关可能分隔连续的计算机。允许的最大 IP 地址数目是 9。
- [-w timeout]参数用于以毫秒为单位指定超时间隔。
- [destination-list]参数用于指定要校验连接的远程计算机。

注 意

可以使用实用程序测试计算机名和地址。如果能够成功校验地址却不能成功校验计算机名，则说明名称解析存在问题。这种情况下，要保证在本地文件中或数据库中存在要查询的计算机名。

如果显示如图 5-45 所示的测试消息，表明连接正常，所有发送的包均被成功接收，丢包率为 0。如果显示如图 5-46 所示的消息，则表明连接不正常，所有发送的包均未被成功接收，丢包率为 100%，目的主机不可到达。

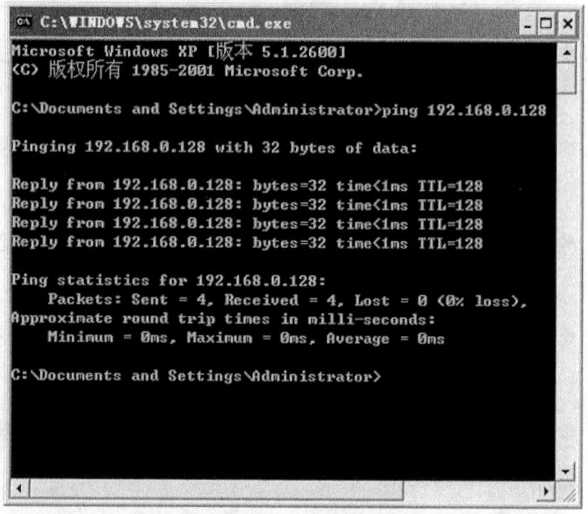

图 5-45　网络连接正常

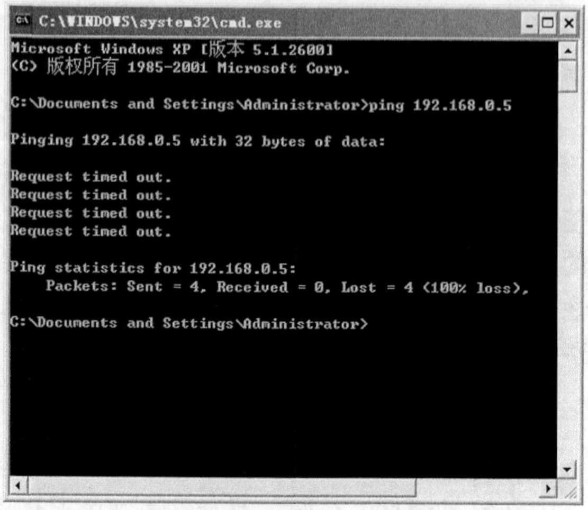

图 5-46　网络连接不正常

第 6 章

局域网的上网连接方式

局域网内的资源虽然可以与其他用户共享，但是范围有限，用户也只能在局域网内交流。如果能让局域网接入到互联网中，用户就可以共享互联网浩如烟海的资源了。本章将介绍局域网接入互联网以及共享 Internet 网络的技术。

本章学习要点

- Internet 简介
- 局域网 Internet 接入
- 局域网 Internet 共享
- 设置常用软件代理上网

6.1 Internet 简介

局域网内的资源虽然可以与其他用户共享，但是范围有限，用户也只能在局域网内交流。如果能让局域网接入到互联网中，用户就可以共享互联网浩如烟海的资源。到目前为止，我们已经对诸如 World Wide Web(WWW)、FTP 和新闻组比较熟悉了。随着 Internet 商务和 VPN 的发展，安装、配置或支持局域网接入 Internet 的机会也会越来越多。

6.2 局域网 Internet 接入

局域网接入 Internet 的方式多种多样，本节将介绍怎样通过局域网联入 Internet 的方法，其中有传统的 Modem(调制解调器)拨号接入、费用低廉的 ISDN 和 ADSL 接入、费用较高的 DDN 专线接入、Cable Modem 高速接入、机顶盒接入等，对于大、中型局域网，通常使用专线方式接入互联网；对于小型局域网、家庭用户，通常使用 ADSL、Cable Modem 或普通电话拨号接入。

6.2.1 拨号宽带接入

拨号接入即通过调制解调器(Modem)将个人计算机与因特网连接，下面分别介绍其原理和方法。

1. 调制解调器的工作原理

调制解调器是计算机网络中的常用通信设备之一，用 Modem+电话线是比较普遍的接入 Internet 的方法，它是利用模拟语音电话线通过 Modem 调制的方法，将数字信号加载在模拟信号上进行传输。经过拨号将计算机通过电信局的服务器接入 Internet。使用 Modem 接入 Internet 的特点如下。

- 简单廉价。
- 不需要附加的线路。
- 传输速率只能达到 56kb/s。
- 上网和通话不能同时进行。
- 通过调制解调器，计算机可以通过电话线与远程的计算机相连并进行通信，调制解调器的工作原理如图 6-1 所示。

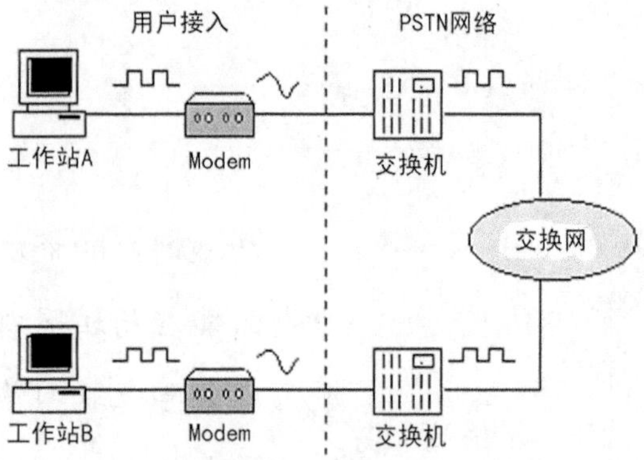

图 6-1 调制解调器的工作原理

2. 调制解调器的分类

按照不同的分类标准，调制解调器可以分成不同的类型。

- 按功能可分为传统的用于数据传输的 Modem、兼有传真功能的 FAX/Modem、用于有线电视网的 Cable Modem、用于 ADSL 的 ADSL Modem 和数据语音同传 Modem。
- 按调制方式可分为 FSK Modem、PSK Modem 和混合调解 Modem。
- 按是否提供收发双方的同步时钟可分为异步 Modem 和同步 Modem。
- 按外形结构可分为外置式 Modem(外置式 Modem 放置于机箱外，以前都是通过串口连接的串口 Modem，目前已出现通过 USB 接口连接的 Modem，使用非常方便，不需要额外的电源)、内置式 Modem(内置式 Modem 安装在主板上的扩展槽上，并且要对中断和 COM 口进行设置)、插卡式 Modem(插卡式 Modem 主要用于便携式计算机)、机架式 Modem(机架式 Modem 相当于把一组 Modem 集中于一个箱体或外壳里，并由统一的电源进行供电，主要用于 Internet/Intranet、校园网、网络中心等网络的中心机房)以及无线式 Modem。

- 按工作方式可分为全双工 Modem(可以同时接收和发送数据)、半双工 Modem(半双工 Modem 在同一时间只能接收或发送数据，即接收和发送数据可以交叉进行但不能同时进行)。

3. 调制解调器的技术规范

与其他所有的电子产品一样，Modem 也有其必须遵循的技术规范，目前应用于 Modem 中最为常见的标准是 ITU-T(CCITT)指定的 V 系列协议标准，它可分为速率标准、压缩标准和差错控制标准。

(1) V 系列的速率标准。

V 系列的速率标准根据不同的传输速率制定了相应的标准，但目前使用 V.90，传输速率为 56kbps 的 Modem 标准，V.90 向下兼容其他低速率标准，并在 ISP 和公用电话网的连接部分直接使用数字线路，这样就减少了模拟信号和数字信号转换对速度的影响。

(2) V 系列的压缩标准。

MNP5 和 V.42bis 为 Modem 的数据压缩标准，其中 MNP5 支持 2:1 的压缩标准，V.2bis 支持 4:1 的压缩标准。

(3) V 系列差错控制标准。

MNP1～MNP4 和 V.42bis 为 Modem 的错误处理控制通信协议标准，负责检错、纠错。

4. 拨号宽带接入方式

利用 Modem 拨号接入 Internet 的方式如图 6-2 所示。用户的计算机和 ISP 的远程接入服务器均通过调制解调器和 PSTN 网络相连。用户在访问 Internet 时，通过拨号方式与 ISP 的远程接入服务器(Remote Access Server，RAS)建立连接，再通过 ISP 的路由器访问 Internet，由于最高传输速率低，所以这种方式比较适合小型企业和个人用户使用。

试一试

在家庭网络中，试着连接 Modem、网卡、电话等设备。

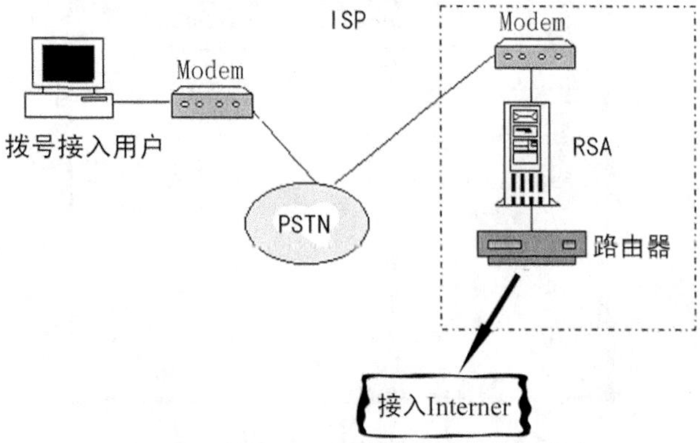

图 6-2 利用 Modem 拨号接入 Internet

5. 调制解调器上网设置

下面以 TED8620R 型号的 Modem 为例，讲解设置上网的过程。TED8620R 是即插即用型的 Modem，用户可以直接使用外置软件拨号上网或用路由器拨号上网而无需进行设置。TED8620R 的设置是基于 Web 进行的，方法非常简单，它本身出厂时的 IP 地址已经设定为 192.168.1.1，其设置的具体步骤如下。

Step 1 首先要将网卡的 IP 地址与 TED8620R 设置在同一网段(如 IP 地址为 192.168.1.5、子网掩码为 255.255.255.0、网关为 192.168.1.1，已被系统占用的 192.168.1.2 则除外)，单击“下一步”按钮，如图 6-3 所示。

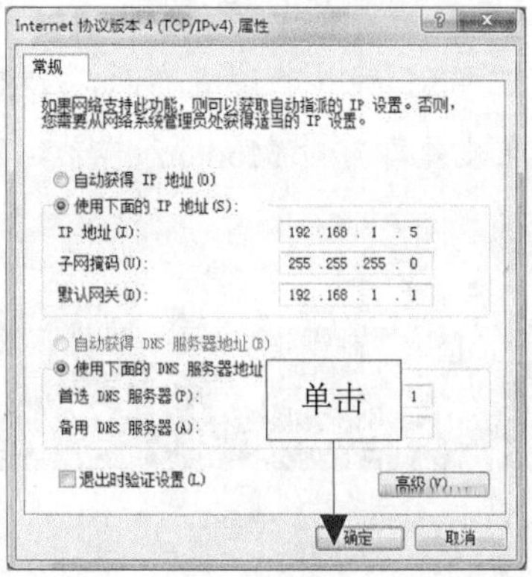

图 6-3 设置相应的 IP 地址

Step 2 打开浏览器，在地址栏中输入 192.168.1.1，如图 6-4 所示。

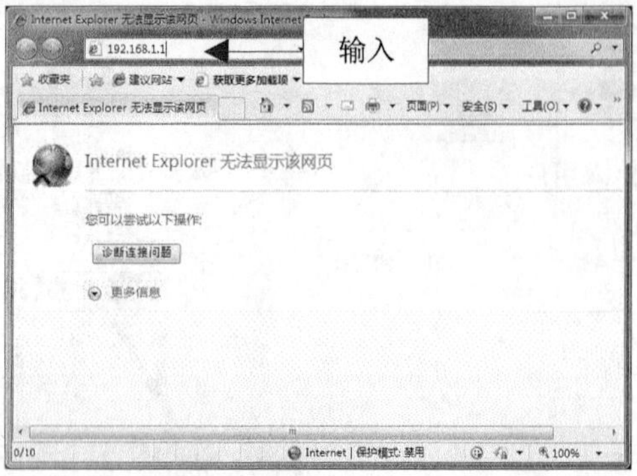

图 6-4　在地址栏中输入 192.168.1.1

Step 3　按 Enter 键，即可出现登录界面，在“用户名”文本框中输入“root”、在“密码”文本框中输入“root”，单击“确定”按钮，如图 6-5 所示。

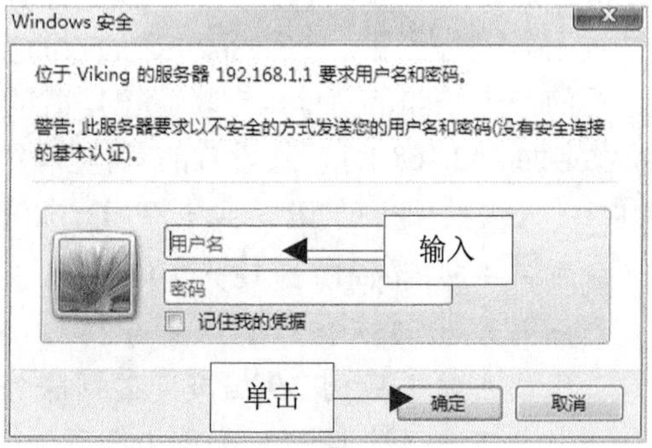

图 6-5　登录界面

Step 4　进入 Modem 的设置界面，如图 6-6 所示，在此处即可对 Modem 进行各项设置。

图 6-6　设置 Modem 的界面

Step 5　设置完毕后，单击“修改”按钮，即可应用设置，如图 6-7 所示。

图 6-7　单击“修改”按钮

试一试

使用带路由功能的 Modem 连接网络时，可以在“路由”界面中输入宽带拨号的账号和密码，保存设置后 Modem 就可以自动进行拨号。

6.2.2　通过 ADSL 接入

ADSL 是 Asymmetrical Digital Subscriber Loop(非对称数字用户回路)的缩写，它使用世界上用得最多的普通电话线作为传输介质，其最高速率是：下行信号(从端局到用户)为 9Mbps，上行信号(从用户到端局)为 1Mbps。安装 ADSL 必须使用专用的调制解调器，即 ADSL Modem，它的外形比普通的 Modem 略微大一些，面板上有几个指示灯，其后面主要是一些接口，如图 6-8 所示。

提示

现有的市话铜线网的用户数目十分庞大，而 ADSL 能对现有的市话铜线进行充分的利用，可以有效地保护原有的网络资源，而其传输距离为 3～5km。ADSL 能够支持广泛的宽带应用服务，例如高速 Internet 访问、电视会议、虚拟私有网络以及音视频多媒体应用。由于上网与打电话是分离的，所以上网时不占用电话信号，只需交纳网费而没有电话费。

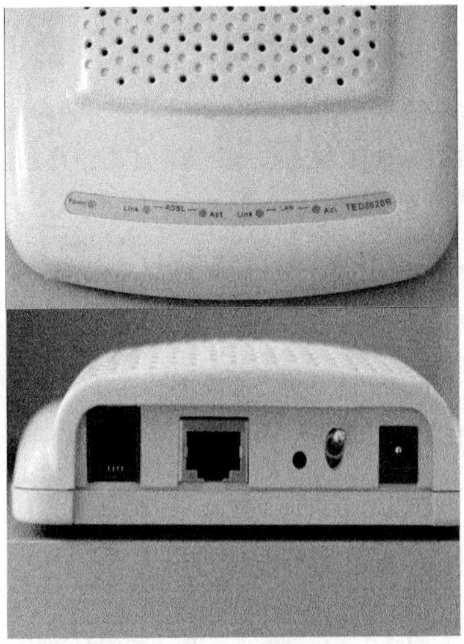

图 6-8　接入 ADSL 的调制解调器的正面和背面

1. 接入 ADSL 的方法

如图 6-9 所示为 ADSL 系统连接方式的功能模块，它主要由应用服务器、互联网、骨干网络(一般为 ATM 骨干网)组成，在局端的部分为 ADSL 局端设备，在用户端的为 ADSL 用户端设备，局端与用户端的连接使用普通双绞铜线。

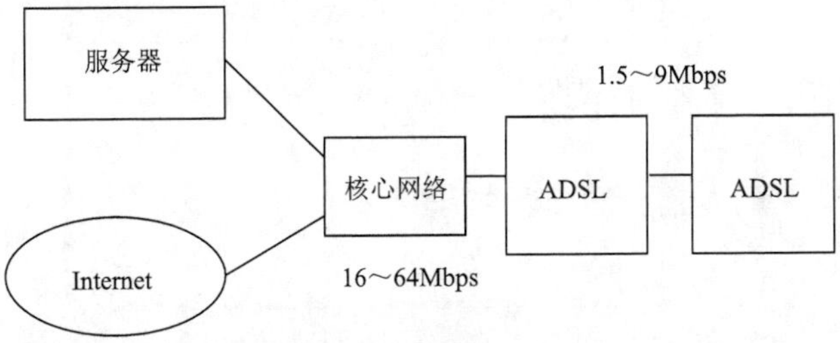

图 6-9　ADSL 系统连接方式的功能模块

提示

ADSL 的接入模型主要由中央交换局端模块和远端模块组成。中央交换局端模块包括中心位置的 ADSL Modem 和接入多路复合系统，处于中心位置的 ADSL Modem 被称为 ATU－C(ADSL Transmission Unit－Central)。接入多路复合系统中心 Modem 通常被组合成一个接入节点，也被称作 DSLAM(DSL Access Multiplexer)。远端模块由用户 ADSL Modem 和滤波器组成，用户端 ADSL Modem 通常被称为 ATU－R(ADSL Transmission Unit－Remote)。

2. 安装 ADSL 硬件设备

在设备安装前需要做些必要的准备工作，一般情况下，需要准备一块 RJ-45 的网卡，建议选择 PCI 的 10M 或 100M 网卡。如果不使用电信部门的 ADSL 设备，还需准备 ADSL 设备，建议用户选择外置 ADSL 设备，它主要包括以下几个部件：分离器，使上网和打电话互不干扰；ADSL Modem，数据传输设备；交叉网线，用于连接 ADSL Modem 和网卡；用户光盘，包括使用说明和拨号的软件。

ADSL 安装包括局端线路调整和用户端设备安装。在局端方面，由服务商将用户原有的电话线串接入 ADSL 局端设备。用户端的 ADSL 安装也非常简易方便，只要将电话线连上分离器，分离器与 ADSL Modem 之间用一条两芯电话线连上，ADSL Modem 与计算机的网卡之间用一条交叉网线连通，即可完成硬件安装，再将 TCP/IP 协议中的 IP、DNS 和网关参数项设置好，便完成了安装工作。连接分离器的方法有两种，如图 6-10 和图 6-11 所示。

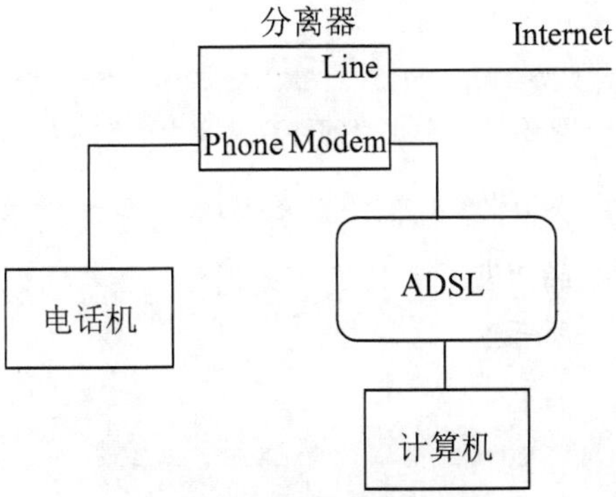

图 6-10　连接分离器的方法一

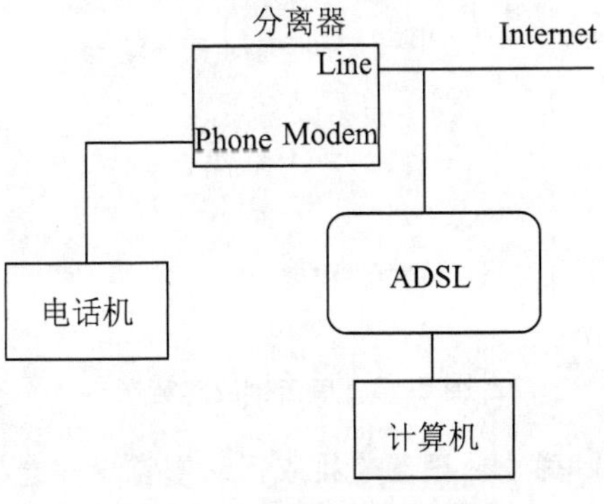

图 6-11　连接分离器的方法二

3. 配置 ADSL 连接

ADSL 即非对称数字用户专线，ADSL 技术的高下行速率和相对而言较慢的上行速率非常适用于 Internet 浏览，是一种应用非常普遍的宽带上网方式，使用 ADSL 上网需要一台 ADSL Modem。ADSL 上网配置的具体操作步骤如下。

Step 1 选择“开始”→“控制面板”命令，打开“控制面板”窗口，单击“网络和共享中心”图标，如图 6-12 所示。

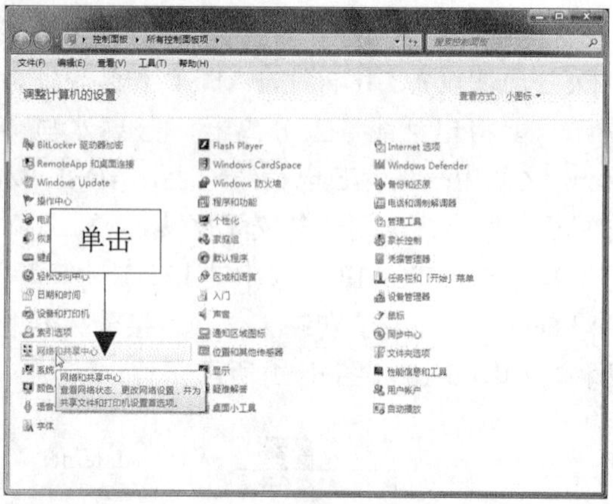

图 6-12　单击“网络和共享中心”图标

Step 2 弹出“网络和共享中心”窗口，单击其中的“设置新的连接或网络”链接，如图 6-13 所示。

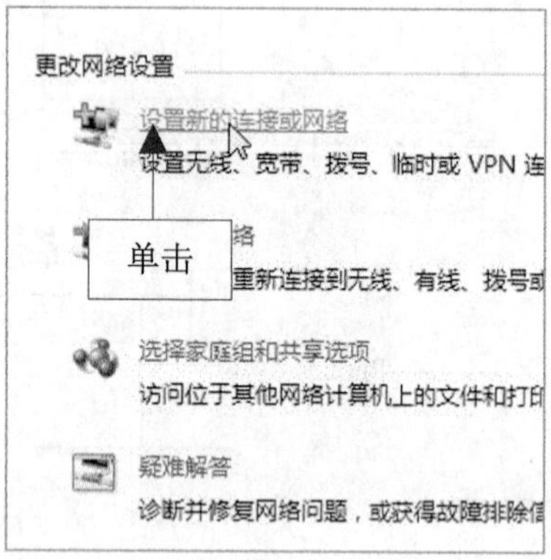

图 6-13　单击相应的链接

Step 3 弹出“设置连接或网络”窗口，选择“连接到 Internet”选项，单击“下一步”按钮，如图 6-14 所示。

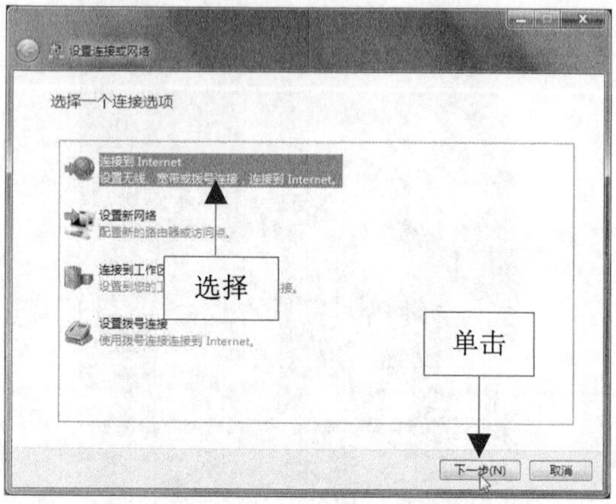

图 6-14　单击“下一步”按钮

Step 4 进入“您想如何连接”界面，单击相应的按钮，如图 6-15 所示。

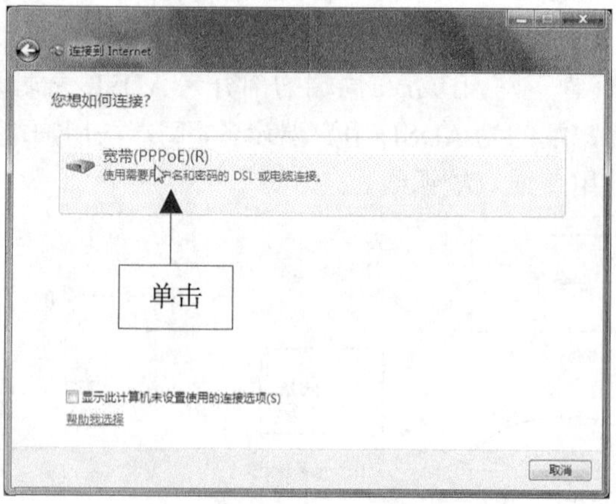

图 6-15　单击相应的按钮

Step 5 进入“键入您的 Internet 服务提供商(ISP)提供的信息”界面，如图 6-16 所示，根据需要输入用户名和密码，输入完成后，单击“连接”按钮。

Step 6 进入“正在连接到 宽带连接”界面，显示正在连接的进度，单击“跳过”按钮，如图 6-17 所示。

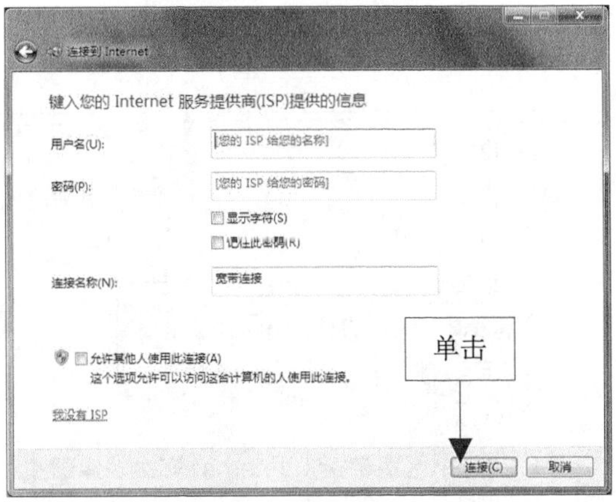

图 6-16　进入相应的界面

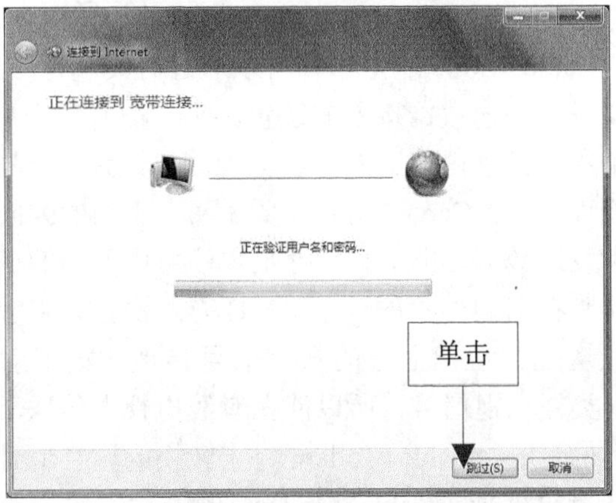

图 6-17　显示正在连接的进度

Step 7　连接完成后，在“网络和共享中心”窗口中，单击“更改适配器设置”链接，在打开的“网络连接”窗口中，显示新建的网络连接，即可设置 ADSL Modem 接入 Internet。

6.2.3　小区宽带接入

现在很多小区都安装了小区宽带，它在速度上得到了很大的提高，其设置的方式也比较简单，在使用小区宽带上网时，需要有一个内置网卡的电脑和一条接入小区宽带的网线，以及小区宽带分配的 IP 地址和 DNS 地址。

小区宽带上网配置的具体操作步骤如下。

Step 1　打开“网络和共享中心”窗口，单击“本地连接”链接，如图 6-18 所示。

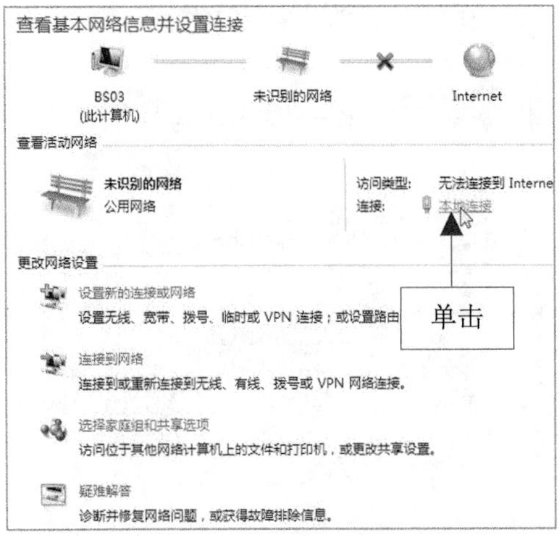

图 6-18　单击“本地连接”链接

Step 2　弹出“本地连接 状态”对话框，单击“属性”按钮，如图 6-19 所示。

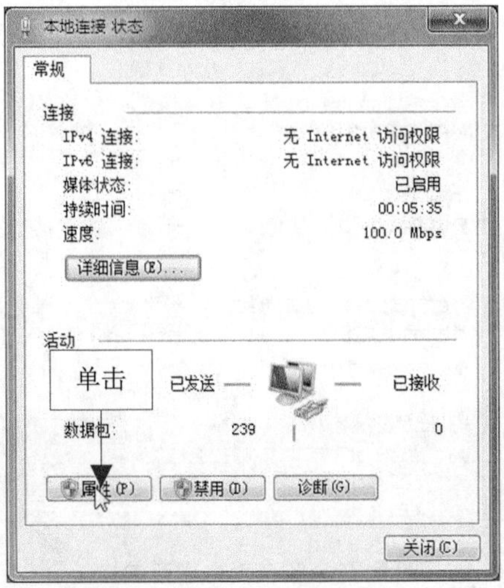

图 6-19　单击“属性”按钮

Step 3　弹出“本地连接 属性”对话框，选择“Internet 协议版本 4(TCP/IPv4)”选项，单击“属性”按钮，如图 6-20 所示。

Step 4　弹出“Internet 协议版本 4(TCP/IPv4) 属性”对话框，选中“使用下面的 IP 地址”单选按钮，依次输入相应的地址，如图 6-21 所示，单击“确定”按钮，即可使用小区宽带上网。

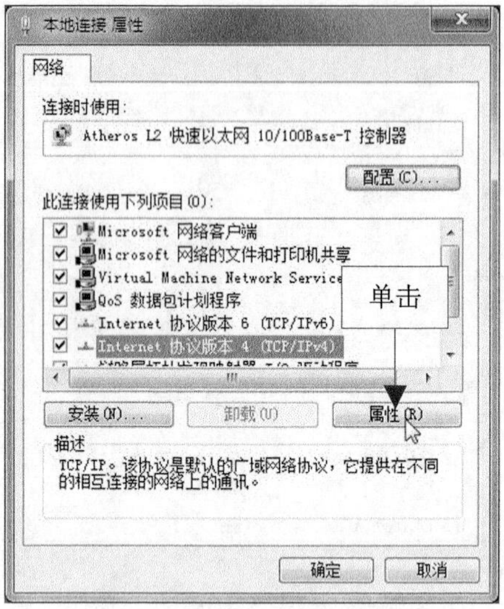

图 6-20　单击“属性”按钮

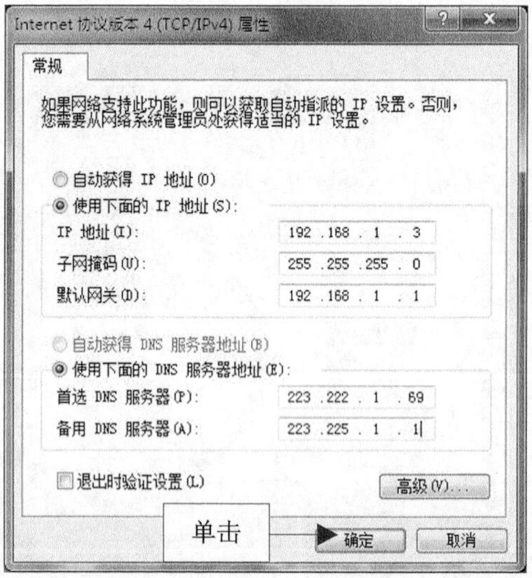

图 6-21　依次输入相应的地址

关于通过小区宽带进入 Internet 的方式，基本上与前面叙述的 ADSL 方式类似。在局域网的中心网络设备(千兆以太网交换设备)中，接入 Internet 的方式可以选择 ISDN、ADSL 或者是 DDN 方式，而在局域网内部，则根据网络用户数量分配 IP，如果用户数目很多，则可以像使用 ADSL 一样，动态分配 IP(使用 DHCP 服务器)。如图 6-22 所示为小区宽带接入 Internet 方式的原理图。

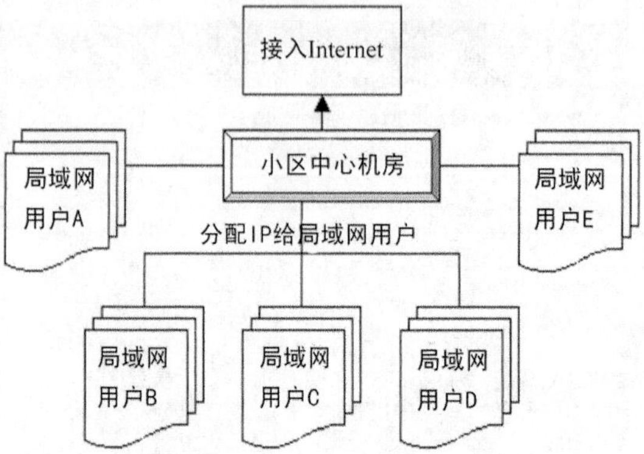

图 6-22　小区宽带接入 Internet 方式的原理图

6.2.4　Cable Modem 接入

Cable Modem 是一种可以通过有线电视(CATV)网络进行高速数据接入的装置。它一般有两个接口，一个用来接室内墙上的有线电视端口，另一个与计算机相连。一个 Cable Modem 要在两个不同的方向上接收和发送数据，把上、下行数字信号用不同的调制方式调制在双向传输的一个 6MHz(或 8MHz)带宽的电视频道上。它把上行的数字信号转换成模拟射频信号，类似电视信号，所以能在有线电视上传送。接收下行信号时，Cable Modem 将它转换为数字信号，以便计算机处理。Cable Modem 的传输速率一般可达 3～50MB/s，距离可以达到 100km 甚至更远。

Cable Modem 按不同的划分角度，大概可以分为以下 4 种。

- 从传输方式的角度，可分为双向对称式传输和非对称式传输。对称式传输速率为 2Mbps～4Mbps，最高能达到 30Mbps。非对称式传输下行速率为 30Mbps，上行速率为 500kbps～2.56Mbps。
- 从网络通信角度，可分为同步(共享)和异步(交换)两种。同步(共享)类似以太网，网络用户共享同样的带宽，当用户增到一定数量时，其速率急剧下降，碰撞增加，登录 Internet 困难。而异步(交换)的 ATM 技术与非对称传输正在成为 Cable Modem 技术发展的主流趋势。

- 从接入角度来看，可分为个人 Cable Modem 和宽带 Cable Modem，宽带 Cable Modem 具有网桥的功能，可以将一个计算机局域网接入。
- 从接口角度，Cable Modem 可分为外置式、内置式两大类型。外置 Cable Modem 的外形像小盒子，通过网卡连接计算机，所以连接 Cable Modem 前需要给计算机添置一块网卡，这也是外置 Cable Modem 的缺点。优点在于可以支持局域网上的多台计算机同时上网。内置 Cable Modem 是一块 PCI 插卡。

6.2.5 数字数据网接入

数字数据网(Digital Data Network，DDN)是利用数字通道传输数据信号的数据传输网，DDN 可提供点对点、点对多点透明传输的数据专线，为用户传输数据、图像、声音等信息。DDN 的主干传输为光纤传输，采用数字通道直接传送数据，传输质量高，常见的固定 DDN 专线传输速率可分为 14.4Kbps、28.8Kbps、64Kbps、128Kbps、256Kbps、512Kbps、768Kbps、1.544Mbps 和 44.763Mbps 等，目前达到的最高传输速率为 155Mbps、平均时延 450μs。

> **注意**
>
> 采用专线连接的方式不必选择路由直接进入主干网络，所以延时少、速度快，同样传输速率的 DDN 比拨号上网要快得多。采用点对点或点对多点的专用数据线路，特别适用于业务量大、实时性强的用户。DDN 专线需要从用户端铺设专用线路进入主干网络，用户端还需要专用的接入设备和路由器。

1. DDN 网络的结构

DDN 的网络结构按网络的组建、运营、管理和维护的责任地理区域，可分为一级干线网、二级干线网和本地网三级。

- 一级干线网络由各省、自治区和直辖市的节点组成，它提供省间的长途 DDN 业务，节点设置在省会城市，一级干线网节点可让省内多个城市或地区的节点互联。
- 二级干线网由设置在省内的节点组成，它提供本省内长途和出入省的 DDN 业务。
- 本地网是指城市范围内的网络，在省内发达城市可以组建本地网。本地网为其用户提供本地和长途 DDN 业务。本地网中的小容量节点可以直接设置在用户的室内。
- 数字数据网是采用数字信道(如光缆、数字微波和卫星信道以及用户端可用的普通电缆和双绞线)来传输信号的数据传输网，DDN 网络的拓扑结构基本采用网状拓扑结构。

2. DDN 网络的特点

DDN 网络的主要特点如下。

- 传输质量好：DDN 采用同步时分复用技术，一般传输的正常误码率在 10^{-6} 以下，而且干扰不会叠加和累积。
- 传输速率高，网络时延小：DDN 数据传输通道可以直接传送高达 150Mbps 的高速数据信号。由于不必对所传数据进行协议封装，也不必进行分组交换式的存储转发，免去了目的终端对信息的重组，故传输过程的平均时延小于 450μs。
- 全透明性：DDN 是透明传输网，对用户通信协议没有要求，用户可以自由选择网络设备及协议。
- 同步性：DDN 是同步数据网，要求全网的系统保持同步，以免出现失步状态，造成数据的定期丢失或重复现象。
- 方便的带宽管理功能：DDN 对数据终端速率没有特殊要求，用户可根据要求灵活设置所需的传输速率和通道带宽。
- 网络运行管理简便：DDN 一般采用光纤传输，可以保证较高的传输质量，不具备误码校验、纠错重发等功能，简化了网络运行中间环节的管理。

- 易扩展性：可根据业务的需要及时扩展网络，凡能够提供 DDN 中继传输通道的地方都可加装节点机，将网络延伸至该地。
- 由于 DDN 采用光纤传输，且多采用网状网拓扑结构，使通信的安全性好，可靠性非常高。
- 灵活的连接方式，不仅可以和用户终端设备进行连接，也可以和用户网络连接，为用户提供灵活的组网环境，能提供多种速率的接入。

3. DDN 的接入方式

用户通过 DDN 接入因特网包括用户终端设备接入和用户网络接入两种类型。用户终端设备可以通过以下方式接入 DDN。

- 通过调制解调器接入：在模拟专用网和电话网上开放的数据业务都是采用这种方式。这种方式一般是在客户距 DDN 的接入点比较远的情况下采用。
- 通过 DDN 的数据终端设备接入：这种方式是客户直接利用 DDN 提供的数据终端设备接入 DDN，而无需增加单独的调制解调器。
- 通过用户集中设备接入：这种方式适合于用户数据接口需要量大或用户已具备用户集中设备的情况。用户集中设备就是多路复用器。
- 通过模拟电话接入：这种接入方式适用于电话机、传真机和用户交换机(PBX)经模拟电路传输后直接接入 DDN 音频接口的情形。可以通过市话音频电缆或无线模拟特高频通道实现模拟信息的传输。

除了上面介绍的用户终端设备接入 DDN 方式外，用户网络可以通过以下方式接入 DDN。

- 利用 DDN 互联方式：这种方式是通过网桥或路由器等设备互联。
- 专用网与公用网的互联：专用网与公用网互联有不同的方式，具体互联时对通道的传输速率、接口标准以及所经路由等方面的要求可按专用网需要确定。
- 分组交换网与 DDN 的互联：分组交换网可以提供不同速率、高质量的数据通信；而 DDN 传输速率高，适用于实时性要求高的数据通信，分组交换网和 DDN 可以互补。
- 用户交换机与 DDN 的互联。

6.2.6 通过 ISDN 接入

ISDN 是以电话综合数字网(IDN)为基础发展而成的通信网。它能提供端到端的数字连接，承载包括话音和非话音在内的多种电信业务。ISDN 费用低廉，有标准化的接口，能够提供端到端的数字连接，即终端到终端之间的通道完全数字化，具有优良的传输性能。而且信息传送速度快、兼容多种业务、可以提供多个用户接口，此外，ISDN 用户能根据需要选择信息速率和交换方式等。

ISDN 网络终端适配器主要用于在普通电话线上传输和接收数字信号。ISDN 网络终端设备用来将 ISDN 的线路转换成两路普通的模拟线路，可以同时进行拨号和通话，该设备一般为内置式 PCI 插卡，使计算机可以通过 ISDN 快速接入 Internet。

> 提示
>
> 可以通过 ISDN 适配卡和 Modem 来接入 ISDN 因特网。

6.2.7 通过机顶盒接入

有线广播电视网正在向数字化、网络化、产业化方向发展，最终建成宽带综合信息网。依托有线广播电视网提供综合信息业务的关键设备之一是用户终端设备数字机顶盒(Set Top Box)。对于机顶盒，目前没有标准的定义，传统的说法是“置于电视机顶上的盒子”。它是利用有线电视网络作为传输平台，利用电视机作为用户终端，提高现有电视机的性能或增加其功能。

1. 数字机顶盒的功能

数字机顶盒的基本功能是接收数字电视广播节

目，同时具有所有广播和交互式多媒体应用功能，如电子节目指南、高速数据广播、软件在线升级、因特网接入和电子邮件等。总之，到目前为止，围绕数字机顶盒的数字视频、数字信息与交互式应用三大核心功能开发了多种增值业务。

2. 数字机顶盒的分类

目前，已出现在市场上的机顶盒基本上可划分为数字电视机顶盒、网络电视(Web TV)机顶盒和多媒体(Multimedia)机顶盒三类。

6.2.8 其他方式接入

近年来，以互联网为代表的新技术革命正在深刻地改变着传统的电信概念和体系结构，随着各国接入网市场的逐渐开放，电信管制政策的放松，竞争的日益加剧和扩大，新业务需求的迅速出现，有线技术(包括光纤技术)和无线技术的发展，接入网技术开始成为焦点。在巨大的市场潜力驱动下，产生了各种各样的接入网技术。

1. 混合光纤/同轴电缆接入技术

混合光纤/同轴(Hybrid Fiber Coax，HFC)网是一种基于频分复用技术的宽带接入技术，它的主干网使用光纤，采用频分复用方式传输多种信息，分配网则采用树状拓扑和同轴电缆系统，用于传输和分配用户信息。HFC 是将光纤逐渐推向用户的一种新的经济的演进策略，可实现多媒体通信和交互式业务。目前，包括ITU-T在内的很多国际组织和论坛正在对下一代的结合 MPEG-2 和 ATM 的数字 HFC 系统进行标准化，这必将进一步推动其发展。

2. 光纤接入网技术

光纤接入网(Optical Access Network，OAN)是指用光纤作为主要的传输媒质实现接入网的信息传送功能。通过光线路终端(Optical Line Terminal，OLT)与业务节点相连，通过光网络单元(Optical Network Unit，ONU)与用户连接。光纤接入网包括远端设备“光网络单元”和局端设备“光线路终端”，它们通过传输设备相连。系统的主要组成部分是 OLT 和远端 ONU。它们在整个接入网中完成从业务节点接口(Service Node Interface，SNI)到用户网络接口(User Network Interface，UNI)间有关信令协议的转换。接入设备本身还具有组网能力，可以组成多种形式的网络拓扑结构。同时接入设备还具有本地维护和远程集中监控功能，通过透明的光传输形成一个维护管理网，并通过相应的网管协议纳入网管中心统一管理。

提 示

光纤通信具有通信容量大、质量高、性能稳定、防电磁干扰、保密性强等优点。在干线通信中，光纤扮演着重要角色，在接入网中，光纤接入也将成为发展的重点，光纤接入网是发展宽带接入的长远解决方案。

3. 无线接入技术

无线接入技术(Radio Interface Technologies，RIT)也称空中接口，它是指通过无线介质将用户终端与网络节点连接起来，以实现用户与网络间的信息传递。无线信道传输的信号应遵循一定的协议，这些协议即构成无线接入技术的主要内容。无线接入技术与有线接入技术的一个重要区别在于可以向用户提供移动接入业务。无线接入网是指部分或全部采用无线电波这一传输媒质连接用户与交换中心的一种接入技术。在通信网中，无线接入系统的定位描述为：是本地通信网的一部分，是本地有线通信网的延伸、补充和临时应急系统。

无线接入技术的产生，给生活带来了巨大的变化，使网络用户不再被拘束于各种“线”当中。当用户在 WiFi 和 GSM 覆盖区域内移动时，网络会无缝地转接呼叫，该技术尤其适合于在建筑物内需要以 WiFi 来弥补手机信号的情况。无线接入技术基于 IEEE 802.11 标准，该技术部署广泛、经济有效、快速，而且利用了无许可证频谱。无许可证频带的使用对 802.11 无线设备的发射功率构成了限制。输出功率越高，干扰该频带其他用户的风险就越大。综上所述，该技术主要是用于支持无线局域网服务。这些服务既包括一个咖啡馆中的单一接入点，又包括覆盖整个机场或城域繁华地区的大量接入点。

6.2.9 选择接入方式

虽然局域网接入 Internet 的方式非常多，但事实上大多数 Internet 连接方式并不普遍适用，用户应根据自己的需求和支付能力来选择相应的接入方式。

1. 低端接入方式

目前很多网络用户依然采用 Modem 拨号上网。Modem 由于其本身线路的制约条件已经发展到了顶峰，不可能再有太大的进展，但这并不表示技术就是停滞不前的，前面所介绍的诸如 ADSL 和小区宽带等方式都是非常适合普通用户的 Internet 接入方式。

Cable Modem 是基于有线电视网的一种 Internet 连接方式，它的线路与 ADSL 完全不同，无法从电话线路升级，而且 Cable Modem 上网还有一个前提，就是要将有线电视网与电信连接，组成全国有线电视网，但此项目工程庞大。然而也应当看到，Cable Modem 由于其较低的成本和较高的带宽，依然是未来 Internet 接入方式的一个重要选择。

注意

目前机顶盒的技术还不很完善，但其市场前景却十分广阔，且机顶盒网络已经在绝大部分的城镇普及了。

2. 高端接入方式

DDN 是出现较早的 Internet 高端接入方式，但价格比较昂贵，对于一般用户来说不可能采用此上网方式，目前的应用也主要集中在企业上网工程或者网络公司将 WWW 服务器接入 Internet，不过很多城市的小区宽带已实现了 DDN 的接入，但目前技术还不够完善。

高端接入方式除了 DDN 专线外，现在发展起来的还有光缆接入和卫星接入等。光缆接入是一种新型的接入方式，光缆传输距离长、容量大、带宽高、速度快，因此，光缆在传输介质中处于领先地位，无论是局域网还是Internet接入方式都不能把它搁置在外。

提示

卫星接入方式也是一种新兴的接入方式，与光缆接入不同的是，卫星接入可以实现比其他接入 Internet 方式更多的功能。企业网使用卫星接入，不仅能够解决 Internet 接入方式问题，还能够通过卫星提供专用通信设备，实现企业远程管理，对于大型跨国公司来说，这无疑是企业网的一个很好的解决方案。

3. 其他接入方式比较

无线接入方式也是一种新型接入方式，目前其覆盖范围已非常广泛，不过其发展方向也主要是面向笔记本电脑和移动通信工具，随着移动电话的推广，手机上网(WAP 上网)悄然向普通用户走近，随着 WAP 技术和 3G 网络的进一步发展，新型的 CDMA、GPRS 以及 3G 手机给 Internet 带来新的力量。

提示

电线接入方式也是最新发展的技术，但是由于电线本身的技术难题，目前还没有一个很好的解决方案，如果真正能够通过电线接入 Internet，那么信息传输也会更加方便。

6.3 局域网 Internet 共享

在局域网接入 Internet 的过程中，可在服务器采用共享代理软件，从而可以使客户机通过代理软件接入 Internet。而且目前几乎所有的浏览器、下载软件、信件收发软件都支持代理服务器。使用代理服务器软件代理上网，可以更好地控制客户机。本节介绍几款常用的共享代理软件。

6.3.1 配置代理服务器

当多台计算机共享 Internet 连接时，首先要将所有需要连接 Internet 的计算机组建成一个局域网。如果局域网已经建成，为了确保共享的顺利进行，必须注意以下两点。

- 在每台计算机上必须安装 TCP/IP 协议(因为只有安装了 TCP/IP 协议才能实现与 Internet 互联)，而且要给第一台计算机分配一个唯一的 IP 地址，目前使用的 Windows 7/XP 系统在安装完成后都默认自动安装了 TCP/IP 协议，所以用户不需要对其再进行安装了。
- 当 TCP/IP 协议设置好后，要确保每台计算机之间能够连通，测试连通性可以使用 Windows 操作系统自带的 Ping 命令。

直接接入 Internet 的计算机称为服务器，通过运行 Windows 7/XP 以及 Windows Server 2008/2003 等操作系统自带的网络安装向导，就可以轻松地完成共享连接的配置。

6.3.2 使用 SyGate 共享上网

SyGate 是最为简单易用且功能强大的 Internet 共享软件，它用一条电话线、一个 Modem 以及一个 Internet 账号，就能将整个局域网中的所有电脑连接至 Internet 浩瀚的信息海洋中，特别适用于中小型公司、企事业单位的办公室以及拥有多台电脑的家庭用户。在线路连接方面，SyGate 可支持 ANALOG(普通电话拨号)、ISDN、ADSL 和 Cable Modem。软件支持环境：所用操作系统必须安装 TCP/IP 协议。与其他 Internet 共享软件相比，SyGate 具有更强更多的优点：设置简单、使用方便、升级随意、价格便宜。

SyGate 能在诸多流行的操作系统上运行，同时还支持多数的 Internet 连接方式，包括调制解调器拨入、ISDN、线缆调制解调器以及 ADSL 等方式。下面将介绍安装与使用 SyGate 共享上网的操作方法。

1. 安装 SyGate

SyGate 是作为网关与 Internet 进行连接的，而不是作为代理服务器。在使用 SyGate 共享上网之前，首先需要将 SyGate 软件安装在电脑中，才能共享上网。在安装 SyGate 之前，要检查电脑是否已经正确安装了 TCP/IP 协议，并且要保证网络能够顺利连通，还要检查作为 SyGate 服务器的电脑是否能够成功接入 Internet。安装 SyGate 的具体操作步骤如下。

Step 1 打开相应的文件夹窗口，选择 sygate45chs.exe 程序文件，如图 6-23 所示。

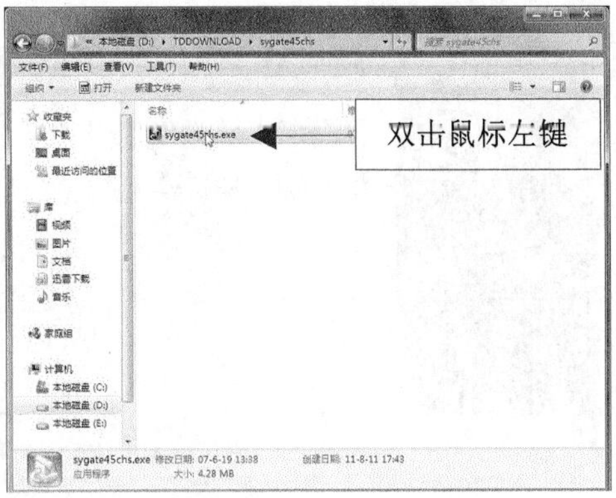

图 6-23 选择程序文件

Step 2 双击选择的文件，弹出相应的对话框，显示解压缩文件的进度，如图 6-24 所示。

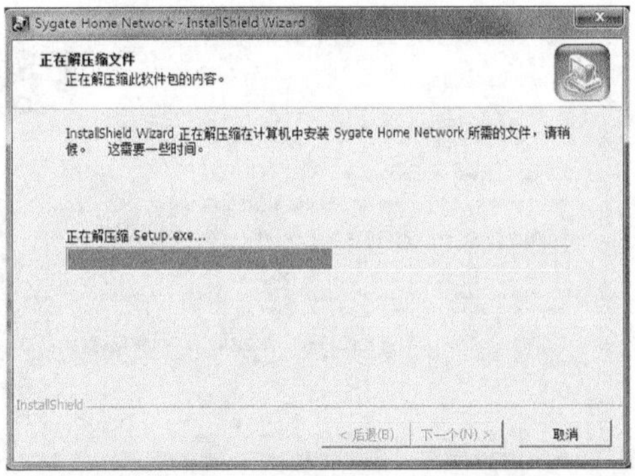

图 6-24 显示解压缩文件的进度

Step 3 解压完成后，启动安装程序向导，显示正在准备向导的进度，如图 6-25 所示。

图 6-25 显示正在准备向导的进度

Step 4 安装程序自解完成后，弹出“SyGate 安装程序”对话框，单击“下一步”按钮，如图 6-26 所示。

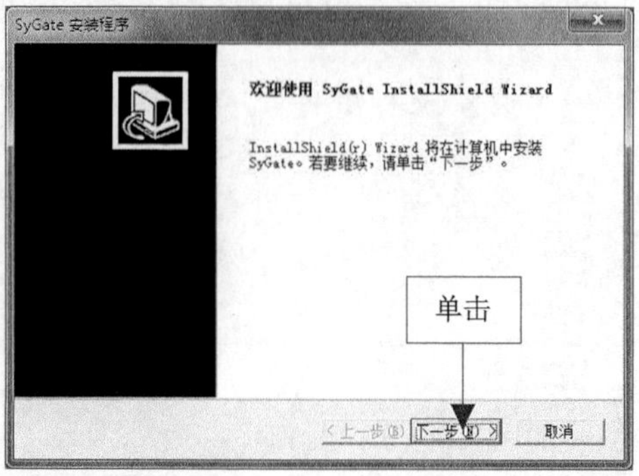

图 6-26 弹出“SyGate 安装程序”对话框

Step 5 进入“许可证协议”界面，单击“是”按钮，如图 6-27 所示。

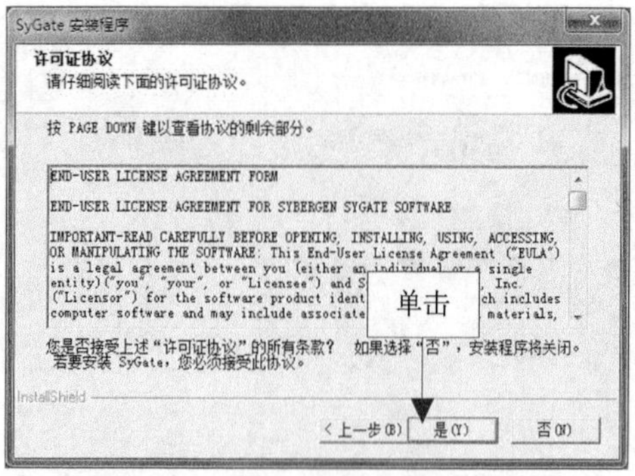

图 6-27 进入“许可证协议”界面

Step 6 进入“选择目的地位置”界面，单击“浏览”按钮，如图 6-28 所示。

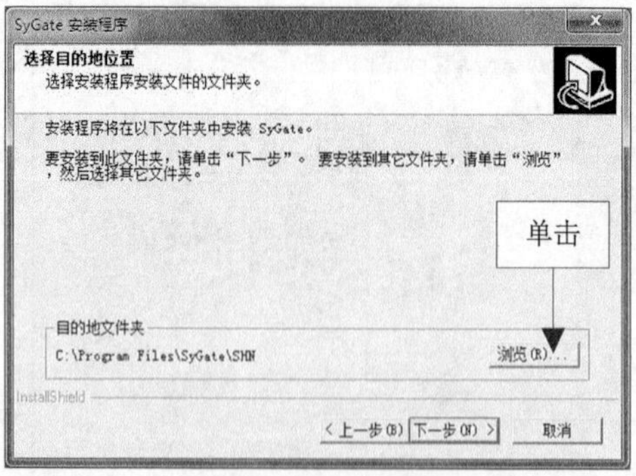

图 6-28 进入“选择目的地位置”界面

Step 7 弹出“选择文件夹”对话框，设置软件安装路径，单击“确定”按钮，如图 6-29 所示。

图 6-29 单击“确定”按钮

Step 8 返回到相应的界面，单击“下一步”按钮，如图 6-30 所示。

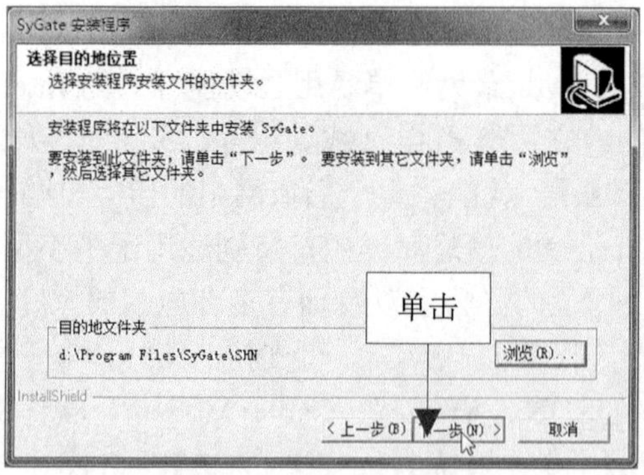

图 6-30 单击“下一步”按钮

Step 9 进入“选择程序文件夹”界面，单击“下一步”按钮，如图 6-31 所示。

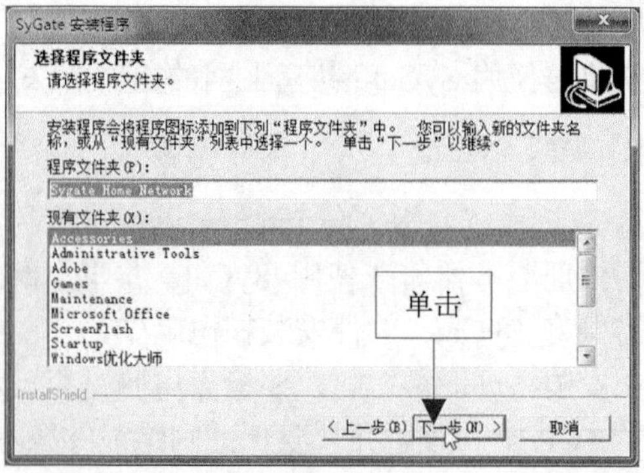

图 6-31 进入“选择程序文件夹”界面

Step 10 弹出“正在安装”对话框，开始安装软件程序，并显示软件程序的安装进度，如图 6-32 所示。

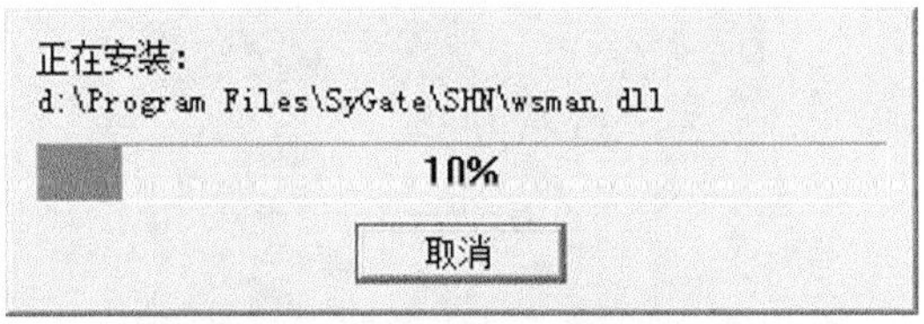

图 6-32 显示程序的安装进度

Step 11 安装完成后，弹出“安装设置”对话框，选中相应的单选按钮，单击“确定”按钮，如图 6-33 所示。

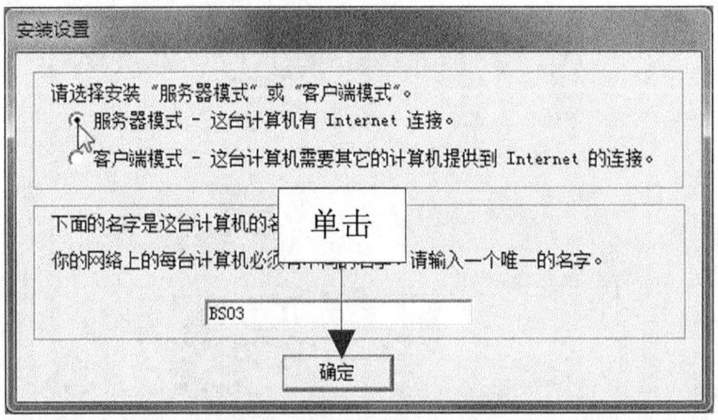

图 6-33 选中相应的单选按钮

Step 12 弹出“Sygate 网络诊断”对话框，如图 6-34 所示。

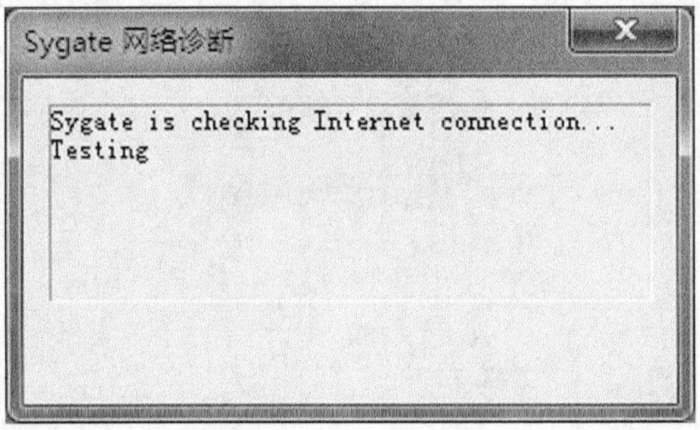

图 6-34 弹出“Sygate 网络诊断”对话框

Step 13 稍后将弹出提示信息框，单击“取消”按钮，显示诊断完成，单击“确定”按钮，如图 6-35 所示。

Step 14 弹出相应的对话框，提示用户注册，单击“确定”按钮，如图 6-36 所示。

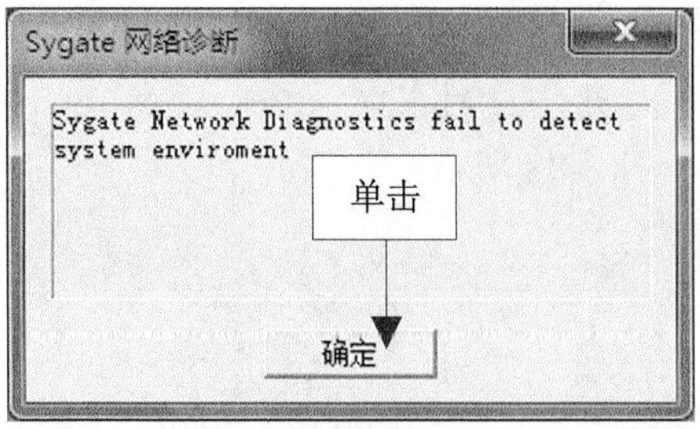

图 6-35 显示诊断已完成

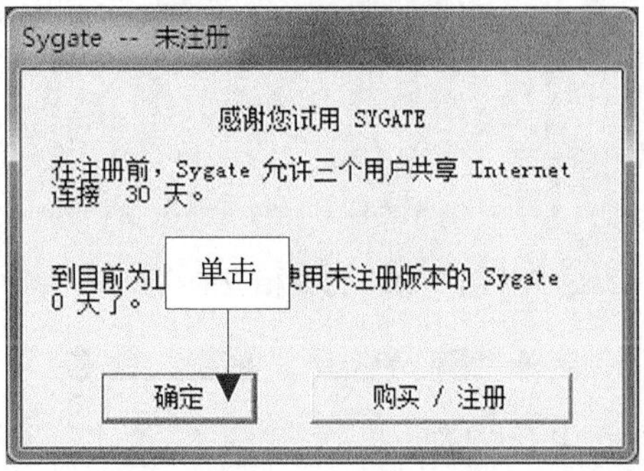

图 6-36 提示用户注册

Step 15 弹出提示信息框，如图 6-37 所示，单击“是”按钮，重新启动电脑，完成 SyGate 软件的安装。

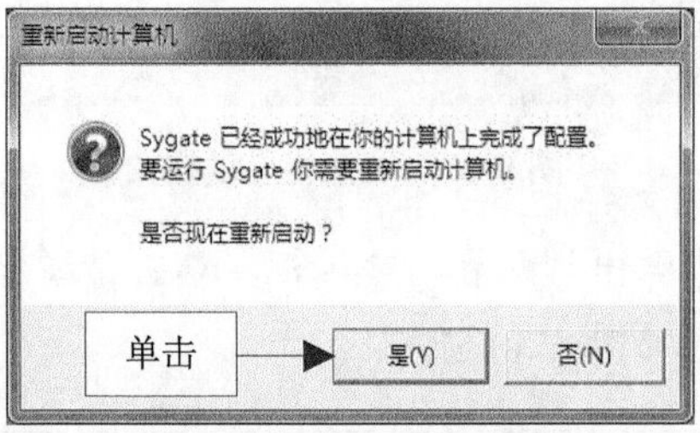

图 6-37 弹出提示信息框

注意

如果用户不注册的话，则该软件只有 30 天的试用期，因此建议用户注册。

2. 设置服务器端

虽然 SyGate 在安装并且诊断运行之后，大部分设置都已经自动调整，但是还是需要对服务器端的 SyGate 进行设置。设置服务器端的具体操作步骤如下。

Step 1 选择“开始”→“SyGate 管理器”命令，打开相应的窗口，单击“高级”按钮，如图 6-38 所示。

图 6-38 打开相应的窗口

Step 2 展开打开的窗口，单击“配置”按钮，如图 6-39 所示。

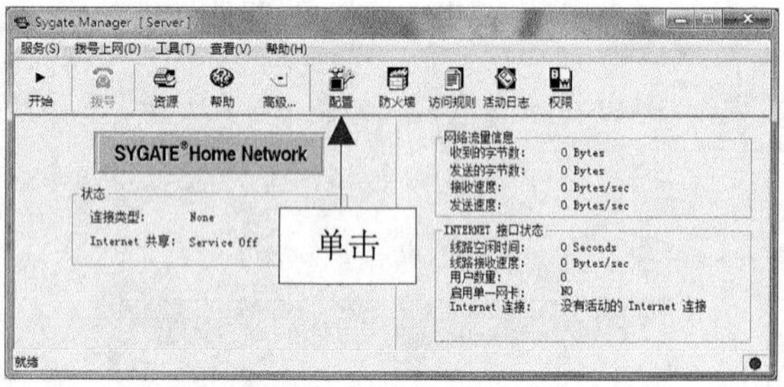

图 6-39 展开相应的窗口

Step 3 弹出“配置”对话框，单击“增加”按钮，如图 6-40 所示。

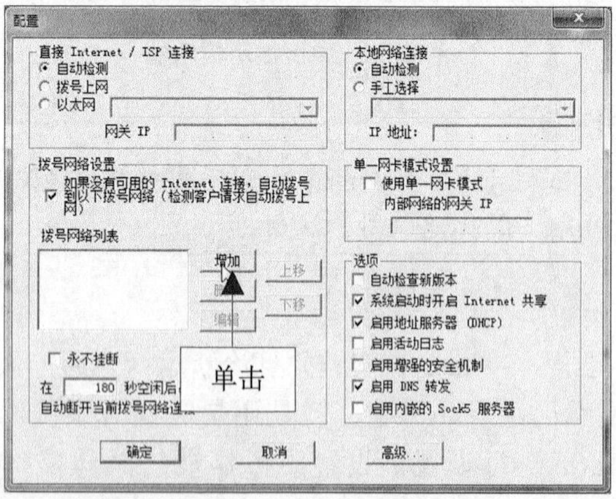

图 6-40 单击“增加”按钮

Step 4 弹出相应的对话框，依次输入用户名和密码，单击“确定”按钮，如图 6-41 所示。

图 6-41 弹出相应的对话框

Step 5 返回到“配置”对话框，单击“高级”按钮，如图 6-42 所示。

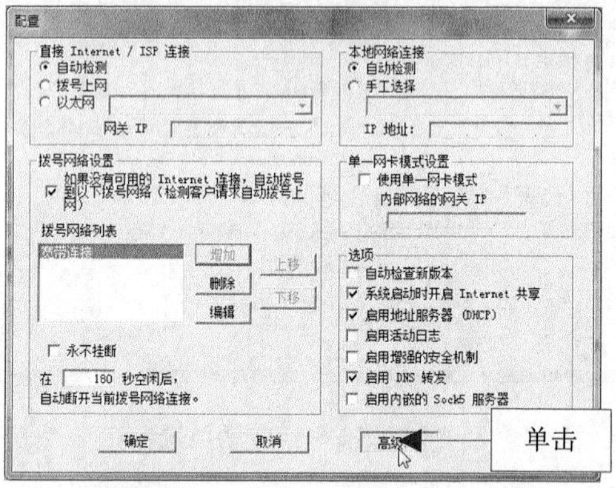

图 6-42 单击“高级”按钮

Step 6 弹出“高级设置”对话框，选中“使用以下指定的 IP 范围”单选按钮，单击“确定”按钮，如图 6-43 所示。

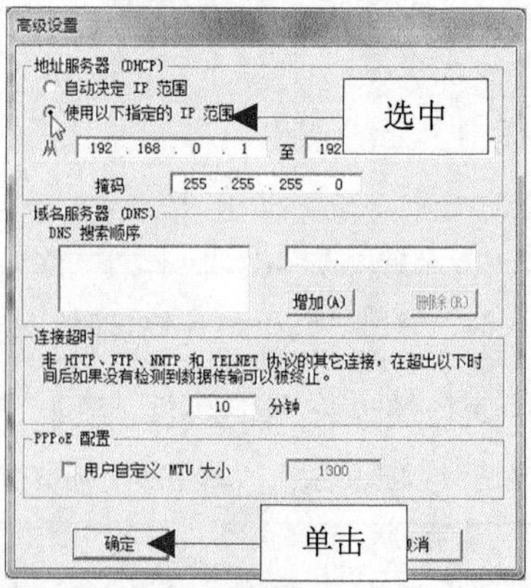

图 6-43 选中相应的单选按钮

Step 7 返回到程序窗口，单击“资源”按钮，如图 6-44 所示。

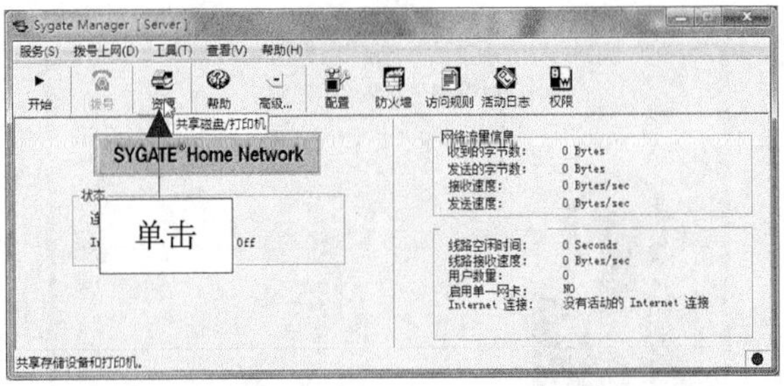

图 6-44 单击“资源”按钮

Step 8 弹出相应的对话框，选择合适的磁盘盘符，单击“共享”按钮，如图 6-45 所示。

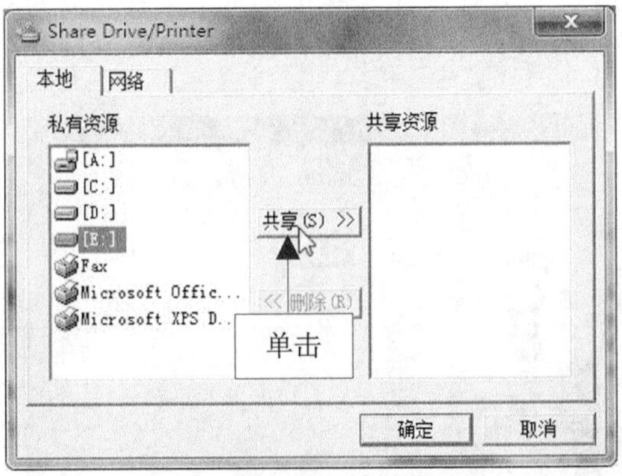

图 6-45 单击“共享”按钮

Step 9 所选择的磁盘盘符将显示在“共享资源”列表框中，如图 6-46 所示。

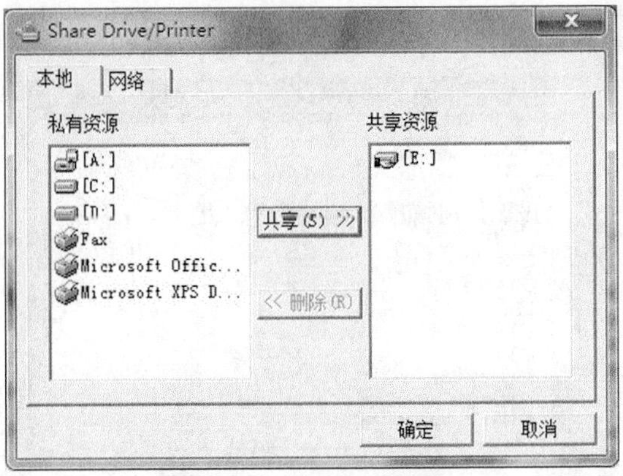

图 6-46 设置资源共享

Step 10 切换至“网络”选项卡，在相应的列表框中显示了网络中的共享资源，如图 6-47 所示，单击“确定”按钮，完成服务器端的设置。

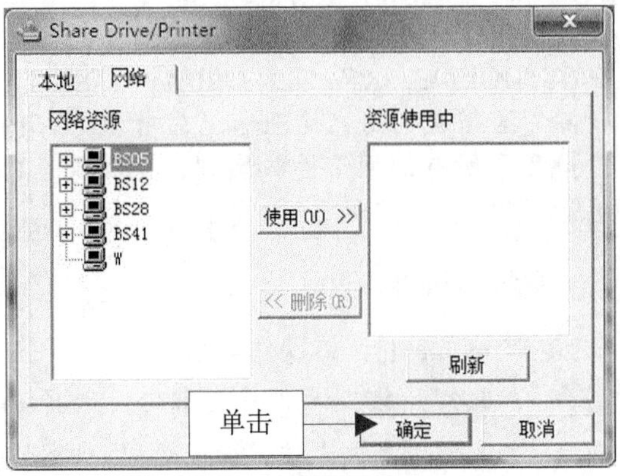

图 6-47 共享的网络资源

3. 设置客户端

SyGate 客户端安装不是必需的，由于 SyGate 是一个网关软件，所以客户端上的所有网络软件都无须设置。只要服务器上运行了 SyGate，客户端上的网络软件就可以进行网络访问。

试一试

在读者所在的局域网内试着在服务器上安装 SyGate 作为代理软件进行共享上网。

6.3.3 使用 WinGate 共享上网

WinGate 是一款用于 Windows 平台的综合网关管理软件，集成代理服务器功能，同时提供防火墙服务、NAT 服务以及电子邮件服务。WinGate 是一个 Proxy Server 网络代理，通过 Proxy 可以用虚拟的 IP 访问 Internet。IP 数据包到了 Proxy Server(代理服务器)被重新打包，然后发出去，回来时又按照发出的位置自动解包，送回目的机器，就好像真正连在 Internet 上一样，其实和 Internet 进行数据交换的是 Proxy Server，所有 IP 包的收发都是针对 Proxy Sever 进行的。

提 示

其实 WinGate 不但支持虚拟的 IP，也支持真实 IP，不过高级设置里是可以指定 Location 的，那样就可以假定一个用户，然后限制 IP。WinGate 可提供如下代理：WWW、Telnet、FTP、DNS、News、POP3、VDOLive、IrcSocks、RealAudio、SMTP 等，有非常灵活强大的用户管理和记费功能；WinGate 还支持几乎所有的网络连接类型，如拨号、Cable Modem、卫星、XDSL、T-1 等。

1. 安装 WinGate

安装 WinGate 的具体操作步骤如下。

Step 1 依次打开相应的文件夹窗口，选择.exe 文件，双击鼠标左键，弹出安装向导对话框，单击 I Agree 按钮，如图 6-48 所示。

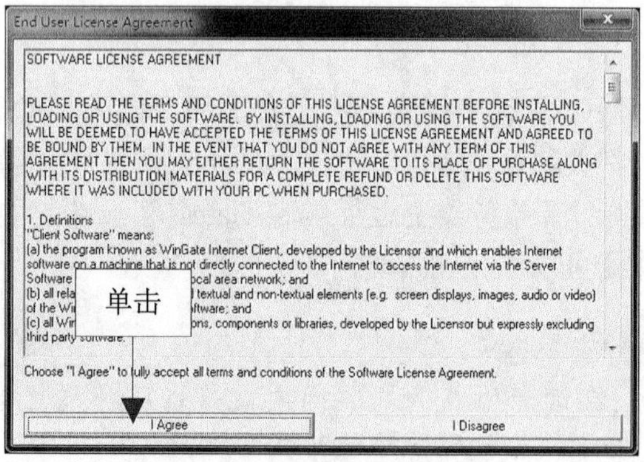

图 6-48 弹出安装向导对话框

Step 2 弹出相应的对话框，选中相应的单选按钮，如图 6-49 所示，将当前电脑作为 WinGate 服务器，单击 Continue 按钮。

图 6-49 选中相应的单选按钮

Step 3 进入相应的界面，单击 Next 按钮，如图 6-50 所示。

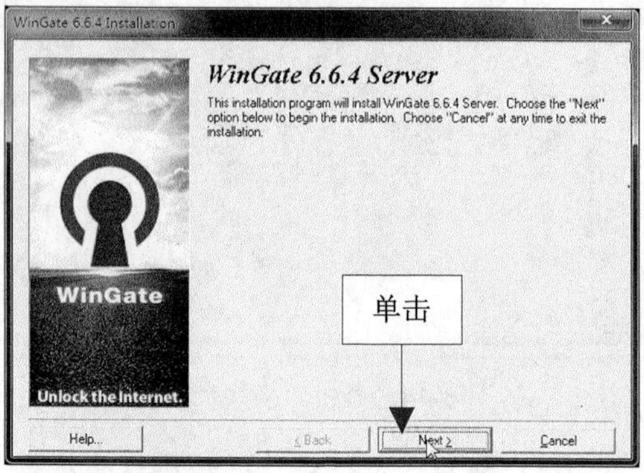

图 6-50 单击 Next 按钮

Step 4 进入设置安装路径界面，单击相应的按钮，如图 6-51 所示。

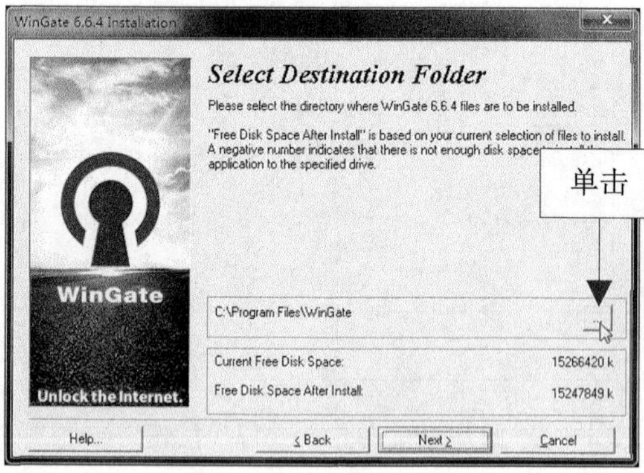

图 6-51 单击相应的按钮

Step 5 弹出相应的对话框，设置软件安装路径，单击 OK 按钮，如图 6-52 所示。

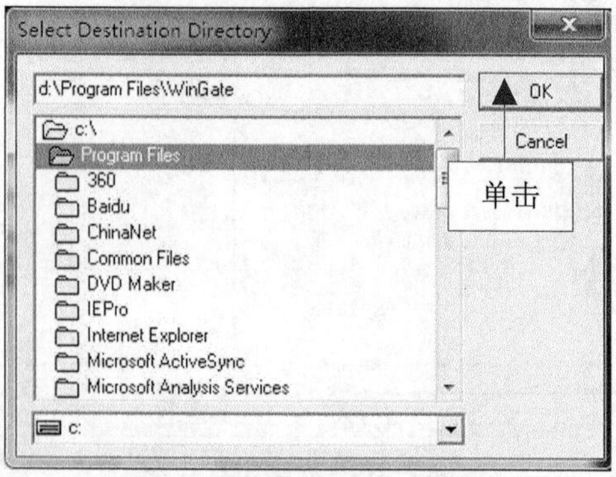

图 6-52 设置软件安装路径

Step 6 弹出提示信息框，单击 Yes 按钮，返回安装路径界面，单击 Next 按钮，如图 6-53 所示。

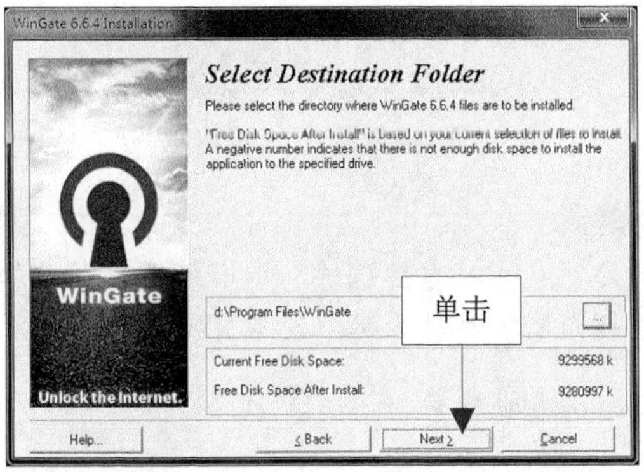

图 6-53 返回安装路径界面

Step 7 进入相应的界面，保持默认设置，单击 Next 按钮，如图 6-54 所示。

图 6-54 单击 Next 按钮

Step 8 进入相应的界面，保持默认选项设置，单击 Next 按钮，如图 6-55 所示。

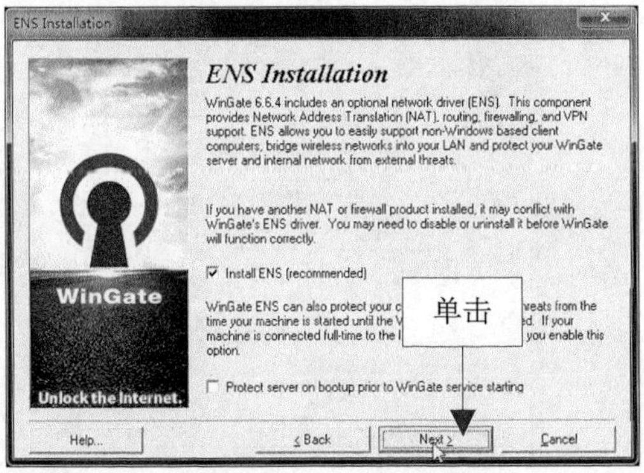

图 6-55 单击 Next 按钮

Step 9 进入相应的界面，取消选中相应的复选框，单击 Next 按钮，如图 6-56 所示。

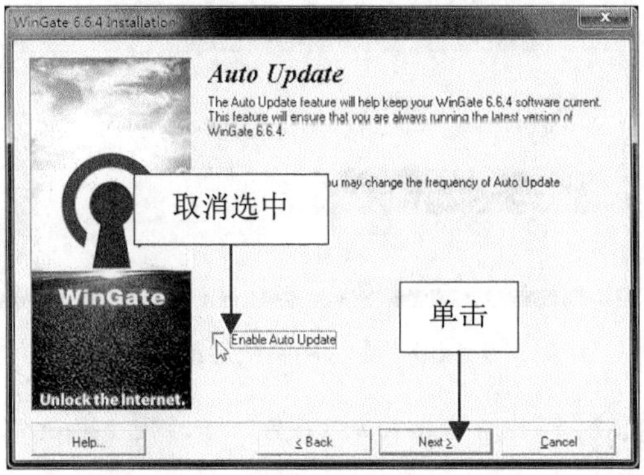

图 6-56 取消选中相应的复选框

Step 10 进入相应的界面，单击 Next 按钮，如图 6-57 所示。

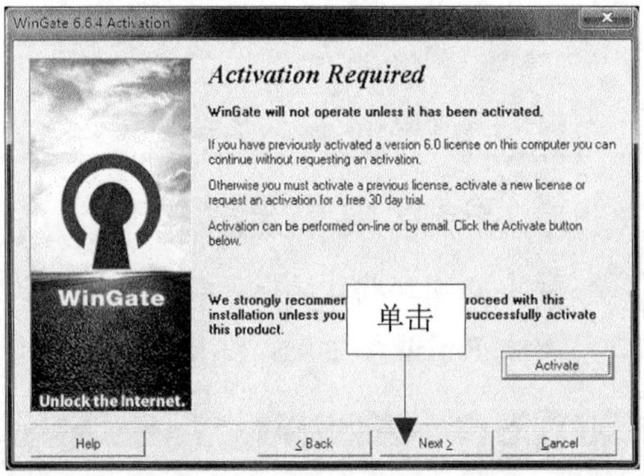

图 6-57 进入相应的界面

Step 11 进入准备安装界面，单击 Begin 按钮，如图 6-58 所示。

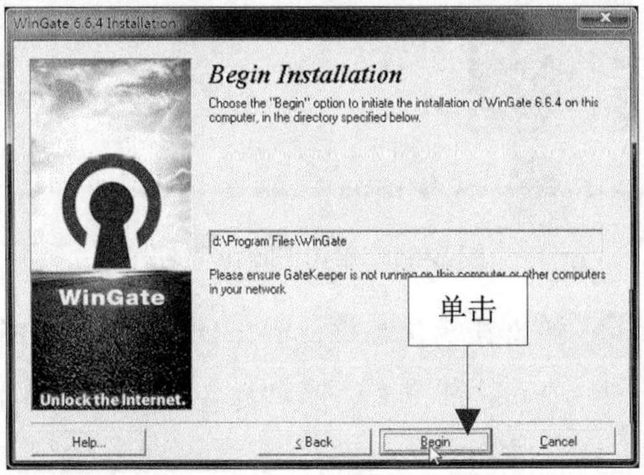

图 6-58 单击 Begin 按钮

Step 12 系统开始复制文件，并显示复制文件的进度，如图 6-59 所示。

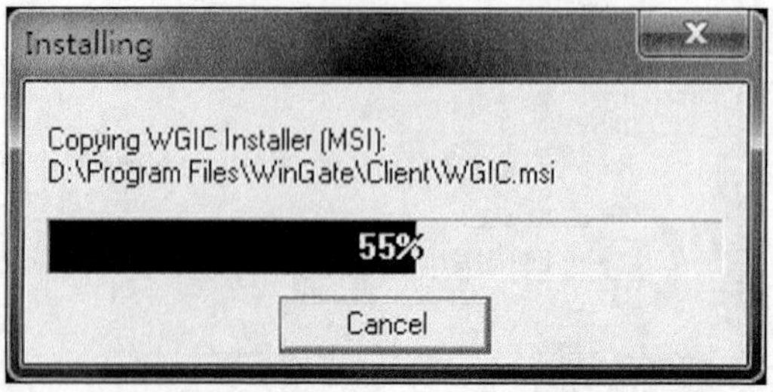

图 6-59　显示复制文件的进度

Step 13 弹出“Windows 安全”对话框，单击“安装”按钮，如图 6-60 所示。

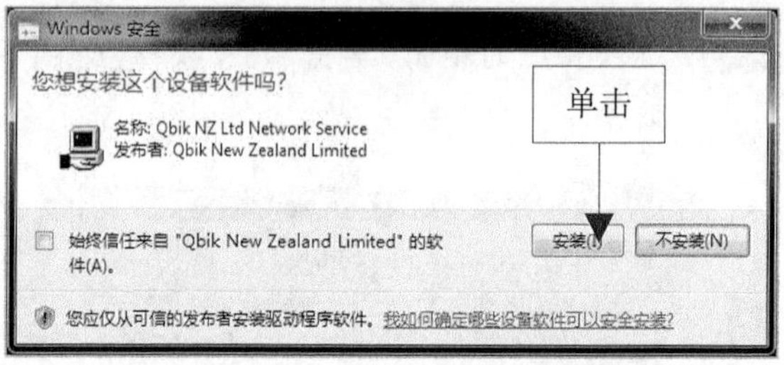

图 6-60　单击“安装”按钮

Step 14 弹出安装完成对话框，提示用户安装完成，单击 Finish 按钮，如图 6-61 所示。

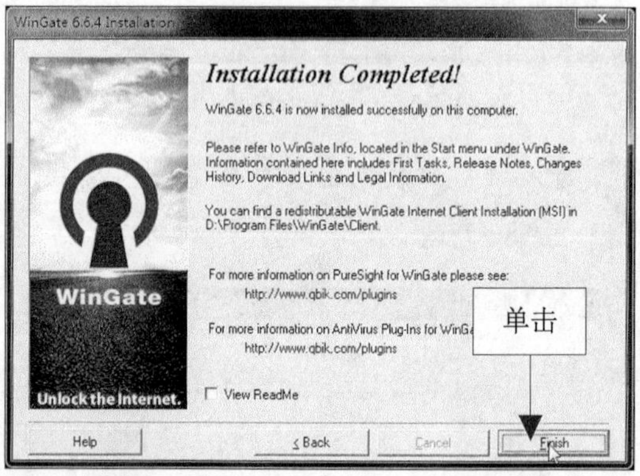

图 6-61　单击 Finish 按钮

Step 15 弹出提示信息框，单击 OK 按钮，如图 6-62 所示，即可重新启动计算机，完成 WinGate 程序的安装。

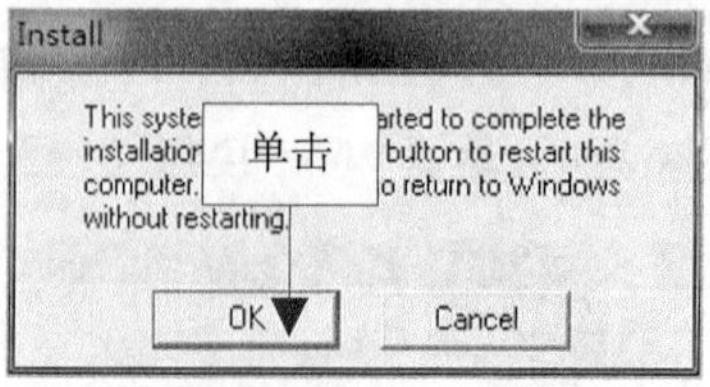

图 6-62　单击 OK 按钮

技巧

用户也可以在提示信息框中单击 Cancel 按钮，稍后再手动重启计算机，完成相应程序的安装。

2. 设置服务端

WinGate 安装完成后，还要进行基本的设置，才可以使用。设置服务端的具体操作步骤如下。

Step 1 选择“开始”→GateKeeper 命令，如图 6-63 所示。

图 6-63　选择相应的命令

Step 2 弹出 Online Options 对话框，输入用户名和密码，单击 OK 按钮，如图 6-64 所示。

图 6-64　输入用户名和密码

Step 3 弹出提示信息框，单击 OK 按钮，如图 6-65 所示。

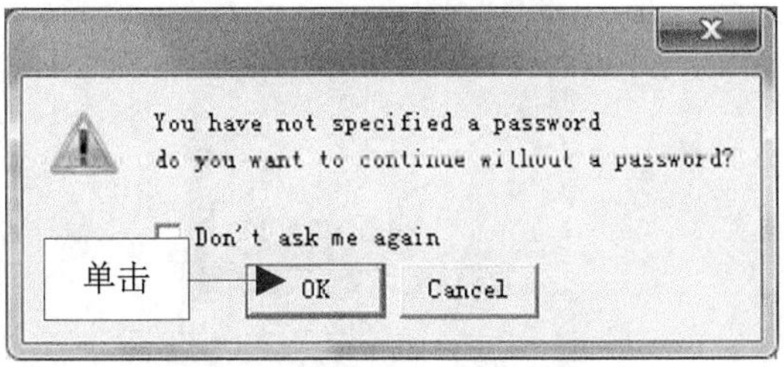

图 6-65　弹出提示信息框(1)

Step 4 弹出相应的提示信息框，单击“确定”按钮，如图 6-66 所示。

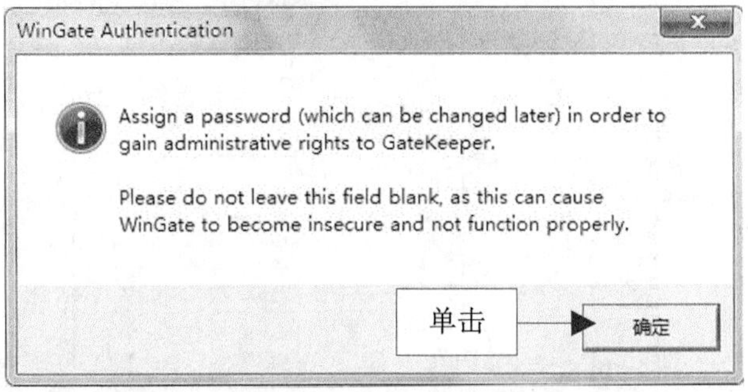

图 6-66　弹出提示信息框(2)

Step 5 弹出“设置管理员密码”对话框，如图 6-67 所示，在其中设置相应的密码，单击 OK 按钮。

图 6-67　弹出“设置管理员密码”对话框

Step 6 弹出提示信息框，显示相应的信息，单击“确定”按钮，如图 6-68 所示。

Step 7 进入相应的界面，单击“下一步”按钮，如图 6-69 所示。

Step 8 进入相应的界面，保持默认设置，单击“下一步”按钮，如图 6-70 所示。

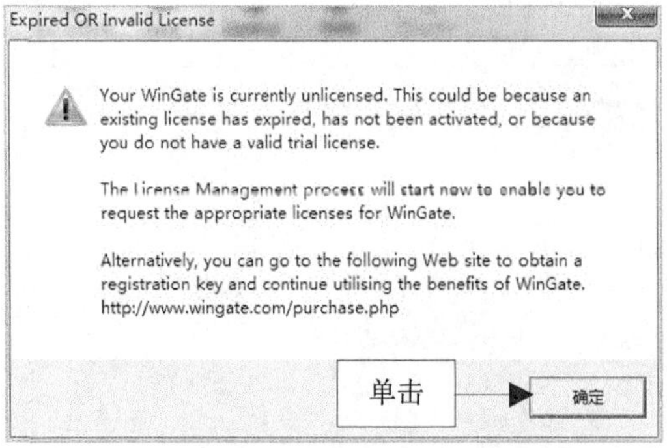

图 6-68　显示相应的信息

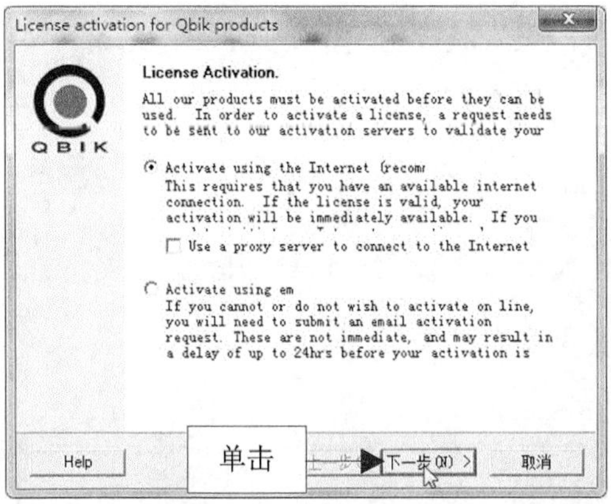

图 6-69　许可证激活界面

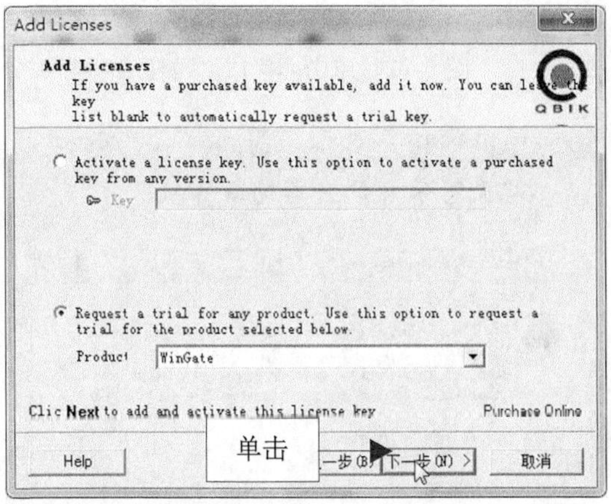

图 6-70　添加许可证界面

Step 9 进入相应的界面，系统开始激活许可证，并显示激活的进度，单击“下一步”按钮，如图 6-71 所示。

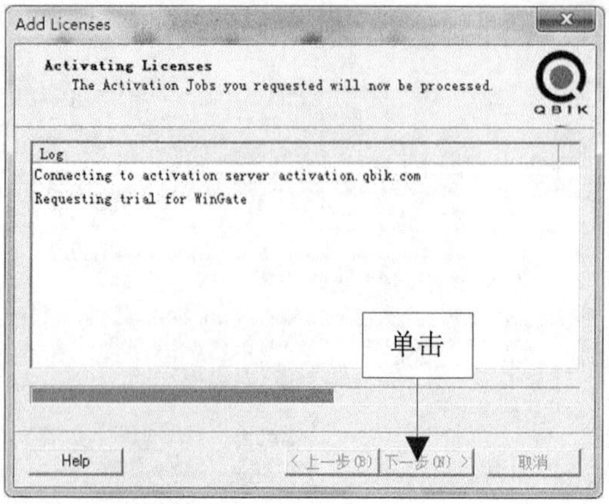

图 6-71　显示激活进度

Step 10 进入激活完成界面，单击“完成”按钮，如图 6-72 所示。

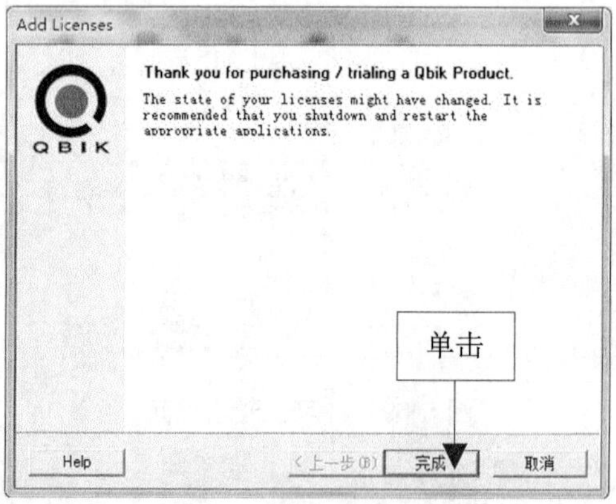

图 6-72　单击“完成”按钮

Step 11 弹出提示信息框，单击“是”按钮，如图 6-73 所示，重新启动计算机。

图 6-73　单击“是”按钮

Step 12 打开 GateKeeper 窗口，在对话框中输入管理员密码，单击 OK 按钮，如图 6-74 所示。

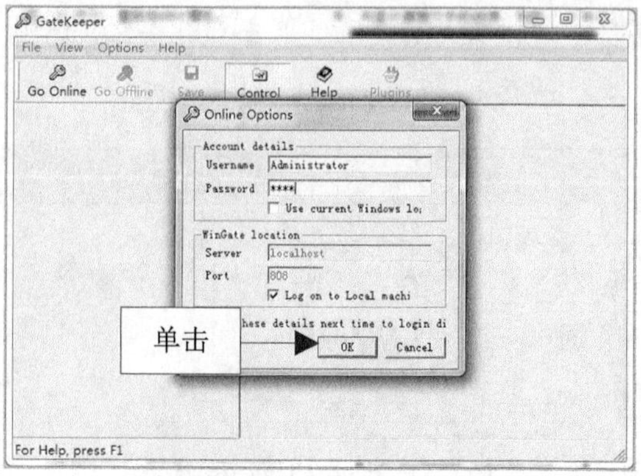

图 6-74　输入管理员密码

Step 13 进入相应的窗口，如图 6-75 所示。

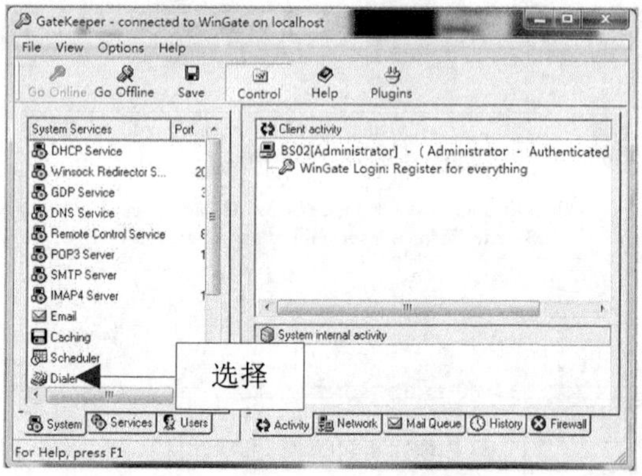

图 6-75　进入相应的窗口

Step 14 选择 Dialer 选项并右击，在弹出的快捷菜单中选择相应的命令，如图 6-76 所示。

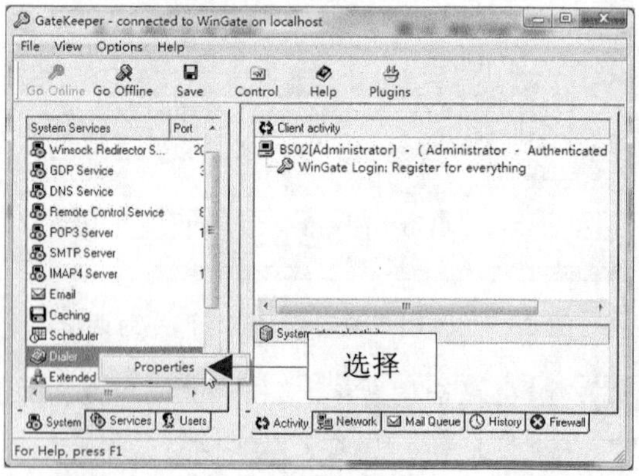

图 6-76　在右键快捷菜单中选择相应的命令

Step 15 弹出 Dialer Properties 对话框，选中相应的复选框，单击 OK 按钮，如图 6-77 所示。

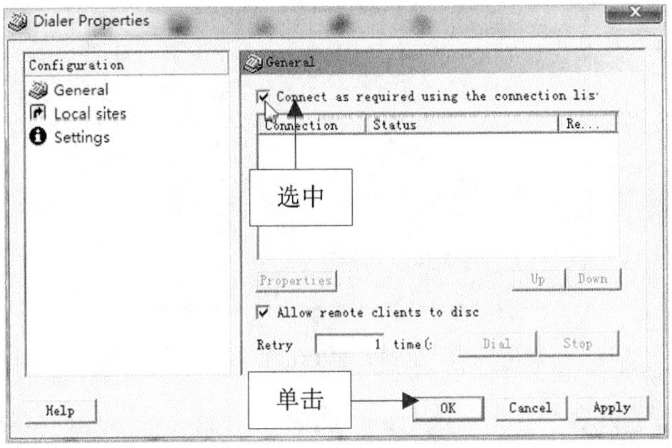

图 6-77　选中相应的复选框

Step 16 返回 GateKeeper 窗口，如图 6-78 所示，即可完成服务器的设置。

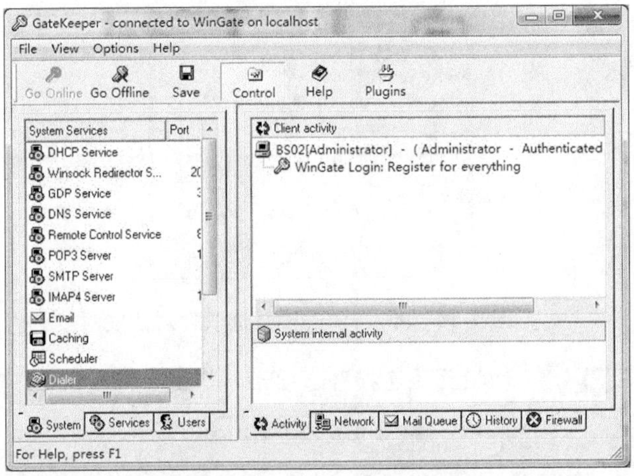

图 6-78　返回 GateKeeper 窗口

3. 共享网络上网

在 Windows 7 系统中设置好 WinGate 服务端后，就可以共享网络上网。共享网络上网的具体操作步骤如下。

Step 1 打开“网络和共享中心”窗口，单击“更改适配器设置”链接，如图 6-79 所示。

Step 2 打开“网络连接”窗口，选择“本地连接”图标，如图 6-80 所示。

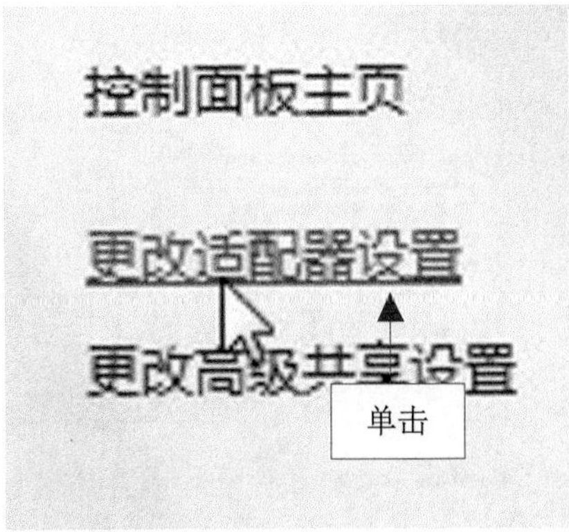

图 6-79　单击“更改适配器设置”链接

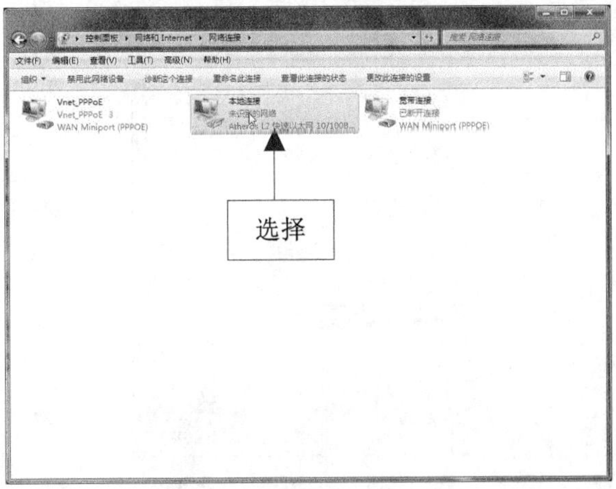

图 6-80　选择“本地连接”图标

Step 3 单击鼠标右键，在弹出的快捷菜单中选择“属性”命令，如图 6-81 所示。

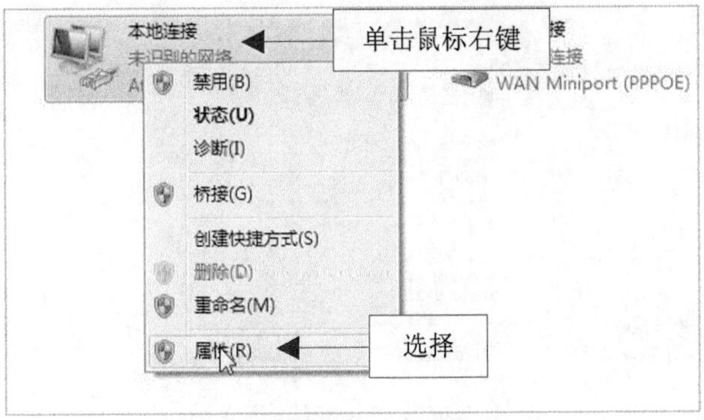

图 6-81　选择“属性”命令

Step 4 弹出“本地连接 属性”对话框，选择相应的选项，单击“属性”按钮，如图 6-82 所示。

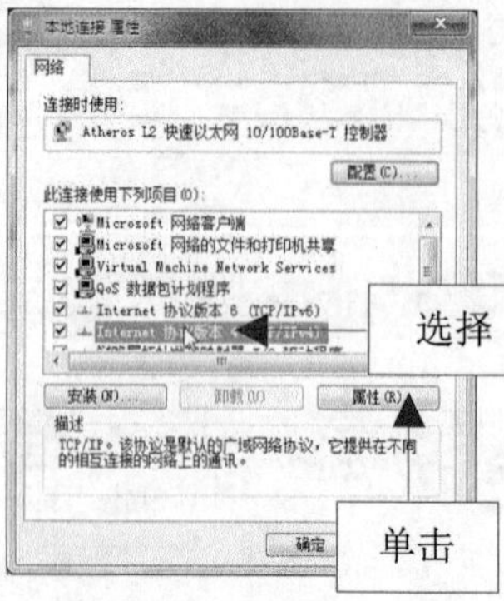

图 6-82　选择相应的选项

Step 5　弹出"Internet 协议版本 4(TCP/IPv4)属性"对话框，如图 6-83 所示。

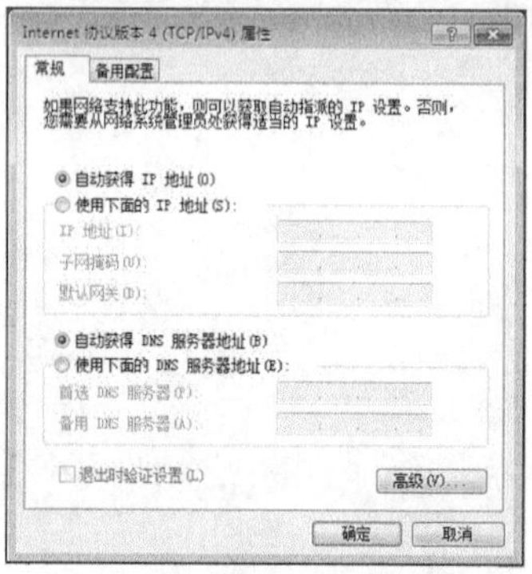

图 6-83　进行相应的设置

Step 6　设置好 IP 地址和网关后，将鼠标移至"确定"按钮上，单击鼠标左键，如图 6-84 所示，即可完成相应的网络共享设置。

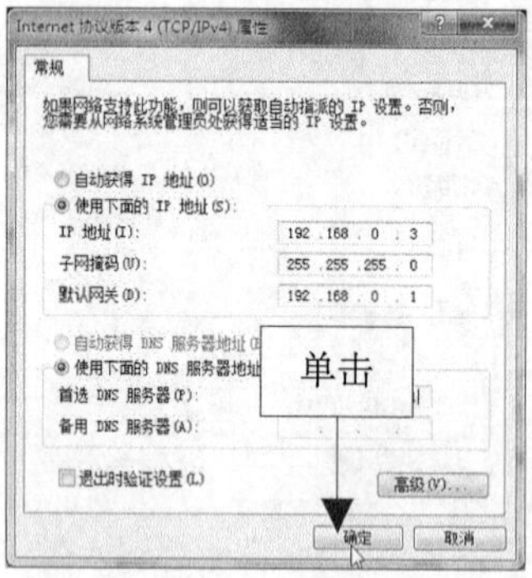

图 6-84　单击"确定"按钮

Step 7　打开 IE 浏览器，选择"工具"→"Internet 选项"菜单命令，如图 6-85 所示。

图 6-85　选择"Internet 选项"命令

Step 8　弹出"Internet 选项"对话框，如图 6-86 所示。

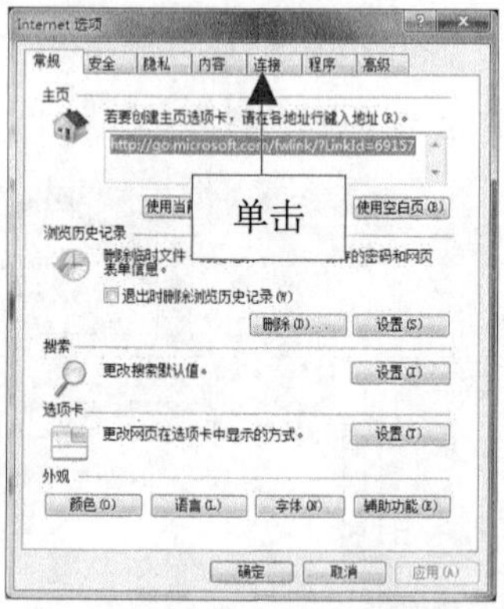

图 6-86　弹出"Internet 选项"对话框

Step 9　切换至"连接"选项卡，单击"局域网设置"按钮，如图 6-87 所示。

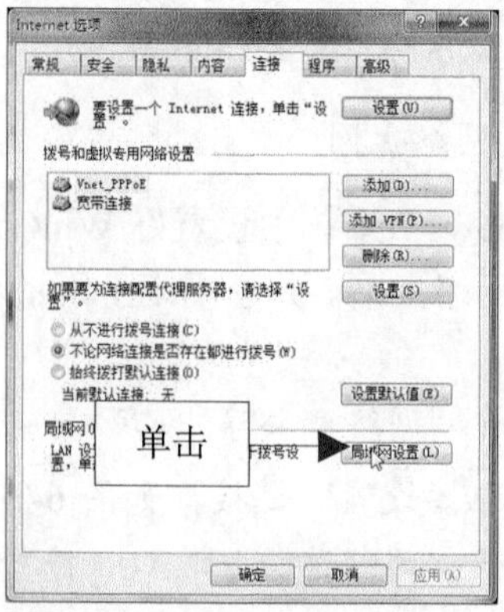

图 6-87　单击"局域网设置"按钮

Step 10　弹出“局域网(LAN)设置”对话框，选中相应的复选框，如图 6-88 所示。

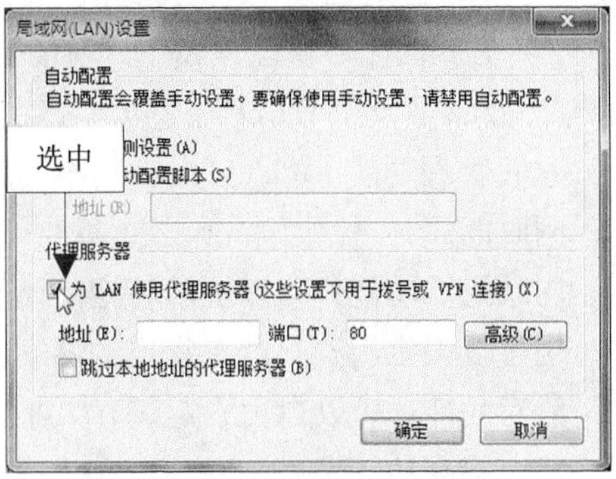

图 6-88　选中相应的复选框

Step 11　在文本框中输入代理服务器的 IP 地址以及端口，单击“确定”按钮，如图 6-89 所示。

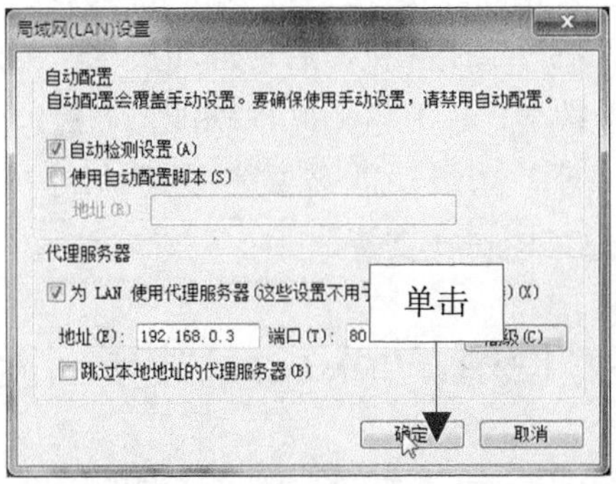

图 6-89　输入代理服务器的 IP 地址以及端口

Step 12　返回“Internet 选项”对话框，单击“确定”按钮，如图 6-90 所示。

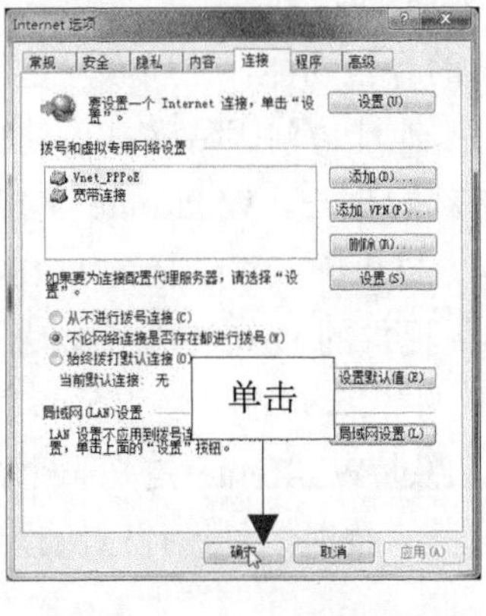

图 6-90　单击“确定”按钮

Step 13　返回 IE 浏览器，在百度搜索文本框中输入内容，单击“百度一下”按钮，如图 6-91 所示。

图 6-91　输入内容

Step 14　打开相应搜索内容的窗口，如图 6-92 所示。

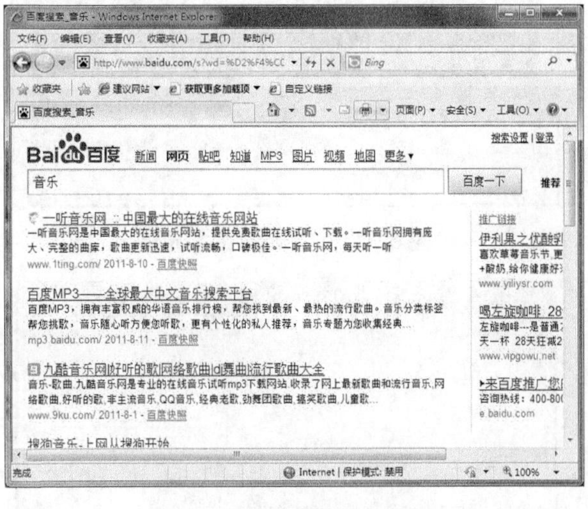

图 6-92　弹出搜索内容的窗口

6.3.4　使用 CCProxy 共享上网

CCProxy 是一个非常流行的代理服务器软件，它设置简单，功能强大，完全支持 Windows 操作系统，支持普通电话拨号、Cable Modem、ADSL、DDN、专线等访问 Internet，支持 HTTP、FTP、Gopher、

SOCKS、Telnet、Secure、News(nntp)、RTSP、MMS 等代理协议，支持浏览器通过 HTTP/Secure/FTP/Gopher 代理上网。如图 6-93 和图 6-94 所示为 CCProxy 的主界面和参数设置界面。

提 示

CCProxy 还支持客户端使用 Outlook、Foxmail 等通用邮件客户端软件收发邮件；支持 OICQ、QQ、MSN 等通过 SOCKS5 代理上网；支持 CuteFTP、Ws-FTP 等软件通过 FTP 代理上网；支持 RealPlayer 通过 RTSP 代理接收视频；支持 MediaPlayer 通过 MMS 代理接收视频；支持远程拨号、自动拨号、自动断线功能；支持二级代理，可以使代理服务器通过其他代理服务器上网。

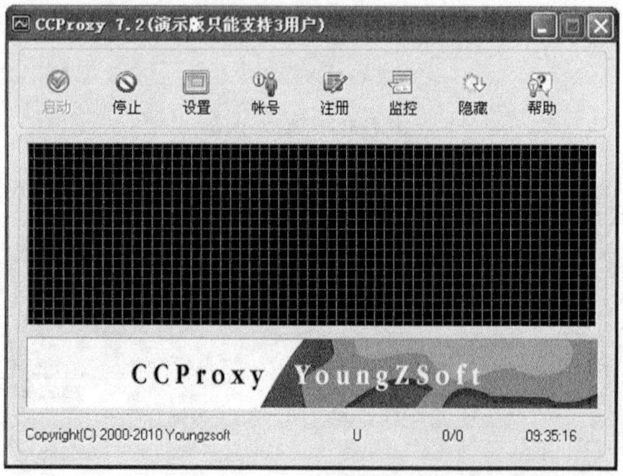

图 6-93　CCProxy 的主界面

图 6-94　CCProxy 的参数设置

另外，CCProxy 还具有强大的账号管理功能，可以针对不同用户定义不同的上网限制。账号管理支持 IP 段设置方式和自动扫描账号功能，建立账号更轻松，支持 3 种方式的账号认证方式：IP 地址、MAC 地址和用户名及密码；支持 HTTP 和 SOCKS5 用户验证。

- 时间管理功能：可以自由控制不同用户的上网时间。
- 网站过滤功能：可以屏蔽特定网站和内容，也可以限定用户只能上指定的网站。
- 缓存功能：可以自由设定缓存大小，更新时间，提高访问速度。
- 带宽控制：可以灵活地控制每个客户端的上网速度。
- 可以以 Server 服务方式运行。
- 其他高级功能：客户端广告条显示，定时关机，空闲关机，启动自动拨号，关闭时断开拨号，TCP 端口映射功能，流量计费和报表等。高级功能需要安装插件 CCSetPro 和 CCReport 支持。

6.3.5　使用 WinRoute 共享上网

WinRoute 可以作为本地局域网的一个简单的域名服务器，包含了一个 DNS 的缓存，还可以转发 DNS 域名查询信息。

它可以通过端口映射实现反向代理功能，让外部访问受 NAT 保护的内部网络所提供的一些服务。它还具有路由器的寻径功能，让局域网里的多台计算机使用同一个 IP 地址访问因特网，还能自动保护内部网络不受到外部的攻击。WinRoute 支持基于 IP 地址的过滤和限制，提供限制可访问的 URL 的安全功能。利用 WinRoute 提供的 DHCP 服务器功能，可以自动配置局域网上的计算机的网络相关参数。为保证安全，用户可以通过 WinRoute 定义一个过滤规则，对经过代理服务器的数据信息进行过滤设置，如图 6-95 所示。

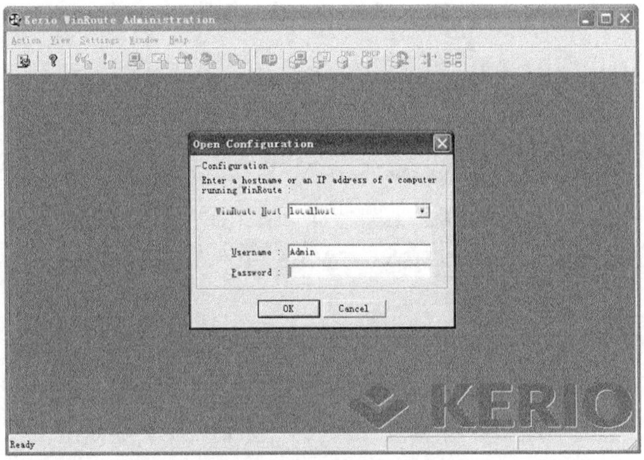

图 6-95 WinRoute 的设置

6.4 设置常用软件代理上网

当建立好局域网后，接下来就可以应用局域网了。有时候，局域网限制了某些端口的访问，或者禁止了某些软件的使用，在这种情况下，如果还想应用这些软件的话，就需要为这些软件设置代理了。下面简单介绍一下设置一些常用客户端软件代理上网的方法。

6.4.1 设置 IE 浏览器代理上网

在一个局域网内，服务器可以直接通过 IE 网上冲浪，而工作站要想通过 IE 上网，如果是在服务器使用代理上网软件的情况下，其 IE 需要设置代理，具体设置如下。

Step 1 启动 IE 浏览器，选择“工具”→“Internet 选项”菜单命令，如图 6-96 所示。

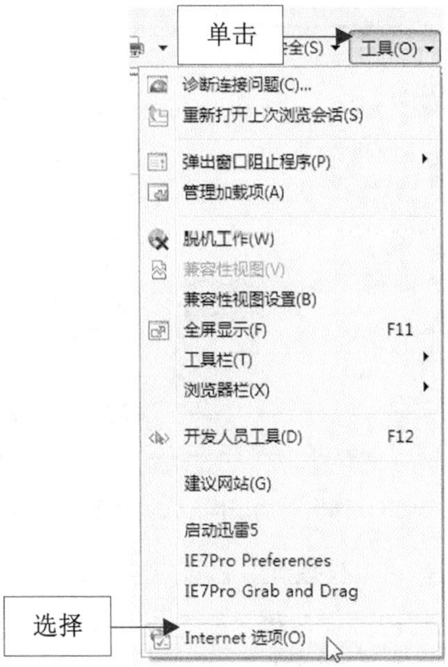

图 6-96 选择“Internet 选项”菜单命令

Step 2 弹出“Internet 选项”对话框，切换至“连接”选项卡，单击“局域网设置”按钮，如图 6-97 所示。

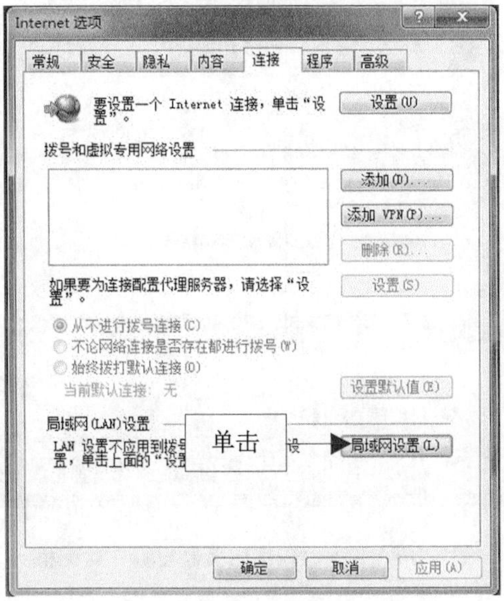

图 6-97 “Internet 选项”对话框

Step 3 弹出“局域网(LAN)设置”对话框，如图 6-98 所示，选中“为 LAN 使用代理服务器”复选框，在“地址”文本框中输入代理服务器地址，在“端口”文本框中为该代理服务器指定端口，单击“高级”按钮。

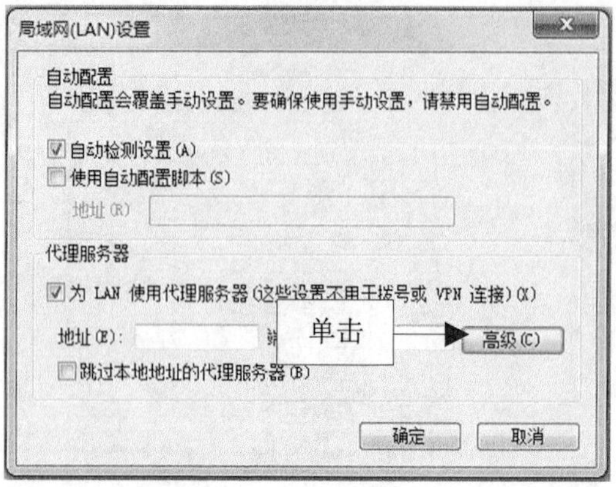

图 6-98　弹出“局域网(LAN)设置”对话框

Step 4 弹出“代理服务器设置”对话框，如图 6-99 所示，进行相应设置后，连续单击“确定”按钮，即可退出软件。

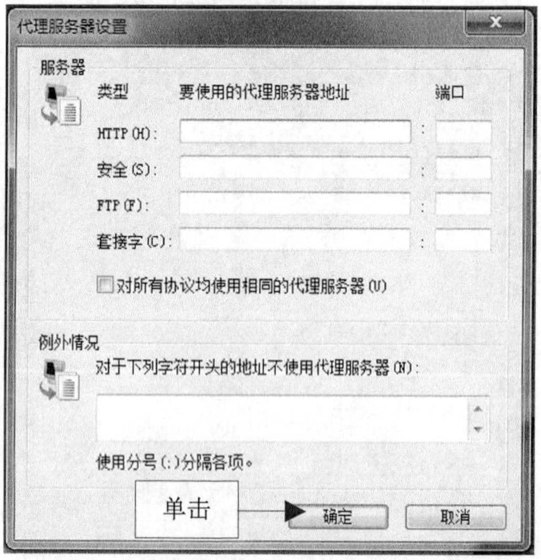

图 6-99　弹出“代理服务器设置”对话框

6.4.2　设置 Outlook 收发邮件

在 Outlook 中系统提供了两种邮件代理方式：即内置邮件服务器方式与 Internet 邮件服务器方式。下面是利用 Internet 邮件服务器方式的具体设置。

Step 1 启动 Outlook，选择“工具”→“电子邮件账户”菜单命令，如图 6-100 所示。

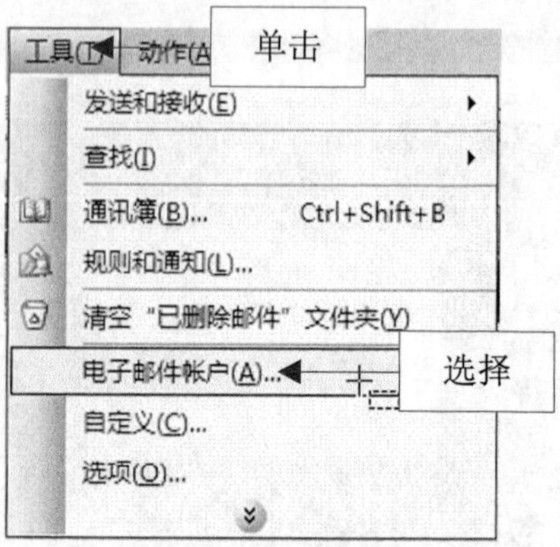

图 6-100　选择“电子邮件账户”菜单命令

Step 2 弹出“电子邮件账户”对话框，选中“添加新电子邮件账户”单选按钮，单击“下一步”按钮，如图 6-101 所示。

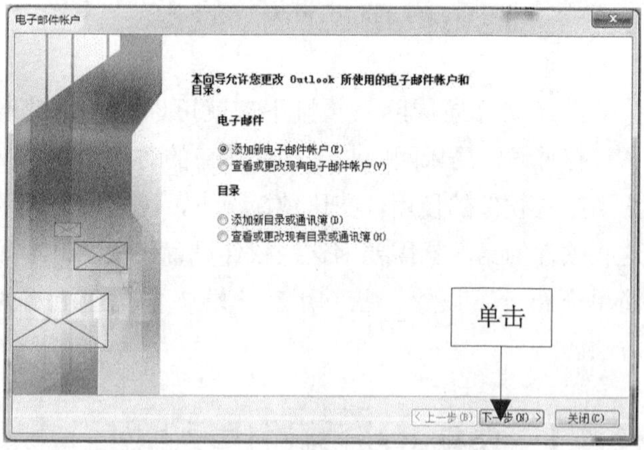

图 6-101　“电子邮件账户”对话框

Step 3 进入“服务器类型”界面，选中“POP3”单选按钮，单击“下一步”按钮，如图 6-102 所示。

Step 4 进入“Internet 电子邮件设置(POP3)”界面，在“接收邮件服务器(POP3)”文本框中输入“pop3.163.com”，在“发送邮件服务器(SMTP)”文本框中输入“smtp.163.com”，在“用户名”文本框中输入“corewell”，然后在“您的姓名”、“电子邮件地址”以及“密码”文本框中输入相应的信息，单击“下一步”按钮，如图 6-103 所示。

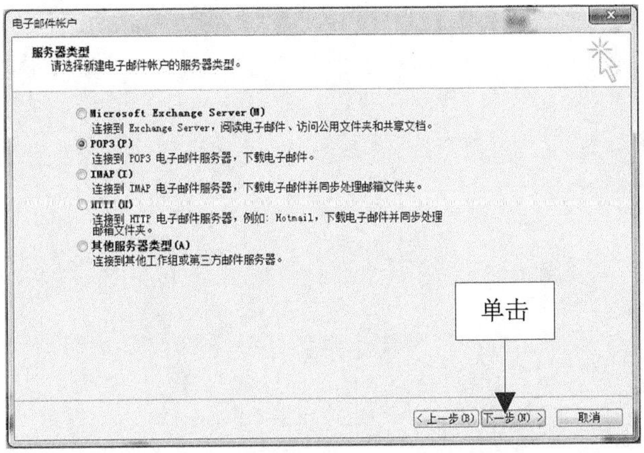

图 6-102　“服务器类型”界面

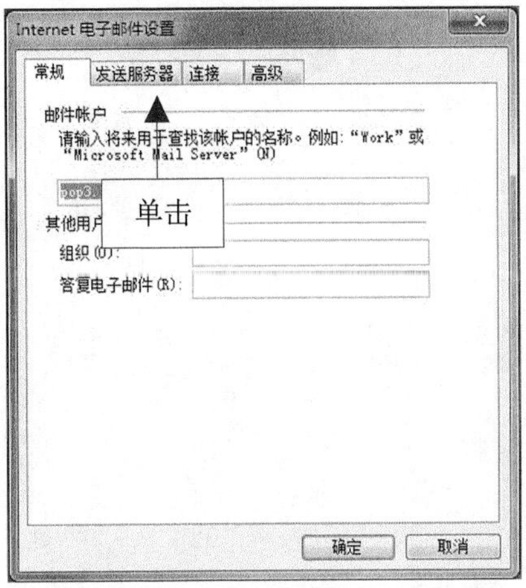

图 6-104　弹出“Internet 电子邮件设置”对话框

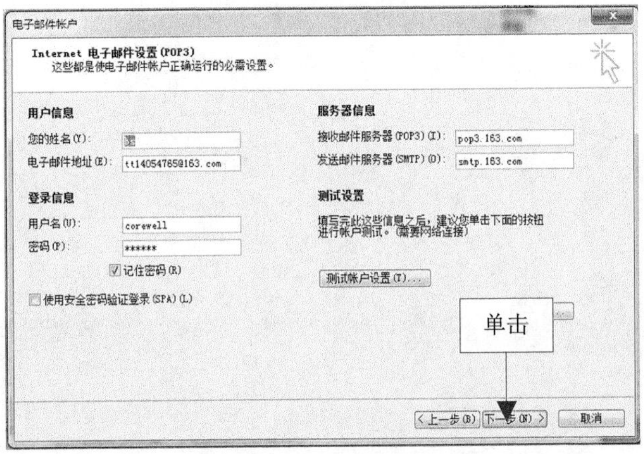

图 6-103　“Internet 电子邮件设置(POP3)”界面

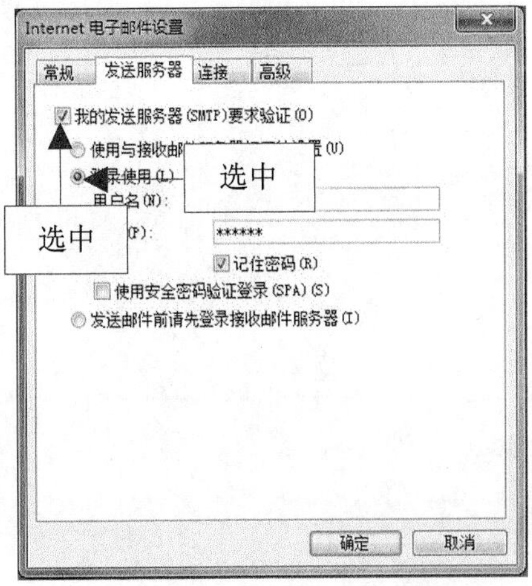

图 6-105　输入相应的信息

Step 5　单击“其他设置”按钮，弹出“Internet 电子邮件设置”对话框，如图 6-104 所示。

Step 6　切换至“发送服务器”选项卡，选中“我的发送服务器(SMTP)要求验证”复选框，然后选中“登录使用”单选按钮，在“用户名”文本框中输入“corewell”、在“密码”文本框中输入相应的密码，如图 6-105 所示。

Step 7　依次单击“确定”按钮，即可保存设置。

注 意

在填写“用户名”的时候，需要注意以下 3 点。

- 其中账号名的书写规则为：原账号名#该账号的 POP3 服务器地址。
- 默认分隔符为#，若管理员在管理中心改变了分隔符，那么这里也应该一致。
- 如果不知道账号的 POP3 服务器地址，可以在该账号的网站上查询。

组建实战篇

第 7 章

家庭局域网的组建与应用

随着计算机硬件和整机价格的不断下降，以及使用方法的逐渐简单化，它已经走进了千家万户。组建家庭网可以有效地利用电脑资源，把电脑以很少的成本互连起来，既能起到共享资源(文件、打印机、Modem、ISDN 等)的作用，又能节约经费开支，更好地发挥它们的作用。目前很多用户还没有意识到建立家庭局域网带来的巨大好处，如共享光驱、打印机、Modem，可大幅降低第二台个人电脑的投资；共享文件使用户在任意一台电脑上可访问同一文档；将所有的备份资料转移到新机的大容量硬盘，而小硬盘只装必备程序即可；家庭成员能够进行局域网游戏，乐趣无穷。

本章学习要点

- 家庭局域网组建分析
- 家庭局域网的组建方法与步骤
- 组建双机互连家庭局域网
- 组建 Windows 7 家庭网
- 家庭局域网接入 Internet
- 家庭局域网应用实战
- 家庭局域网常见故障排除案例

7.1 家庭局域网组建分析

随着计算机硬件和整机价格的不断下降，以及使用方法的逐渐简单化，现在越来越多的家庭已经拥有了两台以上的计算机。由于家庭局域网中计算机的数目一般不多，所以没必要采用客户机/服务器的方式。组建一个家庭网，尤其是家庭计算机比较多的情况下，将计算机连接起来构成一个小型的局域网，既可共享资源(文件、打印机、Modem 和 ISDN 等)，又能节约开支、更好地发挥计算机的效能。而这一切，只需很少的投资和很简单的操作就可以解决。本节主要分析如何组建家庭局域网。

7.1.1 家庭局域网的连接方式

家庭局域网连接的电脑数量通常只有两、三台，组网方式也比较简单。下面介绍两种较为经济、易于维护的家庭组网方式，用户可以根据实际情况决定选取哪种组网方式。

提 示

对于只用两、三台计算机的家庭用户来说，使用一台专门的计算机作为服务器显然是不合算的。一般首选对等网，在对等网中，每台计算机都可以和其他的计算机共享应用程序、光驱、打印机等资源。同时，对等网络中可以选择多种成熟的技术，可以使用双绞线进行组网，所以对等网是家庭组网的最佳选择。

1. 直接电缆连接

如果家庭中仅有两台计算机，可以使用最为简捷的双机直接的连接方式，即首先将网卡插入计算机适当的插槽中，并用螺丝将其充分固定，然后将一根双绞线的两个 RJ-45 头分别插入两个计算机的网卡接口，使两台计算机直接连接起来，中间不使用任何集线设备，这就是“直接电缆连接”，如图 7-1 所示，其中双绞线采用交叉线接法。此时，所需要的配件为：两块网卡、两个 RJ-45 头、一根网线，10/100Mbps 自适应网卡，总投资大概百元左右，连接速率最高可达 100Mbps。

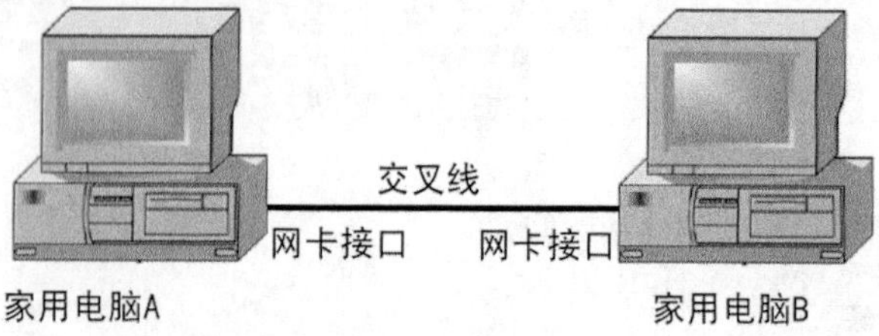

图 7-1 双机通信

注 意

这种连接方式的优点在于无须购买新设备，只需少量的钱即可实现双机互联，最大限度地节约了投资。但是该方案有个缺点，具体表现在：两机互访时需要频繁地重新设置主机与客机关系。另外，数据传输速率较慢，仅适合于双机交换数据或是简单的连机游戏。此外，由于电缆的长度有限，双机的距离也不能太远，一般只能放置同一房间内。

2. 路由设备连接

该方案使用目前流行的双绞线加路由设备进行网络布线，这样可以加大家庭组网的扩展性，如邻居家电脑的接入。

此方案需要考虑如何实施经济有效的布线，在实施过程中要注意这样几点：确定集线设备所在的房间和具体位置，这非常重要，因为所有的网线都会有一端留在这里，若以后再想要更换路由设备的位置，则可能需要重新进行布线；尽量避开暖气管道和阳光直接照射的位置，延长线缆的使用寿命；将计算机所使用的接插点尽量预留在电源插座附近，方便计算机使用电源；为每一条线的两端都分别做好标记，并登记造册，以便在线路出现故障时进行检测。

技 巧

中等档次的家庭网络一般可以使用路由器和 10/100M 的网卡，这样整个网络构成一个 10/100M 的共享式局域网。计算机与路由设备在拓朴结构上属星形结构，即所有双绞线一端均与路由设备相连，而另一端则与不同的计算机上的网卡相连，计算机与计算机间的连接通过路由设备来实现。

使用路由器连接具有以下 4 个优点。

- 提供高速连接。从 10Mbps 到 100Mbps，完全可以满足大量数据传输的需要。
- 设备连接灵活。插上网线就加入网络，拔下网线就脱离网络，对其他计算机没有任何影响，既不用修改任何配置，也不会中断网络的通信。
- 便于故障判断。哪个设备没有连接好，路由设备上的相应指示灯都有提示，便于找到故障点以及进行排除。当然，它也有自己的缺点，即投资大。当网络中有多于两台计算机时，就需要购买专门的路由设备。
- 共享 Internet 上网非常简单，不需要进行复杂的设置，且网速比较快。

7.1.2 家庭局域网的操作系统

可用于家庭局域网的操作系统很多，在选择时主要根据硬件配置而定。大多数情况下，使用 Windows XP 即可。对于主频高于 2.8GHz，内存多于 2GB 的机型，可考虑使用 Windows 7。因为 Windows 7 运行更稳定，且操作更智能化，不需要用户对系统进行多余的设置。

如果用户是比较熟练的电脑玩家，而且对 Unix 略有了解，基于 Unix 的 FreeBSD 或 Linux 可满足发烧级用户的需求，因为它们更易于进行网络管理，特别是 Unix 能与 Windows 或 DOS 共存，只要硬盘够大，不妨在同一台电脑中装上两个以上的操作系统。

7.1.3 家庭局域网的硬件准备

网络结构确定后，就可以按照网络结构来规划硬件设备的需求。组建家庭网的硬件选择中，可以选择网卡、Modem、双绞线等。

- 如果是双机直连，则硬件设备只需要两块网卡、超五类非屏蔽双绞线、水晶头和调制解调器即可。从经济、节约和够用的角度出发，以对等网的结构实现两台计算机的联网是最佳的选择。
- 如果是三机互连，则需要在上面的设备中加入路由器或交换机等设备，以及更多的水晶头和超五类非屏蔽双绞线来进行连接。

7.2 家庭局域网的组建方法与步骤

组建家庭网的安装分为布线、安装网卡、连线、安装协议和设置网卡等步骤，只有完成这些步骤后才可以使用网络。下面将详细讲解两台计算机组成的家庭网的组建方法与步骤。

7.2.1 进行网络布线

进行家庭局域网布线的主要方案有以下 4 种。

1. 双绞线＋路由器方案

双绞线和小型的路由器价格都十分便宜，很适合在家庭局域网中使用，可以省去许多不必要的麻烦，而且此方案性能良好、连接可靠、维护简单。如果是在两台计算机之间组网，则没有必要采用总线型的双绞线加集线器(或交换机、路由器)的连线方式，常见的连接是用双绞线进行连线，因为双绞线价格低廉、性能良好、连接可靠、维护简单。

2. 直接电缆连接

对于双机通信，还可以使用并行或串行电缆连接两台计算机。

3. Modem 连接

Windows 系统下的控制面板中有一个选项“网络和拨号连接”，通过它，远程的两台计算机就可以使用 Modem 通过电话线进行连接并传输文件，但它有一个弊端，就是双方速度比较慢，并且使用双份的上网费用。这种联网方案适合出差在外时使用。

4. 使用 USB Link Cable 连接

这是一种十分方便的连接方式。细同轴电缆之所以成为常用的家庭联网方式，主要是因为其良好的可扩展性和低廉的价格。细同轴电缆的特性阻抗为 50 欧姆，最大网络传输速率可以达到 10Mbps。当使用细同轴电缆组网时，需要搭配使用 T 型连接器和 50 欧姆终结器，如果网卡没有自带 T 型接头的话，则需要用户自己购买。网络中的两台计算机需要各自安装一个信号终结器，否则网络将无法正常运行。

提示

在跨距方面，细同轴电缆的最大有效传输距离为 180m，这个距离对家庭组网来说已经足够了。

7.2.2 安装电脑网卡

安装网卡之前，应该查阅主板的使用说明文档，检查一下是否有安装网卡的具体说明。安装网卡时，需要注意以下 5 个步骤。

Step 1 用双手触摸一下其他金属物体，释放身上的静电，以防静电损坏主板及其他设备。

Step 2 关闭电脑及其他外设电源，将电脑背面的连接线全部拔掉，注意不要带电操作。

Step 3 卸掉主板外壳螺丝，缓缓将外壳向外拉出，打开主机机箱。

Step 4 从防静电袋中取出网卡，将网卡插入空的与其相匹配的主板插槽中，使网卡上面的一个螺丝孔正好贴在机箱的接口卡固定面板上，然后拧紧螺丝将其固定好。

Step 5 装上机箱板，拧上螺丝，并将先前拔掉的机箱后面的连接线重新连接好。

注意

现在最常用的网卡为主板上的集成网卡和 PCI 插槽的网卡。其中 PCI 网卡支持即插即用，而且生产此类网卡的商家众多，使选购的空间也大了很多。用户选购自己满意的网卡之后，只需将它插入计算机主板上的 PCI 插槽，然后重新启动计算机，如果操作系统是 Windows 7/XP，那么该网卡即刻就可以正常使用，因为网卡驱动已由系统自动完成安装。

7.2.3 安装 Microsoft 客户端

组建家庭局域网时，若要使用网络上的资源，必须在电脑上安装 Microsoft 网络客户端，具体操作步骤如下。

Step 1 打开“网络和共享中心”窗口，单击“本地连接”链接，如图 7-2 所示。

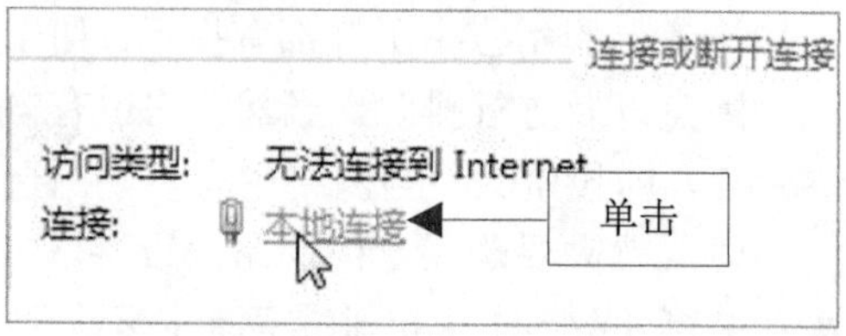

图 7-2　单击“本地连接”链接

Step 2 弹出“本地连接 状态”对话框，单击“属性”按钮，如图 7-3 所示。

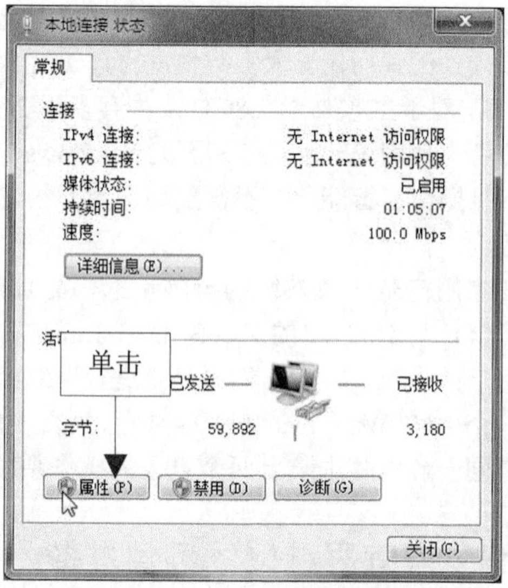

图 7-3　单击“属性”按钮

Step 3 弹出“本地连接 属性”对话框，单击“安装”按钮，如图 7-4 所示。

Step 4 弹出“选择网络功能类型”对话框，选择“客户端”选项，单击“添加”按钮，如图 7-5 所示。

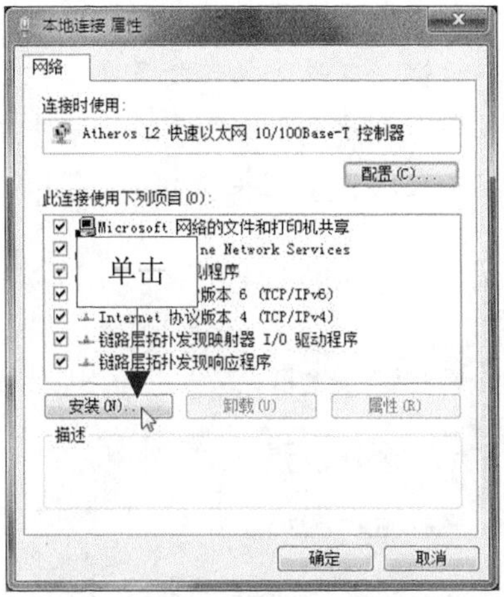

图 7-4　单击“安装”按钮

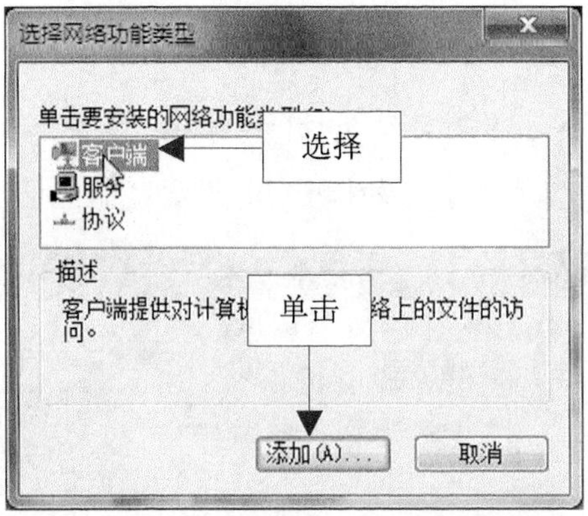

图 7-5　选择“客户端”选项

Step 5　弹出“选择网络客户端”对话框，在列表框中选择需要安装的网络客户端，单击“确定”按钮，如图 7-6 所示。

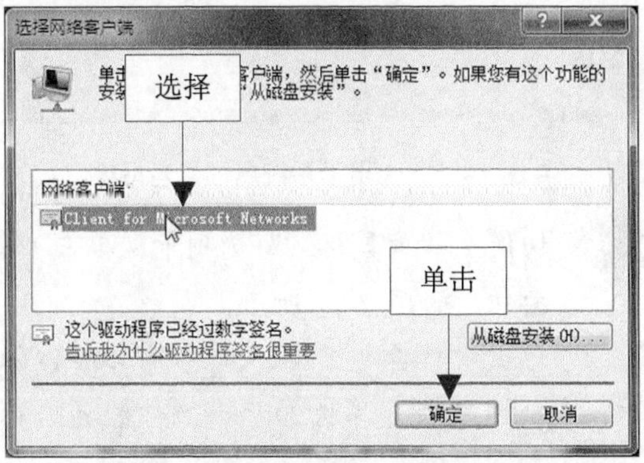

图 7-6　选择需要安装的网络客户端

Step 6　返回相应的对话框，在其中的列表框中，显示已安装的网络客户端，如图 7-7 所示。

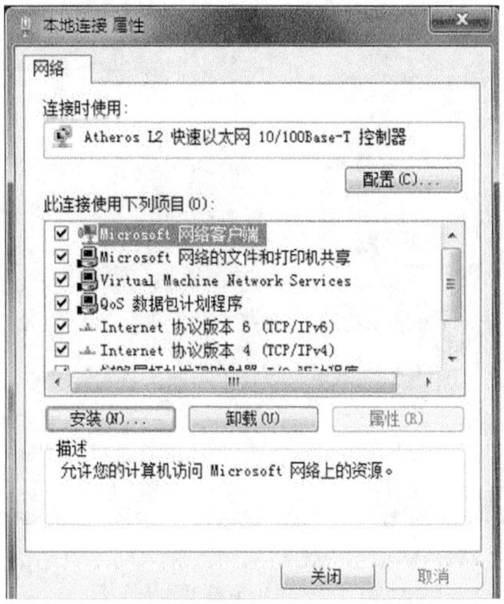

图 7-7　显示已经安装的网络客户端

Step 7　单击“关闭”按钮，完成 Microsoft 网络客户端的安装。

试一试

在 Windows 7 系统中安装“Microsoft 网络客户端”。

7.2.4　设置 IP 地址

IP 地址是网络中每台电脑的唯一标识，如同人的身份证一样。由于目前大部分的家庭局域网都采用小型路由器来连接，因此 IP 地址的设置非常简单，具体操作步骤如下。

Step 1　在“网络和共享中心”窗口中，打开“本地连接 属性”对话框，在“此连接使用下列项目”列表框中，选择合适的选项，单击“属性”按钮，如图 7-8 所示。

Step 2　弹出“Internet 协议版本 4(TCP/IPv4) 属性”对话框，选中“自动获得 IP 地址”单选按钮，如图 7-9 所示。

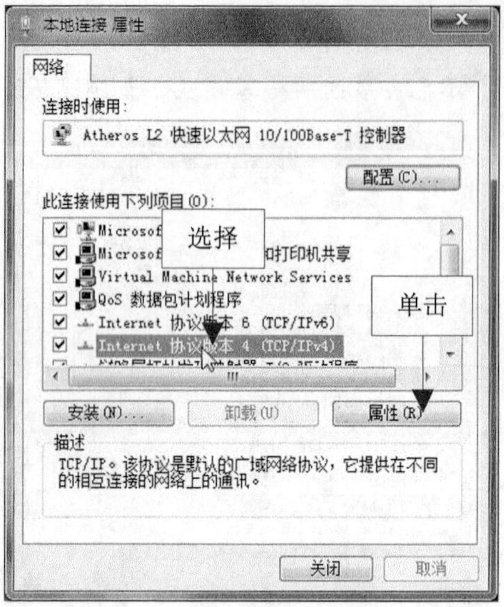

图 7-8　选择合适的选项

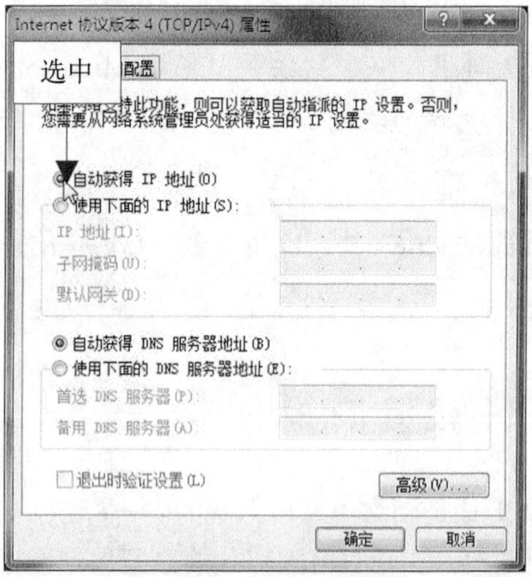

图 7-9　选中相应的单选按钮

Step 3　依次单击“确定”和“关闭”按钮即可，这样就已经设置 IP 地址为自动获取。

7.2.5　加入工作组

组建好家庭局域网后，还需要将自己的电脑加入到工作组中，这样才能共享局域网中其他电脑的资源。加入工作组的具体操作步骤如下。

Step 1　在系统桌面的“计算机”图标上，单击鼠标右键，在弹出的快捷菜单中选择“属性”命令，打开“系统”窗口，单击左侧的“高级系统设置”链接，如图 7-10 所示。

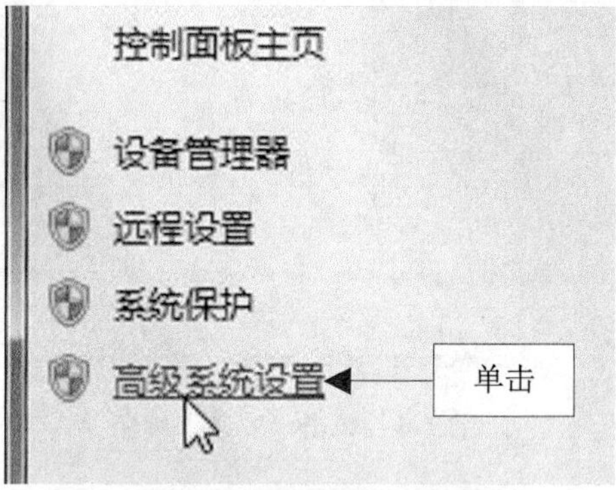

图 7-10　单击相应的链接

Step 2　弹出“系统属性”对话框，单击“计算机名”选项卡，如图 7-11 所示。

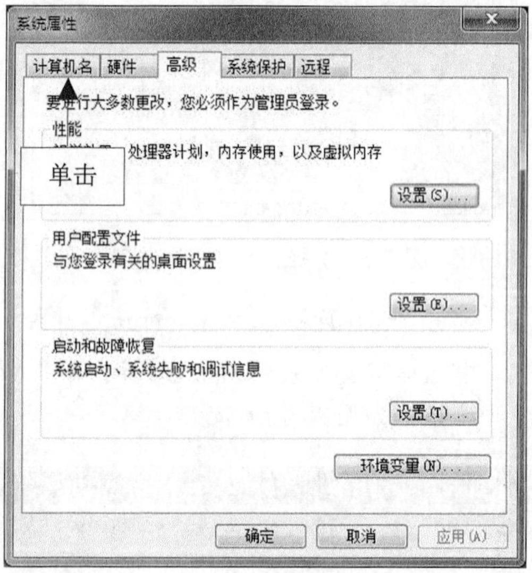

图 7-11　弹出“系统属性”对话框

Step 3　切换至“计算机名”选项卡，单击“更改”按钮，如图 7-12 所示。

Step 4　弹出“计算机名/域更改”对话框，依次输入相应的计算机名称和工作组的名称，单击“确定”按钮，如图 7-13 所示。

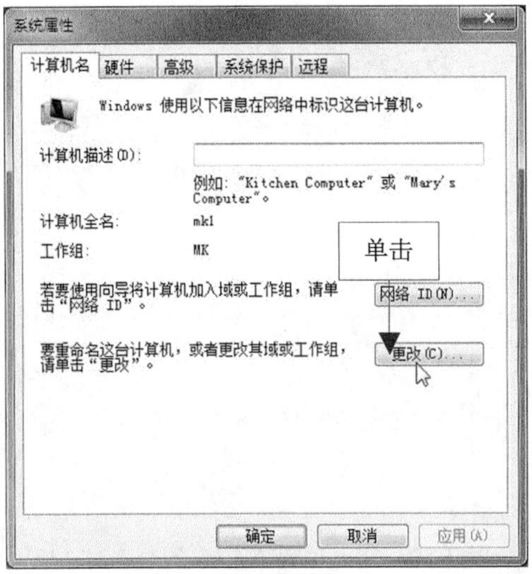

图 7-12 单击“更改”按钮

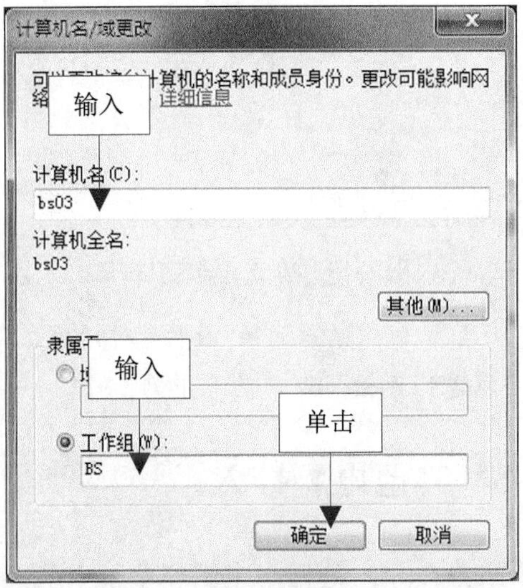

图 7-13 依次设置相应的名称

Step 5 弹出提示信息框，单击“确定”按钮，如图 7-14 所示。

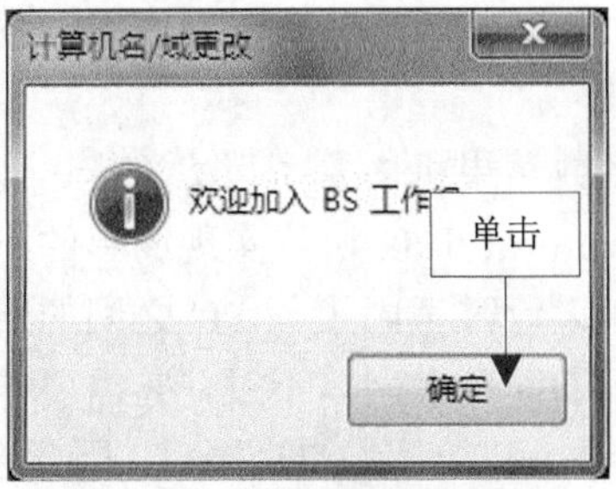

图 7-14 弹出提示信息框

Step 6 再次弹出提示信息框，单击“确定”按钮，如图 7-15 所示。

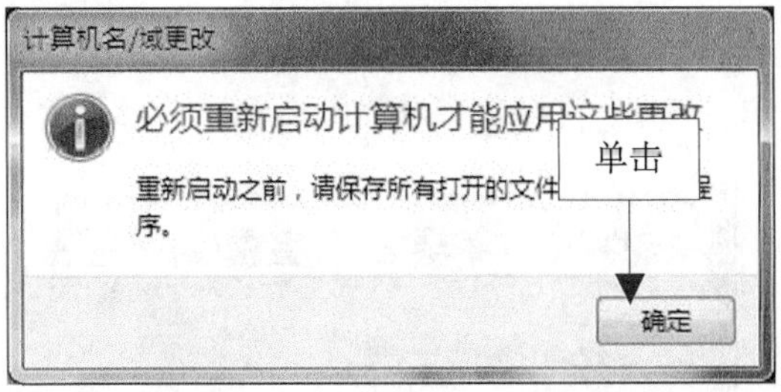

图 7-15 再次弹出提示信息框

Step 7 返回到“系统属性”对话框，单击“关闭”按钮，弹出提示信息框，单击“立即重新启动”按钮，重新启动电脑后，即可加入工作组。

注 意

在加入工作组时，必须以管理员或组成员的身份登录 Windows 操作系统，才能完成加入工作组的操作。

7.2.6 正确设置网卡

设置网卡时应当注意一点，如果是 NE2000 类网卡，它的中断和输入输出地址是固定的，即中断为 03，输入输出地址为 0300～031F。因此，它容易和计算机中的 COM2 接口发生冲突，唯一的解决办法是禁用 COM2 端口。另外，NE2000 网卡不是即插即用的，所以必须手动安装，Windows 不会提示找到硬件设备。如果是 PCI 的网卡，一般都是支持即插即用的，不需要再对其进行设置。

现在最常用的网卡均为主板集成的 PCI-E 网卡，而且生产此类网卡的商家众多，安装完系统后，网卡即可正常使用，因为网卡驱动已由系统自动安装完成了。

7.2.7 共享网络资源

组建家庭局域网时，可以将主机上的 Internet 连接设置为共享。这样，家庭局域网中的其他用户就可以通过连接主机共享上网了。共享上网的具体操作步骤如下。

Step 1 打开“网络和共享中心”窗口，单击“更改适配器设置”链接，如图 7-16 所示。

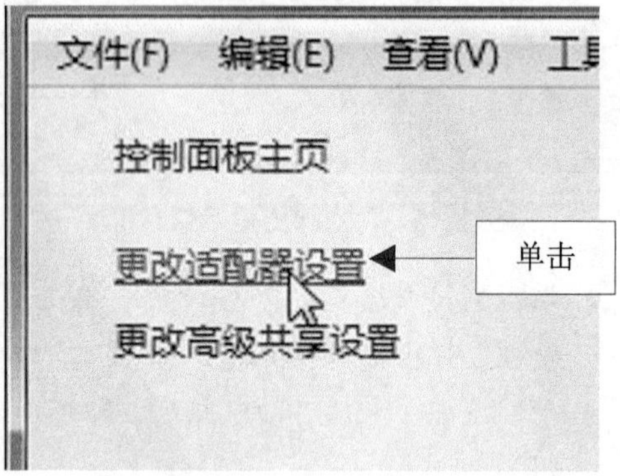

图 7-16 单击“更改适配器设置”链接

Step 2 打开“网络连接”窗口，选择“宽带连接”图标，单击鼠标右键，弹出快捷菜单，选择“属性”命令，如图 7-17 所示。

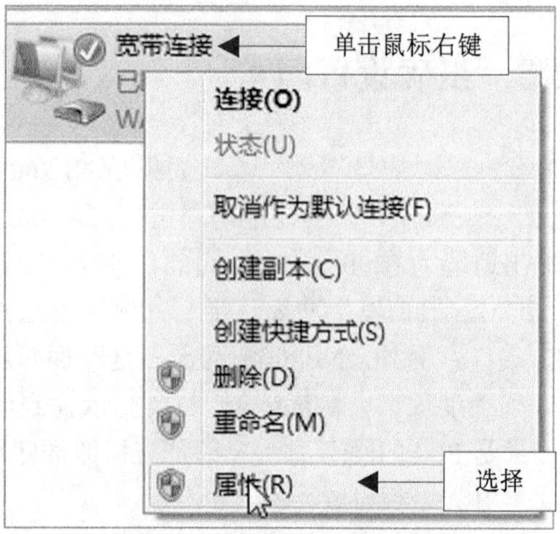

图 7-17 选择“属性”命令

Step 3 弹出“宽带连接 属性”对话框，单击“共享”选项卡，如图 7-18 所示。

Step 4 切换至“共享”选项卡，选中相应的复选框，弹出提示信息框，单击“确定”按钮，如图 7-19 所示。

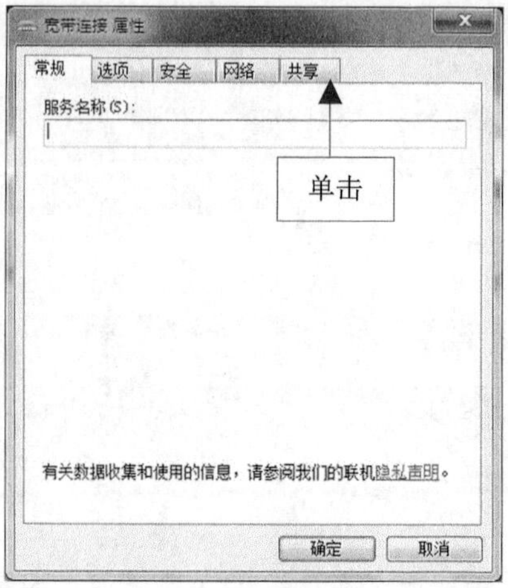

图 7-18 弹出“宽带连接 属性”对话框

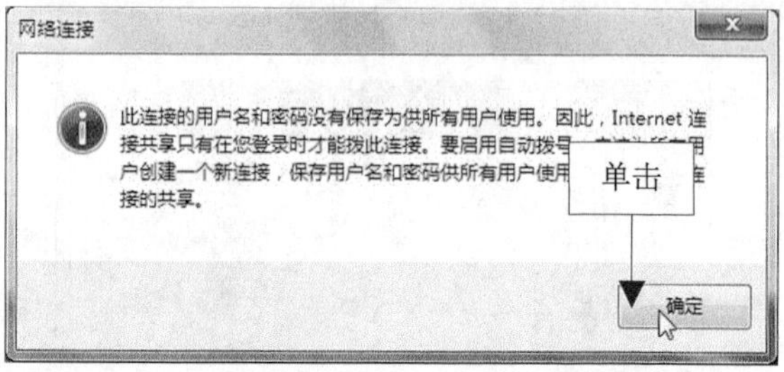

图 7-19 单击“确定”按钮

Step 5 返回到“宽带连接 属性”对话框，单击“确定”按钮，即可共享上网。

7.2.8 其他电脑接入

下面主要介绍笔记本电脑和苹果电脑接入家庭局域网的方法。

笔记本电脑接入局域网的方法与台式机相似。多数笔记本已有内置以太网卡或 PCMCIA 网卡，现在市面上也有集网卡和 Modem 一身的多功能 PC 卡，以及无线 USB 网卡，都很适合笔记本这样的移动电脑接入家庭局域网。

绝大多数苹果机内置了以太网卡，而且苹果机之间以 Apple Local Talk 协议实现简单的资源共享。由于苹果机在设计时考虑了与 PC 之间的通信，因而跨平台联网可以简单实现。不过，它需要专用软件来支持。苹果机的网卡使用 UTP 接口，因此它与 PC 之间的连接同 PC 与 PC 之间是一样的：如果只是将一台

PC 与一台苹果机连接，可用美国 Niramar 公司的软件 PC Mac LAN 实现文件和打印机的共享。

技巧

如果要将一台 PC 接入现有的苹果网，则要使用 APexx Technology 公司的 PC Talk Mac LAN Connect 套件，其中包括一个 PC Talk 卡，通过 PC 的并行口接入苹果网。

7.3 组建双机互连家庭局域网

若家庭中只有两台电脑，可以使用网卡、红外或 USB 接口将它们连接起来组成局域网。本节主要介绍组建双机互连家庭局域网的方法。

7.3.1 通过网卡连接

在家庭局域网中，要想方便快捷地共享光驱、打印机或是 Internet 连接，最好的方法仍然是通过以太网，而且现在以太网卡的价格已经降到了普通用户的可承受范围内，比较便宜的 10/100Mbps 自适应网卡已经降到几十元，而两块 PCI 接口的普通 100Mbps 网卡通常总共不超过 100 元就能买到。如果只是双机对连，还可以省去集线设备和路由器等，用一条廉价的绞线便能享受 10Mbps 或 100Mbps 交换的高速。要注意的是连接两个网卡的网线与普通的网线线序不同，必须采用交叉线。

安装了网卡并连接网线后，还要进行有关的软件设置。Windows 7 安装网卡时会自动安装 TCP/IP 协议并同网卡绑定，用户只要设定双方的 IP 地址便可以实现 TCP/IP 应用的访问了。

在“IP 地址”选项卡中选中“指定 IP 地址”，然后填写 IP 和子网掩码，在这种应用场合下，推荐使用 10.x.x.x 或 192.168.x.x 等 Internet 保留地址，只要保证两个地址属于同一网段，即网络地址相同且掩码相同即可。为了实现网络的共享，还需要“Microsoft 网络客户端”和“Microsoft 网络的文件和打印机共享”两个组件，添加组件的具体方法可参照本章的 7.2.3 小节。

技巧

可以将一个设为 192.168.0.1，另一个设为 192.168.0.2，子网掩码均为 255.255.255.0，其他的网关域名服务器等设置可省略。

7.3.2 通过 USB Link 连接

可以使用 USB Link 电缆连接方式来实现双机的互连功能，如图 7-20 所示，这样的线可以在电脑配件市场买到，可以使数据传送速率大幅度提高，而且设置十分简单，具体的连接方法如图 7-21 所示。

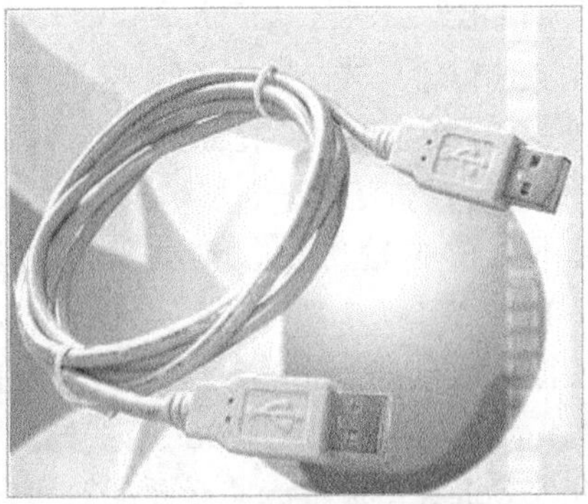

图 7-20　USB Link 电缆

图 7-21　连接 USB Link 电缆

市场上有多种 USB Link 电缆，不同种类和型号的电缆其功能略有不同，这里使用一款名为 USB Link-100 的双机互连电缆进行连接，其他类型 USB Link 电缆的安装和使用方法都基本相同。

提示

USB Link-100 电缆与普通的 USB 接口连接电缆很相似，但中间多了一块芯片，用来实现联机功能。通过 USB Link-100 连接后，双方计算机上几乎所有的资源都可以被共享，与网卡连接、直连电缆和 Modem 连接等方式有很大的区别。目前主流主板上已经集成了 USB 功能，只需用普通 USB 电缆就可以实现双机互连。

7.3.3 通过红外连接

笔记本电脑一般都会配备标准的红外线端口，只要两台笔记本电脑具有同样的 IrDA 标准，就可以通过红外线端口实现这两台笔记本电脑的互连。使用红外线端口来进行笔记本电脑之间的数据交换不需要任何附加设备，而且可以支持断点续传功能，是双机互连的简便快捷的方法之一。

根据不同的传输协议，红外线的传输速率有 9600bps、115.2kbps、1.15Mbps、4Mbps 等几种通信标准，目前市场上常见的笔记本电脑均支持 4Mbps 的传输速度，但有些要在 BIOS 的红外线传输模式 UART Mode Select 中进行一些必要的设置：如果选择 HPSIR，那么数据传输率为 115.2kbps；如果选择 ASKIR，那么数据传输率就可以提高到 4Mbps。

对笔记本电脑内的红外线传输设备，操作系统通常可以自动识别，相关的设备驱动程序以及相应的通信协议也会被自动安装。要启动红外线设备，在“控制面板”窗口中单击“红外线”图标，进入“红外线”设置窗口，在其中选择“启用红外线通讯”选项即可。之后，选中需要选送的文件并且单击鼠标右键，在弹出的快捷菜单中选择“发送到”→“红外线接收者”命令，就可完成文件的复制。

注意

在联机时，两台笔记本电脑不要相隔太远，中间不应该有太大的障碍物，附近也不要有强烈的光源，以免引起干扰。而且由于红外线发出的光波是以锥形传播，因此两个红外线端口应该在 30° 的偏角内。

7.4 组建 Windows 7 家庭网

在 Windows 7 操作系统中，增加了一种家庭网络功能，可以创建一个特定的家庭组网络，只有使用特定密码加入家庭组的用户，才能彼此共享资源，没有加入家庭网络的用户将无法访问该网络的资源，从而保证未授权的用户将不能使用共享资源，而且“家庭网络”不会对“工作网络”产生影响。

注意

使用家庭组共享功能时，必须首先将“网络位置”设置为家庭网络，并且创建家庭组和密码，其他计算机使用该密码加入此网络。不过，由于 Windows XP 和 Windows Vista 系统没有家庭组网络功能，因此无法使用家庭网络。

7.4.1 家庭组概述

使用家庭组，可轻松地在家庭网络上共享文件和打印机。可以与家庭组中的其他用户共享图片、音乐、视频、文档以及打印机。其他人无法更改用户共享的文件，除非该用户授予其他用户执行此操作的权限。

如果家庭网络上不存在家庭组，则在设置运行 Windows 7 系统的计算机时，会自动创建一个家庭组。如果已存在一个家庭组，则用户可以加入该家庭组。创建或加入家庭组后，可以选择要共享的库。用户可以阻止共享特定文件或文件夹，也可以在以后共享其他库。可以使用密码帮助保护家庭组，该密码也可以随时进行更改。

使用家庭组是一种共享家庭网络上的文件和打印机的最简便的方法，但也可使用其他方法来实现此操作。使用家庭组时应注意以下 3 点。

- 必须是运行 Windows 7 的计算机才能加入家庭组，且所有版本的 Windows 7 都可使用家庭组。在 Windows 7 简易版和 Windows 7 家庭普通版中，用户可以加入家庭组，但无法创建家庭组。
- 家庭组仅适用于家庭网络。
- 家庭组不会将任何数据发送到 Microsoft。

7.4.2 安装网卡驱动

Windows 7 是微软最新的客户端操作系统，它功能强大、操作简便，是大多数家庭局域网中的台式机和笔记本电脑的预装操作系统。相对于 Windows XP 系统而言，在安装网卡驱动程序方面区别并不大，只是在配置 IP 地址信息时略有不同。

Windows 7 系统用户可以通过自动和手动两种方式安装网卡驱动程序，并且自动安装网卡驱动程序的过程非常简单。下面只介绍手动安装的方法。

> **注 意**
>
> 相对于 Windows XP 系统而言，Windows 7 系统集成的硬件驱动程序类型更加丰富，并且版本都比较新。所以经常出现在一些旧机型上安装 Windows 7 系统后，驱动程序不正确，而 Windows 7 系统却无法纠正这个错误的故障，常常导致电脑部分功能无法正常使用。因此不推荐在较旧的机器上安装 Windows 7 系统。

对于不能通过自动方式安装驱动程序的网卡，即可通过手动方式安装。例如，本例中事先将相应版本的驱动程序复制到本地计算机上，然后以手动方式安装，具体步骤如下。

Step 1 将网卡正确安装到主板后，启动计算机，由于未能自动安装驱动程序，所以在“设备管理器”窗口中，将显示为“其他设备”，并在“以太网控制器”的图标上显示黄色惊叹号，在“以太网控制器”选项上单击鼠标右键，如图 7-22 所示。

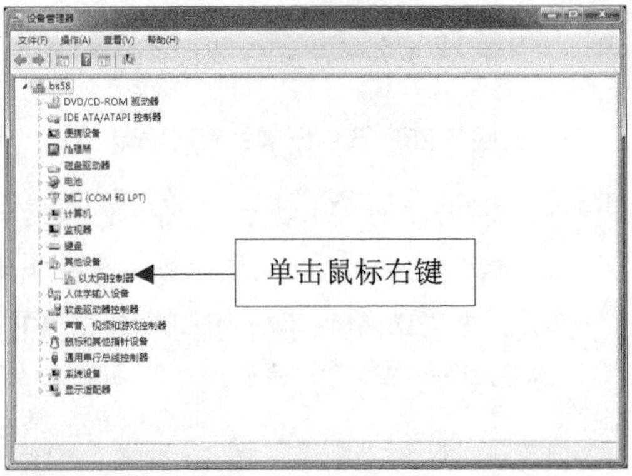

图 7-22 打开“设备管理器”窗口

Step 2 在弹出的快捷菜单中选择“更新驱动程序软件”命令，进入“您想如何搜索驱动程序软件”界面，提示用户可以通过自动和手动两种方式安装驱动程序软件，单击“浏览计算机以查找驱动程序软件”按钮，如图 7-23 所示。

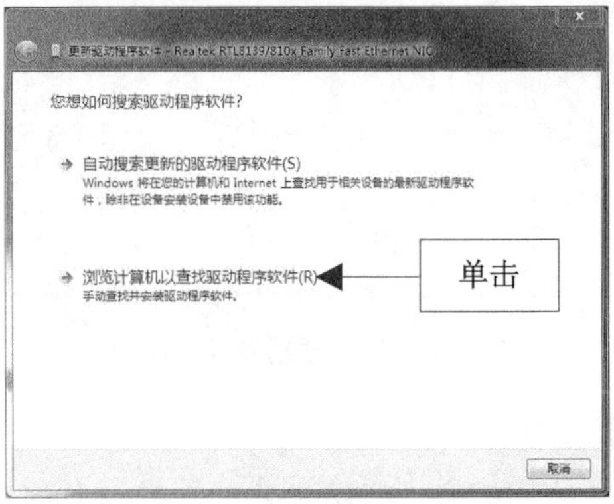

图 7-23 进入“您想如何搜索驱动程序软件”界面

Step 3 进入“浏览计算机上的驱动程序文件”界面，如图 7-24 所示，在“在以下位置搜索驱动程序软件”文本框中，输入保存驱动程序软件的路径，单击“下一步”按钮，也可以单击“浏览”按钮查找，如果包含多个不易区分的子文件夹，则可以选中“包括子文件夹”复选框，让安装程序自动搜索。

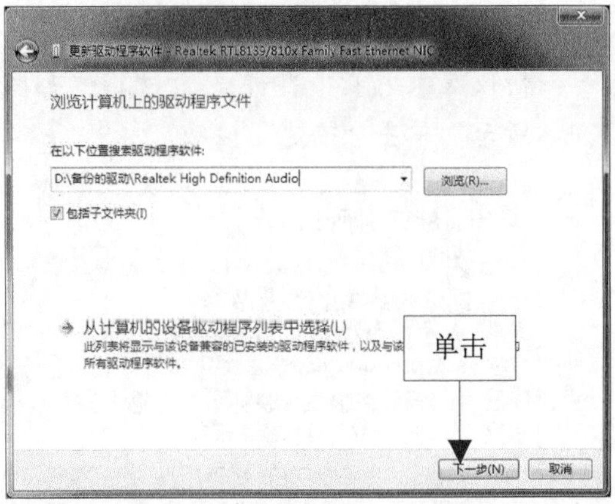

图 7-24 设置驱动程序文件路径

Step 4 开始安装，安装完成后，进入“已安装适合设备的最佳驱动程序软件”界面，如图 7-25 所示，单击“关闭”按钮，退出安装向导。。

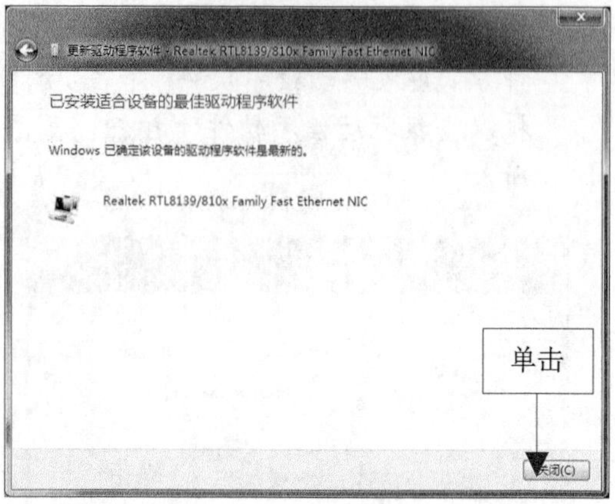

图 7-25　成功安装驱动

试一试

将计算机网卡驱动卸载后再按上面的方法重新安装一次。

7.4.3　创建家庭组

家庭组是家庭网络下的迷你局域网，通过加入家庭组，可以轻松地共享家庭网络上的文件和打印机，或是与家庭组中的其他人共享图片、音乐、视频、文档以及打印机。组建家庭组的具体操作步骤如下。

Step 1　创建家庭组必须启用 IPv6 协议，因此必须在“本地连接 属性”对话框中，选中“Internet 协议版本 6(TCP/IPv6)”复选框，如图 7-26 所示，单击“确定”按钮。

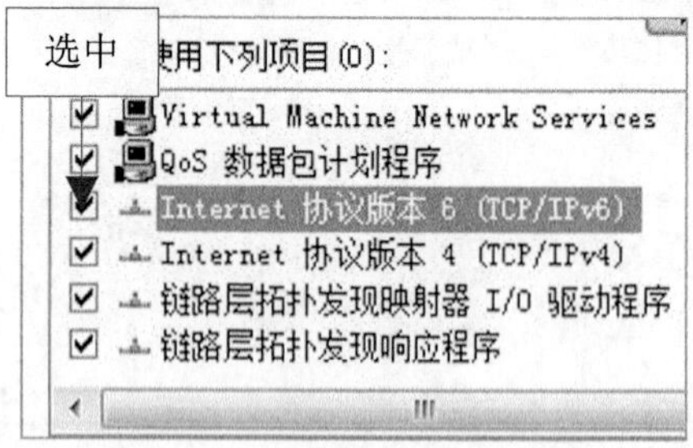

图 7-26　选中相应复选框

Step 2　打开“网络和共享中心”窗口，在“查看活动网络”选项区中，单击“公用网络”链接，如图 7-27 所示。

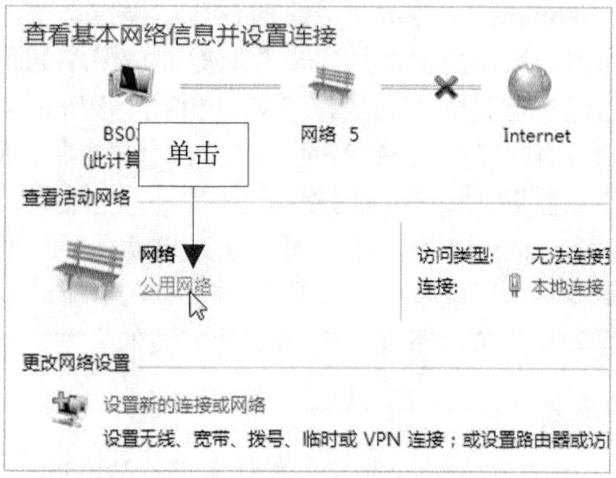

图 7-27　单击“公用网络”链接

Step 3　弹出如图 7-28 所示的对话框，可以选中所需的网络位置，单击“家庭网络”按钮，此处需要注意的是，只有计算机连接到 Internet 时才能更改网络位置。

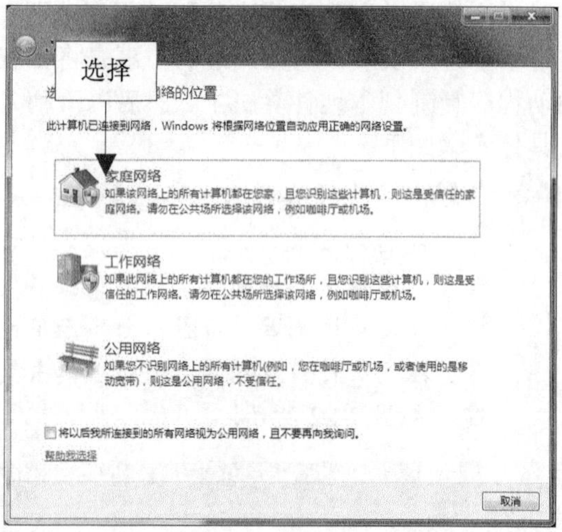

图 7-28　选中所需的网络位置

Step 4　进入“与运行 Windows 7 的其他家庭计算机共享”界面，在“选择您要共享的内容”选项区中，选择共享的内容，单击“下一步”按钮，如图 7-29 所示。

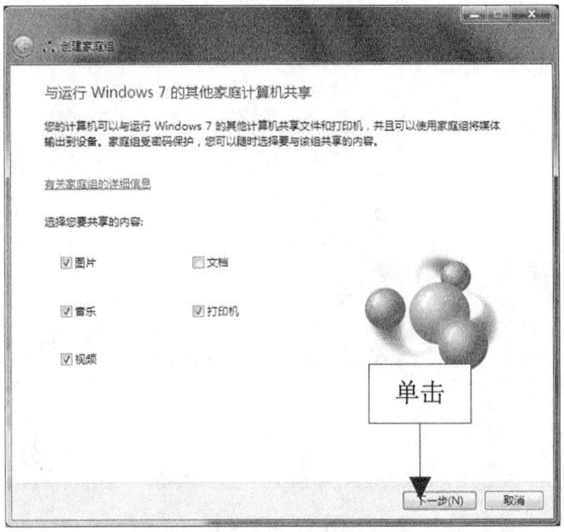

图 7-29 选择共享内容

Step 5 开始设置共享，完成后进入“使用此密码向您的家庭组添加其他计算机”界面，系统会自动生成一个密码，如图 7-30 所示，单击“完成”按钮，当其他家庭组的用户访问该计算机共享时，需要输入此密码。

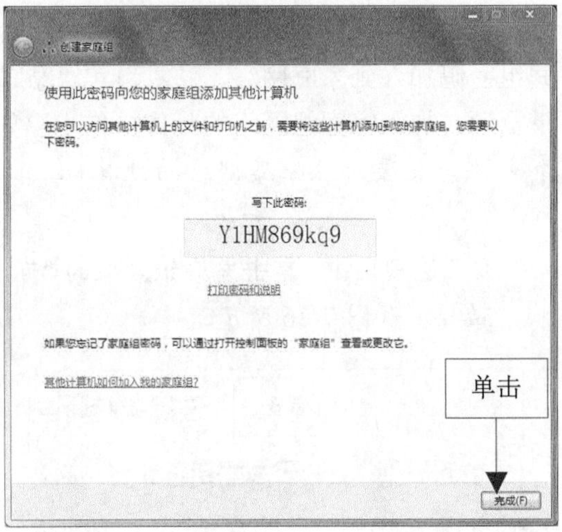

图 7-30 生成共享密码

Step 6 家庭组设置完成，在“网络和共享中心”窗口中可以看到已设置为“家庭网络”，如图 7-31 所示。

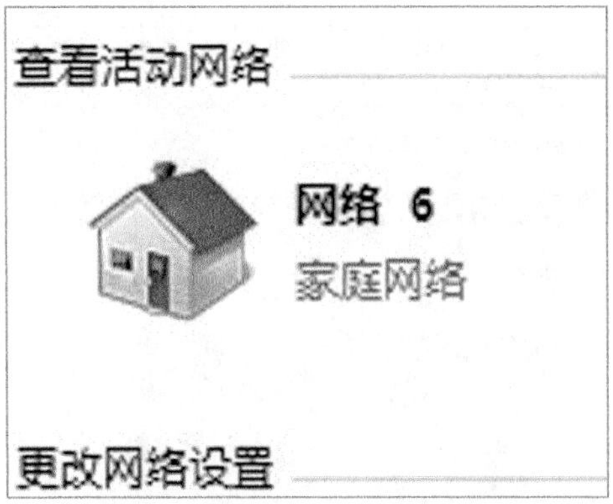

图 7-31 已设置为“家庭网络”

技巧

此处的密码不需要专门记录，如果忘记，可以在控制面板的“家庭组”中查看，并可更改成更容易记忆的密码。

Step 7 由于系统自动生成的家庭组密码非常复杂，不便于记忆，因此可改成简单的密码，在“网络和共享中心”窗口中，单击“家庭网络”链接，弹出“设置网络位置”对话框，单击“家庭网络”按钮，打开“更改家庭组设置”窗口，在此处可以更改家庭组的各种设置，在“其他家庭组操作”选项区中，单击“更改密码”链接，如图 7-32 所示。

图 7-32 打开“更改家庭组设置”窗口

Step 8 弹出“更改家庭组密码”对话框，如图 7-33 所示。

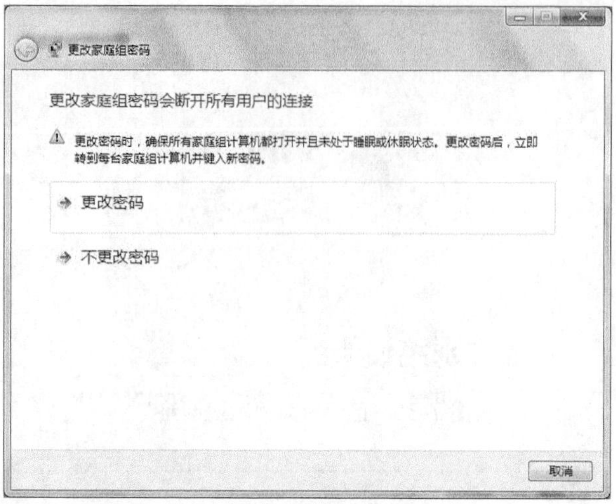

图 7-33　弹出“更改家庭组密码”对话框

Step 9　单击“更改密码”按钮，进入“键入家庭组的新密码”界面，在“键入您自己的密码或使用以下密码”文本框中输入新密码，单击“下一步”按钮，如图 7-34 所示。

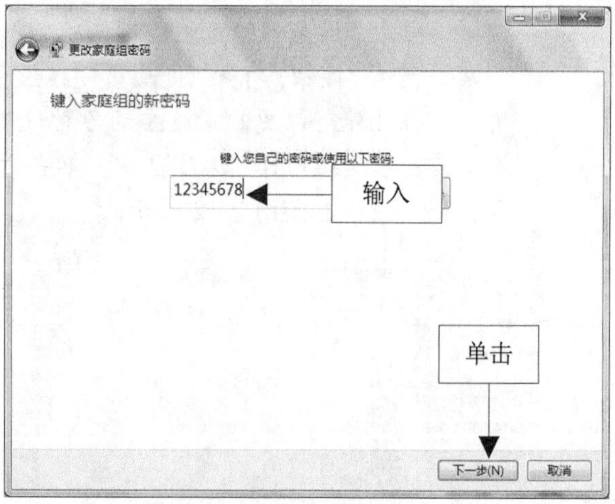

图 7-34　输入新密码

Step 10　进入“更改家庭组密码成功”界面，并列出了更改成功的密码，如图 7-35 所示，需要注意的是，家庭组密码至少为 8 位。

Step 11　单击“完成”按钮，即可完成家庭组的创建。

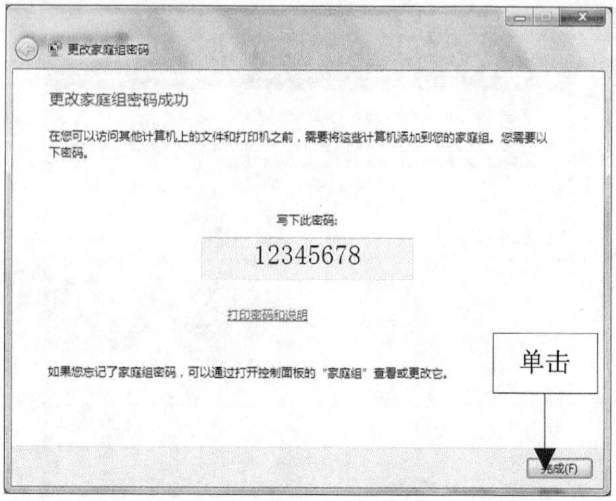

图 7-35　进入“更改家庭组密码成功”界面

7.4.4　加入家庭组

在网络上的某个用户创建家庭组后，下一步是加入该家庭组。需要使用家庭组密码，可以从创建该家庭组的用户那里获取该密码。加入家庭组后，计算机上的所有用户账户都可以成为该家庭组的成员。不过，必须先将网络位置设置为“家庭网络”，然后利用家庭组密码加入到家庭网络，以便和其他家庭组用户共享资源。加入家庭组网络的具体操作步骤如下。

Step 1　在其他要加入家庭网络的计算机上，打开“网络和共享中心”窗口，在“查看活动网络”选项区中，单击家庭组右侧的“可加入”链接，如图 7-36 所示。

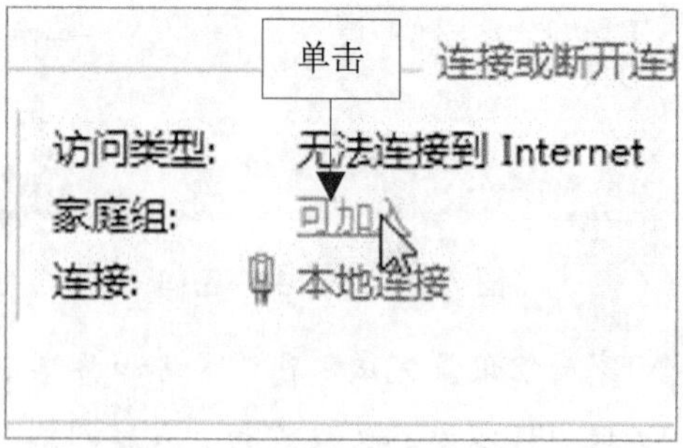

图 7-36　单击“可加入”链接

Step 2 出现“与运行 Windows 7 的其他家庭计算机共享”窗口，单击“立即加入”按钮，如图 7-37 所示。

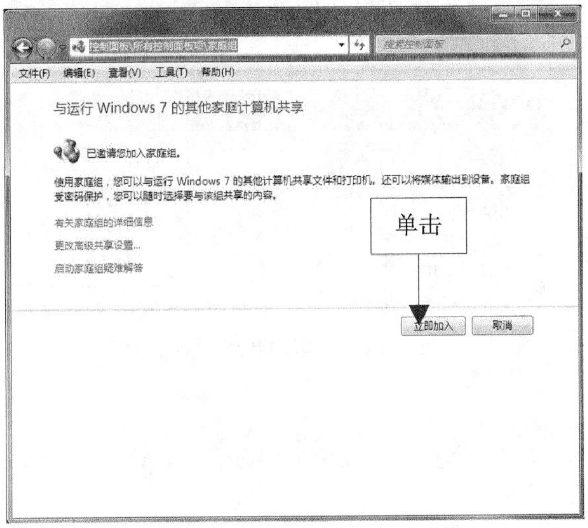

图 7-37 出现相应的窗口

Step 3 进入下一个界面，选中“文档”复选框，单击“下一步”按钮，如图 7-38 所示。

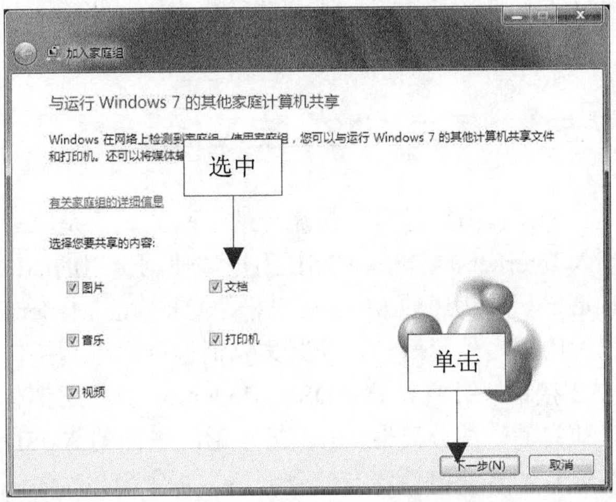

图 7-38 选中“文档”前的复选框

Step 4 进入“键入家庭组密码”界面，在“键入密码”下的文本框中输入相应的密码，单击“下一步”按钮，如图 7-39 所示。

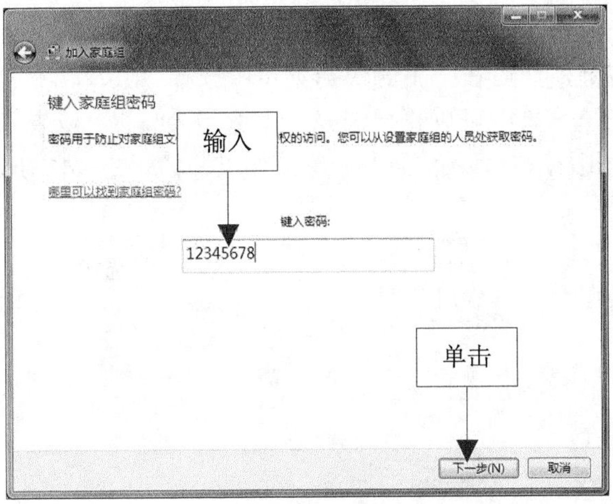

图 7-39 输入相应的密码

Step 5 进入“您已加入该家庭组”界面，提示加入家庭组成功，单击“完成”按钮即可。

7.4.5 设置家庭组共享文件夹

家庭组网络设置完成后，需要设置共享文件夹，添加“家庭组”账户，使得只有家庭组的用户才能访问，“家庭组”同样具有“读取”和“读取/写入”两种权限。

在 Windows 资源管理器中选择欲为家庭组网络设置共享的文件夹，在工具栏中单击“共享”按钮，在子菜单可以直接选择“家庭组(读取)”或者“家庭组(读取/写入)”命令，即可设置为家庭组共享，如图 7-40 所示。

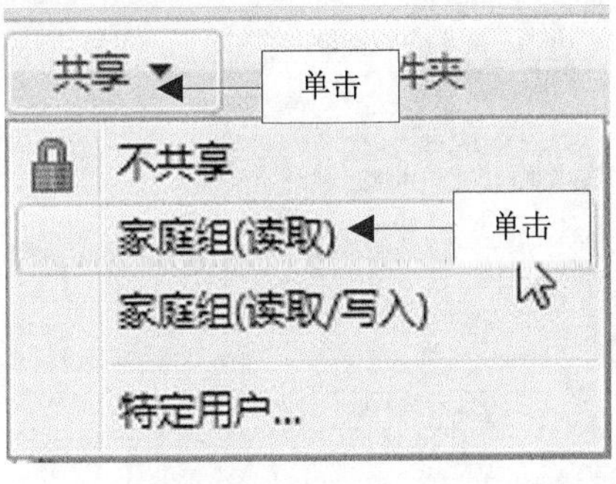

图 7-40 使用命令共享

也可以在设置要共享文件夹的图标上单击鼠标右键，然后在弹出的快捷菜单中选择“共享”命令，在子菜单中可以直接选择“家庭组(读取)”或者“家庭组(读取/写入)”命令为家庭组共享，如图 7-41 所示。

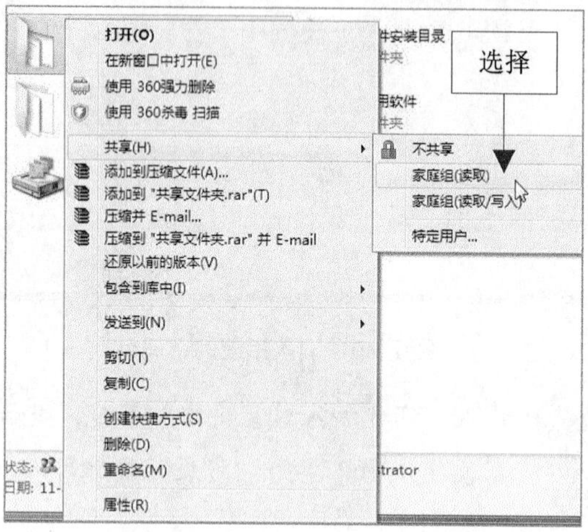

图 7-41　使用选项共享

7.4.6　隐藏家庭组共享资源

在 Windows 7 系统中同样可以设置隐藏共享，由于使用简单共享时无法设置共享名，因此需要在高级共享中设置，如图 7-42 所示，在共享名中添加一个“$”符号即可。

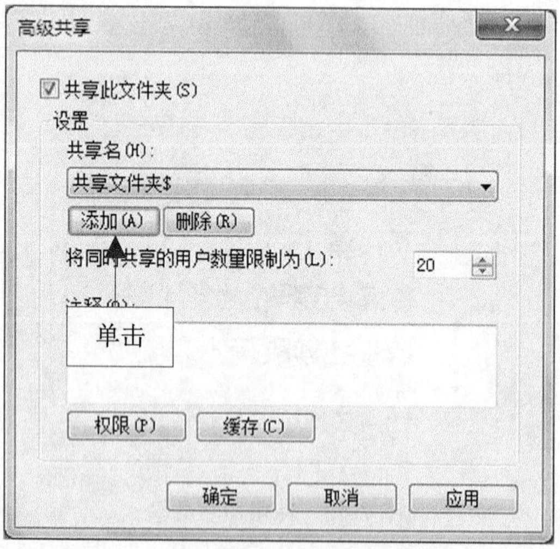

图 7-42　隐藏共享

如果当前文件夹已经设置为共享，则无法直接更改共享名，但可以添加一个新的共享名，单击“添加”按钮，弹出“新建共享”对话框，在“共享名”文本框中输入新名称即可，如图 7-43 所示，单击“确定”按钮即可添加。

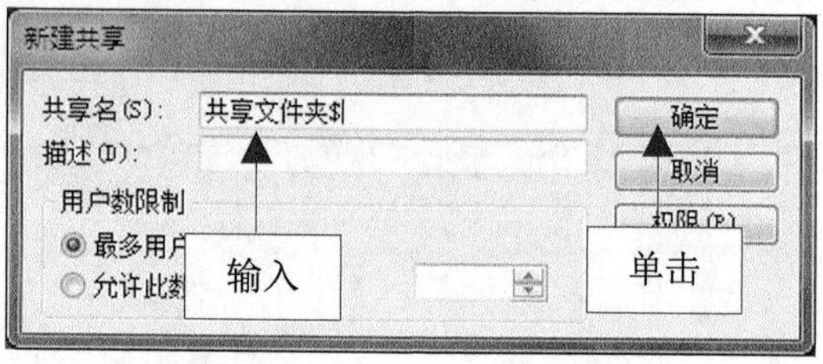

图 7-43　“新建共享”对话框

7.5　家庭局域网接入 Internet

组建家庭局域网最重要的用途就是通过局域网实现共享上网，这里需要在其中一台计算机上安装代理服务器软件，其他计算机作为客户机，然后通过代理服务器共享上网，或者使用对等网(或路由器)共享 Internet。本节主要介绍通过 ADSL 接入 Internet 和使用代理服务器共享网络的操作方法。

7.5.1　通过 ADSL 接入 Internet

ADSL 仍然是目前最流行的上网方式，是家庭网接入 Internet 的途径。ADSL 用户端使用专用的 ADSL Modem，与普通的 Modem 一样，ADSL 的 Modem 也分为内置、外置两种。外置又包括标准局域网接口和 USB 接口，并且外置 ADSL Modem 一般都还带有一个独立的滤波分离器，用于把电话线里面的 ADSL 网络信号和普通电话语音信号分离。内置 ADSL Modem 一般都把分离器集成在了内置卡上面，内置通常使用的是计算机的 PCI 总线接口。

1. 连接 ADSL 设备

ADSL 设备与计算机和电话线的连接非常简易方便，通常只需要将电信局提供的加载了 ADSL 信号的电话线连上滤波分离器，滤波分离器与 ADSL Modem

之间根据接口方式(RJ-11)，如图 7-44 所示，用一条两芯电话线连上即可，RJ-45(即局域网接口)用一条交叉网线(即 100M 网线连接方法)连通，ADSL Modem 与计算机的网卡之间用一条交叉网线连通，即可完成硬件安装(或者连接到 USB 接口)。内置的相对来说更简单，把电话线插到主机箱后的 ADSL 插孔即可。

图 7-44　RJ-11 电话接口

网线和电话线与 ADSL Modem 连接完毕后，即可打开计算机和 ADSL Modem 的电源，如果两边连接网线的插孔所对应的LED都亮了，则ADSL Modem 就连接成功了。查看网络连通的操作步骤如下。

Step 1　在桌面“网络”图标上单击鼠标右键，在弹出的快捷菜单中选择“属性”命令，打开“网络和共享中心”窗口，单击“更改适配器设置”链接。

Step 2　打开“网络连接”窗口，即可在其中查看网卡的连接状态，如图 7-45 所示。

图 7-45　打开“网络连接”窗口

2. ADSL 接入方式

ADSL 接入互联网有两种主要的方式，即专线接入和虚拟拨号，所以在硬件连接完成以后，对软件的安装设置也不同。

(1) 专线接入方式。

由 ISP 服务商提供静态 IP 地址、主机名称、DNS 等入网信息，系统的设置和安装局域网一样，安装好 TCP/IP 协议，直接在网卡上设定好 IP 地址和 DNS 服务器等信息，即可接入互联网。

(2) 虚拟拨号方式。

使用 PPPoE 协议软件，然后按照传统拨号方式上网，ISP 提供商分配动态 IP。

3. 设置 Internet 连接

家庭局域网的用户可以使用 Windows 7 系统自带的网络拨号程序进行拨号上网。

7.5.2　通过 CCProxy 共享 Internet

使用 ADSL 的家庭局域网要实现共享上网，也就是多台计算机同时上网，必须在服务器上使用共享代理服务器软件。下面就以 CCProxy 为例，讲解如何在一个家庭局域网内通过代理软件使多台计算机同时上网。

代理服务器 CCProxy 是一款国产软件，该软件可在网上下载，在服务器上进行安装、注册(演示版只支持 3 用户)。CCProxy 有很多实用、灵活的功能，可以满足一般用户的各种要求。

1. CCProxy 概述

在家庭局域网共享上网中，可以有很多代理服务器软件，如 CCProxy、WinGate、SyGate 等。其中，CCProxy 是一款更为流行、更为简单、更为方便家庭局域网使用的软件。

CCProxy 的安装非常简单，工作稳定，功能强大，速度极快，完全可以运行在 Windows 7/XP/Server 2003/Server 2007 等操作系统之上，而且支持共享 Modem、ISDN、ADSL、DDN 专线等访问 Internet。CCProxy 还具有以下显著的优点。

- 支持 HTTP、FTP、Gopher、SOCKS4/5、Telnet、HTTPS、NNTP、RTSP、MMS 等多种代理协议。
- 支持浏览器通过 HTTP、Secure、FTP(Web)、Gopher 代理上网。
- 支持客户端使用 Outlook、Foxmail 等通用邮件客户端软件收发邮件。
- 支持 OICQ、ICQ、QQ、Yahoo Messenger、MSN、iMRC、联众游戏、股票软件通过 SOCKS5 代理上网。
- 支持 CuteFTP、CuteFTP Pro、WS-FTP 等软件通过 FTP 代理上网。
- 支持 RealPlayer 通过 RTST 代理接收视频，支持 MediaPlayer 通过 MMS 代理接收视频信息。
- 支持 NetTerm、Fterm 等 Telnet 软件通过代理上网。
- 支持 Outlook 通过 News 代理连接新闻服务器。
- 支持远程拨号、自动拨号、自动断线功能。
- 支持 HTTP 和 SOCKS5 用户验证。

2. 安装 CCProxy

CCPrxoy 的安装非常简单，其具体操作步骤如下。

Step 1 在本地硬盘下载目录中的 ccproxysetup.exe 图标上，双击鼠标左键，如图 7-46 所示。

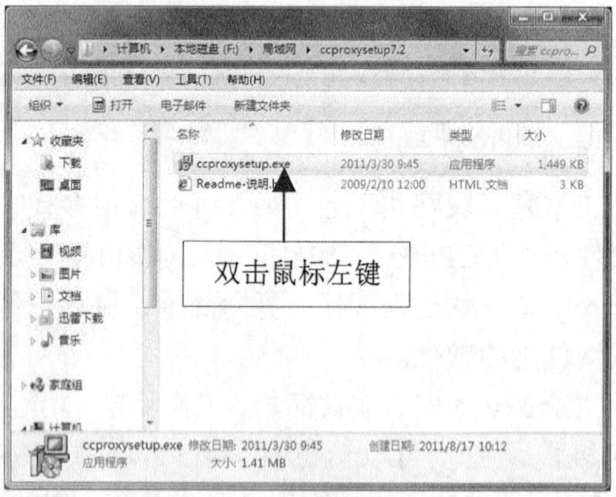

图 7-46 双击相应的图标

Step 2 弹出相应的对话框，如图 7-47 所示，显示 CCPrxoy 的安装界面，单击 Next 按钮，如图 7-47 所示。

图 7-47 单击 Next 按钮

Step 3 进入 Select Destination Location 界面，设置 CCProxy 的安装路径，单击 Next 按钮，如图 7-48 所示。

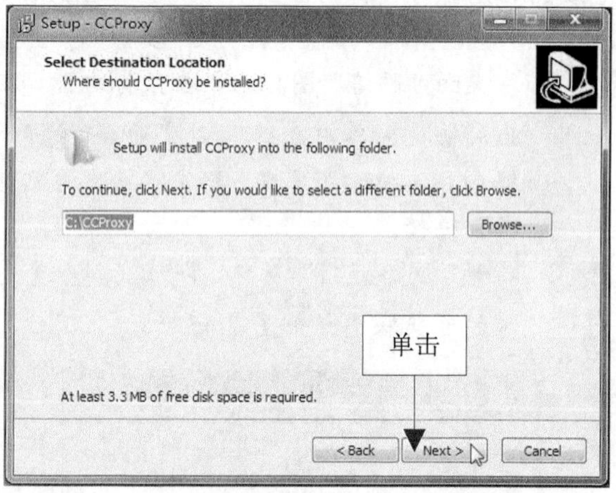

图 7-48 单击 Next 按钮

Step 4 进入 Select Start Menu Folder 界面，设置 CCProxy 的开始菜单名称，单击 Next 按钮，如图 7-49 所示。

Step 5 进入 Select Additional Tasks 界面，创建快捷图标，单击 Next 按钮，如图 7-50 所示。

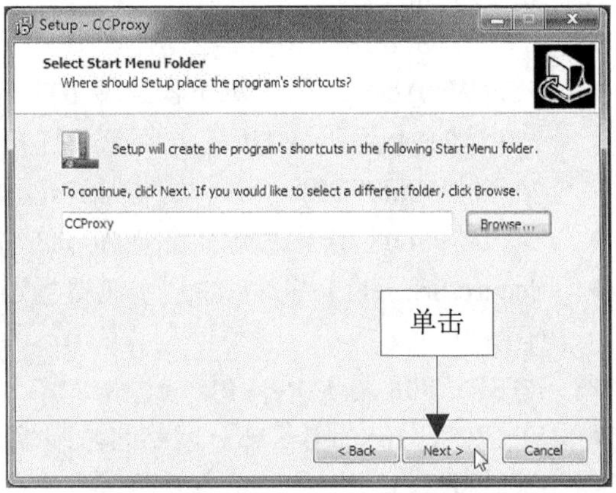

图 7-49　单击 Next 按钮

图 7-50　单击 Next 按钮

Step 6　进入 Ready to Install 界面，显示安装信息，单击 Install 按钮，如图 7-51 所示。

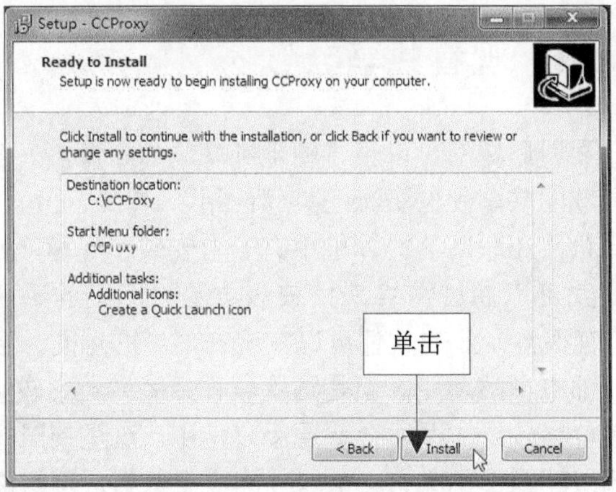

图 7-51　单击 Install 按钮

Step 7　安装完成后，弹出相应的对话框，显示 CCProxy 安装成功，单击 Finish 按钮，如图 7-52 所示。

Step 8　执行操作后，即可启动 CCProxy 的主程序，如图 7-53 所示。

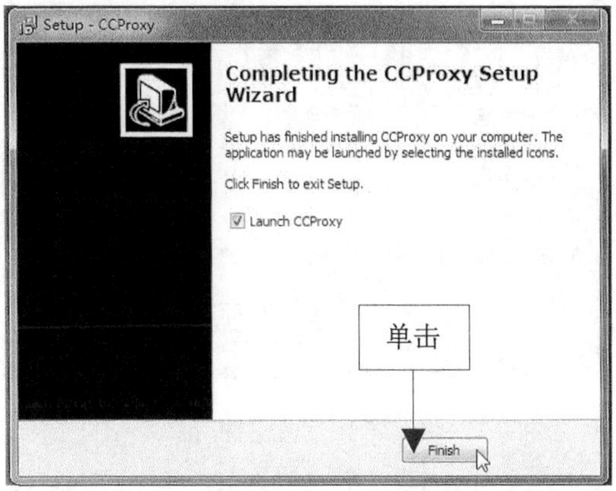

图 7-52　单击 Finish 按钮

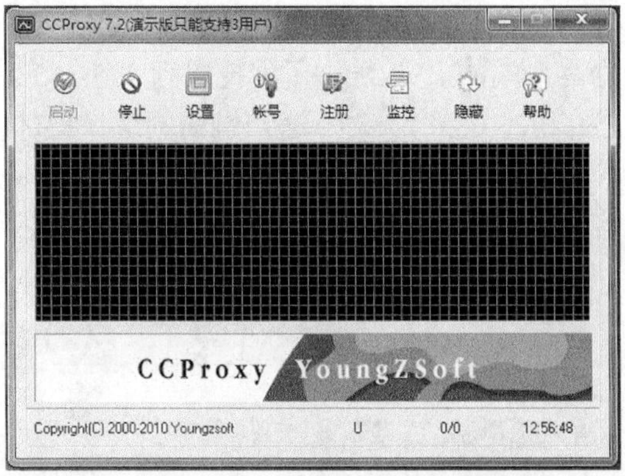

图 7-53　启动 CCProxy 的主程序

3. 局域网 IP 设置

安装完 CCProxy 之后，需要对局域网中的服务器和客户机进行相应的设置才可以上网，首先需要检查服务器的网络属性，确保里面没有多余的无用的 TCP/IP 协议，有时系统会自动添加一个无用的拨号适配器及相应的 TCP/IP 协议，需要删除这些多余的网卡适配器和相应的 TCP/IP 协议。另外一点就是，服务器一般是安装了两块网卡，在网卡 IP 设置上需要注意，不要将两个 IP 设置在一个网段内，否则会造成路由混乱，比如一块网卡是 192.168.0.1，另一块网卡就不要设置成 192.168.0.2，可以设置为 192.168.0.1，如图 7-54 所示。

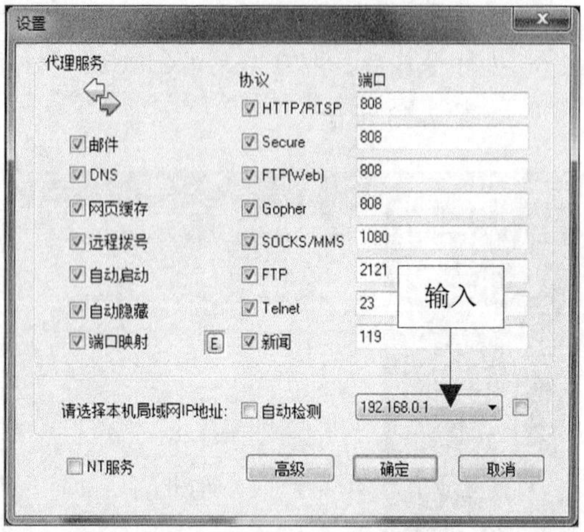

图 7-54　设置主机 IP

在分配局域网内计算机 IP 时，一般是按照 192.168.0.1、192.168.0.2、192.168.0.3、…、192.168.0.254 的形式来分配，其中服务器是 192.168.0.1，其他 IP 地址为客户端的 IP 地址，子网掩码为 255.255.255.0、DNS 为 192.168.0.1。对于客户端的网络设置(打开客户端的本地连接属性)，这里假设 IP 为 192.168.0.2，其他客户端的网络设置只是 IP 不同而已，如图 7-55 所示。

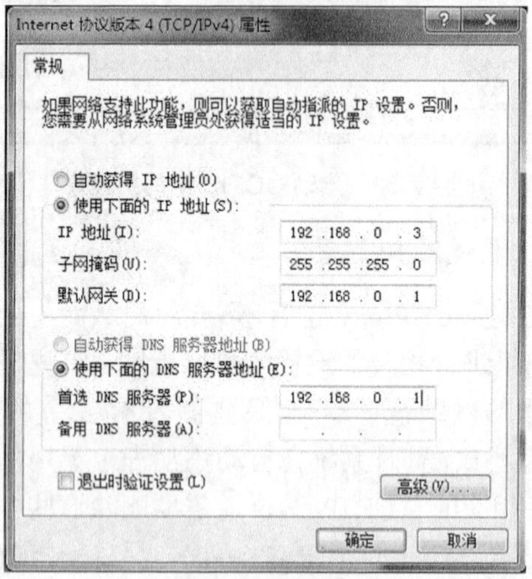

图 7-55　设置客户端 IP

另外，CCProxy 的默认代理端口列表如下，在日常设置中经常可以应用。

- HTTP：808 用于浏览器上网。
- FTP(Web)：808 用于浏览器连接 FTP 站点。
- FTP：2121 用于 FTP 客户端软件连接 FTP 站点(如 CuteFTP)。
- Gopher：808 用于浏览器连接 Gopher 站点。
- Secure/SSL/HTTPS：808 用于浏览器连接安全站点。
- RTSP：808 用于 Real Player。
- SOCKS：1080 用于部分网络客户端软件(如 QQ，联众)。
- MMS：1080 用于 Media Player。
- News(NNTP)：119 用于 Outlook 连接新闻服务器。
- SMTP：25 用于邮件客户端软件发送邮件(如 Outlook、Foxmail)。
- POP3：110 用于邮件客户端软件接收邮件(如 Outlook、Foxmail)。
- Telnet：23 用于某些 Telnet 客户端软件，如 Fterm。

7.6　家庭局域网应用实战

在家庭局域网组建完成后，即可通过共享观看电影，或联机玩游戏等，本节主要介绍应用家庭局域网的方法。

7.6.1　观看共享电影

利用局域网可以很方便地共享软件资源，下面介绍局域网共享硬件资源的具体应用。

只要在联网的计算机中有一台安装了光驱，其他电脑就可以通过网络来播放该电脑光驱中的影片节目。有很多专业的软件可以实现在局域网上同时播放同一部电影的功能，但是这些软件或者专业性较强，或者价格较贵，不适合普通用户使用。这里使用的是“超级解霸 2010”，这个软件同样支持播放网络影片的功能。

1. 安装超级解霸 2010

首先在每台计算机上分别安装超级解霸 2010，安装超级解霸 2010 的具体操作步骤如下。

Step 1 在本地硬盘下载目录中的 superplayer.exe 图标上，双击鼠标左键，如图 7-56 所示。

图 7-56 在 superplayer.exe 图标上双击鼠标左键

Step 2 弹出“超级解霸 2010 Beta2 安装”对话框，显示超级解霸的安装界面，单击“下一步”按钮，如图 7-57 所示。

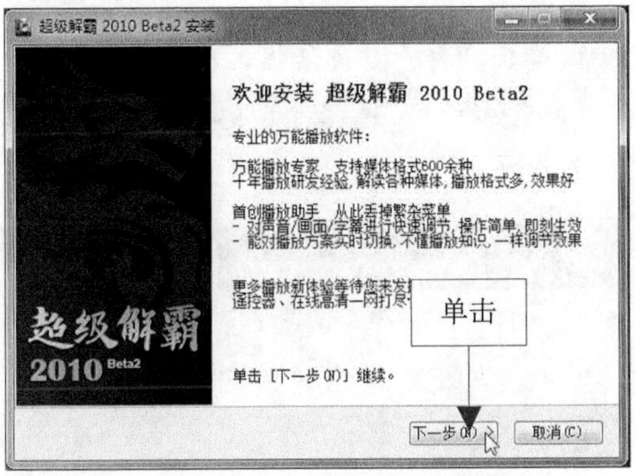

图 7-57 显示超级解霸的安装界面

Step 3 进入“许可证协议”界面，显示用户许可协议信息，单击“我接受”按钮，如图 7-58 所示。

Step 4 进入“选择组件”界面，选择需要安装的组件，单击“下一步”按钮，如图 7-59 所示。

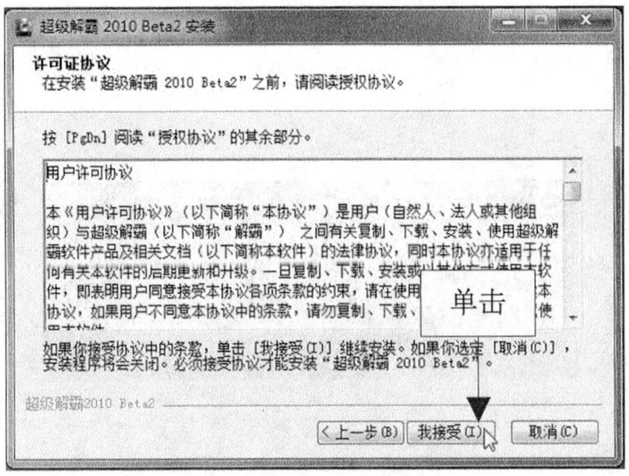

图 7-58 单击“我接受”按钮

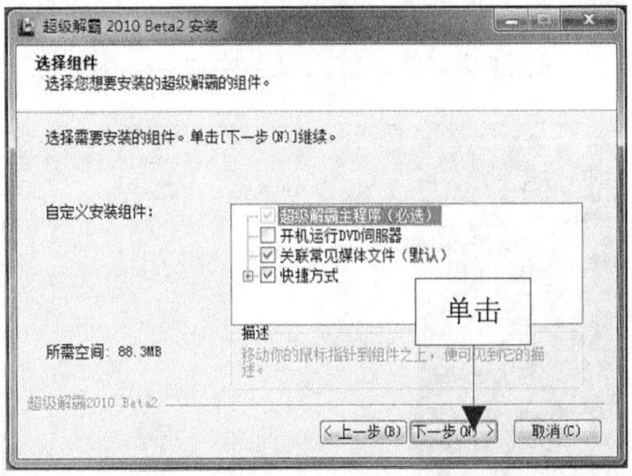

图 7-59 选择需要安装的组件

Step 5 进入“选择安装位置”界面，在“目标文件夹”下的文本框中输入相应的路径，单击“安装”按钮，如图 7-60 所示。

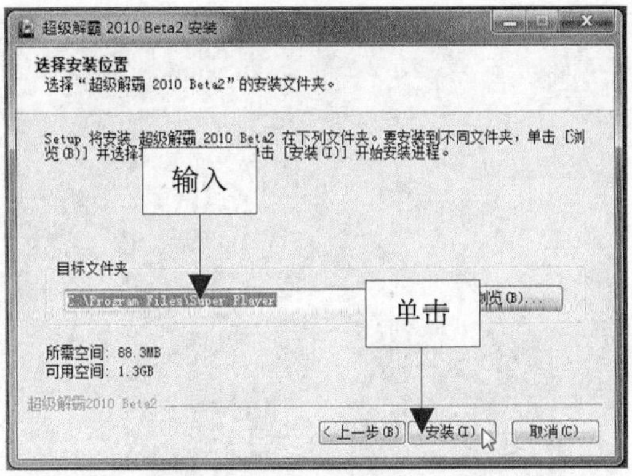

图 7-60 单击“安装”按钮

Step 6 进入“正在安装”界面，显示安装进度，如图 7-61 所示。

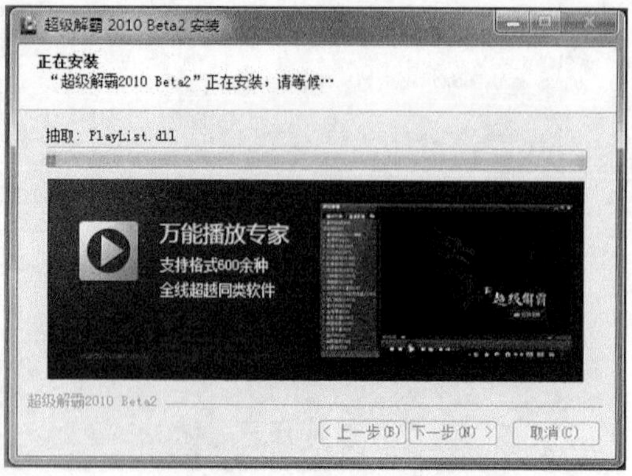

图 7-61　显示安装进度

Step 7 安装完成后，进入相应的界面显示安装完成的信息，单击"完成"按钮，如图 7-62 所示。

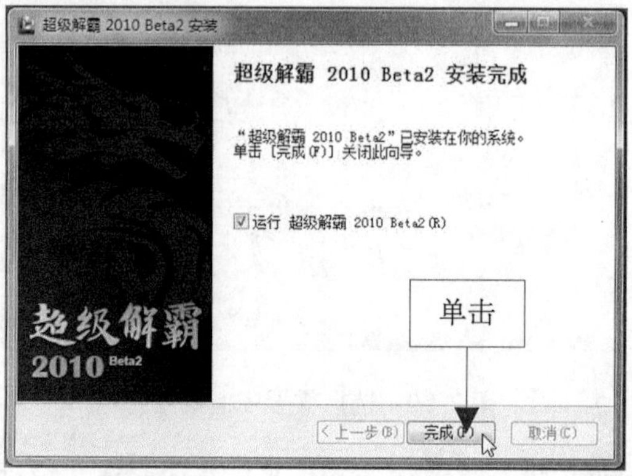

图 7-62　进入相应界面

Step 8 打开超级解霸 2010 工作界面，如图 7-63 所示。

图 7-63　启动超级解霸 2010

2. 播放局域网光驱中的电影

安装完成后，将影片光盘放入装有光驱的计算机中，并将光驱共享，即可在局域网中其他的计算机上使用超级解霸 2010 来播放共享光驱中的影片了，具体操作步骤如下。

Step 1 启动超级解霸 2010，在软件主界面上单击鼠标右键，在弹出的快捷菜单中选择"打开文件"命令，如图 7-64 所示。

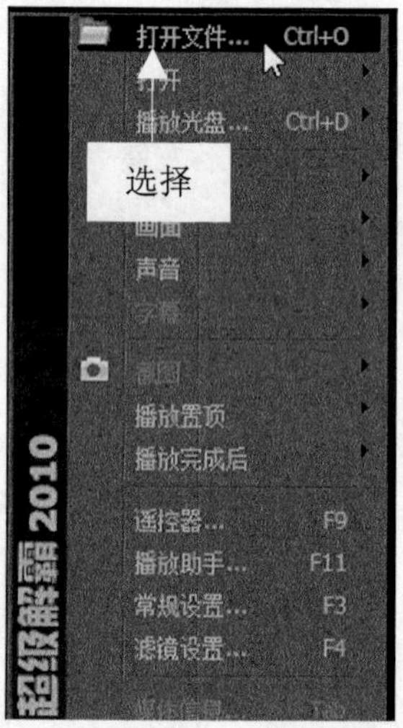

图 7-64　选择"打开文件"命令

Step 2 弹出"打开"对话框，在左侧"组织"下拉列表框中，选择"网络"选项，如图 7-65 所示。

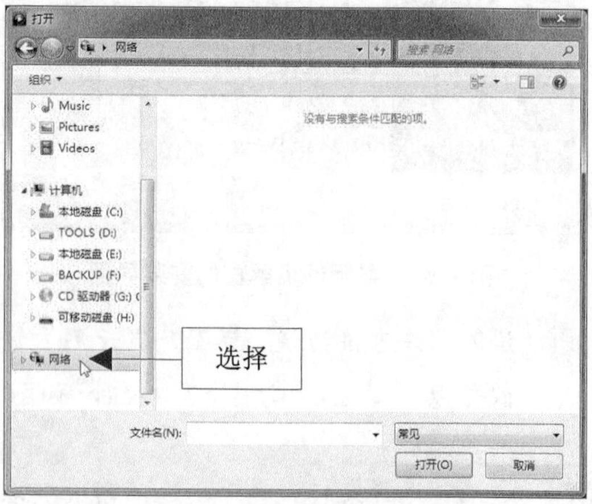

图 7-65　选择"网络"选项

Step 3 这时就会在右侧的窗口中看到连接的计算机，在相应的计算机图标上双击鼠标左键，如图 7-66 所示。

图 7-66　在计算机图标上双击鼠标左键

Step 4 进入该共享计算机的子文件夹，在“光驱”图标上双击鼠标左键，如图 7-67 所示。

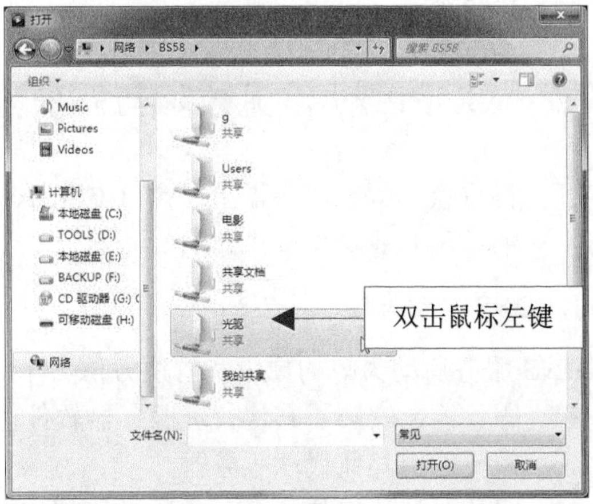

图 7-67　在“光驱”图标上双击鼠标左键

Step 5 进入共享光驱目录，找到并选择要播放的影片文件，单击“打开”按钮，如图 7-68 所示。

Step 6 执行操作后，该计算机上的超级解霸 2010 即可播放局域网共享光驱中的影片，如图 7-69 所示。

图 7-68　单击“打开”按钮

图 7-69　播放局域网共享光驱中的影片

试一试

在电脑上安装好超级解霸 2010 后，按照上面的方法打开局域网共享光驱中的电影。

7.6.2　进行联机游戏

在家庭局域网中可以进行联机游戏，下面以一个具体的实例来介绍多人游戏在家庭局域网上的设置方法和过程。

本例中使用的是“帝国时代 2”联机游戏的连接过程。首先，应确定已经连上 Internet，运行 AOE 程序，单击“多人连线游戏”按钮，然后在“连线类别”下拉列表框中选择“用于 DirectPlay 的 Internet TCP/IP 连接”选项，如图 7-70 所示，单击“建立”按钮创建游戏，这时单击 IP 按钮，显示 IP 地址，以获取本机 IP 地址，然后将此 IP 地址告诉其他局域网中的联机游戏用户，则其他用户可以加入以该计算机作为主机的游戏。其他要加入游戏主机的用户同样选择“使用 DirectPlay 的 Internet TCP/IP 连接”选项，单击“显示游戏”按钮，弹出“显示游戏”对话框，填入主机的 IP 地址，如图 7-71 所示。单击“确定”按钮即可找到该主机，单击“加入”按钮，稍后即可加入此局域网游戏。

图 7-70　选择“用于 DirectPlay 的 Internet TCP/IP 连接”

图 7-71　填入主机的 IP 地址

技巧

开始游戏前应尽量关闭其他的应用程序，否则会严重影响游戏速度，甚至出现停顿的现象。可以按 Alt + Tab 组合键在游戏和其他应用程序之间切换。其他局域网游戏的设置方法与“帝国时代 2”的设置有相同之处，所以用户可以根据游戏中的提示自行设置。

7.7　家庭局域网常见故障排除案例

搭建家庭局域网并不困难，但是在家庭局域网的使用过程中，网络故障总是会经常发生的，各种各样的现象都可能发生，本节主要介绍常见的故障及排除方法。

7.7.1　没有网卡驱动

安装网卡必然要安装驱动程序才能确保网卡的正常工作，一般在购买网卡时候，都会随卡附带网卡的驱动程序，但如果因为各种原因造成网卡驱动程序丢失，该如何安装或设置网卡驱动程序呢？

首先，让操作系统检测该网卡是不是 PnP(即插即用)的。如果是支持 PnP 功能的网卡，那么即使没有驱动程序，操作系统也能检测到它，并用系统内嵌的网卡驱动程序驱动网卡工作。因此，最终的解决方案是一定要保管好网卡驱动程序，最好也在硬盘中做一个备份，以防不测。

7.7.2　CCProxy 常见故障与解决方法

下面将重点讲解在服务器上使用 CCProxy 共享网络过程中常见的故障与解决方法。

1. *DNS 启动失败*

DNS 服务启动失败的原因和解决办法如下。

- 服务器上安装了其他代理服务器软件，此时需要停用其他代理服务器。
- 服务器默认安装了 Windows 自带的 DNS 服务器。这种情况一般多发生在 Windows 2000 上。因为 Windows 2000 已经自动安装了 DNS 服务器，无需使用 CCProxy 的 DNS 服务，可以取消 CCProxy 的 DNS 代理设置。方法是：选择主界面中的“设置”选项，然后取消选中 DNS 复选框即可。

2. *邮件代理启动失败*

邮件代理启动失败的原因和解决办法如下。

- 如果安装了可以防止 E-mail 病毒的杀毒软件，可能会造成 110(POP3)端口冲突，此时需要停用该软件的邮件杀毒功能。虽然 CCProxy 提供了修改 POP3 端口的功能，但是这样设置会导致大量客户端程序跟着修改端口，因此建议使用优秀的杀毒软件 Norton。
- 如果安装了其他代理服务器软件，可能会造成 110(POP3)、25(SMTP)端口冲突。因为有些代理服务器可能也具备邮件代理功能。这种情况下，需要停止这些代理服务器中的邮件代理功能。
- 如果安装了防火墙程序，也可能会造成端口冲突，需要开放 25(SMTP)、110(POP3)、53(DNS)、80(HTTP)、8011(Admin)、5353(MX)端口。
- 如果安装了邮件服务器程序，也会造成端口冲突，很明显是因为都用了相同的端口，必须停止这些邮件服务器才能使 CCProxy 运行正常。
- 如果能确认其他软件也能完成邮件代理功能(如 CMailServer)，就可以不必再用 CCProxy 的邮件代理了，从“设置”里取消选中“邮件”复选框，如图 7-72 所示。

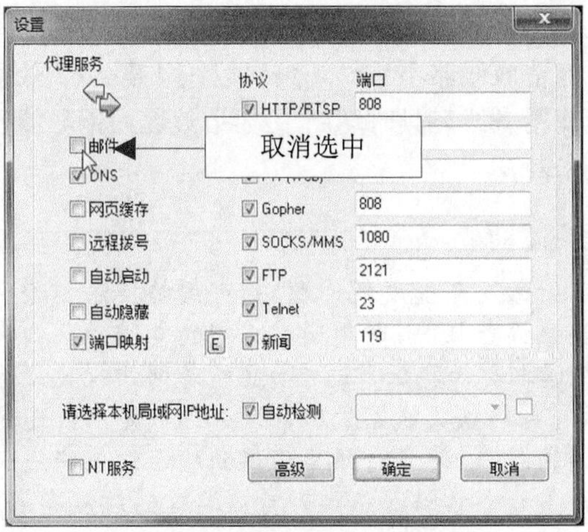

图 7-72　取消选中“邮件”复选框

故障解析

一个很简单的测试本机是否安装了其他跟邮件有关的软件的方法：在命令行方式下，输入命令 telnet 127.0.0.1 110 或者 telnet 127.0.0.1 25，就可以看到相应的提示信息，判断出跟哪个软件有关。

3. 新闻代理服务启动失败

新闻代理服务启动失败的原因和解决办法如下。

- 服务器上安装了其他代理服务器软件，这时需要停用其他代理服务器。
- 服务器上安装了微软的 NNTP Service，这时需要停用 NNTP 服务。

Step 1　选择“开始”→“控制面板”命令，打开“控制面板”窗口，单击“程序和功能”图标，如图 7-73 所示。

图 7-73　单击“程序和功能”图标

Step 2　出现“程序和功能”窗口，在“控制面板主页”下单击“打开或关闭 Windows 功能”链接，如图 7-74 所示。

图 7-74　单击“打开或关闭 Windows 功能”链接

Step 3 弹出“Windows 功能”对话框，在下拉列表框中选中“Internet 信息服务”复选框，如图 7-75 所示。

图 7-75　选中“Internet 信息服务”复选框

Step 4 单击“确定”按钮即可取消 NNTP 服务。

4. SOCKS 或者 HTTP 等代理启动失败

出现这种问题主要是因为计算机已经安装了其他网络相关的软件，造成端口冲突。可以按照下列方法来解决。

可以试着停止某些正在运行的软件，看是否有影响。进入 CCProxy 设置界面，修改相应协议的端口。一般可以在原端口上加 1。如 SOCKS 代理的端口默认值是 1080，可以试着改成 1081，如图 7-76 所示，单击“确定”按钮保存后，检查是否还有冲突。

图 7-76　将 SOCKS 代理的端口默认值改成 1081

7.7.3　家庭局域网连接故障

家庭局域网的连接出现问题时，可以从下面两个方面来检查。

1. 硬件故障

硬件故障主要有网卡自身的故障、网卡未正确安装、集线器故障等。首先检查计算机 I/O 插槽上的网卡侧面的指示灯是否正常，网卡一般有两个指示灯，即“连接指示灯”和“信号传输指示灯”，正常情况下“连接指示灯”应一直亮着，而“信号传输指示灯”在信号传输时应不停地闪烁。如“连接指示灯”不亮，应考虑连接故障，即网卡自身是否正常，安装是否正确，网线、集线器是否有故障。

用户可以先大致从网卡外表进行观察。

(1) RJ-45 接头的问题。

RJ-45 接头容易出故障，例如，双绞线的头没顶到 RJ45 接头顶端，绞线未按照标准脚位压入接头，甚至接头规格不符或者是内部的绞线断了。

故障解析

镀金层厚度对接头品质的影响也是相当可观的，例如镀得太薄，当网线经过三五次插拔之后，很容易把它磨掉，然后被氧化，因此容易发生断线。

(2) 接线故障或接触不良。

一般可观察下列 4 个地方：双绞线颜色和 RJ-45 接头的脚位是否相符；线头是否顶到 RJ-45 接头顶端，若没有，该线的接触会较差，需再重新压按一次；观察 RJ-45 侧面，金属片是否已刺入绞线之中，若没有，极可能造成线路不通；观察双绞线外皮去掉的地方，是否使用剥线工具时切断了绞线(绞线内铜导线已断，但皮未断)。

故障解析

如果还不能发现问题，则可用替换法排除网线和集线设备故障，即用通信正常的电脑的网线来连接故障机，如能正常通信，显然是网线或集线器的故障，再转换集线器端口来区分到底是网线还是集线器的故障，许多时候集线器的指示灯也能提示是否是集线器故障，正常时对应端口的灯应亮着。

2. 软件故障

如果网卡的信号传输指示灯不亮，这一般是由网络的软件故障引起的。

(1) 检查网卡设置。

普通网卡的驱动程序磁盘大多附有测试和设置网卡参数的程序。分别查验网卡设置的接头类型、IRQ、I/O 端口地址等参数，若有冲突，只要重新设置(有些必须调整跳线)，一般都能使网络恢复正常。

另外检查一下网卡驱动程序是否已正常安装。不同网卡使用的驱动程序亦不尽相同，假如用户选错了，就有可能发生不兼容的现象。修复的方法很简单，只要找到正确的驱动程序重新安装即可。

故障解析

此外，还需要简单检验一下网卡设置故障是否排除。选择“控制面板”→“系统”→“设备管理器”命令，选择所安装的网络适配器后单击鼠标右键，在弹出的快捷菜单中选择“属性”命令，在弹出的对话框的“常规”选项卡中，可以查看网卡是否在正常工作。

(2) 检查网络协议。

打开“网络和共享中心”窗口，单击“本地连接”链接，弹出“本地连接 属性”对话框，查看已安装的网络协议，必须配置以下各项：NetBEUI 协议和 TCP/IP 协议、Microsoft 网络客户端、Microsoft 网络的文件和打印机共享等。如果以上各项都存在，重点检查 TCP/IP 是否设置正确，在 TCP/IP 属性中要确保每一台电脑都有唯一的 IP 地址，将子网掩码统一设置为 255.255.255.0，网关要设为代理服务器的 IP 地址(如 192.168.0.1)。另外必须注意主机名在局域网内也应该是唯一的。

(3) 用 Ping 命令来检验网卡能否正常工作。

选择“开始”→“运行”命令，在弹出的对话框的文本框中输入“cmd”，单击“确定”按钮，在其中可以进行下列操作。

Step 1 Ping 127.0.0.1。127.0.0.1 是本地回环地址，如果该地址无法 Ping 通，则表明本机 TCP/IP 协议不能正常工作；如果 Ping 通了该地址，证明 TCP/IP 协议正常，则进入下一个步骤继续诊断。

Step 2 Ping 本机的 IP 地址。使用 ipconfig 命令可以查看本机的 IP 地址，Ping 该 IP 地址，如果 Ping 通，表明网络适配器(网卡或者 Modem)工作正常，则需要进入下一个步骤继续检查；反之则是网络适配器出现故障。

Step 3 Ping 本地网关，本地网关的 IP 地址是已知的 IP 地址。Ping 本地网关的 IP 地址，Ping 不通则表明网络线路出现故障。如果网络中还包含有路由器，还可以 Ping 路由器在本网段端口的 IP 地址，不通则此段线路有问题，通则再 Ping 路由器在目标计算机所在同段的端口 IP 地址。不通则是路由出现故障。如果通，最后再 Ping 目的机的 IP 地址。

Step 4 Ping 网址。如果要检测的是一个带 DNS 服务的网络(比如 Internet)，上一步 Ping 通了目标计算机的 IP 地址后，若仍然无法连接到该机，则可以 Ping 该机的网络名，比如 ping www.sohu.com.cn，正常情况下会出现该网址所指向的 IP 地址，这表明本机的 DNS 设置正确而且 DNS 服务器工作正常，反之就可能是其中之一出现了故障。

第 8 章 宿舍局域网的组建与应用

在国内的所有网络用户中，在校学生占有很大一部分群体，面对如此庞大的网络使用群体，架设好网络成为一个问题。同家庭局域网类似，宿舍局域网也是拥有多台计算机，但是对组网要求不高，可以实现资源的最大化利用。本章将详细讲解宿舍网的组建步骤与应用。

本章学习要点

- 宿舍局域网组建分析
- 宿舍局域网的组建方法与步骤
- 宿舍局域网与 Internet 连接
- 组建宿舍无线局域网
- 宿舍局域网的应用
- 宿舍局域网常见故障排除案例

8.1 宿舍局域网组建分析

随着电脑性能的不断提升和价格的不断下降，学生族中买电脑的人逐渐增多。同一个宿舍和相邻宿舍都有很多电脑，用户可以把这些电脑连接起来，构成一个小型的宿舍局域网，使电脑更好地为自己服务。

8.1.1 宿舍局域网概述

在大学校园中，拥有三四台以上计算机的宿舍已经非常普遍，随着学生计算机应用水平的不断提高，已不再满足于单机使用计算机的方式。组建宿舍局域网已经成为一种潮流。

宿舍局域网有许多优点，其中最主要的优点如下。

- 资源共享：可以共享光驱、打印机等(节省硬件设备成本)。
- 共享上网：可以实现 Internet 的共享，节省上网开支。
- 信息交流：可以轻松方便地进行在线聊天、信息互传等。

8.1.2 组建方案分析

宿舍网属于小型局域网，连接的计算机一般不超过十台，而且其服务对象主要是学生。在组网时必须首先考虑网络的稳定性和实用性，下面介绍 3 种常见的组网方案。

1. 直接电缆连接

这种连接方法比较简单，用一根电缆将两台计算机连接起来即可。

- 优点：成本低、连接方便。
- 缺点：只能用于两台计算机间组网，速度慢、不稳定，且不利于接入 Internet。

2. 总线型网络

总线型结构是用一条公用的网线来连接所有的计算机，这条很长的线是由短的网线连接起来的，如图 8-1 所示。网线一般采用细同轴电缆。

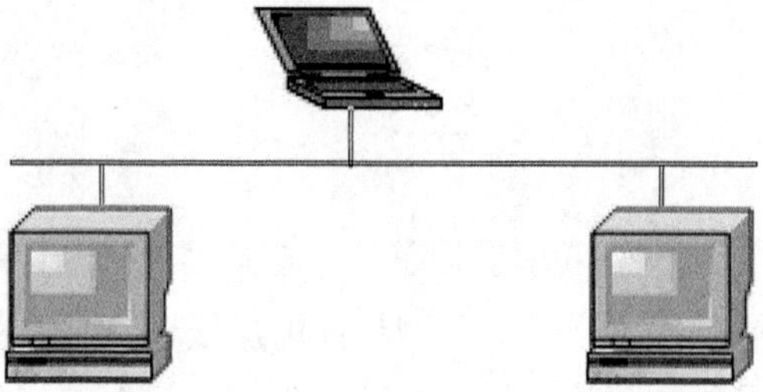

图 8-1 总线型结构

- 优点：通过廉价的同轴电缆连接每一台计算机，可以方便地实现计算机之间的通信和文件的共享，而且还可以共享一条网线接入 Internet。
- 缺点：稳定性比较差，因为是总线型，所以如果局域网中有一台计算机出了问题，则整个网络瘫痪，而且查找故障也相当麻烦。

3. 星型网络

星型网络以集线器(或交换机、路由器)为中心向外呈放射状，通过集线器在各计算机之间传递信息。星型结构在许多方面克服了总线型网络的不足。例如在总线型网络中通常都是台式机，而在星型结构中不管是台式机还是笔记本电脑都可以很方便地接入。

(1) 该方案的优点。

- 局部线路故障只会影响局部区域，不会导致整个网络的瘫痪，除非集线器坏了。
- 追查故障点时相当方便，通常从集线器的指示灯便能很快得知故障点。
- 在增加或者减少计算机时，不会造成网络中断。
- 星型结构也很适合于宿舍使用，每一台计算机都可以随时接入网络或离开网络，不会对网络中的其他计算机造成影响。
- 从速度上看，总线型结构中网络的速率只能达到 10Mbps，而在星型结构中可以达到

100Mbps，需要时还可以达到 1000Mbps，甚至更高。

(2) 该方案的缺点如下：星型结构网络唯一的不足是组网成本比总线型结构要高。

通过以上的分析可知，由于总线型结构远远不能满足要求，因此一般的宿舍局域网可采用星型结构。如图 8-2 所示为一个拥有 4 台电脑的宿舍局域网的网络结构规划。

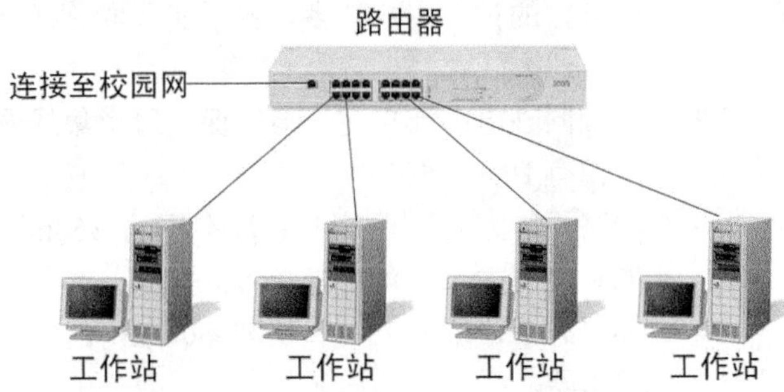

图 8-2　有 4 台电脑的宿舍局域网

8.1.3　硬件设备规划

确定了宿舍局域网的网络结构后，就可以根据网络结构进行硬件设备的规划了。组建宿舍网所需用的硬件，包括网卡、非屏蔽双绞线(Unshielded Twisted Pair，UTP)、集线器(路由器或交换机)、RJ-45 接头等。非屏蔽双绞线是以两对线(包括发送及接收)将网卡通过 RJ-45 接头连接到集线器上。采用 UTP 的网络布线是以集线器为中心，以星状向四方传播，各集线器之间仍可用 UTP 方式连接成一个树状结构。

> **注 意**
>
> 如果采用 ADSL 方式接入 Internet，则可以购买宽带路由器组建局域网，如果 ADSL Modem 带有路由功能，则可选择以交换机来组网。如果有多个宿舍的计算机共同上网，可以通过交换机互联的方式将其连接起来，但要注意超五类双绞线的有效传输距离为 100 米。

在组建宿舍局域网前，应先根据能承受的开销确定一套高性价比组网方案。表 8-1 以 6 台计算机为例，列出较为常用的两种宿舍局域网组网方案。

表 8-1　常用的两种宿舍局域网组网方案

组网方案	硬件设备	数　量	单　价	合计/元	总计/元
经济型	10/100Mbps 自适应网卡	6 块	30	180	286
	双绞线	20m	1	20	
	水晶头	12 个	0.5	6	
	8 口交换机	1 个	80	80	
发烧型	100Mbps 自适应网卡	6 块	50	300	466
	双绞线	20m	2	40	
	水晶头	12 个	0.5	6	
	8 口路由器	1 个	120	120	

组建宿舍局域网需要的硬件设备有以下 4 种。

- 路由器(集线器或交换机)：路由器在配线形态上属星状，以太网采用 UTP 配线，即以路由器为中心。路由器通常有 8、16 或 24 个端口。结合前面有关节省路由设备的相关知识和根据网络结构规划及其扩展性，8 端口 10/100M 的路由器即可满足要求。
- 网卡：因计算机配置的不同，网卡可能不完全相同，不过目前所有的学生电脑上都集成有 RJ-45 接口的网卡，此设备一般不需要再另行购买。
- 双绞线和 RJ-45 水晶头：对于双绞线的选购，可选择普通的非屏蔽超五类双绞线，但应尽量选择质量较好的一种。选择质量较好的 RJ-45 水晶头，如 AMP 等。RJ-45 水晶头的制作采用 T568B 标准，以直通线方式，具体制作方法可以参考前面章节介绍的内容。
- 调制解调器：一般学校的宿舍都安装了电话，并且大部分都提供了 ADSL 上网。因此，选择一款较好的外置 ADSL Modem 是十分重要的。当然，现在的大部分学校都有类似小区宽带的网线直接连接到每个宿舍，只要购买账号和密码即可与 Internet 连接，此连接方法不需要 Modem，且连接更为简单。

8.2 宿舍局域网的组建方法与步骤

组建宿舍网分为布线、安装协议和设置网卡等步骤，网络的布线和连接以及设备采购相对容易一些，IP 地址的划分和设置可能会比较复杂，好的 IP 地址方案不仅可以减少网络负荷，还能为以后的网络扩展打下良好的基础。本节主要以星型网络为例，介绍宿舍局域网的组建方法。

8.2.1 网络规划设计

宿舍局域网的组建非常简单，下面介绍规划与设计的过程。

1. 整体规划

首先确认有几台计算机需要连入网络，以及每台计算机的具体摆放位置，然后决定网络集线器的摆放地点和每根网线的长度。另外，网关服务器(接入 Internet 的那台计算机)最好放在邻近接入 Internet 端口的方向。

2. 连接设备

在确定好计算机的摆放位置后，就可以通过网线将计算机和集线器连接起来。

首先将双绞线的 RJ-45 接头插入网卡或集线器的插槽内，RJ-45 接头的插槽有点像一座山峰，将 RJ-45 接头的卡栓对准 RJ-45 插槽突起的峰顶，即可轻松插入。插入后试试是否可以拔出，如果不能拔出，则表示 RJ-45 接头的卡栓已经顺利地卡入插槽内的倒钩了。要取下插头时，必须先压下插头上的卡栓，然后轻轻拔出双绞线，这样接头就可以脱离插座。

接下来就可以建立星型网络了。只要将双绞线两端的 RJ-45 接头一端接在计算机的网卡上，另一端插入集线器的 RJ-45 插槽内即可。每增加一台计算机，就用一条双绞线将计算机和集线器连接起来，原先已经接上集线器的计算机不用做任何调整。当然，除了打开计算机的电源外，别忘了也要接通集线器的电源，这样就可以享受网络带给宿舍的便利了。

3. 网络升级

距离比较近的宿舍之间还可以将宿舍网继续扩大，连接时可以采用总线型网络结构，用细缆将两个或更多的集线器连接起来。在连接过程中需要注意以下 6 个方面。

- 此方案只能用于少数几个宿舍间互连，如果要连接的宿舍用户数多，就不能采取总线型的连线方式。
- 用细同轴电缆连接时，必须保证每个集线器上都有 BNC 插口。
- 线路不能太长，理论上应该不超过 150m，如果距离太长，可用光缆方式。
- 不要忘了在细缆的两头安装 50 欧姆的终端电阻器。
- 要实现文件共享，还必须在同一工作组内，所以应进行一些设置。
- 网络中机器多了容易发生 IP 地址冲突，网络管理员应当注意统一分配 IP 地址。

8.2.2 局域网布线

因为宿舍已经装修，可以用走线盒将双绞线罩起来，既美观，又可以保护线缆。接着用双绞线将每台计算机与交换机连接起来，然后把交换机的接口与互联网的接口相连，即可接入 Internet。实施过程中要注意以下 3 点。

- 尽量将线路沿着墙壁上方的墙角走线，将电源插孔和各种连接插孔固定在墙上，但不要太高，这样可以防止地面潮湿和人为原因造成线路连接不好。
- 将计算机所使用的接插点尽量预留在电源插座附近，方便计算机使用电源。
- 为每一条线两端都分别做好标记，以便在线路出现故障时进行检测。

接下来可进行网卡的安装，逐个打开各个计算机主机箱，将网卡插入合适的空闲 PCI 插槽，然后固定好。安装完后，重新开启计算机，Windows XP 系统将自动完成网卡驱动程序的安装。接着将交换机放置到合适位置，尽量使每台计算机离交换机不远。将网线两端的 RJ-45 水晶头分别插入到计算机网卡和交换机的 RJ-45 接口。打开所有计算机，如果计算机网卡上的指示灯和交换机上的相应口的指示灯都是绿色，说明网络物理线路畅通。

8.2.3 添加通信协议

宿舍局域网安装完成后，必须配置各种协议。协议是计算机之间交换文件与传送数据的一种统一标准，没有安装协议的局域网不能进行任何网络通信操作。一般来说，在局域网中需要添加 IPX/SPX 协议(现在所使用的系统，如 Windows 7/XP 以及 Windows Server 2003/2008 等都已默认安装了 TCP/IP 协议，所以用户不需要对其再进行添加)。下面主要介绍在 Windows XP 系统下协议的安装过程。

Step 1 在桌面的“网上邻居”图标上单击鼠标右键，在弹出的快捷菜单中选择“属性”命令，如图 8-3 所示。

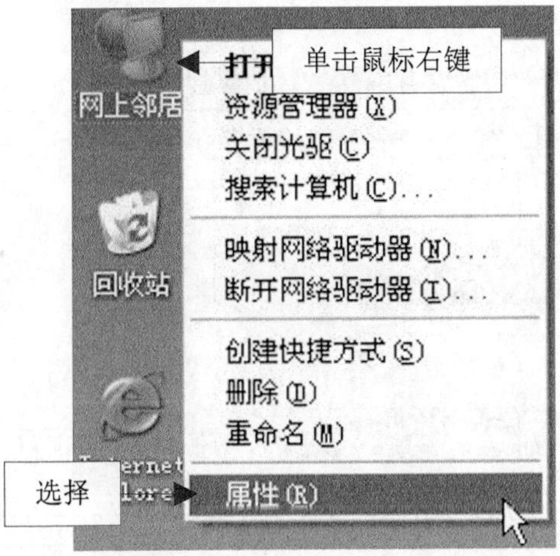

图 8-3 选择“属性”命令(1)

Step 2 打开“网络连接”窗口，在“本地连接”图标上单击鼠标右键，在弹出的快捷菜单中选择“属性”命令，如图 8-4 所示。

Step 3 弹出“本地连接 属性”对话框，显示本机现有的协议与服务，单击“安装”按钮，如图 8-5 所示。

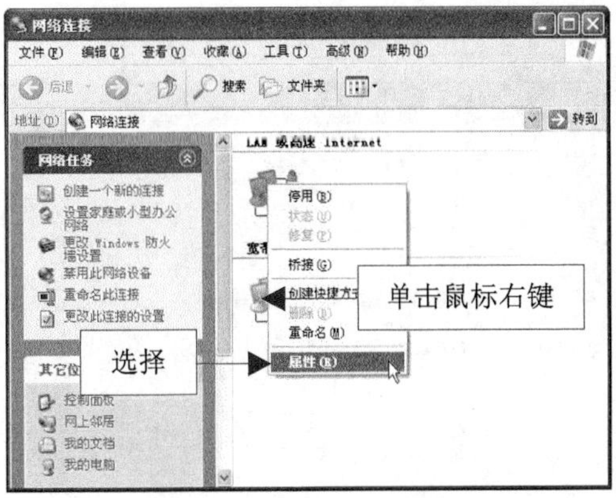

图 8-4 选择“属性”命令(2)

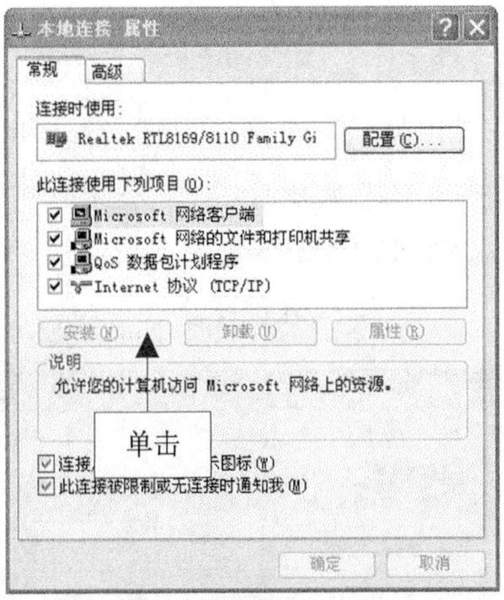

图 8-5 弹出“本地连接 属性”对话框

Step 4 弹出“选择网络组件类型”对话框，在“单击要安装的网络组件类型”列表框中选择“协议”选项，单击“添加”按钮，如图 8-6 所示。

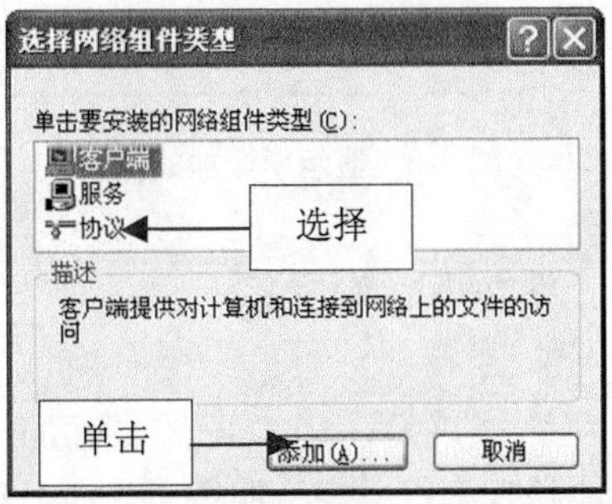

图 8-6 弹出“选择网络组件类型”对话框

Step 5 弹出“选择网络协议”对话框，在“网络协议”列表框中选择相应的协议，单击“确定”按钮，如图 8-7 所示。

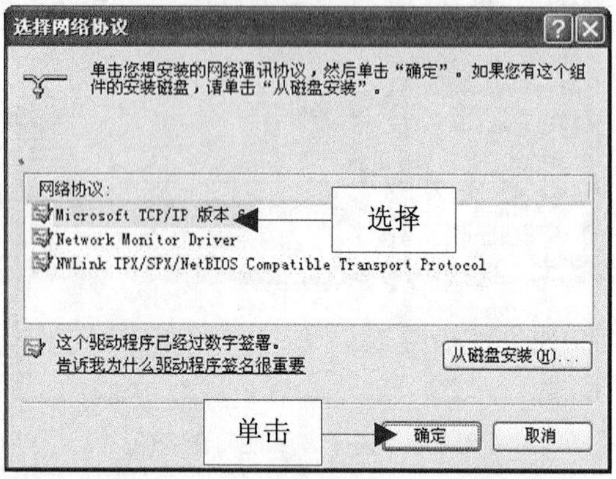

图 8-7 “选择网络协议”对话框

Step 6 弹出“本地连接 属性”对话框，在“此连接使用下列项目”列表框中即可看到所添加的协议，如图 8-8 所示，单击“关闭”按钮后，重启电脑即可。

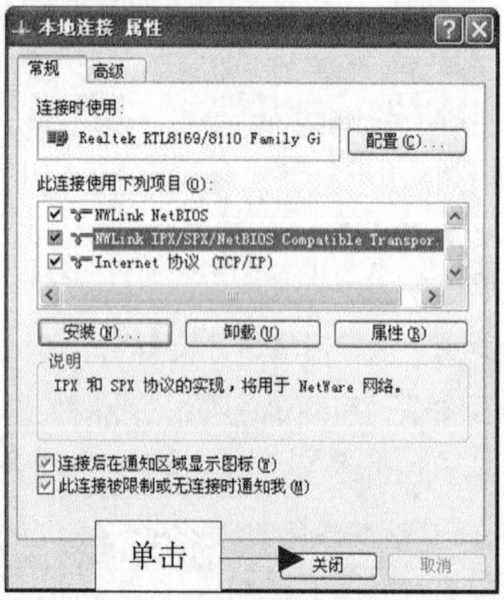

图 8-8 显示所添加的协议

8.2.4 添加网络服务

添加网络协议后，用户还需要添加“Microsoft 网络的文件和打印机共享”服务，才能与宿舍局域网中的其他用户共享资源。添加网络服务的具体操作步骤如下。

Step 1 在“本地连接 属性”对话框中，单击“安装”按钮，弹出“选择网络组件类型”对话框，在“单击要安装的网络组件类型”列表框中选择“客户端”选项，单击“添加”按钮，如图 8-9 所示。

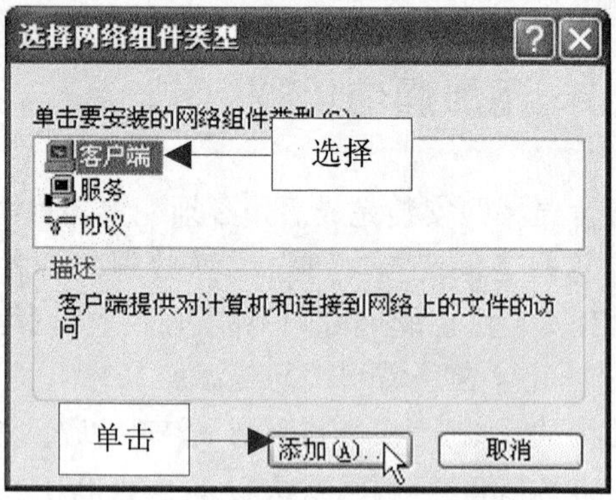

图 8-9 选择“客户端”选项

Step 2 弹出“选择网络客户端”对话框，在“选择网络客户端”列表框中选择“Microsoft 网络客户端”选项，如图 8-10 所示，单击“确定”按钮，返回到“本地连接 属性”对话框。

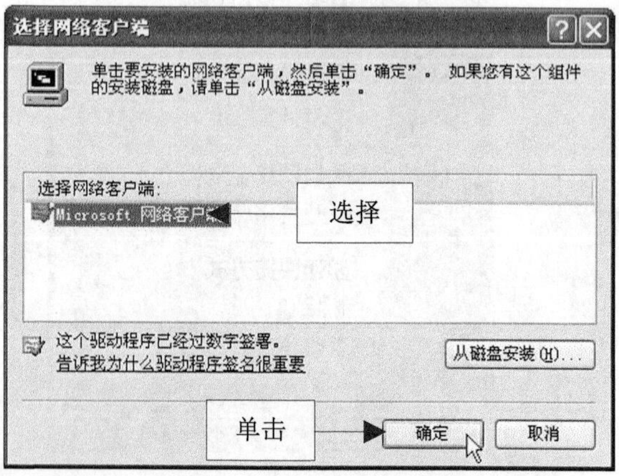

图 8-10 选择“Microsoft 网络客户端”选项

Step 3 再次单击“安装”按钮，弹出“选择网络组件类型”对话框，在“单击要安装的网络组件类型”列表框中选择“服务”选项，然后单击“添加”按钮，如图 8-11 所示。

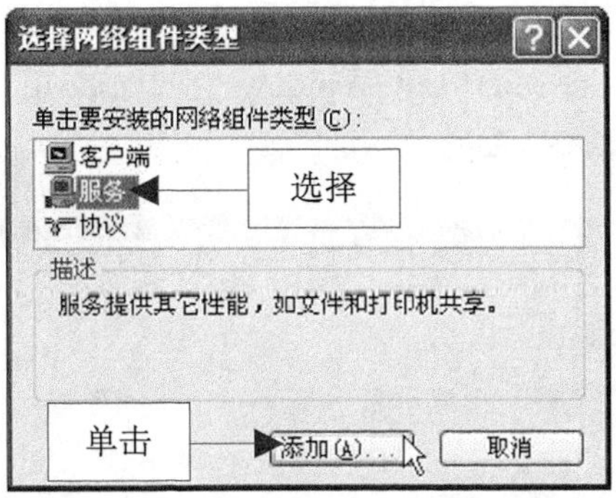

图 8-11　选择“服务”选项

Step 4 弹出“选择网络服务”对话框，在“网络服务”列表框中选择“Microsoft 网络的文件和打印机共享”选项，单击“确定”按钮，如图 8-12 所示。

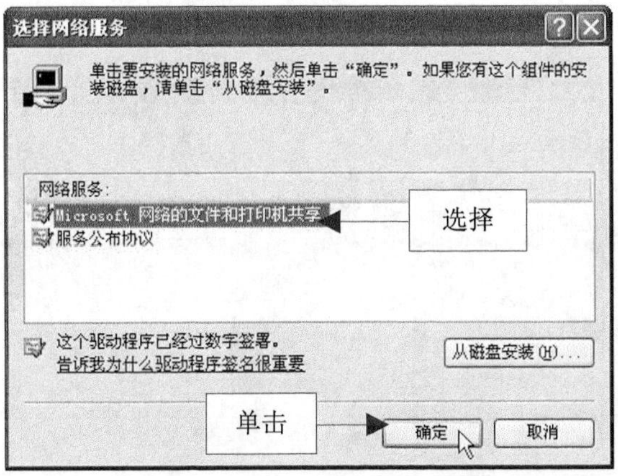

图 8-12　选择相应的选项

Step 5 返回“本地连接 属性”对话框，单击“关闭”按钮即可。

为了在局域网中区别其他计算机，需要设置计算机名和工作组名，可根据第 2 章中组建 XP 对等网介绍的步骤进行设置，此处不再赘述。

8.2.5　其他网络设置

宿舍网的 IP 分配可以分为几种情况，又可以根据用户的多少划分成多种模式。下面通过几个图表详细地说明这些 IP 的分配情况(见表 8-2～表 8-5)。

首先需要知道网络 IP 一共分为五类。其中 D 类(255.×.×.×)是子网掩码专用地址，不可以作为主机地址，而 E 类地址(头字节大于 D 类 IP 地址)专门作为科研与军用 IP 地址，普通用户是无法使用的。

表 8-2　网络地址分类表

IP 类型	特　征	举　例	主机数目/台
A 类 IP 地址	超大型网络	10.0.0.0	16777216
B 类 IP 地址	中等规模的网络	172.12.0.0	60000
C 类 IP 地址	小型网络	192.168.0.0	254

表 8-3　A 类网络的子网容纳计算机数量

子网数目/个	占用位数/位	子网掩码	子网中主机数/台
2	1	255.128.0.0	388606
4	2	255.192.0.0	4194302
8	3	255.224.0.0	2097150
16	4	255.240.0.0	1048574
32	5	255.248.0.0	524286
64	6	255.252.0.0	262142
128	7	255.254.0.0	131070
256	8	255.255.0.0	65534

表 8-4　B 类网络的子网容纳计算机数量

子网数目/台	占用数/位	子网掩码	子网中主机数/台
2	1	255.255.128.0	32766
4	2	255.255.192.0	16382
8	3	255.255.224.0	8190
16	4	255.255.240.0	4094
32	5	255.255.248.0	2046
64	6	255.255.252.0	1022
128	7	255.255.254.0	510
256	8	255.255.255.0	254

表 8-5 C 类网络的子网容纳计算机数量

子网数目/个	占用位数/位	子网掩码	子网中主机数/台
2	1	255.255.255.128	126
4	2	255.255.255.192	62
8	3	255.255.255.224	30
16	4	255.255.255.240	14
32	5	255.255.255.248	6
64	6	255.255.255.252	2

网络的布线和连接以及设备采购相对容易一些，IP 地址的划分和设置相对要麻烦些，好的 IP 地址分配方案不仅可以减少网络负荷，还能为以后的网络扩展打下良好的基础。其中 IP 地址可根据组建 XP 对等网介绍的步骤进行设置，此处不再赘述。

提示

除了以上介绍的指定 IP 配置网络的方法，在路由器连接的局域网中用户也可以采用计算机自动获取 IP 的方法来配置网络。不过这样配置后，网络中就缺少了拥有固定 IP 所带来的种种方便。

8.2.6 测试网络连接

网络配置好后，根据需要测试它的连通性，网络故障的排除不能漫无目的，先需要设置一个检查范围，才能事半功倍。下面介绍具体的检测方法。

1. 通过“网上邻居”测试

通常采用的方法是：通过“网上邻居”访问局域网中的其他计算机，如果在当前计算机上能够访问其他计算机，则证明网络是连通的，其具体操作步骤如下。

Step 1 在桌面上的“网上邻居”图标上双击鼠标左键，打开“网上邻居”窗口，单击“网络任务”选项区中的“查看工作组计算机”链接，如图 8-13 所示。

Step 2 打开“整个网络”窗口，如图 8-14 所示，在 Microsoft Windows Network 图标上双击鼠标左键。

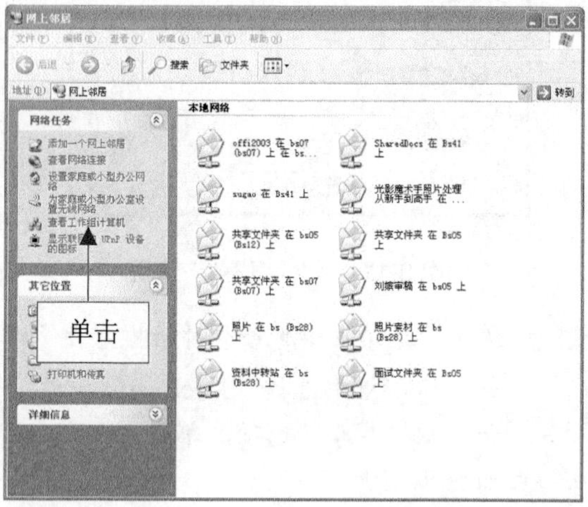

图 8-13 “网上邻居”窗口

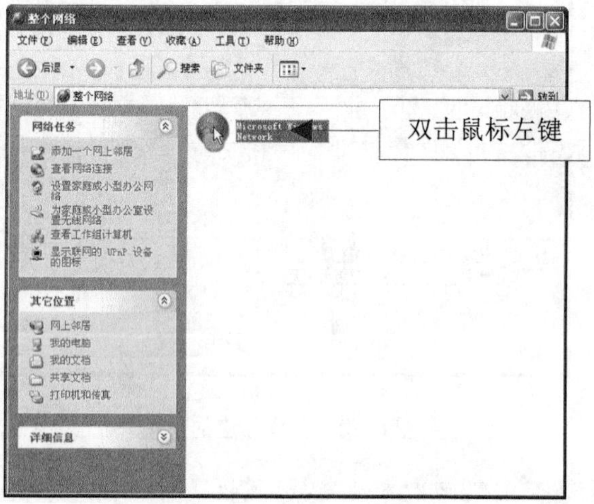

图 8-14 双击鼠标左键

Step 3 打开 Microsoft Windows Network 窗口，在 Bs(此处为该局域网的工作组名，不同的局域网名称不同)图标上双击鼠标左键，如图 8-15 所示。

Step 4 在打开的 Workgroup 窗口中，显示了宿舍局域网中目前连通的计算机，如图 8-16 所示。

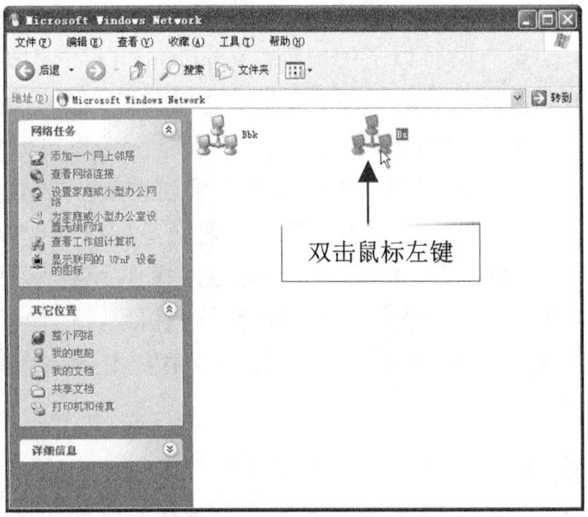

图 8-15　在 Bs 图标上双击鼠标左键

图 8-16　显示局域网计算机

2. 通过工具程序测试

当网络出了问题时，先把网卡所附带的光盘拿出来，执行检测程序，确认网卡本身是否正常。

3. 通过指示灯检测

网卡上大都有一个指示灯，它可以用来显示当前的连线状态。只要某一插槽上的网线正常且连接的计算机电源已经打开，那么相应的指示灯便会亮起来，如图 8-17 所示，如果接线错误或是计算机处于关闭状态，指示灯则会熄灭。

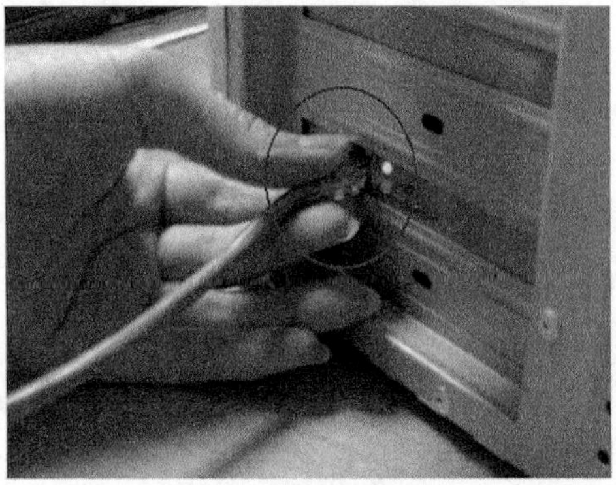

图 8-17　通过指示灯测试

4. 通过目视检查

网络不通时需要检查连接的双绞线，查看双绞线的另一端是否已经松脱，或中间部分是否断开。

5. 通过查线工具检测

若经过以上几步还找不到问题所在，那就只有借助于额外的工具了。不过，辅助工具的种类相当庞杂，从普通简单的万用表到电缆测试仪，都可以用来检查网线。如图 8-18 所示为使用测线仪测试网线。

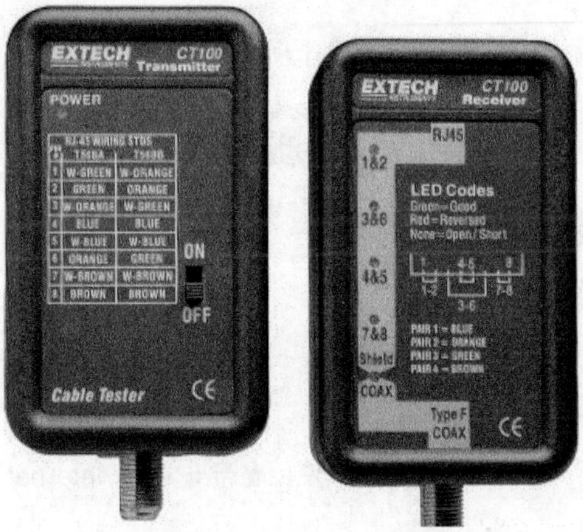

图 8-18　通过查线工具检测

6. 通过替换硬件测试

如果使用以上方法还不能检测出来，可以通过部分硬件替换来发现问题。用网络部件的备件，如网卡、集线器或是一条网线也行，就可以用“部分替换”的方式来确认问题所在。比如，一台原本已经脱离网络的计算机在更换了网线之后，突然又连上了网络，那么毋庸置疑，一定是原来的线有问题。

8.3 宿舍局域网与 Internet 连接

一般情况下，大多数组建了校园网的学校都对宿舍网提供了连接 Internet 接口，所以宿舍网与校园网之间的连接只需要通过网线将宿舍网的集线器与校园网提供的接口进行连接即可，宿舍网接入 Internet 建议选择宽带 IP 接入 Internet 的方案。

8.3.1 通过宽带 IP 接入 Internet

对于使用人数较多的宿舍网来说，选择宽带 IP 接入 Internet 的方案，不失为一个既经济又实惠的选择。宽带 IP 接入 Internet 方式，基本上与前面章节中叙述的 ADSL 方式类似。根据网络用户数量分配 IP，如果用户数目很多，甚至可以像使用 ADSL 一样，动态分配 IP(使用 DHCP 服务器)。如图 8-19 所示，即为宿舍网中使用宽带 IP 接入 Internet 方式的原理图。

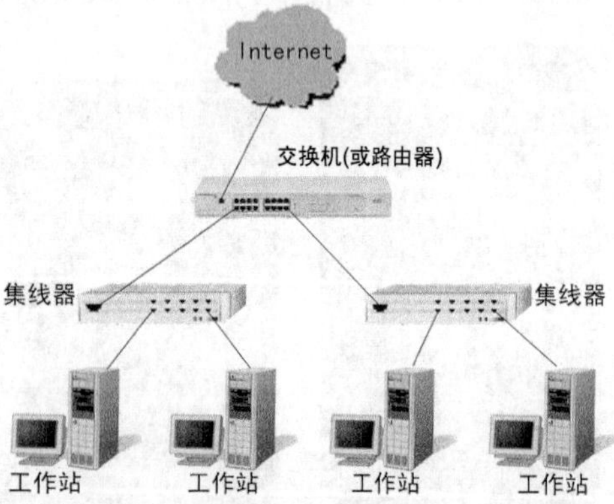

图 8-19　宿舍网中使用宽带 IP 接入 Internet

8.3.2 通过 WinGate 代理上网

在校园宿舍局域网的代理设置中，常用的代理软件非常多，已介绍过的 CCProxy 也可以使用，但是其试用版本只能支持 3 个客户端计算机使用，除非是使用正版的 CCProxy 代理软件，其客户端用户数没有限制。下面从宿舍网的实用角度，来介绍使用 WinGate 代理上网的方法。

WinGate 是一款非常流行的局域网共享上网软件。如果有两台以上的电脑，WinGate 可将它们无限制地连接起来，非常适合家庭、办公室、宿舍等局域网的使用。WinGate 是最早的一个基于 Windows 的代理服务器，在 1995 年推向市场。经过发展，WinGate 已经涉足到提供支持所有的代理服务(像 WWW、FTP、SMTP、POP3 以及 Socks)的完整网络共享解决方案领域。因为支持手工设置和特殊协议，代理可以提供灵活和充分可调节的服务来容纳任何网络的需要。

提 示

WinGate 支持任何类型的网络连接类型，包括电缆线调制解调器、Cable Modem、ISDN、ADSL、卫星、T1 以及 T3。所有版本的 WinGate 都能共享网络连接所提供的可用带宽和网络资源，无须购买或下载新的软件就可以满足用户的需求。由于第 6 章已经介绍了 WinGate 的安装，此处就不再赘述，读者可参照前面介绍的方法进行配置来共享网络。

WinGate 几乎不需要手工配置，只要把 WinGate 安装到一台指定的服务器或者个人计算机上，整个网络就可以使用一个 Internet 账号了。WinGate 包含了简化网络共享需求和有限配置的技术。在“开始”菜单的“程序”中选择 WinGate 文件夹，单击其中的 GateKeeper，即进入 WinGate 的主界面，如图 8-20 所示。当第一次使用该软件时，要求输入管理员密码，如图 8-21 所示。

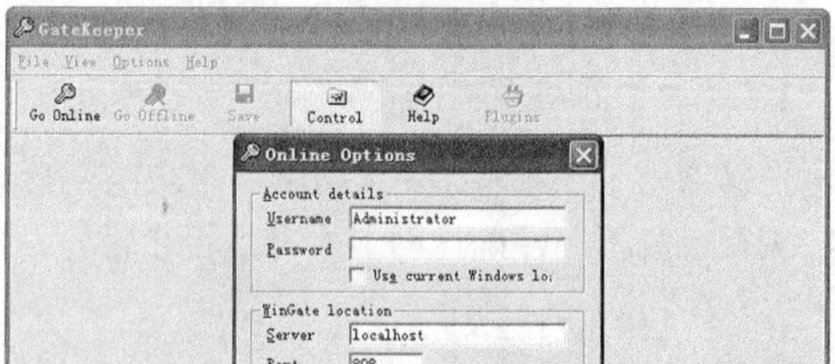

图 8-20　WinGate 的主界面

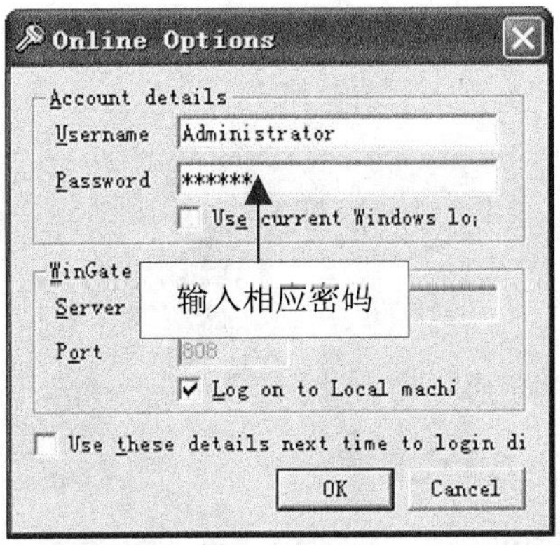

图 8-21　输入管理员密码

技 巧

这里输入的密码并不是用户个人计算机或者服务器的系统密码，而是 WinGate 软件的管理密码，初始密码为“空”，按要求设定好密码，就可以通过此密码进入 GateKeeper 的管理界面了。

WinGate 就像一个小型的操作系统，提供有管理员账号(Administrator)以及访客账号(Guest)。当然，如果想设定其他用户，只需在主界面下单击 Users 标签，就可以按自己的要求设置用户了。WinGate 作为代理服务器软件，还提供了 DNS/WINS 设置。在 GateKeeper 主界面下，单击 DNS/WINS Resolver Configuration 即进入其设置。其中，WINS 服务直接用软件自行设定。

8.4　组建宿舍无线局域网

在宿舍中组建无线局域网可以很方便地加入各种新的电脑设备，而且还可以方便地连接笔记本电脑、台式电脑、掌上电脑以及智能手机等。

8.4.1　宿舍无线局域网概述

无线局域网就是不用网线，遵从 802.11 协议，所有的交换设备都用无线设备组建的局域网，它具有以下 4 个优点。

1. 安装便捷

一般在网络组建过程中，布线是一件很头痛的事，既要美观又要合理是比较难的。而无线网络最大的优势就是免去或减少了这部分繁杂的网络布线的工作量，一般只要再安放一个或多个接入点(Access Point)设备就可建立局域网络。

2. 使用灵活

在有线网络中，网络设备的安放位置受网络信息点位置的限制。而一旦无线线路建成后，在无线网的信号覆盖区域内任何一个位置都可以接入网络，进行通信。

3. 经济节约

随着笔记本电脑的价格不断下降，在宿舍中台式机和笔记本电脑共同存在已经很常见，由于有线网络中缺少灵活性，而一旦网络的发展超出了设计规划时的预期，又要花费较多费用进行网络改造，而无线网可以避免或减少以上情况的发生。

4. 易于扩展

无线网有多种配置方式，能够根据实际需要灵活选择。这样，无线网能够胜任从只有几个用户的小型局域网到上千用户的大型网络，并且能够提供像“漫游”(Roaming)等有线网络无法提供的特性。

8.4.2　无线局域网设备简介

在一个无线网络的整体里，无线路由(AP)和无线网卡是至关重要的，那么下面就侧重于这两种设备来讨论。事实上，用户可以将无线路由器理解为具备宽带接入端口、具有路由功能，采用无线连接客户端的普通路由器。而无线网卡在职能上与传统网卡如出一辙，只不过采用无线方式进行数据传输。

大多数学生对网络技术并不是很了解，因此产品是否易用显得非常重要，不过现在的路由器大多数都倾向于傻瓜式的安装向导使用方式了，只要正确地把网络接入无线 AP，就能轻松上网了。

注意

对于学生来说，组建无线局域网的一个重要功能就是传输数据资料，尽管 802.11g 的 54Mbps 标准速率已经能够满足一般要求，但是当用户在无线局域网内进行大容量文件传输时就显得捉襟见肘，此时增强型 802.11g 就派上了用场，目前市面上增强型速率的产品主要有 108Mbps 和 125Mbps 两种。只要无线路由器和无线网卡支持相同的增强型速率，就可以开启该功能。

1. 穿透性

一般情况下都在同一个宿舍组建局域网，因此阻隔信号传输的障碍也基本是不存在的。

2. 安全性

由于无线局域网的数据经无线媒体发往空中，要求其有较高的通信保密能力。无线局域网可在不同层次采取措施来保证通信的安全性。

- 采取适当的传输措施。例如，采用扩展频谱技术，使盗听者难以从空中捕获到有用信号。
- 为防止不同局域网间干扰与数据泄露，需采取网络隔离或设置网络认证措施。
- 在同一网中，应设置严密的用户口令及认证措施，防止非法用户入网。

注意

还应设置用户可选的数据加密方案，即使信号被盗听，也难以理解其中的数据内容。

8.4.3 安装无线网卡设备

当台式机要使用无线网络时，就必须安装无线网卡来进行连接，下面介绍常见的 USB 无线网卡的安装方法。

Step 1 将 USB 无线网卡插入电脑的 USB 接口中，如图 8-22 所示。

Step 2 启动电脑，并将 USB 无线网卡的驱动光盘放入光驱中，进入系统后，弹出“无线网卡安装向导”对话框，单击“自动安装”按钮，如图 8-23 所示。

图 8-22 将 USB 无线网卡插入电脑

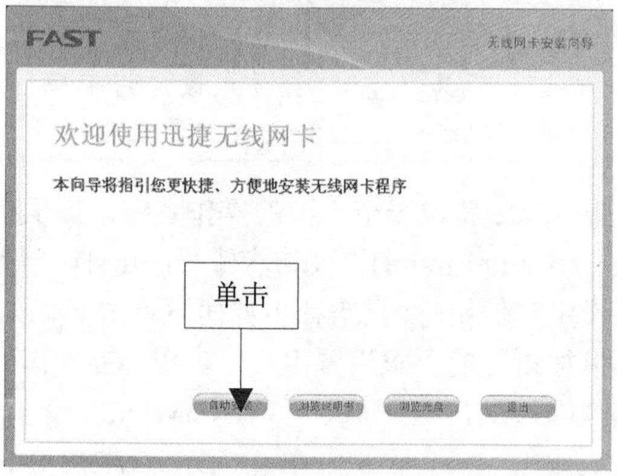

图 8-23 弹出相应的对话框

Step 3 显示搜索进度，如图 8-24 所示。

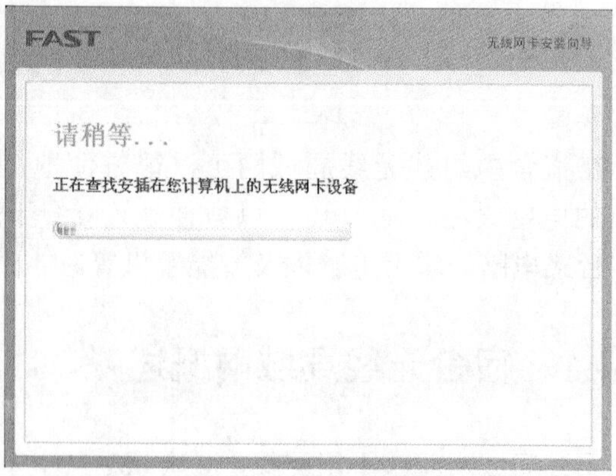

图 8-24 显示搜索进度

Step 4 搜索完毕后，弹出“无线网卡客户端应用程序”对话框，单击“下一步”按钮，如图

8-25 所示。

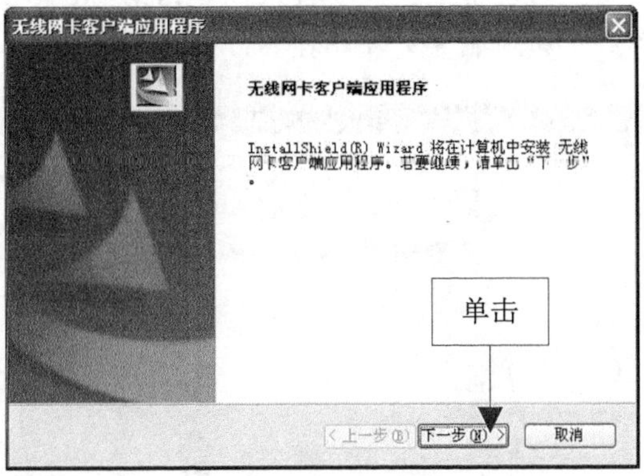

图 8-25 “无线网卡客户端应用程序”对话框

Step 5 进入相应的界面，提示可进行更改安装设置的操作，单击“安装”按钮，如图 8-26 所示。

图 8-26 弹出相应对话框

Step 6 进入“安装状态”界面，显示安装的进度，如图 8-27 所示。

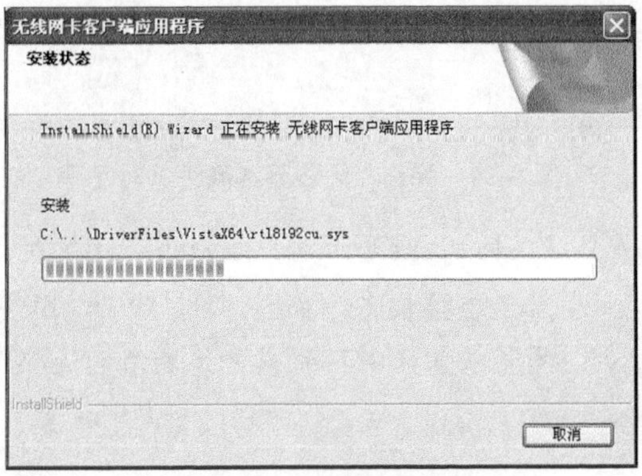

图 8-27 显示安装的进度

Step 7 安装完成后，进入相应的界面，选中“是，立即重新启动计算机”单选按钮，然后单击“完成”按钮，重启计算机，如图 8-28 所示。

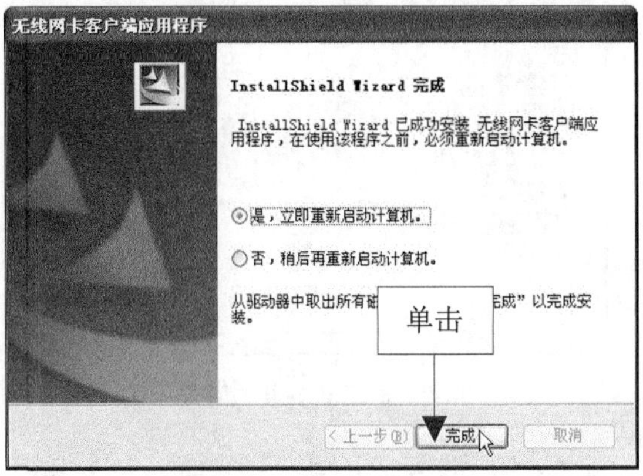

图 8-28 单击“完成”按钮

Step 8 系统重启后，在“我的电脑”图标上单击鼠标右键，在弹出的快捷菜单中选择“属性”命令，弹出“系统属性”对话框，切换至“硬件”选项卡，单击“设备管理器”按钮，如图 8-29 所示。

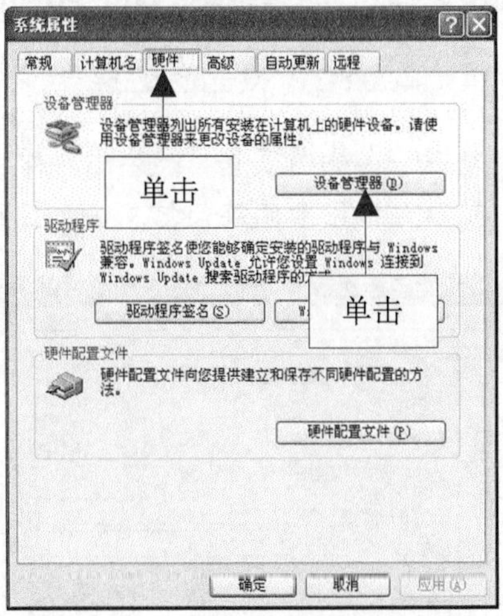

图 8-29 切换至“硬件”选项卡

Step 9 弹出“设备管理器”窗口，展开其中的“网络适配器”选项，即可显示新安装的网卡标识，如图 8-30 所示。

Step 10 网卡安装完成后，桌面右下角将会出现网卡客户端应用程序的标识，在该图标上双击鼠标左键，如图 8-31 所示。

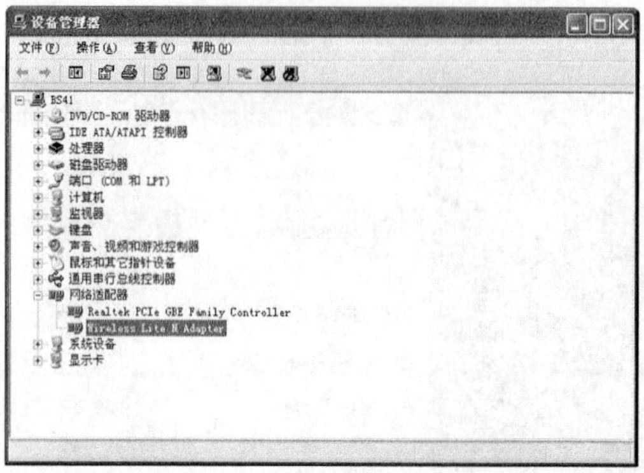

图 8-30　显示新安装的网卡标识

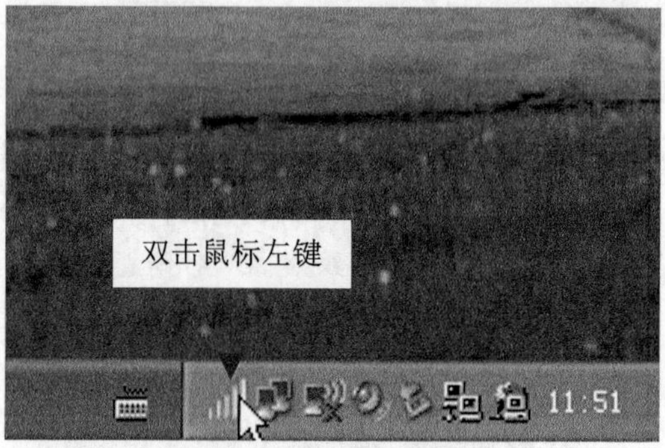

图 8-31　双击鼠标左键

Step 11 弹出“无线网卡客户端应用程序”对话框，显示无线网卡的连接信息，如图 8-32 所示。

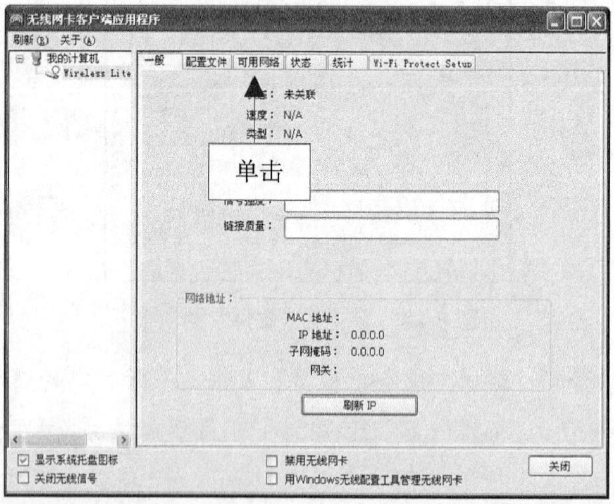

图 8-32　弹出“无线网卡客户端应用程序”对话框

Step 12 切换至“可用网络”选项卡，在“可用网络”列表框中选择要接入的网络名称，单击“添加到配置文件”按钮，如图 8-33 所示。

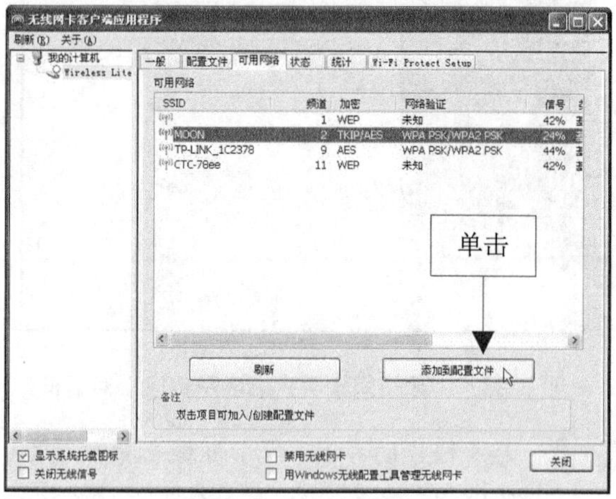

图 8-33　选定可用网络

Step 13 弹出“无线网络属性”对话框，如图 8-34 所示，在“网络密钥”和“确认网络密钥”下的文本框中输入相同的网络密钥，单击“确定”按钮。

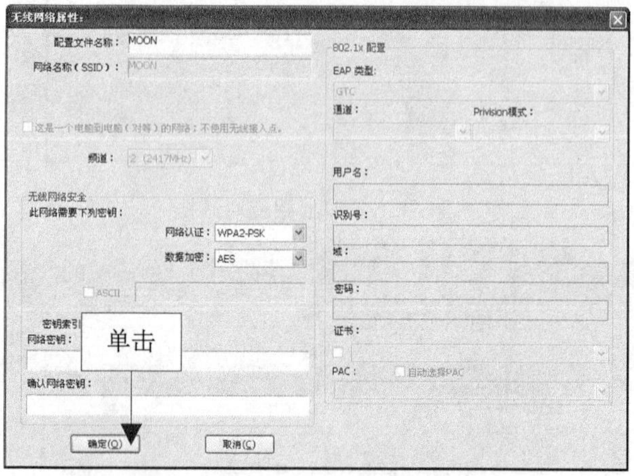

图 8-34　弹出“无线网络属性”对话框

Step 14 弹出“无线网卡客户端应用程序”对话框，显示连接状态，如图 8-35 所示，单击“关闭”按钮，即可完成无线网络的连接。

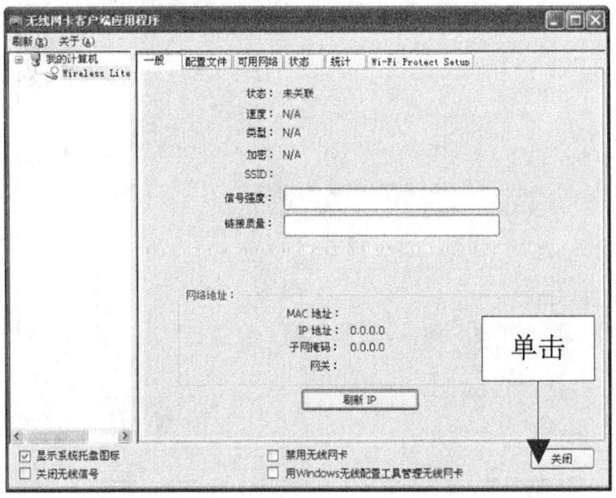

图 8-35　显示无线网络连接

8.4.4　设置宿舍无线局域网

在 Windows XP 系统下设置无线网络参数的步骤非常简单，毕竟 Windows XP 系统本身就已经为用户提供了对无线网络的良好支持，用户可以直接在“网络连接”窗口中来设置网络参数，而不需要另外安装无线网络管理和配置软件了。下面介绍具体的参数设置步骤。

Step 1　在 Windows XP 系统桌面上，依次选择“开始”→“控制面板”命令，打开“控制面板”窗口，在其中的“无线网络安装向导”图标上双击鼠标左键，如图 8-36 所示。

图 8-36　在相应的图标上双击鼠标左键

Step 2　弹出“无线网络安装向导”对话框，显示安装向导的功能，单击“下一步”按钮，如图 8-37 所示。

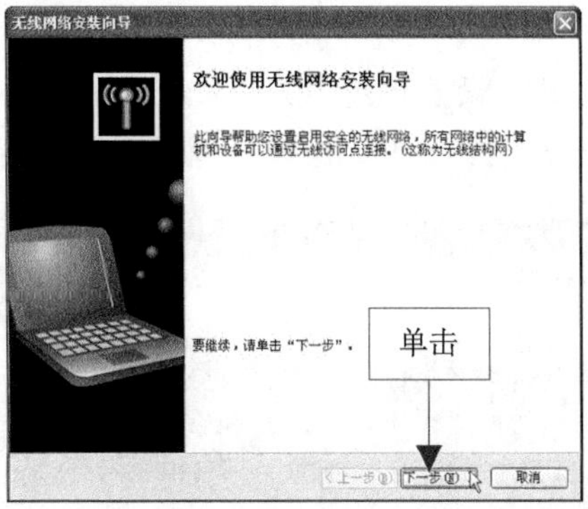

图 8-37　显示安装向导的功能

Step 3　进入“您想做什么”界面，选中“设置新无线网络”单选按钮，单击“下一步”按钮，如图 8-38 所示。

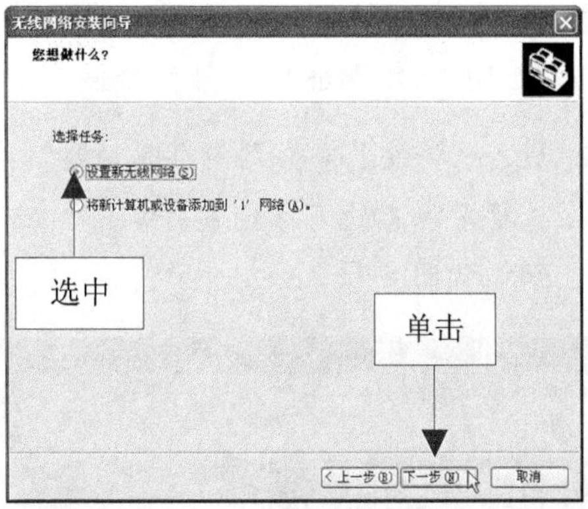

图 8-38　选中“设置新无线网络”单选按钮

Step 4　进入“为您的无线网络创建名称”界面，在“网络名”文本框中输入相应的名称，单击“下一步”按钮，如图 8-39 所示。

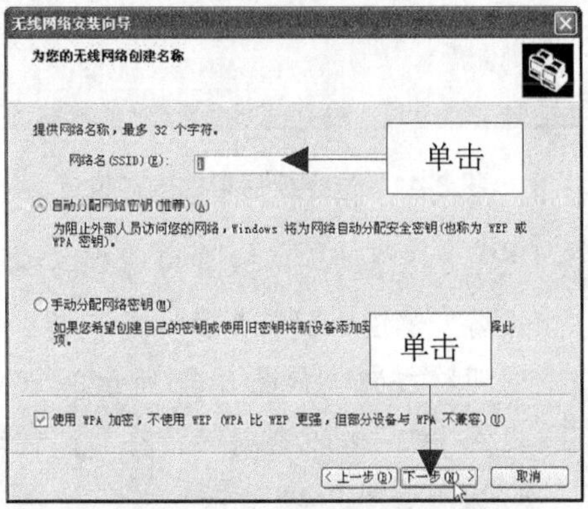

图 8-39　输入相应的名称

Step 5 进入“您想如何设置网络”界面，可选择网络的设置方式，使用系统默认设置即可，单击“下一步”按钮，如图 8-40 所示。

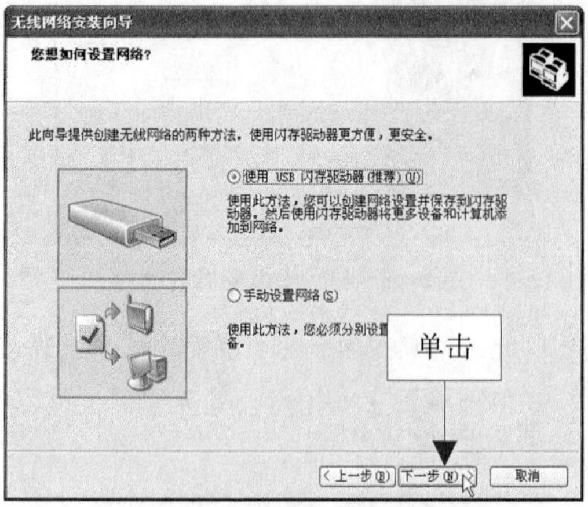

图 8-40　单击“下一步”按钮

Step 6 进入“将设置保存到闪存驱动器”界面，可选择要保存的闪存位置，单击“下一步”按钮，如图 8-41 所示。

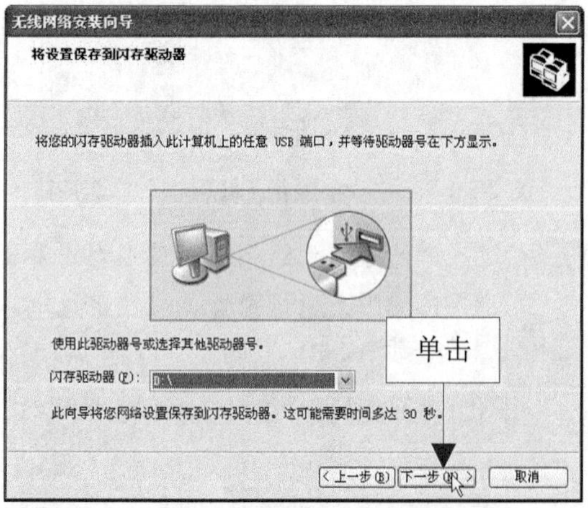

图 8-41　选择要保存的闪存位置

Step 7 进入“将您的网络设置传送到其他计算机或设备”界面，提示用户保存闪存，单击“下一步”按钮，如图 8-42 所示。

Step 8 进入“向导成功地完成”界面，单击“完成”按钮，如图 8-43 所示。

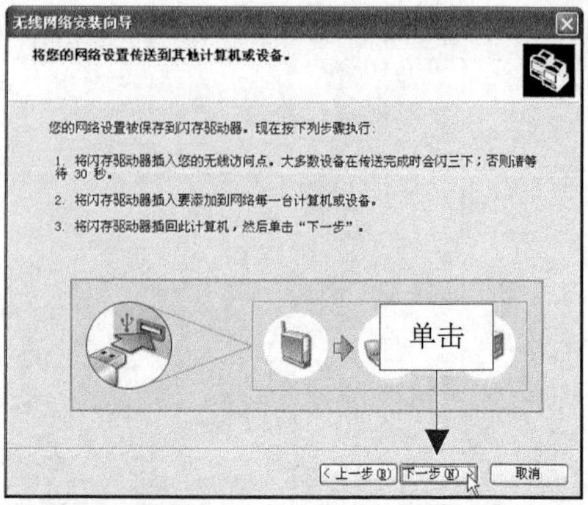

图 8-42　进入相应界面

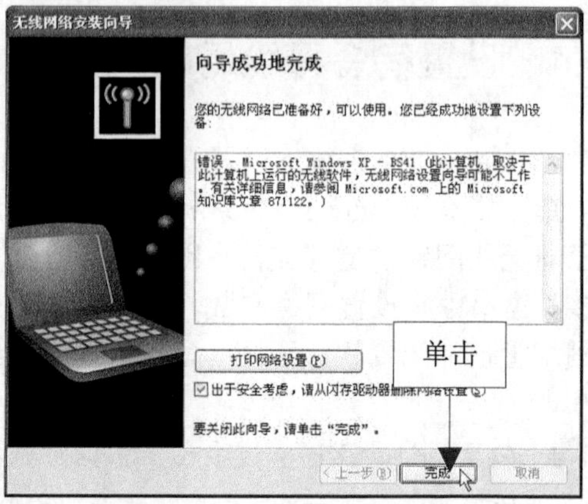

图 8-43　单击“完成”按钮

8.5　宿舍局域网的应用

创建好宿舍局域网后，接下来用户可以在宿舍局域网中建立呼叫连接以及使用观看共享盘中的影片等功能。本节将介绍宿舍局域网的应用方法。

8.5.1　建立呼叫连接

Microsoft NetMeeting 是一种非常有用的通信方式，使用它不仅可以进行文件交流，还可以进行语音交谈，可以通过白板程序辅助交流，共享应用程序，而且它还有视频功能。第一次启动 Microsoft NetMeeting 时，将自动进入到 Microsoft NetMeeting

的设置向导。建立呼叫连接的前提是双方都要启动 NetMeeting 程序，下面介绍建立呼叫连接的方法。

Step 1 打开 Microsoft NetMeeting 程序的文件夹，在 conf.exe 图标上双击鼠标左键，如图 8-44 所示。

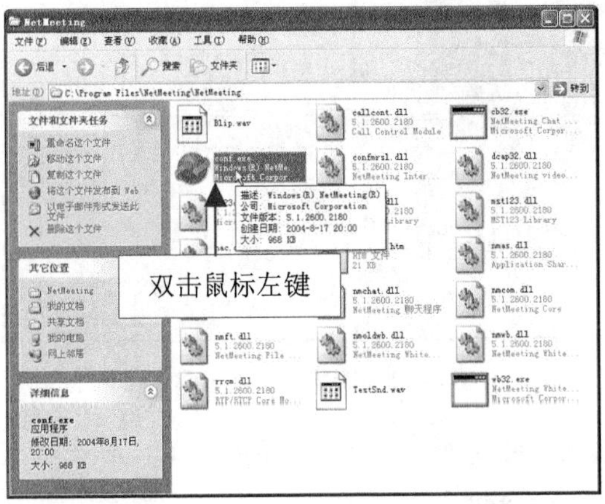

图 8-44 在 conf.exe 图标上双击鼠标左键

Step 2 弹出 NetMeeting 对话框，显示 NetMeeting 的功能，单击“下一步”按钮，如图 8-45 所示。

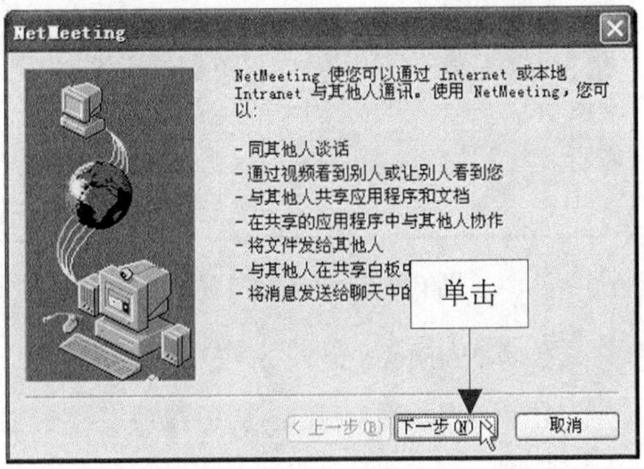

图 8-45 显示功能

Step 3 弹出 NetMeeting 对话框，输入个人信息，在这里按照要求输入姓名“飞龙”，在 NetMeeting 窗口将姓名分开进行显示，用户应该按照先名后姓的顺序输入，单击“下一步”按钮，如图 8-46 所示。

Step 4 进入相应界面，从中选择目录服务器，单击“下一步”按钮，如图 8-47 所示。

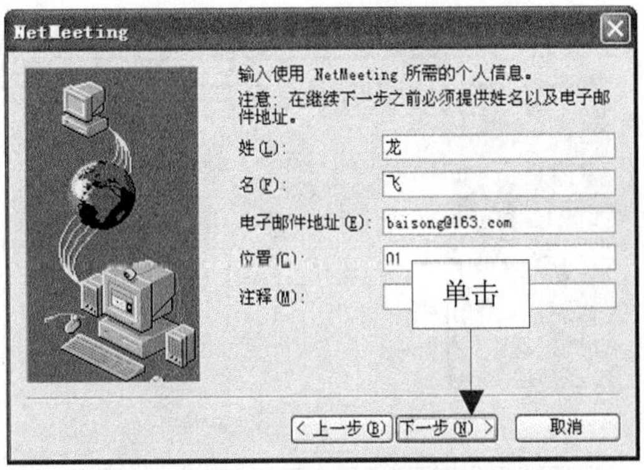

图 8-46 输入个人信息

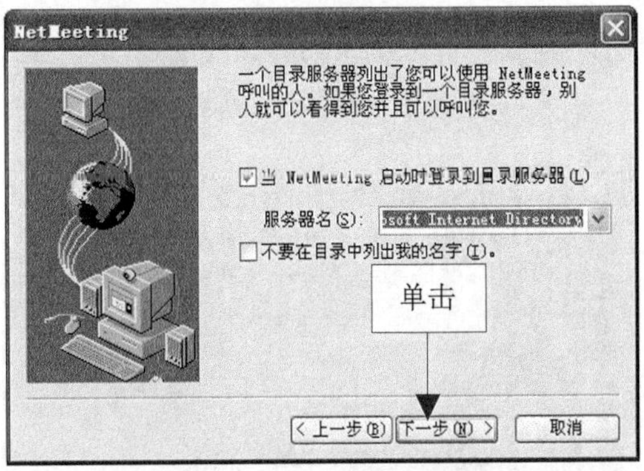

图 8-47 选中目录服务器的名称

Step 5 进入相应界面，从中选择网络连接的方式，此处选中“局域网”单选按钮，单击“下一步”按钮，如图 8-48 所示。

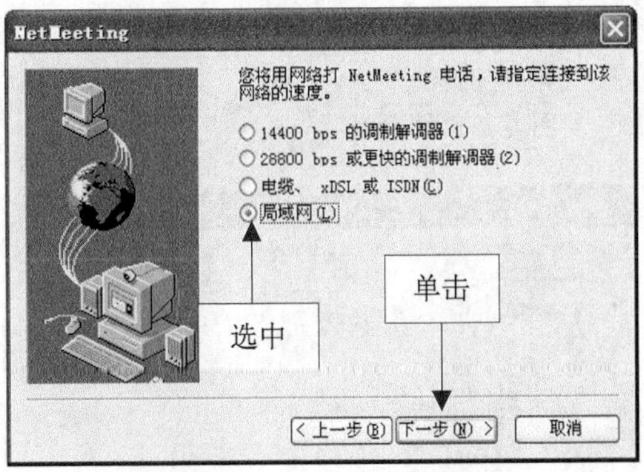

图 8-48 选择网络连接的方式

Step 6 进入相应界面，在其中可以创建应用程序的快捷方式，单击“下一步”按钮，如图 8-49 所示。

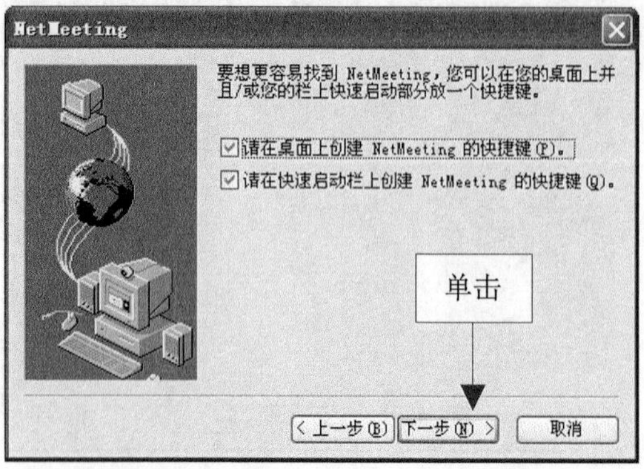

图 8-49　创建应用程序的快捷方式

Step 7 弹出“音频调节向导”对话框，单击“下一步”按钮，如图 8-50 所示。

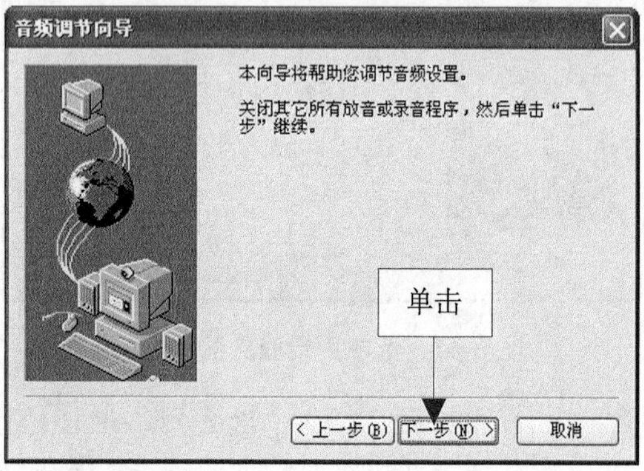

图 8-50　弹出“音频调节向导”对话框

Step 8 进入相应界面，拖动“音量”滑块，适当调节播放音量，单击“下一步”按钮，如图 8-51 所示。

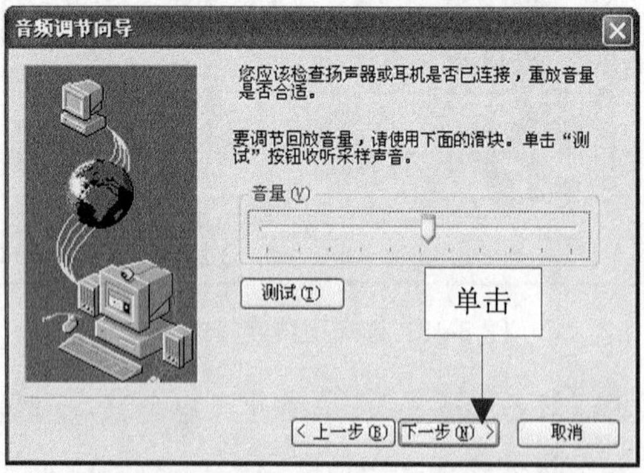

图 8-51　调节播放音量

Step 9 进入相应界面，拖动“录音音量”滑块，适当调节麦克风音量大小，单击“下一步”按钮，如图 8-52 所示。

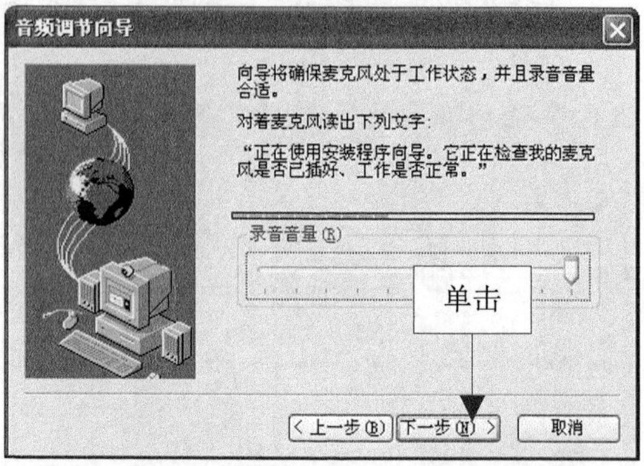

图 8-52　调节麦克风音量大小

Step 10 进入如图 8-53 所示的界面，单击“完成”按钮。

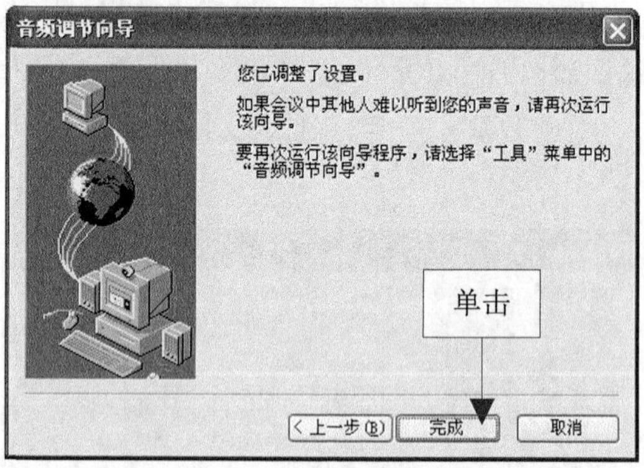

图 8-53　进入相应界面

Step 11 启动 NetMeeting 应用程序，如图 8-54 所示，启动后的 NetMeeting 应用程序窗口如图 8-55 所示。

图 8-54　启动 NetMeeting 应用程序

图 8-55　NetMeeting 应用程序窗口

8.5.2　观看共享盘影片

宿舍局域网中的计算机可以观看其他接入同一个局域网的计算机硬盘或光驱中的影片，这样可以节省更多的硬盘资源，下面介绍具体的实施方法。

1．安装暴风影音 5

首先在每台计算机上分别安装暴风影音 5 播放软件，安装软件的具体操作步骤如下。

Step 1　进入暴风影音 5 软件所在的目录，在安装文件上双击鼠标左键，如图 8-56 所示。

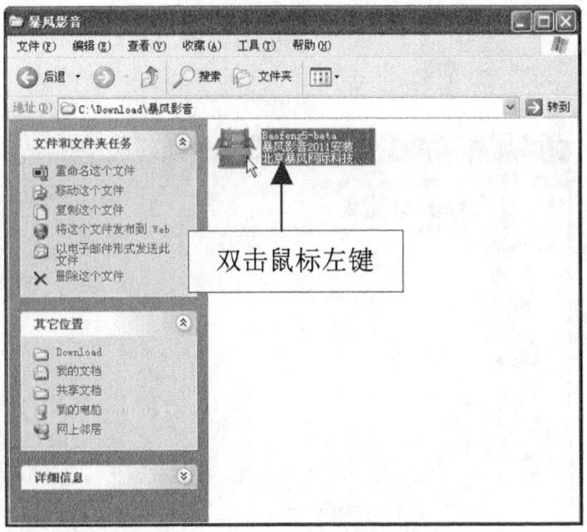

图 8-56　在安装文件上双击鼠标左键

Step 2　弹出“安装 暴风影音 5 Beta 版”对话框，显示欢迎界面，单击“接受”按钮，如图 8-57 所示。

图 8-57　弹出“安装 暴风影音 5 Beta 版”对话框

Step 3　弹出相应对话框，显示暴风影音的安装信息，单击“下一步”按钮，如图 8-58 所示。

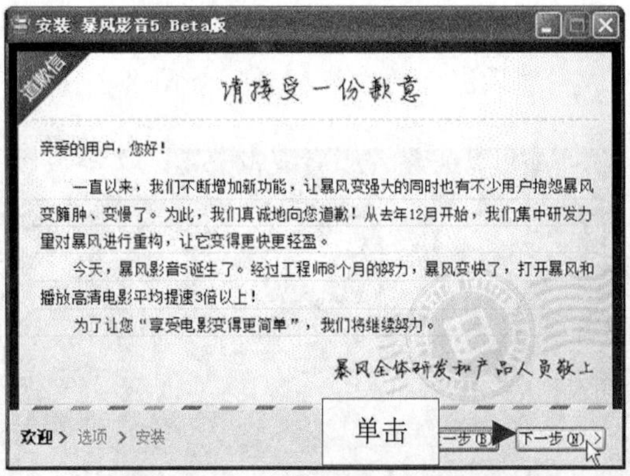

图 8-58　显示暴风影音安装信息

Step 4　进入“暴风影音 5 安装向导”界面，在此可以设置程序的安装路径，单击“下一步”按钮，如图 8-59 所示。

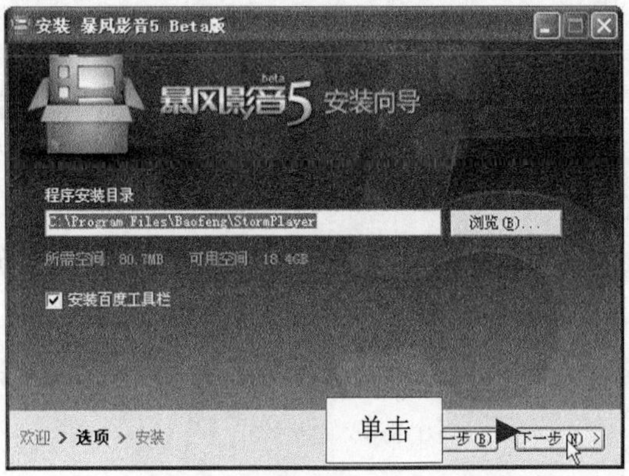

图 8-59　设置程序的安装路径

Step 5 弹出相应对话框，显示程序的安装进度，如图 8-60 所示。

图 8-60 显示程序的安装进度

Step 6 安装完成后，单击“完成”按钮，即可打开暴风影音的运行窗口，如图 8-61 所示。

图 8-61 打开暴风影音的运行窗口

2. 播放局域网影片

暴风影音 5 安装完成后，就可以用它来播放连接到宿舍局域网中任何一台计算机中的共享影片了，具体操作步骤如下。

Step 1 启动暴风影音 5 应用程序，单击主界面上的“打开文件”按钮，如图 8-62 所示。

Step 2 弹出“打开”对话框，单击“网上邻居”图标，如图 8-63 所示。

图 8-62 单击“打开文件”按钮

图 8-63 单击“网上邻居”图标

Step 3 进入 bs 工作组，选择电影文件所在的目录，选中需要播放的电影，单击“打开”按钮，如图 8-64 所示。

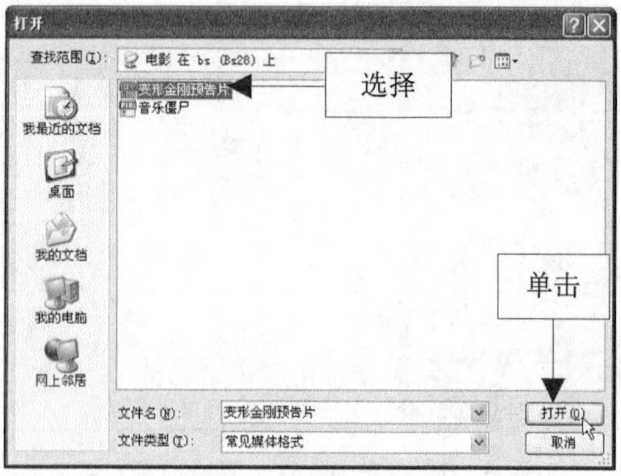

图 8-64 选择电影并打开

Step 4 进入暴风影音 5 播放窗口，即可播放所选择的影片，如图 8-65 所示。

图 8-65 播放所选择的影片

8.6 宿舍网络常见故障排除案例

当宿舍网络建立起来后，在实际使用中难免遇到许多问题，本节将介绍常见故障现象和解决办法。

8.6.1 宿舍局域网的常见故障

路由器、交换机以及集线器是局域网中用得较为普遍的设备，一般情况下，它们为查找网络故障提供了很大的方便，如通过观察双绞线的 RJ-45 端口与路由器连接端口的指示灯是否发亮即可判断网络连接是否正常。

1. 集线器在 100M 网络中的应用故障

在局域网中，当网络的连接范围较大时，可通过 Hub 之间的级联扩大网络的传输距离。在 10M 网络中最多可级联四级，使网络最大能达到 600m 的有效传输距离。但当网络从 10M 升级到 100M 或新建一个 100M 的局域网时，如果采用普通的方法对 100M 的 Hub 进行连接，将使局域网无法正常工作。

> **故障解析**
>
> 一般情况下，在 100M 网络中只允许对两个 100M 的 Hub 进行级联，而且两个 10M 的 Hub 之间的连接距离不能大于 5m，所以 100M 局域网在使用 Hub 时最大距离为 205m。如果实际连接距离不符合以上要求，网络将无法连接。这一点一定要引起用户的足够重视，否则在用户规划网络时很容易造成严重的错误。

2. 集线器在进行级联时的应用故障

某宿舍自行组建一个局域网，使用了两个 16 口(还带一个级联端口)的 10M 共享式集线器，所有计算机通过 Hub 与总机房的 Hub 相连。其中 Hub A 通过级联端口连接到 Hub B 的第 16 个端口上，Hub B 通过级连端口连接到总机房的 Hub 上，其他端口分别连接工作站。整个工作站使用静态 IP 地址。在正式连接服务器前，每设置一台工作站，都使用 Ping 命令进行测试，结果全部都连通，而且 Hub A 所连接的工作站全部也能 Ping 通 Hub B 所连接的工作站。但是，当连入服务器后，只有 Hub B 所连接的工作站能够登录服务器，而 Hub A 所连接的工作站却无法登录，也 Ping 不通服务器的 IP 地址。

通过观察计算机上网卡的指示类以及两个 Hub 上各端口的指示类，除发现 Hub B 的第 16 个端口与 Hub A 的级联端口对应的指示灯不亮外，所有网卡和其他端口的指示灯均发亮，说明计算机与 Hub 之间的连接均正常，因此问题极有可能出在 Hub A 的级联端口与 Hub B 的第 16 个端口上。在这种情况下，开始怀疑在 Hub A 的级联端口和 Hub B 的第 16 个端口中至少有一个端口是坏的。

8.6.2 查找宿舍局域网的故障

宿舍局域网经常会出现故障，在出现网络问题之后，最重要的是不要着急，头脑要保持清醒。查清问题出在哪里，一般有以下 4 种情况。

- 当整个网络都不通时，可能是交换机或集线器的问题，要看交换机或集线器是否在正常工作。
- 只有一台电脑网络不通，即打开这台电脑的“网上邻居”时只能看到本地计算机，而看不到其他计算机，可能是网卡和交换机的连接有问题，那么首先要看一下 RJ-45 水晶头是不是接触不良。然后再用测线仪，测试一下线路是否断裂。

> **故障解析**
>
> 另外要检查一下交换机上的端口是否正常工作。

- 在"网上邻居"中不能看到本地计算机，或选择"开始"→"运行"命令打开的"运行"对话框中用 Ping 命令 Ping 本地计算机的 IP 地址不通时，说明该计算机的网络设置有问题，那么首先想到的应该是网卡，可以选择"控制面板"→"系统"→"设备管理"→"网络适配器"设置窗口，在该窗口中检查一下有无中断号及 I/O 地址冲突，一般情况下 NE2000 系列的网卡为 IRQ3，8029 芯片的网卡为 IRQ10。

故障解析

如发现网卡没有冲突，下一步就要检查驱动程序是否完好，然后重新安装网卡的驱动程序。

- 在"网上邻居"中能看到网络中其他的计算机，但不能对它们进行访问，那么可能是网络协议设置有问题。把以前的网络协议删除后，再重新安装，并重新设置即可。

8.6.3 无法连接相邻的计算机

某宿舍局域网组建完成后，发现有两台相邻的计算机无法进行连接，可使用下面的方法进行解决。

- 确认计算机是否安装了该网络使用的网络协议。如果要登录 Server 域，还必须安装 NetBEUI 协议。
- 确认安装了"Microsoft 网络的文件与打印共享"服务。
- 如果要登录 Server 服务器网络，在"网络"属性对话框的"主网络登录"中，应该选择"Microsoft 网络用户"选项。
- 如果要登录 Server 服务器网络，在"网络"属性对话框的"配置"选项卡中，双击列表中的"Microsoft 网络用户"组件，检查是否已选中"登录到 Windows 域"复选框，以及"Windows 域"下的域名是否正确。

8.6.4 代理服务器故障

服务器端代理软件问题，如相应服务端口被其他软件占用，可改变端口值解决。服务权限没给用户或者根本就没配置相应的服务或者限制某些服务，重新配置即可。对于代理软件过期或版本太低的问题，可上网下载高版本软件，对软件进行注册。

客户端浏览器本身有故障或配置不正确，可试试其他的浏览器或重新配置。客户端软件过期或版本太低或网连接故障，可参照上一节的方法进行解决。

故障解析

也可能是当前网络连接太慢或者 Internet 上部分站点服务器相应服务提供不全或有故障。

8.6.5 多台机器共享上网后网速变慢

共享上网的速度主要取决于使用的上网方式以及网络带宽，目前一般常用的 ADSL 速度主要有 512kbps、1M、2M，Cable Modem 和小区宽带带宽甚至为 10M，但是其实际的速度往往取决于供应商的服务质量，有时候并不能达到所标称的速度。一般来说，1M 带宽的网络可以供 1～12 个人上网浏览、聊天和收发电子邮件等日常使用都没有问题，所有的用户共同分享 1M 的带宽，但是带宽并不是平均分配给每台计算机，如果其中的一台或者几台机器同时使用多线程的下载工具下载文件或者玩一些占用带宽较厉害的网络游戏，那么就会大量占用带宽，造成其他计算机网速太慢，甚至无法浏览网页。

故障解析

如果经常出现类似情况，可以建议网内用户使用单线程下载或者选择上网密度不大的时间下载。

8.6.6 无法解除绑定的 IP 地址

某宿舍计算机原来采用固定 IP 地址进行上网，

为了避免被他人盗用，使用 arp -s ip mac 命令对 MAC 地址和 IP 地址进行了绑定。后来，由于某种原因，又使用 arp -d ip mac 命令取消了绑定。然而，取消绑定后，在其他计算机上仍然不能使用该 IP 地址，而只能在以前绑定过的计算机上使用。另外，该计算机并不是代理服务器。

虽然在 TCP/IP 网络中，计算机往往需要设置 IP 地址后才能通信，然而，实际上计算机之间的通信并不是通过 IP 地址，而是借助于网卡的 MAC 地址，IP 地址只是被用于查询欲通信的目的计算机的 MAC 地址而已。

ARP 协议是用来向对方的计算机、网络设备通知自己 IP 对应的 MAC 地址的。在计算机的 ARP 缓存中包含一个或多个表，用于存储 IP 地址及其经过解析的以太网 MAC 地址。一台计算机与另一台 IP 地址的计算机通信后，在 ARP 缓存中会保留相应的 MAC 地址。所以，下次与同一个 IP 地址的计算机通信，将不再查询 MAC 地址，而是直接引用缓存中的 MAC 地址。另外，需要注意的是，通过-s 参数添加的项属于静态项，不会造成 ARP 缓存超时。只有终止 TCP/IP 协议后再启动，这些项才会被删除。所以，即使取消了绑定，在短时间内其他计算机将仍然认为该计算机采用的是原有 IP 地址。

故障解析

在交换式网络中，交换机也维护一张 MAC 地址表，并根据 MAC 地址将数据发送至目的计算机。当绑定 IP 地址与 MAC 地址后，只要与交换机通信过，交换机就会记录下该 MAC 地址。这样一来，即使后面有人使用了相同的 IP 地址，将依然不能与网关通信，更连不通外面了，除非重新启动交换机、清除 MAC 表，或者 MAC 地址表超过了指定的老化时间。

8.6.7 如何连接教室中的网络端口

在一般学校的教室内往往都有很多空闲的网络端口，如果使用笔记本电脑，可以通过以下方式测试端口，以便连通网络。

Step 1 将笔记本电脑接入空闲端口，如果笔记本电脑网卡的指示灯开始闪烁，说明已经连接到局域网。如果网卡的信号指示灯不亮，说明该端口没有从配线架连接交换机，无法接入网络。

Step 2 如果网络规模较小，可能没有划分 VLAN。这样，网络内任何计算机的 IP 地址信息基本类似，查看一下其他计算机的 IP 地址信息，再为自己的计算机进行设置。需要注意的是，子网掩码、默认网关、DNS 应当与其他计算机相同，而 IP 地址应当与其他计算机不同。另外，一些不太“吉利”的 IP 地址可能被空出不用，所以，不妨选出来试试。

Step 3 如果网络规模较大，可能会划分 VLAN。VLAN 的划分是有规律的，通常是按照部门来划分的。因此，可以根据端口的位置判断其所在的 VLAN。同一 VLAN 内的子网掩码、默认网关、DNS 信息是相同的。可以查看一下相邻计算机的 IP 地址信息，然后尝试设置。

Step 4 如果网络采用动态 IP 地址分配，则只需将计算机设置为“自动获取 IP 地址”即可。

故障解析

IP 地址由网络中心统一管理，私自设置 IP 地址很有可能会导致 IP 地址冲突，造成网络通信和网络服务的中断。

第 9 章 网吧局域网的组建与应用

随着 Internet 在全球的广泛推广，用户数量的迅速增加，Internet 成为全球通信的热点。基于国内网络的接入现状，利用网吧等公众场所上网者占着不小的比例，以一个网络普及场所身份出现的网吧或网络咖啡屋，凭借舒适宽松的上网环境和高速便捷的上网服务，吸引了越来越多网民的光顾，使得网民的数量呈现出高速增长的态势，网吧这种经营模式早已被广大用户所接受，各大城市的网吧得到了迅猛的发展，从最初的几台计算机，到现在几十台，甚至上百台计算机。大大小小的网吧已遍及全国，无论是大中城市还是小城市直到很小的县城。但同时，随着网吧的增多，行业之间的竞争也越来越激烈，为了在激烈的竞争中立足，网吧的成本控制、运行性能、管理维护都成为极其重要的因素，因此，如何组建一个低成本、高性能、易管理的网吧网络解决方案显得尤为重要。

本章学习要点

- 网吧网概述
- 网吧网的组建方法与步骤
- 创建无盘工作站
- 创建有盘工作站
- 网络共享方式
- 网吧管理应用
- 网吧常见故障排除案例

9.1 网吧网概述

随着 Internet 的迅速发展以及网络用户群的日益壮大，经营网吧已经成为一个不可多得的商机。与其他类型局域网的组建基本类似：如何选择一个符合网吧的拓扑网络结构，如何选择局域网的 Internet 接入方式，如何选购组建局域网的硬件设备，都是网络质量好坏的关键，这些因素决定着网吧的生存力。

> **提示**
>
> 一般情况下，网吧所有的计算机通过代理服务器或宽带路由器来共享 Internet。需要考虑局域网的组网方式、接入 Internet 的方式、软件硬件以及耗材，选择不同的方式，将决定投入的成本多少、网络的整体性能如何以及管理维护是否方便。

根据规模大小网吧可分为 3 种类型。

1. 小型网吧

一般有 7～20 台计算机，适合小城镇，投资规模小，风险较小，当然利润也要相对少一些，上网方式可采用 Modem 拨号上网和 ADSL 专线。

2. 中型网吧

一般有 20～100 台计算机，适合中小城市，投资规模中等，风险也较小，利润中等，上网方式可采用 10M/100M 光纤接入。

3. 大型网吧

一般有 100 台以上计算机，适合大城市，投资规模大，有一定风险，利润较高，上网方式可采用 100M/1000M 光纤和 DDN 专线。

9.2 网吧网的组建方法与步骤

虽然家庭拥有计算机的情况越来越普及，但是网吧依然有存在的必要。如果网吧的网络构建方式不科学，就会造成了一定程度的浪费，如何将网吧的速度提高一些并保证经济合理就成为需研究的问题，本节介绍网吧网的组建方法与步骤，确定好组建网吧的大方向。

9.2.1 网吧构建方案

由于网吧一般只提供上网服务，所以构建方法比较简单，可以将所有的电脑通过交换机连接，然后以其中一台作为主机。在开始网络布线之前，首先要画一张施工简图，确认每台计算机的摆放方式和地点，然后在图上标明节点位置。要注意网关服务器(就是接入 Internet 的那台计算机)或宽带路由器的放置要配合光纤的入户方向，同时还需要选择合适的网络组建方案。

网吧组建网络结构一般情况下采用星型结构，使用双绞线和交换机来连接多台计算机，如图 9-1 所示。

> **提示**
>
> (1) 星型网络结构的优点如下。
> - 网络的稳定性强。
> - 故障容易查找。
> - 可以满足多种带宽的需求。
>
> (2) 星型网络结构的缺点如下。
> - 网络不易扩展。
> - 布线复杂。

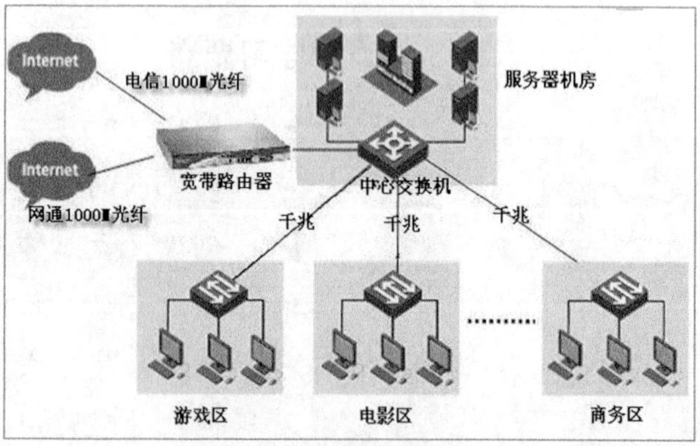

图 9-1 网吧组建网络结构

9.2.2 选购网吧设备

网络基础设备包括网络交换机、网卡、网线、RJ-45 水晶头以及网络杂件(如 PVC 管)等。如果按一个网吧 200 台计算机来计算，需要 9 个 24 口 100M 交换机、2 块 1000M PCI 网卡、网线若干、RJ-45 水晶头 420 个(最好多准备几根备用网线)、专业机柜、PVC 管若干。

其中网线的选用十分重要，最好使用名牌超五类网线布线，因为网吧不像家庭用户，网吧里面的干扰特别大，千万不要在这方面省钱。交换机推荐使用 TP-Link 或同级别品牌，水晶头质量一定要好，PVC 管是用来放置网线的塑料管，起绝缘和防水等作用，许多网吧根本没有使用 PVC 管，这样的网吧在刚开始没有什么问题，但随着时间的推移，很多坏处会慢慢显现出来。

推荐采用代理服务器或路由器的方式上网，这样可以最大限度地提高访问速度。需要购买一个主机作为代理服务器(或路由器)，然后购买 2 台服务器(用作电影服务器和游戏服务器)和若干工作站级别的电脑。配置网吧所用的电脑同家用电脑完全不同，作为网吧电脑，主要有几个方面：第一，主机内存应该足够大；第二，主机硬盘速度足够快，对于硬盘的选择，如果是有盘网吧，则大容量的 SCSI 硬盘是首选，如果采用无盘，则可以省去工作站的硬盘。

> **注意**
>
> 这里需要注意一点的就是，组建网吧除了电脑等硬件设备需要投入外，网络连接设备不能采用档次较低的，否则网络的问题不断，上网速度奇慢。尤其是网络基础设备作为构建网吧的基础，在安装完成后很难加以改造。

9.2.3 设计网吧布线

首先要确定交换机与每台计算机之间的距离，分别截取相应长度的网线，然后将网线穿管(PVC 管)，当然，如果网吧还未装修，则最好采用暗线。要注意的是双绞线(网线)的长度不得超过 100 米，太长的双绞线实际传输速度会有所降低，而且过长的双绞线缠绕起来也会因为电磁干扰而造成数据传输错误，除非是添加中继器来放大信号。

接着是“做网络接头”，也就是制作 RJ-45 双绞线接头(具体方法可参照 3.3.3 小节)。将网线两端做好的接头分别插入工作站网卡和交换机，这样，布线工作就基本完成。

9.2.4 安装检测设备

网线安装完毕后，就可以进行联网工作，包括物理连通和计算机操作系统的对等互联。判断计算机的物理连通与否很简单：查看网卡的指示灯或者交换机上对应的指示灯是否正常就知道了，一般网卡上绿灯亮表示网络连通。单是网络物理连通还不能使整个网络运作起来，必须对每一台计算机进行网络配置。

安装相应的网络协议和网络客户端，注意只需要安装 TCP/IP 协议、Microsoft 网络客户端、Microsoft 网络文件和打印机共享服务以及 IPX/SPX 协议即可。一般工作站的 IP 设置为 192.168.0.2～192.168.0.20、子网掩码为 255.255.255.0、网关地址为 192.168.0.1、DNS 服务器地址为宽带接入商所提供的 DNS 地址。然后还要对计算机进行命名和加入工作组的操作，

现在检测网络是否连通。在 Windows XP 桌面上双击“网上邻居”图标，如果在打开的窗口中看到自己和其他计算机名，这就表示网络已经连通了。如果不能在“网上邻居”里看到计算机名，可按以下步骤诊断。

(1) 检查网络物理上是否连通。

(2) 如果只是看不到自己的本机名，检查是否添加了“文件与打印机共享”服务。

(3) 如果“网上邻居”里只有本机，首先保证网络是物理连通的，然后检查工作组名字是否与其他计算机一致。

(4) 如果什么都看不到，可能是网卡的设置问题，重新检查网卡设置，或者换一块网卡试试。

(5) 用 Ping、Tracert 等网络检测工具诊断。

9.3 创建无盘工作站

无盘工作站具有成本低、安全性好、便于日常维护和管理等优点，深受网管的喜爱，所以很多网吧都

采用无盘工作站的形式。本节将介绍在 Windows 2003 环境下，安装 Windows XP 无盘工作站的详细过程。

9.3.1 准备相关硬件

无盘工作站顾名思义就是没有硬盘、基于服务器网络的一种工作站结构，无盘工作站利用网卡上的启动芯片与服务器连接，使用服务器的硬盘空间进行资源共享。由于无盘工作站网络有投资少、易维护、易管理等突出特点，因此，组建 Windows 2003 无盘工作站网络仍然是许多部门，尤其是网吧，在组网时优先考虑的一种方案。

首先无盘系统的网络最好采用 1000M 网络环境和比较好的交换机设备，然后是服务器配置，其实无盘对 CPU 要求并不高，瓶颈是硬盘速度，现在的 SSD 与内存做读盘很大地提高了无盘性能，一个好的配置中到最后网络才是最大的瓶颈了，鉴于现在 SSD 盘的读盘性能，推荐无盘的系统盘由 SSD 硬盘代替，并不需要很大的盘，1 个 32G SSD 就够了，写盘建议还是 SAS，SSD 写性能并不好，特别是写入寿命有限。游戏盘单独用 SAS 组 RIAD，没有经济条件的可以使用 SATA2 的 RIAD0。

技 巧

现在很多网吧用无盘的系统盘 + 各种虚拟盘来负载，这样有效地降低了无盘平台的压力，给使用者带来了更好的游戏体验。

首先做好服务器和客户机器系统并备份，然后要准备无盘软件，这里将讲述如何使用锐起无盘网吧系统(V3.0)来构架无盘网络，读者可在锐起官方网站下载服务端和客户端程序。

9.3.2 安装锐起无盘

首先启动 Windows Server 2003 服务器，修改 IP 地址，如图 9-2 所示。然后在服务器上安装 3.0 主服务器版本，具体步骤如下。

Step 1 打开服务端程序所在文件夹，在“锐起无盘主服务端.msi”图标上双击鼠标左键，如图 9-3 所示。

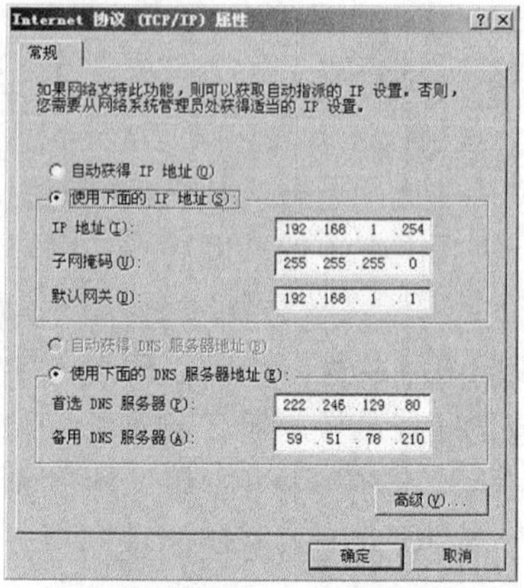

图 9-2 修改 IP 地址

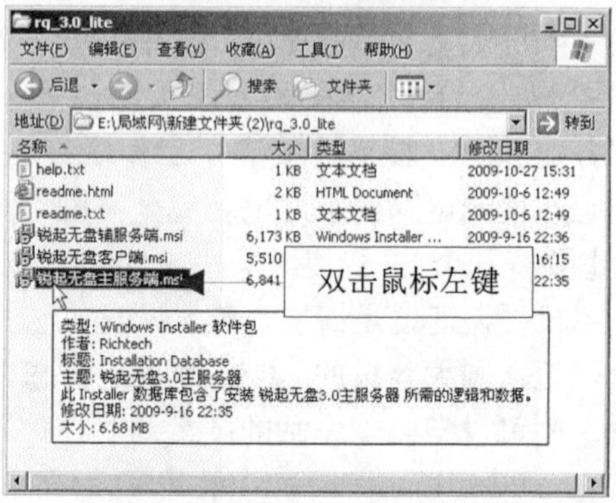

图 9-3 在相应图标上双击鼠标左键

Step 2 弹出“锐起无盘 3.0 主服务器安装”对话框，显示欢迎信息，单击“下一步”按钮，如图 9-4 所示。

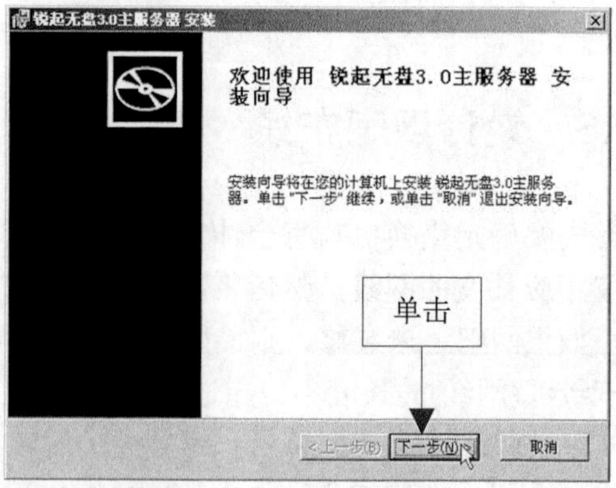

图 9-4 显示欢迎信息

Step 3 进入“选择安装文件夹”界面，将安装目录改为 D 盘，这样可以避免还原系统时把原来的配置还原了，单击“下一步”按钮，如图 9-5 所示。

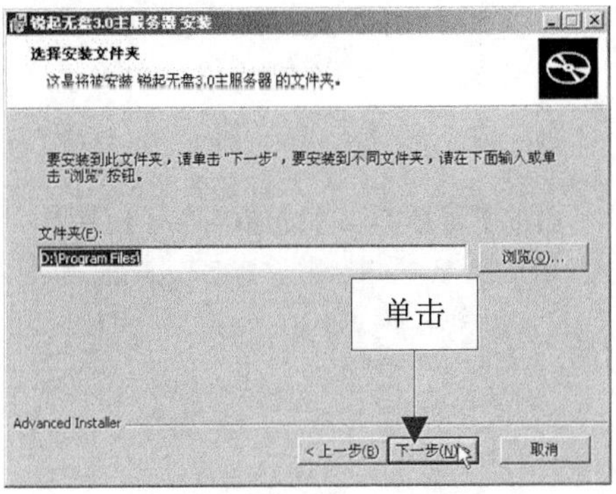

图 9-5　更改安装目录

Step 4 进入“准备安装”界面，单击“安装”按钮，开始安装锐起无盘 3.0 主服务端，如图 9-6 所示。

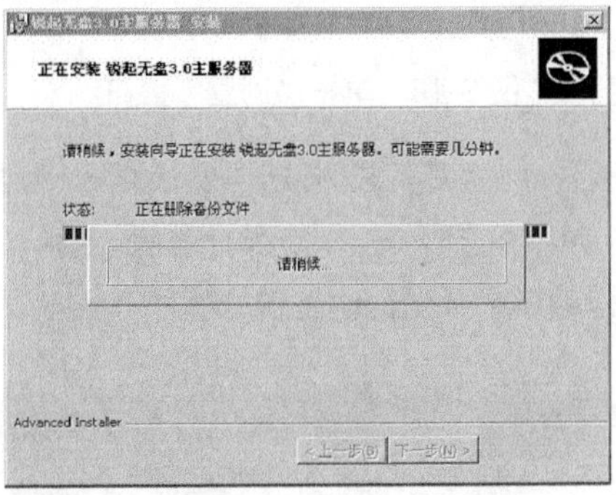

图 9-6　安装锐起无盘 3.0 主服务端

Step 5 安装结束后，单击“完成”按钮即可，如图 9-7 所示。

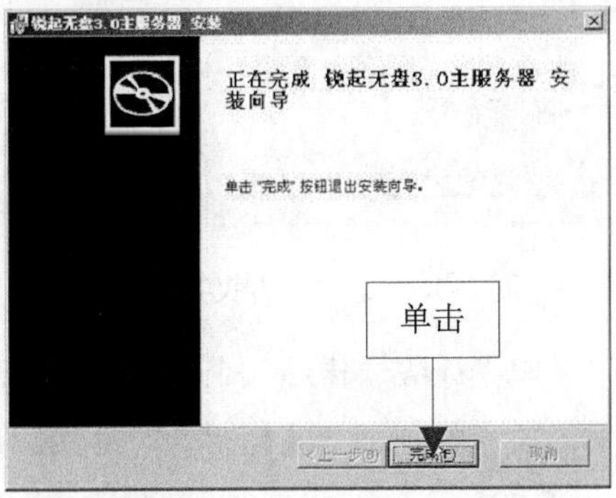

图 9-7　单击“完成”按钮

9.3.3　创建磁盘镜像

安装好锐起无盘主服务端后，就可以在其中创建系统盘、网络游戏盘和单机游戏盘的镜像磁盘，具体操作步骤如下。

Step 1 在桌面上双击锐起无盘主服务端的图标，启动锐起无盘主服务端，单击工具栏中的“磁盘管理”按钮，如图 9-8 所示。

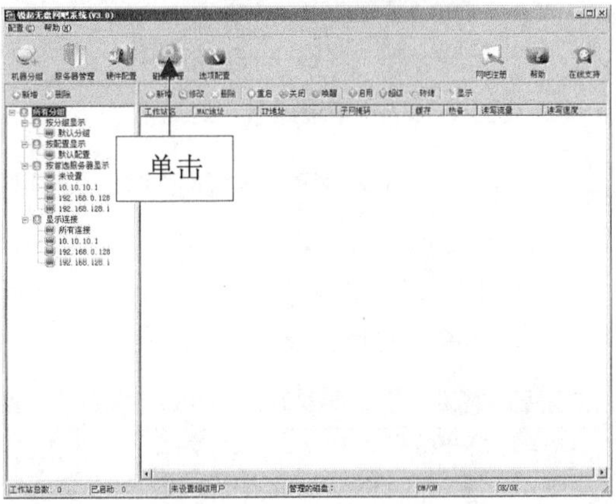

图 9-8　锐起无盘主服务端窗口

Step 2 弹出“磁盘管理”对话框，单击“新增”按钮，如图 9-9 所示。

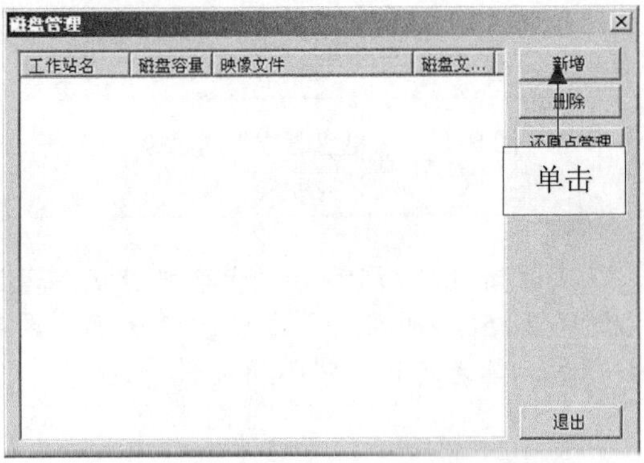

图 9-9　弹出“磁盘管理”对话框

Step 3 弹出“新增磁盘”对话框，首先新建一个 XP 系统的磁盘镜像文件，在“磁盘名称”文本框中输入 XP，在“磁盘容量”文本框中输入 5(读者可以根据实际硬盘大小分配系统磁盘的大小)，在“映像文件”文本框中输入“H:XP.img”，选中“使用稀疏文件”复选框，单击“确定”按钮，如图 9-10 所示。

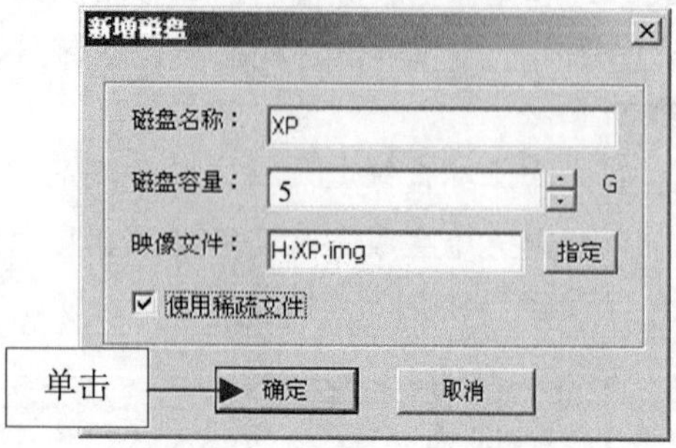

图 9-10　“新增磁盘”对话框

Step 4　创建一个名为 XP 的磁盘镜像，用同样的方法创建网络游戏和单机游戏的磁盘镜像，创建好后在“磁盘管理”对话框中即可看到各个磁盘镜像，如图 9-11 所示。

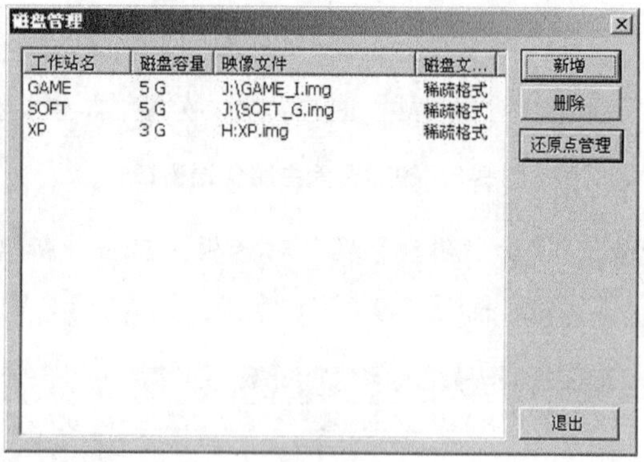

图 9-11　“磁盘管理”对话框

注意

在实际情况中，网络游戏和单机游戏磁盘的大小远远不止 5G，此处为了加快安装速度，因此使用小容量，读者可根据实际情况进行设定。

9.3.4　添加网吧工作站

在服务器上的 H 盘用来放 XP 系统的镜像，J 盘用来放网络游戏和单机游戏的镜像，接下来进行工作站的添加，具体操作步骤如下。

Step 1　在锐起无盘主服务端窗口中单击“新增”按钮新增，弹出“新增工作站”对话框，在“MAC 地址”文本框中输入 12 个 0，“启动网卡”设置为“自动选择”(如果服务器为多网卡则需要指定相应的网卡 IP 地址)，网关为服务器的网关地址，单击“工作站目录”右侧的“浏览”按钮，如图 9-12 所示。

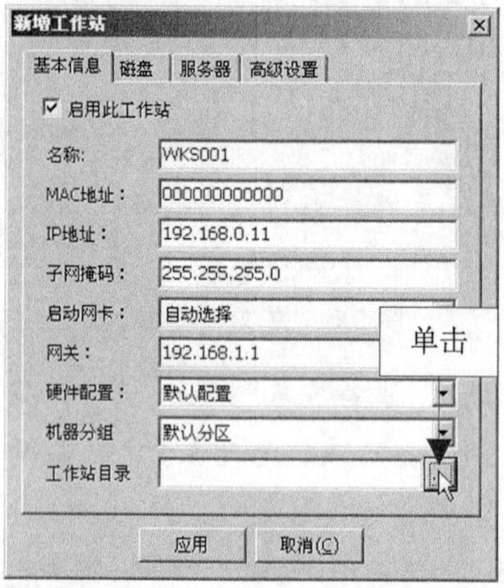

图 9-12　单击“浏览”按钮

Step 2　弹出“浏览文件夹”对话框，选择 E 盘的 WKS 文件夹为工作站目录，单击“确定”按钮，如图 9-13 所示。

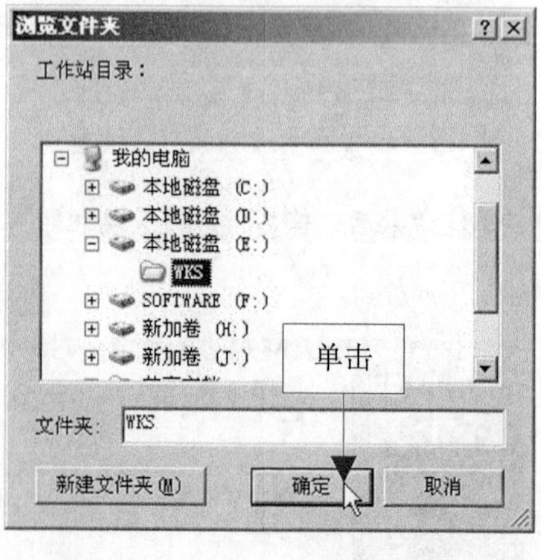

图 9-13　选择文件夹并确定

Step 3　返回“新增工作站”对话框，切换至“磁盘”选项卡，单击“编辑磁盘”按钮，如图 9-14 所示。

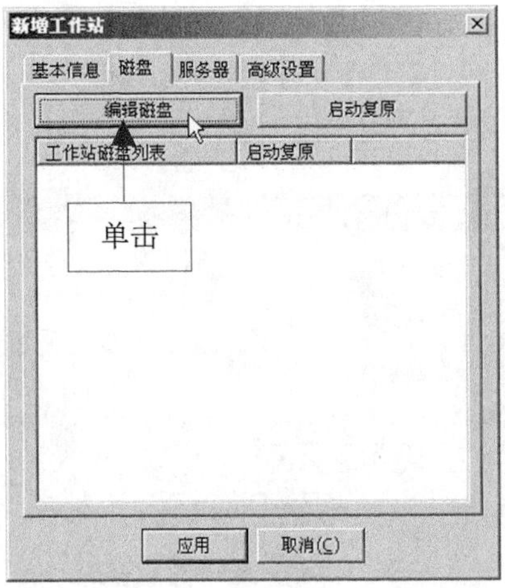

图 9-14 单击“编辑磁盘”按钮

Step 4 弹出“磁盘设置”对话框，在“全部可用磁盘”列表框中选择 XP 磁盘，单击◀按钮将其移动到“工作站磁盘”列表框中，用同样的方法将其他磁盘移动到“工作站磁盘”列表框中，此处一定要将 XP 磁盘放在第一位，因为它是启动磁盘，如图 9-15 所示。

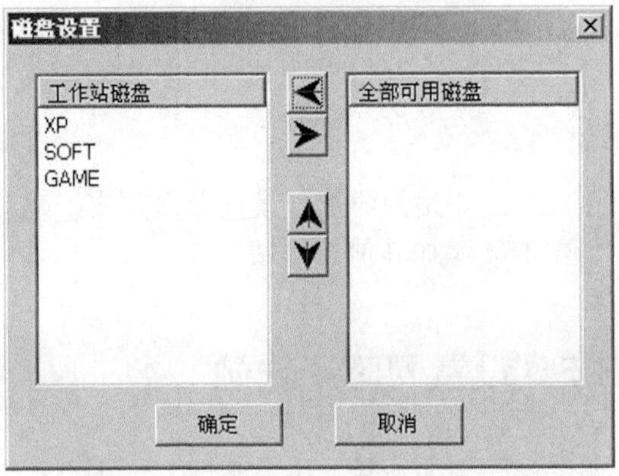

图 9-15 “磁盘设置”对话框

Step 5 单击“确定”按钮，弹出“修改工作站”对话框，切换至“服务器”选项卡，在“首选服务器”下拉列表中选择服务器的 IP 地址，单击“确定”按钮，如图 9-16 所示。

Step 6 返回到“锐起无盘网吧系统”窗口，即可成功添加工作站，如图 9-17 所示。

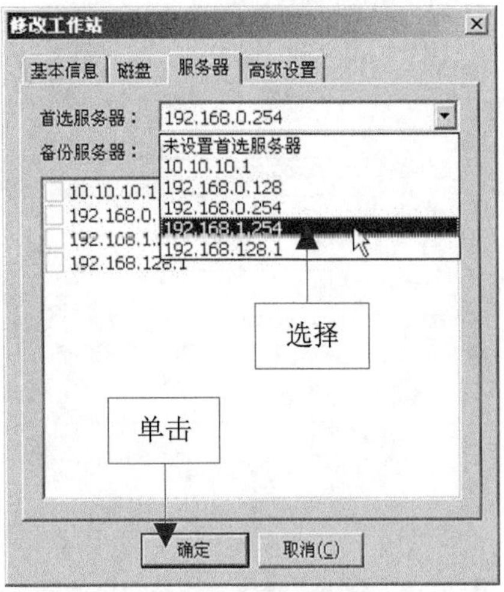

图 9-16 选择服务器的 IP 地址

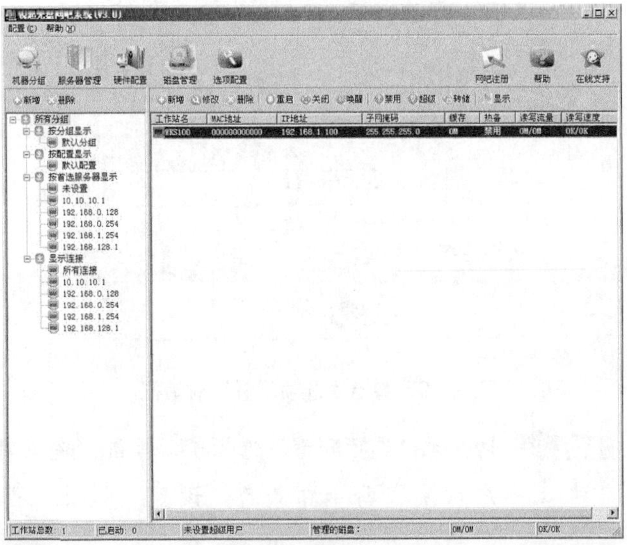

图 9-17 成功添加工作站

Step 7 用鼠标左键双击添加的工作站，弹出“修改工作站”对话框，将“名称”改为 WKS100、“IP 地址”修改为 192.168.0.100，以免产生冲突，如图 9-18 所示，单击“确定”按钮，保存修改操作。

Step 8 单击工具栏中的“选项配置”按钮，弹出“选项配置”对话框，在“加入方式”列表框中选择“客户端指定工作站信息”选项，在“模板”下拉列表中选择 WKS100，单击“确定”按钮，如图 9-19 所示。

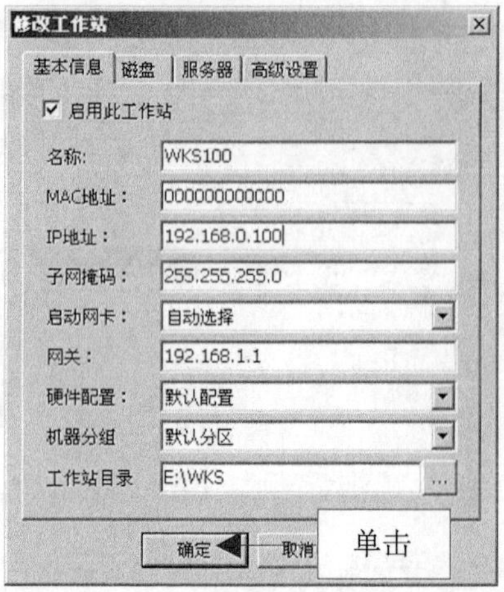

图 9-18　弹出“修改工作站”对话框

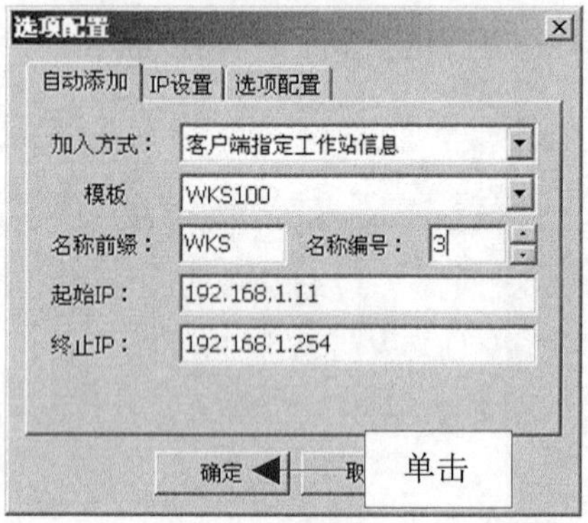

图 9-19　弹出“选项配置”对话框

Step 9　切换至“选项配置”选项卡，单击“超级用户切换密码”右侧的“设置”按钮，如图 9-20 所示。

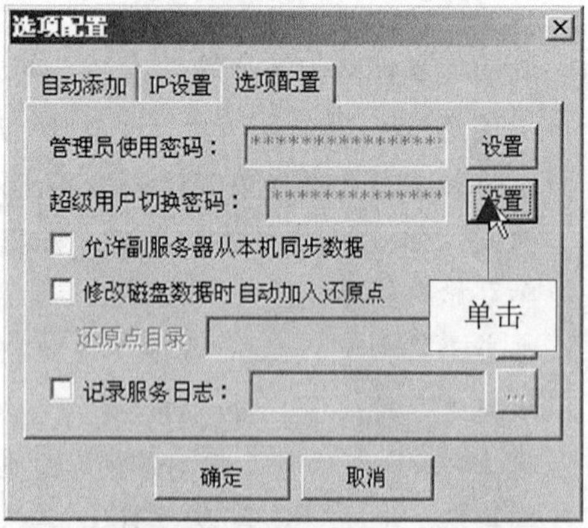

图 9-20　单击“设置”按钮

Step 10　弹出“设置密码”对话框，输入新的超级密码，避免客户机上的超级用户密码被其他人修改，单击“确定”按钮，如图 9-21 所示。

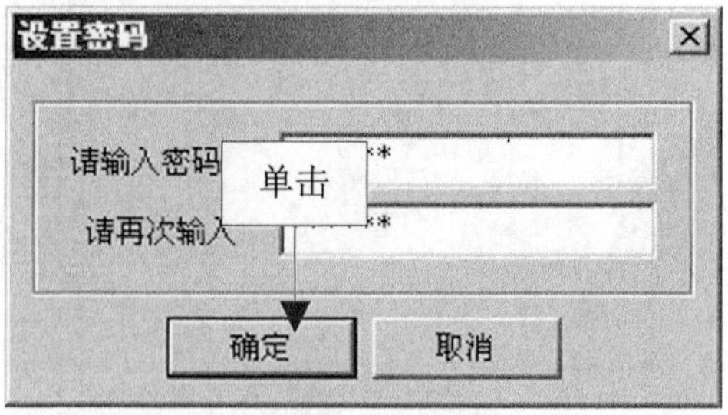

图 9-21　输入新的超级密码

Step 11　返回到“选项配置”选项卡，单击“确定”按钮，弹出提示信息框，单击“是”按钮，如图 9-22 所示，根据提示重启锐起无盘主服务端程序。

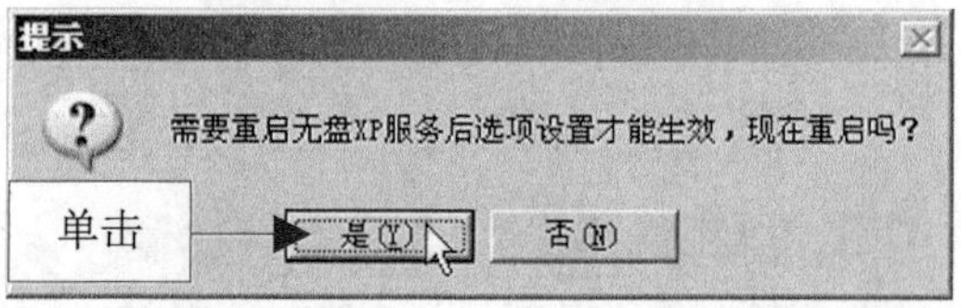

图 9-22　单击“是”按钮

至此，工作站的添加与设置操作完成，读者可按以上步骤继续添加其他工作站。

9.3.5　设置网吧工作站

服务端设置完毕后，还需要对工作站的系统进行相应的设置。启动 Windows XP 工作站，修改 IP 地址，如图 9-23 所示。然后单击“高级”按钮，在弹出的对话框中切换至 WINS 选项卡，选中“禁用 TCP/IP 上的 NetBIOS”单选按钮，如图 9-24 所示，连续单击“确定”按钮退出。

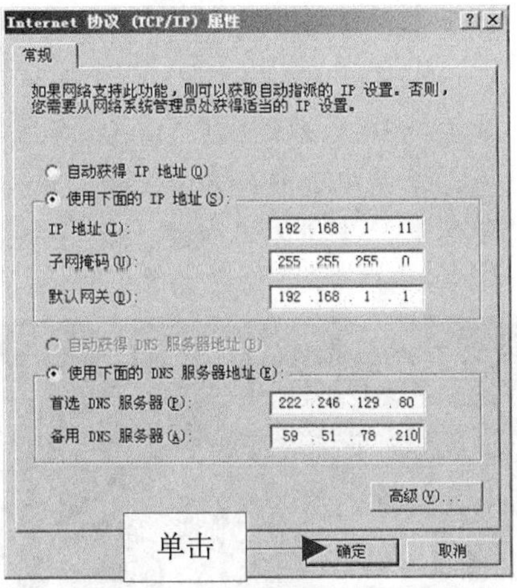

图 9-23　修改 IP 地址

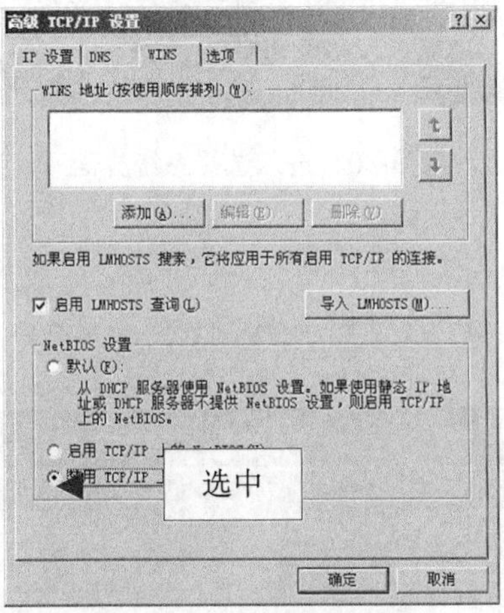

图 9-24　选中“禁用 TCP/IP 上的 NetBIOS”单选按钮

1. 安装锐起无盘客户端

接下来在工作站上安装锐起无盘客户端程序，具体步骤如下。

Step 1　打开客户端程序所在文件夹，在“锐起无盘客户端.msi”图标上双击鼠标左键，弹出“锐起 3.0 工作站 安装”对话框，显示欢迎信息，单击“下一步”按钮，如图 9-25 所示。

Step 2　进入“选择安装文件夹”界面，使用系统默认设置即可，单击“下一步”按钮，如图 9-26 所示。

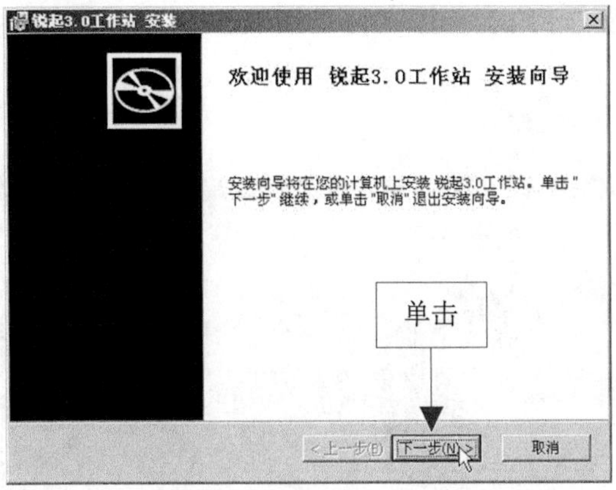

图 9-25　弹出相应的对话框

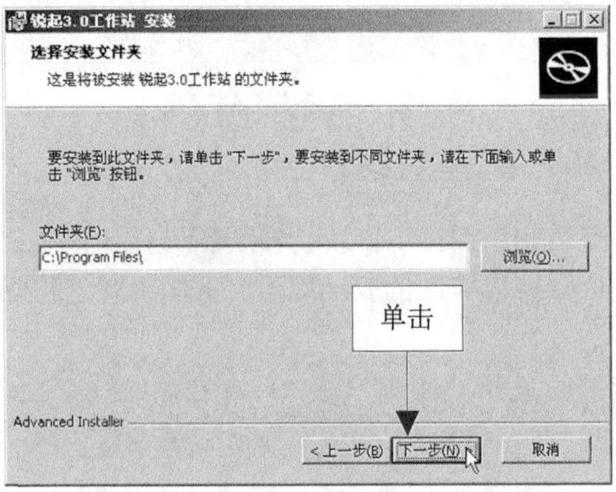

图 9-26　单击“下一步”按钮

Step 3　进入“准备安装”界面，提示用户进行安装操作，单击“下一步”按钮，如图 9-27 所示。

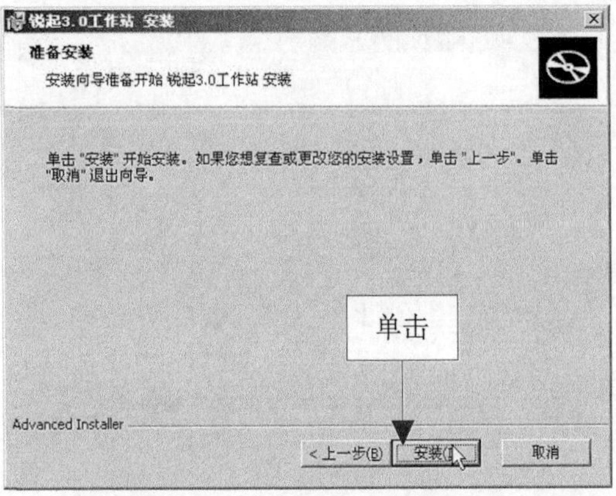

图 9-27　单击“安装”按钮

Step 4 进入相应界面，如图 9-28 所示，显示安装的过程，安装完成后，单击“完成”按钮即可。

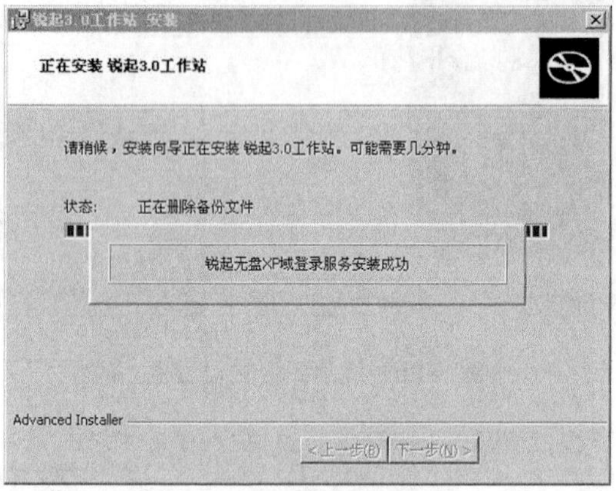

图 9-28 显示安装的过程

2. 备份工作站系统

安装完毕后，工作站会发现新硬件，使用系统默认设置安装工作站的驱动即可。下面讲解工作站的设置方法。、

Step 1 选择“开始”→“所有程序”→“锐起 3.0 工作站”→“配置工作站”命令，弹出“配置系统”对话框，在“服务器 IP 地址”文本框中输入 192.168.1.254(镜像服务器的 IP 地址)，在“请选择需要加入的网卡信息”下拉列表框中选中所有的复选框，如图 9-29 所示，这样当客户机网卡变动后就不用再做网卡的 PNP 了。

图 9-29 弹出“配置系统”对话框

Step 2 接下来使用 Ghost 将系统备份，重启计算机，在进入系统前按 F8 键，进入选择系统界面，如图 9-30 所示，选择 MaxDOS 选项(必须首先在系统中安装此程序，MaxDOS 的安装比较简单，此处不再叙述)，按 Enter 键即可。

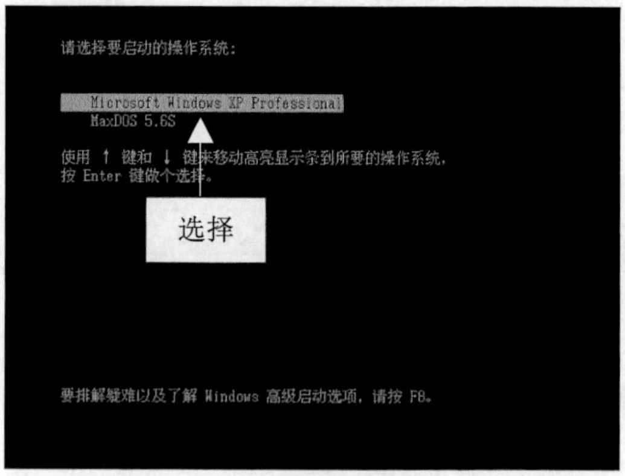

图 9-30 进入选择系统界面

Step 3 进入相应界面，选择“运行 MaxDOS 5.6S”选项，如图 9-31 所示，按 Enter 键。

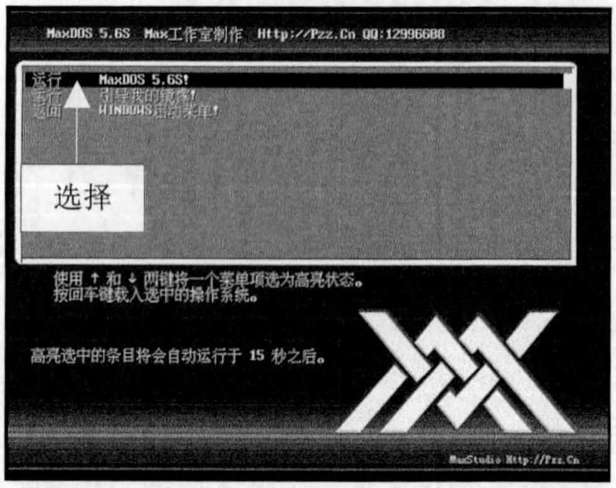

图 9-31 选择“运行 MaxDOS 5.6S”选项

Step 4 进入“MAXDOS 5.6S 启动菜单”界面，如图 9-32 所示，选择“纯 DOS 模式”选项，按 Enter 键。

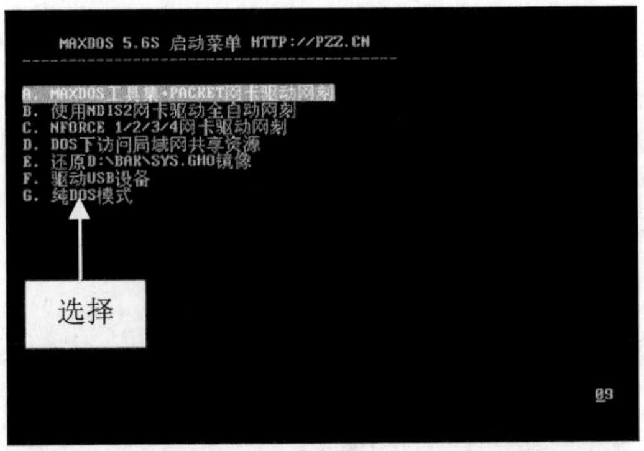

图 9-32 进入“MAXDOS 5.6S 启动菜单”界面

Step 5 进入纯 DOS 界面，输入 ghost 命令，如图 9-33 所示，按 Enter 键。

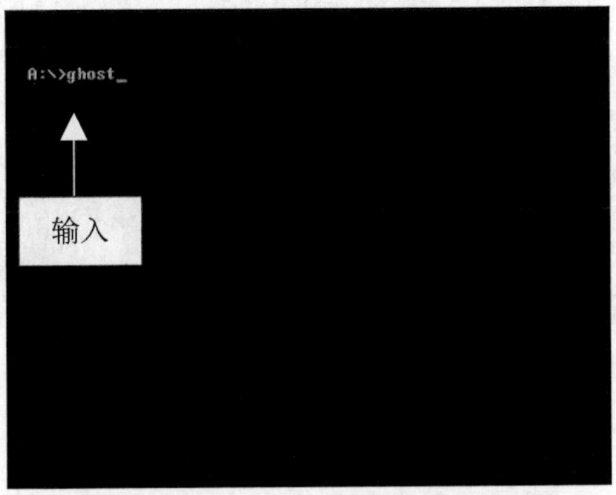

图 9-33 输入 ghost 命令

Step 6 进入 Ghost 程序的工作界面，选择 Local→Partition→To Image 菜单命令，如图 9-34 所示，按 Enter 键。

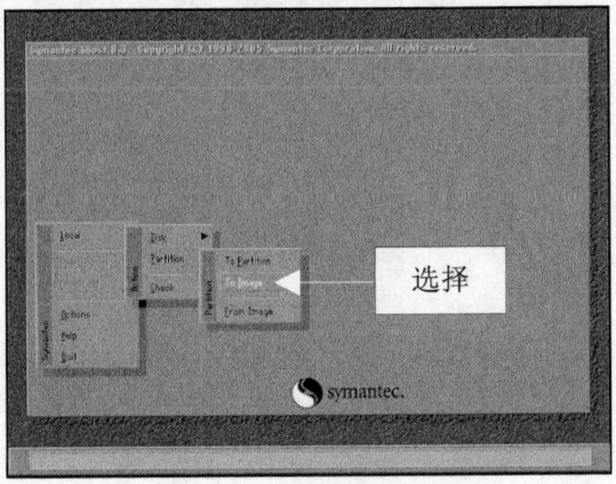

图 9-34 选择 To Image 命令

Step 7 连续单击两次 OK 按钮，进入相应的界面，如图 9-35 所示，选择系统备份的目录，此处选择备份到 D 盘下，并将备份的名称改为 vm。

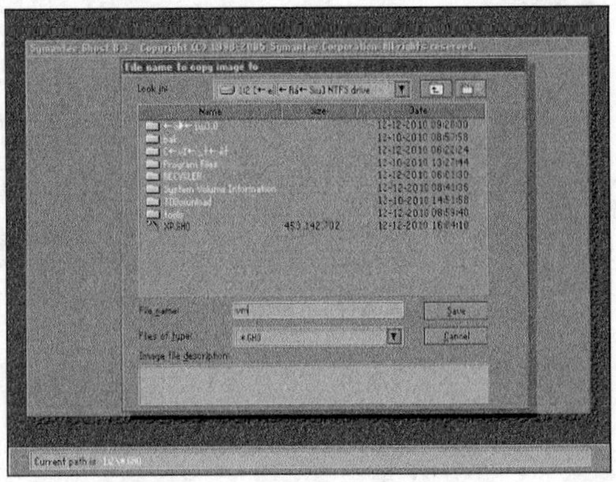

图 9-35 选择系统备份的目录

Step 8 按 Tab 键将高亮焦点移动到 Save 按钮上，按 Enter 键，弹出如图 9-36 所示的对话框，将高亮焦点移动到 High 按钮上，再按 Enter 键确认。

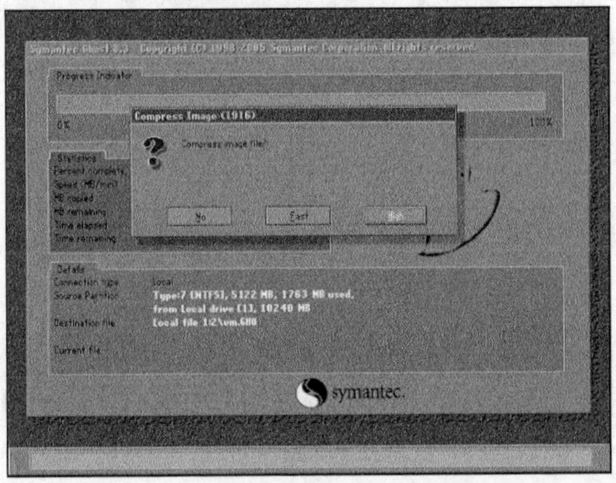

图 9-36 将高亮焦点移动到 High 按钮

Step 9 弹出提示信息框，如图 9-37 所示，将高亮焦点移动到 Yes 按钮上，按 Enter 键确认。

Step 10 进入相应的界面，如图 9-38 所示，开始备份系统，并显示备份进度。

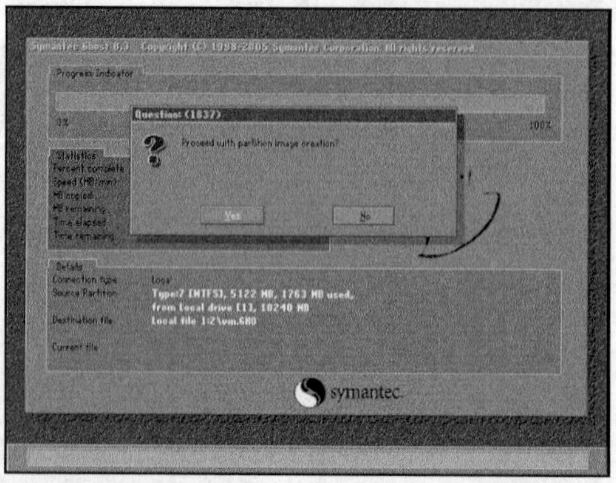

图 9-37　将高亮焦点移动到 Yes 按钮上

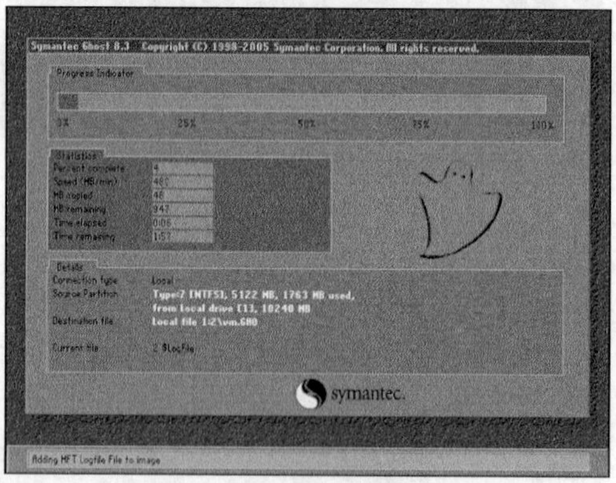

图 9-38　显示备份进度

Step 11　备份完成后，重启工作站。

3. 设置网卡启动

将计算机设为网络引导，如果是独立网卡则要装 PXE 引导片。不过现在主板支持的多数都是 PXE 的，主板内已经有了 PXE 启动代码，就不需要再刷 BIOS，而且网卡上也不用另外插启动芯片。

Step 1　开机后按 F2 键(进入的方法因 BIOS 版本不同而异)进入 BIOS 设置界面，切换至 Boot 选项卡，按“+”键将 NetWork boot from AMD Am79C970A(工作站网卡)移动到最顶端，如图 9-39 所示，按 F10 键保存并退出 BIOS，重启工作站。

Step 2　此时工作站从网卡启动，当进入相应的界面时，如图 9-40 所示，输入在服务器上设置的 IP 地址和名称。

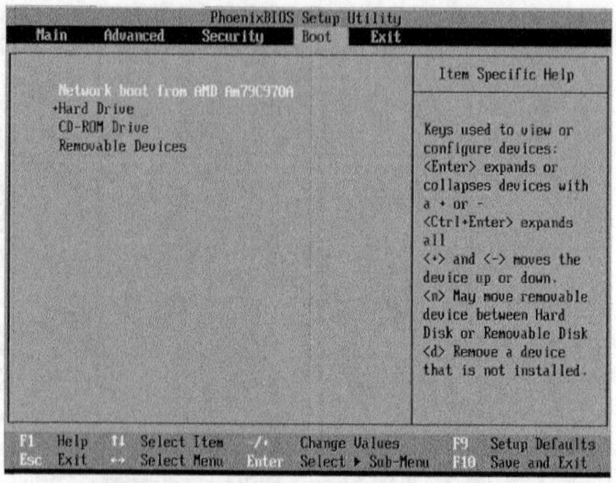

图 9-39　切换至 Boot 选项卡

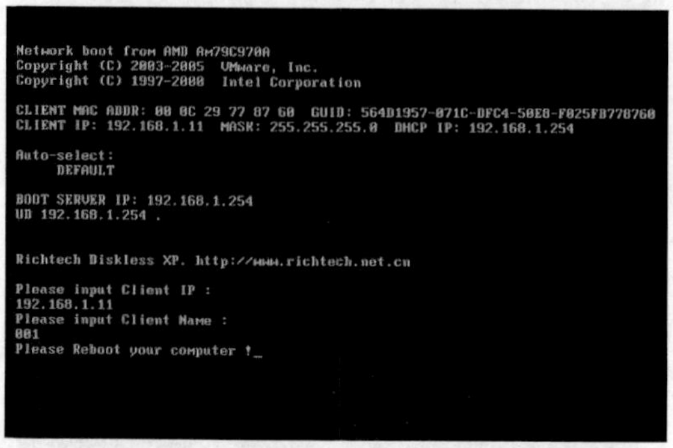

图 9-40　输入在服务器上设置的 IP 地址和名称

Step 3　网卡启动成功，启动 Windows XP 系统后，在“我的电脑”图标上单击鼠标右键，在弹出的快捷菜单中选择“管理”选项，打开“计算机管理”窗口，展开“存储”→“磁盘管理”选项，即可看到服务器上面设的 3 个磁盘都以被找到，如图 9-41 所示。

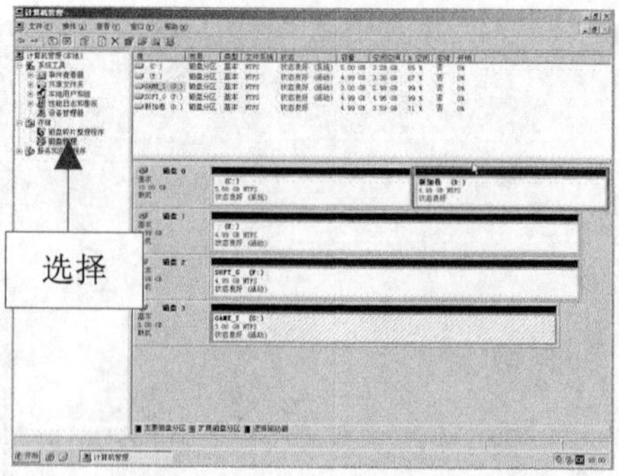

图 9-41　打开“计算机管理”窗口

Step 4　在服务器上打开锐起无盘主服务端程序，在右侧窗口中选中相应的工作站后，单击“超级”按钮，如图 9-42 所示。

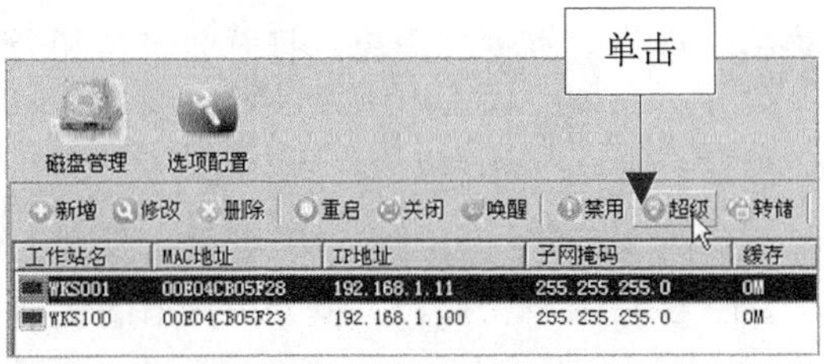

图 9-42　单击“超级”按钮

Step 5 弹出“选择磁盘”对话框，选中 XP 复选框，单击“确定”按钮，如图 9-43 所示。

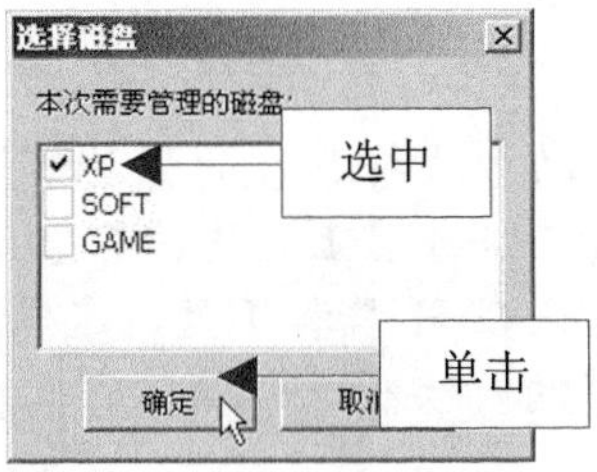

图 9-43　选中 XP 复选框

Step 6 将 WKS001 工作站开启超级用户，此时该工作站呈红色显示，如图 9-44 所示。

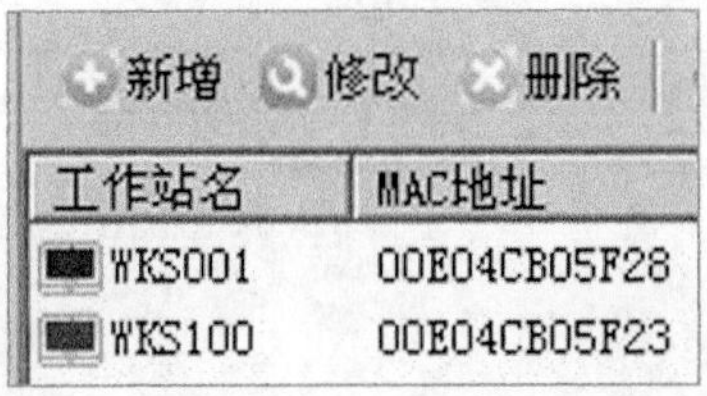

图 9-44　WKS001 工作站开启超级用户

Step 7 返回工作站，运行 Ghost32 程序(事先已在工作站 D 盘中安装好，网吧在安装时千万不能装在 C 盘下)，启动后在其窗口中选择 Local→Partition→From Image 菜单命令，如图 9-45 所示。

Step 8 连续单击 OK 按钮，进入到选择恢复文件目录，找到并选择刚才备份到 D 盘的 vm.GHO 镜像，如图 9-46 所示，单击 Open 按钮。

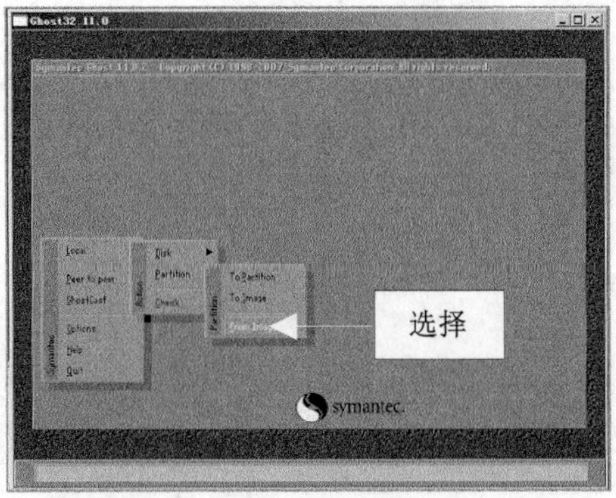

图 9-45　选择 From Image 命令

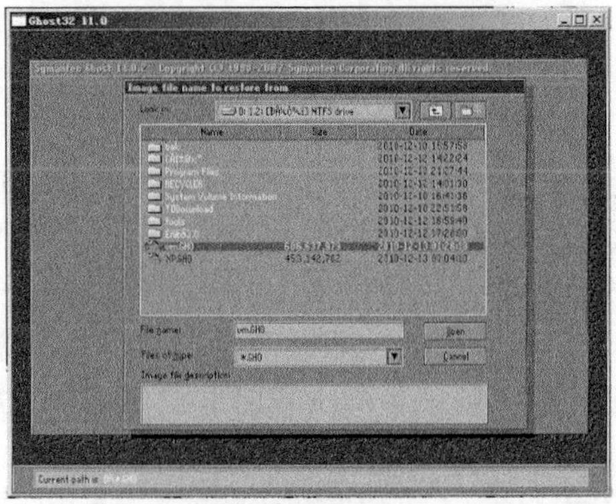

图 9-46　选择恢复文件目录

Step 9 连续单击 OK 按钮，进入相应的界面，如图 9-47 所示，选择第 2 个磁盘，即服务器的 E 盘(前面创建的 XP.Img 镜像磁盘)，然后连续单击 OK 按钮开始恢复系统到 E 盘。

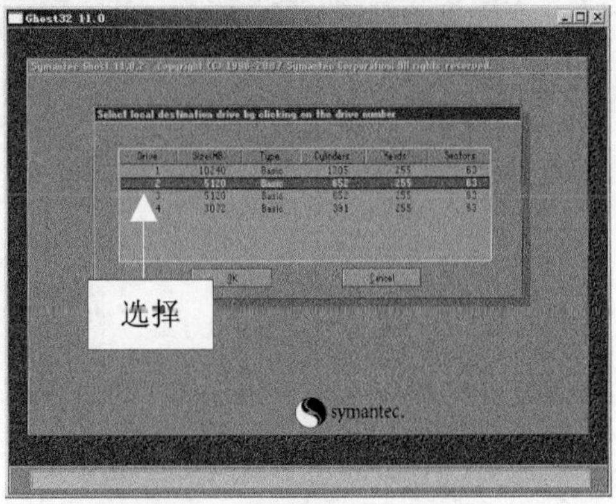

图 9-47　选择第 2 个磁盘

Step 10 恢复完成后，选择主菜单中的 Quit 命令，如图 9-48 所示，退出 Ghost32 程序。

图 9-48　选择主菜单中的 Quit 命令

9.3.6　启动无盘工作站

系统恢复完毕后，将工作站电源关闭，并将硬盘拔下，然后接上电源开机，即可从无盘开始启动，如图 9-49 所示，找到服务器 IP 后即可进入服务器上的 Windows XP 系统。进入系统后，打开设备管理器，即可在其中看到锐起所加载的虚拟磁盘，如图 9-50 所示。

图 9-49　从无盘开始启动系统

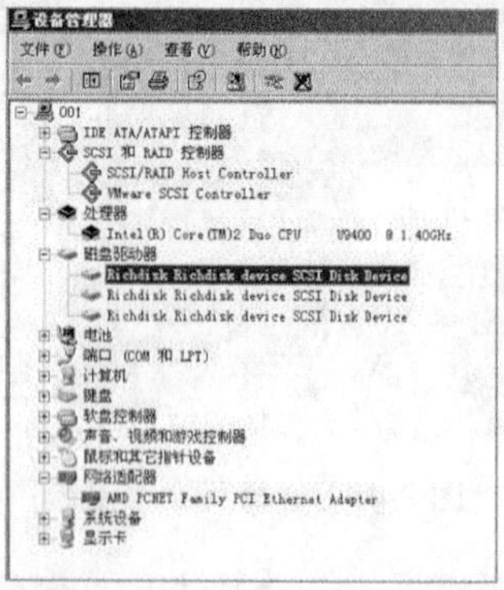

图 9-50　锐起所加载的虚拟磁盘

此时服务器的 H 盘即是工作站的 C 盘(系统盘)，服务器的 J 盘是网络游戏包和单机游戏包的镜像位置。在“我的电脑”图标上单击鼠标右键，在弹出的快捷菜单中选择“管理”命令，打开“计算机管理”窗口，展开“存储”→“磁盘管理”选项，此时可以看到前面所创建的 3 个磁盘都已显示在“磁盘管理”区域中，当然真实的网吧服务器磁盘远大于现在设置的磁盘。在 D 盘上单击鼠标右键，在弹出的快捷菜单中选择“更改驱动器名和路径”命令，如图 9-51 所示。在弹出的对话框中单击“更改”按钮，弹出“更改驱动器号和路径”对话框，在“指派以下驱动器号”下拉列表中选择 G 盘，单击“确定”按钮，如图 9-52 所示。

技巧

用同样的方法将 E 盘的驱动器号改为 I。这就是前面没有在服务器上占用掉 G 盘和 I 盘的原因，而是将镜像放在 H 盘和 J 盘，这样在服务器上加载 img 镜像的时候刚好可以对应工作站的 G 盘和 I 盘。

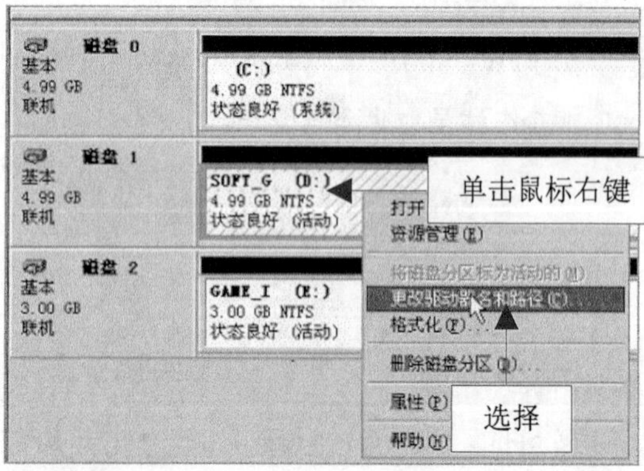

图 9-51　选择“更改驱动器名和路径”命令

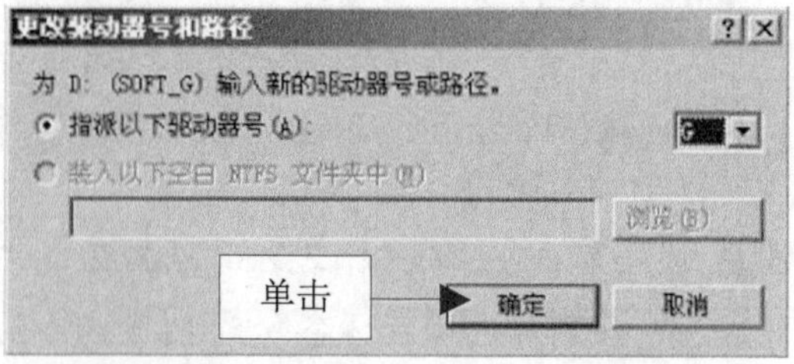

图 9-52　弹出“更改驱动器号和路径”对话框

9.4 创建有盘工作站

顾名思义，有盘网吧中各个计算机都具有完整的系统结构，并且可以单独工作，这样的网络又称为对等网络。在这个网络中所有的计算机既可以作为客户机也可以作为服务器，各个计算机之间的地位是完全平等的，没有主从之分，这样的网络体系在现在的小型局域网中相当普遍，如网吧、中小型公司等一般都采用这种方式组网。但是有盘网吧对硬盘的容量要求特别高，因为网吧电脑中存储的内容十分广泛。

有盘网吧速度一般都比无盘的快，但管理却没有无盘方便。有盘与无盘在网络组建上大同小异，只是安装系统时有所区别，有盘网吧需要为每台机器安装 Windows XP 系统，而无盘却只要装一台即可，其他工作站如果配置都相同的话就可以直接使用网络启动服务器的系统镜像盘。

另外，有盘网吧在装系统时可以使用网络克隆，如果服务器和局域网整体性能够好的话，这个过程不会比无盘的速度慢。

9.5 网络共享方式

现在的网吧一般都采用路由器+交换机的方式来共享网络，当然也可以使用代理服务器+代理软件来代替路由器，本节将讲述网吧网共享网络的方法。

9.5.1 网吧网接入方式

目前网吧常见的接入方式有光纤、拨号上网、ISDN 和 ADSL。

- 光纤接入：光纤的主干有网通和电信两种，是目前速度最快的网络传输方式，现在很多大中型网吧都采用双网络光纤来接入。
- 拨号上网：价格便宜，网络速度太慢，拨号访问 Internet 最高速率是 56kbps，适用于小型的网吧(少于 10 台计算机)。但随着 ISDN 的出现，这种方式几乎被网吧所淘汰，不过在一些比较偏远或者特殊的地方仍然在使用。
- ISDN：中文名称是综合业务数字网，俗称“一线通”。一条线路同时承载多种业务，可以连接电话、传真、微机以及其他终端。基本速率接口有 2 个 B 信道和 1 个 D 信道(2B+D)，传输速率是 144kbps，速度比拨号上网有所提高，费用和拨号上网差不多，不过这种使用这种方式的网吧非常少。
- ADSL：速度快，费用高，是小型网吧的首选。如果选择这种接入方式，最好先进行实地考察，预计网吧的收入状况，否则赚的钱还不够交网费。

9.5.2 宽带路由器概述

宽带路由器具有组网方便、安全可靠、支持目前流行的多种宽带接入方式等诸多优点，越来越多的网吧以及具有多台计算机的家庭在共享上网时都会选择宽带路由器，下面就详细介绍宽带路由器的共享上网原理和选择宽带路由器还是代理服务器软件这两个问题。

1. 宽带路由器工作原理

宽带路由器从准确的定义上并不能完全称为路由器，这类产品只能实现部分传统路由器的功能，很多厂商希望用户更能接受其宽带路由器产品而称之为路由器，这是一种专门为宽带接入用户提供共享访问的多物理端口 NAT 转换产品。代理服务器软件同样是采用 NAT 转换技术，但是宽带路由器是专门为宽带线路所特殊设计，采用独立的处理器芯片和软件技术来实现 NAT 转换，所以与传统的使用代理服务器软件共享上网相比，宽带路由器具有很多不可比拟的优势。NAT 转换技术是宽带路由器最基本，最核心的技术，其共享上网原理采用的就是 NAT 转换技术。

NAT 的英文全称是 Network Address Translation，也就是网络地址转换，这种技术在网络中主要是为了解决公网 IP 地址短缺的问题，NAT 的工作原理是将内部私有网络地址转换成合法的公网地址，从而可以访问互联网。在TCP/IP协议中，需要了解两种IP地址，一种是可以直接访问Internet的公网IP地址，另一种是组建局域网时最常用到的私有IP地址。如192.168.0.1的IP地址，这个地址就是一个私有地址，它在全球网络中不具唯一性，可以在全球任何一个地方的网络中使用，而公网IP地址在全球网络中是唯一的，它就像是全球各大城市里的街道及门牌号码一样，主要是起标识不同网络的作用。

提 示

在互联网中，正是因为有这样的公网IP地址，通信才得以实现。

但是由于公网IP地址资源的日益消耗，不可能在一个网络中申请到很多个可以在互联网上直接通信的公有IP地址。这时，就会使用到NAT地址转换技术，它可以将局域网中的如192.168.0.x的私有地址转换为可以在Internet使用的IP地址。从而达到访问Internet的目的。

技 巧

在某网吧中，有一个内部的私有地址192.168.0.x，而这个网络仅有一个出口，这就是名字叫做admin的路由器。这个路由器上有一个内部的全局地址218.246.29.18，这个地址可以是由电信运营商提供的静态IP地址也可是以动态获得的，总之这个全局地址使用的是合法的公用IP地址。当内部主机需要访问Internet时，内部主机会发送数据包到默认网关，也就是这台具有公网IP地址的路由器上，这时数据包所携带的源地址是私有IP地址192.168.0.x，当收到这个数据包时，路由器会检查自己的NAT地址转换表，当找到相应的条目时，就会用218.246.29.18这个地址来替换掉数据包内的私有IP地址。数据包就会使用218.246.29.18的地址来访问外部网络了。

在NAT的工作模式中，会涉及以下4个IP地址。

- Inside Local IP address：指定于内部网络的主机地址，全局唯一，但为私有地址。
- Inside Global IP address：代表一个或更多内部IP到外部世界的合法IP。
- Outside Global IP address：外部网络主机的合法IP。
- Outside Local IP address：外部网络的内部网络的私有地址。

一般宽带路由器会有WAN口和LAN口，WAN口用来连接宽带线路，这个端口使用由电信运营商静态或动态提供的公网IP地址，而LAN口用来连接局域网内的PC。这些PC使用的是由DHCP协议动态分配或者手动分配的私有IP地址。其实这两个地址对应的就是上面讲到的NAT技术的Inside Local IP address和Inside Global IP address这两个地址。

技 巧

一般局域网中的PC在设置IP地址时会有一个默认网关的选项，这个选项是指当PC向外部网络发送数据包的时候需要默认指向的主机，在这个环境中，也就是宽带路由器的内部网络IP地址，一般都是192.168.0.1。

2. 宽带路由器与代理服务器的选择

从以上可以看出，宽带路由器使用的是NAT技术，如果完全从速度上考虑，使用一台PC做代理服务器实际上要比宽带路由器的NAT转发性能要强。下面分析它们在功能方面的比较。

(1) 宽带路由器能提供更多的功能。

现在市场上所销售的宽带路由器除了NAT转换功能以外，还集成了其他很多安全、可管理等功能，例如家长管理功能，DHCP动态地址分配功能。而代理服务器在这些功能上会逊色一些。所以对于一些仅仅是为了满足共享上网需要的家庭用户，可以使用代理服务器软件，而在一些网吧及其他需求较高的环境下，还是推荐使用宽带路由器。

注 意

比如现在电信运营商很多都采用MAC地址绑定到IP地址的方法来阻止用户共享使用网络，如果是使用代理服务器软件时想要突破这种限制，是很难做到的，而宽带路由器则可以提供MAC地址克隆功能，轻松地突破这种限制来共享上网。

(2) 代理服务器需要一台主机进行共享。

这是代理服务器一个很大的弊病，因为代理服务器需要一台主机为网吧的网络提供共享服务，当代理服务器关机时，局域网内的主机就不能获得共享服务，而作宽带路由器共享上网方式，局域网的任何一台主机开关机都不会影响内部网络的上网需求。这其实是宽带路由器很大的一个优势。

(3) 宽带路由器共享多机更方便。

两台以上的 PC 机共享上网时，如果使用代理服务器软件，则需要投入一台交换机或者集线器设备，一般市场上八口交换机的价格是 60 元左右，而现在很多宽带路由器的价格也不到百元，而且将交换模块集成到了宽带路由器当中，建议投资宽带路由器比较合适。

从以上 3 点可以看出，选择宽带路由器是因为其共享上网方便、适合多种宽带线路、可以获得更多的功能。所以现在一般在网吧和 SOHO 组建小型网络共享上网时，建议使用宽带路由器。

9.5.3 设置路由器共享

现在网吧的需求越来越高，同时在经济比较充裕的情况下，作为网吧的老板可能希望打造全千兆的网吧，让每个进入网吧的人都能够充分体验高速的感觉，当然更重要的是在同行竞争中处于上游，特别是对网络游戏爱好者的吸引，使全千兆化成为必然的趋势。如图 9-53 所示为千兆网吧的网络拓扑结构。

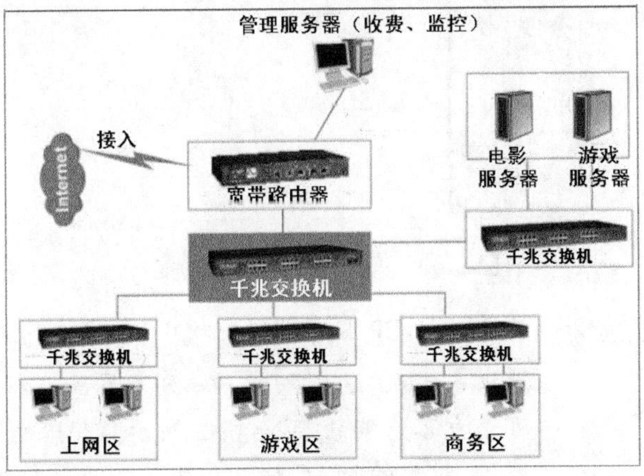

图 9-53　千兆网吧的网络拓扑结构

1. 设置外网 IP 地址

采用光纤接入的网吧一般都有来自 ISP 提供的 IP 地址，因此在路由器中一般采用设置静态 IP 来接入 Internet，设置外网 IP 地址的具体操作步骤如下。

Step 1 在系统桌面上打开 IE 浏览器窗口，在“地址”栏中输入 192.168.0.244(一般情况下路由的地址为 192.168.0.1，此处的路由作者已作修改)，如图 9-54 所示。

图 9-54　输入 192.168.1.244

Step 2 在弹出的登录窗口里，在“用户名”文本框中输入“admin”，在“密码”文本框中输入“admin”，单击“确定”按钮，如图 9-55 所示。

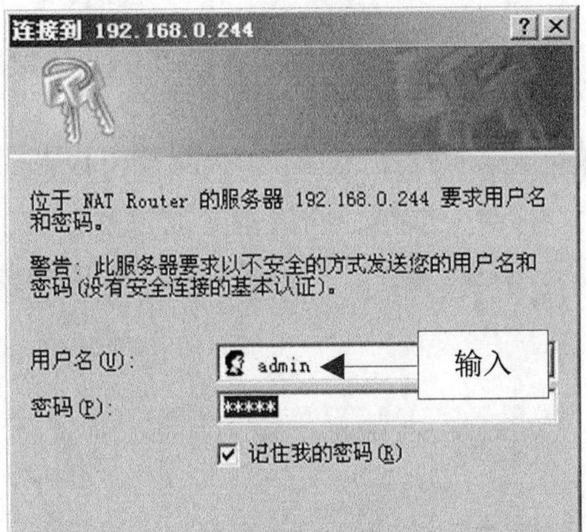

图 9-55　输入用户名和密码

Step 3 进入路由器的管理员模式窗口，在窗口右侧单击“下一步”按钮，如图 9-56 所示。

Step 4 进入上网方式的选择界面，选中“以太网宽带，网络服务商提供的固定 IP 地址(静态 IP)”单选按钮，单击“下一步”按钮，如图 9-57 所示。

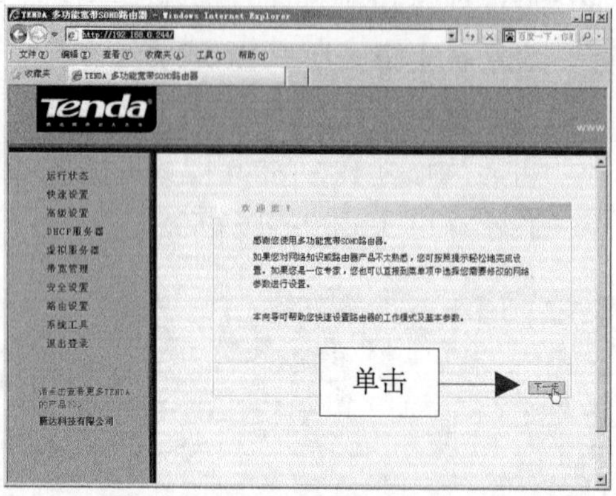

图 9-56　进入路由器的管理员模式窗口

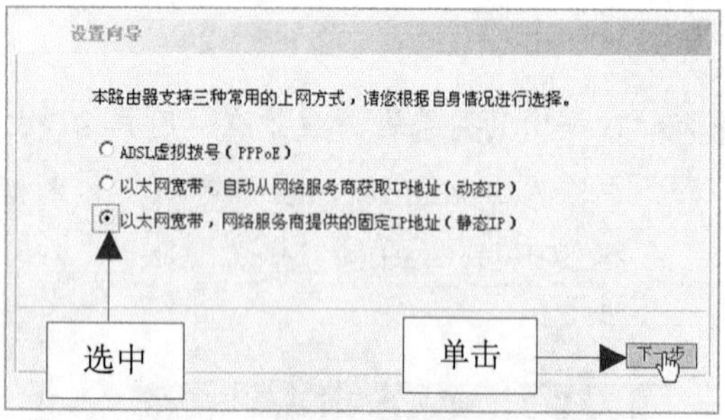

图 9-57　选中相应的单选按钮

Step 5　进入相应的界面，输入相应的 IP 地址、子网掩码、网关、DNS 服务器以及备用 DNS 服务器，单击“下一步”按钮，如图 9-58 所示。

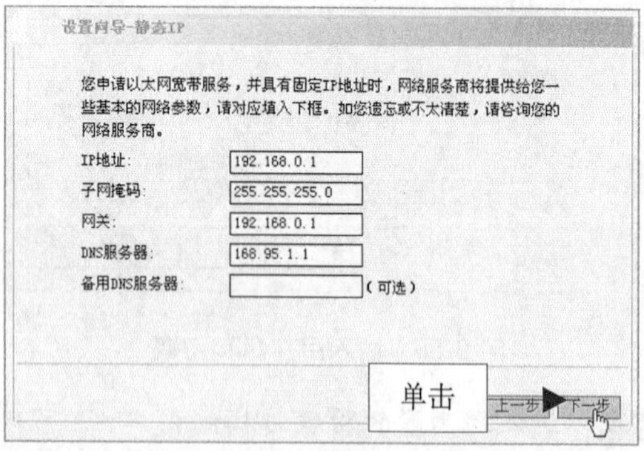

图 9-58　输入相应的信息

Step 6　进入相应的界面，提示设置成功，单击“保存”按钮即可，如图 9-59 所示。

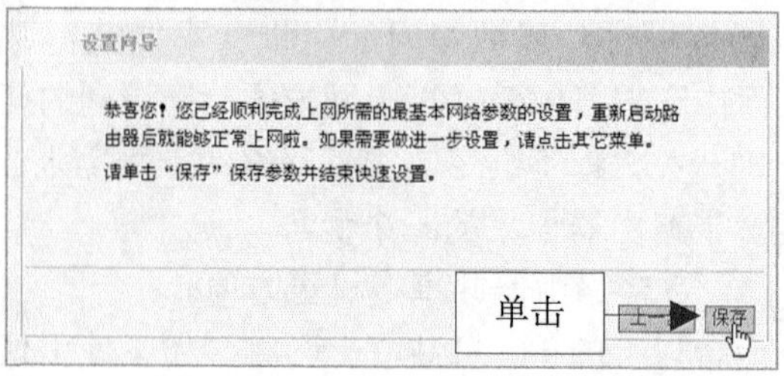

图 9-59　单击“保存”按钮

2．设置内网 IP 地址

DHCP 是动态主机配置协议(Dynamic Host Configure Protocol)的缩写，它能自动地为网络中的客户机的 TCP/IP 配置分配 IP 地址、子网掩码以及默认网关、DNS 服务器和 WINS 服务器的 IP 地址，它能使网络管理员不用前往现场对每台计算机上的 TCP/IP 参数进行配置，一切设置的修改只需直接在服务器上即可完成。

Step 1　在左侧导航栏中选择“DHCP 服务器”选项，在右侧窗口中选中“启用”复选框，并设置 IP 池的开始和结束地址，如图 9-60 所示，即可为路由器开启 DHCP 服务功能。

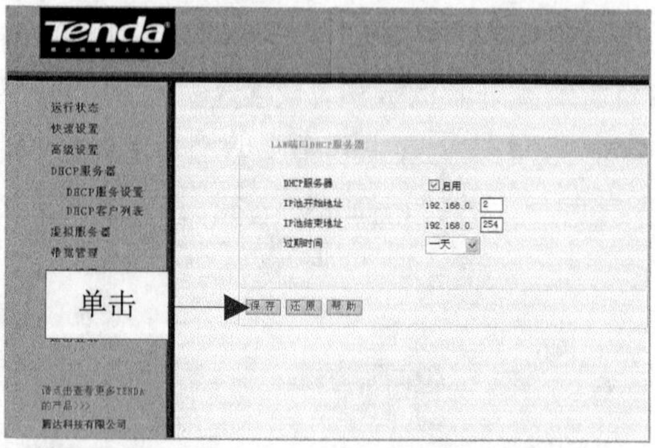

图 9-60　开启 DHCP 服务功能

Step 2　展开“DHCP 服务器”→“DHCP 客户列表”选项，进入 DHCP 客户端列表界面，在此可查看客户端的接入情况，显示其获取的 IP 地址、对应的 MAC 地址和租约时间等参数，如图 9-61 所示。

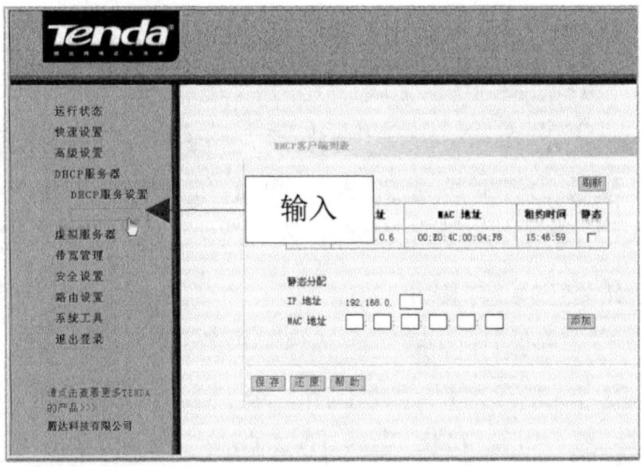

图 9-61　进入 DHCP 客户端列表界面

Step 3 在“IP 地址”文本框中输入相应的局域网工作站的 IP 地址，在“MAC 地址”文本框中输入该工作站的 MAC 地址，单击“添加”按钮，将其添加到 DHCP 客户端列表中，用户可以事先将所有工作站按顺序编号并记录 MAC 地址，然后按相同的方法添加其他工作站的 DHCP 客户端，添加完毕后，单击“保存”按钮，如图 9-62 所示。

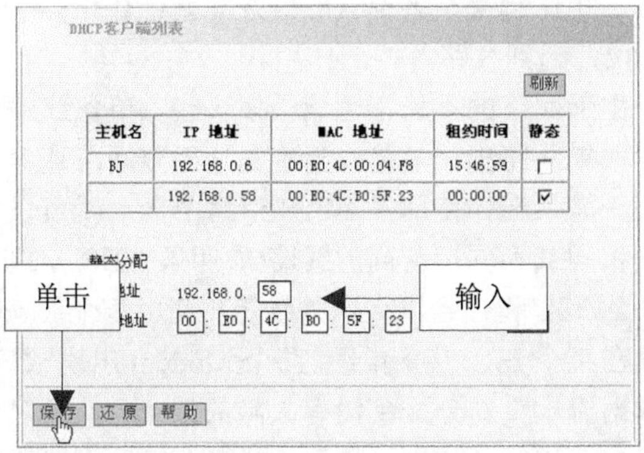

图 9-62　输入相应的信息

Step 4 弹出相应的提示信息框，单击“继续”按钮即可，如图 9-63 所示。

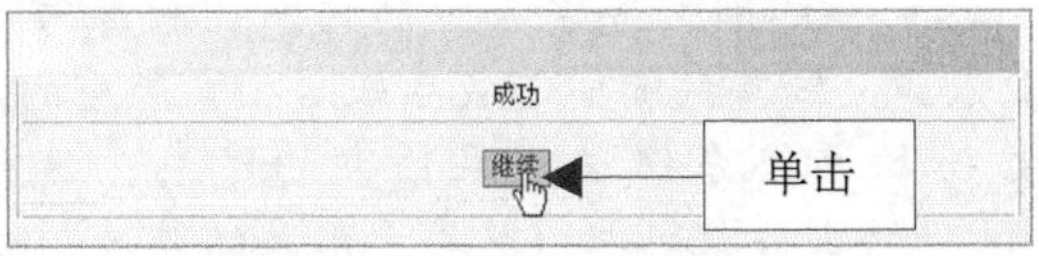

图 9-63　单击“继续”按钮

注意

DHCP 服务器为请求的客户端所分配的 IP 地址均在 IP 地址池的范围内，例如，把 IP 地址池设置为 20～30，那么客户端从 DHCP 服务器获取的 IP 地址将是 20～30 以内的值。

- IP 池开始地址：DHCP 服务器所自动分配的 IP 的起始地址。
- IP 池结束地址：DHCP 服务器所自动分配的 IP 的结束地址。
- 过期时间：设置 DHCP 服务器分配 IP 地址的租用时间。

设置合适的租用时间，可提高 DHCP 服务器对作废 IP 地址的回收效率。例如：设置租约时间为一个小时，那么 DHCP 服务器将每一个小时回收一次作废的 IP 地址。

3. 限制内网速度

网吧内同时上网人数比较多，如果有人使用迅雷、BT 等下载时就会严重影响其他用户的上网速度，因此，非常有必要对每台工作站的网速进行限制，只有通过良好的网络管理，才能维护所有上网用户的利益，同时也能保证网吧的稳定。可以通过宽带路由器的 QoS 设置来控制网吧内所有工作站的网络流量，具体设置方法如下。

Step 1 在左侧导航栏中选择“宽带管理”选项，进入 QoS 设置界面，如图 9-64 所示，在“起始 IP”和“终止 IP”文本框中输入相应的 IP 地址，在“下载速度”和“上传速度”文本框中输入相应的网络速度，单击“添加”按钮，即可完成设置。

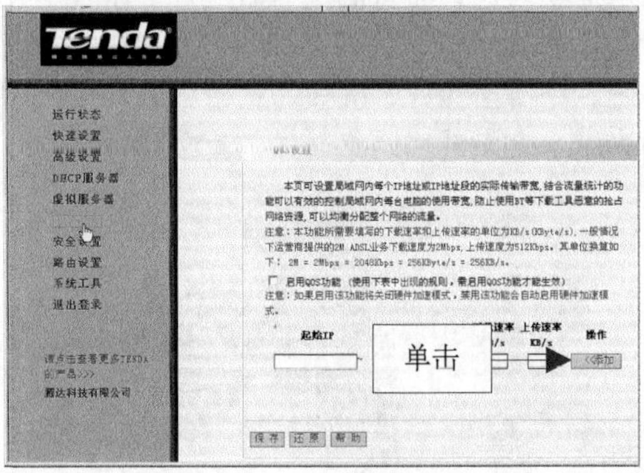

图 9-64　QoS 设置界面

Step 2 成功添加后，单击“保存”按钮保存设置，如图 9-65 所示，在左侧导航栏中选择“退出登录”选项，退出路由器管理界面。

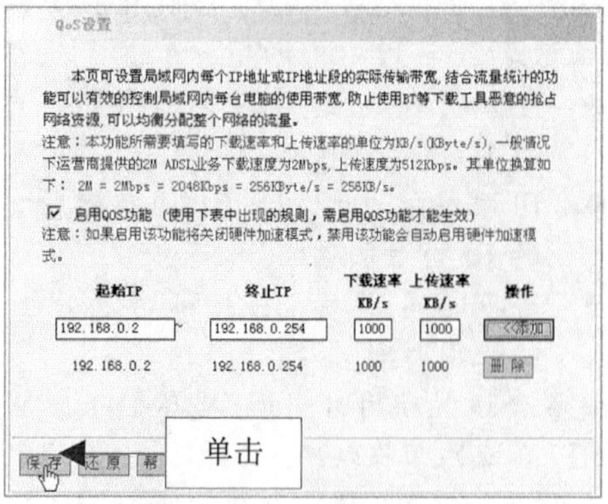

图 9-65 单击“保存”按钮

9.5.4 实现双网络接入

在网吧玩游戏时，经常遇到网络瓶颈的问题，尤其是在电信光纤接入的网吧玩网通服务器的游戏时，明显感觉到延迟非常严重。在时下电信和网通带宽成为网络的瓶颈的情况下，如何解决该问题已成为网吧配置研究的当务之急。

现在很多大型网吧都采用电信+网通双网络宽带接入的方式，来解决网络游戏服务器的瓶颈问题。在这种趋势下，多 WAN 口路由器作为一种全新概念的宽带接入产品就派上了大用场，如图 9-66 所示，该种路由器通过捆绑多条宽带可以突破网络带宽瓶颈，还可以利用廉价的宽带捆绑实现大带宽，从而节省了大量的组网成本，而且还同时提供不同的负载平衡机制，从而实现网络带宽的更有效利用。多 WAN 口路由器的诸多优点使其在网络设备市场上亮成一片，广受网吧、中小型企业、机关、宽带社区、校园网等用户的青睐，逐渐成为网络升级的重要选择方案。

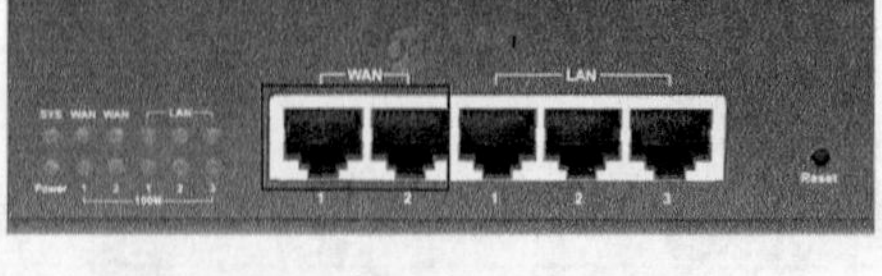

图 9-66 多 WAN 口路由器

多 WAN 口宽带路由器作为多个宽带接入实现有机结合的关键设备，把“一对多”的宽带接入方式变成了“多对多”的方式，充分满足了用户以低成本实现高带宽的需求。这种路由器允许用户在一个局域网内共享多条的宽带外线，而无须把内部网络按照 WAN 口数量分成独立的几个部分。多 WAN 口路由器的好处主要有以下 4 点。

(1) 增加出口带宽，加快网络速度。

由于现在大部分地区的 ADSL 开通一般为 1～2M 带宽，以太网也只是 10M 带宽，因此无论局域网内部网络有多快，路由器处理能力有多强，由于出口带宽的限制，设备配置再好也发挥不出效用，大大地影响网速。要是使用多 WAN 口路由器，就拿双 WAN 口来说，使用两条 ADSL 或以太网宽带线路，由于这两个 WAN 口间可以做负载均衡，所以相当于总出口带宽拓宽到原来的两倍了，加上 ADSL 或以太网等宽带接入成本都不是很高，多申请几条线路，就可以在节省成本的同时提高线路带宽，并且通过很好的动态负载均衡机制，有效地利用线路带宽。当然，可以选择向运营商申请高带宽的接入方式，但是费用就比较昂贵。相比起来，多 WAN 口方案就合算得多了。

(2) 起到线路备援的作用。

由于网络的不稳定因素很多，接入单条线路的情况下如果线路出现故障，会造成某部分网络通信暂时瘫痪，如果选择使用多 WAN 口路由器，就可以申请多条相同或不同运营商的线路(如两条 ADSL，或者是一条 ADSL 和一条以太网外线等)，使用多个 Modem，可以在某个 ISP、某条电缆、某个 Modem 出现故障时，把数据流量重新分配到没有故障的口上，从而对整个网络系统进行了加固，避免了网络出口瘫痪造成的灾难性后果，这种方案与单线接入方式相比要方便可靠得多。

注意

对于一些网吧或者是一些信息化程度较高的企业来说，线路故障所造成后果是相当严重的，缺乏备份的网络系统也存在巨大的隐患，选择多 WAN 口路由器就可取得防患于未然的效果。

(3) 便于统一管理。

如果选择用几个单 WAN 口路由器同时使用的方式来对网络内大数据流量进行分流，就需要人为地把网络分成几组，一个路由器管一组，相当于变成了几个局域网，要分别设置对应的网关。使用多 WAN 口路由器则可以把多条线路接入到一台设备，对于局域网来说只有一个网关，避免了使用多条线路有多个网关的弊病，所有网段的局域网之间实现了真正的互连和信息共享，并且将局域网集中起来统一管理，为网络管理人员省去了不必要的麻烦。

(4) 提供更多的内容服务。

不同的 ISP 提供不同的游戏、聊天、视频点播等服务，这些不同的内容服务放在 ISP 的服务器里，要享受这些服务，就必须申请相应的 ISP 接入，这时候多 WAN 口路由器就发挥着其不可替代的作用了。

多 WAN 口方案省钱而又不徒增麻烦，充分体现出 1+1 的投入大于 2 的回报的优势。当然，1+1 的效用可以大于 2，也可以小于 2，同样的道理，并不是所有的多 WAN 口路由器都可以真正实现成倍增加带宽的功能。因为多 WAN 口路由器不仅在硬件配置上比普通宽带路由器的要求高，而且软件也非常复杂，在硬件上要求 CPU 至少是 ARM9 150MHz 以上，低于这个指标的硬件是不足以支撑多 WAN 口的，否则多 WAN 口就纯粹是一个摆设。

注意

在选择多 WAN 口路由器时，一定要小心考察其性能。

9.6 网吧管理应用

要管理好网吧，有两点特别重要：第一，保证电脑能正常运行不受到破坏；第二，要保证使用者能使用到足够的功能。管理的方案非常多，可以使用 Ghost 备份，或者使用多硬盘备份等，不过最简单最有效的方案就是使用网吧管理软件。目前各类网吧、局域网管理软件非常多，本节讲解如何进行网吧的管理并介绍相应的应用。

9.6.1 网吧游戏的三层更新

随着网络游戏产业的发展，游戏数量日益庞大。目前有超过 200 个以上的网络游戏，更有无数的游戏不断被开发出来。网管们要应对每天庞大的客户需求和更新，心力交瘁。下面以顺网网维大师网吧管理软件 V7.1 为例介绍如何对网吧内的网络游戏进行三层更新。

1. 安装服务端

先在服务器上安装好操作系统，然后下载网维服务端，免费注册网吧 ID。安装服务端的具体操作步骤如下。

Step 1 双击 NBMS_Server7.1.6.0.exe 图标，运行安装程序，弹出安装对话框，单击“下一步”按钮，进入“许可证协议”界面，选中“我接受许可证协议中的条款”单选按钮，如图 9-67 所示。

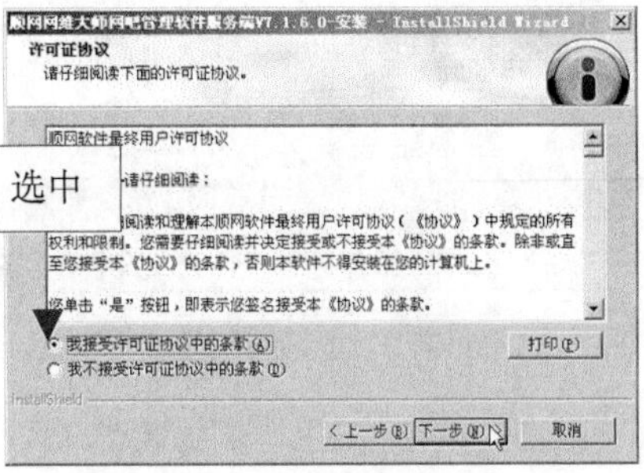

图 9-67 接受许可协议

Step 2 单击“下一步”按钮，进入相应的界面，设置相应的安装路径，单击“下一步”按钮，如图 9-68 所示。

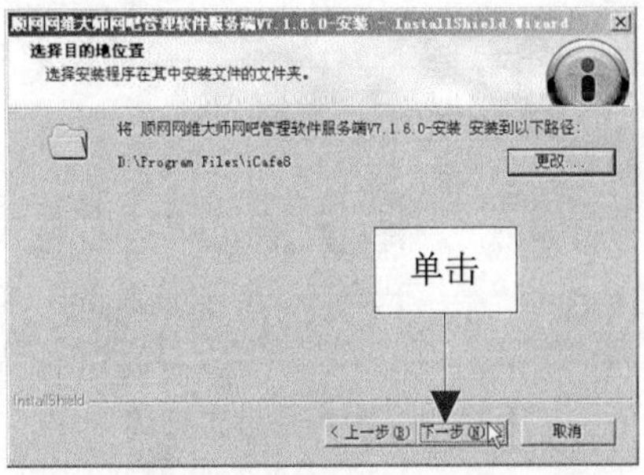

图 9-68 设置相应的安装路径

Step 3 进入相应的界面，如图 9-69 所示，显示要安装的信息，单击“下一步”按钮。

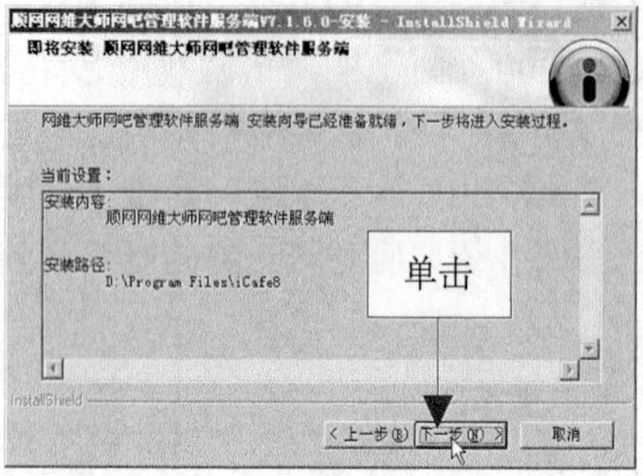

图 9-69　显示安装信息

Step 4 进入“安装状态”界面，显示安装进度，如图 9-70 所示。

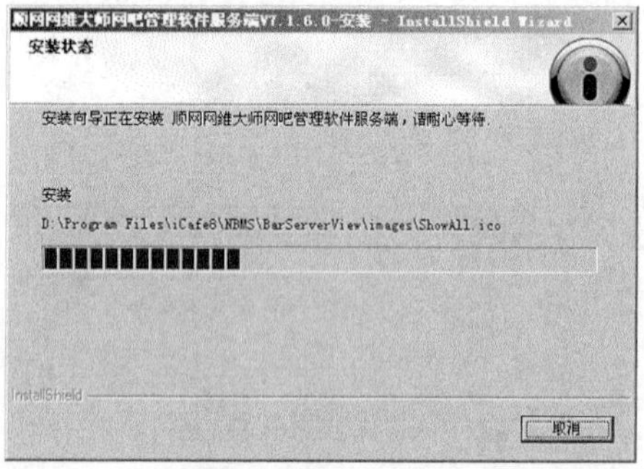

图 9-70　显示安装进度

Step 5 安装完成后，进入相应的界面，如图 9-71 所示，输入所申请的“网吧编号”和“登录密码”，单击“下一步”按钮，如果没有编号，可单击“申请网吧编号”按钮进行申请。

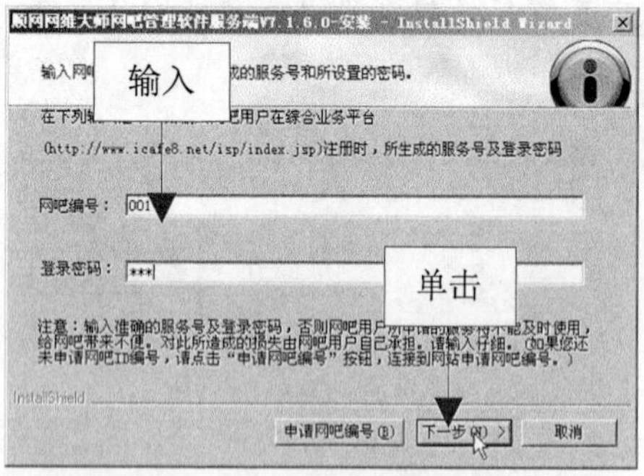

图 9-71　输入编号和密码

Step 6 进入“安装类型”界面，使用系统默认设置即可，如图 9-72 所示，单击“下一步”按钮，如果是无盘网吧可选中“无盘服务器模式”单选按钮。

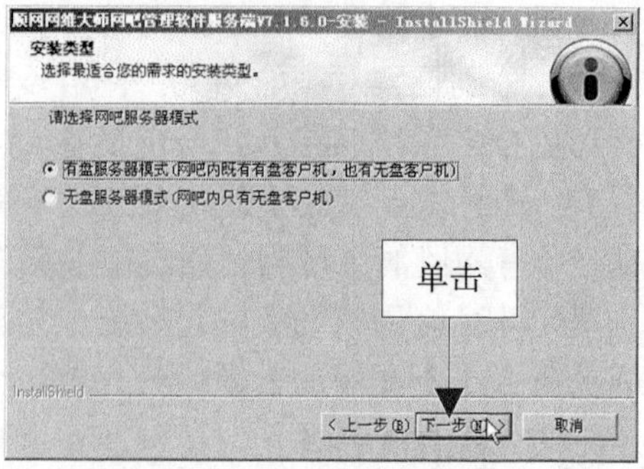

图 9-72　选择安装类型

Step 7 进入相应的界面，如图 9-73 所示，提示安装完成，单击“完成”按钮。

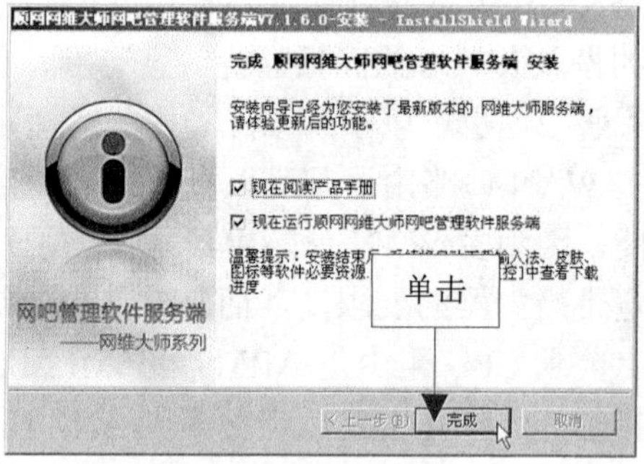

图 9-73　安装完成

Step 8 弹出相应的对话框，如图 9-74 所示，因为是在服务器上安装程序，所以使用默认设置即可，单击“登录”按钮。

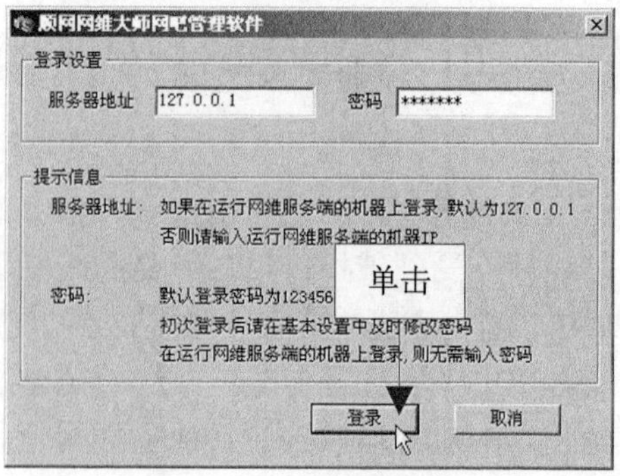

图 9-74　使用默认设置

Step 9 出现“顺网网维大师网吧管理软件”窗口，如图 9-75 所示，至此，服务端安装完成。

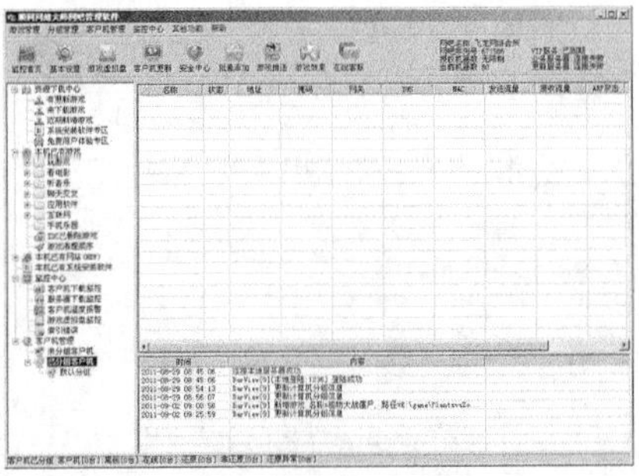

图 9-75 出现“顺网网维大师网吧管理软件”窗口

2. 添加分组

服务端安装结束后，就可以运行顺网网维大师程序了。下面介绍如何添加分组。

Step 1 选择“分组管理”→“分组设置”命令，弹出“计算机分组名称配置”对话框，显示当前局域网内计算机的分组信息，单击“添加”按钮，如图 9-76 所示。

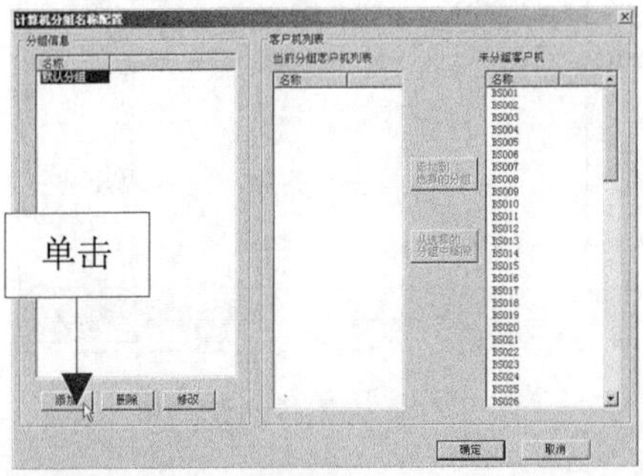

图 9-76 弹出“计算机分组名称”对话框

Step 2 弹出“分组名称增加”对话框，输入相应的分组名称，单击“确定”按钮，如图 9-77 所示。

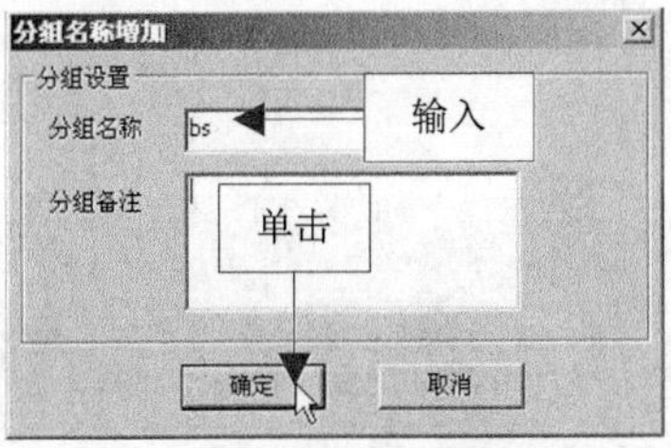

图 9-77 输入分组信息

Step 3 弹出“分组游戏配置信息复制”对话框，选中“默认分组”复选框，单击“确定”按钮，如图 9-78 所示。

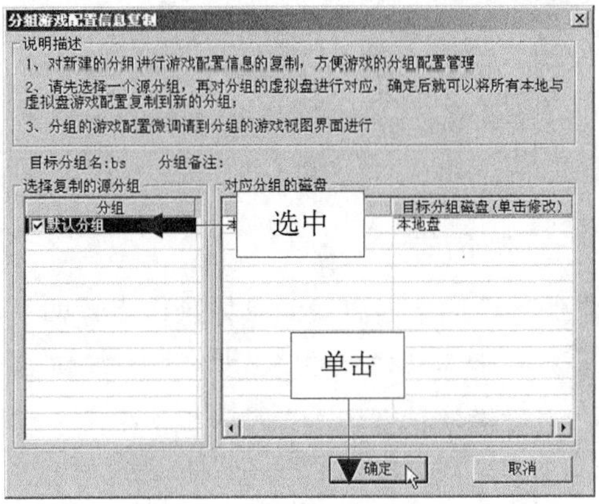

图 9-78 选中默认分组

Step 4 返回到“计算机分组名称配置”对话框，在“分组信息”中选择所添加的分组，在“未分组客户机”下选择相应的计算机，单击“添加到选择的分组”按钮，将其添加到“当前分组客户机列表”，单击“确定”按钮，如图 9-79 所示。

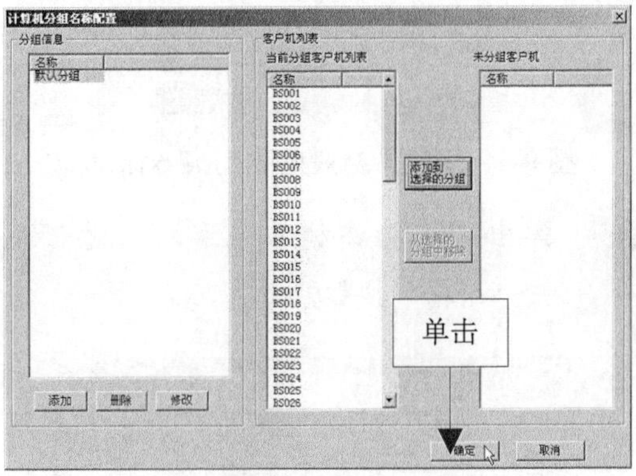

图 9-79 添加计算机

Step 5 返回“顺网网维大师网吧管理软件”窗口，即可看到添加的计算机列表，如图 9-80 所示。

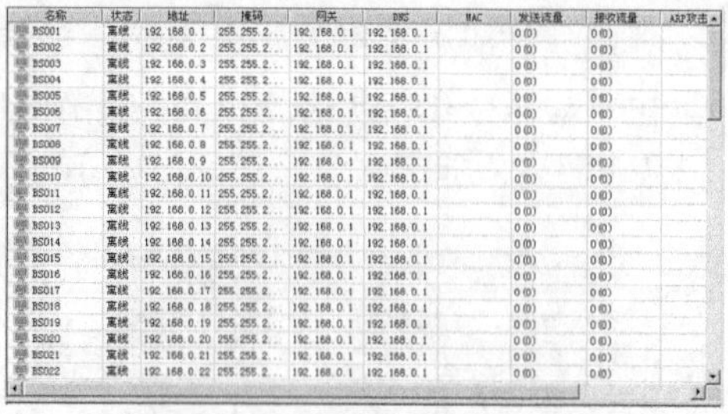

图 9-80　查看计算机列表

3. 添加本地游戏

服务器添加本地游戏的具体操作步骤如下。

Step 1 单击工具栏中的“批量添加”按钮，弹出“游戏批量添加”对话框，在其中可批量添加游戏，单击“批量添加本地游戏”按钮，如图 9-81 所示。

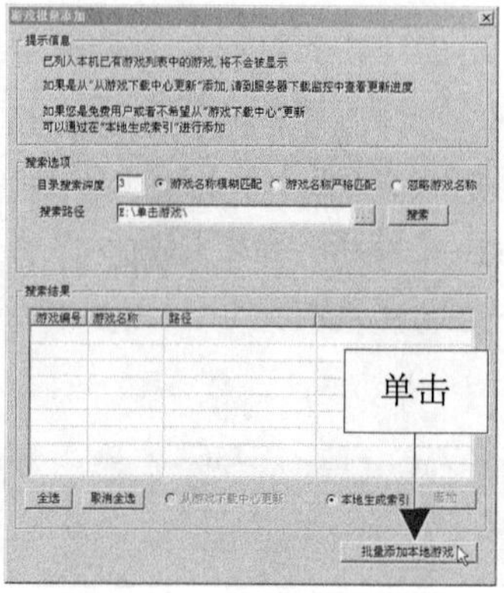

图 9-81　弹出“游戏批量添加”对话框

Step 2 弹出“批量添加本地游戏”对话框，单击“新增”按钮，如图 9-82 所示。

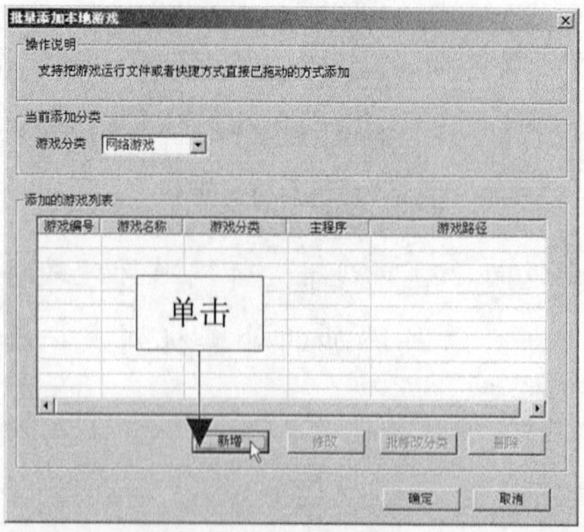

图 9-82　弹出“批量添加本地游戏”对话框

Step 3 弹出“本地游戏添加”对话框，选择相应游戏路径和执行程序，在“游戏分类”下拉列表中选择相应的游戏类型，单击“确定”按钮，如图 9-83 所示。

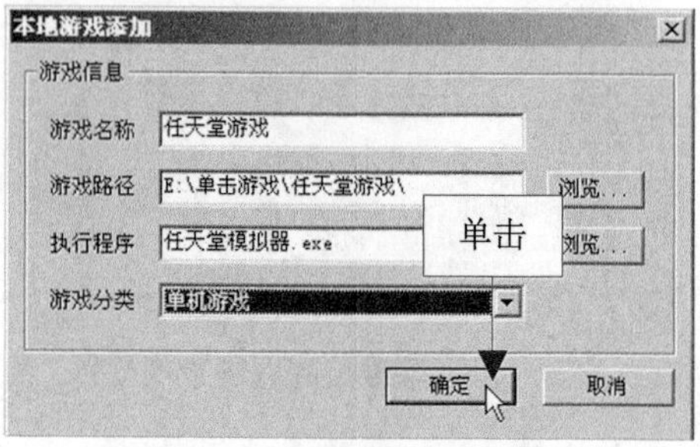

图 9-83　设置游戏信息

Step 4 返回“批量添加本地游戏”对话框，单击“确定”按钮，弹出提示信息框，单击“确定”按钮，如图 9-84 所示。

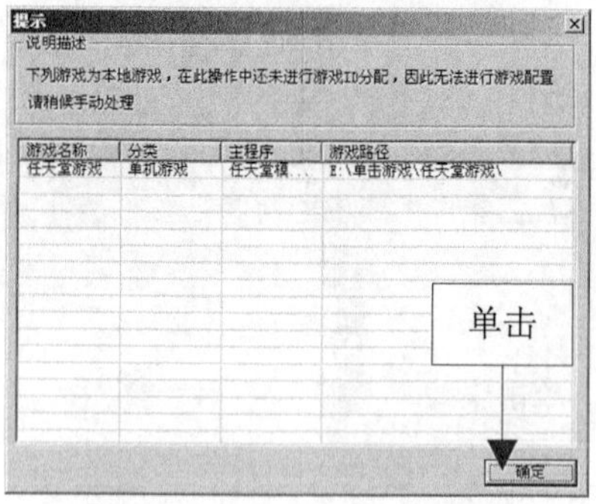

图 9-84　弹出提示信息框

Step 5 弹出“游戏生成索引”对话框，索引完成后，弹出提示信息框，单击“确定”按钮，如图 9-85 所示。

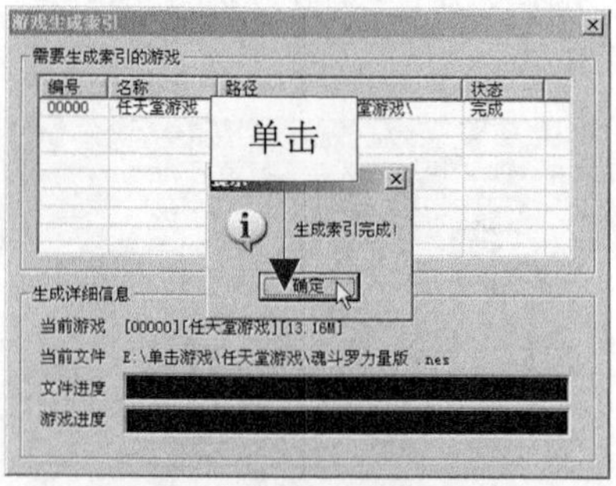

图 9-85　弹出提示信息框

Step 6 返回主程序窗口，即可在“本机已有游戏”中看到所添加的游戏，在该游戏栏单击鼠标右键，在弹出的快捷菜单中选择“更新游戏”命令，如图 9-86 所示，即可开始更新游戏，更新结束后选择如图 9-86 所示的快捷菜单中的“生成索引”命令对客户机上的游戏同时进行更新。

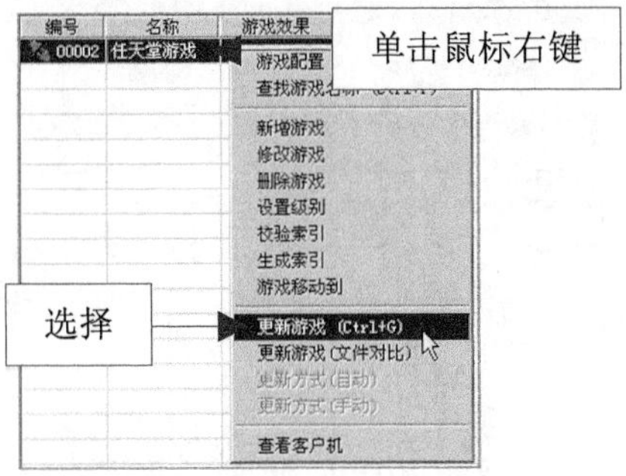

图 9-86　选择“更新游戏”命令

4. 更新网络游戏

由于要使用免费版，所示只能下载“免费用户体验专区”中的游戏和软件。下面介绍下载和更新网络游戏的方法，具体操作步骤如下。

Step 1 选择“资源下载中心”→“免费用户体验专区”选项，即可在右侧窗口中显示相应的游戏和程序，如图 9-87 所示。

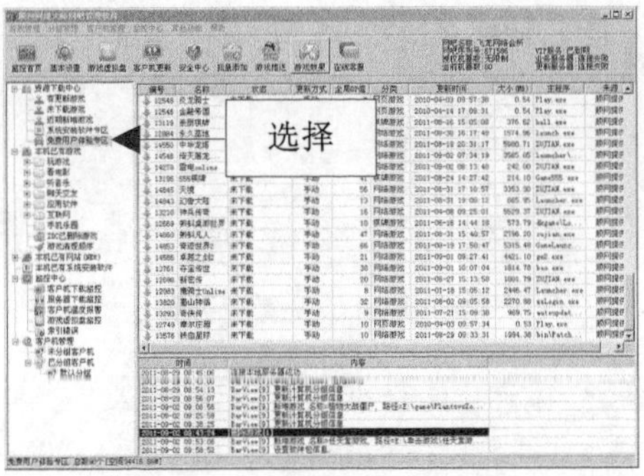

图 9-87　打开“免费用户体验专区”窗口

Step 2 在需要下载的游戏栏上单击鼠标右键，在弹出的快捷菜单中选择“下载游戏”命令，如图 9-88 所示。

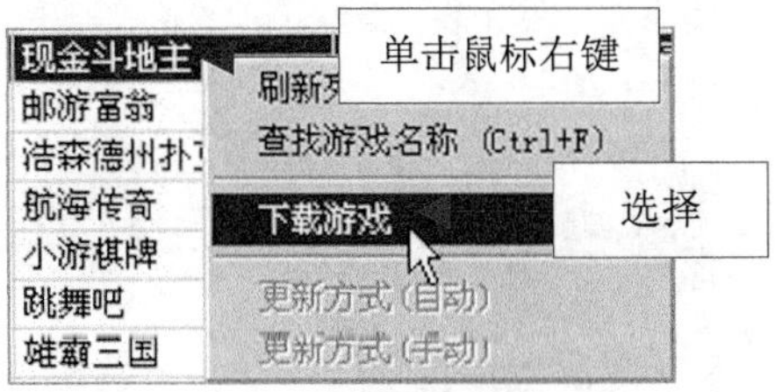

图 9-88　选择“下载游戏”命令

Step 3 弹出提示信息框，如图 9-89 所示，提示用户设置游戏默认下载，单击“是”按钮。

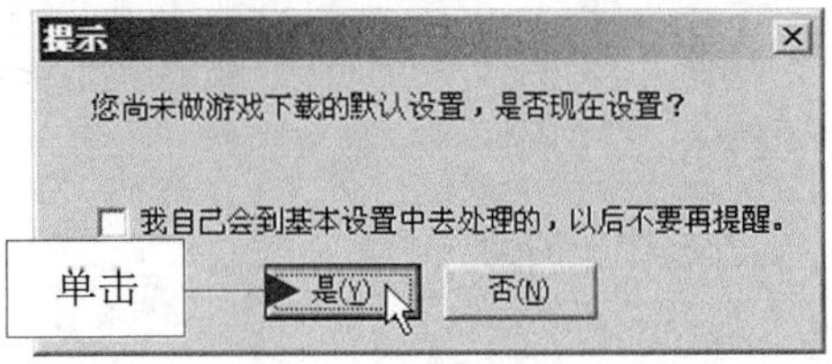

图 9-89　提示是否设置

Step 4 弹出“服务器三层更新默认设置”对话框，设置游戏的下载路径，单击“新增”按钮，如图 9-90 所示。

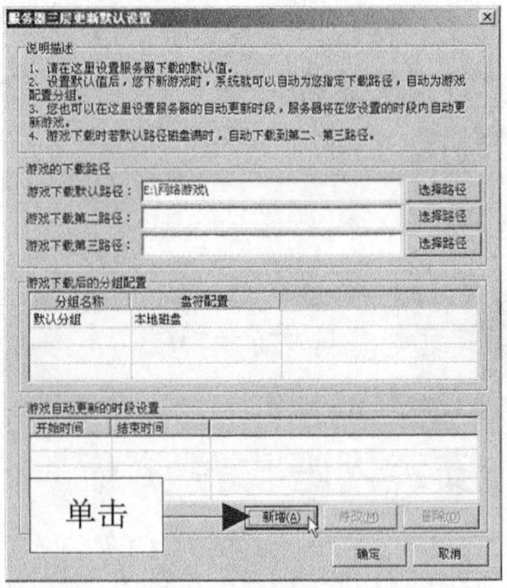

图 9-90　弹出相应的对话框

Step 5 弹出“自动更新时段设置”对话框，设置游戏自动更新的“开始时间”和“结束时间”，单击“确定”按钮，如图 9-91 所示，游戏的自动更新时间最好设在上午，因为此时段上网客户流最少，既能保证客户的网络速度也能更快地更新游戏。

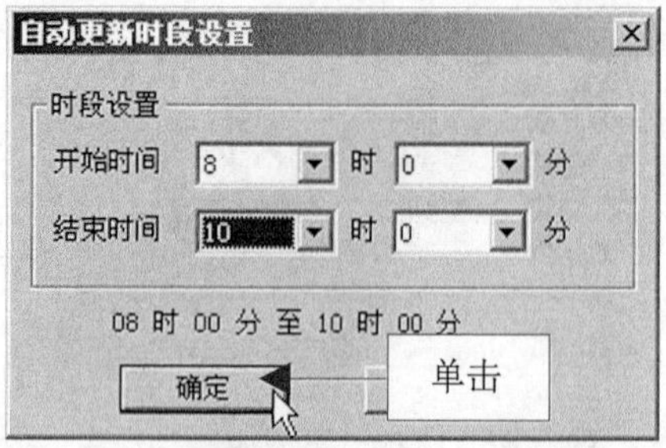

图 9-91　设置游戏自动更新时间

Step 6 返回到“服务器三层更新默认设置”对话框，单击“确定”按钮，弹出提示信息框，单击“是”按钮，即可开始下载游戏，如图 9-92 所示。

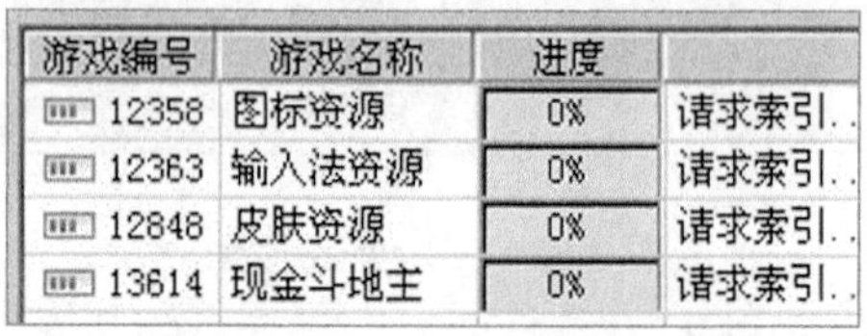

图 9-92　开始下载游戏

下载完成后，将游戏进行索引，这样客户机就能自动接收该游戏并和服务端以及 Internet 游戏服务器一起进行更新，实现三层更新。另外，可选择“游戏管理”→“设置更新方式”→“自动”命令，将所有游戏设置为自动更新。

试一试

按照上面的步骤下载并安装网维网管大师软件，然后下载免费区中的游戏。

9.6.2　安装网吧收费系统

网吧收费软件非常多，下面以万象网管 2008 为例进行讲解。万象 2008 大大扩展了计费的范围，不仅包括传统的上机费，也包括网吧内商品、外网数字商品的统一购买和付费，而在计费、安全保护方面，万象 2008 也进行了极大的增强，进一步提升了服务端数据的安全保护和计费适用性支持。万象 2008 针对数十台到数千台不同规模的网吧，都提供了对应的解决方案。下载后运行解压包将其解压，就可以开始安装服务端的程序了。

安装万象网管 2008 的具体操作步骤如下。

Step 1 双击 Server.exe 图标，运行万象网管的安装程序，弹出安装对话框，单击“下一步”按钮，弹出“许可协议”对话框，选中“我同意”单选按钮，单击“下一步”按钮，如图 9-93 所示。

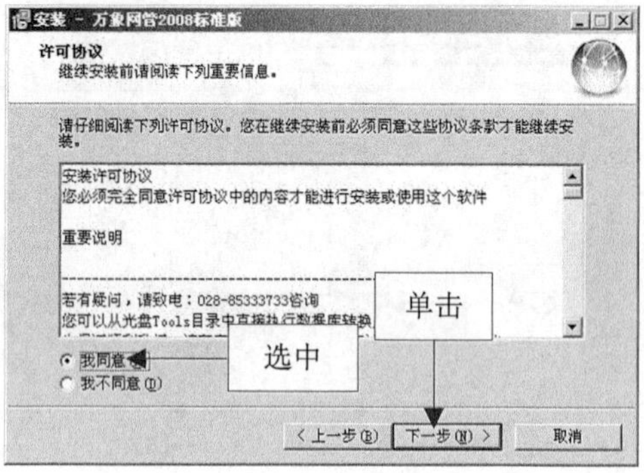

图 9-93　选中“我同意”单选按钮

Step 2 进入“选择目标位置”界面，设置安装路径，单击“下一步”按钮，如图 9-94 所示。

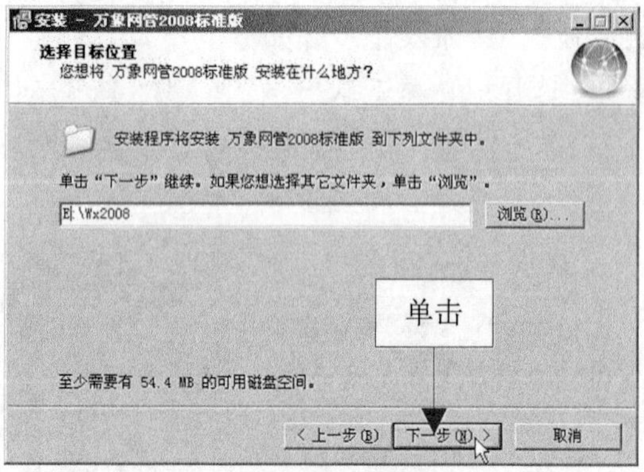

图 9-94　设置安装路径

Step 3 进入“选择开始菜单文件夹”界面，单击“下一步”按钮，进入“选择协议类型”界面，推荐使用默认的 TCP/IP 协议，单击“下一步”按钮，如图 9-95 所示。

Step 4 进入“安装数据库服务器”界面，使用系统默认设置即可，单击“下一步”按钮，如图 9-96 所示。

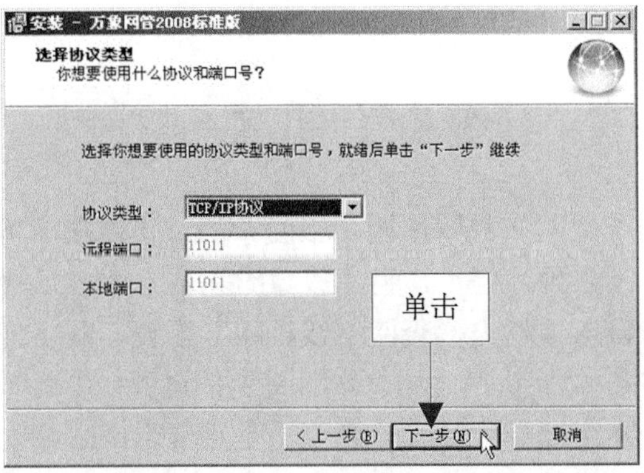

图 9-95　进入“选择协议类型”界面

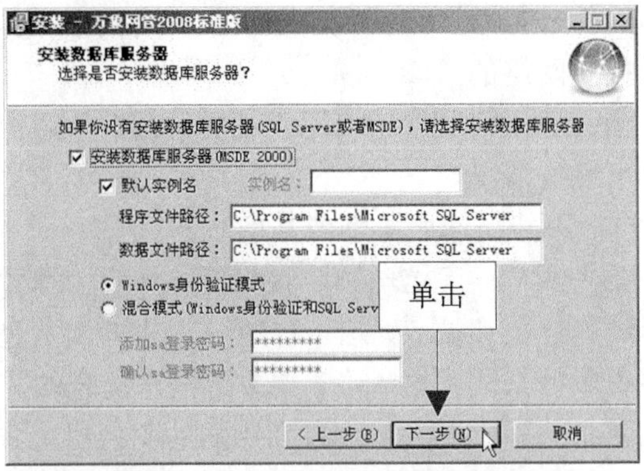

图 9-96　进入“安装数据库服务器”界面

Step 5　开始安装 SQL 数据库，安装结束后，进入“数据库服务器”界面，使用系统默认的设置，单击“下一步”按钮，如图 9-97 所示。

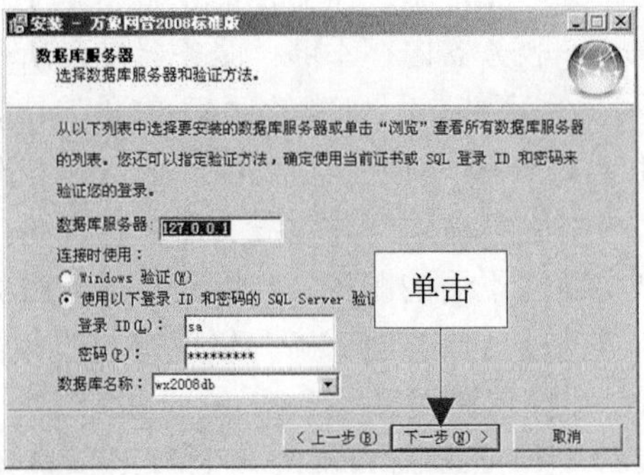

图 9-97　进入“数据库服务器”界面

Step 6　弹出“请选择数据库文件保存路径”界面，选择相应的保存路径，单击“确定”按钮，如图 9-98 所示。

图 9-98　选择保存路径

Step 7　进入“正在安装”界面，单击“安装”按钮，开始安装万象网管，如图 9-99 所示。

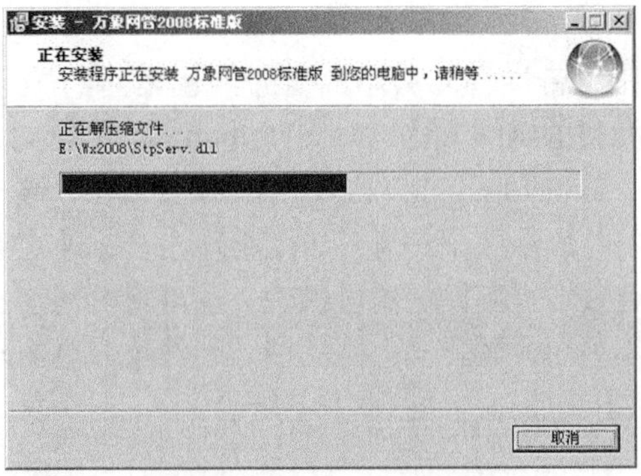

图 9-99　开始安装万象网管

Step 8　安装结束后，在弹出的对话框中单击“完成”按钮，启动万象网管 2008 主程序，打开“万象用户验证”窗口，输入相应的账号和密码，如图 9-100 所示，单击“确定”按钮，即可登录万象网管 2008 的管理界面。

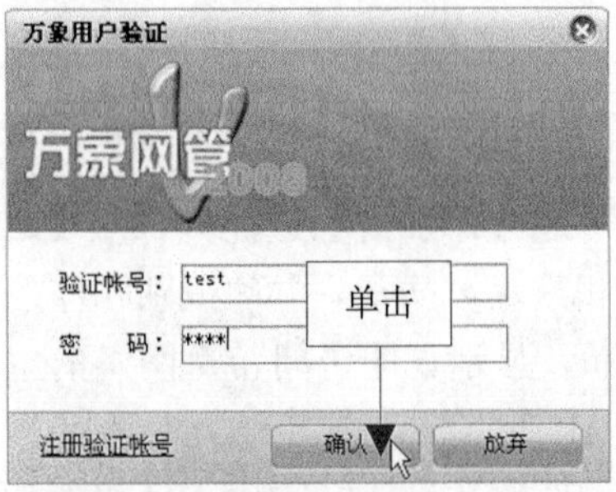

图 9-100　输入相应的账号和密码

注 意

万象网管 2008 的验证信息是与硬件信息绑定的，当用户更换计费机器后，相应的硬件信息也会发生变化，导致不能通过验证。变更计费机是有次数限制的，每年只允许变更 24 次。

9.7 网吧常见故障排除案例

在网吧的维护中，虽然从硬件上、软件上设置了各类限制，但是还是会出现非常多的问题。本节将讲解网吧中的故障及其解决方案。

9.7.1 防止网络攻击

使用带硬件防火墙的宽带路由器可有效防范大多数类型的网络攻击，如 SYN flood、UDP flood、ICMP flood、Smurf/Fraggle 攻击，分片报文攻击，端口扫描等。同时提示攻击信息，帮助管理人员迅速定位攻击源，有效地提高网络的可靠性。也可将内网攻击主机列入黑名单，禁止其上网功能，硬件过滤攻击报文不占用 CPU 资源，如图 9-101 所示。

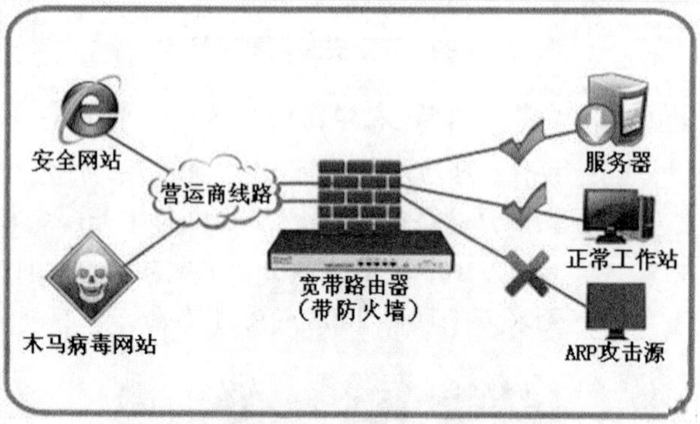

图 9-101　带硬件防火墙的宽带路由器

同时可通过添加规则过滤病毒报文，支持自动检测冲击波和震荡波病毒。主动识别和监控感染机器狗病毒的主机，显示试图访问带毒网站的主机信息和带毒网站的 IP 地址，能禁止访问带毒网站，支持病毒网站列表的在线更新，能彻底防范机器狗病毒，有效地解决网吧网络安全方面的不足，使网卡和账号被盗问题得以有效解决。

9.7.2 网络速度不正常

产生网络故障原因是很复杂的，同样故障可能导致不同表现。但是，查找故障的基本方法应从最简单的错误入手，先检查网络线、网卡配置、网络连接设备 Hub/交换机的连接，然后是软件设置，最后是其他一些网络硬件故障，因为无论是网卡，Hub 或交换机在正确使用下都是没有那么快就坏的。为了有效地解决故障，管理员需要有网络的文档。最好要装备合理工具软件来帮助了解在网络正常工作时的参数，通过分析找出网络的故障。

当网吧出现网络速度不正常的问题时，通常表现为以下 6 种情况。

(1) 不能访问服务器或某项服务。

要先测试一下这一故障是只影响一台工作站，还是影响其他全部站点，这可以通过其他工作站登录服务器或服务来证明这一点。如果这些有问题的工作站都出现在的同一网段或连接在相同的交换机上，那么就要分析这个交换机或网段，如交换机是否正常工作，该网段的子网掩码是否正确，还要看服务器是否禁止该网段的工作站使用这项服务。

(2) 与服务器有关的问题。

无论是网络流量高或低都有网络响应速度过慢的情况。有可能是服务器 Cache 设置得太小，保留的缓冲不足，服务器内存不够，服务器硬盘所余空间有限等。另外也可能是另一类软件问题(通常是服务器端的 ASP、CGI 脚本或其他应用服务)，可能造成不正常的“网络磁盘请求”导致服务器内存不足，这时有必要停止某些不用的服务，或将某一部分服务分担到另一个服务器上，甚至干脆升级现有的服务器。

(3) 数据包错误。

有时工作站会因为接收到的数据包导致出错或故障，虽然 TCP/IP 可以容许这些类型的错误，并能够自动重发数据报，但如果累计的出错情况数目占到所接收的 IP 数据报相当大的百分比，或者它的数目正迅速增加的话，那么用户就应该使用 Netstat 查一查为什么会出现这些情况，从而解决它。

(4) 碰撞问题。

如果碰撞较多，要算一下有多少带宽被碰撞损失了。把本地和远端碰撞的损失都加起来，如果平均碰撞的值大于 5%～10%，就要进行进一步的故障查找。同时要检查一下碰撞是否是突发的，也就是说碰撞明显地增多不是因为流量明显增大引起的，如果是这样就意味着某处的物理层出现了比较严重的问题。

故障解析

如，不正确的端接(RJ-45 连接头没有压紧)，BNC 阻抗不连续，残破线缆，坏网卡以及网络线和电源线在布线的时候并行在一起而引起串扰。在碰撞与流量之间应是有一定的关系的，这种关系应当在做网络参照基准测试时收集到。如果碰撞始终是比较多的(但仍是可以接受的)，可能是太多站点同时在参与发送，这时候网络结构应做一些优化，把近距离的站点分在一起。

(5) 折半法查找网络错误。

如果使用的是同轴电缆构架的总线型网，可以使用“折半法”(也叫二分法)来查找。使用终端匹配器将网络从中间分段，从网络是否能正常工作来判断问题发生在前半部分还是后半部分，按照不断折半的方法最终找到出现问题的计算机或网络线路。

故障解析

该原理也适用于星型网络，可把网络分成几部分，看问题出在哪一部分中，再把有问题的部分再划分，如此下去，就可查出问题所在。

(6) 利用率过高和过载网段。

如果利用率过高(平均值大于 40%，瞬时峰值高于 60%)，那么网段负荷就过重了。应当考虑安装路由器以减少在网段中的流量或用交换机把网段分成若干小的网段。如果利用率很高(持续峰值超过 60%)而碰撞又可以接受(平均碰撞小于 10%)，那么网络就饱和了。这时也应该增加网段或把网段分成较小的可以支持正常流量的网段。

另外还有一种很特别的情况，如果是高流量，低碰撞，而且有一点错误帧，就先确定发出错误帧的站点。也可以由繁忙站点测试来找出有问题的站点。管理员还可到该站点现场来查看该用户在做什么，因为极有可能是这个用户在试验某种黑客软件，导致网络性能的下降。

故障解析

进行以上各类检查时，可以使用 NetXray、Netboy 或 Windows Server 2003/2008 管理工具中的网络监视器等软件。

第 10 章 企业局域网的组建与应用

企业局域网的应用非常广泛，它营造了一个现代化的高效、快捷、安全的办公环境，也使计算机的功能得到了充分的发挥。本章将详细介绍小型企业局域网的组网方法、步骤和一些具体的网络应用实例。

本章学习要点

- 企业局域网组建分析
- 组建企业局域网的方法
- 组建 Windows Server 2008 域模式企业网
- 企业网接入 Internet
- 企业网的应用
- 创建企业 FTP 服务器
- 企业网常见故障排除案例

10.1 企业局域网组建分析

随着计算机技术以及网络的发展，办公无纸化、网络化已经成为一种趋势。组建计算机办公网络是现代企业提高办公效率的需要，但复杂的网络往往会成为企业的一个负担，不但增加开支，而且会给日后的网络维护带来很多繁琐的工作。这就需要组建一个经济、实用、多功能且易升级的企业局域网。下面将介绍企业局域网的组建和应用。

10.1.1 企业局域网概述

企业中可能有多台计算机，同时还可能有其他的硬件设备，如打印机、扫描仪或数码相机等。让所有的这些计算机和设备共享文件、文件夹和 Internet 连接，是一个理想的方案。通过组建小型网络，可以共享企业内部各种软、硬件资源，节约资金投入，提高设备的利用率。通过共享 Internet 连接，使得网络中所有的用户都可以享受到高速、稳定而又廉价的 Internet 接入。

实现各种资源的共享可以说是局域网的一个最基本的应用，事实上，建立企业网络的优势远不止上面几种，下面将列出小型办公网的其他一些特点。

1. 安全、集中管理的数据

网络的一个重要特点是资源共享，而资源共享就可以实现对数据的统一管理。一些重要的数据其中存放在专门的一台计算机(如网络服务器)上，只需要对这一台计算机采取一定的安全管理措施(如进行磁盘镜像、网络自动备份等)就可以保证重要数据的安全性，防止数据因系统产生故障而丢失。

注 意

从安全使用的角度看，可以对一些重要数据设置安全访问权限，不同的用户可以根据不同的设置权限使用数据，避免了单机操作时的危险性。

2. 实现网络远程办公

企业网络还应提供远程访问的功能，其他部门的计算机可通过电话线进行远程访问，形成一个更大范围的网络。例如，当用户出差在外时可通过远程访问功能登录到单位的网络，从网络上调用所需要的资料，或将一些重要文件传送到公司的计算机中。而且还可以通过网络进行远程对话，对一些重要内容进行“面对面”的交流。

提 示

通过网络远程访问，可以方便地实现远程办公、家庭办公等现代化的办公方式。

3. 方便进行协同操作

一些部门的工作具有突击性，经常需要对某一事务进行突击处理。例如，上级主管部门可能要求单位对有关的人事档案进行分类汇总，并将结果在短时间内进行上报。这时就需要大家一起对这项任务进行协同处理，用最短的时间解决最多的问题。利用计算机网络，能够方便地对同一事务进行协同操作，可以应付诸如此类突击性的工作，这也是企业网“工作第一”宗旨的体现。

4. 较高的安全性和稳定性

与家庭网络和网吧的娱乐性应用不同，小型办公网的主要网络应用在于处理商务数据。这就要求网络有很高的稳定性和安全性，否则很有可能造成严重的后果。

注 意

网络故障可能会导致某些部门的工作瘫痪，各个办公室之间失去联络，本来必须协同完成的工作无法继续。如果数据在网络传输的过程中发生网络连接故障，还很有可能造成一些重要数据的丢失。一个网络如果在安全性和稳定性方面得不到保障，由此造成的损失可能要比单机操作更为严重。

从企业局域网的特点可以看出，它与前面所叙述的家庭网、宿舍网以及网吧这三者有很大的区别，主要体现在它们的应用领域和功能方面。家庭、宿舍和企业网(都使用对等网)的网络布线与协议安装等部分基本相同，Internet 连接方式略有不同。家庭和宿舍网一般使用小区宽带或 ADSL Modem 接入，而网吧则根据业主的商业计划选择 Internet 接入方式，企业网络如果使用频繁，则应采用宽带接入。

10.1.2 组建方案分析

在组建局域网之前，首先要研究企业的网络需求，不同的企业对网络的需求也是不同的。对不同的需求应该采用符合特点的网络，在不需要大型数据库的企业中，使用 Windows 7 对等网即可；如果需要大型数据库，则尽可能采用 Windows Server 2003 或者 Windows Server 2008 服务器/工作站网络模型。

现代化的企业都离不开计算机和网络，结合不同企业的实际需要，以下提供了 3 类适合于企业使用的网络结构。

1. 10Base-T 星型结构网络

10Base-T 星型结构中可使用集线器，根据所使用集线器的类型可将 10Base-T 的星型网络分为共享式和交换式两种。

10Mbps 共享以太网是早期应用最为广泛的网络类型。10Base-T 网络中工作站的变动基本上不影响网络的正常工作，网络工作站组合灵活方便，提高了网络的可靠性，易于维护和扩充，目前仍在较早期建网的许多单位中发挥重要作用。其构成如图 10-1 所示。

注 意

这种类型网络的缺点是所有网络站点(包括服务器)完全共享 10Mbps 网络带宽，在网络数据流量较大的情况下，将由于碰撞增加而大大降低网络使用效率。这种类型网络适合于单服务器应用，站点数目低于 50 个时可基本保证工作效率。网络应用是以文件、打印共享和电子邮件为主的单纯办公型应用。

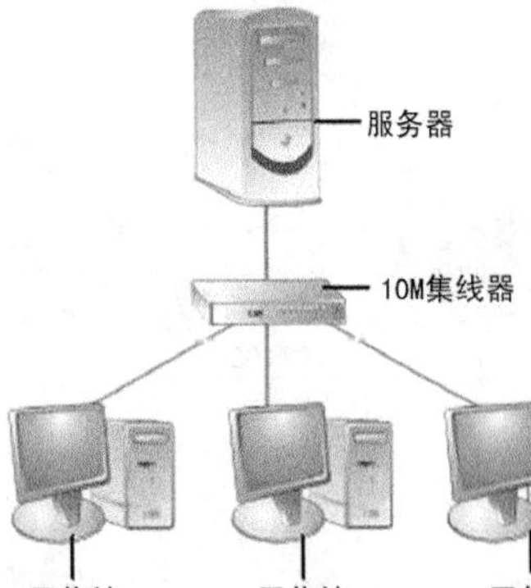

图 10-1 10Base-T 星型结构

提 示

从整体来看，10Base-T 星型结构避免了 10Base-2 总线结构所存在的问题，网络的安全性较好，当一个工作站出故障时不会影响其他网络用户的正常工作，日常维护和故障排除较方便。目前，许多小型企业中仍然在使用这种结构。

2. 100Base-T 星型结构网络

100Base-T 的网络结构和 10Base-T 相比仅是速度上存在着差别。为了支持最大 100M 的传输速率，除了要使用支持 100Mbps 传输速率的网卡、双绞线、集线器等网络设备之外，100Base-T 结构的网络还要求采用标准化布线，以确保网络传输的效率和稳定性。在 100Base-T 网络中，一般网卡选用 10/100M 自适应全双工网卡，这种网卡可根据传输的信息量自动调整其工作速度。集线器可以根据网络的具体需要选用 100M 或 10M/100M 的速度，当用户数多时可使用堆叠式集线器。10M/100M 自适应集线器可用于连接 10M 或 100M 的网卡，并根据各自的工作速度适时地进行交换传输。如图 10-2 所示为 100Base-T 的网络结构。

提 示

目前，在企业局域网中 100Base-T 结构主要用于传输的数据量较大的情况下，如多媒体应用、CAD 设计、软件的联合开发等。因此，100Base-T 结构网络被认为是传统 10M 网络的替代品，用 100M 网络代替 10M 网络是网络技术发展的要求和必然。

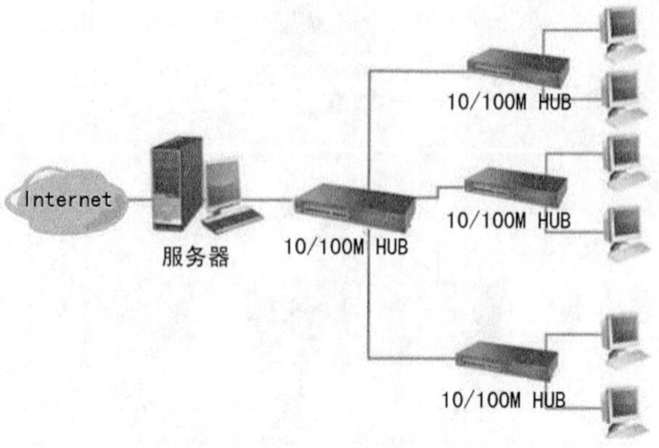

图 10-2　100Base-T 的网络结构

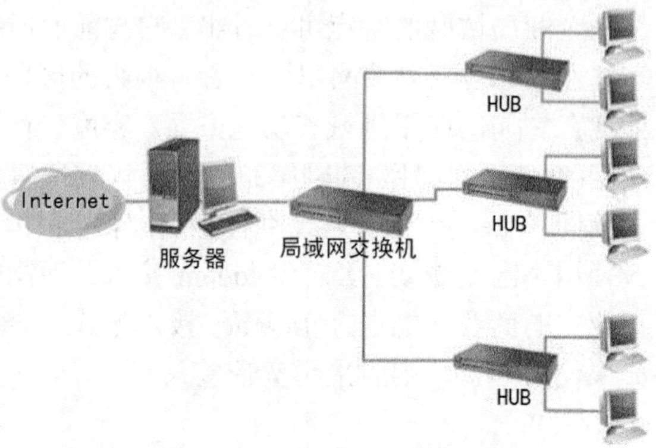

图 10-3　交换式网络结构

3. 交换式(Switching)以太网

前面提到的利用集线器组建的 10Base-T 和 100Base-T 网络，指的都是共享式网络。当网络的平均利用率较高且发送的信息量增大时，共享式网络的带宽被传输碰撞和发送重试大量地占用，响应速度明显下降。交换式以太网根据所传输信息包的目的地址将包从源端口送至目的端口，避免了与网络上其他端口发生碰撞。因此，当不同的源端口向不同的目的端口发送信息包时，交换式以太网就可以同时传送这些信息包，大大提高了网络的速度。交换式以太网组网时，只需在原有共享网络的基础上增设交换机，网络结构不作任何调整。

交换式网络结构在共享式结构的基础上改用交换机取代集线器作为网络的中心节点。交换机采用了网络交换技术，减少了网络传输中的碰撞，提高了网络的实际吞吐量和工作效率，解决了共享式网络的不足，因而当用户数较多、网络传输的信息量较大时，可以采用这种结构形式。如图 10-3 所示为交换式以太网的基本结构。

目前，交换式以太网主要用于可同时访问多台服务器的网络中，如一些具有多职能部门的单位，各职能部门的源数据较独立，一般需单独使用一台服务器。另外，在快速图像传输、视频会议等方面交换式以太网发挥了独特的优势。

提 示

从理论上讲，同是 10Mbps 或者 100Mbps 的网络，交换式结构的速度要比共享式快，但事实上当所有工作站同时只访问一台服务器时，应用交换式网络时收效并不像想象的那样理想，为了提高网络的速度和增加网络的用户数，一般建议给服务器增加网卡，从而对工作站进行分段管理。

10.2　组建企业局域网的方法

企业局域网一般都采用 Windows 7 对等网，也可以采用 Windows Server 2008 组建主从网，即“服务器+工作站”的网络模型。

网络主干方面，无论是对等网还是主从网都需要如下设备：若干台计算机、交换机、路由器和双绞线。注意应该购买兼容 10M/100M 的交换机，以保证在必要的时候，能够方便地把 10M 以太网升级到 100M 以太网。

10.2.1　企业网布线

企业机房的布线系统直接影响到未来机房的功能，一般布线系统要求布线距离尽量短而整齐，排列有序。

1. 布线的原则

在设计网络布线方法的时候，还需要考虑多种因素，这些因素也成为设计、安装网络布线的一些基本原则。

- 性价比：选择的线缆、接插配件、其他设备应具有良好的物理和电气性能，而且价格适中。
- 实用性：设计、选择的系统应满足企业在现在以及未来 10 至 15 年内对通信线路的要求。
- 灵活性：做到信息设备合理配置，可即插即用。
- 扩充性：尽可能采用易于扩展的结构和接插配件。
- 易管理：便于管理，有统一标识，方便配线、跳线。

2. 布线的步骤

企业局域网布线的一般步骤如下所述。

Step 1 调查布线地理环境，根据建筑资料去计算其线材的用量、信息插座的数目，做出综合布线调研报告。

Step 2 根据前期勘察数据做出布线材料预算和工程进度安排表。

Step 3 布线时最好采用暗线，以保证办公环境干净整洁。

Step 4 一般测试主要测试通断情况，根据 TSB67 标准，对接线图(Wire Map)、长度(Length)、衰减量(Attenuation)、传播延迟(Propagation Delay)等各方面进行测试，可打印出详细的测试报告。

Step 5 为以后的维护做好准备，以便当线路出现故障时，能够快速响应。

试一试

根据读者所在企业的房间、计算机、Modem、服务器等位置画出企业局域网的布线规划图纸。

10.2.2 选购设备

由于企业局域网在运行中需要更高更稳定的运行速度，且网络中往往也拥有很多的计算机，这就要求使用稳定性较高、性能较好的网络设备。组建星型办公网，所需的网络设备主要有网卡、交换机、路由器等几种。

提示

在企业局域网中，宽带路由器和桌面交换机通常是必不可少的设备，宽带路由器除了提供连接 Internet、Internet 共享功能以外，还可以兼做交换机使用。而交换机则完全提供连接功能，适用于计算机较多的网络。

如今，虽然宽带路由器和交换机都是技术非常成熟的产品，但是产品种类多种多样，性能差异也较大。因此，用户必须掌握一定的选购技巧。在选购路由器或交换机时，应当遵循以下基本原则。

(1) 够用原则。

对于小型企业局域网而言，选择路由或交换设备跟选择计算机一样，应当遵循“够用、实用”的原则，还应从设备的性能、稳定性以及功能等方面进行选择。

(2) 廉价原则。

不同品牌的路由器或交换机的价格却相差一倍甚至几倍，事实上，绝大部分产品的关键部件和关键技术基本相同。对于小型企业而言，可以选择国内知名产品(如 TP-Link、中怡数宽、顶星等)，既可以拿到便宜的价格，又能享受良好的售后服务。

(3) 傻瓜原则。

如果企业中没有专职的网络管理员，则网络设备的傻瓜化配置与管理就显得非常关键。“傻瓜化”主要表现在配置的傻瓜化、连接的傻瓜化和恢复的傻瓜化 3 个方面，确保用户能简单地完成网络的配置和连接，从容应对不可预知的各种故障。

10.2.3 安装硬件

企业局域网的硬件设备主要包括服务器、工作站、传输介质以及办公设备，下面分别进行介绍。

1. 服务器

对于中小企业组网来说，没有必要购买大规模专用服务器，用一个配置较高的 PC 机完全可以代替，服务器主要负责 Internet、共享服务、文件服务、打印及扫描共享服务等。

2. 工作站

企业局域网不推荐采用无盘工作站，虽然无盘工作站可以省去硬盘的费用，但其维护工作比较复杂，且对服务器的操作较多，对于办公室这样需要进行大量文件读/写操作的计算机环境，使用无盘工作站显然不是一个好的选择。推荐使用 Windows 7 或者 Windows XP 做有盘工作站，一方面可以独立完成工作，避免对服务器的大量读/写操作；另一方面也可以登录到 Windows Server 2008 网络，通过 Windows Server 2008 很好地管理网络。

3. 传输介质

超五类非屏蔽双绞线是目前应用最广泛的类型，它完全可以完成企业的网络数据传输。

4. 办公设备

企业办公设备主要包括打印机、扫描仪、传真机和复印件等。目前市场上打印机种类繁多，包括激光打印机和喷墨打印机等。

注意

从办公室的应用来说，如果需要较高的打印效果或者有大量的文件需要打印，则最好选择激光打印机，虽然一次投入成本较高，但激光打印机耗材较低，只要平时对打印机进行很好的保养，激光打印机还是比较好的选择。

其他硬件的安装已经在前几章中有详细的叙述，在此就不做详细介绍了。

10.2.4 选择操作系统

对等网中的每一台计算机都安装 Windows 7 操作系统，由于 Windows 9X 已经被淘汰，所以安装 Windows 7/XP 是最好的选择。同时利用 Windows 7/XP 可以方便地连接 Internet，将整个局域网连入国际互联网，且运行稳定，是企业局域网组建时的首选操作系统。

对于服务器而言，则可以采用 Windows Server 2003/2008 等网络操作系统。

10.2.5 设置网络

网卡设备驱动程序安装完成后，就可以添加网络协议，以使网络能够正常工作，这些具体步骤在前面的章节中已经做了详细的介绍，此处不再赘述。

一般来说，Windows 7 在安装过程中会提示进行网络设置，包括设置网络标识、用户、登录密码，并安装 Microsoft 网络客户、网络文件和打印机共享、TCP/IP 协议等。在对等网中，会使用到 IPX/SPX 协议、TCP/IP 协议和文件共享，如果不添加就可能找不到对方计算机。最后，设置好 IP 地址和子网掩码等。这些步骤与家庭、网吧、宿舍组网完全一样。

10.2.6 测试网络

测试网络大致可以从以下 5 个方面进行。

- 检查集线器和网卡工作是否正常(观察集线器和网卡的工作指示灯情况)。
- 使用 Ping 命令寻找网络中的其他计算机。
- 在网上邻居中寻找其他计算机。
- 试着访问网络中的其他计算机。
- 如果要进行设备共享，还要调试设备，观察设备是否工作正常。

10.3 组建 Windows Server 2008 域模式企业网

上一节初步介绍了组建一般企业局域网的基本方法，而对于网络要求比较高的企业，推荐使用服务器/客户端方式组建局域网，在经费条件允许的情况下，将各种功能的服务由多台独立的服务器来完成最为适宜。这样可以实现各种服务之间的最大限度的独立性，即便有一台服务器崩溃了，其他服务器也可以正常运作。本节介绍基于“域”的 Windows Server 2008 标准主从式结构的多级局域网组建方法。

10.3.1 安装 Windows Server 2008 活动目录

活动目录是一个分布式的目录服务，是 Windows Server 2008 网络体系结构必不可少的、不可分割的重要组件。

活动目录不仅集成了关键服务和关键应用，同时还集成了当今的关键的数据访问。总之，作为非常关键的服务，它不是孤立的，而是与许多协议和服务有着非常紧密关系的，并涉及整个操作系统的结构和安全。因此，活动目录的安装并非像一般 Windows 组件那样简单，必须在安装前完成一系列的策划和准备。

Step 1 启动 Windows Server 2008 系统后，选择“开始”→“管理工具”→“服务器管理”命令，打开“服务器管理器”窗口，如图 10-4 所示。

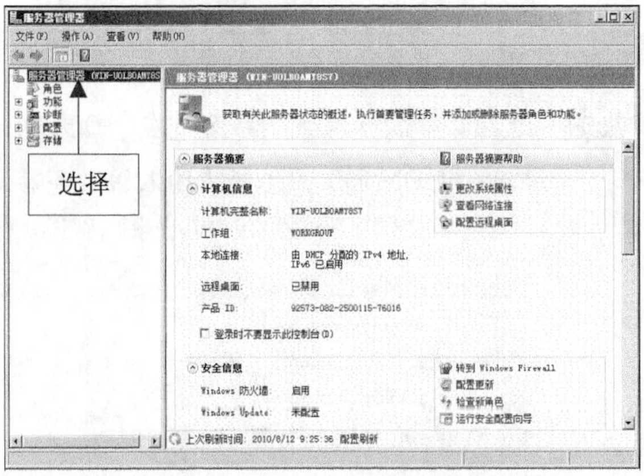

图 10-4 打开“服务器管理器”窗口

Step 2 选择左侧窗格中的“角色”选项，然后在“角色”选项区中单击“添加角色”链接，如图 10-5 所示。

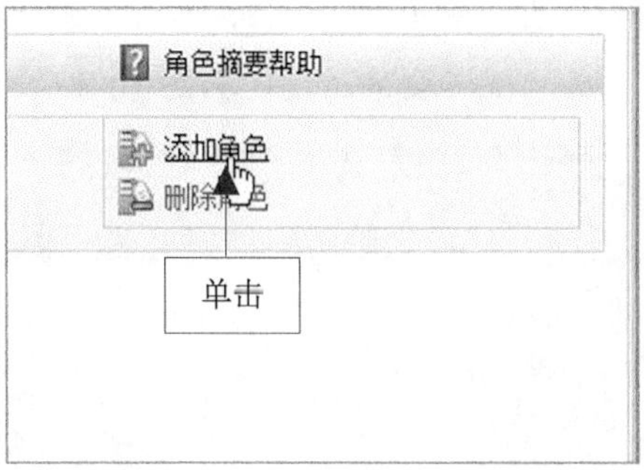

图 10-5 单击“添加角色”链接

Step 3 弹出“添加角色向导”对话框，选择左侧的“服务器角色”选项，然后在右侧的窗格中选中“Active Directory 域服务”复选框，如图 10-6 所示。

图 10-6 弹出“添加角色向导”对话框

Step 4 单击“下一步”按钮，显示 Active Directory 域服务简介，如图 10-7 所示。

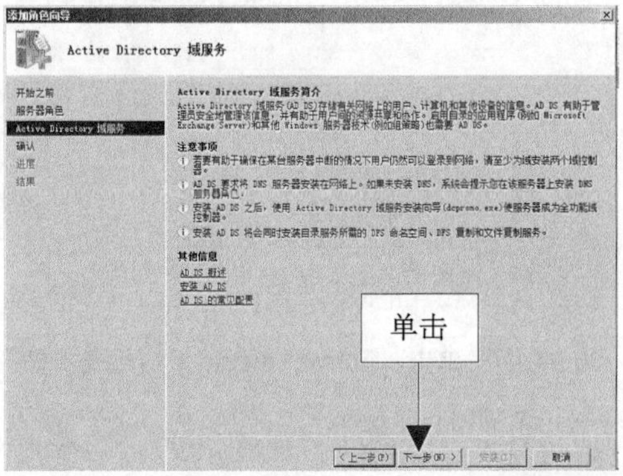

图 10-7 显示 Active Directory 域服务简介

Step 5 单击“下一步”按钮，然后单击“安装”按钮，显示安装进度，如图 10-8 所示。

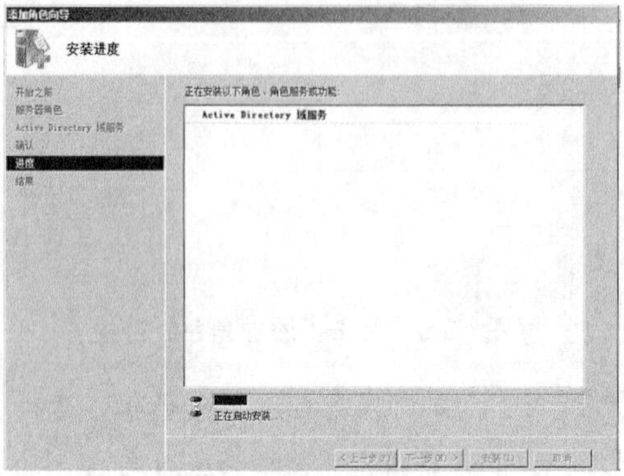

图 10-8　显示安装进度

Step 6 安装结束后，显示“安装结果”信息提示，如图 10-9 所示，单击“关闭”按钮。

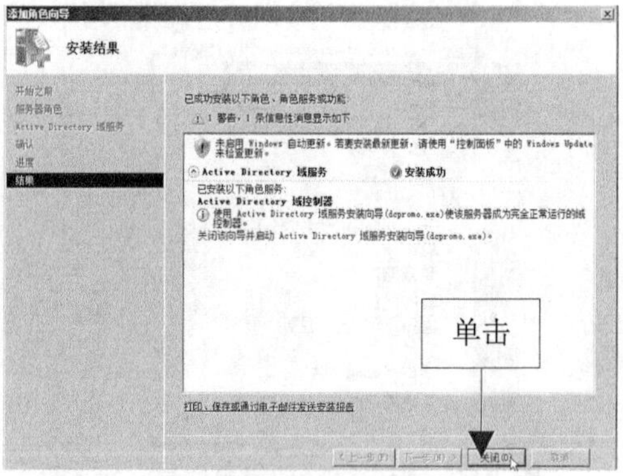

图 10-9　显示“安装结果”的信息提示

Step 7 在“角色”选项区中单击“Active Directory 域服务”链接，如图 10-10 所示。

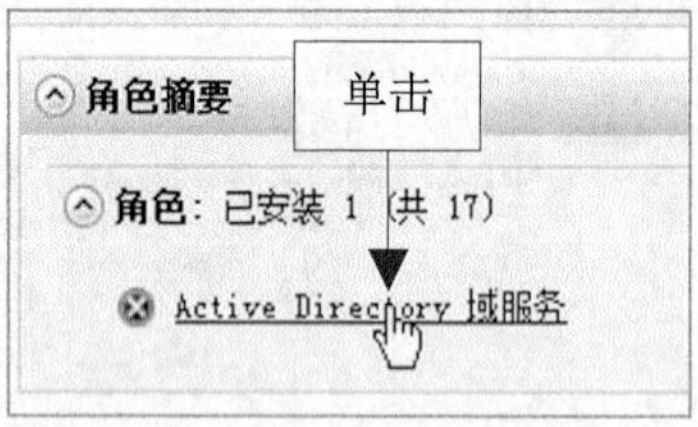

图 10-10　单击“Active Directory 域服务”链接

Step 8 弹出“Active Directory 域服务安装向导”对话框，单击“下一步”按钮，如图 10-11 所示。

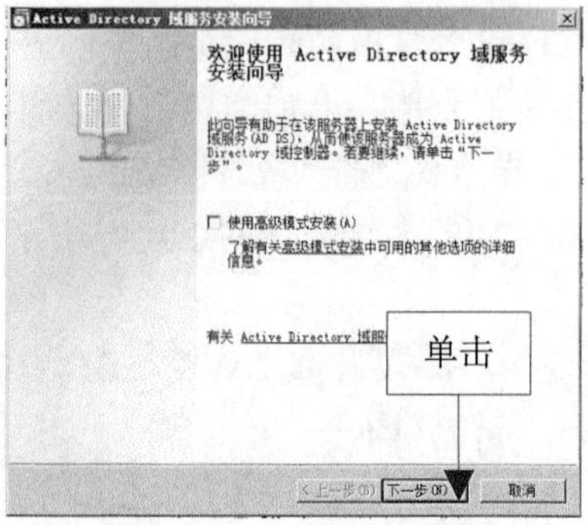

图 10-11　弹出相应对话框

Step 9 再次单击“下一步”按钮，进入“选择某一部署配置”界面，选中“在新林中新建域”单选按钮，单击“下一步”按钮，如图 10-12 所示。

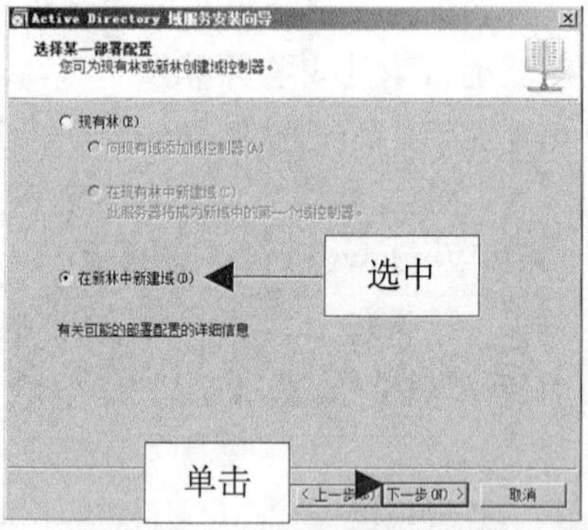

图 10-12　进入“选择某一部署配置”界面

Step 10 进入“命名林根域”界面，在“目录林根级域的 FQDN(F)”文本框中输入该服务器的新域名，单击“下一步”按钮，如图 10-13 所示。

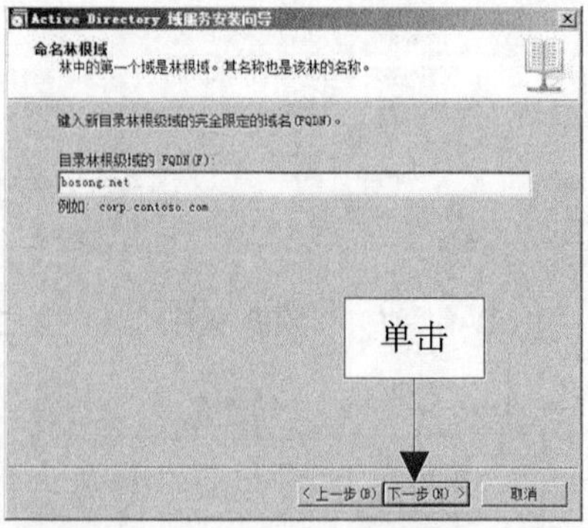

图 10-13　进入“命名林根域”界面

Step 11 单击“下一步”按钮，显示“正在检查是否已经在使用新的林名称”进度，如图 10-14 所示。

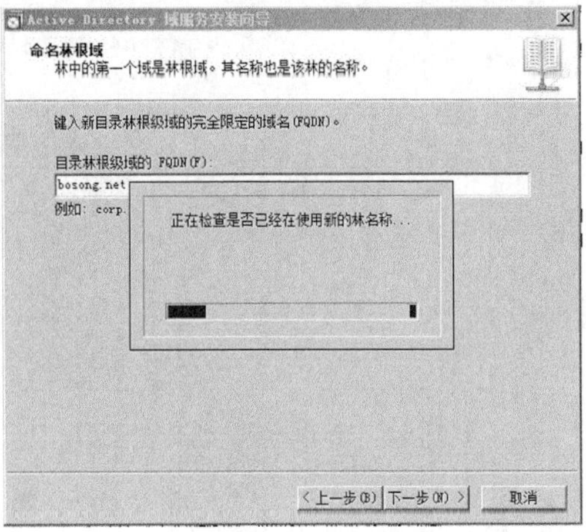

图 10-14 显示进度

Step 12 检查结束后，进入“设置林功能级别”界面，在“林功能级别”下拉列表中选择 Windows Server 2008 选项，单击“下一步”按钮，如图 10-15 所示。

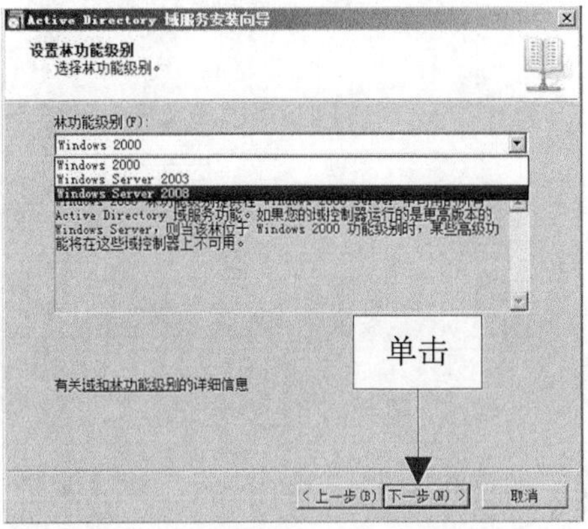

图 10-15 弹出“设置林功能级别”界面

Step 13 显示“正在检查 DNS 配置”进度，如图 10-16 所示。

Step 14 检查结束后，弹出“其他域控制器选项”对话框，单击“下一步”按钮，弹出“静态 IP 分配”对话框，单击“是，该计算机将使用动态分配的 IP 地址(不推荐)”按钮，如图 10-17 所示。

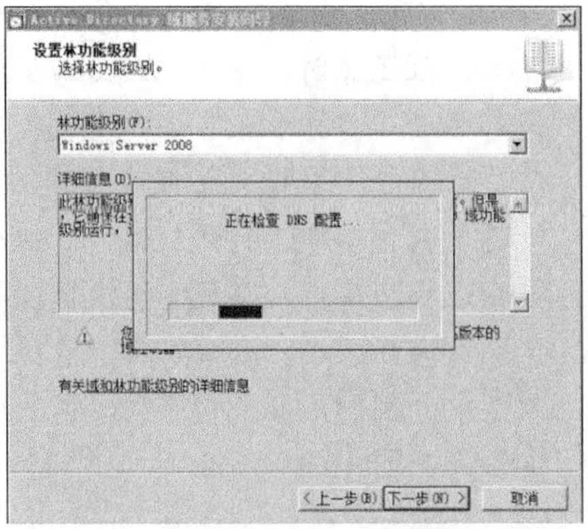

图 10-16 显示“正在检查 DNS 配置”进度

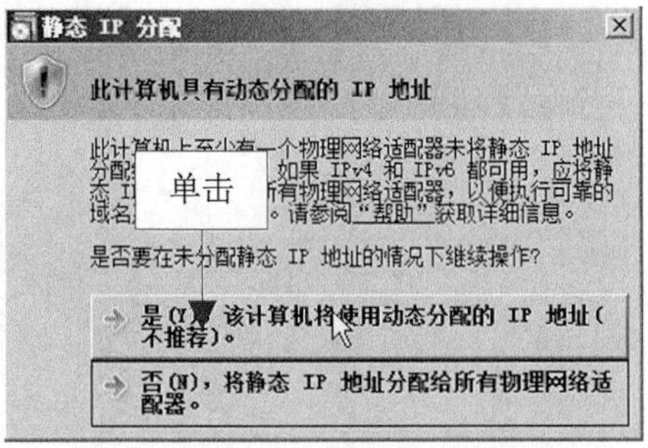

图 10-17 单击相应按钮

Step 15 检查结束后，进入“数据库、日志文件和 SYSVOL 的位置”界面，用来设置 Active Directory 数据库位置，默认为 C:\Windows 文件夹下，也可以单击“浏览”按钮更改为其他路径，建议不做更改，单击“下一步”按钮，如图 10-18 所示。

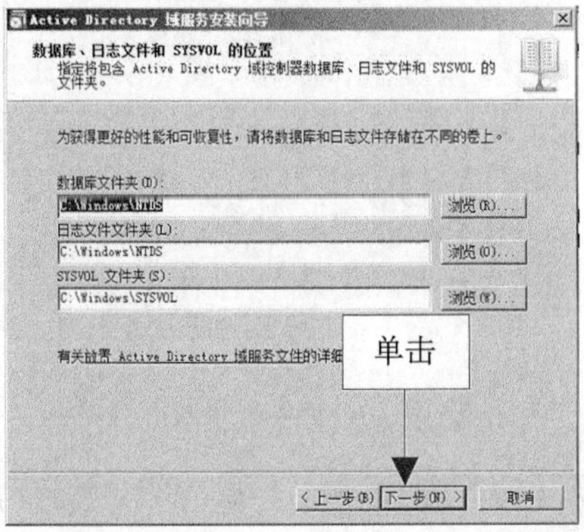

图 10-18 设置路径

Step 16 进入“目录服务还原模式的 Administrator 密码”界面，由于有时需要备份和还原活动目录，且还原时不能在 Windows 状态下，而需要进入“目录服务还原模式”状态，所以该界面中要求输入该服务器进入“目录服务还原模式密码”的详细信息，由于该密码与管理员密码可能不同，所以管理员一定要牢记该密码，在“密码”和“确认密码”文本框中分别键入相同的密码，单击“下一步”按钮，如图 10-19 所示。

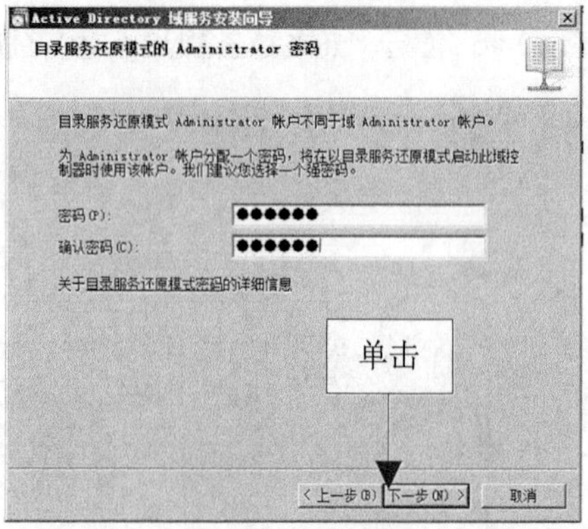

图 10-19 输入密码

Step 17 进入“摘要”界面，其中列出前面所有的配置信息，单击“下一步”按钮，如图 10-20 所示。

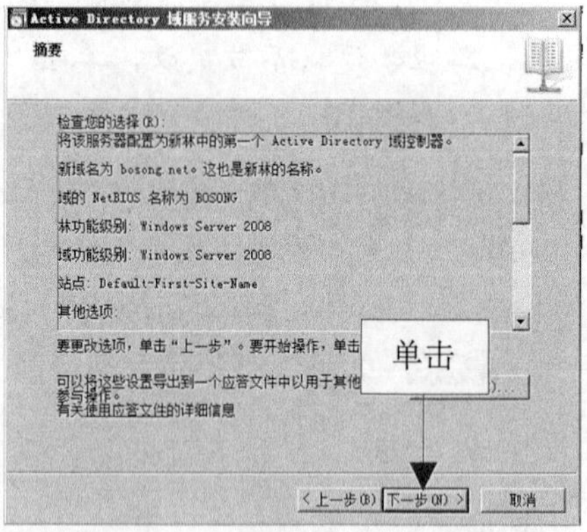

图 10-20 进入“摘要”界面

Step 18 进入相应界面，如图 10-21 所示，其中显示正在根据所设置的选项配置 Active Directory，由于这个过程比较长，可能要花几分钟或更长的时间，所以请用户耐心等待。

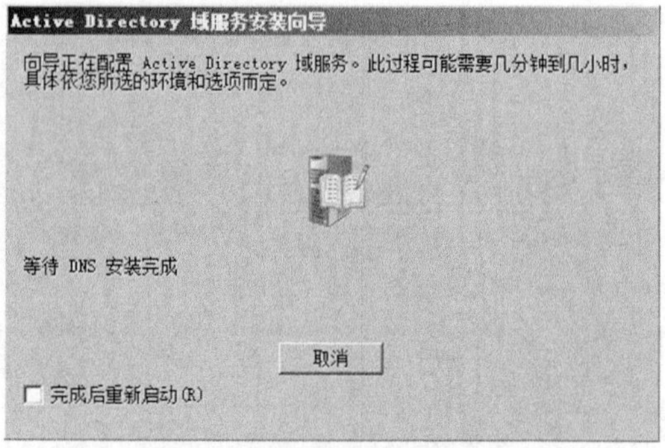

图 10-21 配置 Active Directory

Step 19 配置完成后，出现“完成 Active Directory 域服务安装向导”界面，表示至此 Active Directory 已安装成功，单击“完成”按钮，如图 10-22 所示。

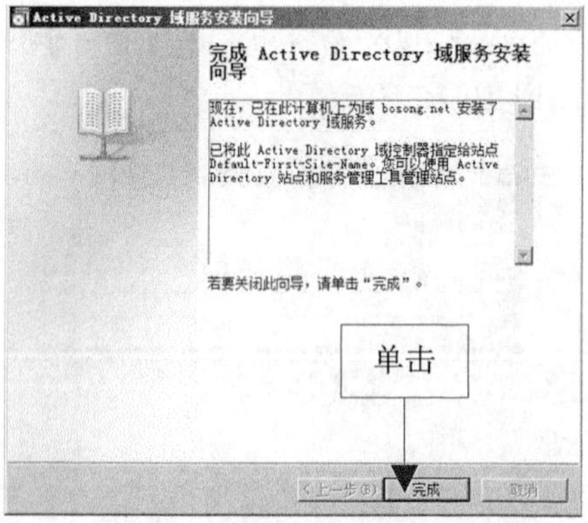

图 10-22 安装成功

Step 20 弹出信息提示框，如图 10-23 所示，单击“立即重新启动”按钮，重新引导计算机。

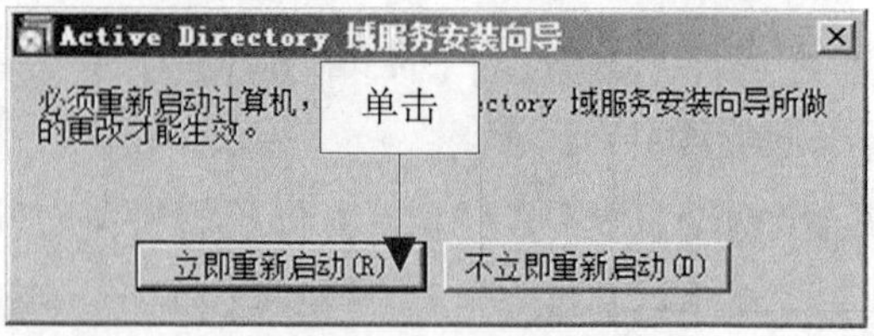

图 10-23 弹出信息提示框

Step 21 至此 Active Directory 已经安装完成，该服务器选择已是域控制器。

10.3.2 设置用户账号

安装好 Windows Server 2008 的活动目录之后，如果想让网络中的其他计算机能够登录到服务器，就必须给这些计算机分配用户账号，才能构建出服务器/客户端模式的企业局域网。

Windows Server 2008 提供了几种不同的用户账号，分别是内置用户账号、域用户账号和本地用户账号。下面介绍它们的基本功能。

- 内置用户账号：安装 Windows Server 2008 时，由操作系统自动创建的账号称作为内置账号。
- 域用户账号：域用户账号允许用户登录到域中，可以访问网络中任意位置的资源。
- 本地用户账号：本地用户账号允许用户登录到服务器，并访问服务器中的相关资源。

创建本地用户账号时，Windows Server 2008 会自动将账号名称和有关的信息存放在本地安全数据库中，而不会复制到其他域中。

> **提示**
>
> 当用本地账号登录网络时，服务器便在本地安全数据库中查询该账号的名称，同时检查对应的密码，只有用户名和密码都符合的账号才可以登录到服务器上。

Windows Server 2008 创建的新账号一般都是本地用户账号，在这个账号中包括了用户的名称、密码、所属的组别和个人信息等。创建新账号的具体操作步骤如下。

Step 1 选择“开始”→“管理工具”→“Active Directory 用户和计算机”命令，如图 10-24 所示。

Step 2 在弹出的对话框中可以看见刚才安装活动目录时设定的域名，在 Users 文件夹选项上单击鼠标右键，在弹出的快捷菜单中选择“新建”→“用户”命令，如图 10-25 所示。

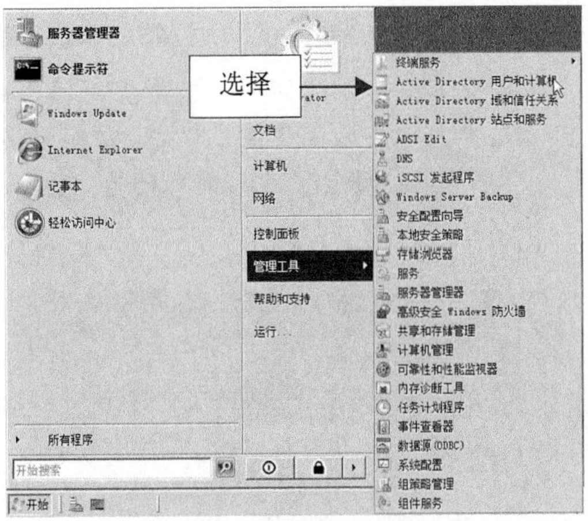

图 10-24 选择“Active Directory 用户和计算机”命令

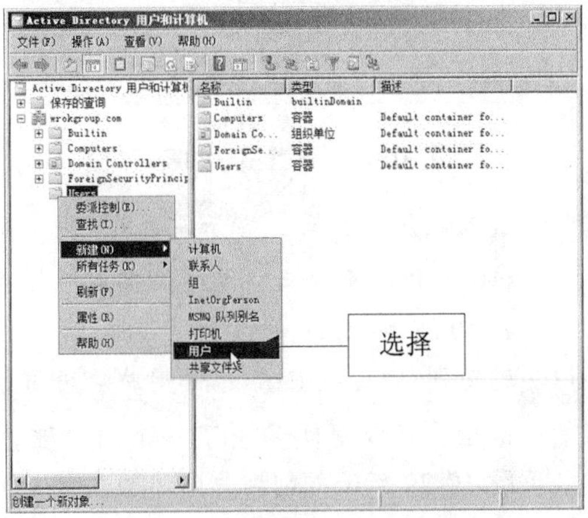

图 10-25 选择“用户”命令

Step 3 在弹出的对话框中根据需要输入用户的姓、名、英文缩写和用户登录名，然后单击“下一步”按钮，如图 10-26 所示。

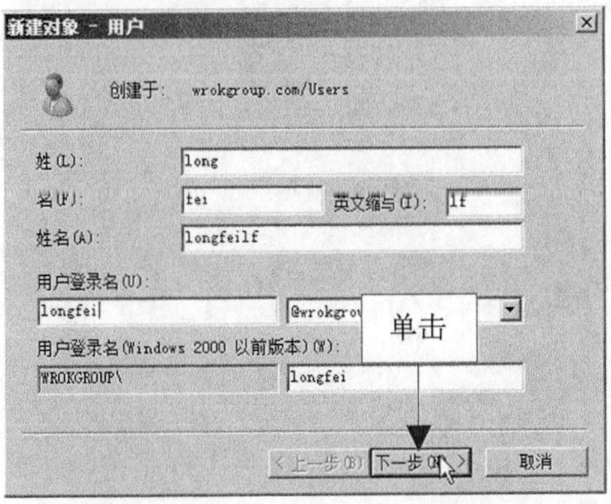

图 10-26 单击“下一步”按钮

Step 4 设置用户的密码，可以在密码输入框中输入两个完全一致的密码，或者是不填写密码，但要选中下方的“用户下次登录时须更改密码”选项，单击“下一步”按钮，如图 10-27 所示。

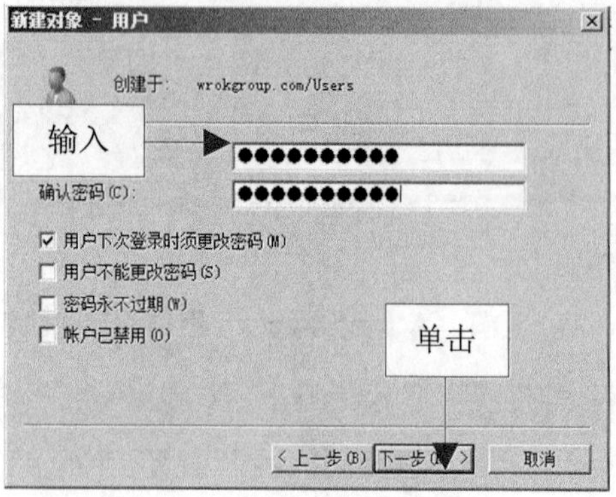

图 10-27　设置用户的密码

Step 5 进入相应的界面，显示前面用户账户的设置信息，检查无误后，单击“完成”按钮，如图 10-28 所示。

Step 6 返回到“Active Directory 用户和计算机”对话框，可以发现多出了一个用户账户，如图 10-29 所示，则用户账户设置成功。

注 意

要加入域的计算机名最好是英文，否则系统会提示中文计算机名会引起一些问题。

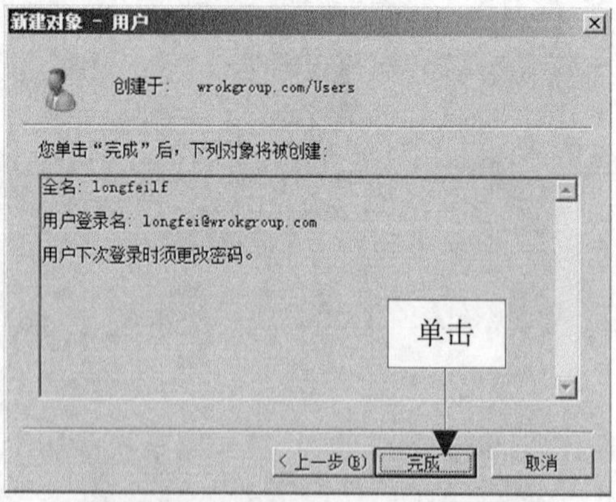

图 10-28　显示用户账户的设置信息

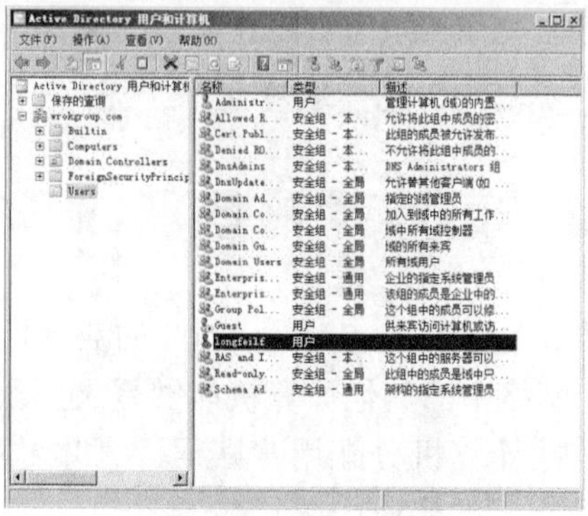

图 10-29　弹出相应的对话框

Step 7 用户添加完毕后，还需要在域中将客户机加进来，在“Active Directory 用户和计算机”对话框中，在 Computers 选项上单击鼠标右键，从弹出的快捷菜单中选择“新建”→“计算机”命令，如图 10-30 所示。

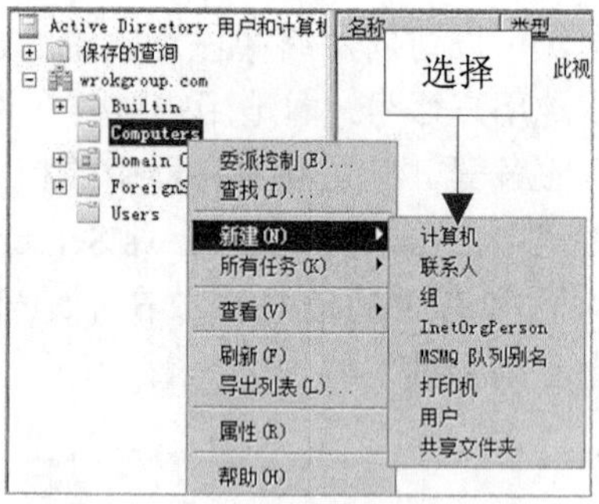

图 10-30　选择“计算机”命令

Step 8 弹出“新建对象 - 计算机”对话框，输入要加入域的计算机名，单击“确定”按钮，如图 10-31 所示。

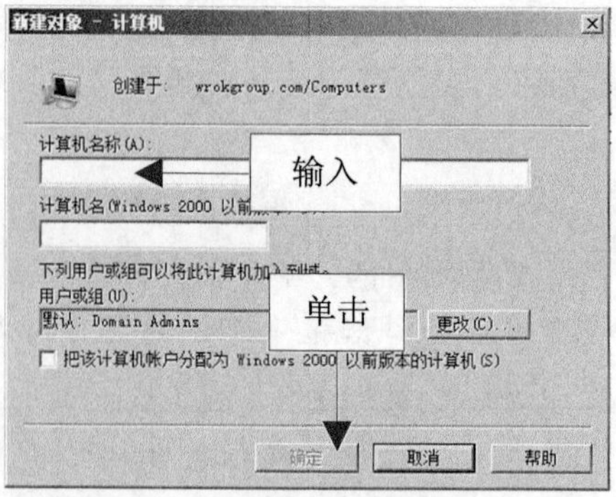

图 10-31　输入要加入域的计算机名

Step 9　完成设置，返回到“Active Directory 用户和计算机”对话框，可以看到所添加的计算机，如图 10-32 所示。

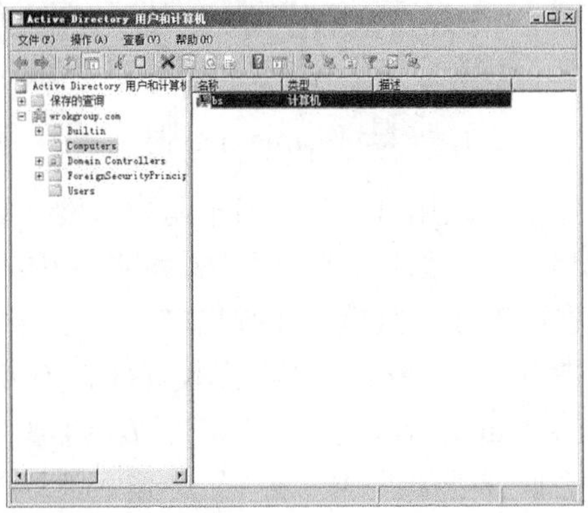

图 10-32　弹出“Active Directory 用户和计算机”对话框

10.3.3　设置工作站

下面以 Windows 7 作为客户端操作系统为例，介绍工作站加入 Windows Server 2008 域的方法，具体操作步骤如下。

Step 1　在“计算机”图标上单击鼠标右键，在弹出的快捷菜单中选择“属性”命令，打开“系统”窗口，在“计算机名称、域和工作组设置”选项区中，单击“更改设置”链接，如图 10-33 所示。

Step 2　弹出“系统属性”对话框，默认进入“计算机名”选项卡，如图 10-34 所示。

图 10-33　单击“更改设置”链接

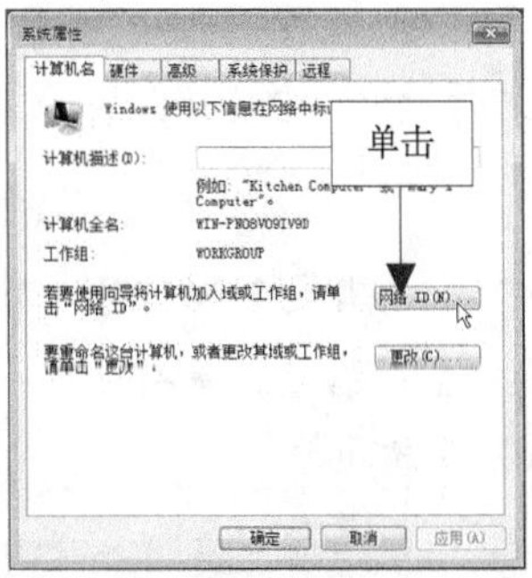

图 10-34　弹出“系统属性”对话框

Step 3　单击“网络 ID”按钮，弹出“加入域或工作组”对话框，系统默认选中“这台计算机是商业网络的一部分，用它连接到其他工作中的计算机”单选按钮，单击“下一步”按钮，如图 10-35 所示。

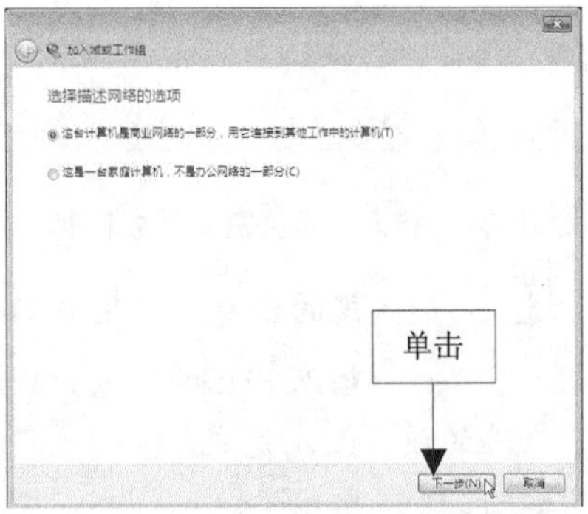

图 10-35　系统默认选中相应的单选按钮

Step 4　进入“公司网络在域中吗”界面，选中“公司使用带域的网络”单选按钮，单击“下一步”按钮，如图 10-36 所示。

图 10-36　选中相应的单选按钮

注意

在设置工作站时，应确认计算机名与加入域的计算机名称要一致。

Step 5 进入“您将需要下列信息”界面，显示用户需要准备的信息，单击“下一步”按钮，如图 10-37 所示。

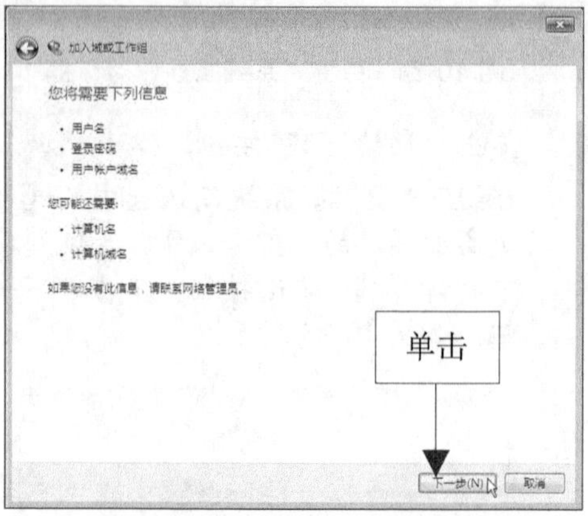

图 10-37　进入“您将需要下列信息”界面

Step 6 进入“键入您的域账户的用户名、密码和域名”界面，输入相应的信息，Windows 7 客户端的设置至此完成，单击“下一步”按钮，如图 10-38 所示。

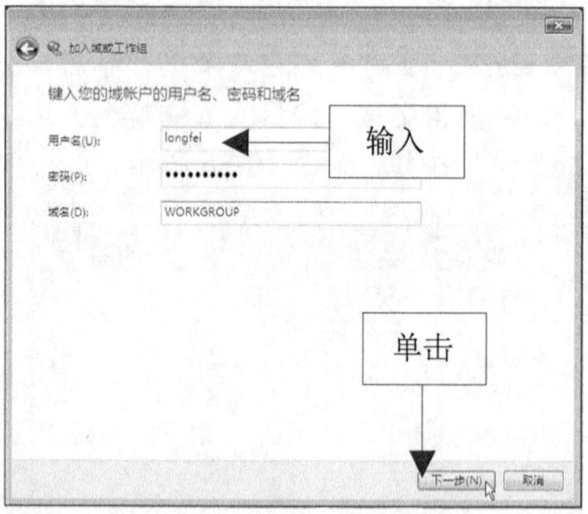

图 10-38　输入相应的信息

Step 7 重新启动计算机，即可使用申请好的账户使 Windows 7 客户机登录 Windows Server 2008 的 WORKGROUP 域。

10.4　企业网接入 Internet

接入 Internet 是现代企业信息化的一个重要标志，因此访问 Internet 是企业网最需要的功能。企业网访问 Internet 可通过两种途径：内联网和电话线。

1. 通过内联网访问 Internet

硬件连接采用 16 口交换机与内联网节点相连。在 Windows 7 系统中，打开“网络和共享中心”窗口，单击“本地连接”链接，在弹出的“本地连接 属性”对话框中双击“Internet 协议版本 4(TCP/IPv4)”选项。在弹出的“Internet 协议版本 4(TCP/IPv4)属性”对话框中的“使用下面的 IP 地址”中输入计算机分配到的 IP 地址(由系统管理员统一分配或者采用 DHCP 服务器分配，例如 192.168.0.3)和子网掩码(一般采用 255.255.255.0)，然后根据所在内联网节点配置网关，如图 10-39 所示。

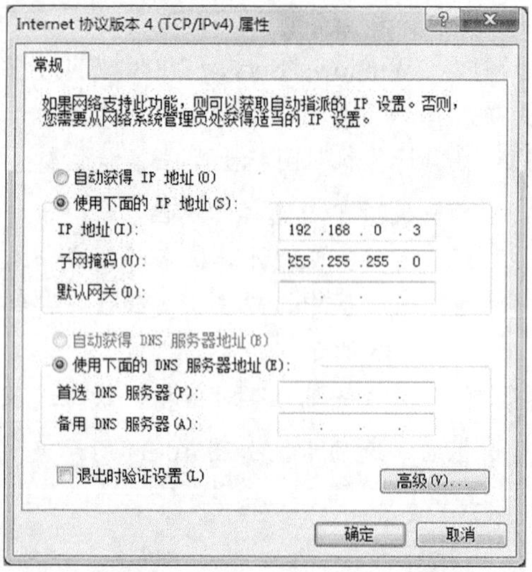

图 10-39　设置 IP 地址

2. 通过 ADSL 宽带访问 Internet

使用 ADSL(有条件的话也可以采用 ISDN)加入 Internet，然后用 WinGate 代理服务器或路由器，整个网络就可通过 ADSL Modem 访问 Internet 了。具体方法已经在前面的章节中详细介绍，这里不再赘述。

10.5 企业网的应用

组建局域网的优点就是可以实现资源的共享，本节将讲解企业局域网内部的资源共享的情况及方法。

10.5.1 企业资源共享

在企业局域网中可以通过下列途径实现内网资源共享：选择需要共享的驱动器或者文件夹，然后在上面单击鼠标右键，在弹出的快捷菜单中选择“共享”命令，在弹出的“属性”对话框中切换到“共享”选项卡，单击“共享”按钮即可，可以使用默认名称，也可以进行命名(命名没有具体规则)。

提 示

访问类型有两种：读取和读取/写入。当然局域网内的资源共享还包括其他很多类型，如映射网络驱动器等，具体方法将在后面的章节进行介绍，这里不再重述。

如果企业局域网内的用户使用的共享资源存在于多台共享的计算机上，用户需要记住每个计算机名及共享名称，在使用时，需要在“网络”中进行多次查找或映射。当共享名称改变时，用户还需要重新映射，而 Windows Server 2008 中提供的 DFS 就可以解决这个问题。本节重点讲解企业网中建立分布式文件系统(DFS)的方法。

1. DFS 概述

分布式文件系统(Distributed File System，DFS)是指文件系统管理的物理存储资源不一定直接连接在本地节点上，而是通过计算机网络与节点相连，如图 10-40 所示。分布式文件系统的设计基于客户机/服务器模式。

提 示

一个典型的网络可能包括多个供多用户访问的服务器。另外，对等特性允许一些系统扮演客户机和服务器的双重角色。例如，用户可以“发表”一个允许其他客户机访问的目录，一旦被访问，这个目录对客户机来说就像使用本地驱动器一样。

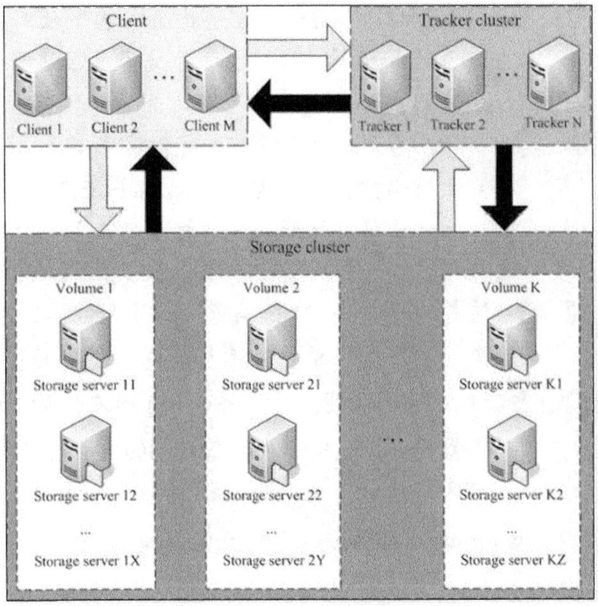

图 10-40 分布式文件系统

分布式文件系统是计算环境(DCE)中的文件系统部分。如果文件的访问仅限于一个用户，那么分布式文件系统就很容易实现。可惜的是，在许多网络环境中这种限制是不现实的，必须采取并发控制来实现文件的多用户访问，表现为如下 3 种形式。

- 只读共享：任何客户机只能访问文件，而不能修改它，这实现起来很简单。
- 受控写操作：采用这种方法，可有多个用户打开一个文件，但只有一个用户进行写修改。而该用户所作的修改并不一定出现在其他已打开此文件的用户的屏幕上。
- 并发写操作：这种方法允许多个用户同时读写一个文件。但这需要操作系统做大量的监控工作以防止文件重写，并保证用户能够看到最新信息。

注 意

这种方法即使实现得很好，许多环境中的处理要求和网络通信量也可能使它变得不可接受。

2. 安装分布式文件系统

安装分布式文件系统的具体步骤如下。

Step 1 假设企业局域网中有多台服务器专门用于

提供网络共享资源，在这些服务器中找一台配置好的机器，以管理员身份登录，创建一个文件夹，并设置共享名。

Step 2 要使用分布式文件系统，首先需要安装分布式文件系统，启动 Windows Server 2008 系统后，选择“开始”→“管理工具”→“服务器管理”命令，弹出“服务器管理器”窗口。

Step 3 选择左侧窗格中的“角色”选项，然后在“角色”选项区中单击“添加角色”超链接。

Step 4 进入“添加角色向导”界面，选择左侧的“服务器角色”选项，然后在右侧的窗格中选中“文件服务”复选框，如图 10-41 所示。

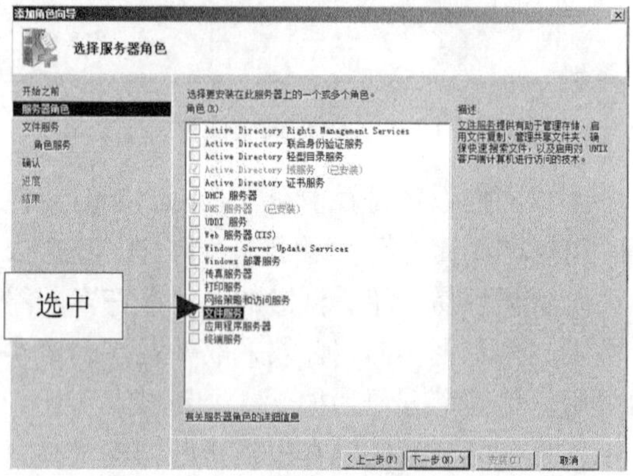

图 10-41　选中“文件服务”复选框

Step 5 单击“下一步”按钮，进入显示文件服务简介的界面，单击“下一步”按钮，如图 10-42 所示。

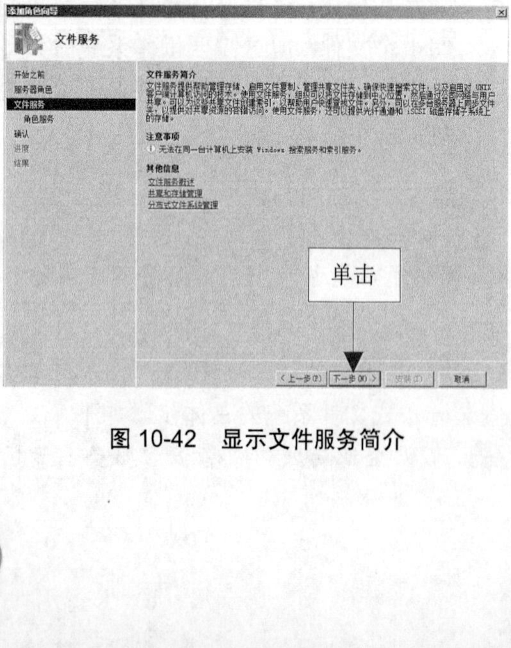

图 10-42　显示文件服务简介

Step 6 进入“选择为 文件服务 安装的角色服务”界面，在“角色服务”列表框中选中“分布式文件系统”复选框，单击“下一步”按钮，如图 10-43 所示。

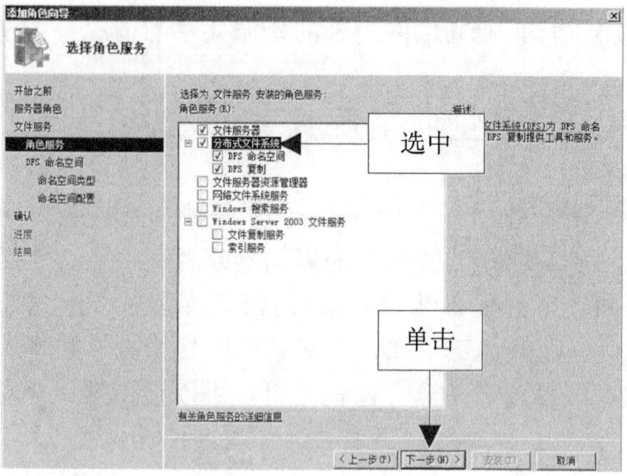

图 10-43　选中“分布式文件系统”复选框

Step 7 进入相应的界面，如图 10-44 所示，在“输入此命名空间的名称”文本框中输入相应的名称，单击“下一步”按钮。

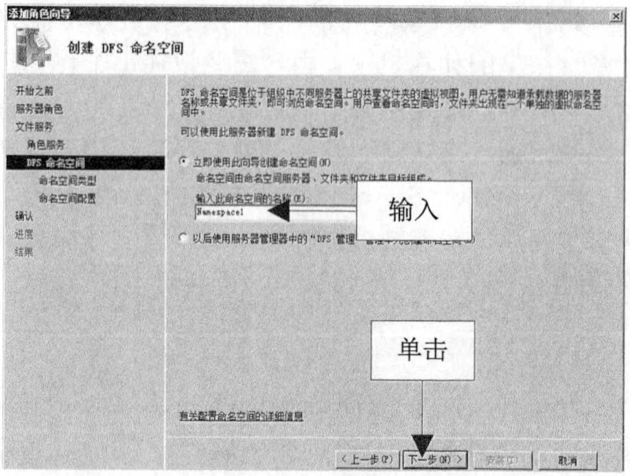

图 10-44　进入“创建 DFS 命名空间”界面

Step 8 进入相应的界面，如图 10-45 所示，单击“下一步”按钮，可使用系统的默认设置。

Step 9 进入相应的界面，如图 10-46 所示，显示命名空间的位置，在此可以添加其他文件夹到空间，单击“下一步”按钮。

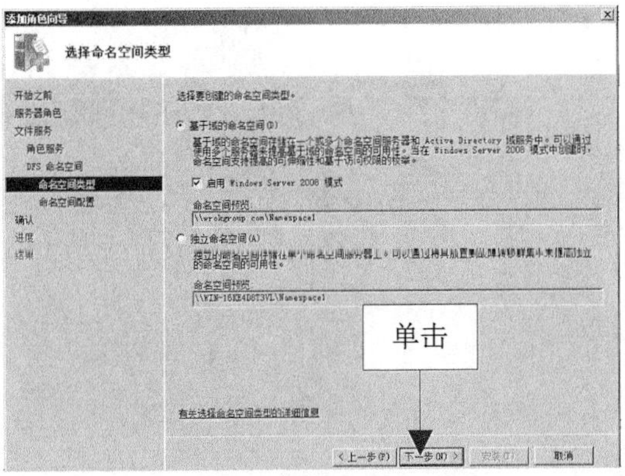

图 10-45 进入“选择命名空间类型”界面

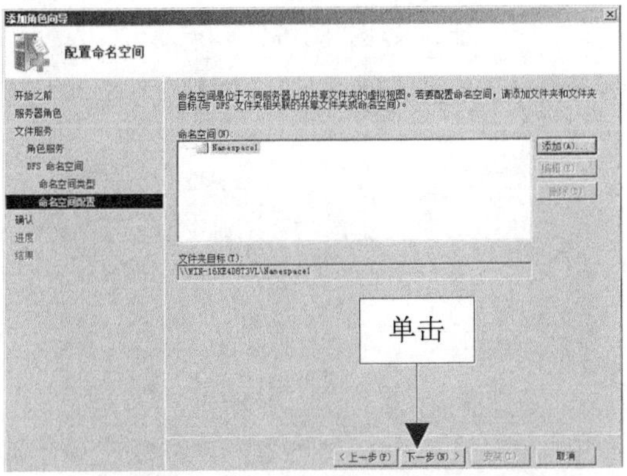

图 10-46 进入“配置命名空间”界面

Step 10 进入相应的界面，如图 10-47 所示，显示所安装的信息单击“安装”按钮。

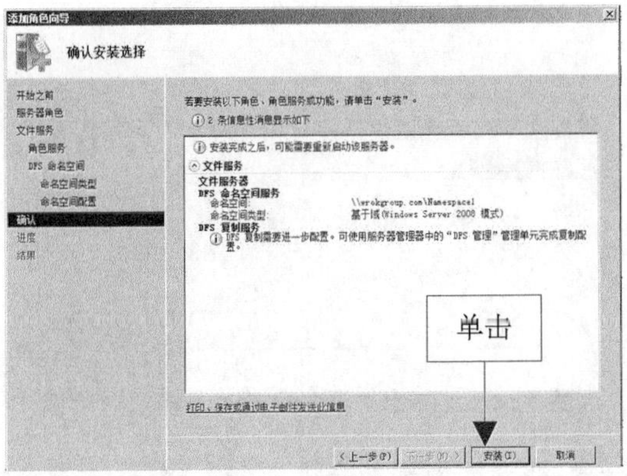

图 10-47 进入“确认安装选择”界面

Step 11 显示文件服务的安装进度，如图 10-48 所示。

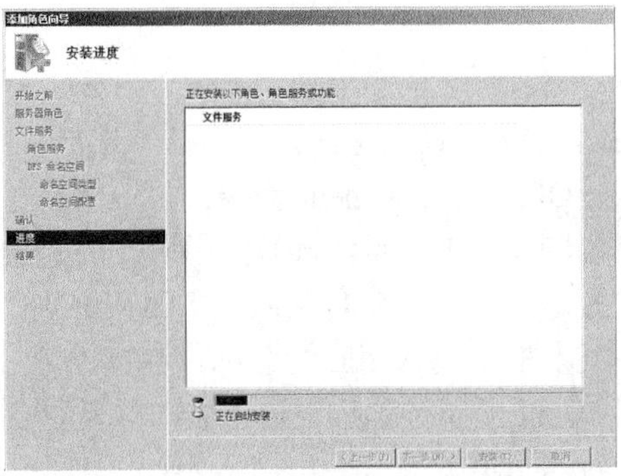

图 10-48 显示文件服务的安装进度

Step 12 安装完成后，进入相应的界面，如图 10-49 所示，提示分布式文件系统已安装成功，单击“关闭”按钮。

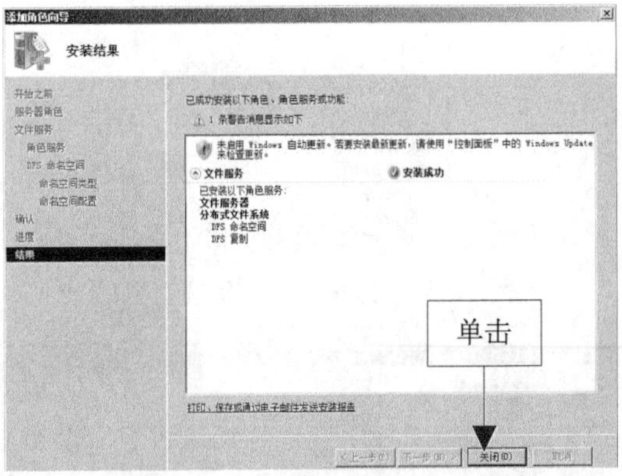

图 10-49 进入“安装结果”界面

Step 13 返回“服务器管理器”窗口，即可看到文件服务已被添加到“角色”选项区中，如图 10-50 所示。

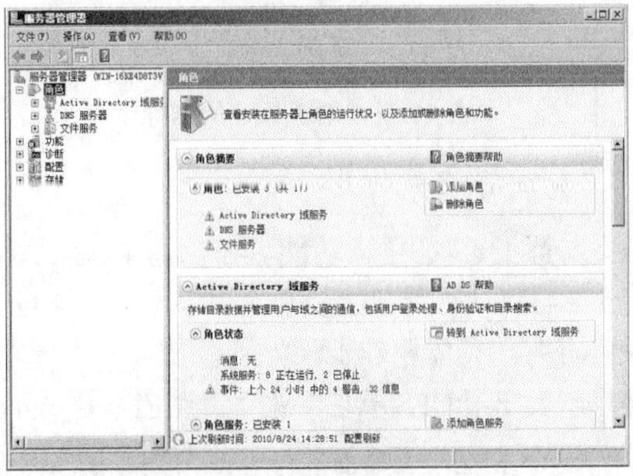

图 10-50 返回“服务器管理器”窗口

3. 创建 DFS 命名空间

要创建 DFS 命名空间，可选择“开始”→“管理工具”→DFS Management 命令，打开“DFS 管理”窗口，如图 10-51 所示。选择“操作”→“新建命名空间”命令，弹出“命名空间服务器”界面，在“服务器”文本框中输入相应的名称，单击“下一步”按钮如图 10-52 所示，然后根据安装向导设置 DFS 命名空间的名称、类型等。

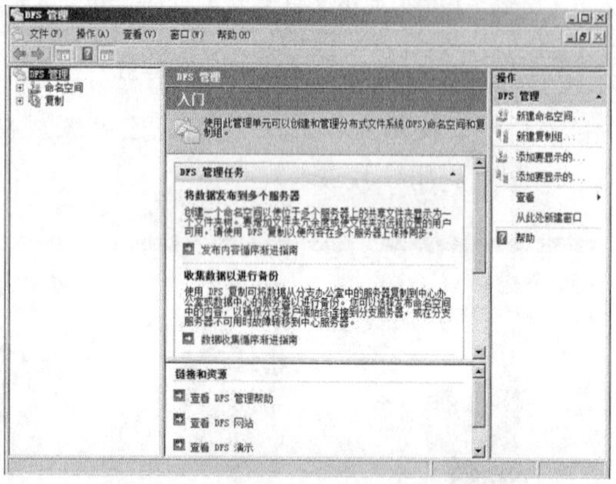

图 10-51 打开“DFS 管理”窗口

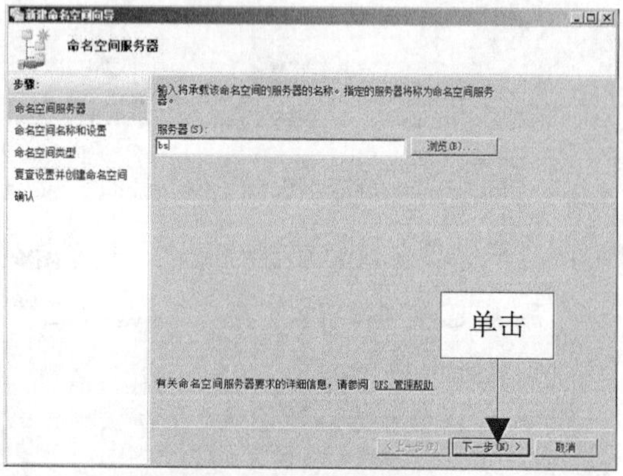

图 10-52 输入相应的名称

4. 创建 DFS 文件夹

要发挥 DFS 的强大功能，在创建 DFS 命名空间后，还要把其他计算机上提供的共享资源添加到 DFS 命名空间中，具体操作步骤如下。

Step 1 打开“DFS 管理”窗口，在已创建好的 DFS 命名空间上单击鼠标右键，在弹出的快捷菜单中选择“新建文件夹”命令，如图 10-53 所示。

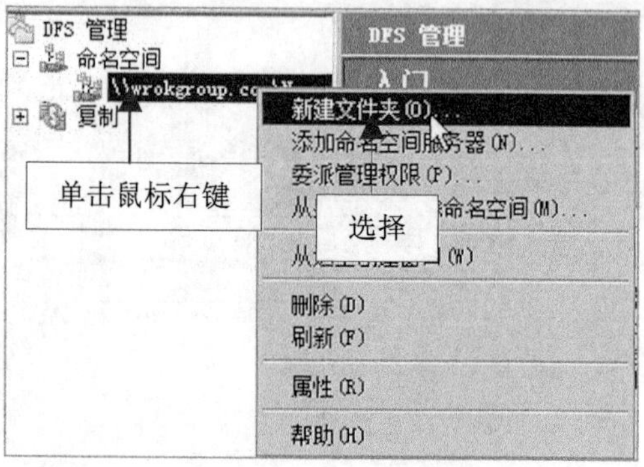

图 10-53 选择“新建文件夹”命令

Step 2 弹出“新建文件夹”对话框，显示文件夹目标地址，如图 10-54 所示。

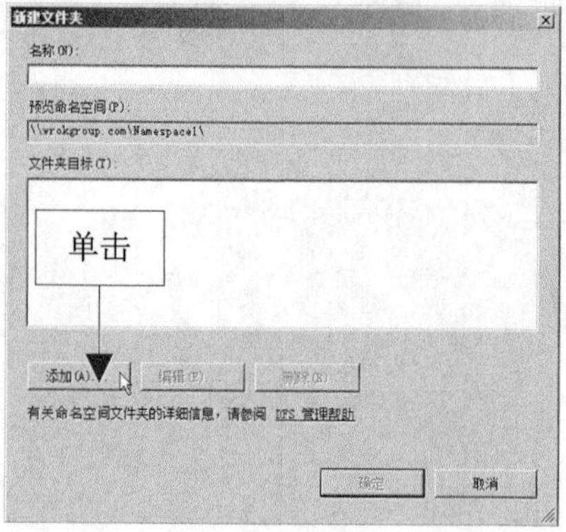

图 10-54 弹出“新建文件夹”对话框

Step 3 单击“添加”按钮，弹出“添加文件夹目标”对话框，如图 10-55 所示。

图 10-55 弹出“添加文件夹目标”对话框

Step 4 单击“浏览”按钮，弹出“浏览共享文件夹”对话框，在“共享文件夹”列表框中显示本机所有的共享文档，选择要添加 DFS 链接的共享文件夹，如图 10-56 所示，依次单击“确定”按钮。

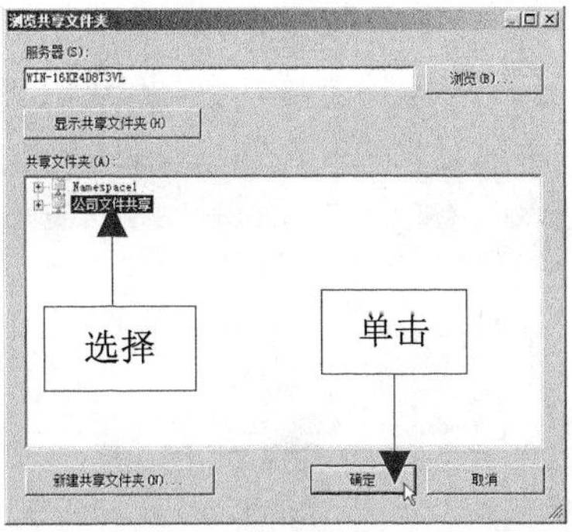

图 10-56　选择要添加 DFS 链接的共享文件夹

Step 5　返回到“新建文件夹”对话框，即可在“文件夹目标”列表框中看到所添加的共享文件夹，在“名称”文本框中输入相应的名称，单击“确定”按钮，如图 10-57 所示。

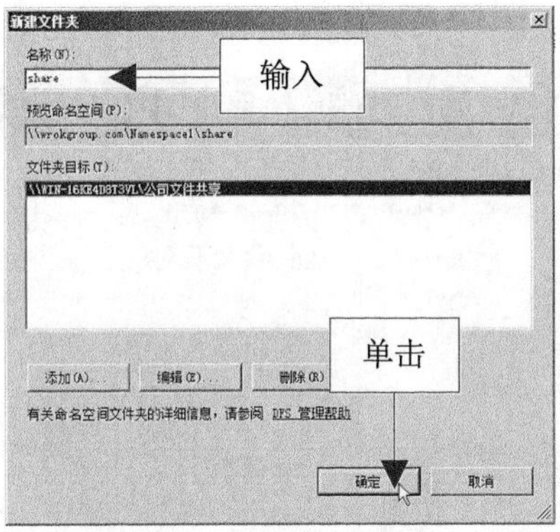

图 10-57　输入相应的名称

Step 6　返回到“DFS 管理”窗口，即可在窗口中看到所添加的 DFS 文件夹，如图 10-58 所示。

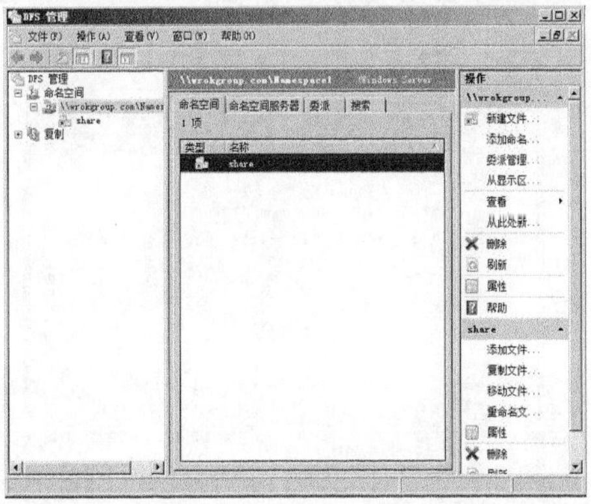

图 10-58　返回到“DFS 管理”窗口

Step 7　按照前面的几个步骤对企业局域网中所有的共享资源在 DFS 命名空间中创建 DFS 文件夹。

5. 使用 DFS

在企业局域网中任何一台工作站上(Windows 98 以上，推荐使用 Windows 2000 或以上版本的系统)，在“网上邻居”中打开提供 DFS 服务的服务器以及 DFS 命名空间，在其中就可以看到所有已添加的、位于不同计算机上的共享资源。

技巧

网络管理员可以定期更新 DFS 命名空间中的共享资源，也可以随时将一些共享资源添加到 DFS 命名空间中供企业中的所有用户使用。

在使用分布式文件系统(DFS)时，还应该注意以下 3 个问题。

- 为避免打开“网上邻居”时一下浏览到许多共享资源(这些共享资源已经通过 DFS 链接方式添加到 DFS 命名空间中)而无从分辨哪个是 DFS 根目录，可以在创建这些普通的共享时，使用隐含的共享(共享名后加一个$符号)。这样，网管可以统一掌握这些共享资源，并将这些共享资源添加到 DFS 根目录中，用户不需要了解这些共享资源以及它们所处的位置。
- 为了提供容错功能，可以在网络中的多台 Windows Server 2008 服务器中创建 DFS 根目录，并在 DFS 根目录中添加所有的共享为 DFS 文件夹。
- 每一台服务器只能创建一个 DFS 根目录。

技巧

推荐在基于 Windows Server 2003 或 Windows Server 2008 系统的企业网络中使用 DFS，这样可以极大地减轻网络管理员的负担，减少用户记忆许多共享目录的困难，而且相关的操作也比较简单。

10.5.2 安装与使用本地打印机

下面以打印机在 Windows 7 系统下的安装为例，介绍本地打印机的安装与使用。

1. 安装

如果计算机连接了打印机，系统会自动检测到打印机并进行安装。如果在使用过程中打印驱动程序出了问题需要重新安装，可在控制面板中的“添加/删除硬件向导”里手动“添加打印机”，具体操作步骤如下。

Step 1 选择“开始”→“控制面板”命令，打开“控制面板”窗口，单击“设备和打印机”图标，如图 10-59 所示。

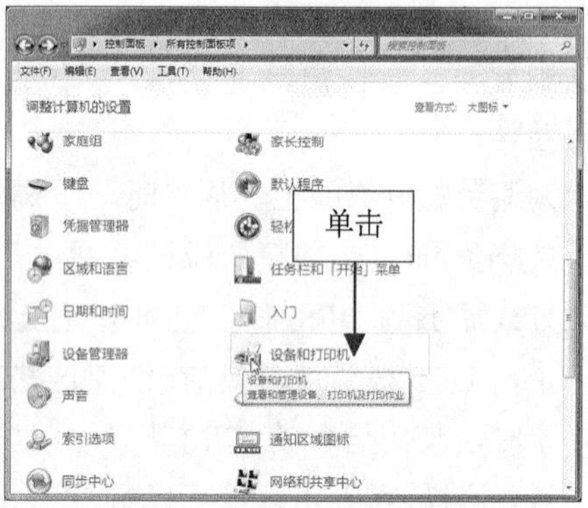

图 10-59 单击“设备和打印机”图标

Step 2 弹出“设备和打印机”窗口，单击工具栏中的“添加打印机”按钮，如图 10-60 所示。

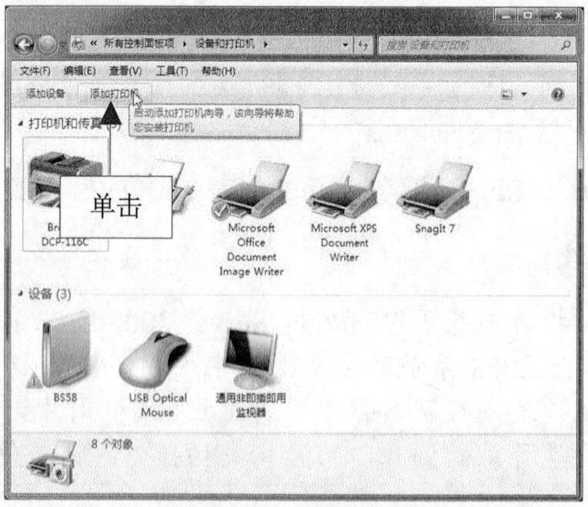

图 10-60 单击“添加打印机”按钮

Step 3 弹出“添加打印机”对话框，选择“添加本地打印机”选项，如图 10-61 所示。

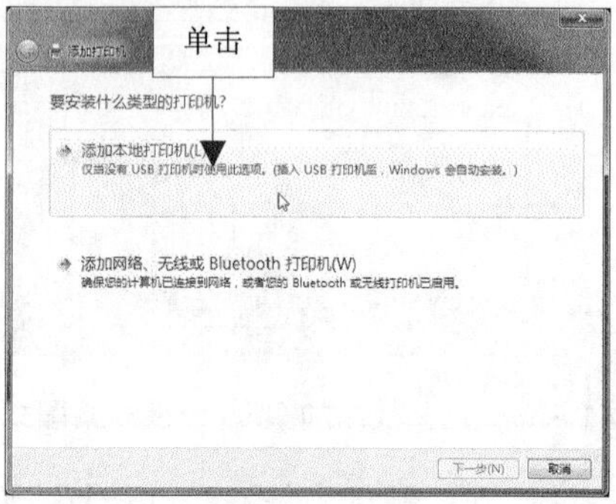

图 10-61 选择“添加本地打印机”选项

Step 4 进入“选择打印机端口”界面，选择相应的打印机端口，单击“下一步”按钮，如图 10-62 所示。

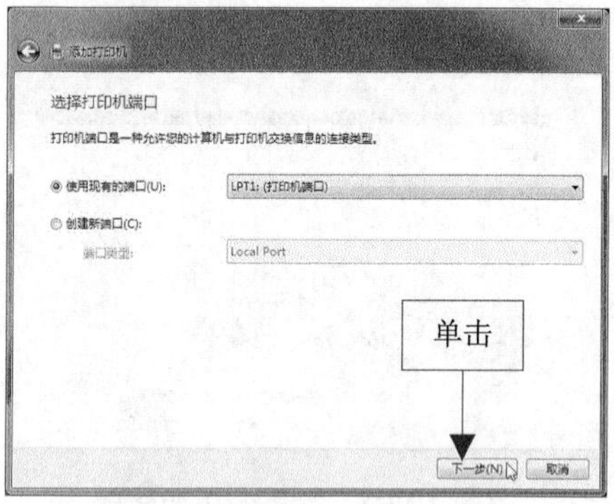

图 10-62 选择相应的打印机端口

Step 5 进入“安装打印机驱动程序”界面，选择相应的驱动程序，单击“下一步”按钮，如图 10-63 所示。

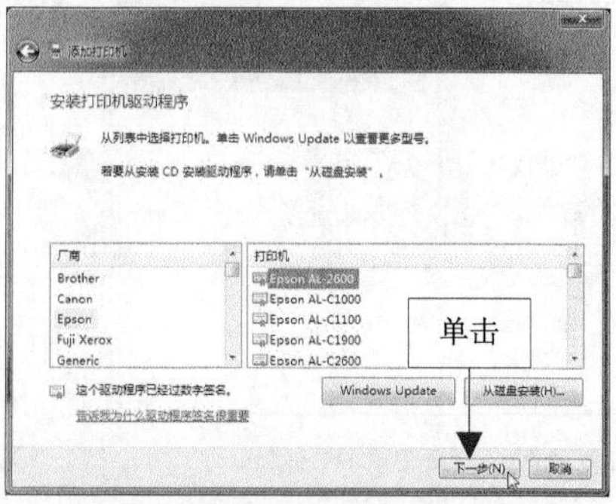

图 10-63 选择相应的驱动程序

Step 6 进入“键入打印机名称”界面，单击“下一步”按钮，如图 10-64 所示。

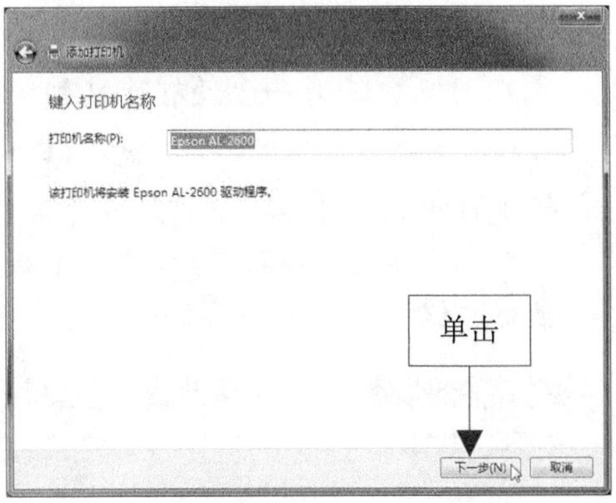

图 10-64 单击“下一步”按钮

Step 7 进入如图 10-65 所示的界面，显示打印机安装进度。

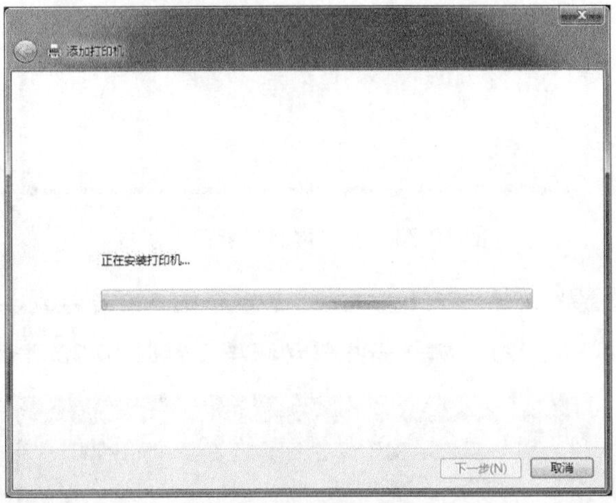

图 10-65 显示打印机安装进度

Step 8 安装完成后，进入“打印机共享”界面，系统默认选中了“共享此打印机以便网络中的其他用户可以找到并使用它”单选按钮，单击“下一步”按钮，如图 10-66 所示。

Step 9 进入“您已成功添加”界面，单击“打印测试页”按钮，如图 10-67 所示。

Step 10 弹出提示信息框，提示“已将测试页发送到打印机”，单击“关闭”按钮，如图 10-68 所示。

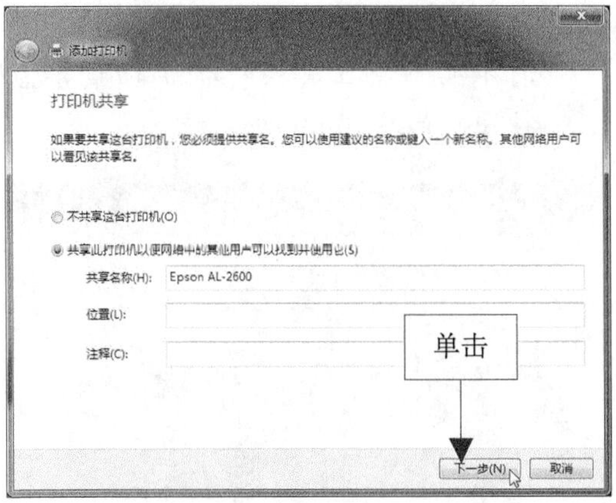

图 10-66 单击“下一步”按钮

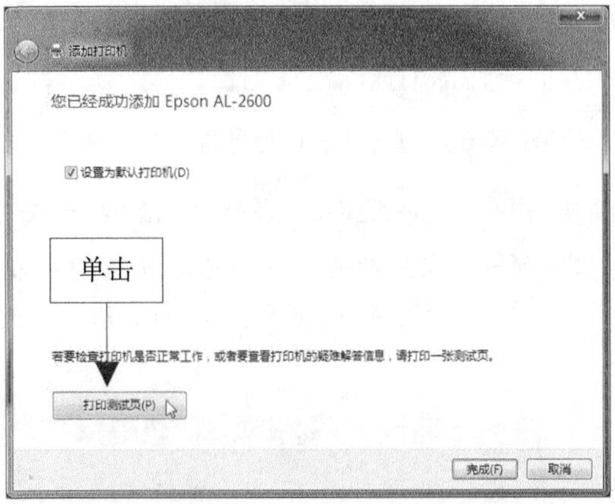

图 10-67 单击“打印测试页”按钮

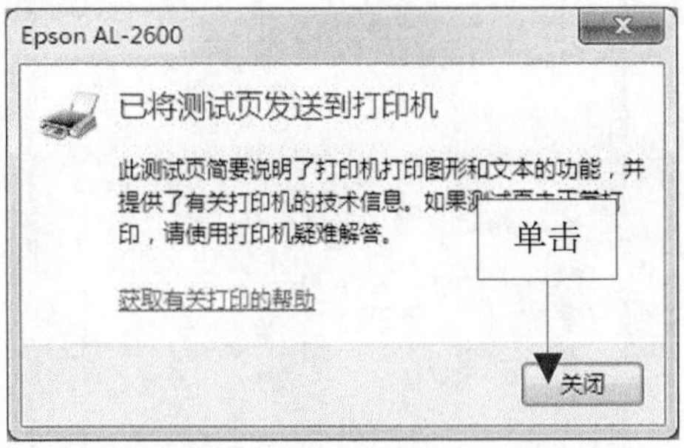

图 10-68 提示“已将测试页发送到打印机”

Step 11 弹出“您已成功添加”对话框，单击“完成”按钮即可添加本地打印机。

2. 设置

添加完打印机后，就可以对其进行设置。

Step 1 在“设备和打印机”窗口中选择想要设置的打印机，单击工具栏中的“打印服务器属性”按钮，如图 10-69 所示。

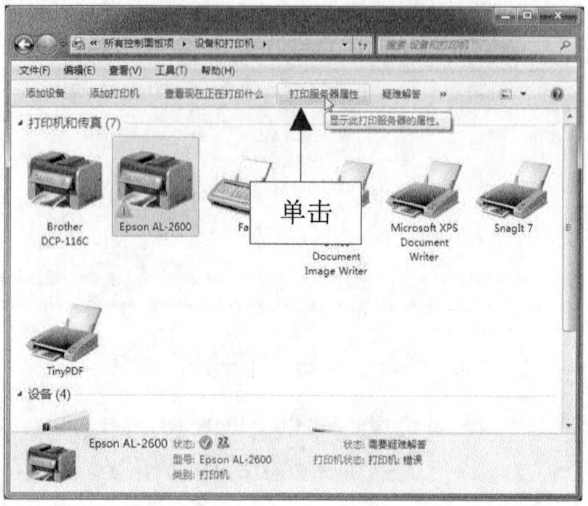

图 10-69　单击“打印服务器属性”按钮

Step 2 弹出“打印服务器 属性”对话框，如图 10-70 所示，在此对话框中即可对所选打印机的表单、端口、驱动程序、安全以及高级属性进行修改。

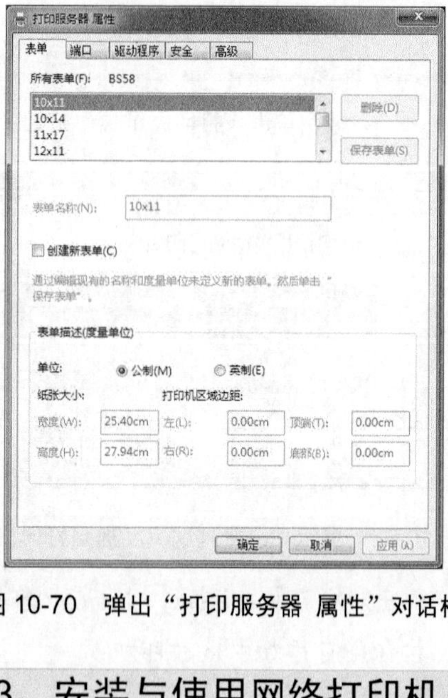

图 10-70　弹出“打印服务器 属性”对话框

10.5.3　安装与使用网络打印机

在办公网络系统中，每一个工作站的计算机都可以作为服务器上打印机的客户机，但每个要访问这台打印机的客户机，必须要通过网络来安装这台打印机后，才能共享网络打印机。安装网络打印机的步骤如下。

Step 1 先在网络中任选一台没有连接打印机的计算机，打开“网络”窗口，在网络中找到连接了打印机的计算机，打开该计算机图标，会看见共享的打印机图标，在该图标上双击鼠标左键，如图 10-71 所示。

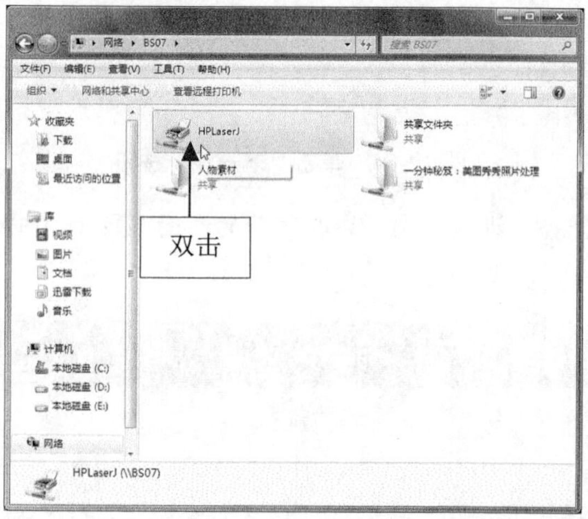

图 10-71　在“网络”窗口中双击

Step 2 弹出提示信息框，显示系统正在连接到共享打印机并查找驱动程序，如图 10-72 所示。

图 10-72　查找驱动程序

Step 3 查找完毕后，弹出“您是否信任此打印机”对话框，单击“安装驱动程序”按钮，如图 10-73 所示。

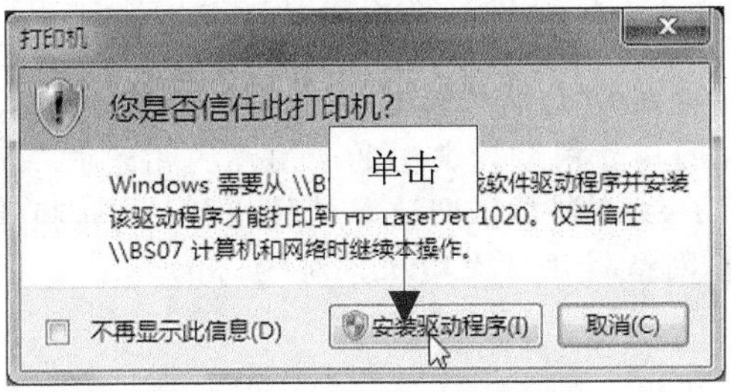

图 10-73 单击“安装驱动程序”按钮

Step 4 弹出如图 10-74 所示的对话框，显示安装打印机的进度。

图 10-74 显示安装打印机的进度

Step 5 安装完毕后，弹出如图 10-75 所示的对话框，则打印机成功连接。

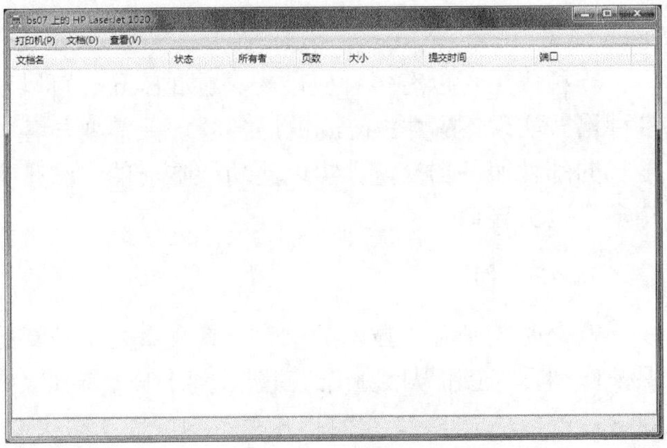

图 10-75 成功连接了打印机

Step 6 选择“打印机”→“属性”命令，弹出“属性”对话框，在此可修改共享打印机的各项属性，如图 10-76 所示，设置完毕后，单击“确定”按钮即可。

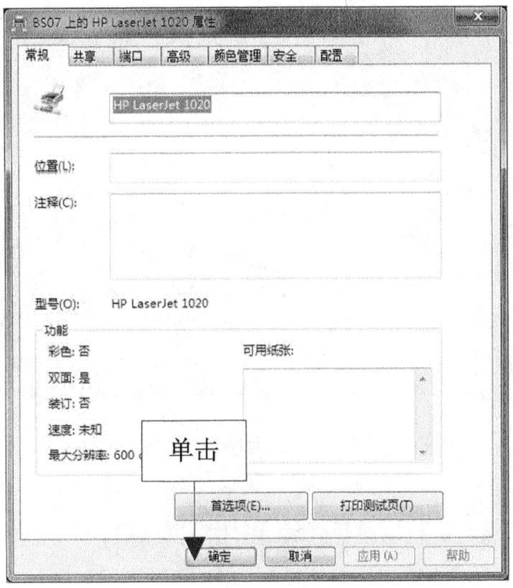

图 10-76 弹出“属性”对话框

安装完打印机驱动程序后，利用此计算机打印一篇文章试试，看能否实现远程打印，具体的操作步骤如下。

Step 1 打开一个 Word 文档，选择“文件”→“打印”命令，如图 10-77 所示。

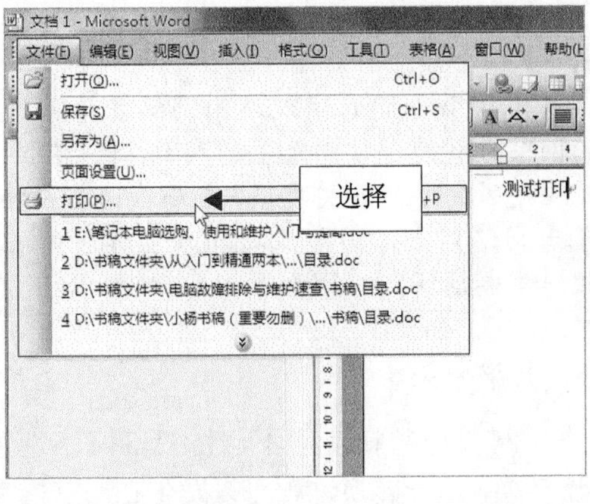

图 10-77 选择“文件”→“打印”命令

Step 2 弹出“打印”对话框，在“名称”下拉列表框中选择相应的网络打印机，如图 10-78 所示，单击“确定”按钮，即可使用网络打印机打印文档。

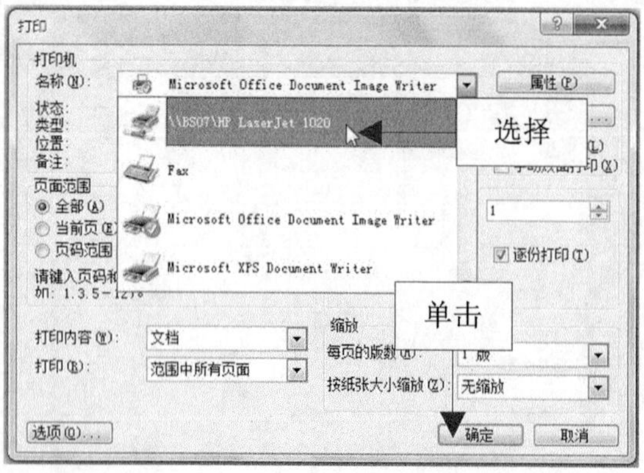

图 10-78　选择相应的网络打印机

10.5.4　利用网关控制访问

网关又称信关，当使用不同的网络操作系统的网络互联或局域网与大型机相连，以及局域网与广域网互联时，需要配置网关，网关具备路由器的全部功能，但主要是完成由于操作系统差异而引起的不同通信协议之间的转换。网关是在传输层及其以上各层实现网络的互联。目前，主要有 3 种网关：协议网关、应用网关、安全网关。

注意

作为两个不同的域或不同网络操作系统间中介的网关也就是通常意义上的网关，要克服的差异本质决定了需要的网关类型，在局域网与因特网之间或者网络内部不同节点之间建立各种网关可以有效地控制访问。

1. 协议网关

协议网关通常在使用不同协议的网络选项区间做协议转换。这一转换过程可以发生在 OSI 参考模型的第 2 层、第 3 层或 2、3 层之间。但是有两种协议网关不提供转换的功能：安全网关和管道。由于两个互联的网络选项区的逻辑差异，安全网关是两个技术上相似的网络选项区间的必要中介，如相对小规模广域网和因特网。如图 10-79 所示为 PC 客户端到网关的过程。

提示

在局域网和因特网之间建立一个 IPX/SPX 协议和 TCP/IP 协议网关，并通过因持网将远程局域网与本地局域网连接起来，再通过一定的加密技术就形成了 VPN 虚拟专用网络。很多的专用网关能够在传统的大型机系统和迅速发展的分布式处理系统间建立桥梁。典型的专用网关用于把基于 PC 的客户端连到局域网边缘的转换器，该转换器通过 X.25 网络提供对大型机系统的访问。

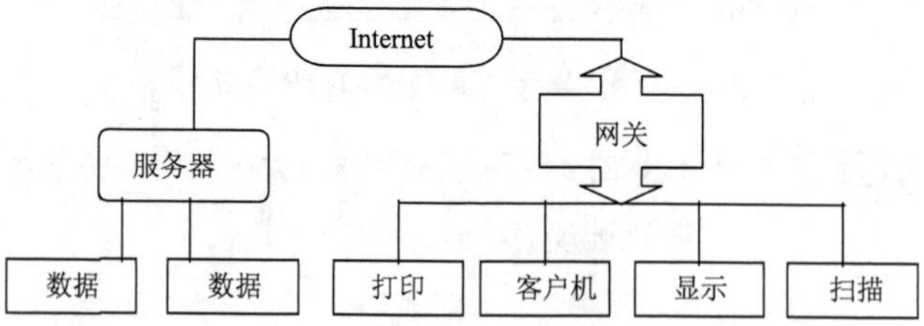

图 10-79　PC 客户端到网关的过程

2. 应用网关

应用网关是不同数据格式的翻译系统。典型的应用网关接收一种格式的数据输入，将之翻译，然后以新的格式发送，如图 10-80 所示。输入和输出接口可以是分离的，也可以使用同一网络连接。

图 10-80　应用网关

一种应用可以有多种应用网关。如 E-mail 可以以多种格式实现，提供 E-mail 的服务器可能需要与各种格式的邮件服务器交互，实现此功能唯一的方法是支持多个网关接口。

3. 安全网关

安全网关是各种技术的融合，具有重要且独特的保护作用，其范围从“协议级过滤”到十分复杂的“应用级过滤”。事实上，它就是各种不同原理的防火墙。

10.6　创建企业 FTP 服务器

FTP 服务器不仅可以在局域网中传输文件，而且可以在互联网上提供这样的功能。虽然 Web 服务业可以提供文件下载功能，但是 FTP 服务的效率更高，而且可以与 NTFS 相结合，设置更加严格的权限，它们依照 FTP 协议提供服务。FTP 的全称是 File Transfer Protocol(文件传输协议)，顾名思义，就是专门用来传输文件的协议。简单地说，支持 FTP 协议的服务器就是 FTP 服务器。

提示

FTP 服务是网络上最早和最重要的服务之一，主要是用来传输文件，这些文件不管是什么类型，都当作是一般的数据文件来传输。也就是说，传输的可能是图形、声音、视频等多媒体文件，但使用 FTP 时并不会去显示这些文件的内容，而只把它们当作是一般的数据文件来传输，这与 HTTP 服务不太一样，FTP 不具有多媒体浏览的功能。

本节主要介绍在企业中架设 Windows Server 2008 系统 FTP 服务器的方法。

10.6.1 FTP 服务器概述

FTP 作为主要用来传输文件的一种服务，约定了一组标准的命令来实现这一功能。远程计算机通过向 FTP 服务器发送命令来控制远程计算机传输文件，FTP 用来在两台计算机之间互相传送文件。FTP 协议有两种工作方式：PORT 方式和 PASV 方式，中文意思为主动式和被动式。

PORT(主动)方式的连接过程是：客户端向服务器的 FTP 端口(默认是 21)发送连接请求，服务器接受连接，建立一条命令链路。当需要传送数据时，服务器从 20 端口向客户端的空闲端口发送连接请求，建立一条数据链路来传送数据。

PASV(被动)方式的连接过程是：客户端向服务器的 FTP 端口(默认是 21)发送连接请求，服务器接受连接，建立一条命令链路。当需要传送数据时，客户端向服务器的空闲端口发送连接请求，建立一条数据链路来传送数据。

技巧

特殊的典型例子是 IE，IE 默认是用 PORT 方式的。如果要在 IE 里启用 PASV 方式，可打开 IE 浏览器窗口，单击“工具”→“Internet 选项”命令，弹出“Internet 选项”对话框，切换至“高级”选项卡，在“设置”下拉列表框中选中“使用被动 FTP”复选框(需要 IE 6.0 以上才支持)，如图 10-81 所示。

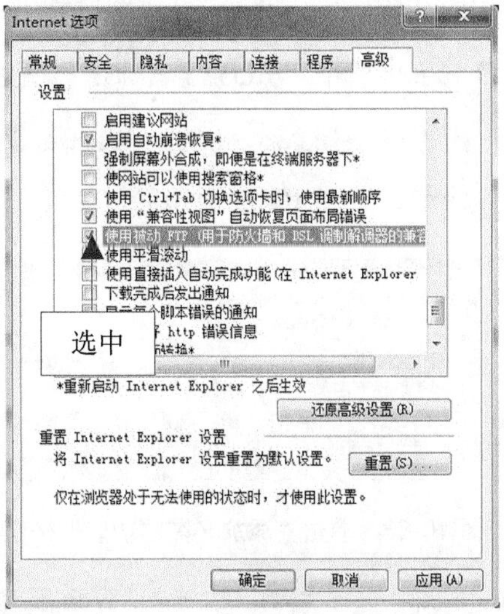

图 10-81 选中“使用被动 FTP”复选框

10.6.2 安装 FTP 服务器

Windows Server 2008 是微软的新一代服务器操作系统，其中的 IIS 是 7.0 版本，而 FTP 仍然是 6.0 版本。微软的 FTP 和某些第三方 FTP 使用的连接方式不同，它的 PORT 主动方式需要客户端所在的机器开放某些任意端口用于数据连接，必须先增加防火墙的规则。

安装 FTP 服务器的具体操作步骤如下。

Step 1 选择“开始”→“管理工具”→“服务器管理器”命令，单击“添加角色”链接，运行“添加角色向导”，在“角色”列表框中选中“Web 服务器(IIS)”复选框，如图 10-82 所示。

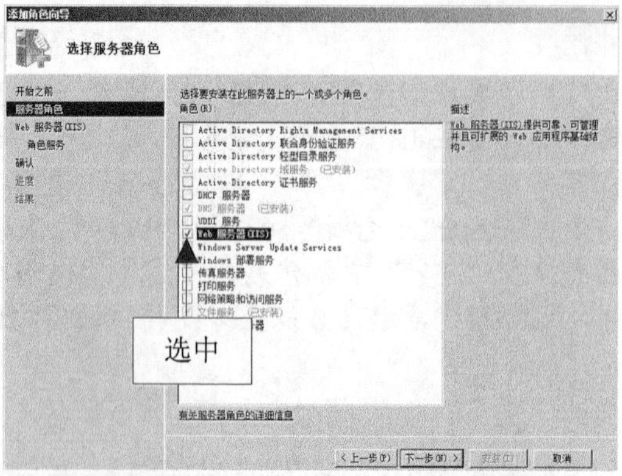

图 10-82　选中“Web 服务器(IIS)”复选框

Step 2 弹出提示信息框，单击“添加必需的功能”按钮，如图 10-83 所示。

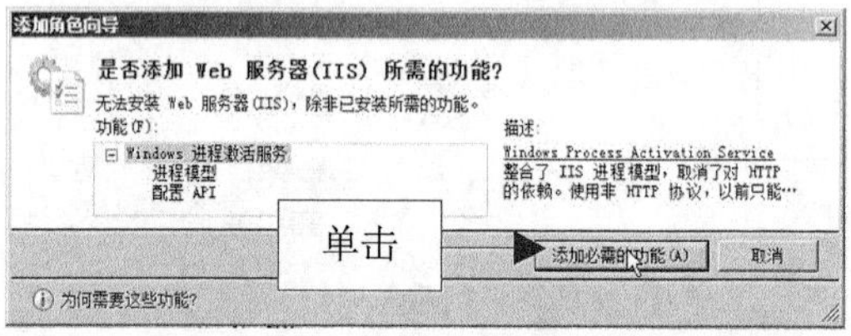

图 10-83　单击“添加必需的功能”按钮

Step 3 单击“下一步”按钮，进入“Web 服务器(IIS)”界面，单击“下一步”按钮，如图 10-84 所示。

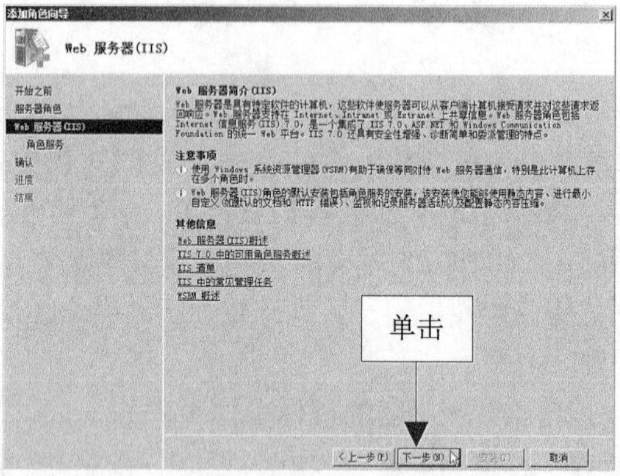

图 10-84　单击“下一步”按钮

Step 4 进入“选择角色服务”界面，选中“FTP 发布服务”复选框时，进入如图 10-85 所示的“是否添加 FTP 发布服务 所需的角色服务”界面，单击“添加必需的角色服务”按钮。

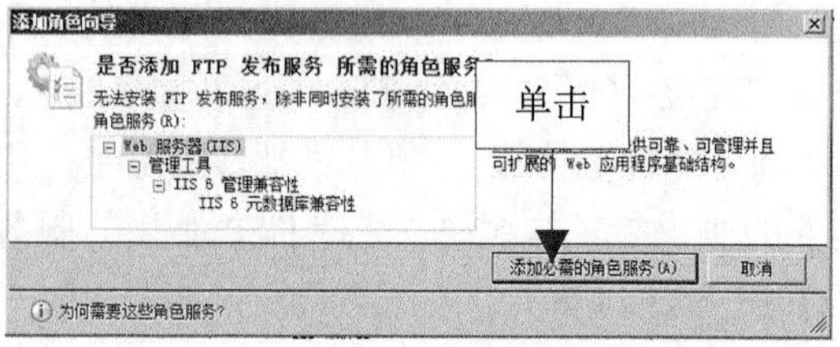

图 10-85　进入相应的界面

Step 5 选中“FTP 发布服务”复选框，单击“下一步”按钮，如图 10-86 所示。

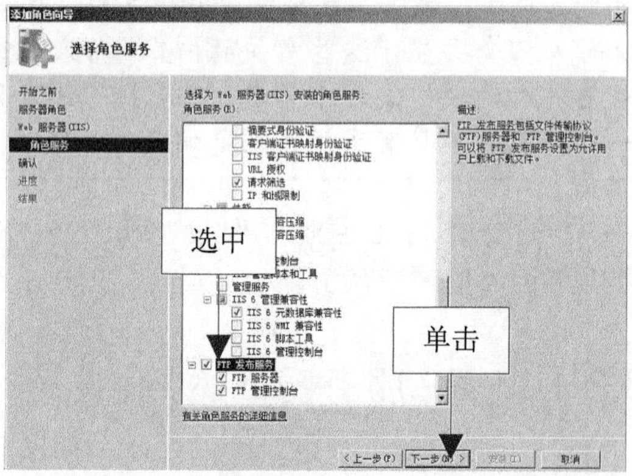

图 10-86　选中“FTP 发布服务”复选框

Step 6 进入“确认安装选择”界面，显示所要安装的信息，如图 10-87 所示。

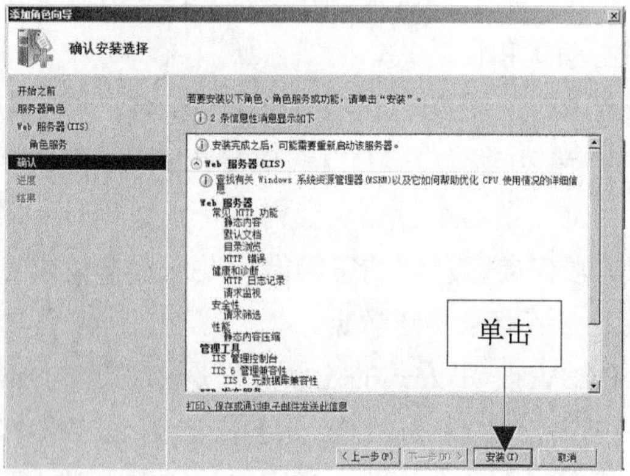

图 10-87　进入“确认安装选择”界面

Step 7 单击“安装”按钮，显示安装进度，如图 10-88 所示。

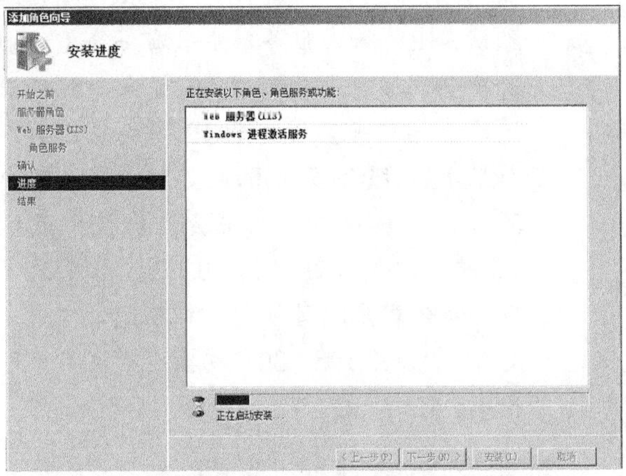

图 10-88　显示安装进度

Step 8 安装完毕后，单击“关闭”按钮，如图 10-89 所示。

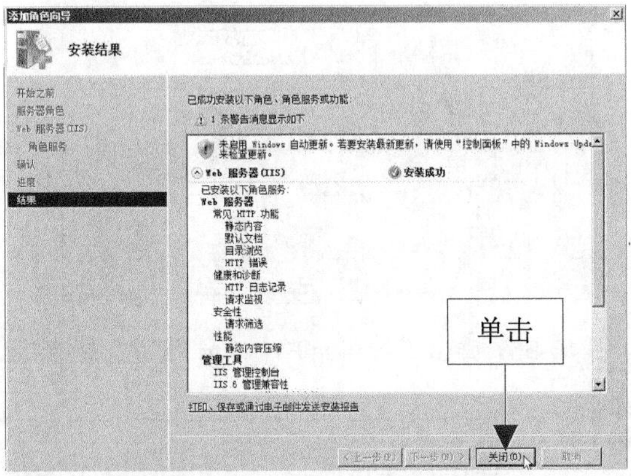

图 10-89　单击“关闭”按钮

Step 9 选择“开始”→“管理工具”→“Internet 信息服务(IIS)6.0 管理器”命令，打开“Internet 信息服务(IIS)6.0 管理器”窗口，默认状态下，已经创建了一个 FTP 站点，并且为“停止”状态，如图 10-90 所示。

Step 10 在已停止的 FTP 站点图标上单击鼠标右键，在弹出的快捷菜单中的选择“启动”命令，如图 10-91 所示。

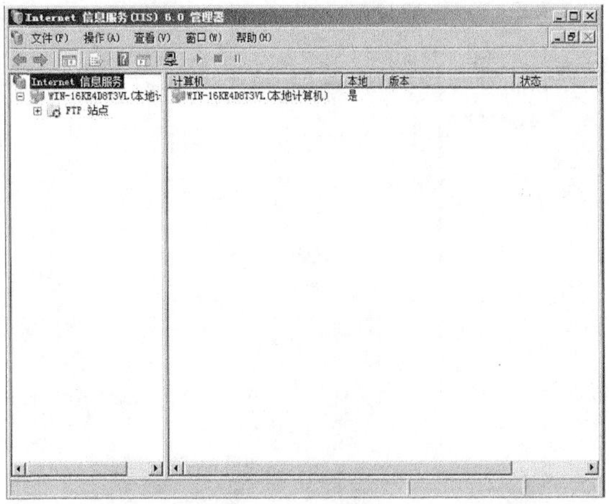

图 10-90　打开“Internet 信息服务(IIS)6.0 管理器”窗口

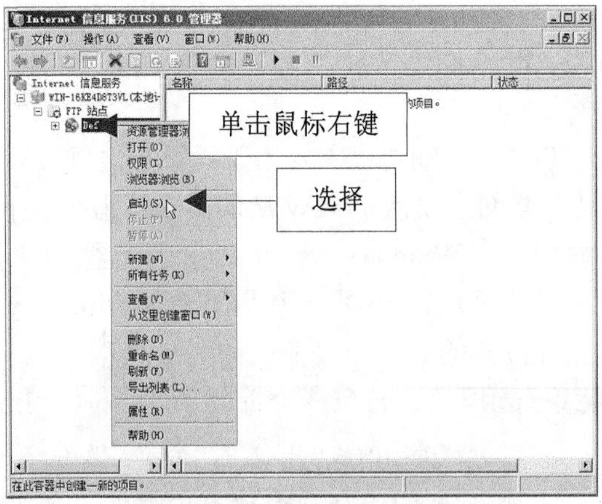

图 10-91　选择“启动”命令

Step 11 弹出“IIS6 管理器”对话框，单击“是”按钮，如图 10-92 所示。

图 10-92　单击“是”按钮

Step 12 返回到“Internet 信息服务(IIS)6.0 管理器”窗口，即可启动该站点，如图 10-93 所示，至此，FTP 服务器就搭建好了。

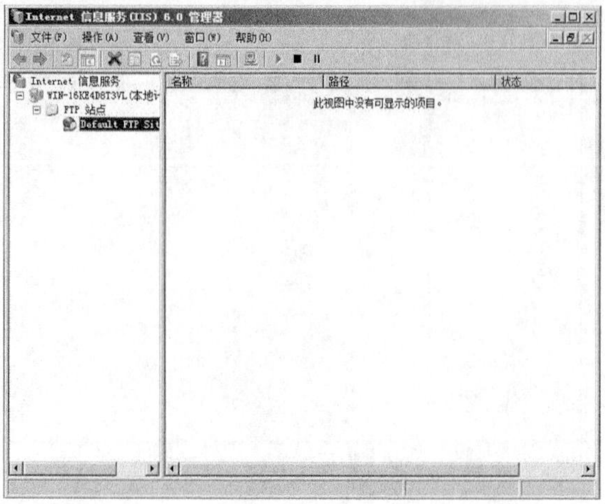

图 10-93　返回“Internet 信息服务(IIS)6.0 管理器”窗口

10.6.3　配置 FTP 服务器

FTP 文件传输协议主要用于计算机之间文件的传输，是互联网上仅次于 WWW 的第二大服务。下面主要讲解如何在 Windows Server 2008 上配置 FTP 服务，包含不隔离用户、隔离用户和用 Active Directory 隔离用户三种方式的 FTP。

Step 1　选择“开始”→“管理工具”→“Internet 信息服务(IIS)6.0 管理器”命令，弹出“Internet 信息服务(IIS)6.0 管理器”窗口，在 FTP 站点上单击鼠标右键，在弹出的快捷菜单中选择“属性”命令，如图 10-94 所示。

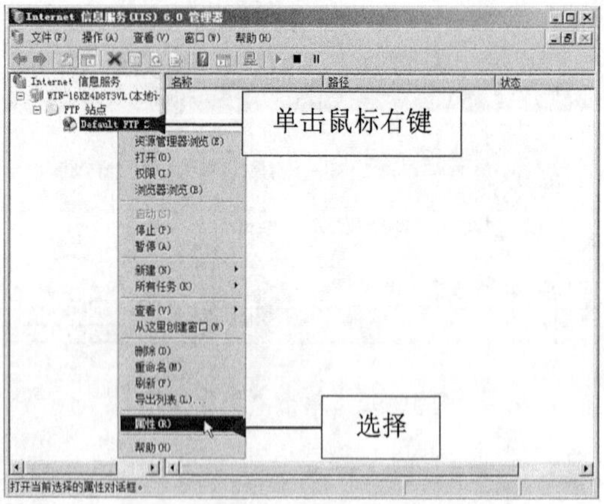

图 10-94　选择“属性”命令

Step 2　弹出“Default FTP Site 属性”对话框，IP 地址默认情况下显示的是“全部未分配”，此处选择 192.168.0.128，这是该 FTP 服务器的 IP 地址，如图 10-95 所示。TCP 端口默认是 21，如果服务器中只有一个 IP 地址，却要实现多个不通的 FTP 站点，就可以通过修改端口来实现一个 IP 多站点的共存。如果 FTP 服务器使用端口 21，那么客户端不必输入端口号，系统会自动使用默认的 21 端口，例如 192.168.0.128。如果改了端口，那么客户端必须输入相应的端口号，例如 192.168.0.128：30，切换至“主目录”选项卡。

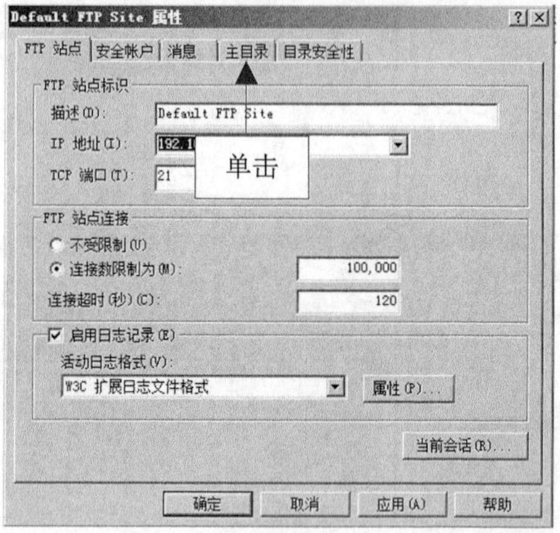

图 10-95　弹出“Default FTP Site 属性”对话框

注意

当并发访问数量较多时，会因带宽被大量占用造成服务中断或超时，因此应对 FTP 连接数量进行一定的限制。

Step 3　FTP 服务器的主目录也就是 FTP 站点的根目录，其中保存了 FTP 站点中所有文件的文件夹，当 FTP 客户端访问该 FTP 站点时，即访问主目录文件夹。如果要将 FTP 主目录指定为网络中某台计算机中的共享文件夹，则选中“另一台计算机上的目录”单选按钮，如图 10-96 所示，不过前提是指定的网络计算机必须已经连入网络并已将待使用的文件夹设置为共享。

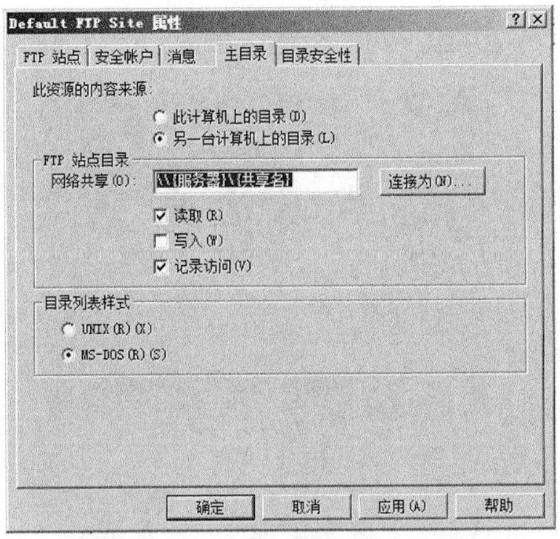

图 10-96 设置“主目录”选项卡

Step 4 为了使 FTP 网站更加人性化，也为了企业的宣传，可以为 FTP 网站设置欢迎消息。切换至“消息”选项卡，在“横幅”、“欢迎”、“退出”、“最大连接数”等文本框中输入相应的消息即可，单击“确定”按钮，如图 10-97 所示。

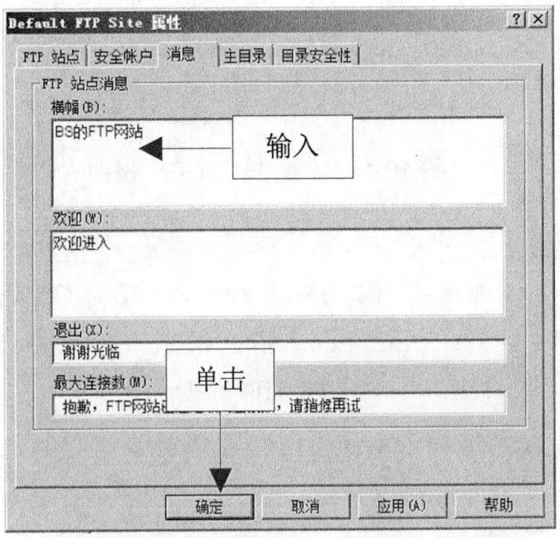

图 10-97 设置“消息”选项卡

Step 5 切换至“安全账户”选项卡，选中“允许匿名连接”复选框时弹出如图 10-98 所示的提示信息框。在默认状态下，FTP 站点允许用户匿名连接，用户无须输入用户名和密码就可访问 FTP 服务器中的文件，这样就远远降低了 FTP 服务器的安全性，所以为了安全起见，应当禁用匿名访问，单击“是”按钮。

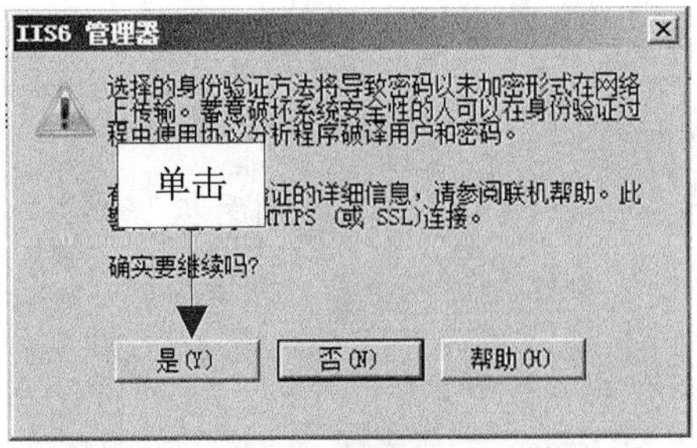

图 10-98 弹出提示信息框

Step 6 取消选中“允许匿名连接”复选框，如图 10-99 所示。当然除了禁用匿名访问这样的方式外，还可以通过限制 IP 地址访问、设置用户访问权限等方式来提高 FTP 服务器的安全性。

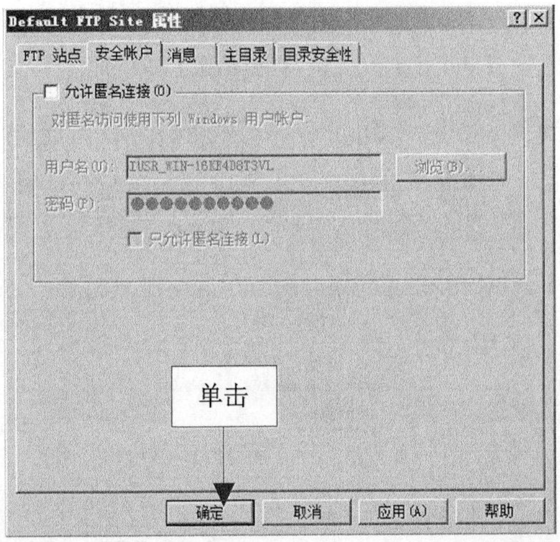

图 10-99 取消选中“允许匿名连接”复选框

Step 7 单击“确定”按钮，即可保存 FTP 服务器的配置。

10.6.4 设置服务器防火墙

Windows 2008 Server 用于提供 Web 和 FTP 服务，通过互联网用 flashfxp 实现远程上传网页。如果关闭防火墙，FTP 上传下载正常，但启用 Windows 防火墙后可能会出现问题，即使把 Web、FTP 等服务列为例外也不行。

究其原因，flashfxp 工作时实际还要用 1024 以上的 TCP 端口，而且对端口的指定是要变的。解决此问题的步骤如下。

Step 1 选择“开始”→“控制面板”命令，打开“控制面板”窗口，在“Windows 防火墙”图标上双击鼠标左键，如图 10-100 所示。

图 10-100　打开“控制面板”窗口

Step 2 出现“Windows 防火墙”窗口，单击“更改设置”链接，单击“确定”按钮，如图 10-101 所示。

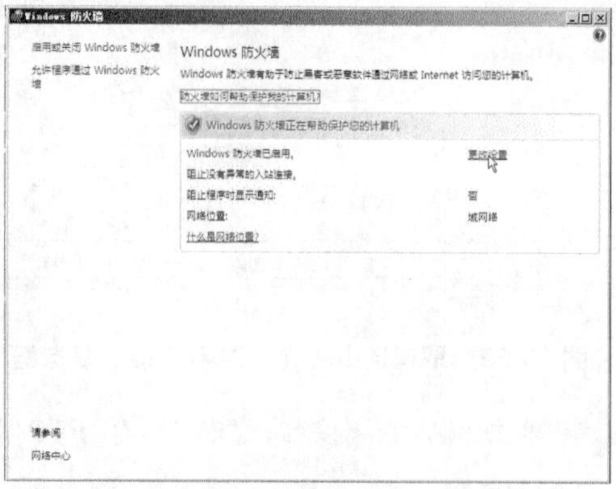

图 10-101　单击“更改设置”链接

Step 3 弹出“Windows 防火墙设置”对话框，切换至“例外”选项卡，系统已默认选中了“FTP 服务器”复选框，单击“确定”按钮，如图 10-102 所示。

Step 4 单击“添加程序”按钮，弹出“添加程序”对话框，单击“浏览”按钮，再单击“确定”按钮，如图 10-103 所示。

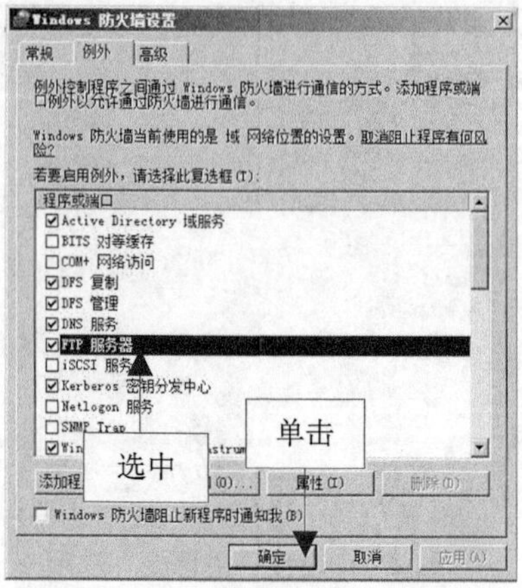

图 10-102　切换至“例外”选项卡

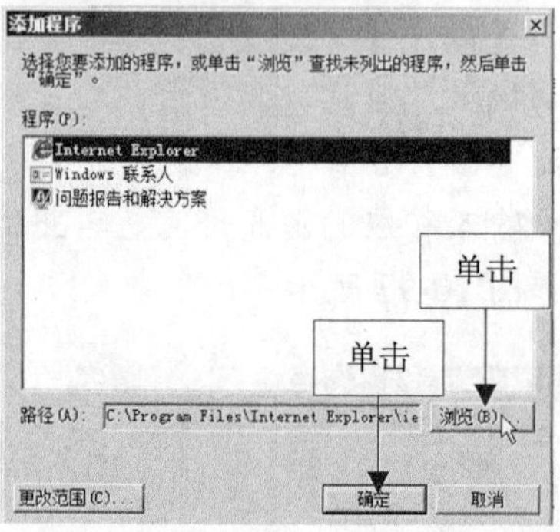

图 10-103　单击“浏览”按钮

Step 5 弹出“浏览”对话框，在右侧的窗口中找到并选择 IIS 的核心程序，路径为 C:\Windows\System32\inetsrv\inetinfo.exe，单击“打开”按钮，如图 10-104 所示。

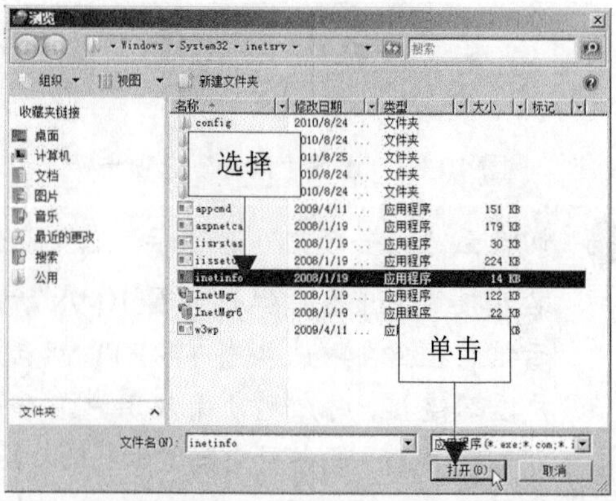

图 10-104　单击“开打”按钮

Step 6 返回到“添加程序”对话框，在“程序”列表框中选择 inetinfo，单击“确定”按钮，如图 10-105 所示。

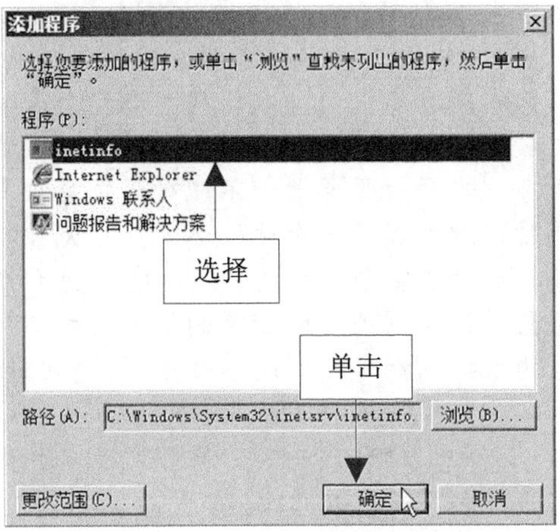

图 10-105 单击“确定”按钮

Step 7 返回到“例外”选项卡，即可添加 inetinfo 程序，如图 10-106 所示。

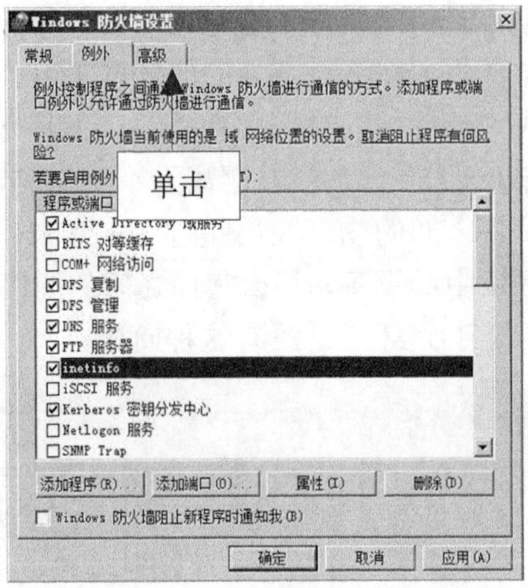

图 10-106 返回到“例外”选项卡

Step 8 切换至“高级”选项卡，在“网络连接”列表框中取消选中“本地连接”复选框，如图 10-107 所示，单击“确定”按钮保存设置即可。

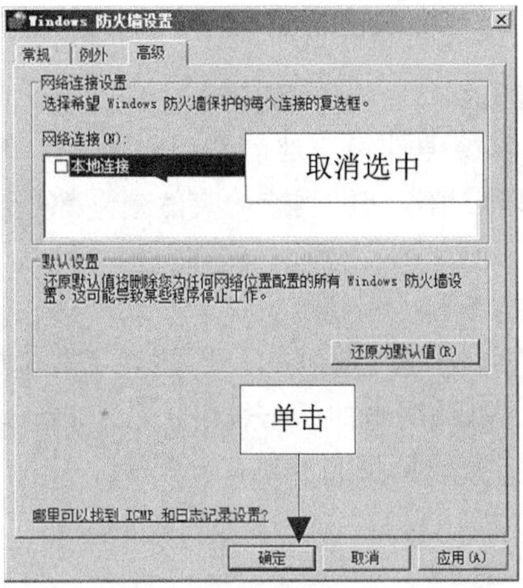

图 10-107 取消选中“本地连接”复选框

注意

为了方便文件的共享传输而又不失保密性，舍弃了 Windows 自带的文件夹共享功能，安装了 IIS 自带的 FTP 功能，设置好之后就可以访问该 FTP 网址，但局域网内其他电脑却提示没有权限，这是因为作为服务端电脑的 Windows 自带防火墙的问题，把防火墙关掉就可以了，Windows 这个自带的防火墙不如专业的防火墙软件好。

10.7 企业网常见故障排除案例

随着网络技术的蓬勃发展，局域网在企事业单位中有着不可或缺的地位和作用，如何应对随之而来的各种故障，并且能够快速查找到网络故障的症状所在并及时修复，就显得非常重要。局域网的故障现象五花八门，故障的预防和排除需要一些软硬件工具，更需要网络管理员的智慧、知识、技术还有多年经验的积累。本节主要讲解企业局域网中常常会遇到的故障及其排除方法。

10.7.1 企业局域网速度变慢

在遇到企业局域网网速减慢时，网络维护人员应该具备相应的知识，以便及时、有效地找到并解决问题，一般可从以下 5 个方面入手。

1. 硬件故障

网线的状况、网线的接头、集线器、网卡，以及驱动程序等硬件设备都可能引起企业局域网网速减慢，大多数情况下，网速的突然减慢都是由于网络硬件故障所引起的。这时首先需要检查网线是否脱落、有无折损断裂；网线接头是否松动、接触不良；交换机的电源是否松动或接口是否沾满了灰尘或杂物，造成堵塞；以及网卡的工作是否正常，IP 地址的设置是不是与别的计算机的设置有冲突等。

2. DNS 故障

基于 Windows Server 2008 的局域网在运行一段时间后，发现整个网络网速突然变慢，运行公司信息系统软件和访问公司局域网内主页的速度明显降低，访问外网速度也大不如前。在确定传输和硬件没有问题后，用 Ping 命令来测试，发现不仅 Ping 到内部主页时断时续，Ping 路由器的局域网端口也是时断时续。为了发现故障原因，可用系统自带的网络监视器，对网络使用的带宽、高峰使用次数和正在传输的数据帧进行监视，通过监视的数据来分析是否引起了网络堵塞。

运行“可靠性和性能监视器”程序，如图 10-108 所示。当网络出现故障时，如果在其中发现超过 70% 以上的数据帧都是由 DNS 服务发出的，一个网络上出现那么多的 DNS 数据帧是非常异常的，可以基本上确定故障是由于 DNS 引起的。

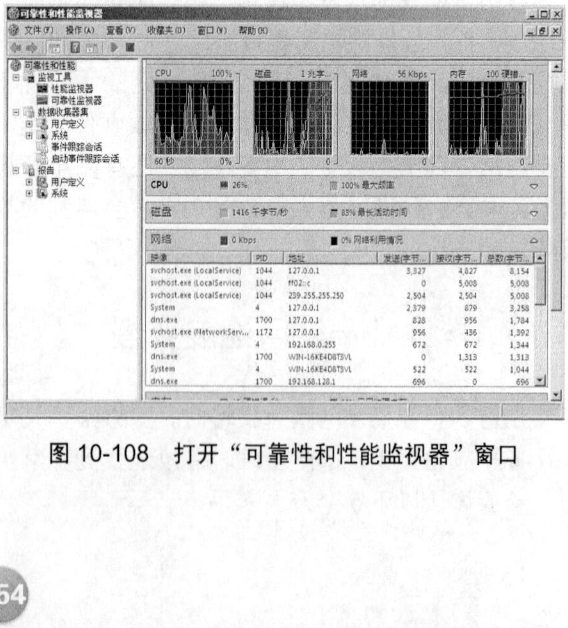

图 10-108 打开“可靠性和性能监视器”窗口

故障解析

例如，仔细检查 DNS 的配置，发现服务器属性中选定了使用转发器，列表中输入了另外一个主机(Server2)，即当 Server1 不能对客户端的域名请求进行解析时，其请求都传递给了 Server2。Server2 是一台 WWW 服务器，兼作路由服务器，局域网中所有客户端的默认网关都指向该主机，通过该主机与外网进行通信，它并不提供域名解析服务。当两台服务器都不能对请求主机名进行解析时，就形成了一个死循环，产生大量的网络流量，影响了整个网络的运行速度。由于 WWW 服务器的默认网关是路由器的局域网端口，所以大量的数据帧都转发到该路由器，引起网络堵塞。此时只要卸掉临时安装在 Server2 上的 DNS 服务，关闭 Server1 的转发功能，网络速度就会明显提高，通信也可以恢复正常。

3. 网络拓扑错误

局域网内的客户端、服务器端出现互相不能访问或者访问速度减慢，而各个客户端和服务器端的配置又都是正常的，此时应该检查一下网络的拓扑结构。首先，检查两个网络设备之间的物理距离。现在企业局域网内大都使用的是五类双绞线，而五类线的有效距离是 120～150 米，最佳距离为小于 80 米。如果两个网络设备之间的物理距离超过了 120 米，而且之间又没有网络中继设备，那么它们之间的网络传输速度就很慢，至于光纤，则没有这种问题。

故障解析

如果存在错误，则需要改变网络拓扑结构，缩短两个网络设备之间的物理距离或增加网络中继设备如集线器、中继器，还可以更换网线，采用超五类或者光纤等。

4. 网线不合适

如某企业原来使用的是 10Mbps 速的以太网，在升级为 100Mbps 的以太网后，突然出现网络速度降低或者纯粹就不能连接的情况。

这主要是由于网线不适用于企业局域网的网络需求所造成的。对于五类非屏蔽双绞线，用电缆测试仪测试其是否符合对应 100Mbps 传输速率的 EIA/TIA-TSB67 标准。某些在 10Mbps 以太网工作正常的网线链路因为近端串扰太大用在 100Mbps 以太网上就不能正常工作，信号耦合到邻近线对会引起高频信号传输失败，将 UTP 的线对分开甚至会使网络在达到一定流量时瘫痪。当出现这种情况时，就需要更换网线。

5. 病毒引起故障

现在许多电脑病毒(如尼姆达、求职信病毒及其变种等许多的网络病毒)都会造成网速降低。如果有一台电脑感染了这些病毒，它们就会通过局域网或互联网向别的电脑传播，整个网络中充斥着病毒文件，堵塞了网路，增加了服务器或客户端电脑的负荷。这些因素都会造成网速的降低。

故障解析

为了防止病毒的干扰，网络维护人员就需要定时查毒杀毒、设置网络防火墙、修改各种漏洞。当有一台电脑中毒时，要将它与网络断开，以防止感染别的电脑。

10.7.2 ADSL 连接速度受限

一个办公室有两个电话，都装了带路由功能的 ADSL Modem。其中，一台启用路由功能，通过集线器连接了 6 台计算机；另一台通过 TP-Link 宽带路由器连接 3 台计算机。开始时，两条 Internet 连接都提供了良好的上网速度。但半年后，启用路由功能的 Modem 的 Internet 连接速度变得很不稳定，有时还收不到数据，但计算机之间的访问没问题。而使用 TP-Link 宽带路由器上网的计算机，则没有这个问题，每台计算机的上网速度都被限制在 100K 左右。

启用路由功能的 Modem 故障的原因可能是当地 ISP 进行的限制。现在，许多地方的 ISP 已经限制使用 ADSL Modem 内置的路由功能实现 Internet 连接共享了。宽带路由器的连接速率基本正常，以最高带宽 2Mbps 计算，理论传输速率只有 250KB/s，连接 3 台计算机，每台计算机 100K 左右没有问题。建议暂时可以将集线器连接到宽带路由器的 LAN 口上，只使用一条 ADSL 共享 Internet 连接。

故障解析

如果对 Internet 带宽要求较高，可以再购置一台宽带路由器，禁用 ADSL Modem 的路由功能，连接至宽带路由器的 WAN 口，集线器则连接到 LAN 口。

10.7.3 代理+路由的局域网搭建失败

某公司局域网核心交换机采用 Cisco Catalyst 4506 三层交换机，划分了 3 个 VLAN，光纤接入 Internet，路由器为 Cisco 2621。现在想使用 WinGate 搭建代理服务器，实现局域网的 Internet 连接共享，代理服务器安装双网卡。但不知什么原因，无法搭建成功。

虽然路由器和代理服务器均可用于实现 Interent 连接共享，但是，两者分别适用于不同的应用环境，并且不能同时使用。路由器拥有各种复杂的网络接口，适用于各种 Internet 连接方式。路由器同时拥有 WAN 口和 LAN 口，WAN 口连接 Internet，拥有合法的 IP 地址；LAN 口连接局域网络，既可使用合法 IP 地址，也可使用私有 IP 地址。由于 IP 地址资源非常紧张，ISP 不会再为局域网分配合法 IP 地址。所以，可以使用路由器的 NAT 和 PAT 转换功能，实现广域网的合法 IP 地址与内部私有 IP 地址之间的网络地址转换，实现 Interent 连接共享。代理服务器主要适用于以太网接口的 Internet 连接，另外，其他可以与计算机连接的 Internet 方式也被支持。根据不同的情况，提供如下解决方案。

- DDN 光纤接入方式+私有 IP 地址。如果路由器 LAN 端口为私有 IP 地址，直接在 Cisco 2621 路由器上启用 NAT 转换，然后，将 LAN 口连接至 Cisco Catalyst 4506。在三层交换机上创建一个新的 VLAN，将连接路由器 LAN 口的端口指定至该 VLAN，并创建一个静态路由表，将所有对外部访问全部路由至该 VLAN。

- DDN 光纤连接方式+合法 IP 地址。如果路由器 LAN 端口为合法 IP 地址，将 Cisco 2621 路由器的LAN口连接至代理服务器的 WAN 口，代理服务器的 LAN 口连接至 Cisco Catalyst 4506。在三层交换机上创建一个新的 VLAN，将连接代理服务器的端口指定至该 VLAN，并创建一个静态路由表，将所有对外部访问全部路由至该 VLAN。
- LAN 接入方式。光纤经过光电转换器直接连接至代理服务器的 WAN 口，代理服务器的 LAN 口连接至 Cisco Catalyst 4506。在三层交换机上创建一个新的 VLAN，将连接代理服务器的端口指定至该 VLAN，并创建一个静态路由表，将所有对外部访问全部路由至该 VLAN。

故障解析

如果路由器的 LAN 口为合法 IP 地址，那么，可以在网络内部搭建代理服务器；如果 LAN 口为私有 IP 地址，那么，搭建代理服务器将变得毫无意义，因为仍然必须借助路由器实现 NAT 转换。另外，如果 Internet 连接是普通的 LAN 方式，而不是 DDN 方式，那么，完全没有必要使用路由器，可以直接使用代理服务器实现 Internet 连接共享。

10.7.4 Link 灯不断闪烁

某企业采用 ADSL 接入 Internet，打开 ADSL Modem 电源后，Link 灯一直闪烁，无法实现 Internet 连接。

ADSL Modem 有一个 CD 指示灯或 Link 指示灯，通过查看该灯的工作状态，就可以简单识别出与 ADSL Modem 相连接的通信线路的连接故障了。正常工作情况下，这种指示灯会在接通电源后，很快处于长亮状态，如果出现其他异常状态，就说明线路上可能有故障存在，具体表现在以下两个方面。

- 如果 CD 指示灯或 Link 指示灯一直闪烁不停，意味着当前线路上的通信信号不稳定。当该指示灯无法恢复为正常时，意味着通信线路可能有故障。可以拿起电话拨打一个号码测试一下线路质量。
- 如果线路通畅，该指示灯仍然一直闪烁，那就意味着端口有问题。应当检查一下 ADSL 线路在入户时，分离器有没有连接好，以及分离器之前有没有连接其他设备，如分机或防盗系统等。

故障解析

排除所有故障后，如果指示灯状态仍然无法恢复正常，就应当向 ISP 反映，要求提供技术支持，或更换新的 ADSL Modem。

需要注意的是，即使可以使用电话线来接听电话，也不能断定线路肯定没有故障，因为 ADSL 信号与电话信号使用的不是同一信道。

第 11 章 无线局域网的组建与应用

无线网络，让人们彻底摆脱了线缆的束缚，可以更便捷、更轻松地实现浏览网页、收发邮件、视频会议等应用，从而让用户体验到没有线的羁绊所带来的畅快和自由。很多已经拥有笔记本电脑，或使用带无线网卡的台式机的用户，可以组建无线局域网，体验无线带来的乐趣。

本章学习要点

- 无线局域网的概述
- 无线局域网的组建方法
- 无线局域网的应用
- 无线局域网的安全配置与维护

11.1 无线局域网概述

无线局域网(Wireless Local Area Net，WLAN)是计算机与无线通信技术相结合的产物，通俗地说，它是一种无线形式的局域网，是利用射频(Radio Frequency)技术来取代传统的双绞线缆，以无线的方式来实现各端点间的数据传输。

11.1.1 无线局域网的发展

在进行局域网组建和管理时，对于铺设电缆或者检查电缆是否断线这种耗时的工作，很繁琐，也不容易在短时间内找出断线所在。另外，由于企业及应用环境不断的更新与发展，原有的企业网络必须配合重新布局，需要重新安装网络线路。虽然电缆本身并不贵，可是如果让专业的技术人员来配线的话成本就会很高，尤其是老旧的大楼，配线工程费用就更高了。因此，架设无线局域网络就成为最佳解决方案。

1971 年，夏威夷大学的研究人员创造了第一个基于封包式技术的无线电通信网络，被称为 ALOHNET 网络，这是最早的无线局域网络。这个无线网络包括了 7 台计算机，采用双向星型拓扑横跨四座夏威夷的岛屿，中心计算机放置在瓦胡岛上。现代意义上的无线局域网出现于 20 世纪 80 年代末期，当时摩托罗拉公司开发出了第一代商用无线局域网。为了使无线局域网协议趋于标准化，在 1990 年，IEEE(电气和电子工程师协会)启动了 802.11 项目，正式开始了无线局域网的标准化工作。无线局域网经常被称为 WIFI，其实 WIFI 更像是一个商业名称，它符合的是 802.11 系列标准。

无线局域网已诞生多年，但其发展进程一直是步履蹒跚。无线局域网得到真正意义上发展的是在 Intel 迅驰平台发布之后，使得无线局域网的扩展应用有了客户端的基础。随着笔记本电脑、PDA 等数码设备装载无线网卡的普及率的提升，越来越多的用户开始摆脱网线的束缚步入无线时代。在这种大环境下，无线网络变得很实际，渐渐开始成为笔记本电脑、PDA、手机上网的最佳选择，如图 11-1 和图 11-2 所示分别为支持 WIFI 的笔记本电脑和手机。

图 11-1　支持 WIFI 的笔记本电脑

图 11-2　支持 WIFI 的手机

> **提　示**
>
> 无线局域网客户端的普及，反过来推动着企事业单位对无线局域网络环境的建设，此后，机场、酒店、咖啡厅等公众场合的 WIFI 热点(无线基站)也日益增多，无线局域网由此开始迅猛发展。

11.1.2 无线局域网的设备

无线局域网由无线网卡和无线接入点(Access Point，AP)构成。简单地说，WLAN 就是指不需要网线就可以通过无线方式发送和接收数据的局域网，只要通过安装无线路由器或无线 AP，在终端安装无线网卡，就可以实现无线连接。从无线局域网的定义可以得知，要组建一个无线局域网，需要的硬件设备是无线网卡和无线路由器。

1. 选购无线网卡

要组建一个无线局域网，除了需要配备电脑外，还需要选购无线网卡。对于台式电脑，可以选择 PCI 或 USB 接口的无线网卡，对于笔记本电脑，则可以选择内置的 MiniPCI 接口，以及外置的 PCMCIA 和 USB 接口的无线网卡。为了能实现多台电脑共享上网，最好还要准备一台无线 AP 或无线路由器，并可以实现网络接入，例如，ADSL、小区宽带、Cable Modem 等。在选购无线网卡的时候，需要注意以下事项。

(1) 接口类型。

按接口类型分，无线网卡主要分为 PCI、USB、PCMCIA 三种，PCI 接口无线网卡主要用于台式电脑，PCMCIA 接口的无线网卡主要用于笔记本电脑，USB 接口无线网卡可以用于台式电脑，也可以用于笔记本电脑。

其中，PCI 接口无线网卡可以与台式电脑的主板 PCI 插槽连接，安装相对麻烦；USB 接口无线网卡具有即插即用、安装方便、高速传输等特点，只要配备 USB 接口就可以安装使用；而 PCMCIA 接口无线网卡主要针对笔记本电脑设计，具有与 USB 相同的特点。在选购无线网卡时，应该根据实际情况来选择合适的无线网卡。

(2) 传输速率。

传输速率是衡量无线网卡性能的一个重要指标。目前，无线网卡支持的最大传输速率可以达到 54Mbps，一般都支持 IEEE 802.11g 标准，兼容 IEEE 802.11b 标准。不过部分厂家的产品通过各种无线传输技术，实现了高达 108Mbps 的传输速率，例如，TP-LINK、NETGEAR 等。比较常用的支持 IEEE 802.11b 标准的无线网卡最大传输速率可达 11Mbps，其增强型产品可以达到 22Mbps、甚至 44Mbps。在选购时，对于普通家庭用户，选择 11Mbps 的无线网卡即可，而对于办公或商业用户，则需要选择至少 54Mbps 的无线网卡。

(3) 认证标准。

目前，无线网卡采用的网络标准主要是 IEEE 802.11b 以及 IEEE 802.11g 标准，两个标准分别支持 11Mbps 和 54Mbps 的速率，后者可以兼容 IEEE 802.11b 标准。

在选购时一定要注意产品是否支持 WIFI 认证的标准，只有通过该认证的标准产品才可以和其他的同类无线产品组成无线局域网。另外，很多厂商提供支持 IEEE 802.11g 标准的产品，同时注明兼容 IEEE 802.11b 标准，这样，可以自由选择不同的传输速率。

(4) 兼容性。

在无线局域网相关的 IEEE 802.11x 系列标准中，除了 IEEE 802.11b 和 IEEE 802.11g 标准外，还有 IEEE 802.11a 标准，该标准可以支持 20Mbps 的传输速率，但是与前面两个标准都不兼容。所以在选购产品时，最好不要选择该标准的产品。在选择多个无线网卡时，必须要选择支持同一标准或相互兼容的产品。

(5) 传输距离。

传输距离同样是衡量无线网卡性能的重要指标，传输距离越大说明其灵活性越强。目前，一般的无线网卡室内传输距离可以达到 30～100 米，室外可达到 100～300 米。在选购时，注意产品的传输距离不低于该标准值即可。另外，无线网卡传输距离的远近还会受到环境的影响，比如墙壁、无线信号干扰等。

(6) 安全性。

因为常见的 IEEE 802.11b 和 IEEE 802.11g 标准的无线产品使用了 2.4GHz 工作频率，所以，理论上任何安装了无线网卡的用户都可以访问网络，这样的网络环境，其安全性得不到保障。为此，一般采取 WAP(Wireless Application Protocol，无线应用协议)和 WEP(Wired Equivalent Privacy，有线等价加密)加密技术，WAP 加密性能比 WEP 强，不过兼容性不好。目前，一般的无线网卡都支持68/128位的WEP加密，部分产品可以达到256位。

2. 选购无线路由器

无线路由器俗称AP，是Access Point的简写，也可以说是一个具备宽带接入端口、具有路由功能、采用无线连接客户端的普通路由器。而无线网卡在职能上与传统网卡如出一辙，只不过采用无线方式进行数据传输。

(1) 设备兼容性。

兼容性对于任何产品都是极其重要的，无线路由器也不例外。在选择无线路由器之前，用户一定要认准IEEE 802.11b标志。除了IEEE 802.11b标准，偶尔还能看到支持IEEE 802.11b+或者IEEE 802.11g标准的无线网络设备。从理论上说，IEEE 802.11b+与IEEE 802.11g比目前最普及的IEEE 802.11b在速度上更具优势，而且能够做到向下兼容，但是价格上要高出很多。其实，对于家庭用户以及各种小型局域网用户而言，IEEE 802.11b所提供的11Mbps带宽已经足够，没有必要强求IEEE 802.11b+或者IEEE 802.11g。

(2) 网络连接功能。

部分简单的宽带路由器并没有内置Hub功能，因此连接客户端时需要使用Uplink与集线器配合工作。但这类产品是比较高端的，能够支持很多客户端共享Internet，不适合家庭、学校寝室等小规模用户，因为从成本来看，宽带路由器再加上集线器就会相当高，而且占据不少的空间。相对而言，4口的宽带路由器更加值得普通用户选择，它不仅提供Internet共享功能，还可以很方便地进行局域网连接，并且自动分配IP地址，也便于管理。

注意

一般而言，目前的主流产品都能支持ADSL/Cable Modem，但并不一定支持ISDN。

(3) 路由技术。

在选购无线路由器时，认准NAT技术和DHCP功能是很有必要的，因为这是当前主流产品必备的素质。如果该产品做不到这两点，那么它多半是已经被淘汰的旧产品，不值得选购。NAT是一种把网络内部IP地址映射成Internet合法IP地址的技术。当网络内部分配了私有IP地址而不能直接访问Internet时，NAT可以把局域网内部的IP地址翻译成外部的合法IP地址以实现Internet共享接入。

DHCP功能的作用在于动态主机配置。当无线路由器被配置成DHCP服务器后，它可以为局域网中接入的每台PC自动分配一个IP地址，而它本身作为DHCP Client，又可以使WAN端口动态地获得由ISP分配的IP地址。此时用户只需在Windows系统中将网卡的IP指定为自动获取，并且禁用所有的网关与DNS解析，免去了配置网络的麻烦，非常适合新手使用。

(4) 硬件防火墙。

为了保证网络安全，无线路由器带有防火墙功能也是很有必要的。尽管这种硬件防火墙不可能阻挡所有的网络病毒，但是对于防止黑客攻击有一定的效果，同时可以不占用系统资源。相对而言，DMZ主机、访问控制、日志记录和状态监控功能并不怎么重要，因为没有必要监控并限制其他用户，除非将无线路由器用于网吧或者大型企业。

(5) 有效传输距离。

对于无线网络设备而言，有效传输距离是相当重要的。没有必要参考产品介绍中的“最大传输距离”，因为这一指标多半是在没有任何遮挡物的条件下计算得出的。决定IEEE 802.11b无线网络传输范围的关键在于无线路由器，与无线网卡的关系并不大。从实际应用角度来看，更应该看重无线路由器的信号穿透能力，毕竟在钢筋水泥的高楼大厦中，障碍物才是信号的最大阻击者。对于信号穿透能力，不同产品之间的差距可不小。部分名牌产品可以做到在30米之内穿越两堵厚厚的墙壁，而少数低端产品可能都禁不起室内的一个摆设物。为了解决这一问题，往往能够看到不少无线路由器采用了天线，然而这并非是最彻底的解决办法，提高发射功率才是关键。作为消费者，在选购时根本无法得知无线路由器的信号穿透能力，因此只能根据经验来判别。一般而言，新型号的产品在信号穿透能力方面总会比老产品出色，部分支持“天线叠加”的产品一般将信号穿透能力作为一种卖点，这类产品更加适合需要在复杂环境下使用的用户。当然，一味地根据天线来判断无线路由器信号穿透能力也是不科学的，不少不使用天线的产品也同样具有出色的信号穿透能力。

> **提 示**
>
> 如果有条件的话，可以使用电磁干扰测试仪来测量无线路由器启动瞬间的大致发射功率，一般产生较大干扰的产品在信号穿透能力方面更加出色一些。

11.1.3 无线局域网的特点

与有线网络一样，无线局域网同样需要传输媒介。只是无线局域网采用的传输媒介不是双绞线或者光纤，而是无线电波。无线电波的覆盖范围较广，应用较广泛。无线局域网使用的频段主要是 S 频段(2.4GHz～2.4835GHz)，这个频段也叫 ISM(Industry Science Medical)，即工业科学医疗频段，该频段在美国不受美国联邦通信委员会的限制，属于工业自由辐射频段，不会对人体健康造成伤害。

与传统有线局域网相比较，无线局域网具有安装便捷、使用灵活、经济、易于扩展等优点，如表 11-1 所示。

表 11-1 无线网络与有线网络的特点比较

	有线网络	无线网络
布线	布线繁琐，线缆杂乱	不需要
吞吐量	10Mbps、100Mbps、1000Mbps	11Mbps 、 22Mbps 、54Mbps、108Mbps 等
移动性	不具备	非常好
扩充性	较弱，增加新用户需重新布置线缆	较强，只需增加无线网卡即可
成本	安装成本高，设备成本低，维护成本高	安装成本低廉，设备成本较高，维护成本低

11.1.4 无线网络的接入方式

无线接入数据网络技术正变得越来越常用，可用于接入到有线局域网和骨干网络，同时也可接入到语音网络中。下面介绍如下的无线网络技术：无线接入局域网(WLAN)、无线接入个人网络(蓝牙技术)和无线接入广域网等技术。

(1) WLAN(无线接入局域网)。

无线局域网技术由 IEEE 802.11 协议的规范进行定义。目前该协议规范有四个版本：802.11、802.11a、802.11b 和 802.11g，所有这四个版本进行路径共享时使用的都是以太网协议和载波侦听多路访问/避免冲突协议(CSMA/CA，而不是使用 CSMA/CD 协议)。可利用跳频(FHSS)和直接序列扩频(DSSS)两种技术当中的一种将 802.11 协议应用于无线接入局域网中，并提供 2.4GHz 波段的 1Mbps 或 2Mbps 传输带宽。

(2) WPAN(蓝牙技术)。

在小范围、低功率，PDA 之类的私人设备无线通信(直径范围小于 10 米)之中，蓝牙技术以及其后的 IEEE(802.15)标准都能够得到应用。IEEE 802.15 可作为无线个人选项区网络(WPAN)的标准，它拥有许多特点：小范围、低功率、低成本、小型网络，及在个人工作空间中的设备通信。如图 11-3 所示为蓝牙和 WIFI 无线设备。

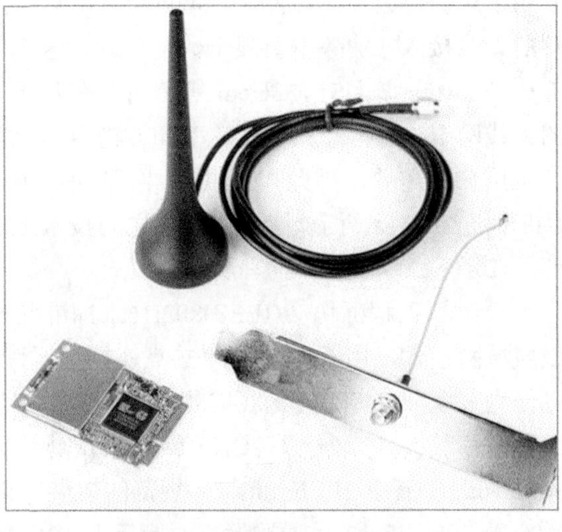

图 11-3 蓝牙和 WIFI 无线设备

(3) WIMAX(无线接入广域网)。

对于城域网中的长距离无线通信，正如 IEEE 802.16 中定义的那样，WIMAX 可作为其规范。WIMAX 服务在用户站点和诸如公共电话网络和国际互联网之类的核心网络之间提供通信连接。这种无线接入宽带访问规范解决了城域网中边缘地区连接困难这一环节，而在此情况下，ADSL、电缆接入和其他宽带接入方式都无能为力或代价沉重。如图 11-4 所示为 WIMAX 无线网卡。

图 11-4　WIMAX 无线网卡

11.1.5　IEEE 802.11 与 IEEE 802.16a

802.11 是 IEEE 最初制定的一个无线局域网标准，主要用于解决办公室局域网和校园网中，用户与用户终端的无线接入，业务主要限于数据存取，速率最高只能达到 2Mbps。目前，3Com 等公司都有基于该标准的无线网卡。由于 802.11 在速率和传输距离上都不能满足用户的需要，因此，IEEE 小组又相继推出了 802.11b 和 802.11a 两个新标准。三者之间技术上的主要差别在于 MAC 子层和物理层。

电气电子工程师协会(IEEE)802.16a 标准是一项无线城域网技术，用于将 802.11 热点连接到互联网，它可作为线缆和 DSL 的无线扩展技术，从而实现最后一英里宽带接入。运行于 2GHz 到 11GHz 频谱之上的 802.16a 规范是 IEEE 802.16 规范的扩展。IEEE 802.16 于 2001 年 12 月通过批准，运行于 10GHz 到 66GHz 频谱之上。802.16 规范较高的频谱可以为微蜂窝塔或塔链路提供更高容量的链路，其覆盖范围在可视距离(line-of-sight)之内。

提 示

WIFI 是一种可以将个人电脑、手持设备(如 PDA、手机)等终端以无线方式互相连接的技术。WIFI 是一个无线网路通信技术的品牌，由 WIFI 联盟(WIFI Alliance)所持有。目的是改善基于 IEEE 802.11 标准的无线网路产品之间的互通性。当前一般人会把 WIFI 及 IEEE 802.11 混为一谈，甚至把 WIFI 等同于无线网际网路。

11.1.6　WIFI 与 WIMAX

WIFI 是目前无线接入的主流标准，但在 Intel 的强力支持下，WIMAX 正在积极代替 WIFI，对比于 WIFI 的 802.11X 标准，WIMAX 就是 802.16x。与前者相比，WIMAX 具有更远的传输距离、更宽的频段选择以及更高的接入速度等，预计会在未来几年间成为无线网络的一个主流标准，Intel 计划将来采用该标准来建设无线广域网络。总而言之，家庭和小型办公网络用户对移动连接的需求是无线局域网市场增长的动力，虽然到目前为止，美国、日本等发达国家仍然是目前 WIFI 用户最多的地区，但随着电子商务和移动办公的进一步普及，廉价的 WIFI，必将成为那些随时需要进行网络连接用户的必然之选。

1. WIFI

WIFI(Wireless Fidelity)与蓝牙技术一样，同属于短距离无线技术，是一种网络传输标准。在日常生活中，它早已得到普遍应用，并给人们带来极大的方便：浏览网页、记者在会议现场发回稿件、普通用户在自己家中随心所欲地选择用手机或者多台笔记本电脑无线上网等，这些都离不开 WIFI。如图 11-5 所示为 WIFI 的标志。

图 11-5　WIFI 的标志

一般架设 WIFI 无线网络的基本配备就是无线网

卡及一台 AP，如图 11-6 所示。如此便能以无线的模式，配合既有的有线架构来分享网络资源，架设费用和复杂程度远远低于传统的有线网络。

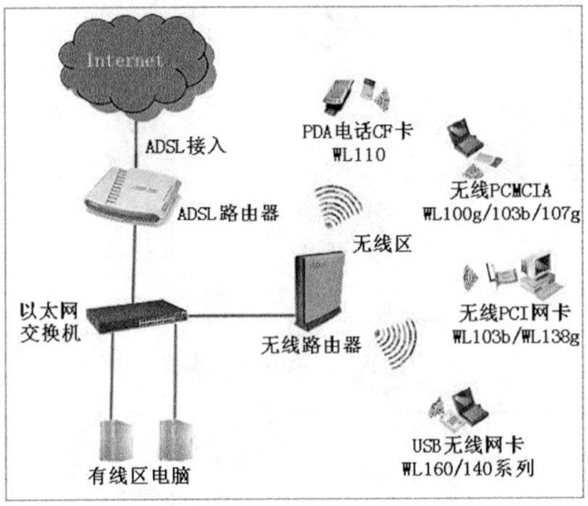

图 11-6 WIFI 无线网络结构

WIFI 技术的商用目前遇到了许多困难，一方面是受制于 WIFI 技术自身的限制，比如其漫游性、安全性和如何计费等都还没有得到妥善的解决。另一方面，由于 WIFI 的赢利模式不明确，如果将 WIFI 作为单一网络来经营，商业用户的不足会使网络建设的投资收益比较低，因此也影响了电信运营商的积极性。但从 WIFI 技术定位看，对于电信运营商而言，WIFI 技术的定位主要是作为高速有线接入技术的补充，将来逐渐也会成为蜂窝移动通信的补充。虽然如此，但这种先进的技术也不可能包办所有功能的通信系统。可以说只有各种接入手段相互补充使用才能带来经济性、可靠性和有效性。因而，它可以在特定的选项区和范围内发挥对 3G 的重要补充作用，WIFI 技术与 3G 技术相结合将具有广阔的发展前景。

2. WIMAX

WIMAX(Worldwide Interoperability for Microwave Access)，即全球微波互联接入。WIMAX 也叫 802.16 无线城域网或 802.16。WIMAX 是一项新兴的宽带无线接入技术，能提供面向互联网的高速连接，数据传输距离最远可达 50km。WIMAX 还具有 QoS 保障、传输速率高、业务丰富多样等优点。WIMAX 的技术起点较高，采用了代表未来通信技术发展方向的 OFDM/OFDMA、AAS、MIMO 等先进技术，随着技术标准的发展，WIMAX 逐步实现宽带业务的移动化，而 3G 则实现移动业务的宽带化，两种网络的融合程度会越来越高。

WIMAX 是又一种为企业和家庭用户提供“最后一英里”的宽带无线连接方案，如图 11-7 所示。因在数据通信领域的高覆盖范围(可以覆盖 25～30 英里的范围)，以及对 3G 可能构成的威胁，使 WIMAX 备受关注。

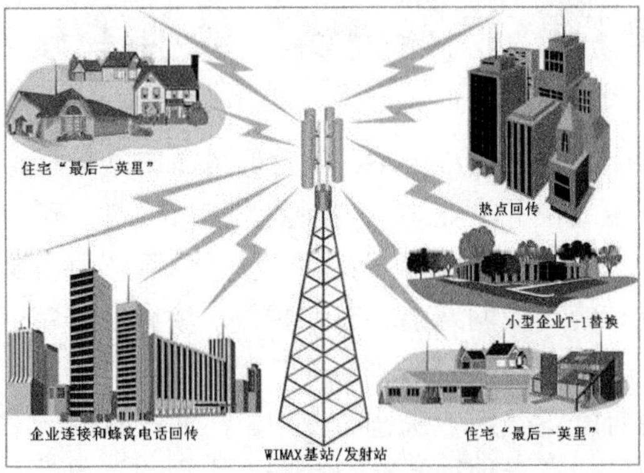

图 11-7 WIMAX 网络连接方案

WIMAX 自身有许多优势，下面总结了 5 点。

- 实现更远的传输距离。WIMAX 所能实现的 50 公里的无线信号传输距离是无线局域网所不能比拟的，网络覆盖面积是 3G 发射塔的 10 倍，只要少数基站建设就能实现全城覆盖，这样就使得无线网络应用的范围大大扩展。
- 提供更高速的宽带接入。WIMAX 所能提供的最高接入速度是 70M，这个速度是 3G 所能提供的宽带速度的 30 倍，对无线网络来说，这的确是一个惊人的进步。
- 提供优良的最后一公里网络接入服务。作为一种无线城域网技术，它可以将 WIFI 热点连接到互联网，也可作为 DSL 等有线接入方式的无线扩展，实现最后一公里的宽带接入。WIMAX 可为 50 公里线性选项区内提供服务，用户无须线缆即可与基站建立宽带连接。

- 提供多媒体通信服务。由于 WIMAX 较之 WIFI 具有更好的可扩展性和安全性，从而能够实现电信级的多媒体通信服务。
- 从产业链来讲，WIMAX 有商用数据上网卡，可用在商用手机(如 HTC Max 4G)中，并且还存在终端一致性测试的问题。所以，WIMAX 的产业链还需要经过像 TD-SCDMA 产业链的规模试验过程。

11.2 无线局域网的组建方法

无线局域网(WLAN)产业是当前整个数据通信领域发展最快的产业之一。因其具有灵活性、可移动性及较低的投资成本等优势，无线局域网解决方案作为传统有线局域网络的补充和扩展，获得了家庭网络用户、在校学生、网吧业主、广大企业用户及电信运营商的青睐，得到了快速的应用。然而在整个无线局域网中，却有着种种问题困扰着广大用户。首先是该如何去组建无线局域网，这也是无线局域网中最基本的问题之一。

11.2.1 组建无线局域网的方案

无线局域网组网的拓扑结构主要有两种，即 Ad-Hoc 模式和 Infrastructure 模式。Ad-Hoc 模式属于对等网络结构，是一种比较特殊的点对点无线网络应用模式，一台计算机与另一台或多台计算机之间无须无线路由器即可实现直接互联，组成一种临时性的松散的网络组织，如图 11-8 所示。不过这种网络无法连接外部网络，只能独立使用，因此对等网络只能用于少数用户的组网环境，比如 4 至 8 个用户，并且他们之间应离得足够近。

Infrastructure 模式即基础结构网络结构，是利用高速的有线或无线骨干传输网络，计算机借助无线网卡与无线基站互联的工作模式，如图 11-9 所示。其中的无线基站可以看作是传统局域网中的交换机，可以实现无线网络内部及无线网络与有线网络之间的互通，通常能够覆盖几十至几百个用户，覆盖半径达上百米。在目前的实际应用中，大部分无线局域网都是基于基础结构网络而架设的。

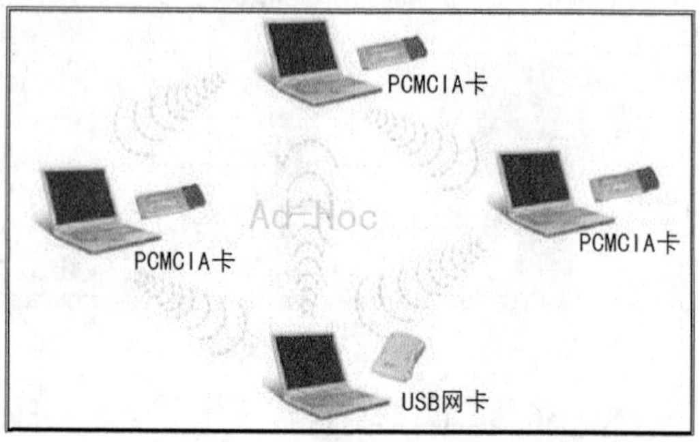

图 11-8 Ad-Hoc 模式

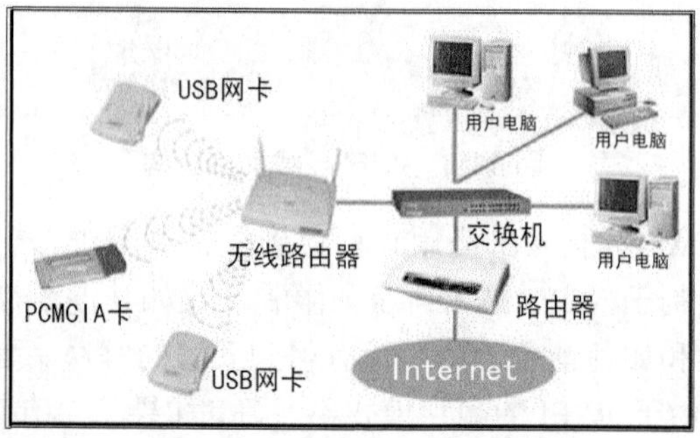

图 11-9 Infrastructure 模式

> **提示**
>
> 无线局域网的组网方式和有线局域网有一些区别，最简单、最便捷的方式就是选择对等网，即是以无线 AP 或无线路由器为中心(传统有线局域网使用 HUB 或交换机)，其他计算机通过无线网卡、无线 AP 或无线路由器进行通信。该组网方式具有安装方便、扩充性强、故障易排除等特点。另外，还有一种对等网方式不通过无线 AP 或无线路由器，直接通过无线网卡来实现数据传输。不过，对计算机之间的距离、网络设置要求较高，相对麻烦。

11.2.2 连接无线局域网的设备

组建一个无线局域网，除了需要宽带调制解调器外，还需一个无线路由器以及一台带无线网卡的笔记本电脑。如图 11-10 所示为常见的无线局域网结构。

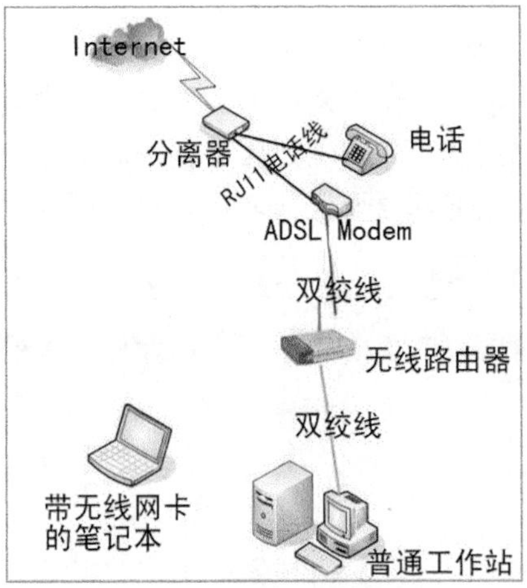

图 11-10　无线局域网结构

连接设备前应先关闭电脑，打开主机箱，将无线网卡插入主板闲置的 PCI 插槽中，重新启动。如果是 USB 网卡则不用关机，直接插入 USB 接口，安装驱动即可。在重新进入 Windows 7 系统后，系统提示“发现新硬件”并试图自动安装网卡驱动程序，并会打开“找到新的硬件向导”对话框让用户进行手工安装。单击“自动安装软件”选项，将随网卡附带的驱动程序盘插入光驱，并单击“下一步”按钮，这样就可以进行驱动程序的安装。单击“完成”按钮即可。在成功安装无线网卡之后，在 Windows 7 系统任务栏中会出现一个连接图标(在“网络连接”窗口中还会增加“无线网络连接”图标)，在该图标上单击鼠标右键，选择“查看可用的无线连接”命令，在出现的对话框中会显示搜索到的可用无线网络，选中该网络，单击“连接”按钮即可连接到该无线网络中。

接着，在室内选择一个合适位置摆放无线路由器，接通电源，把电话线连上 ADSL Modem，再用网线路由器的 WAN 口与 ADSL Modem 相连，最后用网线把台式机连接到无线路由器的 LAN 口，如图 11-11 所示。为了保证以后能无线上网，需要摆放在离 Internet 网络入口比较近的地方。另外，需要注意无线路由器与安装了无线网卡计算机之间的距离，因为无线信号会受到距离、穿墙等性能影响，距离过长会影响接收信号和数据传输速度，最好保证在 30 米以内。

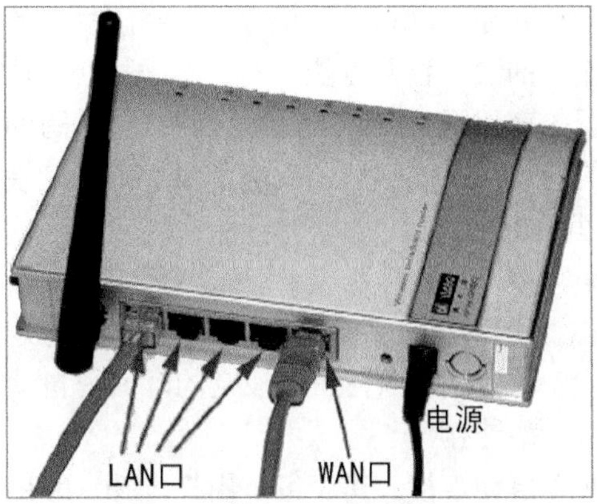

图 11-11　连接无线路由器

11.2.3　配置无线局域网的设备

将无线网络的硬件设备和驱动都安装好以后，还需要分别给无线 AP 或无线路由器以及对应的无线客户端进行设置。

1. 设置无线路由器

在配置无线路由器之前，首先要认真阅读随产品附送的《用户手册》，从中了解到默认的管理 IP 地址以及访问密码。例如，下面的无线路由器默认的管理 IP 地址为 192.168.1.1，访问密码为 admin。连接到无线网络后，打开 IE 浏览器，在地址框中输入 192.168.1.1，再输入登录用户名和密码(用户名默认为空)，单击“确定”按钮登录路由器管理页面，开始设置 PPPoE 拨号。在左侧导航栏中选择“高级设置”→“WAN 口设置”选项，然后在右侧窗口中的“WAN 口连接类型”使用 PPPoE，“上网账号”和“上网口令”中填入宽带账户的用户名和密码，如图 11-12 所示。

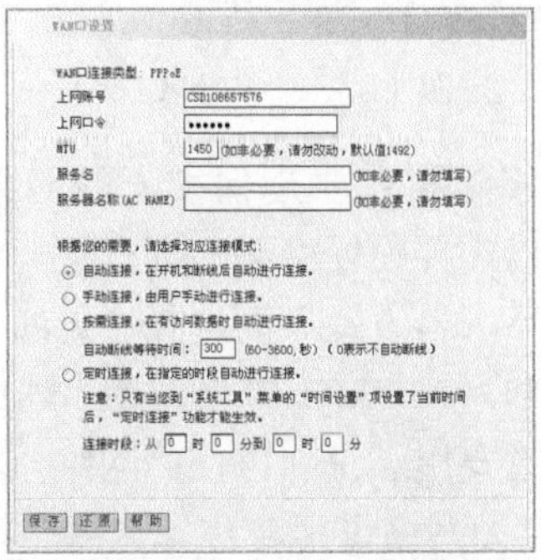

图 11-12　WAN 口设置

当输入完上网口令并保存后，密码框里的口令长度与输入的实际位数可能不符，不必担心，这是路由器内置的密码保护机制，只要您确认所填写的密码是正确的即可，路由器已经保存了设置。连接模式的选择有以下 4 种。

- 按需连接：建议计时上网用户选择，在有访问数据的时候，路由器会自动拨号连接，若无数据，则会在所设定的时间内自动断开网络连接。
- 自动连接：建议包月用户选择，路由器在上电或者掉线后会自动重连。
- 手动连接：即是通过手动点击连接进行拨号，路由器将不会自动进行拨号。
- 定时连接：在指定的时段自动进行连接。

设置完成后单击“保存”按钮即可。拨号的连接或断开操作可通过选择导航栏中的“运行状态”选项，如图 11-13 所示，单击右侧窗口“WAN 口状态”选项区中的“连接”按钮和“断开”按钮来实现。拨号成功后，可以在“WAN 口状态”中查看到路由器获取到的 IP 及 DNS 地址，如果电脑没有设置 DNS 服务器地址，可将 WAN 口状态显示和 DNS 服务器地址填入到电脑中。

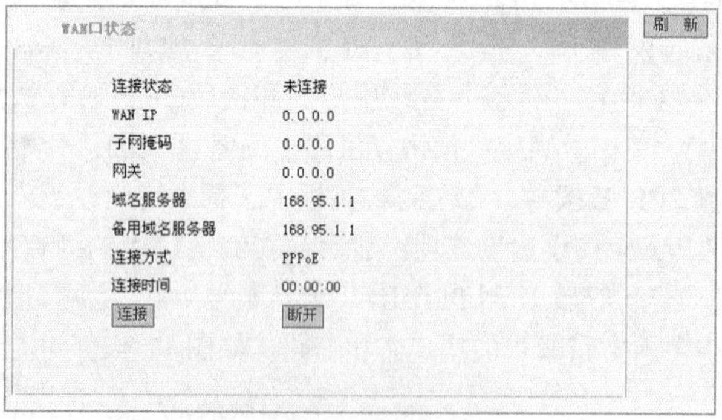

图 11-13　WAN 口状态

无线网络设置主要是保护无线网络资源不被别人获取，所以需要设置密码验证登录，以保证安全。首先在无线路由器设置界面选择“无线设置”→“基本设置”选项，在 SSID 中填入路由器的名字，可以随便填写，主要用于识别自己的网络，如图 11-14 所示。SSID 名为网络识别名称，也就是笔记本电脑或者平板电脑搜索无线网络所看到的名字。再选择“安全设置”选项进入安全设置窗口，如图 11-15 所示，在“安全模式”下拉列表框中选择“WPA/WPA2 个人”选项，然后在“共享密钥”文本框中输入登录网络的无线上网密码，一定要记住密码，因为笔记本电脑或平板电脑都需要无线密码才可以登录并使用。

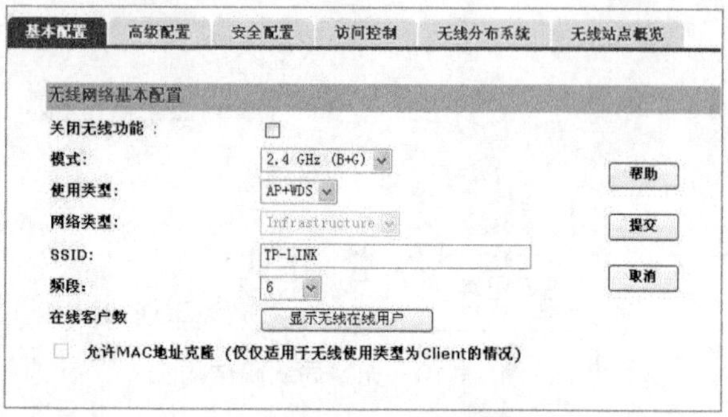

图 11-14　无线路由器的基本设置

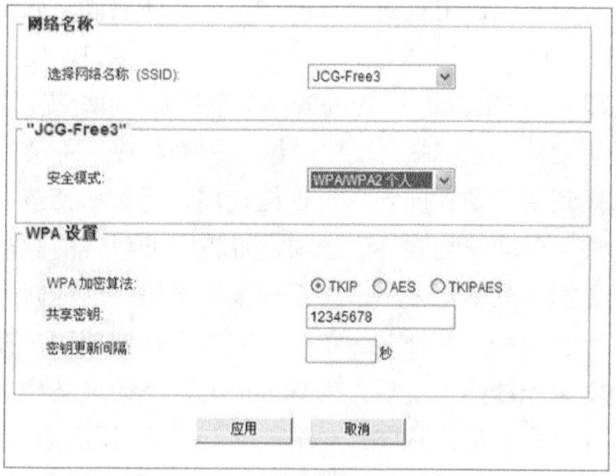

图 11-15　无线路由器的安全设置

注意

出于安全考虑，目前 WPA2 无线网络加密是最难破解的，其他一些密码类型相对比较容易被别人进行暴力破解。

设置好以上几步之后，记得单击设置界面底部的“保存”按钮，即可完成操作了。之后就可以使用平板电脑或笔记本电脑在无线路由器附近搜索无线网络了，找到了无线网络会提示需要密码，填写上面设置的密匙密码就可以顺利地连接上无线网络。

2. 设置无线工作站

至此 PPPoE 拨号已设置完成并成功拨号，路由器下的电脑将 IP 设置为自动获取，就可以通过路由器上网了。由于使用路由器进行拨号，以前的电信拨号软件就不需要了。打开 IE 浏览器，选择“工具”→“Internet 选项”命令，切换至“连接”选项卡，在“拨号和虚拟专用网络设置”列表框中选择相应的连接，然后单击“删除”按钮，如图 11-16 所示。再单击右下角的“局域网设置”按钮，弹出“局域网(LAN)设置”对话框，选中“自动检测设置”复选框，其他都不要选中，如图 11-17 所示，单击“确定”按钮即可。

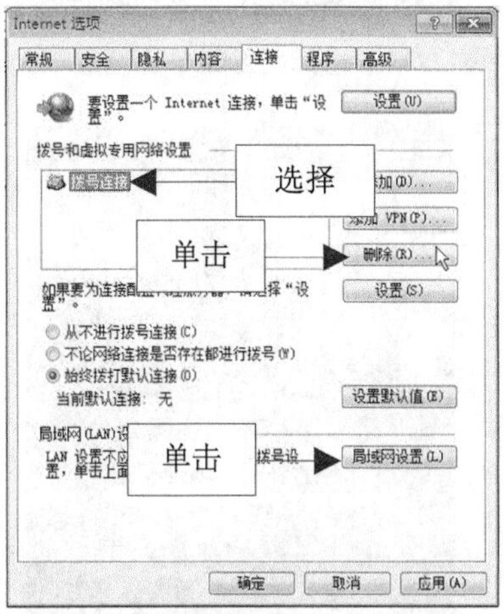

图 11-16 单击“删除”按钮

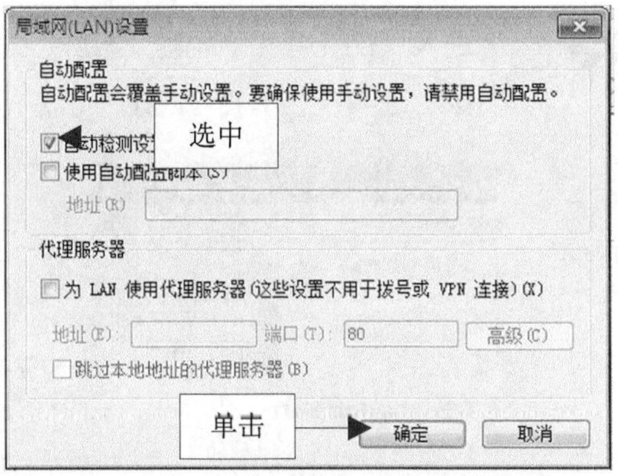

图 11-17 选中“自动检测设置”复选框

技巧

在笔记本电脑或装有无线网卡的台式机上的使用 ping 192.168.0.1 命令，用以检测与无线路由器之间沟通是否良好。如果网络不通，需检查上面步骤的设置是否有误。无线网卡的配置可参照 8.4.3 和 8.4.4 小节，此处不再赘述。

11.3 无线局域网的应用

随着无线通信技术的广泛应用，传统局域网络已经越来越不能满足人们的需求，于是无线局域网应运而生，且发展迅速。尽管目前无线局域网还不能完全独立于有线网络，但近年来无线局域网的产品逐渐走向成熟，正以它优越的灵活性和便捷性在网络应用中发挥日益重要的作用。

11.3.1 手机 QQ 使用 WIFI 接入网络

使用手机 QQ 的用户都知道，只要有移动网络信号，就可以随时随地登录手机 QQ。但是由于移动网络当前的流量费用不低，所以相信很多朋友在使用手机 QQ 等无线网络服务时都是精打细算的。为了解决这个问题，手机 QQ 团队首推支持 WIFI 接入方式的手机 QQ，只要安装该手机 QQ，在有 WIFI 网络信号的环境，就可以享受免费高速的上网服务。当前很多公共场所都提供免费的 WIFI 服务，如机场、星巴克、麦当劳、肯德基、西餐厅、图书馆、咖啡店、酒吧、茶馆等。一般公共场所所提供的 WLAN 网络是不收费的，手机只要能搜索到 WLAN 网络，就可以放心使用，不会造成额外的流量费用。

当 WLAN(WIFI)接入点有密码时，可向接入点(热点)拥有者索取密码，部分商业接入点(热点)可能需要付费使用。

1. 手机 WIFI 概述

一般只有智能手机才支持，比如 Symbian S60 第三版及 Windows Mobile Pocket PC 等，具体需要查看手机说明书或咨询手机厂商，通常国内销售的手机不支持 WLAN(WIFI)功能。腾讯公司已相继发布 Symbian S60 第三版及 Windows Mobile PocketPC 版的手机 QQ。如用户的手机支持 WLAN 功能，并且已安装手机 QQ2008 Beta1 WLAN 版，就可以在手机 QQ 的软件主界面“菜单”→“网络设置”中搜索无线热点，如果当前位置已覆盖 WLAN 网络，即可免费接入使用。

提示

无线热点(hotspot)是指能够以免费或付费方式获得 Wi-Fi 服务的地点，通常位于无线局域网基站覆盖范围内。

2. PPC 手机 QQ 接入 WIFI

下面以多普达 S1 为例讲解手机 QQ 2008 WIFI 接入点的设置方法。

Step 1 打开手机 QQ 登录界面，选择“菜单”→“网络设置”命令，如图 11-18 所示。

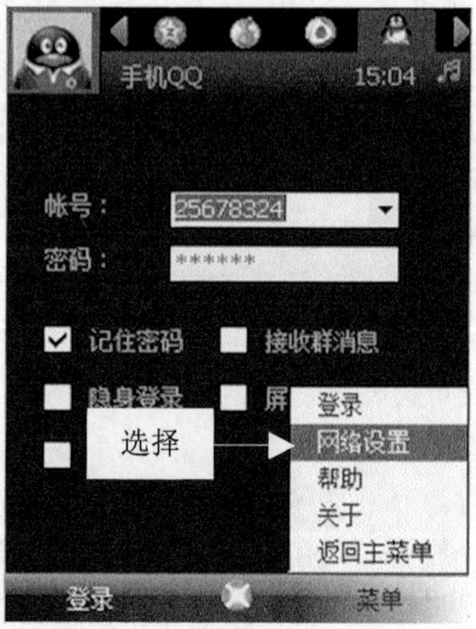

图 11-18 选择“网络设置”命令

Step 2 进入“网络设置”界面，在“请选择接入方式”下拉列表中选择“默认单位设置”选项，如图 11-19 所示。

Step 3 单击“确定”按钮，保存设置后，进入“通讯管理”界面，如图 11-20 所示，选择 WLAN 选项打开 WLAN 功能。

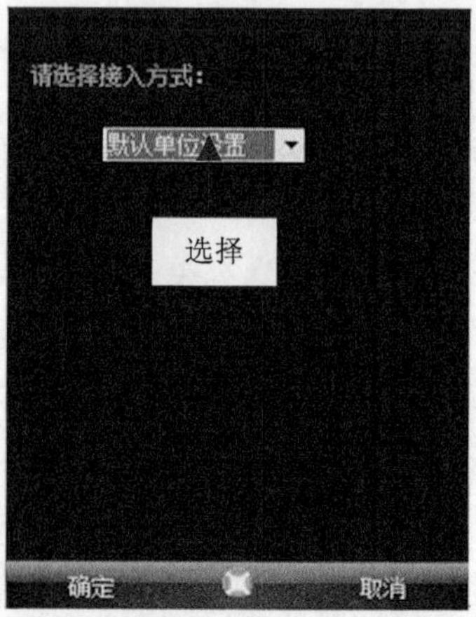

图 11-19 选择“默认单位设置”选项

图 11-20 “通讯管理”界面

Step 4 依次进入“设置”→“连接”界面，切换至“高级”选项卡，如图 11-21 所示。

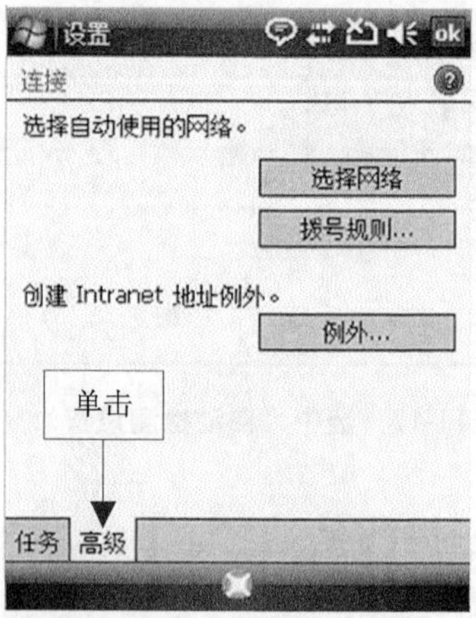

图 11-21 切换至“高级”选项卡

Step 5 单击“选择网络”按钮，进入“网络管理”界面，在“在程序自动连接到 Internet 时，使用”下拉列表中选择“单位设置”选项，如图 11-22 所示，单击 OK 按钮返回。

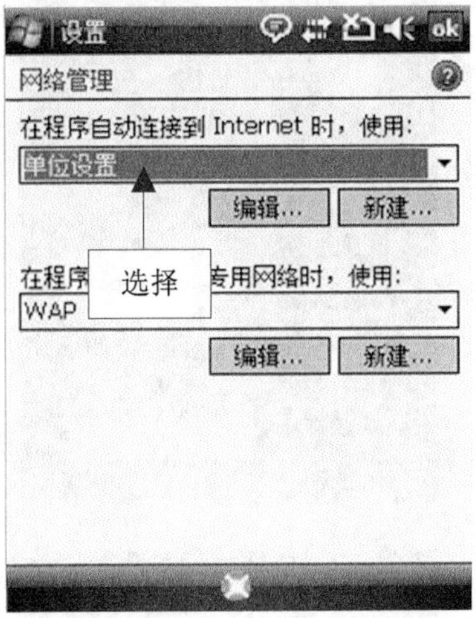

图 11-22 选择“单位设置”选项

Step 6 进入“设置”→WIFI 界面，在“配置无线网络”列表框中显示可用的 WIFI 接入点，选择相应的接入点后单击“连接”按钮，如图 11-23 所示。

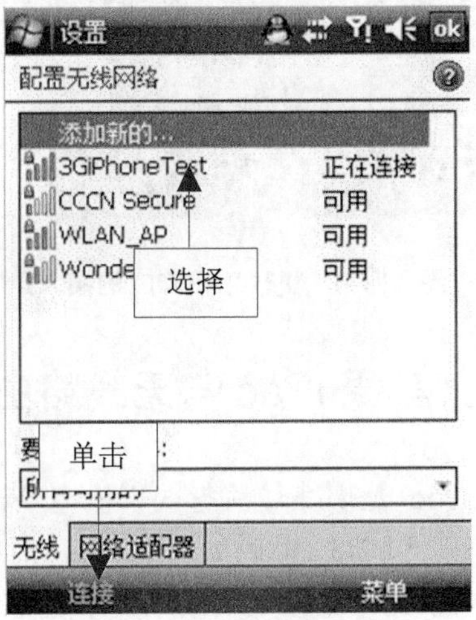

图 11-23 显示可用的 WIFI 接入点

Step 7 进入如图 11-24 所示的界面，可以对 WIFI 网络进行一些设置，这里使用默认设置，单击“下一步”按钮。

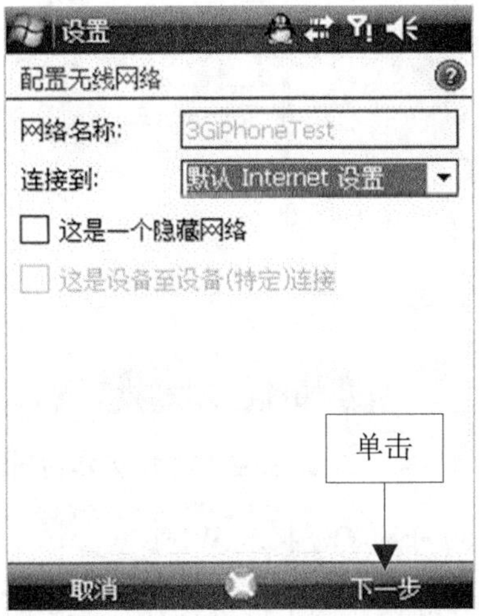

图 11-24 设置网络名称

Step 8 进入“配置网络身份验证”界面，如图 11-25 所示，如果 WIFI 接入点有密码，可在“网络密钥”文本框中输入密钥，否则默认选中“自动提供密钥”复选框，然后单击“下一步”按钮。

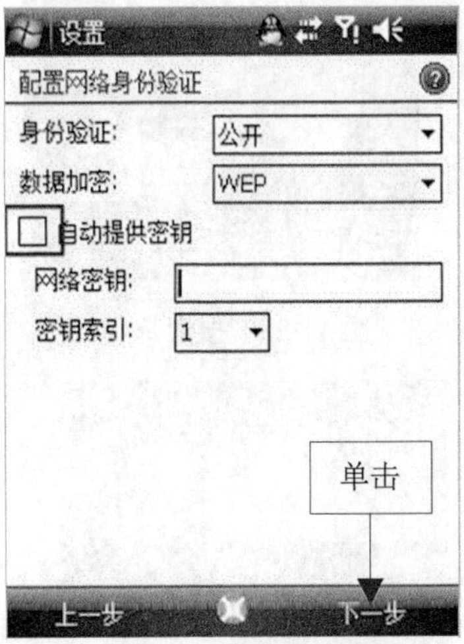

图 11-25 “配置网络身份验证”界面

Step 9 进入相应的界面，如图 11-26 所示，根据实际情况来选择是否使用“用 IEEE 802.1x 网络访问控制”的功能，这里使用系统默认设置，单击“完成”按钮。

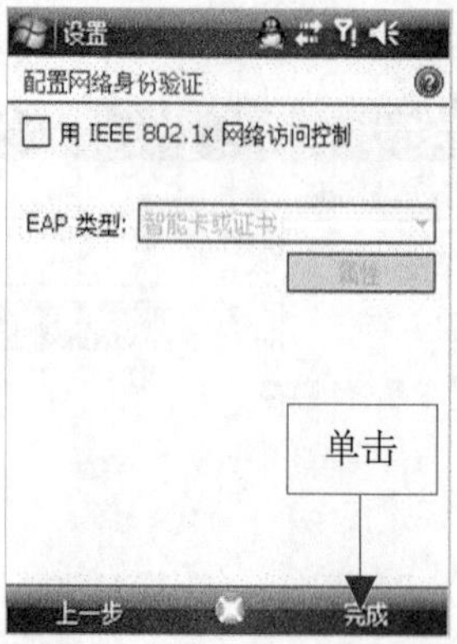

图 11-26　设置 IEEE 802.1x 网络访问控制

3. S60 手机 QQ 接入 WIFI

使用 S60 系统的手机可打开待机桌面的“WLAN 扫描已关闭”功能，搜索并“连接”到 WLAN 网络(可能需要输入正确密码才可建立连接)，如图 11-27 和图 11-28 所示。

图 11-27　搜索 WLAN

图 11-28　选择 WLAN 网络

另外，在手机 QQ 的 9 宫格界面选择“菜单”→“网络设置”命令更改手机 QQ 的接入点为可用的 WLAN 网络即可，如图 11-29 和图 11-30 所示。

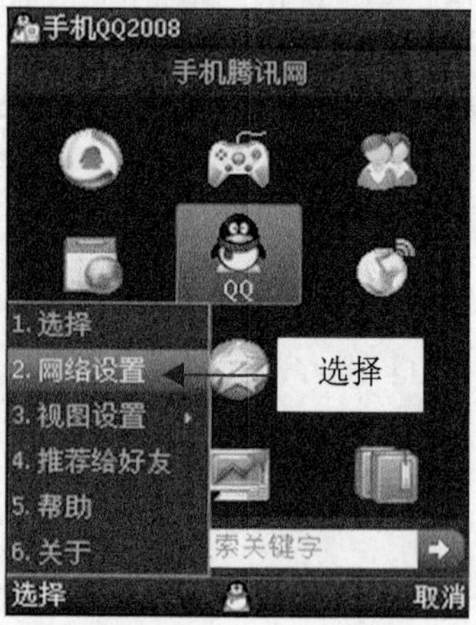

图 11-29　选择“网络设置”命令

图 11-30　更改手机 QQ 的接入点

11.3.2　苹果 iPad 与无线路由的连接

苹果 iPad 是现在最流行的平板电脑，由于 iPad 仅支持 WIFI 和 3G 的宽带接入方式，对很多不熟悉网络的用户来说，配置无线接入并不是一件容易的事情。这里将以 FAST 无线路由器为例来介绍苹果 iPad 的无线连接设置过程。

无线路由器相当于一台有线路由器加一个无线发射的小型“基站”，可以同时满足有线电脑、无线笔记本电脑、平板电脑等终端同时接入共享宽带上网，如图 11-31 所示。

> **技巧**
>
> 无线路由器的设置相对比较简单，本例将 SSID(无线基站的名称)设置为 0000，将加密方式设置为 WPA2-PSK 加密，密钥为 12345678。详细设置过程可以参考 11.2.3 小节，这里不再赘述。

接下来要对苹果 iPad 进行设置，具体操作步骤如下。

Step 1 打开 iPad 主界面，在“设置”菜单中选择 Wi-Fi 命令，进入 WIFI 设置界面，单击 按钮开启无线开关，如图 11-32 所示。

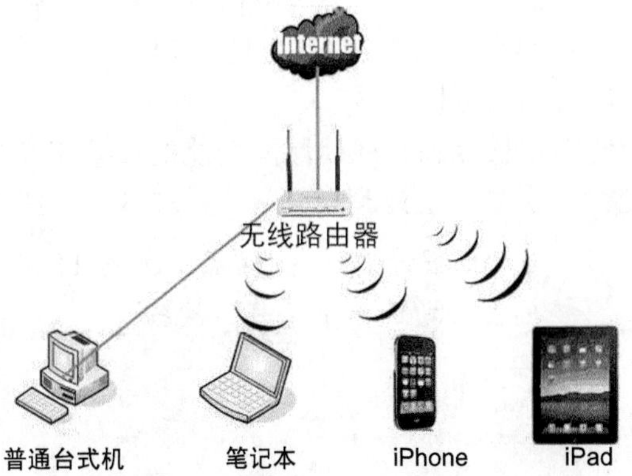

图 11-31　苹果 iPad 与无线路由的连接

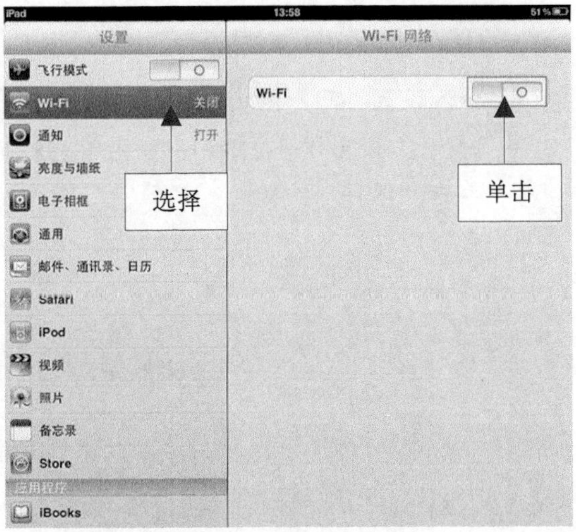

图 11-32　WIFI 设置界面

Step 2 搜索无线信号，选择前面所设置的 SSID0000 接入点，进行无线连接，单击 按钮，如图 11-33 所示。

图 11-33　选择 SSID0000 接入点

Step 3 弹出“输入密码”对话框，在“密码”文本框中输入无线密钥 12345678，如图 11-34 所示，然后按 Join 键(如果没有加密，则无线会直接连接成功)。

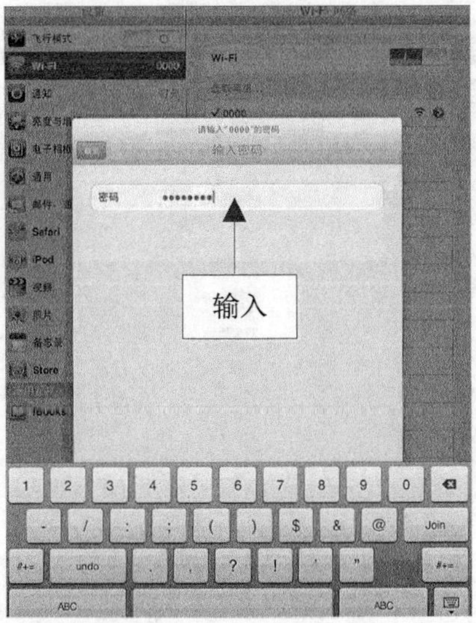

图 11-34　输入无线密钥

Step 4 进入如图 11-35 所示的界面，可看到 SSID

前面显示√，表示无线已连接成功，进行网络参数的设置，单击已连接无线信号右边的 ⊙ 按钮。

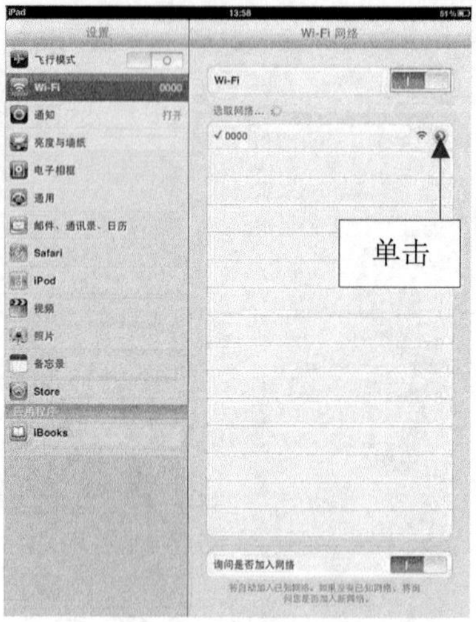

图 11-35 无线已连接成功

Step 5 弹出无线连接网络参数设置界面(推荐使用 DHCP)，单击"关闭"按钮，如图 11-36 所示。

> **技巧**
>
> 如果要设置静态 IP，可以单击"静态"按钮，手动设置 IP 地址、子网掩码、路由器以及 DNS 服务器。

图 11-36 无线连接网络参数设置界面

Step 6 获取到正确的网络参数之后，iPad 即可正常连接到网络。

11.3.3 使用家长控制无线网络功能

很多无线路由器都具有家长控制功能，能针对孩子在周一至周日不同的学习要求，设定不同的上网时段和网站限制，让孩子远离不良网站，从而实现健康上网。

下面举例来说明家长控制功能的配置，例如：在周一到周五的允许上网时间 1(20:00～21:00)，仅允许孩子(MAC 地址为 00-1A-4D-31-2B-28)浏览中国学习在线、中国英语网、新浪、腾讯、百度等网站；在周六至周日的允许上网时间 2(9:00～21:00)，仅允许孩子浏览中国学习在线、中国英语网、新浪、腾讯、百度和迅雷等网站；家长(MAC 地址为 74-EA-3A-7B-93-99)在任何时间都可以上网。

使用家长控制无线局域网功能的设置步骤如下。

Step 1 选择"上网控制"→"日程计划"选项，进入"日程计划设置"界面，如图 11-37 所示，单击"增加单个条目"按钮。

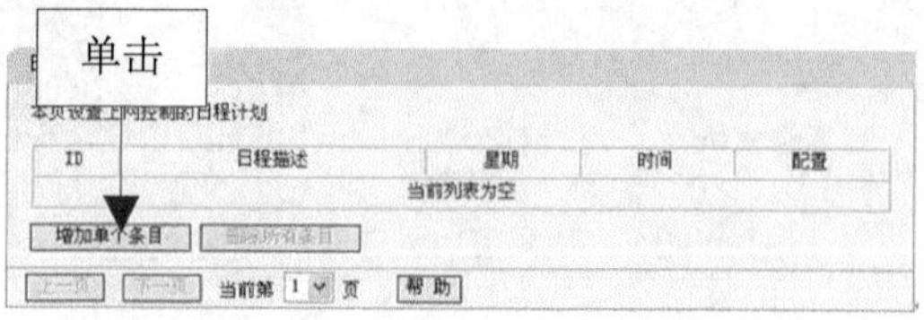

图 11-37 "日程计划设置"界面

Step 2 进入设置界面，添加周一至周五的允许上网时间 1(即 20:00～21:00)，如图 11-38 所示，单击"保存"按钮。

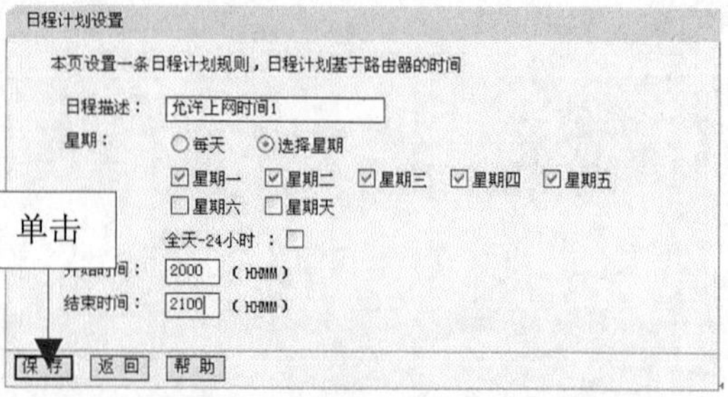

图 11-38 添加上网时间

Step 3 单击“增加单个条目”按钮，再添加一个条目，设置周六和周日的允许上网时间 2(即 9:00～21:00)，单击“保存”按钮，如图 11-39 所示。

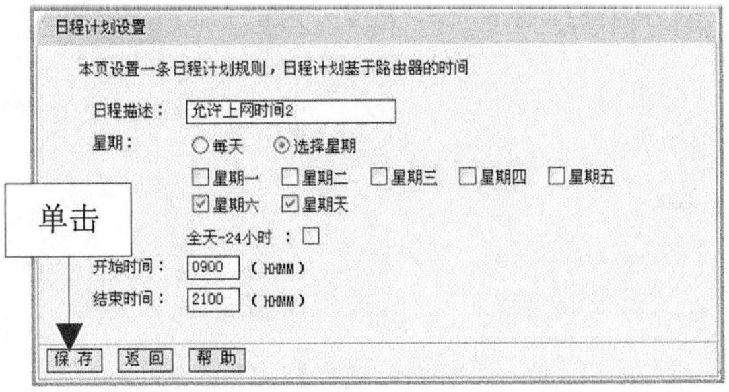

图 11-39　设置上网时间 2

Step 4 返回“日程计划设置”界面，即可看到所添加的日程计划，如图 11-40 所示。

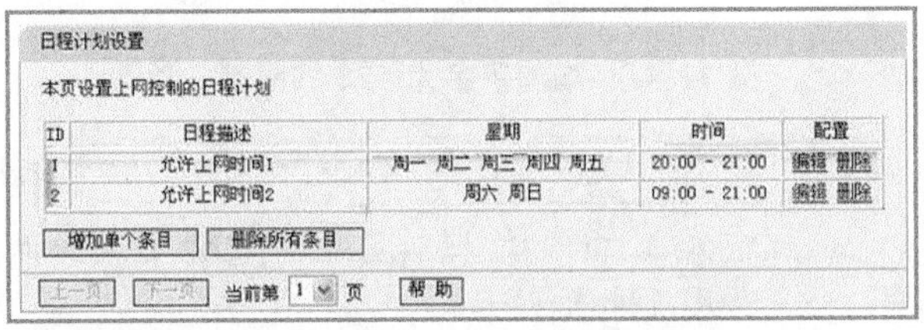

图 11-40　“日程计划设置”界面

Step 5 选择“家长控制”选项，进入“家长控制设置”界面，选中“启用”单选按钮，填写家长电脑的 MAC 地址(如当前管理路由器的电脑即家长电脑，可以单击“设为家长 PC”按钮)，然后单击“保存”按钮，如图 11-41 所示。

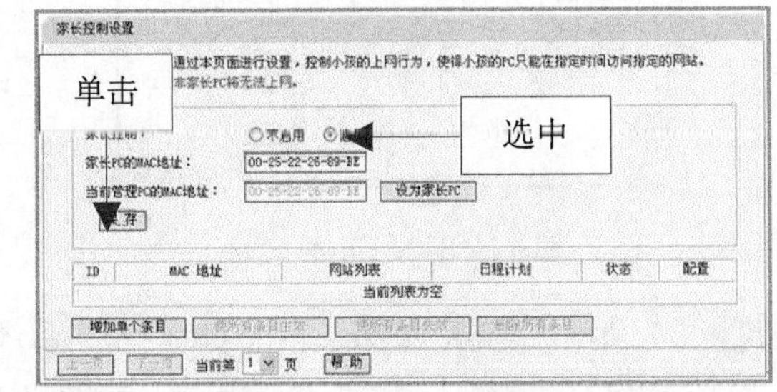

图 11-41　“家长控制设置”界面

Step 6 单击“增加单个条目”按钮，进入“家长控制规则设置”界面，进行相应的设置，如图 11-42 所示，单击“保存”按钮。

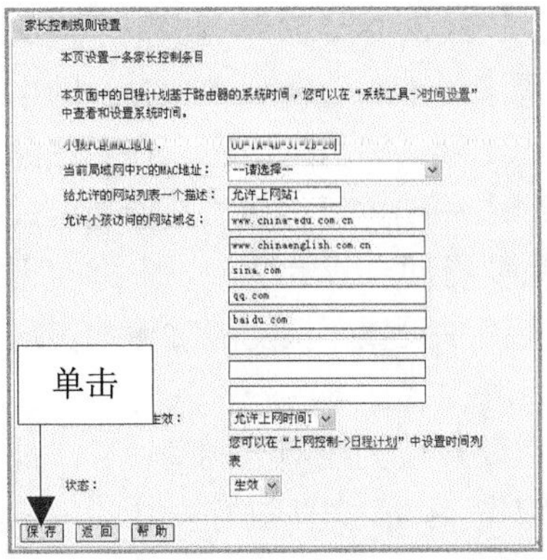

图 11-42　“家长控制规则设置”界面

Step 7 按与上一步相同的方法，再添加一个规则，单击“保存”按钮，如图 11-43 所示。

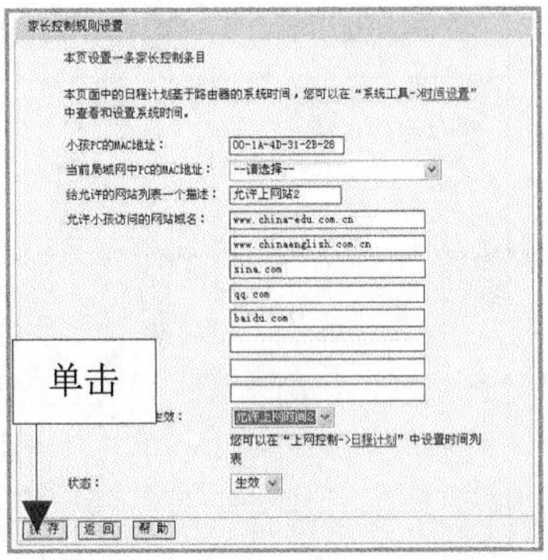

图 11-43　再添加一个规则

Step 8 返回到“家长控制设置”界面，即可看到所添加的规则，如图 11-44 所示，则家长控制功能已经开启。

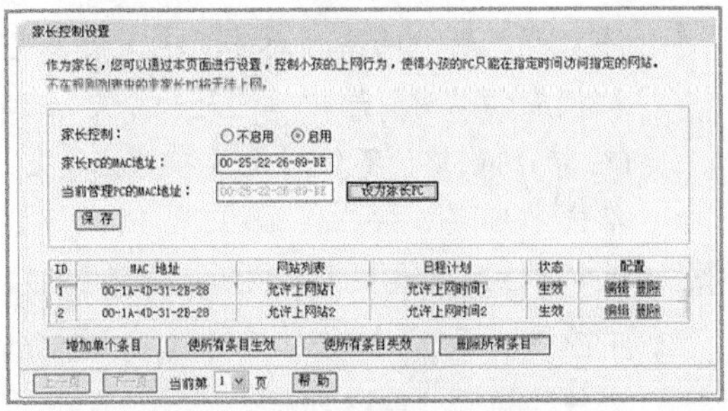

图 11-44　查看所添加的规则

11.3.4 建立点对点的双机互连网络

点对点无线网络又称为 Ad-Hoc 网络，主要适用于有临时需求的双机互连。Ad-Hoc 网络不需要有线基础设施的支持，即网络中不存在无线路由器，网络中的节点均由移动主机构成。不管是台式机还是笔记本电脑，只要有两台或者两台以上配有无线网卡的计算机，只需简单设置，就能随时随地实现无线局域网连接。

首先需要安装无线网卡驱动程序，推荐在驱动文件中直接双击 setup 文件进行安装即可，具体操作步骤如下。

Step 1 运行客户端应用程序，切换至“配置文件”选项卡，单击“添加”按钮，如图 11-45 所示。

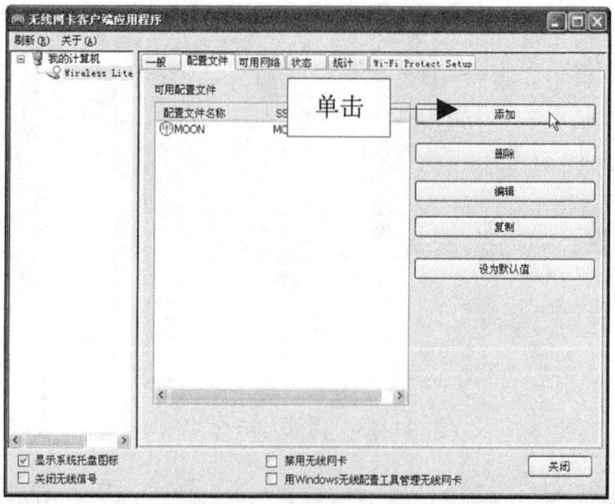

图 11-45 单击“添加”按钮

Step 2 弹出“无线网络属性”对话框，在“配置文件名称”和“网络名称(SSID)”文本框中输入相应的名称，选中“这是一个电脑到电脑(对等)的网络：不使用无线接入点”复选框，单击“确定”按钮，如图 11-46 所示。

Step 3 返回到“配置文件”选项卡，即可看到在“可用配置文件”下增加了一个名为 123 的配置文件，如图 11-47 所示。

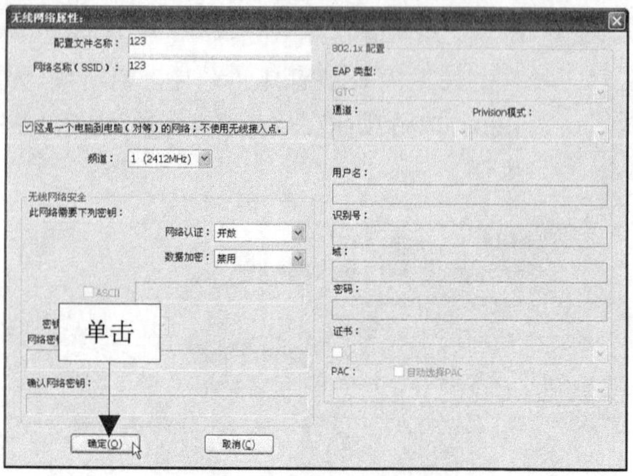

图 11-46 弹出“无线网络属性”对话框

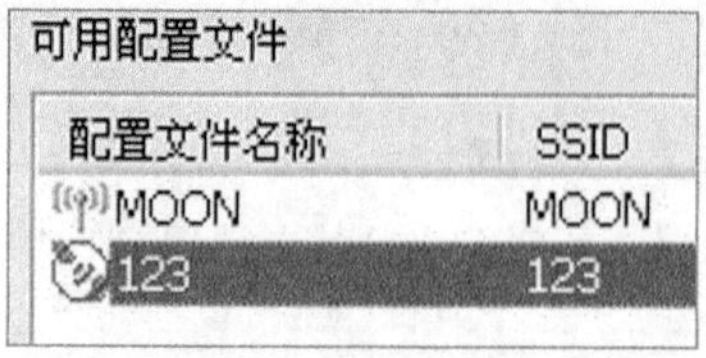

图 11-47 增加了名为 123 的配置文件

Step 4 进入无线网络连接属性对话框，为该无线网卡配置一个 IP 地址，单击“确定”按钮，如图 11-48 所示。

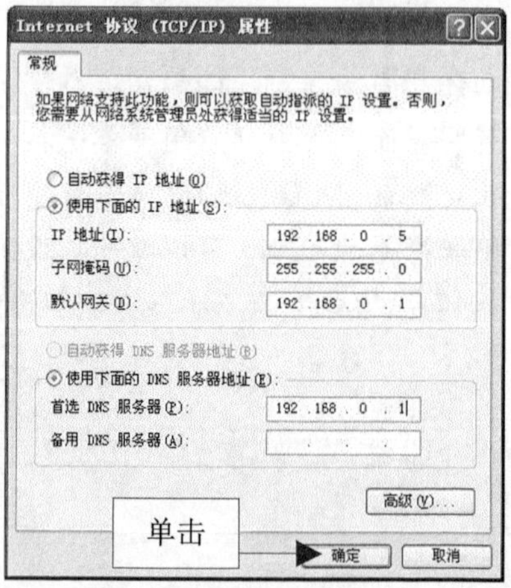

图 11-48 配置 IP 地址

Step 5 在局域网内其他笔记本电脑上双击无线连接图标，弹出“无线网络连接 属性”对话框，切换到“无线网络配置”选项卡，选中“用 Windows 配置我的无线网络设置”复选框，单击右下角的“高级”按钮，如图 11-49 所示。

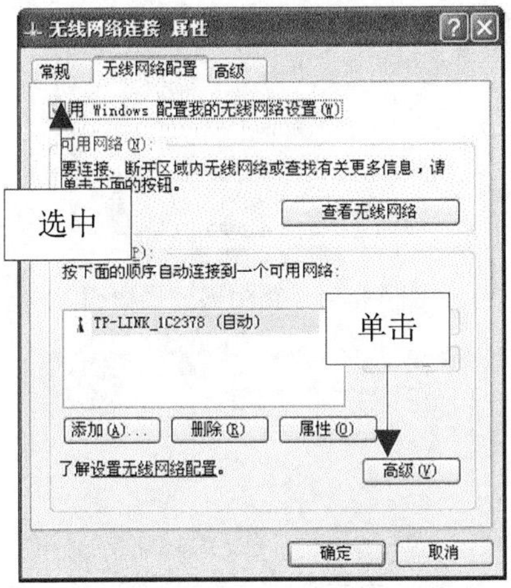

图 11-49　选中相应复选框

Step 6　弹出“高级”对话框，如图 11-50 所示，在其中选中“仅计算机到计算机(特定)”单选按钮，然后取消选中“自动连接到非首选的网络”复选框，最后单击“关闭”按钮。

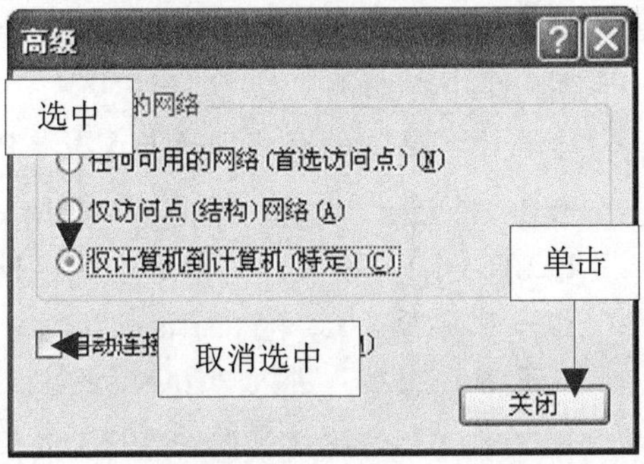

图 11-50　弹出“高级”对话框

Step 7　返回“无线网络连接 属性”对话框，单击“添加”按钮，弹出“无线网络属性”对话框，在“网络名(SSID)”文本框中输入前面设置的配置文件名 123，在“数据加密”下拉列表中选择“已禁用”选项，如图 11-51 所示，单击“确定”按钮。

Step 8　在无线连接属性中，将 IP 地址设置为 192.168.0.5，子网掩码设置为 255.255.255.0，此网卡的 IP 地址只需与前面设置的无线网卡在同一网段即可。

注 意

SSID 号主要用来区分不同的网络，最多可以设置 32 个字符。只有为两台计算机的无线网卡设置了名称相同的 SSID，才能实现互相通信。

Step 9　选择“开始”→“运行”命令，弹出“运行”对话框，在“打开”文本框中输入 cmd，按 Enter 键后打开命令提示符窗口，输入 ping 192.168.0.5，按 Enter 键即可测试网络的连通性，如图 11-52 所示。

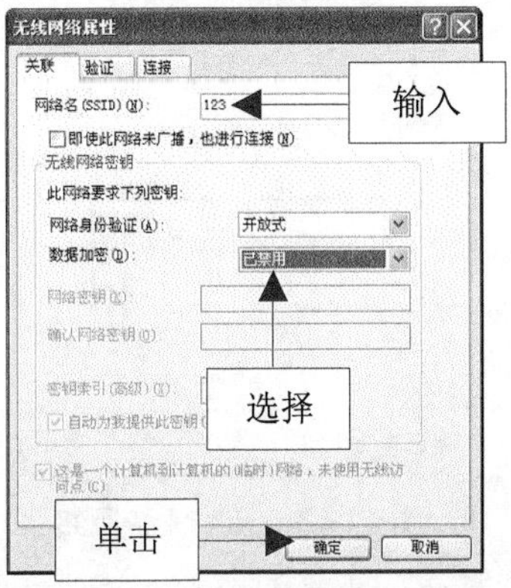

图 11-51　“无线网络属性”对话框

图 11-52　测试网络的连通性

如果能够 Ping 通，说明 Ad-Hoc 网络已经组建成功；若不能够 Ping 通，应重新检查一下配置是否正确，以及电脑上是否运行了防火墙。如果运行了防火墙，应暂时将防火墙关闭。如果对该 Ad-Hoc 网络进行加密设置，则只需在两张无线网卡上设置一致的 WEP

加密即可。

11.3.5 组建企业无线漫游网络环境

无线网络已经广泛应用到现代化的企业局域网中，但单个 AP 的覆盖面积有限，因此一些覆盖面较大的企业往往会安置两个或两个以上 AP，以达到在企业范围之内都能使用无线网络的目的。但有些员工或无线终端希望具有完全移动能力，就如手机一样的漫游功能。这样需要使用多个 AP 来组成一个漫游网络。漫游网络中，多个 AP 是利用有线网络连接在一起的，利用有线网络扩充和延伸了无线网络的应用范围，如图 11-53 所示。

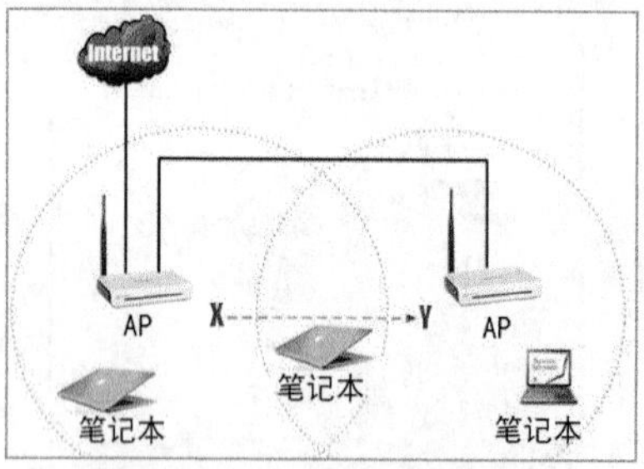

图 11-53 无线漫游网络

无线客户端用户从 X 位置移动到 Y 位置，都能保持网络连接。在使用时，无线网卡能够自动发现附近信号强度最大的 AP，并通过这个 AP 实现对整个网络资源的访问。无线漫游网络中，无线 AP 最好采用同品牌同型号同版本的产品。无线漫游网络的具体配置方法如下。

1. X 处无线 AP 的配置

将笔记本电脑有线网卡与 X 处 AP 的以太网口相连，将笔记本电脑的 IP 地址设置为自动获取，打开浏览器窗口，输入 192.168.1.1，进入路由器登录界面，如图 11-54 所示。输入用户名和密码进入路由器管理界面，选择“无线参数”→“基本设置”选项，进入“无线网络基本设置”界面，如图 11-55 所示，配置 SSID 号为 FAST_FAE、频段为 6、模式为 54Mbps，选中“开启无线功能”复选框，取消选中“开启安全设置”复选框，单击“保存”按钮。

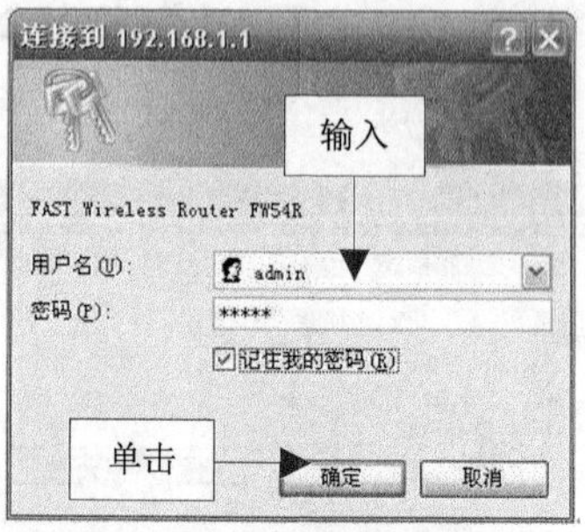

图 11-54 路由器登录界面

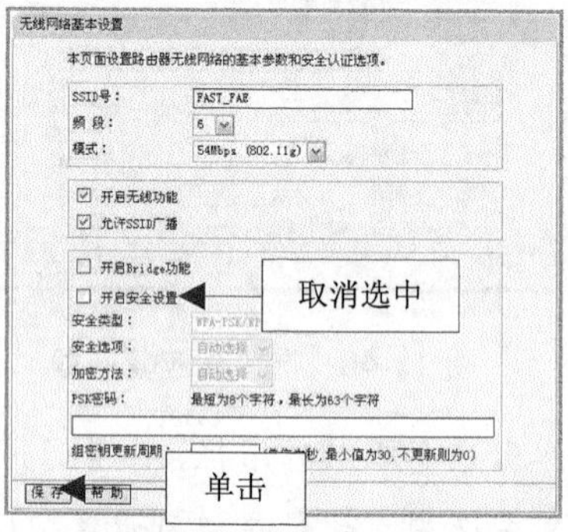

图 11-55 “无线网络基本设置”界面

2. Y 处无线 AP 的配置

将 X 处的 AP 设置好后，还要对 Y 处的 AP 进行设置，具体操作步骤如下。

Step 1 将笔记本电脑的有线网卡与 Y 处 AP 的以太网口相连，打开浏览器窗口，输入 192.168.1.1，输入用户名和密码，进入路由器管理界面，选择“网络参数”→“LAN 口设置”选项，进入“LAN 口设置”界面，将 Y 处 AP 的地址更改为 192.168.1.2，单击“保存”按钮退出管理器，如图 11-56 所示。

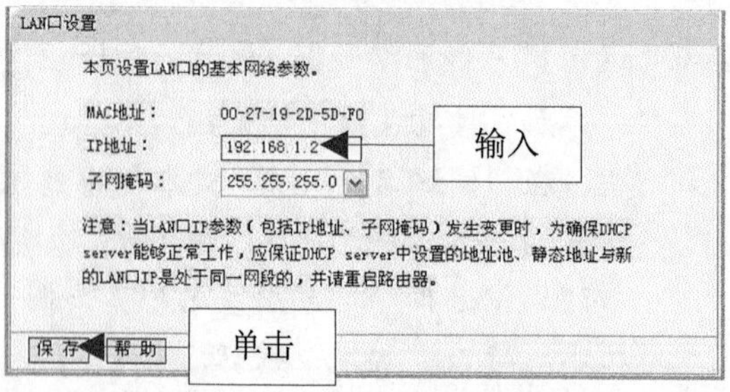

图 11-56 “LAN 口设置”界面

Step 2 在 IE 浏览器中输入 192.168.1.2，进入 Y 处无线 AP 的管理界面后，选择"DHCP 服务器"选项，选中"不启用"单选按钮，如图 11-57 所示，单击"保存"按钮。

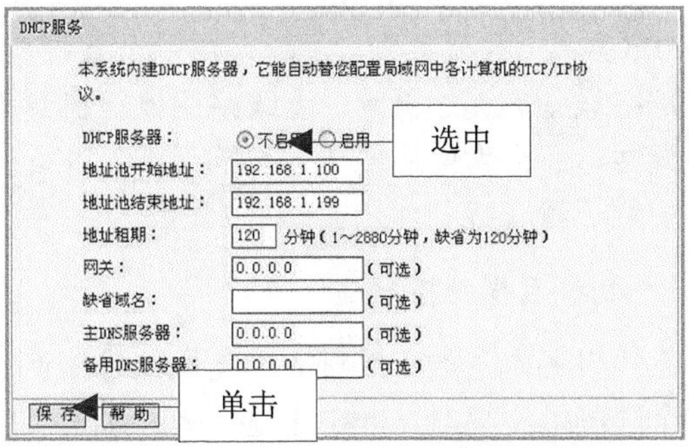

图 11-57　选中"不启用"单选按钮

技巧

修改 LAN 口 IP 是为了避免网络中 IP 地址冲突，以及方便管理各无线 AP。LAN 口 IP 修改及保存后，如果要检查该 Y 处 AP 的配置，可将浏览器中的 IP 地址改为 192.168.1.2。

Step 3 在路由器管理界面的左侧导航栏中，选择"无线参数"→"基本设置"选项，进入"无线网络基本设置"界面，将频段改为 1，其他选项配置内容与 X 处的 AP 相同，尤其是 SSID 要与 X 处的 AP 一致，如图 11-58 所示，单击"保存"按钮后退出路由器管理。

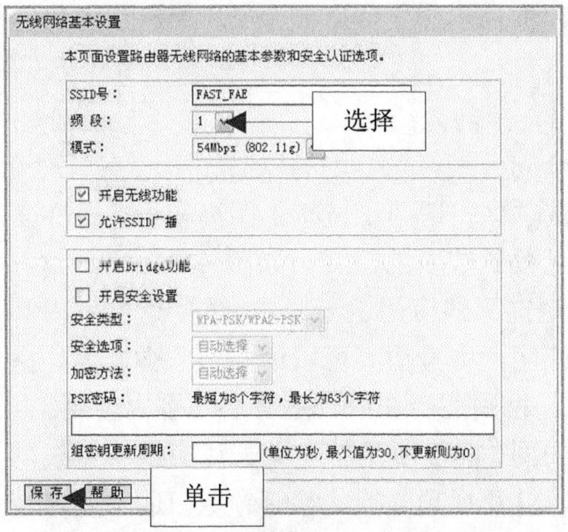

图 11-58　"无线网络基本设置"界面

至此，两个无线 AP 的配置已完成。如果想对无线网络加密，则将 X 和 Y 处 AP 设置为一样的加密方式和密码即可。

3. 无线网卡的设置

对于移动客户端来说，无线漫游的设置与连接一个 AP 的设置没有什么不同，无需特殊设置。无线网卡只需连接到漫游网络中任一 AP，则该客户端就可在漫游网络中的任一位置进行连接并能保持稳定通信。组建一个无线漫游网络需要注意下列事项。

- 最好通过有线将这些无线 AP 连接起来，组成一个骨干网络，这样性能更稳定。
- 无线 AP 最好采用同品牌同型号同版本的产品。
- 修改各无线 AP 的管理地址，这样既利于管理又可以防止 IP 地址冲突。
- 配置无线 AP 时，所有无线 AP 的 SSID 号、无线加密方式及密码都要一致。
- 相邻两个无线 AP 的频段最好错开 5 个频段，防止无线 AP 相互之间干扰。
- 局域网中只开启一个 DHCP 服务器，建议开启与外网连接 AP 的 DHCP 服务器，关闭其他 AP 的 DHCP 服务器。

11.4 无线局域网的安全配置与维护

安全一直是一个永恒不变的话题，随着无线网络的流行，无线网络的安全问题更加突出。因为无线网络与有线网络相比，不需要物理上线路的连接，完全借助无线电磁波进行连接，因此更容易受到入侵。不过只要在使用无线网络时注意下面的一些事项，同样可以保证网络的安全。

11.4.1 无线路由器的摆放

在安装无线路由器时，首先要做的是摆放问题。无线路由器的作用是将有线网络的信号转化为无线信号，它是整个无线网络的核心，因此其位置决定了整个无线网络的信号强度和传输速率。所以建议选择一个不容易被阻挡，并且信号能覆盖屋内所有角落的位置。无线路由器的位置应当相对较高。无线信号是直线传播的，每遇到一个障碍物，无线信号就会被削弱一部分，尤其是金属物体，更是无线信号的杀手。

无线路由器应当尽量居于房间的中央，由于无线AP 的覆盖范围是一个圆形选项区，因此只有将无线AP 置于房间中央，才能保障房间内的每个位置都能接收到无线信号，从而有效地接入无线网络，如图 11-59 和图 11-60 所示的 AP 摆放位置比较合理。无线网络能够自动调整传输速率，以适应复杂的网络环境。离无线 AP 越近，无线信号越强，干扰越小，数据传输速率也就越高。

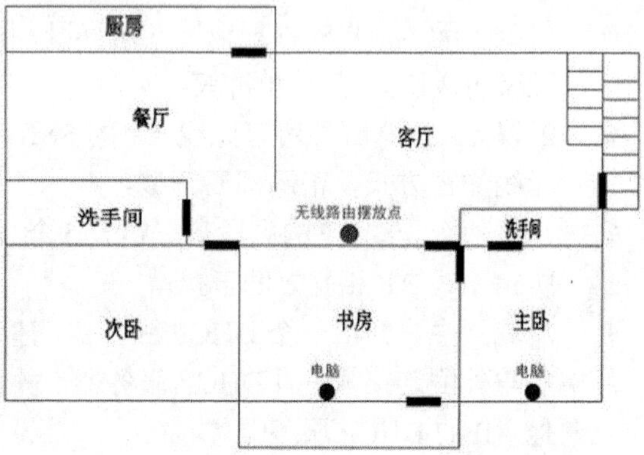

图 11-59　AP 摆放位置(1)

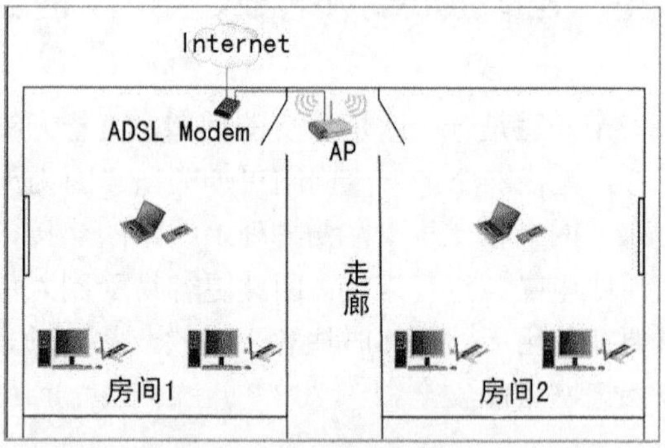

图 11-60　AP 摆放位置(2)

不要穿过太多的墙壁，尤其是浇注的钢筋混凝土墙体。实验表明，在 10 米的距离，无线信号穿过两堵砖墙后，仍然可以达到标称的最高传输速率，但再穿过一层楼板后，传输速率将只有标称速率的一半了。可见，钢筋混凝土墙体对无线信号有严重的影响。

11.4.2　增强无线网络信号

使用天线可以增强无线网络的信号，如 WIFI 天线、GPS 天线、胶套天线、车载天线以及各种转接线。无线网络设备如无线网卡、无线路由器等自身都带有无线天线，那么为何还要单独选购天线？在此，很有必要了解无线天线的作用。

1. 无线天线的概念

无线设备本身的天线都有一定距离的限制，当超出这个限制的距离时，就要通过这些外接天线来增强无线信号，达到延伸传输距离的目的。这里面要涉及以下两个概念。

- 频率范围：它是指天线工作的频段。这个参数决定了它适用于哪个无线标准的无线设备。比如 802.11a 标准的无线设备就需要频率范围在 5GHz 的天线来匹配，所以在购买天线时一定要认准这个参数所对应相应的产品。
- 增益值：此参数表示天线功率放大倍数，数值越大表示信号的放大倍数就越大，也就是说增益数值越大时，信号越强，传输质量就越好。

2. 无线天线的分类

根据使用需求的不同，无线天线又可以分为以下几种。

(1) 全向天线。

全向天线将信号均匀分布在中心点周围 360° 全方位选项区，适用于链接点距离较近，分布角度范围大，且数量较多的情况。如图 11-61 所示为 2.4GHz 3dBi 全向天线应用于无线局域网，适于室内和开放的空间应用，传输距离可以达到 60～200 米，室内可达 30 米。特别适合在办公室等小范围内使用。

如图 11-62 所示的全向天线应用于无线网接入点或桥，以及视频监控传输等领域。适于室内较大空间或室外两公里左右距离使用。

图 11-61　2.4GHz 3dBi 全向天线

图 11-62　无线网接入点天线

(2) 扇面天线。

扇面天线具有能量定向聚集的功能，可以有效地进行水平 180°、120°、90°范围内的覆盖，因此如果远程链接点在某一角度范围内比较集中时，可以采用扇面天线，如图 11-63 所示。扇面天线的应用范围非常广泛，如图 11-64 所示为监控系统中使用扇面天线来传输网络信息。

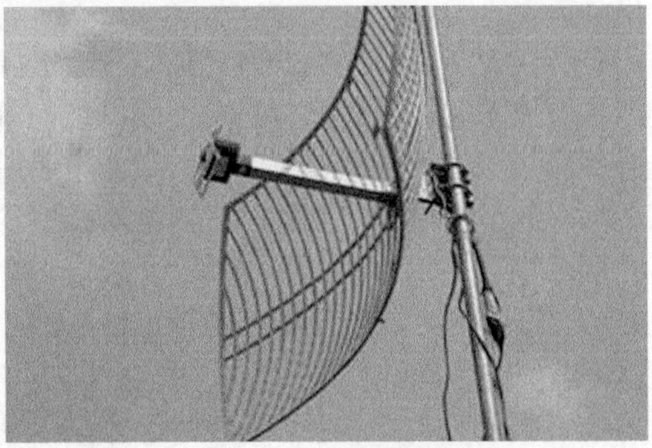

图 11-63　扇面天线

图 11-64　扇面监控系统

(3) 定向天线。

定向天线的能量聚集能力最强，信号的方向指向性极好，如图 11-65 所示。因此当远程链接点数量较少，或者角度方位相当集中时，采用定向天线是最为有效的方案。如图 11-66 所示为 2.4GHz 8.5dBi 中增益定向天线，可应用于 WLAN、ISM、Video。此种增益定向天线具有相对较宽的发射角度(75°)，比较适合在室内或者选项区相对比较阻塞的传输路径中使用，也适合室外近距离环境中使用。

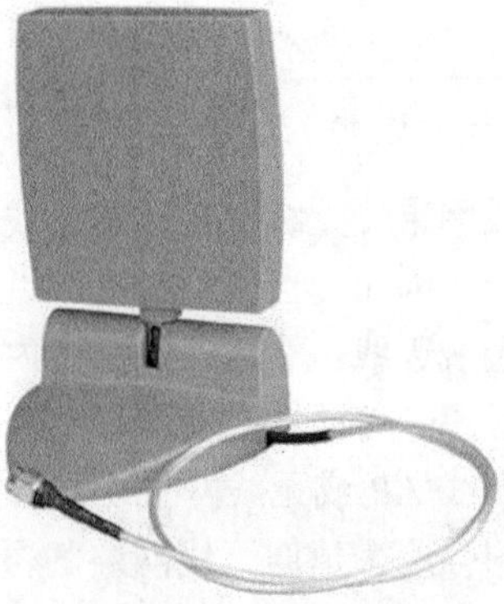

图 11-65　定向天线

图 11-66　中增益定向天线

(4) 组合天线。

上述 3 种天线各具一定的特性，因此在实际项目中，经常会出现组合使用的情况，例如利用多幅扇面天线，或者扇面天线和定向天线相结合使用，如图 11-67 所示。

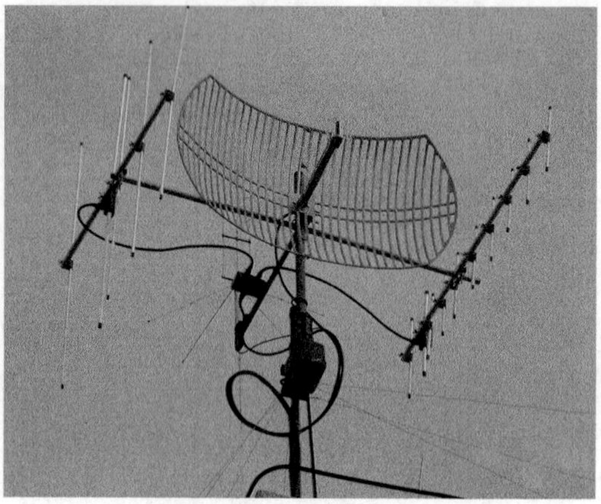

图 11-67　组合天线

因此，无线天线相当于一信号放大器，主要用来解决无线网络传输中因传输距离、环境影响等造成的信号衰减。

3. 无线天线的选购

无论是无线网卡、无线 AP 还是无线路由器，都内置有无线天线。因此，当传输距离较近时，用户无需安装外置的无线天线。然而，当在室内的传输距离超出 20～30 米，室外的传输距离超出 50～100 米时，就必须考虑为无线 AP 或无线网卡安装外置天线，以增强无线信号的强度，延伸无线网络的覆盖范围。

天线的品种比较多，以分别适应不同频率、不同用途、不同场合的要求，因此，在选购天线时，应当注意以下几个因素。

(1) 无线标准。

目前，可用的无线网络的标准主要有 3 个，即 IEEE 802.11b、IEEE 802.11g 和 IEEE 802.11a。其中，IEEE 802.11b、IEEE 802.11g 工作于 2.4GHz，而 IEEE 802.11a 工作于 5GHz。无线产品应当使用与执行标准相对应的无线天线。

(2) 应用环境。

当需要远距离通信时，有些无线 AP 和无线路由器的天线位于室内，而有些则位于室外，因此，应当根据需要选择适用于不同环境的室内天线或室外天线。需要注意的是，室内天线没有做过防水和防雷处理，因此，室内天线绝对不可以用于室外。如图 11-68 和图 11-69 所示分别为室内天线和室外天线。

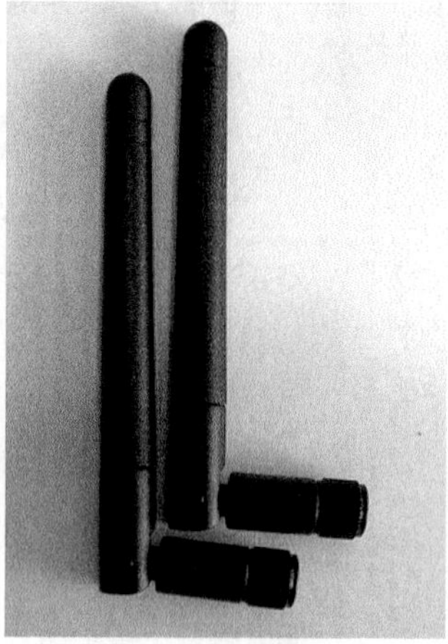

图 11-68　室内天线

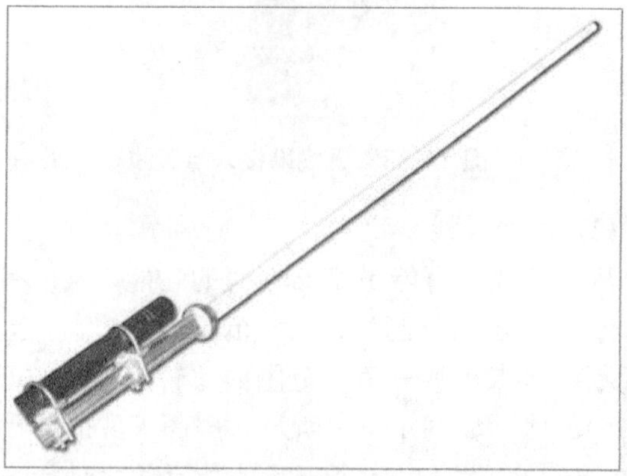

图 11-69　室外天线

(3) 覆盖范围。

当需要进行远距离的数据传输时，应当选择大增益的天线，而对于传输距离较近的无线网络而言，可以选择小增益天线。通常情况下，大增益天线适合远距离传输，而小增益天线则适合于网络漫游等需要大覆盖范围的应用。增益的大小使用 dBi 表示，室内天线大多为 4～5dBi，室外天线大多为 8.5～14dBi。

(4) 连接设备。

定向天线的方向性很强，可以将信号集中发送至一个方向或从一个方向接收。全向天线能够全方位发送或接收无线信号，尽管可以覆盖极其广泛的选项区，但是，每个方向的信号都比较弱。所以，通常情况下，无线 AP 和无线路由器应当选择全向天线，而无线网卡则可采用定向天线。

11.4.3 无线网络安全设置

现在，采用无线上网方式的用户越来越多，因为无线传输不像有线传输那样使用有形的线缆，所以无线局域网面临一个问题，即如何让无线网络更加安全和防止没有权限的终端非法连接自己的无线网络。

下面详细描述配置无线网络安全的过程，分别是“禁用 SSID 广播”、“MAC 地址过滤”和“加密配置”3 个步骤。

1. 禁用 SSID 广播

因为无线网卡连接无线路由器的过程当中，由无线路由器确定的 SSID(用于识别无线设备的标志符)扮演着重要的角色，当无线路由器确认了 SSID 以后，在默认情况下，无线路由器是广播 SSID 的，向周围空间通告自己的存在，网卡可以通过搜索这些信息得知无线路由器的存在，如果路由器配置为不广播 SSID，就可以在一定程度上避免那些没有权限的无线网卡知道无线路由器的存在，当然也就谈不上连接了，而用户可以将 SSID 手工输入自己电脑的无线网卡，告知网卡按照输入的 SSID 去连接无线路由器就可以了。

打开无线路由器的“无线网络基本设置”界面，如图 11-70 所示，修改 SSID 号，并取消选中“允许 SSID 广播”复选框，这样无线路由器就不会再向周围环境通告自己的存在，或者说一定程度上只有用户知道该无线路由器的存在。

2. MAC 地址过滤

每一块网卡都有一个唯一的标识参数，就是网卡的 MAC 地址，就像每个人的身份证一样。如果只想让自己的无线网卡连接无线路由器，只需要在无线路由器上设置自己无线网卡的 MAC 地址，则如果无线路由器上面没有配置的 MAC 地址，就不能连接上无线网络。

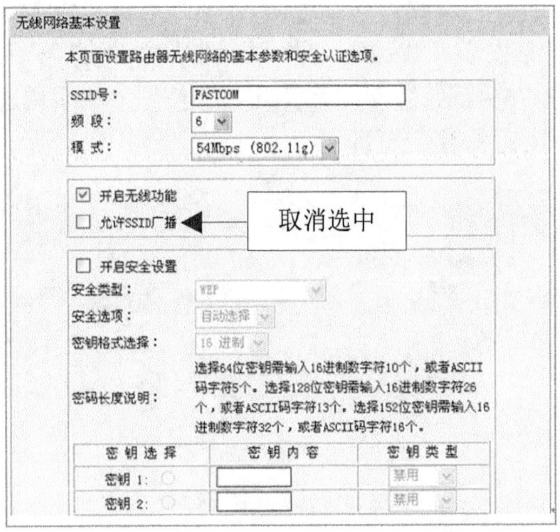

图 11-70 “无线网络基本设置”界面

在网卡上一般都有一个专门的标签，上面有网卡的 MAC 地址。如果在网卡上标注 MAC 地址的标签没有了，也可以通过在命令提示符窗口中输入 ipconfig/all 命令进入查看，在 Physical Address 后就是网卡的物理地址，也就是 MAC 地址。接下来在无线路由器的“无线网络 MAC 地址过滤设置”界面进行设置，如图 11-71 所示。

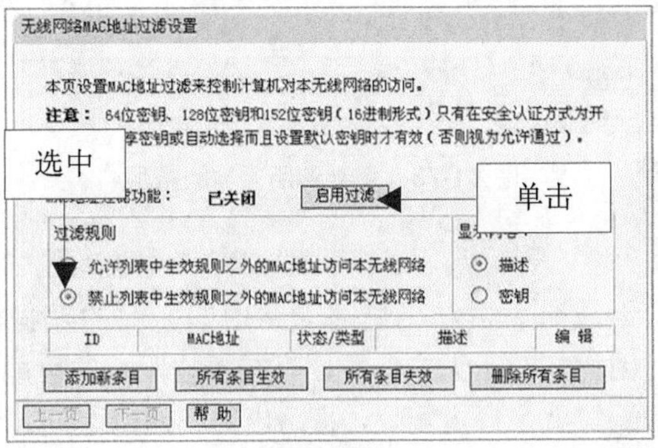

图 11-71 “无线网络 MAC 地址过滤设置”界面

选中“禁止列表中生效规则之外的 MAC 地址访问本无线网络”单选按钮，单击“添加新条目”按钮继续配置，弹出如图 11-72 所示的设置界面，在“MAC 地址”文本框中输入允许连接无线路由器的网卡 MAC 地址，并进行适当描述，其他参数默认(“类型”

选择“允许”，“密钥”不填，“状态”选择“生效”)，然后单击“保存”按钮。返回到“无线网络 MAC 地址过滤设置”界面，即可看到所添加的条目，如图 11-73 所示。单击“启用过滤”按钮，然后单击“保存”按钮保存配置即可。

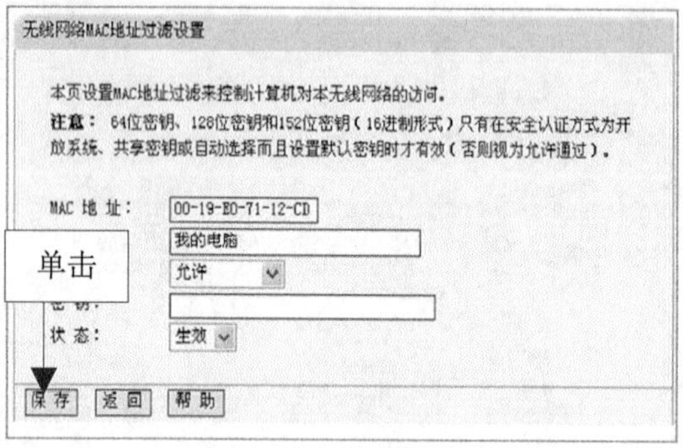

图 11-72　添加条目

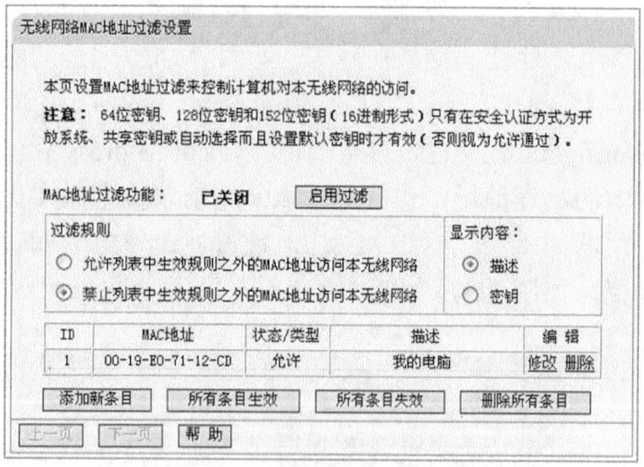

图 11-73　查看到所添加的条目

3. 加密配置

无线路由器和无线网卡路由器之间的数据包传输，因为是基于无线信号，存在着被监听的可能性，加密配置就是经过配置，将路由器和网卡之间传输的数据包进行加密，这样可以使通信过程更加安全。

当在无线“基本设置”界面的“安全选项”选项区中选择“自动选择”、“开放系统”和“共享密钥”这三项时，使用的就是 WEP 加密技术，“自动选择”是无线路由器可以与客户端自动协商成“开放系统”或者“共享密钥”。打开路由器管理界面，选择“无线参数”→“基本设置”选项，进入“无线网络基本设置”界面，如图 11-74 所示。

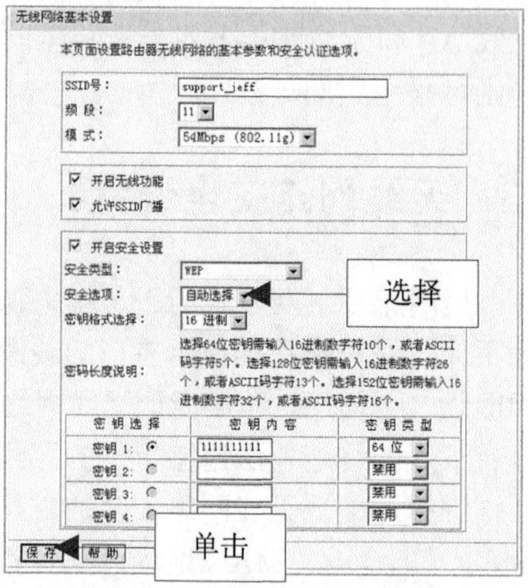

图 11-74　“无线网络基本设置”界面

在图 11-74 中，在“安全选项”下拉列表中选择“自动选择”选项，因为“自动选择”就是在“开放系统”和“共享密钥”之中自动协商一种，而这两种的认证方法的安全性没有什么区别。在“密钥格式选择”下拉列表中选择“16 进制”选项，也可选择“ASCII 码”选项，这里的设置对安全性没有任何影响，因为设置“单独密钥”的时候需要“16 进制”，所以这里推荐使用“16 进制”。在“密钥选择”下选中“密钥 1”单选按钮，“密钥类型”选择 64 位，选择了对应的位数以后“密钥类型”的长度会变更，此处输入了 10 位参数 1111111111。因为“密钥格式选择”为“16 进制”，所以“密钥内容”可以填入字符是 0、1、2、3、4、5、6、7、8、9、a、b、c、d、e、f，设置完毕后，单击“保存”按钮即可。

11.4.4　防止其他用户蹭网

在网上经常可以看到一种宣称能够破解无线密码、偷偷连接到别人的无线路由器实现免费上网的“蹭网卡”，而且已在电脑市场上炒得沸沸扬扬，“卡王”、“卡皇”、“卡神”层出不穷，卖得火热，很多用户也禁不住这种“免费午餐”的诱惑，加入到“蹭网”的行列。与此同时，不少用户也开始抱怨自己使用无线路由器上网很慢，怀疑是被人“蹭网”了。

其实“蹭网卡”是一种 WiFi 无线局域网网卡，与标准的无线网卡相比，主要有以下特点。

- 发射功率大：官方规定天线增益低于 10dBi 的 2.4GHz 无线局域网产品等效全向辐射功率(EIRP)必须小于或等于 100mW，欧盟 CE 认证标准也规定 2.4GHz 无线局域网产品的等效全向辐射功率(EIRP)要小于或等于 100mW，所以标准的无线路由器和无线网卡发射功率一般都在 50～100mW 之间，而“蹭网卡”发射功率一般都在 800mW 以上，是标准无线产品的十几倍，和手机相当，辐射较强，属于严重超标产品，长时间、近距离使用会影响到人体健康。
- 能破解密码：这类网卡一般都配有 BT3/BT4 等破解软件，但只能破解 WEP 加密，对于使用 WPA-PSK/WPA2-PSK AES 加密的无线路由器却无能为力，所以只要选择恰当的加密方法，完全可以防范恶意蹭网。

了解了“蹭网卡”的特点，防蹭网就比较容易了。现在的无线路由器一般都支持 WPA-PSK/WPA2-PSK 安全机制，用户只要在设置路由器时，选择 WPA-PSK/WPA2-PSK 安全类型，并指定加密方法为 AES 加密，如图 11-75 所示，即可有效保护无线网络的安全，防止蹭网一族的盗用。

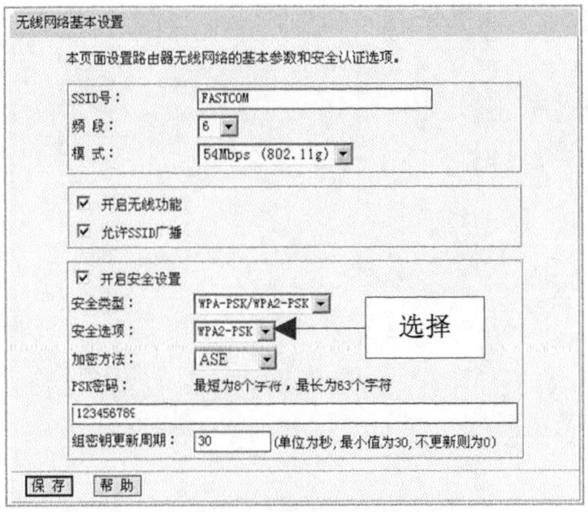

图 11-75 设置相应的安全选项

对于 11N 无线路由器和无线 USB 网卡、150M 无线路由器和无线 USB 网卡，用户还可以通过 WPS 快速安全设置功能来快速设置 AES 加密无线网络。如果用户是配套使用以上产品，只需在两分钟内分别按一下路由器和网卡上的 WPS 按钮，如图 11-76 所示，就可以轻松地在无线网卡与无线路由器之间建立 WPA2 级别的 AES 加密安全连接，无需记忆密码，即可有效防范“蹭网卡”的盗用。

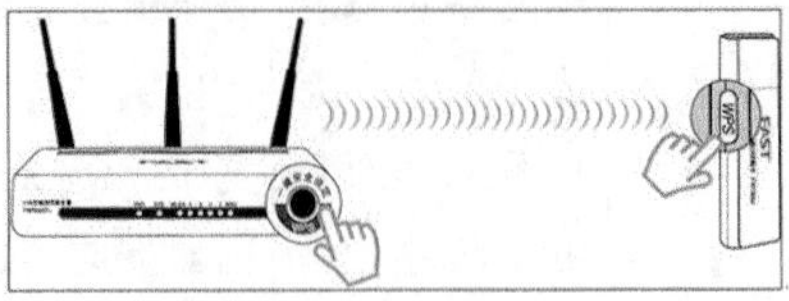

图 11-76 按 WPS 按钮

提 示

现在很多无线产品均已支持 WPA/WPA2 以及 WPA-PSK/WPA2-PSK 加密机制，并且采用硬件实现 AES 加密算法，加密解密过程更加高效，这样用户在使用 AES 加密保障无线网络安全的同时，无线性能不受影响，确保用户上网冲浪一样流畅。此外，用户还可以通过设置无线 MAC 地址过滤、SSID 隐藏、防火墙等功能，进一步保护自己的无线网络。

11.4.5 常见网络故障排除

组建无线局域网的硬件连接过程比较简单，网络设置方法也并不复杂，但在实际应用中，经常会遇到一些不能正常使用无线网络的情况。表 11-2 列举了无线局域网组建过程中经常出现的故障及解决方法，用户可进行参考。

表 11-2 无线局域网常见故障及解决方法

序 号	故障现象	产生原因	解决办法
1	笔记本电脑不能与无线路由器建立无线连接	笔记本电脑无线网卡没有开启；笔记本电脑找不到无线路由器的 SSID	启用笔记本电脑的无线网卡；开启无线路由器的 SSID 广播功能
2	显示无线网络已连接，但无法上网	网络配置参数不正确	检查或重新设置笔记本电脑的 IP 地址和 DNS 服务器

续表

序 号	故障现象	产生原因	解决办法
3	自动降速	无线路由器与笔记本电脑之间的距离较大	调整天线角度；缩短笔记本电脑与无线路由器之间的距离
4	信号不稳定，经常断线	无线路由器摆放位置太偏；散热不良；无线路由器与笔记本电脑之间的工作距离过大；受到外界干扰	调整无线路由器位置，减小无线路由器和笔记本电脑之间的距离；把宽带 Modem 和无线路由器搁放在通风处，不应叠加放置；加装外置增益天线；更换信道；远离微波炉、无绳电话等设备

故 障 解 析

在气温比较高的时候，为了让设备工作更稳定，在摆放宽带 Modem 和无线路由器等设备时，一定要注意散热。如果仔细观察一下宽带 Modem 和无线路由器的顶部和底部，可以发现许多小孔，这是为了改善散热条件而设置的。所以，在实际使用中，宽带 Modem 和无线路由器应并排放置，而不应上下叠加摆放，这对设备的稳定工作以及延长设备的使用寿命大有裨益。

共享管理篇

第 12 章 网络服务器的配置与管理

服务器是大中型局域网的基层网络设备，负责为局域网提供网络服务、数据存储以及网络资源的管理或分配等重要任务。网络服务器的规划将直接影响网络管理方式的实施以及网络服务的搭建或管理，常用的网络服务有 Active Directory 服务、DHCP 服务、DNS 服务、WWW 服务以及打印服务等。根据网络规模的大小，规划服务器时可以将多个服务器角色部署到同一台服务器上，以确保充分利用服务器资源。

本章学习要点

- 服务器概述
- 配置 Windows Server 2008 服务器
- 搭建 Windows Server 2008 服务器

12.1 服务器概述

服务器性能随着 CPU、内存与存储设备技术不断发展而越发强劲。例如，CPU 生产商 Tilera Corp 最近发布了 TILE64 家族多核处理器。该处理器包含 64 个独立处理器核心，而且每个核心都是全功能处理器。每核心包含 L1 与 L2 缓存，意味着这些核心都可以独立支持一个完整的操作系统(OS)。物理服务器技术已将内存管理提升至新的高度。例如，HP Proliant DL580 G7 服务器，拥有 64 个 DIMM 插槽并可以支持最多 2TB 容量的 DDR3 内存。本节将简单地介绍服务器的类型以及结构等，使用户对服务器有一个简单的了解。

12.1.1 服务器的类型

从理论定义来看，服务器是网络环境中的高性能计算机，它侦听网络上其他计算机(客户机)提交的服务请求，并提供相应的服务。为此，服务器必须具有承担服务并且保障服务质量的能力。服务器的分类非常的复杂，按照体系架构来区分服务器主要分为以下两类。

- 非 x86 服务器：包括大型机、小型机和 Unix 服务器，它们是使用 RISC(精简指令集)或 EPIC(并行指令代码)处理器，并且主要采用 Unix 和其他专用操作系统的服务器。这种服务器价格昂贵，体系封闭，但是稳定性好，性能强，主要用在金融、电信等大型企业的核心系统中。
- x86 服务器：又称 CISC(复杂指令集)架构服务器，即通常所讲的 PC 服务器，它是基于 PC 机体系结构，使用 Intel 或其他兼容 x86 指令集的处理器芯片和 Windows 操作系统的服务器，如 IBM 的 System x 系列服务器、Dell 的 PowerEdge 系列服务器、HP 的 Proliant 系列服务器等。这种服务器价格便宜、兼容性好、稳定性差、不安全，主要用在中小企业和非关键业务中。

> **提 示**
>
> 按应用层次划分通常也称为“按服务器档次划分”或“按网络规模”分，是服务器最为普遍的一种划分方法，它主要根据服务器在网络中应用的层次(或服务器的档次来)来划分的。要注意的是这里所指的服务器档次并不是按服务器 CPU 主频高低来划分，而是依据整个服务器的综合性能，特别是所采用的一些服务器专用技术来衡量的。

按这种划分方法，服务器可分为：入门级服务器、工作组服务器、部门级服务器、企业级服务器和视频服务器。

1. 入门级服务器

入门级服务器是最基础的一类服务器，也是最低档的服务器。随着 PC 技术的日益提高，现在许多入门级服务器与 PC 机的配置差不多，所以目前也有部分人认为入门级服务器与“PC 服务器”等同。这类服务器所包含的服务器特性并不是很多，通常只具备以下 5 方面特性。

- 有一些基本硬件的冗余，如硬盘、电源、风扇等，但不是必需的。
- 通常采用 SCSI 接口和 SATA 串行接口的硬盘。
- 部分部件支持热插拔，如硬盘和内存等，这些也不是必需的。
- 通常只有一个 CPU，但不是绝对，如 Dell 的入门级服务器内置了最新的四核英特尔(R)至强(R)处理器。
- 内存容量最大支持 16GB。

这类服务器主要采用 Windows 或者 NetWare 网络操作系统，可以充分满足办公室型的中小型网络用户的文件共享、数据处理、Internet 接入及简单数据库应用的需求。这种服务器与一般的 PC 机很相似，有很多小型公司干脆就用一台高性能的品牌 PC 机作为服务器，所以这种服务器无论在性能上，还是价格上都与一台高性能 PC 品牌机相差无几。

2. 工作组服务器

工作组服务器是一个比入门级高一个层次的服务器，但仍属于低档服务器之类，如图 12-1 所示。从这个名字也可以看出，它只能连接一个工作组(50 台左右)那么多用户，网络规模较小，服务器的稳定性也不像下面我们要讲的企业级服务器那样高的应用环境，当然在其他性能方面的要求也相应要低一些。工作组服务器具有以下 5 方面的主要特点。

图 12-1 工作组服务器

- 通常仅支持单或双 CPU 结构的应用服务器(但也不是绝对的，特别是 Sun 的工作组服务器就有能支持多达 4 个处理器的工作组服务器，当然这类型的服务器价格方面也就有些不同了)。
- 可支持大容量的 ECC 内存和增强服务器管理功能的 SM 总线。
- 功能较全面、可管理性强，且易于维护。
- 采用 Intel 服务器 CPU 和 Windows/NetWare 网络操作系统，但也有一部分是采用 Unix 系列操作系统的。
- 可以满足中小型网络用户的数据处理、文件共享、Internet 接入及简单数据库应用的需求。

注意

工作组服务器较入门级服务器来说性能有所提高，功能有所增强，有一定的可扩展性，但容错和冗余性能仍不完善，也不能满足大型数据库系统的应用，但价格也比前者贵许多，一般相当于 2～3 台高性能的 PC 品牌机总价。

3. 部门级服务器

部门级服务器是属于中档服务器之列，一般都是支持双 CPU 以上的对称处理器结构，具备比较完全的硬件配置，如磁盘阵列、存储托架等。部门级服务器的最大特点就是，除了具有工作组服务器的全部特点外，还集成了大量的监测及管理电路，具有全面的服务器管理能力，可监测如温度、电压、风扇、机箱等状态参数，结合标准服务器管理软件，使管理人员及时了解服务器的工作状况。同时，大多数部门级服务器具有优良的系统扩展性，使用户在业务量迅速增大时能够及时在线升级系统，充分保护了用户的投资。它是企业网络中分散的各基层数据采集单位与最高层的数据中心保持顺利连通的必要环节，一般为中型企业的首选，也可用于金融、邮电等行业。

提示

部门级服务器一般采用 IBM、Sun 和 HP 各自开发的 CPU 芯片，这类芯片一般是 RISC 结构，所采用的操作系统一般是 Unix 系列操作系统，现在的 Linux 也在部门级服务器中得到了广泛应用。部门级服务器可连接 100 个左右的计算机用户，适用于对处理速度和系统可靠性高一些的中小型企业网络，其硬件配置相对较高，其可靠性比工作组级服务器要高一些，当然其价格也较高(通常为 5 台左右高性能 PC 机价格总和)。由于这类服务器需要安装比较多的部件，所以机箱通常较大，采用机柜式的。

4. 企业级服务器

企业级服务器是属于高档服务器行列的，正因如此，能生产这种服务器的企业也不是很多，但同样因没有行业标准硬性规定企业级服务器需达到什么水平，所以现在也看到了许多本不具备开发、生产企业级服务器水平的企业声称自己有了企业级服务器。企业级服务器最起码是采用 4 个以上 CPU 的对称处理器结构，有的多达几十个。另外一般还具有独立的双 PCI 通道和内存扩展板设计，具有高内存带宽、大容量热插拔硬盘和热插拔电源、超强的数据处理能力和群集性能等。这种企业级服务器的机箱就更大了，一般为机柜式的，有的还由几个机柜来组成，像大型机一样，如图 12-2 所示为大型企业的服务器机房。企业级服务器产品除了具有部门级服务器的全部服务器特性外，最大的特点就是它还具有高度的容错能力、优良的扩展性能、故障预报警功能、在线诊断和 RAM、PCI、CPU 等具有热插拔性能。有的企业级服务器还引入了大型计算机的许多优良特性，如 Dell 和 IBM 公司的企业级服务器。这类服务器所采用的芯片也都是几大服务器开发商、生产厂商自己开发的独有 CPU 芯片，所采用的操作系统一般也是 Unix (Solaris)或 Linux。

图 12-2　大型企业的服务器机房

提 示

目前在全球范围内能生产高档企业级服务器的厂商有 IBM、HP、Sun，绝大多数国内外厂家的企业级服务器都只能算是中、低档企业级服务器。企业级服务器适合运行在需要处理大量数据、高处理速度和对可靠性要求极高的金融、证券、交通、邮电、通信部门或大型企业。企业级服务器用于联网计算机在数百台以上、对处理速度和数据安全要求非常高的大型网络。企业级服务器的硬件配置最高，系统可靠性也最强。

5. 视频服务器

视频服务器是一种对视音频数据进行压缩、存储及处理的专用嵌入式设备，它在远程监控及视频等方面都有广泛的应用。视频服务器采用 MPEG4 或 MPEG2 等压缩格式，在符合技术指标的情况下对视频数据进行压缩编码，以满足存储和传输的要求。视频服务器由视音频压缩编码器、输入/输出通道、网络接口、视音频接口、RS485/RS232 串行接口、协议接口、软件接口等构成。如图 12-3 所示为视频服务器。

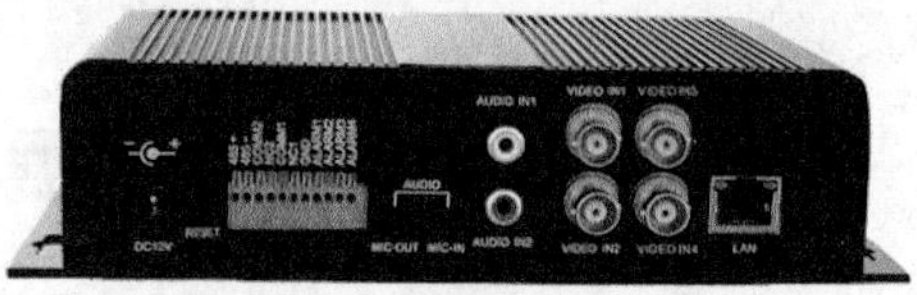

图 12-3　视频服务器

12.1.2　服务器的结构

网络服务器的可以分为机架式、刀片式以及机柜式 3 种结构。

1. 机架式服务器

机架式服务器的外形看起来不像计算机，而像交换机，如图 12-4 所示，有 1U(1U=1.75 英寸)、2U、4U 等规格。机架式服务器安装在标准的 19 英寸机柜里面。这种结构的多为功能型服务器。

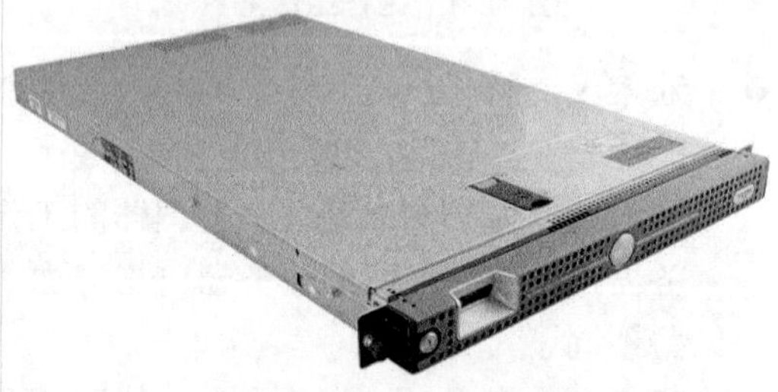

图 12-4　机架式服务器

2. 刀片服务器

刀片服务器(准确地说应叫做刀片式服务器)是指在标准高度的机架式机箱内可插装多个卡式的服务器单元，如图 12-5 所示，实现高可用和高密度。每一块“刀片”实际上就是一块系统主板。它们可以通过“板载”硬盘启动自己的操作系统，如 Windows NT/2000、Linux 等，类似于一个个独立的服务器，在这种模式下，每一块母板运行自己的系统，服务于指定的不同用户群，相互之间没有关联。不过，管理员可以使用系统软件将这些母板集合成一个服务器集群。

图 12-5 刀片服务器

提 示

在集群模式下，所有的母板可以连接起来提供高速的网络环境，并同时共享资源，为相同的用户群服务。在集群中插入新的“刀片”，就可以提高整体性能。而由于每块“刀片”都是热插拔的，所以，系统可以轻松地进行替换，并且将维护时间减少到最小。

3. 机柜式服务器

在一些高档企业服务器中由于内部结构复杂，内部设备较多，有的还具有许多不同的设备单元或几个服务器都放在一个机柜中，这种服务器就是机柜式服务器。对于证券、银行、邮电等重要企业，则应采用具有完备的故障自修复能力的系统，关键部件应采用冗余措施，对于关键业务使用的服务器也可以采用双机热备份高可用系统或者是高性能计算机，这样系统的可用性就可以得到很好的保证。

12.1.3 服务器的选购

很多企业在组建局域网时，在信息系统的设备，尤其是系统的心脏“服务器”的选择方面，通常表现出很大的困惑。而面对小企业用户的代理商和集成商，在常见的应用与服务器选择的关系上通常也是一知半解，使得应用更加不理想，不利于中小企业信息化的开展。这里我们根据多年的网络管理经验，对小型企业选购服务器提出一些建议。

1. 选购服务器

选择一款合适的服务器来满足用户的需要，需要对服务器使用有一个正确的理解。在进行服务器选配时，应根据以下 3 个方面来考虑。

- 网络环境及应用软件：是指整个系统主要做什么应用。具体来说就是服务器支持的用户数量、用户类型、处理的数据量等方面内容。不同的应用软件工作机理不同，对服务器选配的要求区别很大，常见的应用可以分为文件服务、Web 服务、一般应用和数据库等。
- 可用性：服务器是整个网络的核心，不但在性能上能够满足网络应用需求，而且还要具有不间断地向网络客户提供服务的能力。实际上，服务器的可靠运行是整个系统稳定发挥功能的基础。
- 服务器选配：服务器类型，如低端、中端和高端的分类，只是确定了服务器所能支持的最大用户数。但要用好服务器，还需要优化配置，用最小的代价获得最佳的性能。

2. 服务器的配置参数

选购服务器应该把目光放在自身需求上面，以本身应用需求、资金投入为考虑因素，选购最合适的服务器产品，另外，还要注意服务器的主要配置参数。

- CPU 和内存：CPU 的类型、主频和数量在相当大程度上决定着服务器的性能，服务器应采用专用的 ECC 校验内存，并且应当与不同的 CPU 搭配使用。
- 芯片组与主板：即使采用相同的芯片组，不同的主板设计也会对服务器性能产生重要的影响。
- 网卡：服务器应当连接在传输速率最快的端口上，并最少配置一块千兆网卡。对于某些有特殊应用的服务器(如 FTP、文件服务器或视频点播服务器)，还应当配置两块千兆网卡。

- 硬盘和 RAID 卡：硬盘的读取/写入速率决定着服务器的处理速度和响应速率。除了在入门级服务器上可采用 IDE 和 SATA 硬盘外，通常都应采用传输速率更高、扩展性更好的 SCSI 硬盘。对于一些不能轻易中止运行的服务器而言，还应当采用热插拔硬盘，以保证服务器的不停机维护和扩容。
- 冗余：磁盘冗余采用两块或多块硬盘来实现磁盘阵列，还有网卡、电源、风扇等部件冗余可以保证部分硬件损坏之后，服务器仍然能够正常运行。
- 热插拔：是指带电进行硬盘或板卡的插拔操作，实现故障恢复和系统扩容。同时，在选择 IA 服务器时通常需要考虑可管理性、可用性、可扩展性、安全性以及可靠性等几方面的性能指标。

12.2 配置 Windows Server 2008 服务器

服务器是局域网中的一个重要组成部分，下面以 Windows Server 2008 为例讲解服务器的安装方法，以及如何设置服务器。

12.2.1 安装 Windows Server 2008 活动目录

从 Windows Server 2000 到 Windows Server 2003，微软独有的网络逻辑管理技术“活动目录”一直是微软网络操作系统的一大热点，为许多网络管理者提供管理网络方面的便捷。Windows Server 2008 同样也会保持良好的网络管理功能，对活动目录上的设计增加更多的功能和服务，实现更加强大的网络管理和网络服务，其安装过程可参考 10.3.1 小节，此处不再赘述。

12.2.2 添加用户

在各种网络服务中，几乎所有的权限和安全都针对用户和组。无论在域控制器的 Active Directory，还是在独立服务器的计算机管理，都可以向其中添加用户，并为不同用户分别设置权限。

经常访问网络的每位用户，都应拥有网络中唯一的用户账户。如果网络中有多个域控制器，可以在任何域控制器上创建新的用户账户，因为这些域控制器都是对等的。在一个域控制器上创建新的用户账户时，这个域控制器会把信息复制到其他域控制器，从而确保该用户可以登录并访问任何一个域控制器。添加用户的具体操作步骤如下。

Step 1 依次选择“开始”→“管理工具”→“Active Directory 用户和计算机”命令，打开“Active Directory 用户和计算机”窗口，展开左侧的 bosong.net 选项，并选择 Users 选项，如图 12-6 所示。

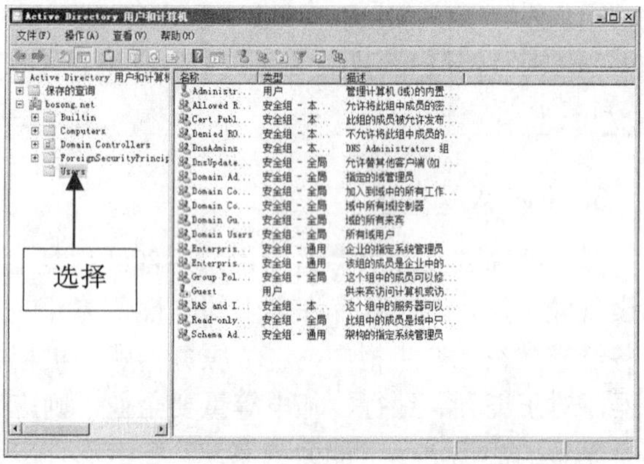

图 12-6 “Active Directory 用户和计算机”窗口

Step 2 在右侧窗口中的空白处单击鼠标右键，在弹出的快捷菜单中选择“新建”→“用户”命令，弹出“新建对象－用户”对话框，如图 12-7 所示，在“姓”、“名”和“姓名”文本框中分别输入要添加的账户的姓名信息，在“用户登录名”文本框中输入用户登录时使用的账号名称，单击“下一步”按钮。

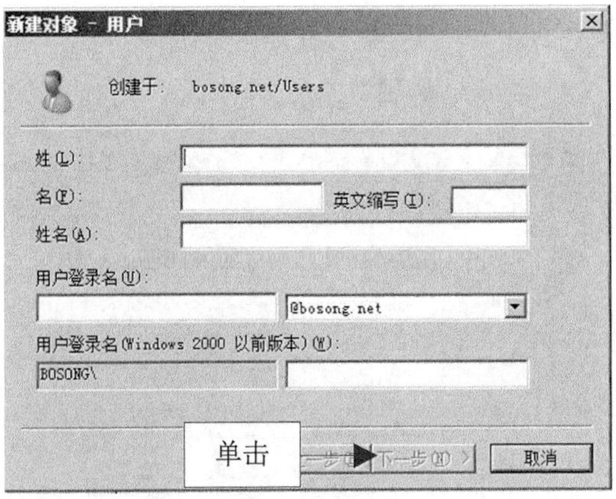

图 12-7 “新建对象-用户”对话框

Step 3 进入设置密码界面，如图 12-8 所示。该密码是该账户登录时的密码，在“密码”和“确认密码”文本框中分别输入相同的密码。注意，为了提高网络的安全性，所有账户密码的设置应尽量使用含字母、数字及下划线的随机组合，密码之间尽量不相关，以利于账户的安全。

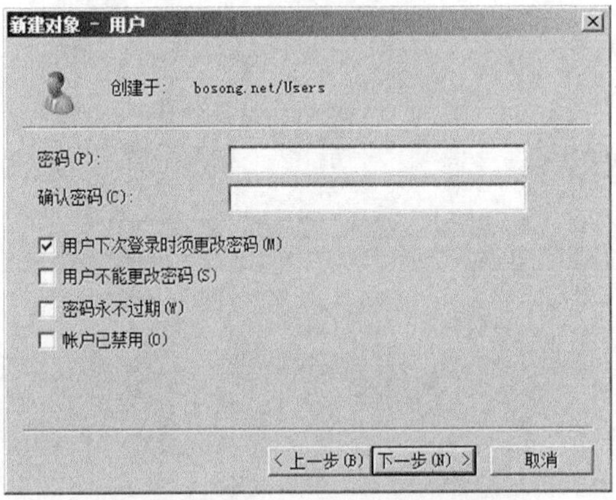

图 12-8 进入设置密码界面

Step 4 单击“下一步”按钮，进入如图 12-9 所示的界面，其中显示了设置的所有信息，可以在此处确认这些信息，单击“完成”按钮。

Step 5 将用户添加至活动目录，如图 12-10 所示。

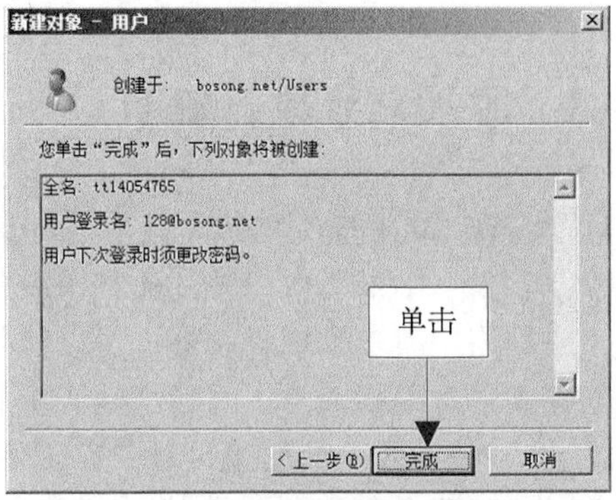

图 12-9 显示设置的所有信息

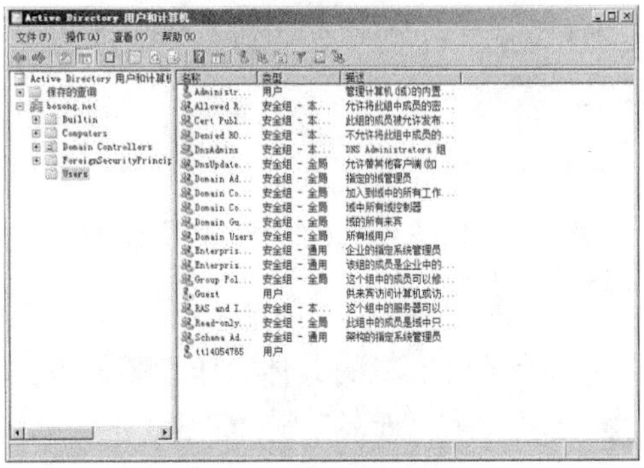
图 12-10 添加用户

在“Active Directory 用户和计算机”窗口中，右键单击右侧窗口中的用户名，可以在弹出的快捷菜单中做一些简单的设置，包括对用户账户的一些操作，如重设密码、禁用账户、删除账户及添加到用户组等。若需对用户属性做详细的设置，可用右键单击用户名并在快捷菜单中选择“属性”命令，在弹出的对话框中进行修改，如图 12-11 所示。

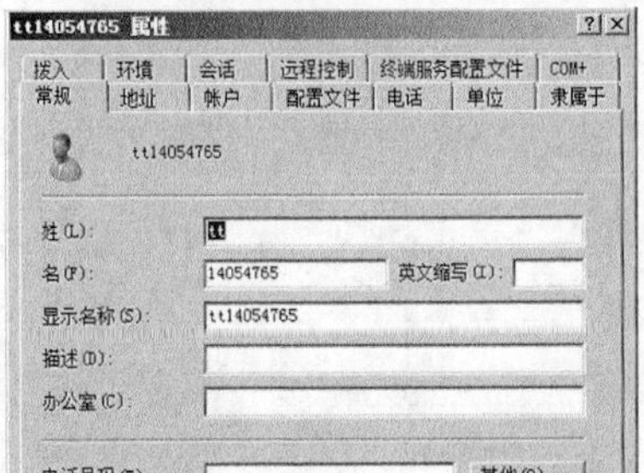

图 12-11 弹出属性对话框

12.2.3 添加与修改计算机

在向域中添加新的计算机时，必须在“Active Directory 用户和计算机”窗口中创建一个新的计算机账户。如果网络中有多个域控制器，可以在任何域控制器上创建新的计算机账户，因为这些域控制器都是对等的。当在一个域控制器上创建新的计算机账户时，这个域控制器会把信息复制到其他域控制器，从而确保该计算机可以登录并访问任何一个域控制器。计算机用户创建后，每个使用该计算机的用户都可以使用该账户登录。

> **提 示**
>
> 用户可以根据系统管理员赋予该计算机账户的权限访问网络。

添加与修改计算机的具体操作步骤如下。

Step 1 依次选择“开始”→“管理工具”→“Active Directory 用户和计算机”命令，打开“Active Directory 用户和计算机”窗口，展开左侧的控制台树，并选择 Users 选项，在右侧窗口中的空白处单击鼠标右键，在弹出的快捷菜单中选择“新建”→“计算机”命令，弹出“新建对象－计算机”对话框，如图 12-12 所示，在“计算机名称”文本框中分别输入该计算机账户的计算机名，在“计算机名(Windows 2000 以前版本)”文本框中可采用默认值，单击“确定”按钮。

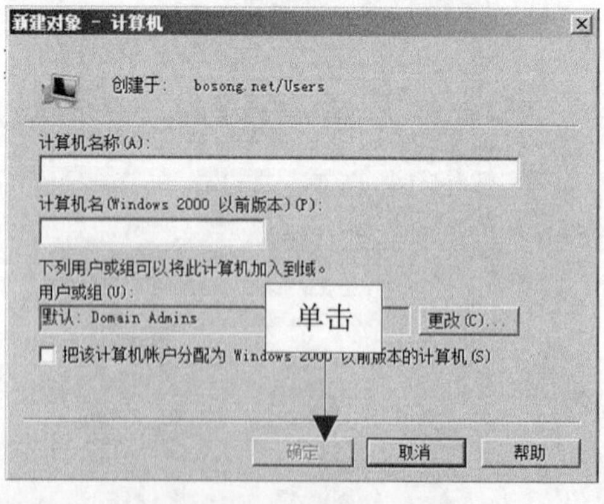

图 12-12 弹出“新建对象-计算机”对话框

Step 2 添加计算机，在添加的计算机上单击鼠标右键，如图 12-13 所示。

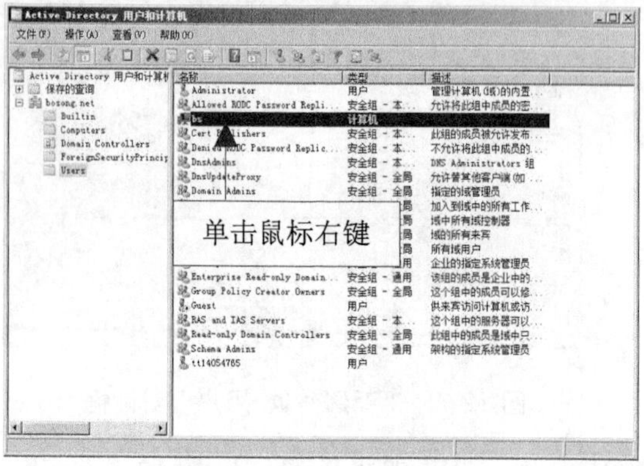

图 12-13 添加计算机

Step 3 在弹出的快捷菜单中选择“属性”命令，弹出“bs 属性”对话框，如图 12-14 所示，可修改该计算机的相关属性，将该计算机添加至用户组。

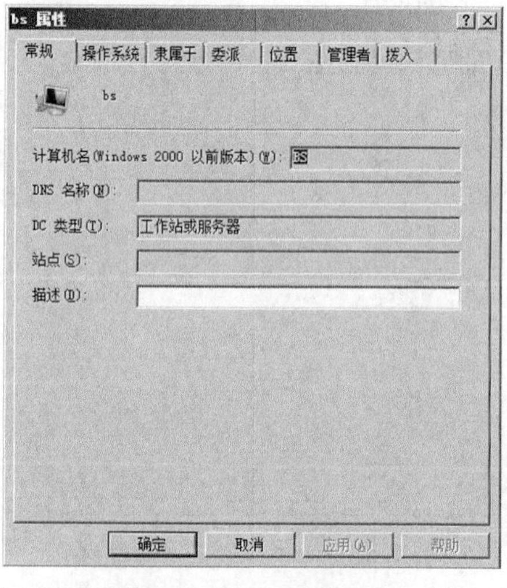

图 12-14 弹出属性对话框

12.2.4 添加用户组

当用户较多时，可以借助于用户组进行管理，即将拥有较多权限的用户添加到一个组，只需为该组设置权限，即可作用于组中的每一个成员，从而简化操作的复杂性，降低管理的难度。在“Active Directory

用户和计算机”窗口中展开左侧的控制台树，并选择 Users 选项，在右侧窗口中的空白处单击鼠标右键，在弹出的快捷菜单中选择“新建”→“组”命令，弹出“新建对象 – 组”对话框，如图 12-15 所示，在“组名”文本框中输入该计算机账户的计算机名，可采用默认值，单击“确定”按钮即可添加该组。

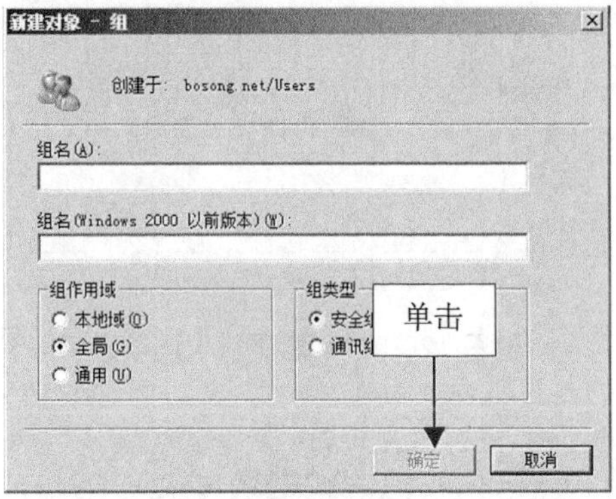

图 12-15 “新建对象 – 组”对话框

在“组作用域”选区中选择组的作用域。

- 本地域：最常用于分配权限访问资源。域本地组可以从任何域增加成员，可以使用域本地组分配权限，以访问分布在创建域本地组的同一个域中的资源。
- 全局：最常用于组织那些类似共享网络访问要求的用户，使用全局组分配权限，可以获得访问分布在域树或森林中任何域中的资源。

在“组类型”中选择组的类型。

- 安全组：可以列在随机访问控制列表(DACL)中的组，该列表用于定义对资源和对象的权限。安全组也可用作邮件实体，向这种组发送电子邮件的同时也会将该邮件发给组中的所有成员。
- 通讯组：仅用于分发电子邮件且没有启用安全性的组。不能将通讯组列在用于定义资源和对象权限的随机访问控制列表(DACL)中。通讯组只能与电子邮件应用程序一起使用，以便将电子邮件发送到用户集合。如果因为安全目的并不需要组，可以选择创建通讯组而不要创建安全组。

向组中添加成员的具体操作步骤如下。

Step 1 在“Active Directory 用户和计算机”窗口中展开左侧的控制台树，并选择 Users 选项，在右侧窗口中右键单击要添加成员的组，在弹出的快捷菜单中选择“属性”命令，弹出“tt 属性”对话框，如图 12-16 所示。

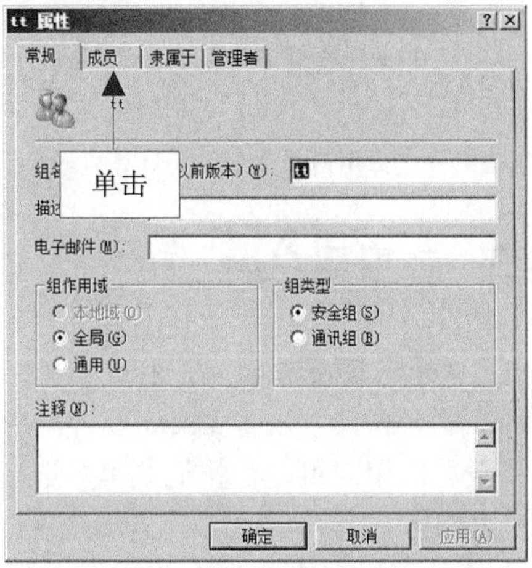

图 12-16 弹出“tt 属性”对话框

Step 2 切换至“成员”选项卡，在列表中显示该组中所有的用户和计算机，选择相关用户并单击“添加”按钮，如图 12-17 所示。

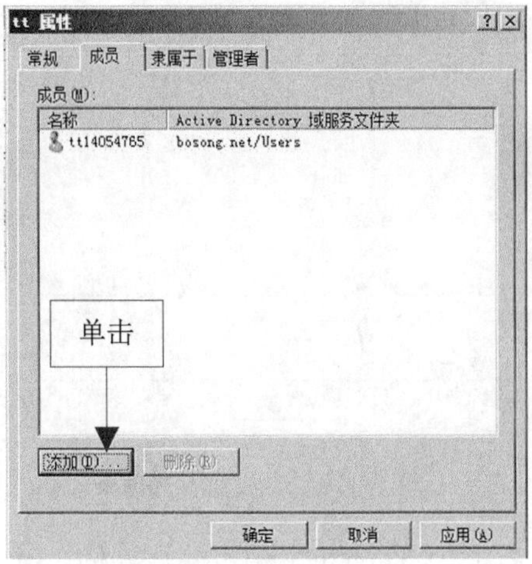

图 12-17 “成员”选项卡

Step 3 弹出“选择用户、联系人、计算机或组”对话框，如图 12-18 所示。选择相应的用户后，单击“确定”按钮，返回至“Active Directory 用户和计算机”窗口即可。

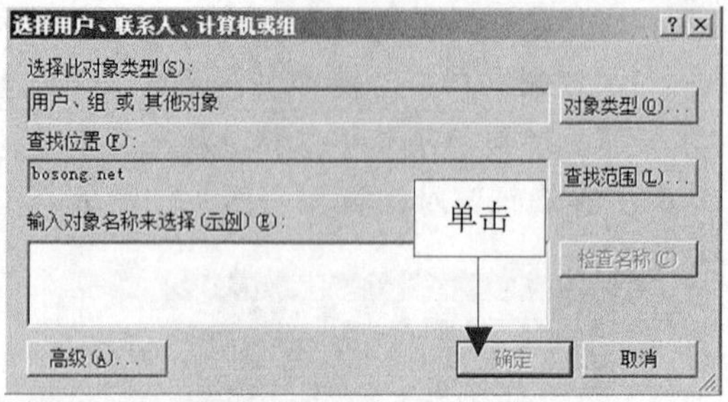

图 12-18 “选择用户、联系人、计算机或组”对话框

12.2.5 查看用户组

打开“Active Directory 用户和计算机”窗口，展开左侧的控制台树，并选择 Users 选项，在右侧窗口中选择要查看的用户组，在快捷菜单中选择“属性”命令，弹出如图 12-19 所示的对话框，切换至“成员”选项卡，显示该用户组所拥有的所有计算机和用户账户。

图 12-19 “成员”选项卡

在“Active Directory 用户和计算机”窗口中，右键单击右侧窗口中的相应用户，并在快捷菜单中选择“属性”命令，弹出如图 12-20 所示的对话框，切换至“隶属于”选项卡，显示该用户所属于的所有用户组。

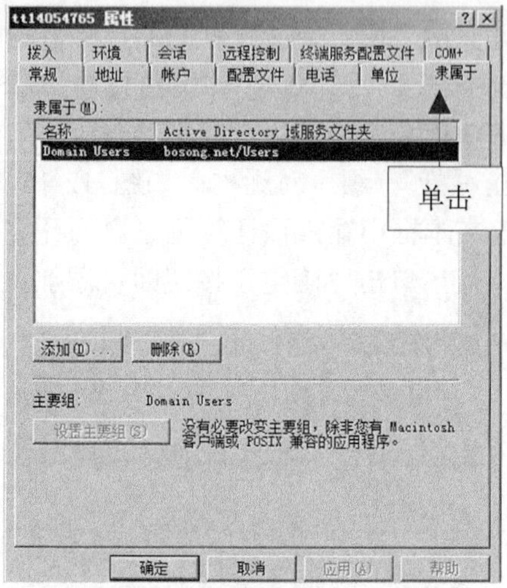

图 12-20 “隶属于”选项卡

12.3 搭建 Windows Server 2008 服务器

服务器是局域网的“心脏”，而操作系统则是网络服务器的“灵魂”。Windows Server 2008 是微软推出的新一款服务器操作系统，安装时对服务器的配置要求并不算高，而是随着应用的提高，对服务器配置的要求会逐渐提高。

12.3.1 搭建 DHCP 服务器

企业网络环境中在没有配置 DHCP 服务器时，经常会遇到这样的情况：用户不懂怎么去配置 IP 地址；IP 地址经常冲突；管理员单个配置 IP 地址会经常出错；笔记本电脑的客户，经常从一个子网移动到另一个子网，需要不断地手动更换 IP 地址；IP 地址资源不足，但实际在同一时间段内使用的用户小于 IP 地址的数量等。使用 DHCP 服务器不但可以分配 IP 地址给客户端，还可以提供子网掩码、默认网关、Wins、DNS 等。

1. 安装 DHCP 服务器

在 Windows Server 2008 系统中，在“服务器管理器”中启动“添加角色向导”进行安装，具体操作步骤如下。

Step 1 运行“添加角色向导”，选中“DHCP 服务器”复选框，单击“下一步”按钮，如图 12-21 所示。

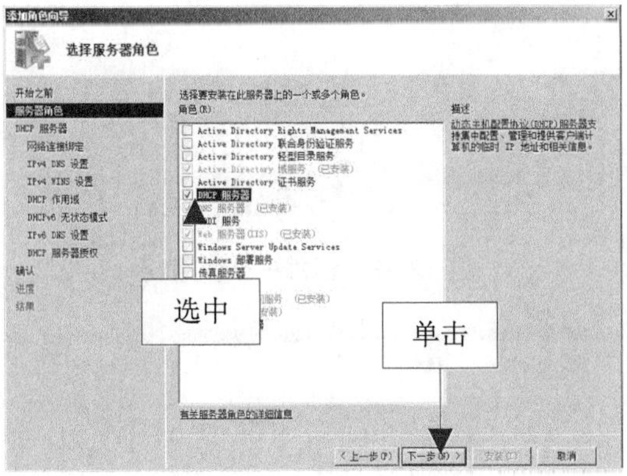

图 12-21　选中“DHCP 服务器”复选框

Step 2 进入“DHCP 服务器”界面，显示 DHCP 服务器的简介，单击“下一步”按钮，如图 12-22 所示。

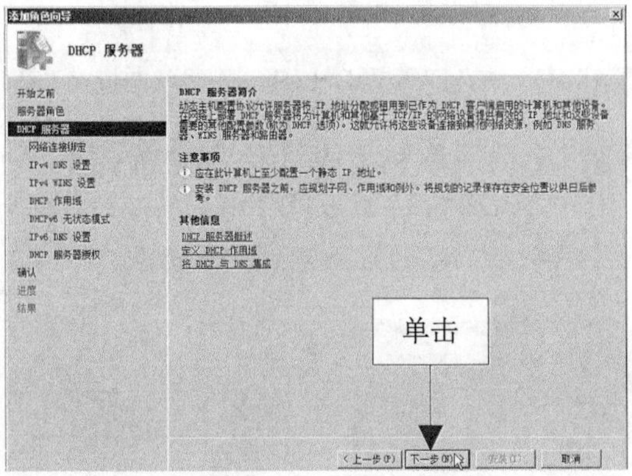

图 12-22　单击“下一步”按钮

Step 3 进入“选择网络连接绑定”界面，选择向客户端提供服务的网络连接，单击“下一步”按钮，如图 12-23 所示。

Step 4 进入“指定 IPv4 DNS 服务器设置”界面，在“父域”文本框中输入活动目录的域名，在“首选 DNS 服务器 IPv4 地址”和“备用 DNS 服务器 IPv4 地址”文本框中输入本地网络中所使用的 DNS 服务器的 IPv4 地址，单击“下一步”按钮，如图 12-24 所示。

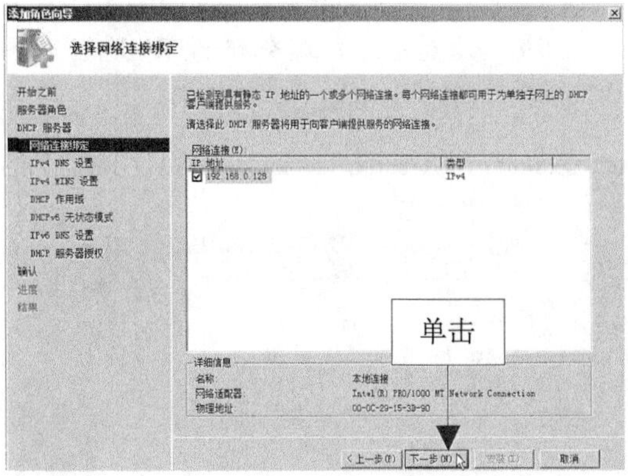

图 12-23　单击“下一步”按钮

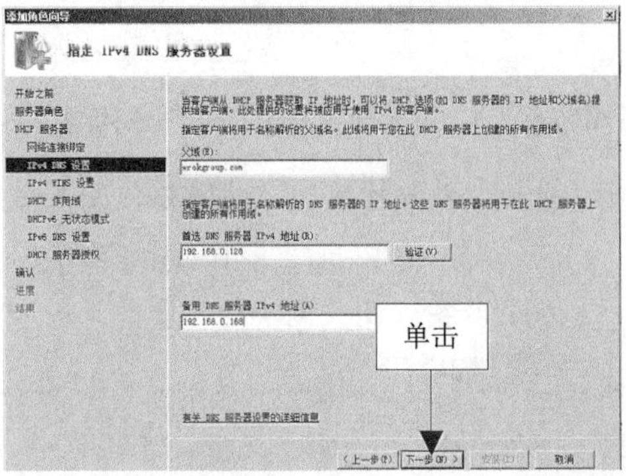

图 12-24　进入“指定 IPv4 DNS 服务器设置”界面

Step 5 进入“指定 IPv4 WINS 服务器设置”界面，选择是否要使用 WINS 服务，保持默认设置即可，即不使用 WINS 服务器，单击“下一步”按钮，如图 12-25 所示。

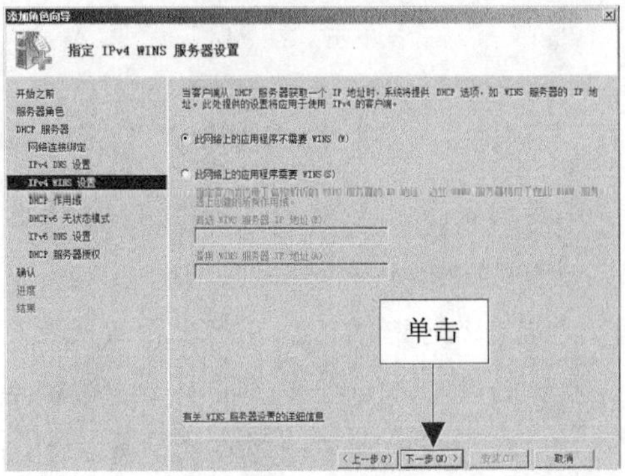

图 12-25　进入“指定 IPv4 WINS 服务器设置”界面

Step 6 进入“添加或编辑 DHCP 作用域”界面，如图 12-26 所示，在此处即可添加 DHCP 作用域，设置向客户端分配的 IP 地址范围，单击“添加”按钮。

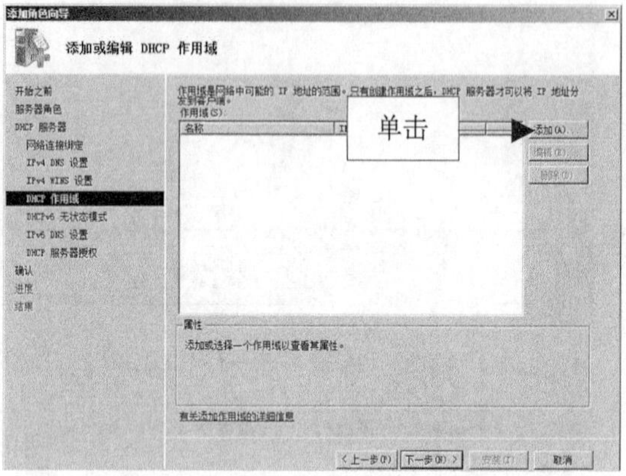

图 12-26　进入“添加或编辑 DHCP 作用域”界面

Step 7 出现“添加作用域”对话框，设置该作用域的名称、起始和结束 IP 地址、子网掩码、默认网关以及子网类型，单击“确定”按钮，如图 12-27 所示。

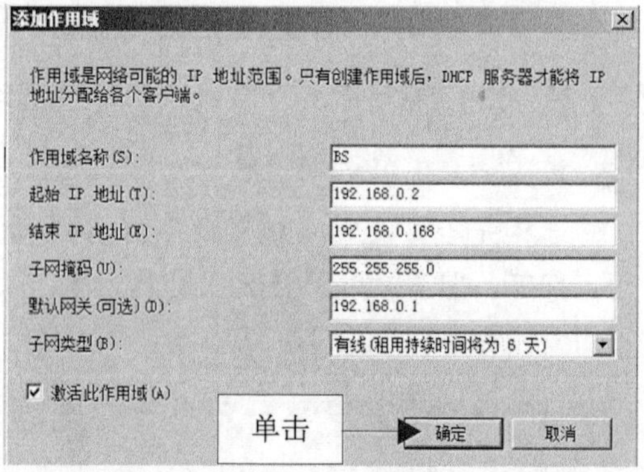

图 12-27　出现“添加作用域”对话框

Step 8 添加一个作用域，单击“下一步”按钮，如图 12-28 所示。

Step 9 进入“配置 DHCPv6 无状态模式”界面，系统默认启用此设置，如图 12-29 所示，应用过程中用户也可以根据需要重新配置，单击“下一步”按钮。

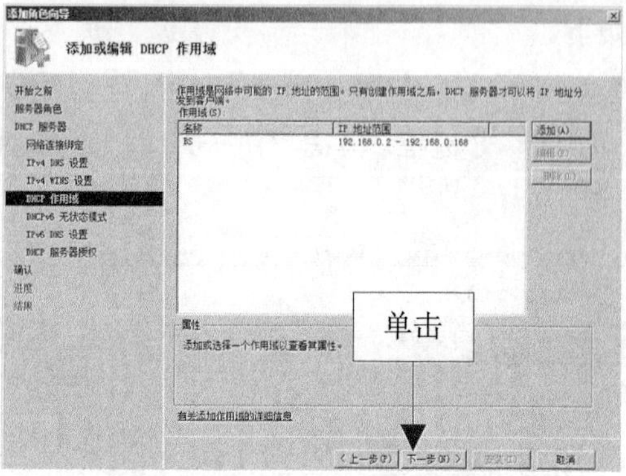

图 12-28　添加一个作用域

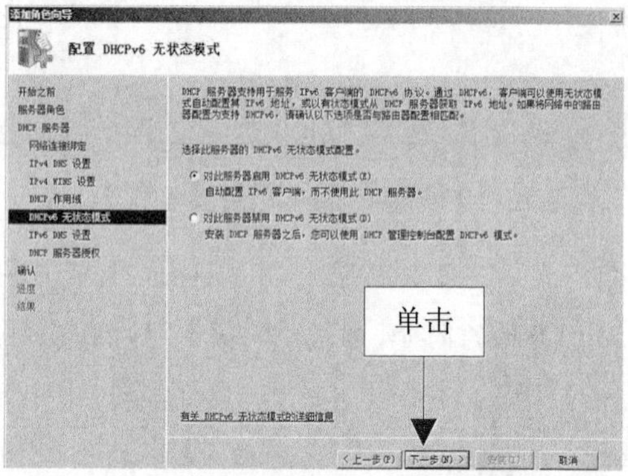

图 12-29　进入“配置 DHCPv6 无线状态模式”界面

Step 10 进入“指定 IPv6 DNS 服务器设置”界面，可以按照第 4 步进行相应的设置，单击“下一步”按钮，如图 12-30 所示。

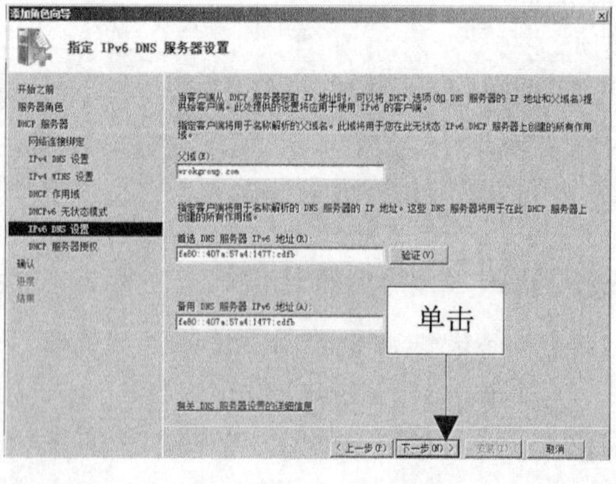

图 12-30　进入“指定 IPv6 DNS 服务器设置”界面

Step 11 进入“授权 DHCP 服务器”界面，要求指定授权此 DHCP 服务器的凭据，选中“使用当前凭据”单选按钮，可以使用当前登录账户授权，单击“下一步”按钮，如图 12-31 所示。

技巧

如果使用其他账户授权，则选择“使用备用凭据”单选按钮。若现在不授权，则选择“跳过 AD DS 中此 DHCP 服务器的授权”单选按钮；如果现在不授权 DHCP 服务器，则需要在安装完成后，在 DHCP 控制台窗口中进行授权。

Step 12 进入“确认安装选择”界面，列出了前面所做的配置，单击“安装”按钮，如图 12-32 所示，如果需要更改，可单击“上一步”按钮返回。

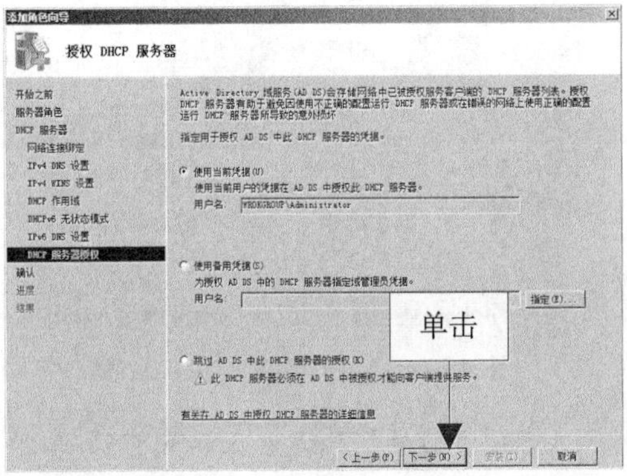

图 12-31　进入“授权 DHCP 服务器”界面

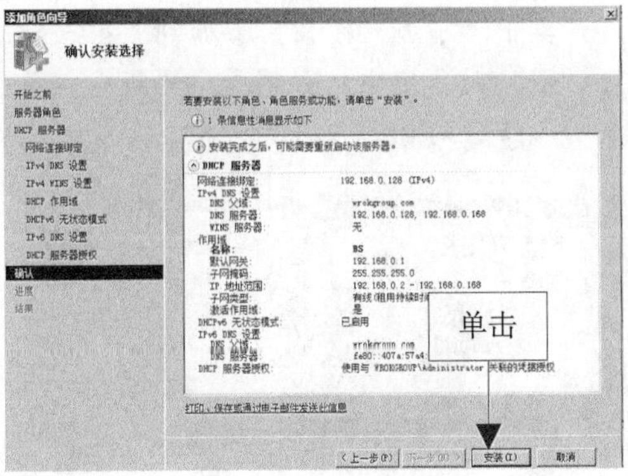

图 12-32　进入“确认安装选择”界面

Step 13 开始安装 DHCP 服务器，如图 12-33 所示。

Step 14 安装完成后，进入“安装结果”界面，如图 12-34 所示，单击“关闭”按钮关闭向导，DHCP 服务器安装完成。

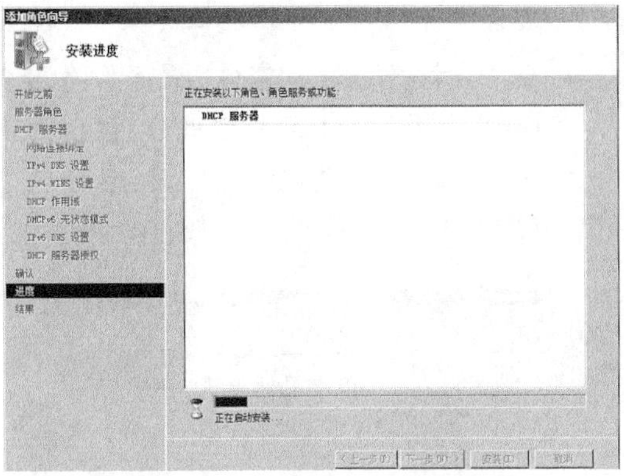

图 12-33　安装 DHCP 服务器

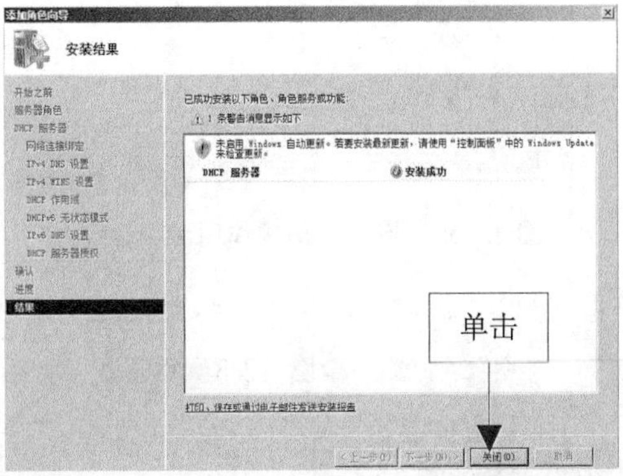

图 12-34　显示安装完成信息

注意

对于规模较大、用户数量多的大型局域网，可以采取搭建多台 DHCP 服务器的方法，以提高网络效率。如果 DHCP 服务器是域的成员，并且在安装 DHCP 服务器过程中没有选择授权，那么，在安装完成后就必须先进行授权，才能为客户端计算机提供 IP 地址，而独立服务器不需要授权。

2. 创建作用域

为了向局域网中的计算机提供 IP 地址，必须创建作用域。为了向不同网络提供不同的 IP 地址，还需要创建不同的作用域，另外，还可以创建超级作用域，以便对多个作用域进行管理。

(1) 创建普通作用域。

创建普通作用域的具体操作步骤如下。

Step 1 选择“开始”→“管理工具”→“DHCP 命令”，打开 DHCP 窗口，展开服务器名，在 IPv4 选项上单击鼠标右键，在弹出的快捷菜单中选择“新建作用域”命令，如图 12-35 所示。

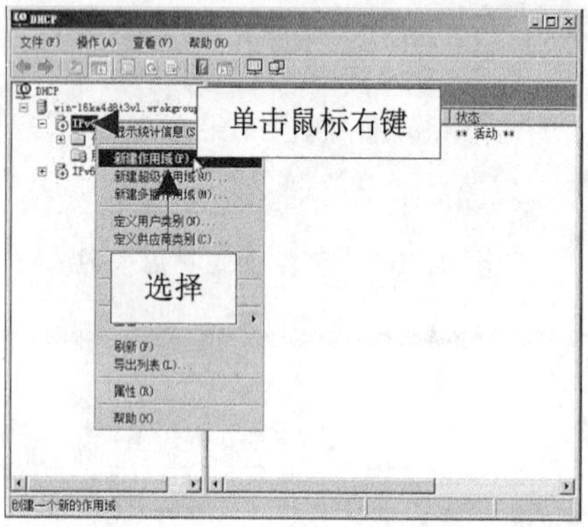

图 12-35 选择“新建作用域”命令

Step 2 弹出“新建作用域向导”对话框，单击“下一步”按钮，如图 12-36 所示。

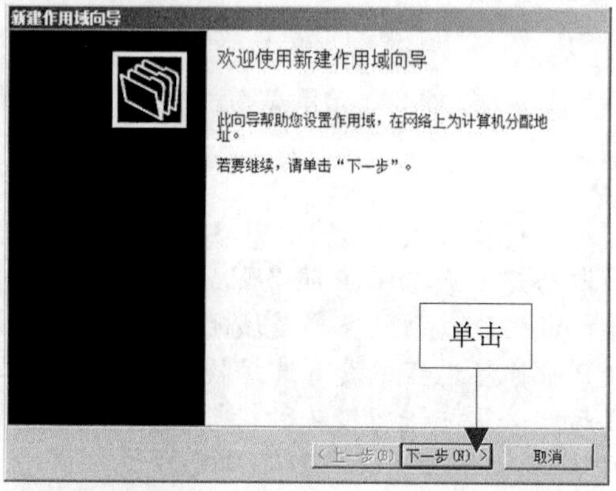

图 12-36 弹出“新建作用域向导”对话框

Step 3 进入“作用域名称”界面，设置新作用域的名称，如图 12-37 所示，单击“下一步”按钮。

Step 4 进入“IP 地址范围”界面，在“起始 IP 地址”和“结束 IP 地址”文本框中输入欲设置的 IP 地址范围，单击“下一步”按钮，如图 12-38 所示。

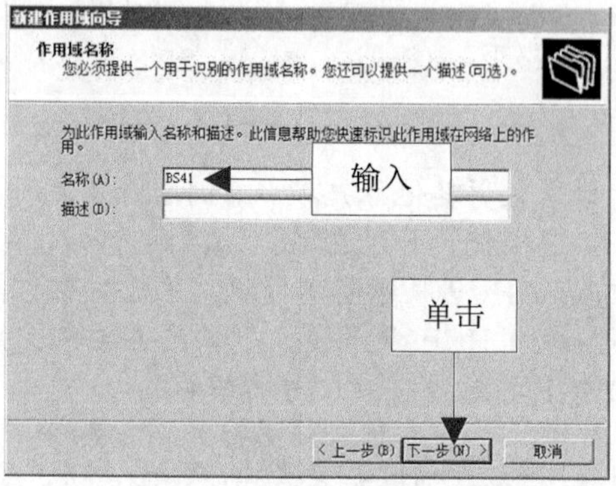

图 12-37 设置新作用域的名称

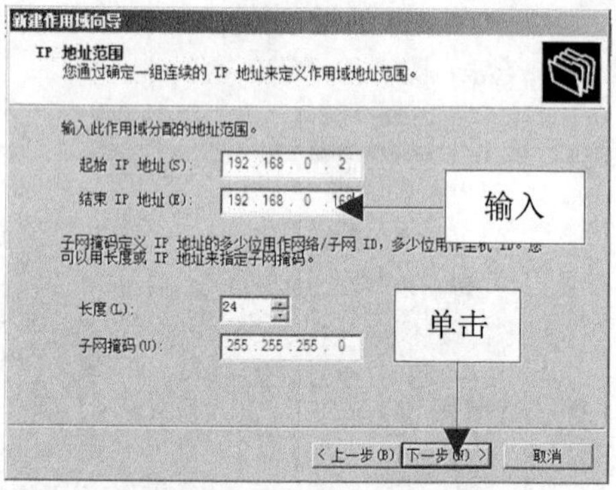

图 12-38 “IP 地址范围”界面

Step 5 进入“添加排除”界面，用来设置不分配的 IP 地址，在“起始 IP 地址”和“结束 IP 地址”文本框中输入欲排除的 IP 地址范围，单击“添加”按钮，添加到“排除的地址范围”列表框中，如图 12-39 所示，单击“下一步”按钮。

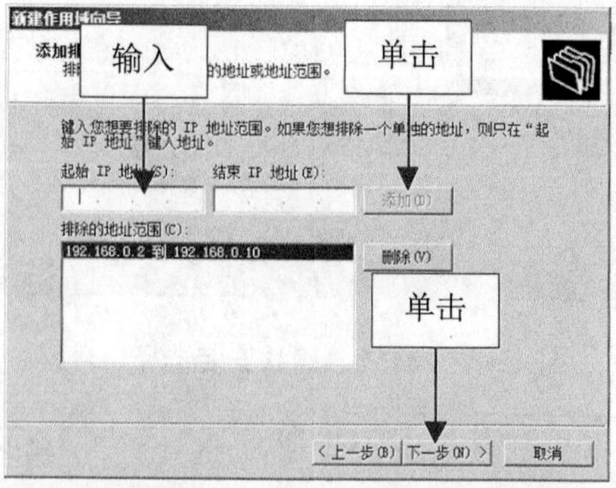

图 12-39 进入“添加排除”界面

Step 6 进入“租用期限”界面，用来设置客户端从此作用域所租用的 IP 地址可以保留的时间，如图 12-40 所示，单击“下一步”按钮。

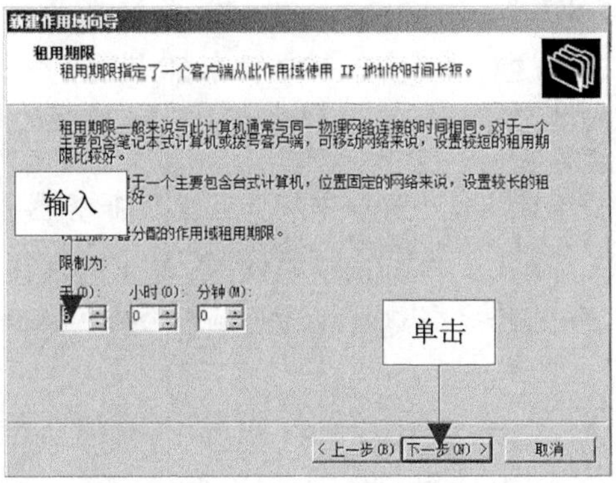

图 12-40 进入“租用期限”界面

Step 7 进入“配置 DHCP 选项”界面，提示是否配置 DHCP 选项，选中默认的“是，我想现在配置这些选项”单选按钮即可，单击“下一步”按钮，如图 12-41 所示。

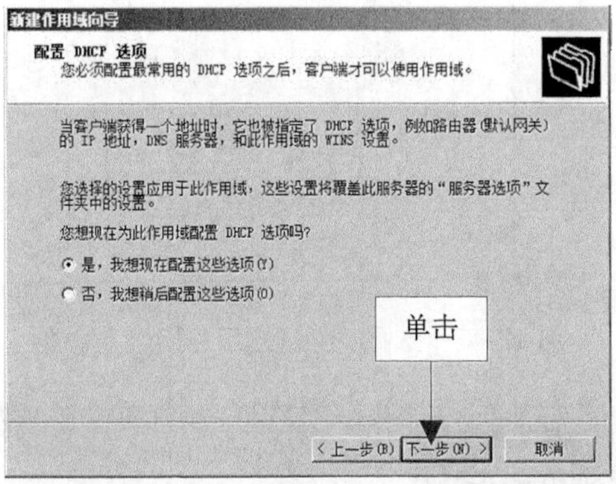

图 12-41 进入“配置 DHCP 选项”界面

Step 8 进入“路由器(默认网关)”界面，在“IP 地址”文本框中输入此作用域要分配的网关，单击“添加”按钮添加到列表框中，单击“下一步”按钮，如图 12-42 所示。

Step 9 进入“域名称和 DNS 服务器”界面，在“父域”文本框中输入用来进行 DNS 解析时使用的父域，在“IP 地址”文本框中输入 DNS 服务器的 IP 地址，单击“添加”按钮添加到列表框中，单击“下一步”按钮，如图 12-43 所示。

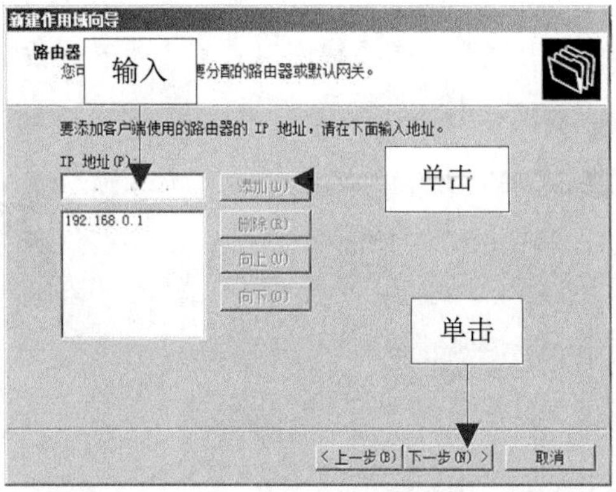

图 12-42 进入“路由器(默认网关)”界面

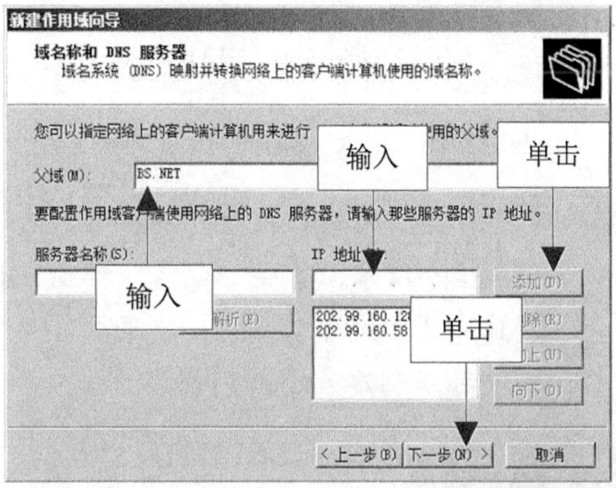

图 12-43 进入“域名称和 DNS 服务器”界面

Step 10 进入“WINS 服务器”界面，如图 12-44 所示，用来设置 WINS 服务器，如果网络中没有配置 WINS 服务器，则可不必设置，单击“下一步”按钮。

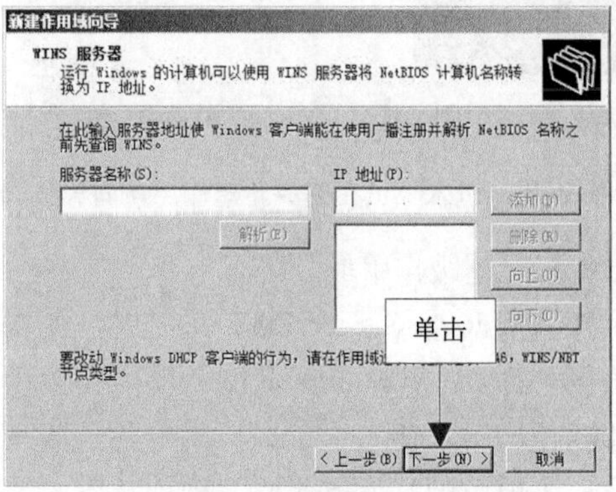

图 12-44 进入“WINS 服务器”界面

Step 11 进入“激活作用域”界面，提示是否激活作用域，选中默认的“是，我想现在激活此作用域”单选按钮即可，单击“下一步”按钮，如图 12-45 所示。

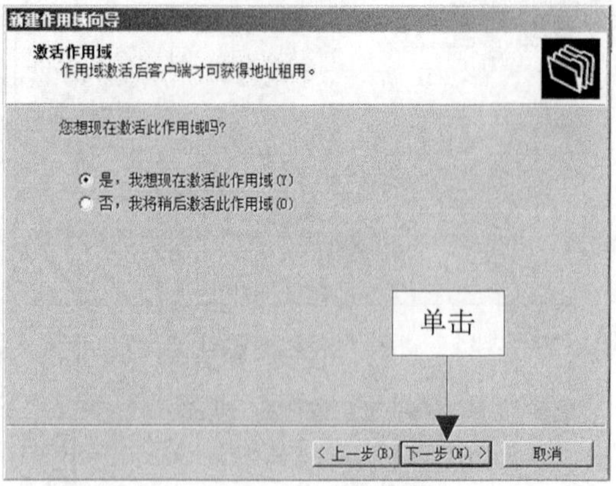

图 12-45 进入“激活作用域”界面

Step 12 进入“正在完成新建作用域向导”界面，如图 12-46 所示，单击“完成”按钮，作用域创建完成，并自动激活，按照以上同样的步骤，可以创建多个作用域。

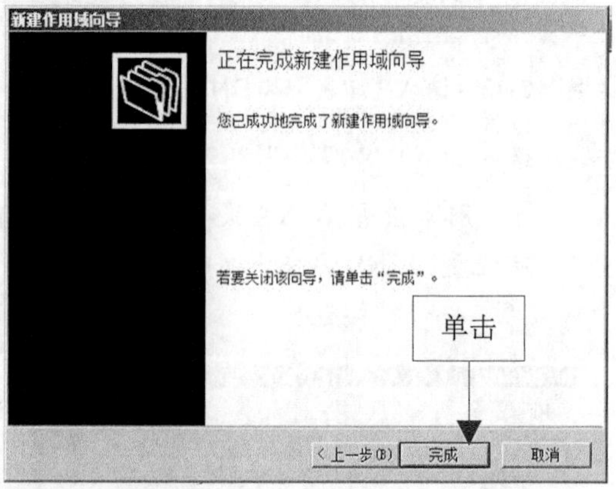

图 12-46 进入“正在完成新建作用域向导”界面

(2) 创建超级作用域。

早在 Windows Server 2003 系统中，就增加了超级作用域功能，可以将 DHCP 服务器上的多个作用域组成超级作用域，作为单个实体来管理，通常用于多网配置。所谓多网，是指在同一物理网段上使用多个 DHCP 服务器以管理分离的逻辑 IP 网络。在多网配置中，可以使用 DHCP 超级作用域来组合并激活网络上使用的 IP 地址的单独作用域范围。创建超级作用域的具体操作步骤如下。

> **提示**
>
> 通过这种方式，DHCP 服务器可为单个物理网络上的客户端激活并提供来自多个作用域的租约。

Step 1 在 DHCP 窗口中展开 DHCP 服务器，在 IPv4 选项上单击鼠标右键，在弹出的快捷菜单中选择“新建超级作用域”命令，如图 12-47 所示。

Step 2 弹出“新建超级作用域向导”对话框，显示欢迎信息，单击“下一步”按钮，如图 12-48 所示。

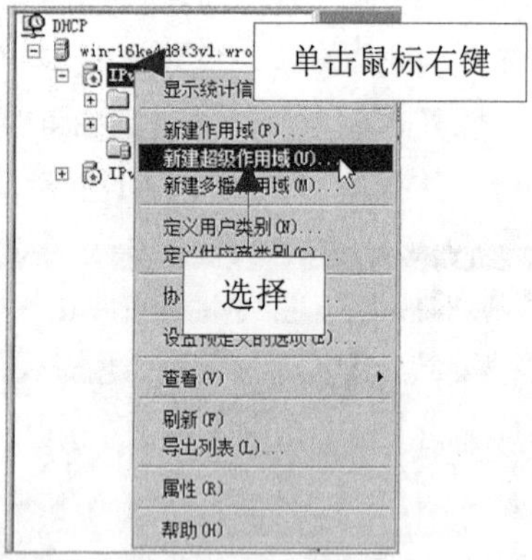

图 12-47 选择“新建超级作用域”命令

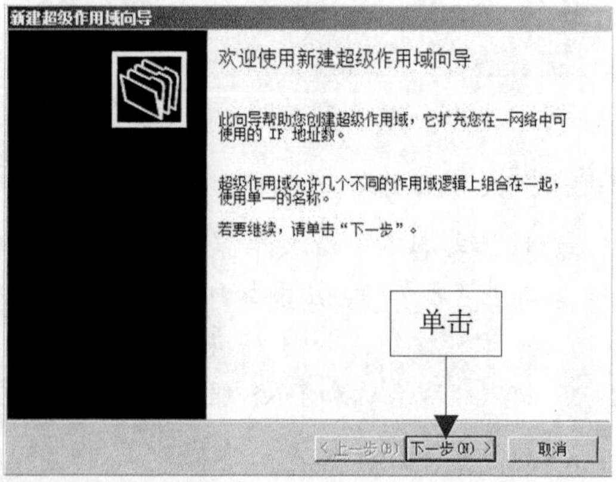

图 12-48 弹出“新建超级作用域向导”对话框

Step 3 进入“超级作用域名”界面，在“名称”文本框中输入超级作用域的名称，单击“下一步”按钮，如图 12-49 所示。

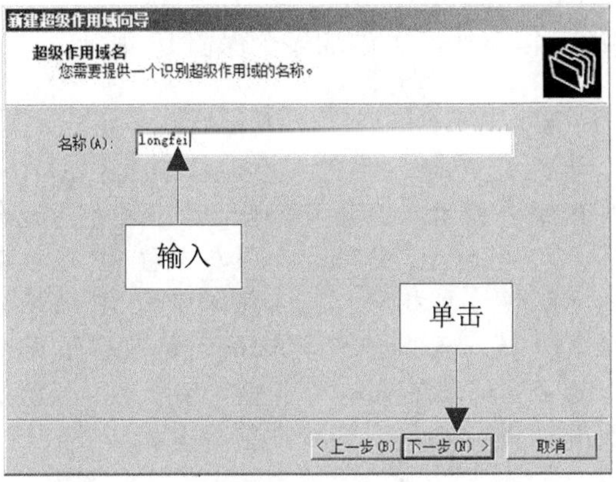

图 12-49　进入“超级作用域名”界面

Step 4 进入“选择作用域”界面，在“可用作用域”列表框中可以选择欲添加至超级作用域中的 IP 作用域，如图 12-50 所示，可按 Ctrl 键或 Shift 键选择多个，单击“下一步”按钮。

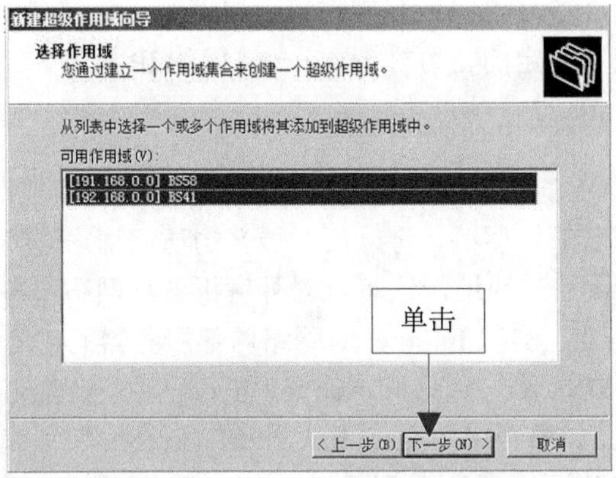

图 12-50　进入“选择作用域”界面

Step 5 进入“正在完成新建超级作用域向导”界面，显示所创建的作用域信息，单击“完成”按钮，如图 12-51 所示。

Step 6 超级作用域创建成功，并显示在 DHCP 控制台窗口中，如图 12-52 所示，原有的作用域就像是超级作用域的下一级目录，便于分类管理。

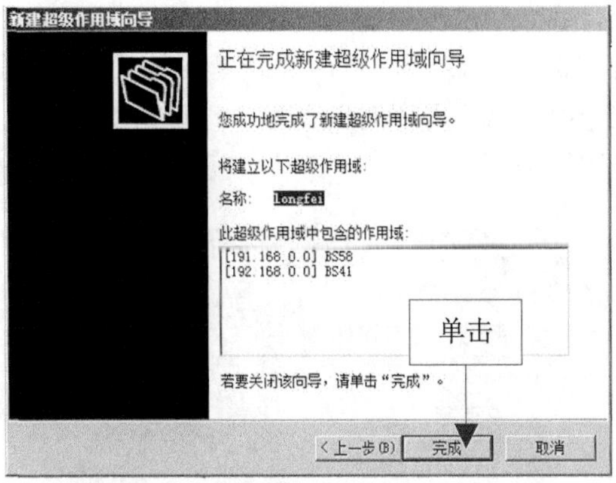

图 12-51　进入“正在完成新建超级作用域向导”界面

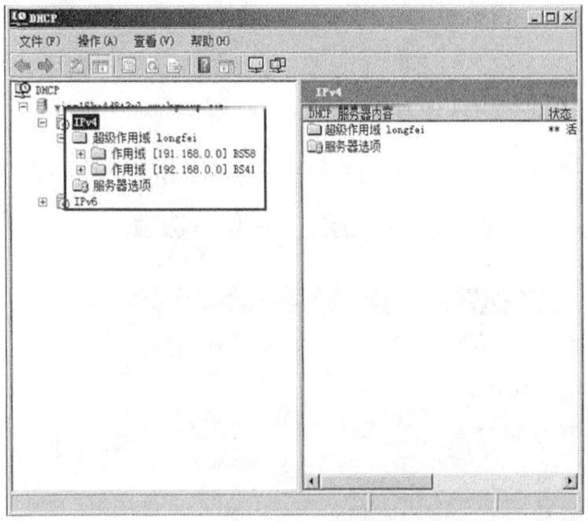

图 12-52　创建了超级作用域

技巧

用户可以将新创建的普通作用域，添加到现有的超级作用域中，进行统一管理。

3. 配置保留地址

在局域网中，有些特殊的 DHCP 客户端需要分配固定专用的 IP 地址，这就可以利用 DHCP 服务器的“保留”功能来实现，如 Web、FTP、E-mail 服务器等。设置为“保留”IP 地址后，该客户端每次向 DHCP 服务器请求获得 IP 地址，或更新 IP 地址的租期时，DHCP 服务器都会给该 DHCP 客户端分配相同的 IP 地址，而其他客户端不会获得该 IP 地址。

在 DHCP 窗口中，展开要添加保留 IP 地址的作用域，选择“保留”选项，如图 12-53 所示。在“保留”选项上单击鼠标右键，在弹出的快捷菜单中选择“新建保留”选项，弹出“新建保留”对话框，如图 12-54 所示，可以对以下 4 个选项进行设置，单击“添加”按钮。

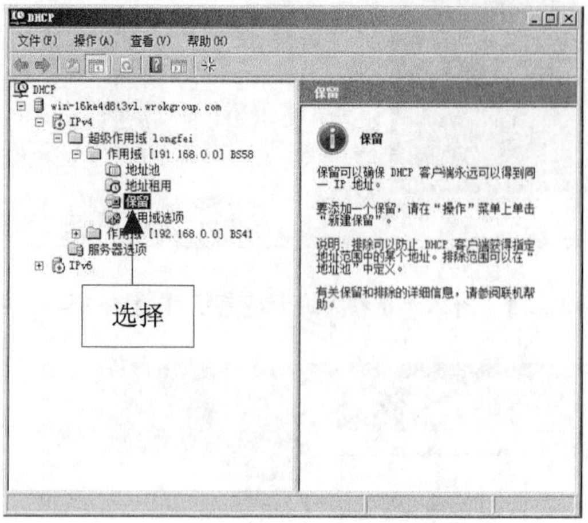

图 12-53　选择“保留”选项

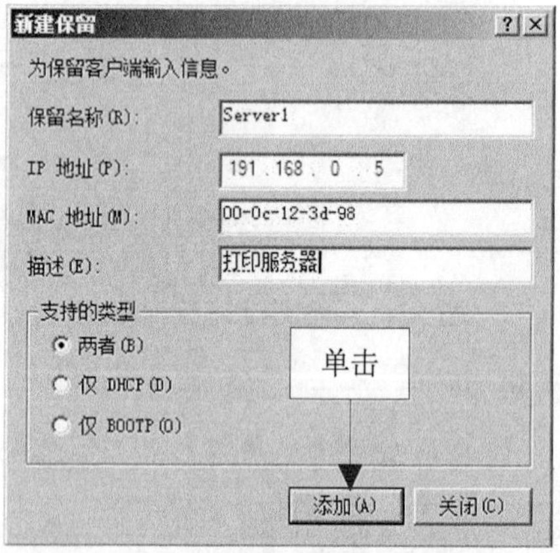

图 12-54　“新建保留”对话框

- 保留名称：设置名称，仅用于与其他保留项区分。
- IP 地址：输入域保留的 IP 地址。
- MAC 地址：输入欲保留的客户端网卡的 MAC 地址，在 Windows 2000/XP/2003/Vista/2008/7 系统中可以运行 getmac 或 ipconfig 命令获得。
- 支持的类型：客户端所支持的 DHCP 服务器类型，BOOTP 是针对早期的无盘工作站而设计的，普通计算机则可选中“仅 DHCP”或者“两者”单选按钮。

该 IP 地址便指定给相应的 DHCP 客户端，按照同样的操作方法，可添加多个保留 IP 地址。

提　示

保留 IP 地址设置完成后，当 DHCP 客户端向 DHCP 服务器请求获得 IP 地址时，服务器就会检测客户端的 MAC 地址，如果与保留 IP 地址中设置的 MAC 地址相同，就会将保留的 IP 地址分配给该客户端，而其他计算机则不能获得该保留地址。保留地址设置完以后不能直接修改，必须先删除现有的保留地址，然后再重新添加。

12.3.2　搭建 DNS 服务器

DNS 服务器的作用是将名称与 IP 地址转换，Windows Server 2008 系统中默认情况下并没有安装 DNS 服务，需要手动添加。在添加 DNS 服务之前，应先准备好已向域名申请机构申请的正式域名，还必须拥有固定的、可被 Internet 访问的 IP 地址。

1. DNS 服务器概述

DNS 服务器不仅可以为局域网内部的计算机提供域名解析服务，将以后对域名的访问请求转换为可识别的 IP 地址，还可以对外解析各种网络服务器的 IP 地址，实现 Internet 对网络内部服务器的访问。

DNS 服务通常和 Active Directory 服务配合使用，因此，如果网络中要使用 Active Directory 服务来实现用户验证、资源管理等功能，可以将 DNS 服务和 Active Directory 服务安装在同一服务器上。如果网络中不使用 Active Directory 服务，则可以只安装 DNS 服务器已规划好所需使用的 DNS 域名。

注　意

如果网络中有需要向 Internet 发布的网站，那么，DNS 域名必须使用向域名注册机构注册的域名，并且需要将 DNS 服务器的 IP 地址和域名一同在域名管理器机构注册，使用户在解析域名时，能够连接到 DNS 服务器。

2. 安装 DNS 服务器

在 Windows Server 2008 中，仅安装 DNS 服务器时不会运行配置向导，需要在安装完成后再添加 DNS 区域，并配置 DNS 记录。安装 DNS 服务器的具体操作步骤如下。

Step 1 运行“添加角色向导”，进入“选择服务器角色”界面，从“角色”列表框中选中“DNS 服务器”复选框，单击“下一步”按钮，如图 12-55 所示。

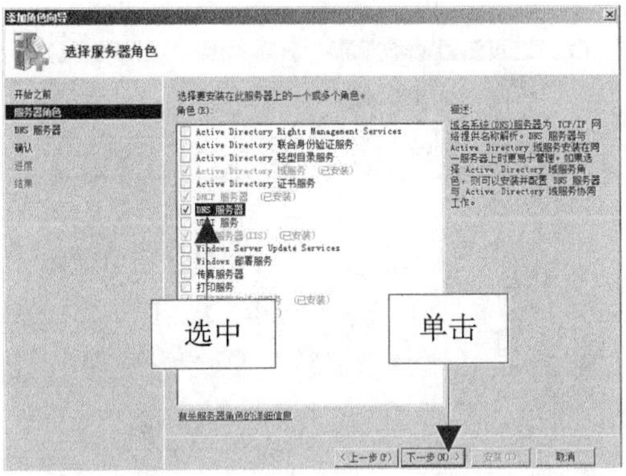

图 12-55 选中“DNS 服务器”复选框

Step 2 进入“DNS 服务器”界面，提示 DNS 服务的概述信息，单击“下一步”按钮，如图 12-56 所示。

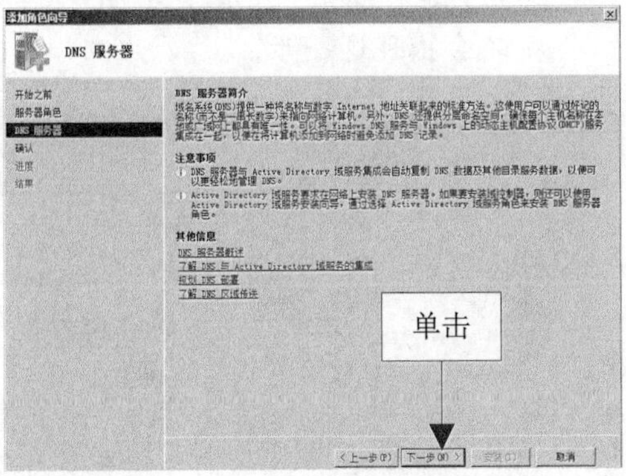

图 12-56 进入“DNS 服务器”界面

Step 3 进入“确认安装选择”界面，要求确认所要安装的角色，如图 12-57 所示。

Step 4 单击“安装”按钮，即可开始安装 DNS 服务器，并显示安装进度，如图 12-58 所示。

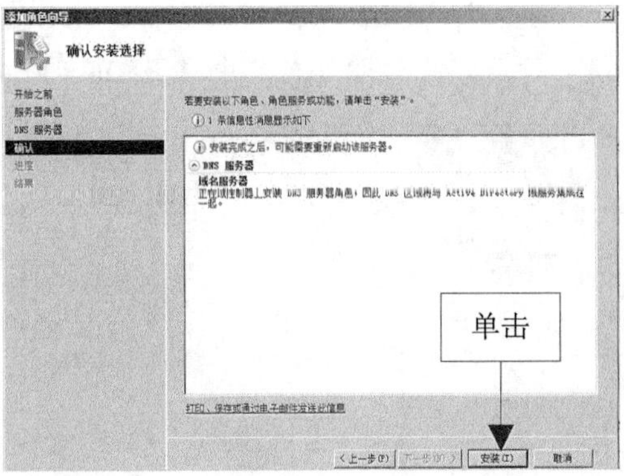

图 12-57 进入“确认安装选择”界面

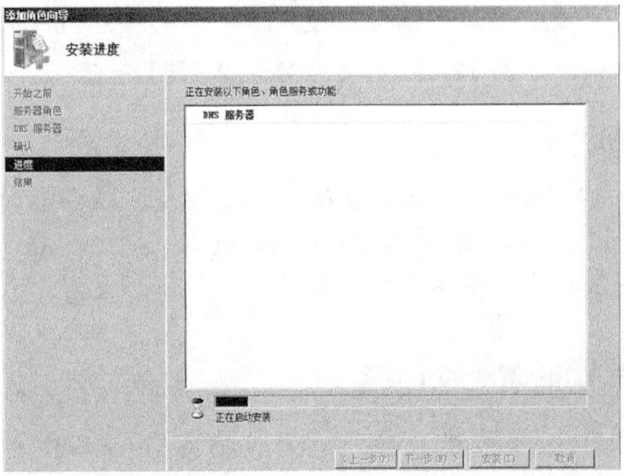

图 12-58 显示安装进度

Step 5 安装完成后，进入“安装结果”界面，显示 DNS 服务器安装成功的信息，单击“关闭”按钮，如图 12-59 所示。

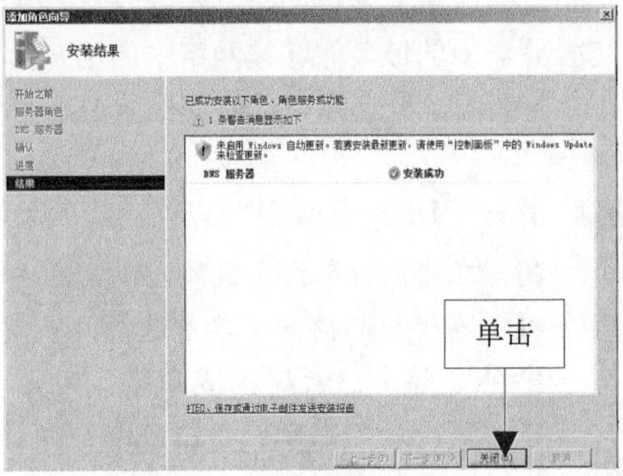

图 12-59 进入“安装结果”界面

Step 6 选择“开始”→“管理工具”→“DNS”命令，打开“DNS管理器”窗口，如图12-60所示，此时即可在其中配置DNS服务。

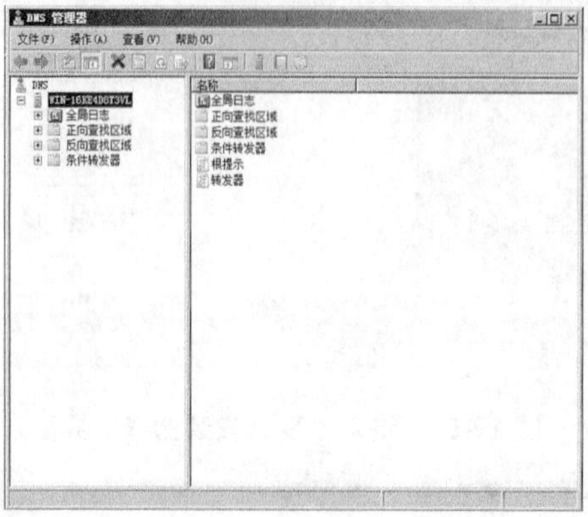

图12-60 打开“DNS管理器”窗口

注意

Windows Server 2003在安装DNS服务器时就会出现DNS配置向导，而Windows Server 2008需要在安装完成后再进行配置。

3. 配置DNS服务器

DNS服务器上添加了DNS域名及各种DNS记录后，当客户端向DNS服务器查询某条记录时，DNS服务器就会将所对应的IP地址返回到客户端。因此，DNS服务器安装完成后，需要添加相应的正、反向查找区域及各种主机记录，从而为网络提供解析服务。

(1) 添加正向查找区域。

正向查找区域能够将DNS域名解析成IP地址，为了使服务器中的域名能够被网络中的用户解析，就需要在DNS服务器上添加正向查找区域，具体操作步骤如下。

Step 1 打开“DNS管理器”窗口，展开左侧目录树，在“正向查找区域”选项上单击鼠标右键，在弹出的快捷菜单中选择“新建区域”命令，弹出“新建区域向导”对话框，单击“下一步”按钮，如图12-61所示。

Step 2 进入“区域类型”界面，选中“主要区域”单选按钮，单击“下一步”按钮，如图12-62所示。

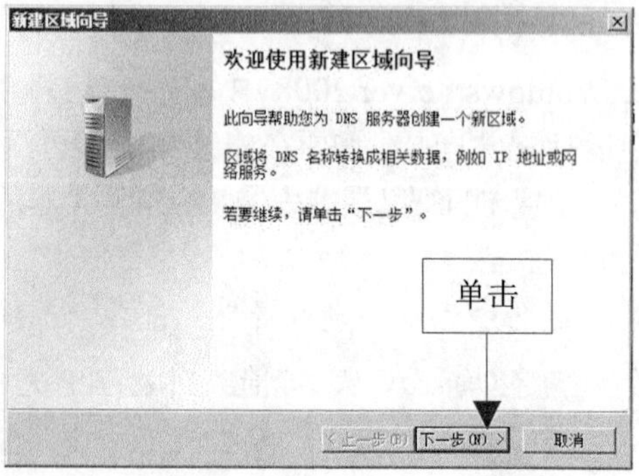

图12-61 弹出“新建区域向导”对话框

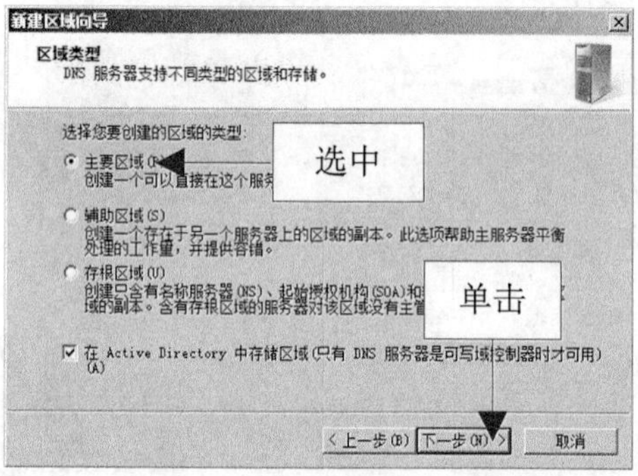

图12-62 选中“主要区域”单选按钮

Step 3 进入“Active Directory区域传送作用域”界面，选中“至此域中的所有DNS服务器”单选按钮，单击“下一步”按钮，如图12-63所示，如果系统中没有安装Active Directory则不会出现这一步。

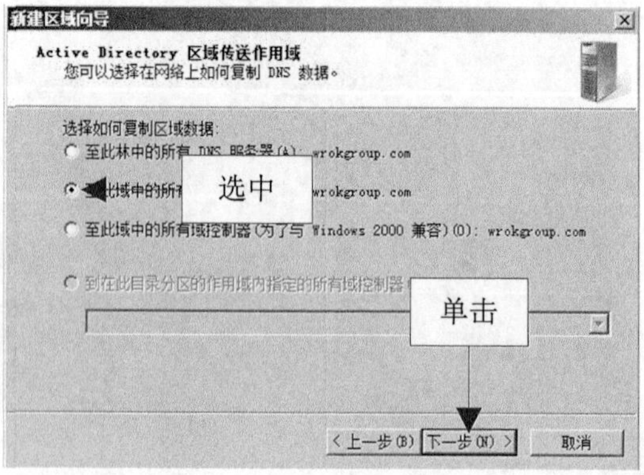

图12-63 选中相应的单选按钮

Step 4 进入“区域名称”界面，在“区域名称”文本框中输入在域名服务机构申请的正式域名，单击“下一步”按钮，如图 12-64 所示。

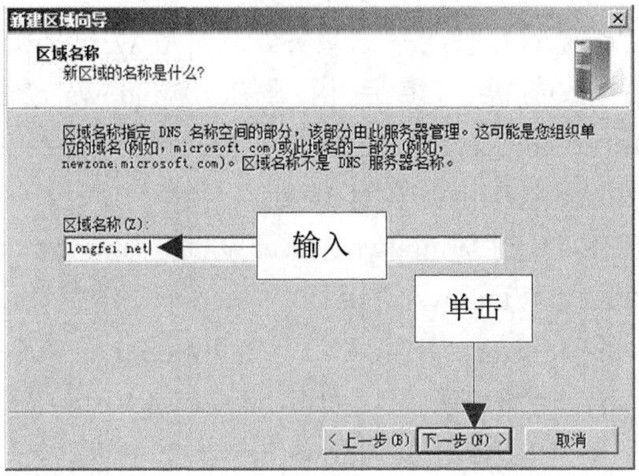

图 12-64 输入正式域名

Step 5 进入“动态更新”界面，选中“不允许动态更新”单选按钮，单击“下一步”按钮，如图 12-65 所示。

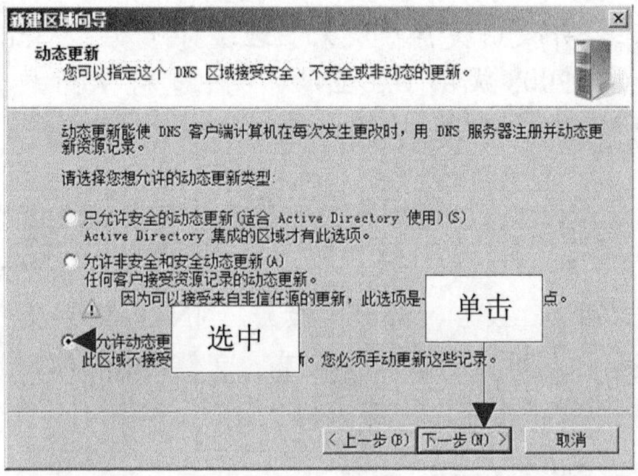

图 12-65 选中“不允许动态更新”单选按钮

Step 6 进入“正在完成新建区域向导”界面，显示所建立的区域信息，单击“完成”按钮，如图 12-66 所示。

Step 7 完成添加正向查找区域，如图 12-67 所示。

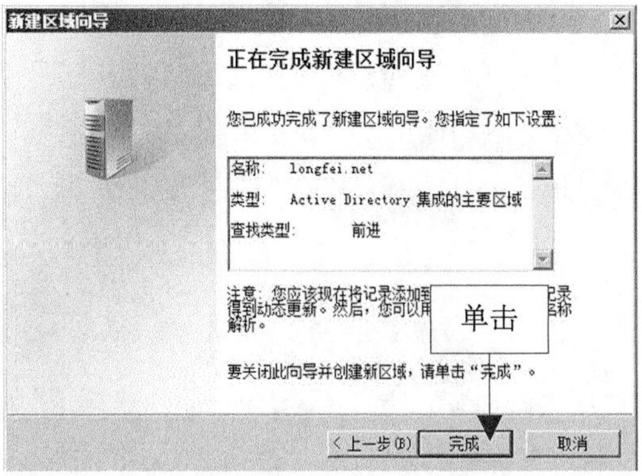

图 12-66 进入“正在完成新建区域向导”界面

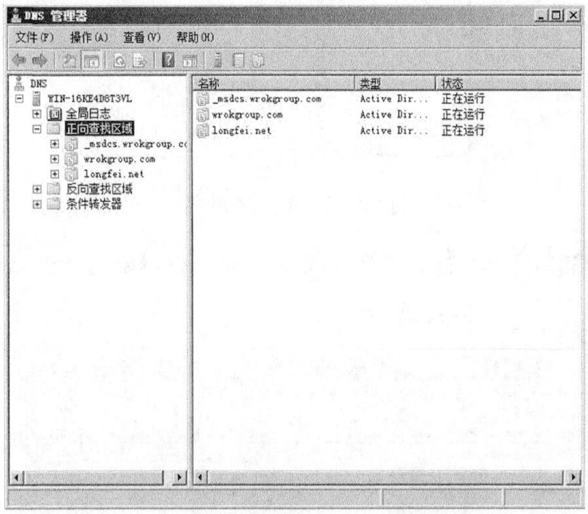

图 12-67 添加了正向查找区域

(2) 添加 DNS 区域。

DNS 区域是 DNS 服务最基本的管理控制单元，在一台 DNS 服务器上可以创建多个区域。在规模较大的局域网中，可以在 DNS 区域内划分多个子区域，以方便管理。添加 DNS 区域的具体操作步骤如下。

Step 1 选择要划分子域的 DNS 区域，在其上单击鼠标右键，在弹出的快捷菜单中选择“新建域”命令，如图 12-68 所示。

Step 2 弹出“新建 DNS 域”对话框，输入欲划分的子域名称，如图 12-69 所示。

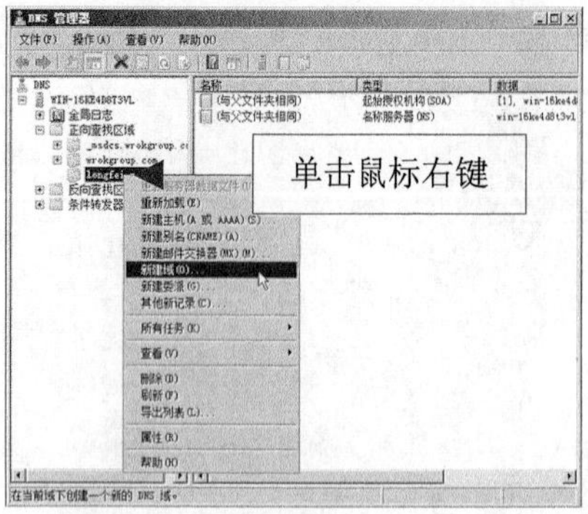

图 12-68　选择“新建域”命令

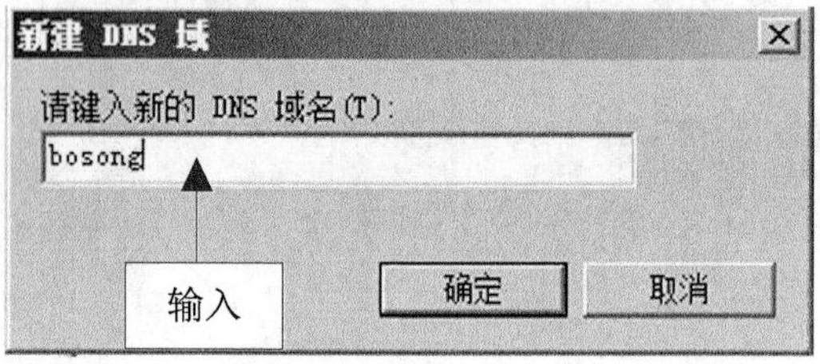

图 12-69　输入子域名称

Step 3　单击“确定”按钮，即可创建新子域，如图 12-70 所示。

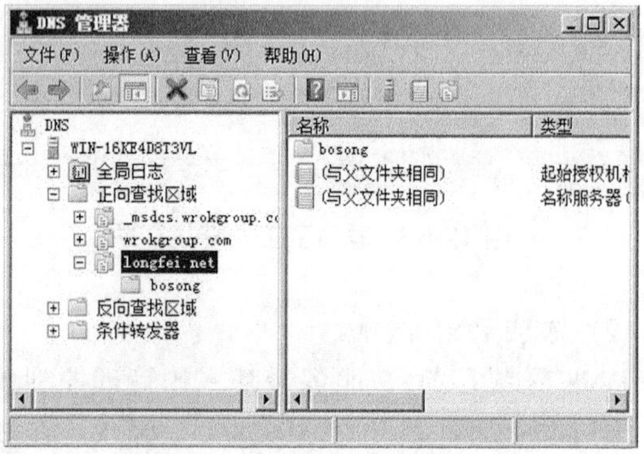

图 12-70　创建了新子域

12.3.3　搭建 WWW 服务器

WWW 服务和 FTP 服务是网络中非常重要的服务，进行网站搭建、信息发布、产品宣传、信息交流等都离不开 WWW 服务。Windows Server 2008 系统集成的 IIS 组件可用于搭建 WWW 服务和 FTP 服务，不仅完全免费、便于管理，而且还可以灵活地支持 ASP 和.NET 动态功能。

1. IIS 组件概述

Internet Information Services(IIS，互联网信息服务)，是由微软公司提供的基于运行 Microsoft Windows 的互联网基本服务。最初是 Windows NT 版本的可选包，随后内置在 Windows 2000/XP Professional/Server 2003 中一起发行，但在 Windows XP Home 版本上并没有 IIS。

IIS 7.0 指 Windows Server 2008、Windows Server 2008 R2、Windows Vista 和 Windows 7 的某些版本中包含的 IIS 版本。IIS 7.0 在 Windows Server 2008 中是 Web 服务器(IIS)角色，而在 Windows Vista 中是 Web 服务器。IIS 7.5 在 Windows Server 2008 R2 中是 Web 服务器(IIS)角色，而在 Windows 7 中是 Web 服务器。Web 服务器在 IIS 7 中经过重新设计，可以通过添加或删除模块来自定义服务器，以满足特定需求。

> **提示**
> 模块是服务器用于处理请求的独特功能，例如，IIS 使用身份验证模块对客户端凭据进行身份验证，并使用缓存模块来管理缓存活动。Windows Server 2008 提供了在生产环境中支持 Web 内容承载所需的全部 IIS 功能。

IIS 服务可通过 IIS 管理器进行管理，它是一个综合性的 Internet 信息服务器，不仅提供了 WWW 服务，还提供 FTP 服务、SMTP 服务、NNTP 服务及 IIS 管理服务，还可以实现信息发布、文件传输、用户通信，并对这些服务进行管理。

2. 搭建 WWW 服务器

在 Windows Server 2008 中，可通过“添加角色向导”来安装 Web 服务器，并且所有的组件都可以在安装过程中定制，具体安装步骤可参照 10.6.2 小节，此处不再赘述。

选择“开始”→“管理工具”→“Internet 信息服务(IIS)管理器”命令，打开“Internet 信息服务(IIS)管理器”窗口，即可看到已安装的 Web 服务器，以及系统默认创建的 Web 站点。选择默认站点，在“Default Web Site 主页”窗口中即可对站点进行各种配置，如图 12-71 所示。单击窗口右侧的“浏览”链接，即可打开 IE 浏览器，如图 12-72 所示，说明 Web 服务器安装成功。否则，则说明安装不成功，需要重新检查服务器及 IIS 设置。

图 12-71　打开“Default Web Site 主页”窗口

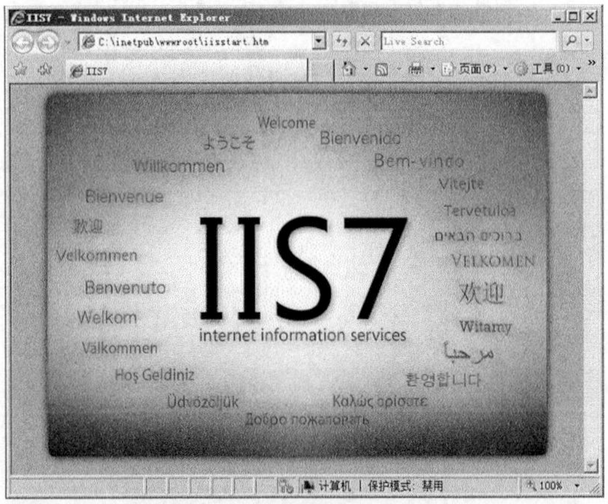

图 12-72　打开 IE 浏览器

3. 配置 IP 地址和端口

Web 服务器安装完成以后，可以使用默认创建的 Web 站点来发布 Web 网站，具体操作步骤如下。

Step 1 打开“Internet 信息服务(IIS)管理器”窗口，在默认站点上单击鼠标右键，在弹出的快捷菜单中选择“编辑绑定”命令，如图 12-73 所示。

Step 2 弹出“网站绑定”对话框，如图 12-74 所示，默认端口为 80，使用本地计算机中所有 IP 地址，选择相应的网站，单击“编辑”按钮。

注意

如果服务器中绑定有多个 IP 地址，就需要为 Web 站点指定唯一的 IP 地址及端口。

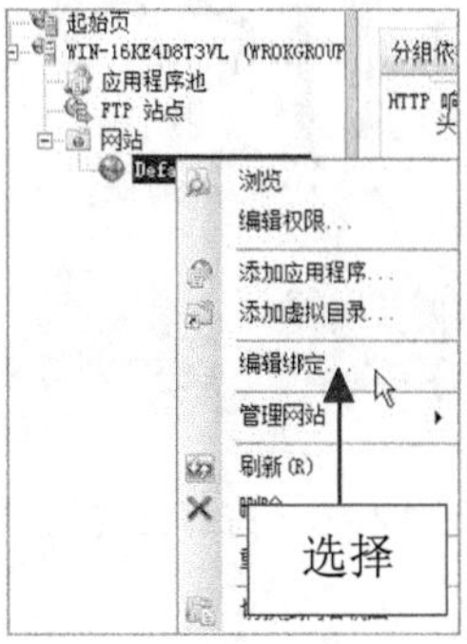

图 12-73　选择“编辑绑定”命令

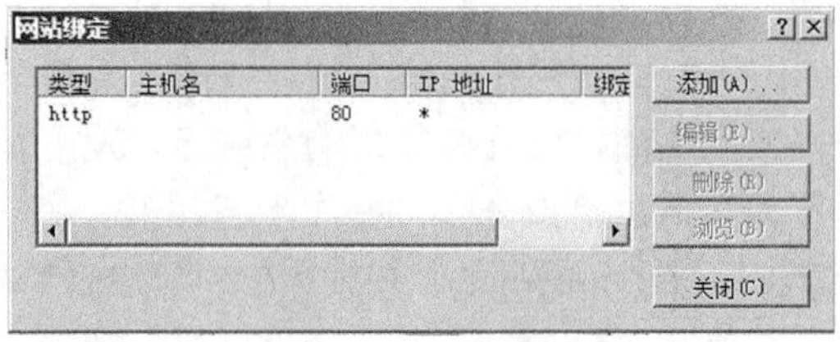

图 12-74　弹出“网站绑定”对话框

Step 3 弹出“编辑网站绑定”对话框，在“IP 地址”下拉列表中，选择要指定的 IP 地址，单击“确定”按钮，如图 12-75 所示。

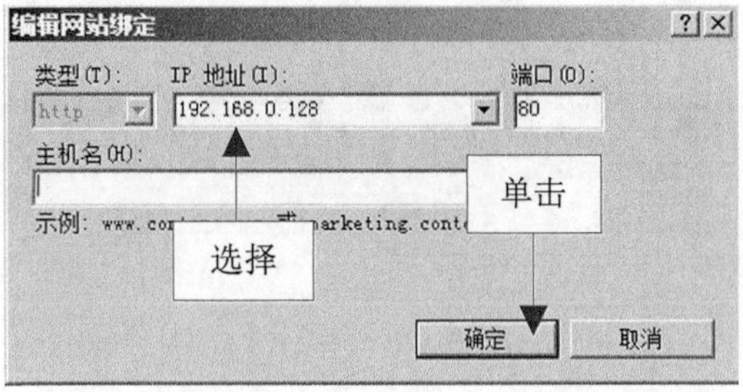

图 12-75　弹出“编辑网站绑定”对话框

Step 4 保存设置，并单击“关闭”按钮关闭即可，然后在 IE 浏览器的地址栏中输入 Web 服务器的地址，打开如图 12-76 所示的窗口，表示可以访问 Web 网站。

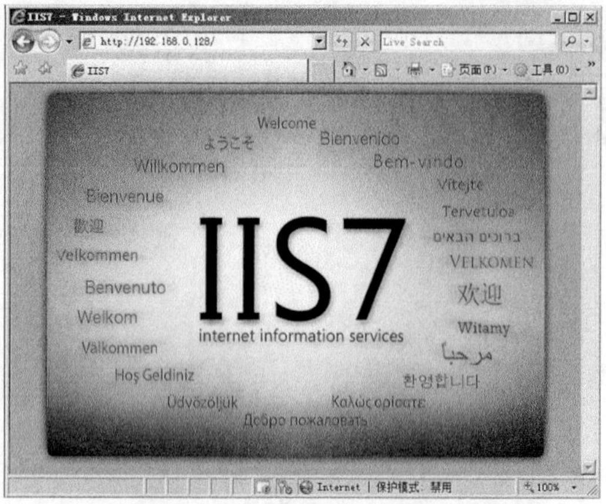

图 12-76　打开相应的窗口

4. 配置主目录

网站的主目录(即根目录)用来保存 Web 网站的网页、图片等数据，默认路径为 C:\Inetpub\wwwroot 文件夹。由于数据文件和操作系统放在同一磁盘分区中会失去安全保障，而且可能影响系统运行速度，因此应设置为其他磁盘或分区，操作步骤如下。

Step 1 打开“Internet 信息服务(IIS)管理器”窗口，在右侧的“操作”区域中单击“基本设置”链接，弹出“编辑网站”对话框，如图 12-77 所示。

Step 2 在“物理路径”文本框中输入 Web 站点的新主目录路径，或者单击“浏览”按钮选择。设置完毕后，单击“确定”按钮保存即可。

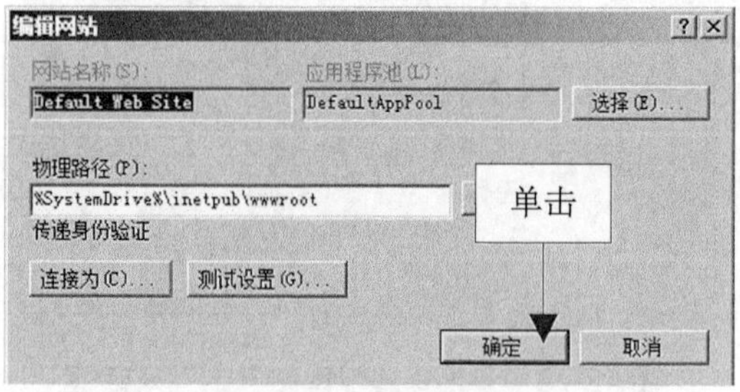

图 12-77　弹出“编辑网站”对话框

5. 配置默认文档

一般情况下，Web 网站需要至少一个默认文档，当用户使用 IP 地址或域名访问且没有输入网页名时，Web 服务器就会显示默认文档的内容。配置默认文档的具体操作步骤如下。

Step 1 打开“Internet 信息服务(IIS)管理器”窗口，选择默认站点，在窗口中间的默认站点主页中，双击 IIS 选项区域中的“默认文档”图标，如图 12-78 所示。

图 12-78　双击“默认文档”图标

Step 2 打开“默认文档”窗口，有 5 种默认文档，分别为 Default.htm、Default.asp、index.htm、index.html 和 iisstar.htm，如图 12-79 所示，当用户访问时，IIS 会自动按顺序由上至下依次查找与之相应的文件名，单击窗口右侧“操作”区域中的“添加”链接。

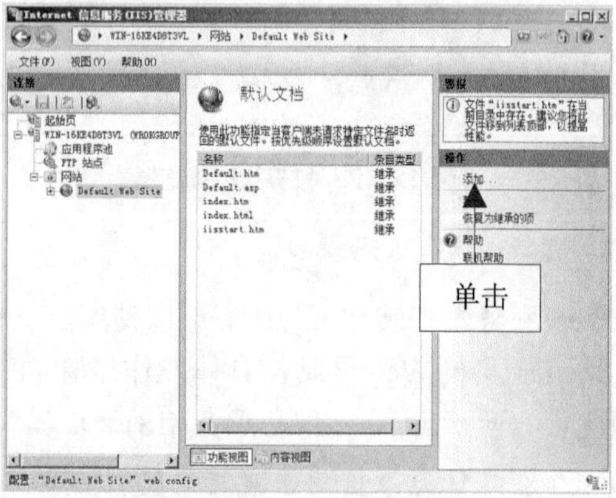

图 12-79　“默认文档”窗口

Step 3 弹出“添加默认文档”对话框，在“名称”文本框中可输入要添加的默认文档名称，如图 12-80 所示。

Step 4 单击“确定”按钮，即可添加该默认文档，新添加的默认文档自动排列在最上方，如图 12-81 所示，可通过单击“上移”和“下移”链接来调整各个默认文档的顺序。

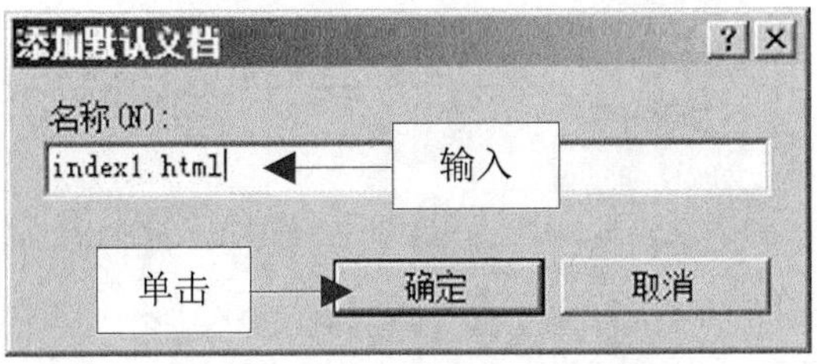

图 12-80　输入默认文档名称

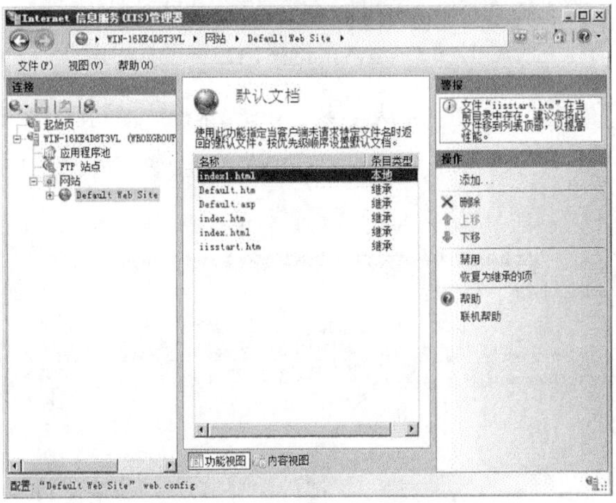

图 12-81　添加了默认文档

技巧

如果想要删除或禁用某个默认文档，只需选择相应的默认文档，然后单击“删除”或“禁用”链接即可。

12.3.4　搭建打印服务器

打印服务器一般使用在企业局域网中，可以让所有用户都能使用打印机，为企业节省很多费用。不管是直接连接到打印服务器还是从其他位置接入网络的打印机，都可以通过打印服务器统一管理，并为所有用户或指定的用户完成打印任务，有效地控制打印成本。

1. 布置打印服务器

在网络中共享打印机有以下两种方法。

(1) 打印服务器+普通打印机。

将一台普通打印机安装在作为打印的服务器上，然后，通过网络共享该打印机，供局域网中的授权用户使用。打印服务器既可以由通用计算机担任，也可以由专门的打印服务器担任。如果网络规模较大，则应当采用专门的服务器，以便对打印权限和打印队列进行管理，如图 12-82 所示为采用计算机作为打印服务器的网络拓扑结构。

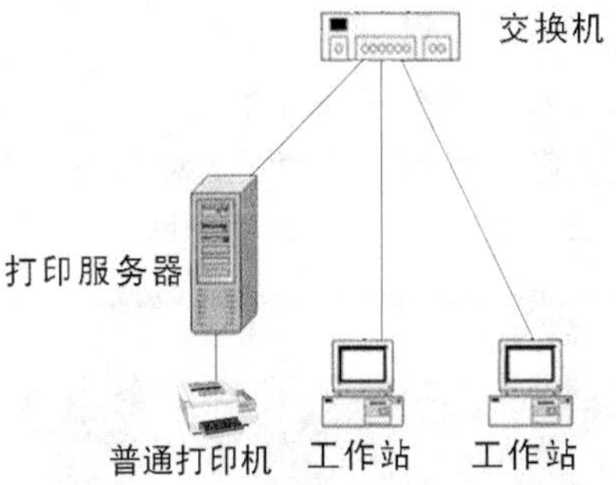

图 12-82　采用计算机作为打印服务器

(2) 打印服务器+网络打印机。

将一台带有网卡的打印机接入局域网，为其设置 IP 地址，使网络打印机成为网络上的一个不依赖于其他计算机的独立节点，然后，在打印服务器上对该网络打印机进行管理，用户就可以使用网络打印机进行打印了。如图 12-83 所示为网络打印机模式的拓扑结构，网络打印机通过 EIO 插槽直接连接网络适配卡，能够以网络的速度实现高速打印输出。

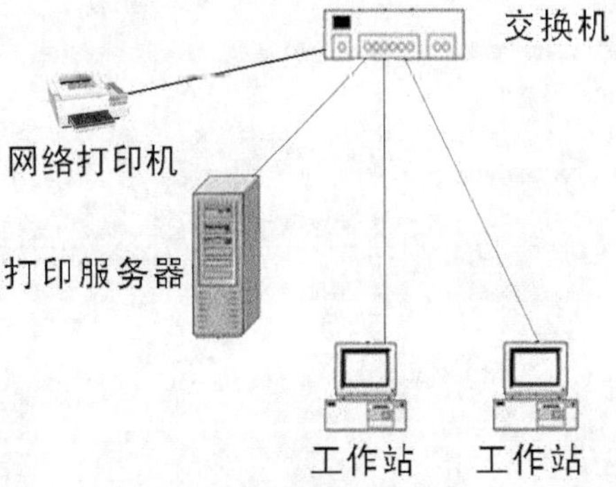

图 12-83　网络打印机模式

注意

由于计算机的端口有限，当使用普通打印机时，打印服务器所能管理的打印机数量也就较少，而由于网络打印机采用以太网端口接入网络，一台打印服务器可以管理数量非常多的网络打印机，因此，更适用于大型网络的打印服务。

2. 安装打印服务器

要在局域网中提供网络打印服务，必须先准备一台计算机安装打印服务器，并将打印机共享，然后再为不同的工作站操作系统安装驱动程序。安装打印服务器的具体操作步骤如下。

Step 1 运行“添加角色向导”，进入“选择服务器角色”界面，选中“打印服务”复选框，单击“下一步”按钮，如图 12-84 所示。

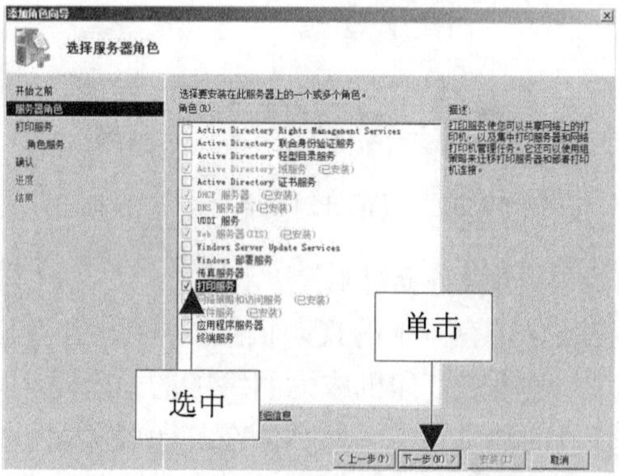

图 12-84 选中“打印服务”复选框

Step 2 进入“打印服务”界面，显示打印服务简介和注意事项，单击“下一步”按钮，如图 12-85 所示。

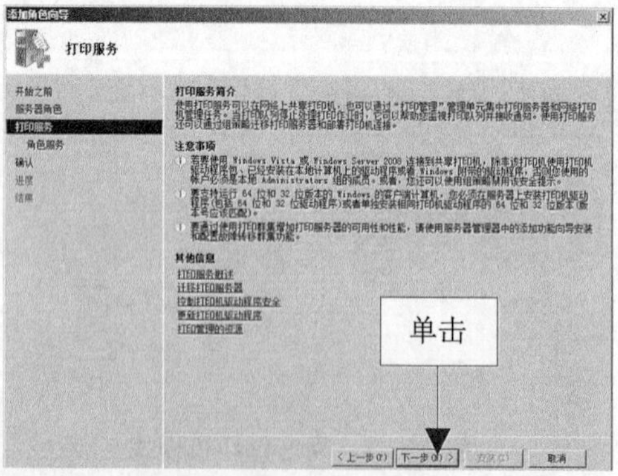

图 12-85 进入“打印服务”界面

Step 3 进入“选择角色服务”界面，选择为打印服务所安装的角色服务，单击“下一步”按钮，如图 12-86 所示。

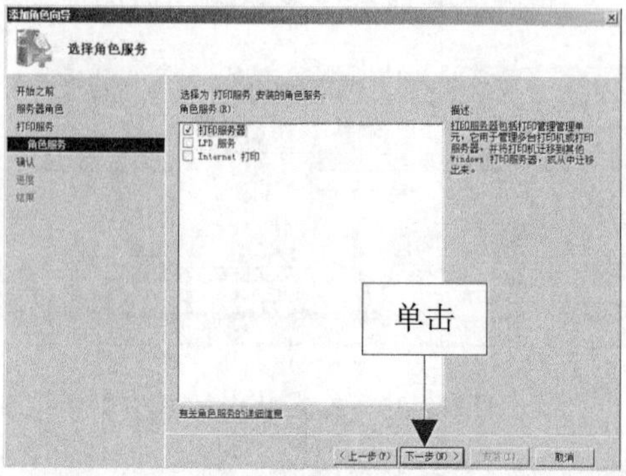

图 12-86 进入“选择角色服务”界面

Step 4 进入“确认安装选择”界面，显示将要安装的服务，单击“安装”按钮，如图 12-87 所示。

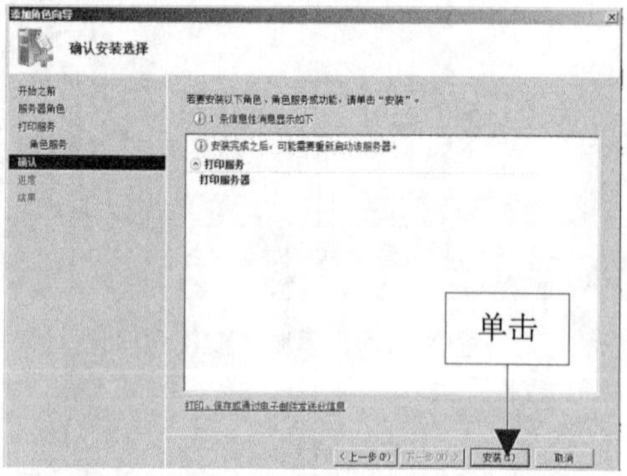

图 12-87 进入“确认安装选择”界面

Step 5 开始安装打印服务，并显示安装进度，如图 12-88 所示。

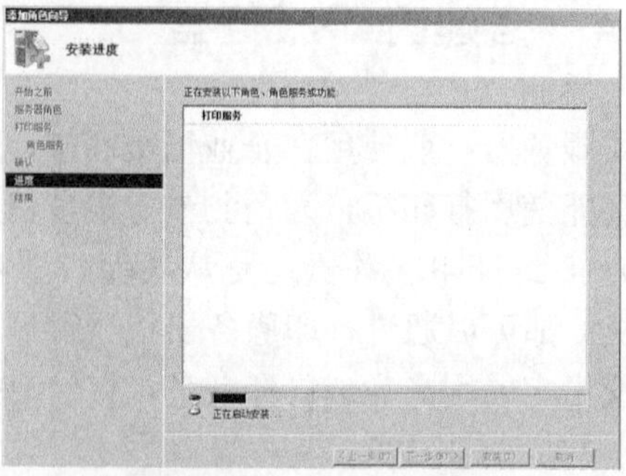

图 12-88 显示安装进度

Step 6 安装结束后，进入“安装结果”界面，提示安装成功，单击“关闭”按钮，如图 12-89 所示。

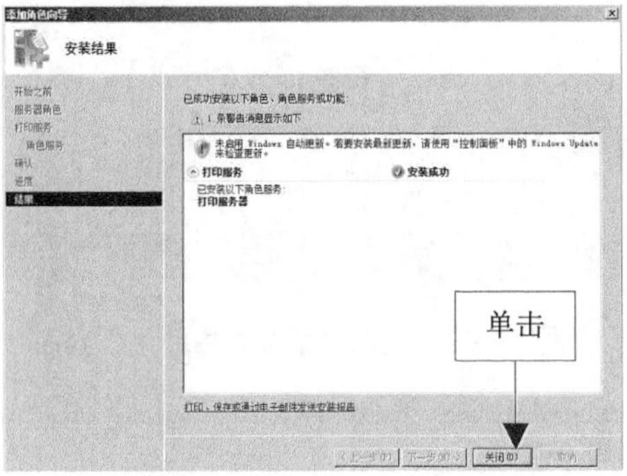

图 12-89 “安装结果”界面

技 巧

在“选择角色服务”界面中，选择“打印服务器”选项用于安装打印服务器；“LPD 服务”用于使基于 Unix 的计算机或使用 Line Printer Remote(LPR)服务的计算机可以使用该共享打印机；“Internet 打印”则用来使用户可以通过 Internet 使用和管理打印机。如果想使用 Internet 打印功能，则还必须同时安装 IIS 服务和 Windows 进程激活服务。

Step 7 完成打印服务器的安装后，选择“开始”→“管理工具”→“打印管理”命令，打开“打印管理”窗口，如图 12-90 所示，即可用来添加和管理网络打印机。

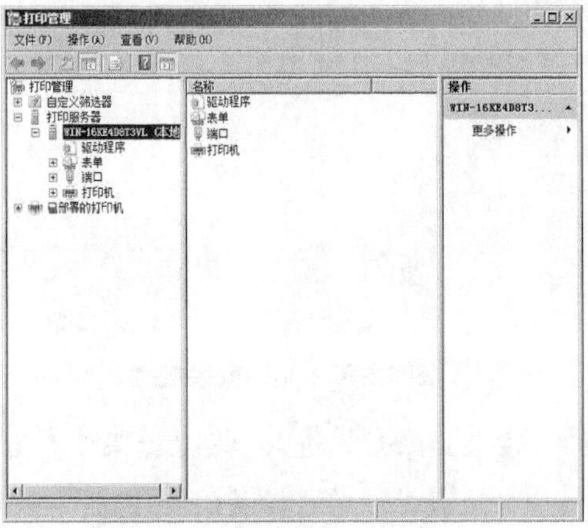

图 12-90 “打印管理”窗口

12.3.5 搭建传真服务器

传真服务器和打印服务器一起在企业局域网中使用得非常频繁，其结构和打印服务器的结构基本一样。下面介绍安装传真服务器的具体操作步骤。

Step 1 运行“添加角色向导”，进入“选择服务器角色”界面，选中“传真服务器”复选框，单击“下一步”按钮，如图 12-91 所示。

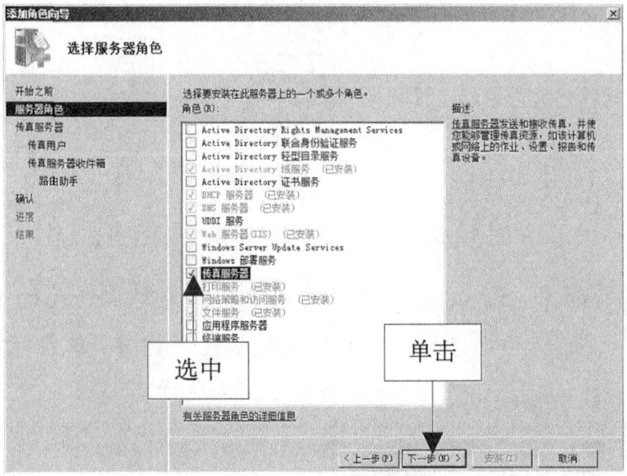

图 12-91 选中“传真服务器”复选框

Step 2 进入“传真服务器简介”界面，显示传真服务器简介和注意事项，单击“下一步”按钮，如图 12-92 所示。

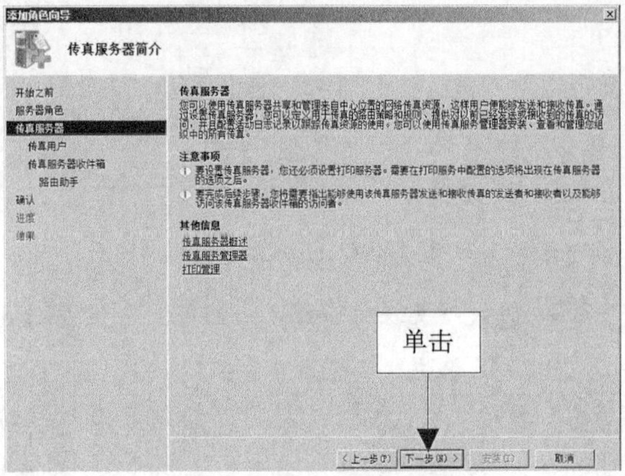

图 12-92 进入“传真服务器简介”界面

Step 3 进入“选择传真用户”界面，选择传真服务器使用的用户和用户组，单击“下一步”按钮，如图 12-93 所示。

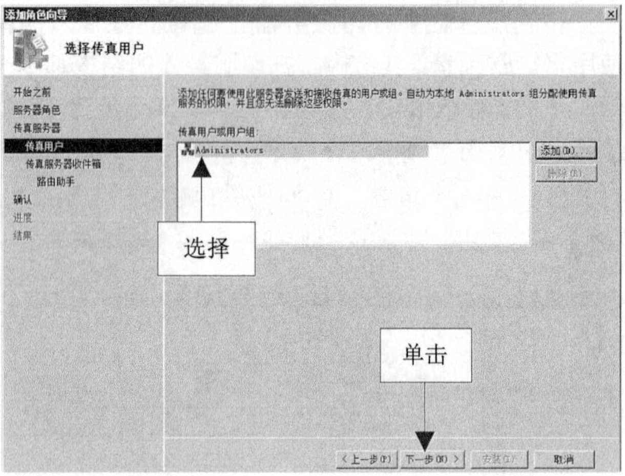

图 12-93　进入“选择传真用户”界面

Step 4 进入“指定可以访问传真服务器收件箱的用户”界面，使用系统默认设置即可，单击“下一步”按钮，如图 12-94 所示。

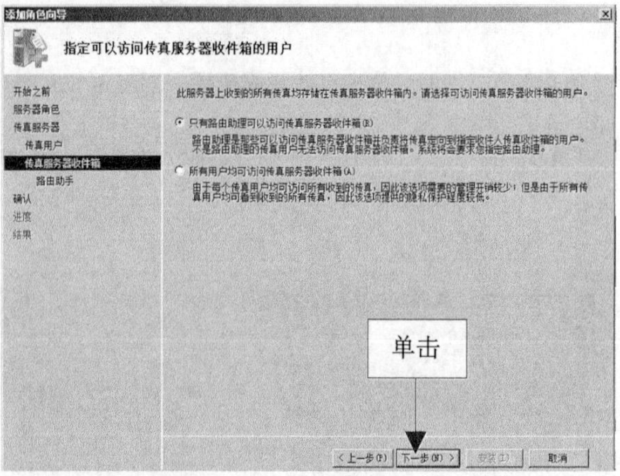

图 12-94　进入相应界面

Step 5 进入“选择路由助手”界面，可添加路由助手，单击“下一步”按钮，如图 12-95 所示。

Step 6 进入“确认安装选择”界面，显示将要安装的服务，单击“安装”按钮，如图 12-96 所示。

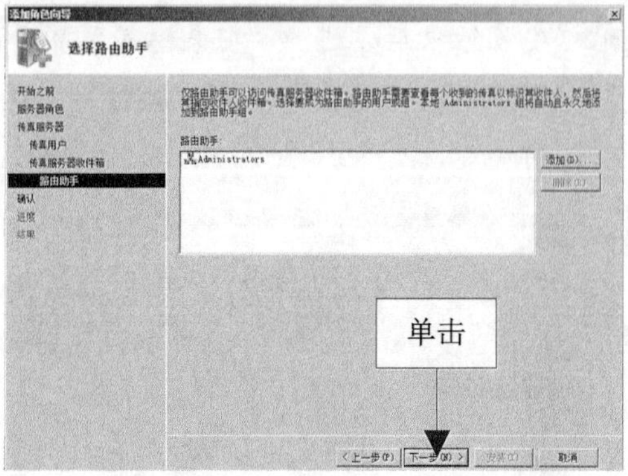

图 12-95　进入“选择路由助手”界面

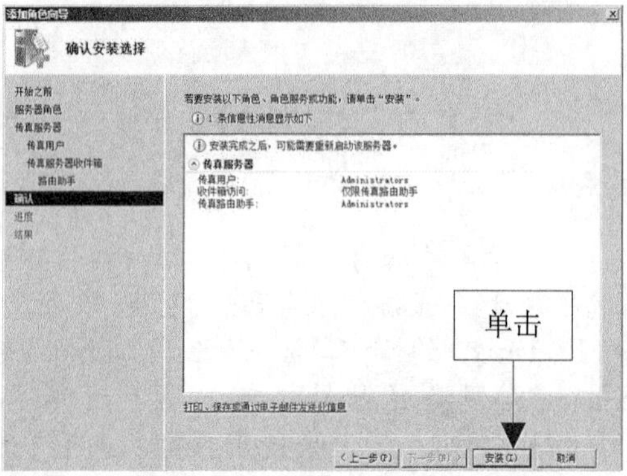

图 12-96　进入“确认安装选择”界面

Step 7 开始安装传真服务器，并显示安装进度，如图 12-97 所示。

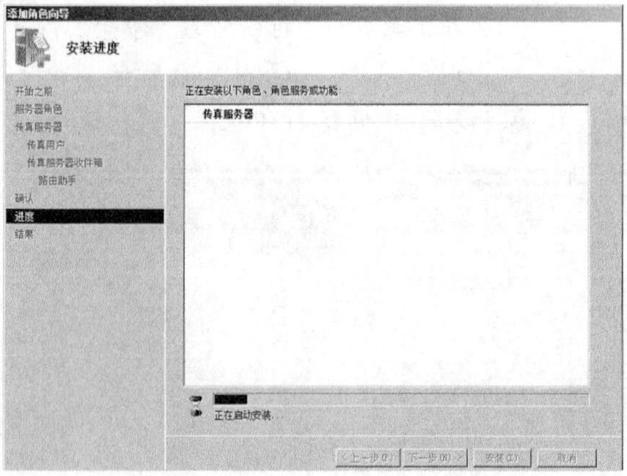

图 12-97　显示安装进度

Step 8 安装结束后，进入“安装结果”界面，提示安装成功，单击“关闭”按钮，如图 12-98

所示。

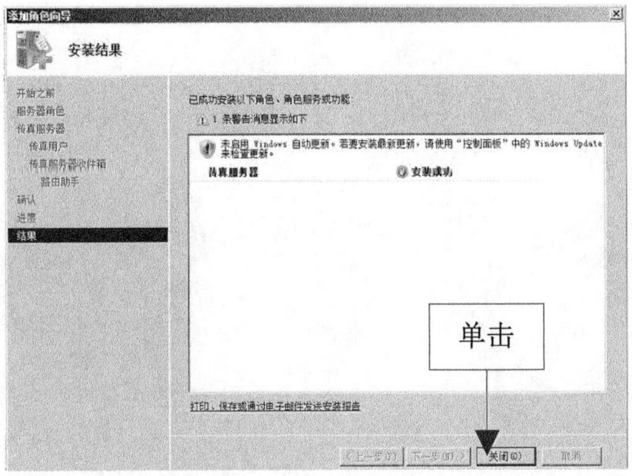

图 12-98 进入“安装结果”界面

Step 9 完成传真服务器的安装后，选择“开始”→“管理工具”→“传真服务管理器”命令，打开“Microsoft 传真服务管理器”窗口，如图 12-99 所示，即可用来添加和管理网络传真机。

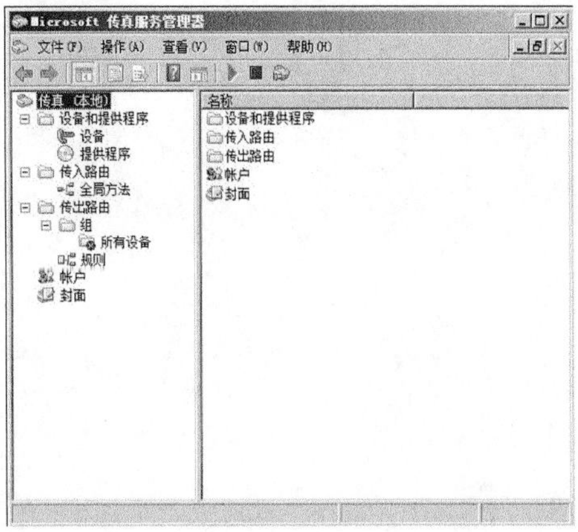

图 12-99 “Microsoft 传真服务管理器”窗口

第 13 章 局域网的资源共享

资源共享极大地方便了用户，也有效地利用了资源，节省了资源的重复性浪费。通过计算机网络，不仅可以使用近距离的网络资源，还可以访问远程网络上的资源。用户可以使用远程的打印机等硬件资源，还可以使用远程计算机上的应用程序、数据等软件资源。资源共享是计算机组网的最终目的。

本章学习要点

- Windows 7 文件共享
- Windows XP 文件共享
- 设置打印机共享
- 设置刻录机共享
- 设置驱动器共享
- 不同操作系统的互访

13.1 Windows 7 文件共享

组建网络的初衷就是实现资源共享和信息交换。无论过去、现在还是将来，资源共享都是网络的重要应用之一。通过资源共享，不仅可以大量节约硬件的购置费用，而且也可借助于资源共享实现文件资料的交换。本节主要介绍在 Windows 7 下如何共享文件，以及如何使相应的共享设置既安全，又能够最大限度地利用计算机网络资源共享的功能。

13.1.1 设置同机用户共享

同机共享是针对单机多用户的情况而设计的。如果只是在本机的用户间共享硬盘空间(或 DVD 光驱)和文件夹，只需在 Windows 资源管理器中将该盘符或文件夹拖曳至“网络\WIN-G9J4MC8RS0G(此处为计算机名)\共享文档”即可，如图 13-1 所示。

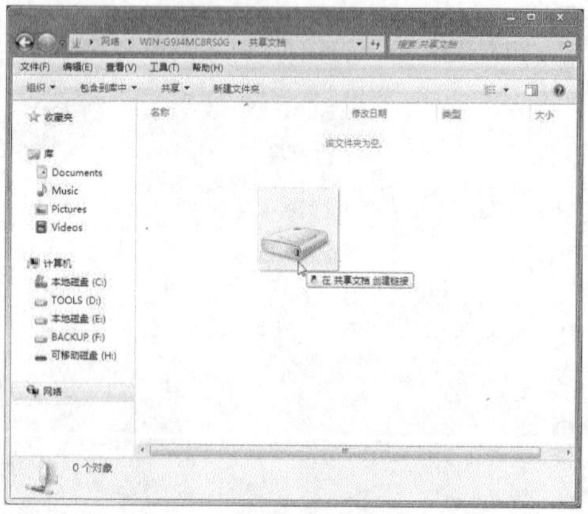

图 13-1　拖曳至共享文件夹

Windows 7 是将该磁盘或文件夹中的内容都复制至“共享文档”文件夹中，这种同机用户间共享文档的方法具有以下特点。

- 优点：即使用户破坏了“共享文档”中的文件，也不至于影响到源文件，从而提高了数据的安全性。
- 缺点：当共享的文件过多时，将占用大量的本地硬盘空间。

13.1.2 设置局域网共享

在局域网内其他运行 Windows 7 操作系统的计算机上，可以通过网络和共享中心实现文件和磁盘的远程共享。通常情况下，只要计算机连接至局域网络，并配置了正确的 IP 地址信息，那么，Windows 只需运行片刻，即可发现网络中所有的工作组和计算机。对于 Windows 7/XP 以及 Windows Server 2003/2008 而言，更是可以直接发现网络中可供共享的文件夹，并将之显示在 Windows 资源管理器的网络(或网上邻居)中。

在 Windows 7 系统中设置局域网共享的具体操作步骤如下。

Step 1 打开“网络和共享中心”窗口，可以看到一些链接，单击其中的“更改高级共享设置”链接，如图 13-2 所示。

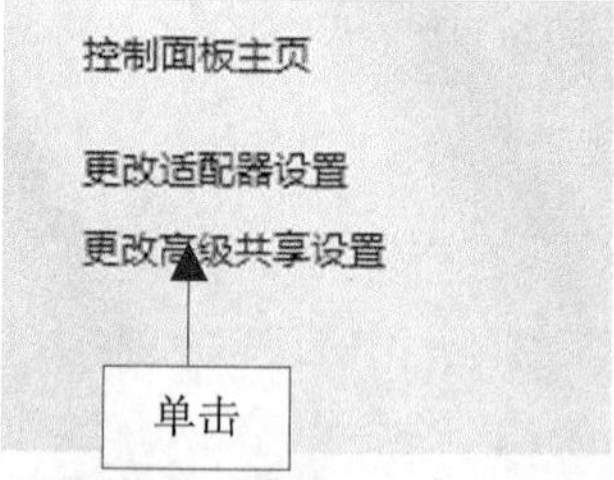

图 13-2　“网络和共享中心”窗口中的链接

Step 2 打开“高级共享设置”窗口，单击“家庭或工作”右侧的⌄按钮，如图 13-3 所示。

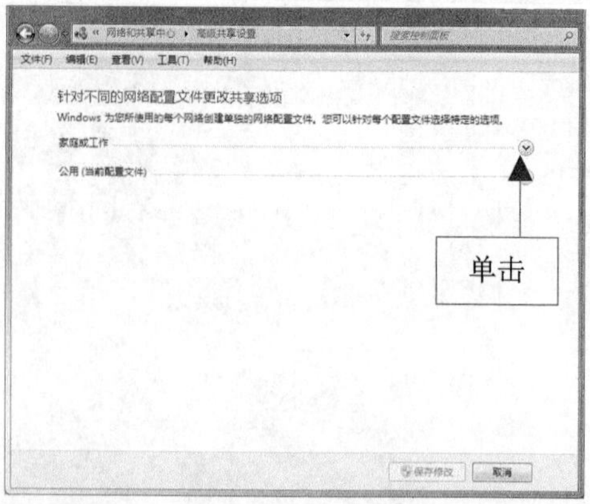

图 13-3　打开“高级共享设置”窗口

Step 3 在打开的窗口中依次选中“启用网络发现”、“启用文件和打印机共享”、“启用共享以便可以访问网络的用户可以读取和写入公用文件夹中的文件”、“使用 128 位加密帮助保护文件共享连接”、“关闭密码保护共享”以及“允许 Windows 管理家庭组连接”单选按钮，如图 13-4 所示。

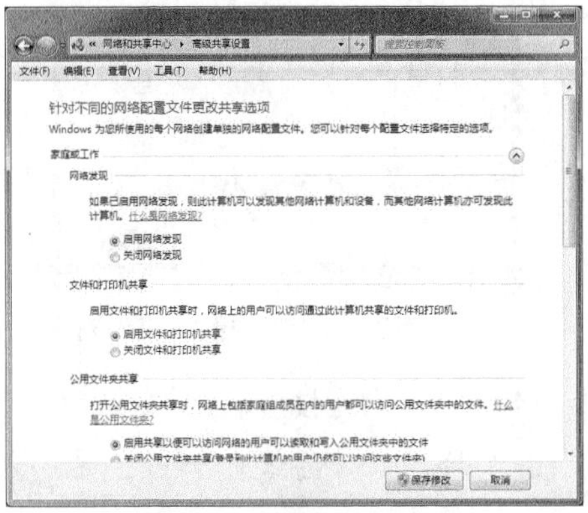

图 13-4 设置家庭或工作

Step 4 单击“公用(当前配置文件)”右侧的⌄按钮，使用与上述相同的方法进行设置，如图 13-5 所示，设置完毕后，单击“保存修改”按钮即可。

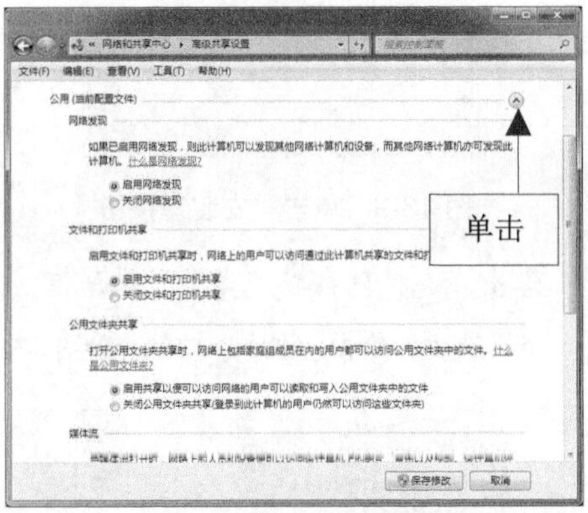

图 13-5 设置公用(当前配置文件)

13.1.3 管理共享文件夹

网络中的软件资源是指位于各联网计算机中的程序和数据，在计算机内部数据组织上表现为文件。通常将要共享的文件存放在某一文件夹内，然后将该文件夹设置为共享，所以文件共享具体实现时表现为文件夹的共享。管理共享文件夹主要包含以下 3 个方面。

1. 计划共享文件夹

在共享文件夹之前，有必要对要共享的资源按通常的访问需要，或者根据功能和用途进行组织分类，然后将要共享的资源分门别类地组织到不同文件夹中。这样可以简化管理并方便用户对资源的访问。一般情况下要共享的资源包括应用程序和数据两大类。

- 共享包含应用程序的文件夹。共享应用程序文件夹是用于存放安装在网络服务器上并能从客户机上使用的应用程序。共享应用程序文件夹的主要优点是，用户不用在每台计算机上都安装和维护应用程序，应用程序可以存放在服务器上统一集中进行管理。
- 共享数据文件夹。网络用户使用数据文件夹交换公用和工作数据。共享数据文件夹需要在独立于操作系统和应用程序的分区外创建。这样做的一个主要目的就是当操作系统需要重新安装时，包含数据文件夹的分区可以保持不变。另外，由于和数据文件夹独立位于一个分区，便于数据备份。

2. 为管理任务设置的共享文件夹

在 Windows Server 2003/2008 系统中自动为管理任务设置了共享文件夹，这些共享文件夹都附加了$标志，使之对浏览的计算机用户隐藏。只有知道了共享名的用户才可以访问到这些共享文件夹，前提是这些用户已经被授予了适当的权限。这些共享文件夹的相关性质如下。

- 每个硬盘的分区，比如 C、D、E 等都设置了共享，共享名是驱动器号附加一个$符号，比如 C$、D$、E$等。用户连接到这些文件夹时，可以访问它们所代表的分区。
- 将文件夹(默认情况下是 C:\Windows)共享为 Admin$，则只有管理员组的成员才能访问该共享文件夹以管理 Windows Server 2003 系统。

- 用户创建第一个共享文件夹时，将系统根目录下的\System32\Spool\Drivers 文件夹共享为 Print$，这个文件夹是提供客户机对打印驱动程序文件的访问。Administrators 组成员、Serveroperators 组成员、Print Operators 组成员对该文件夹有 Full Control 权限，而 Everyone 组成员有 read 权限。

3. 管理共享文件夹的操作

在共享文件和打印机之前，需要安装“Microsoft 网络的文件和打印机共享”服务，然后才能共享文件夹，否则在共享文件时会出现如图 13-6 所示的错误提示。

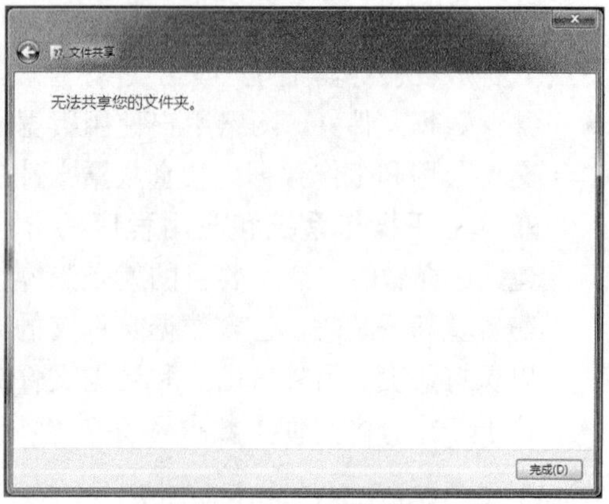

图 13-6　提示文件共享错误

安装“Microsoft 网络的文件和打印机共享”服务的具体操作步骤如下。

Step 1　打开“网络和共享中心”窗口，单击“本地连接”链接，如图 13-7 所示。

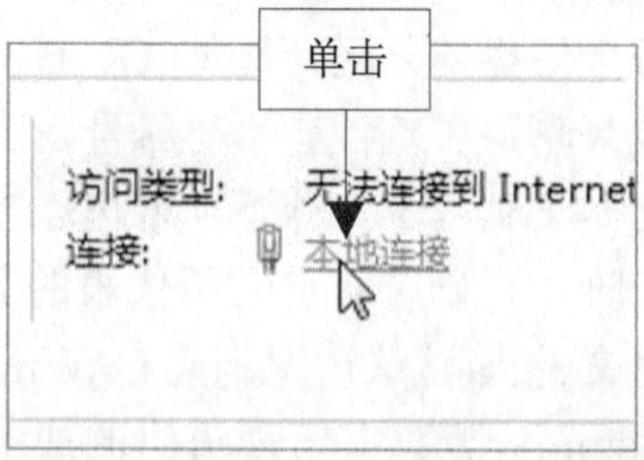

图 13-7　单击“本地连接”链接

Step 2　弹出“本地连接 状态”对话框，单击“属性”按钮，如图 13-8 所示。

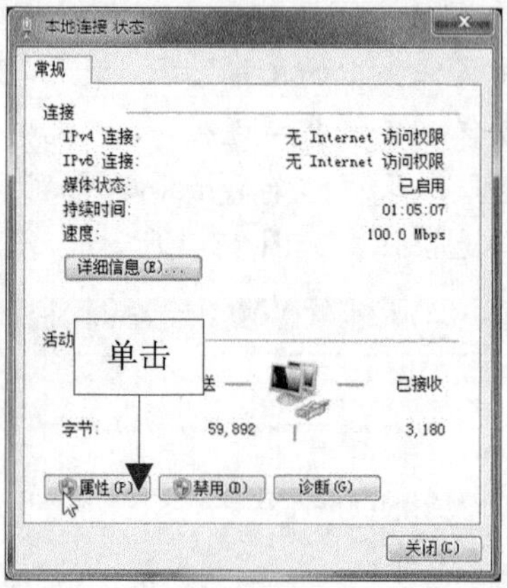

图 13-8　弹出“本地连接 状态”对话框

Step 3　弹出“本地连接 属性”对话框，单击“安装”按钮，如图 13-9 所示。

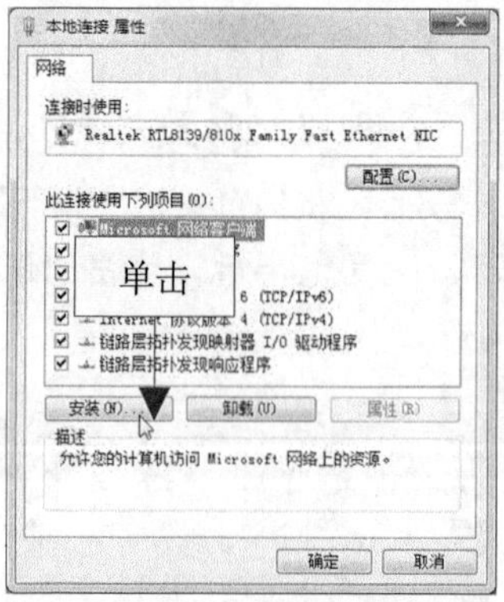

图 13-9　单击“安装”按钮

Step 4　弹出“选择网络功能类型”对话框，选择“服务”选项，单击“添加”按钮，如图 13-10 所示。

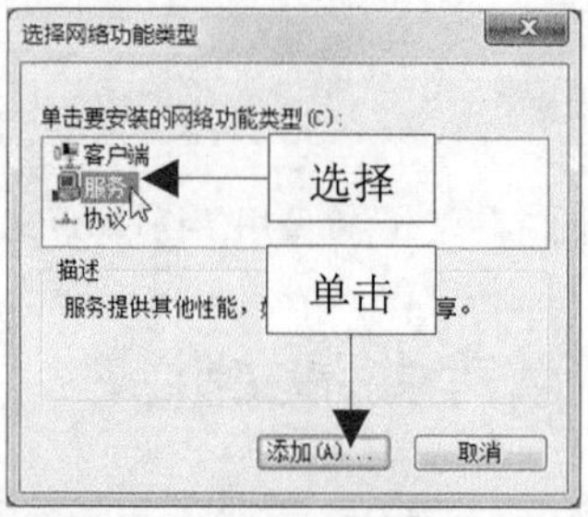

图 13-10　选择“服务”选项

Step 5 弹出“选择网络服务”对话框，在列表框中选择需要安装的网络服务，单击“确定”按钮，如图 13-11 所示。

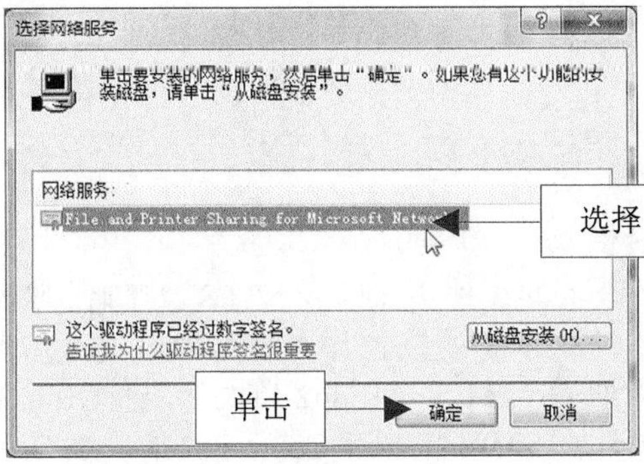

图 13-11 选择需要安装的网络服务

Step 6 返回到“本地连接 属性”对话框，在其中的下拉列表框中，显示已安装的网络服务，如图 13-12 所示，单击“关闭”按钮退出即可。

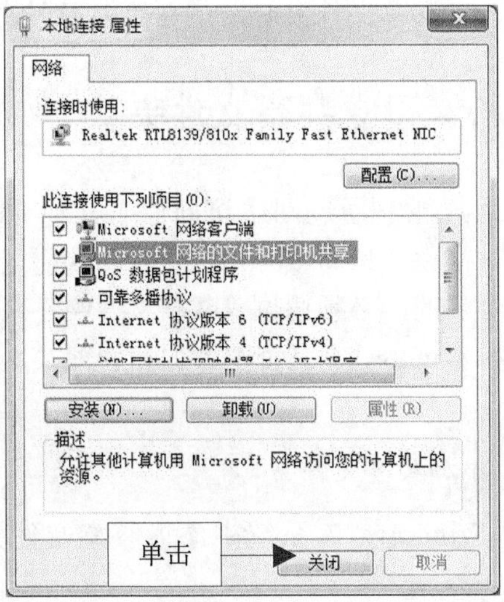

图 13-12 显示已安装的网络服务

试一试

根据上面的操作方法，安装“Microsoft 网络的文件和打印机共享”服务。

13.1.4 设置共享文件夹权限

共享文件夹权限应用于文件夹而不是单独的文件。因为用户只能对整个共享文件夹应用共享文件夹权限，而不是共享文件夹中的单个文件或子文件夹。

- 共享文件夹权限不限制对访问计算机上文件夹的用户的访问，只应用于通过网络连接到文件夹上的用户。
- 共享文件夹权限是 FAT 分区上唯一的保护网络资源安全的方法。

在 Windows Server 2003/2008 操作系统中，默认共享文件夹权限是完全控制(Full Control)。当用户共享一个文件夹时，这一权限被分配给 Everyone 组。共享文件夹权限的类型如下。

1. Windows 98 系统

在 Windows 98 系统中提供以下 3 种级别的权限。

- 只读(Read)：如果选择此单选项，则用户可以共享此共享文件夹，但不能修改共享文件夹中的内容，更不能删除，系统默认选择此单选项，为了安全起见，也建议采用此共享类型。
- 完全控制(Full Control)：如果选择此单选项，则用户可以完全控制共享文件夹中的文件，包括任何修改和删除等操作。
- 根据密码访问：如果选择此单选项，则可在“只读密码”文本框中输入只读密码，这样其他用户要共享此共享文件夹中的文件，就必须先输入这个只读密码，而且用户只能以只读的方式打开其中的文件，而不能修改和删除；也可以设置“完全访问密码”，如果拥有“完全访问密码”，就可以用完全控制方式共享文件夹。

2. Windows XP 系统

在 Windows XP 系统中提供了以下两种级别的权限。

- 在网络上共享这个文件夹：此权限相当于 Windows 98 系统中的只读权限。

- 允许网络用户更改我的文件：此权限相当于Windows 98系统中的完全控制权限，可以完全控制共享文件夹。

3. Windows 7 系统

在 Windows 7 系统中提供了以下两种级别的权限。

- 读取：该权限允许用户显示文件名、文件夹名、文件内容和属性，复制和运行程序文件。
- 读/写：该权限允许用户创建文件夹、添加文件到文件夹、修改文件中的数据、添加数据到文件，修改文件属性、删除文件和文件夹、执行只读权限中允许的操作。

4. Windows Server 系统

在Windows Server系统中提供了以下3种级别的权限。

- 读取(Read)：该权限允许用户显示文件名、文件夹名、文件内容和属性，运行程序文件。
- 更改(Change)：该权限允许用户创建文件夹、添加文件到文件夹、修改文件中的数据、添加数据到文件、修改文件属性、删除文件和文件夹，以及执行只读权限中允许的操作。
- 完全控制(Full Control)：该权限允许用户修改文件权限、取得文件所有权以及更改权限中允许的操作。

5. 共享文件夹权限的应用

Windows Server 2008 系统中共享文件夹权限的应用如下。

- 共享文件夹权限是累积的。用户可是多个组的成员，每个组都可能有访问共享文件夹的不同级别的权限。那么该用户的有效权限就是所属的多个组的权限的累积。例如：用户User 是组 Group1 和 Group2 的成员，组 Group1 对共享文件夹 Share 有 Read 权限，组 Group2 对共享文件夹 Share 有 Change 权限，那么用户 User 对共享文件夹 Share 有效的权限是 Change，因为 Change 权限包含了 Read 权限。
- 拒绝权限优先于允许权限。如果对一个用户拒绝了共享文件夹权限，该用户就不再具有任何权限，尽管可能已经给用户所在的组以适当的权限。
- 共享文件夹权限可以访问 FAT 卷上的文件和文件夹，但是要能访问 NTFS 卷，还需要适当的 NTFS 权限。

注意

给合共享文件夹权限和 NTFS 权限时，限制更加严格的权限总是覆盖原来的权限，例如：用户 User 是组 Group1 和 Group2 的成员，组 Group1 对共享文件夹 Share 有 Full Control 权限，组 Group2 对共享文件夹 Share 有 Read 的 NTFS 权限，那么用户 User对共享文件夹 Share有效的权限是 Read，因为 Read 权限比 Full Control 权限限制更加严格。

- 当用户复制一个共享文件夹时，原始共享文件夹依然共享，但是复本不共享。当用户移动共享文件夹时，该文件夹不再共享。

13.1.5 建立共享文件夹

让用户能够通过网络访问位于其他计算机内的文件夹与文件，是局域网相当重要的功能之一，为了达到这个目的，必须通过“共享文件夹”来实现。下面讲解在Windows 7系统中添加和管理共享文件夹的方法。

1. 添加共享文件夹

在 Windows 7 系统中添加共享文件夹的操作步骤如下。

Step 1 在需要共享的文件夹上单击鼠标右键，在弹出的快捷菜单中选择“属性”命令，如图 13-13 所示。

Step 2 弹出“新建文件夹 属性”对话框，如图 13-14 所示。

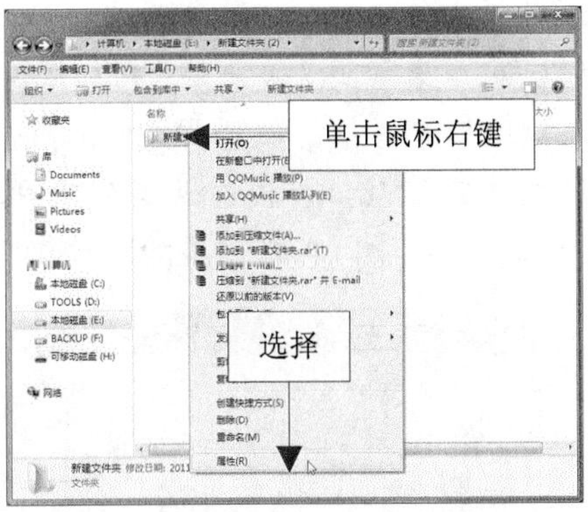

图 13-13　选择“属性”命令

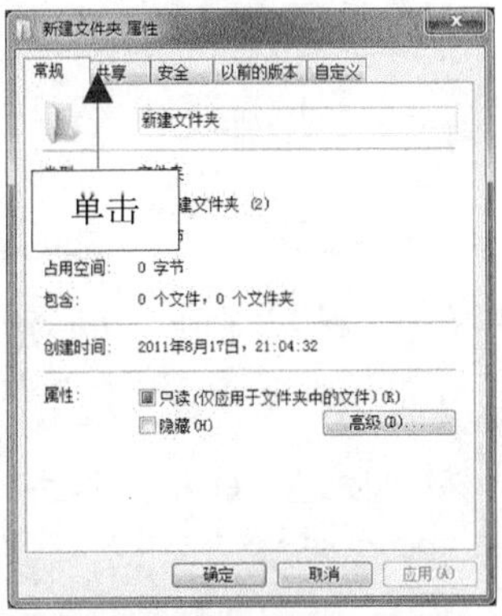

图 13-14　弹出“新建文件夹 属性”对话框

Step 3　切换至“共享”选项卡，单击“共享”按钮，如图 13-15 所示。

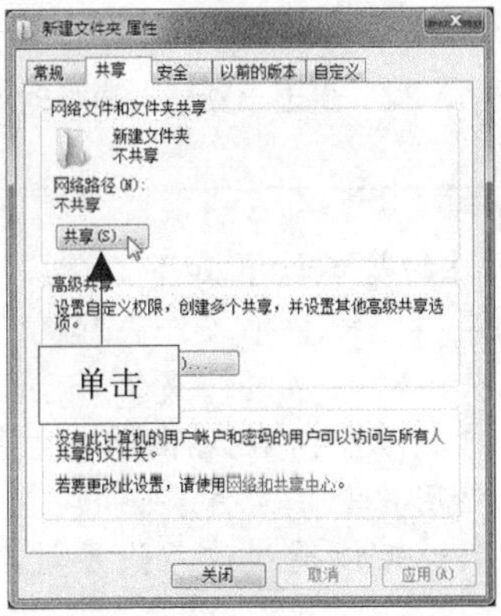

图 13-15　单击“共享”按钮

Step 4　弹出“文件共享”对话框，在“文件共享”对话框的相应文本框中输入要共享的用户名，如图 13-16 所示。

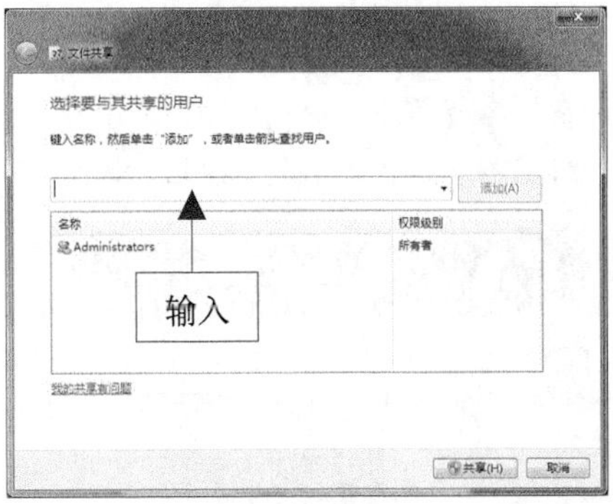

图 13-16　弹出“文件共享”对话框

Step 5　单击“添加”按钮，即可添加共享用户，如图 13-17 所示。

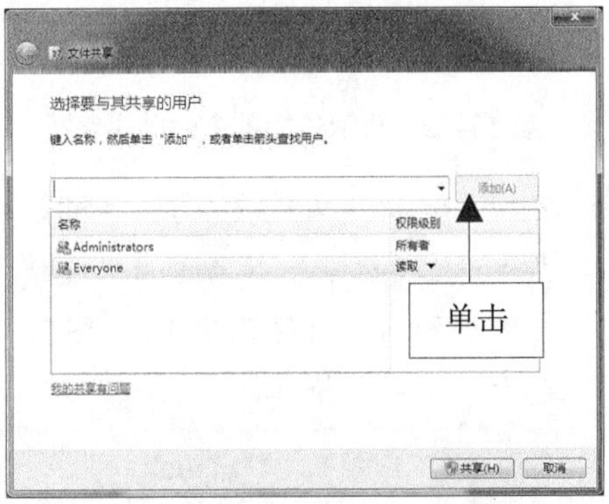

图 13-17　添加共享用户

Step 6　选择要修改权限的用户名称，单击右侧的下三角按钮，在弹出的快捷菜单中选择“读/写”命令，即可将“权限级别”改为“读取/写入”，单击“共享”按钮，如图 13-18 所示。

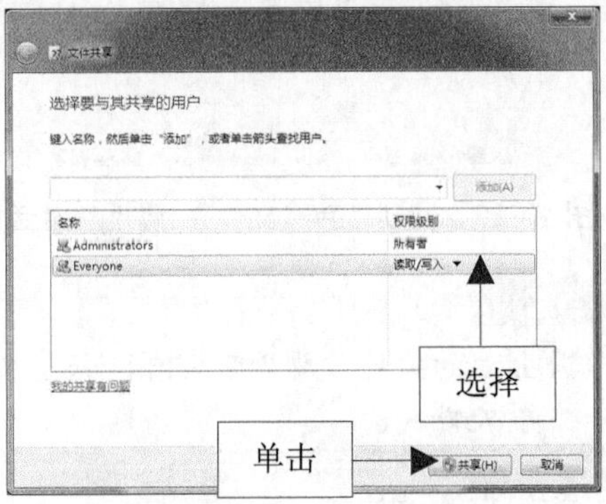

图 13-18　选择“读/写”权限

Step 7 弹出相应的对话框，提示文件夹已共享，并在“各个项目”列表框中显示该文件夹的网络路径，单击“完成”按钮，如图 13-19 所示。

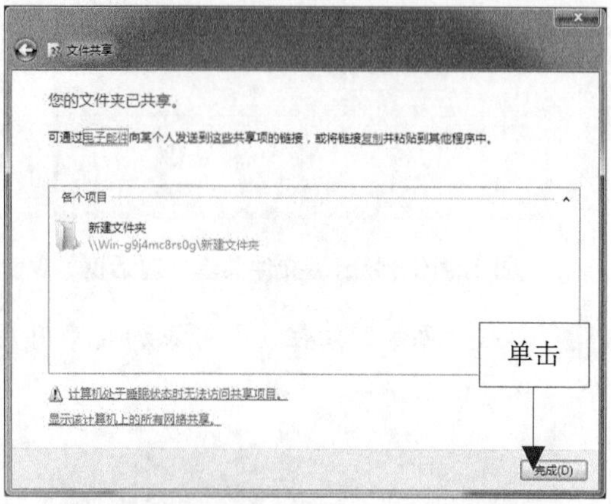

图 13-19　显示该文件夹的网络路径

Step 8 返回至“新建文件夹 属性”对话框，即可在“网络文件和文件夹共享”选项区中看到文件夹的网络路径已改变，如图 13-20 所示，单击“确定”按钮。

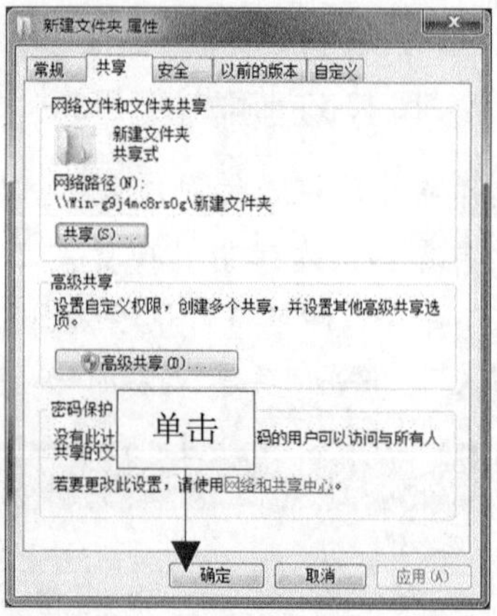

图 13-20　回到“新建文件夹 属性”对话框

试一试

根据上面的操作步骤，在 Windows 7 系统中创建一个共享文件夹。

2. 设置共享属性

在 Windows 7 系统中设置共享文件夹属性的操作步骤如下。

Step 1 共享文件夹后，在“新建文件夹 属性”对话框中单击“高级共享”按钮，弹出“高级共享”对话框，如图 13-21 所示，在该对话框中可修改“将同时共享的用户数量限制为”的数量，单击“添加”按钮。

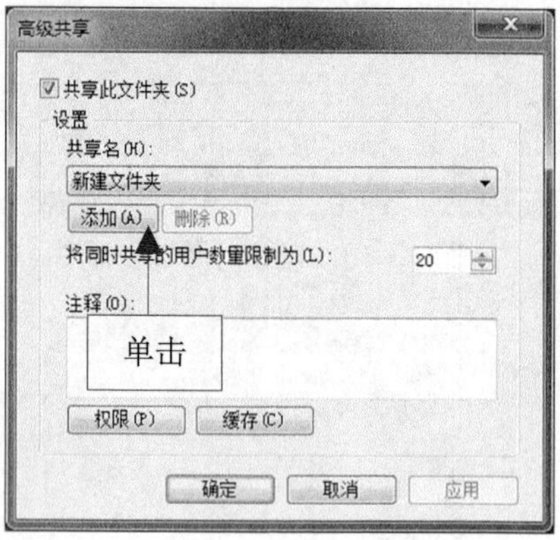

图 13-21　弹出“高级共享”对话框

Step 2 弹出“新建共享”对话框，可以修改“共享名”和“描述”选项，单击“权限”按钮，如图 13-22 所示。

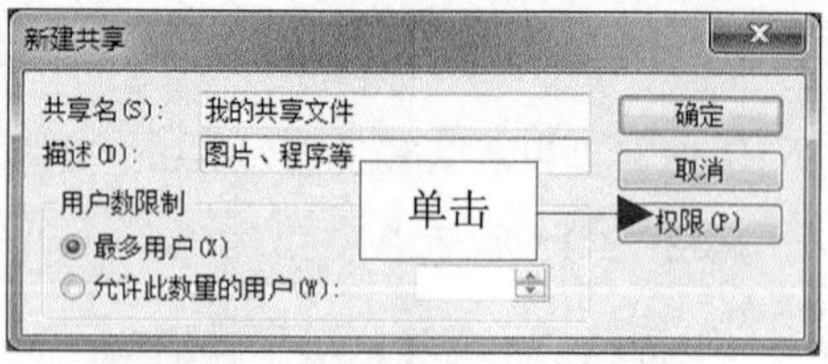

图 13-22　弹出“新建共享”对话框

提示

共享属性的基本设置如下。

- 共享名：给共享文件夹起的名称。
- 注释：对共享文件夹的一些说明文字。
- 用户数限制：在此限制一次最多可以有多少个用户与该文件夹连接。
- 权限：可以通过这里设置该共享文件夹的权限。
- 缓存：设置如何让用户在脱机时访问该共享文件夹。

Step 3 弹出“的权限”对话框，在“Everyone 的权限”列表框中选中“完全控制”的“允许”

复选框，如图 13-23 所示。

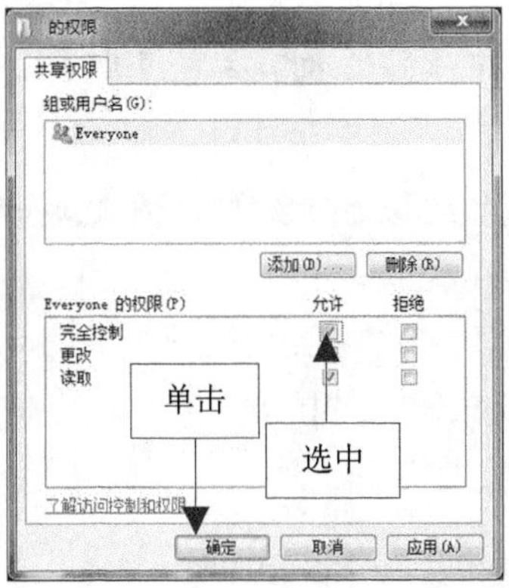

图 13-23　弹出“的权限”对话框

Step 4　连续单击“确定”按钮，保存设置，打开计算机的共享文件夹，即可看到所更改的设置，如图 13-24 所示。

图 13-24　查看更改的共享文件夹设置

技巧

当共享文件夹要供给 MS DOS 使用时，共享名不能超过 12 个字符，Windows 系统则不存在此限制。Windows 7/XP 支持长文件名，但是 MS DOS 仅支持 8.3 式文件名。Windows 7/XP 提供了将长文件名转换成短文件名的功能，其转换准则如下。

- 将长文件名的空格删除。
- 若长文件名内有不符合 MS DOS 的文件名的字符时，在改为短文件名时，将把 MS DOS 文件名的字符改为“_”，取长文件名前的“六个字符”+“~”+“数字”。

13.2　Windows XP 文件共享

虽然微软公司已经发布了新的操作系统，并已停止对 Windows XP 的技术支持，但现在仍有大量的用户在使用 Windows XP。因为 Windows XP 操作系统具有对配置要求低、操作性简单、性能强大、运行稳定、软件兼容性高等特点，并可方便地设置资源共享。本节主要介绍 Windows XP 系统设置文件共享的方法。

13.2.1　设置共享文件夹

在默认情况下，全新安装的 Windows XP 没有启动文件共享功能，需要先启用文件共享。Windows XP 支持简单共享和高级共享两种方法，如果是对等网，建议使用简单文件共享，直接为文件夹设置只读或者完全共享，网络中的用户使用 Guest 账户即可访问。

共享文件夹的具体操作步骤如下。

Step 1　打开 Windows 资源管理器，选择欲设置为共享的文件夹，在文件夹图标上单击鼠标右键，在弹出的快捷菜单中选择“共享和安全”命令，如图 13-25 所示。

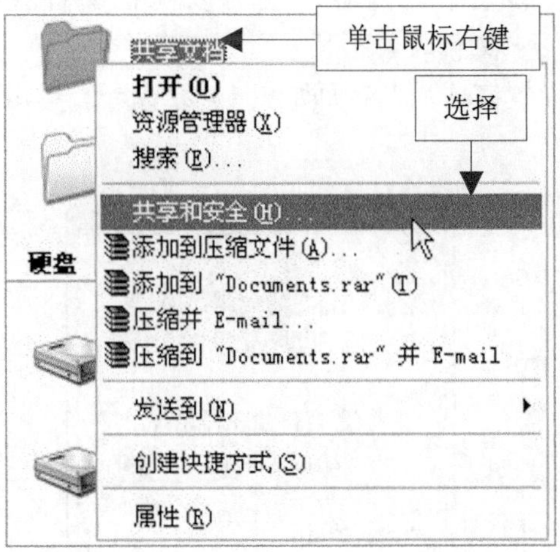

图 13-25　选择“共享和安全”命令

Step 2　弹出“共享文档 属性”对话框，默认显示“共享”选项卡，如图 13-26 所示。

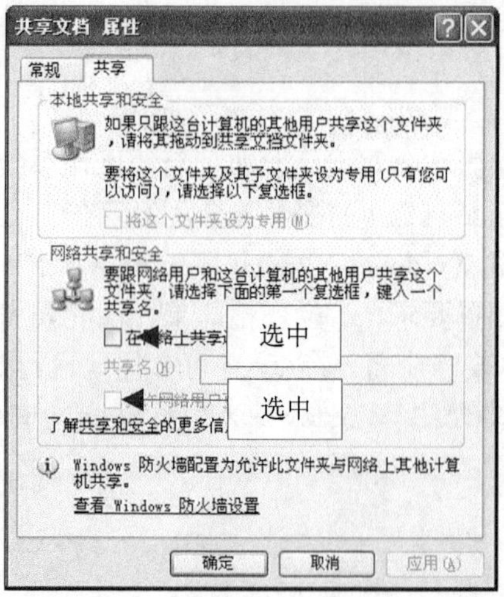

图 13-26 “共享文档 属性”对话框

Step 3 在“网络共享和安全”选项区中，可以设置以下选项进行共享。

- “在网络上共享这个文件夹”复选框：选中该复选框即可设置为共享，允许用户读取其中的内容，但不允许写入或修改。
- “共享名”文本框：输入共享文件夹的名称，默认为文件夹的名称。
- “允许网络用户更改我的文件”复选框：选中该复选框后，用户不仅可以读取共享文件夹中的内容，还可以向该文件夹中写入文件。

设置完成后，界面如图 13-27 所示，单击“确定”按钮。

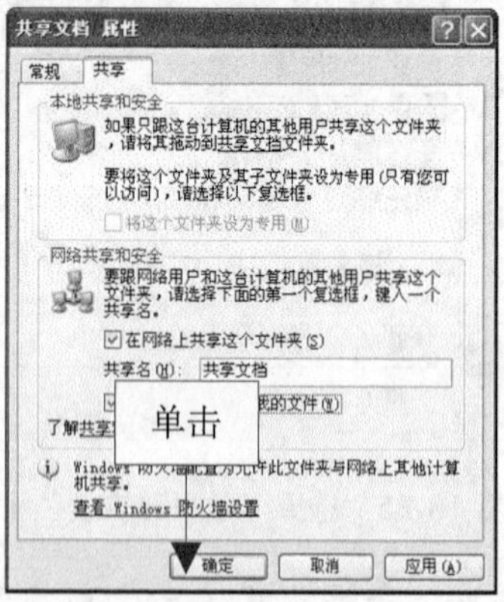

图 13-27 设置为共享

Step 4 可将该文件夹设置为网络共享，此时，该文件夹图标上就会显示一个拖着的手型标识，表示该文件夹已设置为共享，如图 13-28 所示。

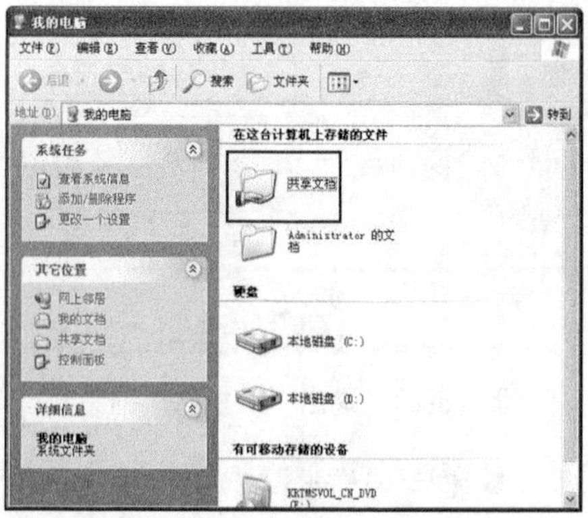

图 13-28 共享文件夹图标

13.2.2 访问共享文件夹

当设置好共享文件夹后，在其他计算机上即可访问该共享文件夹。只需在 Windows 资源管理器中打开共享文件夹地址，格式如下：

\\共享计算机名或 IP 地址

例如，在资源管理器的地址栏中，输入\\192.168.0.128，按 Enter 键，即可看到该共享文件夹，如图 13-29 所示。

图 13-29 共享文件夹

双击该共享文件夹图标，即可打开并显示所包含的内容，如图 13-30 所示，此时，根据所设置的权限，可以查看文件内容，或者向文件夹中写入文件。

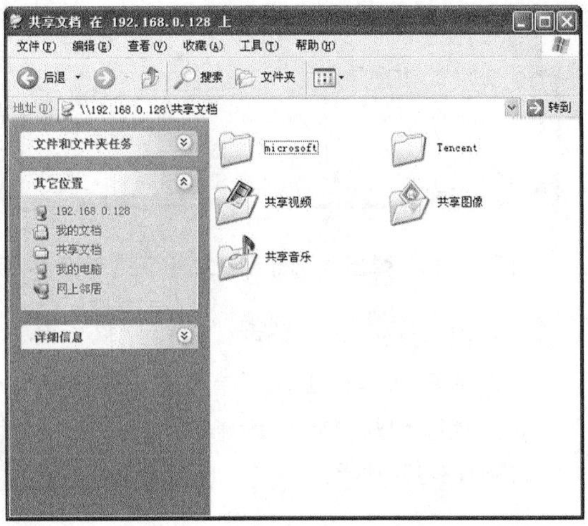

图 13-30　查看文件内容

13.2.3　设置文件访问安全

出于安全考虑，当局域网中需要多个用户访问共享时，因为不同的用户所拥有的权限是不同的，所以，需要根据网络中不同用户的权限，对共享文件夹的权限进行相应的设置。

1. 限制用户的访问权限

一般情况下，Windows XP 默认使用“简单文件共享”方式来共享文件，任何用户都可以访问共享文件夹而无需登录，安全性自然比较低。如果只想让特定的用户访问，则可禁用简单的文件共享，使用高级共享方式，为特定用户指定访问权限，具体操作步骤如下。

Step 1　在“我的电脑”图标上单击鼠标右键，在弹出的快捷菜单中选择“管理”命令，打开“计算机管理”窗口，依次展开“系统工具”→“本地用户和组”→“用户”选项，为允许访问共享文件夹的用户账户设置密码，使其他用户访问共享文件夹时必须使用该账户登录，如图 13-31 所示。

Step 2　打开 Windows 资源管理器，选择“工具”→“文件夹选项”命令，如图 13-32 所示。

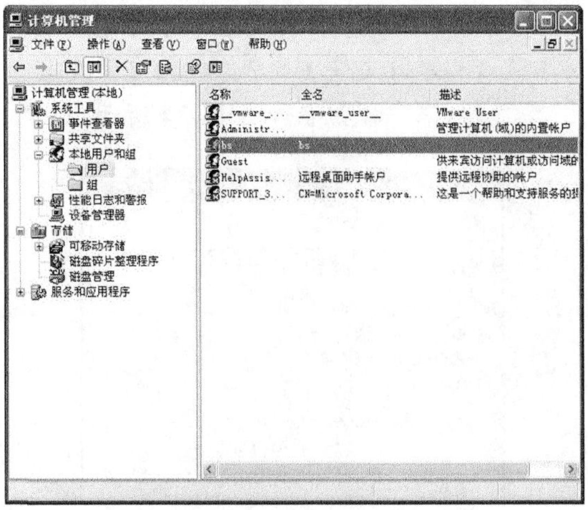

图 13-31　设置用户账户密码

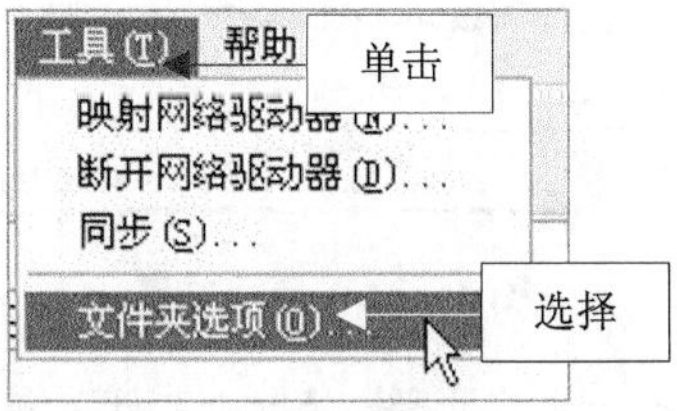

图 13-32　选择“文件夹选项”命令

Step 3　弹出“文件夹选项”对话框，切换至“查看”选项卡，在“高级设置”列表框中，取消选中“使用简单文件共享(推荐)”复选框，单击“确定”按钮，如图 13-33 所示。

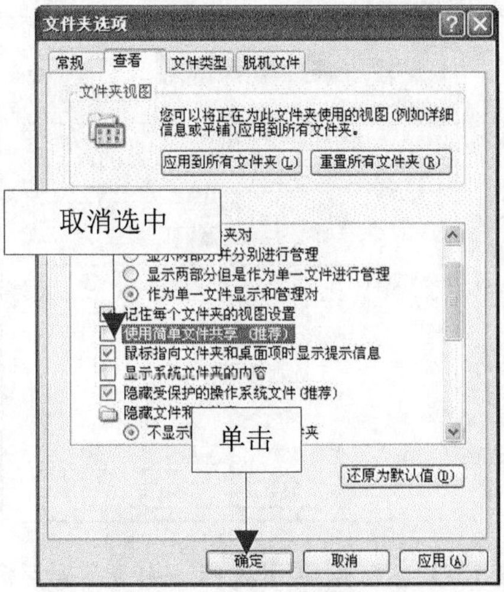

图 13-33　取消选中相应的复选框

Step 4　禁用简单文件共享功能，此时，再为文件夹设置共享时，即可设置详细的权限了，选择“共享此文件夹”单选按钮启用共享，单击“权限”按钮，如图 13-34 所示。

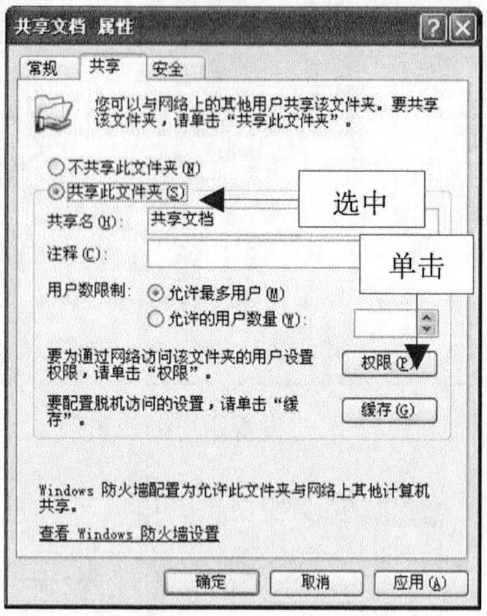

图 13-34　启用共享

Step 5 弹出“共享文档 的权限”对话框，如图 13-35 所示，默认用户组为 Everyone，权限为“读取”，表示任何用户均能以只读权限访问该文件夹，选择 Everyone 用户名称，单击“删除”按钮将其删除，然后单击“添加”按钮。

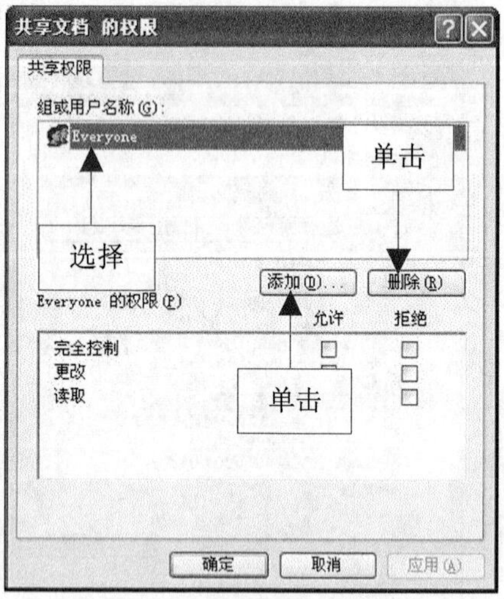

图 13-35　弹出“共享文档 的权限”对话框

Step 6 弹出“选择用户或组”对话框，单击“高级”按钮，如图 13-36 所示。

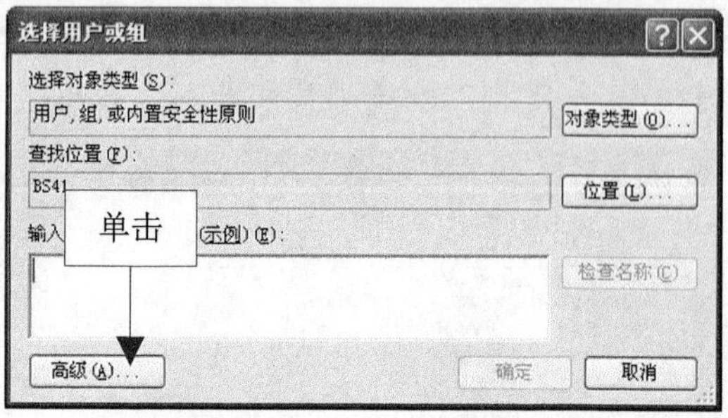

图 13-36　弹出“选择用户或组”对话框

Step 7 界面向下扩展，单击“立即查找”按钮，列出本地计算机上的所有账户，选择欲授予访问权限的账户，连续单击“确定”按钮，如图 13-37 所示。

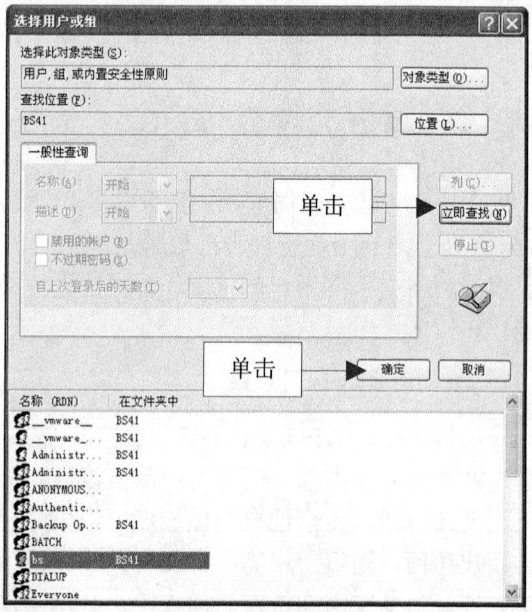

图 13-37　选择欲授予访问权限的账户

Step 8 返回到“共享文档 的权限”对话框，用户账户添加成功，选中“完全控制”复选框，单击“确定”按钮，如图 13-38 所示。

Step 9 保存并关闭，共享文件夹设置完成。

此时，其他用户再访问该计算机的共享时，则需要使用事先设置的用户名和密码登录才可以访问。

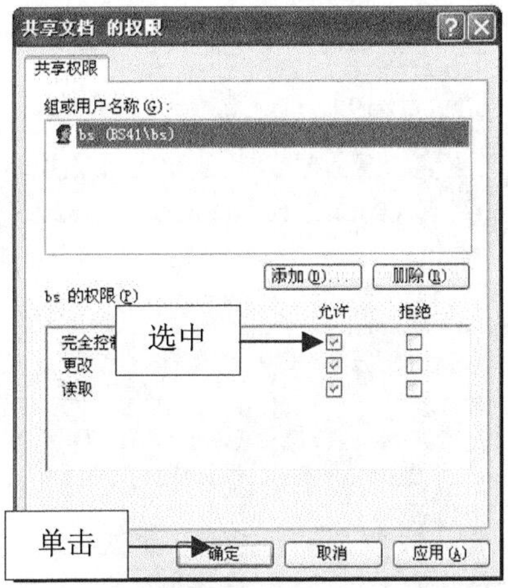

图 13-38　选中“完全控制”复选框

2. 隐藏共享

将文件夹设置为共享以后，所有访问该计算机的用户都能看到已共享的文件夹。如果某个共享文件夹仅仅允许某个或某些用户访问，并且不希望其他用户看到该文件夹，可以将该文件夹设置为隐藏共享。

设置隐藏共享很简单，只需要在设置共享时，在共享名后面加上一个$符号即可，如图 13-39 所示，这样，用户在访问共享计算机时将不显示该共享文件夹。

如果想访问该隐藏共享文件夹，必须首先知道该共享名，并且必须在访问地址中加上该共享名。例如，必须使用\\192.168.0.128\tupian$的格式才能访问共享文件夹 tupian，如图 13-40 所示，符号是必不可少的。

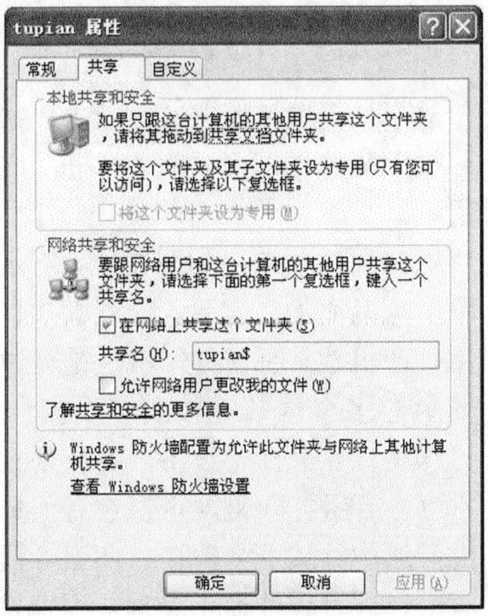

图 13-39　设置隐藏共享

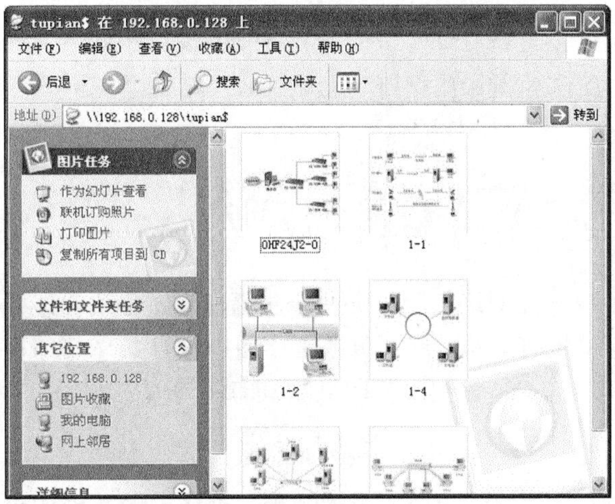

图 13-40　进入隐藏共享文件夹

13.3　设置打印机共享

打印机共享是指利用操作系统和打印设备之间的软件接口，通过打印机定义打印设备所在的位置、何时开始打印以及控制打印设备按要求打印。在计算机系统中，它的具体表现形式是用户添加打印机时设置的打印机名称。在添加打印机时并不需要有一台真正的打印机设备连接到计算机就是这个原因。下面描述了打印机共享的各种概念。

- 打印设备：是指能进行实际打印操作产生打印文档的硬件设备。
- 打印端口：是指计算机同打印设备之间借助本地连接接口进行通信的软件接口，比如 LPT、COM、USB 等。
- 本地打印设备：是指通过打印端口直接连接到打印服务器的打印设备。习惯上，又称为本地打印机(Local Printer)。其实，严格说来本地打印机和本地打印设备是两个不同的概念。
- 网络打印机：本地打印机共享以后，网络用户都可以使用这台打印机，即共享后的本地打印机称之为网络打印机。
- 打印服务器：打印服务器是一台计算机，通常在该计算机上安装了一台或多台打印设备。打印服务器从客户机接收和处理各种文档，在打印服务器上必须安装并且共享网络打印设备。

13.3.1　安装网络打印机

安装网络打印机分两个步骤，首先必须安装并共享本地打印机，然后为各个要使用这台共享打印机的客户机安装该共享打印机的打印驱动程序。

1. 安装并共享本地打印机

各个 Windows 版本的操作系统可能在操作步骤和界面上有所差别，在第 10 章已经介绍过工作站安装打印机的方法，读者可参照 10.5.2 小节中的步骤安装，此处不再赘述。

2. 安装客户机

添加和共享打印机后，还要安装客户计算机，使用户可以进行打印。尽管安装客户机的具体步骤随客户机上运行的操作系统而变化，但是所有客户机都要安装一个打印驱动程序，其安装步骤可参照 10.5.3 小节，此处不再赘述。

13.3.2　管理网络打印机

在安装了网络打印机之后，管理网络打印机是日常工作。可以在打印服务器上或远程对打印机进行管理。管理任务主要有管理打印机、管理文档、解决与打印相关的问题几个部分，在 Windows Server 2008 系统中涉及管理打印机(Manage Printer)权限的分配问题。

- “常规”选项卡：如图 13-41 所示，内容包括打印机名称、所在位置、注释信息、打印机型号、功能、可用纸张大小。单击“打印首选项”按钮，弹出“Fax 打印首选项”对话框，它包含“纸张大小”、“图像质量”和“方向”选项，分别如图 13-42 所示。

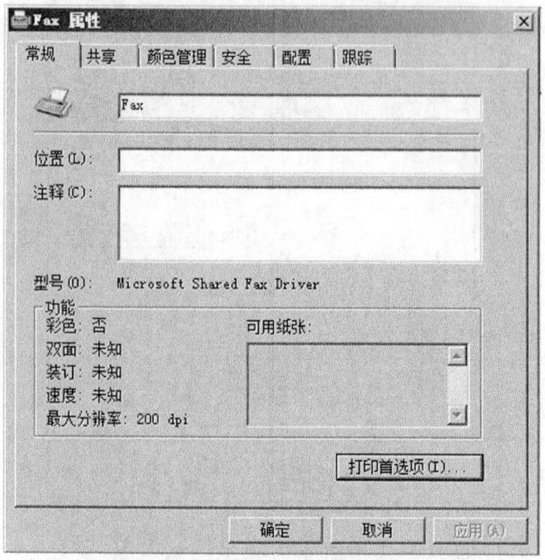

图 13-41　“常规”选项卡

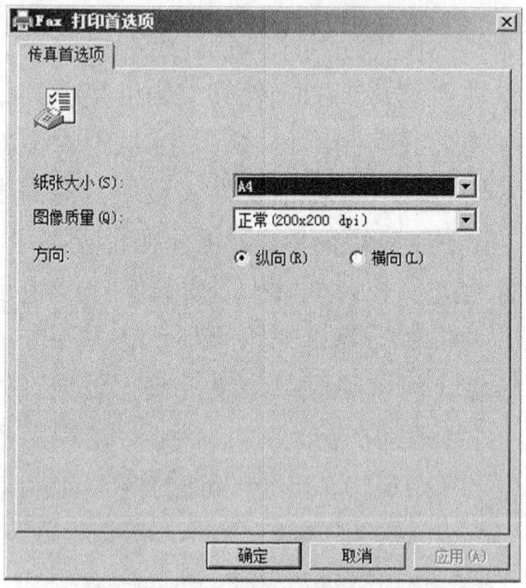

图 13-42　“打印首选项”对话框

- “共享”选项卡：在其中选中“共享这台打印机”复选框即可共享打印机，如图 13-43 所示。
- “端口”选项卡：如图 13-44 所示，在此选项中可以添加、删除、配置端口，还可以启用打印机池。所谓打印机池是通过打印服务器上的多个端口连接到多个打印设备上的打印机，多个打印设备需要使用相同的驱动程序。启用打印机池可以在有大量打印任务的网络中，减少文件在打印服务器上的等待时间，同时还能简化管理，因为只需要从一个打印机上管理多个打印设备。

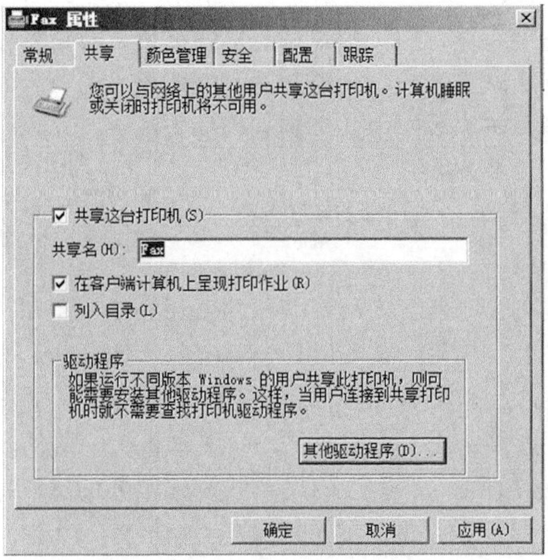

图 13-43 “共享”选项卡

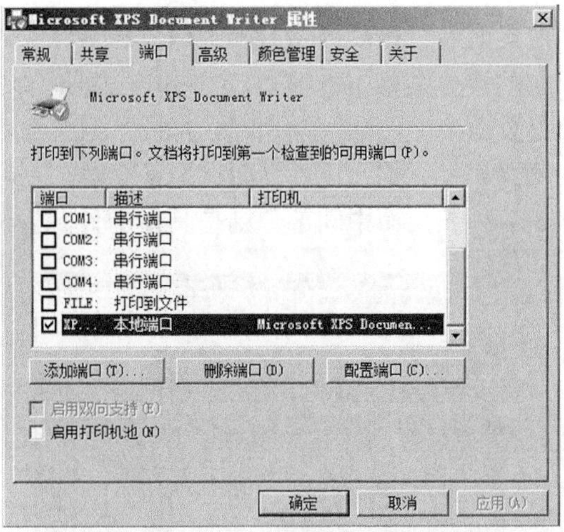

图 13-44 “端口”选项卡

- “高级”选项卡：如图 13-45 所示，在此选项中可以设置打印机的使用时间，为指向同一个打印设备的多个打印机设置不同的优先级，这样就可以根据文档的重要程度分配不同优先级的打印机，使重要的文档优先得到打印。选择是使用后台打印还是直接打印到打印机，通常选择使用后台打印。“高级”选项的下部分的 4 个复选框前 3 项是对打印文档的处理，最后 1 项是确定是否启用高级打印功能。

在“高级”选项中单击“分隔页”按钮，可设置分隔页，所谓分隔页，是包含打印设备命令的文件。Windows Server 2008 包括 4 种分隔页文件，它们都位于系统根目录下的 System32 子文件夹中，如图 13-46 所示。分隔页的作用是识别和区分打印文档和在打印模式间进行切换。

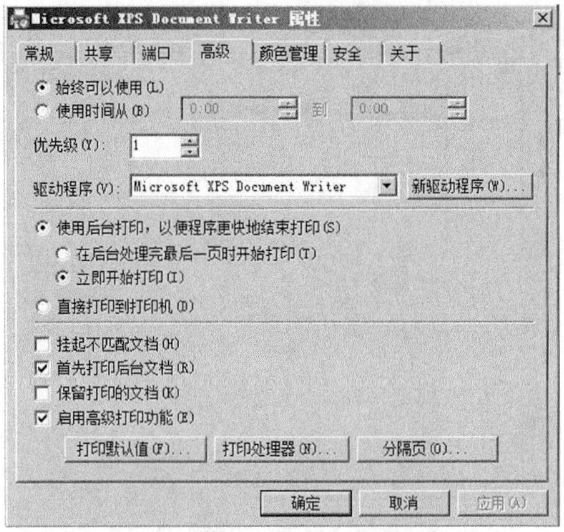

图 13-45 “高级”选项卡

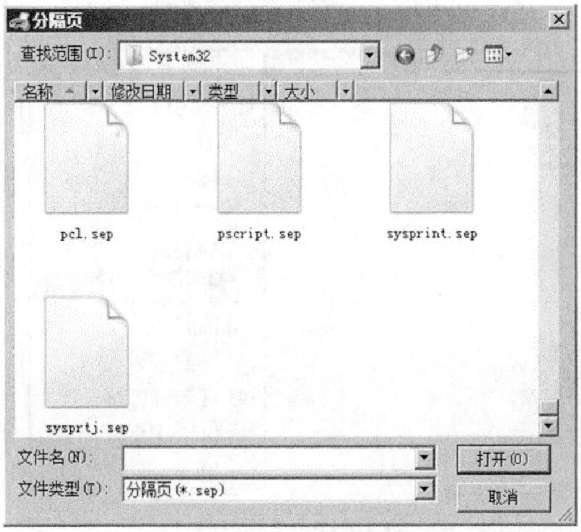

图 13-46 分隔页文件

- “设备设置”选项卡：如图 13-47 所示，在此选项中可以指定送纸器分配样式，送纸器俗称纸盒。如果打印设备有多种长期容纳不同大小纸张的纸盒，就可以给特定的纸盒分配特定的样式。样式定义了纸张的大小，用户可以在应用程序(如 Word)中选择纸张大小。

提 示

用户进行打印时，系统会根据用户选择纸张的大小自动选择相应的纸盒。常见的样式有 A4、A5、B5(JIS)等，如图 13-48 所示。

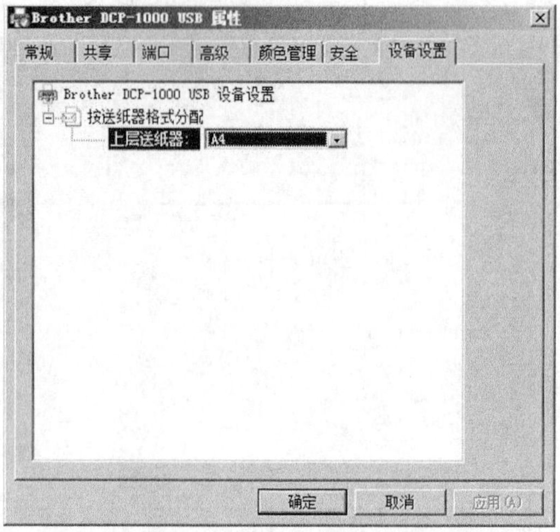

图 13-47 “设备设置”选项卡

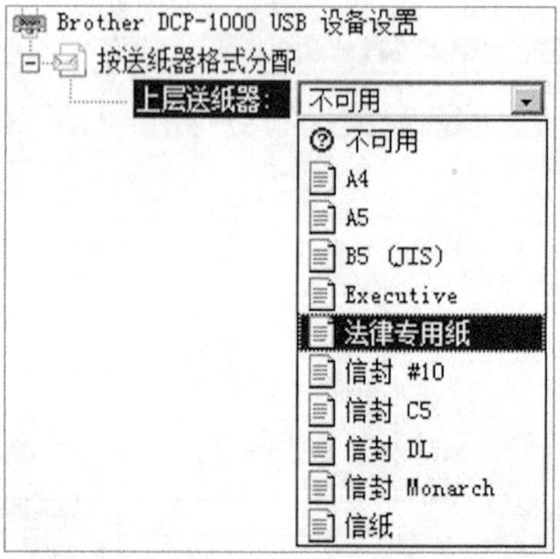

图 13-48 常见的样式

13.4 设置刻录机共享

在一个局域网中，不可能每个人的计算机都有配置齐全的外设(如打印机、扫描仪、刻录机、DVD 光驱、传真机、音箱等)。只要有一台外设，把它联入局域网后，其他用户就能轻松拥有使用权，这样可以节约成本、提高效率。对于计算机用户来说，资料的备份是最为重要的，尤其对企事业单位，资料备份的介质也从以前的软盘到现在的 CD-R、DVD-R。本节主要介绍在局域网中共享刻录机的方法。

13.4.1 设置服务器

在服务器上安装好 Nero Burning ROM 和其简体中文语言包后，再安装好 NeroNet。NeroNet 安装完成后，会随着 Windows 的启动而自动加载，并在系统托盘内显示图标。它会自动收集本机上安装的刻录机的相关信息，然后会向局域网发送服务信息，并且将会监控各客户端发送过来的刻录请求。当然，要让 NeroNet 正常工作，还需要进行一些设定。具体操作步骤如下。

在桌面右下角的 NeroNet 图标上单击鼠标右键，在弹出的快捷菜单中选择 Web Configuration 命令，打开设置页面，如图 13-49 所示。NeroNet 的设置是通过浏览器来完成的，设置页面也非常简洁，左侧和上侧为任务列表，而中间部分则是具体的设置窗口。

图 13-49 NeroNet 设置页面

1. 添加刻录用户

NeroNet 是通过用户权限管理来开放局域网的共享刻录的。因此，要想让局域网内的客户机能够顺利进行刻录，首先就要分配一个可用的用户名和密码。单击 User Management 链接，会弹出一个密码输入窗口，输入 NeroNet 的默认登录设置(用户名：

Administrator，密码：neronet)，如图 13-50 所示。按 Enter 键即可进入管理页面，进行用户的添加和删除操作了。

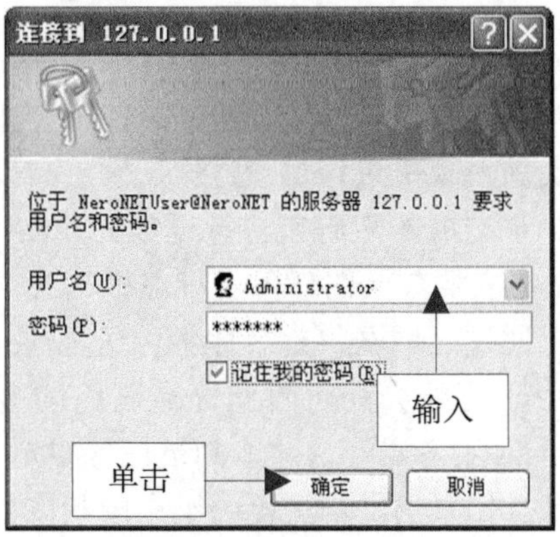

图 13-50　密码输入窗口

单击 Add User 按钮，进入到用户添加窗口，输入新添加的用户名和密码，并为新增用户赋予相应的权限(例如管理 NeroNet 服务器的权限)，如图 13-51 所示。最后单击 Add 按钮即可添加成功。

图 13-51　输入用户名和密码

> **技巧**
>
> 如果不再需要某个用户，只要在用户的设置窗口中单击 Delete 按钮即可将它删除。当然，也可以选中 Account Disabled 复选框来暂时禁用该用户。NeroNet 允许添加的用户数量最多为 3 个，因此还需要根据自己的实际情况来设定不同权限的用户。

2. 设置刻录机

在设置窗口上方单击 Recorder Settings(刻录机设定)链接，打开刻录机设置页面，如图 13-52 所示。如果电脑上安装了不止一台刻录机，则需要在 Active Recorder 右侧的下拉菜单中选择要共享的刻录机，然后设定好刻录的速度，如 12×。

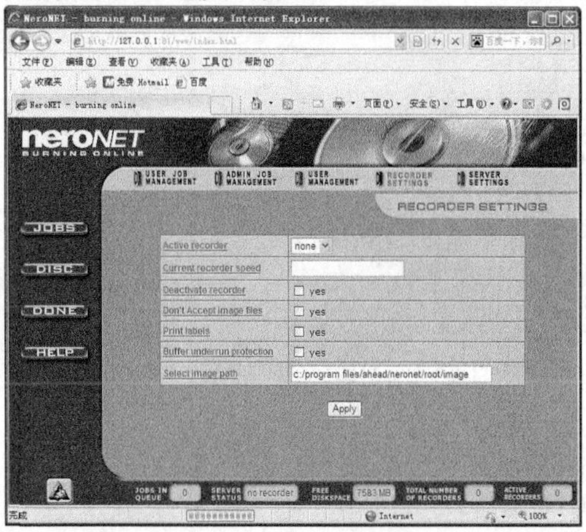

图 13-52　刻录机设置页面

> **注意**
>
> 如果刻录机支持防烧坏保护，则可以选中 Buffer underrun protection 复选框，这样就不会出现由于缓存问题导致刻录失败的现象了。

13.4.2　设置客户机

服务器的设定完成后，刻录机的共享工作就已经完成了一大半，剩下的便是对局域网内的其他客户机分别进行相应的软件安装和设置工作。

1. 激活 NeroNet 支持

在客户机上安装好 Nero Burning ROM 并打好中文补丁后，运行 Nero Burning ROM 程序，在软件的菜单栏上选择“文件”→“设置”命令，打开“设置”对话框，切换至“高级属性”选项卡，选中“激活 NeroNet 支持”复选框，并单击 NeroNet 按钮，弹出“创建账号”对话框。如果服务器的 NeroNet 正在运行中，那么从服务器列表框中便可以看到服务器名称以及服务器所在的 IP 地址。因此，用户只需要指定

NeroNet 默认的端口 80，然后根据先前在主机上已经设定好的用户信息填写“使用者姓名”和“密码”输入框，如图 13-53 所示。最后单击“确定”按钮即可。

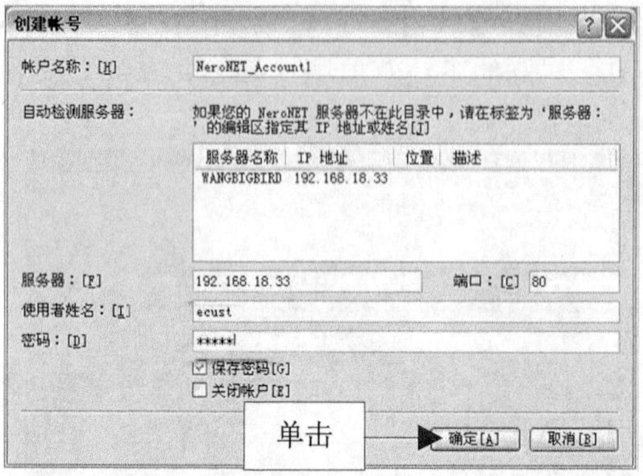

图 13-53　弹出“创建账号”对话框

2. 选择刻录机

在 Nero Burning ROM 的主窗口菜单栏上选择“刻录器”→“选择刻录器”命令，弹出“选择刻录器”对话框，如图 13-54 所示，将当前使用的驱动器设定为刚才建立的 NeroNet 账户。此时，共享刻录机的相关属性将会显示在窗口下方。如果还想对 NeroNet 的设置进行更改，可以直接在该窗口中单击 NeroNet 按钮来执行，最后单击“确定”按钮即可。

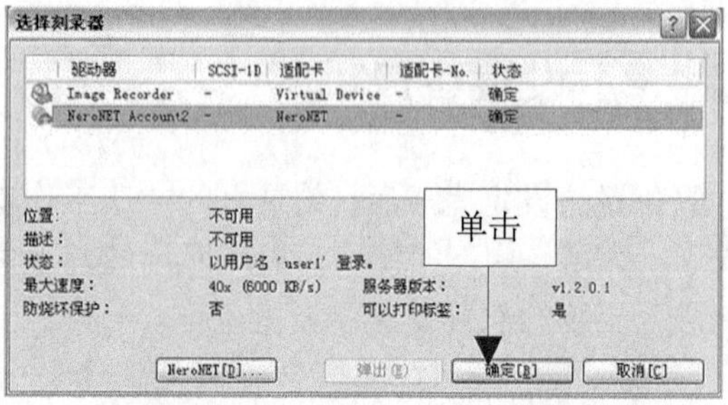

图 13-54　弹出“选择刻录器”对话框

13.4.3　进行网络刻录

在分别对服务器和客户机进行必要的设置后，局域网内的客户机便可以开始进行数据的刻录。刻录的过程和在本机刻录一样，启动 Nero Burning ROM，选择好要备份的数据，然后单击“刻录”按钮即可。

注意

如果客户机在进行 NeroNet 账户设置时并没有指定相应的密码，那么在刻录进行之前会先弹出密码输入窗口，只有输入正确的密码后才能开始刻录。

与直接刻录不同，局域网刻录并不会直接调用主机上真实的刻录机进行刻录，这是为了减少网络传输可能给刻录造成的阻碍所特意设定的。Nero Burning ROM 先将需要刻录的任务进行虚拟刻录，虚拟刻录完成后再通过局域网将刻录任务传送至 NeroNet 服务器上。由于可能会同时收到局域网内的多个刻录请求，NeroNet 服务器会为这些刻录任务指定一个 ID 号进行排队。如果当前刻录机处于空闲状态，并且刻录机中已经有可刻录光盘，NeroNet 便会“指挥”刻录机按照其默认的设定进行刻录了。刻录完成后，刻录机会自动弹出光盘，等待用户放入新的刻录盘，以便执行下一次刻录任务。

如果在虚拟刻录完成之后突然发现刻录了错误的数据，只要在主机的 NeroNet 设置页面上方单击 Admin Job Management 链接，打开 Admin Job Management 窗口，如图 13-55 所示。在 Admin Job Management 窗口中查看当前在排队的所有刻录任务，找到出错的任务，单击 Delete job 即可将该任务删除。

技巧

客户机其实也可以在本机对刻录任务进行管理，只要在 IE 浏览器地址栏内输入 http://192.168.1.88:80(其中 192.168.1.88 是主机的 IP 地址，80 是 NeroNet 共享的端口号)，按 Enter 键即可打开 NeroNet 管理界面。单击想要进行更改的设置选项，将会弹出一个要求输入网络密码的窗口。只要拥有合法的身份，输入对应的用户名和密码后，便可以和主机一样对 NeroNet 进行设置和管理了。当然，用户所拥有的权限是在添加该用户时就已经确定好了的，除非拥有管理员权限，否则无法再进行更改。

如果想要获知主机当前所执行刻录任务的情况，只要单击 NeroNet 设置页面左侧的 JOBS 按钮，进入 JOBS 选项卡，如图 13-56 所示。在 JOBS 选项卡中包括的刻录进程、剩余时间、刻录速度等信息都会被一一列举出来，让用户一览无余。

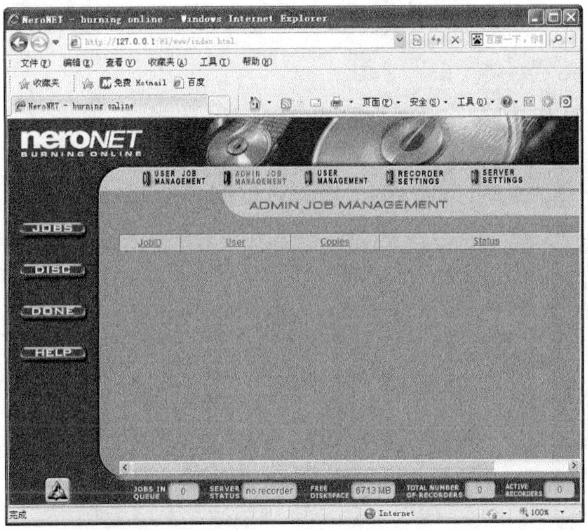

图 13-55　打开 Admin Job Management 窗口

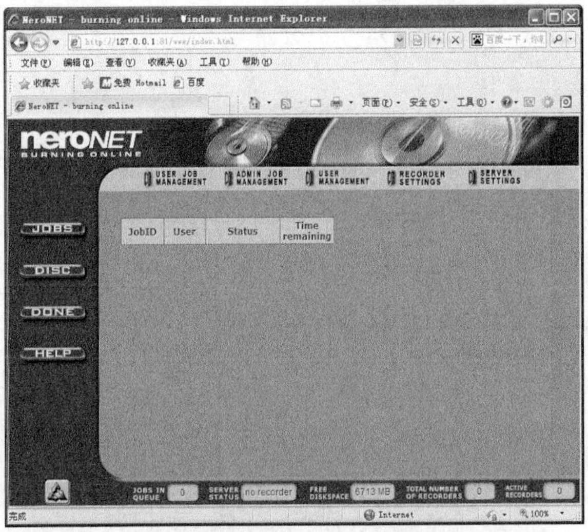

图 13-56　切换至 JOBS 选项卡

13.5　设置驱动器共享

在局域网上，要访问一个共享的驱动器或文件夹，只要在桌面上打开“网上邻居”窗口，然后选择有共享资源的计算机即可，但是，此法使用起来效果并不是很好，有时还不能解决实际问题，因此通常采用将驱动器符映射到共享资源的方法。本节主要介绍设置驱动器共享的方法。

13.5.1　映射端口的原理

在网络技术中，端口(Port)有好几种意思。集线器、交换机、路由器的端口指的是连接其他网络设备的接口，如 RJ-45 端口、Serial 端口等。这里所说的端口，不是计算机硬件的 I/O 端口，而是软件形式上的概念。服务器可以向外提供多种服务，比如，一台服务器可以同时是 Web 服务器，也可以是 FTP 服务器，同时，它也可以是邮件服务器。一台服务器之所以可以同时提供那么多的服务，其中一个很主要的方面，就是各种服务采用不同的端口分别提供不同的服务。例如，Web 采用 80 端口，FTP 采用 21 端口等。这样，通过不同端口，计算机与外界进行互不干扰的通信。这里所指的端口，不是指物理意义上的端口，而是特指 TCP/IP 协议中的端口，是逻辑意义上的端口。内网的一台电脑要上因特网，就需要端口映射。端口映射分为动态和静态两种。

- 动态端口映射：内网中的一台电脑要访问新浪网，会向 NAT 网关发送数据包，报头中包括对方(就是新浪网)IP 和端口及本机 IP 和端口，NAT 网关会把本机 IP 和端口替换成自己的公网 IP 和一个未使用的端口，并且会记下这个映射关系，为以后转发数据包使用。然后再把数据发给新浪网，新浪网收到数据后做出反应，发送数据到 NAT 网关的那个未使用的端口，然后 NAT 网关将数据转发给内网中的那台电脑，实现内网和公网的通信。当连接关闭时，NAT 网关会释放分配给这条连接的端口，以便以后的连接可以继续使用。动态端口映射其实也就是 NAT 网关的工作方式。
- 静态端口映射：就是在 NAT 网关上开放一个固定的端口，然后设定此端口收到的数据要转发给内网哪个 IP 和端口，不管有没有连接，这个映射关系都会一直存在，就可以让公网主动访问内网的一个电脑。

提 示

通过把较固定的共享目录设置为“映射网络驱动器”可以免除搜寻网络共享这个步骤。“映射网络驱动器”，就是把在其他电脑上的一个共享文件夹变为自己电脑上的一个逻辑驱动器符，以供方便使用。

13.5.2 通过“计算机”窗口映射

经常使用 Windows 文件共享的用户也许知道在 Windows 系统中不仅可以通过“网上邻居”浏览共享文件，还可以通过在“我的电脑”的地址栏中输入共享计算机名来浏览共享文件。例如输入“\\计算机名\共享名\路径\文件名”。

但是，使用共享计算机名来浏览共享文件有些麻烦，其实用户还可以通过“映射网络驱动器”来简化浏览共享文件的过程。将数据库文件所在文件夹映射成网络驱动器。这样连接另一台计算机上的数据库就像连接本机数据库一样了。在 Windows 7 系统中映射网络驱动器的具体操作步骤如下。

Step 1 打开“计算机”窗口。在“工具”菜单中，选择“映射网络驱动器”命令，如图 13-57 所示。

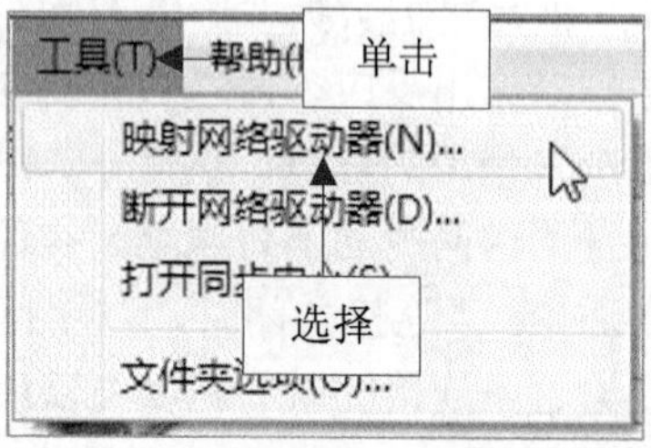

图 13-57 选择“映射网络驱动器”命令

Step 2 弹出“映射网络驱动器”对话框，单击“浏览”按钮，如图 13-58 所示。

Step 3 弹出“浏览文件夹”对话框，在其中选择相应的共享文件夹，单击“确定”按钮，如图 13-59 所示。

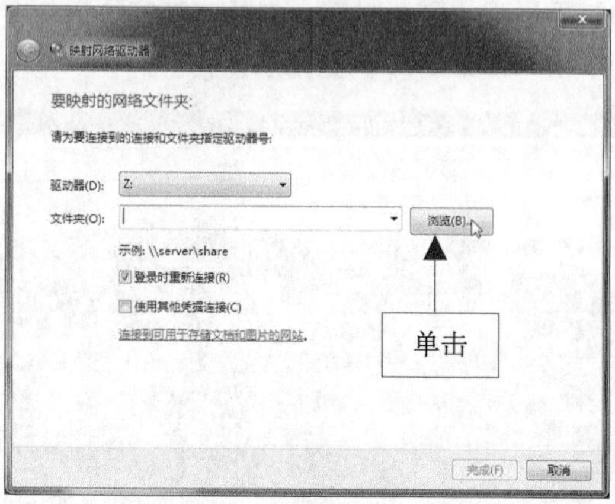

图 13-58 单击“浏览”按钮

图 13-59 单击“确定”按钮

Step 4 返回“映射网络驱动器”对话框，即可看到“文件夹”文本框中所添加的共享文件夹路径，如图 13-60 所示，单击“完成”按钮，完成网络驱动器的设置。

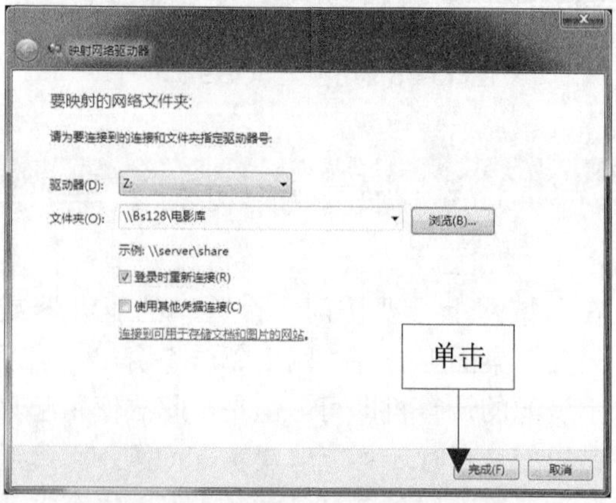

图 13-60 添加了共享文件夹路径

Step 5 返回“计算机”窗口，增加了一个盘符为 Z 的网络驱动器，如图 13-61 所示。操作网络驱动器如同操作本机的其他硬盘驱动器一样。

图 13-61　打开“计算机”窗口

Step 6 如果要断开映射的网络驱动器，只需在“网络驱动器”图标上单击鼠标右键，在弹出的快速菜单中选择“断开”命令即可，如图 13-62 所示。

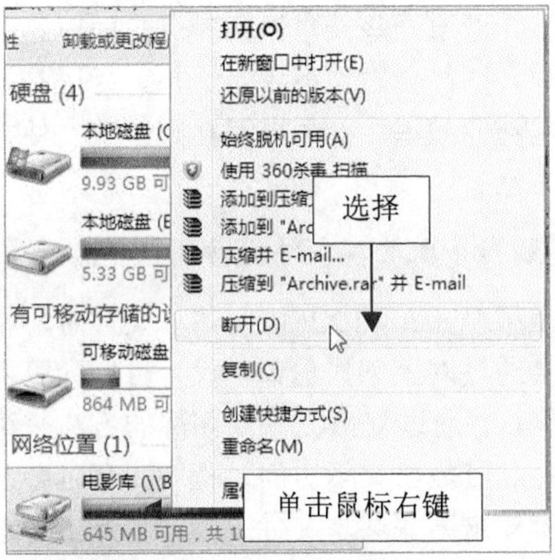

图 13-62　选择“断开”命令

试一试

根据上面的操作步骤，将局域网中的共享文件夹映射为网络驱动器。

13.5.3 通过“网络”窗口映射

在 Windows 7 中连接和断开网络驱动器，可以将驱动器号映射到网络上的任何共享资源。这样无论从 Windows 7 用户界面还是从命令行，都能更加便捷地访问共享资源。每个映射驱动器在“计算机”窗口中都有一个图标，并且在 Windows 资源管理器的左窗格中列出(如果在“计算机”中使用“文件夹”视图，它也会在左窗格中列出)。下面介绍从“网络”窗口连接驱动器的方法。

Step 1 在桌面上双击“网络”图标，打开“网络”窗口，双击要映射的共享资源所在的计算机图标，如图 13-63 所示。

图 13-63　打开“网络”窗口

Step 2 该计算机的所有共享资源将自动显示在窗口中，在要映射的共享驱动器或文件夹单击鼠标右键，在弹出的快捷菜单中选择“映射网络驱动器”命令，如图 13-64 所示。

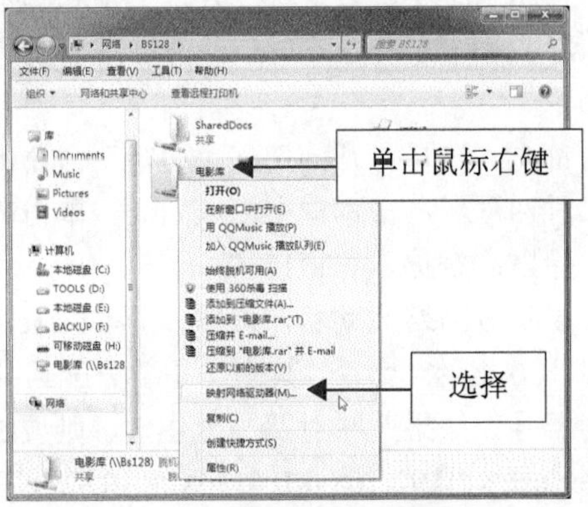

图 13-64　选择“映射网络驱动器”命令

Step 3 弹出“映射网络驱动器”对话框，选择要使用的驱动器号，然后选中“登录时重新连接”复选框。

Step 4 单击“完成”按钮，Windows 7 将打开一个窗口，其中显示已映射资源的内容，如图 13-65 所示。

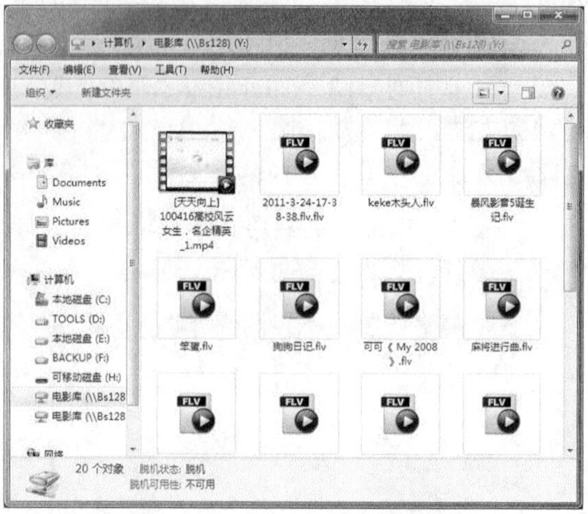

图 13-65 显示已映射资源的内容

> **技 巧**
>
> 映射的网络驱动器使用的驱动器号从 Z 开始，它是所创建的第一个映射驱动器的默认驱动器号。不过，如果用户想使用 Z 之外的字母，也可以选择另一个字母。

13.5.4 通过 net use 命令映射

使用 net use 命令对批处理文件和脚本可能很有用，使用 net use 命令映射或断开驱动器的具体操作步骤如下。

首先，选择“开始”→“运行”命令，弹出“打开”对话框，在文本框中输入 cmd，单击“确定”按钮，弹出命令提示符窗口。

要映射网络驱动器，可输入“net use x:\\计算机名称\共享名称”命令，其中 x:是要分配给共享资源的驱动器号。如果此映射要马上生效，则要加上参数，如 net use x:\\192.168.0.1\文件$ /PERSISTENT:YES，如图 13-66 所示。

> **技 巧**
>
> 要断开映射的驱动器，可输入 net use x:/delete 命令。

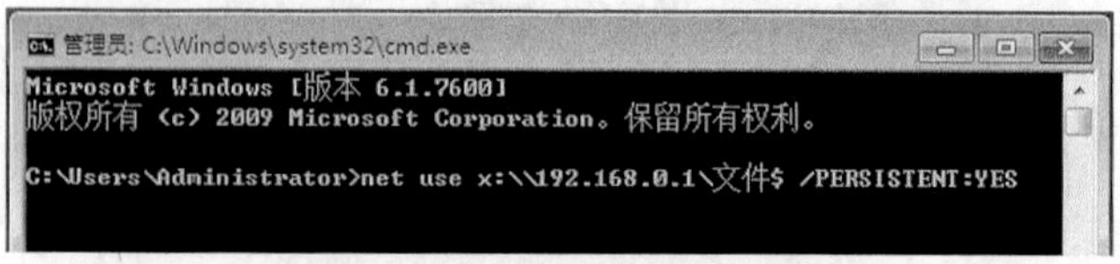

图 13-66 输入映射驱动器命令

13.6 不同操作系统的互访

资源共享与访问一直是困扰普通用户的问题，特别是在 Windows 的诸多版本系统中，在不同的操作系统访问共享资源都会因为权限问题而失败。

13.6.1 解决共享故障的基本方法

局域网中的用户经常会通过文件共享方式与他人交流传输信息，然而在实际共享访问文件的过程中，时常会遭遇一些共享访问难题，面对这些访问难题，不少人往往会表现得手足无措。为了有效地提高文件共享访问效率，下面推荐几则解决文件共享故障的基本方法。

1. 强行夺取共享文件夹访问权

在使用 Windows XP 访问共享文件时，相信多数用户都会通过网上邻居窗口，找到目标计算机中的共享文件夹，并通过双击文件夹图标的方法来访问目标共享文件。可是在实际访问过程中，有时会发现使用鼠标左键双击某些共享文件夹后，会弹出无法访问的提示，遇到这种提示现象时，一般用户会认为是用户访问权限不够造成的，于是往往会换用系统管理员权限的账号重新访问该共享文件夹，但事实是共享文件夹仍然无法被正常打开。遇到类似上述这种访问现象时，可以参考如下的步骤，来强行夺取共享文件夹的访问权限。

Step 1 首先用鼠标双击共享文件夹所在计算机系统桌面中的“计算机”图标，打开“计算机”窗口，选择“工具”→“文件夹选项”命令。

Step 2 弹出“文件夹选项”对话框，切换至“查看”选项卡，在“高级设置”列表框中取消选中“使用简单文件共享”复选框，然后单击“确定”按钮。

Step 3 接着找到那个无法被正常访问的目标共享文件夹，并用鼠标右键单击它，从弹出的快捷菜单中选择“属性”命令，打开共享文件夹的属性设置窗口，切换至“安全”选项卡，单击“高级”按钮，如图 13-67 所示。

Step 4 进入到目标文件夹的高级安全设置界面，切换至“所有者”选项卡，在“将所有者更改为”列表框中选择当前访问的账号名称，选中该设置页面下面的“替换子容器及对象的所有者”复选框，单击“确定”按钮，如图 13-68 所示。

故障解析

如果系统提示：没有访问该文件夹的权限，是否启用“完全控制”权限来替代当前的访问权限，可以单击“是”按钮，这样一来日后再次访问该共享文件夹时就不会遇到无法访问的提示了。

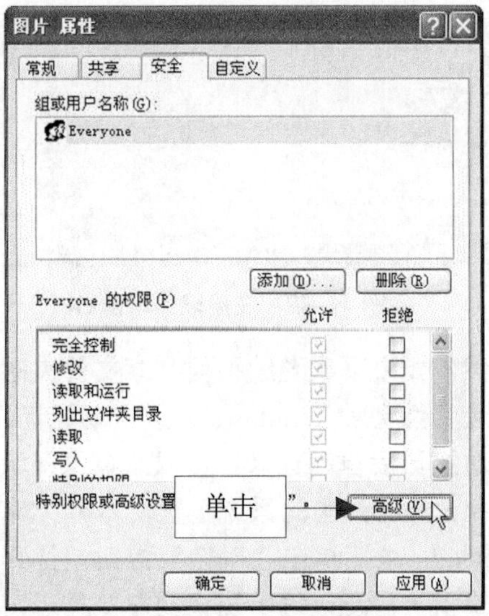

图 13-67 单击“高级”按钮

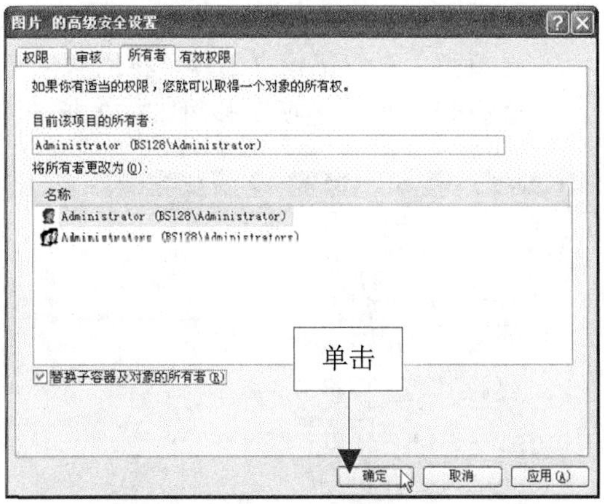

图 13-68 设置所有者

2. 取消共享文件的网络限制

正常情况下，局域网中的用户一般都会通过 Guest 组用户账号来访问其他计算机中的共享资源，不过许多计算机系统在默认状态下都对共享文件的网络访问权限进行了限制，特别是对 Guest 组用户账号的访问权限进行了限制，这样一来就会在访问共享文件的过程中遇到无权访问的故障现象。为了确保 Guest 组用户账号也能轻松访问到局域网中的共享资源，用户不妨将计算机系统对共享文件的网络限制取消掉，具体的操作步骤如下。

Step 1 首先以系统管理员身份登录到共享文件所在的计算机系统中，选择“开始”→“运行”命令，在其后出现的系统运行框中，输入 gpedit.msc 命令，单击“确定”按钮，如图 13-69 所示。

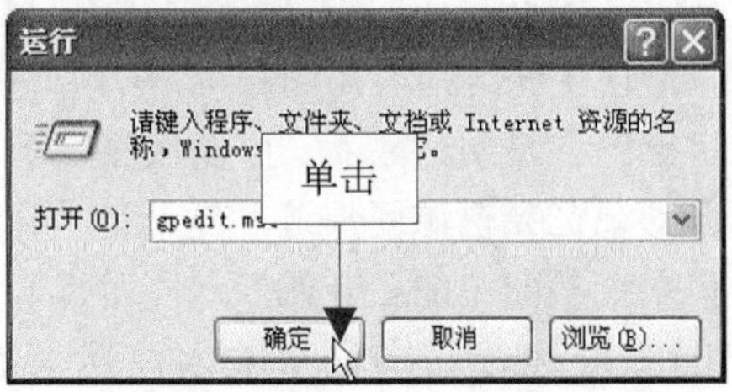

图 13-69 单击“确定”按钮

Step 2 打开相应计算机系统的组策略编辑窗口，然后在该窗口的左侧显示窗格中，依次展开“计算机配置”→“Windows 设置”→“安全设置”→“本地策略”→“用户权限指派”选项，在右侧窗口中选择“拒绝从网络访问这台计算机”选项，如图 13-70 所示。

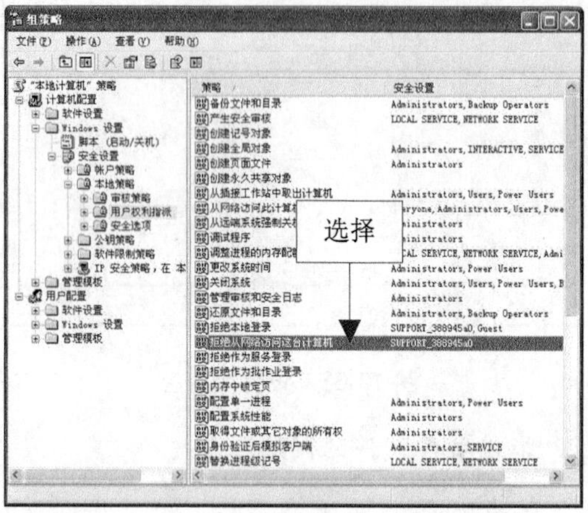

图 13-70　选择“拒绝从网络访问这台计算机”选项

Step 3 使用鼠标左键双击该选项，弹出“拒绝从网络访问这台计算机 属性”对话框，如图 13-71 所示。查看当前计算机的 Guest 组用户账号是否位列其中，如果发现该账号选项在的话，一定要及时将它从中选中并删除掉，再单击“确定”按钮，最后重新启动该计算机，就可以取消共享文件的网络限制。

3. 拒绝共享痕迹被自动记录

通过网上邻居窗口访问过目标共享文件之后，发现 Windows XP 系统会自动把以前的共享访问痕迹记忆并保存下来，日后其他用户打开网上邻居窗口时，就能发现上次的共享访问隐私，很明显 Windows 系统的这种“擅自主张”很容易泄露用户的隐私信息。为了保护自己的共享访问隐私，可以按照如下方法来拒绝系统自动记忆共享访问痕迹。

选择系统桌面中的“开始”→“运行”命令，并在弹出的系统运行文本框中输入注册表编辑命令 regedit，单击“确定”按钮，打开系统注册表编辑窗口，在该编辑窗口左侧显示区域中，用鼠标展开 HKEY_LOCAL_MACHINE\Software\Microsoft\Windows\CurrentVersion \Network\Lanman 注册表分支项，在 Lanman 子项所对应的右侧显示窗格中，所看到的每一个键值其实就对应以前的一个共享访问记录，此时可以依次选中并删除每一个键值，如图 13-72 所示，这样就能将出现在网上邻居窗口中的共享访问痕迹全部清除干净了。

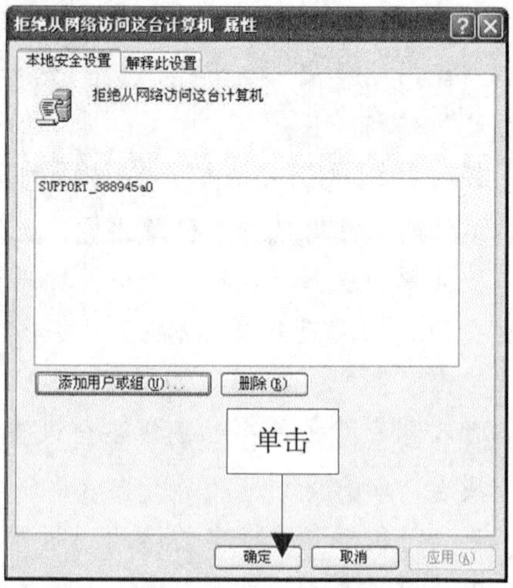

图 13-71　“拒绝从网络访问这台计算机 属性”对话框

图 13-72　注册表编辑窗口

当然，如果下次继续访问共享文件夹时，该共享访问痕迹仍然会被 Windows 系统自动记忆。为此，为了避免系统日后自动记录，可以选择“开始”→“运行”命令，并在弹出的系统运行文本框中输入字符串命令 Gpedit.msc，单击“确定”按钮，打开系统的组策略编辑窗口。在该编辑窗口的左侧显示窗格中，依次展开“用户配置”→“管理模板”→“桌面”选项，然后在“桌面”选项所对应的右侧显示窗口中，找到“不要将最近打开的文档的共享添加到网上邻居”策略选项，如图 13-73 所示，再用鼠标左键双击该选项，弹出如图 13-74 所示的策略属性设置对话框。

故障解析

在该设置对话框中，Windows 系统默认状态下已经将该策略禁止掉了，因此必须选中该窗口中的“已启用”单选按钮，并单击“确定”按钮，则系统就不会自动记忆共享访问痕迹了，因此用户的共享访问隐私也不会轻易泄露出去了。

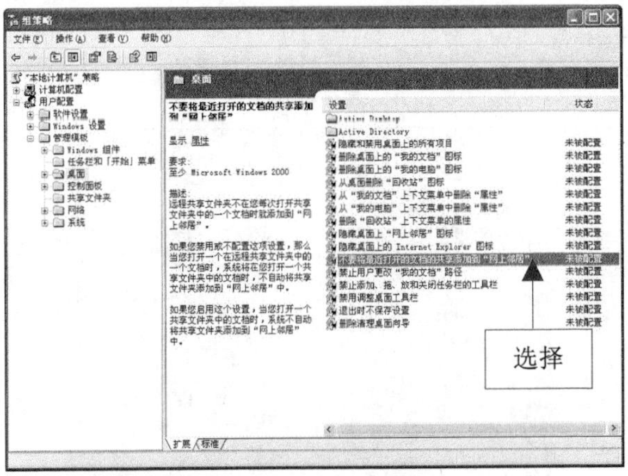

图 13-73　打开组策略编辑窗口

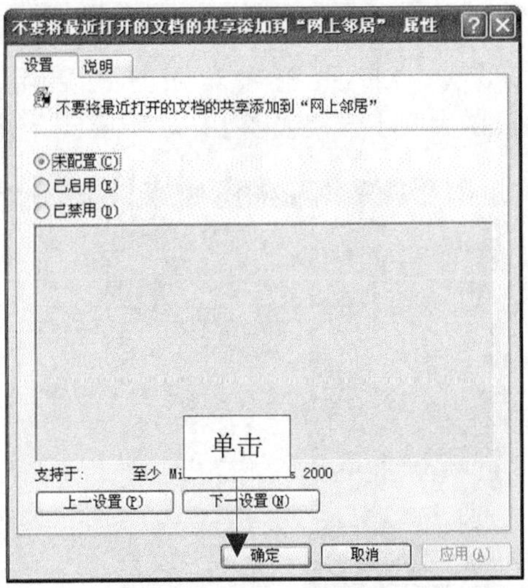

图 13-74　设置策略属性

13.6.2　解决 Windows XP 与 Windows 7 不能互访

在 Windows 平台下，Windows 98/2000/XP 等系统之间的互访、文件共享等，一直是一个热门话题。原因很简单，因为很多用户时常会遇到诸如无法访问，或者是可以访问但无法共享(大多表现在可以看到共享文件夹，但无法共享、复制文件)。现在，类似的问题也在 Windows XP 和 Windows 7 系统之间出现了。

对于这个的问题，在遇到具体的情况时才能找到具体的解决办法。但实际上，也可以总结出一个大概的解决思路，然后再根据大概的思路，具体问题具体对待。在 Windows XP 和 Windows 7 之间出现文件共享或互访的障碍时(包括局域网内互访和双机互联的情况)，可以从以下 5 个方面入手(下面以 Windows 7 为主系统)。

1. 防火墙是否关闭

Windows XP 系统的电脑无法访问 Windows 7 的共享文件夹，有些虽然能看到 Windows 7 下的共享目录，但是一旦进入目录，就会提示没有访问权限。

如果在 Windows 7 和 Windows XP 之间无法看到对方的计算机，首先应检查两台机器的防火墙是否已关闭。在关闭 Windows 7 和 Windows XP 的系统防火墙后，还要注意是否安装了第三方防火墙。如果已安装，先将其关闭。如图 13-75 和图 13-76 所示分别为关闭 Windows 7 和 Windows XP 的防火墙。

图 13-75　关闭 Windows 7 防火墙

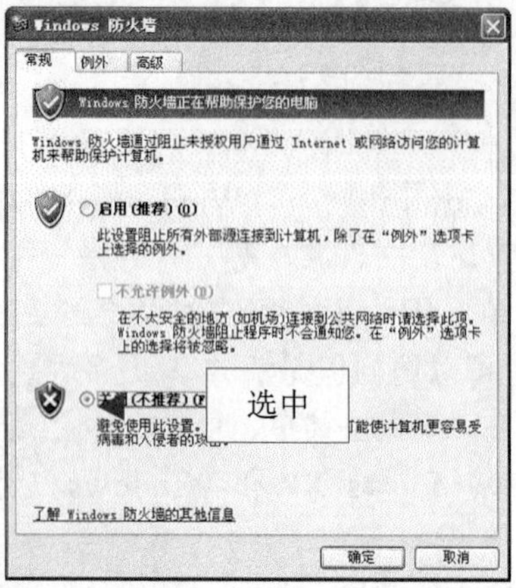

图 13-76　关闭 Windows XP 防火墙

2. 开启 Guest 账户

不开启 Guest 账户会影响到 Windows 系统之间的互访，而且这种情况在 Windows 98 和 Windows XP 之间已经得到了印证。因此，在 Windows XP 和 Windows 7 之间的互访，也需要开启 Guest 账户。开启 Windows 7 系统的 Guest 账户的具体操作步骤如下。

Step 1　选择“开始”→“控制面板”命令，打开“控制面板”窗口，单击“用户账户”图标，打开“用户账户”窗口，然后单击“管理其他账户”链接，如图 13-77 所示。

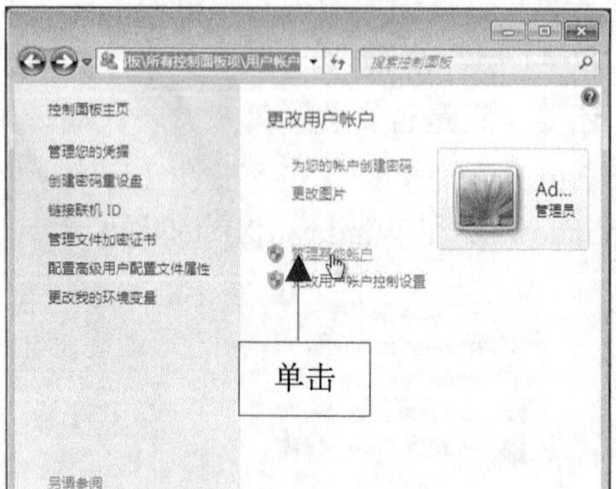

图 13-77　单击“管理其他账户”链接

Step 2　出现“管理账户”界面，单击 Guest 图标，如图 13-78 所示。

Step 3　出现“启用来宾账户”界面，单击“启用”按钮，如图 13-79 所示，即可启用 Windows 7 系统的来宾账户。

图 13-78　单击 Guest 图标

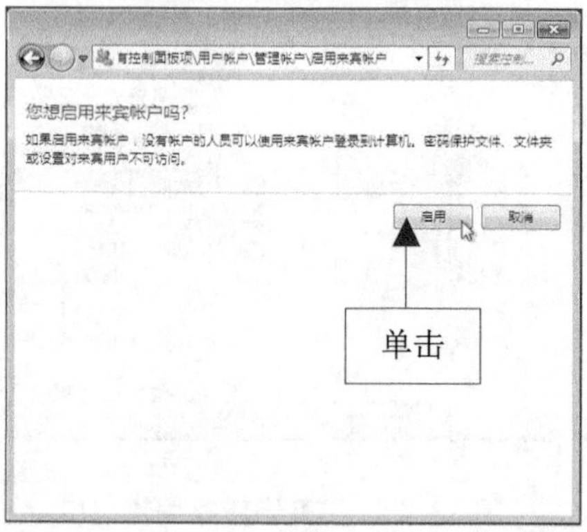

图 13-79　单击“启用”按钮

Windows XP 系统来宾账户的启用方法与 Windows 7 大同小异，如图 13-80 所示。

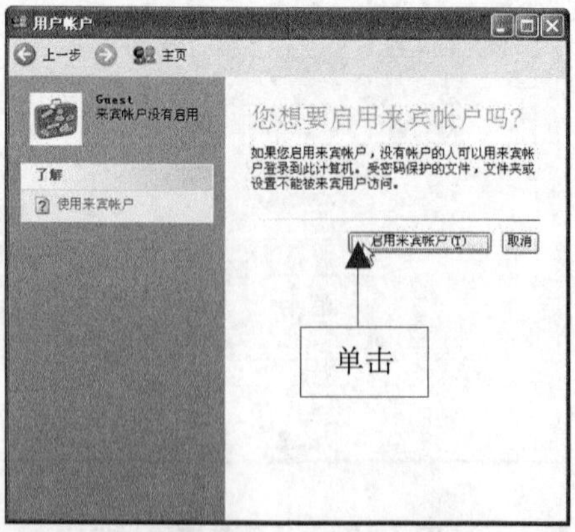

图 13-80　启用 Windows XP 来宾账户

3. 文件和打印机共享

当用户将防火墙关闭，来宾账户也已经开启，但仍然无法实现互访时，用户需要分别开启 Windows XP 和 Windows 7 防火墙下的“文件和打印机共享”服务。

Step 1 在 Windows 7 系统中，打开“控制面板”窗口，单击“Windows 防火墙”图标，打开“Windows 防火墙”窗口，单击“允许程序或功能通过 Windows 防火墙”链接，如图 13-81 所示。

图 13-81 单击相应的链接

Step 2 出现“允许的程序”界面，在“允许的程序和功能”下拉列表框中找到并选中“文件和打印机共享”复选框，如图 13-82 所示。

图 13-82 选中相应的复选框

Step 3 单击“确定”按钮即可。

如图 13-83 所示为开启 Windows XP 防火墙下的“文件和打印机共享”服务。

4. 用户权限

在 Windows 7 系统中，出于系统安全的考虑，微软赋予了管理员账户更高的安全权限。但这种高权限设置，在系统互访时会造成更多的访问障碍。通常情况下，由于 Windows 7 系统对于系统访问警惕性较高，因此，如果遇到系统提示权限不够时，则需要赋予访问者更高权限。由于对方是网络访问，在局域网中很可能因为无法为具体的访问账户提升权限，因此，就需要降低被访问的文件夹的权限，也就是说，间接赋予访问者“完全控制”的权限，如图 13-84 所示。

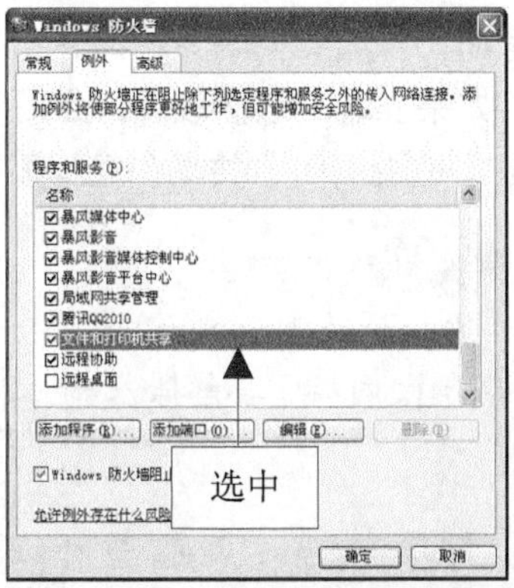

图 13-83 开启防火墙下的“文件和打印机共享”服务

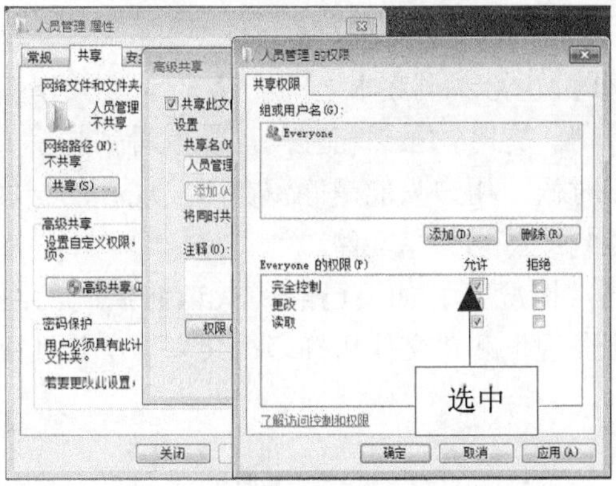

图 13-84 赋予“完全控制”的权限

从图 13-84 中可以看出，已经将文件夹“人员管理”赋予了 Everyone 账户完全控制的权限(具体设置方法可参照 13.1.5 小节，此处不再赘述)。

故障解析

如果用户按照上述方法设置后，访问者依然无法访问共享文件，建议在文件夹的属性对话框中，切换到“安全”选项卡，然后给文件夹添加访问用户的完全控制权限(具体方法可参照 13.6.1 小节)。包括一些 Windows 7 用户在内，很多人都认为 Administrator 账户是系统内最高权限的拥有者，其实并非如此。微软在 Windows 7 中还设置了一个隐藏账户，它具有更高的权限。

5. 安全软件或系统辅助软件

Windows XP 系统辅助类软件有 Windows 优化大师、超级兔子魔法设置等。在 Windows 7 平台下，这些软件依然有部分用户在使用。这些软件也是出于系统安全的考虑，一般会关闭系统远程访问，或是文件夹共享等。如果安装了这些软件，那就需要查看它们的程序设置，是否关闭了共享和远程服务等。

故障解析

另外，在一些杀毒软件中，也会对远程服务和访问予以限制，同样需要解除限制。

13.6.3 Windows 7 与其他系统的互访

Windows 7 采用了与其他老版本 Windows 系统不同的 Windows 加密共享方式，这在提高网络共享安全性的同时，也给不同版本之间的 Windows 共享互访带来了障碍。有时，虽然相互间可以查看到共享文件，但很多时候，用户只能是停留在“发现”的层面上，无法复制或剪切共享文件。

通常情况下，如果已经确认当前系统已经启用“网络发现”和“文件和打印机共享”，并且已经关闭了“密码保护的共享”(在“网络和共享中心”→“高级共享设置”中查看)，但在互访共享文件时，仍无法正常访问，这很可能是由于非 Windows 7 版本的系统不支持 128 位加密。

在“控制面板”窗口中单击“网络和共享中心”图标，打开“网络和共享中心”窗口，单击“更改高级共享设置”链接，进入“高级共享设置”窗口，在“文件共享连接”区域中，将系统默认选择项修改成选中“为使用 40 或 56 位加密的设备启用共享文件”单选按钮，如图 13-85 所示。修改完毕后，保存设置并退出即可。

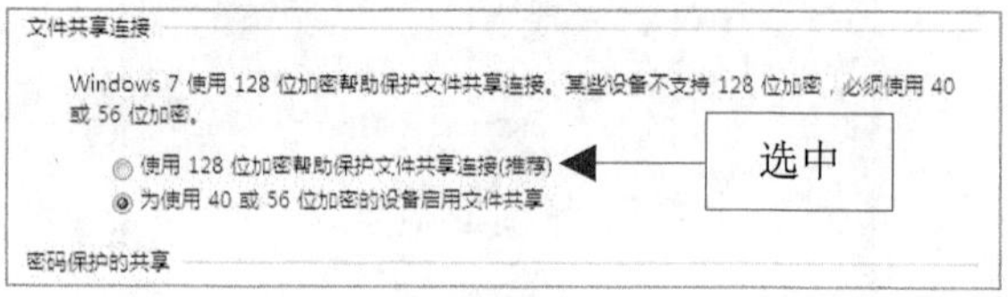

图 13-85 选中“为使用 40 或 56 位加密的设备启用共享文件”单选按钮

128 位加密没有一个固定的名词解释，一般地，128 位加密常见于服务器方面。很明显，微软将其引入到非服务器用户中，目的是为了提高共享文件的安全性。通常情况下，服务器证书依据加密强度分为两个级别，即低加密等级和高加密等级。低端加密强度为 40 位或 56 位，高端加密强度为 128 位或 256 位。在服务器层面上，采用低端加密方式的用户能否访问高端加密，并不完全取决于自身，还要受到客户操作系统、浏览器版本、网络服务器(采用的证书)这三个方面的影响。比如说，即使用户当前系统不支持 128 位强度的加密链接(即高端加密)，即便服务器证书可以支持 128 位，客户端也自动降低加密强度。

安全维护篇

第 14 章 局域网的安全与管理

伴随着网络应用日益深入到生产、生活的各个领域，病毒、黑客的危害已不容忽视。一个局域网的稳定应用，离不开良好的管理与精心的维护。在先前的诸多章节中，都从理论上和实际操作中了解了局域网的组建和应用，以及一些基础的维护知识。本章在简要说明局域网安全策略之后，将着重阐述反病毒、反黑客的相关知识，以及如何良好地管理局域网，帮助读者成为一名出色的网络管理员。

本章学习要点

- 局域网安全知识
- 局域网防火墙
- 局域网安全设置
- 局域网管理

14.1 局域网安全知识

局域网的安全问题经常是如何面对来自 Internet 的攻击，因此用户必须时刻防范这些恶意攻击，关注局域网的计算机系统安全。随着计算机的网络化和全球化，人们日常生活中的许多活动将逐步转移到网络上来。但由于计算机网络的多样性、终端分布不均匀性和网络的开放性、互连性等特征，致使网络易受黑客、恶意软件和非法授权入侵的攻击，所以网上资源的安全和保密是一个至关重要的问题。因此，计算机网络必须有足够强的安全措施，无论是在局域网还是在广域网中，如果组建局域网时就没有考虑到网络的安全，就会存在诸多因素的脆弱性和潜在威胁。

> 提示
>
> 因此，局域网的安全措施应是能全方位地针对各种不同的威胁和脆弱性，这样才能确保网络信息的保密性、完整性和可用性。

Internet 作为最大的广域网，是由大大小小的许多局域网联结的。因为相对而言，局域网内部各主机之间有更好的信赖关系，使得局域网本身存在更多的安全隐患。所以要解决网络安全问题，局域网首当其冲。本节将以 Windows Server 2008 和 Windows 7 为例介绍局域网安全策略的设置。

14.1.1 局域网安全设置

近几年来，随着网络的发展，很多家庭、宿舍、网吧、企业都建立了局域网，网络及信息安全也成为用户关注焦点之一。下面通过小型局域网常见的安全问题，从黑客外部攻击、内部攻击、病毒攻击等方面入手，给出安全策略和保护措施。

1. 局域网面临的威胁

局域网所面临的威胁大体可分为两种：一是对网络中信息的威胁；二是对网络中设备的威胁。影响局域网的因素很多，有些因素可能是有意的，也可能是无意的；可能是人为的，也可能是非人为的；还可能是外来黑客对网络系统资源未经授权的非法使用，或是病毒对网络的恶意破坏。归结起来，针对网络安全的威胁主要有以下 3 类。

- 失误操作：如网络管理员安全配置不当造成的安全漏洞，用户安全意识不强，用户密码选择不慎，用户将自己的账号随意转借他人或与别人共享等都会对网络安全带来威胁。
- 恶意攻击：这是局域网所面临的最大威胁，黑客的攻击和计算机犯罪就属于这一类。此类攻击又可以分为以下两种：一种是主动攻击，它以各种方式有选择地破坏信息的有效性和完整性；另一类是被动攻击，它是在不影响网络正常工作的情况下，进行截获、窃取、破译以获得重要机密信息。

> 注意
>
> 正如上面所提到的，局域网内部各主机之间相互信任，致使上述网络攻击在局域网中更容易得逞，这两种攻击均可对局域网造成极大的危害，并导致机密数据的泄露。

- 软件漏洞：网络软件不可能是百分之百的无缺陷和无漏洞的，然而，这些漏洞和缺陷恰恰是黑客进行攻击的首选目标，曾经出现过的黑客攻入网络内部的事件，这些事件的大部分就是因为安全措施不完善所招致的苦果。另外，软件的“后门”都是软件公司的设计编程人员为了自便而设置的，一般不为外人所知，但一旦“后门”被打开，其造成的后果将不堪设想。

2. 设置安全策略

随着局域网络系统的大量使用，针对网络的病毒种类日益增多，ARP 攻击现象十分突出，对网络安全构成极大的威胁。如何有效地防范和清除计算机病毒，是保证计算机网络系统正常运行所面临的最大问题。

(1) 物理安全策略。

物理安全策略的目的是保护计算机系统、网络服务器、打印机等硬件实体和通信链路免受自然灾害、人为破坏和搭线错误，同时验证用户的身份和使用权限、防止用户越权操作，还要确保计算机系统有一个良好的电磁兼容工作环境，所以要建立完备的安全管理制度，防止非法进入计算机控制室和各种偷窃、破坏活动的发生。

(2) 访问控制策略。

访问控制是网络安全防范和保护的主要策略，它的主要任务是保证网络资源不被非法使用和非法访问。它也是维护局域网安全、保护网络资源的重要手段。

> **提示**
>
> 各种安全策略必须相互配合才能真正起到保护作用，但访问控制可以说是保证网络安全最重要的核心策略之一。

14.1.2 局域网病毒概述

近年来，随着信息技术的不断发展，局域网在人们日常的工作和生活中扮演着越来越重要的角色，学校和办公场所组建局域网的情况越来越多。但是网络在为人们提供便利的同时，针对局域网的病毒种类日益增多，其安全性面临很大考验，严重影响了人们正常的工作和生活，甚至可能造成无法挽回的后果，因此，如何预防计算机病毒，保护网络系统的安全性，是网络用户所面临的一个非常重要课题。

1. 局域网病毒的分类

计算机病毒，是指编制或者在计算机程序中插入的破坏计算机功能或者毁坏数据，影响计算机使用，并能自我复制的一组计算机指令或者程序代码。与生物病毒一样，电脑病毒具有传染和破坏的作用。但是，与生物病毒不同的是，它不是自然存在的，而是一段比较精巧严谨的代码，按照严格的秩序组织起来，与所在的系统或网络环境相适应并与之配合，是人为特制的具有一定长度的程序。各种病毒的分类如下。

- 文件型的病毒将自身附着到一个文件当中，通常是附着在可执行的应用程序上(如一个字处理程序或 DOS 程序)。通常文件型的病毒是不会感染数据文件的，然而数据文件可以包含有嵌入的可执行的代码，如宏，它可以被病毒使用或被特洛伊木马的作者使用。
- 引导扇区病毒改变每一个用 DOS 格式来格式化的磁盘的第一个扇区里的程序。通常引导扇区病毒先执行自身的代码，然后再继续 PC 机的启动进程。大多数情况下，如果在这台染有引导型病毒的机器上对可读写的软盘进行读写操作，那么这张软盘就会被感染。
- 宏病毒主要感染一般的设置文件，如 Word 模板，导致以后所编辑的文档都会带有可感染的宏病毒。
- 欺骗病毒能够以某种特定长度存在，从而将自己从可能被注意的程序中隐蔽起来。
- 多形性病毒通过在可能被感染的文件中搜索专门的字节序列，使自身不易被检测到，因为这种病毒随着每次复制而发生变化。

2. 局域网病毒的特点

在局域网络环境下，网络病毒除了具有可传播性、可执行性、破坏性、隐蔽性等计算机病毒的共性外，还具有一些新的特点。

- 病毒传染速度快。在单机系统环境下，病毒主要通过移动存储设备从一台计算机传到另一台计算机。而在局域网络环境中，由于通过服务器把每一台计算机连接，这不仅给病毒传播提供了有效的通道，而且病毒传播速度很快。在正常使用情况下，只要网络中有一台计算机存在病毒，通过网络通信设备迅速扩散，可以在很短的时间内，导致局域网内计算机相互感染繁殖。
- 对网络破坏程度大。如果局域网感染病毒，将直接影响到整个网络系统的工作，轻则降低速度，影响工作效率，重则破坏服务器重要数据信息，大量破坏计算机中的数据，导致整个网络系统崩溃，毁坏用户长期以来积累的工作成果，造成难以挽回的损失。

- 网络病毒不易清除。清除局域网中的计算机病毒，要比清除单机病毒复杂得多。如果单台计算机带病毒，可以通过删除带病毒文件、低级格式化硬盘等措施，将病毒彻底清除。在网络环境中，只要有一台计算机未能完全消除消毒，就可能使整个网络重新被病毒感染，即使刚刚完成清除病毒工作的计算机，也很有可能立即被局域网中的另一台带病毒的计算机所感染。

3. 病毒的传播途径

局域网病毒的传播途径主要有以下 4 种。

- 通过不可移动的计算机硬件设备进行传播，这些设备通常有计算机的专用芯片和硬盘等。这种病毒虽然很少，但破坏力却极强，目前尚没有较好的检测手段对付。
- 通过移动存储设备来传播，这些设备包括 U 盘、移动硬盘以及各种数码设备闪存等。在移动存储设备中，U 盘是使用最广泛、最频繁的存储介质。
- 通过计算机网络进行传播。现代网络技术的发展也大大加快了计算机病毒的传播。计算机病毒可以附着在正常文件中，通过网络进入一个又一个系统，这种方式已经成为最主要的传播途径。
- 通过点对点通信系统和无线通道传播。目前，这种传播途径还不是十分广泛，但预计在未来的信息时代，这种途径很可能与网络传播途径成为病毒扩散的两大途径。

14.1.3 防治局域网病毒

病毒在发作前是难以发现的，因此所有的防病毒技术都是在系统后台运行，先于病毒获得系统的控制权，对系统进行实时监控，一旦发现可疑行为，就阻止非法程序的运行，利用一些专门的技术进行判别，然后加以清除。反病毒技术包括检测病毒和杀病毒两方面，而病毒的清除都是以有效的病毒探测为基础的。目前广泛使用的主要检测病毒的方法有特征代码法、校验和法、行为监测法、感染实验法等。

1. 预防病毒

如果计算机出现中毒的迹象，这时候需要用专业的查毒工具检查系统，通过检查，如果计算机已经感染了病毒，则要尽快进行杀毒。因此，在平时就要准备一个专业的杀毒软件，例如 360、金山毒霸等。检查文件时，不要以为只有*.exe、*.com 等可执行文件会感染病毒，就忽略了其他文件，事实上一些宏病毒就潜伏在*.doc 文件中，而且通过一些特别技术，*.txt 文件也可以感染病毒. 因此必须对硬盘上的所有文件进行检查。检查完硬盘上的所有文件，还必须对硬盘的引导扇区进行检查，一些隐藏在硬盘引导扇区的病毒是最容易被遗忘的。

注意

要使计算机时刻保持正常状态，对病毒的预防是首要的。

(1) 切断病毒传播途径。

要防止网络系统出现病毒，首先要切断病毒传播的途径。在局域网中，病毒主要通过移动存储器、电子邮件、浏览网页、下载软件等形式传播。因此，用户在计算机上从事每一项操作时，都要考虑到是否会危及系统的安全，保证传输数据的存储设备没有感染病毒。不要用盗版光盘，在这些光盘中经常带有大量的病毒，已经成为传播计算机病毒的一个重要途径。在因特网上下载软件时，应该到一些知名的网站去下载，一些来历不明的软件很可能就携带了病毒，下载后也不要忘了用查毒软件查毒。

(2) 绑定 MAC 地址和 IP 地址。

为了防止局域网中的计算机机乱发伪造的 ARP 数据包，将 IP 地址与计算机绑定在一起，是解决 ARP 攻击的最好办法。具体操作步骤如下。

选择“开始”→“运行”命令，弹出“打开”对话框，输入 cmd 命令后按 Enter 键，在打开的命令提示符窗口中输入以下命令：

arp-s IP 地址 MAC 地址

例如，假设有一台计算机，其 IP 地址为 192.168.0.58，MAC 地址为 00-E0-4C-00-07-36，将其 MAC 和 IP 绑

定的命令如图 14-1 所示。

```
Microsoft Windows [版本 6.1.7600]
版权所有 (c) 2009 Microsoft Corporation。保留所有权利。

C:\Users\Administrator>arp -s 192.168.0.58 00-e0-4c-00-07-36

C:\Users\Administrator>_
```

图 14-1　绑定 MAC 地址

使用 arp-a 命令查看 ARP 缓存列表，可以看出 IP 地址的类型为 static，表明它是静态项，如图 14-2 所示。通过以上操作，将 IP 地址 192.168.0.58 与网卡地址为 00-e0-4c-00-07-36 的计算机绑定起来，从而防止局域网 ARP 欺骗，有效地保护局域网的安全。

```
C:\Users\Administrator>arp -a

接口: 192.168.0.58 --- 0xe
  Internet 地址         物理地址              类型
  192.168.0.58          00-e0-4c-00-07-36     静态
  192.168.0.255         ff-ff-ff-ff-ff-ff     静态
  224.0.0.22            01-00-5e-00-00-16     静态
  224.0.0.252           01-00-5e-00-00-fc     静态
  255.255.255.255       ff-ff-ff-ff-ff-ff     静态

C:\Users\Administrator>_
```

图 14-2　显示 ARP 缓存列表

(3) 安装最新的防病毒软件。

由于操作系统本身未提供检测或清除计算机病毒的软件，所以，局域网应安装正版杀毒软件，并且及时对版本进行升级。同时，为了防止 ARP 攻击，还应安装 360 安全卫士等防护软件，并且开启 360 安全卫士“实时保护”中的“局域网 ARP 攻击拦截”，保障数据流向正确，通信数据不受第三者控制，从而保证网络畅通。如果怀疑或确认计算机已经感染了病毒，应立即使用最新的防病毒软件及时杀毒。

(4) 使用网络防火墙。

防火墙(Firewall)是一种协助确保信息安全的设备，依照特定的规则，允许或限制传输的数据通过，帮助计算机系统抵御用户、计算机病毒和蠕虫的恶意侵入攻击。防火墙可以是一台专属的硬件，也可以是一套软件，现在针对防火墙的软件相当多，一般的杀毒软件都具有防火墙的功能。

(5) 及时安装系统补丁。

任何一个操作系统发布以后，如果发现程序中有些漏洞，会及时发布一些应用程序来修复这些漏洞，通常把这些应用程序也称为“补丁程序”。当系统安装补丁程序后，黑客就不会利用这些漏洞来攻击用户了。

(6) 做好系统备份。

为了保证局域网的安全，随时做好网络资料的备份是十分重要的。所谓网络备份，是指在网络系统发生黑客攻击、病毒感染、操作失误、软件系统错误等意外情况下，应急恢复系统的一种处理方案。目前备份系统的方法有很多种，最简单实用的如 Ghost 软件等。

2. 清除病毒

一旦发现病毒，应立即停止使用受病毒感染的计算机，并断开受感染机器的网络连接，关闭文件服务器，用最新版本的杀毒软件扫描服务器上所有的文件，清除病毒。如不能清除，则删除受到感染的文件，并用干净的备份文件恢复系统，当确信网络中病毒已彻底清除后，重新启动网络及各项工作。

查杀病毒的具体操作步骤如下。

Step 1　启动 360 杀毒程序，在打开的 360 程序窗口中，单击“指定位置扫描”按钮，如图 14-3 所示。

图 14-3　单击“指定位置扫描”按钮

Step 2　选中要扫描的磁盘，单击“扫描”按钮，开始扫描病毒，并显示扫描进度，单击“扫描”按钮，如图 14-4 所示。

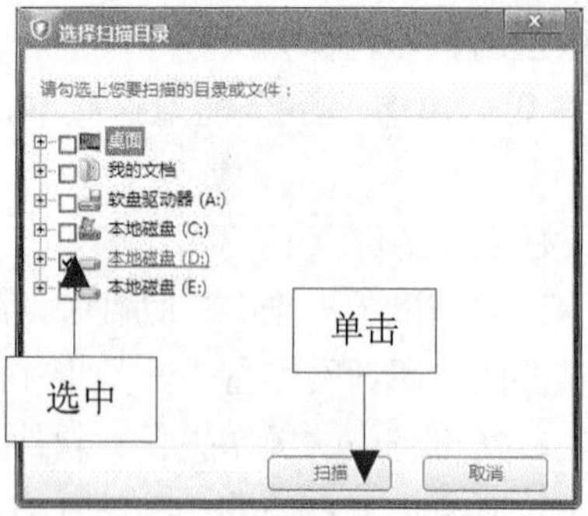

图 14-4　选中相应的复选框

Step 3 开始扫描病毒，并显示扫描进度，如图 14-5 所示。

图 14-5　显示扫描进度

Step 4 扫描完成后，将显示扫描结果，然后单击“开始处理”按钮，如图 14-6 所示。

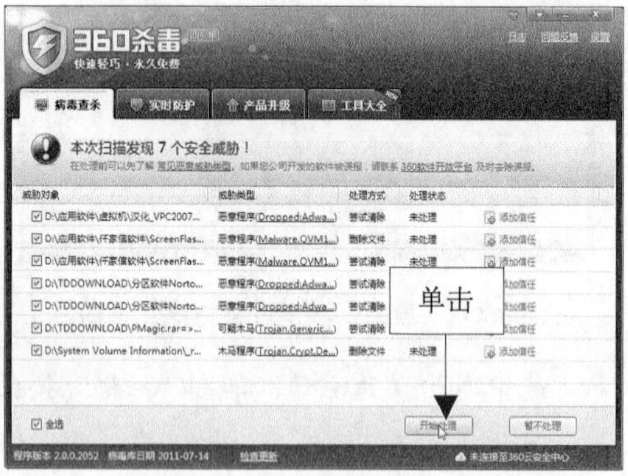

图 14-6　单击“开始处理”按钮

Step 5 进入“正在处理发现的安全威胁”界面，开始处理病毒，如图 14-7 所示。

图 14-7　开始处理病毒

Step 6 稍后进入“已成功处理所有安全威胁”界面，单击“确认”按钮即可，如图 14-8 所示。

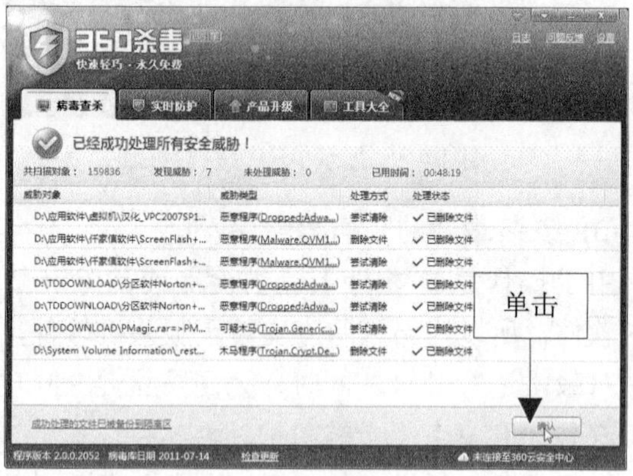

图 14-8　单击“确认”按钮

试一试

使用 360 杀毒程序扫描电脑磁盘，查看是否有病毒。

14.1.4　预防黑客的攻击

网络入侵不仅在 Internet 上应当注意，在局域网中的计算机同样可能受到来自网络内部的攻击。黑客一词的英文为 Hacker，即凭借自己掌握的计算机技术知识，采用非法手段逃过计算机网络系统的存取控制而获得进入计算机网络，进行未经授权的或非法访问的人。应该先了解黑客入侵的一般工具和手法，然后才能采取有效的防卫方法，也只有这样才能收到事半功倍的效果，避免系统当机、财物声誉损失或客户资料失窃。下面将介绍目前黑客最常用的一些入侵手法及防御的方法。

1. 黑客攻击的常用方法

黑客常用的攻击手段一般有以下 3 种。

(1) 密码入侵。

所谓密码入侵，就是指用一些软件解开加密文档，但是，许多精于此术的黑客并不采用这种方法而是用一种可以绕开或屏蔽密码保护的程序。那些可以解开或屏蔽密码保护的程序通常称为 Crack。

(2) 特洛伊木马。

特洛伊木马最为广泛的方法就是把某一特定程序依附在某一合法用户程序中，这时，合法用户的程序代码已被改变，而一旦用户触发该程序，那么依附在内的黑客指令代码同时被激活，这些代码往往能完成黑客早已指定的任务。由于这种入侵法需要黑客有很好的编程经验，且要更改代码，要一定的权限，所以较难掌握。但是正因为它的复杂性，一般的管理员很难发现，对于黑客来说则很需要耐心。

(3) 监听法。

目前的局域网基本上都采用以广播为技术基础的以太网，任何两个节点之间的通信数据包，不仅为这两个节点的网卡所接收，也同时为处在同一以太网上任何一个节点的网卡所截取，因此，黑客只要接入以太网上的任一节点进行侦听，就可以捕获发生在这个以太网卡的所有数据包，对其进行解包分析，从而窃取关键信息，这就是以太网所固有的安全隐患。有一种软件 Sniffer 网络嗅探器就是通过这种途径来监听网络中的数据流向，它可以截获密码，可以截获秘密的信息，可以用来攻击相邻的网络。

2. 预防黑客的常用方法

可以通过以下方法来预防黑客的攻击。

(1) 保护 IP 地址。

对于利用 TCP/IP 包的 Bug 攻击的黑客程序(通常会出现“蓝屏”现象)，首先修正 Windows 7/XP 的 Bug，在微软公司的网站有下载或者将系统设置为自动更新。然后学会隐藏自己的 IP，包括将 ICQ 中“IP 隐藏”打开，注意避免在会显示 IP 的论坛和聊天室上暴露真实身份，特别是，在去黑客站点时，最好先运行隐藏 IP 的程序。

(2) 保护 E-mail 地址。

首先，可以去 ISP 申请一个转信信箱，因为它能够有效地防止被黑客轰炸，且根本不会影响到转信目标信箱。其次，在使用的 E-mail 程序中找到限制邮件大小和垃圾邮件的项目并设置，如果发现有很大的信件在服务器上，用一些可以登录服务器的程序直接删除。另外，最好不告诉别人付费信箱地址，而告诉转信地址。

(3) 提高安全意识。

不要随便运行不了解的人给的程序，比如“特洛伊”类的黑客程序就经常伪装成其他程序欺骗用户去运行；用公共机器上网时注意不要让别人输入地址，以免有人模拟免费信箱、主页地址写入，然后骗人密码，离开时尽可能将历史记录清空；密码设置尽可能使用数字、字母和字符混排，单纯英文或者数字很容易穷举。QQ 不要随便同意别人登录，可设置“登录需要认证”；不要随便运行黑客程序，不少这类程序运行时会发出用户的个人信息。

14.1.5 预防木马程序

利用计算机程序漏洞侵入后窃取文件的程序被称为木马，它是一种具有隐藏性的、自发性的可被用来进行恶意行为的程序，多不会直接对电脑产生危害，而是以控制为主。

1. 识别木马

鉴于木马的危害性，很多人对木马知识还是有一定了解的，这对木马的传播起了一定的抑制作用，这是木马设计者所不愿见到的，因此他们开发了多种功能来伪装木马，以达到降低用户警觉，欺骗用户的目的。

- 修改图标：木马服务端程序的图标经常被改成 HTML、TXT、ZIP 等各种文件的图标，这有相当大的迷惑性，但是目前提供这种功能的木马还不多见，并且这种伪装也不是无懈可击的。

- 捆绑文件：这种伪装手段是将木马捆绑到一个安装程序上，当安装程序运行时，木马在用户毫无察觉的情况下，偷偷地进入了系统。至于被捆绑的文件，一般是可执行文件(即 EXE、COM 一类的文件)。
- 出错显示：当服务端用户打开木马程序时，会弹出一个错误提示框，错误内容可自由定义，大多会定制成一些诸如“文件已破坏，无法打开的！”之类的信息，当服务端用户信以为真时，木马已悄悄侵入系统。
- 定制端口：很多老式的木马端口都是固定的，这给判断是否感染了木马带来了方便，只要查一下特定的端口就知道感染了什么木马，所以现在很多新式的木马都加入了定制端口的功能，控制端用户可以在 1024～65535 之间任选一个端口作为木马端口(一般不选 1024 以下的端口)，这样就给判断所感染木马的类型带来了麻烦。
- 自我销毁：这项功能是为了弥补木马的一个缺陷。当服务端用户打开含有木马的文件后，木马会将自己复制到 Windows 的系统文件夹中(C:\Windows 或 C:\Windows\System 目录下)，一般来说原木马文件和系统文件夹中的木马文件的大小是一样的(捆绑文件的木马除外)，那么中了木马的用户只要在近来收到的信件和下载的软件中找到原木马文件，然后根据原木马的大小去系统文件夹找相同大小的文件，判断一下哪个是木马就行了。而木马的自我销毁功能是指安装完木马后，原木马文件将自动销毁，这样服务端用户就很难找到木马的来源，在没有查杀木马的工具的帮助下，就很难删除木马了。
- 木马更名：安装到系统文件夹中的木马的文件名一般是固定的，那么只要根据一些查杀木马的文章，按图索骥在系统文件夹查找特定的文件，就可以断定中了什么木马。所以现在有很多木马都允许控制端用户自由定制安装后的木马文件名，这样就很难判断所感染的木马类型了。

2. 预防木马

要使电脑不被各种木马攻击，就必须遵循以下 3 个原则。

- 安装一款好的防毒软件。比如 360 杀毒简单方便，对系统的病毒、木马防护和修复功能都很好。
- 养成良好的使用习惯。下载软件到官方网页，或者到自己熟悉的网站下载，不要浏览不良网站，不要随意打开陌生人的邮箱、网址链接等。
- 最后，系统漏洞要修补好，这样也可以提高系统安全系数，用 360 安全卫士就可以很方便地修补系统漏洞了。

14.1.6 木马查杀工具

使用 360 安全卫士的“快速查杀木马”功能，可以快速地对系统中的木马程序进行扫描并清除。快速查杀木马的具体操作步骤如下。

Step 1 双击桌面的“360 安全卫士”程序图标，打开“360 安全卫士”窗口，单击“查杀木马”按钮，如图 14-9 所示。

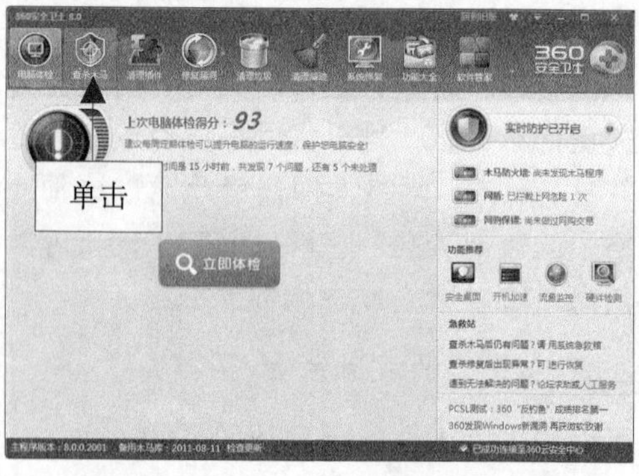

图 14-9 打开“360 安全卫士”窗口

Step 2 切换至“查杀木马”界面，单击“自定义扫描”按钮，如图 14-10 所示。

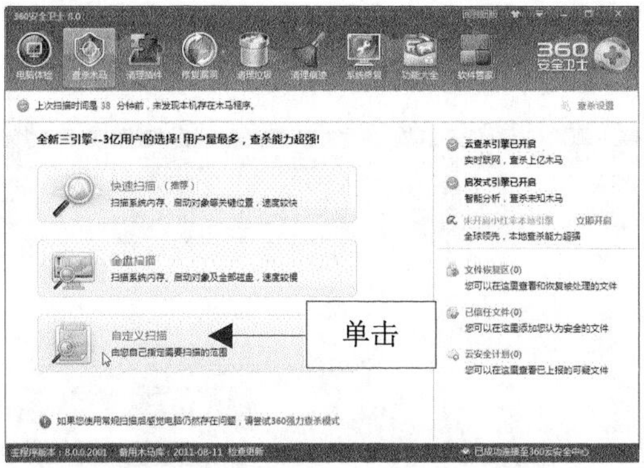

图 14-10　单击“自定义扫描”按钮

Step 3 弹出“360 木马云查杀”对话框，选中相应的复选框，如图 14-11 所示。

图 14-11　选中相应的复选框

Step 4 单击“开始扫描”按钮，返回到“查杀木马”界面，开始扫描木马，并显示扫描进度，如图 14-12 所示。

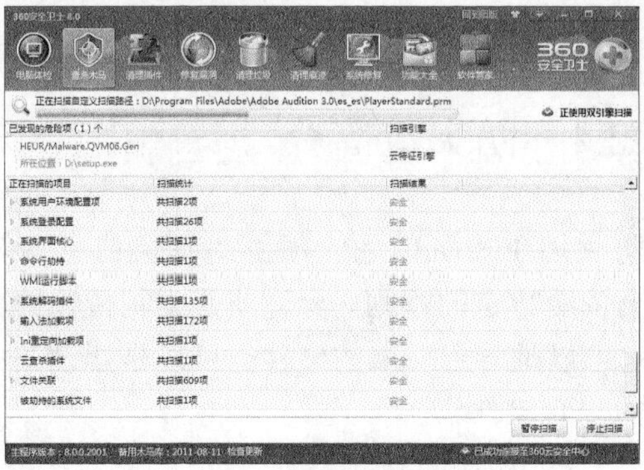

图 14-12　显示扫描进度

技巧

使用 360 安全卫士查杀木马有快速扫描、全盘扫描以及自定义扫描 3 种查杀方式。一般推荐用户使用“快速扫描”查杀方式，当扫描时发现系统中存在木马程序时再选择“全盘扫描”查杀方式。

Step 5 扫描完成后，显示扫描结果，单击“立即处理”按钮，如图 14-13 所示。

图 14-13　单击“立即处理”按钮

Step 6 开始清理木马程序，并显示清理进度，如图 14-14 所示。

图 14-14　显示清理进度

Step 7 清理完成后，弹出提示信息框，单击“稍后我自行重启”按钮，如图 14-15 所示。

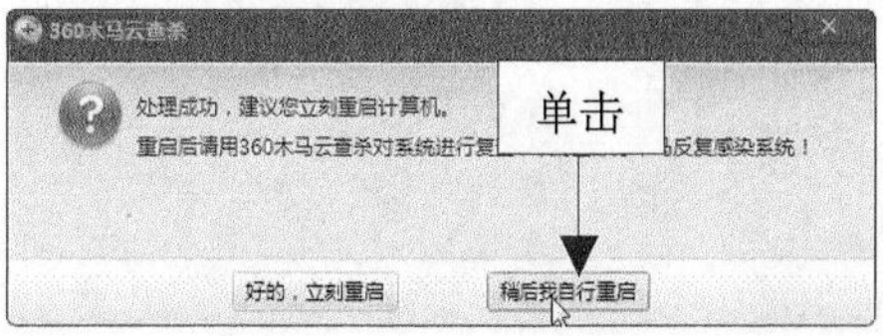

图 14-15　单击“稍后我自行重启”按钮

Step 8 返回到“查杀木马”界面，显示木马已查杀完成信息，如图 14-16 所示。

图 14-16　显示木马已查杀完成信息

试一试

使用 360 安全卫士对电脑中的木马进行查杀。

14.1.7　木马在线检测

一般情况下，使用在线监测服务可以将木马和病毒一起进行监测，下面介绍一款系统安全综合监测的在线服务“金山在线杀毒”。

Step 1 打开 IE 浏览器，在“地址栏”中输入金山在线杀毒网站的网址：http://shadu.duba.net/，然后按 Enter 键打开金山在线杀毒网站，选中“扫描结束后，自动处理全部病毒木马”复选框，如图 14-17 所示。

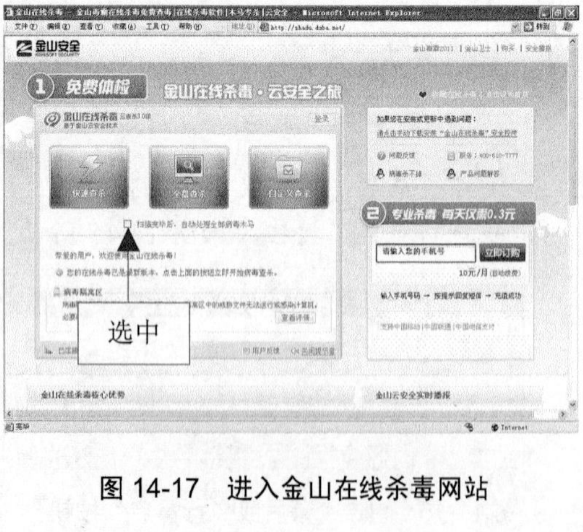

图 14-17　进入金山在线杀毒网站

Step 2 单击“快速查杀”按钮，显示在线扫描过程，如图 14-18 所示。

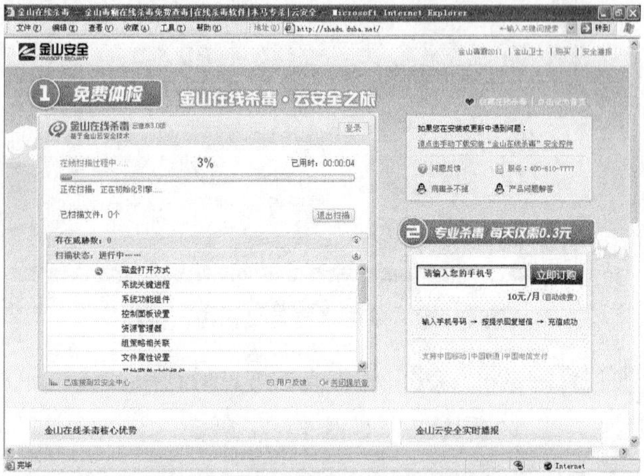

图 14-18　显示在线扫描过程

Step 3 扫描结束后，金山在线杀毒会自动处理扫描到的病毒和木马。

14.2　局域网防火墙

对等网和服务器/工作站模式的局域网体系结构较以前的各种网络结构确实具有许多好处，但安全问题却变得十分严重，特别是在连接到互联网的时候。在这种条件下，防火墙产品应运而生。防火墙是网络安全工具中最早成熟和产品化的，网络防火墙一般定义为在两个网络间执行访问控制策略的一个或一组系统。

14.2.1　防火墙简介

防火墙(Firewall)是一项协助确保信息安全的设备，会依照特定的规则，允许或是限制传输的数据通过，它可以是一台专属的硬件也可以是架设在一般硬件上的一套软件。

1. 防火墙概述

防火墙是一个由软件和硬件设备组合而成、在内部网和外部网之间、专用网与公共网之间的界面上构造的保护屏障，是一种获取安全性方法的形象说法，使 Internet 与 Intranet 之间建立起一个安全网关(Security Gateway)，从而保护内部网免受非法用户的侵入。防火墙主要由服务访问规则、验证工具、包过滤和应用网关 4 个部分组成。

> 提示
>
> 防火墙就是一个位于计算机和它所连接的网络之间的软件或硬件，该计算机流入流出的所有网络通信均要经过此防火墙。

在网络中，所谓“防火墙”，是指一种将内部网和公众访问网(如 Internet)分开的方法，它实际上是一种隔离技术。防火墙是在两个网络通信时执行的一种访问控制尺度，它能允许“同意”的用户和数据进入网络，同时将“不同意”的用户和数据拒之门外，最大限度地阻止网络中的黑客访问网络。

2. 防火墙功能

防火墙最基本的功能就是控制在计算机网络中不同信任程度区域间传送的数据流，以避免安全策略中禁止的一些通信。例如互联网是不可信任的区域，而内部网络是高度信任的区域。最终目标是提供受控连通性。

(1) 网络安全的屏障。

一个防火墙(作为阻塞点、控制点)能极大地提高一个内部网络的安全性，并通过过滤不安全的服务而降低风险。由于只有经过精心选择的应用协议才能通过防火墙，所以网络环境变得更安全。如防火墙可以禁止诸如众所周知的不安全的 NFS 协议进出受保护网络，这样外部的攻击者就不可能利用这些脆弱的协议来攻击内部网络。防火墙同时可以保护网络免受基于路由的攻击，如 IP 选项中的源路由攻击和 ICMP 重定向中的重定向路径。防火墙还可以拒绝所有类型攻击的报文并通知防火墙管理员。

(2) 强化网络安全策略。

通过以防火墙为中心的安全方案配置，能将所有安全软件(如口令、加密、身份认证、审计等)配置在防火墙上。与将网络安全问题分散到各个主机上相比，防火墙的集中安全管理更经济。例如在网络访问时，一次一密口令系统和其他的身份认证系统完可以不必分散在各个主机上，而集中在防火墙一身上。

(3) 对网络存取和访问进行监控审计。

如果所有的访问都经过防火墙，那么，防火墙就能记录下这些访问并做出日志记录，同时也能提供网络使用情况的统计数据。当发生可疑动作时，防火墙能进行适当的报警，并提供网络是否受到监测和攻击的详细信息。另外，收集一个网络的使用和误用情况也是非常重要的。首先的理由是可以清楚防火墙是否能够抵挡攻击者的探测和攻击，并且清楚防火墙的控制是否充足。而网络使用统计对网络需求分析和威胁分析等而言也是非常重要的。

(4) 防止内部信息的外泄。

通过利用防火墙对内部网络的划分，可实现内部网重点网段的隔离，从而限制了局部重点或敏感网络安全问题对全局网络造成的影响。而且，隐私是内部网络非常关心的问题，一个内部网络中不引人注意的细节可能包含了有关安全的线索而引起外部攻击者的兴趣，甚至因此而暴露了内部网络的某些安全漏洞。使用防火墙就可以隐蔽那些透露内部细节的服务(如 Finger、DNS 等)。Finger 显示了主机的所有用户的注册名、真名、最后登录时间和使用 Shell 类型等。但是 Finger 显示的信息非常容易被攻击者所获悉，攻击者可以知道一个系统使用的频繁程度，这个系统是否有用户正在连线上网，这个系统是否在被攻击时引起注意等。

> 提示
>
> 防火墙可以同样阻塞有关内部网络中的 DNS 信息，这样一台主机的域名和 IP 地址就不会被外界所了解。

14.2.2 开启 Windows 7 防火墙

在 Windows 7 系统中，开启防火墙的具体操作步骤如下。

Step 1 选择“开始”→“控制面板”命令，打开“控制面板”窗口，单击“Windows 防火墙”图标，如图 14-19 所示。

图 14-19　单击“Windows 防火墙”图标

Step 2 出现“Windows 防火墙”窗口，单击左侧的“打开或关闭 Windows 防火墙”链接，如图 14-20 所示。

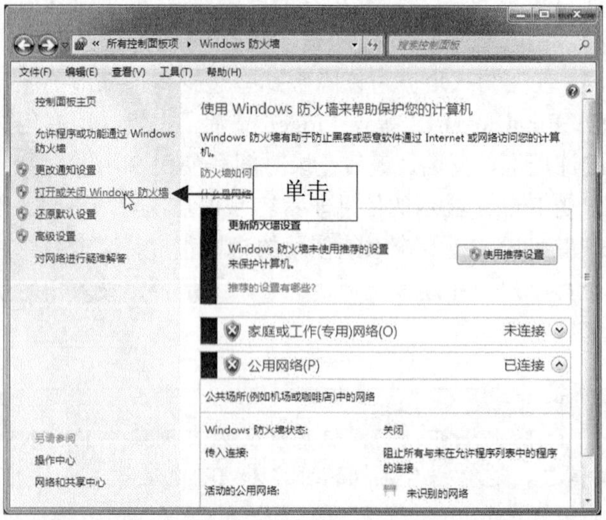

图 14-20　单击“打开或关闭 Windows 防火墙”链接

Step 3 出现“自定义设置”窗口，选中“启用 Windows 防火墙”单选按钮，如图 14-21 所示。

Step 4 单击“确定”按钮，返回到“Windows 防火墙”窗口，即可看到 Windows 防火墙已开启，如图 14-22 所示。

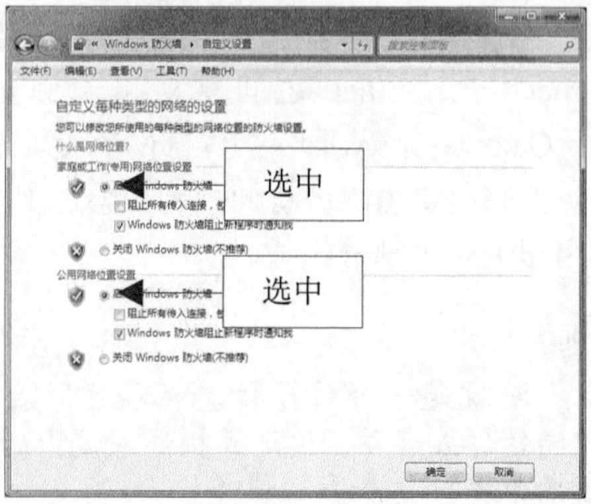

图 14-21　选中“启用 Windows 防火墙”单选按钮

图 14-22　开启了 Windows 防火墙

试一试

根据上面的操作步骤，开启系统自带的防火墙。

14.2.3　配置网络防火墙

下面以 360 防火墙为例，介绍其设置方法。

启动 360 安全卫士主程序后，切换至“功能大全”界面，如图 14-23 所示。在“网络优化”区域中单击“流量防火墙”按钮，打开“流量防火墙”窗口，在“流量管理”窗口中可以对所有程序访问网络的流量进行控制，单击“管理”按钮，在弹出的快捷菜单中即可对所选择的程序进行各种设置，如图 14-24 所示。在“流量防火墙”窗口中还有“网速保护”和“网络连接”两个选项卡，在其中可以为所有访问网络的程序设置网速保护和控制其进程。

图 14-23 打开“功能大全”界面

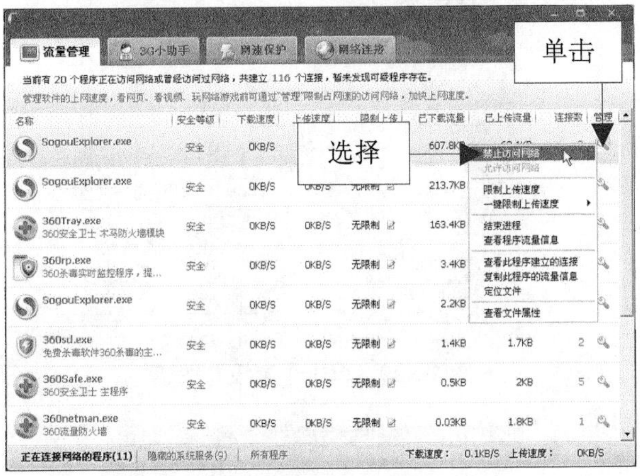

图 14-24 打开“流量管理”窗口

在“功能大全”界面中，单击“360 安全产品”区域中的“木马防火墙”按钮，打开“360 木马防火墙”窗口，在“系统保护”选项卡中可以开启网页防火墙、漏洞防火墙、U 盘防火墙、驱动防火墙、进程防火墙、文件防火墙、注册表防火墙以及 ARP 防火墙，如图 14-25 所示。另外，还可以显示程序的应用保存策略和设置木马防火墙的开启模式。

在“功能大全”界面中，单击“360 安全产品”区域中的“360 网盾”按钮，打开“360 网盾”窗口，在其中可以设置上网安全，如图 14-26 所示。

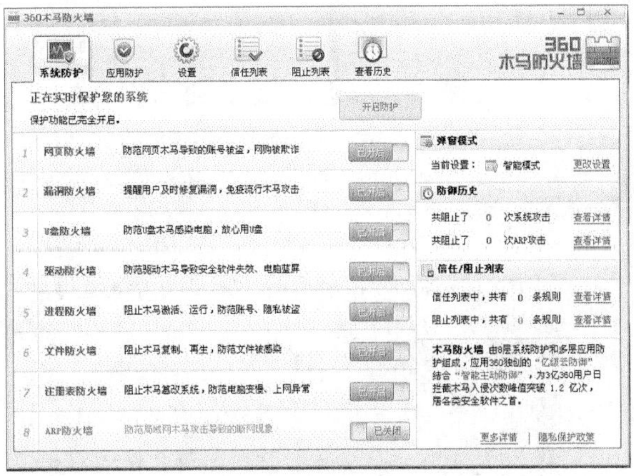

图 14-25 打开“360 木马防火墙”窗口

图 14-26 打开“360 网盾”窗口

14.3 局域网安全设置

病毒、黑客、木马对局域网的危害往往让用户防不胜防，因此，堵住系统的缺口，让黑客无处下手，是最有效的安全措施之一，本节将介绍局域网的各种安全设置来防止这些危害。

14.3.1 删除不需要的协议

对于只用来共享上网的代理服务器和主机来说，只需要安装 TCP/IP 协议即可，在配置协议时，可以将不需要的协议全部删除。在 Windows Server 2008 系统下删除不需要的协议的具体操作步骤如下。

Step 1 打开“网络连接”窗口，在“本地连接”图标上单击鼠标右键，在弹出的快捷菜单中选择“属性”命令，如图 14-27 所示。

Step 2 弹出“本地连接 属性”对话框，选择不需要的协议，然后单击“卸载”按钮，如图 14-28 所示，即可将不需要的协议进行卸载。

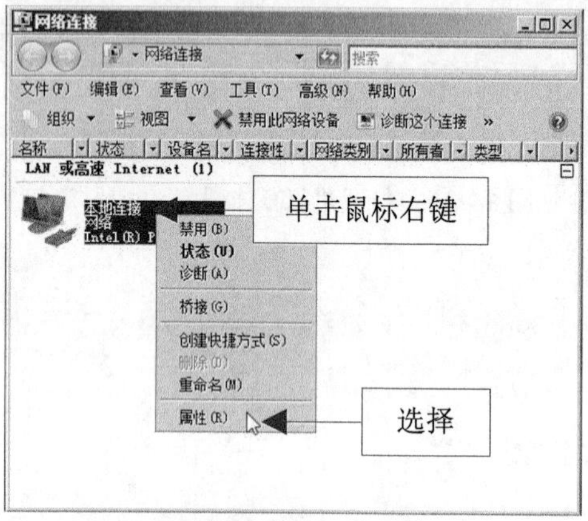

图 14-27 选择“属性”命令

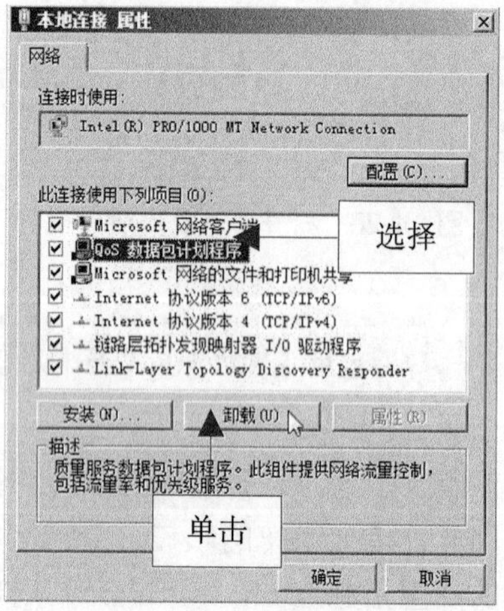

图 14-28 单击“卸载”按钮

14.3.2 禁用 NetBIOS 设置

NetBIOS 存在很多安全缺陷，对于不需要提供文件和打印共享的服务器，还可以将绑定在 TCP/IP 协议上的 NetBIOS 协议关闭，避免针对 NetBIOS 的攻击。

Step 1 在“本地连接 属性”对话框中，选中 TCP/IP 协议，单击“属性”按钮，弹出“Internet 协议版本 4(TCP/IPv4)属性”对话框，单击“高级”按钮，如图 14-29 所示。

Step 2 弹出“高级 TCP/IP 设置”对话框，切换至 WINS 选项卡，选中“禁用 TCP/IP 上的 NetBIOS”单选按钮，单击“确定”按钮，如图 14-30 所示。

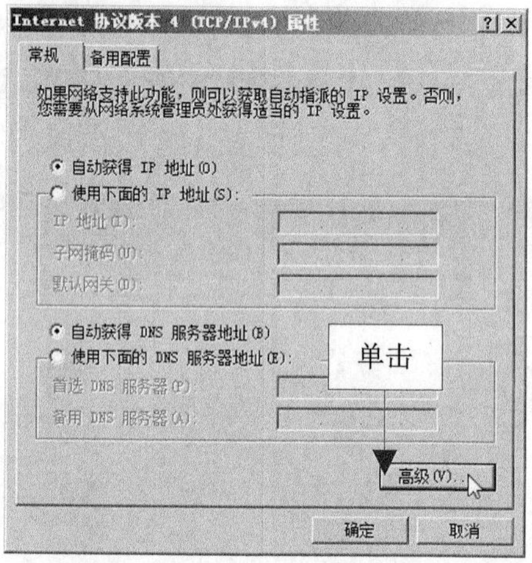

图 14-29 单击“高级”按钮

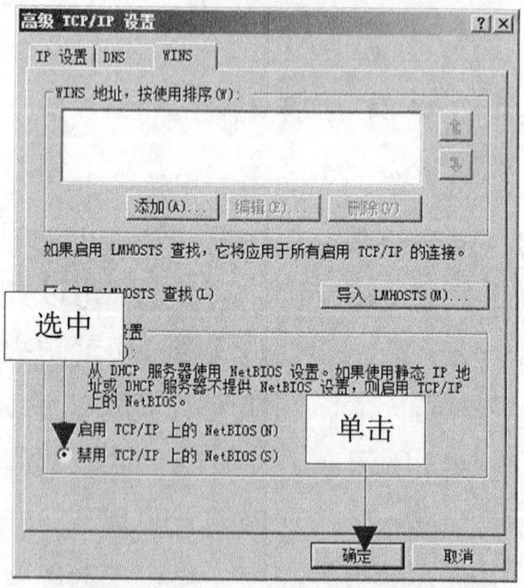

图 14-30 选中相应的单选按钮

14.3.3 禁用文件和打印共享服务

对于文件和打印共享服务的 137、138、139 和 445

端口，可以采用以下的方法来关闭。

在“本地连接 属性”对话框中，选择“Microsoft 网络的文件和打印机共享”服务，单击“卸载”按钮即可，如图 14-31 所示。

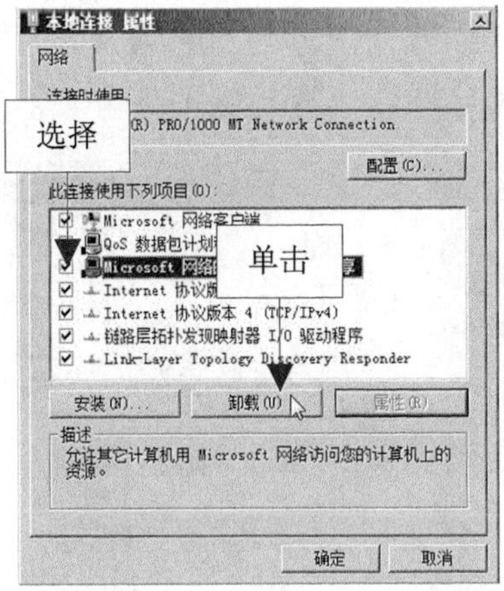

图 14-31 单击“卸载”按钮

14.3.4 IE 高级设置

现在的浏览器种类非常多，而且各有特色。微软的新一代浏览器 IE 8.0 因为采用开放的标准并加强了对 Cookie 的管理而受到普遍欢迎。它是在 IE 7.0 基础上发展而来的，能够完全兼容 Windows XP/7 操作系统，而且微软采用了隐私 P3P 标准。从理论上看，能更安全地访问网页。下面主要介绍一些必要的 IE 安全使用设置和技巧。

注意

如果用户访问的网页不符合指定的最低安全要求，IE 将在任务栏上发出警告。

1. 清除上网记录

单击 IE 8.0 地址栏右侧的下拉标志，已访问过的站点无一遗漏、尽在其中，可以通过设置浏览器来清除这些上网记录。

Step 1 打开 Internet Explorer 窗口，选择“安全”→“删除浏览的历史记录”命令，如图 14-32 所示。

Step 2 弹出“删除浏览的历史记录”对话框，选中要删除的每个信息类别旁边的复选框，如果不想删除与“收藏夹”列表中的网站关联的 Cookie 和文件，可选中“保留收藏夹网站数据”复选框，单击“删除”按钮，如图 14-33 所示。

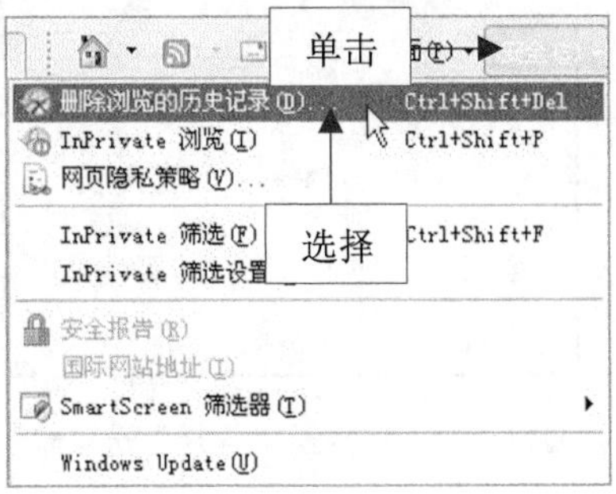

图 14-32 选择“删除浏览的历史记录”命令

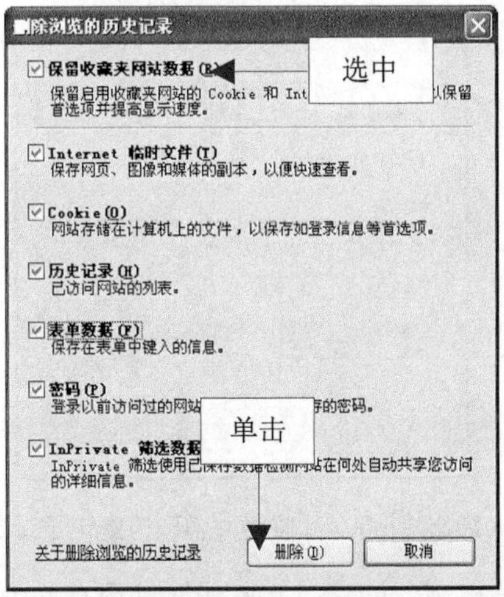

图 14-33 选中“保留收藏夹网站数据”复选框

Step 3 如果有大量的文件和历史记录，则此操作可能需要一段时间才能完成。

另外，在“Internet 属性”对话框的“常规”选项卡中，有一个删除历史记录按钮，通过它可以很方便地删除遗留的 Cookies，如图 14-34 所示。单击“浏览历史记录”区域中的“设置”按钮，弹出“Internet 临时文件和历史记录设置”对话框，将 IE 8.0 的上网历史记录的天数设置为 0 天，这样电脑只会保存当天的上网记录，而昨天的记录则不会保存，如图 14-35

所示。

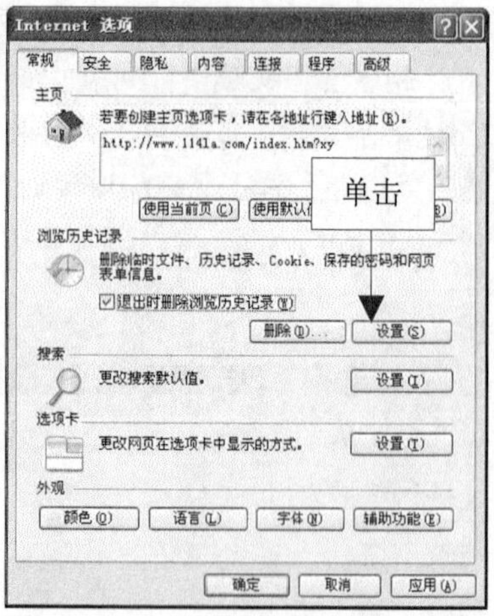

图 14-34　切换至“常规”选项卡

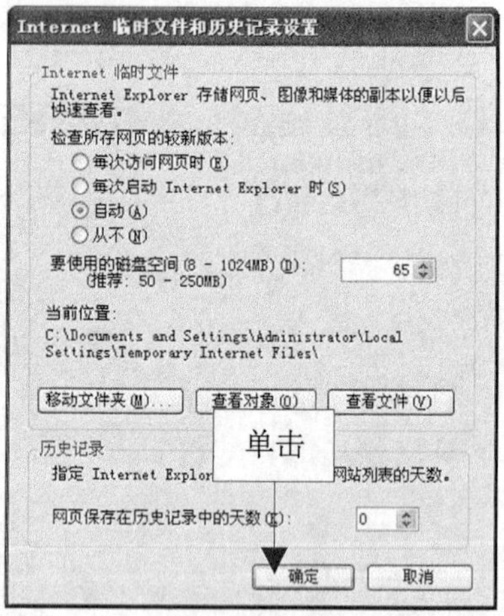

图 14-35　弹出“Internet 临时文件和历史记录设置”对话框

如果想浏览网页却又不想网址出现在 IE 8.0 的下拉框中，下面可以介绍一种更加简单的方法：当每次上网时，不要在 IE 8.0 的地址栏中输入网址，可选择“文件”→“打开”命令，在弹出的对话框的文本框中输入网址，再单击“确定”按钮，如图 14-36 所示，通过这种方式浏览的网址就不会出现在 IE 8.0 地址栏中了。

2. 更改临时文件夹

每当上网去浏览网页时，都会将网上的部分文件(包括图片和 HTML 文件等)储存于系统内的“Temporary Internet files(临时文件夹)”之中，以方便同一个网站的浏览。但 IE 8.0 中设置的临时文件夹所占空间比较大，对硬盘比较小的读者来说可能不希望这样。

在如图 14-35 所示的“Internet 临时文件和历史记录设置”对话框中，将“要使用的磁盘空间”缩小为 20MB 比较适合，也可以将“Internet 临时文件夹”的保存位置设到 D 盘，如图 14-37 所示。

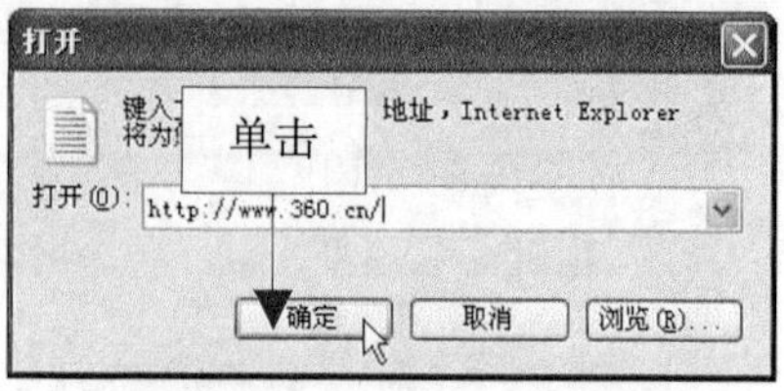

图 14-36　单击“确定”按钮

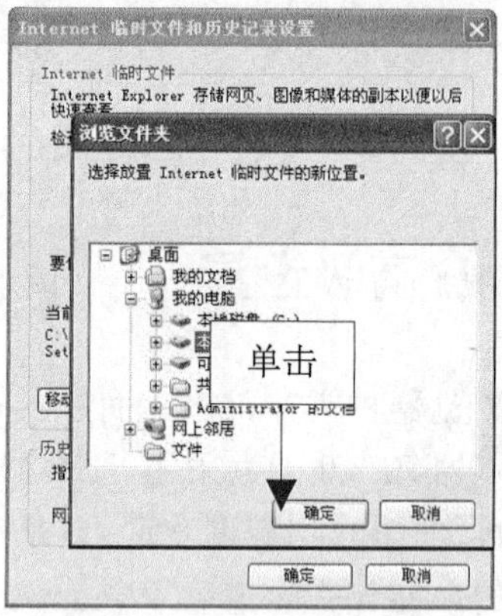

图 14-37　将“Internet 临时文件夹”的保存位置设到 D 盘

3. 禁用或限制使用 Java、Java Applet、ActiveX 控件

由于互联网上(如在浏览 Web 页和在聊天室里)经常使用 Java、Java Applet、ActiveX 编写的脚本，它们可能会获取用户的标识、IP 地址以及口令，甚至会在机器上安装某些程序或进行其他操作。因此对 Java、Java Applet、ActiveX 控件的使用进行限制是非常必要的。

在“Internet 选项”对话框中，切换至“安全”选项卡，如图 14-38 所示。单击“自定义级别”按钮，弹出“安全设置-Internet 区域”对话框，在其中就可以对 Java、ActiveX 控件的使用情况进行设置，如图 14-39 所示。

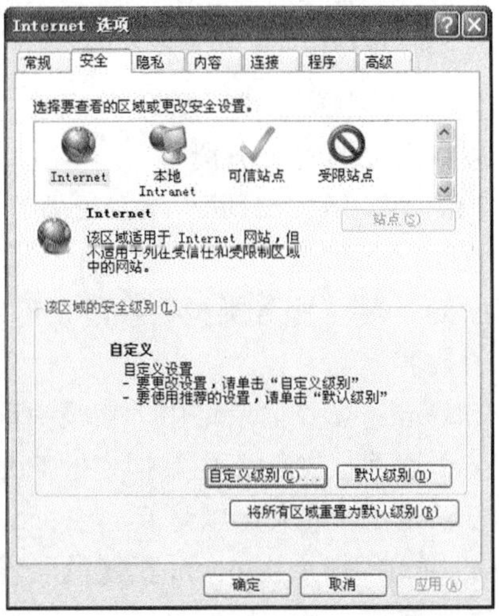

图 14-38 “安全”选项卡

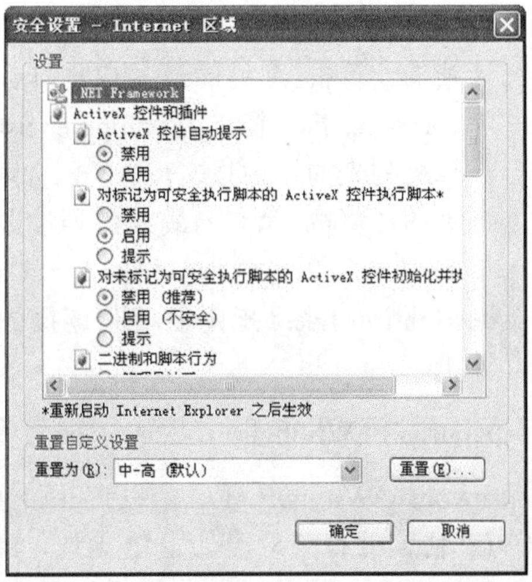

图 14-39 “安全设置-Internet 区域”对话框

提 示

在这里可以设置 ActiveX 控件和插件、Java、脚本、下载、用户验证以及其他安全选项。对于一些不安全或不太安全的控件或插件以及下载操作，应该予以禁止、限制或至少要进行提示。

14.3.5 保护局域网信息

局域网在保密防护方面存在以下 3 点脆弱性。

- 数据的可访问性。数据信息可以很容易被终端用户复制下来而不留任何痕迹。
- 信息的聚生性。当信息以零散形式存在时，其价值往往不大，一旦网络将大量关联信息聚集在一起时，其价值就相当可观了。
- 设防的困难性。尽管可以层层设防，但对熟悉网络技术的黑客来说，下些工夫就可能突破这些关卡，给保密工作带来极大的困难。

一般来说，计算机局域网的保密防范应从以下 3 个方面入手。

1. 充分利用网络操作系统

充分利用网络操作系统提供的保密措施，某些用户对网络的认识不足，基本不用或很少使用网络操作系统提供的保密措施，从而留下隐患。其实，一般的网络操作系统都有相应的保密措施。

2. 采用现代密码技术

采用现代密码技术，加大保密强度，借助现代密码技术对数据进行加密，将重要秘密信息由明文变为密文。

3. 采用防火墙技术

采用防火墙技术，防止局域网与外部网连通后秘密信息的外泄，防火墙是建立在局域网与外部网络之间的电子系统，用于实现访问控制，既阻止外部入侵者进入局域网内部，又允许局域网内部用户访问外部网络。

14.4 局域网的管理

一个局域网的稳定应用，离不开良好的管理与精心的维护。在先前的诸多章节中，都了解了局域网的组建和应用，以及一些基础的故障排除方法。本节将详细讲解如何良好地管理局域网，帮助读者成为一名优秀的网络管理员。

14.4.1 常用网络管理命令

作为局域网中广泛使用的操作系统，Windows 各版本的系统都自带了许多网络维护工具，它们简单易用、功能强大，熟练并掌握这些工具软件，将使网络管理事半功倍。

1. Ping 命令

Ping(Packet Internet Groper)可以验证TCP/IP是否已安装，是否已绑定到网卡，配置是否正确，以及使用Ping与网络通信。Ping使用ICMP协议来发送决定IP地址有效性的请求和答复消息。这两种消息与声纳的原理很相似。首先，本机发送一个名为echo request的信号给其他计算机。其他计算机然后会以echo reply的形式，把该信号重新广播给发送者。这种发送和回送信号的处理过程就是常说的 Ping。用户可以 Ping 目标主机的IP地址，也可以Ping主机名。通过Ping回环地址 127.0.0.1，则可以决定本工作站的 TCP/IP 协议是否正在运行。回环地址会自动地传送一个消息给发送计算机，即把消息重发给发送者。通过 Ping 同一子网上的主机，可以确定网络连接是否正常。通过Ping其他子网上主机，则可以决定网关或DNS服务器是否出现了问题。

故障解析

例如某个用户最近从公司业务部调到财务部，但却不能访问Web。应该执行的第一个测试是Ping回环地址。如果测试成功，则说明本工作站的TCP/IP协议运行正确。接下来，应用Ping命令Ping同一部门同事的计算机。如果收到正确回应，说明网络连接正常。然后，则应用Ping命令Ping其他子网上连网的计算机。例如IT部的计算机。如果测试失败，则可以自信地断言TCP/IP配置中网关或DNS设置不正确。

格式：ping [-t] [-a] [-n count] [-l length] [-f] [-i ttl] [-v tos] [-r count] [-s count] [-j computer-list] | [-k computer-list] [-w timeout] [destination-list]

Ping命令参数说明如下。

- -t：校验与指定计算机的连接，直到用户中断。
- -a：将地址解析为计算机名。
- -n count：发送由count指定数量的ECHO报文，默认值为4。
- -l length：发送包含由length指定数据长度的ECHO报文。
- -f：在包中发送“不分段”标志。该包将不被路由上的网关分段。
- -i ttl：将“生存时间”字段设置为ttl指定的数值。
- -v tos：将“服务类型”字段设置为tos指定的数值。
- -r count：在“记录路由”字段中记录发出报文和返回报文的路由。指定的Count值最小可以是1，最大可以是9。
- -s count：指定由count指定的转发次数的时间邮票。
- -j computer-list：经过由computer-list指定的计算机列表的路由报文。中间网关可能分隔连续的计算机，允许的最大IP地址数目是9。
- -k computer-list：经过由computer-list指定的计算机列表的路由报文。中间网关可能分隔连续的计算机。允许的最大IP地址数目是9。
- -w timeout：以毫秒为单位指定超时间隔。
- destination-list：指定要校验连接的远程计算机。

2. Ipconfig 和 Winipcfg 工具

利用Ipconfig/Winipcfg工具可以查看和修改网络中的TCP/IP协议的有关配置，如IP地址、网关、子网掩码等。这两个工具在Windows系统中都能使用，功能基本相同，只是Ipconfig 是以 DOS 的字符形式显示的，而 Winipcfg 则采用图形界面显示的。而在Windows XP及以上的系统中只有运行于DOS方式下的Ipconfig工具。Ipconfig命令的主要参数说明如下。

- /all：显示所有网络适配器(网卡、拨号连接等)的完整TCP/IP配置信息。与不带参数的用法相比，它的信息更全更多，如 IP 是否动态分配、显示网卡的物理地址等。
- /batch：文件名将Ipconfig所显示信息以文本方式写入指定文件。此参数可用来备份本机的网络配置。

- /release_all 和/release N：释放全部(或指定)适配器的由 DHCP 分配的动态 IP 地址。此参数适用于 IP 地址非静态分配的网卡，通常和下文的 renew 参数结合使用。
- ipconfig/renew_all 或 ipconfig /renew N：为全部(或指定)适配器重新分配 IP 地址。此参数同样仅适用于 IP 地址非静态分配的网卡，通常和 release 参数结合使用。

3. Netstat 命令

Netstat 命令显示当前 TCP/IP 协议连接的状态和 TCP/IP 协议统计数据。该命令也能显示开放的端口，以帮助决定服务是否使用正确的端口。Netstat 命令的基本参数说明如下。

- netstat－s：本选项能够按照各个协议分别显示其统计数据。如果应用程序(如 Web 浏览器)运行速度比较慢，或者不能显示 Web 页之类的数据，那么就可以用本选项来查看一下所显示的信息。需要仔细查看统计数据的各行，找到出错的关键字，进而确定问题所在。
- netstat－e：本选项用于显示关于以太网的统计数据。它列出的项目包括传送的数据包的总字节数、错误数、删除数、数据包的数量和广播的数量。这些统计数据既有发送的数据包数量，也有接收的数据包数量。这个选项可以用来统计一些基本的网络流量。
- netstat－r：本选项可以显示关于路由表的信息，除了显示有效路由外，还显示当前有效的连接。
- netstat－a：本选项显示一个所有的有效连接信息列表，包括已建立的连接(ESTABLISHED)，也包括监听连接请求(LISTENING)的那些连接。
- netstat－n：显示所有已建立的有效连接。

4. Nbtstat 命令

Nbtstat 命令提供有关 NetBIO 名称及其地址的信息。如果知道工作站的 NetBIOS 名称，则可以使用 nbtstat 命令得到其 IP 地址。

命令格式：netstat -r -s -n -a -c

Nbtstat 命令的基本参数说明如下。

- -n：显示寄存在本地的 NetBIOS 名字和服务程序。
- -c：本命令用于显示 NetBIOS 名字高速缓存的内容。NetBIOS 名字高速缓存用于存放与本计算机最近进行通信的其他计算机的 NetBIOS 名字和 IP 地址对。
- -r：本命令用于清除和重新加载 NetBIOS 名字高速缓存。
- -a：通过 IP 显示另一台计算机的物理地址和名字列表，所显示的内容就像对方计算机自己运行 nbtstat -n 一样。
- -s：显示使用其 IP 地址的另一台计算机的 NetBIOS 连接表。

5. Nslookup 命令

Nslookup 命令允许通过 IP 地址查找网络节点的 DNS 主机名，或者通过 DNS 主机名查找 IP 地址，常适合于验证主机配置的正确性，或者解决 DNS 解析问题。该命令的语法是 nslookup host name 或 nslookup ip_address，具体何种格式依赖于想得到的是主机名还是 IP 地址。而且，nslookup 还会报告 DNS 服务器的名称。

6. Traceroute 命令

Traceroute 命令(在 Windows 系统中也常称作为 tracert)使用 ICMP 协议来跟踪网络节点间的路径，确定两节点间的所有跳步。尤其适合于定位路由器或子网连接问题。为查找路由器，traceroute 向指定目的主机发送一系列 UDP 协议数据报，其中使用 IP 地址或主机名来指定目的主机。前三个数据报 traceroute 传输设置 TTL(生存时间)为 1。由于 TTL 可以决定数据报所做的网络跳步，因而当数据报到达第一个路由器时，TTL 为 1 的数据报就会过期。当数据报过期时，数据报会返回发送源，即开始 traceroute 的节点。这样，traceroute 会获取第一个路由器的标识。在了解路径中第一个路由器之后，traceroute 会发送一系列 TTL

为 2 的数据报。同样过程会发生，这样依次就可以获取路径中第 2 个、第 3 个、第 4 个等路由器，直到数据报到达目的节点。Traceroute 也返回数据报到达路径中每个路由器所花费的时间。可以从 traceroute 方法得到启示，利用该工具帮助诊断网络拥挤程序或网络有效性。然而，traceroute 不是十分可靠。实际上，traceroute 返回结果容易被误导，原因是 tracerout 不能检测路由问题，也不能检测路由器是否使用不同发送和接收接口。除此之外，路由器也许不会在路径中每一跳步正确地降低 TTL 值。

注意

最好在自己比较熟悉的网络上使用 traceroute。在熟悉的网络环境下，可以利用判断力和经验来比较实际测试结果与预测结果是否符合。

14.4.2 事件查看器

事件查看器是 Windows 2000 系统以后的操作系统自带的系统安全工具。在 Windows Server 2008 系统中，选择"开始"→"管理工具"→"事件查看器"命令，打开"事件查看器"窗口，如图 14-40 所示。

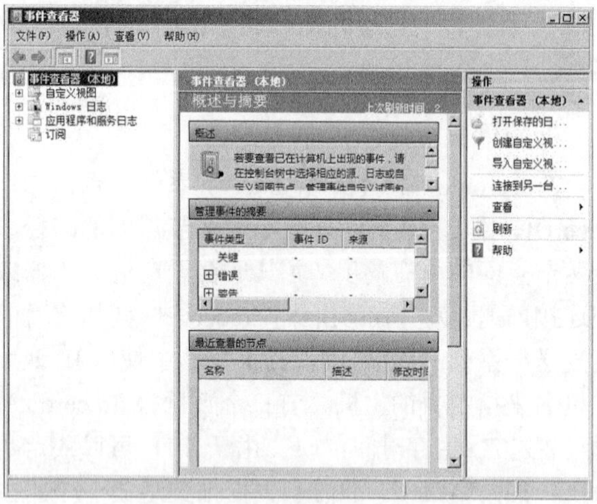

图 14-40 "事件查看器"窗口

1. 事件查看器概述

在事件查看器中，通过使用事件日志，可以收集有关硬件、软件、系统问题方面的信息，并监视 Windows 系统安全事件。Windows Server 2008 日志类别包括以下在早期版本的 Windows 中可用的日志：应用程序、安全和系统日志。此外还包括两个新的日志：安装程序日志和 ForwardedEvents 日志。Windows Server 2008 日志用于存储来自旧版应用程序的事件以及适用于整个系统的事件。

- 应用程序日志包含由应用程序或程序记录的事件。例如，数据库程序可在应用程序日志中记录文件错误，程序开发人员决定记录哪些事件。
- 安全日志包含诸如有效和无效的登录尝试等事件，以及与资源使用相关的事件，如创建、打开或删除文件或其他对象。管理员可以指定在安全日志中记录什么事件。例如，如果已启用登录审核，则对系统的登录尝试将记录在安全日志中。
- 安装程序日志包含与应用程序安装有关的事件。
- 系统日志包含 Windows 系统组件记录的事件。例如，在启动过程中加载驱动程序或其他系统组件失败将记录在系统日志中。系统组件所记录的事件类型由 Windows 预先确定。
- ForwardedEvents 日志用于存储从远程计算机收集的事件。若要从远程计算机收集事件，必须创建事件订阅。

事件查看器显示以下 5 种事件的类型。

- 错误：重要的问题，如数据丢失或功能丧失。例如，如果在启动期间服务加载失败，则会记录错误。
- 警告：不是非常重要但将来可能出现的问题的事件。例如，如果磁盘空间较小，则会记录一个警告。
- 信息：描述应用程序、驱动程序或服务的成功操作的事件。例如，成功地加载网络驱动程序时会记录一个信息事件。
- 成功审核：审核安全访问尝试成功。例如，将用户成功登录到系统上的尝试作为"成功审核"事件记录下来。

● 失败审核：审核安全访问尝试失败。例如，如果用户试图访问网络驱动器失败，该尝试就会作为“失败审核”事件进行记录。

提 示

启动 Windows Server 2008 时，事件日志服务会自动启动。所有用户都可以查看应用程序日志和系统日志，但是只有管理员才能访问安全日志。默认情况下会关闭安全日志。可以使用“组策略”启用安全日志记录。管理员也可以在注册表中设置审核策略，使系统在安全日志装满时停止运行。

2. 使用事件查看器

密切注意事件日志有助于预测和识别系统问题的根源。例如，如果日志警告显示磁盘驱动程序在几次重试后，只能读取或写入到某个扇区中，则该扇区可能最终出现故障。日志也可用于确定软件问题。如果程序崩溃，程序事件日志可以提供导致该事件的活动记录。

通过以下的建议，有助于用事件日志诊断问题。

● 日志格式的存档日志：如果以日志格式(*.evt)存档日志，则保存与事件相关的二进制数据，但是如果以文本(*.txt)或逗号分隔(*.csv)的格式存档数据，将放弃二进制数据。二进制数据有助于开发人员或技术支持专家识别问题的根源。
● 注意事件 ID：这些编号与消息文件中的说明匹配。它可以由产品支持代表使用以了解系统中所发生的情况。
● 硬件问题：如果怀疑系统问题是硬件组件引起的，则可以筛选系统日志，只显示由该组件产生的事件。
● 系统问题：如果某个事件看上去与系统问题有关，应搜索该事件日志，查找该事件的其他实例，或判断错误出现的频率。

技 巧

使用事件查看器时，如果有不会的操作，可按 F1 键调出帮助。在微软的帮助主题中，所有工具的使用方法都已做了详尽的说明，在此就不赘述了。

14.4.3 网络监视器

网络监视器是一个 Microsoft Systems Management Server 和 Microsoft Windows 2000 Server 系统提供的实用程序。可以使用网络监视器(也称为 NetMon)以捕获和查看网络的通信模式和问题。Windows 2000 Server 系统提供了非常好的网络监视器程序，下面就来了解一下如何使用网络监视器进行网络管理。

1. 网络数据流

网络监视器监视网络数据流，该数据流由任意给定时间内通过网络传输的所有信息组成。信息在传输之前，由网络软件分割成较小的块，这些小块称作帧或者数据包。无论是通过广播、多播还是直接传输的，都由几个不同的块组成，这样就能够单独进行分析。一些块包含网络监视器可用于解答网络问题的数据。

提 示

例如，通过检查目标地址，能够确定帧是指明所有主机必须接收并处理的广播帧，还是发送到指定主机的直接传输帧。通过对帧的分析，可以确定帧的确切起因，这有助于确定产生这种帧类型的服务是否能够进行优化。

2. 捕获网络数据流

网络监视器复制帧的过程称为捕获，管理员可以捕获发到本地网卡或从本地网卡发出的所有网络通信，也可以设置一个捕获筛选器来捕获帧的子集。还可以指定一系列条件来触发网络监视器捕获筛选器的事件。通过使用触发器，网络监视器可以响应网络上的事件。

提示

如果想要捕获来自网络上特定计算机的帧，可在捕获筛选器中指定一个或多个地址对，可以同时监视最多四个特定的地址对。

地址对由以下两部分组成。

- 希望监视其通信的两台计算机的地址。
- 指定希望监视的通信方向的箭头。

3. 使用网络监视器

网络监视器是由系统管理工具和网络监视器驱动程序的网络协议组成的，必须安装所有这些组件。网络监视器驱动程序允许网络监视器从网卡接收帧，并且允许使用 Microsoft 系统管理服务器提供的网络监视器版本的用户捕获和显示来自远程计算机的帧，其中包括通过拨号网络连接获得的帧。了解了网络监视器的基本情况后，可以使用它进行工作。

(1) 设计捕获筛选器。

要设计捕获筛选器，可在“捕获筛选器”对话框中指定决策声明。这个对话框显示了筛选器的决策树，决策树是筛选器逻辑的图形表示。从捕获规范中包括或排除信息时，决策树反映了这些规范。

(2) 通过协议筛选。

要捕获使用特定协议发送的帧，应在捕获筛选器的 SAP/ETYPE=指定协议。例如，如果希望仅捕获 IP 帧，应禁用所有协议，然后启用 IP ETYPE 0x800 和 IP SAP 0x6。默认情况下，启用网络监视器所支持的所有协议。

(3) 通过地址筛选。

要捕获来自网络上特定计算机的帧，应在捕获筛选器中指定一个或多个地址对，可以同时监视最多四个特定的地址对。INCLUDE 或者 EXCLUDE 关键字指示了网络监视器如何响应符合筛选器规范的帧。不管在“捕获筛选器”对话框中状态显示的顺序如何，都应首先评估“排除”状态。因此，如果帧符合包含 EXCLUDE 和 INCLUDE 两条语句的筛选器中 EXCLUDE 语句所指定的条件，那么此帧将被丢弃。

(4) 通过数据模式筛选。

通过在捕获筛选器中指定模式匹配，可以限制捕获那些只包含 ASCII 或十六进制数据的特定模式的帧。

(5) 使用显示筛选器。

像捕获筛选器一样，显示筛选器功能就像数据库查询，允许选出特定类型的信息。但是因为显示筛选器在已经捕获的数据上操作，所以它不影响网络监视器捕获缓存中的内容。使用显示筛选器确定显示的帧。

(6) 显示捕获的数据。

网络监视器通过解释在捕获过程中收集的原始数据以及在“帧查看器”窗口中显示数据来简化数据分析过程。

14.4.4 性能监视器

微软的操作系统均有系统性能监视的功能，系统监视器是时刻检测系统性能的工具。有了它，可以随时监测系统性能。系统监视器记录了在一天中用户进入系统的情况及用户的基本信息和其所进入节点的情况。

在 Windows Server 2008 系统中，选择“开始”→“管理工具”→“可靠性和性能监视器”命令，打开“可靠性和性能监视器”窗口，如图 14-41 所示。

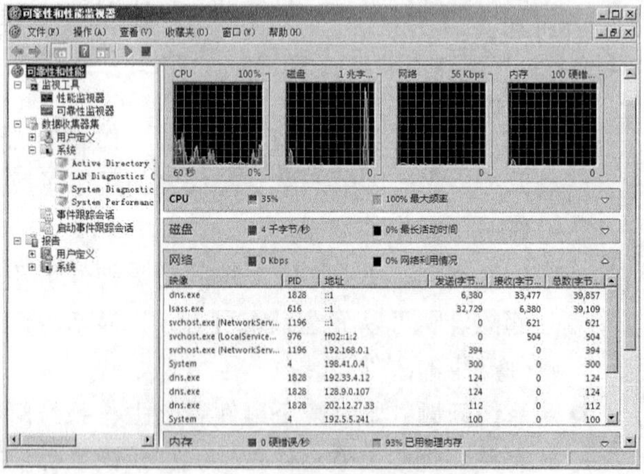

图 14-41 打开“可靠性和性能监视器”窗口

Windows 可靠性和性能监视器使用可合并进数据收集器集的性能计数器、事件跟踪数据和配置信息。

- 性能计数器：是系统状态或活动情况的度量单位。它们可以包含在操作系统中或作为个别应用程序的一部分。Windows 可靠性和性能监视器以指定的时间间隔请求性能计数器的当前值。
- 事件跟踪数据：是从跟踪提供程序收集到的，这些跟踪提供程序是操作系统或者用于报告操作或事件的个别应用程序的组件。多个跟踪提供程序的输出可合并进一个 trace session，例如资源视图用于显示实时 CPU、内存、磁盘和网络活动的“Windows 内核跟踪”。
- 配置信息：是从 Windows 注册表项值收集到的。Windows 可靠性和性能监视器可以在指定时间或间隔记录注册表项值作为日志文件的一部分。

1. 使用性能监视器

性能监视器是一种简单而功能强大的可视化工具，用于实时以及从日志文件中查看性能数据。使用它，可以检查图表、直方图或报告中的性能数据，如图 14-42 所示。

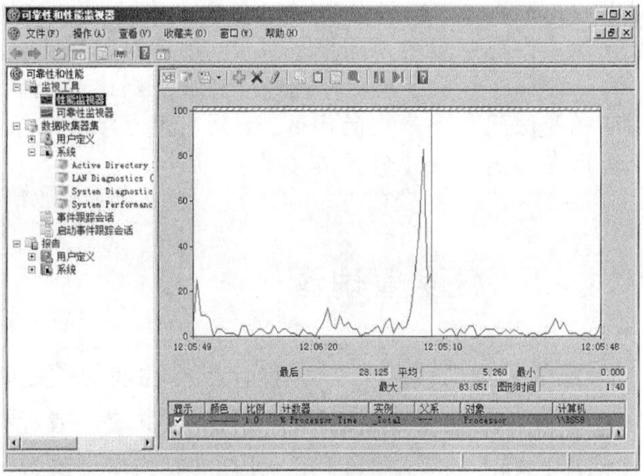

图 14-42 性能监视器

启动性能监视器有以下两种方法。

- 单击“开始”命令，在“开始搜索”框中单击，输入“perfmon”，然后按 Enter 键。
- 在导航树中，单击“监视工具”选项，然后选择“性能监视器”选项。

用户还可以使用性能监视器来查看远程计算机上的实时性能数据。目标计算机的 Performance Log Users 组中的成员身份或等效身份是完成此过程所需的最低要求。使用性能监视器连接到远程计算机的步骤如下。

启动性能监视器，在导航树中的“可靠性和性能”选项上单击鼠标右键，在弹出的快捷菜单中选择“连接到另一台计算机”命令，如图 14-43 所示。弹出“选择计算机”对话框，如图 14-44 所示，在文本框中输入要监视的计算机的名称，或单击“浏览”按钮从列表中选择相应的计算机，单击“确定”按钮即可。

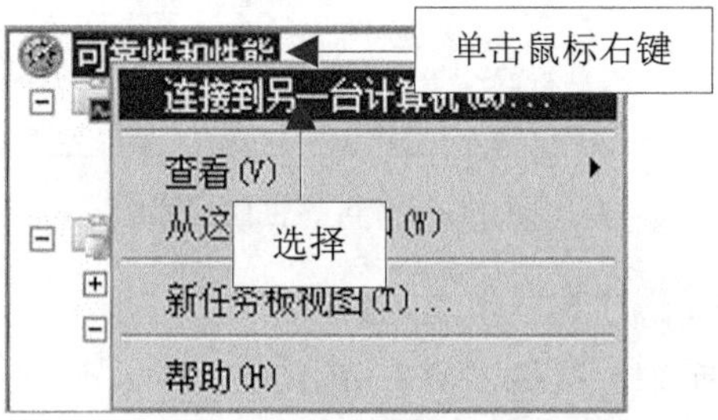

图 14-43 选择“连接到另一台计算机”命令

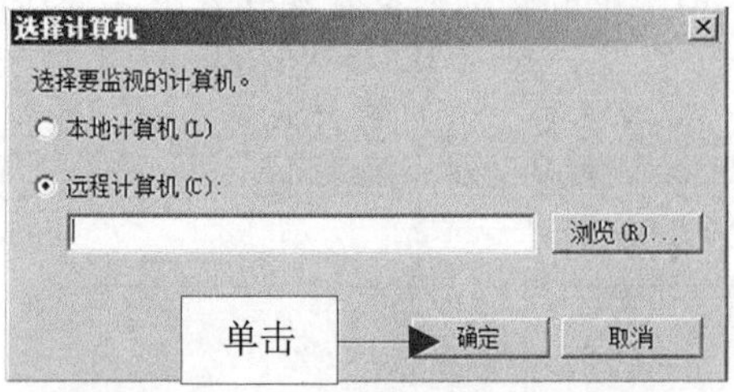

图 14-44 弹出“选择计算机”对话框

注意

若要查看远程计算机中的性能计数器，必须在远程计算机上启用“性能日志和警报”防火墙例外。此外，Performance Log Users 组的成员还必须为远程计算机上的事件日志读取器组的成员。

2. 使用可靠性监视器

Microsoft 管理控制台(MMC)的可靠性监视器管理单元提供系统稳定性概览和影响可靠性的事件的

详细信息。它会计算出在系统的生存时间内系统稳定性图表中所显示的稳定性指数。在导航树中，依次选择“可靠性和性能”→“监视工具”选项，然后选择“可靠性监视器”选项，即可打开可靠性监视器，如图 14-45 所示。

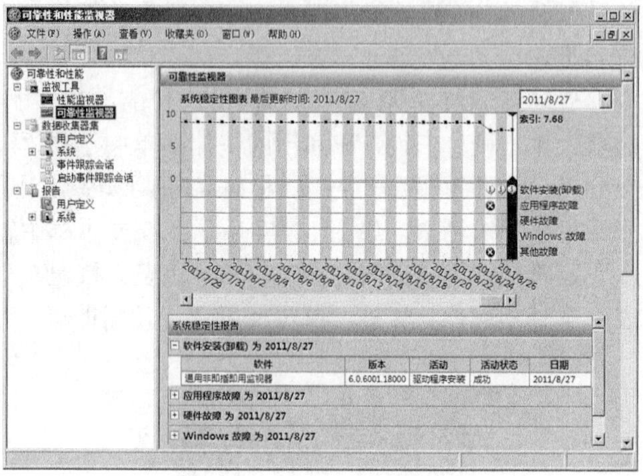

图 14-45　可靠性监视器

> **提　示**
>
> 可靠性监视器使用由 RACAgent 计划任务提供的数据。系统安装之后，可靠性监视器将全天显示稳定性指数分级和特定的事件信息。默认情况下，RACAgent 计划任务在操作系统安装后运行。如果已禁用，则必须从 Microsoft 管理控制台(MMC)的任务计划程序管理单元手动启动该任务。不过，至少要有本地 Administrators 组的成员身份或同等身份。

(1) 系统稳定性图表。

可靠性监视器最多可以保留一年的系统稳定性和可靠性事件的历史记录。系统稳定性图表显示了按日期组织的滚动图表，上半部分显示了稳定性指数的图表，下半部分有五行会跟踪可靠性事件，该事件将有助于系统的稳定性测量，或者提供有关软件安装和删除的相关信息。当检测到每种类型的一个或多个可靠性事件时，在该日期的列中会显示一个图标。

(2) 系统稳定性报告。

系统稳定性报告通过识别可靠性事件来确定造成稳定性降低的更改。在每个可靠性事件类别的标题栏中单击加号，可以查看事件。如果已单击系统稳定性图表中的日期列，则系统稳定性报告将显示该日期的事件。若要查看系统稳定性图表中的所有事件或选择可见范围以外的日期，单击窗口右上角处的日期下拉菜单，选择“选择日期”选项，如图 14-46 所示。

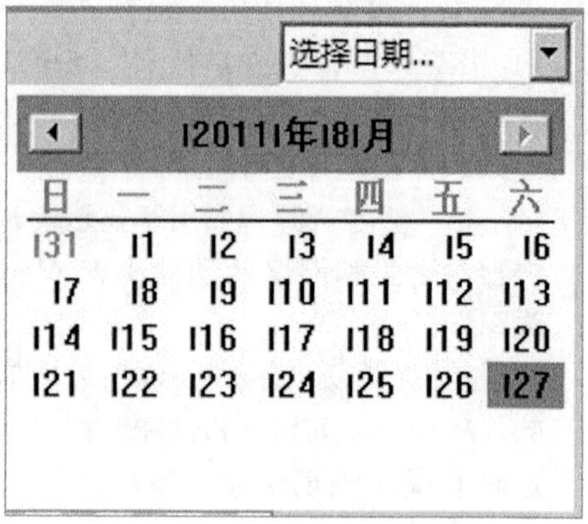

图 14-46　选择“选择日期”选项

> **注　意**
>
> 除了识别个别应用程序和硬件组件问题，可靠性监视器的图表还可以同时看到稳定性是否有显著变化。由于可以在一份报告中看到单个日期的所有活动，可以对解决问题的方式做出明智的决策。例如，如果在硬件部分出现内存故障的同一天，报告开始出现频繁的应用程序故障，则可以首先更换故障内存。如果应用程序的故障终止，则这些故障可能是访问内存产生的问题。如果应用程序故障依然存在，则下一步修复其安装程序。

14.4.5　任务管理器

使用任务管理器可以监视计算机性能的关键指示器。可以快速查看正在运行的程序的状态，或者终止已停止响应的程序，也可以使用多达 15 个参数评估正在运行的进程的活动。在“性能”选项卡中，可查看 CPU 和内存使用情况的图形和数据，如图 14-47 所示。另外，在“联网”选项卡中，可以看到“本地连接”的网络情况，如图 14-48 所示。

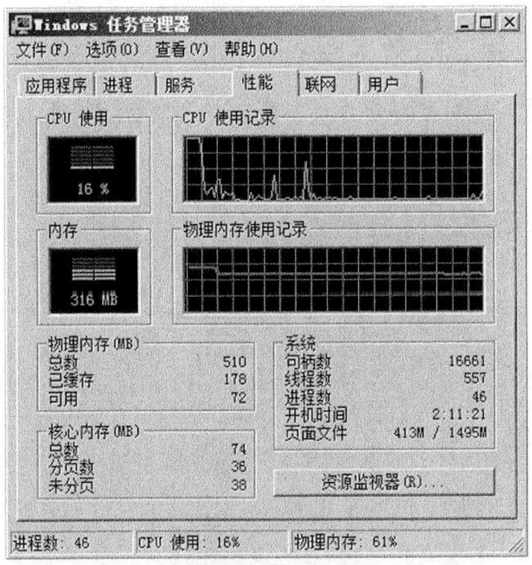

图 14-47　切换至“性能”选项卡

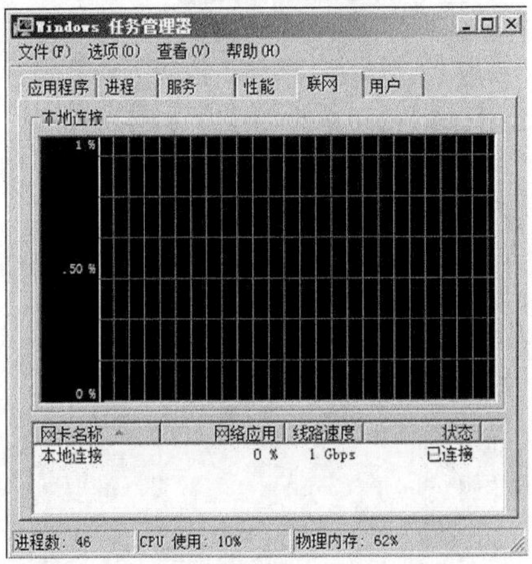

图 14-48　切换至“联网”选项卡

14.4.6　管理服务器磁盘

服务器中所有数据文件都是存放在磁盘中的，为了有效地利用磁盘空间，优化系统运行速度，往往需要对磁盘进行维护或管理。

1. 修复磁盘错误

磁盘即是硬盘中的各个驱动器，用户的数据都存放在各个驱动器中，因此磁盘的维护就显得特别重要，通过磁盘扫描程序，可以检测磁盘是否有错误，并且可以对磁盘错误进行修复。下面以检查和扫描 D 盘的错误为例，讲解扫描与修复磁盘错误的操作步骤。

Step 1　打开“计算机”窗口，选择需要扫描的磁盘，此处选择 D 盘，选择“文件”→“属性”菜单命令，如图 14-49 所示。

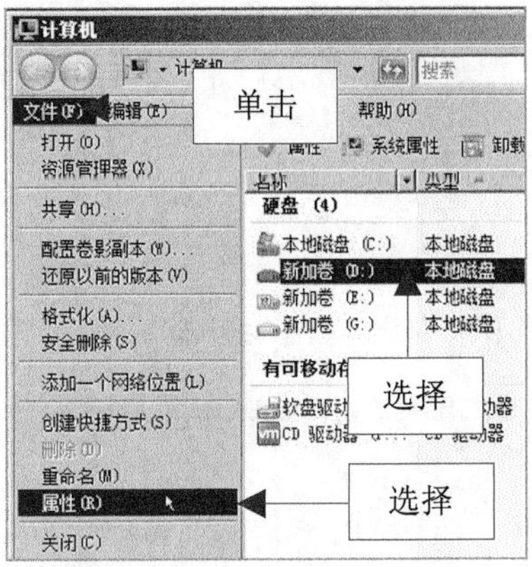

图 14-49　选择“属性”命令

Step 2　弹出“新加卷(D:)属性”对话框，切换至“工具”选项卡，单击“开始检查”按钮，如图 14-50 所示。

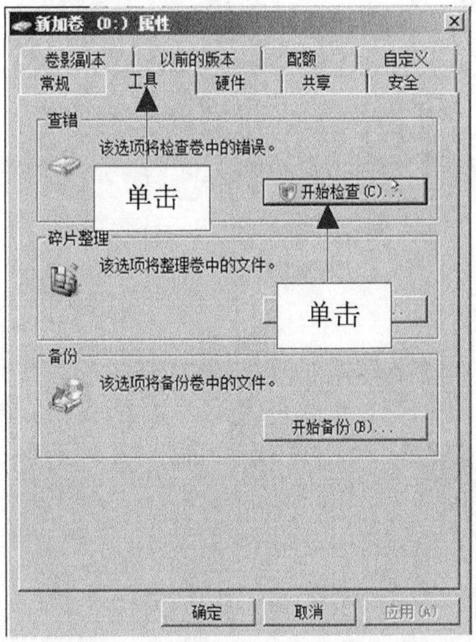

图 14-50　单击“开始检查”按钮

Step 3　弹出“检查磁盘 新加卷(D:)”对话框，根据需要选择磁盘检查选项，如图 14-51 所示，单击“开始”按钮即可进行扫描。

Step 4　检查结束后，弹出“正在检查磁盘 新加卷(D:)”对话框，显示检查的结果，如图 14-52 所示，单击“关闭”按钮即可。

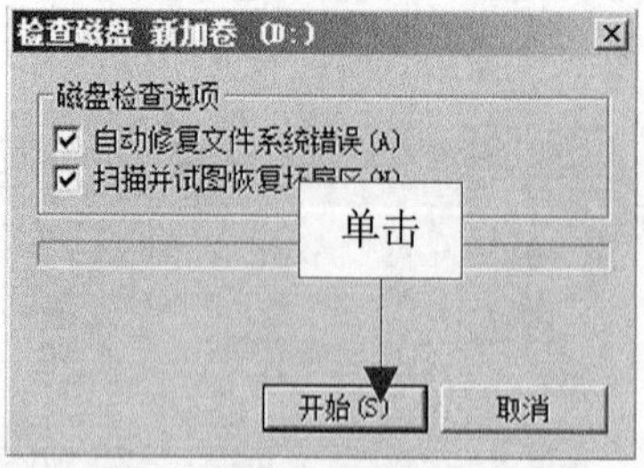

图 14-51　弹出“检查磁盘 新加卷(D:)”对话框

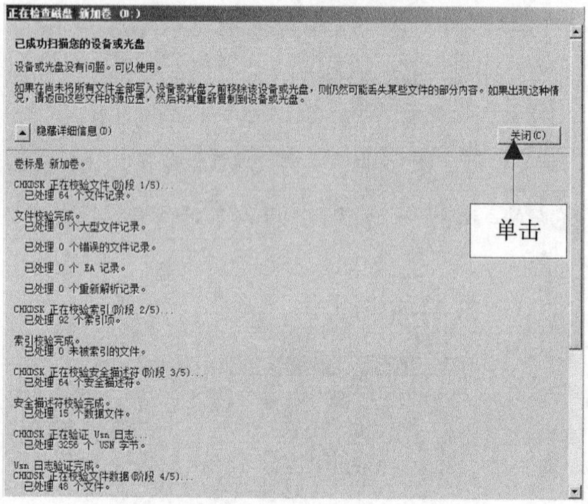

图 14-52　显示检查的结果

技巧

用户可以同时选中“自动修复文件系统错误”和“扫描并试图恢复坏扇区”复选框，以便磁盘扫描程序在进行扫描过程中自动修复文件系统和坏扇区。

2. 整理磁盘碎片

计算机使用一段时间后，由于文件的存储和删除操作，磁盘上文件和可用空间会变得比较零散，这些分散的文件块称为“碎片”。如果这种情况不加整理，磁盘的存取效率会下降。而磁盘碎片整理程序正可以对磁盘中的碎片进行整理。

下面以E盘为例，讲解整理磁盘碎片的操作步骤。

Step 1　打开“计算机”窗口，在磁盘E的图标上单击鼠标右键，在弹出的快捷菜单中选择“属性”命令，如图 14-53 所示。

Step 2　弹出“新加卷(E:)属性”对话框，切换至“工具”选项卡，单击“开始整理”按钮，如图 14-54 所示。

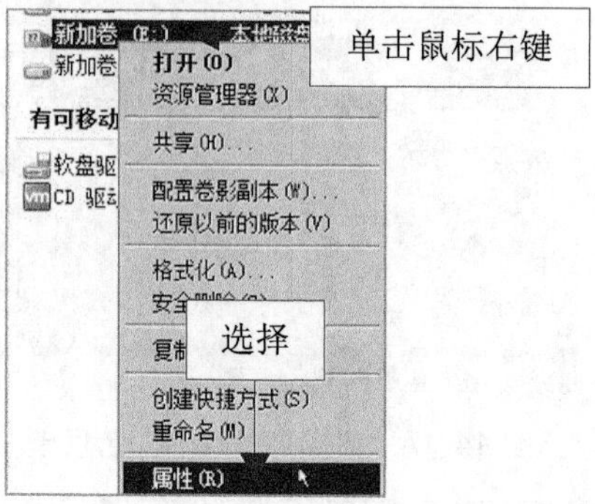

图 14-53　选择“属性”命令

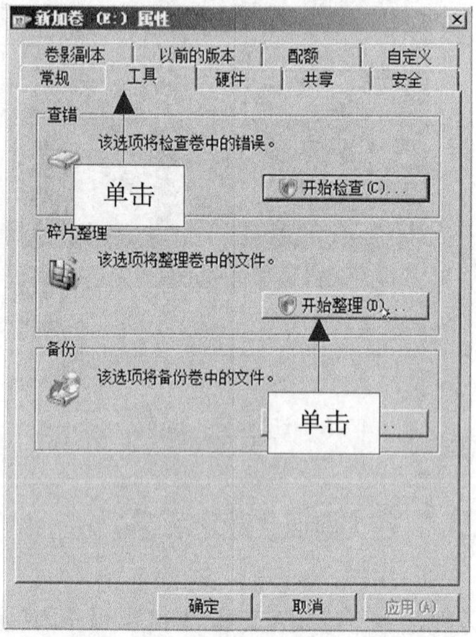

图 14-54　单击“开始整理”按钮

Step 3　弹出“磁盘碎片整理程序”对话框，并进行磁盘分析，分析结束后，提示文件系统性能正常，如图 14-55 所示。

Step 4　单击“立即进行碎片整理”按钮，弹出“立即进行碎片整理”对话框，选中需要整理的磁盘，此处选中“新加卷(E:)”复选框，单击“确定”按钮，如图 14-56 所示。

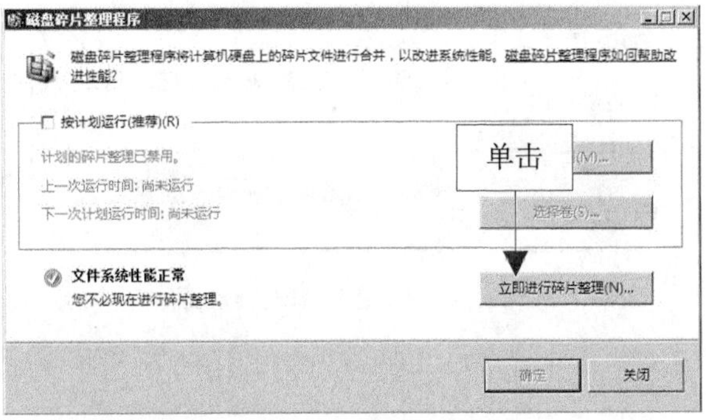

图 14-55　弹出“磁盘碎片整理程序”对话框

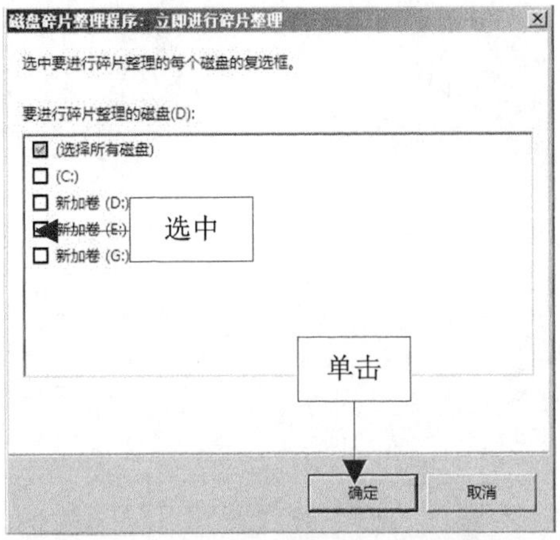

图 14-56　选中“新加卷(E:)”复选框

Step 5　返回“磁盘碎片整理程序”对话框，即可看到下面显示正在对磁盘进行整理的信息，如图 14-57 所示。

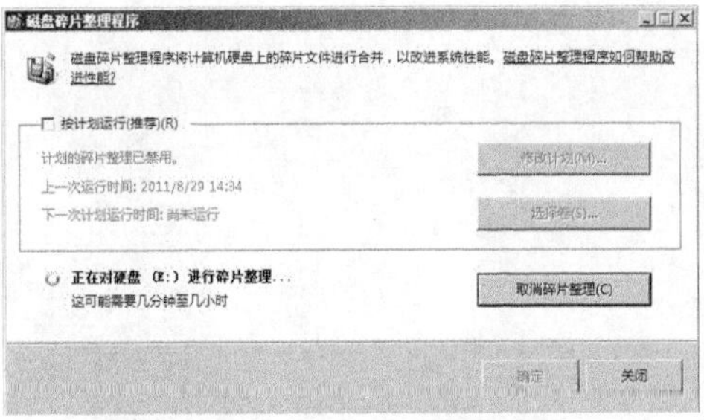

图 14-57　正在对磁盘进行整理

Step 6　整理完成后，单击“关闭”按钮即可。

3. 清理临时文件

当磁盘空间不足时，计算机运行速度就会受到影响，用户可以通过执行“磁盘清理”程序来释放无用文件所占用的磁盘空间。在 Windows 7 系统中，可以使用“磁盘清理”程序来清理临时文件、Internet 缓存文件、下载文件以及不需要的文件程序，下面以清理磁盘 C 为例，讲解清理磁盘的操作步骤。

Step 1　选择“开始”→“程序”→“附件”→“系统工具”→“磁盘清理”命令，弹出“磁盘清理：驱动器选择”对话框，选择需要清理的磁盘，然后单击“确定”按钮，如图 14-58 所示。

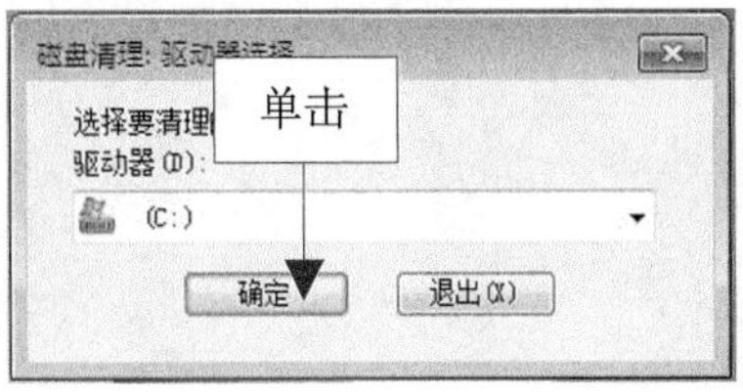

图 14-58　弹出“磁盘清理：驱动器选择”对话框

Step 2　弹出如图 14-59 所示的对话框，显示正在计算的进度。

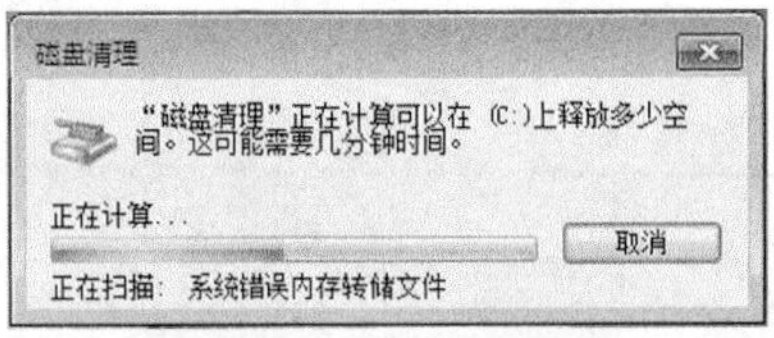

图 14-59　计算磁盘文件

Step 3　文件计算结束后，弹出“(C:)的磁盘清理”对话框，选择需要清理的文件类型，单击“确定”按钮，如图 14-60 所示。

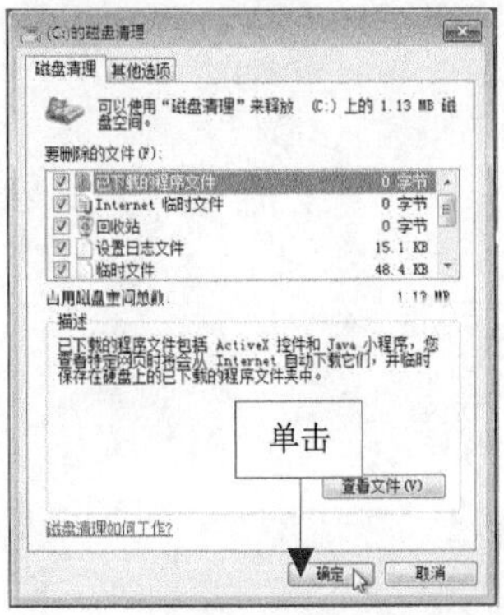

图 14-60　选择需要清理的文件类型

Step 4　弹出如图 14-61 所示的提示信息框，单击“删除文件”按钮，如图 14-61 所示。

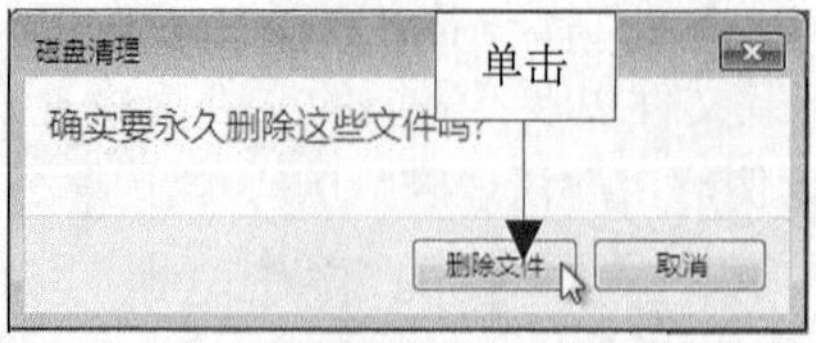

图 14-61　单击“删除文件”按钮

Step 5 弹出如图 14-62 所示的对话框，显示正在清理驱动器 C 盘，清理结束后，程序将自动退出。

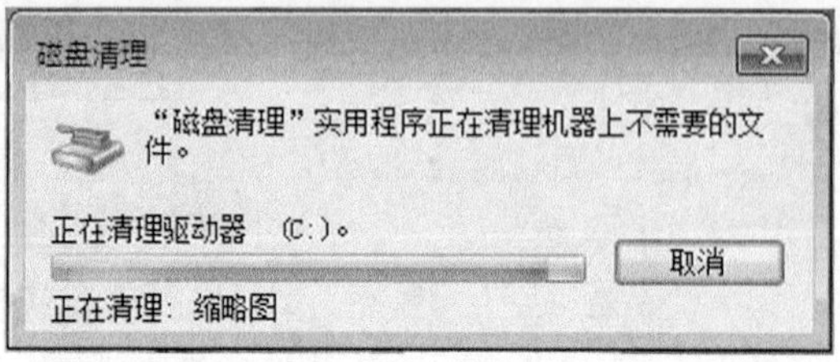

图 14-62　正在清理驱动器

第 15 章 局域网的维护与升级

在局域网组建完成投入使用后，网络的日常管理与维护就一直伴随着网络使用过程当中。网络管理和维护的目的在于监视网络的性能、保证网络安全、保证数据安全、排除网络故障、进行网络的扩展升级。利用一些工具软件对局域网进行维护，往往能达到事半功倍的效果。而 Windows 7/XP 等操作系统内置了大量的网络测试工具，在 Windows Server 2008/2003 中还内置了系统和网络的性能监视工具。熟练使用这些工具软件，往往能够帮助网络管理员快速排除网络故障和更好地维护网络。

本章学习要点

- 维护局域网设备
- 局域网的数据管理
- 维护局域网系统
- 局域网设备升级

15.1 维护局域网设备

在进行局域网维护的过程中，一定要注意网络中的容错性，就是系统在不知道硬件或软件制造商的情况下也能够继续运行的能力，因此一定要搞清楚故障和错误应用在局域网中的不同之处。广义地讲，故障是指在一段指定时间内系统某一指定的性能出现了偏差。换言之，当系统某一部分功能不能按照保证或计划的那样工作时，故障就发生了。容错性在实现的程度上是不同的，这是因为系统最优的容错性取决于系统服务和文件工作时所要求的严格程度的缘故。

故障解析

例如，即使一台服务器的网卡失败了，失败转移功能也会保证另外一台服务器能够自动切换以担负起前面那一台服务器的责任。在具有高容错性的网络中，用户甚至不会感觉到曾经发生过问题。但另一方面，在容错性一般的系统中，用户就能够忍受可能的短暂的服务中断。容错能力一般的系统的一个例子就是两个相互镜像数据的服务器中的一个服务器，但它们需要网络管理员的干预才能把用户从一台服务器切换到另一台服务器上。

为了使系统具有容错性，最好的办法就是为关键部件提供备份或冗余部件来补偿错误。可以为服务器、线缆、路由器、集线器、网关、网卡、硬盘、电源和其他部件提供冗余设备。硬盘冗余，又叫RAID(Redundant Array of Inexpensive Disk)，代表了一种在几个物理硬磁盘驱动器上动态复制数据的复杂方法，如图 15-1 所示。这些以及其他的容错技术在稍后会进行深入的讨论，它们根据其相对应的 OSI 模型的层可以从物理层排序到应用层。

为了评估网络的容错能力，就必须清楚单点失败的概念，也就是说，如果网络中某个点发生了故障，数据传输就会中断，并且不可能自动恢复。

图 15-1 硬盘冗余

故障解析

例如，如果家庭局域网包括 3 台个人计算机，并且每一台都连接到交换机和文件服务器上，那么，这个局域网就会出现如下几种单点失败的情况：在交换机和文件服务器之间的连接上；文件服务器的网卡、风扇、硬盘、内存和处理器，以及根据每台个人计算机的关键程度而决定它们所有可能的连接和部件。采用冗余措施就有可能防止单点失败的发生，如果网络不允许任何情况下的死机发生，就必须考虑为如下列出的设备配备冗余部件：电源、线缆、硬盘、网卡、数据连接，以及其他的那些如果遇到错误就可能导致系统挂起的部件。正如所想象的一样，实施冗余措施所花的代价非常昂贵。因此，不仅要明白网络中哪些地方可能会发生单点失败，还要明白它们在发生故障时是如何影响网络的。

注意

容错性在大型企业、银行、电力等各种领域中应用十分广泛，它能够保证网络以及各种设备不间断运行，最低限度地减小意外事故带给用户的损失。因此，在组建局域网时，一定要考虑网络的容错性，这样可以使维护网络变得更加容易。

15.1.1 维护局域网的使用环境

由于局域网中有服务器、路由器以及和 Internet 连接所采用的复杂的容错技术，因此一定要分析网络设备所处的物理环境，主要包括以下两个方面。

- 保护网络所处的环境不能过热或过潮，不能受到损坏，以及免受自然灾害。防止自然灾害最好的方法就是把数据备份存放在服务器摆放位置以外的地方。
- 保证在电信机柜和设备的房间里安装空调并保持一个恒定的温度环境。可以安装上温度和湿度监视器以确保在温度和湿度超过某一设定的极限值时报警。这些监视器是非常有用的，因为在一个堆满设备的房间里如果温度升高得过快，就很容易导致设备因过热而出现故障。

15.1.2 保证局域网的正常供电

在服务器/客户机模式的局域网中，经常要使用备用电源来使服务器在断电的情况下不会马上关闭，从而保护各种数据和程序。例如，网吧的收费服务器一般都配有 UPS(不间断电源)，且地下室一般都有发电机，这样即使断电，也能够保障网吧的正常运行，不至于出现额外的损失。下面描述的是出现供电问题的类型以及两种应付供电不稳的设备。

1. 供电问题的类型

不管是什么原因造成的，局域网不能忍受断电或电压过低等问题，下面描述了各种能够损坏网络设备的供电缺陷。

- 浪涌：由于闪电或供电问题导致的电压瞬间增长的现象，浪涌只会持续几千分之一秒，但发生几次浪涌现象就会使计算机供电性能下降，如果没有浪涌保护器，系统每年都会受到几次浪涌现象的干扰。如图 15-2 所示为常见的浪涌保护器。
- 线扰：由于网络中其他设备或电磁干扰导致的电压波动的现象，有些线扰现象是不可避免的，但严重的线扰现象就会导致电源发生故障，并立即损坏程序或数据文件而且最终会损坏主板和其他的计算机电路。

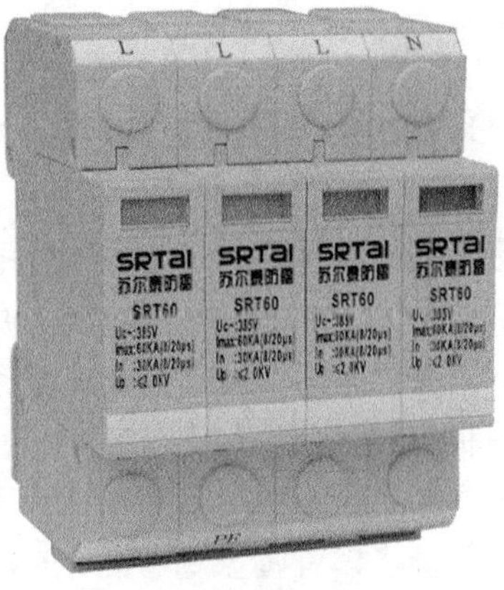

图 15-2　浪涌保护器

故障解析

如果打开荧光灯或激光打印机时光线变暗，就可能有噪声进入了电力系统，如果在雷电交加的天气情况下继续使用计算机，计算机就可能会受到线扰的干扰，所以任何一种要求比较严格的系统都应该具备这种保护。

- 电压不足：电压瞬间降低的现象，负担过重的电力系统有可能会导致电力不足，这种电压下降可能会给计算机设备带来严重的问题，大部分 UPS 都具备对付压降的能力。
- 彻底断电：完全不能提供电力的现象，彻底断电很容易损坏网络设备。如果正在进行网络操作系统升级，突然断电而对服务器又没有采取什么保护措施时，就有可能损坏网络操作系统，以至于服务器不能重新启动而必须重新安装操作系统。然而，如果文件服务器在发生断电时正处于空闲模式，那么它恢复起来就相当容易。所有的 UPS 都设计成能够补偿完全断电，但补偿的速度和彻底程度以及所花费的时间取决于不同的设备。为了处理长时间的断电问题或者为计算机机房进行供电，就必须装备比 UPS 功能更强的设备，如汽油或柴油发电机。

上面的每一个供电问题都会严重影响到网络设备及其性能，网络管理员通常要花费大量时间和精力才能确保供电正常。

2. UPS 电源

保证局域网设备不断电最常用的方法就是安装UPS(不间断电源)，它是一种利用电池供电的设备，它可以直接连接一台或多台设备和电源(例如墙上的电源输出口)，从而能够防止由于墙上电源输出口输出的交流电不理想而损坏设备或中断其服务。

UPS 的种类因其所能修正的供电偏差、供电时间长短以及所能支持的设备数量的不同而不同，当然也取决于它们的价格，有些家庭用的 UPS 设计成只能够使个人计算机有足够的关机时间以防止彻底断电而损坏系统或文件。另外，有些其他类型的 UPS 则能够执行复杂的操作，譬如监视线路条件和电源以及提示错误等功能。UPS 一般可分为后备式和在线式两大类。

- 后备式 UPS 在检测到墙上的输出口断电后立即切换到电池供电方式，从而可以为设备提供一个恒定的电压，一旦电源恢复，后备式 UPS 会切换到交流供电方式为设备供电，如图 15-3 所示为一个后备式 UPS。后备式 UPS 提供一个恒定的电压，因此这种类型的 UPS 有时被称为“离线”式 UPS。后备式 UPS 对于关键的网络设备，如服务器、路由器，以及网关而言已经是足够的了，并且这种 UPS 比在线式 UPS 要便宜很多。

注 意

使用后备式 UPS 存在这样一问题：在 UPS 发现墙上的电源输出口断电时，敏感设备(如服务器)可能已经检测到断电并且可能已经关机或重新启动了。

- 在线式 UPS 使用墙上的电源输出口提供的交流电给它的电池充电，并且通过这些电池来供电。由于服务器不需要从墙上电源输出口供电切换到 UPS 供电，这样就不会冒瞬间丢失服务的风险。另外，由于一直都是由 UPS 来供电，就不会在电流到达连接在 UPS 上面的设备之前介入噪声、浪涌和其他缺陷了。在线式 UPS 比后备式 UPS 的价钱贵很多，如图 15-4 所示为一台在线式 UPS。

图 15-3　后备式 UPS

图 15-4　在线式 UPS

3. 发电机

一般的大型企业、网吧、商场、酒店以及各种政府机构的网络都配备有发电机，发电机可以使用柴油、汽油、天然气或蒸汽推动。尽管发电机不具备浪涌保护功能，但它确实能提供干净(没有噪声)的电力供应。如图 15-5 所示为发电机。

图 15-5　发电机

注 意

选择 UPS 时，应该计算局域网最大的用电需求后再决定购买多大功率的发电机，还要估计供电距离这个因素。另外，也可以租用发电机而不用专门购置。为了找到所在地区可供租用或购买的发电机的更多的选择，可以与当地的电力设备商联系。

15.1.3 保障网络结构的合理性

在前面的章节中已经讲述了拓扑结构的各种知识，如星型、环型、总线型、网状以及层次型，其中每一种拓扑结构本身都具有固有的优缺点，并且要在设计数据连接之前应估计出局域网的需要。

其中网状结构的容错性最高，网状结构的网络中的各个节点之间通过几条路径直接或间接连接。如图 15-6 所示为一个全网状结构的网络，在这个网络结构中，数据从任何一个节点传递到另一个节点可以沿着多条路径传输。

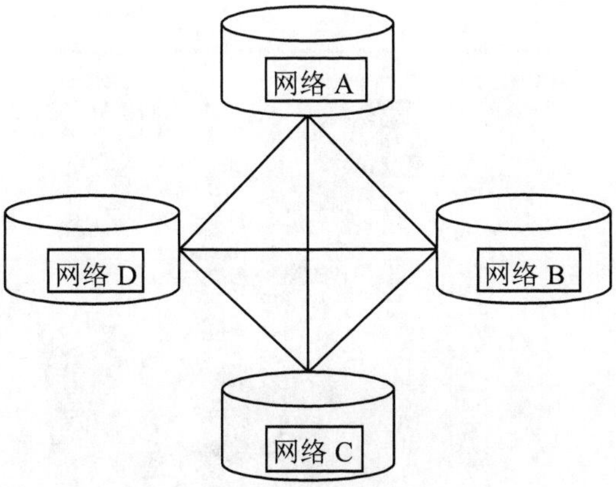

图 15-6 全网状结构的网络

故 障 解 析

例如，如果图 15-6 中点 A 与点 B 之间的直接连接的质量严重下降，数据就能够自动从点 A 路由到点 C，然后再路由到点 B。另外，也可以先从点 A 路由到点 D，然后再从点 D 路由到点 B，如此等等。因此一个能提供多条冗余连接的全网状网络要比一个具有单条冗余连接的网络具有更高的容错性。

如图 15-7 所示为一个只有单条冗余连接的网络。

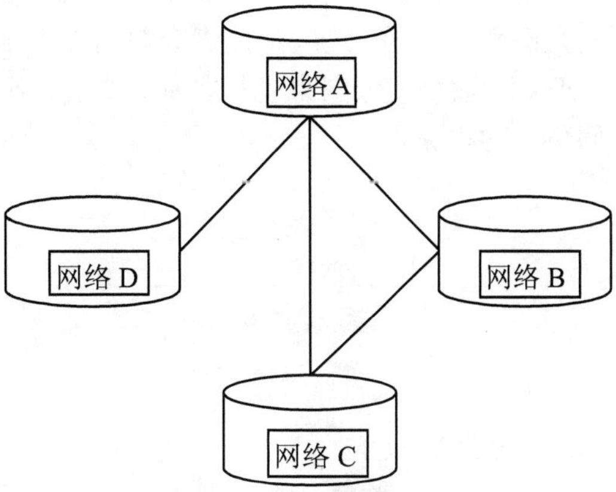

图 15-7 单条冗余连接的网络

故 障 解 析

在这个网络结构中，如果点 A 与点 B 间的连接的质量严重下降了，数据就可以自动沿第二条连接路由。但是，如果点 A 与点 B 间的连接和点 A 到点 C 间连接都断了，那么，网络就会出故障。

15.1.4 防止网络设备连接失败

上一节讲述了在局域网拓扑结构中采取的容错性措施的基础知识，为了更好地维护局域网的正常运行，不仅要使网络拓扑的容错能力得到提高，而且还要使网络连接的容错能力得到加强。

如图 15-8 所示的这种网络连接中存在单点失败的可能性，即 T1 连接很有可能会出错，另外，路由器、CSU/DSU 或防火墙中的任何一种都有可能会在下面这些方面发生故障：电源、网卡或电路板。

在诸如路由器或交换之类较关键的部件中，要想使其具备较高的容错能力，就要使用冗余的电源、冷却风扇、接口以及 I/O 模块，而且这些设备都应该能够热切换。热切换是指在某一部件出现故障时能保证计算机继续正常工作的备用的同样部件。在某种意义上，热切换部件就像人体的肾脏一样，如果其中一个出了故障，另一个就自动负责过滤血液中的废物。采用同样的方式，如果路由器的一个处理器出了故障，那么，另一个冗余的处理器就自动切换以负责数据处理任务。在购买交换机或路由器用于关键连接时，一定要看一看它们是否包含了热切换部件。正如前面所讲述的冗余设备一样，这些特性将会增加购买设备的成本，但对于大型局域网来说却非常有必要，因为它能挽回更多的损失。

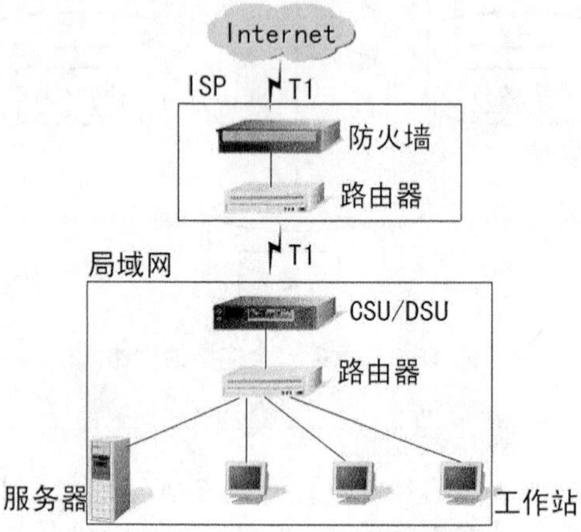

图 15-8　局域网与 ISP 连接

故障解析

另外，连接线路也可能出故障，例如，如果连接两个小型局域网的 T1 专线失败了，那么，无论路由器是否有冗余的网卡都无济于事，连接依然不能畅通。如果路由器的 T1 接口损坏了，T1 连接同样也会失败，所以使系统全面具有冗余能力是一个较好的选择，如图 15-9 所示就描述了这样的一个系统。

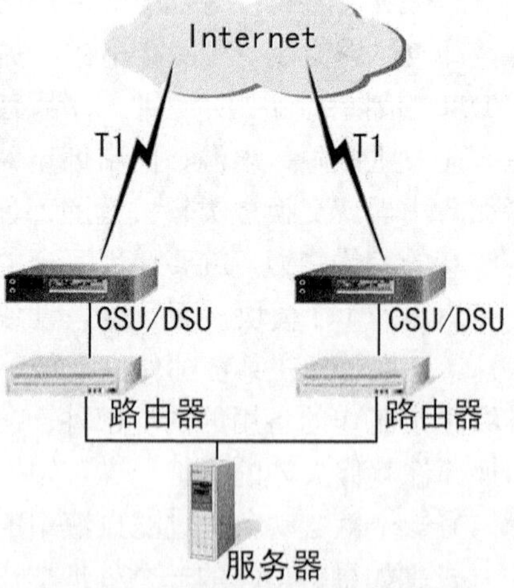

图 15-9　具有全面冗余能力的连接

15.1.5　在服务器使用冗余部件

在服务器上配备冗余部件，可以使其具备更高的容错能力，关键服务器(例如为整个 LAN 执行用户签权服务的服务器，或者运行重要的企业级应用，如产品分类的电子图库的服务器)通常都配备了下面的冗余部件：网卡、处理器和硬盘。这些冗余部件可以保证在其中一个部件失败时整个系统还能继续正常工作，同时，它们也能够实现负载平衡功能。

故障解析

例如，一台带有两个 1000Mbps 传输速率的网卡的服务器，如图 15-10 所示，在系统繁忙时就可以提供 46Mbps 的传输速率。如果再使用由网卡制造商或第三方提供的附加软件，冗余的网卡就可以分担数据传输任务，一块网卡就可以传输将近一半的数据量，另一块就可以传输另一半数据量。这种办法就提高了用户访问服务器的响应速度。如果一块网卡失败了，备用的网卡就会自动担负起发往服务器以及从服务器传回数据的所有责任。

图 15-10　双网卡服务器

1. 磁盘冗余阵列

另外一种重要的服务器冗余技术就是磁盘冗余阵列，如图 15-11 所示。一组硬盘就叫做磁盘阵列(或驱动器)，在 RAID 配置下的共同工作的磁盘集合是指“RAID 驱动器”。对于系统而言，RAID 驱动器里的多个磁盘就好像单个的逻辑驱动器一样。使用 RAID 的好处就是即使某个磁盘出现故障也不会导致损失惨重的数据丢失。

图 15-11　磁盘冗余阵列

2. 服务器镜像

服务器镜像是一项容错技术，一台服务器对另一台的事务和数据存储制作副本，这些服务器必须是使用相同组件的相同机器，如图 15-12 所示，镜像要求服务器之间有一个连接。它也需要软件在两台服务器上运行以使它们在行动上保持同步，以及在发生故障的时候，允许一台服务器接管另外一台。因为备用一台服务器只是为了防止另一台服务器失效，仅像磁带录音机一样用来复制所有数据。然而，考虑到一台服务器在任意时刻失效的潜在代价，相关的花销可能是值得的。

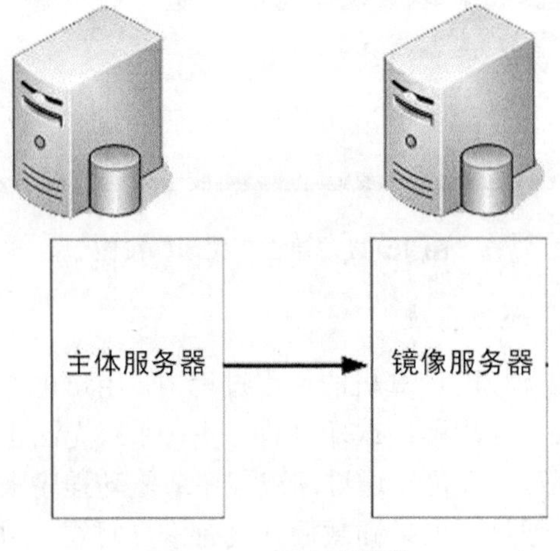

图 15-12　服务器镜像

3. 服务器聚族

服务器聚族是一种将多台服务器连在一起作为单台服务器使用的容错技术。在这种配置下，聚族的服务器共同承担处理任务，对用户而言就像是一台单一的服务器。如果聚族中的一台服务器失效了，聚族中的其他服务器将自动接管它的数据处理和存储责任，由于多台服务器能够独立于其他服务器提供服务以及确保容错，所以聚族技术比镜像技术具有更高的性价比。

尽管存在着地理上的限制，聚族技术仍然拥有许多超过镜像技术的优势。聚族中的每一台服务器都可以执行它自己的数据处理；同时，它总是随时准备在必要的时候接管一台失效服务器。这种执行多项功能的能力不仅降低了拥有一组服务器的开销，而且确实提高了性能。

提示

与镜像技术一样，聚族技术要通过硬件与软件的组合来执行工作。微软的 WolfPack 就是聚族软件包的一个范例。事实上，自从 20 世纪 90 年代初期开始，聚族技术就已经是 Unix 操作系统的一部分了。

15.2　局域网的数据管理

通过及时对局域网的数据进行备份和还原，可以有效地保证局域网的安全性与稳定性。另外，在系统出现故障时，采取各种措施及时恢复局域网的正常运行，也是一个网络管理员的必备技能。

注意

无论是服务器，还是工作站，都存储着大量重要的数据，一旦丢失，将造成很大的损失。操作系统往往因为病毒感染、黑客攻击或硬件故障等原因，运行变得缓慢，甚至会导致系统崩溃而无法使用。在这种情况下，操作系统的备份与还原就逐渐成为必不可少的安全保护措施。只需要在计算机系统正常情况下先对计算机的系统进行备份，当系统无法正常使用时对计算机系统进行还原即可。

15.2.1　备份与还原工作站系统

在 Windows 系统中，有自带的系统备份和还原工具，在发生问题时，可以将用户的计算机轻松地恢复至先前的正常状态，而不会丢失个人的数据文件。下面介绍在 Windows 7 下使用备份软件备份和还原系统的方法。

1. 创建还原点

在 Windows 7 操作系统中，为了方便用户使用系统还原功能，使用“系统保护”功能定期创建和保存计算机上的还原点，这些还原点包含有关注册表设置，依据 Windows 使用的其他程序信息等。除此之外，用户还可以手动创建还原点。下面介绍创建还原点的操作方法。

Step 1 打开“控制面板”窗口，单击“系统”图标，打开“系统”窗口，然后在左侧的窗格中单击“系统保护”超链接，如图 15-13 所示。

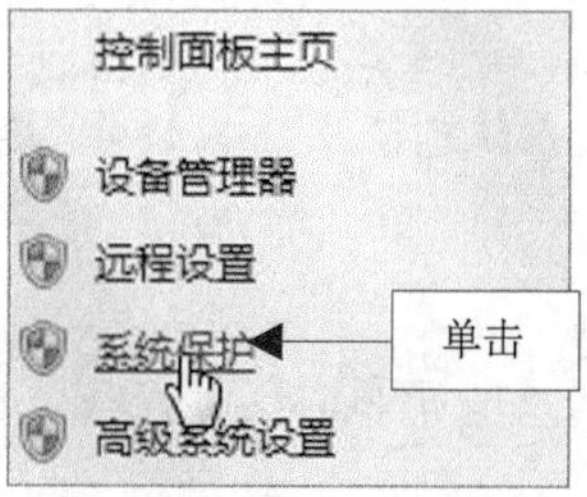

图 15-13　单击“系统保护”超链接

Step 2 弹出“系统属性”对话框，在“系统保护”选项卡的“保护设置”列表框中选择安装操作系统的分区，单击“创建”按钮，如图 15-14 所示。

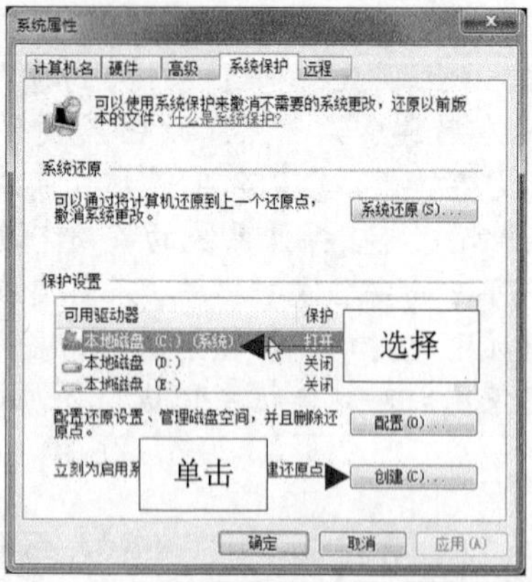

图 15-14　选择安装操作系统的分区

Step 3 弹出“系统保护”对话框，在其中输入对还原点的描述，单击“创建”按钮，如图 15-15 所示。

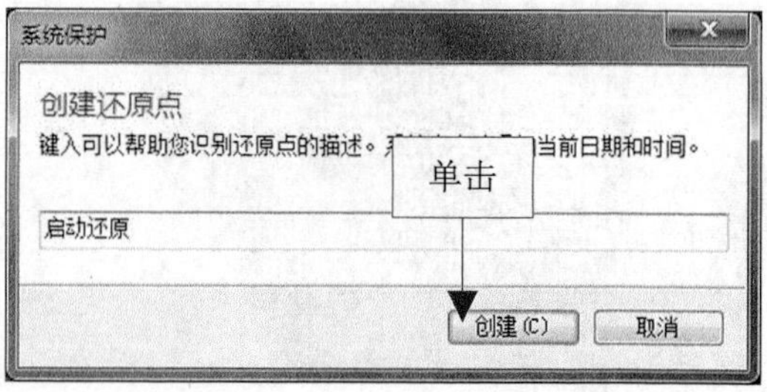

图 15-15　“系统保护”对话框

Step 4 系统开始创建还原点，如图 15-16 所示。

图 15-16　正在创建还原点

Step 5 稍等片刻，弹出如图 15-17 所示的提示信息框时，单击“关闭”按钮即可完成还原点的创建。

图 15-17　单击“关闭”按钮

2. 还原系统

在局域网计算机的使用过程中，用户也许会遇到安装某个应用程序或驱动程序后，系统无法正常工作的情况，一般可以通过卸载程序或驱动程序来解决此问题。但是，如果卸载后并没有修复问题，用户可以尝试将计算机系统还原到安装程序之前的任意正常运行日期。下面介绍还原系统的操作方法。

Step 1 单击“开始”按钮，在弹出的菜单列表中，选择“附件”→“系统工具”→“系统还原”命令，如图 15-18 所示。

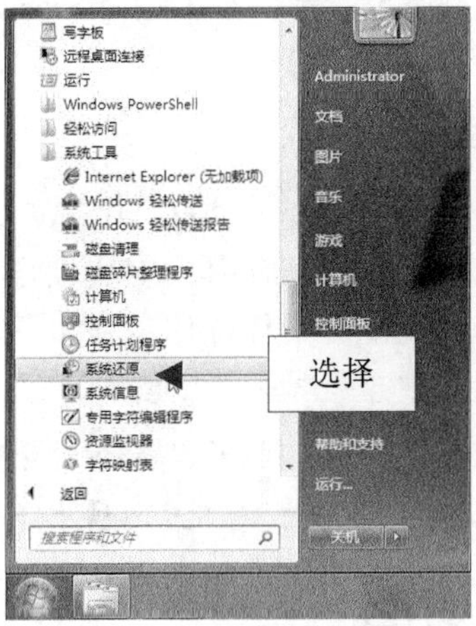

图 15-18 选择相应的命令

Step 2 弹出“系统还原”对话框，单击“下一步”按钮，如图 15-19 所示。

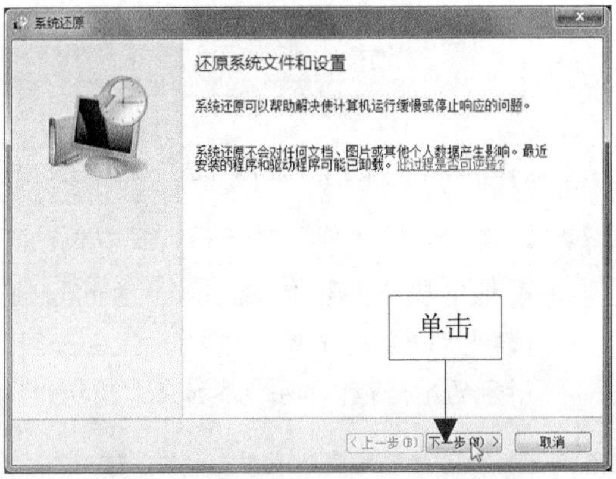

图 15-19 单击“下一步”按钮

Step 3 进入“将计算机还原到所选事件之前的状态”界面，在列表框中选择所需还原点，单击“下一步”按钮，如图 15-20 所示。

Step 4 进入“确认还原点”界面，查看还原设置，单击“完成”按钮，如果对还原点不满意，可以单击“上一步”按钮，重新选择还原点，如图 15-21 所示。

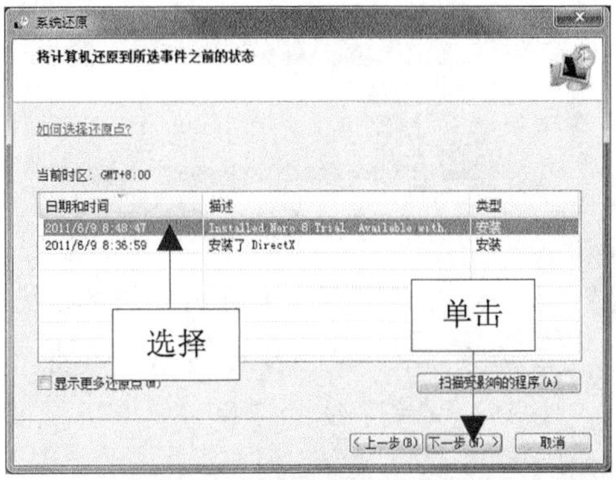

图 15-20 选择需要的还原点

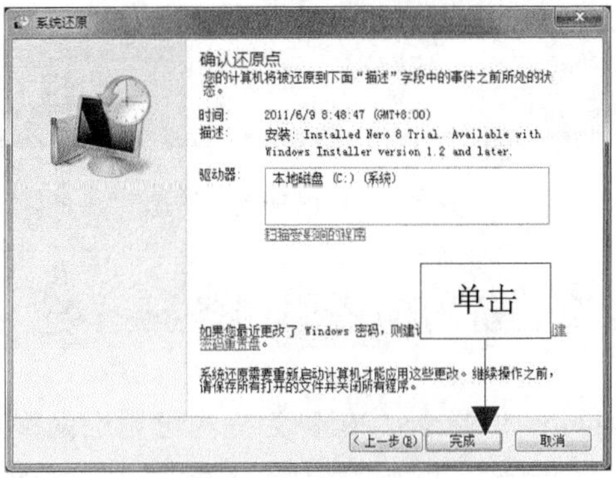

图 15-21 查看还原设置

Step 5 弹出提示信息框，提示用户是否继续还原系统，单击“是”按钮，如图 15-22 所示。

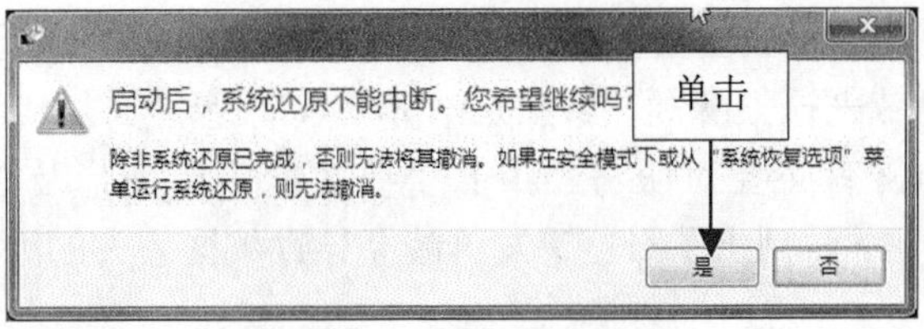

图 15-22 提示信息框

Step 6 弹出“正在准备还原系统”对话框，如图 15-23 所示，稍后将执行系统还原操作，在系统还原过程中，将自动重启计算机。

技巧

在步骤 3 中选中“显示更多还原点”复选框，则会在列表框中列出更多还原点供用户选择。

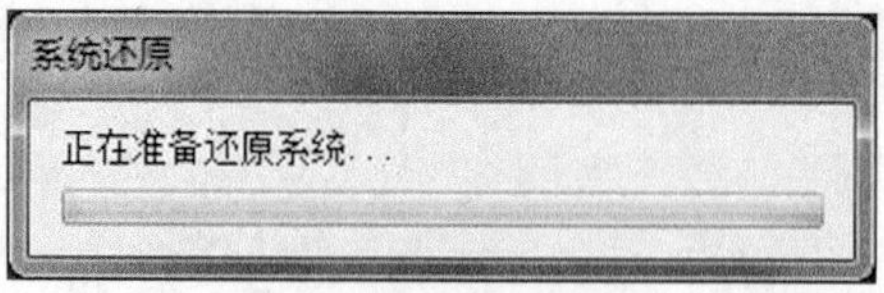

图 15-23　“正在准备还原系统”对话框

Step 7 系统还原完成后，出现完成信息，提示成功还原系统，如图 15-24 所示，单击“关闭”按钮，完成系统的还原。

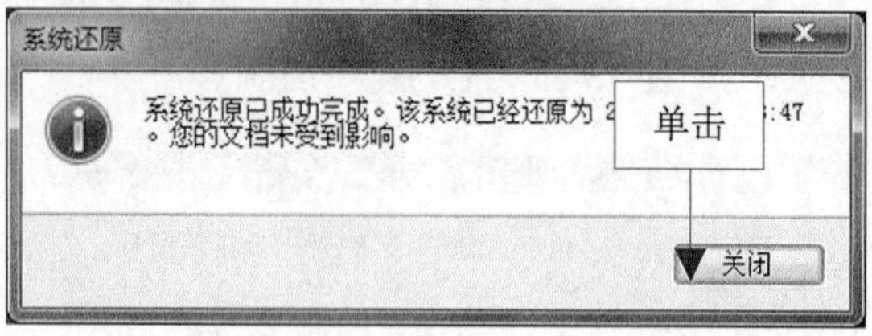

图 15-24　出现完成信息

15.2.2　备份与还原服务器系统

Windows Server 2008 为提高可用性而提供了必要的备份与恢复功能，保护了在网络中的服务器上保存的企业数据与操作系统，同时减轻了管理员为关键数据正确备份的负担，并加快了数据备份流程。通常在服务器上保存着非常重要的数据，这些数据面临着由于网络病毒发作或硬盘发生崩溃而引起的丢失危险，而这些重要数据的丢失，可能会给企业或个人用户带来很大麻烦，甚至是十分严重的经济损失，因此非常有必要对服务器中的重要数据信息进行及时备份。下面列出了一些突发事故会导致数据丢失的因素。

- 硬件故障。
- 病毒。
- 误操作。
- 自然灾害。

备份是指将系统中数据的副本按一定策略储存到安全的地方，备份的目的是在系统故障或误操作后，能利用备份信息还原数据，尽可能减小损失。在 Windows Server 2008 服务器中可利用 Windows Server Backup 进行数据的备份和恢复，Windows Server 2008 备份需要注意如下 4 点事项。

- 无法使用 Windows Server Backup 恢复用 Ntbackup.exe 创建的备份。
- 需要一个单独的专用磁盘运行计划备份。
- 只能备份本地磁盘上 NTFS 格式的卷。
- 不能备份到磁带。

1. 开启备份功能

在 Windows Server 2008 中 Windows Server Backup 默认状态没有启用，首先要添加 Windows Server Backup 功能。具体操作步骤如下。

Step 1 选择“开始”→“管理工具”→“服务器管理器”命令，打开“服务器管理器”窗口，在窗口左侧的“功能”选项上单击鼠标右键，在弹出的快捷菜单中选择“添加功能”命令，如图 15-25 所示。

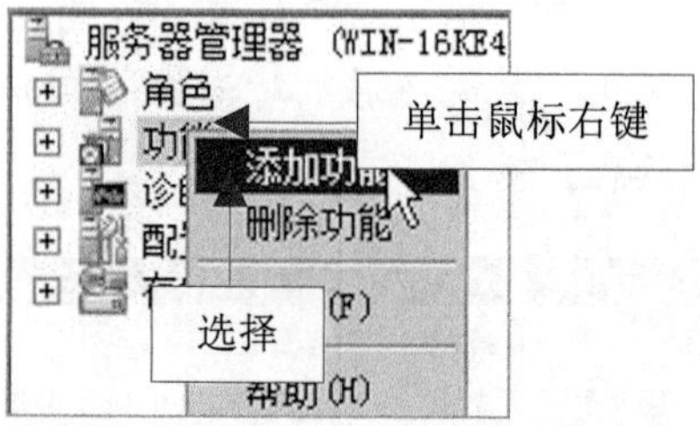

图 15-25　选择“添加功能”命令

Step 2 弹出“选择功能”对话框，在右侧的下拉列表框中展开 Windows Server Backup 选项，选择“命令行工具”选项，弹出如图 15-26 所示的对话框，单击“添加必需的功能”按钮。

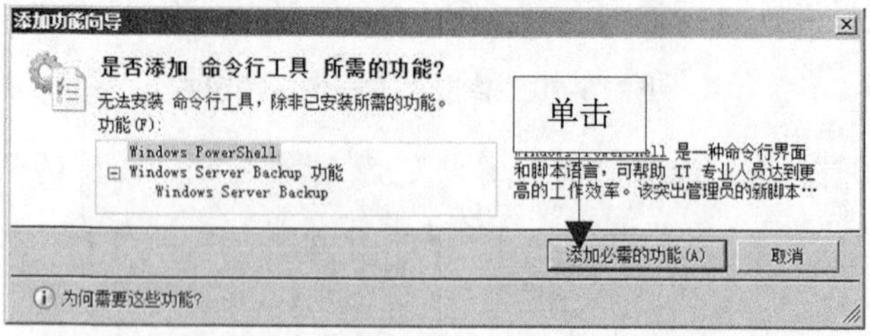

图 15-26　弹出“添加功能向导”对话框

Step 3 即可选中 Windows Server Backup 复选框，单击“下一步”按钮，如图 15-27 所示。

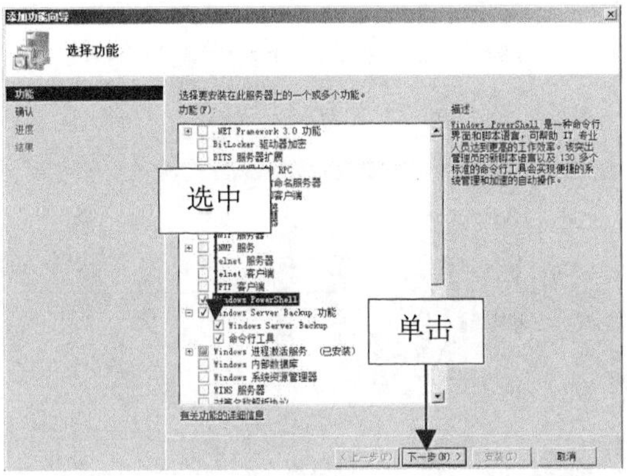

图 15-27 选中 Windows Server Backup 复选框

Step 4 进入“确认安装选择”界面，显示所要安装的信息，单击“安装”按钮，如图 15-28 所示。

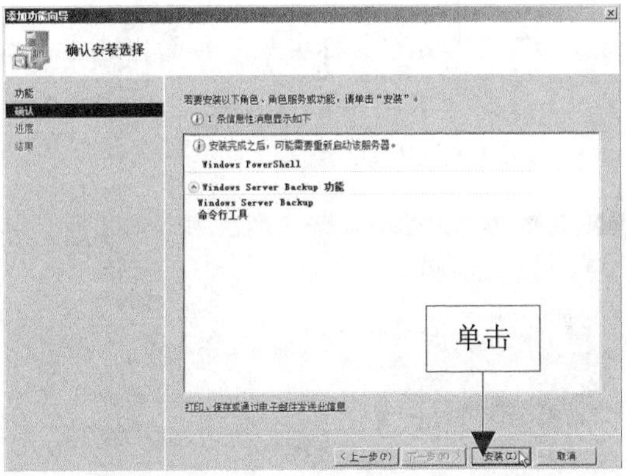

图 15-28 进入“确认安装选择”界面

Step 5 进入“安装进度”界面，显示安装进度，如图 15-29 所示。

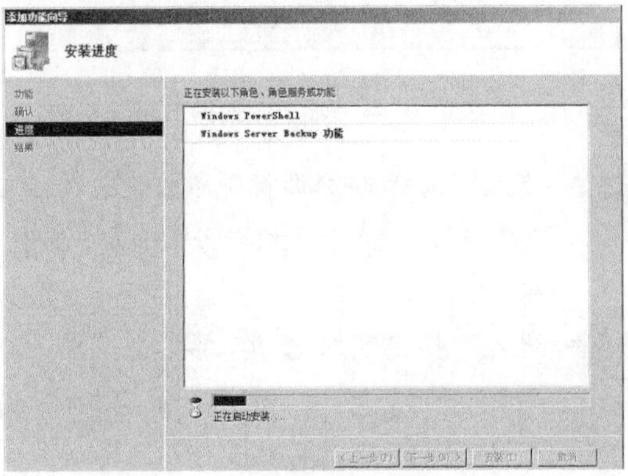

图 15-29 显示安装进度

Step 6 安装完毕后，进入“安装结果”界面，单击“关闭”按钮，如图 15-30 所示。

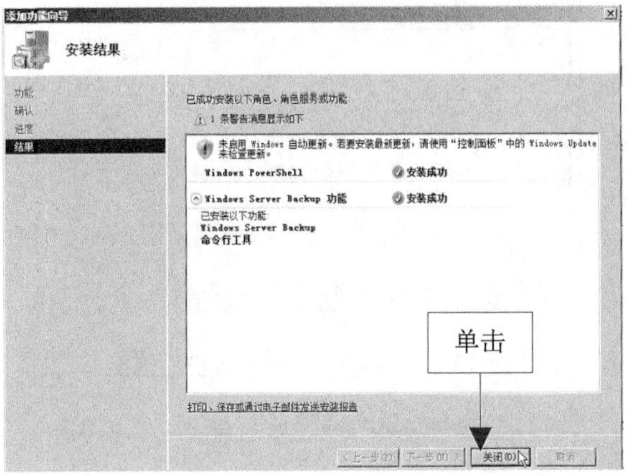

图 15-30 单击“关闭”按钮

2. 手动备份

Windows Server 2008 提供两种选择来执行备份工作。

- 自动备份：就是计划备份，以便在每日的事件到达时，自动执行备份工作，备份目标可以选择本地磁盘、USB 或 IEEE 1394 外挂磁盘。注意备份目的磁盘会被格式化，其中的数据都将被删除。
- 手动备份：就是一次性备份，备份目标可以选择本地磁盘、USB 或 IEEE 1394 外挂磁盘、共享文件夹、DVD 光盘内。通过 Windows Server Backup 进行备份时，无法仅备份单个文件或文件夹。

对服务器进行一次性备份的具体操作步骤如下。

Step 1 选择“开始”→“管理工具”→Windows Server Backup 命令，打开 Windows Server Backup 窗口，在右侧的“操作”区域中单击“一次性备份”链接，如图 15-31 所示。

Step 2 进入“备份选项”界面，根据系统提示单击“下一步”按钮，如图 15-32 所示。

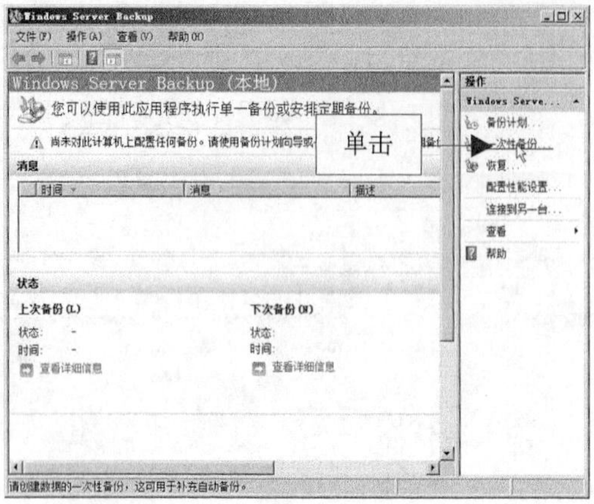

图 15-31　单击“一次性备份”链接

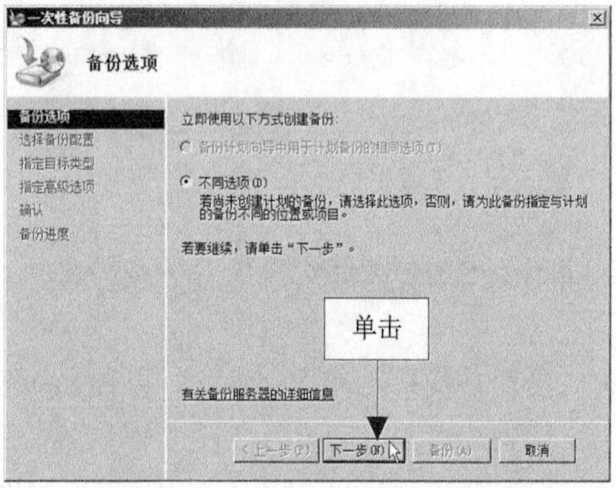

图 15-32　单击“下一步”按钮

Step 3　进入“选择备份配置”界面，选中“自定义”单选按钮，单击“下一步”按钮，如图 15-33 所示。

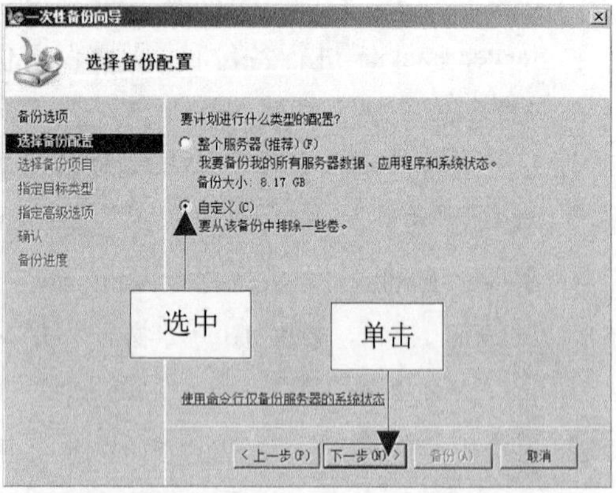

图 15-33　选中“自定义”单选按钮

Step 4　进入“选择备份项目”界面，选择需要备份的驱动器，单击“下一步”按钮，如图 15-34 所示。

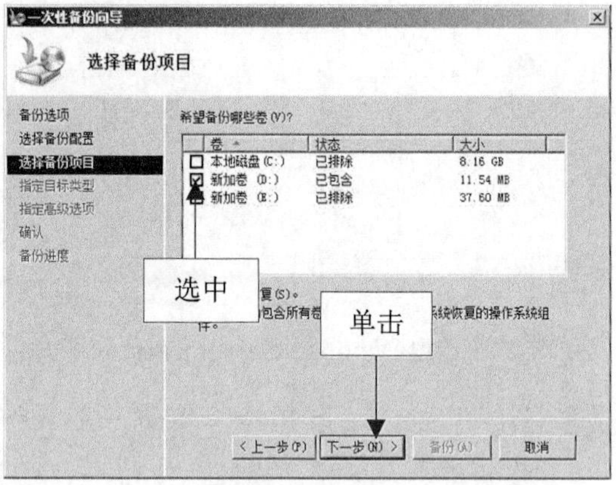

图 15-34　选择需要备份的驱动器

Step 5　进入“指定目标类型”界面，选中“本地驱动器”单选按钮，单击“下一步”按钮，如图 15-35 所示。

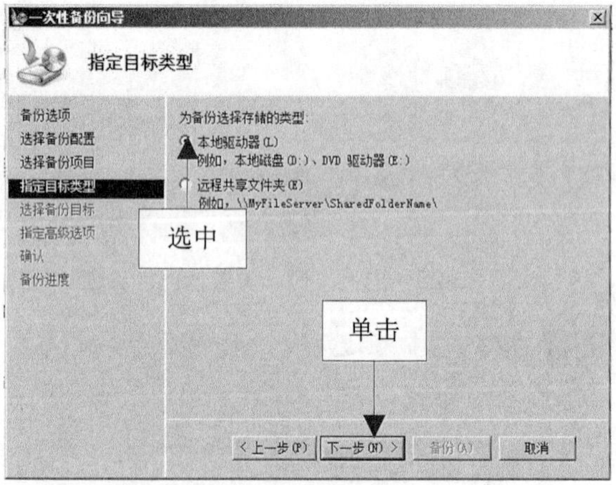

图 15-35　选中“本地驱动器”单选按钮

Step 6　进入“选择备份目标”界面，选择相应的备份目标盘，单击“下一步”按钮，如图 15-36 所示。

Step 7　进入“指定高级选项”界面，选中“VSS 副本备份”复选框，单击“下一步”按钮，如图 15-37 所示。

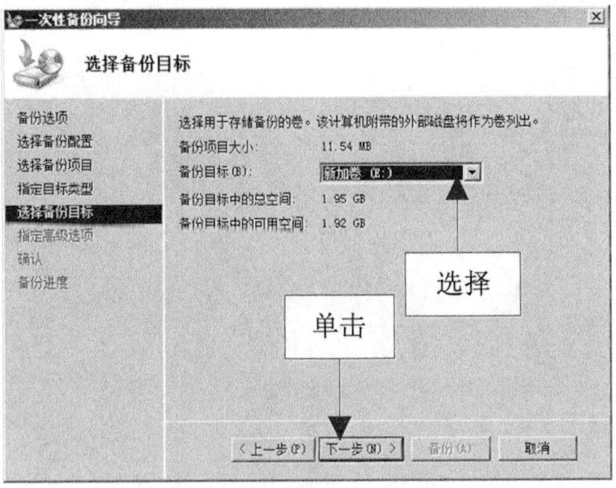

图 15-36　选择相应的备份目标盘

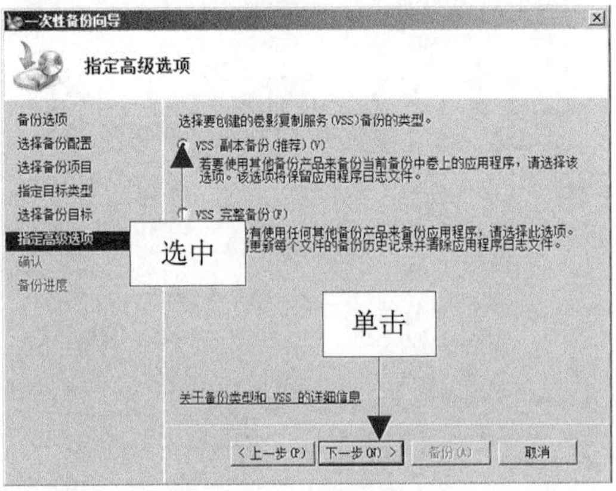

图 15-37　选中“VSS 副本备份”复选框

Step 8　进入“确认”界面，显示安装信息，单击“备份”按钮，如图 15-38 所示。

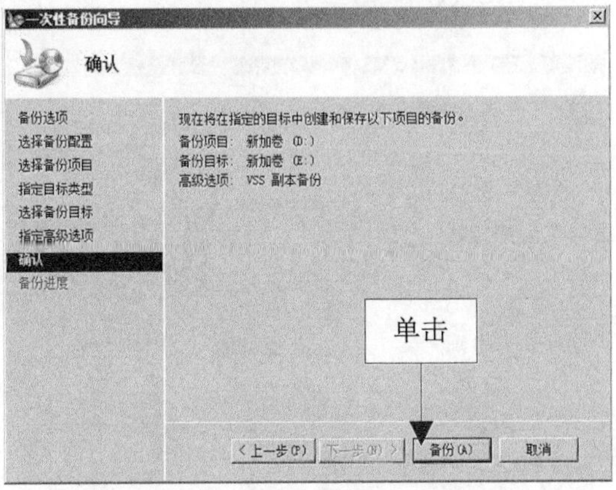

图 15-38　进入“确认”界面

Step 9　进入“备份进度”界面，如图 15-39 所示。

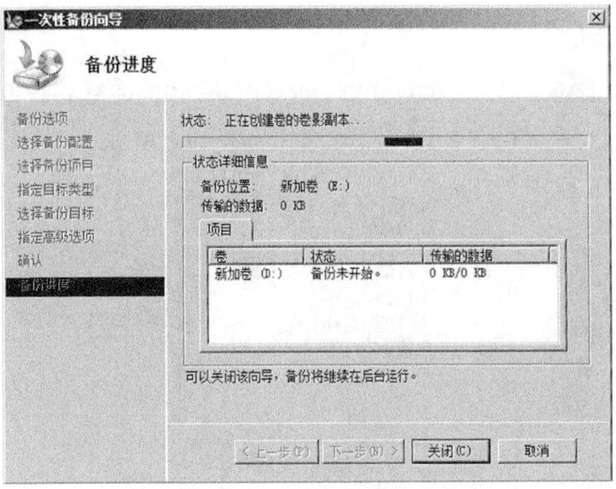

图 15-39　“备份进度”界面

Step 10　经过一段时间后，备份即可完成，如图 15-40 所示，单击“关闭”按钮即可。

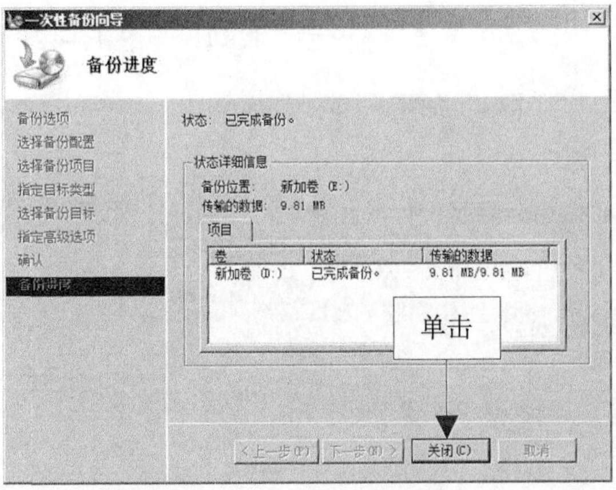

图 15-40　完成备份

3. 自动备份

前面介绍了在 Windows Server 2008 下备份与还原的原理，并了解了一次性备份的过程，下面继续介绍自动备份以及还原的方法。

由于备份工作是周期性的，为了减少备份对服务器工作环境的影响，备份一般都在晚上或非工作日的时间进行，这样会增加管理员的工作量。Windows Server 2008 的备份计划可以实现备份工作的自动执行，可以通过 Windows Server Backup 工具设置自动执行备份计划。

例如，如果服务器上存储着公司非常重要的数据文件，需要在每天 2:00 对服务器进行备份，具体操作步骤如下。

Step 1 打开 Windows Server Backup 窗口，单击“备份计划”链接，如图 15-41 所示。

图 15-41　单击“备份计划”链接

Step 2 进入“入门”界面，显示备份计划的相关信息，单击“下一步”按钮，如图 15-42 所示。

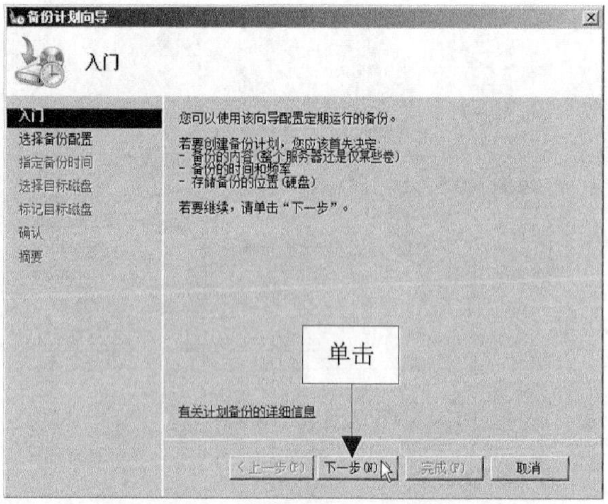

图 15-42　进入“入门”界面

Step 3 进入“选择备份配置”界面，选中“自定义”单选按钮(如果读者要对整个服务器进行备份，在此处应选中“整个服务器”单选按钮)，单击“下一步”按钮，如图 15-43 所示。

Step 4 进入“选择备份项目”界面，选择相应的驱动器，单击“下一步”按钮，如图 15-44 所示。

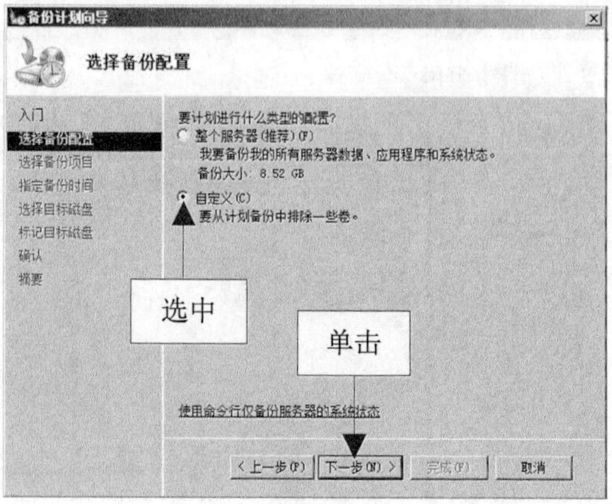

图 15-43　选中“自定义”单选按钮

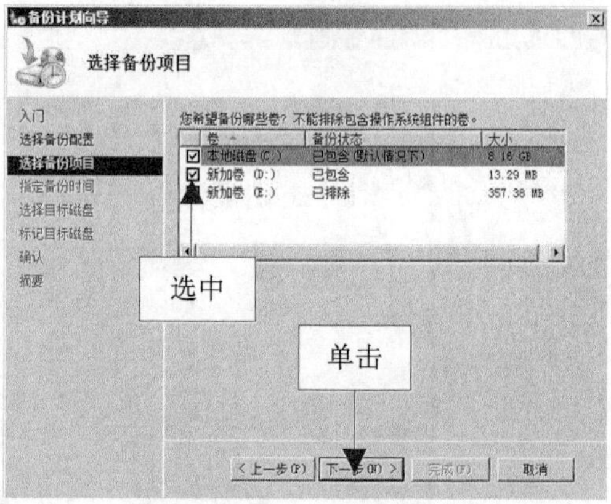

图 15-44　选择相应的驱动器

Step 5 进入“指定备份时间”界面，选中“每日一次”单选按钮，并在“选择时间”下拉列表框中选择 2:00 选项，单击“下一步”按钮，如图 15-45 所示。

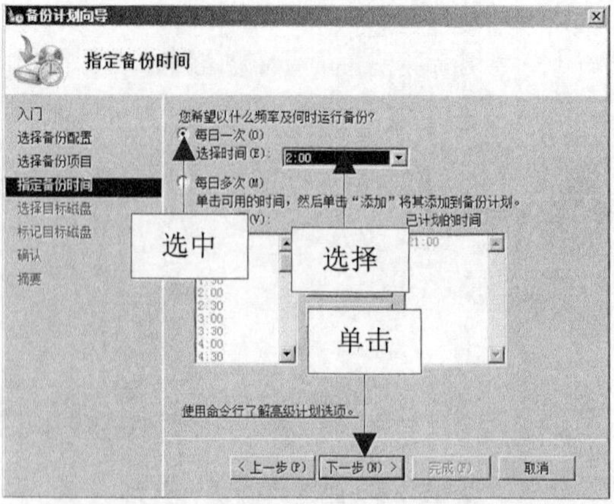

图 15-45　进入“指定备份时间”界面

Step 6 进入“选择目标磁盘”界面，单击“显示所有可用磁盘”按钮，如图 15-46 所示。

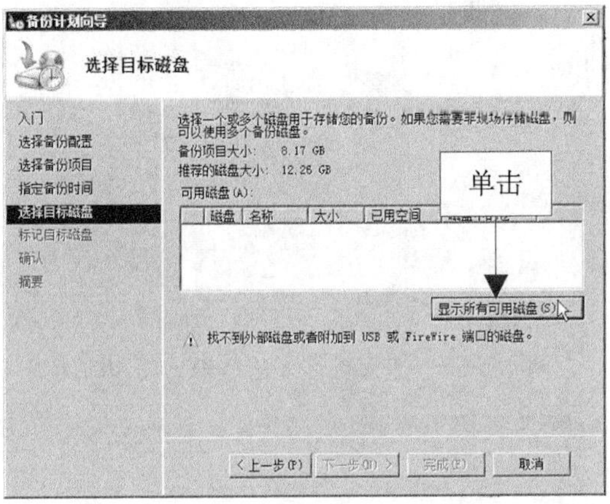

图 15-46 单击“显示所有可用磁盘”按钮

Step 7 弹出“显示所有可用磁盘”对话框，选中相应的磁盘，单击“确定”按钮，如图 15-47 所示。

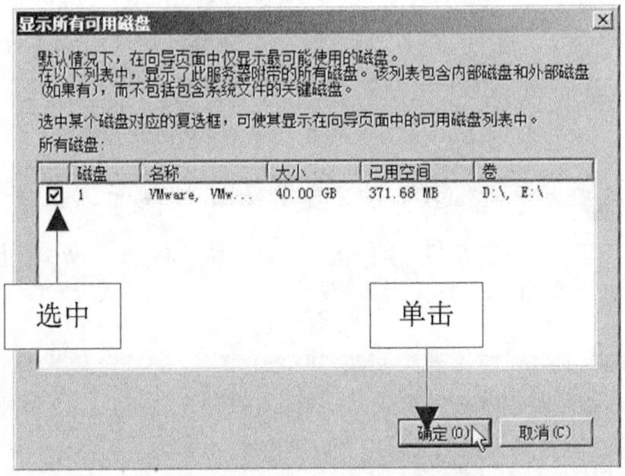

图 15-47 选中相应的磁盘

Step 8 返回“选择目标磁盘”界面，选中相应的磁盘，单击“下一步”按钮，弹出提示信息框，单击“是”按钮，如图 15-48 所示。

Step 9 返回“选择目标磁盘”界面，单击“下一步”按钮，进入“确认”界面，单击“完成”按钮，如图 15-49 所示。

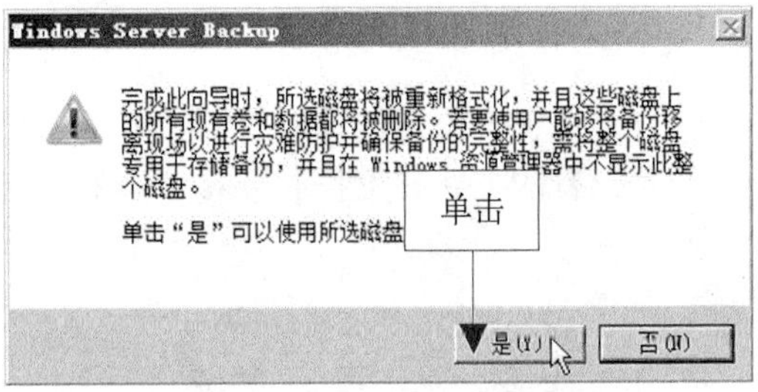

图 15-48 单击“是”按钮

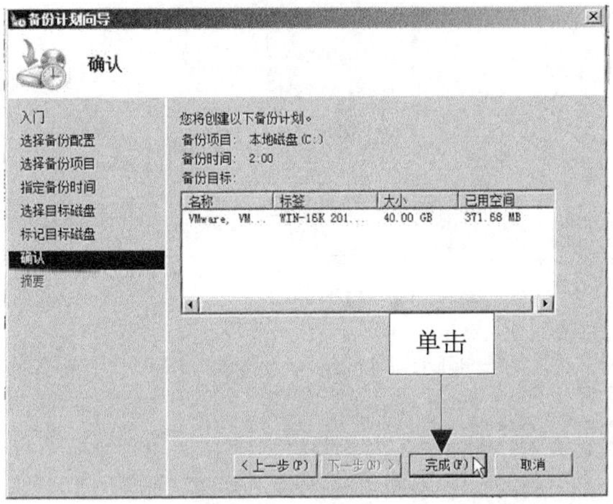

图 15-49 单击“完成”按钮

Step 10 进行磁盘格式化，完成后进入如图 15-50 所示的“摘要”界面，单击“关闭”按钮即可。

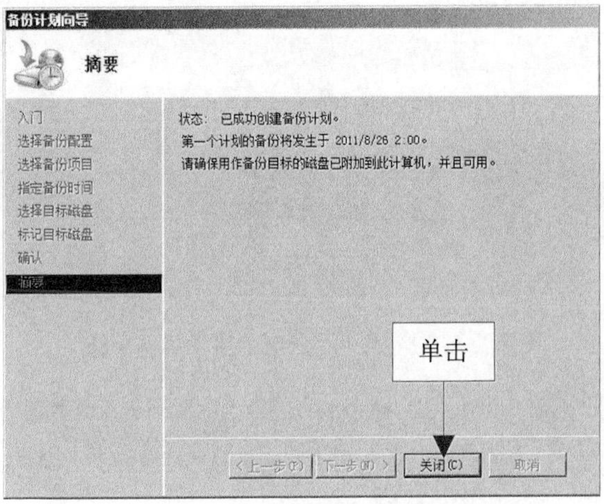

图 15-50 “摘要”界面

4. 还原数据

还原数据是备份数据的反向过程，将从备份文件中恢复硬盘原有的文件和数据。接着上面的实例进行还原步骤。

Step 1 打开 Windows Server Backup 窗口，单击“恢复”链接，如图 15-51 所示。

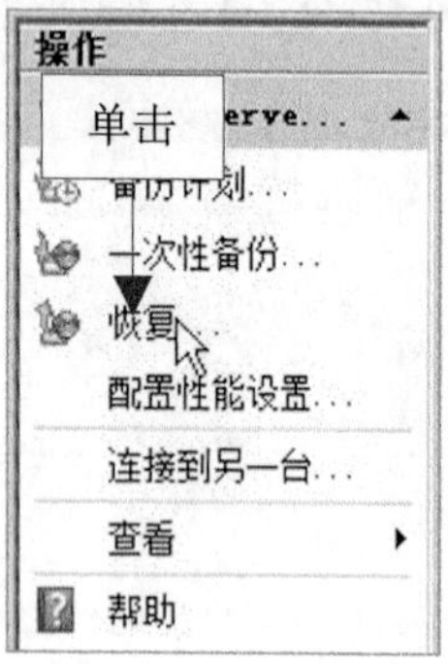

图 15-51　单击“恢复”链接

Step 2 进入“入门”界面，选中“此服务器”单选按钮，单击“下一步”按钮，如图 15-52 所示。

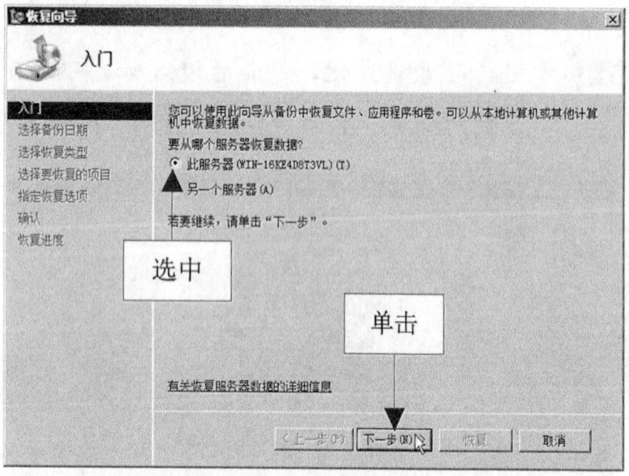

图 15-52　选中“此服务器”单选按钮

Step 3 进入“选择备份日期”界面，选择要恢复的备份日期和时间，单击“下一步”按钮，如图 15-53 所示。

Step 4 进入“选择恢复类型”界面，选中“文件和文件夹”单选按钮，单击“下一步”按钮，如图 15-54 所示。

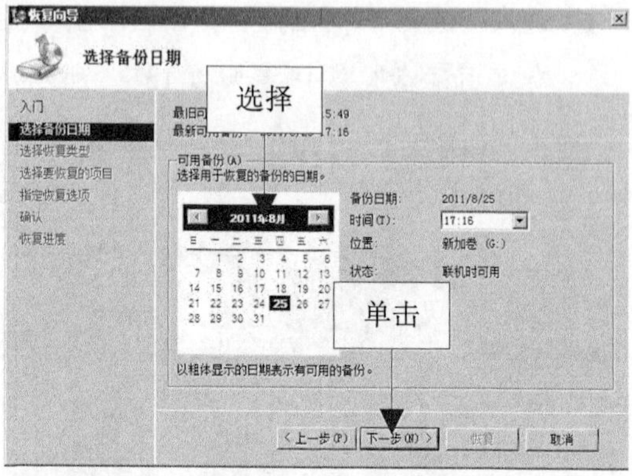

图 15-53　选择要恢复的备份日期和时间

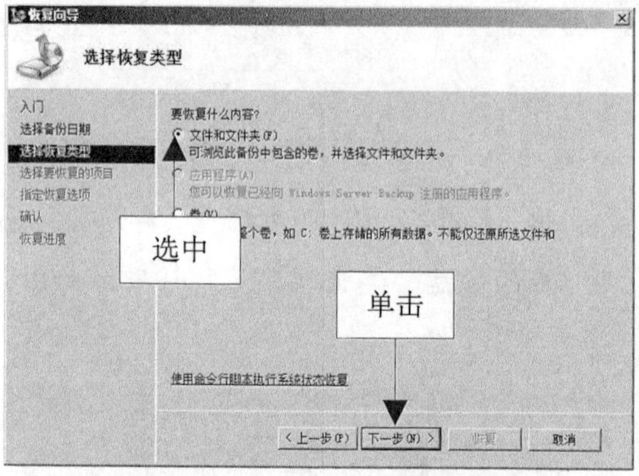

图 15-54　选中“文件和文件夹”单选按钮

Step 5 进入“选择要恢复的项目”界面，选择要恢复的文件，单击“下一步”按钮，如图 15-55 所示。

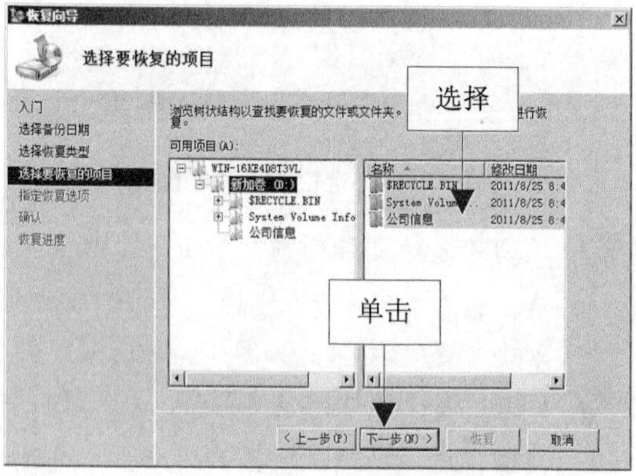

图 15-55　选择要恢复的文件

Step 6 进入“指定恢复选项”界面，设置要恢复的位置，单击“下一步”按钮，如图 15-56 所示。

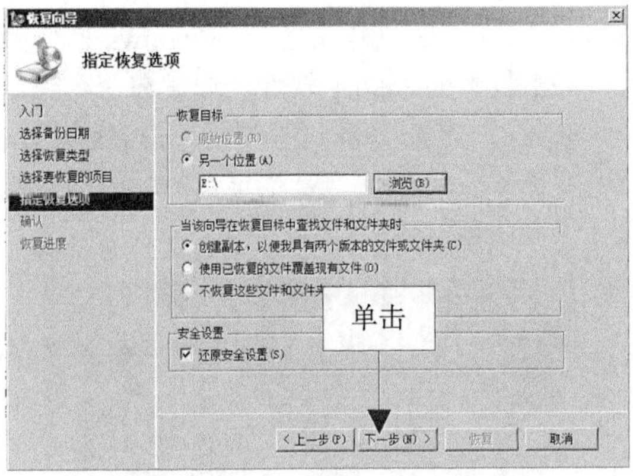

图 15-56 设置要恢复的位置

Step 7 进入“确认”界面，显示将恢复的文件信息，单击“恢复”按钮，如图 15-57 所示。

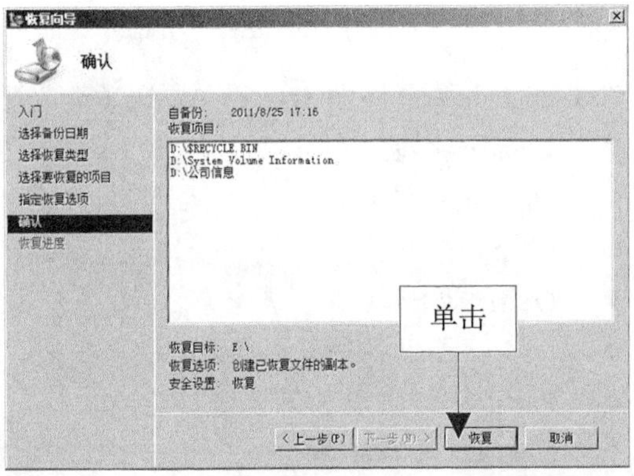

图 15-57 进入“确认”界面

Step 8 进入“恢复进度”界面，显示恢复进度，如图 15-58 所示。

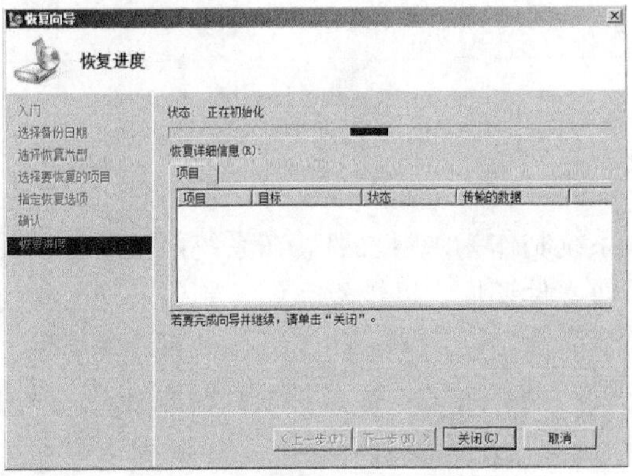

图 15-58 显示恢复进度

Step 9 恢复完毕后，显示文件恢复完成的信息，单击“关闭”按钮，如图 15-59 所示。

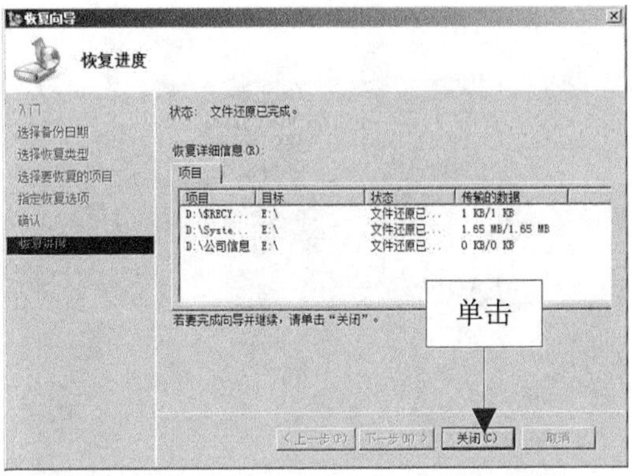

图 15-59 显示文件恢复完成的信息

Step 10 打开 E 盘，即可看到所恢复的文件，如图 15-60 所示。

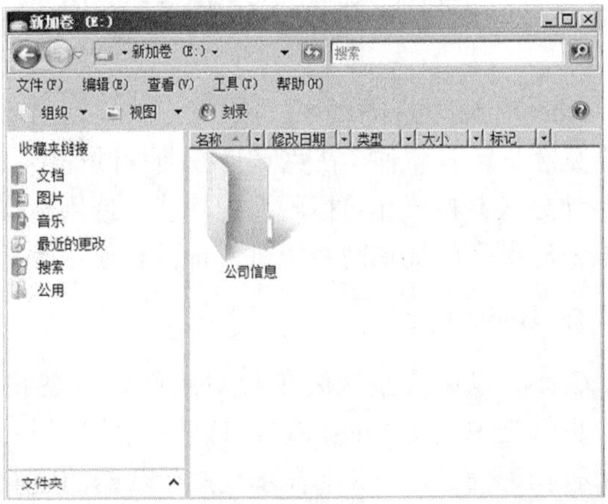

图 15-60 恢复文件

5. 备份设置

打开 Windows Server Backup 窗口，单击“配置性能设置”链接，将弹出“优化备份性能”对话框，如图 15-61 所示，可以对以下选项进行设置。

- 始终执行完整备份：每次备份时，所有磁盘内的所有文件都会备份，这种备份会花费较多的时间，但不会影响系统整体性能。
- 始终执行增量备份：所有磁盘内，只有新添加的文件或者有改动的文件才会被备份，以前备份过但没有改动过的文件都不会备份，其备份速度较快，但会降低整体系统性能。

- 自定义：可以针对不同的磁盘选择不同的备份方式。

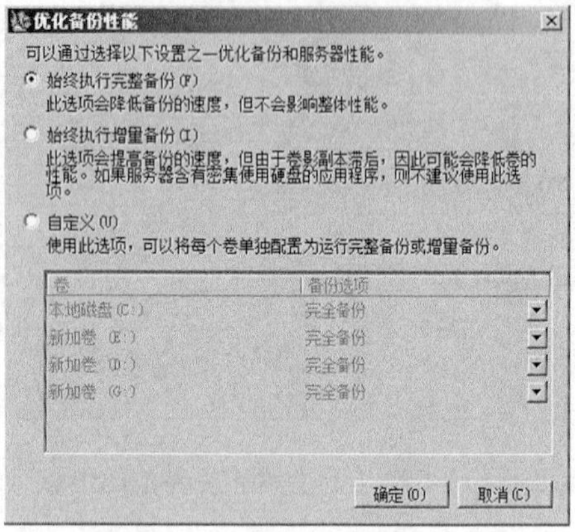

图 15-61　“优化备份性能”对话框

15.2.3　使用 Ghost 备份与还原

Ghost 全名为 Norton Ghost，是一款极为出色的系统“克隆”工具软件，在克隆目标硬盘过程中，具备了自动分区并格式化目标硬盘的功能。使用 Ghost 可以很快对所有的局域网系统进行备份和还原操作。

1. Ghost 概述

Ghost 以磁盘扇区为单位对系统进行备份和还原，也就是说使用 Ghost 软件可以完整地复制磁盘上的所有物理信息，而并非简单地进行数据的复制。使用 Ghost 软件可以将分区直接备份到一个扩展名为.gho 的文件中，即为映像文件。Ghost 软件可以存放到 U 盘、光盘中。使用 Ghost 制作的映像文件可以存放到硬盘的非系统盘分区、软件、U 盘及移动硬盘中。

Ghost 软件需要运行于 DOS 状态下，因而需要存放在 DOS 启动盘中才能运行。随着 U 盘、移动硬盘等大容量可移动存储器的出现，软盘已经被淘汰了，现在普遍使用 U 盘制作 DOS 启动盘启动电脑进入 DOS 状态。Ghost 包括 DOS 版本和 Windows 版本，DOS 版本只能在 DOS 环境中运行；Windows 版本只能在 Windows 环境中运行。由于 DOS 的高稳定性且在 DOS 环境中备份 Windows 操作系统时，可以脱离 Windows 环境，所以建议备份 Windows 操作系统时使用 DOS 版本的 Ghost 软件。通常在命令提示符下输入“Ghost”，按 Enter 键确认，即可运行 Ghost。Ghost 界面比较简单，但是主菜单的功能非常强大，如图 15-62 所示。

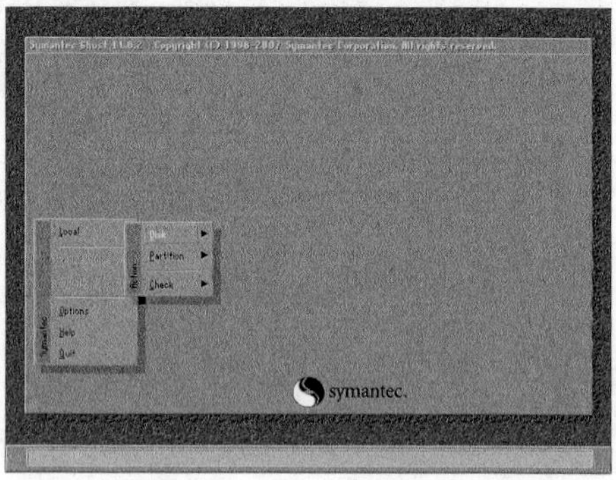

图 15-62　Ghost 主菜单界面

在 Ghost 主菜单界面中，各主要选项含义如下。

- Local：本地。
- Options：选项。
- Help：帮助。
- Quit：退出。
- Disk：硬盘备份与还原。
- Partition：磁盘分区备份与还原。
- Check：硬盘检测。

提示

Ghost 以磁盘扇区为单位对系统进行备份和还原，也就是说使用 Ghost 软件可以完整地复制磁盘上的所有物理信息，而并非简单地进行数据的复制。

2. 使用 Ghost 备份系统

Ghost 软件又称克隆软件，使用它可以方便地将操作系统制作为映像文件，在系统崩溃时可以使用它将映像文件还原，以恢复系统至制作映像文件时的状态。下面介绍使用 Ghost 工具备份系统的方法。

Step 1　将带有 Ghost 工具软件的光盘放入光驱，运行 Ghost 备份工具，弹出提示信息框，单击 OK 按钮，如图 15-63 所示。

Step 2　进入 Ghost 主菜单界面，选择 Local→Partition→To Image 命令，如图 15-64 所示。

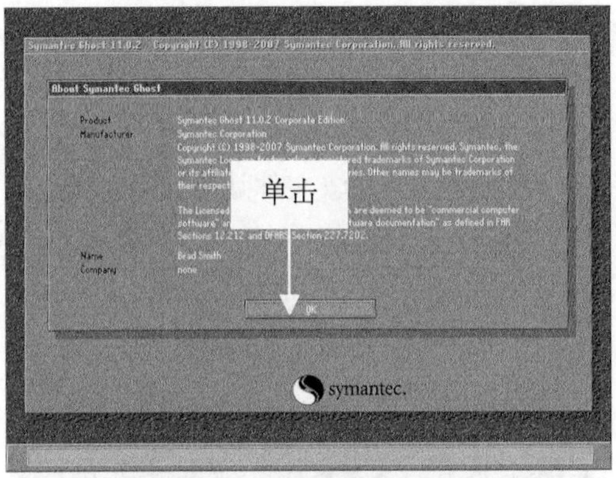

图 15-63　弹出提示信息框

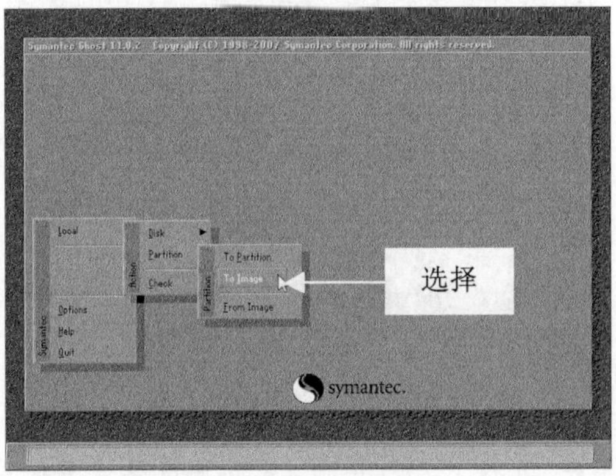

图 15-64　选择相应命令

Step 3　进入下一个界面，在其中选择计算机中的硬盘，单击 OK 按钮，如图 15-65 所示。

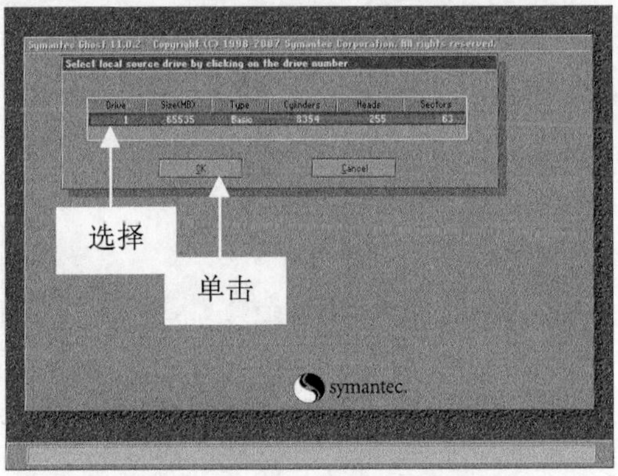

图 15-65　选择计算机中的硬盘

Step 4　进入下一个界面，在列表框中，选择需要备份的分区，这里选择 C 盘，如图 15-66 所示。

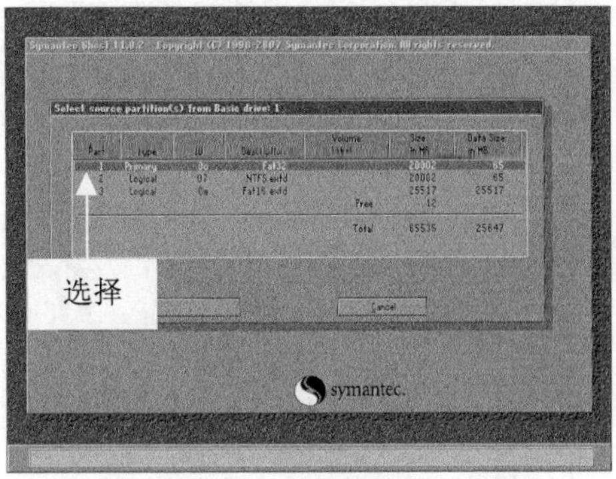

图 15-66　选择需要备份的分区

Step 5　单击 OK 按钮，进入其中设置存放路径及备份文件的名称，单击 Save 按钮，如图 15-67 所示。

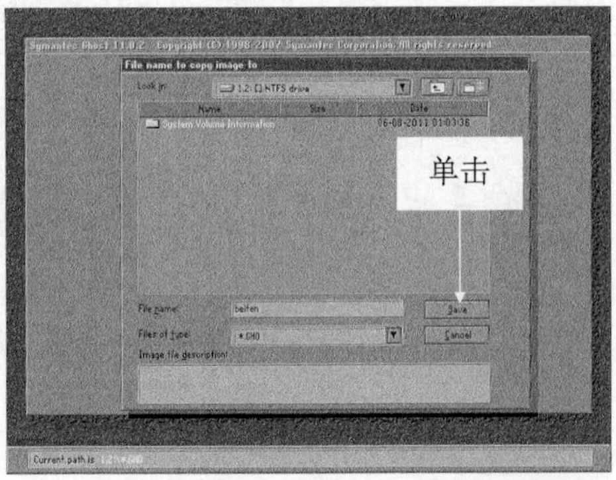

图 15-67　设置存放路径及备份文件的名称

Step 6　弹出提示信息框，单击 Fast 按钮，如图 15-68 所示。

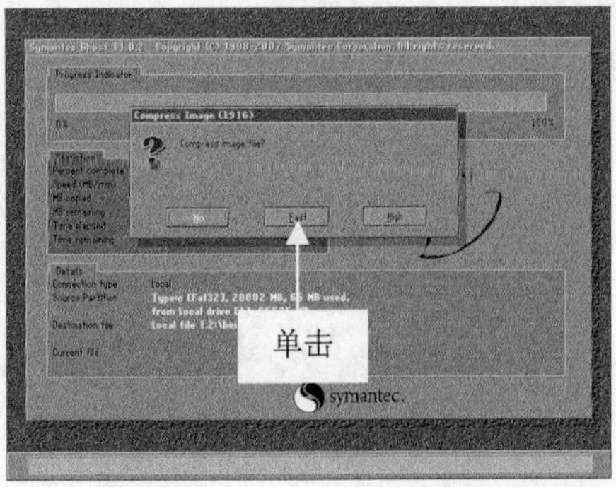

图 15-68　弹出提示信息框

Step 7 再次弹出提示信息框，提示用户是否确认操作，单击 Yes 按钮，如图 15-69 所示。

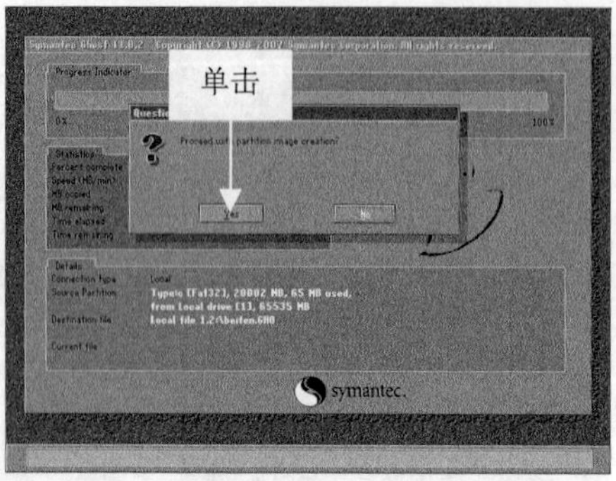

图 15-69　提示用户是否确认操作

Step 8 Ghost 开始进行系统备份操作，并显示备份进度，如图 15-70 所示。

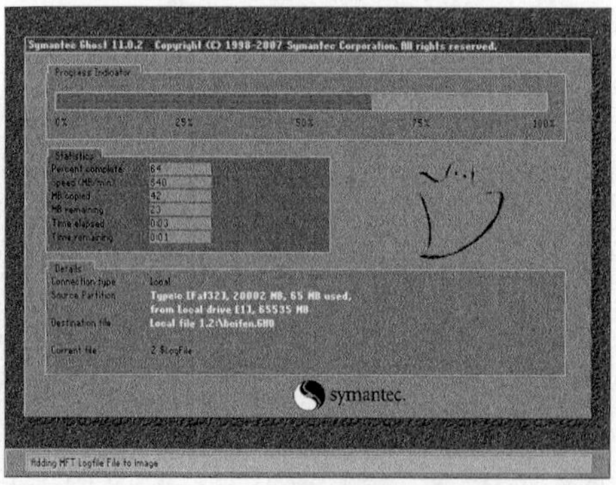

图 15-70　显示备份进度

Step 9 备份完成后，程序自动弹出提示信息框，提示用户已经备份完成，单击 Continue 按钮，如图 15-71 所示。

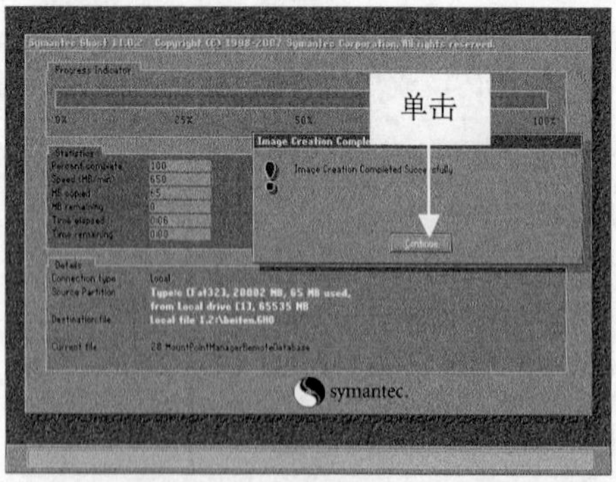

图 15-71　提示用户已经备份完成

Step 10 返回 Ghost 主菜单，选择 Quit 命令，即可退出 Ghost 程序，完成 Ghost 系统备份的操作。

3. 使用 Ghost 还原系统

当局域网中的系统出现故障时，用户还可以利用 Ghost 的镜像还原功能将备份的系统分区进行还原。下面介绍使用 Ghost 镜像文件还原系统的方法。

Step 1 将带有 Ghost 工具软件的光盘放入光驱，运行 Ghost 备份工具，进入 Ghost 主菜单界面，选择 Local→Partition→From Image 命令，如图 15-72 所示。

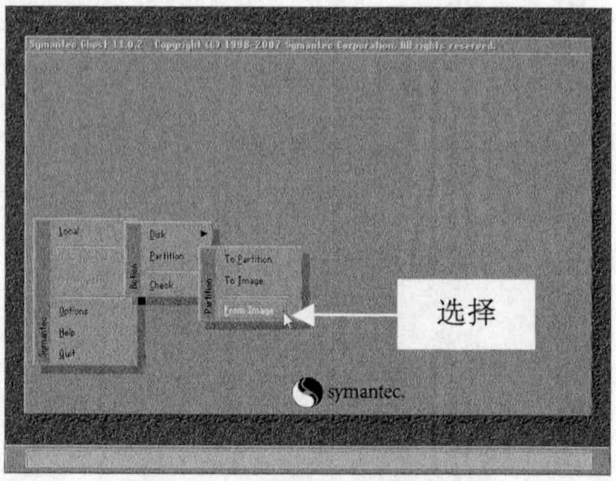

图 15-72　选择相应命令

Step 2 进入下一个界面，在其中选择需要还原的镜像文件，单击 Open 按钮，如图 15-73 所示。

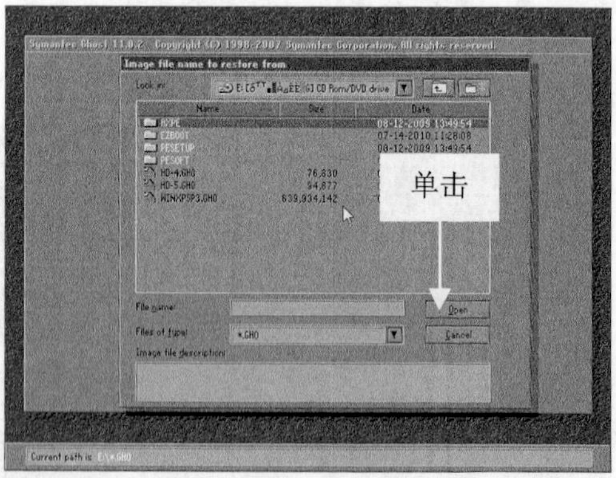

图 15-73　选择需要还原系统的镜像文件

Step 3 进入下一个界面，检查镜像文件信息，确认无误后，单击 OK 按钮，如图 15-74 所示。

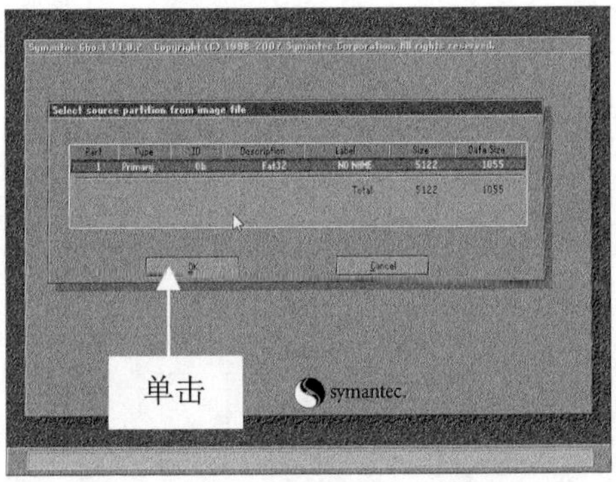

图 15-74　检查镜像文件信息

Step 4 进入下一个界面，在其中选择计算机硬盘，单击 OK 按钮，如图 15-75 所示。

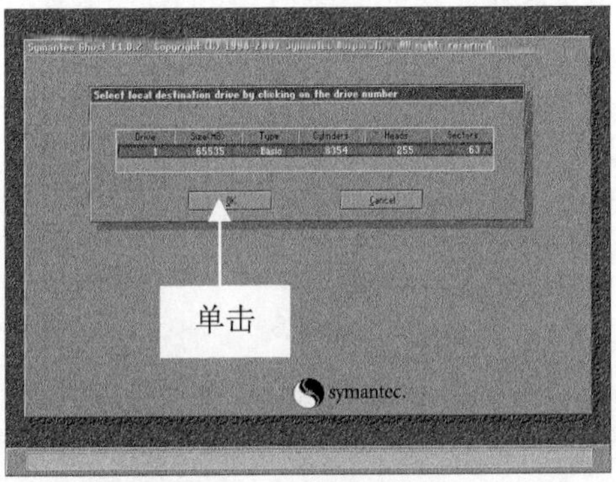

图 15-75　选择计算机硬盘

Step 5 进入下一个界面，在其中选择需恢复的分区，单击 OK 按钮，如图 15-76 所示。

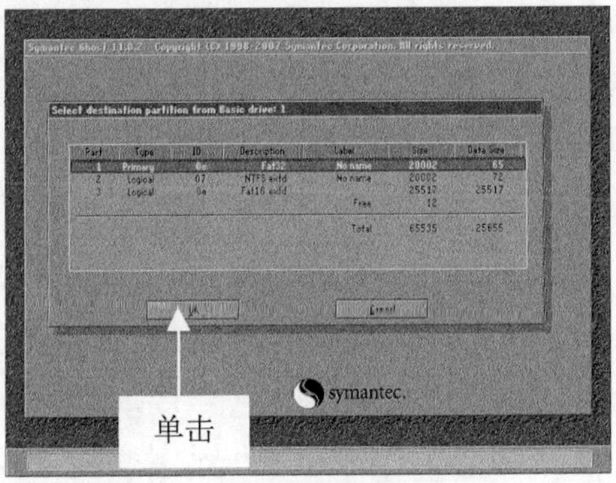

图 15-76　选择需恢复的分区

Step 6 弹出提示信息框，提示用户是否要确认系统还原操作，单击 Yes 按钮，如图 15-77 所示。

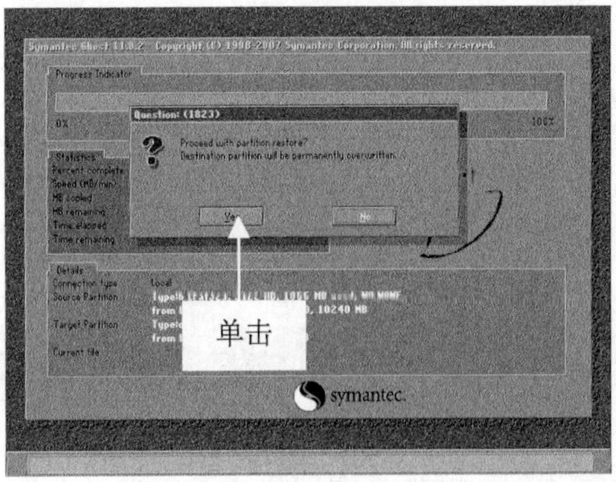

图 15-77　提示信息框

Step 7 Ghost 开始还原系统操作，并显示还原进度，如图 15-78 所示。

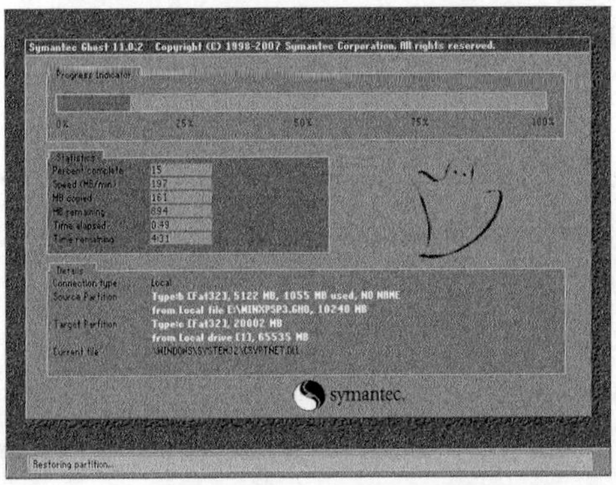

图 15-78　显示还原进度

Step 8 还原完成后，程序自动弹出提示信息框，提示还原系统操作完成，单击 Reset Computer 按钮，如图 15-79 所示。

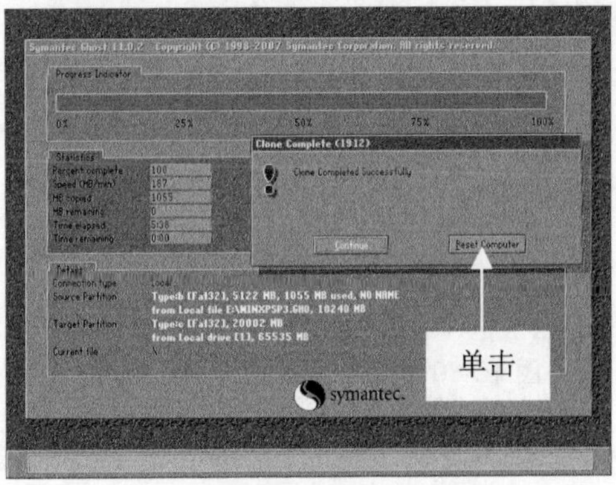

图 15-79　弹出提示信息框

Step 9 重新启动计算机，设置从硬盘启动，即可恢复到以前的操作系统。

试一试

在计算机上安装 Ghost 软件，根据上面的操作步骤对系统进行备份和还原操作。

15.3 维护局域网系统

Windows 操作系统同样也是一种软件——针对硬件应用的软件。既然是软件，那么它就有 Bug，即平常所说的系统漏洞。本节将从网络安全的角度讲解微软 Windows 操作系统的漏洞补丁与升级。

15.3.1 更新与维护工作站

对于局域网中的 Windows 7 用户而言，Windows 7 会自动通过 Windows Update 来更新补丁。但速度就比较慢，这个方式适合比较懒的用户。但有一点要注意，必须打开这个功能才行。开启系统自动更新的具体操作步骤如下。

Step 1 选择“开始”→“控制面板”命令，打开“控制面板”窗口，单击 Windows Update 图标，如图 15-80 所示。

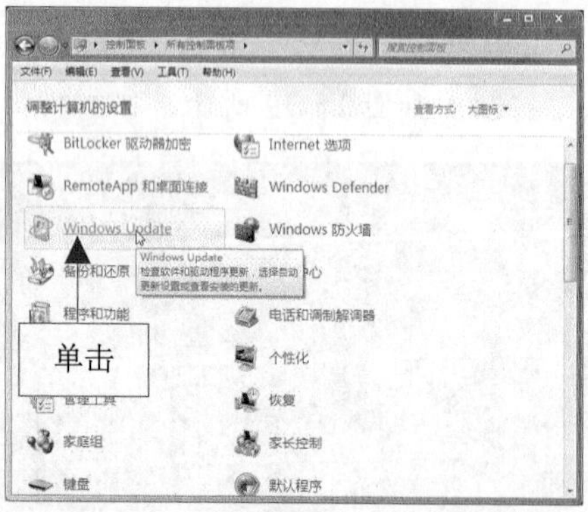

图 15-80 单击 Windows Update 图标

Step 2 出现 Windows Update 窗口，单击“更改设置”链接，如图 15-81 所示。

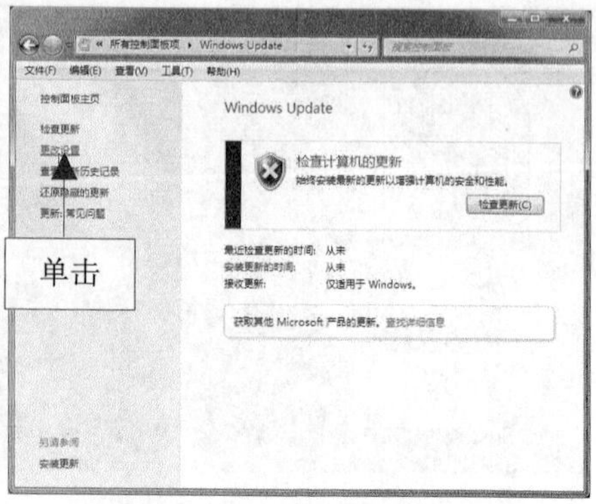

图 15-81 单击“更改设置”链接

Step 3 出现“选择 Windows 安装更新的方法”窗口，在“重要更新”下拉列表中选择“自动安装更新”选项，如图 15-82 所示，单击“确定”按钮即可。

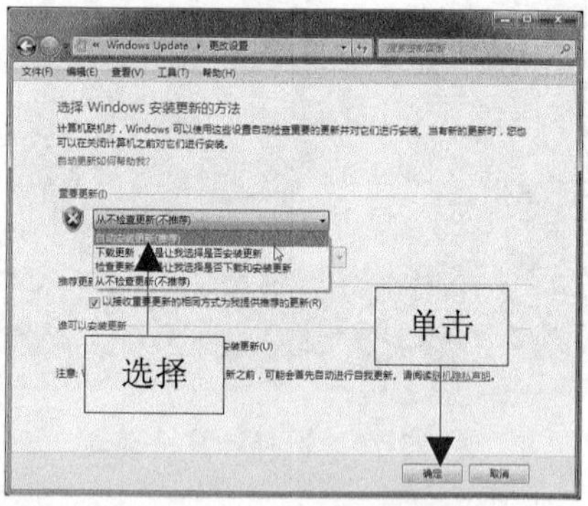

图 15-82 选择“自动安装更新”选项

如果电脑上安装了 QQ 电脑管家、金山卫士、360 安全卫士等安全类软件，那么完全可以通过它们的漏洞修补功能来即时修补这些严重系数非常高的漏洞。如图 15-83 所示为使用 360 修复漏洞。

图 15-83 使用 360 修复漏洞

15.3.2 更新与维护服务器

在局域网环境中，许多普通工作站由于没有及时安装系统补丁程序或者没有更新病毒库，导致对应系统可能存在很多安全隐患，当这些工作站尝试访问局域网时，可能会给整个网络的安全带来比较大的威胁。由于这些工作站很有可能将各种潜在的安全威胁带到服务器系统中，从而给服务器系统造成非常大的影响，因此可以通过设置 Windows Server 2008 系统的网络策略，来保护服务器系统的安全，禁止危险工作站将网络病毒或木马带入到服务器系统中。

1. 网络策略概述

为了有效保护网络以及服务器系统的安全，Windows Server 2008 增加了网络策略服务器功能以及其他多项安全保护措施，利用网络策略功能，服务器系统将会强制要求任何一台企图与之连接的普通工作站都要通过特定的网络健康检查。比方说普通工作站中是否安装了防火墙程序，是否及时更新了病毒库内容，是否安装了最新版本的系统补丁程序等。只有当普通工作站符合各种安全检查之后，服务器系统才允许该工作站连接服务器并访问其中的内容。而那些没有通过服务器系统安全检查的普通工作站，将会被隔离到另外一个受限网络，或者降低服务器的访问权限。

注意

在被隔离到另外一个受限网络中时，普通工作站需要及时通过受限网络来修复该工作站的安全状态。比方说迅速从局域网中的补丁服务器中下载安装系统补丁程序，强制启用系统中的防火墙程序等。在符合网络安全条件之后，该工作站往往就能正常访问服务器系统中的任何内容了。

2. 安装网络策略服务器

虽然 Windows Server 2008 系统已经内置了网络策略服务器功能，不过在默认状态下该功能并没有被启用，此时只有先将该功能组件安装起来，才能利用该功能的安全防范本领来保护服务器系统的安全，具体操作步骤如下。

Step 1 选择“开始”→“管理工具”→“服务器管理器”命令，打开“服务器管理器”窗口。在该服务器管理器窗口的左侧显示区域，选择“角色”选项，在对应该选项的右侧显示区域中，单击“添加角色”链接，运行角色添加向导，单击“服务器角色”链接，选中“网络策略和访问服务”复选框，如图 15-84 所示。

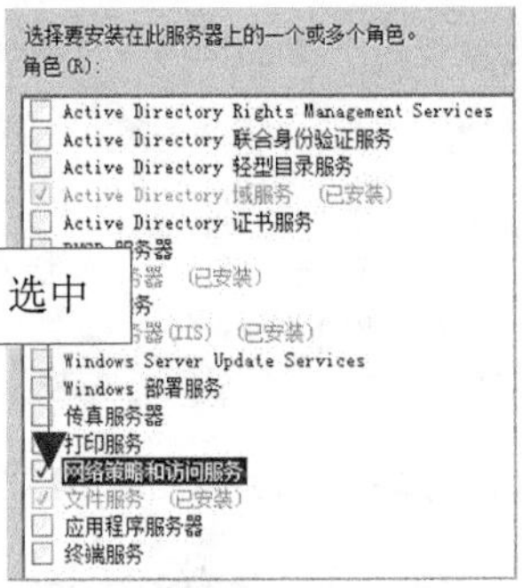

图 15-84 选中“网络策略和访问服务”复选框

Step 2 单击“下一步”按钮，进入“网络策略和访问服务”界面，显示网络策略和访问服务的简介信息，单击“下一步”按钮，如图 15-85 所示。

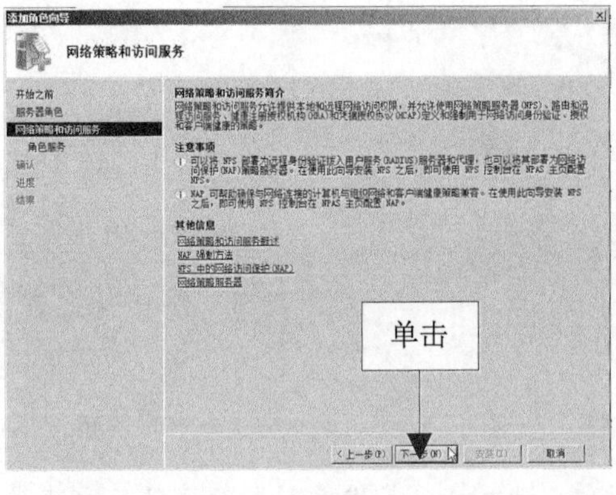

图 15-85 进入“网络策略和访问服务”界面

注意

从该设置窗口的提示信息中，用户可以看到要安装网络策略组件需要做好三个方面的准备工作：第一就是确保管理员账号具有强密码，第二就是保证网络设置已经配制好，第三就是确保已经安装了 Windows Update 中的最新安全更新。

Step 3 进入“选择角色服务”界面，选中“网络策略服务器”复选框，单击“下一步”按钮，如图 15-86 所示。

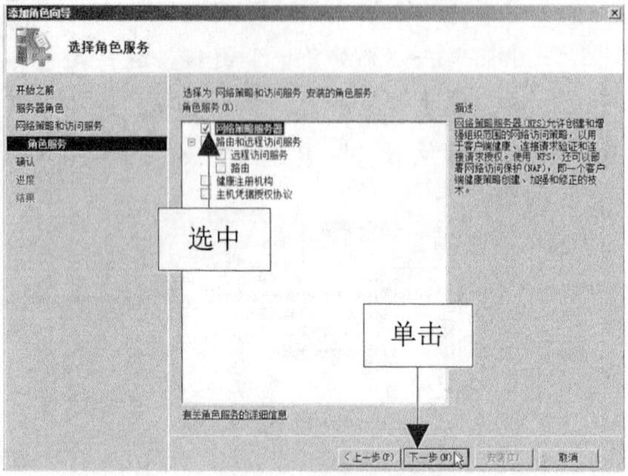

图 15-86　选中“网络策略服务器”复选框

Step 4 进入“确认安装选择”界面，显示所要安装的信息，单击“安装”按钮，如图 15-87 所示。

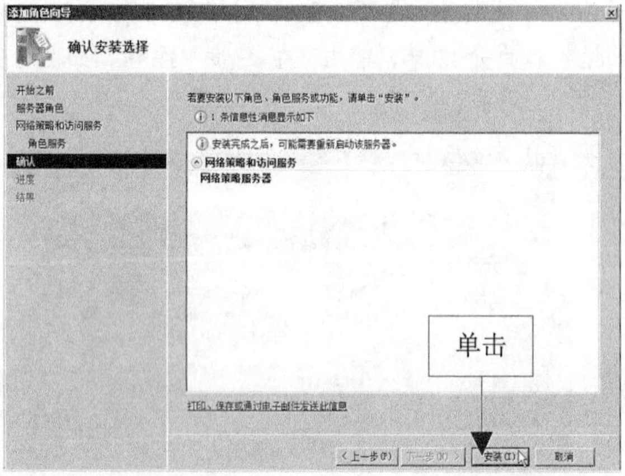

图 15-87　“确认安装选择”界面

Step 5 进入“安装进度”界面，显示安装进度，如图 15-88 所示。

Step 6 安装结束后，显示安装成功的信息，单击“关闭”按钮，如图 15-89 所示。

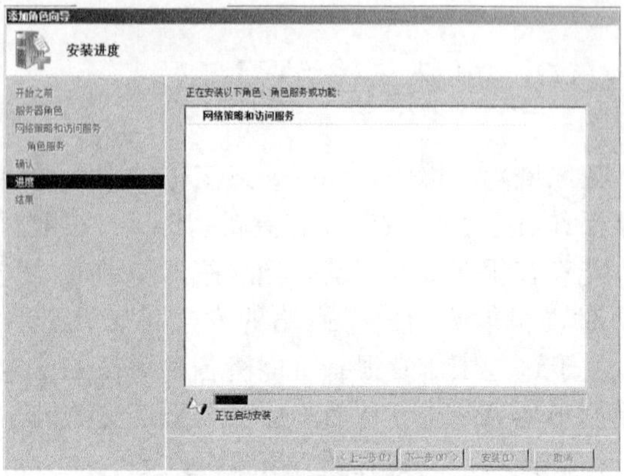

图 15-88　显示安装进度

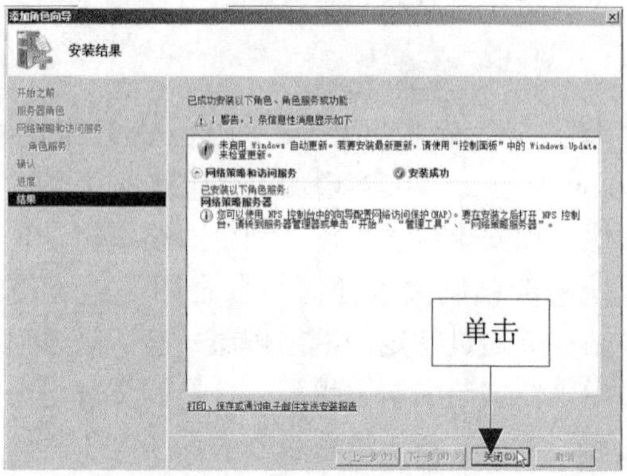

图 15-89　单击“关闭”按钮

3. 配置网络策略

在成功安装好网络策略服务器功能组件后，现在就能进入网络策略服务器来对它正确地进行配置了，以便让它及时发挥作用，保护服务器系统的安全。选择“开始”→“管理工具”→“网络策略服务器”命令，出现“网络策略服务器”窗口，如图 15-90 所示。在该窗口的左侧显示区域，网络策略服务器包含四方面的内容，它们分别是连接请求策略、网络策略、健康策略以及网络访问保护组件。这些策略和组件将会对访问单位服务器系统的普通工作站系统进行网络隔离、安全处理、健康策略审核以及网络访问保护。

提示

使用连接请求策略，能够指定是在本地处理连接请求，还是将其转发到远程 Radius 服务器中去处理。

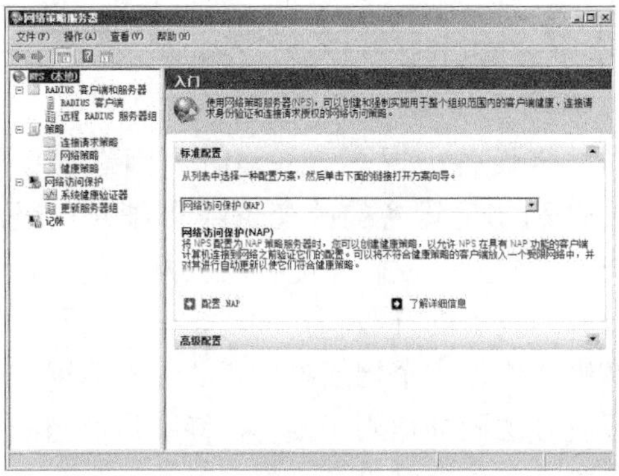

图 15-90 “网络策略服务器”窗口

选用健康策略可以自定义普通工作站是否健康的标准，该策略通常与网络访问保护组件一起配合使用。一般来说，通常需要在服务器系统中创建好两个基本策略，其中一个策略就是安全工作站的策略，另外一个就是不安全工作站的策略。创建安全工作站的策略时，可以在网络策略服务器控制台窗口的左侧显示区域中，依次选择“策略”→“健康策略”选项，右击“健康策略”选项，从弹出的快捷菜单中选择“新建”命令，弹出如图 15-91 所示的设置对话框。在该设置对话框中将策略名称取为“安全工作站”，将“客户端 SHV 检查”设置为“客户端通过了所有 SHV 检查”，再单击“确定”按钮，这样一来，安全工作站策略就创建成功了。同样地，可以再创建一个“不安全工作站”策略，并将该策略的“客户端 SHV 检查”设置为“客户端未能通过所有 SHV 检查”。

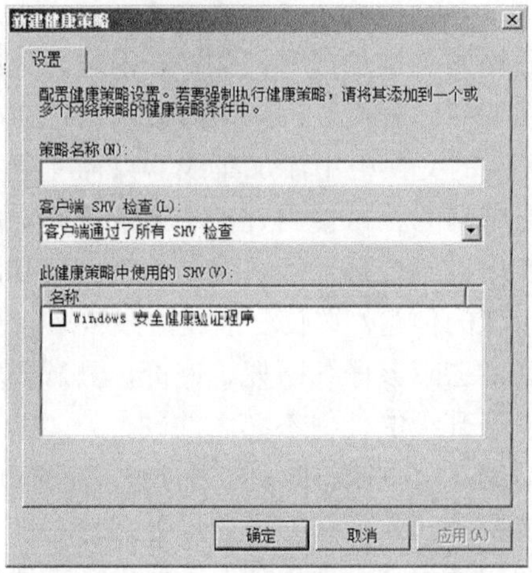

图 15-91 “新建健康策略”对话框

借助于网络访问保护组件下面的系统健康验证器进行评估，可以确定哪些工作站是安全的和是不安全的。而系统健康验证器将会强制检查普通工作站的一些设置，并将这些设置对照事先已经设置好的相关安全策略，来评估普通工作站究竟属于安全范围的还是不安全范围的。例如，假定系统不安装防火墙和杀毒软件，那就认定该工作站系统是不安全的，在配置这种安全策略时，可以在“网络策略服务器”窗口的左侧显示区域中，依次选择“网络访问保护”→“系统健康验证器”选项，在对应该选项的右侧显示区域中，右击“Windows 安全健康验证程序”选项，从弹出的快捷菜单中选择“属性”命令，在其后出现的属性设置窗口中单击“配置”按钮，弹出“Windows 安全健康验证程序”对话框，在该对话框中必须选中“已为所有网络连接启用防火墙”复选框和“防病毒应用程序已启用”复选框，如图 15-92 所示。最后单击“确定”按钮结束 Windows 安全健康验证配置操作，只要将普通工作站安装防火墙和杀毒软件，Windows Server 2008 系统就认为该工作站是安全的工作站。

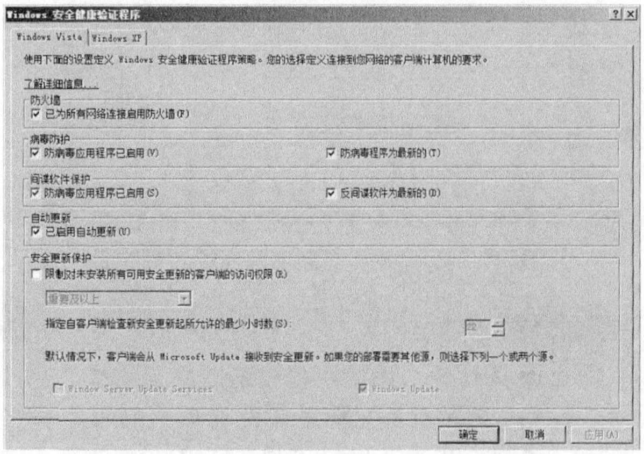

图 15-92 “Windows 安全健康验证程序”对话框

当 Windows Server 2008 系统检测到普通工作站属于不安全工作站时，网络策略服务器还提供了补救措施，以便让不安全的工作站自动访问局域网中的补丁更新服务器或病毒库更新服务器，从而及时将系统补丁程序以及更新病毒库程序安装到普通工作站中。为了让不安全工作站能够自动安装补丁程序或自动更新病毒库，需要使用更新服务器组来定义不安全工作站能够访问哪些系统，以便从这些系统中能够自动将工作站的不安全状态恢复到安全状态。在指定不安全工作站能够访问的服务器系统时，可以在“网络策略服务器”窗口的左侧显示区域中，依次选择“网络访问保护”→“更新服务器组”选项，再右击“更新服务器组”选项，从弹出的快捷菜单中选择“新建”命令，打开如图 15-93 所示的对话框。单击该对话框中的“添加”按钮，在其后界面中正确输入系统补丁更新服务器或病毒库更新服务器的主机名称或 IP 地址，当普通工作站被检测为不安全时，那它就会自动连接到系统补丁更新服务器或病毒库更新服务器，来安装系统补丁程序或更新病毒库了。当普通工作站安装了补丁程序或更新了病毒库后，再次访问 Windows Server 2008 系统时，该系统就会认为它是安全工作站，此时该工作站就能允许连接到服务器系统中，因此就能最大限度地保证服务器系统的安全了。

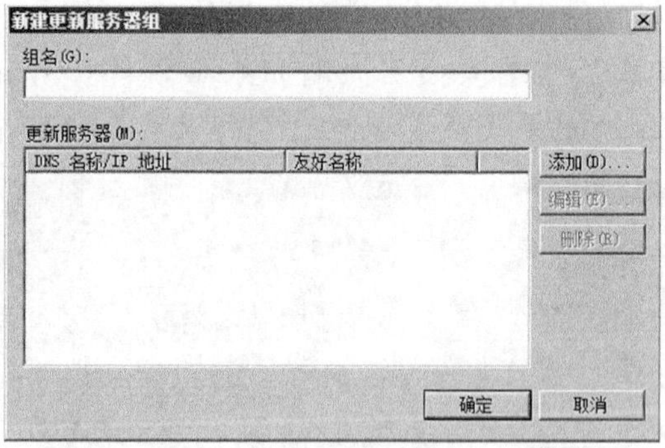

图 15-93　“新建更新服务器组”对话框

注 意

上面提到的系统健康验证器、健康策略、连接请求策略、更新服务器组等都需要网络策略组合在一起，才能发挥出有效的作用，可以根据普通工作站安全状态确定如何对该工作站进行处理。例如，当发现普通工作站与不安全工作站策略相符时，那么可以定义网络策略，来指示局域网中的 DHCP 服务器为目标普通工作站提供一个受限作用域选项的 IP 租约，确保该工作站地址只能访问指定更新服务器组中定义的系统。

15.4　局域网设备升级

当网络设备出现严重故障时，则需要更换该设备，硬件和物理设备的改变也经常作为升级的一部分，来加大容量、提高性能、增加网络功能，本节将介绍局域网设备的升级和扩展，如在主干网上增加四个交换机或增加十个网络打印机。许多适用于软件升级的解决办法同样适用于硬件，特别是恰当的计划是升级的关键。局域网设备升级的基本原则如下。

- 研究升级设备是否是必需的。
- 研究设备升级后对其他设备、功能和用户的潜在影响。
- 如果打算进行升级，应通知系统管理员和用户，并在空闲时间(除非它是紧急的)进行升级。
- 如果有必要，可备份当前的硬件配置，许多硬件(如路由器、交换机和服务器)都有一个容易备份到磁盘的配置，不同的是网络打印机必须打印出网络配置。
- 阻止用户访问正在升级的系统或部分系统。
- 做好设备升级的策划和步骤，并按其方案实施升级。
- 在升级完成后，彻底测试硬件设备。

15.4.1　升级网络设备

在局域网中增加或升级硬件，困难之处在于对所升级硬件的熟悉程度。例如，如果用户经常使用集线器，在两层的交换柜中添加集线器只需花费几分钟时间，对局域网的正常使用几乎不造成影响。相反，即使用户使用过集线器，但增加一个路由器到网络中将完全是崭新的体验。即使已经使用过同一个生产商的其他产品，也应该仔细研究、评价、测试要安装到网络上或用来升级的任何不熟悉的硬件。

在网络上添加或升级的每种设备都有不同的准备和安装要求。要确切知道怎样处理这些变化，不仅要求仔细阅读生产商的手册，还要求能方便地获得一些这种设备的相关安装经验。下面介绍实施添加或升级网络设备的基本方法。

- 网络工作站：网络工作站也许是所添加的最简单的设备，它只直接影响很少的用户，但是不改变其他用户访问网络的能力。
- 网络打印机：网络打印机也容易添加到网络。但是添加网络打印机比添加工作站麻烦一些，因为它需要单独配置操作，而且它是共享的。尽管它影响多个用户，打印机在一个局域网内并不起关键作用，所以安装打印机所需的时间并不会影响工作。因此，尽管要通知使用网络打印机的用户，但是不必限制网络登录。另外在选购打印机时，最好购买带有 RJ-45 接口的网络打印机，如图 15-94 所示。

图 15-94　带有 RJ-45 接口的网络打印机

- 集线设备：一个单独的集线器可以支持 4～64 个用户，但是在添加新集线器时不必担心死机时间或通知用户，因为在真正使用之前，它不可能影响任何用户。如果打算升级或拆除一个集线器，必须通知受影响的用户。因为升级和拆除将造成部分使用该集线器设备的用户网络中断，所以必须在非工作时间实施操作。另外，在添加和升级集线器时必须考虑流量和地址限制。
- 服务器：升级和添加一个服务器是很需要技巧的，这类变化(除非它只是替换显示器)需要大量预见和计划。在安装新服务器之前，不仅需要考虑与变化有关的硬件和连接设备，还要考虑和网络操作系统有关的问题。即使打算添加一台不马上使用的服务器，也要计划它的安装，最好是在网页流量小的时候添加服务器。另外，也要限制对服务器的登录，否则，用户在浏览网页时会发现这个服务器，往服务器上存文件或者在上面运行程序。升级已存在的服务器上的硬件(像网络接口卡和内存)需要像升级全新服务器一样仔细计划。应该在脱机时间内实施升级计划，这样就可以在不影响任何依赖它的用户的情况下关掉服务器。
- 交换机和路由器：添加、改变交换机和路由器是网络设计中最为复杂的。首先，它们可能受到物理损坏，也就是它们经常要求在通信设备间安装新的配线架或其他支撑设备。其次，它们影响到许多用户，也许是所有的网络用户。因为路由器和交换机是比较贵重的，在处理和配置设备时要格外小心。同样，因为交换机和路由器提供不同目的的服务，应按照生产商的说明书进行安装操作。

获得添加、升级、修复设备经验的最好方法是在当前没有连入网络的设备上试验。记住在服务器上添加处理器，在路由器上添加网络接口卡，在打印机上添加新内存都会影响获得的服务或生产商保证。在实施设备添加和替换之前，查看允许权限，可能仅被允许添加同一生产商的产品或者有失去生产商所有支持的危险。总之，当在网络上升级或安装硬件时要注意安全，不要对已插入的或正在工作的设备进行内部器件的改造。确保所有的线和设备都被安置牢靠，不会引起松动和脱落。

注意

当维修设备时，不要戴珠宝饰物、围巾或穿着宽松的衣服，如果有长发，把它扎在后面。这样，不仅避免了受伤，也不容易分神。摘下金属饰物，这样可以避免因为饰物接触了电路而引起的设备短路。如果设备很重(例如一个大的交换机或服务器)，不要自己搬动它。最后，为防止设备损坏，应遵循生产商的温度、通气性、防静电和温度条件限制。

15.4.2 升级传输介质

局域网使用较多的传输介质(即各种电缆)，如双绞线、光缆、同轴电缆等。传输介质的升级需要非常大量的计划和时间去实施，而且还要根据网络规模的大小来定。为保证局域网平稳的运行，升级的最好方法是在升级之前记录下已存在的电缆线。

因为升级网线会影响到网络上所有的用户，应该分阶段地进行升级。例如在一个周末升级大厦一楼东侧，接着下个周末升级西侧等。另外，还要权衡升级的重要性和崩溃的潜在危险。在大多数情况下，只有小规模局域网的企业才会去自己升级或安装网线。其他的大公司依靠专营这方面服务的承包商完成这一工作。然而，作为网络工程师或管理员，应该知道怎样在房间内布线(不论是在地板下还是从棚顶上)，以把设备连接到网络上，如图 15-95 所示。如图 15-96 所示为在未装修的房间内进行布线。

图 15-95　在地板下布线

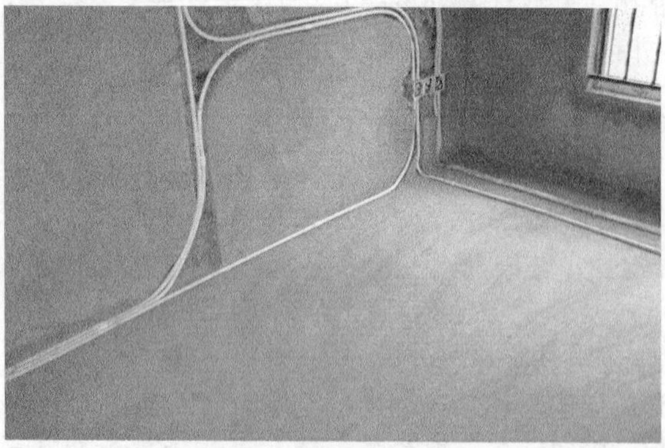

图 15-96　在房间内布线

15.4.3 升级无线局域网

无线局域网即 WLAN，是今后局域网和广域网的发展方向。那么如何构建无线 LAN，如何使用，以及如何维护和升级无线 LAN，就是每个管理员需要掌握的了。下面将详细介绍升级无线 LAN 的操作要点。

1. 升级无线设备

部署 802.11n 接入端(AP)可能是一个很大的工作，但它只是更大型的网络升级的一部分而已。从更高速度和容量到实时应用支持和关键任务企业网络接入，802.11n 提升了无线 LAN(WLAN)的门槛。为了能够使 802.11n 发挥最佳性能，必须规划新的 AP 硬件，以及全新的客户端设备、网络架构扩展、更新管理工具和培训。

升级一个现有的 WLAN 到更快的 802.11n AP 将需要更多的无线控制功能和回程网络带宽。而且，许多业务将使用 802.11n 来扩展无线服务以支持更多的用户、新的应用和更大的覆盖范围。为了避免意外情况，要预先估计无线传输的流量负载和它随着时间推移增加的幅度。一个典型的 802.11a/b/g AP 支持的最大数据传输率是 54Mbps，由于开销的原因这其中只有一半用于支持应用吞吐量，如图 15-97 所示为 802.11a/b/g AP。取决于实际的产品和配置，Draft 2.0 802.11n AP 可以支持最大为 300Mbps 的数据传输率，而其中的 150Mbps 为应用吞吐量，如图 15-98 所示为 802.11n AP。因此，用 802.11n 标准的 AP 替换双射频传统 AP 可能将支持的最大负载从 54Mbps 增加到 300Mbps。

提 示

然而，很少 WLAN 会马上转到新的完全使用所有无线容量的客户端和应用。在短期内，更实际的计划是使用一个无线支持 802.11g 客户端，而另一个则支持 802.11n 客户端，从而支持总共不超过 204Mbps 的总吞吐量。

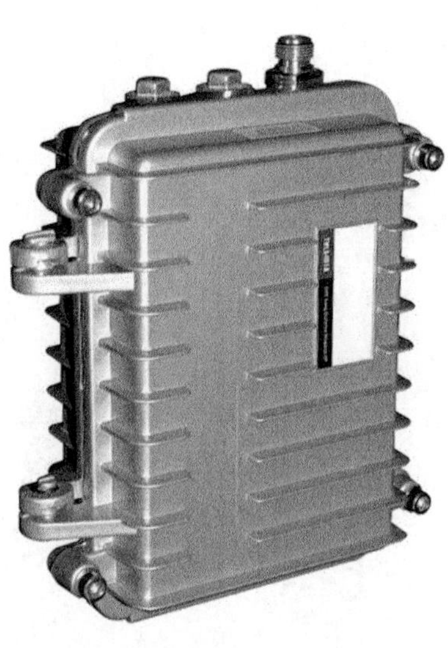

图 15-97　802.11a/b/g AP

图 15-98　802.11n AP

2. 升级的注意事项

在规划无线 LAN 时，很重要的一点是要考虑新的 802.11n AP 的安装和连接到局域网的位置。某些新的 AP 可能会连接到现有的有限容量的 WLAN 控制器上，而其他的 AP 则要求进行升级无线 LAN 的控制器，特别是在使用 802.11n 的提高覆盖率时。在特定的位置(如，小型办公室)，可能希望安装独立的不通过本地控制器汇集流量的 802.11n AP。不管什么情况，都要通过 WLAN 设计和配置来确定和消除潜在的瓶颈。例如，直接在 AP 之间路由 WLAN 内部流量可以减少延迟和控制器负载。另外，要考虑连接 WLAN 控制器(和独立 AP)到有线分发网络的回程链路。某些 10/100 Ethernet 链路将最终需要升级到 Gigabit Ethernet，如果不是在控制器和交换机之间，则可能是在交换机之间。此外，还要考虑使用 802.11n 来实现 5GHz 无线的回程网络，特别是在很难进行布线的位置，如不能够或不适合安装新线路的地方。由于有了更大的容量和更快的传输速率，802.11n 更适合于传输一般由 10/100 Ethernet 传输的回程流量。但不要忘记进行 AP 冗余以保证回程的可用性。

3. 改进无线 LAN 监控

在部署后，使用专门的中央安全性和性能监控系统来关注你的更大更快的 802.11n 网络。802.11n WLAN 是更动态的，并且将使用诸如三维多样性和动态频率选择等技术来绕开它们自己的问题。然而，当问题发生时，它们发生的速度更快，影响更多的用户和更敏感的应用。而唯一有效处理这些问题的方法是保持 24/7 的支持快速分析和响应的 WLAN 监控。

故障解析

例如，因为 802.11n 扩大了 WLAN 的覆盖范围，恶意和意外连接会越来越多。可升级 WIPS 探测器(和配置为探测器的 AP)来解析 802.11n 流量和覆盖所有影响的区域。也可配置自动响应策略来阻挡恶意入侵(包括 802.11n Greenfield AP)。还可以使用支持多路的定位技术来快速评估恶意入侵的影响并找到它们。

第 16 章 局域网常见故障与处理

作为一名网络管理员，平时经常遇到各种各样的网络故障，但是网络故障的排除不能漫无目的，必须先设置一个检查范围才能事半功倍，这一点适用于任何网络结构。认识并熟悉常见的故障原因，是动手前最必要的课题。本章将介绍局域网常见故障的原因、排除工具以及排除方法。

本章学习要点

- 局域网故障诊断流程
- 局域网故障排除工具
- 局域网故障排除实践

16.1 局域网故障诊断流程

随着计算机网络功能的不断完善，越来越多的日常业务开始转向网络，使得网络环境日益复杂，如多媒体应用、QoS、网络电话、在线办公等，网络管理员的任务量和工作难度也与日俱增。要求网络管理员不仅要对网络协议和常用网络技术有所了解，更要建立一套行之有效的故障管理系统，掌握常见故障的大致诊断流程。

16.1.1 分析局域网故障的原因

虽然局域网故障的原因非常多，但总地来讲，主要可以分为硬件问题和软件问题两类，也可以分为网络连接性问题、配置文件和选项问题、网络协议问题及网络服务问题，下面逐一对其进行分析。

1. 网络链路

当网络发生故障时，首先要检查网络的链路是否通顺，依次检查网卡、跳线、信息插座、网线、交换机等设备和通信介质是否正常。其中任何一个设备的损坏，都会造成网络连接的中断。链路通常可采用软件和硬件工具进行测试验证。

2. 配置文件

所有的交换机、路由器、服务器及计算机等设备都有配置文件，只要其中任何一台设备的配置文件和配置选项设置不当，同样会导致网络故障。例如，计算机网卡配置不当，会导致无法连接的故障等。

3. 网络协议

网络协议是网络设备和计算机网络通信时所使用的语言。因此如果没有网络协议则网络也就不存在了，网络内的网络设备和计算机之间也无法通信。网络协议的配置在网络中居于举足轻重的地位，决定着网络能否正常的运行。网络协议的含义非常广泛，既包括交换机和路由器执行的网络协议，也包括计算机和路由器执行的网络协议。其中任何一个协议配置不当，或工作不正常，都有可能导致网络瘫痪或某些服务被终止，从而出现网络故障。

4. 网络服务

网络服务故障主要是指服务器硬件故障、网络操作系统故障和网络服务故障。所有的网络服务都必须进行严格的配置或授权，否则，就会导致网络服务故障。如端口映射错误，会导致无法提供某种服务等。当局域网内的所有服务都无法实现时，应当检查网络设备的配置，尤其是连接网络服务器的交换机或路由器的配置。如果只是个别服务无法实现，则应当检查提供网络服务的相关配置。

16.1.2 排除局域网故障的方法

一般来说，局域网故障的排除最好遵循一定的顺序，这样的合乎逻辑的方法可以节省时间和经费，譬如不必要的软件、硬件替换。排除一般网络故障的方法如下。

Step 1 认清症状。仔细记录从其他人或系统中学来的解决问题的方法，并进行记录。

Step 2 验证用户权限。例如，确保用户正确输入了用户名和密码。

Step 3 限定问题的范围。确定故障是否是全局性的，即局域网上的所有用户是否总会碰到这个问题，或者问题只发生在网络上某一地理区域，某一特定的工作组，某一特定的时间段，该问题是属于地区性的、工作组性的还是时间相关的。

Step 4 重现故障，并且要保证能够可靠地重新产生这个错误。

Step 5 验证网络物理连接(例如网络连线、网络接口卡的插槽、供电电源)的完整性。从受到影响的节点开始，向主干网延伸。

Step 6 验证网络的软件连接问题(例如地址、协议绑定、软件安装等)。

Step 7 考虑最近的网络变更和可能因此导致的网络问题。

Step 8 实施解决方案。

Step 9 检验解决方案。

如图 16-1 所示的流程图说明了这些步骤是相互联系的关系。

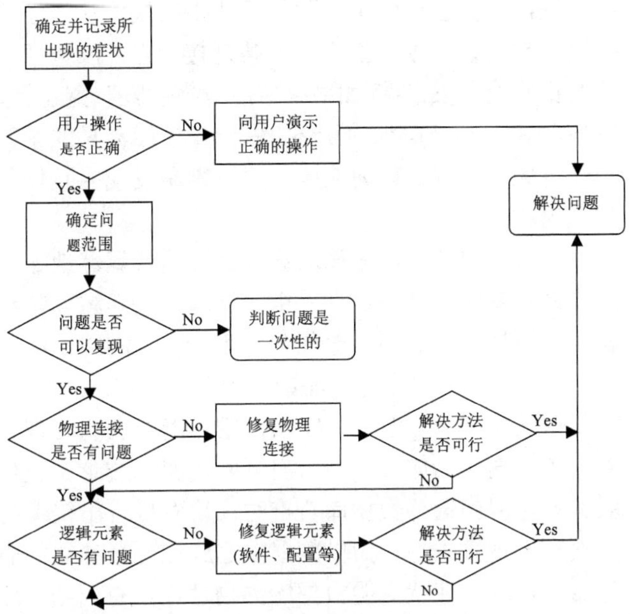

图 16-1　排除局域网故障的流程

故障解析

根据故障现场的实际观察，可以从上面列表中的一步跳到另一步，减少所执行的检查步骤。例如，如果检测到一个网络接口卡在工作站系统板上的安装不正确，就可以直接跳到步骤 8，而不用分析网络的最近变化情况。总之，在排错时可根据以往的维护经验进行排除，如果先检查网线，通常会省很多时间。每个网络高手都可以讲出一个花了半天时间也没有解决计算机无法连到网络的问题，最后却发现仅仅是因为网线没有插到墙上的插座上或者网络接口卡上这样的一个故事。

1. 记录故障现象

在局域网中，单一故障的表现可能是用户不能访问网络驱动器或者使用指定的打印机打印。一方面，引起故障的原因很多，包括网络接口卡故障、网线故障、集线器故障、路由器故障、不正确的客户端软件配置、服务器故障，或者用户错误。另一方面，也可能会遇到电源故障、打印机故障、Internet 连接故障、E-mail 服务器故障，或者其他问题。一定要花些时间留意用户、系统和网络的状况，以及任何出错信息。并且认为每一症状都是独立的(但可能是相关的)。这样就可以避免忽略一些问题，或者更坏地将导致更多问题的情况。

故障解析

把用户报告的出错消息记录下来。如果是进行远程协助，可以让用户直接把屏幕上的消息读出来，或者把出错信息直接拷屏(在一些计算机上，按 Print Screen 键，将执行拷屏的操作；在另一些计算机上，还可以按 Shift+Print Screen 组合键或者 Alt+Print Screen 组合键)。把关于那个故障的错误消息和对故障所做的其他笔录写在一起。

2. 确认用户操作正确性

用户可能都有这样的经历，操作计算机时，确信所做的每一步都是正确的，但就是不能访问网络，或者保存文件或者接收 E-mail。例如，在没有意识到 Caps Lock(大写锁定)功能已启动的情况下键入密码。甚至确定键入了正确的密码，但每次仍得到了一个“密码错误”报错消息。所有的用户时不时地都会经历这样的事情。犯错误是在所难免的。但是，对于故障排除人员而言，首先就要确保不要出现这种人为错误，这将会节省很多时间和精力。实际上，人为的故障是容易排除的。例如，与诊断文件服务器相比较，帮助用户重新设置网络驱动是非常简捷容易的。

3. 确定问题范围

在认清症状并排除了用户错误之后，就要限定问题的范围：问题是否仅出现在特定的工作组，或某一地区的机构，或某一时间段。一方面，如果问题只影响某一网段内的用户，就可以推断出问题出在该网段的网线、配置、路由器端口或网关这些方面。另一方面，如果问题只限于一个用户，只需关注单一的一条网线、工作站(硬件或软件)配置或用户个人就可以了。像辨别症状一样，限定问题范围排除了其他的诱因和对其他范围问题的关注。限定受到影响的工作组或区域，可以帮助区分是工作站(或用户)问题，还是网络问题。如果故障只影响到一个部门或者一个楼层，例如可能需要检测该网段，它的路由器接口、网线，或者为那些用户提供服务的工作站。如果一个故障影响到所有部门和所有位置的所有用户，肯定是已经发生了一个灾难性故障，这时就应该检查关键部件，例如中心交换机和主干网连接。

注意

如果问题是全局性的，就是它影响了所有的局域网或广域网，应该迅速解决这个问题。通常情况下，网络故障不是灾难性的，通过询问具体问题限定它们的范围，只用很少一点时间就可以排除故障。

4. 复现局域网故障

复现故障可以从一个故障中获得更多知识，如果不能复现故障，则可以假设问题已经消失，不会再发生或者是由于用户的误操作所导致的。应该以报告错误的用户的 ID 号和特权账号(例如设备管理员账号)两种方式登录来重现错误。如果仅是以普通用户 ID 登录出错，就可以推断这与网络上用户的权限有关。

故障解析

复现故障时，应该严格按照发现问题用户的操作步骤进行。许多计算机的功能可以用不同的方式来实现，例如，在一个查询处理程序中，可以利用菜单存储文件，也可以用组合按键，或者单击工具栏中的某个按钮，这三种方法的结果是一样的。同样地，可以以命令行方式登录，或者从一个包括批处理文件的预备脚本登录，或者从客户软件提供的窗口中登录。如果试图以不同用户登录的方式复现故障，也许不能发现被报告的症状，而以为是用户人为所导致的错误。事实上，这样就错过了一个解决该故障的有力线索。为可靠地重现一个故障，要仔细盘问用户在事发之前做过什么。

注意

试图重现问题时要有好的判断能力。在某些情况下，重现故障会使网络瘫痪、工作站上的数据丢失以及设备损坏；最好不要试图这样做。一个明显的例子是后备电源掉电。当网络设备重新工作后，就不会想为了验证故障是否出自后备电源而去切断它。

5. 检查物理连接

重现了故障后，应该检查网络连接中最直接潜在的缺陷，即“物理连接”。物理连接包括：从服务器或工作站到数据接口的电缆线，从数据接口到信息插座模块，从信息插座模块到信息插头模块，从信息插头模块到集线器或交换机的各条连接。它可能包括设备的正确物理安装(例如网络接口卡、集线器、路由器、服务器和交换机)。如前所述，先检查显而易见的东西会节省大量时间。物理连接问题很容易发现并且修复起来也相当容易。

通常，物理连接故障意味着经常地或偶然地无法连接网络或实施网络相关功能。物理连接问题通常都表现为应用异常、不能够使用单个应用、网络性能欠佳、协议错误、软件许可证错误(Licensing Errors)，或者软件使用错误。但是一些软件错误能够表明物理连接出了问题。例如，一个用户可以快速地登录到文件服务器，但当选择数据库查询时，软件报告出错信息说没有发现数据库。如果数据库存放在一个独立的服务器上，这一症状说明数据库的物理连接有问题。除了检验设备之间的连接，还必须检验物理连接是否健全。例如，电缆线正确地插入到端口、网络接口卡和墙上的插座里；网络接口卡牢固地插入主板，连接器工作正常，电缆线没有损坏，损坏的或不正确安装的连接器件会导致偶然的错误。

故障解析

在确认一个网络物理连接时，第一步就是从一个节点到另一个节点跟踪查看。例如，如果用户的工作站不能登录网络，就要验证他输入的密码是否正确，从他的工作站的网络接口卡和接头电缆开始检查物理连接。跟踪从工作站到他不能到达的服务器的所有路径。

6. 检查逻辑连接

当检验过物理连接之后，就必须检查软件、硬件的配置、设置、安装和权限。依靠症状的类型，需要查看联网设备、网络操作系统、硬件配置，例如，NIC(网络接口卡)中断类型设置，所有这些都属于“逻辑连接”。

因为逻辑问题非常复杂，所以它们比物理问题更难分离和解决。例如一个用户有两个小时不能登录上网络，当检查时发现不论用自己的 ID 还是其他用户的 ID 都能重现该故障，检测物理连接，一切都正常。到此，则需要检查工作站的逻辑连接。某些与网络连接有关的软件可能出现下列问题：资源与网络接口卡的配置冲突，某个网络接口卡的配置不恰当(例如，设置了错的数据传输率)，安装或配置客户软件不正确以及安装或配置的网络协议或服务不正确。在此例中，还要留意客户登录窗口，并注意是否存在错误的服务(如被设置成默认)。一旦修改了客户软件的默认服务设置，可能就可以登录网络了。像某些物理连接问题一样，逻辑故障源于网络设备的某些变动。

7. 检查网络设备

开始排除故障时，应该清楚局域网设备最近经历了什么样的变动，如添加新设备(电缆、连接设备、服务器等)、修复已有设备、卸载已有设备、在已有设备上安装新元件、在网络上安装新服务或应用程序、设备移动、地址或协议改变、服务器连接设备或工作站上软件配置改变以及工作组或用户的改变，所有改变如果不是仔细计划和实施就会出现问题。

如果怀疑网络的变动引起了问题，就可以用两种方法来解决问题：可以改正由于变更引起的错误；或者撤销变更，使软、硬件恢复原状。这两种方法都要冒一定的风险，在两者中，恢复原状是一种风险较小并且节省时间的解决办法。但是也有例外，例如，怀疑的某个与变更有关的故障可以很容易地被修复，这种处理方法就比恢复原貌更快。在某些情况下，想恢复软件或硬件的配置几乎是不可能的。

注意

在改变网络配置和设备之前，一定要制订计划并收集一定的资源信息以备情况变坏时可以取消操作，例如，如果想改变服务器上的存储模式，手头就应该保留旧的存储模式，以防新的存储模式有缺陷。在其他条件下，应该备份设备或应用程序的配置，也许需要复制保存目标配置的那个目录。

8. 实施排除方案

找到问题后，就可以实施一个排除故障方案。这一步可能是一个比较简单的过程(例如改正用户登录窗口的默认服务器设置)，也有可能是一个耗时的工作(例如更换服务器的硬盘等)。在任何情况下，都应该保留所进行处理的记录。实施解决方案是需要远见和耐心的，无论仅仅是改变 E-mail 程序设置还是重新配置路由器。在发现问题的过程中，解决方案的系统性越强并且逻辑性越高，纠正错误就越有效。如果一个问题引起了全局瘫痪，就要使解决方案尽可能实用。

9. 检查排除方案

进行故障排除后，必须验证系统是否工作正常。显然，实施检测的方法依赖于具体方案。例如，如果替换了连接集线器端口和信息插头模块的电缆线，验证它的快捷方案是看这根电缆能否连通网络。如果设备不能成功地连到网络，还要再试另外的电缆线，并考虑问题的根源是否来自物理或逻辑连接或其他的原因。

16.2 局域网故障排除工具

前面重点描述了最简单的、最快捷的、最实用的排除网络故障的方法。但是在实际中，这些通用的技术常常导致花费大量的时间甚至无法解决问题。在很多时候，最有效的办法是利用专门为分析和隔离网络问题而设计的工具。本节主要介绍这些工具，从最简单的网线测试仪(显示网线是否损坏)到高级的协议分析仪(捕获和显示在网络上运行的所有数据类型)，用户在选择网络工具时，要依靠于调查的具体问题和网络的特征进行选择。

16.2.1 网线测试工具

网线测试工具在网线安装和网络故障排除过程中都是必须准备的，网线问题的症状可能像经常丢失数据包一样难以捉摸，或像网络连接断开一样明显。有些统计资料表明，50%以上的网络问题来源于网线的损坏或非正确安装，可以很容易地用特殊工具检测出网线的故障，下面重点讲两种网线测试工具：网线检测仪，它只表明网线的通断；网线探测器，它进行更尖端的测试，例如测量信号是在网线的哪个位置消失的。

1. 网线检测仪

基本的网线检测仪只检查网线是否还能提供连接，为完成这一任务，网线检测仪在网线的一端为每根导线提供了一个小的电压，然后查看在导线另一端是否还能检测到电压。网线检测仪也检查在其他导线的另一端是否还能检测到电压，如图 16-2 所示出为典型的简单网线检测仪。

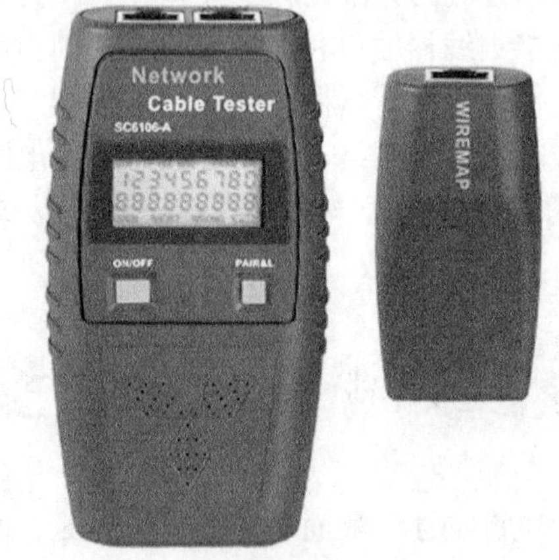

图 16-2　网线检测仪

大多数网线检测仪通过一串的灯来表明网线的“通/断”状态，一些也通过 LED 显示仪用语言来指明“通/断”状态，一个“通/断”检查提供了一个简单的提示(元件是否还能继续完成指定的功能)。除了检查网线的连接，一个好的网线检测仪可以验证网线装备是否正确，有没有短路、裸露或缠绕。在购买网线检测仪时，要确保所购买的检测仪可以检测局域网的网络类型，例如，以太网 10BaseT、以太网 100Base TX 或者令牌环。在制作网线的时候，最好使用一个网线检测仪(如果是网线探测器则更好)来证实它们的连通性，还应该弄清楚它是否符合需要组建局域网的标准，在装配之前测试网线，可以节省排除故障所需的时间。

注意

网线检测仪不能检查光缆的连接，因为光缆利用光而不是电压来传送数据，检查光缆需要使用特殊的网线检测仪。

技巧

不要用网线检测仪检查正在工作的网线，应该把它从网络上断开，然后再检查。为了方便，大多数网线检测仪是便携式的，通常使用 9 伏电池，它可以大大地节省工作时间。

2. 网线探测器

网线探测器和网线检测仪的区别在于它们的高科技性和更高的价钱，一个网线探测器和网线检测仪一样可以测试网线的连接和错误，但还提供以下功能。

- 确认网线不是太长。
- 确定网线坏损的位置。
- 测量网线的衰减率。
- 测量网线的远近串扰。
- 测量细以太网网线的终端电阻的阻抗。
- 按 CAT 3、CAT 5、CAT 6 甚至 CAT 7 标准提供“通/断”率。
- 存储和打印网线测试结果。

一些网线探测器提供更多的性能——例如一个表明网线衰减率和串扰参数的输出图形，因为它们的高科技性，网线探测器的价钱比网线检测仪高得多，如图 16-3 所示为一个高级的网线探测器。

图 16-3　网线探测器

在为双绞线网络购买测试仪的时候，确保它提供了网络所使用的频率范围的衰减率和串扰测试，例如，如果测试 1000Base T 以太网，应购买能测试 1000MHz 的网络测试器。网络区段必须遵循长度限制以保证数据及时、无误地到达目的地。

故障解析

如果一个房间里的工作站经常遇到登录困难或连接超时，管理员就应该用网线探测器测一下这些工作站的位置是否超过了一个集线器的最大允许范围，如果另外一组工作站经常遇到响应时间慢的问题，一个网线探测器将指出在发送节点和接收节点之间有过多的网站，它们导致了信号过分衰减。

另一个影响信号传输的重要因素是近端串扰，串扰是因为一条线上的信号和邻近的一条线上信号发生了干扰，如在一个大房间里两个谈话的声音相互影响，使听众无法听懂话音，串扰经常在网线接头处被增强，因此，一装配好网线，就需要测量串扰，并且应该测量网线的两端。

16.2.2 网络监视工具

一旦发现物理连接问题(包括网线损坏等)，进行一个更深入的分析是必要的，一些工具(包括网络监视器和分析仪)可以帮助用户分析网络流量，捕捉和分析网络上的数据。

网络监视器是基于软件的工具，它可以在连到网络上的一台服务器或工作站上持续监测网络流量，网络监视器一般工作在 OSI 模型的第三层，可以检测出每个包所使用的协议，但是不能破译包里的数据。

在购买网络监视器之前，应该熟悉这些工具可以区分的一些数据错误名称，下面定义了一些错误类型的常用术语和它们的特征。

- 本地冲突(Local Collisions)：冲突发生在当两个或更多的工作站同时传输的时候，网络上特别高的冲突率经常来自网线或路由问题。
- 超时冲突(Late Collisions)：冲突发生在它们能够被检测到的时间之外，超时冲突经常由以下两种原因造成——正在工作的已损坏的工作站(例如，网络接口卡或无线收发机)在没有检测线路状态的情况下发送数据；没有遵循配置指导上的电缆线长度限制，所以导致冲突发现得太晚。
- 碎包(Runts)：包比介质允许的最小包还小，例如，把小于 64 字节的以太网包认为是碎包。
- 巨包(Giants)：包比介质允许的最大值还大，例如，以太网中大于 1518 字节的包被认为是巨包。
- Jabber：处理电信号异常的设备，经常影响其他网络的工作，网络分析仪把它当成一个经常发送的设备，最终把网络中断，尖叫源经常是由坏的网络接口卡引起的，有时候也会受到来自外界的电磁干扰。
- CRC 校验出错：因为通过接收到的数据运算得到的检验值与发送端产生的校验值不符而产生的错误。它经常表明在局域网连接或网线上的噪声或传输问题。大量的 CRC 校验错经常是由过量的冲突和工作站传输坏的数据包造成的。
- 假帧(Ghosts)：它并不是真实的数据帧，而是源于线路上中继器的电压波动。与真正的数据帧不同，假帧没有开始的标志。

Network Monitor(NetMon)是随微软 Systems Management Server(SMS)一起的基于软件的网络监视软件，它可以提供以下功能。

- 从网络一段或几段中捕获传输数据。
- 捕获来/去特殊节点的帧。
- 通过发送指定数量和类型的数据来重现网络状态。
- 检测在网络上 NetMon 的其他运行副本(依赖于路由器的位置和配置)。
- 产生网络活动的参数。

NetMon 的主要功能是捕获网络上传输的数据，由于有基于硬件的网络分析仪，用户可以让 NetMon 观察网络一段时间，捕获通过特定网络的数据(因为 NetMon 利用随机模式，它可以捕获所有的数据，而不仅是来往于 NetMon 控制台的数据)。

故障解析

如果网络出现问题导致中断，NetMon 的工作站可以捕获到大约五分钟内发送的所有数据，然后可以在 NetMon 中找出错误的帧，按照每个节点产生坏数据的多少把它们排队，假如在队列最前边的工作站就是问题所在，那么它会产生比其他节点多得多的坏数据包在网络上进行传输。

16.2.3 网络分析工具

网络分析仪是便携的、基于硬件的工具，网络管理员可以把它连入网络，专门用来解决网络问题，网络分析仪可以破译直到OSI模型第七层的数据，例如，它们可以辨别一个使用 TCP/IP 的包，甚至可以辨别它是从特定工作站到服务器的 ARP 应答信号。分析仪可以破译包的负载率，把它从二进制码变成可识的十进制或十六进制码，因此，网络分析仪可以捕获运行于网络上的密码，只要它们的传输不是加密的，一些网络测试仪软件包可以在标准 PC 上运行，但有些需要带特殊网络接口卡和操作系统软件的 PC。

提示

为了利用基于软件的网络监视和分析工具，计算机上的网络接口卡必须支持随机模式，随机模式是指设备驱动程序引导网络接口卡接收流过网络的所有帧，不光是指向该节点的帧。可以通过阅读手册或向生产商查询，知道它是否支持随机模式，一些网络监视软件提供商甚至会提示哪种网络接口卡适用于自己的软件。

1. 网络分析仪

Novell 提供了一个与微软 Network Monitor 相似的网络监视工具，叫 LANalyzer 代理，它可作为一个独立的程序和工作于 Windows 工作站或作为 MangeWise 的一部分在 Netware 服务器上装配网络管理工具，LANalyzer 具有如下的功能。

- 基本上能发现网段上的所有网络节点。
- 能连续监测网络流量。
- 当流量达到预定的门限时报警。
- 能捕获来(或去)所有(或选定)节点的流量。

像 Network Monitor 一样，LANalyzer 能按节点捕获流量，按节点辨别错误数据，按网段产生流量参数，另外，作为 ManageWise 的套件，LANalyzer 能在特定的网段上发现所有的节点。它可以利用这些数据构造网络管理系统，这个网络管理系统不仅可以收集信息，例如，发现一个用户在某一特定的工作站上登录多少次，或者记录工作站向服务器申请什么样的程序。

注意

例如，为确保平均网络流量不超过网络流量的50%，应该设置 LANalyzer 的参数，当网络流量达到 49%时就会发出警告，应该采取行动重新分配流量或者加强网络的容量。注意到这个平均使用量意味着分析软件在单个测量时间内要探测到将近49%的流通量，单个探测表示探测到一个跃变，可以手工配置触发器的精度。

2. 网络分析软件

除了利用随同网络操作系统的软件，还可以从专门从事网络管理的提供商那里购买网络分析软件，如网络联盟的 NetXRay，这个网络分析软件提供数据捕获、分析、发现节点、流量转向、记录、报警和利用率预测。NetXRay 与 Network Monitor 以及 LANalyzer 有相同的特征，同时又增加了一些附属物，它也可以为了重现网络故障而产生流量和同时监测多个网段，它的图形界面使这个产品使用方便，显示网络流量的可读性强，NetXRay 支持多协议和网络拓扑结构，它实时显示了某个节点正在变化。

利用网络监视器或分析仪的一个优点是它们不是网络操作系统的一部分，因而具有可移动性，例如，在平台上装了 NetXRay，就可以从一个网段跳到另一个网段，不用安装多个网络监视平台就可以分析流量，基于硬件的网络分析仪和探测器，也具有可移动性这一优点。如果一个网络是全部交换的(即每个节点连接到自己的交换端口)，网络分析仪只能捕获到广播的包和目的地址为正运行软件的节点的包，因为在交换环境下，只有这些数据包才能传输到目的地址。交换机的使用使网络监视更加困难，但并不是不可能，对这个问题的一个解决方案是重新配置交换机来重新选择路由，这样网络分析仪才能接收到所有的流量。

16.3 局域网故障排除实践

在故障发生时，作为一名合格的管理员，必须能够清楚地对故障进行诊断，并使用相应的措施排除故障，由故障发生时所表现的状况进行分析，确认故障排除方案，并最终排除故障。

16.3.1 网络设备连接故障

双绞线构成的网络结构容易出现一些问题。

下面分别介绍这些故障的排除方法。

1. 网卡设置错误

网卡设置错误是最常发生的问题(几乎 90%以上)，例如安装了错误的驱动程序、IRQ 或 I/O 端口地址设置错误、操作系统不支持这块网卡等，都属于这一类的错误。假如怀疑是设置的问题，建议先用网卡附带软件来监测当前的设置，再检查系统设置是否与其相符，只要硬件设置与系统设置都正确(而且要一致)，即可排除安装错误造成的问题。

2. RJ-45 接头故障

双绞线两端的 RJ-45 接头也非常容易发生故障，例如，双绞线的水晶头没顶到 RJ-45 接头顶端，绞线未按照标准脚位压入接头，甚至接头规格不符或者内部的绞线断了，都是经常出现的接头部分的问题。

一般来说，RJ-45 接头的规格较容易被忽略，当前市场上的接头，光是铡刀的接触点就有三刀和两刀两种，而 100BaseTX 网络就不能使用两刀式的。镀金层厚度这种细微的地方对接头品质的影响也是相当客观的，如果镀得太薄，那么网线经过三五次插拔之后，也许就把它磨掉了，接着被氧化，就会造成断线。所以，购买时应该多花一点功夫关注接头的规格，是相当有必要的。

3. 网卡或其他设备损坏

一般来说，硬件引发的故障概率较低，但是如果这些设备损坏，可能只能更换新的设备了。下面讲解由网卡或其他设备损坏引起网络故障的排除方法。

首先确定正确的查线方向，如果只是某一台单机的网络功能失效，而其他计算机都能正常工作，那便是这台单机有问题，这时可以缩小范围，将目标限定在以下 4 种情况。

- 网卡设置错误。
- 从交换机接往该计算机的接线故障或接触不良(包括两端 RJ-45 接头)。
- 计算机所连接的交换机插槽故障。
- 断线计算机的网卡故障。

若是部分计算机的网络功能同时失效，则可能存在以下两种可能。

- 连接这些计算机的交换机发生了故障。
- 这些交换机连往上层的网线质量不佳。

确定了问题的原因后，就可以排除单机的问题。

若是网卡设置错误的话，可以使用普通网卡的驱动程序盘附有的测试和设置网卡参数的程序，分别查验网卡设置的接头类型、IRQ、I/O 端口地址等参数，若有冲突，只要重新设置，就能使网络恢复正常。另外检查一下网卡驱动程序是否正常安装，以 D-link530CT+网卡为例，按出厂时间又有 A、B、C、D 这 4 种版本，使用的驱动程序也不相同，假如选错了，就有可能发生不稳定的现象。对于这种问题，只需找到正确的驱动程序，重新安装即可。

如果是接线故障或接触不良，网络故障大多都是电缆本身的导通问题。因此，确定电缆是否正常是相当必要的，一般可观察下列 5 个地方。

- 双绞线颜色和 RJ-45 接头的脚位是否相符。
- 双绞线接头是否顶到 RJ-45 接头顶端，若没有，该线的接触会较差，需要再重新使用压线钳压紧或更换水晶头。
- 观察 RJ-45 侧面金属片是否已刺入双绞线之中，若没有，很可能造成线路不通。

- 观察双绞线外皮去掉的地方，是否使用剥线工具时切断了绞线(绞线内铜线已断，但皮未断)。
- 若看不出故障，可以换一条新网线，换上后若正常，说明原来的网线有问题。

一般来说交换机损坏情况不太严重，只会影响到一两个插槽，建议换插到别的插槽试试看，问题一般都可以解决。另外，网卡故障的几率也不大。假如从网卡的设置上找不到任何问题，那么硬件故障的可能性就比较大了。

- 指示灯观察。现在的网卡上都有 Power/Tx 灯，当网卡正常且连接正确时，只要一打开计算机电源，此灯就会亮。
- 更替测试。对于网卡故障，常用的办法就是换一块网卡进行测试，重新开机之后就能知道问题是否出在网卡上了。

若是部分网络出现故障的话，可按下面的方法进行排除。

- 先检查集线器上的指示灯。RJ-45 插槽一般都有相对应的指示灯，观察各个交换机的指示灯状态，假如某一个插槽在插了计算机或是串联其他交换机之后，指示灯却不亮，那么这个插槽可能就有问题了，或者通过这个插槽接出去的两线或交换机出了故障。
- 确定范围，找出病源。网络上的计算机若集体断线，通常多发生在同一交换机下，包括这个交换机之下的分支。找出断开网络的计算机，然后确定它们共同上网的最接近的交换机，问题一定就出在该交换机上，此时再用更替法找出问题所在，相信故障一定可以很快地得到排除。

4. 网络打印机不正常

与工作站一样，网络打印机经常出问题(一般没有服务器那样复杂)。通常，网络打印机的故障影响到每一个使用它的人。排除网络打印机故障的具体步骤如下。

Step 1 尽量限定故障发生的范围，查看一下是经常使用打印机的所有用户都遇到问题，还是单独的一个用户或几个用户。

Step 2 检查错误的原因。首先从自己的机器上打印(假设该机器已经连到网络上，安装了适合打印机的驱动程序)，查看一下故障是不是出在工作站设置上。如果遇到了一个错误，记录错误信息的确切含义，如果没遇到错误，则症状不是网络范围的，故障可能出在用户名错误，或者一个工作组打印机的配置错误。

Step 3 如果在自己的机器上不能重现故障，到有故障的工作站上去重现这个问题。

Step 4 如果故障只出现在一台工作站上，那么问题可能来自与工作站相关的物理连接或逻辑连接上。查看故障工作站的网线和网络接口卡，再查看打印机驱动程序和设置，如果有必要重装打印机驱动程序。

Step 5 如果故障出在几台工作站上，故障肯定与打印机本身有关。查看打印机的物理和逻辑连接，确保打印机打开了，确认打印机已经连接到网络，同时，确保打印机已准备好，即打印机是可用的，没有内部故障。

Step 6 如果打印机已经连接好，且准备好，打印一测试页看它的配置。从测试页可以看出打印机是否正确地连接到了服务器，接收协议是否正确，以及网络环境设置是否正确(例如它是以太网上，使用 IPX/SPX 协议，确保它有正确的打印设置)。

注意

这些逻辑步骤能确保查出问题的可能原因，一旦发觉多个工作站都出现了打印问题，故障可重现，驱动程序在每个工作站上都安装正确，打印机物理连接到了网络，可以把注意力转到打印机的网络设置，通过删减判别步骤，可知配置问题可能是故障的根源。

16.3.2 Internet 连接故障

基本上所有的局域网都会连接到 Internet，下面将讲解一些常见的 Internet 连接故障及解决方法。

1. ADSL 有时不能正常联网

ADSL 是一种基于双绞线传输的技术，双绞线是将两条绝缘的铜线以一定的规律互相缠在一起，这样可以有效抵御外界的电磁场干扰。多数电话线是平行线，从电话公司接线盒到用户电话这段线大多用的是平行线，这对 ADSL 传输非常不利，过长的非双绞线传输会造成连接不稳定、ADSL 灯闪烁等现象，从而影响上网。由于 ADSL 是在普通电话线的低频语音上叠加高频数字信号，所以从电话公司到 ADSL 滤波器这段连接中任何设备的加入都将危害到数据的正常传输，因此在滤波器之前不要并接电话、电话防盗器等设备。

2. ADSL 频繁掉线

某 ADSL 随温度的升高掉线的频率也增高。

导致 ADSL 频繁掉线的原因很可能是电压过低。随着温度的升高，空调使用率也不断增加。毫无疑问，空调在制冷运转时，不仅将导致电压降低，而且还会引发感应电流。虽然 ADSL 在设计时会考虑到电压和电流的波动问题，但过低或过高的电压，仍然无法保障 ADSL 正常工作。因此，为 ADSL Modem 或宽带路由器配置一个 UPS 电源应当是解决问题的最佳选择。

3. ADSL 无法连通

在 ADSL 上加了一个 IP 电话拨号器后，ADSL 就出现无法连通的故障。

这是加装了 IP 计算机拨号器造成的。解决的办法是将 IP 计算机拨号器连接至 ADSL 分离器的 Phone 接口上。因为 ADSL 线路上并不是不能安装电话分机或其他设置，但一定要将它们连接至 ADSL 分离器分出的电话口上，而分离器则必须在电信总线进口上。当然，接在电话进线的分线盒上在理论上讲也可以，但是这样做的结果就在总线进口(也就是电信局)和分离器之间并入了其他电子设备，会对 ADSL 的通信造成干扰。由于 ADSL 对线路品质要求很高，有可能影响 ADSL 的正常工作，所以一般都在分离器的电话口上安装分机。

4. 同步灯正常，但不能上网

采用 ADSL 接入 Internet，可以打电话，同步灯也正常，但就是无法实现 Internet 连接。导致该故障的原因可能有以下 4 个方面。

- 计算机故障：系统未装相关拨号软件，网卡设置有误，或者与操作系统里面的某些软件冲突，最好卸载干净拨号软件后重新安装拨号软件，或者换另外的软件试试。
- 网卡故障：网线连通性故障、网卡发生故障，或者网卡驱动程序出现问题。可以使用 Ping 命令，检测网卡本身，以及网卡与 ADSL 设备的连接线是否正常。
- 设置故障：ADSL 设备参数设置有误，应当向 ISP 的技术人员咨询，并修改 Modem 的设置参数。
- 口令有误：重新键入用户名和密码，如果仍然无法解决，可询问技术人员修改密码。

5. 在 Windows XP 下不能使用 ADSL 拨号软件

新装 ADSL，在 Windows XP 下无法建立连接，始终在宽带连接图标上有个“×”。查看网络设置时，网卡和网络协议都正常。

如果使用由 ISP 提供的 PPPoE 拨号程序，往往会导致类似的故障。在 Windows XP 下，建议使用操作系统内置的 PPPoE 协议。在 Windows XP 下建立 ADSL 宽带连接时，具体操作步骤如下。

Step 1 打开“网络连接”窗口，在左侧窗口中的“网络任务”选项区中单击“创建一个新的连接”链接，如图 16-4 所示。

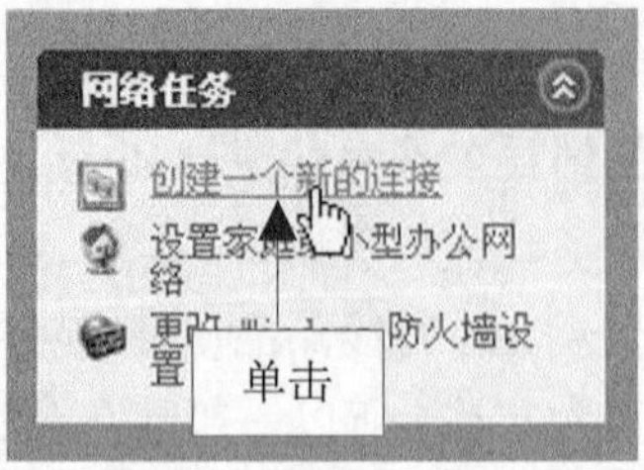

图 16-4　单击“创建一个新的连接”链接

Step 2 弹出“新建连接向导”对话框，显示该向导的基本功能，单击“下一步”按钮，如图 16-5 所示。

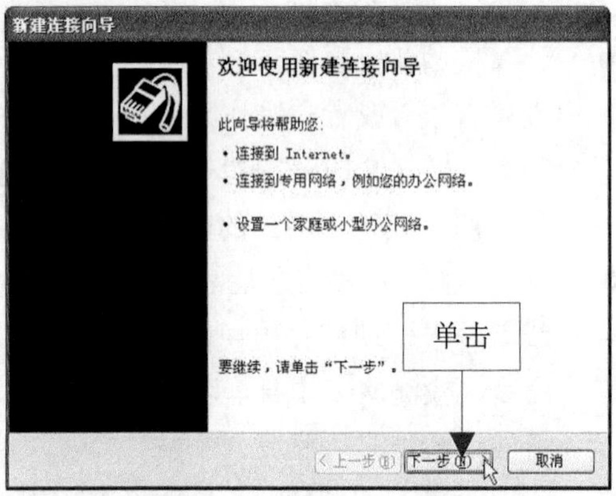

图 16-5　弹出“新建连接向导”对话框

Step 3 进入“网络连接类型”界面，选中“连接到 Internet”单选按钮，单击“下一步”按钮，如图 16-6 所示。

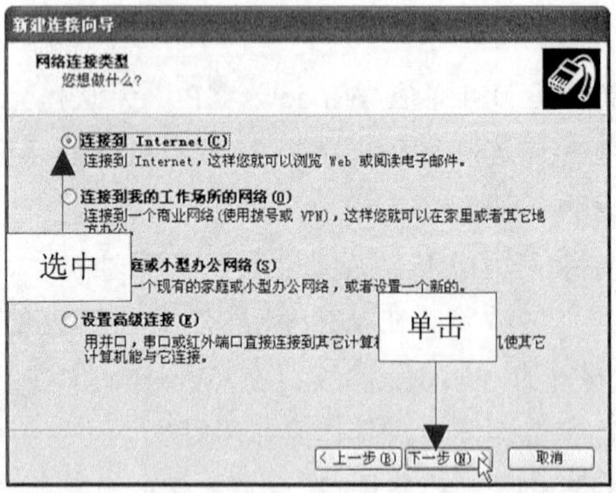

图 16-6　选中“连接到 Internet”单选按钮

Step 4 进入“准备好”界面，选中“手动设置我的连接”单选按钮，单击“下一步”按钮，如图 16-7 所示。

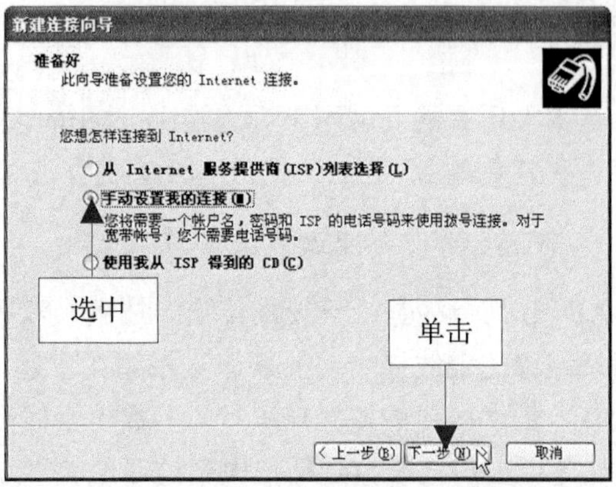

图 16-7　选中“手动设置我的连接”单选按钮

Step 5 进入“Internet 连接”界面，选中“用要求用户名和密码的宽带连接来连接”单选按钮，单击“下一步”按钮，如图 16-8 所示。

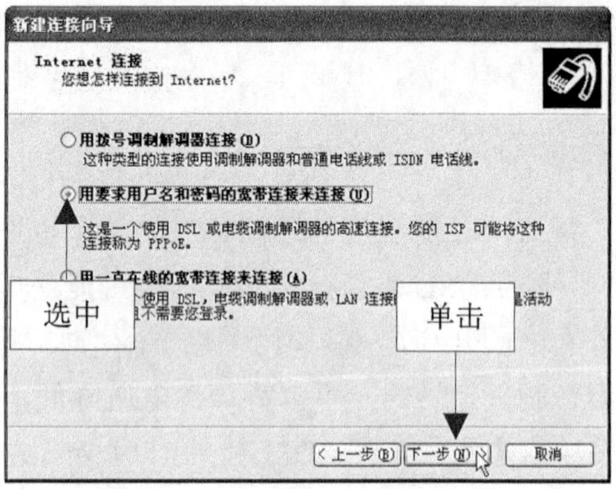

图 16-8　选中相应的单选按钮

Step 6 进入“连接名”界面，在“ISP 名称”文本框中随便输入一个名称，单击“下一步”按钮，如图 16-9 所示。

Step 7 进入“Internet 账户信息”界面，如图 16-10 所示，在其中的相应文本框内输入 ISP 提供的用户名和密码，单击“下一步”按钮。

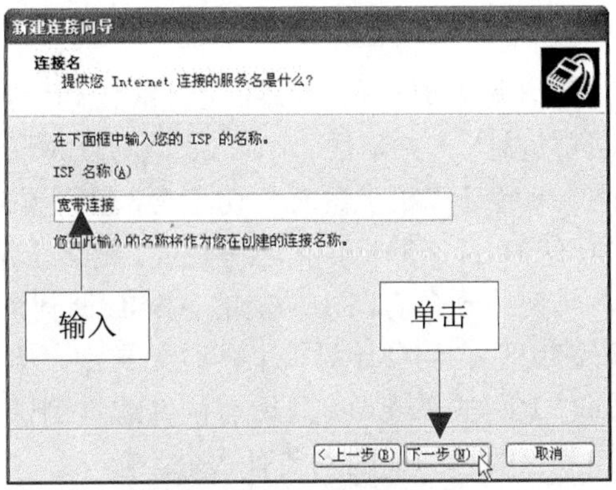

图 16-9　进入“连接名”界面

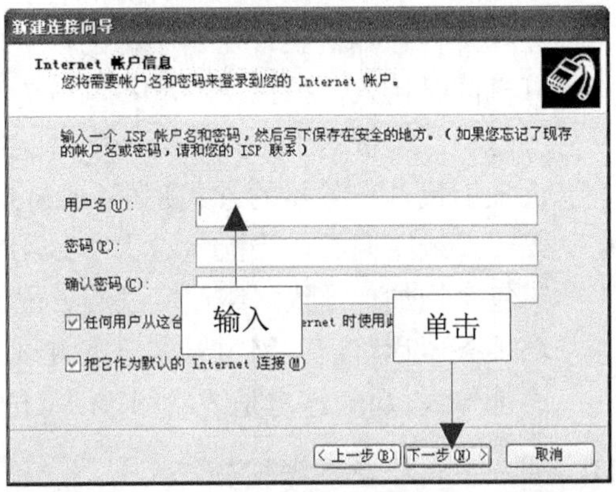

图 16-10　进入“Internet 账户信息”界面

Step 8 进入“正在完成新建连接向导”界面，选中“在我的桌面上添加一个到此连接的快捷方式”复选框，如图 16-11 所示，单击“完成”按钮，然后在“网络连接”窗口或桌面上双击新建立的连接，就可以上网了。

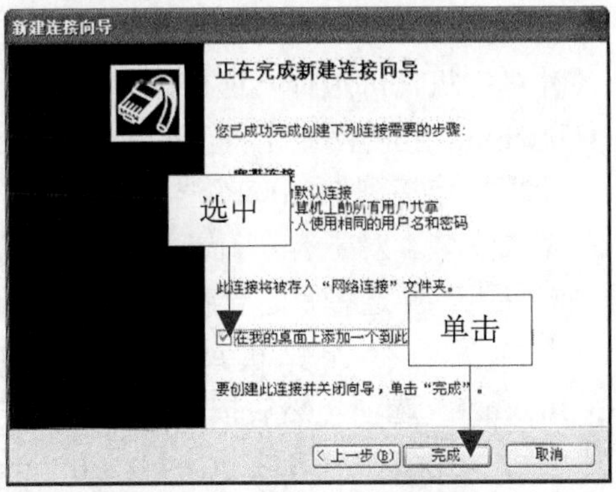

图 16-11　选中相应的复选框

6. 小区 LAN 方式接入也经常掉线

采用小区宽带 LAN 接入 Internet，网卡为 10/100Mbps 自适应 NEtcore 3210NE，操作系统为 Windows 7，上网时经常掉线。建议采用以下方案排除故障。

- 小区宽带通常限制为 10Mbps，建议将网卡设置为 10Mbps 速率，估计问题即可解决。
- 检查一下网线是否有问题，网线是否过长。
- 更换质量好一些的网卡(如 D-Link、实达等)，问题也可能会得以解决。
- 当安装了某些软件，在检测到可以连接网络时，要进行系统、软件或病毒库的更新等。启用 DHCP 方式为计算机分配 IP 地址信息时，如果网络繁忙，也要多等一会儿。另外，一些网络应用程序也会在系统启动后加载，从而影响系统的反应时间。

7. 部分计算机无法上网

某公司有 8 台计算机，上网使用宽带。网络连接方式是一台 4 口路由器加一台 16 口交换机，全部是 TP-Link 产品。计算机都不必设置 IP 地址信息，只需采取自动获取方式即可共享 Internet 连接。现在有 3 台计算机不能上网(操作系统为 Windows 7)，已确定网线和接口、网卡都没有问题，也可以连接到局域网，就是不能接入 Internet。访问网站时显示正在连接网站的 IP 地址，然后，就没有反应了。路由器和交换机都重启过，但是，故障依旧。导致该故障的原因有以下 4 个。

- 宽带路由器 DHCP 地址池中的 IP 数量有限，应当将地址池中 IP 地址的数量增加至不少于 10 个。
- Web 浏览器的设置问题，检查有关代理服务器和局域网的设置。应当禁用代理服务器的设置，并且不自动检测设置。
- TCP/IP 协议有问题，建议删除并重新安装 TCP/IP 协议。
- 蠕虫病毒。建议为所有操作系统安装 Service Pack 和系统安全补丁。

8. 宽带路由无法实现 Internet 连接共享

ADSL+路由器(型号是 TP-Link TL-R410)+15 口交换机共享上网，路由器的 WAN 口和 ADSL Modem 连接好，然后用一根网线(用测线器测试一切正常)与交换机相连接，软件方面都按照路由器的说明书去设置，路由器可以 Ping 通，但却无法上网。

Ping 通路由器只能说明路由器的 LAN 口设置没有问题，而且计算机与路由器之间的连接正常。故障的原因可能有以下 3 个方面。

- 路由器没有正确设置 WAN 口，具体设置可参照路由器说明书。
- 路由器与 ADSL Modem 的连接不正确。通常情况下，路由器与 ADSL Modem 的连接应当使用直通线。个别路由器或 ADSL Modem 有一个跳线开关，用于选择所使用的跳线的类型。参考一下路由器说明书，确认该开关与跳线类型相匹配。
- 工作站网络设置错误。通常情况下，路由器会自动分配 IP 地址，因此，客户端只需设置为自动获取 IP 地址信息即可，即无需手工设置 IP 地址、子网掩码、DNS、默认网关等参数。

9. 内网用户无法联机游戏

使用了 TL-R400 后，发现网络中的客户机不能登录广域网上的一些战网服务器，玩一些诸如魔兽争霸、星际之类的游戏。

TL-R400 是路由器产品，自带防火墙，如通过 TL-R400 实现登录广域网上的战网服务器，需要打开特殊端口，即在 TL-R400 中设置“特殊应用”(参见说明书)，具体设置是在界面下端的 POPULAR APPLICATIONS 中选择 BATTLE.NET，然后保存并重启路由器即可。但有一点要说明：在同一时刻，局域网内只能有一台 PC 可以使用特殊应用通道。如以上设置仍无效，说明该游戏使用的不是标准端口。在不知道具体端口的情况下，可通过设置 DMZ 主机功能将所有端口打开，同样，该设置只能用于一台机器，且此应用允许该机无限制地暴露于防火墙之外，无任何安全防护措施。

10. 多台计算机上网时掉包率过高

某用户新申请一条 ADSL 宽带用于上网，从约 200m 远处接入，并附送一 ADSL 调制解调器用于拨号上网。单台计算机上网时一切正常，但设置 Internet 共享后(有 14 台计算机)，掉包率过高，无法正常上网。后来，又使用一台有路由功能的 ADSL 调制解调器，设置好路由后，一台计算机上网时无异常，但多台计算机同时上网故障依旧，且所有硬件通过测试均无异常。导致该故障的原因主要有两个。

- 第一，路由器性能问题。宽带路由器虽然价格便宜，但是，在性能上的确不敢恭维。只接入几台计算机表现还是不错的，十几台计算机同时接入，掉包现象就不可避免了。也就是说，宽带路由器只适用于小型网络，建议采用代理服务器的方式共享 Internet 连接。
- 第二，线路问题。当流量过大时，ADSL 的错包率增加，导致网络速度过慢。试着用代理服务器代替硬件路由器做一下测试，如果还是掉线，那就肯定是线路和 ADSL 的问题。

11. 可共享文件却不能共享上网

采用 ADSL 宽带接入 Internet。主机采用 Windows XP 系统，安装双网卡，客户机双操作系统(Windows 7/XP)，双机互连后都在 Windows XP 下，在“网上邻居”中可以相互看到设为共享的文件夹及文件，主机可以正常上网。启用了主机的 Internet 共享，并设置了客户机 Internet Explorer 自动检测设置，但客户机不能正常上网。此问题可以试着采用以下方式来解决。

- 使用 Windows XP 的“网络安装向导”功能，针对主机，可选择“这台计算机直接连接到 Internet。我的网络上的其他计算机通过这台计算机连接到 Internet”选项，然后按照提示完成安装。对于客户机，也运行“网络安装向导”，并选择“这台计算机通过我的网络上的另一台计算机或住宅网关连接到 Internet”选项，然后按照提示完成安装。
- 也可以直接在 ICS 主机上启动 Internet 连接共享，然后，将客户端的 TCP/IP 属性设置为“自动获取”。

- 在设置 DNS 的时候，应该设置为 ISP 提供的 DNS 地址，或者设置为自动获取，而不能设置为 ICS 主机的 IP 地址。
- 在 Internet Explorer 的“局域网(LAN)设置”中，取消选中“自动检测设置”复选框，因为这只能导致 Internet Explorer 的访问速度变慢。
- 应当将 ADSL 连接设置为 Internet 连接，而不要将连接 ADSL Modem 的网卡设置为 Internet 连接。

12. 服务器无法连接 Internet，但其他计算机都能上网

某企业用固定 IP 地址上网，服务器采用 Windows Server 2003 操作系统，提供 IIS Web 服务和 DHC 服务，并安装 SyGate 作为代理服务器，同时，安装有 Norton 防火墙和杀毒软件，使用网路岗软件监控连接。服务器启动后一段时间里，服务器自身可以上网，外网也能访问服务器的 Web 网站。但是，经过一段时间(可能几十分钟，也可能是几小时)后，服务器自身便不能与外网连接了，外网也不能访问服务 Web 页，而局域网内其他计算机照常能通过代理上网，并且没有任何问题，内部也能访问 Web 页，“网路岗”能显示内部连接情况，SyGate 也有流量显示。即使停用防火墙，故障也无法排除，并且重装系统问题依旧。

导致故障的原因是系统资源占用过多，致使 SyGate 无法正常工作。事实上，监控软件、防火墙和杀毒软件，都需要占用较多的系统资源，将这些服务和应用都安装在同一台计算机上显然是不合适的。可通过以下步骤排除故障。

Step 1 检查 CPU 的占用率，看哪一个程序或进程占了太多的资源，然后卸载这个程序。

Step 2 依次卸载程序，先卸载“网路岗”，看问题能否解决。仍然无法排除时，再依次试着卸载网络防火墙和杀毒软件。

Step 3 如果 Web 网站的访问量较大，就必须与 SyGate 代理服务器安装到不同的服务器。

Step 4 如果 Internet 连接共享的客户端较多，建议将 SyGate 代理服务器单独安装到一台服务器上，不再提供其他网络服务。

16.3.3 双机直连的权限问题

两台装 Windows XP 系统的笔记本电脑在使用双绞线直连时，连接不稳定，且对方计算机经常无法浏览，甚至连工作组都打不开，提示“\\计算机名称\ShareDocs 无法访问。你可能没有权限使用网络资源。请与这台服务器的管理员联系以查明你是否有访问权限。不能访问网络位置”。

此故障必须解决 IP 地址和用户的权限问题，有以下 5 个方法。

- 可以给每一台笔记本电脑设置一个私有的 IP 地址，如一个为 192.168.1.10，另一个为 192.168.1.20，子网掩码都是 255.255.255.0。或者两者均采用“自动获取 IP 地址”方式，使其自动获取“169.254.0.1~169.254.255.254”段的 IP 地址。
- 在每台笔记本电脑上启用 Guest 账户，具体操作步骤如下。

Step 1 在“我的电脑”图标上单击鼠标右键，在弹出的快捷菜单中选择“属性”命令，打开“计算机管理”窗口，如图 16-12 所示。

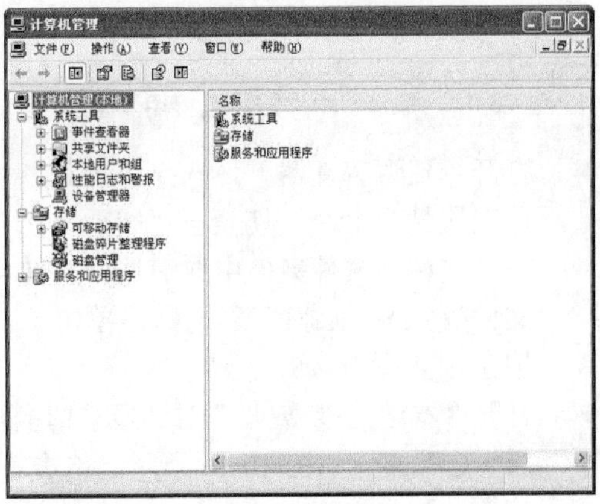

图 16-12 打开“计算机管理”窗口

Step 2 在“系统工具”下选择“本地用户和组”→“用户”选项，在右侧的窗格中右击 Guest

选项，在弹出的快捷菜单中选择“属性”命令，如图 16-13 所示。

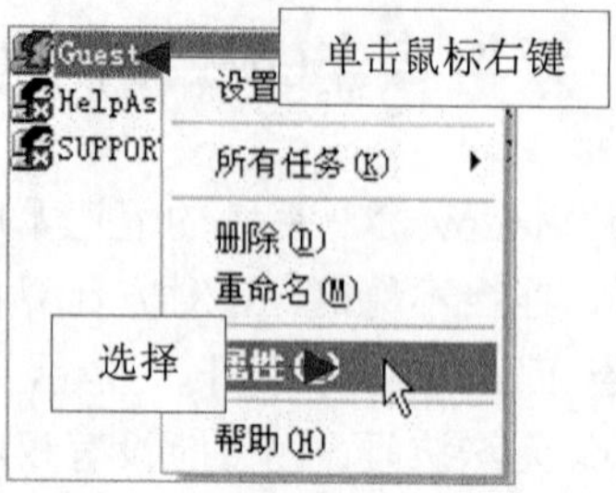

图 16-13　选择“属性”命令

Step 3 弹出“Guest 属性”对话框，在“常规”选项卡中取消选中“账户已停用”复选框，如图 16-14 所示，单击“确定”按钮。

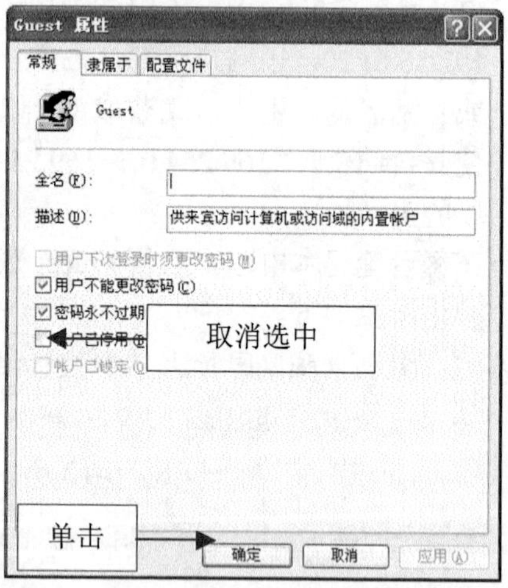

图 16-14　取消选中“账户已停用”复选框

- 打开“资源管理器”，选择“工具”→“文件夹属性”命令，切换至“查看”选项卡，在“文件和文件夹”中取消选中“使用简单文件夹共享(推荐)”复选框，单击“确定”按钮，如图 16-15 所示。
- 打开“本地连接 属性”对话框，切换至“高级”选项卡，如图 16-16 所示。单击“设置”按钮，弹出“Windows 防火墙”对话框，选中“关闭(不推荐)”单选按钮，单击“确定”按钮，如图 16-17 所示。

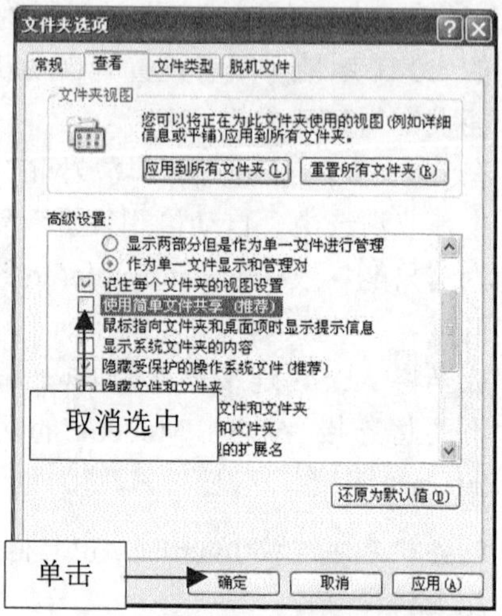

图 16-15　消选中相应的复选框

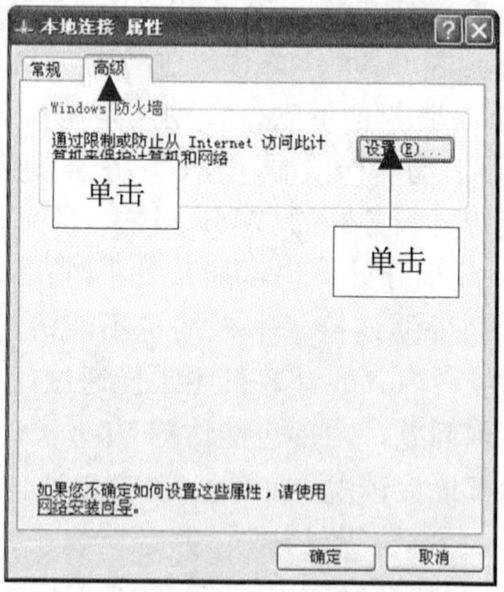

图 16-16　切换至“高级”选项卡

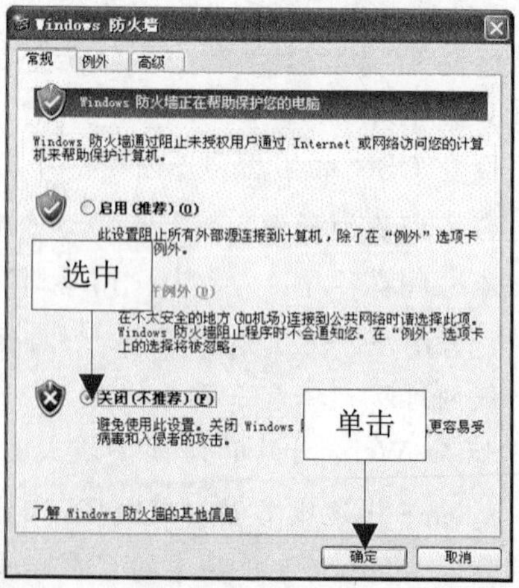

图 16-17　选中“关闭(不推荐)”单选按钮

- 在“网络连接”窗口中单击“设置家庭或小型办公网络”链接，运行“网络安装向导”，选中“这台计算机属于一个没有 Internet 连接的网络”单选按钮，单击“确定”按钮，如图 16-18 所示，根据提示完成向导。然后，打开 Windows 资源管理器，设置共享文件夹即可。

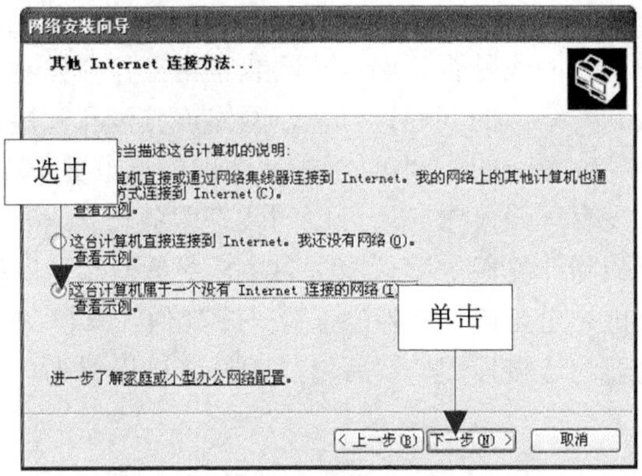

图 16-18　选中相应的单选按钮

16.3.4　局域网速度变慢

常见的局域网速度变慢的原因及排除方法如下。

1. 网线问题

双绞线是由 4 对线严格而合理地紧密绞合在一起，减少串扰和背景噪音的影响。同时，在 T568A 标准和 T568B 标准中仅使用了双绞线的 1、2 和 3、6 四条线。其中，1、2 用于发送，3、6 用于接收，而且 1、2 必须来自一个绕对，3、6 必须来自另一个绕对。只有这样，才能最大限度地避免串扰，保证数据传输。在实践中发现如果不按正确标准(T586A、T586B)制作网线，会存在很大的隐患。有的开始一段时间使用正常，但过一段时间后，性能就下降，网速变慢。因此，一定要按照 T586A、T586B 标准来压制网线。

2. 回路问题

一般当网络较小，涉及的节点数不是很多、结构不是很复杂时，这种现象很少发生。但在一些比较复杂的网络中，由于一些原因，经常有多余的备用线路，则会构成回路，数据包会不断发送和校验数据，从而影响整体网速，并且查找比较困难。为避免这种情况发生，要求在铺设网线时一定要养成良好的习惯，网线打上明显的标签，有备用线路的地方要做好记载。

3. 广播风暴

作为发现未知设备的主要手段，广播在网络中起着非常重要的作用。然而，随着网络计算机数量的增多，广播包的数量会急剧增加。当广播包的数量达到 30%时，网络传输效率将会明显下降。当网卡或网络设备损坏后，会不停地发送广播包，从而导致广播风暴，使网络通信陷入瘫痪。因此，当网络设备硬件有故障时也会引起网速变慢。当怀疑有此类故障时，首先可采用置换法替换集线器或交换机，来排除集线设备故障，然后关掉集线器的电源后，用 Ping 命令对所涉及计算机逐一测试，找到有故障网卡的计算机，更换新的网卡，即可恢复网速的正常。

4. 端口瓶颈

实际上路由器的广域网端口和局域网端口、交换机端口、集线器端口和服务器网卡等都有可能成为网络瓶颈，可在网络使用高峰时段，利用网管软件查看路由器、交换机、服务器端口的数据流量(用 netstat 命令也可统计各个端口的数据流量)，确认网络数据流通瓶颈的位置，设法增加其带宽。如更换服务器网卡为 100M 或 1000M、安装多个网卡、通过改变路由器上的配置来增加带宽等方法，都可以有效地缓解网络瓶颈，最大限度地提高数据传输速度。

5. 蠕虫病毒

蠕虫病毒对网络速度的影响越来越严重，这种病毒导致被感染的用户只要一连上网就不停地往外发邮件，病毒选择用户个人电脑中的随机文档附加在用户机子上的通讯簿的随机地址进行邮件发送。成百上千的这种垃圾邮件有的排着队往外发送，有的又成批成批地被退回来，堆在服务器上，造成个别骨干互联网出现明显拥塞，个别局域网近于瘫痪。因此，应时常注意各种新病毒通告，了解各种病毒特征，及时升级所用杀毒软件。计算机也要及时升级、安装系统补丁程序，同时卸载不必要的服务，关闭不必要的端口，以提高系统的安全性和可靠性。

注 意

总之，计算机网络的应用越来越广泛，如何提高计算机网络的管理水平？不断学习，注重理论知识和实践经验的积累相当重要。

16.3.5 网络协议故障

网络协议是网络设备之间互相沟通的“语言”，对网络传输起着决定性的作用。目前，应用最广泛的网络协议是 TCP/IP 协议。导致网络协议故障的原因主要有以下两点。

(1) 网络协议安装错误。

网络协议安装错误是指没有安装相应的网络协议。例如，Windows 98 操作系统默认只安装 NetBEUI 协议，而要想实现 Internet 访问，就必须再添加 TCP/IP 协议。而有些网络游戏和网管软件，则要求用户安装 IPX/XPX 协议。

(2) 网络协议配置错误。

TCP/IP 协议的配置其实就是指计算机的 IP 地址信息，包括 IP 地址、子网掩码、默认网关和 DNS 服务器 IP 地址。

IP 地址设置错误时，可能会与其他计算机发生 IP 地址冲突，或者无法与网络内的其他计算机通信，同时无法访问其他网络，也不能访问 Internet。

子网掩码设置错误时，可能无法与网络内某些计算机通信，同时无法访问其他网络，也不能访问 Internet。

默认网关设置错误时，虽然可以与本网络内的计算机进行通信，但是，无法访问其他网络(包括虚拟网络 VLAN)，更不能访问 Internet。

DNS 服务器配置错误时，由于不能实现 DNS 解析，而只能使用 IP 地址访问网络，典型故障现象是只能使用 QQ，而不能使用 Web 浏览网页。

IP 地址信息获得方式有两种：一种是自动获得 IP 地址，该方式由 DHCP 服务器或其他 DHCP 设备(如 DHCP 服务器、宽带路由器、无线路由器、代理服务器等)自动分配，只需选择“自动获得 IP 地址”选项即可；另一种方式是手工设置 IP 地址信息，此时应当选择“使用下面的 IP”选项，并严格按照网络管理员分配的 IP 地址信息设置。

下面就将介绍一些常见的网络协议故障，以及这些故障的诊断与排除方法。

1. 计算机无法访问外部网络

如果计算机无法正常实现对外部网络的访问，应首先检查网线是否正确，若网线正常工作，说明能够连接到网络内的其他计算机，网络连接没有问题。因此，导致故障的原因可能是 IP 地址信息设置不完整，或者没有正确设置应用程序的代理服务器。这时，应检查故障计算机的默认网关、DNS 服务器和子网掩码的设置是否正确。另外，查看一下其他计算机的 Web 浏览器的连接设置，然后将故障计算机设置为与之相同即可。

2. IP 地址信息正确而无法访问

如果计算机的默认网关、DNS 服务器地址、IP 地址设置都没有错误，但是却无法正常上网，可以尝试 Ping 一下网络内的其他计算机、默认网关、外部 Web 网站的 IP 地址和 DNS。如果 Ping 不通网络内的其他计算机，说明 IP 地址信息设置有问题，或者没有正确安装 TCP/IP 协议，试着卸载 TCP/IP 协议，重新启动计算机，再添加安装 TCP/IP 协议，并正确设置 IP 地址信息。具体如下：

- 如果 Ping 不通默认网关，说明 IP 地址信息中有关默认网关的设置是错误的，应当认真检查该项设置。
- 如果 Ping 不通外部 Web 网站的 IP 地址(要先使用连接正常的计算机进行测试，确认可以 Ping 通该 IP 地址)，说明 IP 地址信息中默认网关的设置是错误的，或者没有安装代理服务器软件，或者在代理服务器或宽带路由器上做了限制，不允许该 IP 地址或 MAC 地址访问网络。
- 如果 Ping 不通 Web 网站的 DNS 名称，说明 IP 地址信息中有关 DNS 服务器的设置是错误的，仔细检查该设置，并配置辅助 DNS 服务器。

- 如果以上 Ping 测试全部通过，仍然无法访问 Web 网站，查看 Internet Explorer 的局域网设置。打开 IE 浏览器，选择“工具”→“Internet 选项”命令，切换至“连接”选项卡，如图 16-19 所示。单击“局域网设置”按钮，取消选中“自动检测设置”复选框，如图 16-20 所示。如果采用宽带路由器，或者 ICS，SyGate 等网关类代理服务器共享 Internet 连接，取消对“为 LAN 设置代理服务器”复选框的选中。如果使用 WinGate 作为代理服务器，则应当选中该复选框，并输入代理服务器的 IP 地址及使用的端口号，安装系统补丁和病毒防火墙。

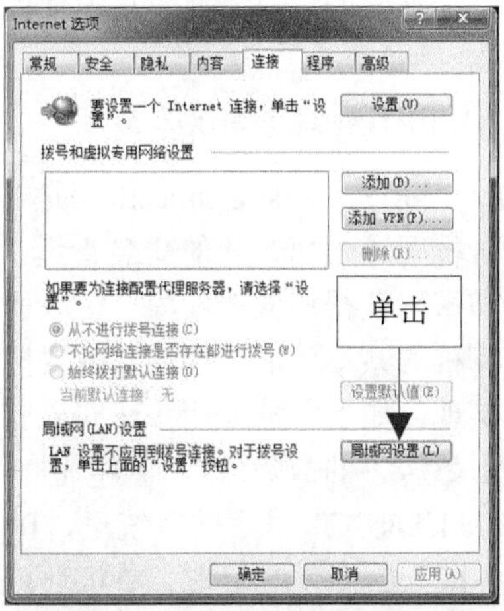

图 16-19　切换至“连接”选项卡

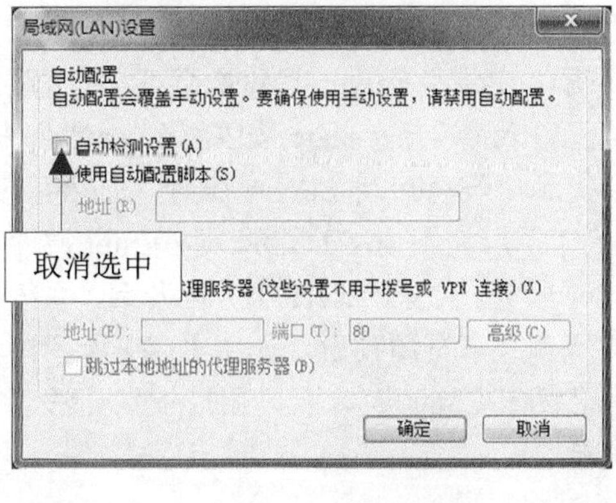

图 16-20　取消选中“自动检测设置”复选框

3. Ping 通 DNS 却无法上网

如果已经正确设置了 IP 地址信息和代理服务器的地址，而且能够 Ping 通 DNS 服务器，也能在“网络”窗口中看到其他计算机，但是不能 Ping 通服务器，也不能上网，表明网络连接是没有问题的，应当检查 Internet Explorer 的设置。如果 DNS 与计算机在同一子网，位于同一 IP 地址段，应当为计算机指定正确的默认网关，以便使 Internet 访问请求能够被路由至外部网络。

4. Ping 通网络中其他计算机却无法 Ping 通网关

既然能够 Ping 通网络中的其他计算机，说明网络物理连接及本机网络设置没有问题。而 Ping 不通网关，无法接入 Internet 的原因可能有以下 3 个方面。

- 默认网关设置错误。认真检查计算机默认网关的设置是否正确，网关错误将导致计算机无法访问 Internet。
- 代理服务器对 IP 地址做了限制。代理服务器可以设置 IP 地址访问列表，被拒绝的 IP 地址将无法访问 Internet。
- 感染了蠕虫病毒。当计算机感染蠕虫病毒时，也将直接影响对 Internet 的访问。应及时更新 Windows 系统补丁，并升级 Norton 病毒库。

5. 无法 Ping 通网关

导致该问题的原因可能是计算机的网关或者子网掩码设置有误。在划分有 VLAN 的网络中，每个 VLAN 都分别拥有不同的 IP 地址段、子网掩码和默认网关。因此，当默认网关设置错误时，将无法被路由至其他网络，导致网络通信失败。子网掩码用于区分网络号和 IP 地址号。默认网关设置错误也会导致网络间通信的失败，应该认真检查默认网关和子网掩码的设置。

6. 无法 Ping 通其他网段内的计算机

如果计算机能够 Ping 通本网段内的计算机，而无法 Ping 通其他网段内的计算机，原因可能是子网掩码设置有问题。子网掩码用于区分网络号和主机号，只有网络号相同的计算机才被视为同一网段，才能实现彼此之间的通信。

7. 安装网卡后启动速度变慢

安装网卡后，如果系统的启动速度变慢，这种情况是正常的。因为，计算机除了要检测网络连接外，还会自动检测网络中的 DHCP 服务器。若要加速系统启动速度，应该为计算机指定固定的 IP 地址，而不是每次开机时动态分配 IP 地址。

8. IP 地址冲突

在 TCP/IP 网络中，IP 地址代表着计算机的身份，用于识别某台计算机。因此，在同一网络中，IP 地址应当是唯一的。当两个或者两个以上的计算机使用同一个 IP 地址时，就会发生 IP 地址冲突，其他计算机将无法判断应当将数据发送给哪一台计算机，从而导致网络连接中断。既然采用 ICS、代理服务器或者宽带路由器实现 Internet 连接共享，就可以直接启用自动 IP 地址分配功能，使所有的计算机都自动获取 IP 地址，从而避免由手工设置 IP 地址所造成的 IP 地址冲突。网络中的客户端，则只需将 IP 地址和默认网关设置为“自动获取地址”即可，DNS 服务器则通常设置为 ISP 的 DNS 服务器的 IP 地址。

9. 禁止修改 IP 地址

只要在每台计算机上，将其 IP 地址和网卡地址的 MAC 地址进行绑定即可。例如，如果要将 IP 地址“192.168.1.100”与 MAC 地址“00-10-5C-B9-30-A8”绑定在一起，可选择“开始”→“运行”命令，弹出“运行”对话框，在“打开”文本框中输入如下命令：

arp -s 192.168.1.100 00-10-5C-B9-30-A8

如果要解除 IP 地址与 MAC 地址的绑定，可使用下述命令：

arp -d 192.168.1.100

另外，在 Windows 2008 环境中，还可以使用组策略限制用户修改 IP 地址，并启用 DHCP 动态分配 IP 地址。

10. 局域网内计算机可以互相访问却无法 Ping 通

导致在网上邻居中可以互访，但在 DOS 提示符下无法 Ping 通的原因，可能是对方或者网络中有设备禁止了 ICMP 流量(例如在交换机的访问控制列表中过滤了 ICMP 端口)，禁止对 ICMP 做出响应，而这并不影响资源共享。

另一种可能的原因是网络协议问题。如果所有的计算机使用的均是 NetBIOS 协议，也就是在该局域网中网上邻居功能是通过 NetBIOS 协议实现，而不是借助于 TCP/IP 协议，就不会支持 ICMP 协议，而 ICMP 协议需要 TCP/IP 协议的支持。如果想让各个计算机之间可以使用 Ping 命令，就必须为网络中的计算机安装 TCP/IP 协议。

16.3.6 局域网共享故障

资源共享是局域网中的重要应用之一，同时也是故障出现频率较高的地方。下面介绍各种共享故障的原因及解决方法。

1. IPC、Server 服务与共享故障

IPC(Internet Process Connection)是 NT 以上的系统为了让进程间通信而开放的命名管道，可以通过验证用户名和密码获得相应的权限，在远程管理计算机和查看计算机的共享资源时使用，微软把它用于局域网功能的实现，如果它被关闭，计算机就会出现“无法访问网上邻居”的故障。

在 Windows NT 以后的系统里，IPC 是依赖于 Server 服务运行的，一些习惯了单机环境的用户可能会关闭这个服务，这样的后果就是系统将无法提供与局域网有关的操作，用户无法查看别人的计算机，也无法为自己发布任何共享。

要确认 IPC 和 Server 服务是否正常，可以在命令提示符里输入命令 net share，如果 Server 服务未开启，系统会提示“没有启动 Server 服务。是否可以启动? (Y/N) [Y]:”，如图 16-21 所示，按 Enter 键即可以启动 Server 服务。如果 Server 服务已开启，系统会列出当前的所有共享资源列表，如图 16-22 所示，其中至少要有名为 IPC$的共享，否则用户依然无法正常使用共享资源。

图 16-21　提示相应的信息

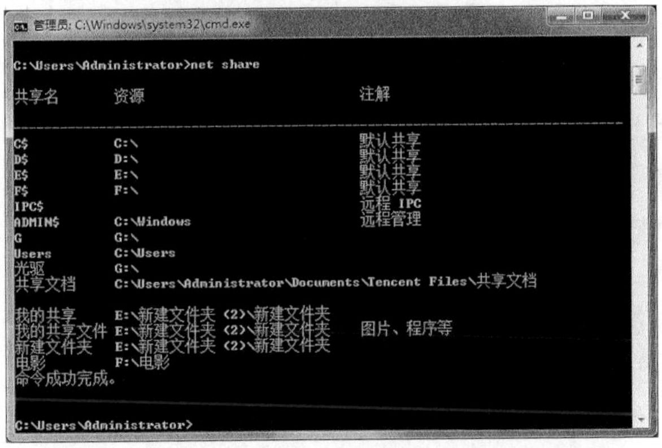

图 16-22　列出当前的所有共享资源列表

除了 Server 服务以外，还有两个服务会对共享造成影响，分别是 Computer Browser 和 TCP/IP NetBIOS Helper Service，前者用于保存和交换局域网内计算机的 NetBIOS 名称和共享资源列表，当一个程序需要访问另一台计算机的共享资源时，它会从这个列表里查询目标计算机，一旦该服务被禁止，IPC 就认定当前没有可供访问的共享资源，用户自然就没法访问其他计算机的共享资源了；后者主要用于在 TCP/IP 上传输的 NetBIOS 协议(NetBT)和 NetBIOS 名称解析工作，NetBT 协议为跨网段实现 NetBIOS 命令传输提供了载体，因为 NetBIOS 协议被 TCP 封装起来通过 Internet 传输到对方机器里处理了，同样对方也是用相同途径实现数据传输的，否则黑客们根本无法跨网段使用网络资源映射指令 net use。虽然对于本地局域网来说，NetBT 协议并非任何时候都会用到，但通常还是留着它比较好。

如果这两个服务异常终止，局域网内的共享可能就无法正常使用，这时候用户可以通过执行程序 services.msc 打开服务管理器，在里面查找 Computer Browser 和 TCP/IP NetBIOS Helper Service 服务并单击鼠标右键，在弹出的快捷菜单中选择“启动”命令即可。

2. 系统安全策略与共享故障

熟悉 Windows 系统的用户经常会接触到“组策略”(gpedit.msc)，这里实际上是提供了一个比手工修改注册表更直观的操作方法来设置系统的一些功能和用户权限，但是这里的设置失误也会影响到局域网共享资源的使用。

由于 IPC 本身就是用于身份验证的，因此它对计算机账户的配置特别敏感，而组策略里偏偏就有很多方面的设置是针对计算机账户的，其中影响最大的则是“计算机配置”→“Windows 配置”→“安全设置”→“本地策略”→“用户权利指派”里的“拒绝从网络访问这台计算机”选项，在 Windows 2000 系统里默认是不做任何限制的，可是从 Windows XP 及以后的系统中，这个部分就默认多了两个账户，一个是用于远程协助(也就是被简化过的终端服务)身份登录的 3389 用户名，另一个则是局域网共享的基本成员 Guest。

故障解析

许多使用 Windows XP 系统的用户无法正常开启共享资源的访问权限，正是这个项目的限制，解决方法也很容易，只要从列表里移除 Guest 账户就可以了。在 Windows 7 系统中的“拒绝从网络访问这台计算机”选项则已经默认清空了所有的用户，如图 16-23 所示。

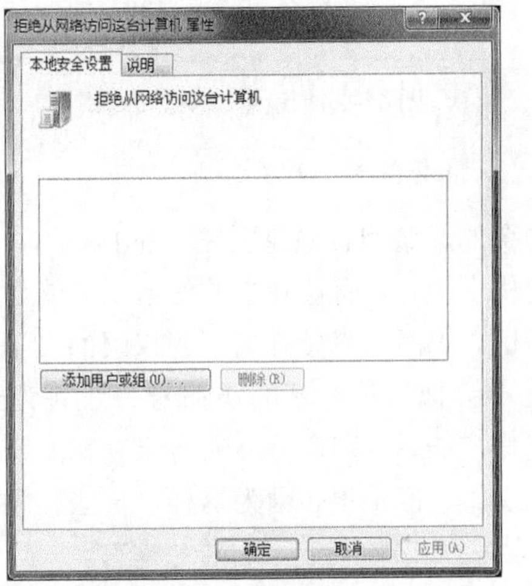

图 16-23　“拒绝从网络访问这台计算机 属性”对话框

除了与账户相关的策略，这里还有几个与NetBIOS和IPC相关的组策略设置，它们是位于“计算机配置”→“Windows配置”→“安全设置”→“本地策略”→“安全选项”里的“对匿名连接的额外限制”(默认为“无”)选项，对于XP以上的系统，这里还有“不允许SAM账户和共享的匿名枚举”(默认为“已停用”)选项和“本地账户的共享和安全模式”(默认为“仅来宾”)选项，其中“对匿名连接的额外限制”的设置是可以直接扼杀共享功能的，当它被设置为“不允许枚举”时，其他计算机就无法获取共享资源列表，如果它被设置为“没有显式匿名权限就无法访问”的话，这台计算机的共享功能就彻底无法使用，所以有时候实在找不出故障，不妨检查一下该项目。如图16-24所示为Windows 7系统中的“安全选项”设置。

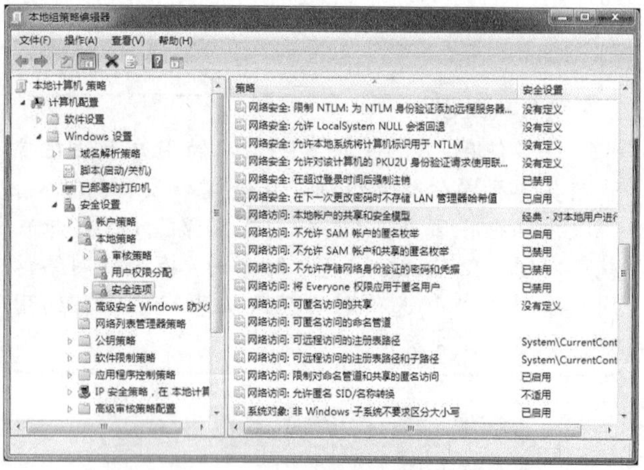

图16-24 设置“安全选项”

3. 权限与共享的冲突

如今的局域网普遍建立在Windows XP及以上的系统架构上运行，而且IPC的作用本来就是为了提供身份验证，因而共享始终离不开权限的影子，何况如果系统不会把文件共享的访问身份设置为最小权限的来宾账户的话，别有用心的访问者就能轻易夺取管理员级别了。但是也正因为这样，一些时候权限反而会成为阻挠共享顺利进行的罪魁祸首。

用户如果进入了共享资源属性里的“权限”界面，可能会发现系统已经自动给这里添加了Everyone权限，这是个特殊权限，它的存在是为了让用户能访问被标记为“公有”的文件，这也是一些程序正常运行需要的访问权限，任何人都能正常访问被赋予Everyone权限的文件，包括来宾组成员。

但是有时候这个理论会因某种原因而产生混乱，进而导致来宾组成员丧失了访问权限，这时候，用户只能手工为它添加一个Guest的访问权限了。在一些系统上，甚至要添加Users或Administrators权限才能实现文件共享，但是对于这种权限指派已经严重混乱的系统，建议重新安装系统。

对于Windows 7系统，它默认是仅仅给共享显示一个简单的界面而已，如果要自定义更多东西，就必须进入“控制面板”的“文件夹选项”里，取消选中“使用共享向导”复选框，而且这里还涉及NTFS分区“安全”页设置的显示。随着Windows 7的逐步推进以及安全概念的推广，越来越多用户开始使用NTFS格式作为自己的硬盘分区，这样就在IPC的用户身份验证模式上又增加了一种权限限制：NTFS权限。

一些刚接触NTFS分区的用户经常会发现，自己机器的共享和来宾账户都开了，但是别人无论怎么访问都提示“权限不足”，即使给共享权限里添加了来宾账户甚至管理员账户也无效。这是因为在NTFS这部分被拦截了，用户必须理清一个概念，那就是无论对某个项目的权限做了什么改动，都是磁盘权限最大，因为它是实现文件访问的最后一层防卫，系统不允许任何继承权限超越它，如果一个文件夹的权限只有SYSTEM，那么即使当前登录的身份为管理员，一样无法打开这个文件夹。而用于共享身份识别的IPC更是只有Guest权限，更是无法突破NTFS限制的。因此要获得正常的访问权限，除了做好共享目录的权限设置工作以外，还应在共享目录上单击鼠标右键，在弹出的快捷菜单中选择“属性”命令，弹出“属性”对话框，切换至“安全”选项卡，如图16-25所示，在里面添加Guest和Everyone权限并设置相应的访问规则(完全控制、可修改、可读取等)，如图16-26所示，如果没有其他故障因素，就会发现共享正常开启访问了。

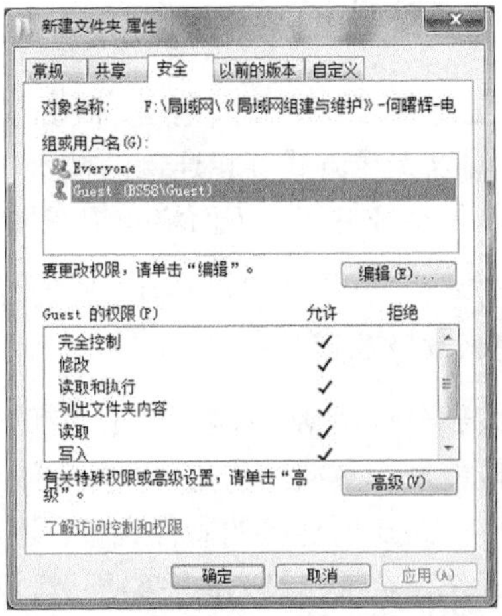

图 16-25　切换至“安全”选项卡

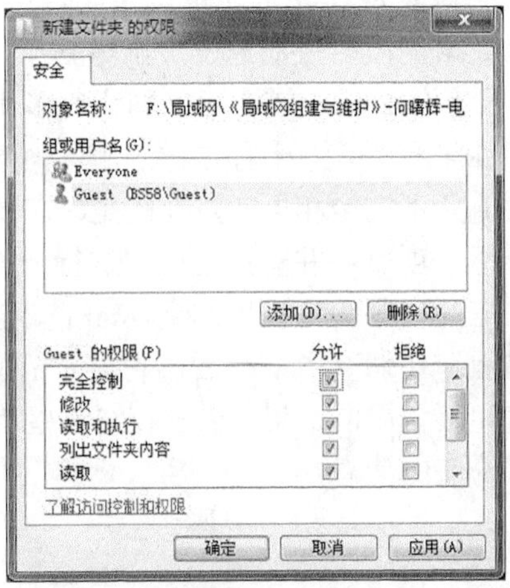

图 16-26　添加 Guest 和 Everyone 权限

提　示

NTFS(New Technology File System)是一个特别为网络和磁盘配额、文件加密等管理安全特性设计的磁盘格式，只有使用 NT 技术的系统对它直接提供支持。也就是说，如果系统崩溃了，用户将无法使用外面流行的普通光盘启动工具修复系统，因此，是使用传统的 FAT32 还是 NTFS，一直是个备受争议的话题，但如果用户要使用完全的系统权限功能，或者要安装作为服务器使用，建议最好还是使用 NTFS 分区格式。与 FAT32 分区相比，NTFS 分区多了一个“安全”特性，在里面，用户可以进一步设置相关的文件访问权限，而且前面提到的相关用户组指派的文件权限也只有在 NTFS 格式分区上才能体现出来。

4. 防火墙与共享的矛盾

现在基本上所有的计算机都已安装了网络防火墙和病毒防火墙，可是众多的墙里偶尔还是会发现局域网共享失败，如果用户留意到防火墙正在闪烁的报警状态，也许会发现日志上记录着“计算机 x.x.x.x 试图访问本机 139－NetBIOS 端口，该操作已被拦截”，这是因为防火墙把 NetBIOS 的通信给拦截掉了，而 NetBIOS 是局域网通信的基础。防火墙此举是为了阻止前面提到的利用 NetBT 进行的“139 入侵”模式攻击，虽然防火墙规则里可能写着“允许局域网资源共享”，但是可能这条规则没被选中，或者防火墙没能认出这是一个局域网。

对于有原配规则设置的防火墙，只要勾上“允许局域网资源共享”，就能让 NetBIOS 协议正常通信了。如果没有，就自己建立一个规则：协议方向为“入”，协议选择“TCP”，端口范围 134～139，标志为 SYN，满足时的规则为“通行”即可。一些 Windows 7 系统内置的 Windows 防火墙 ICF 往往会限制自己所在局域网的共享，如果是这样，就把它关掉，因为 ICF 始终比不过专门的防火墙，更别指望靠它抵挡一切入侵。

5. 特殊的共享故障

某些机器的网络共享很难实现，不管如何设置都看不到对方的计算机和资源列表，但是使用一些局域网管理工具如 LANExplorer、LANetAdmin 等却能看到一切。对于这种计算机，只能通过直接输入资源名称或把对方共享资源通过 net use 命令给映射过来作为虚拟盘符才能工作，对于这种机器，它实际上并没有故障，只是对方通过某种手段阻止了计算机向浏览主控服务器通报自己的共享资源，让整个局域网里的浏览列表缺少对这台计算机的描述，也就无法在网上邻居里发现它了。

另一种情况是所有用户都能看到网上邻居里的计算机，但某台计算机的网上邻居里却是空的，而且它也无法通过输入 UNC 地址(共享资源地址，它是用“\\计算机\资源”的格式表达的)来访问到对方计算机，用户会收到一个错误提示“找不到网络路径”，如图 16-27 所示，这种就是真正的故障了，一般是因为计算机没有正常获得浏览列表所导致，某种原因让它无法获得浏览主控服务器返回的数据，可以先尝试使用 nbtstat -R 清空本机的浏览列表缓存试试看，或者运行 net stop browser && net stop LmHosts && net stop Server && net start Server && net start LmHosts && net start browser 命令集来重新启动几个与文件共享相关的服务，不过建议已经成为浏览主控服务器身份的计算机不要轻易执行这个命令，因为它可能会导致丧失在该工作组里的主控身份，因为当一个网络里的浏览主控服务器停止运行时，同一工作组里的某台导致算机会变为浏览主控服务器，这个过程被称为“浏览主控服务器重选”，目的是为了保持工作组共享资源的正常访问，但是如果不幸这个浏览列表被安排在一台故障机器上，整个工作组可能就无法正常进行共享访问了。如果经过这些步骤还是无法查看网上邻居，可以试着切换“高级 TCP/IP 设置”对话框中的“TCP/IP 上的 NetBIOS”选项的启用或禁用状态，如图 16-28 所示，最后可以尝试删除“Microsoft 网络的文件和打印机共享”和“Microsoft 网络客户端”后再重新添加一次，然后查看是否能恢复正常。

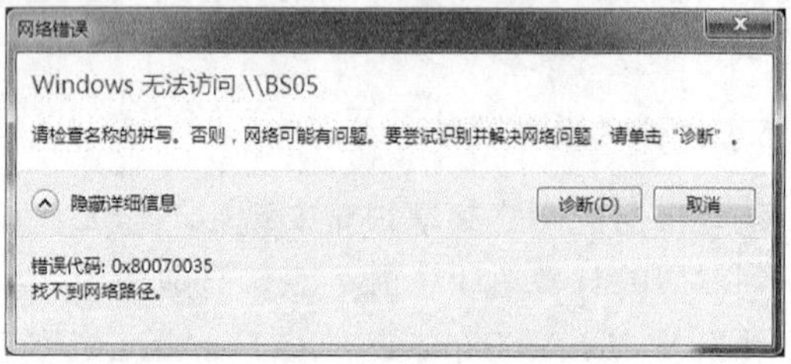

图 16-27　提示“找不到网络路径”

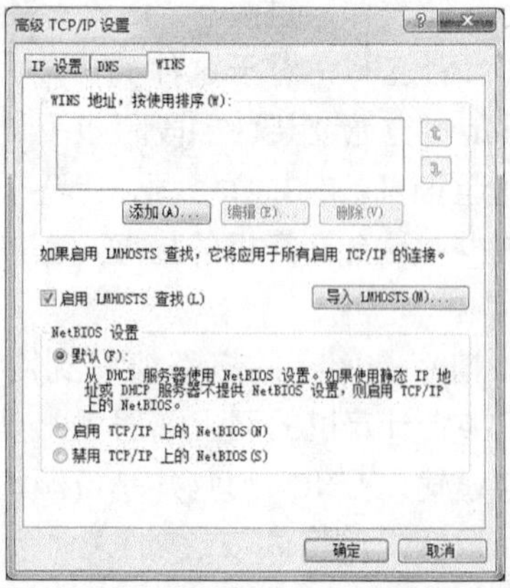

图 16-28　“高级 TCP/IP 设置”对话框

16.3.7　WIFI 网络故障

WiFi 是一种可以将个人电脑、手持设备(如 PDA、手机)等终端以无线方式互相连接的技术。无线网络技术已经发展得很成熟了，下面将介绍在局域网中使用 WiFi 的故障及排除方法。

1. 查找故障原因

尽管大部分优化 WiFi 网络的工作都只涉及硬件，但软件同样能发挥重要的作用。一些无线路由器配备的监测软件可跟踪所连接的硬件设备，还可以完成简单的修复工作，通常在最初的网络配置过程中涉及这些软件的设置。

还有一些软件程序可能也有帮助，可以显示 IP 地址以及数据能以多快的速度进出电脑。对于某些用户来说，没有什么比知道自己的网络有多快更重要的事情了。目前网上有几十种这样的服务，但它们显示的速度数值并不完全相同。重要的是，在调整网络配置时，选择一项服务并坚持使用它进行速度的比对。如果电脑上的程序运行很慢的话，WiFi 安全测试可能会找出原因。在调查了系统后，它会显示加密类型、信号强度和所使用的信道，以及存在哪些明显的安全漏洞等有价值的信息。

2. WIFI 故障排查

在采用所列出的建议后，无线网络传输距离和速度都应当大大增加。但这并不意味着网络完全不存在缺陷。以下是帮助查看是否存在死连接(或弱连接)问题的 9 个步骤。

Step 1　确保电缆或 DSL 调制解调器与路由器相连接，所有设备都接通了电源。

Step 2　重新启动路由器和 PC 来更新 DHCP 许可。

Step 3　打电话给 Internet 服务提供商，了解它是否正在维护或修理它的网络。

Step 4　检查是否使用了最新的固件及客户端软件。

Step 5　尝试利用 LAN 线缆连接到 Internet，如果这种方法有效，那就是无线部分出了问题。

Step 6　来自无绳电话、微波炉或附近的大功率网络的干扰会让网络中断，尝试使用不同的信道。

Step 7 当连接太多客户端设备，或者有人上传或下载大量数据时，WIFI 连接速度会变得很慢。当用户注意到网速突然变慢时，应立刻到网络上巡查一番，看看是否有其他用户在看视频或做消耗带宽的事，可以要求此用户在其他用户连接时停止使用。

Step 8 如果用户收到“IP 冲突”的错误消息，应考虑使用静态 IP 地址。

Step 9 如果所有尝试都失败，可以复位路由器，把它恢复到出厂配置，一切重新开始。

16.3.8 无线局域网故障

随着无线网络性能的提升，现在越来越多的企业利用无线网络作为有线网络的有效补充与扩展。办公场所设置了无线网络的点，方便来访的客户或在开会、培训的时候，可以无限制地上网以及与局域网内其他用户进行各种通信。下面讲解一下常见的无线局域网故障的原因及解决方法。

1. 移动电话干扰网络信号

在使用移动电话通话的时候，则其网络速度会明显的变慢，这是因为有些无绳电话所采用的信道跟无线路由器的信道相同，如可能都是 2.4GHz。所以，在用无绳电话通话的时候，就会干扰无线网络的信号。主要有两种解决方法。

- 不要使用无绳电话了，或者换一个频率不冲突的无绳电话。
- 更改无线路由器的信号。

2. 不同场所之间无线网络连接故障

如某企业使用无线局域网，在总经理办公室利用无线网络可以正常上网，但是，在会议室却不能利用无线网络上网了，在会议室中也部署了无线网络。经过多路分析，可能是以下原因所造成的。

- 会议室与总经理办公室有墙挡着，所以，在会议室内，从总经理办公室发过来的无线网络信号就比较差。所以在会议室里也有无线路由器，但是，当员工从总经理办公室到会议室的时候，其采用的还是总经理办公室的无线发射点。因为虽然从总经理办公室发射出来的信号比较弱了，但是，还没有彻底地消失。所以员工用的笔记本电脑不能自动连接到会议室的无线路由器上。因为笔记本电脑不能够根据信号的好差来判断到底该连接到哪个路由器上，这需要用户手工来指定连接。
- SSID 配置不同。由于会议室与总经理办公室采用的无线路由器牌子不同，在会议室中考虑到可能会有多人同时上网，所以采用了性能比较好的无线路由器。由于无线路由器牌子不同，两者的 SSID 号也有所差异。有些无线网卡不能够自动调整 SSID 的配置，这就导致地点换了，无线路由器不同，笔记本电脑就无法正常上网了。
- 会议室的无线路由器出现了故障。可是当笔记本电脑拿到会议室后，可以正常使用无线网络信号。可见，会议室的无线路由器没有什么问题。

经过多方测试，发现是由于第一种原因所造成的。因为无意中发现，当把会议室的门关上之后，过几分钟，无线网卡就会自动断掉跟总经理办公室的连接(因为无线信号已经消失)，而自动找到并连接上了会议室的无线路由器。由此可见，这都是因为在会议室内，总经理办公室发生出来的无线路由器信号没有消失所导致的。解决方法如下。

- 在会议室内，需要员工手工调整所连接的无线路由器。在笔记本电脑上，让其自动搜索无线路由器，就会找到所在场所附近的所有无线路由器。然后让用户选择信号最强的无线路由器连上去。
- 在部署无线网络的时候，需要注意各个无线路由器信号之间的相互干扰问题。如在选择无线网卡的时候，最好能够选择那些可以自动地根据信号的强弱选择信号最强的无线路由器等。通过这种方式，可以省去手工干预的烦恼。无线网卡会定时自动搜索无线网路信号，并根据信号的强弱，自动选择信号强的无线网络。

3. 无线路由器故障

一个无线 AP 理论上能连接 254 台电脑，因为设置了不同的 SSID(也可设置 WEP 密码)，这样可以防止有人恶意侵入账户。但是如果安装好后发现网络连接不正常，如何应对网络连接出现的故障呢？下面就讲解解决这些问题的方法。

(1) 测试信号强度。

如果能够从有线客户端 Ping 通接入点，但是从无线客户端却不行的话，接入点可能有问题。可利用无线 AP 程序提供的测量信号强度的功能检查一下信号强度，如太弱，则可能该无线 AP 出现了质量问题。

使用 Windows 7 时，只要单击任务栏中无线网络连接图标，就会显示出显示连接状态的窗口。如果显示有 4 根或 5 根绿线还可以，如果只有 1、2 根，就可断定信号状态不好，则可调整 AP 和无线网卡的摆放位置及天线角度，以达到最佳信号强度。

(2) 尝试改变信道。

如果突然发现无线 AP 信号微弱，却没有做任何物理上的改动，这通常是由于受到干扰所致。可尝试改变接入点和一个无线用户的信道，或可以尝试添加外置天线等方法，看看这是否能增强信号。

(3) 检查 SSID 配置。

在加入其他无线网络时一定不要忘记更改 SSID(Service Set Identifier)配置，如果 SSID 配置不正确，就不能够 Ping 通接入点，也就不能连通网络。

(4) 检查 WEP 密钥。

很多无线网络配置问题都和 WEP 协议有关，解决 WEP 问题需要特别仔细。此外，要 WEP 起作用，接入点和客户端的配置都要正确。有些客户端的配置看起来毫无问题，但就是不能够使用 WEP 和接入点进行通信，在这样的情况下，可重启接入点，恢复默认值，然后重新进行 WEP 配置，这样 WEP 就可以使用了。

技 巧

用鼠标右键单击任务栏中的无线网络图标，在下一级菜单上选择“查看可用的无线网络”命令，将会看到无线网络连接对话窗口。该对话窗口显示了一些无线网络的 SSID。如果用户的无线网络的名字出现在这个列表里，而用户却没有连接到网络上，且用户的无线网卡是好的话，那么配置就可能存在问题。此外，需要正确输入 WEP 密码(如果有的话)，否则也不能连接到那个无线网络中去。